THE
ASTRONOMICAL
ALMANAC

FOR THE YEAR

1993

Data for Astronomy, Space Sciences, Geodesy,
Surveying, Navigation and other applications

WASHINGTON	*LONDON*
Issued by the	Issued by
Nautical Almanac Office	Her Majesty's
United States	Nautical Almanac Office
Naval Observatory	Royal Greenwich Observatory
by direction of the	on behalf of the
Secretary of the Navy	Science and Engineering
and under the	Research
authority of Congress	Council

WASHINGTON: U.S. GOVERNMENT PRINTING OFFICE
LONDON: HMSO

ISBN 0 11 886943 4

UNITED STATES

For sale by the
Superintendent of Documents
U.S. GOVERNMENT PRINTING OFFICE
Washington, D.C., 20402

UNITED KINGDOM

First published 1992

For sale by

HMSO

HMSO publications are available from:

HMSO Publications Centre
(Mail and telephone orders only)
PO Box 276, London, SW8 5DT
Telephone orders 071-873 9090
General enquiries 071-873 0011
(queuing system in operation for both numbers)

HMSO Bookshops
49 High Holborn, London, WC1V 6HB   071-873 0011 (Counter service only)
258 Broad Street, Birmingham, B1 2HE   021-643 3740
Southey House, 33 Wine Street, Bristol BS1 2BQ   (0272) 264306
9–21 Princess Street, Manchester, M60 8AS   061-834 7201
80 Chichester Street, Belfast, BT1 4JY   (0232) 238451
71 Lothian Road, Edinburgh, EH3 9AZ   031-228 4181

HMSO's Accredited Agents
(see Yellow Pages)

And through good booksellers

Overseas Orders to:
The Government Bookshop
PO Box 276, London SW8 5DT

NOTE
Every care is taken to prevent errors in the production of
this publication. As a final precaution it is recommended
that the sequence of pages in this copy be examined on
receipt. If faulty it should be returned for replacement.

Printed in the United States of America
by the U. S. Government Printing Office

Beginning with the edition for 1981, the title *The Astronomical Almanac* replaced both the title *The American Ephemeris and Nautical Almanac* and the title *The Astronomical Ephemeris*. The changes in title symbolise the unification of the two series, which until 1980 were published separately in the United States of America since 1855 and in the United Kingdom since 1767. *The Astronomical Almanac* is prepared jointly by the Nautical Almanac Office, United States Naval Observatory, and H.M. Nautical Almanac Office, Royal Greenwich Observatory, and is published jointly by the United States Government Printing Office and Her Majesty's Stationery Office; it is printed only in the United States of America but some of the reproducible material that is used is prepared in the United Kingdom.

The principal ephemerides in this Almanac have been computed from fundamental ephemerides of the planets and the Moon prepared at the Jet Propulsion Laboratory, California, in cooperation with the U.S. Naval Observatory. They are in general accord with the recommendations of the International Astronomical Union and are consistent with the IAU (1976) system of astronomical constants apart from minor modifications introduced to permit a better fit to observations; in particular, dynamical time-scales and the standard reference system of J2000·0 are used where appropriate. A brief description of the use of each ephemeris is given with it, and the bases and additional notes are given in the Explanation at the end of the volume. Additional information about the IAU recommendations and the ephemerides is given in the *Supplement to the Astronomical Almanac for 1984*. A new Explanatory Supplement to The Astronomical Almanac is in preparation and will be published as soon as possible.

By international agreement the tasks of computation and publication of astronomical ephemerides are shared between the ephemeris offices of a number of countries. The sources of the basic data for this Almanac are indicated in the list of contributors on page vii. This volume was designed in consultation with other astronomers of many countries, and is intended to provide current, accurate astronomical data for use in the making and reduction of observations and for general purposes. (The other publications listed on pages viii–ix give astronomical data for particular applications, such as navigation and surveying.) Any changes introduced since the previous volume are listed on page iv. Suggestions for further improvement of this Almanac would be welcomed; they should be sent to the Director, Nautical Almanac Office, United States Naval Observatory or to the Superintendent, H.M. Nautical Almanac Office, Royal Greenwich Observatory.

JAMES B. HAGEN
Captain, U.S. Navy,
Superintendent, U.S. Naval Observatory,
Washington, D.C. 20390,
U.S.A.

ALEXANDER BOKSENBERG,
Director,
Royal Greenwich Observatory,
Madingley Road,
Cambridge, CB3 0EZ, England

May 1991

Astronomical Almanac 1990

Page B6, line 19   *for* 1·002 737 909 34 *read* 1·002 737 909 33

Pages E79-E86, F15, J9, J12, page headings   *for* 1989 *read* 1990

Page L17, *Radio Source Standards*, right ascension of 3C273B
for 12^h 26^m $06\overset{s}{.}6997$ *read* 12^h 29^m $06\overset{s}{.}6997$

Astronomical Almanac 1991

Page ix, last line   *for* Naberezhuaga Kutozova *read* Naberezhnaya Kutuzova

Page A6, diagram heading   *for* 1990 *read* 1991

Section H, BRIGHT STARS, J1991·5, Column 1, Bayer letter;

replace τ *by* σ for the following B.S. numbers:

68	2646	3616	5447	6498
740	2878	4386	5603	7121
847	2973	4743	6084	7462
1052	3418	5015	6093	7228
1931	3575	5425	6168	8143

replace σ *by* ρ for the following B.S. numbers:

82	1698	3576	5429	7724
708	2852	4133	5453	8252
921	3185	4638	5928	9045
1444	3492	4828	7340	

Page L16, *Radio Source Standards*, right ascension of 3C273B, last line
for 12^h 26^m $06\overset{s}{.}6997$ *read* 12^h 29^m $06\overset{s}{.}6997$

PRELIMINARIES

Section A   PHENOMENA
Seasons: Moon's phases; principal occultations; planetary phenomena; elongations and magnitudes of planets; visibility of planets; diary of phenomena; times of sunrise, sunset, twilight, moonrise and moonset; eclipses.

Section B   TIME-SCALES AND COORDINATE SYSTEMS
Calendar; chronological cycles and eras; religious calendars; relationships between time scales; universal and sidereal times; reduction of celestial coordinates; proper motion, annual parallax, aberration, light-deflection, precession and nutation; Besselian day numbers; second-order day numbers; rigorous formulae for apparent place reduction; position and velocity of the Earth; mean place conversion from B1950·0 to J2000·0 and from J2000·0 to B1950·0; matrix elements for precession and nutation; polar motion; diurnal parallax and aberration; altitude, azimuth; refraction; pole star formulae and table.

Section C   SUN
Mean orbital elements, elements of rotation; ecliptic and equatorial coordinates; heliographic coordinates, horizontal parallax, semi-diameter and time of transit; geocentric rectangular coordinates; low-precision formulae for coordinates of the Sun and the equation of time.

Section D   MOON
Phases; perigee and apogee; mean elements of orbit and rotation; lengths of mean months; geocentric, topocentric and selenographic coordinates; formulae for libration; ecliptic and equatorial coordinates, distance, horizontal parallax, semi-diameter and time of transit; physical ephemeris; daily polynomial coefficients; low-precision formulae for geocentric and topocentric coordinates.

Section E   MAJOR PLANETS
Osculating orbital elements for Mercury, Venus, Earth, Mars, Jupiter, Saturn, Uranus, Neptune and Pluto; heliocentric ecliptic coordinates; geocentric equatorial coordinates; times of transit; rotation elements; physical ephemerides.

Section F   SATELLITES OF THE PLANETS
Ephemerides and phenomena of the satellites of Mars, Jupiter, Saturn (including the rings), Uranus, Neptune and Pluto.

Section G   MINOR PLANETS AND COMETS
Osculating elements for periodic comets; geocentric equatorial coordinates and time of transit for Ceres, Pallas, Juno and Vesta; orbital elements, magnitudes and dates of opposition of the larger minor planets.

Section H   STARS AND STELLAR SYSTEMS
Lists of bright stars, *UBVRI* standard stars, *uvby* and Hβ standard stars, radial velocity standard stars, bright galaxies, open clusters, globular clusters, astrometric radio source positions, radio telescope flux calibrators, X-ray sources, variable stars, quasars and pulsars.

Section J   OBSERVATORIES
Index of observatory name and place; lists of optical and radio observatories.

Section K   TABLES AND DATA
Julian dates of Gregorian calendar dates; IAU system of astronomical constants; reduction of time scales; reduction of terrestrial coordinates; geodetic reference systems; interpolation methods.

Section L   EXPLANATION   Section M   GLOSSARY   Section N   INDEX

The pagination within each section is given in full on the first page of each section.

STAFF LISTS, 1993

U.S. NAVAL OBSERVATORY

Captain James B. Hagen, *U.S.N., Superintendent*

ASTRONOMICAL COUNCIL

Captain James B. Hagen, *U.S.N., Superintendent*
Commander Thomas D. Lage, *U.S.N., Deputy Superintendent*
Gart Westerhout, *Scientific Director*
Gernot M. R. Winkler, *Director, Time Service Department*
James A. Hughes, *Director, Astrometry Department*
P. Kenneth Seidelmann, *Director, Orbital Mechanics Department*
Paul M. Janiczek, *Director, Astronomical Applications Department*

ASTRONOMICAL APPLICATIONS DEPARTMENT

Paul M. Janiczek, *Director*

George H. Kaplan, *Deputy Director*
LeRoy E. Doggett, *Chief, Nautical Almanac Office*
John A. Bangert, *Chief, Product Development*
F. Neville Withington, *Head, Distributed Systems*

David A. Nutile	Charlotte S. James
Marie R. Lukac	Yvette Holley
Jennifer J. Weeks	John K. Simmerman
William T. Harris	QMC (SW) Donald A. Dias, U.S.N.
Stephen P. Panossian	ETC Timothy A. Ladd, U.S.N.
William J. Tangren	ET2 David J. Papp, U.S.N.
Candice P. Baines	QM2 (SW) Roger D. Rippy, U.S.N.

ROYAL GREENWICH OBSERVATORY

Alexander Boksenberg, Ph.D., F.R.S., *Director*

HER MAJESTY'S NAUTICAL ALMANAC OFFICE

B. D. Yallop, B.Sc., Ph.D., *Superintendent*

Miss C. Y. Hohenkerk, B.Sc.   D. B. Taylor, B.Sc., Ph.D.
Mrs. J. P. Hamblyn

In addition, the following persons have assisted in the preparation and proofreading of the publications of the Office:

Mrs. A. M. Ingrey, Mrs. D. E. Oliver, Mrs. P. V. Long and Mrs. R. A. Yallop

The data in this volume have been prepared as follows:-

By H.M. Nautical Almanac Office, Royal Greenwich Observatory:

Section A—phenomena, rising and setting of Sun and Moon; B—ephemerides and tables relating to time-scales and coordinate reference frames; D—physical ephemerides, geocentric coordinates and daily polynomial coefficients of the Moon; G—geocentric positions of minor planets; K—tables and data.

By the Nautical Almanac Office, United States Naval Observatory:

Section A—eclipses of Sun and Moon; C—physical ephemerides, geocentric and rectangular coordinates of the Sun; E—physical ephemerides, geocentric coordinates and transit times of the major planets; F—ephemerides of satellites, except Jupiter I–IV; H—data for lists of bright stars, lists of photometric standard stars, bright galaxies, radio source positions, radio flux calibrators, X-ray sources, radial velocity standard stars, variable stars, quasars and pulsars; J—information on observatories; L—explanation; M—glossary; N—index.

By the Service des Calculs, Bureau des Longitudes, Paris:

Section F—ephemerides of satellites I–IV of Jupiter.

By the Institute of Theoretical Astronomy, Leningrad:

Section G—orbital elements of minor planets.

In general the Office responsible for the preparation of the data has drafted the related explanatory notes and auxiliary material, but both have contributed to the final form of the material. The preliminaries, part of Section A and Sections B, D, G and K have been composed in the United Kingdom, while the rest of the material has been composed in the United States. The work of proofreading has been shared, but no attempt has been made to eliminate the differences in spelling and style between the contributions of the two Offices.

Joint publications of the Royal Greenwich Observatory and the United States Naval Observatory

Except for the *Explanatory Supplement*, these publications are available from HMSO at the addresses listed on page ii of this volume and from the Superintendent of Documents, U.S. Government Printing Office, Washington, D.C. 20402.

The Nautical Almanac contains ephemerides at an interval of one hour and auxiliary astronomical data for marine navigation.

The Air Almanac contains ephemerides at an interval of ten minutes and auxiliary astronomical data for air navigation.

Astronomical Phenomena contains extracts from *The Astronomical Almanac* and is published annually in advance of the main volume. It contains the dates and times of planetary and lunar phenomena and other astronomical data of general interest.

Planetary and Lunar Coordinates, 1984–2000 provides low-precision astronomical data for use in advance of the annual ephemerides and for other purposes. It contains heliocentric, geocentric, spherical and rectangular coordinates of the Sun, Moon and planets, eclipse data, and auxiliary data, such as orbital elements and precessional constants.

Explanatory Supplement to The Astronomical Ephemeris and The American Ephemeris and Nautical Almanac contains detailed explanations of the basis and derivation of each ephemeris in the *AE* in the edition for 1960; it also contains other useful material that is relevant to positional and dynamical astronomy and to chronology. Footnotes indicate the changes that have been introduced since 1960 and it contains a reprint of *The Supplement to A.E. 1968*, which gives an account of the introduction of the IAU (1964) system of astronomical constants. It was published by Her Majesty's Stationery Office but is now out of print. A new *Explanatory Supplement to The Astronomical Almanac* is in preparation.

Other publications of the United States Naval Observatory

These publications are available from the Nautical Almanac Office, U.S. Naval Observatory, Washington, D.C. 20390

Astronomical Papers of the American Ephemeris are issued irregularly and contain reports of research in celestial mechanics with particular relevance to ephemerides.

U.S. Naval Observatory Circulars are issued irregularly to disseminate astronomical data concerning ephemerides or astronomical phenomena.

The Floppy Almanac is an integrated package of software and astronomical data on a floppy diskette. *The Floppy Almanac* will produce to full precision most of the data in *The Astronomical Almanac* including both positional and physical data interpolated to any date and time within the appropriate year. Versions are available for microcomputers compatible with the IBM PC, XT or AT, running under MS-DOS with at least 256k bytes of memory.

Other publications of the Royal Greenwich Observatory

The Star Almanac for Land Surveyors contains the Greenwich hour angle of Aries and the position of the Sun, tabulated for every six hours, and represented by monthly polynomial coefficients. Positions of all stars brighter than magnitude 4·0 are tabulated monthly to a precision of 0^s1 in right ascension and $1''$ in declination. This publication is available from HMSO and from Bernan-UNIPUB, 4611/F Assembly Drive, Lanham, MD 20706-4391, U.S.A.

Compact Data for Navigation and Astronomy for 1991 to 1995 contains data, which are mainly in the form of polynomial coefficients, for use by navigators and astronomers to calculate the positions of the Sun, Moon, navigational planets and bright stars using a small programmable calculator or personal computer. This publication is available from Cambridge University Press, The Edinburgh Building, Shaftesbury Road, Cambridge, CB2 2RU.

Publications of other countries

Apparent Places of Fundamental Stars is prepared annually by the Astronomisches Rechen-Institut in Heidelberg and contains mean and apparent coordinates of 1535 stars of the *Fifth Fundamental Catalogue* (FK5). This volume is available from Verlag G. Braun, Karl-Friedrich-Strasse, 14–18, Karlsruhe, Germany.

Ephemerides of Minor Planets is prepared annually by the Institute of Theoretical Astronomy, and published by the Academy of Sciences of the U.S.S.R. Included in this volume are elements, opposition dates and opposition ephemerides of all numbered minor planets. This volume is available from the Institute of Theoretical Astronomy, Naberezhnaya Kutuzova 10, 191187 Leningrad, U.S.S.R.

CONTENTS OF SECTION A

NOTE: All the times in this section are expressed in universal time (UT).

THE SUN

		d h			d h m			d h m
Perigee	… Jan.	4 03	Equinoxes	… Mar.	20 14 41 …	… Sept.	23 00 22
Apogee	… July	4 22	Solstices	… June	21 09 00 …	… Dec.	21 20 26

PHASES OF THE MOON

Lunation	New Moon	First Quarter	Full Moon	Last Quarter
	d h m	d h m	d h m	d h m
866		Jan. 1 03 38	Jan. 8 12 37	Jan. 15 04 01
867	Jan. 22 18 27	Jan. 30 23 20	Feb. 6 23 55	Feb. 13 14 57
868	Feb. 21 13 05	Mar. 1 15 46	Mar. 8 09 46	Mar. 15 04 16
869	Mar. 23 07 14	Mar. 31 04 10	Apr. 6 18 43	Apr. 13 19 39
870	Apr. 21 23 49	Apr. 29 12 40	May 6 03 34	May 13 12 20
871	May 21 14 06	May 28 18 21	June 4 13 02	June 12 05 36
872	June 20 01 52	June 26 22 43	July 3 23 45	July 11 22 49
873	July 19 11 24	July 26 03 25	Aug. 2 12 10	Aug. 10 15 19
874	Aug. 17 19 28	Aug. 24 09 57	Sept. 1 02 33	Sept. 9 06 26
875	Sept. 16 03 10	Sept. 22 19 32	Sept. 30 18 54	Oct. 8 19 35
876	Oct. 15 11 36	Oct. 22 08 52	Oct. 30 12 38	Nov. 7 06 36
877	Nov. 13 21 34	Nov. 21 02 03	Nov. 29 06 31	Dec. 6 15 49
878	Dec. 13 09 27	Dec. 20 22 26	Dec. 28 23 05	

ECLIPSES AND TRANSIT OF MERCURY

Partial eclipse of the Sun	May 21	N. America except S.E., arctic regions, Greenland, Iceland, N. Europe including N. British Isles, N.W. of U.S.S.R.
Total eclipse of the Moon	June 4	Tip of S. America, W. coast of N. America, Antarctica, Australasia, S.E. Asia
Transit of Mercury	Nov. 6	Hawaii, Pacific Ocean except E., Australasia, Asia except extreme N., Indian Ocean, E. Africa
Partial eclipse of the Sun	Nov. 13	Tip of S. America, Antarctica, New Zealand, S. Australia
Total eclipse of the Moon	Nov. 29	Most of Europe including British Isles, W. Africa, Iceland, Greenland, Arctic region, the Americas, N.E. Asia

OCCULTATIONS OF PLANETS AND BRIGHT STARS BY THE MOON

Date	Body	Area of Visibility
Feb. 25 04$^{d\ h}$	Venus	Australia except N.W., E. of Papua New Guinea, Pacific
Apr. 19 17	Venus	Hawaii, Pacific, N. America except N.W., S. Greenland, Iceland, Ireland

No occultations of bright stars in 1993

OCCULTATIONS OF X-RAY SOURCES BY THE MOON

Occultations occur at intervals of a lunar month between the dates given below:

Source	Dates	Source	Dates
NGC918	Jan. 3–Feb. 27	4U1621 − 23	Jan. 18–Mar. 13
MKN 372	Jan. 4–Oct. 4	GX0 + 9	Jan. 19–July 29
Crab	Jan. 6–Dec. 27	4U1730 − 22	Jan. 19–Dec. 13
IC443	Jan. 7–Aug. 14	GX9 + 1	July 30–Dec. 14
4U1203 − 06	Jan. 13–Dec. 8	3U1237 − 07	Sept. 17–Dec. 8
4U1221 − 08	Jan. 13–Dec. 8	NGC6440	Sept. 22–Dec. 13
4U1438 − 18	Jan. 16–Dec. 10		

AVAILABILITY OF PREDICTIONS OF LUNAR OCCULTATIONS

The International Lunar Occultation Centre, Astronomical Division, Hydrographic Department, Tsukiji-5, Chuo-ku, Tokyo, 104 JAPAN is responsible for the predictions and for the reductions of timings of occultations of stars by the Moon

GEOCENTRIC PHENOMENA

MERCURY

	d h		d h		d h
Superior conjunction ...	Jan. 23 16		May 16 03		Aug. 29 08
Greatest elongation East	Feb. 21 09 (18°)		June 17 17 (25°)		Oct. 14 04 (25°)
Stationary	Feb. 27 09		June 30 23		Oct. 26 03
Inferior conjunction ...	Mar. 9 04		July 15 01		Nov. 6 04
Stationary	Mar. 21 13		July 25 14		Nov. 15 00
Greatest elongation West	Apr. 5 18 (28°)		Aug. 4 02 (19°)		Nov. 22 16 (20°)

VENUS

	d h			d h
Greatest elongation East	Jan. 19 16 (47°)	Stationary	Apr.	20 02
Greatest brilliancy ...	Feb. 24 10	Greatest brilliancy ...	May	7 04
Stationary	Mar. 9 21	Greatest elongation West	June	10 13 (46°)
Inferior conjunction ...	Apr. 1 13			

SUPERIOR PLANETS

	Conjunction	Stationary	Opposition	Stationary
	d h	d h	d h	d h
Mars	Dec. 27 02	— |	Jan. 7 23	Feb. 15 11
Jupiter	Oct. 18 10 |	Jan. 29 13	Mar. 30 12	June 1 16
Saturn	Feb. 9 16	June 11 00	Aug. 19 23	Oct. 28 10
Uranus	Jan. 8 09	Apr. 26 12	July 12 14	Sept. 27 14
Neptune	Jan. 8 22	Apr. 22 21	July 12 03	Sept. 30 03
Pluto	Nov. 17 18 |	Mar. 1 13	May 14 23	Aug. 7 01

OCCULTATIONS BY PLANETS AND SATELLITES

Details of predictions of occultations of stars by planets, minor planets and satellites are given in *The Handbook of the British Astronomical Association.*

HELIOCENTRIC PHENOMENA

	Aphelion	Perihelion	Greatest Lat. South	Ascending Node	Greatest Lat. North	Descending Node
Mercury	Jan. 7	Feb. 20	Jan. 27	Feb. 15	Mar. 2	Mar. 26
	Apr. 5	May 19	Apr. 25	May 14	May 29	June 22
	July 2	Aug. 15	July 22	Aug. 10	Aug. 25	Sept. 18
	Sept. 28	Nov. 11	Oct. 18	Nov. 6	Nov. 21	Dec. 15
	Dec. 25	—	—	—	—	—
Venus	—	Feb. 23	—	Jan. 20	Mar. 16	May 12
	June 15	Oct. 5	July 7	Sept. 2	Oct. 27	Dec. 22
Mars	Apr. 25	—	—	—	Mar. 19	Oct. 3
Jupiter	June 15	—	—	—	Apr. 6	—

Saturn, Uranus, Neptune, Pluto: None in 1993

ELONGATIONS AND MAGNITUDES OF PLANETS AT 0ʰ UT

Date	Mercury Elong.	Mag.	Venus Elong.	Mag.	Date	Mercury Elong.	Mag.	Venus Elong.	Mag.
Jan. −2	W. 14	−0·5	E. 46	−4·3	**July** 2	E. 18	+2·1	W. 45	−4·2
3	12	0·5	46	4·3	7	13	3·1	44	4·1
8	9	0·7	47	4·3	12	E. 7	4·5	43	4·1
13	7	0·8	47	4·4	17	W. 6	4·6	42	4·1
18	4	1·1	47	4·4	22	11	3·1	42	4·1
23	W. 2	−1·3	E. 47	−4·4	27	W. 16	+1·7	W. 41	−4·0
28	E. 4	1·3	47	4·5	**Aug.** 1	19	+0·7	40	4·0
Feb. 2	7	1·2	46	4·5	6	19	−0·1	39	4·0
7	11	1·2	46	4·5	11	17	0·7	38	4·0
12	14	1·1	45	4·6	16	13	1·1	37	4·0
17	E. 17	−0·9	E. 43	−4·6	21	W. 9	−1·5	W. 36	−4·0
22	18	−0·3	41	4·6	26	W. 4	1·7	35	4·0
27	16	+0·8	39	4·6	31	E. 2	1·7	34	4·0
Mar. 4	10	2·7	36	4·6	**Sept.** 5	6	1·2	33	4·0
9	E. 4	4·8	32	4·6	10	10	0·8	31	4·0
14	W. 10	+3·3	E. 27	−4·5	15	E. 14	−0·5	W. 30	−4·0
19	18	1·9	22	4·4	20	17	0·3	29	4·0
24	23	1·1	16	4·2	25	19	0·2	28	3·9
29	26	0·7	E. 10	4·1	30	22	0·1	27	3·9
Apr. 3	28	0·4	W. 8	4·0	**Oct.** 5	23	−0·1	25	3·9
8	W. 28	+0·3	W. 12	−4·1	10	E. 25	0·0	W. 24	−3·9
13	27	+0·1	18	4·3	15	25	0·0	23	3·9
18	25	0·0	24	4·4	20	24	+0·1	22	3·9
23	22	−0·2	29	4·5	25	21	0·5	20	3·9
28	19	0·5	34	4·5	30	15	1·5	19	3·9
May 3	W. 14	−0·8	W. 37	−4·5	**Nov.** 4	E. 5	+4·0	W. 18	−3·9
8	9	1·3	40	4·5	9	W. 6	3·4	17	3·9
13	W. 4	1·9	42	4·5	14	15	+0·8	16	3·9
18	E. 2	2·1	43	4·5	19	19	−0·2	14	3·9
23	8	1·5	44	4·4	24	20	0·6	13	3·9
28	E. 14	−1·0	W. 45	−4·4	29	W. 18	−0·6	W. 12	−3·9
June 2	18	0·6	46	4·4	**Dec.** 4	16	0·6	11	3·9
7	22	−0·2	46	4·3	9	14	0·6	9	3·9
12	24	+0·2	46	4·3	14	11	0·6	8	3·9
17	25	0·5	46	4·3	19	9	0·7	7	3·9
22	E. 24	+0·9	W. 45	−4·2	24	W. 6	−0·8	W. 6	−3·9
27	22	1·4	45	4·2	29	4	1·0	5	3·9
July 2	E. 18	+2·1	W. 45	−4·2	34	W. 2	−1·2	W. 3	−3·9

MINOR PLANETS

	Conjunction	Stationary	Opposition	Stationary
Ceres	Mar. 5	Sept. 4	Oct. 22	Dec. 16
Pallas	Jan. 23	June 24	Aug. 25	Oct. 13
Juno	Sept. 10	—	—	| Feb. 3
Vesta	—	July 17	Aug. 28	Oct. 13

ELONGATIONS AND MAGNITUDES OF PLANETS AT 0^h UT

Date	Mars Elong.	Mars Mag.	Jupiter Elong.	Jupiter Mag.	Saturn Elong.	Saturn Mag.	Uranus Elong.	Neptune Elong.	Pluto Elong.
Jan. −7	W. 159	−1·3	W. 80	−2·0	E. 43	+0·7	E. 15	E. 16	W. 40
3	W. 172	1·4	89	2·0	34	0·8	E. 5	E. 6	50
13	E. 172	1·4	99	2·1	25	0·7	W. 4	W. 4	59
23	159	1·1	108	2·1	16	0·7	14	14	69
Feb. 2	146	0·9	118	2·2	E. 7	0·7	24	24	78
12	E. 135	−0·6	W. 129	−2·3	W. 2	+0·7	W. 33	W. 33	W. 88
22	125	−0·3	140	2·3	11	0·8	43	43	98
Mar. 4	117	0·0	150	2·4	20	0·8	52	53	107
14	109	+0·2	161	2·4	29	0·8	62	63	117
24	102	0·4	W. 173	2·5	38	0·9	72	72	127
Apr. 3	E. 96	+0·6	E. 176	−2·5	W. 46	+0·9	W. 81	W. 82	W. 136
13	90	0·8	165	2·4	55	0·9	91	92	145
23	85	0·9	154	2·4	64	0·9	101	102	154
May 3	80	1·1	143	2·4	73	0·9	110	111	161
13	75	1·2	133	2·3	83	0·9	120	121	W. 165
23	E. 71	+1·3	E. 123	−2·2	W. 92	+0·8	W. 130	W. 131	E. 163
June 2	67	1·4	113	2·2	101	0·8	140	141	157
12	63	1·4	104	2·1	111	0·8	150	151	149
22	59	1·5	95	2·1	120	0·7	160	160	140
July 2	55	1·6	86	2·0	130	0·6	169	170	131
12	E. 51	+1·6	E. 77	−1·9	W. 140	+0·6	W. 179	W. 179	E. 122
22	48	1·6	69	1·9	150	0·5	E. 171	E. 170	113
Aug. 1	44	1·6	61	1·8	160	0·4	161	160	104
11	41	1·7	53	1·8	W. 171	0·4	151	151	94
21	38	1·7	45	1·7	E. 178	0·3	141	141	85
31	E. 34	+1·6	E. 37	−1·7	E. 168	+0·4	E. 131	E. 131	E. 76
Sept. 10	31	1·6	30	1·7	158	0·4	121	121	67
20	28	1·6	22	1·7	148	0·4	111	111	57
30	25	1·6	14	1·7	137	0·5	101	102	48
Oct. 10	22	1·6	E. 7	1·7	127	0·5	92	92	39
20	E. 19	+1·5	W. 2	−1·7	E. 117	+0·6	E. 82	E. 82	E. 31
30	16	1·5	9	1·7	107	0·6	72	72	23
Nov. 9	13	1·5	17	1·7	97	0·7	62	62	E. 16
19	10	1·4	25	1·7	87	0·7	53	52	W. 14
29	8	1·4	33	1·7	78	0·8	43	43	17
Dec. 9	E. 5	+1·3	W. 41	−1·7	E. 68	+0·8	E. 33	E. 33	W. 25
19	E. 2	1·3	49	1·8	59	0·8	24	23	33
29	W. 1	1·2	58	1·8	49	0·9	14	13	42
39	W. 3	+1·2	W. 67	−1·9	E. 40	+0·9	E. 5	E. 3	W. 52

Magnitudes at opposition: Uranus 5·6   Neptune 7·9   Pluto 13·7

VISUAL MAGNITUDES OF MINOR PLANETS

	Jan. 3	Feb. 12	Mar. 24	May 3	June 12	July 22	Aug. 31	Oct. 10	Nov. 19	Dec. 29
Ceres	9·3	9·1	9·1	9·3	9·2	8·9	8·4	7·6	7·8	8·5
Pallas	10·5	10·5	10·6	10·5	10·1	9·5	9·1	9·6	10·1	10·2
Juno	7·8	8·6	9·5	10·1	10·5	10·6	10·5	10·8	11·0	11·0
Vesta	7·7	7·8	7·8	7·6	7·1	6·4	5·9	6·8	7·5	8·0

VISIBILITY OF PLANETS

The planet diagram on page A7 shows, in graphical form for any date during the year, the local mean times of meridian passage of the Sun, of the five planets, Mercury, Venus, Mars, Jupiter and Saturn, and of every 2^h of right ascension. Intermediate lines, corresponding to particular stars, may be drawn in by the user if desired. The diagram is intended to provide a general picture of the availability of planets and stars for observation during the year.

On each side of the line marking the time of meridian passage of the Sun, a band 45^m wide is shaded to indicate that planets and most stars crossing the meridian within 45^m of the Sun are generally too close to the Sun for observation.

For any date the diagram provides immediately the local mean time of meridian passage of the Sun, planets and stars, and thus the following information:
- a) whether a planet or star is too close to the Sun for observation;
- b) visibility of a planet or star in the morning or evening;
- c) location of a planet or star during twilight;
- d) proximity of planets to stars or other planets.

When the meridian passage of a body occurs at midnight, it is close to opposition to the Sun and is visible all night, and may be observed in both morning and evening twilights. As the time of meridian passage decreases, the body ceases to be observable in the morning, but its altitude above the eastern horizon during evening twilight gradually increases until it is on the meridian at evening twilight. From then onwards the body is observable above the western horizon, its altitude at evening twilight gradually decreasing, until it becomes too close to the Sun for observation. When it again becomes visible, it is seen in the morning twilight, low in the east. Its altitude at morning twilight gradually increases until meridian passage occurs at the time of morning twilight, then as the time of meridian passage decreases to 0^h, the body is observable in the west in the morning twilight with a gradually decreasing altitude, until it once again reaches opposition.

Notes on the visibility of the principal planets, except Pluto, are given on page A8. Further information on the visibility of planets may be obtained from the diagram below which shows, in graphical form for any date during the year, the declinations of the bodies plotted on the planet diagram on page A7.

DECLINATIONS OF SUN AND PLANETS, 1993

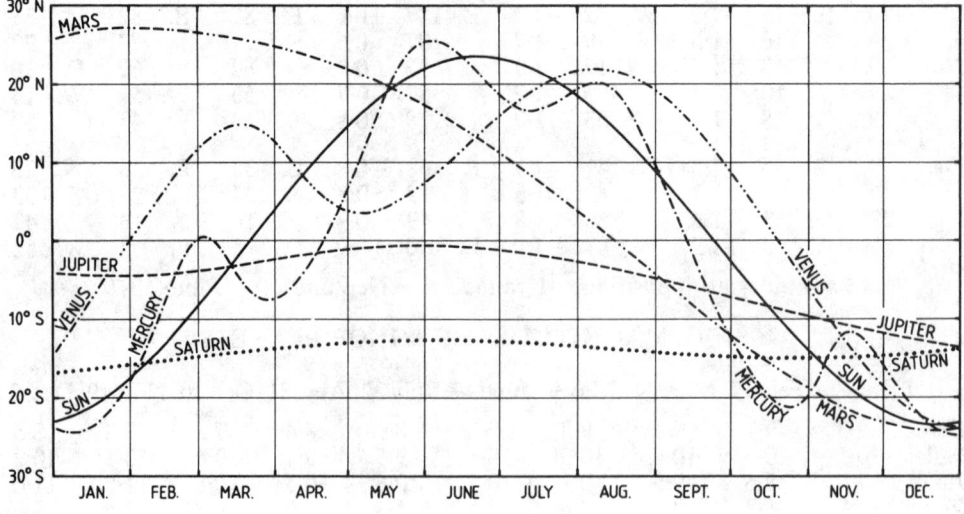

LOCAL MEAN TIME OF MERIDIAN PASSAGE

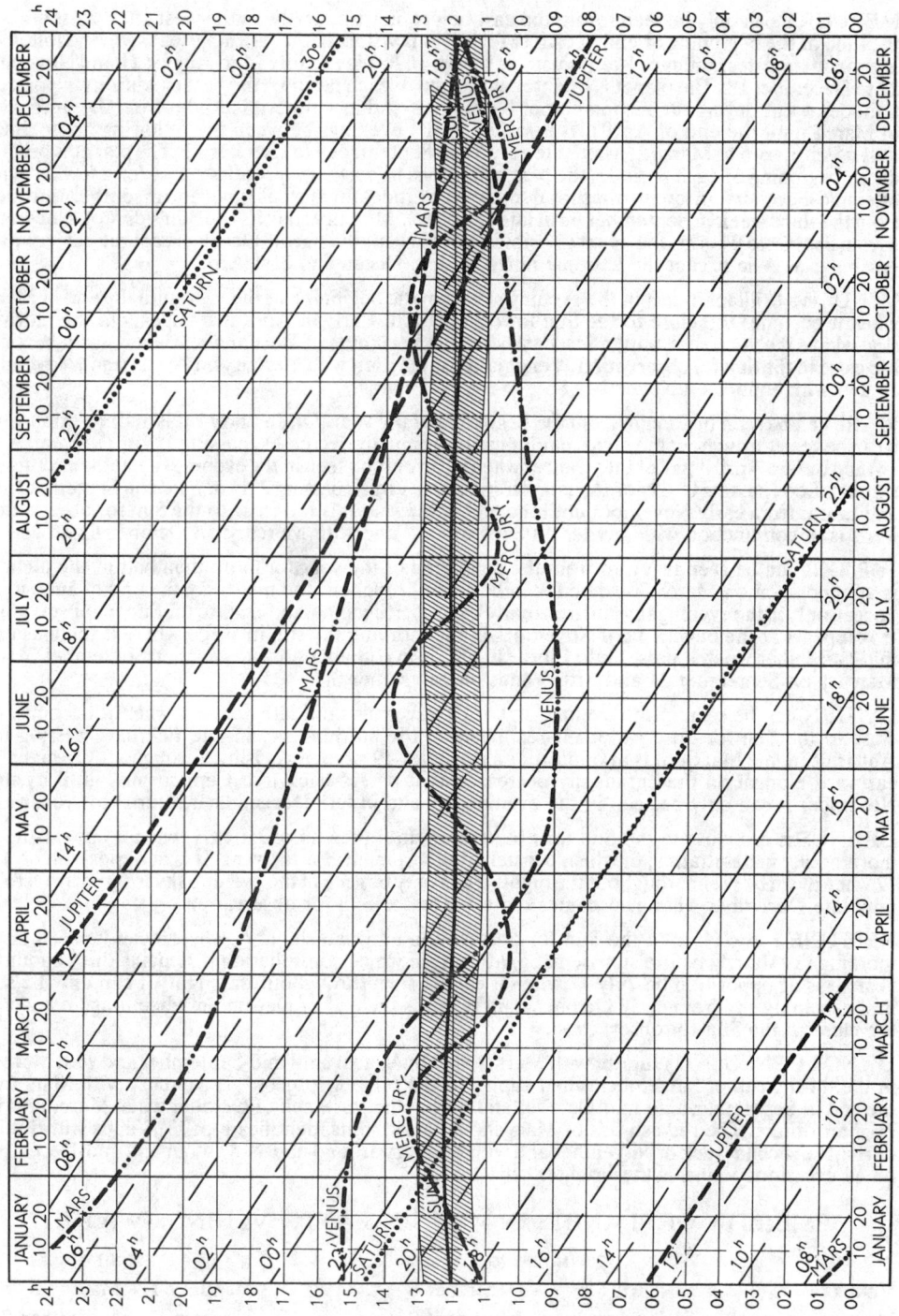

LOCAL MEAN TIME OF MERIDIAN PASSAGE

PHENOMENA, 1993

VISIBILITY OF PLANETS

MERCURY can only be seen low in the east before sunrise, or low in the west after sunset (about the time of the beginning or end of civil twilight). It is visible in the mornings between the following approximate dates: January 1 to January 8, March 16 to May 8, July 24 to August 21 and November 12 to December 18. The planet is brighter at the end of each period, (the best conditions in northern latitudes occur during the second half of November, and in southern latitudes from the third week in March until the end of April). It is visible in the evenings between the following approximate dates: February 5 to March 2, May 24 to July 6 and September 9 to October 31. The planet is brighter at the beginning of each period, (the best conditions in northern latitudes occur for a few days just after mid-February, in low northern and southern latitudes for most of June, and in southern latitudes from the third week in September until late October). Mercury transits the Sun's disk on November 6 from $03^h 06^m$ to $04^h 47^m$; the event is visible from Hawaii, the Pacific Ocean except the eastern part, Australasia, Asia except the extreme north, Indian Ocean and east Africa.

VENUS is a brilliant object in the evening sky from the beginning of the year until the end of March when it becomes too close to the Sun for observation. Early in April it reappears in the morning sky, where it can be seen until a few days after the beginning of December, when it again becomes too close to the Sun for observation. Venus is in conjunction with Mercury on April 16 and November 14 and with Jupiter on November 8.

MARS can be seen in Gemini from the beginning of the year. On January 7 it is at opposition when it can be seen throughout the night, its elongation gradually decreases (passing 5° S of *Pollux* on April 14) and by late April it passes into Cancer when it can only be seen in the evening sky. It then continues through Leo (passing $0°·8$ N of *Regulus* on June 22), Virgo (passing 2° N of *Spica* on September 16), and Libra; from early November until the end of the year it is too close to the Sun for observation. Mars is in conjunction with Jupiter on September 7 and with Mercury on October 6 and 28.

JUPITER can be seen in Virgo from the beginning of the year for more than half of the night. It is at opposition on March 30 when it can be seen throughout the night. By the end of June it can be seen only in the evening sky and from early October it becomes too close to the Sun for observation. It reappears at the beginning of November in the morning sky still in Virgo where it remains until mid-December when it passes into Libra. Jupiter is in conjunction with Mars on September 7, with Mercury on September 24 and with Venus on November 8.

SATURN can be seen in the evening sky in Capricornus until late January when it becomes too close to the Sun for observation. It reappears in the morning sky in late February passing into Aquarius in late March; it is at opposition on August 19 when it is visible throughout the night. Its eastward elongation then gradually decreases as it passes back into Capricornus, until by mid-November it can only be seen in the evening sky and in late December it returns to Aquarius.

URANUS is too close to the Sun for observation until the end of January when it appears in the morning sky in Sagittarius, in which constellation it remains for the year. It is at opposition on July 12 when it can be seen throughout the night. It can only be seen in the evening sky from early October until late December when it becomes too close to the Sun for observation.

NEPTUNE is too close to the Sun for observation until late January when it can be seen in the morning sky shortly before sunrise in Sagittarius, in which constellation it remains throughout the year. It is at opposition on July 12 when it can be seen throughout the night. It can only be seen in the evening sky from early October until towards the end of December when it again becomes too close to the Sun for observation.

DO NOT CONFUSE (1) Jupiter with Mars from late August until mid-September and with Mercury in the third week of September when Jupiter is the brighter object. (2) Mercury with Mars from the end of September until mid-October and during the last week of October when Mercury is the brighter object. The reddish tint of Mars should assist in its identification. (3) Venus with Jupiter during the second week of November and with Mercury around mid-November and mid-December; on all occasions Venus is the brighter object.

VISIBILITY OF PLANETS IN MORNING AND EVENING TWILIGHT

	MORNING		EVENING
VENUS	April 6	– December 6	January 1 – March 28
MARS	January 1	– January 7	January 7 – November 2
JUPITER	January 1	– March 30	March 30 – October 5
	November 1	– December 31	
SATURN	February 27	– August 19	January 1 – January 23
			August 19 – December 31

CONFIGURATIONS OF SUN, MOON AND PLANETS

	d h	
Jan.	1 04	FIRST QUARTER
	3 14	Mars closest approach
	4 03	Earth at perihelion
	7 23	Mars at opposition
	8 09	Uranus in conjunction with Sun
	8 13	FULL MOON
	8 13	Mars 6° N. of Moon
	8 22	Neptune in conjunction with Sun
	10 12	Moon at perigee
	14 14	Jupiter 7° N. of Moon
	15 04	LAST QUARTER
	19 16	Venus greatest elong. E. (47°)
	20 18	Vesta 0°1 S. of Moon Occn.
	22 18	NEW MOON
	23 16	Mercury in superior conjunction
	23 16	Pallas in conjunction with Sun
	25 20	Uranus 1°1 S. of Neptune
	26 10	Moon at apogee
	27 05	Venus 5° S. of Moon
	29 13	Jupiter stationary
	30 23	FIRST QUARTER
Feb.	3 17	Juno stationary
	4 10	Mars 6° N. of Moon
	7 00	FULL MOON
	7 20	Moon at perigee
	9 16	Saturn in conjunction with Sun
	10 22	Jupiter 6° N. of Moon
	13 15	LAST QUARTER
	15 11	Mars stationary
	18 00	Neptune 2° S. of Moon
	18 01	Uranus 3° S. of Moon
	21 09	Mercury greatest elong. E. (18°)
	21 13	NEW MOON
	22 18	Moon at apogee
	23 07	Mercury 3° S. of Moon
	24 10	Venus greatest brilliancy
	25 04	Venus 0°5 N. of Moon Occn.
	27 09	Mercury stationary
Mar.	1 13	Pluto stationary
	1 16	FIRST QUARTER
	3 21	Mars 5° N. of Moon
	5 08	Ceres in conjunction with Sun
	8 09	Moon at perigee
	8 10	FULL MOON
	9 04	Mercury in inferior conjunction
	9 21	Venus stationary
	10 04	Jupiter 6° N. of Moon
	15 04	LAST QUARTER

	d h	
Mar.	17 07	Neptune 2° S. of Moon
	17 09	Uranus 3° S. of Moon
	20 08	Saturn 6° S. of Moon
	20 15	Equinox
	21 13	Mercury 4° S. of Moon
	21 13	Mercury stationary
	21 19	Moon at apogee
	23 07	NEW MOON
	24 08	Venus 4° N. of Moon
	30 12	Jupiter at opposition
	31 04	FIRST QUARTER
	31 19	Mars 5° N. of Moon
Apr.	1 13	Venus in inferior conjunction
	5 18	Mercury greatest elong. W. (28°)
	5 19	Moon at perigee
	6 10	Jupiter 7° N. of Moon
	6 19	FULL MOON
	13 15	Neptune 3° S. of Moon
	13 17	Uranus 4° S. of Moon
	13 20	LAST QUARTER
	14 15	Mars 5° S. of Pollux
	16 11	Mercury 8° S. of Venus
	16 20	Saturn 7° S. of Moon
	18 05	Moon at apogee
	19 17	Venus 0°5 S. of Moon Occn.
	20 02	Venus stationary
	20 04	Mercury 8° S. of Moon
	22 00	NEW MOON
	22 21	Neptune stationary
	26 12	Uranus stationary
	29 00	Mars 6° N. of Moon
	29 13	FIRST QUARTER
May	3 15	Jupiter 7° N. of Moon
	4 00	Moon at perigee
	6 04	FULL MOON
	7 04	Venus greatest brilliancy
	10 23	Neptune 3° S. of Moon
	11 02	Uranus 4° S. of Moon
	13 12	LAST QUARTER
	14 07	Saturn 7° S. of Moon
	14 23	Pluto at opposition
	15 22	Moon at apogee
	16 03	Mercury in superior conjunction
	18 00	Venus 6° S. of Moon
	21 14	NEW MOON Eclipse
	26 06	Juno 1°2 S. of Moon Occn.
	27 07	Mars 7° N. of Moon
	28 18	FIRST QUARTER

CONFIGURATIONS OF SUN, MOON AND PLANETS

d h			d h		
May 30 21	Jupiter 7° N. of Moon		Aug. 6 02	Mercury 8° S. of Pollux	
31 11	Moon at perigee		7 01	Pluto stationary	
June 1 16	Jupiter stationary		7 04	Moon at apogee	
4 13	FULL MOON	Eclipse	10 15	LAST QUARTER	
7 08	Neptune 3° S. of Moon		15 02	Venus 2° N. of Moon	
7 10	Uranus 4° S. of Moon		17 19	NEW MOON	
10 13	Venus greatest elong. W. (46°)				
10 17	Saturn 7° S. of Moon		19 07	Moon at perigee	
11 00	Saturn stationary		19 23	Saturn at opposition	
			20 16	Mars 5° N. of Moon	
12 06	LAST QUARTER		21 04	Jupiter 6° N. of Moon	
12 16	Moon at apogee		22 23	Venus 7° S. of Pollux	
16 10	Venus 6° S. of Moon		24 10	FIRST QUARTER	
17 17	Mercury greatest elong. E. (25°)				
			25 02	Pallas at opposition	
20 02	NEW MOON		28 02	Neptune 3° S. of Moon	
21 08	Mercury 7° S. of Pollux		28 02	Uranus 4° S. of Moon	
21 09	Solstice		28 04	Vesta at opposition	
22 01	Mercury 4° N. of Moon		29 08	Mercury in superior conjunction	
22 10	Mars 0°8 N. of Regulus		31 06	Saturn 7° S. of Moon	
23 09	Juno 1°1 N. of Moon	Occn.	Sept. 1 03	FULL MOON	
24 09	Pallas stationary		3 17	Moon at apogee	
24 17	Mars 7° N. of Moon		4 04	Ceres stationary	
25 17	Moon at perigee		7 00	Mars 0°9 S. of Jupiter	
26 23	FIRST QUARTER		9 06	LAST QUARTER	
27 04	Jupiter 7° N. of Moon		10 04	Juno in conjunction with Sun	
30 23	Mercury stationary		14 03	Venus 6° N. of Moon	
July 4 00	FULL MOON		16 03	NEW MOON	
4 15	Neptune 3° S. of Moon		16 10	Mars 2° N. of Spica	
4 17	Uranus 4° S. of Moon		16 15	Moon at perigee	
4 22	Earth at aphelion		17 08	Mercury 5° N. of Moon	
7 23	Saturn 7° S. of Moon		17 22	Jupiter 5° N. of Moon	
10 11	Moon at apogee		18 06	Mars 4° N. of Moon	
11 23	LAST QUARTER		21 06	Venus 0°4 N. of Regulus	
12 03	Neptune at opposition		22 20	FIRST QUARTER	
12 14	Uranus at opposition		23 00	Equinox	
15 01	Mercury in inferior conjunction		24 07	Neptune 3° S. of Moon	
15 07	Venus 3° N. of Aldebaran		24 07	Uranus 4° S. of Moon	
16 03	Venus 2° S. of Moon		24 12	Mercury 2° S. of Jupiter	
17 09	Vesta stationary		26 08	Mercury 1°1 N. of Spica	
19 11	NEW MOON		27 09	Saturn 7° S. of Moon	
			27 14	Uranus stationary	
22 08	Moon at perigee		30 03	Neptune stationary	
23 03	Mars 6° N. of Moon		30 19	FULL MOON	
24 14	Jupiter 6° N. of Moon				
25 14	Mercury stationary		30 21	Moon at apogee	
26 03	FIRST QUARTER		Oct. 6 17	Mercury 2° S. of Mars	
31 21	Neptune 3° S. of Moon		8 20	LAST QUARTER	
31 22	Uranus 4° S. of Moon		13 01	Pallas stationary	
Aug. 2 12	FULL MOON		13 10	Vesta stationary	
			14 01	Venus 7° N. of Moon	
4 02	Mercury greatest elong. W. (19°)		14 04	Mercury greatest elong. E. (25°)	
4 04	Saturn 7° S. of Moon		15 02	Moon at perigee	

CONFIGURATIONS OF SUN, MOON AND PLANETS

d h		
Oct. 15 12	NEW MOON	
16 22	Mars 1°.7 N. of Moon	
17 05	Mercury 1°.7 S. of Moon	
18 10	Jupiter in conjunction with Sun	
21 14	Neptune 3° S. of Moon	
21 14	Uranus 4° S. of Moon	
22 09	FIRST QUARTER	
22 19	Ceres at opposition	
24 13	Saturn 7° S. of Moon	
26 03	Mercury stationary	
28 00	Moon at apogee	
28 06	Mercury 2° S. of Mars	
28 10	Saturn stationary	
30 13	FULL MOON	
Nov. 2 23	Venus 4° N. of Spica	
6 04	Mercury in inferior conjunction, transit over Sun	
7 07	LAST QUARTER	
8 17	Venus 0°.4 N. of Jupiter	
12 12	Moon at perigee	
12 14	Jupiter 4° N. of Moon	
12 21	Venus 4° N. of Moon	
13 22	NEW MOON	Eclipse
14 13	Mercury 0°.7 N. of Venus	
15 00	Mercury stationary	

d h		
Nov. 17 18	Pluto in conjunction with Sun	
18 00	Neptune 3° S. of Moon	
18 01	Uranus 4° S. of Moon	
20 22	Saturn 7° S. of Moon	
21 02	FIRST QUARTER	
22 16	Mercury greatest elong. W. (20°)	
24 13	Moon at apogee	
29 07	FULL MOON	Eclipse
Dec. 6 16	LAST QUARTER	
10 08	Jupiter 4° N. of Moon	
10 14	Moon at perigee	
12 22	Mercury 5° N. of Antares	
13 09	NEW MOON	
15 12	Neptune 3° S. of Moon	
15 13	Uranus 4° S. of Moon	
16 18	Ceres stationary	
18 10	Saturn 7° S. of Moon	
18 15	Pallas 1°.2 S. of Moon	Occn.
20 22	FIRST QUARTER	
21 20	Solstice	
22 08	Moon at apogee	
27 02	Mars in conjunction with Sun	
28 23	FULL MOON	

Arrangement and basis of the tabulations

The tabulations of risings, settings and twilights on pages A14–A77 refer to the instants when the true geocentric zenith distance of the central point of the disk of the Sun or Moon takes the value indicated in the following table. The tabular times are in universal time (UT) for selected latitudes on the meridian of Greenwich; the times for other latitudes and longitudes may be obtained by interpolation as described below and as exemplified on page A13.

	Phenomena	*Zenith distance*	*Pages*
SUN (interval 4 days):	sunrise and sunset	90° 50′	A14–A21
	civil twilight	96°	A22–A29
	nautical twilight	102°	A30–A37
	astronomical twilight	108°	A38–A45
MOON (interval 1 day):	moonrise and moonset	90° 34′ + s − π	A46–A77

(s = semidiameter, π = horizontal parallax)

The zenith distance at the times for rising and setting is such that under normal conditions the upper limb of the Sun and Moon appears to be on the horizon of an observer at sea-level. The parallax of the Sun is ignored. The observed time may differ from the tabular time because of a variation of the atmospheric refraction from the adopted value (34′) and because of a difference in height of the observer and the actual horizon.

Use of tabulations

The following procedure may be used to obtain times of the phenomena for a non-tabular place and date.

Step 1:   Interpolate linearly for latitude. The differences between adjacent values are usually small and so the required interpolates can often be obtained by inspection.

Step 2:   Interpolate linearly for date and longitude in order to obtain the local mean times of the phenomena at the longitude concerned. For the Sun the variations with longitude of the local mean times of the phenomena are small, but to obtain better precision the interpolation factor for date should be increased by

$$\text{west longitude in degrees } /1440$$

since the interval of tabulation is 4 days. For the Moon, the interpolating factor to be used is simply

$$\text{west longitude in degrees } /360$$

since the interval of tabulation is 1 day; backward interpolation should be carried out for east longitudes.

Step 3:   Convert the times so obtained (which are on the scale of local mean time for the local meridian to universal time (UT) or to the appropriate clock time, which may differ from the time of the nearest standard meridian according to the customs of the country concerned. The UT of the phenomenon is obtained from the local mean time by applying the longitude expressed in time measure (1 hour for each 15° of longitude), adding for west longitudes and subtracting for east longitudes. The times so obtained may require adjustment by 24^h; if so, the corresponding date must be changed accordingly.

Approximate formulae for direct calculation

The approximate UT of rising or setting of a body with right ascension α and declination δ at latitude ϕ and *east* longitude λ may be calculated from

$$\text{UT} = 0.997\ 27 \{\alpha - \lambda \pm \cos^{-1}(-\tan\phi\tan\delta) - (\text{GMST at } 0^h \text{ UT})\}$$

where each term is expressed in time measure and the GMST at 0^h UT is given in the tabulations on pages B8–B15. The negative sign corresponds to rising and the positive sign to setting. The formula ignores refraction, semi-diameter and any changes in α and δ during the day. If $\tan\phi\tan\delta$ is numerically greater than 1, there is no phenomenon.

Examples

The following examples of the calculations of the times of rising and setting phenomena use the procedure described on page A12.

1. To find the times of sunrise and sunset for Paris on 1993 July 20. Paris is at latitude N 48° 52′ (= +48°.87), longitude E 2° 20′ (= E 2°.33 = E 0^h 09^m), and in the summer the clocks are kept two hours in advance of UT. The relevant portions of the tabulation on page A19 and the results of the interpolation for latitude are as follows, where the interpolation factor is (48·87 − 48)/2 = 0·44:

	Sunrise			Sunset		
	+48°	+50°	+48°.87	+48°	+50°	+48°.87
	h m	h m	h m	h m	h m	h m
July 17	04 18	04 10	04 14	19 54	20 02	19 58
July 21	04 22	04 14	04 18	19 50	19 58	19 54

The interpolation factor for date and longitude is (20 − 17)/4 − 2·33/1440 = 0·75

	Sunrise	Sunset
	d h m	d h m
Interpolate to obtain local mean time:	20 04 17	20 19 55
Subtract 0^h 09^m to obtain universal time:	20 04 08	20 19 46
Add 2^h to obtain clock time:	20 06 08	20 21 46

2. To find the times of beginning and end of astronomical twilight for Canberra, Australia on 1993 November 15. Canberra is at latitude S 35° 18′ (= −35°.30), longitude E 149° 08′(= E 149°.13 = E 9^h 57^m), and in the summer the clocks are kept eleven hours in advance of UT. The relevant portions of the tabulation on page A44 and the results of the interpolation for latitude are as follows, where the interpolation factor is (−35·30 − (−40))/5 = 0·94:

	Astronomical Twilight					
	beginning			end		
	−40°	−35°	−35°.30	−40°	−35°	−35°.30
	h m	h m	h m	h m	h m	h m
Nov. 14	02 47	03 09	03 08	20 44	20 21	20 22
Nov. 18	02 41	03 05	03 04	20 50	20 26	20 27

The interpolation factor for date and longitude is (15 − 14)/4 − 149·13/1440 = 0·15

	Astronomical Twilight	
	beginning	end
	d h m	d h m
Interpolation to obtain local mean time:	15 03 07	15 20 23
Subtract 9^h 57^m to obtain universal time:	14 17 10	15 10 26
Add 11^h to obtain clock time:	15 04 10	15 21 26

3. To find the times of moonrise and moonset for Washington, D.C. on 1993 February 3. Washington is at latitude N 38° 55′ (= +38°.92), longitude W 77° 00′ (= W 77°.00 = W 5^h 08^m), and in the winter the clocks are kept five hours behind UT. The relevant portions of the tabulation on page A48 and the results of the interpolation for latitude are as follows, where the interpolation factor is (38·92 − 35)/5 = 0·78:

	Moonrise			Moonset		
	+35°	+40°	+38°.92	+35°	+40°	+38°.92
	h m	h m	h m	h m	h m	h m
Feb. 3	13 50	13 35	13 38	03 42	03 57	03 54
Feb. 4	14 55	14 42	14 45	04 36	04 50	04 47

The interpolation factor for longitude is 77·00/360 = 0·21

	Moonrise	Moonset
	d h m	d h m
Interpolate to obtain local mean time:	3 13 52	3 04 05
Add 5^h 08^m to obtain universal time:	3 19 00	3 09 13
Subtract 5^h to obtain clock time:	3 14 00	3 04 13

SUNRISE AND SUNSET, 1993

UNIVERSAL TIME FOR MERIDIAN OF GREENWICH

SUNRISE

Lat.	−55°	−50°	−45°	−40°	−35°	−30°	−20°	−10°	0°	+10°	+20°	+30°	+35°	+40°
	h m	h m	h m	h m	h m	h m	h m	h m	h m	h m	h m	h m	h m	h m
Jan. −2	3 23	3 52	4 15	4 33	4 48	5 00	5 22	5 41	5 58	6 16	6 34	6 55	7 07	7 21
2	3 27	3 56	4 18	4 36	4 50	5 03	5 25	5 43	6 00	6 17	6 36	6 56	7 08	7 22
6	3 33	4 01	4 22	4 39	4 54	5 06	5 27	5 45	6 02	6 19	6 37	6 57	7 09	7 22
10	3 39	4 06	4 27	4 43	4 57	5 09	5 30	5 48	6 04	6 20	6 37	6 57	7 08	7 22
14	3 46	4 12	4 32	4 48	5 01	5 13	5 33	5 50	6 05	6 21	6 38	6 57	7 08	7 20
18	3 53	4 18	4 37	4 52	5 05	5 16	5 35	5 52	6 07	6 22	6 38	6 56	7 07	7 19
22	4 01	4 25	4 42	4 57	5 09	5 20	5 38	5 54	6 08	6 22	6 38	6 55	7 05	7 17
26	4 10	4 31	4 48	5 02	5 13	5 23	5 40	5 55	6 09	6 23	6 37	6 53	7 03	7 14
30	4 18	4 38	4 54	5 07	5 17	5 27	5 43	5 57	6 10	6 23	6 36	6 52	7 00	7 10
Feb. 3	4 27	4 45	5 00	5 12	5 22	5 30	5 45	5 58	6 10	6 22	6 35	6 49	6 57	7 07
7	4 36	4 52	5 06	5 16	5 26	5 34	5 48	6 00	6 11	6 22	6 33	6 46	6 54	7 03
11	4 44	4 59	5 11	5 21	5 30	5 37	5 50	6 01	6 11	6 21	6 31	6 43	6 50	6 58
15	4 53	5 06	5 17	5 26	5 34	5 40	5 52	6 02	6 11	6 20	6 29	6 40	6 46	6 53
19	5 02	5 13	5 23	5 31	5 38	5 44	5 54	6 02	6 10	6 18	6 27	6 36	6 42	6 48
23	5 10	5 20	5 29	5 36	5 41	5 47	5 55	6 03	6 10	6 17	6 24	6 32	6 37	6 42
27	5 18	5 27	5 34	5 40	5 45	5 49	5 57	6 03	6 09	6 15	6 21	6 28	6 32	6 37
Mar. 3	5 27	5 34	5 40	5 45	5 49	5 52	5 58	6 04	6 09	6 13	6 18	6 24	6 27	6 31
7	5 35	5 41	5 45	5 49	5 52	5 55	6 00	6 04	6 08	6 11	6 15	6 19	6 22	6 24
11	5 43	5 47	5 51	5 53	5 56	5 58	6 01	6 04	6 07	6 09	6 12	6 15	6 16	6 18
15	5 51	5 54	5 56	5 58	5 59	6 00	6 02	6 04	6 06	6 07	6 09	6 10	6 11	6 12
19	5 59	6 00	6 01	6 02	6 02	6 03	6 04	6 04	6 05	6 05	6 05	6 05	6 05	6 05
23	6 07	6 06	6 06	6 06	6 06	6 05	6 05	6 04	6 03	6 03	6 02	6 00	6 00	5 59
27	6 15	6 13	6 11	6 10	6 09	6 08	6 06	6 04	6 02	6 00	5 58	5 56	5 54	5 52
31	6 22	6 19	6 16	6 14	6 12	6 10	6 07	6 04	6 01	5 58	5 55	5 51	5 48	5 46
Apr. 4	6 30	6 25	6 21	6 18	6 15	6 12	6 08	6 04	6 00	5 56	5 51	5 46	5 43	5 39

SUNSET

Lat.	−55°	−50°	−45°	−40°	−35°	−30°	−20°	−10°	0°	+10°	+20°	+30°	+35°	+40°
	h m	h m	h m	h m	h m	h m	h m	h m	h m	h m	h m	h m	h m	h m
Jan. −2	20 41	20 12	19 49	19 32	19 17	19 04	18 42	18 23	18 06	17 49	17 30	17 09	16 57	16 43
2	20 40	20 11	19 50	19 32	19 18	19 05	18 43	18 25	18 08	17 51	17 33	17 12	17 00	16 46
6	20 38	20 10	19 49	19 32	19 18	19 05	18 44	18 26	18 10	17 53	17 35	17 15	17 03	16 50
10	20 35	20 08	19 48	19 31	19 18	19 06	18 45	18 28	18 11	17 55	17 38	17 18	17 07	16 54
14	20 31	20 06	19 46	19 30	19 17	19 05	18 46	18 29	18 13	17 57	17 41	17 22	17 11	16 58
18	20 26	20 02	19 43	19 28	19 16	19 04	18 46	18 29	18 14	17 59	17 43	17 25	17 15	17 03
22	20 21	19 58	19 40	19 26	19 14	19 03	18 45	18 30	18 15	18 01	17 46	17 29	17 19	17 07
26	20 14	19 53	19 36	19 23	19 11	19 02	18 45	18 30	18 16	18 03	17 48	17 32	17 23	17 12
30	20 07	19 47	19 32	19 19	19 09	18 59	18 43	18 30	18 17	18 04	17 51	17 36	17 27	17 17
Feb. 3	20 00	19 41	19 27	19 16	19 06	18 57	18 42	18 29	18 17	18 06	17 53	17 39	17 31	17 21
7	19 51	19 35	19 22	19 11	19 02	18 54	18 40	18 29	18 18	18 07	17 55	17 42	17 35	17 26
11	19 43	19 28	19 16	19 07	18 58	18 51	18 38	18 28	18 18	18 08	17 57	17 46	17 39	17 31
15	19 34	19 21	19 10	19 01	18 54	18 47	18 36	18 27	18 18	18 09	17 59	17 49	17 43	17 36
19	19 25	19 13	19 04	18 56	18 49	18 44	18 34	18 25	18 17	18 09	18 01	17 52	17 46	17 40
23	19 15	19 05	18 57	18 50	18 45	18 40	18 31	18 24	18 17	18 10	18 03	17 55	17 50	17 45
27	19 06	18 57	18 50	18 45	18 40	18 35	18 28	18 22	18 16	18 10	18 04	17 58	17 54	17 50
Mar. 3	18 56	18 49	18 43	18 39	18 35	18 31	18 25	18 20	18 15	18 11	18 06	18 00	17 57	17 54
7	18 46	18 40	18 36	18 32	18 29	18 27	18 22	18 18	18 14	18 11	18 07	18 03	18 01	17 58
11	18 36	18 32	18 29	18 26	18 24	18 22	18 19	18 16	18 13	18 11	18 08	18 06	18 04	18 03
15	18 26	18 23	18 21	18 20	18 18	18 17	18 15	18 14	18 12	18 11	18 10	18 08	18 08	18 07
19	18 15	18 14	18 14	18 13	18 13	18 12	18 12	18 11	18 11	18 11	18 11	18 11	18 11	18 11
23	18 05	18 06	18 06	18 07	18 07	18 07	18 08	18 09	18 10	18 11	18 12	18 13	18 14	18 15
27	17 55	17 57	17 59	18 00	18 01	18 03	18 05	18 07	18 09	18 11	18 13	18 16	18 17	18 19
31	17 45	17 48	17 51	17 54	17 56	17 58	18 01	18 04	18 07	18 11	18 14	18 18	18 20	18 23
Apr. 4	17 35	17 40	17 44	17 47	17 50	17 53	17 58	18 02	18 06	18 10	18 15	18 20	18 24	18 27

SUNRISE AND SUNSET, 1993

UNIVERSAL TIME FOR MERIDIAN OF GREENWICH

SUNRISE

Lat.	+40°	+42°	+44°	+46°	+48°	+50°	+52°	+54°	+56°	+58°	+60°	+62°	+64°	+66°
	h m	h m	h m	h m	h m	h m	h m	h m	h m	h m	h m	h m	h m	h m
Jan. −2	7 21	7 28	7 34	7 42	7 50	7 59	8 08	8 19	8 32	8 46	9 03	9 24	9 52	10 32
2	7 22	7 28	7 35	7 42	7 50	7 59	8 08	8 19	8 31	8 45	9 02	9 22	9 48	10 26
6	7 22	7 28	7 35	7 42	7 49	7 58	8 07	8 17	8 29	8 43	8 59	9 18	9 43	10 17
10	7 22	7 27	7 34	7 40	7 48	7 56	8 05	8 15	8 26	8 39	8 55	9 13	9 36	10 07
14	7 20	7 26	7 32	7 39	7 46	7 53	8 02	8 12	8 22	8 35	8 49	9 06	9 28	9 56
18	7 19	7 24	7 30	7 36	7 43	7 50	7 58	8 07	8 18	8 29	8 43	8 59	9 18	9 44
22	7 17	7 22	7 27	7 33	7 39	7 46	7 54	8 02	8 12	8 23	8 35	8 50	9 08	9 31
26	7 14	7 19	7 24	7 29	7 35	7 42	7 49	7 57	8 06	8 16	8 27	8 41	8 57	9 17
30	7 10	7 15	7 20	7 25	7 30	7 36	7 43	7 50	7 59	8 08	8 19	8 31	8 45	9 03
Feb. 3	7 07	7 11	7 15	7 20	7 25	7 31	7 37	7 44	7 51	7 59	8 09	8 20	8 33	8 49
7	7 03	7 06	7 10	7 15	7 19	7 24	7 30	7 36	7 43	7 51	7 59	8 09	8 21	8 35
11	6 58	7 01	7 05	7 09	7 13	7 18	7 23	7 28	7 34	7 41	7 49	7 58	8 08	8 20
15	6 53	6 56	6 59	7 03	7 07	7 11	7 15	7 20	7 25	7 31	7 38	7 46	7 55	8 05
19	6 48	6 50	6 53	6 56	7 00	7 03	7 07	7 11	7 16	7 21	7 27	7 34	7 42	7 51
23	6 42	6 45	6 47	6 50	6 52	6 56	6 59	7 02	7 06	7 11	7 16	7 22	7 28	7 36
27	6 37	6 38	6 40	6 43	6 45	6 48	6 50	6 53	6 57	7 00	7 04	7 09	7 14	7 21
Mar. 3	6 31	6 32	6 34	6 35	6 37	6 39	6 42	6 44	6 47	6 49	6 53	6 56	7 01	7 05
7	6 24	6 26	6 27	6 28	6 29	6 31	6 33	6 34	6 36	6 39	6 41	6 44	6 47	6 50
11	6 18	6 19	6 20	6 21	6 22	6 22	6 24	6 25	6 26	6 27	6 29	6 31	6 33	6 35
15	6 12	6 12	6 13	6 13	6 13	6 14	6 14	6 15	6 16	6 16	6 17	6 18	6 19	6 20
19	6 05	6 05	6 05	6 05	6 05	6 05	6 05	6 05	6 05	6 05	6 05	6 05	6 05	6 04
23	5 59	5 58	5 58	5 58	5 57	5 56	5 56	5 55	5 55	5 54	5 53	5 52	5 51	5 49
27	5 52	5 52	5 51	5 50	5 49	5 48	5 47	5 45	5 44	5 42	5 41	5 39	5 36	5 34
31	5 46	5 45	5 43	5 42	5 41	5 39	5 37	5 36	5 33	5 31	5 29	5 26	5 22	5 18
Apr. 4	5 39	5 38	5 36	5 34	5 33	5 30	5 28	5 26	5 23	5 20	5 16	5 13	5 08	5 03

SUNSET

Lat.	+40°	+42°	+44°	+46°	+48°	+50°	+52°	+54°	+56°	+58°	+60°	+62°	+64°	+66°
	h m	h m	h m	h m	h m	h m	h m	h m	h m	h m	h m	h m	h m	h m
Jan. −2	16 43	16 37	16 30	16 23	16 15	16 06	15 56	15 45	15 33	15 18	15 01	14 40	14 13	13 33
2	16 46	16 40	16 34	16 26	16 19	16 10	16 00	15 50	15 38	15 23	15 07	14 46	14 20	13 43
6	16 50	16 44	16 37	16 30	16 23	16 14	16 05	15 55	15 43	15 29	15 13	14 54	14 29	13 55
10	16 54	16 48	16 42	16 35	16 28	16 20	16 11	16 01	15 49	15 36	15 21	15 03	14 40	14 08
14	16 58	16 52	16 46	16 40	16 33	16 25	16 17	16 07	15 56	15 44	15 30	15 12	14 51	14 23
18	17 03	16 57	16 51	16 45	16 39	16 31	16 23	16 14	16 04	15 52	15 39	15 23	15 03	14 38
22	17 07	17 02	16 57	16 51	16 44	16 38	16 30	16 21	16 12	16 01	15 49	15 34	15 16	14 54
26	17 12	17 07	17 02	16 57	16 51	16 44	16 37	16 29	16 20	16 10	15 59	15 45	15 29	15 09
30	17 17	17 12	17 07	17 02	16 57	16 51	16 44	16 37	16 29	16 20	16 09	15 57	15 42	15 24
Feb. 3	17 21	17 17	17 13	17 08	17 03	16 58	16 52	16 45	16 37	16 29	16 19	16 08	15 55	15 40
7	17 26	17 23	17 19	17 14	17 10	17 05	16 59	16 53	16 46	16 39	16 30	16 20	16 09	15 55
11	17 31	17 28	17 24	17 20	17 16	17 11	17 07	17 01	16 55	16 48	16 41	16 32	16 22	16 10
15	17 36	17 33	17 30	17 26	17 22	17 18	17 14	17 09	17 04	16 58	16 51	16 43	16 35	16 24
19	17 40	17 38	17 35	17 32	17 29	17 25	17 21	17 17	17 13	17 07	17 02	16 55	16 47	16 38
23	17 45	17 43	17 40	17 38	17 35	17 32	17 29	17 25	17 21	17 17	17 12	17 06	17 00	16 53
27	17 50	17 48	17 46	17 44	17 41	17 39	17 36	17 33	17 30	17 26	17 22	17 18	17 12	17 06
Mar. 3	17 54	17 52	17 51	17 49	17 47	17 45	17 43	17 41	17 38	17 36	17 32	17 29	17 25	17 20
7	17 58	17 57	17 56	17 55	17 53	17 52	17 50	17 49	17 47	17 45	17 42	17 40	17 37	17 33
11	18 03	18 02	18 01	18 00	17 59	17 58	17 57	17 56	17 55	17 54	17 52	17 51	17 49	17 47
15	18 07	18 06	18 06	18 06	18 05	18 05	18 04	18 04	18 03	18 03	18 02	18 01	18 01	18 00
19	18 11	18 11	18 11	18 11	18 11	18 11	18 11	18 12	18 12	18 12	18 12	18 12	18 13	18 13
23	18 15	18 15	18 16	18 16	18 17	18 18	18 18	18 19	18 20	18 21	18 22	18 23	18 24	18 26
27	18 19	18 20	18 21	18 22	18 23	18 24	18 25	18 27	18 28	18 30	18 32	18 34	18 36	18 39
31	18 23	18 24	18 26	18 27	18 29	18 30	18 32	18 34	18 36	18 39	18 41	18 44	18 48	18 52
Apr. 4	18 27	18 29	18 31	18 32	18 34	18 36	18 39	18 41	18 44	18 47	18 51	18 55	19 00	19 05

SUNRISE AND SUNSET, 1993

UNIVERSAL TIME FOR MERIDIAN OF GREENWICH

SUNRISE

Lat.	−55°	−50°	−45°	−40°	−35°	−30°	−20°	−10°	0°	+10°	+20°	+30°	+35°	+40°
	h m	h m	h m	h m	h m	h m	h m	h m	h m	h m	h m	h m	h m	h m
Mar. 31	6 22	6 19	6 16	6 14	6 12	6 10	6 07	6 04	6 01	5 58	5 55	5 51	5 48	5 46
Apr. 4	6 30	6 25	6 21	6 18	6 15	6 12	6 08	6 04	6 00	5 56	5 51	5 46	5 43	5 39
8	6 38	6 31	6 26	6 22	6 18	6 15	6 09	6 04	5 59	5 53	5 48	5 41	5 37	5 33
12	6 45	6 38	6 31	6 26	6 21	6 17	6 10	6 04	5 57	5 51	5 44	5 37	5 32	5 27
16	6 53	6 44	6 36	6 30	6 24	6 20	6 11	6 04	5 56	5 49	5 41	5 32	5 27	5 21
20	7 01	6 50	6 41	6 34	6 28	6 22	6 12	6 04	5 56	5 47	5 38	5 28	5 22	5 15
24	7 08	6 56	6 46	6 38	6 31	6 25	6 14	6 04	5 55	5 45	5 35	5 24	5 17	5 09
28	7 16	7 02	6 51	6 42	6 34	6 27	6 15	6 04	5 54	5 44	5 33	5 20	5 13	5 04
May 2	7 23	7 08	6 56	6 46	6 37	6 30	6 16	6 05	5 54	5 42	5 30	5 16	5 08	4 59
6	7 30	7 14	7 01	6 50	6 40	6 32	6 18	6 05	5 53	5 41	5 28	5 13	5 04	4 54
10	7 38	7 20	7 05	6 54	6 43	6 35	6 19	6 06	5 53	5 40	5 26	5 10	5 01	4 50
14	7 45	7 25	7 10	6 57	6 47	6 37	6 21	6 06	5 53	5 39	5 24	5 07	4 57	4 46
18	7 51	7 31	7 14	7 01	6 50	6 40	6 22	6 07	5 53	5 38	5 23	5 05	4 54	4 42
22	7 58	7 36	7 19	7 04	6 52	6 42	6 24	6 08	5 53	5 38	5 22	5 03	4 52	4 39
26	8 04	7 41	7 23	7 08	6 55	6 44	6 25	6 09	5 53	5 38	5 21	5 01	4 50	4 36
30	8 09	7 45	7 26	7 11	6 58	6 47	6 27	6 10	5 54	5 38	5 20	5 00	4 48	4 34
June 3	8 14	7 49	7 29	7 14	7 00	6 49	6 29	6 11	5 54	5 38	5 20	4 59	4 47	4 32
7	8 18	7 52	7 32	7 16	7 02	6 51	6 30	6 12	5 55	5 38	5 20	4 58	4 46	4 31
11	8 22	7 55	7 35	7 18	7 04	6 52	6 31	6 13	5 56	5 39	5 20	4 58	4 45	4 31
15	8 24	7 57	7 37	7 20	7 06	6 54	6 33	6 14	5 57	5 39	5 20	4 58	4 45	4 30
19	8 26	7 59	7 38	7 21	7 07	6 55	6 34	6 15	5 58	5 40	5 21	4 59	4 46	4 31
23	8 27	8 00	7 39	7 22	7 08	6 56	6 35	6 16	5 58	5 41	5 22	5 00	4 47	4 32
27	8 27	8 00	7 39	7 23	7 09	6 56	6 35	6 17	5 59	5 42	5 23	5 01	4 48	4 33
July 1	8 26	7 59	7 39	7 23	7 09	6 57	6 36	6 17	6 00	5 43	5 24	5 02	4 50	4 35
5	8 24	7 58	7 38	7 22	7 08	6 56	6 36	6 18	6 01	5 44	5 25	5 04	4 51	4 37

SUNSET

Lat.	−55°	−50°	−45°	−40°	−35°	−30°	−20°	−10°	0°	+10°	+20°	+30°	+35°	+40°
	h m	h m	h m	h m	h m	h m	h m	h m	h m	h m	h m	h m	h m	h m
Mar. 31	17 45	17 48	17 51	17 54	17 56	17 58	18 01	18 04	18 07	18 11	18 14	18 18	18 20	18 23
Apr. 4	17 35	17 40	17 44	17 47	17 50	17 53	17 58	18 02	18 06	18 10	18 15	18 20	18 24	18 27
8	17 25	17 31	17 37	17 41	17 45	17 48	17 55	18 00	18 05	18 10	18 16	18 23	18 27	18 31
12	17 15	17 23	17 30	17 35	17 40	17 44	17 51	17 58	18 04	18 10	18 17	18 25	18 30	18 35
16	17 06	17 15	17 23	17 29	17 35	17 40	17 48	17 56	18 03	18 11	18 19	18 28	18 33	18 39
20	16 56	17 07	17 16	17 23	17 30	17 35	17 45	17 54	18 02	18 11	18 20	18 30	18 36	18 43
24	16 47	17 00	17 10	17 18	17 25	17 31	17 42	17 52	18 01	18 11	18 21	18 33	18 40	18 47
28	16 38	16 52	17 03	17 13	17 21	17 28	17 40	17 51	18 01	18 11	18 22	18 35	18 43	18 52
May 2	16 30	16 45	16 57	17 08	17 16	17 24	17 37	17 49	18 00	18 12	18 24	18 38	18 46	18 56
6	16 22	16 39	16 52	17 03	17 12	17 21	17 35	17 48	18 00	18 12	18 25	18 41	18 49	19 00
10	16 14	16 33	16 47	16 59	17 09	17 18	17 33	17 47	18 00	18 13	18 27	18 43	18 53	19 04
14	16 07	16 27	16 42	16 55	17 06	17 15	17 32	17 46	18 00	18 14	18 28	18 46	18 56	19 07
18	16 01	16 22	16 38	16 51	17 03	17 13	17 30	17 46	18 00	18 14	18 30	18 48	18 59	19 11
22	15 55	16 17	16 34	16 48	17 00	17 11	17 29	17 45	18 00	18 15	18 32	18 51	19 02	19 15
26	15 50	16 13	16 31	16 46	16 58	17 09	17 28	17 45	18 01	18 16	18 33	18 53	19 05	19 18
30	15 45	16 10	16 29	16 44	16 57	17 08	17 28	17 45	18 01	18 17	18 35	18 55	19 07	19 21
June 3	15 42	16 07	16 26	16 42	16 56	17 07	17 28	17 45	18 02	18 18	18 37	18 57	19 10	19 24
7	15 39	16 05	16 25	16 41	16 55	17 07	17 28	17 46	18 02	18 20	18 38	18 59	19 12	19 27
11	15 37	16 04	16 24	16 41	16 55	17 07	17 28	17 46	18 03	18 21	18 39	19 01	19 14	19 29
15	15 36	16 03	16 24	16 41	16 55	17 07	17 28	17 47	18 04	18 22	18 41	19 03	19 15	19 30
19	15 36	16 04	16 24	16 41	16 55	17 08	17 29	17 48	18 05	18 23	18 42	19 04	19 17	19 32
23	15 37	16 04	16 25	16 42	16 56	17 09	17 30	17 48	18 06	18 23	18 42	19 05	19 18	19 33
27	15 39	16 06	16 27	16 43	16 57	17 10	17 31	17 49	18 07	18 24	18 43	19 05	19 18	19 33
July 1	15 42	16 08	16 29	16 45	16 59	17 11	17 32	17 50	18 07	18 25	18 43	19 05	19 18	19 33
5	15 45	16 11	16 31	16 47	17 01	17 13	17 33	17 51	18 08	18 25	18 44	19 05	19 17	19 32

SUNRISE AND SUNSET, 1993

UNIVERSAL TIME FOR MERIDIAN OF GREENWICH

SUNRISE

Lat.	+40°	+42°	+44°	+46°	+48°	+50°	+52°	+54°	+56°	+58°	+60°	+62°	+64°	+66°
	h m	h m	h m	h m	h m	h m	h m	h m	h m	h m	h m	h m	h m	h m
Mar. 31	5 46	5 45	5 43	5 42	5 41	5 39	5 37	5 36	5 33	5 31	5 29	5 26	5 22	5 18
Apr. 4	5 39	5 38	5 36	5 34	5 33	5 30	5 28	5 26	5 23	5 20	5 16	5 13	5 08	5 03
8	5 33	5 31	5 29	5 27	5 25	5 22	5 19	5 16	5 13	5 09	5 04	5 00	4 54	4 47
12	5 27	5 25	5 22	5 19	5 17	5 14	5 10	5 06	5 02	4 58	4 52	4 47	4 40	4 32
16	5 21	5 18	5 15	5 12	5 09	5 05	5 01	4 57	4 52	4 47	4 41	4 34	4 26	4 16
20	5 15	5 12	5 09	5 05	5 01	4 57	4 53	4 48	4 42	4 36	4 29	4 21	4 12	4 01
24	5 09	5 06	5 02	4 58	4 54	4 49	4 44	4 39	4 33	4 26	4 18	4 08	3 58	3 45
28	5 04	5 00	4 56	4 52	4 47	4 42	4 36	4 30	4 23	4 15	4 06	3 56	3 44	3 29
May 2	4 59	4 55	4 50	4 46	4 40	4 35	4 29	4 22	4 14	4 05	3 55	3 44	3 30	3 14
6	4 54	4 50	4 45	4 40	4 34	4 28	4 21	4 14	4 05	3 56	3 45	3 32	3 17	2 58
10	4 50	4 45	4 40	4 34	4 28	4 22	4 14	4 06	3 57	3 47	3 35	3 20	3 03	2 42
14	4 46	4 41	4 35	4 29	4 23	4 16	4 08	3 59	3 49	3 38	3 25	3 09	2 50	2 26
18	4 42	4 37	4 31	4 25	4 18	4 10	4 02	3 52	3 42	3 30	3 16	2 59	2 38	2 10
22	4 39	4 33	4 27	4 21	4 13	4 05	3 56	3 47	3 35	3 22	3 07	2 49	2 25	1 54
26	4 36	4 30	4 24	4 17	4 09	4 01	3 52	3 41	3 29	3 16	2 59	2 39	2 14	1 38
30	4 34	4 28	4 21	4 14	4 06	3 57	3 48	3 37	3 24	3 10	2 52	2 31	2 03	1 21
June 3	4 32	4 26	4 19	4 12	4 04	3 54	3 44	3 33	3 20	3 05	2 46	2 24	1 53	1 04
7	4 31	4 25	4 18	4 10	4 02	3 52	3 42	3 30	3 17	3 01	2 42	2 18	1 45	0 45
11	4 31	4 24	4 17	4 09	4 00	3 51	3 40	3 28	3 14	2 58	2 38	2 13	1 38	0 21
15	4 30	4 24	4 16	4 09	4 00	3 50	3 39	3 27	3 13	2 56	2 36	2 10	1 33	** **
19	4 31	4 24	4 17	4 09	4 00	3 50	3 39	3 27	3 13	2 56	2 35	2 09	1 31	** **
23	4 32	4 25	4 18	4 10	4 01	3 51	3 40	3 28	3 14	2 57	2 36	2 10	1 32	** **
27	4 33	4 26	4 19	4 11	4 02	3 53	3 42	3 30	3 15	2 59	2 38	2 12	1 35	** **
July 1	4 35	4 28	4 21	4 13	4 04	3 55	3 44	3 32	3 18	3 02	2 42	2 17	1 41	0 19
5	4 37	4 30	4 23	4 16	4 07	3 58	3 47	3 36	3 22	3 06	2 47	2 23	1 49	0 47

SUNSET

Lat.	+40°	+42°	+44°	+46°	+48°	+50°	+52°	+54°	+56°	+58°	+60°	+62°	+64°	+66°
	h m	h m	h m	h m	h m	h m	h m	h m	h m	h m	h m	h m	h m	h m
Mar. 31	18 23	18 24	18 26	18 27	18 29	18 30	18 32	18 34	18 36	18 39	18 41	18 44	18 48	18 52
Apr. 4	18 27	18 29	18 31	18 32	18 34	18 36	18 39	18 41	18 44	18 47	18 51	18 55	19 00	19 05
8	18 31	18 33	18 35	18 38	18 40	18 43	18 46	18 49	18 52	18 56	19 01	19 06	19 12	19 19
12	18 35	18 38	18 40	18 43	18 46	18 49	18 53	18 56	19 01	19 05	19 11	19 17	19 24	19 32
16	18 39	18 42	18 45	18 48	18 52	18 55	18 59	19 04	19 09	19 14	19 21	19 28	19 36	19 46
20	18 43	18 47	18 50	18 53	18 57	19 02	19 06	19 11	19 17	19 23	19 30	19 39	19 48	20 00
24	18 47	18 51	18 55	18 59	19 03	19 08	19 13	19 19	19 25	19 32	19 40	19 50	20 01	20 14
28	18 52	18 55	19 00	19 04	19 09	19 14	19 20	19 26	19 33	19 41	19 50	20 01	20 13	20 28
May 2	18 56	19 00	19 04	19 09	19 14	19 20	19 26	19 33	19 41	19 50	20 00	20 12	20 26	20 43
6	19 00	19 04	19 09	19 14	19 20	19 26	19 33	19 41	19 49	19 59	20 10	20 23	20 39	20 58
10	19 04	19 08	19 14	19 19	19 25	19 32	19 40	19 48	19 57	20 08	20 20	20 34	20 52	21 14
14	19 07	19 13	19 18	19 24	19 31	19 38	19 46	19 55	20 05	20 16	20 29	20 45	21 05	21 30
18	19 11	19 17	19 22	19 29	19 36	19 43	19 52	20 01	20 12	20 24	20 39	20 56	21 18	21 46
22	19 15	19 20	19 27	19 33	19 41	19 49	19 58	20 08	20 19	20 32	20 48	21 06	21 30	22 03
26	19 18	19 24	19 31	19 38	19 45	19 54	20 03	20 14	20 26	20 40	20 56	21 16	21 43	22 20
30	19 21	19 27	19 34	19 41	19 49	19 58	20 08	20 19	20 32	20 46	21 04	21 26	21 54	22 38
June 3	19 24	19 30	19 37	19 45	19 53	20 02	20 12	20 24	20 37	20 52	21 11	21 34	22 05	22 57
7	19 27	19 33	19 40	19 48	19 56	20 06	20 16	20 28	20 42	20 58	21 17	21 41	22 15	23 18
11	19 29	19 35	19 43	19 50	19 59	20 09	20 19	20 31	20 45	21 02	21 22	21 47	22 23	23 48
15	19 30	19 37	19 45	19 53	20 01	20 11	20 22	20 34	20 48	21 05	21 25	21 51	22 29	** **
19	19 32	19 39	19 46	19 54	20 03	20 12	20 23	20 36	20 50	21 07	21 27	21 54	22 32	** **
23	19 33	19 39	19 47	19 55	20 03	20 13	20 24	20 36	20 51	21 07	21 28	21 54	22 32	** **
27	19 33	19 40	19 47	19 55	20 04	20 13	20 24	20 36	20 50	21 07	21 27	21 53	22 30	** **
July 1	19 33	19 39	19 47	19 54	20 03	20 12	20 23	20 35	20 49	21 05	21 25	21 50	22 25	23 40
5	19 32	19 39	19 46	19 53	20 02	20 11	20 21	20 33	20 46	21 02	21 21	21 45	22 18	23 17

(** **) indicates Sun continuously above horizon.

SUNRISE AND SUNSET, 1993

UNIVERSAL TIME FOR MERIDIAN OF GREENWICH
SUNRISE

Lat.	−55°	−50°	−45°	−40°	−35°	−30°	−20°	−10°	0°	+10°	+20°	+30°	+35°	+40°
	h m	h m	h m	h m	h m	h m	h m	h m	h m	h m	h m	h m	h m	h m
July 1	8 26	7 59	7 39	7 23	7 09	6 57	6 36	6 17	6 00	5 43	5 24	5 02	4 50	4 35
5	8 24	7 58	7 38	7 22	7 08	6 56	6 36	6 18	6 01	5 44	5 25	5 04	4 51	4 37
9	8 21	7 56	7 37	7 21	7 07	6 56	6 36	6 18	6 02	5 45	5 27	5 06	4 54	4 39
13	8 18	7 53	7 35	7 19	7 06	6 55	6 35	6 18	6 02	5 46	5 28	5 08	4 56	4 42
17	8 13	7 50	7 32	7 17	7 05	6 54	6 35	6 18	6 03	5 47	5 30	5 10	4 59	4 45
21	8 08	7 46	7 29	7 14	7 02	6 52	6 34	6 18	6 03	5 48	5 31	5 12	5 01	4 48
25	8 02	7 41	7 25	7 11	7 00	6 50	6 33	6 17	6 03	5 48	5 33	5 15	5 04	4 52
29	7 55	7 36	7 20	7 08	6 57	6 47	6 31	6 17	6 03	5 49	5 34	5 17	5 07	4 55
Aug. 2	7 48	7 30	7 16	7 04	6 54	6 45	6 29	6 16	6 03	5 50	5 36	5 19	5 10	4 59
6	7 40	7 24	7 10	6 59	6 50	6 42	6 27	6 14	6 02	5 50	5 37	5 22	5 13	5 03
10	7 32	7 17	7 05	6 55	6 46	6 38	6 25	6 13	6 02	5 51	5 38	5 24	5 16	5 07
14	7 24	7 10	6 59	6 50	6 42	6 35	6 22	6 12	6 01	5 51	5 40	5 27	5 19	5 10
18	7 15	7 03	6 53	6 44	6 37	6 31	6 20	6 10	6 00	5 51	5 41	5 29	5 22	5 14
22	7 06	6 55	6 46	6 39	6 32	6 27	6 17	6 08	6 00	5 51	5 42	5 31	5 25	5 18
26	6 56	6 47	6 39	6 33	6 27	6 22	6 14	6 06	5 58	5 51	5 43	5 34	5 28	5 22
30	6 47	6 39	6 32	6 27	6 22	6 18	6 10	6 04	5 57	5 51	5 44	5 36	5 31	5 26
Sept. 3	6 37	6 30	6 25	6 20	6 17	6 13	6 07	6 01	5 56	5 51	5 45	5 38	5 34	5 29
7	6 27	6 22	6 18	6 14	6 11	6 08	6 03	5 59	5 55	5 50	5 46	5 40	5 37	5 33
11	6 17	6 13	6 10	6 08	6 05	6 03	6 00	5 56	5 53	5 50	5 46	5 42	5 40	5 37
15	6 07	6 04	6 03	6 01	6 00	5 58	5 56	5 54	5 52	5 50	5 47	5 44	5 43	5 41
19	5 56	5 56	5 55	5 54	5 54	5 53	5 52	5 52	5 51	5 49	5 48	5 47	5 46	5 45
23	5 46	5 47	5 47	5 48	5 48	5 48	5 49	5 49	5 49	5 49	5 49	5 49	5 49	5 48
27	5 36	5 38	5 40	5 41	5 42	5 43	5 45	5 47	5 48	5 49	5 50	5 51	5 52	5 52
Oct. 1	5 26	5 29	5 32	5 35	5 37	5 38	5 42	5 44	5 46	5 49	5 51	5 53	5 55	5 56
5	5 15	5 21	5 25	5 28	5 31	5 34	5 38	5 42	5 45	5 48	5 52	5 56	5 58	6 00

SUNSET

	−55°	−50°	−45°	−40°	−35°	−30°	−20°	−10°	0°	+10°	+20°	+30°	+35°	+40°
	h m	h m	h m	h m	h m	h m	h m	h m	h m	h m	h m	h m	h m	h m
July 1	15 42	16 08	16 29	16 45	16 59	17 11	17 32	17 50	18 07	18 25	18 43	19 05	19 18	19 33
5	15 45	16 11	16 31	16 47	17 01	17 13	17 33	17 51	18 08	18 25	18 44	19 05	19 17	19 32
9	15 49	16 15	16 34	16 50	17 03	17 15	17 35	17 52	18 09	18 25	18 43	19 04	19 17	19 31
13	15 54	16 18	16 37	16 52	17 05	17 17	17 36	17 53	18 09	18 26	18 43	19 03	19 15	19 29
17	16 00	16 23	16 41	16 55	17 08	17 19	17 38	17 54	18 10	18 25	18 42	19 02	19 13	19 27
21	16 05	16 27	16 45	16 59	17 11	17 21	17 39	17 55	18 10	18 25	18 41	19 00	19 11	19 24
25	16 12	16 32	16 49	17 02	17 13	17 23	17 41	17 56	18 10	18 24	18 40	18 58	19 08	19 21
29	16 18	16 38	16 53	17 05	17 16	17 26	17 42	17 56	18 10	18 24	18 38	18 55	19 05	19 17
Aug. 2	16 25	16 43	16 57	17 09	17 19	17 28	17 43	17 57	18 10	18 23	18 36	18 53	19 02	19 13
6	16 32	16 49	17 02	17 13	17 22	17 30	17 45	17 57	18 09	18 21	18 34	18 49	18 58	19 08
10	16 39	16 54	17 06	17 16	17 25	17 33	17 46	17 58	18 09	18 20	18 32	18 46	18 54	19 03
14	16 46	17 00	17 11	17 20	17 28	17 35	17 47	17 58	18 08	18 18	18 29	18 42	18 50	18 58
18	16 53	17 06	17 16	17 24	17 31	17 37	17 48	17 58	18 07	18 16	18 27	18 38	18 45	18 53
22	17 01	17 12	17 20	17 28	17 34	17 40	17 49	17 58	18 06	18 15	18 24	18 34	18 40	18 47
26	17 08	17 17	17 25	17 31	17 37	17 42	17 50	17 58	18 05	18 12	18 20	18 30	18 35	18 41
30	17 15	17 23	17 30	17 35	17 40	17 44	17 51	17 58	18 04	18 10	18 17	18 25	18 30	18 35
Sept. 3	17 23	17 29	17 34	17 39	17 43	17 46	17 52	17 57	18 03	18 08	18 14	18 20	18 24	18 28
7	17 30	17 35	17 39	17 42	17 45	17 48	17 53	17 57	18 01	18 05	18 10	18 15	18 18	18 22
11	17 37	17 41	17 44	17 46	17 48	17 50	17 54	17 57	18 00	18 03	18 06	18 10	18 13	18 16
15	17 45	17 47	17 49	17 50	17 51	17 52	17 55	17 56	17 58	18 00	18 03	18 05	18 07	18 09
19	17 52	17 53	17 53	17 54	17 54	17 55	17 55	17 56	17 57	17 58	17 59	18 00	18 01	18 02
23	18 00	17 59	17 58	17 58	17 57	17 57	17 56	17 56	17 56	17 55	17 55	17 55	17 56	17 56
27	18 07	18 05	18 03	18 01	18 00	17 59	17 57	17 56	17 54	17 53	17 52	17 50	17 50	17 49
Oct. 1	18 15	18 11	18 08	18 05	18 03	18 01	17 58	17 55	17 53	17 51	17 48	17 46	17 44	17 43
5	18 23	18 17	18 13	18 09	18 06	18 04	17 59	17 55	17 52	17 48	17 45	17 41	17 39	17 36

UNIVERSAL TIME FOR MERIDIAN OF GREENWICH
SUNRISE

Lat.	+40°	+42°	+44°	+46°	+48°	+50°	+52°	+54°	+56°	+58°	+60°	+62°	+64°	+66°
	h m	h m	h m	h m	h m	h m	h m	h m	h m	h m	h m	h m	h m	h m
July 1	4 35	4 28	4 21	4 13	4 04	3 55	3 44	3 32	3 18	3 02	2 42	2 17	1 41	0 19
5	4 37	4 30	4 23	4 16	4 07	3 58	3 47	3 36	3 22	3 06	2 47	2 23	1 49	0 47
9	4 39	4 33	4 26	4 19	4 10	4 01	3 51	3 40	3 27	3 11	2 53	2 30	1 59	1 07
13	4 42	4 36	4 29	4 22	4 14	4 05	3 55	3 44	3 32	3 17	3 00	2 38	2 09	1 26
17	4 45	4 39	4 33	4 26	4 18	4 10	4 00	3 50	3 38	3 24	3 07	2 47	2 21	1 44
21	4 48	4 43	4 37	4 30	4 22	4 14	4 06	3 56	3 44	3 31	3 16	2 57	2 33	2 01
25	4 52	4 46	4 41	4 34	4 27	4 20	4 11	4 02	3 51	3 39	3 24	3 07	2 46	2 17
29	4 55	4 50	4 45	4 39	4 32	4 25	4 17	4 08	3 58	3 47	3 33	3 18	2 58	2 33
Aug. 2	4 59	4 54	4 49	4 43	4 37	4 31	4 23	4 15	4 06	3 55	3 43	3 28	3 11	2 49
6	5 03	4 58	4 53	4 48	4 42	4 36	4 29	4 22	4 13	4 03	3 52	3 39	3 24	3 04
10	5 07	5 02	4 58	4 53	4 48	4 42	4 36	4 29	4 21	4 12	4 02	3 50	3 36	3 19
14	5 10	5 07	5 02	4 58	4 53	4 48	4 42	4 36	4 29	4 21	4 12	4 01	3 49	3 34
18	5 14	5 11	5 07	5 03	4 59	4 54	4 49	4 43	4 37	4 29	4 21	4 12	4 01	3 48
22	5 18	5 15	5 12	5 08	5 04	5 00	4 55	4 50	4 44	4 38	4 31	4 23	4 13	4 01
26	5 22	5 19	5 16	5 13	5 10	5 06	5 02	4 57	4 52	4 47	4 40	4 33	4 25	4 15
30	5 26	5 23	5 21	5 18	5 15	5 12	5 08	5 04	5 00	4 55	4 50	4 44	4 37	4 28
Sept. 3	5 29	5 27	5 25	5 23	5 20	5 18	5 15	5 12	5 08	5 04	4 59	4 54	4 48	4 41
7	5 33	5 32	5 30	5 28	5 26	5 24	5 21	5 19	5 16	5 12	5 09	5 05	5 00	4 54
11	5 37	5 36	5 34	5 33	5 31	5 30	5 28	5 26	5 24	5 21	5 18	5 15	5 11	5 07
15	5 41	5 40	5 39	5 38	5 37	5 36	5 34	5 33	5 31	5 30	5 28	5 25	5 23	5 20
19	5 45	5 44	5 44	5 43	5 42	5 42	5 41	5 40	5 39	5 38	5 37	5 36	5 34	5 32
23	5 48	5 48	5 48	5 48	5 48	5 48	5 47	5 47	5 47	5 47	5 46	5 46	5 46	5 45
27	5 52	5 53	5 53	5 53	5 53	5 54	5 54	5 54	5 55	5 55	5 56	5 56	5 57	5 58
Oct. 1	5 56	5 57	5 57	5 58	5 59	6 00	6 01	6 02	6 03	6 04	6 05	6 07	6 08	6 10
5	6 00	6 01	6 02	6 03	6 05	6 06	6 07	6 09	6 11	6 13	6 15	6 17	6 20	6 23

SUNSET

Lat.	+40°	+42°	+44°	+46°	+48°	+50°	+52°	+54°	+56°	+58°	+60°	+62°	+64°	+66°
	h m	h m	h m	h m	h m	h m	h m	h m	h m	h m	h m	h m	h m	h m
July 1	19 33	19 39	19 47	19 54	20 03	20 12	20 23	20 35	20 49	21 05	21 25	21 50	22 25	23 40
5	19 32	19 39	19 46	19 53	20 02	20 11	20 21	20 33	20 46	21 02	21 21	21 45	22 18	23 17
9	19 31	19 37	19 44	19 51	20 00	20 09	20 19	20 30	20 43	20 58	21 16	21 39	22 10	22 59
13	19 29	19 35	19 42	19 49	19 57	20 06	20 15	20 26	20 39	20 53	21 10	21 32	22 00	22 41
17	19 27	19 33	19 39	19 46	19 54	20 02	20 11	20 22	20 33	20 47	21 03	21 23	21 49	22 25
21	19 24	19 30	19 36	19 42	19 50	19 58	20 06	20 16	20 27	20 40	20 56	21 14	21 37	22 08
25	19 21	19 26	19 32	19 38	19 45	19 53	20 01	20 10	20 21	20 33	20 47	21 04	21 25	21 52
29	19 17	19 22	19 27	19 33	19 40	19 47	19 55	20 04	20 13	20 25	20 38	20 53	21 12	21 36
Aug. 2	19 13	19 18	19 23	19 28	19 34	19 41	19 48	19 56	20 06	20 16	20 28	20 42	20 59	21 20
6	19 08	19 13	19 18	19 23	19 28	19 34	19 41	19 49	19 57	20 07	20 18	20 30	20 46	21 05
10	19 03	19 07	19 12	19 17	19 22	19 28	19 34	19 41	19 48	19 57	20 07	20 19	20 32	20 49
14	18 58	19 02	19 06	19 10	19 15	19 20	19 26	19 32	19 39	19 47	19 56	20 06	20 18	20 33
18	18 53	18 56	19 00	19 04	19 08	19 13	19 18	19 23	19 30	19 37	19 45	19 54	20 05	20 17
22	18 47	18 50	18 53	18 57	19 01	19 05	19 09	19 14	19 20	19 26	19 33	19 41	19 51	20 02
26	18 41	18 44	18 47	18 50	18 53	18 57	19 01	19 05	19 10	19 15	19 22	19 29	19 37	19 46
30	18 35	18 37	18 40	18 42	18 45	18 48	18 52	18 56	19 00	19 04	19 10	19 16	19 23	19 31
Sept. 3	18 28	18 30	18 33	18 35	18 37	18 40	18 43	18 46	18 49	18 53	18 58	19 03	19 08	19 15
7	18 22	18 24	18 25	18 27	18 29	18 31	18 34	18 36	18 39	18 42	18 46	18 50	18 54	19 00
11	18 16	18 17	18 18	18 19	18 21	18 23	18 24	18 26	18 28	18 31	18 33	18 37	18 40	18 44
15	18 09	18 10	18 11	18 12	18 13	18 14	18 15	18 16	18 18	18 19	18 21	18 23	18 26	18 29
19	18 02	18 03	18 03	18 04	18 04	18 05	18 06	18 06	18 07	18 08	18 09	18 10	18 12	18 13
23	17 56	17 56	17 56	17 56	17 56	17 56	17 56	17 56	17 57	17 57	17 57	17 57	17 58	17 58
27	17 49	17 49	17 48	17 48	17 48	17 47	17 47	17 46	17 46	17 45	17 45	17 44	17 43	17 43
Oct. 1	17 43	17 42	17 41	17 40	17 39	17 39	17 38	17 37	17 35	17 34	17 33	17 31	17 29	17 27
5	17 36	17 35	17 34	17 33	17 31	17 30	17 28	17 27	17 25	17 23	17 21	17 18	17 15	17 12

SUNRISE AND SUNSET, 1993

UNIVERSAL TIME FOR MERIDIAN OF GREENWICH

SUNRISE

Lat.	−55°	−50°	−45°	−40°	−35°	−30°	−20°	−10°	0°	+10°	+20°	+30°	+35°	+40°
	h m	h m	h m	h m	h m	h m	h m	h m	h m	h m	h m	h m	h m	h m
Oct. 1	5 26	5 29	5 32	5 35	5 37	5 38	5 42	5 44	5 46	5 49	5 51	5 53	5 55	5 56
5	5 15	5 21	5 25	5 28	5 31	5 34	5 38	5 42	5 45	5 48	5 52	5 56	5 58	6 00
9	5 05	5 12	5 17	5 22	5 26	5 29	5 35	5 39	5 44	5 48	5 53	5 58	6 01	6 04
13	4 55	5 04	5 10	5 16	5 20	5 24	5 31	5 37	5 43	5 48	5 54	6 01	6 04	6 08
17	4 46	4 55	5 03	5 10	5 15	5 20	5 28	5 35	5 42	5 49	5 55	6 03	6 08	6 12
21	4 36	4 47	4 56	5 04	5 10	5 16	5 25	5 34	5 41	5 49	5 57	6 06	6 11	6 17
25	4 27	4 39	4 50	4 58	5 05	5 12	5 23	5 32	5 41	5 49	5 58	6 09	6 15	6 21
29	4 18	4 32	4 43	4 53	5 01	5 08	5 20	5 31	5 40	5 50	6 00	6 12	6 18	6 26
Nov. 2	4 09	4 25	4 38	4 48	4 57	5 05	5 18	5 29	5 40	5 51	6 02	6 15	6 22	6 30
6	4 01	4 18	4 32	4 43	4 53	5 02	5 16	5 29	5 40	5 52	6 04	6 18	6 26	6 35
10	3 53	4 12	4 27	4 39	4 50	4 59	5 14	5 28	5 40	5 53	6 06	6 21	6 30	6 39
14	3 45	4 06	4 22	4 36	4 47	4 56	5 13	5 28	5 41	5 54	6 08	6 24	6 33	6 44
18	3 39	4 01	4 18	4 32	4 44	4 55	5 12	5 27	5 42	5 56	6 11	6 28	6 37	6 49
22	3 33	3 56	4 15	4 30	4 42	4 53	5 12	5 28	5 43	5 57	6 13	6 31	6 41	6 53
26	3 27	3 53	4 12	4 27	4 41	4 52	5 11	5 28	5 44	5 59	6 15	6 34	6 45	6 57
30	3 23	3 49	4 10	4 26	4 40	4 51	5 12	5 29	5 45	6 01	6 18	6 37	6 49	7 02
Dec. 4	3 19	3 47	4 08	4 25	4 39	4 51	5 12	5 30	5 47	6 03	6 21	6 41	6 52	7 05
8	3 17	3 46	4 07	4 25	4 39	4 52	5 13	5 31	5 48	6 05	6 23	6 44	6 55	7 09
12	3 16	3 45	4 07	4 25	4 40	4 52	5 14	5 33	5 50	6 07	6 25	6 46	6 59	7 12
16	3 15	3 45	4 08	4 26	4 41	4 54	5 16	5 34	5 52	6 09	6 28	6 49	7 01	7 15
20	3 16	3 46	4 09	4 27	4 42	4 55	5 17	5 36	5 54	6 11	6 30	6 51	7 04	7 18
24	3 18	3 49	4 11	4 29	4 44	4 57	5 19	5 38	5 56	6 13	6 32	6 53	7 06	7 20
28	3 22	3 51	4 14	4 32	4 47	5 00	5 22	5 40	5 58	6 15	6 34	6 55	7 07	7 21
32	3 26	3 55	4 17	4 35	4 50	5 02	5 24	5 43	6 00	6 17	6 35	6 56	7 08	7 22
36	3 31	3 59	4 21	4 38	4 53	5 05	5 26	5 45	6 02	6 18	6 36	6 57	7 09	7 22

SUNSET

Lat.	−55°	−50°	−45°	−40°	−35°	−30°	−20°	−10°	0°	+10°	+20°	+30°	+35°	+40°
	h m	h m	h m	h m	h m	h m	h m	h m	h m	h m	h m	h m	h m	h m
Oct. 1	18 15	18 11	18 08	18 05	18 03	18 01	17 58	17 55	17 53	17 51	17 48	17 46	17 44	17 43
5	18 23	18 17	18 13	18 09	18 06	18 04	17 59	17 55	17 52	17 48	17 45	17 41	17 39	17 36
9	18 30	18 24	18 18	18 13	18 10	18 06	18 00	17 55	17 51	17 46	17 41	17 36	17 33	17 30
13	18 38	18 30	18 23	18 18	18 13	18 09	18 01	17 55	17 50	17 44	17 38	17 32	17 28	17 24
17	18 46	18 37	18 29	18 22	18 16	18 11	18 03	17 55	17 49	17 42	17 35	17 27	17 23	17 18
21	18 55	18 43	18 34	18 26	18 20	18 14	18 04	17 56	17 48	17 40	17 32	17 23	17 18	17 12
25	19 03	18 50	18 39	18 31	18 23	18 17	18 06	17 56	17 47	17 39	17 30	17 19	17 13	17 07
29	19 11	18 57	18 45	18 35	18 27	18 20	18 08	17 57	17 47	17 37	17 27	17 16	17 09	17 01
Nov. 2	19 20	19 03	18 51	18 40	18 31	18 23	18 10	17 58	17 47	17 36	17 25	17 12	17 05	16 57
6	19 28	19 10	18 56	18 45	18 35	18 26	18 12	17 59	17 47	17 36	17 23	17 09	17 01	16 52
10	19 37	19 17	19 02	18 49	18 39	18 30	18 14	18 00	17 47	17 35	17 22	17 07	16 58	16 48
14	19 45	19 24	19 07	18 54	18 43	18 33	18 16	18 02	17 48	17 35	17 21	17 04	16 55	16 45
18	19 53	19 30	19 13	18 59	18 47	18 36	18 18	18 03	17 49	17 35	17 20	17 03	16 53	16 42
22	20 01	19 37	19 18	19 03	18 51	18 40	18 21	18 05	17 50	17 35	17 19	17 01	16 51	16 39
26	20 08	19 43	19 24	19 08	18 55	18 43	18 23	18 07	17 51	17 36	17 19	17 00	16 49	16 37
30	20 15	19 49	19 28	19 12	18 58	18 46	18 26	18 09	17 52	17 36	17 19	17 00	16 49	16 36
Dec. 4	20 22	19 54	19 33	19 16	19 02	18 49	18 29	18 11	17 54	17 37	17 20	17 00	16 48	16 35
8	20 28	19 59	19 37	19 20	19 05	18 53	18 31	18 13	17 56	17 39	17 21	17 00	16 48	16 35
12	20 32	20 03	19 41	19 23	19 08	18 55	18 34	18 15	17 58	17 40	17 22	17 01	16 49	16 35
16	20 36	20 06	19 44	19 26	19 11	18 58	18 36	18 17	17 59	17 42	17 24	17 02	16 50	16 36
20	20 39	20 09	19 46	19 28	19 13	19 00	18 38	18 19	18 01	17 44	17 25	17 04	16 52	16 38
24	20 41	20 11	19 48	19 30	19 15	19 02	18 40	18 21	18 03	17 46	17 27	17 06	16 54	16 40
28	20 41	20 12	19 49	19 31	19 16	19 04	18 42	18 23	18 05	17 48	17 30	17 09	16 56	16 42
32	20 41	20 12	19 50	19 32	19 17	19 05	18 43	18 25	18 07	17 50	17 32	17 11	16 59	16 45
36	20 39	20 11	19 49	19 32	19 18	19 05	18 44	18 26	18 09	17 52	17 35	17 14	17 02	16 49

UNIVERSAL TIME FOR MERIDIAN OF GREENWICH
SUNRISE

Lat.	+40°	+42°	+44°	+46°	+48°	+50°	+52°	+54°	+56°	+58°	+60°	+62°	+64°	+66°
	h m	h m	h m	h m	h m	h m	h m	h m	h m	h m	h m	h m	h m	h m
Oct. 1	5 56	5 57	5 57	5 58	5 59	6 00	6 01	6 02	6 03	6 04	6 05	6 07	6 08	6 10
5	6 00	6 01	6 02	6 03	6 05	6 06	6 07	6 09	6 11	6 13	6 15	6 17	6 20	6 23
9	6 04	6 06	6 07	6 09	6 10	6 12	6 14	6 16	6 19	6 22	6 25	6 28	6 32	6 36
13	6 08	6 10	6 12	6 14	6 16	6 19	6 21	6 24	6 27	6 30	6 34	6 39	6 44	6 49
17	6 12	6 15	6 17	6 19	6 22	6 25	6 28	6 31	6 35	6 39	6 44	6 49	6 56	7 03
21	6 17	6 19	6 22	6 25	6 28	6 31	6 35	6 39	6 44	6 49	6 54	7 00	7 08	7 16
25	6 21	6 24	6 27	6 31	6 34	6 38	6 42	6 47	6 52	6 58	7 04	7 12	7 20	7 30
29	6 26	6 29	6 32	6 36	6 40	6 45	6 49	6 55	7 01	7 07	7 14	7 23	7 33	7 44
Nov. 2	6 30	6 34	6 38	6 42	6 46	6 51	6 57	7 02	7 09	7 16	7 25	7 34	7 45	7 59
6	6 35	6 39	6 43	6 48	6 53	6 58	7 04	7 10	7 18	7 26	7 35	7 46	7 58	8 13
10	6 39	6 44	6 48	6 53	6 59	7 05	7 11	7 18	7 26	7 35	7 45	7 57	8 11	8 28
14	6 44	6 49	6 54	6 59	7 05	7 11	7 18	7 26	7 34	7 44	7 55	8 08	8 24	8 43
18	6 49	6 53	6 59	7 05	7 11	7 18	7 25	7 33	7 43	7 53	8 05	8 20	8 37	8 59
22	6 53	6 58	7 04	7 10	7 17	7 24	7 32	7 41	7 51	8 02	8 15	8 31	8 50	9 14
26	6 57	7 03	7 09	7 15	7 22	7 30	7 38	7 48	7 58	8 10	8 24	8 41	9 02	9 29
30	7 02	7 07	7 13	7 20	7 27	7 35	7 44	7 54	8 05	8 18	8 33	8 51	9 13	9 43
Dec. 4	7 05	7 11	7 18	7 25	7 32	7 41	7 50	8 00	8 12	8 25	8 41	9 00	9 24	9 57
8	7 09	7 15	7 22	7 29	7 37	7 45	7 55	8 05	8 17	8 31	8 48	9 08	9 34	10 10
12	7 12	7 19	7 25	7 33	7 41	7 49	7 59	8 10	8 22	8 37	8 54	9 14	9 41	10 21
16	7 15	7 22	7 28	7 36	7 44	7 53	8 03	8 14	8 26	8 41	8 58	9 20	9 48	10 29
20	7 18	7 24	7 31	7 38	7 47	7 55	8 05	8 16	8 29	8 44	9 01	9 23	9 52	10 34
24	7 20	7 26	7 33	7 40	7 48	7 57	8 07	8 18	8 31	8 46	9 03	9 25	9 53	10 36
28	7 21	7 27	7 34	7 42	7 50	7 58	8 08	8 19	8 32	8 46	9 04	9 25	9 53	10 33
32	7 22	7 28	7 35	7 42	7 50	7 59	8 08	8 19	8 31	8 46	9 02	9 23	9 50	10 28
36	7 22	7 28	7 35	7 42	7 50	7 58	8 07	8 18	8 30	8 44	9 00	9 20	9 45	10 20

SUNSET

Lat.	+40°	+42°	+44°	+46°	+48°	+50°	+52°	+54°	+56°	+58°	+60°	+62°	+64°	+66°
	h m	h m	h m	h m	h m	h m	h m	h m	h m	h m	h m	h m	h m	h m
Oct. 1	17 43	17 42	17 41	17 40	17 39	17 39	17 38	17 37	17 35	17 34	17 33	17 31	17 29	17 27
5	17 36	17 35	17 34	17 33	17 31	17 30	17 28	17 27	17 25	17 23	17 21	17 18	17 15	17 12
9	17 30	17 28	17 27	17 25	17 23	17 21	17 19	17 17	17 15	17 12	17 09	17 05	17 01	16 57
13	17 24	17 22	17 20	17 18	17 16	17 13	17 10	17 08	17 04	17 01	16 57	16 53	16 48	16 42
17	17 18	17 15	17 13	17 11	17 08	17 05	17 02	16 58	16 54	16 50	16 45	16 40	16 34	16 27
21	17 12	17 09	17 07	17 04	17 01	16 57	16 53	16 49	16 45	16 40	16 34	16 28	16 20	16 12
25	17 07	17 04	17 00	16 57	16 53	16 49	16 45	16 40	16 35	16 29	16 23	16 15	16 07	15 57
29	17 01	16 58	16 55	16 51	16 47	16 42	16 37	16 32	16 26	16 20	16 12	16 04	15 54	15 42
Nov. 2	16 57	16 53	16 49	16 45	16 40	16 35	16 30	16 24	16 17	16 10	16 02	15 52	15 41	15 27
6	16 52	16 48	16 44	16 39	16 34	16 29	16 23	16 16	16 09	16 01	15 51	15 41	15 28	15 13
10	16 48	16 44	16 39	16 34	16 29	16 23	16 16	16 09	16 01	15 52	15 42	15 30	15 16	14 59
14	16 45	16 40	16 35	16 30	16 24	16 17	16 10	16 03	15 54	15 44	15 33	15 20	15 04	14 45
18	16 42	16 37	16 31	16 25	16 19	16 12	16 05	15 57	15 47	15 37	15 24	15 10	14 53	14 31
22	16 39	16 34	16 28	16 22	16 15	16 08	16 00	15 51	15 41	15 30	15 17	15 01	14 42	14 18
26	16 37	16 32	16 26	16 19	16 12	16 05	15 56	15 47	15 36	15 24	15 10	14 53	14 32	14 05
30	16 36	16 30	16 24	16 17	16 10	16 02	15 53	15 43	15 32	15 19	15 04	14 46	14 24	13 54
Dec. 4	16 35	16 29	16 22	16 16	16 08	16 00	15 51	15 40	15 29	15 15	14 59	14 40	14 16	13 43
8	16 35	16 28	16 22	16 15	16 07	15 58	15 49	15 38	15 26	15 12	14 56	14 36	14 10	13 34
12	16 35	16 29	16 22	16 15	16 07	15 58	15 48	15 38	15 25	15 11	14 54	14 33	14 06	13 27
16	16 36	16 30	16 23	16 15	16 07	15 59	15 49	15 38	15 25	15 10	14 53	14 32	14 04	13 22
20	16 38	16 31	16 24	16 17	16 09	16 00	15 50	15 39	15 26	15 11	14 54	14 32	14 04	13 21
24	16 40	16 33	16 26	16 19	16 11	16 02	15 52	15 41	15 28	15 14	14 56	14 35	14 06	13 24
28	16 42	16 36	16 29	16 22	16 14	16 05	15 55	15 44	15 32	15 17	15 00	14 39	14 11	13 30
32	16 45	16 39	16 32	16 25	16 17	16 09	15 59	15 48	15 36	15 22	15 05	14 44	14 18	13 39
36	16 49	16 43	16 36	16 29	16 21	16 13	16 04	15 53	15 41	15 27	15 11	14 51	14 26	13 51

CIVIL TWILIGHT, 1993
UNIVERSAL TIME FOR MERIDIAN OF GREENWICH
MORNING CIVIL TWILIGHT

Lat.	−55°	−50°	−45°	−40°	−35°	−30°	−20°	−10°	0°	+10°	+20°	+30°	+35°	+40°
	h m	h m	h m	h m	h m	h m	h m	h m	h m	h m	h m	h m	h m	h m
Jan. −2	2 25	3 08	3 37	4 00	4 18	4 33	4 58	5 18	5 36	5 53	6 10	6 29	6 39	6 51
2	2 31	3 12	3 41	4 03	4 21	4 36	5 00	5 20	5 38	5 55	6 12	6 30	6 40	6 52
6	2 37	3 18	3 46	4 07	4 24	4 39	5 03	5 22	5 40	5 56	6 13	6 31	6 41	6 52
10	2 45	3 23	3 51	4 11	4 28	4 42	5 06	5 25	5 42	5 58	6 14	6 31	6 41	6 52
14	2 54	3 30	3 56	4 16	4 32	4 46	5 08	5 27	5 43	5 59	6 14	6 31	6 40	6 51
18	3 03	3 37	4 02	4 21	4 36	4 50	5 11	5 29	5 45	6 00	6 14	6 30	6 39	6 49
22	3 12	3 44	4 08	4 26	4 41	4 53	5 14	5 31	5 46	6 00	6 14	6 29	6 38	6 47
26	3 22	3 52	4 14	4 31	4 45	4 57	5 17	5 33	5 47	6 01	6 14	6 28	6 36	6 45
30	3 32	4 00	4 20	4 36	4 50	5 01	5 20	5 35	5 48	6 01	6 13	6 26	6 34	6 42
Feb. 3	3 42	4 08	4 27	4 42	4 54	5 05	5 22	5 36	5 49	6 00	6 12	6 24	6 31	6 38
7	3 52	4 15	4 33	4 47	4 59	5 08	5 25	5 38	5 49	6 00	6 11	6 22	6 28	6 34
11	4 02	4 23	4 39	4 52	5 03	5 12	5 27	5 39	5 50	5 59	6 09	6 19	6 24	6 30
15	4 12	4 31	4 46	4 57	5 07	5 15	5 29	5 40	5 50	5 58	6 07	6 16	6 20	6 25
19	4 22	4 39	4 52	5 03	5 11	5 19	5 31	5 41	5 49	5 57	6 04	6 12	6 16	6 20
23	4 31	4 46	4 58	5 07	5 15	5 22	5 33	5 42	5 49	5 56	6 02	6 08	6 11	6 15
27	4 40	4 54	5 04	5 12	5 19	5 25	5 35	5 42	5 49	5 54	5 59	6 04	6 07	6 09
Mar. 3	4 49	5 01	5 10	5 17	5 23	5 28	5 36	5 43	5 48	5 52	5 56	6 00	6 02	6 03
7	4 58	5 08	5 15	5 22	5 27	5 31	5 38	5 43	5 47	5 50	5 53	5 55	5 56	5 57
11	5 06	5 15	5 21	5 26	5 30	5 34	5 39	5 43	5 46	5 48	5 50	5 51	5 51	5 51
15	5 15	5 21	5 26	5 30	5 34	5 36	5 40	5 43	5 45	5 46	5 47	5 46	5 46	5 45
19	5 23	5 28	5 32	5 35	5 37	5 39	5 41	5 43	5 44	5 44	5 43	5 41	5 40	5 38
23	5 31	5 34	5 37	5 39	5 40	5 41	5 43	5 43	5 43	5 42	5 40	5 37	5 34	5 32
27	5 38	5 41	5 42	5 43	5 43	5 44	5 44	5 43	5 41	5 39	5 36	5 32	5 29	5 25
31	5 46	5 47	5 47	5 47	5 47	5 46	5 45	5 43	5 40	5 37	5 33	5 27	5 23	5 19
Apr. 4	5 54	5 53	5 52	5 51	5 50	5 48	5 46	5 43	5 39	5 35	5 29	5 22	5 17	5 12

EVENING CIVIL TWILIGHT

Lat.	−55°	−50°	−45°	−40°	−35°	−30°	−20°	−10°	0°	+10°	+20°	+30°	+35°	+40°
	h m	h m	h m	h m	h m	h m	h m	h m	h m	h m	h m	h m	h m	h m
Jan. −2	21 39	20 56	20 27	20 04	19 46	19 31	19 07	18 46	18 28	18 12	17 54	17 36	17 25	17 14
2	21 37	20 55	20 27	20 05	19 47	19 32	19 08	18 48	18 30	18 14	17 57	17 38	17 28	17 17
6	21 33	20 54	20 26	20 04	19 47	19 33	19 09	18 49	18 32	18 16	17 59	17 41	17 31	17 20
10	21 29	20 51	20 24	20 03	19 47	19 33	19 09	18 50	18 34	18 18	18 02	17 44	17 35	17 24
14	21 23	20 47	20 22	20 02	19 46	19 32	19 10	18 51	18 35	18 20	18 04	17 48	17 38	17 28
18	21 17	20 43	20 19	20 00	19 44	19 31	19 09	18 52	18 36	18 21	18 07	17 51	17 42	17 32
22	21 09	20 38	20 15	19 57	19 42	19 30	19 09	18 52	18 37	18 23	18 09	17 54	17 46	17 36
26	21 01	20 32	20 10	19 53	19 39	19 28	19 08	18 52	18 38	18 25	18 12	17 57	17 50	17 41
30	20 53	20 26	20 06	19 50	19 36	19 25	19 07	18 51	18 39	18 26	18 14	18 01	17 53	17 45
Feb. 3	20 44	20 19	20 00	19 45	19 33	19 23	19 05	18 51	18 39	18 27	18 16	18 04	17 57	17 50
7	20 34	20 12	19 54	19 41	19 29	19 19	19 04	18 50	18 39	18 28	18 18	18 07	18 01	17 55
11	20 25	20 04	19 48	19 35	19 25	19 16	19 01	18 49	18 39	18 29	18 20	18 10	18 05	17 59
15	20 15	19 56	19 42	19 30	19 20	19 12	18 59	18 48	18 39	18 30	18 22	18 13	18 09	18 04
19	20 05	19 48	19 35	19 24	19 16	19 08	18 56	18 47	18 38	18 31	18 23	18 16	18 12	18 08
23	19 54	19 39	19 28	19 18	19 11	19 04	18 54	18 45	18 38	18 31	18 25	18 19	18 16	18 12
27	19 44	19 31	19 21	19 12	19 06	19 00	18 51	18 43	18 37	18 32	18 27	18 22	18 19	18 17
Mar. 3	19 33	19 22	19 13	19 06	19 00	18 55	18 47	18 41	18 36	18 32	18 28	18 24	18 23	18 21
7	19 23	19 13	19 06	19 00	18 55	18 51	18 44	18 39	18 35	18 32	18 29	18 27	18 26	18 25
11	19 12	19 04	18 58	18 53	18 49	18 46	18 41	18 37	18 34	18 32	18 30	18 30	18 29	18 30
15	19 02	18 56	18 51	18 47	18 44	18 41	18 37	18 35	18 33	18 32	18 32	18 32	18 33	18 34
19	18 52	18 47	18 43	18 40	18 38	18 36	18 34	18 32	18 32	18 32	18 33	18 35	18 36	18 38
23	18 41	18 38	18 35	18 34	18 32	18 31	18 30	18 30	18 30	18 32	18 34	18 37	18 39	18 42
27	18 31	18 29	18 28	18 27	18 27	18 27	18 27	18 28	18 29	18 32	18 35	18 40	18 43	18 46
31	18 21	18 21	18 21	18 21	18 21	18 22	18 23	18 25	18 28	18 32	18 36	18 42	18 46	18 50
Apr. 4	18 11	18 12	18 13	18 14	18 16	18 17	18 20	18 23	18 27	18 32	18 37	18 45	18 49	18 55

UNIVERSAL TIME FOR MERIDIAN OF GREENWICH
MORNING CIVIL TWILIGHT

Lat.	+40°	+42°	+44°	+46°	+48°	+50°	+52°	+54°	+56°	+58°	+60°	+62°	+64°	+66°
	h m	h m	h m	h m	h m	h m	h m	h m	h m	h m	h m	h m	h m	h m
Jan. −2	6 51	6 56	7 01	7 07	7 13	7 20	7 28	7 36	7 45	7 55	8 06	8 19	8 35	8 55
2	6 52	6 57	7 02	7 08	7 14	7 20	7 28	7 35	7 44	7 54	8 05	8 18	8 34	8 52
6	6 52	6 57	7 02	7 07	7 13	7 20	7 27	7 34	7 43	7 53	8 03	8 16	8 31	8 48
10	6 52	6 56	7 01	7 07	7 12	7 18	7 25	7 33	7 41	7 50	8 00	8 12	8 26	8 43
14	6 51	6 55	7 00	7 05	7 11	7 16	7 23	7 30	7 38	7 46	7 56	8 07	8 20	8 36
18	6 49	6 53	6 58	7 03	7 08	7 14	7 20	7 26	7 34	7 42	7 51	8 02	8 14	8 28
22	6 47	6 51	6 56	7 00	7 05	7 10	7 16	7 22	7 29	7 36	7 45	7 55	8 06	8 19
26	6 45	6 48	6 52	6 57	7 01	7 06	7 11	7 17	7 23	7 30	7 38	7 47	7 57	8 09
30	6 42	6 45	6 49	6 53	6 57	7 01	7 06	7 11	7 17	7 24	7 31	7 39	7 48	7 59
Feb. 3	6 38	6 41	6 45	6 48	6 52	6 56	7 00	7 05	7 10	7 16	7 22	7 30	7 38	7 47
7	6 34	6 37	6 40	6 43	6 47	6 50	6 54	6 58	7 03	7 08	7 14	7 20	7 27	7 35
11	6 30	6 32	6 35	6 38	6 41	6 44	6 47	6 51	6 55	6 59	7 04	7 10	7 16	7 23
15	6 25	6 27	6 30	6 32	6 35	6 37	6 40	6 43	6 47	6 50	6 54	6 59	7 04	7 10
19	6 20	6 22	6 24	6 26	6 28	6 30	6 33	6 35	6 38	6 41	6 44	6 48	6 52	6 56
23	6 15	6 16	6 18	6 19	6 21	6 23	6 25	6 27	6 29	6 31	6 33	6 36	6 39	6 43
27	6 09	6 10	6 11	6 13	6 14	6 15	6 16	6 18	6 19	6 21	6 22	6 24	6 26	6 29
Mar. 3	6 03	6 04	6 05	6 06	6 06	6 07	6 08	6 09	6 09	6 10	6 11	6 12	6 13	6 14
7	5 57	5 58	5 58	5 58	5 59	5 59	5 59	5 59	5 59	5 59	6 00	6 00	5 59	5 59
11	5 51	5 51	5 51	5 51	5 51	5 50	5 50	5 50	5 49	5 48	5 48	5 47	5 46	5 44
15	5 45	5 44	5 44	5 43	5 43	5 42	5 41	5 40	5 39	5 37	5 36	5 34	5 32	5 29
19	5 38	5 37	5 37	5 36	5 34	5 33	5 32	5 30	5 28	5 26	5 23	5 21	5 17	5 13
23	5 32	5 31	5 29	5 28	5 26	5 24	5 22	5 20	5 17	5 14	5 11	5 07	5 03	4 58
27	5 25	5 24	5 22	5 20	5 18	5 15	5 13	5 10	5 06	5 03	4 59	4 54	4 48	4 41
31	5 19	5 17	5 14	5 12	5 09	5 06	5 03	5 00	4 56	4 51	4 46	4 40	4 33	4 25
Apr. 4	5 12	5 10	5 07	5 04	5 01	4 57	4 54	4 49	4 45	4 39	4 33	4 26	4 18	4 08

EVENING CIVIL TWILIGHT

Lat.	+40°	+42°	+44°	+46°	+48°	+50°	+52°	+54°	+56°	+58°	+60°	+62°	+64°	+66°
	h m	h m	h m	h m	h m	h m	h m	h m	h m	h m	h m	h m	h m	h m
Jan. −2	17 14	17 09	17 03	16 57	16 51	16 44	16 37	16 29	16 20	16 10	15 58	15 45	15 29	15 10
2	17 17	17 12	17 06	17 01	16 55	16 48	16 41	16 33	16 24	16 14	16 03	15 50	15 35	15 16
6	17 20	17 15	17 10	17 05	16 59	16 52	16 45	16 38	16 29	16 20	16 09	15 56	15 42	15 24
10	17 24	17 19	17 14	17 09	17 03	16 57	16 50	16 43	16 35	16 26	16 15	16 04	15 50	15 33
14	17 28	17 23	17 19	17 14	17 08	17 02	16 56	16 49	16 41	16 32	16 23	16 11	15 58	15 43
18	17 32	17 28	17 23	17 18	17 13	17 08	17 02	16 55	16 48	16 40	16 31	16 20	16 08	15 53
22	17 36	17 32	17 28	17 24	17 19	17 14	17 08	17 02	16 55	16 47	16 39	16 29	16 18	16 05
26	17 41	17 37	17 33	17 29	17 25	17 20	17 14	17 09	17 03	16 56	16 48	16 39	16 29	16 17
30	17 45	17 42	17 38	17 34	17 30	17 26	17 21	17 16	17 10	17 04	16 57	16 49	16 40	16 29
Feb. 3	17 50	17 47	17 44	17 40	17 36	17 32	17 28	17 23	17 18	17 13	17 06	16 59	16 51	16 42
7	17 55	17 52	17 49	17 46	17 42	17 39	17 35	17 31	17 26	17 21	17 16	17 10	17 02	16 54
11	17 59	17 57	17 54	17 51	17 48	17 45	17 42	17 38	17 34	17 30	17 25	17 20	17 14	17 07
15	18 04	18 01	17 59	17 57	17 54	17 52	17 49	17 46	17 43	17 39	17 35	17 31	17 26	17 20
19	18 08	18 06	18 04	18 02	18 00	17 58	17 56	17 54	17 51	17 48	17 45	17 41	17 37	17 33
23	18 12	18 11	18 10	18 08	18 06	18 05	18 03	18 01	17 59	17 57	17 55	17 52	17 49	17 46
27	18 17	18 16	18 15	18 14	18 12	18 11	18 10	18 09	18 07	18 06	18 04	18 03	18 01	17 59
Mar. 3	18 21	18 20	18 20	18 19	18 18	18 18	18 17	18 16	18 16	18 15	18 14	18 13	18 12	18 12
7	18 25	18 25	18 25	18 25	18 24	18 24	18 24	18 24	18 24	18 24	18 24	18 24	18 24	18 25
11	18 30	18 30	18 30	18 30	18 30	18 31	18 31	18 32	18 32	18 33	18 34	18 35	18 36	18 38
15	18 34	18 34	18 35	18 35	18 36	18 37	18 38	18 39	18 40	18 42	18 44	18 46	18 48	18 51
19	18 38	18 39	18 40	18 41	18 42	18 44	18 45	18 47	18 49	18 51	18 54	18 57	19 00	19 04
23	18 42	18 43	18 45	18 46	18 48	18 50	18 52	18 55	18 57	19 00	19 04	19 08	19 12	19 18
27	18 46	18 48	18 50	18 52	18 54	18 56	18 59	19 02	19 06	19 09	19 14	19 19	19 25	19 32
31	18 50	18 53	18 55	18 57	19 00	19 03	19 06	19 10	19 14	19 19	19 24	19 30	19 38	19 46
Apr. 4	18 55	18 57	19 00	19 03	19 06	19 10	19 14	19 18	19 23	19 28	19 35	19 42	19 51	20 01

CIVIL TWILIGHT, 1993

UNIVERSAL TIME FOR MERIDIAN OF GREENWICH
MORNING CIVIL TWILIGHT

Lat.	−55°	−50°	−45°	−40°	−35°	−30°	−20°	−10°	0°	+10°	+20°	+30°	+35°	+40°
	h m	h m	h m	h m	h m	h m	h m	h m	h m	h m	h m	h m	h m	h m
Mar. 31	5 46	5 47	5 47	5 47	5 47	5 46	5 45	5 43	5 40	5 37	5 33	5 27	5 23	5 19
Apr. 4	5 54	5 53	5 52	5 51	5 50	5 48	5 46	5 43	5 39	5 35	5 29	5 22	5 17	5 12
8	6 01	5 59	5 57	5 55	5 53	5 51	5 47	5 42	5 38	5 32	5 26	5 17	5 12	5 06
12	6 09	6 05	6 02	5 59	5 56	5 53	5 48	5 42	5 37	5 30	5 22	5 12	5 06	4 59
16	6 16	6 11	6 06	6 02	5 59	5 55	5 49	5 42	5 35	5 28	5 19	5 08	5 01	4 53
20	6 23	6 17	6 11	6 06	6 02	5 58	5 50	5 42	5 34	5 26	5 16	5 03	4 56	4 47
24	6 30	6 22	6 16	6 10	6 05	6 00	5 51	5 42	5 34	5 24	5 13	4 59	4 51	4 41
28	6 37	6 28	6 20	6 14	6 08	6 02	5 52	5 43	5 33	5 22	5 10	4 55	4 46	4 35
May 2	6 44	6 34	6 25	6 18	6 11	6 05	5 53	5 43	5 32	5 20	5 07	4 51	4 41	4 30
6	6 51	6 39	6 29	6 21	6 14	6 07	5 55	5 43	5 32	5 19	5 05	4 47	4 37	4 24
10	6 57	6 44	6 34	6 25	6 17	6 09	5 56	5 44	5 31	5 18	5 03	4 44	4 33	4 20
14	7 04	6 50	6 38	6 28	6 20	6 12	5 58	5 44	5 31	5 17	5 01	4 41	4 29	4 15
18	7 10	6 55	6 42	6 32	6 22	6 14	5 59	5 45	5 31	5 16	4 59	4 39	4 26	4 11
22	7 15	6 59	6 46	6 35	6 25	6 16	6 00	5 46	5 31	5 15	4 58	4 36	4 23	4 08
26	7 21	7 04	6 50	6 38	6 28	6 18	6 02	5 47	5 31	5 15	4 57	4 34	4 21	4 05
30	7 25	7 08	6 53	6 41	6 30	6 21	6 03	5 47	5 32	5 15	4 56	4 33	4 19	4 02
June 3	7 30	7 11	6 56	6 44	6 32	6 23	6 05	5 48	5 32	5 15	4 55	4 32	4 17	4 00
7	7 33	7 14	6 59	6 46	6 35	6 24	6 06	5 49	5 33	5 15	4 55	4 31	4 16	3 59
11	7 37	7 17	7 01	6 48	6 36	6 26	6 07	5 50	5 33	5 16	4 55	4 31	4 16	3 58
15	7 39	7 19	7 03	6 50	6 38	6 27	6 09	5 51	5 34	5 16	4 56	4 31	4 16	3 58
19	7 41	7 21	7 04	6 51	6 39	6 28	6 10	5 52	5 35	5 17	4 56	4 31	4 16	3 58
23	7 42	7 21	7 05	6 52	6 40	6 29	6 10	5 53	5 36	5 18	4 57	4 32	4 17	3 59
27	7 42	7 22	7 06	6 52	6 40	6 30	6 11	5 54	5 37	5 19	4 58	4 34	4 18	4 00
July 1	7 41	7 21	7 05	6 52	6 41	6 30	6 12	5 55	5 38	5 20	5 00	4 35	4 20	4 02
5	7 39	7 20	7 05	6 52	6 40	6 30	6 12	5 55	5 38	5 21	5 01	4 37	4 22	4 04

EVENING CIVIL TWILIGHT

Lat.	−55°	−50°	−45°	−40°	−35°	−30°	−20°	−10°	0°	+10°	+20°	+30°	+35°	+40°
	h m	h m	h m	h m	h m	h m	h m	h m	h m	h m	h m	h m	h m	h m
Mar. 31	18 21	18 21	18 21	18 21	18 21	18 22	18 23	18 25	18 28	18 32	18 36	18 42	18 46	18 50
Apr. 4	18 11	18 12	18 13	18 14	18 16	18 17	18 20	18 23	18 27	18 32	18 37	18 45	18 49	18 55
8	18 01	18 04	18 06	18 08	18 10	18 12	18 17	18 21	18 26	18 32	18 38	18 47	18 53	18 59
12	17 52	17 56	17 59	18 02	18 05	18 08	18 13	18 19	18 25	18 32	18 40	18 50	18 56	19 03
16	17 43	17 48	17 52	17 57	18 00	18 04	18 10	18 17	18 24	18 32	18 41	18 52	18 59	19 08
20	17 34	17 40	17 46	17 51	17 55	18 00	18 08	18 15	18 23	18 32	18 42	18 55	19 03	19 12
24	17 25	17 33	17 40	17 46	17 51	17 56	18 05	18 14	18 23	18 33	18 44	18 58	19 06	19 16
28	17 17	17 26	17 34	17 41	17 47	17 52	18 02	18 12	18 22	18 33	18 45	19 01	19 10	19 21
May 2	17 09	17 20	17 28	17 36	17 43	17 49	18 00	18 11	18 22	18 34	18 47	19 03	19 13	19 25
6	17 02	17 13	17 23	17 32	17 39	17 46	17 58	18 10	18 22	18 34	18 49	19 06	19 17	19 29
10	16 55	17 08	17 18	17 28	17 36	17 43	17 56	18 09	18 22	18 35	18 50	19 09	19 20	19 34
14	16 48	17 02	17 14	17 24	17 33	17 41	17 55	18 08	18 22	18 36	18 52	19 12	19 24	19 38
18	16 43	16 58	17 10	17 21	17 30	17 38	17 54	18 08	18 22	18 37	18 54	19 15	19 27	19 42
22	16 37	16 54	17 07	17 18	17 28	17 37	17 53	18 08	18 22	18 38	18 56	19 17	19 30	19 46
26	16 33	16 50	17 04	17 16	17 26	17 35	17 52	18 07	18 23	18 39	18 57	19 20	19 34	19 50
30	16 29	16 47	17 02	17 14	17 25	17 34	17 52	18 08	18 23	18 40	18 59	19 22	19 36	19 53
June 3	16 26	16 45	17 00	17 12	17 24	17 34	17 51	18 08	18 24	18 41	19 01	19 25	19 39	19 56
7	16 24	16 43	16 59	17 12	17 23	17 33	17 51	18 08	18 25	18 43	19 02	19 27	19 41	19 59
11	16 22	16 42	16 58	17 11	17 23	17 33	17 52	18 09	18 26	18 44	19 04	19 28	19 44	20 01
15	16 22	16 42	16 58	17 11	17 23	17 33	17 52	18 10	18 27	18 45	19 05	19 30	19 45	20 03
19	16 22	16 42	16 58	17 12	17 24	17 34	17 53	18 10	18 28	18 46	19 06	19 31	19 46	20 05
23	16 23	16 43	16 59	17 13	17 24	17 35	17 54	18 11	18 28	18 47	19 07	19 32	19 47	20 05
27	16 25	16 44	17 00	17 14	17 26	17 36	17 55	18 12	18 29	18 47	19 08	19 32	19 48	20 06
July 1	16 27	16 47	17 02	17 16	17 27	17 38	17 56	18 13	18 30	18 48	19 08	19 32	19 47	20 05
5	16 30	16 49	17 05	17 18	17 29	17 39	17 57	18 14	18 31	18 48	19 08	19 32	19 47	20 04

CIVIL TWILIGHT, 1993

UNIVERSAL TIME FOR MERIDIAN OF GREENWICH
MORNING CIVIL TWILIGHT

Lat.	+40°	+42°	+44°	+46°	+48°	+50°	+52°	+54°	+56°	+58°	+60°	+62°	+64°	+66°
	h m	h m	h m	h m	h m	h m	h m	h m	h m	h m	h m	h m	h m	h m
Mar. 31	5 19	5 17	5 14	5 12	5 09	5 06	5 03	5 00	4 56	4 51	4 46	4 40	4 33	4 25
Apr. 4	5 12	5 10	5 07	5 04	5 01	4 57	4 54	4 49	4 45	4 39	4 33	4 26	4 18	4 08
8	5 06	5 03	5 00	4 56	4 53	4 49	4 44	4 39	4 34	4 27	4 20	4 12	4 02	3 51
12	4 59	4 56	4 52	4 49	4 44	4 40	4 35	4 29	4 23	4 16	4 07	3 58	3 46	3 33
16	4 53	4 49	4 45	4 41	4 36	4 31	4 25	4 19	4 12	4 04	3 54	3 43	3 30	3 14
20	4 47	4 43	4 38	4 33	4 28	4 22	4 16	4 09	4 01	3 52	3 41	3 29	3 14	2 55
24	4 41	4 36	4 31	4 26	4 20	4 14	4 07	3 59	3 50	3 40	3 28	3 14	2 57	2 35
28	4 35	4 30	4 25	4 19	4 13	4 06	3 58	3 49	3 40	3 28	3 15	2 59	2 39	2 13
May 2	4 30	4 24	4 19	4 12	4 06	3 58	3 50	3 40	3 29	3 17	3 02	2 44	2 21	1 49
6	4 24	4 19	4 13	4 06	3 59	3 50	3 41	3 31	3 19	3 05	2 49	2 28	2 01	1 21
10	4 20	4 14	4 07	4 00	3 52	3 43	3 33	3 22	3 09	2 54	2 35	2 12	1 40	0 41
14	4 15	4 09	4 02	3 54	3 46	3 36	3 26	3 14	3 00	2 43	2 22	1 56	1 15	// //
18	4 11	4 05	3 57	3 49	3 40	3 30	3 19	3 06	2 51	2 32	2 09	1 38	0 43	// //
22	4 08	4 01	3 53	3 44	3 35	3 24	3 13	2 59	2 42	2 22	1 57	1 20	// //	// //
26	4 05	3 57	3 49	3 40	3 31	3 19	3 07	2 52	2 35	2 13	1 44	0 58	// //	// //
30	4 02	3 55	3 46	3 37	3 27	3 15	3 02	2 46	2 28	2 04	1 32	0 30	// //	// //
June 3	4 00	3 52	3 44	3 34	3 23	3 11	2 58	2 41	2 22	1 56	1 20	// //	// //	// //
7	3 59	3 51	3 42	3 32	3 21	3 09	2 54	2 37	2 17	1 50	1 10	// //	// //	// //
11	3 58	3 50	3 41	3 31	3 19	3 07	2 52	2 35	2 13	1 45	1 00	// //	// //	// //
15	3 58	3 49	3 40	3 30	3 19	3 06	2 51	2 33	2 11	1 42	0 53	// //	// //	** **
19	3 58	3 50	3 40	3 30	3 19	3 06	2 50	2 32	2 10	1 40	0 49	// //	// //	** **
23	3 59	3 50	3 41	3 31	3 19	3 06	2 51	2 33	2 11	1 41	0 50	// //	// //	** **
27	4 00	3 52	3 43	3 32	3 21	3 08	2 53	2 35	2 13	1 44	0 55	// //	// //	** **
July 1	4 02	3 54	3 45	3 35	3 23	3 11	2 56	2 38	2 17	1 48	1 03	// //	// //	// //
5	4 04	3 56	3 47	3 37	3 26	3 14	3 00	2 43	2 22	1 55	1 14	// //	// //	// //

EVENING CIVIL TWILIGHT

Lat.	+40°	+42°	+44°	+46°	+48°	+50°	+52°	+54°	+56°	+58°	+60°	+62°	+64°	+66°
	h m	h m	h m	h m	h m	h m	h m	h m	h m	h m	h m	h m	h m	h m
Mar. 31	18 50	18 53	18 55	18 57	19 00	19 03	19 06	19 10	19 14	19 19	19 24	19 30	19 38	19 46
Apr. 4	18 55	18 57	19 00	19 03	19 06	19 10	19 14	19 18	19 23	19 28	19 35	19 42	19 51	20 01
8	18 59	19 02	19 05	19 08	19 12	19 16	19 21	19 26	19 32	19 38	19 45	19 54	20 04	20 16
12	19 03	19 07	19 10	19 14	19 18	19 23	19 28	19 34	19 40	19 48	19 56	20 06	20 18	20 32
16	19 08	19 11	19 15	19 20	19 24	19 30	19 36	19 42	19 49	19 58	20 07	20 19	20 32	20 48
20	19 12	19 16	19 20	19 25	19 31	19 37	19 43	19 50	19 58	20 08	20 19	20 32	20 47	21 06
24	19 16	19 21	19 26	19 31	19 37	19 43	19 51	19 59	20 08	20 18	20 30	20 45	21 03	21 25
28	19 21	19 26	19 31	19 37	19 43	19 50	19 58	20 07	20 17	20 29	20 42	20 59	21 19	21 46
May 2	19 25	19 30	19 36	19 42	19 49	19 57	20 06	20 15	20 26	20 39	20 55	21 13	21 37	22 10
6	19 29	19 35	19 41	19 48	19 56	20 04	20 13	20 24	20 36	20 50	21 07	21 28	21 56	22 39
10	19 34	19 40	19 46	19 54	20 02	20 11	20 21	20 32	20 45	21 01	21 20	21 44	22 18	23 27
14	19 38	19 44	19 51	19 59	20 08	20 17	20 28	20 40	20 55	21 12	21 33	22 01	22 44	// //
18	19 42	19 49	19 56	20 05	20 14	20 24	20 35	20 48	21 04	21 22	21 46	22 19	23 21	// //
22	19 46	19 53	20 01	20 10	20 19	20 30	20 42	20 56	21 13	21 33	21 59	22 38	// //	// //
26	19 50	19 57	20 05	20 14	20 24	20 35	20 48	21 03	21 21	21 43	22 13	23 01	// //	// //
30	19 53	20 01	20 09	20 19	20 29	20 41	20 54	21 10	21 29	21 53	22 26	23 35	// //	// //
June 3	19 56	20 04	20 13	20 23	20 33	20 45	20 59	21 16	21 36	22 01	22 38	// //	// //	// //
7	19 59	20 07	20 16	20 26	20 37	20 50	21 04	21 21	21 42	22 09	22 50	// //	// //	// //
11	20 01	20 10	20 19	20 29	20 40	20 53	21 08	21 25	21 47	22 15	23 01	// //	// //	// //
15	20 03	20 12	20 21	20 31	20 42	20 55	21 10	21 28	21 50	22 20	23 09	// //	// //	** **
19	20 05	20 13	20 22	20 33	20 44	20 57	21 12	21 30	21 53	22 23	23 14	// //	// //	** **
23	20 05	20 14	20 23	20 33	20 45	20 58	21 13	21 31	21 53	22 23	23 14	// //	// //	** **
27	20 06	20 14	20 23	20 33	20 45	20 58	21 13	21 30	21 52	22 22	23 10	// //	// //	** **
July 1	20 05	20 14	20 23	20 33	20 44	20 57	21 11	21 29	21 50	22 18	23 03	// //	// //	// //
5	20 04	20 13	20 21	20 31	20 42	20 55	21 09	21 26	21 46	22 13	22 53	// //	// //	// //

(** **) indicates Sun continuously above horizon.
(// //) indicates continuous twilight.

CIVIL TWILIGHT, 1993
UNIVERSAL TIME FOR MERIDIAN OF GREENWICH
MORNING CIVIL TWILIGHT

Lat.	−55°	−50°	−45°	−40°	−35°	−30°	−20°	−10°	0°	+10°	+20°	+30°	+35°	+40°
	h m	h m	h m	h m	h m	h m	h m	h m	h m	h m	h m	h m	h m	h m
July 1	7 41	7 21	7 05	6 52	6 41	6 30	6 12	5 55	5 38	5 20	5 00	4 35	4 20	4 02
5	7 39	7 20	7 05	6 52	6 40	6 30	6 12	5 55	5 38	5 21	5 01	4 37	4 22	4 04
9	7 37	7 18	7 03	6 51	6 40	6 30	6 12	5 55	5 39	5 22	5 02	4 39	4 24	4 07
13	7 34	7 16	7 01	6 49	6 39	6 29	6 12	5 56	5 40	5 23	5 04	4 41	4 27	4 10
17	7 30	7 13	6 59	6 47	6 37	6 28	6 11	5 56	5 40	5 24	5 06	4 43	4 30	4 13
21	7 25	7 09	6 56	6 45	6 35	6 26	6 10	5 55	5 41	5 25	5 07	4 46	4 33	4 17
25	7 20	7 05	6 53	6 42	6 33	6 24	6 09	5 55	5 41	5 26	5 09	4 48	4 36	4 21
29	7 14	7 00	6 49	6 39	6 30	6 22	6 08	5 54	5 41	5 27	5 11	4 51	4 39	4 25
Aug. 2	7 08	6 55	6 44	6 35	6 27	6 20	6 06	5 54	5 41	5 28	5 12	4 54	4 42	4 29
6	7 01	6 49	6 39	6 31	6 23	6 17	6 04	5 53	5 41	5 28	5 14	4 56	4 46	4 33
10	6 53	6 43	6 34	6 26	6 20	6 13	6 02	5 51	5 40	5 29	5 15	4 59	4 49	4 37
14	6 45	6 36	6 28	6 22	6 16	6 10	6 00	5 50	5 40	5 29	5 17	5 01	4 52	4 41
18	6 37	6 29	6 22	6 16	6 11	6 06	5 57	5 48	5 39	5 29	5 18	5 04	4 55	4 45
22	6 28	6 22	6 16	6 11	6 06	6 02	5 54	5 46	5 38	5 30	5 19	5 07	4 59	4 50
26	6 19	6 14	6 09	6 05	6 02	5 58	5 51	5 45	5 37	5 30	5 20	5 09	5 02	4 54
30	6 10	6 06	6 03	5 59	5 56	5 54	5 48	5 42	5 36	5 30	5 21	5 11	5 05	4 58
Sept. 3	6 01	5 58	5 56	5 53	5 51	5 49	5 45	5 40	5 35	5 29	5 22	5 14	5 08	5 02
7	5 51	5 50	5 48	5 47	5 46	5 44	5 41	5 38	5 34	5 29	5 23	5 16	5 11	5 06
11	5 41	5 41	5 41	5 41	5 40	5 39	5 38	5 35	5 33	5 29	5 24	5 18	5 14	5 10
15	5 31	5 32	5 33	5 34	5 34	5 35	5 34	5 33	5 31	5 29	5 25	5 20	5 17	5 14
19	5 20	5 24	5 26	5 27	5 29	5 30	5 30	5 31	5 30	5 28	5 26	5 23	5 20	5 17
23	5 10	5 15	5 18	5 21	5 23	5 25	5 27	5 28	5 28	5 28	5 27	5 25	5 23	5 21
27	5 00	5 06	5 10	5 14	5 17	5 20	5 23	5 26	5 27	5 28	5 28	5 27	5 26	5 25
Oct. 1	4 49	4 57	5 03	5 07	5 11	5 15	5 19	5 23	5 26	5 28	5 29	5 29	5 29	5 29
5	4 38	4 48	4 55	5 01	5 06	5 10	5 16	5 21	5 24	5 27	5 30	5 32	5 32	5 33

EVENING CIVIL TWILIGHT

	−55°	−50°	−45°	−40°	−35°	−30°	−20°	−10°	0°	+10°	+20°	+30°	+35°	+40°
	h m	h m	h m	h m	h m	h m	h m	h m	h m	h m	h m	h m	h m	h m
July 1	16 27	16 47	17 02	17 16	17 27	17 38	17 56	18 13	18 30	18 48	19 08	19 32	19 47	20 05
5	16 30	16 49	17 05	17 18	17 29	17 39	17 57	18 14	18 31	18 48	19 08	19 32	19 47	20 04
9	16 34	16 52	17 07	17 20	17 31	17 41	17 59	18 15	18 31	18 48	19 08	19 31	19 46	20 03
13	16 38	16 56	17 10	17 22	17 33	17 43	18 00	18 16	18 32	18 48	19 07	19 30	19 44	20 01
17	16 43	17 00	17 14	17 25	17 35	17 45	18 01	18 17	18 32	18 48	19 06	19 29	19 42	19 58
21	16 48	17 04	17 17	17 28	17 38	17 47	18 03	18 17	18 32	18 48	19 05	19 27	19 40	19 55
25	16 53	17 08	17 21	17 31	17 41	17 49	18 04	18 18	18 32	18 47	19 04	19 24	19 37	19 51
29	16 59	17 13	17 25	17 35	17 43	17 51	18 05	18 18	18 32	18 46	19 02	19 21	19 33	19 47
Aug. 2	17 05	17 18	17 29	17 38	17 46	17 53	18 06	18 19	18 31	18 45	19 00	19 18	19 30	19 43
6	17 12	17 23	17 33	17 41	17 49	17 55	18 08	18 19	18 31	18 43	18 58	19 15	19 26	19 38
10	17 18	17 28	17 37	17 45	17 51	17 58	18 09	18 19	18 30	18 42	18 55	19 11	19 21	19 33
14	17 25	17 34	17 42	17 48	17 54	18 00	18 10	18 19	18 29	18 40	18 52	19 07	19 16	19 27
18	17 31	17 39	17 46	17 52	17 57	18 02	18 11	18 19	18 28	18 38	18 49	19 03	19 11	19 21
22	17 38	17 45	17 50	17 55	18 00	18 04	18 12	18 19	18 27	18 36	18 46	18 59	19 06	19 15
26	17 45	17 50	17 55	17 59	18 02	18 06	18 13	18 19	18 26	18 34	18 43	18 54	19 01	19 09
30	17 52	17 56	17 59	18 02	18 05	18 08	18 13	18 19	18 25	18 31	18 39	18 49	18 55	19 03
Sept. 3	17 59	18 02	18 04	18 06	18 08	18 10	18 14	18 19	18 23	18 29	18 36	18 44	18 50	18 56
7	18 06	18 07	18 08	18 10	18 11	18 12	18 15	18 18	18 22	18 27	18 32	18 39	18 44	18 49
11	18 14	18 13	18 13	18 13	18 14	18 14	18 16	18 18	18 21	18 24	18 29	18 34	18 38	18 43
15	18 21	18 19	18 18	18 17	18 17	18 16	18 17	18 17	18 19	18 21	18 25	18 29	18 32	18 36
19	18 28	18 25	18 23	18 21	18 19	18 18	18 17	18 17	18 18	18 19	18 21	18 24	18 27	18 29
23	18 36	18 31	18 27	18 25	18 22	18 21	18 18	18 17	18 16	18 16	18 17	18 19	18 21	18 23
27	18 44	18 37	18 32	18 29	18 25	18 23	18 19	18 17	18 15	18 14	18 14	18 14	18 15	18 16
Oct. 1	18 52	18 44	18 37	18 33	18 29	18 25	18 20	18 16	18 14	18 12	18 10	18 09	18 09	18 09
5	19 00	18 50	18 43	18 37	18 32	18 28	18 21	18 16	18 12	18 09	18 07	18 05	18 04	18 03

UNIVERSAL TIME FOR MERIDIAN OF GREENWICH
MORNING CIVIL TWILIGHT

Lat.	+40°	+42°	+44°	+46°	+48°	+50°	+52°	+54°	+56°	+58°	+60°	+62°	+64°	+66°
	h m	h m	h m	h m	h m	h m	h m	h m	h m	h m	h m	h m	h m	h m
July 1	4 02	3 54	3 45	3 35	3 23	3 11	2 56	2 38	2 17	1 48	1 03	// //	// //	// //
5	4 04	3 56	3 47	3 37	3 26	3 14	3 00	2 43	2 22	1 55	1 14	// //	// //	// //
9	4 07	3 59	3 50	3 41	3 30	3 18	3 04	2 48	2 28	2 02	1 26	// //	// //	// //
13	4 10	4 02	3 54	3 45	3 34	3 23	3 09	2 54	2 35	2 11	1 38	0 30	// //	// //
17	4 13	4 06	3 58	3 49	3 39	3 28	3 15	3 00	2 43	2 21	1 51	1 03	// //	// //
21	4 17	4 10	4 02	3 54	3 44	3 33	3 21	3 07	2 51	2 31	2 04	1 26	// //	// //
25	4 21	4 14	4 07	3 59	3 50	3 39	3 28	3 15	2 59	2 41	2 17	1 45	0 43	// //
29	4 25	4 18	4 11	4 04	3 55	3 46	3 35	3 23	3 08	2 51	2 30	2 02	1 20	// //
Aug. 2	4 29	4 23	4 16	4 09	4 01	3 52	3 42	3 31	3 17	3 02	2 43	2 19	1 45	0 36
6	4 33	4 27	4 21	4 14	4 07	3 59	3 49	3 39	3 27	3 12	2 55	2 34	2 06	1 23
10	4 37	4 32	4 26	4 20	4 13	4 05	3 57	3 47	3 36	3 23	3 08	2 49	2 25	1 52
14	4 41	4 36	4 31	4 25	4 19	4 12	4 04	3 55	3 45	3 33	3 20	3 03	2 42	2 15
18	4 45	4 41	4 36	4 31	4 25	4 18	4 11	4 03	3 54	3 43	3 31	3 17	2 59	2 36
22	4 50	4 45	4 41	4 36	4 31	4 25	4 18	4 11	4 03	3 53	3 42	3 30	3 14	2 55
26	4 54	4 50	4 46	4 42	4 37	4 31	4 26	4 19	4 12	4 03	3 53	3 42	3 29	3 12
30	4 58	4 54	4 51	4 47	4 43	4 38	4 33	4 27	4 20	4 13	4 04	3 54	3 43	3 28
Sept. 3	5 02	4 59	4 56	4 52	4 48	4 44	4 40	4 35	4 29	4 22	4 15	4 06	3 56	3 44
7	5 06	5 03	5 00	4 57	4 54	4 51	4 47	4 42	4 37	4 32	4 25	4 18	4 09	3 59
11	5 10	5 08	5 05	5 03	5 00	4 57	4 53	4 50	4 45	4 41	4 35	4 29	4 22	4 13
15	5 14	5 12	5 10	5 08	5 06	5 03	5 00	4 57	4 54	4 50	4 45	4 40	4 34	4 27
19	5 17	5 16	5 15	5 13	5 11	5 09	5 07	5 05	5 02	4 59	4 55	4 51	4 46	4 40
23	5 21	5 20	5 19	5 18	5 17	5 15	5 14	5 12	5 10	5 07	5 05	5 02	4 58	4 54
27	5 25	5 25	5 24	5 23	5 22	5 22	5 20	5 19	5 18	5 16	5 14	5 12	5 10	5 07
Oct. 1	5 29	5 29	5 29	5 28	5 28	5 28	5 27	5 26	5 26	5 25	5 24	5 23	5 21	5 19
5	5 33	5 33	5 33	5 34	5 34	5 34	5 34	5 34	5 34	5 34	5 34	5 33	5 33	5 32

EVENING CIVIL TWILIGHT

	+40°	+42°	+44°	+46°	+48°	+50°	+52°	+54°	+56°	+58°	+60°	+62°	+64°	+66°
	h m	h m	h m	h m	h m	h m	h m	h m	h m	h m	h m	h m	h m	h m
July 1	20 05	20 14	20 23	20 33	20 44	20 57	21 11	21 29	21 50	22 18	23 03	// //	// //	// //
5	20 04	20 13	20 21	20 31	20 42	20 55	21 09	21 26	21 46	22 13	22 53	// //	// //	// //
9	20 03	20 11	20 19	20 29	20 40	20 52	21 05	21 22	21 41	22 06	22 42	// //	// //	// //
13	20 01	20 08	20 17	20 26	20 36	20 48	21 01	21 17	21 35	21 59	22 31	23 31	// //	// //
17	19 58	20 06	20 14	20 23	20 32	20 43	20 56	21 11	21 28	21 50	22 18	23 04	// //	// //
21	19 55	20 02	20 10	20 18	20 28	20 38	20 50	21 04	21 20	21 40	22 06	22 43	// //	// //
25	19 51	19 58	20 06	20 14	20 23	20 32	20 44	20 57	21 12	21 30	21 53	22 24	23 19	// //
29	19 47	19 54	20 01	20 08	20 17	20 26	20 37	20 49	21 03	21 19	21 40	22 07	22 47	// //
Aug. 2	19 43	19 49	19 55	20 03	20 10	20 19	20 29	20 40	20 53	21 09	21 27	21 50	22 23	23 21
6	19 38	19 44	19 50	19 56	20 04	20 12	20 21	20 31	20 43	20 57	21 14	21 34	22 01	22 41
10	19 33	19 38	19 44	19 50	19 57	20 04	20 13	20 22	20 33	20 46	21 01	21 19	21 42	22 13
14	19 27	19 32	19 37	19 43	19 49	19 56	20 04	20 13	20 23	20 34	20 47	21 04	21 23	21 49
18	19 21	19 26	19 31	19 36	19 42	19 48	19 55	20 03	20 12	20 22	20 34	20 49	21 06	21 28
22	19 15	19 19	19 24	19 29	19 34	19 40	19 46	19 53	20 01	20 10	20 21	20 34	20 49	21 07
26	19 09	19 13	19 17	19 21	19 26	19 31	19 37	19 43	19 50	19 59	20 08	20 19	20 32	20 48
30	19 03	19 06	19 09	19 13	19 18	19 22	19 27	19 33	19 39	19 47	19 55	20 05	20 16	20 30
Sept. 3	18 56	18 59	19 02	19 05	19 09	19 13	19 18	19 23	19 28	19 35	19 42	19 50	20 00	20 12
7	18 49	18 52	18 55	18 58	19 01	19 04	19 08	19 12	19 17	19 23	19 29	19 36	19 45	19 55
11	18 43	18 45	18 47	18 50	18 52	18 55	18 59	19 02	19 06	19 11	19 16	19 22	19 29	19 38
15	18 36	18 38	18 40	18 42	18 44	18 46	18 49	18 52	18 55	18 59	19 03	19 08	19 14	19 21
19	18 29	18 31	18 32	18 34	18 35	18 37	18 39	18 42	18 44	18 47	18 51	18 55	19 00	19 05
23	18 23	18 24	18 25	18 26	18 27	18 28	18 30	18 32	18 34	18 36	18 38	18 41	18 45	18 49
27	18 16	18 17	18 17	18 18	18 19	18 19	18 20	18 22	18 23	18 24	18 26	18 28	18 31	18 33
Oct. 1	18 09	18 10	18 10	18 10	18 10	18 10	18 11	18 11	18 12	18 12	18 13	18 14	18 15	18 16
5	18 03	18 03	18 03	18 02	18 02	18 02	18 02	18 02	18 02	18 02	18 02	18 02	18 03	18 03

(// //) indicates continuous twilight.

CIVIL TWILIGHT, 1993
UNIVERSAL TIME FOR MERIDIAN OF GREENWICH
MORNING CIVIL TWILIGHT

Lat.	−55°	−50°	−45°	−40°	−35°	−30°	−20°	−10°	0°	+10°	+20°	+30°	+35°	+40°
	h m	h m	h m	h m	h m	h m	h m	h m	h m	h m	h m	h m	h m	h m
Oct. 1	4 49	4 57	5 03	5 07	5 11	5 15	5 19	5 23	5 26	5 28	5 29	5 29	5 29	5 29
5	4 38	4 48	4 55	5 01	5 06	5 10	5 16	5 21	5 24	5 27	5 30	5 32	5 32	5 33
9	4 28	4 39	4 47	4 54	5 00	5 05	5 12	5 18	5 23	5 27	5 31	5 34	5 36	5 37
13	4 17	4 30	4 40	4 48	4 54	5 00	5 09	5 16	5 22	5 27	5 32	5 36	5 39	5 41
17	4 07	4 21	4 33	4 42	4 49	4 55	5 06	5 14	5 21	5 27	5 33	5 39	5 42	5 45
21	3 56	4 13	4 25	4 36	4 44	4 51	5 03	5 12	5 20	5 28	5 35	5 42	5 45	5 49
25	3 46	4 04	4 18	4 30	4 39	4 47	5 00	5 10	5 20	5 28	5 36	5 44	5 49	5 53
29	3 36	3 56	4 12	4 24	4 34	4 43	4 57	5 09	5 19	5 28	5 38	5 47	5 52	5 58
Nov. 2	3 26	3 48	4 05	4 19	4 30	4 39	4 55	5 08	5 19	5 29	5 39	5 50	5 56	6 02
6	3 17	3 41	3 59	4 14	4 26	4 36	4 53	5 07	5 19	5 30	5 41	5 53	5 59	6 06
10	3 08	3 34	3 54	4 09	4 22	4 33	4 51	5 06	5 19	5 31	5 43	5 56	6 03	6 11
14	2 59	3 27	3 48	4 05	4 19	4 30	4 50	5 05	5 19	5 32	5 45	5 59	6 07	6 15
18	2 51	3 21	3 44	4 02	4 16	4 28	4 49	5 05	5 20	5 33	5 47	6 02	6 10	6 19
22	2 43	3 16	3 40	3 58	4 14	4 27	4 48	5 05	5 21	5 35	5 50	6 05	6 14	6 24
26	2 36	3 11	3 36	3 56	4 12	4 25	4 47	5 06	5 22	5 37	5 52	6 08	6 17	6 28
30	2 30	3 07	3 34	3 54	4 11	4 24	4 47	5 06	5 23	5 38	5 54	6 11	6 21	6 32
Dec. 4	2 25	3 04	3 32	3 53	4 10	4 24	4 48	5 07	5 24	5 40	5 57	6 14	6 24	6 35
8	2 21	3 02	3 30	3 52	4 10	4 24	4 48	5 08	5 26	5 42	5 59	6 17	6 27	6 39
12	2 19	3 01	3 30	3 52	4 10	4 25	4 50	5 10	5 28	5 44	6 01	6 20	6 30	6 42
16	2 18	3 01	3 30	3 53	4 11	4 26	4 51	5 11	5 29	5 46	6 04	6 23	6 33	6 45
20	2 18	3 02	3 32	3 54	4 12	4 28	4 53	5 13	5 31	5 49	6 06	6 25	6 35	6 47
24	2 20	3 04	3 34	3 56	4 14	4 30	4 55	5 15	5 33	5 51	6 08	6 27	6 37	6 49
28	2 24	3 07	3 36	3 59	4 17	4 32	4 57	5 17	5 35	5 52	6 10	6 28	6 39	6 51
32	2 29	3 11	3 40	4 02	4 20	4 35	4 59	5 20	5 37	5 54	6 11	6 30	6 40	6 51
36	2 35	3 16	3 44	4 06	4 23	4 38	5 02	5 22	5 39	5 56	6 12	6 31	6 41	6 52

EVENING CIVIL TWILIGHT

Lat.	−55°	−50°	−45°	−40°	−35°	−30°	−20°	−10°	0°	+10°	+20°	+30°	+35°	+40°
	h m	h m	h m	h m	h m	h m	h m	h m	h m	h m	h m	h m	h m	h m
Oct. 1	18 52	18 44	18 37	18 33	18 29	18 25	18 20	18 16	18 14	18 12	18 10	18 09	18 09	18 09
5	19 00	18 50	18 43	18 37	18 32	18 28	18 21	18 16	18 12	18 09	18 07	18 05	18 04	18 03
9	19 08	18 57	18 48	18 41	18 35	18 30	18 22	18 16	18 11	18 07	18 03	18 00	17 58	17 57
13	19 17	19 04	18 54	18 45	18 39	18 33	18 24	18 16	18 10	18 05	18 00	17 56	17 53	17 51
17	19 25	19 11	18 59	18 50	18 42	18 36	18 25	18 17	18 10	18 03	17 57	17 51	17 48	17 45
21	19 34	19 18	19 05	18 55	18 46	18 39	18 27	18 17	18 09	18 02	17 55	17 47	17 44	17 39
25	19 44	19 25	19 11	18 59	18 50	18 42	18 29	18 18	18 09	18 00	17 52	17 44	17 39	17 34
29	19 53	19 32	19 17	19 04	18 54	18 45	18 31	18 19	18 08	17 59	17 50	17 40	17 35	17 29
Nov. 2	20 03	19 40	19 23	19 09	18 58	18 48	18 33	18 20	18 08	17 58	17 48	17 37	17 31	17 25
6	20 12	19 48	19 29	19 14	19 02	18 52	18 35	18 21	18 09	17 57	17 46	17 34	17 28	17 21
10	20 22	19 55	19 35	19 19	19 06	18 55	18 37	18 22	18 09	17 57	17 45	17 32	17 25	17 17
14	20 32	20 03	19 41	19 25	19 11	18 59	18 40	18 24	18 10	17 57	17 44	17 30	17 22	17 14
18	20 42	20 10	19 47	19 30	19 15	19 03	18 42	18 25	18 11	17 57	17 43	17 28	17 20	17 11
22	20 51	20 18	19 53	19 35	19 19	19 06	18 45	18 27	18 12	17 57	17 43	17 27	17 18	17 09
26	21 00	20 25	19 59	19 39	19 23	19 10	18 48	18 29	18 13	17 58	17 43	17 26	17 17	17 07
30	21 09	20 31	20 05	19 44	19 27	19 13	18 50	18 31	18 15	17 59	17 43	17 26	17 16	17 06
Dec. 4	21 17	20 37	20 09	19 48	19 31	19 17	18 53	18 34	18 16	18 00	17 44	17 26	17 16	17 05
8	21 24	20 43	20 14	19 52	19 35	19 20	18 56	18 36	18 18	18 01	17 45	17 26	17 16	17 05
12	21 30	20 47	20 18	19 56	19 38	19 23	18 58	18 38	18 20	18 03	17 46	17 27	17 17	17 05
16	21 34	20 51	20 21	19 59	19 41	19 25	19 00	18 40	18 22	18 05	17 48	17 29	17 18	17 07
20	21 37	20 54	20 24	20 01	19 43	19 28	19 03	18 42	18 24	18 07	17 49	17 31	17 20	17 08
24	21 39	20 55	20 26	20 03	19 45	19 29	19 05	18 44	18 26	18 09	17 51	17 33	17 22	17 10
28	21 39	20 56	20 27	20 04	19 46	19 31	19 06	18 46	18 28	18 11	17 54	17 35	17 24	17 13
32	21 37	20 56	20 27	20 05	19 47	19 32	19 08	18 47	18 30	18 13	17 56	17 38	17 27	17 16
36	21 35	20 54	20 26	20 05	19 47	19 33	19 09	18 49	18 31	18 15	17 58	17 40	17 30	17 19

UNIVERSAL TIME FOR MERIDIAN OF GREENWICH
MORNING CIVIL TWILIGHT

Lat.	+40°	+42°	+44°	+46°	+48°	+50°	+52°	+54°	+56°	+58°	+60°	+62°	+64°	+66°
	h m	h m	h m	h m	h m	h m	h m	h m	h m	h m	h m	h m	h m	h m
Oct. 1	5 29	5 29	5 29	5 28	5 28	5 28	5 27	5 26	5 26	5 25	5 24	5 23	5 21	5 19
5	5 33	5 33	5 33	5 34	5 34	5 34	5 34	5 34	5 34	5 34	5 33	5 33	5 33	5 32
9	5 37	5 38	5 38	5 39	5 39	5 40	5 40	5 41	5 42	5 42	5 43	5 43	5 44	5 45
13	5 41	5 42	5 43	5 44	5 45	5 46	5 47	5 48	5 50	5 51	5 52	5 54	5 55	5 57
17	5 45	5 46	5 48	5 49	5 51	5 52	5 54	5 56	5 57	5 59	6 02	6 04	6 07	6 10
21	5 49	5 51	5 53	5 54	5 56	5 58	6 01	6 03	6 05	6 08	6 11	6 14	6 18	6 22
25	5 53	5 55	5 58	6 00	6 02	6 05	6 07	6 10	6 13	6 17	6 21	6 25	6 29	6 35
29	5 58	6 00	6 03	6 05	6 08	6 11	6 14	6 18	6 21	6 25	6 30	6 35	6 41	6 47
Nov. 2	6 02	6 05	6 08	6 11	6 14	6 17	6 21	6 25	6 29	6 34	6 39	6 45	6 52	7 00
6	6 06	6 09	6 13	6 16	6 20	6 23	6 28	6 32	6 37	6 42	6 49	6 55	7 03	7 12
10	6 11	6 14	6 18	6 21	6 25	6 30	6 34	6 39	6 45	6 51	6 58	7 05	7 14	7 25
14	6 15	6 19	6 22	6 27	6 31	6 36	6 41	6 46	6 52	6 59	7 07	7 15	7 25	7 37
18	6 19	6 23	6 27	6 32	6 37	6 42	6 47	6 53	7 00	7 07	7 15	7 25	7 36	7 48
22	6 24	6 28	6 32	6 37	6 42	6 47	6 53	7 00	7 07	7 15	7 24	7 34	7 46	8 00
26	6 28	6 32	6 37	6 42	6 47	6 53	6 59	7 06	7 14	7 22	7 32	7 43	7 55	8 11
30	6 32	6 36	6 41	6 46	6 52	6 58	7 05	7 12	7 20	7 29	7 39	7 51	8 04	8 21
Dec. 4	6 35	6 40	6 45	6 51	6 57	7 03	7 10	7 17	7 26	7 35	7 46	7 58	8 12	8 30
8	6 39	6 44	6 49	6 55	7 01	7 07	7 14	7 22	7 31	7 41	7 52	8 04	8 19	8 38
12	6 42	6 47	6 52	6 58	7 04	7 11	7 18	7 26	7 35	7 45	7 57	8 10	8 25	8 44
16	6 45	6 50	6 55	7 01	7 07	7 14	7 22	7 30	7 39	7 49	8 01	8 14	8 30	8 50
20	6 47	6 52	6 58	7 04	7 10	7 17	7 24	7 33	7 42	7 52	8 04	8 17	8 33	8 53
24	6 49	6 54	7 00	7 06	7 12	7 19	7 26	7 34	7 44	7 54	8 06	8 19	8 35	8 55
28	6 51	6 56	7 01	7 07	7 13	7 20	7 27	7 35	7 44	7 55	8 06	8 20	8 35	8 55
32	6 51	6 57	7 02	7 08	7 14	7 20	7 28	7 36	7 44	7 54	8 06	8 19	8 34	8 53
36	6 52	6 57	7 02	7 08	7 14	7 20	7 27	7 35	7 43	7 53	8 04	8 17	8 32	8 50

EVENING CIVIL TWILIGHT

Lat.	+40°	+42°	+44°	+46°	+48°	+50°	+52°	+54°	+56°	+58°	+60°	+62°	+64°	+66°
	h m	h m	h m	h m	h m	h m	h m	h m	h m	h m	h m	h m	h m	h m
Oct. 1	18 09	18 10	18 10	18 10	18 10	18 11	18 11	18 12	18 12	18 13	18 14	18 15	18 16	18 18
5	18 03	18 03	18 03	18 02	18 02	18 02	18 02	18 02	18 02	18 02	18 03	18 03	18 03	18 03
9	17 57	17 56	17 56	17 55	17 54	17 54	17 53	17 52	17 52	17 51	17 50	17 50	17 49	17 48
13	17 51	17 50	17 49	17 48	17 47	17 46	17 44	17 43	17 42	17 40	17 39	17 37	17 36	17 34
17	17 45	17 44	17 42	17 41	17 39	17 38	17 36	17 34	17 32	17 30	17 28	17 25	17 23	17 19
21	17 39	17 38	17 36	17 34	17 32	17 30	17 28	17 25	17 23	17 20	17 17	17 14	17 10	17 05
25	17 34	17 32	17 30	17 28	17 25	17 23	17 20	17 17	17 14	17 10	17 07	17 02	16 57	16 52
29	17 29	17 27	17 24	17 22	17 19	17 16	17 13	17 09	17 05	17 01	16 57	16 51	16 46	16 39
Nov. 2	17 25	17 22	17 19	17 16	17 13	17 09	17 06	17 02	16 57	16 52	16 47	16 41	16 34	16 26
6	17 21	17 17	17 14	17 11	17 07	17 03	16 59	16 55	16 50	16 44	16 38	16 31	16 23	16 14
10	17 17	17 13	17 10	17 06	17 02	16 58	16 53	16 48	16 42	16 36	16 29	16 22	16 13	16 02
14	17 14	17 10	17 06	17 02	16 57	16 53	16 48	16 42	16 36	16 29	16 22	16 13	16 03	15 51
18	17 11	17 07	17 03	16 58	16 53	16 48	16 43	16 37	16 30	16 23	16 14	16 05	15 54	15 41
22	17 09	17 04	17 00	16 55	16 50	16 45	16 39	16 32	16 25	16 17	16 08	15 58	15 46	15 32
26	17 07	17 02	16 58	16 53	16 47	16 41	16 35	16 28	16 21	16 12	16 03	15 52	15 39	15 23
30	17 06	17 01	16 56	16 51	16 45	16 39	16 32	16 25	16 17	16 08	15 58	15 46	15 33	15 16
Dec. 4	17 05	17 00	16 55	16 50	16 44	16 37	16 30	16 23	16 15	16 05	15 54	15 42	15 28	15 10
8	17 05	17 00	16 55	16 49	16 43	16 36	16 29	16 22	16 13	16 03	15 52	15 39	15 24	15 06
12	17 05	17 00	16 55	16 49	16 43	16 36	16 29	16 21	16 12	16 02	15 51	15 38	15 22	15 03
16	17 07	17 01	16 56	16 50	16 44	16 37	16 30	16 21	16 12	16 02	15 51	15 37	15 21	15 02
20	17 08	17 03	16 57	16 52	16 45	16 38	16 31	16 23	16 14	16 03	15 52	15 38	15 22	15 02
24	17 10	17 05	17 00	16 54	16 47	16 41	16 33	16 25	16 16	16 06	15 54	15 40	15 24	15 04
28	17 13	17 08	17 02	16 56	16 50	16 43	16 36	16 28	16 19	16 09	15 57	15 44	15 28	15 09
32	17 16	17 11	17 05	17 00	16 54	16 47	16 40	16 32	16 23	16 13	16 02	15 49	15 33	15 14
36	17 19	17 14	17 09	17 03	16 57	16 51	16 44	16 36	16 28	16 18	16 07	15 54	15 40	15 21

NAUTICAL TWILIGHT, 1993

UNIVERSAL TIME FOR MERIDIAN OF GREENWICH
BEGINNING NAUTICAL TWILIGHT

Lat.	−55°	−50°	−45°	−40°	−35°	−30°	−20°	−10°	0°	+10°	+20°	+30°	+35°	+40°
	h m	h m	h m	h m	h m	h m	h m	h m	h m	h m	h m	h m	h m	h m
Jan. −2	// //	2 03	2 48	3 18	3 41	4 00	4 29	4 51	5 10	5 27	5 43	5 59	6 08	6 17
2	0 19	2 09	2 52	3 22	3 45	4 03	4 31	4 53	5 12	5 28	5 44	6 00	6 09	6 18
6	0 46	2 16	2 57	3 26	3 48	4 06	4 34	4 56	5 14	5 30	5 45	6 01	6 09	6 18
10	1 06	2 23	3 03	3 31	3 52	4 10	4 37	4 58	5 16	5 31	5 46	6 02	6 09	6 18
14	1 24	2 32	3 09	3 36	3 57	4 14	4 40	5 00	5 17	5 33	5 47	6 02	6 09	6 17
18	1 41	2 41	3 16	3 42	4 01	4 18	4 43	5 03	5 19	5 34	5 47	6 01	6 08	6 16
22	1 57	2 50	3 23	3 47	4 06	4 22	4 46	5 05	5 21	5 34	5 47	6 00	6 07	6 14
26	2 12	3 00	3 31	3 53	4 11	4 26	4 49	5 07	5 22	5 35	5 47	5 59	6 05	6 12
30	2 26	3 09	3 38	3 59	4 16	4 30	4 52	5 09	5 23	5 35	5 47	5 58	6 03	6 09
Feb. 3	2 40	3 19	3 45	4 05	4 21	4 34	4 55	5 11	5 24	5 35	5 46	5 56	6 01	6 06
7	2 54	3 28	3 53	4 11	4 26	4 38	4 57	5 12	5 24	5 35	5 44	5 53	5 58	6 02
11	3 06	3 38	4 00	4 17	4 31	4 42	5 00	5 14	5 25	5 34	5 43	5 51	5 54	5 58
15	3 19	3 47	4 07	4 23	4 35	4 46	5 02	5 15	5 25	5 33	5 41	5 47	5 51	5 54
19	3 30	3 56	4 14	4 28	4 40	4 49	5 04	5 16	5 25	5 32	5 39	5 44	5 46	5 49
23	3 41	4 04	4 21	4 34	4 44	4 53	5 07	5 17	5 25	5 31	5 36	5 40	5 42	5 43
27	3 52	4 12	4 27	4 39	4 49	4 56	5 08	5 17	5 24	5 30	5 34	5 36	5 37	5 38
Mar. 3	4 02	4 20	4 34	4 44	4 53	5 00	5 10	5 18	5 24	5 28	5 31	5 32	5 32	5 32
7	4 12	4 28	4 40	4 49	4 57	5 03	5 12	5 18	5 23	5 26	5 28	5 28	5 27	5 26
11	4 22	4 35	4 46	4 54	5 00	5 06	5 13	5 19	5 22	5 24	5 24	5 23	5 22	5 20
15	4 31	4 43	4 52	4 58	5 04	5 08	5 15	5 19	5 21	5 22	5 21	5 18	5 16	5 13
19	4 39	4 50	4 57	5 03	5 07	5 11	5 16	5 19	5 20	5 19	5 18	5 14	5 11	5 07
23	4 48	4 56	5 03	5 07	5 11	5 14	5 17	5 19	5 19	5 17	5 14	5 09	5 05	5 00
27	4 56	5 03	5 08	5 11	5 14	5 16	5 18	5 19	5 17	5 15	5 10	5 04	4 59	4 53
31	5 04	5 09	5 13	5 15	5 17	5 18	5 19	5 18	5 16	5 12	5 07	4 59	4 53	4 46
Apr. 4	5 12	5 15	5 18	5 19	5 20	5 21	5 20	5 18	5 15	5 10	5 03	4 54	4 47	4 40

ENDING NAUTICAL TWILIGHT

Lat.	−55°	−50°	−45°	−40°	−35°	−30°	−20°	−10°	0°	+10°	+20°	+30°	+35°	+40°
	h m	h m	h m	h m	h m	h m	h m	h m	h m	h m	h m	h m	h m	h m
Jan. −2	// //	22 01	21 16	20 46	20 23	20 05	19 36	19 13	18 55	18 38	18 22	18 06	17 57	17 48
2	23 41	21 59	21 15	20 46	20 23	20 05	19 37	19 15	18 56	18 40	18 24	18 08	18 00	17 51
6	23 21	21 55	21 14	20 45	20 23	20 06	19 38	19 16	18 58	18 42	18 27	18 11	18 03	17 54
10	23 05	21 51	21 11	20 44	20 22	20 05	19 38	19 17	19 00	18 44	18 29	18 14	18 06	17 58
14	22 51	21 45	21 08	20 41	20 21	20 04	19 38	19 18	19 01	18 46	18 31	18 17	18 09	18 01
18	22 37	21 39	21 04	20 39	20 19	20 03	19 38	19 18	19 02	18 47	18 34	18 20	18 13	18 05
22	22 23	21 32	20 59	20 35	20 16	20 01	19 37	19 18	19 03	18 49	18 36	18 23	18 16	18 09
26	22 10	21 24	20 53	20 31	20 13	19 59	19 36	19 18	19 03	18 50	18 38	18 26	18 20	18 14
30	21 57	21 16	20 48	20 27	20 10	19 56	19 35	19 18	19 04	18 52	18 40	18 29	18 24	18 18
Feb. 3	21 45	21 07	20 41	20 22	20 06	19 53	19 33	19 17	19 04	18 53	18 42	18 32	18 27	18 22
7	21 32	20 58	20 34	20 16	20 02	19 50	19 31	19 16	19 04	18 54	18 44	18 35	18 31	18 27
11	21 20	20 49	20 27	20 11	19 57	19 46	19 28	19 15	19 04	18 54	18 46	18 38	18 35	18 31
15	21 07	20 40	20 20	20 05	19 52	19 42	19 26	19 13	19 03	18 55	18 48	18 41	18 38	18 35
19	20 55	20 31	20 12	19 58	19 47	19 38	19 23	19 12	19 03	18 55	18 49	18 44	18 42	18 40
23	20 43	20 21	20 05	19 52	19 42	19 33	19 20	19 10	19 02	18 56	18 51	18 47	18 45	18 44
27	20 31	20 12	19 57	19 45	19 36	19 28	19 17	19 08	19 01	18 56	18 52	18 50	18 49	18 48
Mar. 3	20 20	20 02	19 49	19 39	19 31	19 24	19 13	19 06	19 00	18 56	18 54	18 52	18 52	18 52
7	20 08	19 53	19 41	19 32	19 25	19 19	19 10	19 04	18 59	18 56	18 55	18 55	18 55	18 57
11	19 57	19 43	19 33	19 25	19 19	19 14	19 06	19 01	18 58	18 56	18 56	18 57	18 59	19 01
15	19 46	19 34	19 25	19 19	19 13	19 09	19 03	18 59	18 57	18 56	18 57	19 00	19 02	19 05
19	19 35	19 25	19 17	19 12	19 07	19 04	18 59	18 57	18 56	18 56	18 58	19 02	19 06	19 10
23	19 24	19 16	19 10	19 05	19 02	18 59	18 56	18 54	18 54	18 56	19 00	19 05	19 09	19 14
27	19 13	19 07	19 02	18 59	18 56	18 54	18 52	18 52	18 53	18 56	19 01	19 08	19 12	19 18
31	19 03	18 58	18 55	18 52	18 50	18 49	18 49	18 50	18 52	18 56	19 02	19 10	19 16	19 23
Apr. 4	18 53	18 49	18 47	18 46	18 45	18 45	18 45	18 48	18 51	18 56	19 03	19 13	19 19	19 27

(// //) indicates continuous twilight.

UNIVERSAL TIME FOR MERIDIAN OF GREENWICH
BEGINNING NAUTICAL TWILIGHT

Lat.	+40°	+42°	+44°	+46°	+48°	+50°	+52°	+54°	+56°	+58°	+60°	+62°	+64°	+66°
	h m	h m	h m	h m	h m	h m	h m	h m	h m	h m	h m	h m	h m	h m
Jan. −2	6 17	6 21	6 25	6 29	6 34	6 39	6 44	6 50	6 56	7 02	7 10	7 18	7 27	7 38
2	6 18	6 22	6 26	6 30	6 34	6 39	6 44	6 50	6 56	7 02	7 09	7 17	7 26	7 37
6	6 18	6 22	6 26	6 30	6 34	6 39	6 44	6 49	6 55	7 01	7 08	7 15	7 24	7 34
10	6 18	6 22	6 25	6 29	6 33	6 38	6 42	6 47	6 53	6 59	7 05	7 13	7 21	7 30
14	6 17	6 21	6 24	6 28	6 32	6 36	6 40	6 45	6 50	6 56	7 02	7 09	7 16	7 25
18	6 16	6 19	6 23	6 26	6 30	6 34	6 38	6 42	6 47	6 52	6 58	7 04	7 11	7 19
22	6 14	6 17	6 20	6 24	6 27	6 30	6 34	6 38	6 43	6 47	6 52	6 58	7 04	7 12
26	6 12	6 15	6 18	6 20	6 24	6 27	6 30	6 34	6 38	6 42	6 46	6 51	6 57	7 03
30	6 09	6 12	6 14	6 17	6 20	6 22	6 25	6 29	6 32	6 36	6 40	6 44	6 49	6 54
Feb. 3	6 06	6 08	6 10	6 13	6 15	6 17	6 20	6 23	6 26	6 29	6 32	6 36	6 40	6 44
7	6 02	6 04	6 06	6 08	6 10	6 12	6 14	6 16	6 19	6 21	6 24	6 27	6 30	6 33
11	5 58	6 00	6 01	6 03	6 04	6 06	6 08	6 09	6 11	6 13	6 15	6 17	6 19	6 22
15	5 54	5 55	5 56	5 57	5 58	6 00	6 01	6 02	6 03	6 04	6 06	6 07	6 08	6 10
19	5 49	5 50	5 50	5 51	5 52	5 53	5 53	5 54	5 55	5 55	5 56	5 56	5 57	5 57
23	5 43	5 44	5 44	5 45	5 45	5 45	5 46	5 46	5 46	5 46	5 45	5 45	5 44	5 43
27	5 38	5 38	5 38	5 38	5 38	5 38	5 37	5 37	5 36	5 35	5 34	5 33	5 32	5 30
Mar. 3	5 32	5 32	5 32	5 31	5 30	5 30	5 29	5 28	5 26	5 25	5 23	5 21	5 18	5 15
7	5 26	5 25	5 25	5 24	5 23	5 21	5 20	5 18	5 16	5 14	5 11	5 08	5 04	5 00
11	5 20	5 19	5 18	5 16	5 15	5 13	5 11	5 09	5 06	5 03	4 59	4 55	4 50	4 44
15	5 13	5 12	5 10	5 08	5 06	5 04	5 02	4 59	4 55	4 51	4 47	4 41	4 35	4 28
19	5 07	5 05	5 03	5 01	4 58	4 55	4 52	4 48	4 44	4 39	4 34	4 27	4 20	4 11
23	5 00	4 58	4 55	4 53	4 49	4 46	4 42	4 38	4 33	4 27	4 21	4 13	4 04	3 53
27	4 53	4 51	4 48	4 44	4 41	4 37	4 32	4 27	4 21	4 15	4 07	3 58	3 47	3 34
31	4 46	4 43	4 40	4 36	4 32	4 27	4 22	4 16	4 09	4 02	3 53	3 42	3 30	3 15
Apr. 4	4 40	4 36	4 32	4 28	4 23	4 18	4 12	4 05	3 57	3 49	3 38	3 26	3 12	2 53

ENDING NAUTICAL TWILIGHT

Lat.	+40°	+42°	+44°	+46°	+48°	+50°	+52°	+54°	+56°	+58°	+60°	+62°	+64°	+66°
	h m	h m	h m	h m	h m	h m	h m	h m	h m	h m	h m	h m	h m	h m
Jan. −2	17 48	17 44	17 40	17 35	17 31	17 26	17 21	17 15	17 09	17 02	16 55	16 47	16 37	16 27
2	17 51	17 47	17 43	17 39	17 34	17 29	17 24	17 19	17 13	17 07	16 59	16 51	16 42	16 32
6	17 54	17 50	17 46	17 42	17 38	17 33	17 29	17 23	17 18	17 11	17 05	16 57	16 48	16 38
10	17 58	17 54	17 50	17 46	17 42	17 38	17 33	17 28	17 23	17 17	17 10	17 03	16 55	16 45
14	18 01	17 58	17 54	17 51	17 47	17 43	17 38	17 34	17 29	17 23	17 17	17 10	17 02	16 54
18	18 05	18 02	17 59	17 55	17 52	17 48	17 44	17 39	17 35	17 30	17 24	17 18	17 11	17 03
22	18 09	18 06	18 03	18 00	17 57	17 53	17 50	17 46	17 41	17 37	17 32	17 26	17 20	17 13
26	18 14	18 11	18 08	18 05	18 02	17 59	17 56	17 52	17 48	17 44	17 40	17 35	17 29	17 23
30	18 18	18 16	18 13	18 10	18 08	18 05	18 02	17 59	17 56	17 52	17 48	17 44	17 39	17 34
Feb. 3	18 22	18 20	18 18	18 16	18 13	18 11	18 08	18 06	18 03	18 00	17 57	17 53	17 49	17 45
7	18 27	18 25	18 23	18 21	18 19	18 17	18 15	18 13	18 11	18 08	18 06	18 03	18 00	17 56
11	18 31	18 29	18 28	18 26	18 25	18 23	18 22	18 20	18 18	18 17	18 15	18 13	18 10	18 08
15	18 35	18 34	18 33	18 32	18 31	18 30	18 28	18 27	18 26	18 25	18 24	18 23	18 21	18 20
19	18 40	18 39	18 38	18 37	18 37	18 36	18 35	18 35	18 34	18 34	18 33	18 33	18 33	18 32
23	18 44	18 43	18 43	18 43	18 43	18 42	18 42	18 42	18 42	18 42	18 43	18 43	18 44	18 45
27	18 48	18 48	18 48	18 48	18 48	18 49	18 49	18 50	18 50	18 51	18 52	18 54	18 56	18 58
Mar. 3	18 52	18 53	18 53	18 54	18 54	18 55	18 56	18 57	18 59	19 00	19 02	19 05	19 08	19 11
7	18 57	18 57	18 58	18 59	19 00	19 02	19 03	19 05	19 07	19 09	19 12	19 16	19 20	19 24
11	19 01	19 02	19 03	19 05	19 06	19 08	19 10	19 13	19 16	19 19	19 23	19 27	19 32	19 38
15	19 05	19 07	19 08	19 10	19 12	19 15	19 18	19 21	19 24	19 28	19 33	19 38	19 45	19 53
19	19 10	19 11	19 14	19 16	19 19	19 22	19 25	19 29	19 33	19 38	19 44	19 50	19 58	20 07
23	19 14	19 16	19 19	19 22	19 25	19 28	19 32	19 37	19 42	19 48	19 55	20 02	20 12	20 23
27	19 18	19 21	19 24	19 27	19 31	19 35	19 40	19 45	19 51	19 58	20 06	20 15	20 26	20 40
31	19 23	19 26	19 29	19 33	19 38	19 42	19 48	19 54	20 01	20 08	20 18	20 28	20 41	20 57
Apr. 4	19 27	19 31	19 35	19 39	19 44	19 50	19 56	20 03	20 10	20 19	20 30	20 42	20 58	21 17

NAUTICAL TWILIGHT, 1993
UNIVERSAL TIME FOR MERIDIAN OF GREENWICH
BEGINNING NAUTICAL TWILIGHT

Lat.	−55°	−50°	−45°	−40°	−35°	−30°	−20°	−10°	0°	+10°	+20°	+30°	+35°	+40°
	h m	h m	h m	h m	h m	h m	h m	h m	h m	h m	h m	h m	h m	h m
Mar. 31	5 04	5 09	5 13	5 15	5 17	5 18	5 19	5 18	5 16	5 12	5 07	4 59	4 53	4 46
Apr. 4	5 12	5 15	5 18	5 19	5 20	5 21	5 20	5 18	5 15	5 10	5 03	4 54	4 47	4 40
8	5 19	5 22	5 23	5 23	5 23	5 23	5 21	5 18	5 14	5 08	4 59	4 48	4 41	4 33
12	5 27	5 27	5 28	5 27	5 26	5 25	5 22	5 18	5 12	5 05	4 56	4 44	4 36	4 26
16	5 34	5 33	5 32	5 31	5 29	5 27	5 23	5 18	5 11	5 03	4 52	4 39	4 30	4 19
20	5 41	5 39	5 37	5 35	5 32	5 30	5 24	5 18	5 10	5 01	4 49	4 34	4 24	4 13
24	5 48	5 45	5 41	5 38	5 35	5 32	5 25	5 18	5 09	4 59	4 46	4 29	4 19	4 06
28	5 54	5 50	5 46	5 42	5 38	5 34	5 26	5 18	5 08	4 57	4 43	4 25	4 14	4 00
May 2	6 01	5 55	5 50	5 45	5 41	5 36	5 27	5 18	5 07	4 55	4 40	4 21	4 09	3 54
6	6 07	6 00	5 54	5 49	5 44	5 38	5 28	5 18	5 06	4 53	4 37	4 17	4 04	3 48
10	6 13	6 05	5 58	5 52	5 46	5 41	5 30	5 18	5 06	4 52	4 35	4 13	3 59	3 43
14	6 19	6 10	6 02	5 55	5 49	5 43	5 31	5 19	5 06	4 51	4 33	4 10	3 55	3 38
18	6 25	6 15	6 06	5 59	5 52	5 45	5 32	5 19	5 05	4 50	4 31	4 07	3 52	3 33
22	6 30	6 19	6 10	6 02	5 54	5 47	5 33	5 20	5 05	4 49	4 29	4 04	3 48	3 29
26	6 35	6 23	6 13	6 05	5 57	5 49	5 35	5 21	5 05	4 48	4 28	4 02	3 46	3 25
30	6 39	6 27	6 16	6 07	5 59	5 51	5 36	5 21	5 06	4 48	4 27	4 00	3 43	3 22
June 3	6 43	6 30	6 19	6 10	6 01	5 53	5 37	5 22	5 06	4 48	4 27	3 59	3 41	3 20
7	6 46	6 33	6 22	6 12	6 03	5 55	5 39	5 23	5 07	4 48	4 26	3 58	3 40	3 18
11	6 49	6 36	6 24	6 14	6 05	5 56	5 40	5 24	5 07	4 49	4 26	3 58	3 39	3 17
15	6 51	6 38	6 26	6 16	6 06	5 57	5 41	5 25	5 08	4 49	4 27	3 58	3 39	3 16
19	6 53	6 39	6 27	6 17	6 07	5 59	5 42	5 26	5 09	4 50	4 27	3 58	3 39	3 16
23	6 54	6 40	6 28	6 18	6 08	5 59	5 43	5 27	5 10	4 51	4 28	3 59	3 40	3 17
27	6 54	6 40	6 28	6 18	6 09	6 00	5 44	5 28	5 11	4 52	4 29	4 00	3 42	3 19
July 1	6 53	6 40	6 28	6 18	6 09	6 00	5 44	5 28	5 12	4 53	4 30	4 02	3 43	3 21
5	6 52	6 39	6 28	6 18	6 09	6 00	5 45	5 29	5 12	4 54	4 32	4 04	3 46	3 23

ENDING NAUTICAL TWILIGHT

Lat.	−55°	−50°	−45°	−40°	−35°	−30°	−20°	−10°	0°	+10°	+20°	+30°	+35°	+40°
	h m	h m	h m	h m	h m	h m	h m	h m	h m	h m	h m	h m	h m	h m
Mar. 31	19 03	18 58	18 55	18 52	18 50	18 49	18 49	18 50	18 52	18 56	19 02	19 10	19 16	19 23
Apr. 4	18 53	18 49	18 47	18 46	18 45	18 45	18 45	18 48	18 51	18 56	19 03	19 13	19 19	19 27
8	18 43	18 41	18 40	18 40	18 40	18 40	18 42	18 46	18 50	18 56	19 05	19 16	19 23	19 32
12	18 34	18 33	18 33	18 34	18 35	18 36	18 39	18 44	18 49	18 57	19 06	19 19	19 27	19 37
16	18 25	18 25	18 27	18 28	18 30	18 32	18 36	18 42	18 49	18 57	19 07	19 21	19 30	19 41
20	18 16	18 18	18 20	18 23	18 25	18 28	18 33	18 40	18 48	18 57	19 09	19 24	19 34	19 46
24	18 08	18 11	18 14	18 17	18 21	18 24	18 31	18 39	18 47	18 58	19 11	19 27	19 38	19 51
28	18 00	18 04	18 08	18 13	18 17	18 20	18 29	18 37	18 47	18 58	19 12	19 31	19 42	19 56
May 2	17 52	17 58	18 03	18 08	18 13	18 17	18 26	18 36	18 47	18 59	19 14	19 34	19 46	20 01
6	17 45	17 52	17 58	18 04	18 09	18 14	18 25	18 35	18 47	19 00	19 16	19 37	19 50	20 06
10	17 39	17 47	17 54	18 00	18 06	18 12	18 23	18 34	18 47	19 01	19 18	19 40	19 54	20 11
14	17 33	17 42	17 50	17 57	18 03	18 09	18 22	18 34	18 47	19 02	19 20	19 43	19 58	20 16
18	17 28	17 37	17 46	17 54	18 01	18 08	18 20	18 33	18 47	19 03	19 22	19 46	20 02	20 21
22	17 23	17 34	17 43	17 51	17 59	18 06	18 20	18 33	18 48	19 04	19 24	19 49	20 05	20 25
26	17 19	17 30	17 40	17 49	17 57	18 05	18 19	18 33	18 49	19 06	19 26	19 52	20 09	20 29
30	17 16	17 28	17 38	17 47	17 56	18 04	18 19	18 34	18 49	19 07	19 28	19 55	20 12	20 33
June 3	17 13	17 26	17 37	17 46	17 55	18 03	18 19	18 34	18 50	19 08	19 30	19 57	20 15	20 37
7	17 11	17 24	17 36	17 45	17 54	18 03	18 19	18 35	18 51	19 09	19 31	20 00	20 18	20 40
11	17 10	17 23	17 35	17 45	17 54	18 03	18 19	18 35	18 52	19 11	19 33	20 02	20 20	20 43
15	17 09	17 23	17 35	17 45	17 55	18 03	18 20	18 36	18 53	19 12	19 34	20 03	20 22	20 45
19	17 10	17 24	17 35	17 46	17 55	18 04	18 20	18 37	18 54	19 13	19 35	20 05	20 23	20 46
23	17 11	17 25	17 36	17 47	17 56	18 05	18 21	18 38	18 55	19 14	19 36	20 05	20 24	20 47
27	17 12	17 26	17 38	17 48	17 57	18 06	18 22	18 38	18 55	19 14	19 37	20 06	20 24	20 47
July 1	17 14	17 28	17 39	17 50	17 59	18 07	18 23	18 39	18 56	19 15	19 37	20 06	20 24	20 47
5	17 17	17 30	17 42	17 51	18 00	18 09	18 25	18 40	18 57	19 15	19 37	20 05	20 23	20 45

UNIVERSAL TIME FOR MERIDIAN OF GREENWICH
BEGINNING NAUTICAL TWILIGHT

Lat.	+40°	+42°	+44°	+46°	+48°	+50°	+52°	+54°	+56°	+58°	+60°	+62°	+64°	+66°
	h m	h m	h m	h m	h m	h m	h m	h m	h m	h m	h m	h m	h m	h m
Mar. 31	4 46	4 43	4 40	4 36	4 32	4 27	4 22	4 16	4 09	4 02	3 53	3 42	3 30	3 15
Apr. 4	4 40	4 36	4 32	4 28	4 23	4 18	4 12	4 05	3 57	3 49	3 38	3 26	3 12	2 53
8	4 33	4 29	4 24	4 19	4 14	4 08	4 01	3 54	3 45	3 35	3 24	3 10	2 52	2 30
12	4 26	4 21	4 17	4 11	4 05	3 58	3 51	3 43	3 33	3 22	3 08	2 52	2 32	2 04
16	4 19	4 14	4 09	4 03	3 56	3 49	3 41	3 31	3 20	3 07	2 52	2 33	2 09	1 33
20	4 13	4 07	4 01	3 55	3 47	3 39	3 30	3 20	3 07	2 53	2 35	2 13	1 42	0 48
24	4 06	4 00	3 54	3 47	3 39	3 30	3 20	3 08	2 54	2 38	2 18	1 51	1 09	// //
28	4 00	3 53	3 46	3 39	3 30	3 20	3 09	2 56	2 41	2 22	1 58	1 24	// //	// //
May 2	3 54	3 47	3 39	3 31	3 22	3 11	2 59	2 44	2 27	2 06	1 37	0 49	// //	// //
6	3 48	3 41	3 33	3 24	3 13	3 02	2 49	2 33	2 13	1 48	1 12	// //	// //	// //
10	3 43	3 35	3 26	3 16	3 06	2 53	2 38	2 21	1 59	1 29	0 36	// //	// //	// //
14	3 38	3 29	3 20	3 10	2 58	2 45	2 29	2 09	1 44	1 07	// //	// //	// //	// //
18	3 33	3 24	3 14	3 03	2 51	2 36	2 19	1 58	1 29	0 38	// //	// //	// //	// //
22	3 29	3 20	3 09	2 58	2 44	2 29	2 10	1 46	1 12	// //	// //	// //	// //	// //
26	3 25	3 16	3 05	2 53	2 38	2 22	2 01	1 35	0 53	// //	// //	// //	// //	// //
30	3 22	3 12	3 01	2 48	2 33	2 16	1 54	1 24	0 27	// //	// //	// //	// //	// //
June 3	3 20	3 09	2 58	2 44	2 29	2 10	1 47	1 13	// //	// //	// //	// //	// //	// //
7	3 18	3 07	2 55	2 41	2 25	2 06	1 41	1 04	// //	// //	// //	// //	// //	// //
11	3 17	3 06	2 53	2 39	2 23	2 03	1 36	0 55	// //	// //	// //	// //	// //	// //
15	3 16	3 05	2 53	2 38	2 21	2 01	1 33	0 49	// //	// //	// //	// //	// //	** **
19	3 16	3 05	2 53	2 38	2 21	2 00	1 32	0 45	// //	// //	// //	// //	// //	** **
23	3 17	3 06	2 53	2 39	2 22	2 01	1 33	0 46	// //	// //	// //	// //	// //	** **
27	3 19	3 08	2 55	2 41	2 24	2 03	1 35	0 50	// //	// //	// //	// //	// //	** **
July 1	3 21	3 10	2 57	2 43	2 27	2 06	1 40	0 58	// //	// //	// //	// //	// //	// //
5	3 23	3 13	3 00	2 47	2 31	2 11	1 46	1 08	// //	// //	// //	// //	// //	// //

ENDING NAUTICAL TWILIGHT

Lat.	+40°	+42°	+44°	+46°	+48°	+50°	+52°	+54°	+56°	+58°	+60°	+62°	+64°	+66°
	h m	h m	h m	h m	h m	h m	h m	h m	h m	h m	h m	h m	h m	h m
Mar. 31	19 23	19 26	19 29	19 33	19 38	19 42	19 48	19 54	20 01	20 08	20 18	20 28	20 41	20 57
Apr. 4	19 27	19 31	19 35	19 39	19 44	19 50	19 56	20 03	20 10	20 19	20 30	20 42	20 58	21 17
8	19 32	19 36	19 40	19 45	19 51	19 57	20 04	20 12	20 20	20 31	20 43	20 57	21 15	21 38
12	19 37	19 41	19 46	19 52	19 58	20 04	20 12	20 21	20 31	20 42	20 56	21 13	21 34	22 03
16	19 41	19 46	19 52	19 58	20 05	20 12	20 21	20 30	20 41	20 55	21 10	21 30	21 56	22 34
20	19 46	19 52	19 58	20 04	20 12	20 20	20 29	20 40	20 53	21 08	21 26	21 49	22 22	23 27
24	19 51	19 57	20 04	20 11	20 19	20 28	20 38	20 50	21 04	21 21	21 42	22 11	22 57	// //
28	19 56	20 02	20 10	20 17	20 26	20 36	20 48	21 01	21 16	21 36	22 01	22 37	// //	// //
May 2	20 01	20 08	20 16	20 24	20 34	20 45	20 57	21 12	21 29	21 51	22 22	23 17	// //	// //
6	20 06	20 13	20 22	20 31	20 41	20 53	21 07	21 23	21 43	22 08	22 48	// //	// //	// //
10	20 11	20 19	20 28	20 37	20 49	21 01	21 16	21 34	21 57	22 28	23 30	// //	// //	// //
14	20 16	20 24	20 34	20 44	20 56	21 10	21 26	21 46	22 12	22 51	// //	// //	// //	// //
18	20 21	20 29	20 39	20 50	21 03	21 18	21 36	21 58	22 28	23 24	// //	// //	// //	// //
22	20 25	20 34	20 45	20 57	21 10	21 26	21 45	22 10	22 45	// //	// //	// //	// //	// //
26	20 29	20 39	20 50	21 02	21 17	21 34	21 54	22 22	23 06	// //	// //	// //	// //	// //
30	20 33	20 44	20 55	21 08	21 23	21 41	22 03	22 34	23 37	// //	// //	// //	// //	// //
June 3	20 37	20 48	20 59	21 13	21 28	21 47	22 11	22 45	// //	// //	// //	// //	// //	// //
7	20 40	20 51	21 03	21 17	21 33	21 53	22 18	22 56	// //	// //	// //	// //	// //	// //
11	20 43	20 54	21 06	21 20	21 37	21 57	22 24	23 06	// //	// //	// //	// //	// //	// //
15	20 45	20 56	21 09	21 23	21 40	22 01	22 28	23 14	// //	// //	// //	// //	// //	** **
19	20 46	20 58	21 10	21 25	21 42	22 03	22 31	23 18	// //	// //	// //	// //	// //	** **
23	20 47	20 58	21 11	21 25	21 42	22 03	22 31	23 18	// //	// //	// //	// //	// //	** **
27	20 47	20 58	21 11	21 25	21 42	22 03	22 30	23 14	// //	// //	// //	// //	// //	** **
July 1	20 47	20 58	21 10	21 24	21 40	22 01	22 27	23 08	// //	// //	// //	// //	// //	// //
5	20 45	20 56	21 08	21 22	21 38	21 57	22 22	22 59	// //	// //	// //	// //	// //	// //

(** **) indicates Sun continuously above horizon.
(// //) indicates continuous twilight.

UNIVERSAL TIME FOR MERIDIAN OF GREENWICH
BEGINNING NAUTICAL TWILIGHT

Lat.	−55°	−50°	−45°	−40°	−35°	−30°	−20°	−10°	0°	+10°	+20°	+30°	+35°	+40°
	h m	h m	h m	h m	h m	h m	h m	h m	h m	h m	h m	h m	h m	h m
July 1	6 53	6 40	6 28	6 18	6 09	6 00	5 44	5 28	5 12	4 53	4 30	4 02	3 43	3 21
5	6 52	6 39	6 28	6 18	6 09	6 00	5 45	5 29	5 12	4 54	4 32	4 04	3 46	3 23
9	6 50	6 37	6 27	6 17	6 08	6 00	5 45	5 29	5 13	4 55	4 34	4 06	3 48	3 26
13	6 47	6 35	6 25	6 16	6 07	5 59	5 44	5 30	5 14	4 56	4 35	4 08	3 51	3 30
17	6 44	6 33	6 23	6 14	6 06	5 58	5 44	5 30	5 15	4 58	4 37	4 11	3 54	3 34
21	6 40	6 29	6 20	6 12	6 04	5 57	5 43	5 30	5 15	4 59	4 39	4 14	3 58	3 38
25	6 35	6 25	6 17	6 09	6 02	5 55	5 42	5 29	5 15	5 00	4 41	4 17	4 01	3 42
29	6 30	6 21	6 13	6 06	5 59	5 53	5 41	5 29	5 16	5 01	4 43	4 20	4 05	3 47
Aug. 2	6 24	6 16	6 09	6 02	5 57	5 51	5 40	5 28	5 16	5 02	4 45	4 23	4 09	3 52
6	6 17	6 10	6 04	5 59	5 53	5 48	5 38	5 27	5 16	5 02	4 46	4 26	4 12	3 56
10	6 10	6 04	5 59	5 54	5 50	5 45	5 36	5 26	5 15	5 03	4 48	4 29	4 16	4 01
14	6 03	5 58	5 54	5 50	5 46	5 42	5 34	5 25	5 15	5 04	4 50	4 31	4 20	4 06
18	5 55	5 51	5 48	5 45	5 41	5 38	5 31	5 23	5 15	5 04	4 51	4 34	4 24	4 11
22	5 46	5 44	5 42	5 39	5 37	5 34	5 28	5 22	5 14	5 04	4 53	4 37	4 27	4 15
26	5 37	5 37	5 35	5 34	5 32	5 30	5 25	5 20	5 13	5 05	4 54	4 40	4 31	4 20
30	5 28	5 29	5 29	5 28	5 27	5 26	5 22	5 18	5 12	5 05	4 55	4 43	4 34	4 24
Sept. 3	5 19	5 21	5 22	5 22	5 22	5 21	5 19	5 16	5 11	5 05	4 56	4 45	4 38	4 29
7	5 09	5 12	5 14	5 16	5 16	5 17	5 16	5 13	5 10	5 05	4 58	4 48	4 41	4 33
11	4 59	5 04	5 07	5 09	5 11	5 12	5 12	5 11	5 09	5 04	4 59	4 50	4 44	4 37
15	4 48	4 55	4 59	5 03	5 05	5 07	5 09	5 09	5 07	5 04	5 00	4 52	4 48	4 42
19	4 38	4 46	4 52	4 56	4 59	5 02	5 05	5 06	5 06	5 04	5 01	4 55	4 51	4 46
23	4 27	4 37	4 44	4 49	4 53	4 57	5 01	5 04	5 04	5 04	5 01	4 57	4 54	4 50
27	4 16	4 27	4 36	4 42	4 48	4 52	4 57	5 01	5 03	5 03	5 02	4 59	4 57	4 54
Oct. 1	4 05	4 18	4 28	4 35	4 42	4 46	4 54	4 59	5 02	5 03	5 03	5 02	5 00	4 58
5	3 53	4 08	4 20	4 29	4 36	4 41	4 50	4 56	5 00	5 03	5 04	5 04	5 03	5 02

ENDING NAUTICAL TWILIGHT

Lat.	−55°	−50°	−45°	−40°	−35°	−30°	−20°	−10°	0°	+10°	+20°	+30°	+35°	+40°
	h m	h m	h m	h m	h m	h m	h m	h m	h m	h m	h m	h m	h m	h m
July 1	17 14	17 28	17 39	17 50	17 59	18 07	18 23	18 39	18 56	19 15	19 37	20 06	20 24	20 47
5	17 17	17 30	17 42	17 51	18 00	18 09	18 25	18 40	18 57	19 15	19 37	20 05	20 23	20 45
9	17 21	17 33	17 44	17 54	18 02	18 10	18 26	18 41	18 57	19 15	19 37	20 04	20 22	20 41
13	17 24	17 37	17 47	17 56	18 04	18 12	18 27	18 42	18 57	19 15	19 35	20 03	20 20	20 41
17	17 29	17 40	17 50	17 59	18 07	18 14	18 28	18 43	18 58	19 15	19 35	20 01	20 17	20 38
21	17 33	17 44	17 53	18 01	18 09	18 16	18 30	18 43	18 58	19 14	19 34	19 59	20 15	20 34
25	17 38	17 48	17 57	18 04	18 11	18 18	18 31	18 44	18 57	19 13	19 32	19 56	20 11	20 30
29	17 44	17 53	18 00	18 07	18 14	18 20	18 33	18 44	18 57	19 12	19 30	19 53	20 07	20 25
Aug. 2	17 49	17 57	18 04	18 10	18 16	18 22	18 33	18 44	18 57	19 11	19 28	19 49	20 03	20 20
6	17 55	18 02	18 08	18 14	18 19	18 24	18 34	18 44	18 56	19 09	19 25	19 46	19 59	20 14
10	18 01	18 07	18 12	18 17	18 21	18 26	18 35	18 45	18 55	19 07	19 22	19 42	19 54	20 09
14	18 08	18 12	18 16	18 20	18 24	18 28	18 36	18 44	18 54	19 05	19 19	19 37	19 49	20 02
18	18 14	18 17	18 20	18 23	18 27	18 30	18 37	18 44	18 53	19 03	19 16	19 33	19 43	19 56
22	18 20	18 22	18 25	18 27	18 29	18 32	18 38	18 44	18 52	19 01	19 13	19 28	19 38	19 49
26	18 27	18 28	18 29	18 30	18 32	18 34	18 38	18 44	18 50	18 59	19 09	19 23	19 32	19 43
30	18 34	18 33	18 33	18 34	18 35	18 36	18 39	18 43	18 49	18 56	19 06	19 18	19 26	19 36
Sept. 3	18 41	18 39	18 38	18 37	18 37	18 38	18 40	18 43	18 48	18 54	19 02	19 13	19 20	19 29
7	18 48	18 45	18 42	18 41	18 40	18 40	18 41	18 43	18 46	18 51	18 58	19 08	19 14	19 22
11	18 56	18 51	18 47	18 45	18 43	18 42	18 41	18 42	18 45	18 49	18 54	19 03	19 08	19 15
15	19 03	18 57	18 52	18 48	18 46	18 44	18 42	18 42	18 43	18 46	18 50	18 57	19 02	19 08
19	19 11	19 03	18 57	18 52	18 49	18 46	18 43	18 42	18 42	18 43	18 47	18 52	18 56	19 01
23	19 19	19 09	19 02	18 56	18 52	18 49	18 44	18 41	18 40	18 41	18 43	18 47	18 50	18 54
27	19 27	19 16	19 07	19 00	18 55	18 51	18 45	18 41	18 39	18 38	18 39	18 42	18 44	18 47
Oct. 1	19 36	19 23	19 13	19 05	18 58	18 53	18 46	18 41	18 38	18 36	18 36	18 37	18 39	18 41
5	19 45	19 30	19 18	19 09	19 02	18 56	18 47	18 41	18 37	18 34	18 32	18 32	18 33	18 34

UNIVERSAL TIME FOR MERIDIAN OF GREENWICH

BEGINNING NAUTICAL TWILIGHT

Lat.	+40°	+42°	+44°	+46°	+48°	+50°	+52°	+54°	+56°	+58°	+60°	+62°	+64°	+66°
	h m	h m	h m	h m	h m	h m	h m	h m	h m	h m	h m	h m	h m	h m
July 1	3 21	3 10	2 57	2 43	2 27	2 06	1 40	0 58	// //	// //	// //	// //	// //	// //
5	3 23	3 13	3 00	2 47	2 31	2 11	1 46	1 08	// //	// //	// //	// //	// //	// //
9	3 26	3 16	3 04	2 51	2 35	2 16	1 53	1 19	// //	// //	// //	// //	// //	// //
13	3 30	3 20	3 08	2 56	2 41	2 23	2 01	1 30	0 28	// //	// //	// //	// //	// //
17	3 34	3 24	3 13	3 01	2 47	2 30	2 09	1 42	0 58	// //	// //	// //	// //	// //
21	3 38	3 29	3 18	3 07	2 53	2 37	2 18	1 54	1 18	// //	// //	// //	// //	// //
25	3 42	3 34	3 24	3 13	3 00	2 45	2 28	2 06	1 36	0 40	// //	// //	// //	// //
29	3 47	3 39	3 29	3 19	3 07	2 53	2 37	2 17	1 51	1 12	// //	// //	// //	// //
Aug. 2	3 52	3 44	3 35	3 25	3 14	3 01	2 47	2 29	2 06	1 35	0 33	// //	// //	// //
6	3 56	3 49	3 41	3 32	3 21	3 10	2 56	2 40	2 20	1 54	1 15	// //	// //	// //
10	4 01	3 54	3 47	3 38	3 28	3 18	3 05	2 51	2 33	2 11	1 40	0 45	// //	// //
14	4 06	3 59	3 52	3 44	3 36	3 26	3 14	3 01	2 45	2 26	2 01	1 24	// //	// //
18	4 11	4 05	3 58	3 51	3 43	3 34	3 23	3 11	2 57	2 40	2 19	1 50	1 04	// //
22	4 15	4 10	4 04	3 57	3 50	3 41	3 32	3 21	3 09	2 54	2 35	2 12	1 39	0 30
26	4 20	4 15	4 09	4 03	3 56	3 49	3 40	3 31	3 19	3 06	2 50	2 30	2 04	1 25
30	4 24	4 20	4 15	4 09	4 03	3 56	3 49	3 40	3 30	3 18	3 04	2 47	2 26	1 56
Sept. 3	4 29	4 25	4 20	4 15	4 10	4 03	3 57	3 49	3 40	3 29	3 17	3 03	2 45	2 21
7	4 33	4 29	4 25	4 21	4 16	4 11	4 04	3 57	3 50	3 40	3 30	3 17	3 02	2 42
11	4 37	4 34	4 31	4 27	4 22	4 17	4 12	4 06	3 59	3 51	3 42	3 31	3 17	3 01
15	4 42	4 39	4 36	4 32	4 28	4 24	4 19	4 14	4 08	4 01	3 53	3 44	3 32	3 19
19	4 46	4 43	4 41	4 38	4 34	4 31	4 27	4 22	4 17	4 11	4 04	3 56	3 46	3 35
23	4 50	4 48	4 46	4 43	4 40	4 37	4 34	4 30	4 26	4 21	4 15	4 08	4 00	3 50
27	4 54	4 52	4 50	4 48	4 46	4 44	4 41	4 38	4 34	4 30	4 25	4 19	4 13	4 05
Oct. 1	4 58	4 57	4 55	4 54	4 52	4 50	4 48	4 45	4 42	4 39	4 35	4 30	4 25	4 19
5	5 02	5 01	5 00	4 59	4 58	4 56	4 55	4 53	4 50	4 48	4 45	4 41	4 37	4 32

ENDING NAUTICAL TWILIGHT

Lat.	+40°	+42°	+44°	+46°	+48°	+50°	+52°	+54°	+56°	+58°	+60°	+62°	+64°	+66°
	h m	h m	h m	h m	h m	h m	h m	h m	h m	h m	h m	h m	h m	h m
July 1	20 47	20 58	21 10	21 24	21 40	22 01	22 27	23 08	// //	// //	// //	// //	// //	// //
5	20 45	20 56	21 08	21 22	21 38	21 57	22 22	22 59	// //	// //	// //	// //	// //	// //
9	20 44	20 54	21 05	21 19	21 34	21 53	22 16	22 49	// //	// //	// //	// //	// //	// //
13	20 41	20 51	21 02	21 15	21 30	21 47	22 09	22 39	23 34	// //	// //	// //	// //	// //
17	20 38	20 47	20 58	21 10	21 24	21 41	22 01	22 28	23 09	// //	// //	// //	// //	// //
21	20 34	20 43	20 54	21 05	21 18	21 34	21 53	22 16	22 50	// //	// //	// //	// //	// //
25	20 30	20 39	20 48	20 59	21 12	21 26	21 43	22 05	22 34	23 23	// //	// //	// //	// //
29	20 25	20 33	20 43	20 53	21 05	21 18	21 34	21 53	22 18	22 55	// //	// //	// //	// //
Aug. 2	20 20	20 28	20 36	20 46	20 57	21 09	21 24	21 41	22 03	22 33	23 26	// //	// //	// //
6	20 14	20 22	20 30	20 39	20 49	21 01	21 14	21 30	21 49	22 14	22 50	// //	// //	// //
10	20 09	20 15	20 23	20 31	20 41	20 51	21 04	21 18	21 35	21 57	22 25	23 14	// //	// //
14	20 02	20 09	20 16	20 24	20 32	20 42	20 53	21 06	21 21	21 40	22 04	22 38	// //	// //
18	19 56	20 02	20 08	20 16	20 24	20 32	20 43	20 54	21 08	21 25	21 45	22 12	22 54	// //
22	19 49	19 55	20 01	20 07	20 15	20 23	20 32	20 43	20 55	21 09	21 27	21 50	22 21	23 16
26	19 43	19 48	19 53	19 59	20 06	20 13	20 22	20 31	20 42	20 55	21 10	21 29	21 54	22 30
30	19 36	19 40	19 45	19 51	19 57	20 03	20 11	20 20	20 29	20 41	20 54	21 11	21 31	21 59
Sept. 3	19 29	19 33	19 37	19 42	19 48	19 54	20 01	20 08	20 17	20 27	20 39	20 53	21 10	21 33
7	19 22	19 26	19 30	19 34	19 39	19 44	19 50	19 57	20 05	20 13	20 24	20 36	20 51	21 10
11	19 15	19 18	19 22	19 25	19 30	19 34	19 40	19 46	19 53	20 00	20 09	20 20	20 33	20 48
15	19 08	19 11	19 14	19 17	19 21	19 25	19 30	19 35	19 41	19 47	19 55	20 04	20 15	20 29
19	19 01	19 03	19 06	19 09	19 12	19 15	19 19	19 24	19 29	19 35	19 42	19 49	19 59	20 10
23	18 54	18 56	18 58	19 01	19 03	19 06	19 10	19 13	19 18	19 23	19 28	19 35	19 43	19 52
27	18 47	18 49	18 51	18 53	18 55	18 57	19 00	19 03	19 06	19 11	19 15	19 21	19 27	19 35
Oct. 1	18 41	18 42	18 43	18 45	18 46	18 48	18 50	18 53	18 56	18 59	19 03	19 07	19 12	19 18
5	18 34	18 35	18 36	18 37	18 38	18 39	18 41	18 43	18 45	18 47	18 50	18 54	18 58	19 03

(// //) indicates continuous twilight.

NAUTICAL TWILIGHT, 1993
UNIVERSAL TIME FOR MERIDIAN OF GREENWICH
BEGINNING NAUTICAL TWILIGHT

Lat.	−55°	−50°	−45°	−40°	−35°	−30°	−20°	−10°	0°	+10°	+20°	+30°	+35°	+40°
	h m	h m	h m	h m	h m	h m	h m	h m	h m	h m	h m	h m	h m	h m
Oct. 1	4 05	4 18	4 28	4 35	4 42	4 46	4 54	4 59	5 02	5 03	5 03	5 02	5 00	4 58
5	3 53	4 08	4 20	4 29	4 36	4 41	4 50	4 56	5 00	5 03	5 04	5 04	5 03	5 02
9	3 42	3 59	4 12	4 22	4 30	4 36	4 46	4 54	4 59	5 03	5 05	5 06	5 06	5 06
13	3 30	3 49	4 04	4 15	4 24	4 31	4 43	4 51	4 58	5 03	5 06	5 09	5 09	5 10
17	3 18	3 40	3 56	4 08	4 18	4 27	4 40	4 49	4 57	5 03	5 07	5 11	5 13	5 14
21	3 06	3 30	3 48	4 02	4 13	4 22	4 36	4 47	4 56	5 03	5 09	5 14	5 16	5 18
25	2 54	3 21	3 40	3 55	4 07	4 17	4 33	4 45	4 55	5 03	5 10	5 16	5 19	5 22
29	2 42	3 11	3 33	3 49	4 02	4 13	4 30	4 44	4 54	5 03	5 11	5 19	5 22	5 26
Nov. 2	2 29	3 02	3 25	3 43	3 58	4 09	4 28	4 42	4 54	5 04	5 13	5 22	5 26	5 30
6	2 17	2 53	3 19	3 38	3 53	4 06	4 26	4 41	4 54	5 05	5 15	5 24	5 29	5 34
10	2 04	2 44	3 12	3 32	3 49	4 02	4 24	4 40	4 54	5 06	5 17	5 27	5 33	5 38
14	1 51	2 36	3 06	3 28	3 45	3 59	4 22	4 39	4 54	5 07	5 18	5 30	5 36	5 42
18	1 38	2 28	3 00	3 23	3 42	3 57	4 20	4 39	4 54	5 08	5 21	5 33	5 40	5 46
22	1 25	2 21	2 55	3 20	3 39	3 55	4 19	4 39	4 55	5 09	5 23	5 36	5 43	5 50
26	1 11	2 14	2 50	3 16	3 37	3 53	4 19	4 39	4 56	5 11	5 25	5 39	5 46	5 54
30	0 57	2 08	2 47	3 14	3 35	3 52	4 19	4 39	4 57	5 12	5 27	5 42	5 50	5 58
Dec. 4	0 42	2 03	2 44	3 12	3 34	3 51	4 19	4 40	4 58	5 14	5 29	5 45	5 53	6 02
8	0 24	1 59	2 42	3 11	3 33	3 51	4 19	4 41	5 00	5 16	5 32	5 48	5 56	6 05
12	// //	1 57	2 41	3 11	3 33	3 52	4 20	4 43	5 01	5 18	5 34	5 50	5 59	6 08
16	// //	1 56	2 41	3 11	3 34	3 53	4 22	4 44	5 03	5 20	5 36	5 53	6 01	6 11
20	// //	1 56	2 42	3 12	3 36	3 54	4 23	4 46	5 05	5 22	5 38	5 55	6 04	6 13
24	// //	1 58	2 44	3 15	3 38	3 56	4 25	4 48	5 07	5 24	5 40	5 57	6 06	6 15
28	// //	2 02	2 47	3 17	3 40	3 59	4 28	4 50	5 09	5 26	5 42	5 59	6 07	6 17
32	// //	2 07	2 51	3 21	3 43	4 02	4 30	4 53	5 11	5 28	5 44	6 00	6 08	6 18
36	0 39	2 13	2 56	3 25	3 47	4 05	4 33	4 55	5 13	5 30	5 45	6 01	6 09	6 18

ENDING NAUTICAL TWILIGHT

Lat.	h m	h m	h m	h m	h m	h m	h m	h m	h m	h m	h m	h m	h m	h m
Oct. 1	19 36	19 23	19 13	19 05	18 58	18 53	18 46	18 41	18 38	18 36	18 36	18 37	18 39	18 41
5	19 45	19 30	19 18	19 09	19 02	18 56	18 47	18 41	18 37	18 34	18 32	18 32	18 33	18 34
9	19 55	19 37	19 24	19 14	19 05	18 59	18 48	18 41	18 35	18 32	18 29	18 28	18 28	18 28
13	20 04	19 45	19 30	19 18	19 09	19 02	18 50	18 41	18 35	18 30	18 26	18 23	18 23	18 22
17	20 15	19 52	19 36	19 23	19 13	19 05	18 52	18 42	18 34	18 28	18 23	18 19	18 18	18 16
21	20 25	20 01	19 43	19 29	19 17	19 08	18 53	18 42	18 34	18 26	18 20	18 15	18 13	18 11
25	20 36	20 09	19 49	19 34	19 22	19 11	18 55	18 43	18 33	18 25	18 18	18 12	18 09	18 06
29	20 48	20 18	19 56	19 39	19 26	19 15	18 57	18 44	18 33	18 24	18 16	18 08	18 05	18 01
Nov. 2	21 00	20 27	20 03	19 45	19 30	19 19	19 00	18 45	18 33	18 23	18 14	18 05	18 01	17 57
6	21 13	20 36	20 10	19 51	19 35	19 22	19 02	18 47	18 34	18 23	18 12	18 03	17 58	17 53
10	21 27	20 45	20 17	19 56	19 40	19 26	19 05	18 48	18 34	18 22	18 11	18 00	17 55	17 49
14	21 41	20 55	20 24	20 02	19 45	19 30	19 07	18 50	18 35	18 22	18 10	17 59	17 53	17 46
18	21 55	21 04	20 32	20 08	19 49	19 34	19 10	18 52	18 36	18 23	18 10	17 57	17 51	17 44
22	22 11	21 13	20 39	20 14	19 54	19 38	19 13	18 54	18 37	18 23	18 10	17 56	17 49	17 42
26	22 27	21 22	20 45	20 19	19 59	19 42	19 16	18 56	18 39	18 24	18 10	17 55	17 48	17 40
30	22 44	21 31	20 52	20 24	20 03	19 46	19 19	18 58	18 41	18 25	18 10	17 55	17 47	17 39
Dec. 4	23 03	21 39	20 57	20 29	20 07	19 49	19 22	19 00	18 42	18 26	18 11	17 56	17 47	17 39
8	23 26	21 46	21 03	20 33	20 11	19 53	19 25	19 03	18 44	18 28	18 12	17 56	17 48	17 39
12	// //	21 52	21 07	20 37	20 14	19 56	19 27	19 05	18 46	18 29	18 13	17 57	17 49	17 39
16	// //	21 56	21 11	20 40	20 17	19 59	19 30	19 07	18 48	18 31	18 15	17 59	17 50	17 41
20	// //	21 59	21 14	20 43	20 20	20 01	19 32	19 09	18 50	18 33	18 17	18 00	17 52	17 42
24	// //	22 01	21 15	20 45	20 22	20 03	19 34	19 11	18 52	18 35	18 19	18 02	17 54	17 44
28	// //	22 01	21 16	20 46	20 23	20 04	19 35	19 13	18 54	18 37	18 21	18 05	17 56	17 47
32	23 51	21 59	21 16	20 46	20 23	20 05	19 37	19 14	18 56	18 39	18 23	18 07	17 59	17 50
36	23 26	21 56	21 14	20 45	20 23	20 05	19 38	19 16	18 58	18 41	18 26	18 10	18 02	17 53

(// //) indicates continuous twilight.

UNIVERSAL TIME FOR MERIDIAN OF GREENWICH
BEGINNING NAUTICAL TWILIGHT

Lat.	+40°	+42°	+44°	+46°	+48°	+50°	+52°	+54°	+56°	+58°	+60°	+62°	+64°	+66°
	h m	h m	h m	h m	h m	h m	h m	h m	h m	h m	h m	h m	h m	h m
Oct. 1	4 58	4 57	4 55	4 54	4 52	4 50	4 48	4 45	4 42	4 39	4 35	4 30	4 25	4 19
5	5 02	5 01	5 00	4 59	4 58	4 56	4 55	4 53	4 50	4 48	4 45	4 41	4 37	4 32
9	5 06	5 05	5 05	5 04	5 03	5 02	5 01	5 00	4 59	4 57	4 55	4 52	4 49	4 45
13	5 10	5 10	5 10	5 09	5 09	5 09	5 08	5 07	5 06	5 05	5 04	5 02	5 00	4 58
17	5 14	5 14	5 14	5 15	5 15	5 15	5 15	5 15	5 14	5 14	5 13	5 13	5 12	5 10
21	5 18	5 18	5 19	5 20	5 20	5 21	5 21	5 22	5 22	5 22	5 23	5 23	5 23	5 23
25	5 22	5 23	5 24	5 25	5 26	5 27	5 28	5 29	5 30	5 31	5 32	5 33	5 34	5 35
29	5 26	5 27	5 29	5 30	5 31	5 33	5 34	5 36	5 37	5 39	5 41	5 43	5 44	5 47
Nov. 2	5 30	5 32	5 33	5 35	5 37	5 39	5 41	5 43	5 45	5 47	5 50	5 52	5 55	5 58
6	5 34	5 36	5 38	5 40	5 43	5 45	5 47	5 50	5 52	5 55	5 58	6 02	6 05	6 09
10	5 38	5 41	5 43	5 45	5 48	5 51	5 53	5 56	6 00	6 03	6 07	6 11	6 15	6 20
14	5 42	5 45	5 48	5 50	5 53	5 56	6 00	6 03	6 07	6 11	6 15	6 20	6 25	6 31
18	5 46	5 49	5 52	5 55	5 59	6 02	6 06	6 09	6 14	6 18	6 23	6 28	6 34	6 41
22	5 50	5 54	5 57	6 00	6 04	6 07	6 11	6 16	6 20	6 25	6 31	6 37	6 43	6 51
26	5 54	5 58	6 01	6 05	6 09	6 13	6 17	6 21	6 26	6 32	6 38	6 44	6 52	7 00
30	5 58	6 02	6 05	6 09	6 13	6 17	6 22	6 27	6 32	6 38	6 44	6 51	6 59	7 09
Dec. 4	6 02	6 05	6 09	6 13	6 17	6 22	6 27	6 32	6 37	6 44	6 50	6 58	7 06	7 16
8	6 05	6 09	6 13	6 17	6 21	6 26	6 31	6 36	6 42	6 49	6 56	7 04	7 12	7 23
12	6 08	6 12	6 16	6 20	6 25	6 30	6 35	6 40	6 46	6 53	7 00	7 08	7 18	7 28
16	6 11	6 15	6 19	6 23	6 28	6 33	6 38	6 44	6 50	6 56	7 04	7 12	7 22	7 33
20	6 13	6 17	6 21	6 26	6 30	6 35	6 41	6 46	6 52	6 59	7 07	7 15	7 25	7 36
24	6 15	6 19	6 23	6 28	6 32	6 37	6 42	6 48	6 54	7 01	7 09	7 17	7 27	7 38
28	6 17	6 21	6 25	6 29	6 34	6 38	6 44	6 49	6 55	7 02	7 10	7 18	7 27	7 38
32	6 18	6 21	6 26	6 30	6 34	6 39	6 44	6 50	6 56	7 02	7 09	7 18	7 27	7 37
36	6 18	6 22	6 26	6 30	6 34	6 39	6 44	6 49	6 55	7 01	7 08	7 16	7 25	7 35

ENDING NAUTICAL TWILIGHT

Lat.	+40°	+42°	+44°	+46°	+48°	+50°	+52°	+54°	+56°	+58°	+60°	+62°	+64°	+66°
	h m	h m	h m	h m	h m	h m	h m	h m	h m	h m	h m	h m	h m	h m
Oct. 1	18 41	18 42	18 43	18 45	18 46	18 48	18 50	18 53	18 56	18 59	19 03	19 07	19 12	19 18
5	18 34	18 35	18 36	18 37	18 38	18 39	18 41	18 43	18 45	18 47	18 50	18 54	18 58	19 03
9	18 28	18 29	18 29	18 30	18 30	18 31	18 32	18 33	18 35	18 36	18 38	18 41	18 44	18 47
13	18 22	18 22	18 22	18 22	18 23	18 23	18 23	18 24	18 25	18 26	18 27	18 28	18 30	18 33
17	18 16	18 16	18 16	18 15	18 15	18 15	18 15	18 15	18 15	18 15	18 16	18 17	18 17	18 18
21	18 11	18 10	18 10	18 09	18 08	18 08	18 07	18 07	18 06	18 06	18 05	18 05	18 05	18 05
25	18 06	18 05	18 04	18 03	18 02	18 00	17 59	17 58	17 57	17 56	17 55	17 54	17 53	17 52
29	18 01	18 00	17 58	17 57	17 55	17 54	17 52	17 51	17 49	17 47	17 46	17 44	17 42	17 39
Nov. 2	17 57	17 55	17 53	17 51	17 49	17 48	17 46	17 43	17 41	17 39	17 36	17 34	17 31	17 28
6	17 53	17 51	17 49	17 46	17 44	17 42	17 39	17 37	17 34	17 31	17 28	17 25	17 21	17 17
10	17 49	17 47	17 44	17 42	17 39	17 37	17 34	17 31	17 27	17 24	17 20	17 16	17 11	17 06
14	17 46	17 44	17 41	17 38	17 35	17 32	17 29	17 25	17 21	17 17	17 13	17 08	17 03	16 57
18	17 44	17 41	17 38	17 35	17 31	17 28	17 24	17 20	17 16	17 12	17 07	17 01	16 55	16 48
22	17 42	17 38	17 35	17 32	17 28	17 25	17 21	17 16	17 12	17 07	17 01	16 55	16 48	16 40
26	17 40	17 37	17 33	17 30	17 26	17 22	17 17	17 13	17 08	17 02	16 56	16 50	16 42	16 34
30	17 39	17 36	17 32	17 28	17 24	17 20	17 15	17 10	17 05	16 59	16 53	16 46	16 37	16 28
Dec. 4	17 39	17 35	17 31	17 27	17 23	17 18	17 14	17 08	17 03	16 57	16 50	16 42	16 34	16 24
8	17 39	17 35	17 31	17 27	17 22	17 18	17 13	17 07	17 01	16 55	16 48	16 40	16 31	16 21
12	17 39	17 36	17 31	17 27	17 23	17 18	17 13	17 07	17 01	16 54	16 47	16 39	16 30	16 19
16	17 41	17 37	17 32	17 28	17 23	17 19	17 13	17 08	17 02	16 55	16 47	16 39	16 29	16 18
20	17 42	17 38	17 34	17 30	17 25	17 20	17 15	17 09	17 03	16 56	16 49	16 40	16 30	16 19
24	17 44	17 40	17 36	17 32	17 27	17 22	17 17	17 11	17 05	16 58	16 51	16 42	16 33	16 22
28	17 47	17 43	17 39	17 34	17 30	17 25	17 20	17 14	17 08	17 01	16 54	16 46	16 36	16 25
32	17 50	17 46	17 42	17 37	17 33	17 28	17 23	17 18	17 12	17 05	16 58	16 50	16 41	16 30
36	17 53	17 49	17 45	17 41	17 37	17 32	17 27	17 22	17 16	17 10	17 03	16 55	16 46	16 36

ASTRONOMICAL TWILIGHT, 1993

UNIVERSAL TIME FOR MERIDIAN OF GREENWICH
BEGINNING ASTRONOMICAL TWILIGHT

Lat.	−55°	−50°	−45°	−40°	−35°	−30°	−20°	−10°	0°	+10°	+20°	+30°	+35°	+40°
	h m	h m	h m	h m	h m	h m	h m	h m	h m	h m	h m	h m	h m	h m
Jan. −2	// //	// //	1 43	2 30	3 01	3 24	3 58	4 23	4 43	5 00	5 16	5 30	5 37	5 44
2	// //	// //	1 49	2 34	3 04	3 27	4 01	4 26	4 46	5 02	5 17	5 31	5 38	5 45
6	// //	// //	1 56	2 39	3 09	3 31	4 04	4 28	4 48	5 04	5 18	5 32	5 39	5 45
10	// //	0 14	2 03	2 45	3 13	3 35	4 07	4 31	4 50	5 05	5 20	5 33	5 39	5 45
14	// //	0 53	2 12	2 51	3 18	3 39	4 10	4 33	4 52	5 07	5 20	5 33	5 39	5 45
18	// //	1 15	2 21	2 58	3 24	3 44	4 14	4 36	4 53	5 08	5 21	5 32	5 38	5 44
22	// //	1 33	2 30	3 04	3 29	3 48	4 17	4 38	4 55	5 09	5 21	5 32	5 37	5 42
26	// //	1 49	2 40	3 11	3 35	3 53	4 20	4 40	4 56	5 10	5 21	5 31	5 35	5 40
30	// //	2 04	2 49	3 19	3 40	3 58	4 23	4 43	4 58	5 10	5 20	5 29	5 33	5 37
Feb. 3	0 51	2 18	2 58	3 26	3 46	4 02	4 27	4 45	4 59	5 10	5 19	5 27	5 31	5 34
7	1 26	2 32	3 08	3 33	3 52	4 07	4 30	4 46	4 59	5 10	5 18	5 25	5 28	5 31
11	1 50	2 44	3 16	3 39	3 57	4 11	4 32	4 48	5 00	5 09	5 17	5 23	5 25	5 27
15	2 10	2 56	3 25	3 46	4 02	4 15	4 35	4 49	5 00	5 09	5 15	5 20	5 21	5 22
19	2 27	3 07	3 33	3 52	4 07	4 19	4 38	4 51	5 00	5 08	5 13	5 16	5 17	5 17
23	2 43	3 17	3 41	3 59	4 12	4 23	4 40	4 52	5 00	5 06	5 11	5 13	5 13	5 12
27	2 57	3 27	3 49	4 05	4 17	4 27	4 42	4 53	5 00	5 05	5 08	5 09	5 08	5 07
Mar. 3	3 10	3 37	3 56	4 10	4 21	4 31	4 44	4 53	4 59	5 03	5 05	5 04	5 03	5 01
7	3 22	3 46	4 03	4 16	4 26	4 34	4 46	4 54	4 59	5 02	5 02	5 00	4 58	4 55
11	3 33	3 54	4 09	4 21	4 30	4 37	4 47	4 54	4 58	5 00	4 59	4 55	4 52	4 48
15	3 44	4 02	4 16	4 26	4 34	4 40	4 49	4 54	4 57	4 57	4 55	4 51	4 47	4 42
19	3 54	4 10	4 22	4 31	4 37	4 43	4 50	4 54	4 56	4 55	4 52	4 46	4 41	4 35
23	4 03	4 17	4 27	4 35	4 41	4 46	4 51	4 54	4 55	4 53	4 48	4 41	4 35	4 28
27	4 12	4 24	4 33	4 40	4 45	4 48	4 53	4 54	4 53	4 50	4 45	4 35	4 29	4 21
31	4 21	4 31	4 38	4 44	4 48	4 51	4 54	4 54	4 52	4 48	4 41	4 30	4 23	4 13
Apr. 4	4 29	4 38	4 44	4 48	4 51	4 53	4 55	4 54	4 51	4 45	4 37	4 25	4 16	4 06

ENDING ASTRONOMICAL TWILIGHT

Lat.	−55°	−50°	−45°	−40°	−35°	−30°	−20°	−10°	0°	+10°	+20°	+30°	+35°	+40°
	h m	h m	h m	h m	h m	h m	h m	h m	h m	h m	h m	h m	h m	h m
Jan. −2	// //	// //	22 21	21 34	21 03	20 40	20 06	19 41	19 21	19 04	18 49	18 35	18 28	18 21
2	// //	// //	22 19	21 34	21 03	20 41	20 07	19 42	19 23	19 06	18 51	18 37	18 30	18 24
6	// //	// //	22 15	21 32	21 03	20 41	20 08	19 43	19 24	19 08	18 54	18 40	18 33	18 27
10	// //	23 46	22 10	21 30	21 01	20 40	20 08	19 44	19 26	19 10	18 56	18 43	18 37	18 30
14	// //	23 20	22 05	21 26	20 59	20 39	20 08	19 45	19 27	19 11	18 58	18 46	18 40	18 34
18	// //	23 02	21 58	21 22	20 57	20 37	20 07	19 45	19 28	19 13	19 00	18 49	18 43	18 38
22	// //	22 47	21 51	21 18	20 53	20 34	20 06	19 45	19 28	19 14	19 03	18 52	18 47	18 42
26	// //	22 33	21 44	21 13	20 50	20 32	20 05	19 45	19 29	19 16	19 05	18 55	18 50	18 46
30	// //	22 19	21 36	21 07	20 45	20 28	20 03	19 44	19 29	19 17	19 07	18 58	18 54	18 50
Feb. 3	23 26	22 07	21 28	21 01	20 41	20 25	20 01	19 43	19 29	19 18	19 08	19 01	18 57	18 54
7	22 56	21 54	21 19	20 55	20 36	20 21	19 58	19 42	19 29	19 19	19 10	19 04	19 01	18 58
11	22 33	21 42	21 11	20 48	20 31	20 17	19 56	19 40	19 28	19 19	19 12	19 06	19 04	19 02
15	22 14	21 30	21 02	20 41	20 25	20 12	19 53	19 39	19 28	19 20	19 14	19 09	19 08	19 07
19	21 57	21 19	20 53	20 34	20 19	20 08	19 50	19 37	19 27	19 20	19 15	19 12	19 11	19 11
23	21 41	21 07	20 44	20 27	20 14	20 03	19 46	19 35	19 26	19 20	19 16	19 15	19 15	19 15
27	21 26	20 56	20 35	20 20	20 08	19 58	19 43	19 33	19 25	19 21	19 18	19 17	19 18	19 20
Mar. 3	21 12	20 45	20 27	20 13	20 02	19 53	19 39	19 30	19 24	19 21	19 19	19 20	19 21	19 24
7	20 58	20 35	20 18	20 05	19 55	19 48	19 36	19 28	19 23	19 21	19 20	19 23	19 25	19 28
11	20 45	20 24	20 09	19 58	19 49	19 42	19 32	19 26	19 22	19 21	19 22	19 25	19 28	19 33
15	20 32	20 14	20 01	19 51	19 43	19 37	19 29	19 23	19 21	19 21	19 23	19 28	19 32	19 37
19	20 20	20 04	19 53	19 44	19 37	19 32	19 25	19 21	19 20	19 21	19 24	19 31	19 35	19 42
23	20 08	19 55	19 45	19 37	19 31	19 27	19 21	19 19	19 19	19 21	19 25	19 33	19 39	19 46
27	19 57	19 45	19 37	19 30	19 26	19 22	19 18	19 16	19 17	19 21	19 27	19 36	19 43	19 51
31	19 46	19 36	19 29	19 24	19 20	19 17	19 14	19 14	19 16	19 21	19 28	19 39	19 46	19 56
Apr. 4	19 36	19 27	19 21	19 17	19 14	19 12	19 11	19 12	19 15	19 21	19 29	19 42	19 50	20 01

(// //) indicates continuous twilight.

UNIVERSAL TIME FOR MERIDIAN OF GREENWICH
BEGINNING ASTRONOMICAL TWILIGHT

Lat.		+40°	+42°	+44°	+46°	+48°	+50°	+52°	+54°	+56°	+58°	+60°	+62°	+64°	+66°
		h m	h m	h m	h m	h m	h m	h m	h m	h m	h m	h m	h m	h m	h m
Jan.	−2	5 44	5 47	5 50	5 53	5 56	5 59	6 03	6 06	6 10	6 14	6 18	6 23	6 28	6 33
	2	5 45	5 48	5 51	5 54	5 57	6 00	6 03	6 07	6 10	6 14	6 18	6 22	6 27	6 33
	6	5 45	5 48	5 51	5 54	5 57	6 00	6 03	6 06	6 09	6 13	6 17	6 21	6 26	6 31
	10	5 45	5 48	5 51	5 53	5 56	5 59	6 02	6 05	6 08	6 11	6 15	6 19	6 23	6 27
	14	5 45	5 47	5 50	5 52	5 55	5 57	6 00	6 03	6 06	6 09	6 12	6 15	6 19	6 23
	18	5 44	5 46	5 48	5 50	5 53	5 55	5 57	6 00	6 02	6 05	6 08	6 11	6 14	6 17
	22	5 42	5 44	5 46	5 48	5 50	5 52	5 54	5 56	5 58	6 01	6 03	6 05	6 08	6 11
	26	5 40	5 42	5 43	5 45	5 47	5 49	5 50	5 52	5 54	5 56	5 57	5 59	6 01	6 03
	30	5 37	5 39	5 40	5 42	5 43	5 44	5 46	5 47	5 48	5 50	5 51	5 52	5 53	5 54
Feb.	3	5 34	5 35	5 37	5 38	5 39	5 40	5 41	5 42	5 42	5 43	5 44	5 44	5 45	5 45
	7	5 31	5 32	5 32	5 33	5 34	5 34	5 35	5 35	5 36	5 36	5 36	5 35	5 35	5 34
	11	5 27	5 27	5 28	5 28	5 28	5 29	5 29	5 28	5 28	5 28	5 27	5 26	5 25	5 23
	15	5 22	5 22	5 23	5 23	5 22	5 22	5 22	5 21	5 20	5 19	5 18	5 16	5 14	5 11
	19	5 17	5 17	5 17	5 17	5 16	5 15	5 14	5 13	5 12	5 10	5 08	5 05	5 02	4 58
	23	5 12	5 12	5 11	5 10	5 09	5 08	5 07	5 05	5 03	5 00	4 57	4 53	4 49	4 44
	27	5 07	5 06	5 05	5 03	5 02	5 00	4 58	4 56	4 53	4 50	4 46	4 41	4 36	4 29
Mar.	3	5 01	5 00	4 58	4 56	4 54	4 52	4 49	4 46	4 43	4 39	4 34	4 28	4 21	4 13
	7	4 55	4 53	4 51	4 49	4 46	4 44	4 40	4 37	4 32	4 27	4 21	4 15	4 06	3 56
	11	4 48	4 46	4 44	4 41	4 38	4 35	4 31	4 26	4 21	4 15	4 08	4 00	3 50	3 38
	15	4 42	4 39	4 36	4 33	4 30	4 25	4 21	4 16	4 10	4 03	3 55	3 45	3 33	3 19
	19	4 35	4 32	4 28	4 25	4 21	4 16	4 11	4 05	3 58	3 50	3 40	3 29	3 15	2 58
	23	4 28	4 24	4 21	4 16	4 12	4 06	4 00	3 53	3 45	3 36	3 25	3 12	2 56	2 35
	27	4 21	4 17	4 12	4 08	4 02	3 56	3 49	3 41	3 32	3·22	3 09	2 54	2 34	2 08
	31	4 13	4 09	4 04	3 59	3 53	3 46	3 38	3 29	3 19	3 07	2 52	2 34	2 10	1 35
Apr.	4	4 06	4 01	3 56	3 50	3 43	3 35	3 26	3 16	3 05	2 51	2 33	2 11	1 41	0 43

ENDING ASTRONOMICAL TWILIGHT

		h m	h m	h m	h m	h m	h m	h m	h m	h m	h m	h m	h m	h m	h m
Jan.	−2	18 21	18 18	18 15	18 12	18 09	18 05	18 02	17 58	17 55	17 51	17 46	17 42	17 37	17 31
	2	18 24	18 21	18 18	18 15	18 12	18 09	18 05	18 02	17 58	17 55	17 51	17 46	17 41	17 36
	6	18 27	18 24	18 21	18 18	18 15	18 13	18 09	18 06	18 03	17 59	17 55	17 51	17 47	17 42
	10	18 30	18 28	18 25	18 22	18 20	18 17	18 14	18 11	18 08	18 04	18 01	17 57	17 53	17 49
	14	18 34	18 31	18 29	18 27	18 24	18 21	18 19	18 16	18 13	18 10	18 07	18 04	18 00	17 56
	18	18 38	18 35	18 33	18 31	18 29	18 26	18 24	18 22	18 19	18 17	18 14	18 11	18 08	18 05
	22	18 42	18 40	18 38	18 36	18 34	18 32	18 30	18 28	18 26	18 23	18 21	18 19	18 16	18 14
	26	18 46	18 44	18 42	18 41	18 39	18 37	18 36	18 34	18 32	18 30	18 29	18 27	18 25	18 23
	30	18 50	18 48	18 47	18 46	18 44	18 43	18 42	18 40	18 39	18 38	18 37	18 36	18 35	18 34
Feb.	3	18 54	18 53	18 52	18 51	18 50	18 49	18 48	18 47	18 46	18 46	18 45	18 45	18 45	18 44
	7	18 58	18 57	18 57	18 56	18 55	18 55	18 54	18 54	18 54	18 54	18 54	18 54	18 55	18 56
	11	19 02	19 02	19 02	19 01	19 01	19 01	19 01	19 01	19 01	19 02	19 03	19 04	19 05	19 07
	15	19 07	19 07	19 06	19 07	19 07	19 07	19 08	19 08	19 09	19 10	19 12	19 14	19 16	19 20
	19	19 11	19 11	19 11	19 12	19 13	19 13	19 14	19 16	19 17	19 19	19 22	19 24	19 28	19 32
	23	19 15	19 16	19 17	19 17	19 18	19 20	19 21	19 23	19 25	19 28	19 31	19 35	19 40	19 45
	27	19 20	19 21	19 22	19 23	19 24	19 26	19 28	19 31	19 34	19 37	19 41	19 46	19 52	19 59
Mar.	3	19 24	19 25	19 27	19 29	19 31	19 33	19 36	19 39	19 42	19 47	19 52	19 58	20 05	20 13
	7	19 28	19 30	19 32	19 34	19 37	19 40	19 43	19 47	19 51	19 57	20 03	20 10	20 18	20 29
	11	19 33	19 35	19 37	19 40	19 43	19 47	19 51	19 55	20 00	20 07	20 14	20 22	20 32	20 45
	15	19 37	19 40	19 43	19 46	19 50	19 54	19 58	20 04	20 10	20 17	20 25	20 35	20 47	21 02
	19	19 42	19 45	19 48	19 52	19 56	20 01	20 06	20 13	20 20	20 28	20 38	20 49	21 04	21 22
	23	19 46	19 50	19 54	19 58	20 03	20 08	20 15	20 22	20 30	20 39	20 51	21 04	21 21	21 43
	27	19 51	19 55	20 00	20 04	20 10	20 16	20 23	20 31	20 41	20 52	21 05	21 21	21 41	22 09
	31	19 56	20 00	20 05	20 11	20 17	20 24	20 32	20 41	20 52	21 04	21 20	21 39	22 04	22 42
Apr.	4	20 01	20 06	20 12	20 18	20 25	20 32	20 41	20 52	21 04	21 18	21 36	21 59	22 32	23 58

ASTRONOMICAL TWILIGHT, 1993
UNIVERSAL TIME FOR MERIDIAN OF GREENWICH
BEGINNING ASTRONOMICAL TWILIGHT

Lat.	−55°	−50°	−45°	−40°	−35°	−30°	−20°	−10°	0°	+10°	+20°	+30°	+35°	+40°
	h m	h m	h m	h m	h m	h m	h m	h m	h m	h m	h m	h m	h m	h m
Mar. 31	4 21	4 31	4 38	4 44	4 48	4 51	4 54	4 54	4 52	4 48	4 41	4 30	4 23	4 13
Apr. 4	4 29	4 38	4 44	4 48	4 51	4 53	4 55	4 54	4 51	4 45	4 37	4 25	4 16	4 06
8	4 37	4 44	4 49	4 52	4 54	4 55	4 56	4 54	4 49	4 43	4 33	4 19	4 10	3 59
12	4 44	4 50	4 54	4 56	4 57	4 58	4 56	4 53	4 48	4 40	4 29	4 14	4 04	3 51
16	4 52	4 56	4 58	5 00	5 00	5 00	4 57	4 53	4 47	4 38	4 26	4 09	3 58	3 44
20	4 59	5 02	5 03	5 03	5 03	5 02	4 58	4 53	4 45	4 35	4 22	4 04	3 52	3 36
24	5 06	5 07	5 07	5 07	5 06	5 04	4 59	4 53	4 44	4 33	4 19	3 59	3 46	3 29
28	5 12	5 12	5 12	5 10	5 08	5 06	5 00	4 53	4 43	4 31	4 15	3 54	3 40	3 22
May 2	5 19	5 18	5 16	5 14	5 11	5 08	5 01	4 53	4 42	4 29	4 12	3 49	3 34	3 15
6	5 25	5 23	5 20	5 17	5 14	5 10	5 02	4 53	4 41	4 27	4 09	3 45	3 29	3 08
10	5 31	5 27	5 24	5 20	5 16	5 12	5 03	4 53	4 41	4 26	4 07	3 41	3 24	3 02
14	5 36	5 32	5 28	5 23	5 19	5 14	5 04	4 53	4 40	4 24	4 04	3 37	3 19	2 56
18	5 42	5 36	5 31	5 26	5 21	5 16	5 06	4 54	4 40	4 23	4 02	3 34	3 15	2 50
22	5 47	5 41	5 35	5 29	5 24	5 18	5 07	4 54	4 40	4 22	4 00	3 31	3 11	2 45
26	5 51	5 44	5 38	5 32	5 26	5 20	5 08	4 55	4 40	4 22	3 59	3 28	3 07	2 40
30	5 55	5 48	5 41	5 35	5 28	5 22	5 09	4 55	4 40	4 21	3 58	3 26	3 04	2 36
June 3	5 59	5 51	5 44	5 37	5 30	5 24	5 10	4 56	4 40	4 21	3 57	3 24	3 02	2 33
7	6 02	5 54	5 46	5 39	5 32	5 25	5 12	4 57	4 40	4 21	3 56	3 23	3 00	2 30
11	6 05	5 56	5 48	5 41	5 34	5 27	5 13	4 58	4 41	4 21	3 56	3 22	2 59	2 29
15	6 07	5 58	5 50	5 43	5 35	5 28	5 14	4 59	4 42	4 22	3 56	3 22	2 59	2 28
19	6 08	5 59	5 51	5 44	5 36	5 29	5 15	5 00	4 43	4 22	3 57	3 22	2 59	2 28
23	6 09	6 00	5 52	5 45	5 37	5 30	5 16	5 01	4 43	4 23	3 58	3 23	3 00	2 28
27	6 10	6 01	5 53	5 45	5 38	5 31	5 17	5 01	4 44	4 24	3 59	3 25	3 01	2 30
July 1	6 09	6 01	5 53	5 45	5 38	5 31	5 17	5 02	4 45	4 25	4 00	3 26	3 03	2 32
5	6 08	6 00	5 52	5 45	5 38	5 31	5 17	5 03	4 46	4 27	4 02	3 28	3 06	2 36

ENDING ASTRONOMICAL TWILIGHT

Lat.	−55°	−50°	−45°	−40°	−35°	−30°	−20°	−10°	0°	+10°	+20°	+30°	+35°	+40°
	h m	h m	h m	h m	h m	h m	h m	h m	h m	h m	h m	h m	h m	h m
Mar. 31	19 46	19 36	19 29	19 24	19 20	19 17	19 14	19 14	19 16	19 21	19 28	19 39	19 46	19 56
Apr. 4	19 36	19 27	19 21	19 17	19 14	19 12	19 11	19 12	19 15	19 21	19 29	19 42	19 50	20 01
8	19 25	19 19	19 14	19 11	19 09	19 08	19 08	19 10	19 14	19 21	19 31	19 45	19 54	20 06
12	19 16	19 11	19 07	19 05	19 04	19 04	19 05	19 08	19 14	19 21	19 32	19 48	19 58	20 11
16	19 06	19 03	19 00	18 59	18 59	18 59	19 02	19 06	19 13	19 22	19 34	19 51	20 03	20 17
20	18 58	18 55	18 54	18 54	18 54	18 55	18 59	19 05	19 12	19 22	19 36	19 55	20 07	20 22
24	18 49	18 48	18 48	18 49	18 50	18 52	18 57	19 03	19 12	19 23	19 38	19 58	20 11	20 28
28	18 42	18 42	18 43	18 44	18 46	18 48	18 54	19 02	19 12	19 24	19 40	20 02	20 16	20 34
May 2	18 34	18 35	18 37	18 40	18 42	18 45	18 52	19 01	19 12	19 25	19 42	20 05	20 21	20 40
6	18 27	18 30	18 33	18 36	18 39	18 43	18 51	19 00	19 12	19 26	19 44	20 09	20 25	20 46
10	18 21	18 25	18 28	18 32	18 36	18 40	18 49	19 00	19 12	19 27	19 46	20 13	20 30	20 52
14	18 16	18 20	18 24	18 29	18 33	18 38	18 48	18 59	19 12	19 28	19 49	20 16	20 34	20 58
18	18 11	18 16	18 21	18 26	18 31	18 36	18 47	18 59	19 13	19 30	19 51	20 20	20 39	21 04
22	18 06	18 12	18 18	18 24	18 29	18 35	18 46	18 59	19 14	19 31	19 53	20 23	20 43	21 09
26	18 02	18 09	18 16	18 22	18 28	18 34	18 46	18 59	19 14	19 33	19 56	20 27	20 47	21 15
30	17 59	18 07	18 14	18 20	18 26	18 33	18 46	19 00	19 15	19 34	19 58	20 30	20 51	21 19
June 3	17 57	18 05	18 12	18 19	18 26	18 32	18 46	19 00	19 16	19 35	20 00	20 33	20 55	21 24
7	17 55	18 04	18 11	18 18	18 25	18 32	18 46	19 01	19 17	19 37	20 01	20 35	20 58	21 28
11	17 54	18 03	18 11	18 18	18 25	18 32	18 46	19 01	19 18	19 38	20 03	20 37	21 00	21 31
15	17 54	18 03	18 11	18 18	18 25	18 33	18 47	19 02	19 19	19 39	20 05	20 39	21 02	21 34
19	17 54	18 03	18 11	18 19	18 26	18 33	18 48	19 03	19 20	19 40	20 06	20 40	21 04	21 35
23	17 55	18 04	18 12	18 20	18 27	18 34	18 49	19 04	19 21	19 41	20 07	20 41	21 05	21 36
27	17 57	18 05	18 13	18 21	18 28	18 35	18 50	19 05	19 22	19 42	20 07	20 41	21 05	21 36
July 1	17 59	18 07	18 15	18 22	18 30	18 37	18 51	19 06	19 22	19 42	20 07	20 41	21 04	21 35
5	18 01	18 10	18 17	18 24	18 31	18 38	18 52	19 06	19 23	19 42	20 07	20 40	21 03	21 33

UNIVERSAL TIME FOR MERIDIAN OF GREENWICH
BEGINNING ASTRONOMICAL TWILIGHT

Lat.	+40°	+42°	+44°	+46°	+48°	+50°	+52°	+54°	+56°	+58°	+60°	+62°	+64°	+66°
	h m	h m	h m	h m	h m	h m	h m	h m	h m	h m	h m	h m	h m	h m
Mar. 31	4 13	4 09	4 04	3 59	3 53	3 46	3 38	3 29	3 19	3 07	2 52	2 34	2 10	1 35
Apr. 4	4 06	4 01	3 56	3 50	3 43	3 35	3 26	3 16	3 05	2 51	2 33	2 11	1 41	0 43
8	3 59	3 53	3 47	3 40	3 33	3 24	3 15	3 03	2 50	2 34	2 13	1 46	1 01	// //
12	3 51	3 45	3 39	3 31	3 23	3 13	3 02	2 50	2 34	2 15	1 50	1 13	// //	// //
16	3 44	3 37	3 30	3 22	3 13	3 02	2 50	2 35	2 18	1 55	1 23	// //	// //	// //
20	3 36	3 29	3 21	3 12	3 02	2 50	2 37	2 20	2 00	1 31	0 43	// //	// //	// //
24	3 29	3 21	3 13	3 03	2 52	2 39	2 23	2 04	1 39	1 02	// //	// //	// //	// //
28	3 22	3 14	3 04	2 54	2 41	2 27	2 09	1 47	1 16	// //	// //	// //	// //	// //
May 2	3 15	3 06	2 56	2 44	2 31	2 14	1 54	1 28	0 44	// //	// //	// //	// //	// //
6	3 08	2 59	2 48	2 35	2 20	2 02	1 39	1 05	// //	// //	// //	// //	// //	// //
10	3 02	2 52	2 40	2 26	2 09	1 49	1 21	0 33	// //	// //	// //	// //	// //	// //
14	2 56	2 45	2 32	2 17	1 59	1 35	1 01	// //	// //	// //	// //	// //	// //	// //
18	2 50	2 38	2 25	2 08	1 48	1 21	0 35	// //	// //	// //	// //	// //	// //	// //
22	2 45	2 32	2 18	2 00	1 37	1 06	// //	// //	// //	// //	// //	// //	// //	// //
26	2 40	2 27	2 11	1 52	1 27	0 48	// //	// //	// //	// //	// //	// //	// //	// //
30	2 36	2 22	2 06	1 45	1 17	0 25	// //	// //	// //	// //	// //	// //	// //	// //
June 3	2 33	2 18	2 01	1 39	1 07	// //	// //	// //	// //	// //	// //	// //	// //	// //
7	2 30	2 15	1 57	1 33	0 59	// //	// //	// //	// //	// //	// //	// //	// //	// //
11	2 29	2 13	1 54	1 29	0 51	// //	// //	// //	// //	// //	// //	// //	// //	// //
15	2 28	2 12	1 52	1 26	0 45	// //	// //	// //	// //	// //	// //	// //	// //	** **
19	2 28	2 11	1 51	1 25	0 42	// //	// //	// //	// //	// //	// //	// //	// //	** **
23	2 28	2 12	1 52	1 26	0 42	// //	// //	// //	// //	// //	// //	// //	// //	** **
27	2 30	2 14	1 54	1 29	0 47	// //	// //	// //	// //	// //	// //	// //	// //	** **
July 1	2 32	2 17	1 58	1 33	0 54	// //	// //	// //	// //	// //	// //	// //	// //	// //
5	2 36	2 20	2 02	1 38	1 03	// //	// //	// //	// //	// //	// //	// //	// //	// //

ENDING ASTRONOMICAL TWILIGHT

Lat.	+40°	+42°	+44°	+46°	+48°	+50°	+52°	+54°	+56°	+58°	+60°	+62°	+64°	+66°
	h m	h m	h m	h m	h m	h m	h m	h m	h m	h m	h m	h m	h m	h m
Mar. 31	19 56	20 00	20 05	20 11	20 17	20 24	20 32	20 41	20 52	21 04	21 20	21 39	22 04	22 42
Apr. 4	20 01	20 06	20 12	20 18	20 25	20 32	20 41	20 52	21 04	21 18	21 36	21 59	22 32	23 58
8	20 06	20 12	20 18	20 25	20 32	20 41	20 51	21 03	21 17	21 33	21 55	22 24	23 16	// //
12	20 11	20 17	20 24	20 32	20 40	20 50	21 01	21 14	21 30	21 50	22 16	22 58	// //	// //
16	20 17	20 24	20 31	20 39	20 49	20 59	21 12	21 27	21 45	22 09	22 44	// //	// //	// //
20	20 22	20 30	20 38	20 47	20 57	21 09	21 23	21 41	22 02	22 32	23 31	// //	// //	// //
24	20 28	20 36	20 45	20 55	21 06	21 20	21 36	21 55	22 21	23 03	// //	// //	// //	// //
28	20 34	20 43	20 52	21 03	21 16	21 31	21 49	22 12	22 45	// //	// //	// //	// //	// //
May 2	20 40	20 49	21 00	21 11	21 25	21 42	22 03	22 31	23 21	// //	// //	// //	// //	// //
6	20 46	20 56	21 07	21 20	21 35	21 54	22 18	22 54	// //	// //	// //	// //	// //	// //
10	20 52	21 02	21 15	21 29	21 46	22 07	22 35	23 33	// //	// //	// //	// //	// //	// //
14	20 58	21 09	21 22	21 38	21 56	22 20	22 56	// //	// //	// //	// //	// //	// //	// //
18	21 04	21 16	21 30	21 46	22 07	22 35	23 27	// //	// //	// //	// //	// //	// //	// //
22	21 09	21 22	21 37	21 55	22 18	22 51	// //	// //	// //	// //	// //	// //	// //	// //
26	21 15	21 28	21 44	22 04	22 29	23 10	// //	// //	// //	// //	// //	// //	// //	// //
30	21 19	21 34	21 51	22 12	22 40	23 39	// //	// //	// //	// //	// //	// //	// //	// //
June 3	21 24	21 39	21 57	22 19	22 51	// //	// //	// //	// //	// //	// //	// //	// //	// //
7	21 28	21 43	22 02	22 26	23 01	// //	// //	// //	// //	// //	// //	// //	// //	// //
11	21 31	21 47	22 06	22 31	23 10	// //	// //	// //	// //	// //	// //	// //	// //	// //
15	21 34	21 50	22 09	22 35	23 17	// //	// //	// //	// //	// //	// //	// //	// //	** **
19	21 35	21 51	22 11	22 37	23 21	// //	// //	// //	// //	// //	// //	// //	// //	** **
23	21 36	21 52	22 12	22 38	23 22	// //	// //	// //	// //	// //	// //	// //	// //	** **
27	21 36	21 52	22 11	22 37	23 18	// //	// //	// //	// //	// //	// //	// //	// //	** **
July 1	21 35	21 50	22 09	22 34	23 12	// //	// //	// //	// //	// //	// //	// //	// //	// //
5	21 33	21 48	22 06	22 30	23 04	// //	// //	// //	// //	// //	// //	// //	// //	// //

(** **) indicates Sun continuously above horizon.
(// //) indicates continuous twilight.

ASTRONOMICAL TWILIGHT, 1993

UNIVERSAL TIME FOR MERIDIAN OF GREENWICH
BEGINNING ASTRONOMICAL TWILIGHT

Lat.	−55°	−50°	−45°	−40°	−35°	−30°	−20°	−10°	0°	+10°	+20°	+30°	+35°	+40°
	h m	h m	h m	h m	h m	h m	h m	h m	h m	h m	h m	h m	h m	h m
July 1	6 09	6 01	5 53	5 45	5 38	5 31	5 17	5 02	4 45	4 25	4 00	3 26	3 03	2 32
5	6 08	6 00	5 52	5 45	5 38	5 31	5 17	5 03	4 46	4 27	4 02	3 28	3 06	2 36
9	6 06	5 58	5 51	5 44	5 38	5 31	5 18	5 03	4 47	4 28	4 04	3 31	3 09	2 40
13	6 04	5 56	5 50	5 43	5 37	5 30	5 18	5 04	4 48	4 29	4 06	3 34	3 12	2 44
17	6 01	5 54	5 48	5 41	5 35	5 30	5 17	5 04	4 49	4 31	4 08	3 37	3 16	2 49
21	5 57	5 51	5 45	5 39	5 34	5 28	5 17	5 04	4 49	4 32	4 10	3 40	3 20	2 54
25	5 52	5 47	5 42	5 37	5 32	5 27	5 16	5 04	4 50	4 33	4 12	3 43	3 24	2 59
29	5 47	5 43	5 38	5 34	5 29	5 25	5 15	5 03	4 50	4 34	4 14	3 47	3 28	3 05
Aug. 2	5 41	5 38	5 34	5 31	5 27	5 22	5 13	5 03	4 51	4 35	4 16	3 50	3 33	3 11
6	5 35	5 33	5 30	5 27	5 23	5 20	5 12	5 02	4 51	4 36	4 18	3 54	3 37	3 17
10	5 28	5 27	5 25	5 23	5 20	5 17	5 10	5 01	4 51	4 37	4 20	3 57	3 42	3 22
14	5 21	5 21	5 20	5 18	5 16	5 14	5 08	5 00	4 50	4 38	4 22	4 00	3 46	3 28
18	5 13	5 14	5 14	5 13	5 12	5 10	5 05	4 59	4 50	4 39	4 24	4 04	3 50	3 34
22	5 04	5 07	5 08	5 08	5 08	5 06	5 03	4 57	4 49	4 39	4 26	4 07	3 54	3 39
26	4 56	4 59	5 01	5 03	5 03	5 02	5 00	4 55	4 49	4 40	4 27	4 10	3 59	3 44
30	4 46	4 51	4 55	4 57	4 58	4 58	4 57	4 53	4 48	4 40	4 29	4 13	4 03	3 50
Sept. 3	4 36	4 43	4 48	4 51	4 53	4 54	4 54	4 51	4 47	4 40	4 30	4 16	4 06	3 55
7	4 26	4 35	4 40	4 44	4 47	4 49	4 50	4 49	4 46	4 40	4 31	4 19	4 10	3 59
11	4 16	4 26	4 33	4 38	4 41	4 44	4 47	4 47	4 44	4 40	4 33	4 21	4 14	4 04
15	4 05	4 16	4 25	4 31	4 36	4 39	4 43	4 44	4 43	4 40	4 34	4 24	4 17	4 09
19	3 53	4 07	4 17	4 24	4 30	4 34	4 39	4 42	4 42	4 40	4 35	4 27	4 21	4 13
23	3 42	3 57	4 09	4 17	4 24	4 29	4 36	4 39	4 40	4 39	4 36	4 29	4 24	4 18
27	3 30	3 47	4 00	4 10	4 17	4 23	4 32	4 37	4 39	4 39	4 37	4 31	4 27	4 22
Oct. 1	3 17	3 37	3 52	4 03	4 11	4 18	4 28	4 34	4 38	4 39	4 38	4 34	4 31	4 26
5	3 04	3 27	3 43	3 55	4 05	4 13	4 24	4 32	4 36	4 39	4 39	4 36	4 34	4 30

ENDING ASTRONOMICAL TWILIGHT

Lat.	−55°	−50°	−45°	−40°	−35°	−30°	−20°	−10°	0°	+10°	+20°	+30°	+35°	+40°
	h m	h m	h m	h m	h m	h m	h m	h m	h m	h m	h m	h m	h m	h m
July 1	17 59	18 07	18 15	18 22	18 30	18 37	18 51	19 06	19 22	19 42	20 07	20 41	21 04	21 35
5	18 01	18 10	18 17	18 24	18 31	18 38	18 52	19 06	19 23	19 42	20 07	20 40	21 03	21 33
9	18 04	18 12	18 20	18 26	18 33	18 39	18 53	19 07	19 23	19 42	20 06	20 39	21 01	21 30
13	18 08	18 15	18 22	18 29	18 35	18 41	18 54	19 08	19 23	19 42	20 06	20 37	20 59	21 27
17	18 12	18 19	18 25	18 31	18 37	18 43	18 55	19 08	19 24	19 42	20 04	20 35	20 56	21 23
21	18 17	18 23	18 28	18 34	18 39	18 45	18 56	19 09	19 23	19 41	20 03	20 32	20 52	21 18
25	18 21	18 27	18 32	18 36	18 41	18 47	18 57	19 09	19 23	19 40	20 01	20 29	20 48	21 12
29	18 26	18 31	18 35	18 39	18 44	18 48	18 58	19 09	19 22	19 38	19 58	20 26	20 44	21 07
Aug. 2	18 32	18 35	18 39	18 42	18 46	18 50	18 59	19 10	19 22	19 37	19 56	20 22	20 39	21 00
6	18 38	18 40	18 42	18 45	18 49	18 52	19 00	19 10	19 21	19 35	19 53	20 17	20 34	20 54
10	18 43	18 45	18 46	18 48	18 51	18 54	19 01	19 10	19 20	19 33	19 50	20 13	20 28	20 47
14	18 50	18 49	18 50	18 52	18 54	18 56	19 02	19 09	19 19	19 31	19 47	20 08	20 22	20 40
18	18 56	18 55	18 54	18 55	18 56	18 58	19 03	19 09	19 18	19 29	19 43	20 03	20 16	20 33
22	19 02	19 00	18 59	18 58	18 59	19 00	19 03	19 09	19 16	19 26	19 40	19 58	20 10	20 26
26	19 09	19 05	19 03	19 02	19 01	19 02	19 04	19 08	19 15	19 24	19 36	19 53	20 04	20 18
30	19 16	19 11	19 07	19 05	19 04	19 04	19 05	19 08	19 13	19 21	19 32	19 48	19 58	20 11
Sept. 3	19 23	19 17	19 12	19 09	19 07	19 06	19 05	19 08	19 12	19 18	19 28	19 42	19 51	20 03
7	19 31	19 23	19 17	19 12	19 10	19 08	19 06	19 07	19 10	19 16	19 24	19 37	19 45	19 56
11	19 39	19 29	19 22	19 16	19 12	19 10	19 07	19 07	19 09	19 13	19 20	19 31	19 39	19 48
15	19 47	19 35	19 27	19 20	19 15	19 12	19 08	19 06	19 07	19 10	19 16	19 26	19 32	19 41
19	19 56	19 42	19 32	19 24	19 19	19 14	19 09	19 06	19 06	19 08	19 12	19 20	19 26	19 33
23	20 05	19 49	19 37	19 29	19 22	19 17	19 10	19 06	19 04	19 05	19 09	19 15	19 20	19 26
27	20 14	19 56	19 43	19 33	19 25	19 19	19 11	19 05	19 03	19 03	19 05	19 10	19 14	19 19
Oct. 1	20 24	20 04	19 49	19 38	19 29	19 22	19 12	19 05	19 02	19 00	19 01	19 05	19 08	19 12
5	20 35	20 12	19 55	19 42	19 33	19 25	19 13	19 05	19 01	18 58	18 58	19 00	19 02	19 06

UNIVERSAL TIME FOR MERIDIAN OF GREENWICH
BEGINNING ASTRONOMICAL TWILIGHT

Lat.	+40°	+42°	+44°	+46°	+48°	+50°	+52°	+54°	+56°	+58°	+60°	+62°	+64°	+66°
	h m	h m	h m	h m	h m	h m	h m	h m	h m	h m	h m	h m	h m	h m
July 1	2 32	2 17	1 58	1 33	0 54	// //	// //	// //	// //	// //	// //	// //	// //	// //
5	2 36	2 20	2 02	1 38	1 03	// //	// //	// //	// //	// //	// //	// //	// //	// //
9	2 40	2 25	2 07	1 45	1 13	// //	// //	// //	// //	// //	// //	// //	// //	// //
13	2 44	2 30	2 13	1 52	1 23	0 26	// //	// //	// //	// //	// //	// //	// //	// //
17	2 49	2 35	2 19	2 00	1 34	0 54	// //	// //	// //	// //	// //	// //	// //	// //
21	2 54	2 41	2 26	2 08	1 45	1 12	// //	// //	// //	// //	// //	// //	// //	// //
25	2 59	2 47	2 33	2 17	1 56	1 28	0 37	// //	// //	// //	// //	// //	// //	// //
29	3 05	2 54	2 41	2 25	2 07	1 43	1 07	// //	// //	// //	// //	// //	// //	// //
Aug. 2	3 11	3 00	2 48	2 34	2 17	1 56	1 27	0 31	// //	// //	// //	// //	// //	// //
6	3 17	3 07	2 55	2 42	2 27	2 09	1 44	1 08	// //	// //	// //	// //	// //	// //
10	3 22	3 13	3 03	2 51	2 37	2 20	2 00	1 31	0 41	// //	// //	// //	// //	// //
14	3 28	3 19	3 10	2 59	2 46	2 31	2 13	1 50	1 16	// //	// //	// //	// //	// //
18	3 34	3 26	3 17	3 07	2 55	2 42	2 26	2 06	1 40	0 57	// //	// //	// //	// //
22	3 39	3 32	3 24	3 14	3 04	2 52	2 38	2 21	1 59	1 29	0 27	// //	// //	// //
26	3 44	3 38	3 30	3 22	3 12	3 01	2 49	2 34	2 15	1 51	1 16	// //	// //	// //
30	3 50	3 43	3 37	3 29	3 20	3 11	2 59	2 46	2 30	2 10	1 43	1 00	// //	// //
Sept. 3	3 55	3 49	3 43	3 36	3 28	3 19	3 09	2 57	2 43	2 26	2 05	1 35	0 39	// //
7	3 59	3 54	3 49	3 42	3 35	3 28	3 19	3 08	2 56	2 41	2 23	1 59	1 25	// //
11	4 04	4 00	3 55	3 49	3 43	3 36	3 27	3 18	3 07	2 55	2 39	2 20	1 54	1 14
15	4 09	4 05	4 00	3 55	3 50	3 43	3 36	3 28	3 18	3 07	2 54	2 38	2 17	1 48
19	4 13	4 10	4 06	4 01	3 56	3 51	3 44	3 37	3 29	3 19	3 07	2 54	2 36	2 14
23	4 18	4 14	4 11	4 07	4 03	3 58	3 52	3 46	3 39	3 30	3 20	3 08	2 54	2 35
27	4 22	4 19	4 16	4 13	4 09	4 05	4 00	3 54	3 48	3 41	3 32	3 22	3 10	2 54
Oct. 1	4 26	4 24	4 21	4 18	4 15	4 12	4 07	4 03	3 57	3 51	3 44	3 35	3 24	3 12
5	4 30	4 28	4 26	4 24	4 21	4 18	4 15	4 11	4 06	4 01	3 54	3 47	3 38	3 27

ENDING ASTRONOMICAL TWILIGHT

Lat.	+40°	+42°	+44°	+46°	+48°	+50°	+52°	+54°	+56°	+58°	+60°	+62°	+64°	+66°
	h m	h m	h m	h m	h m	h m	h m	h m	h m	h m	h m	h m	h m	h m
July 1	21 35	21 50	22 09	22 34	23 12	// //	// //	// //	// //	// //	// //	// //	// //	// //
5	21 33	21 48	22 06	22 30	23 04	// //	// //	// //	// //	// //	// //	// //	// //	// //
9	21 30	21 45	22 02	22 24	22 55	// //	// //	// //	// //	// //	// //	// //	// //	// //
13	21 27	21 41	21 57	22 18	22 46	23 37	// //	// //	// //	// //	// //	// //	// //	// //
17	21 23	21 36	21 52	22 11	22 36	23 14	// //	// //	// //	// //	// //	// //	// //	// //
21	21 18	21 30	21 45	22 03	22 25	22 57	// //	// //	// //	// //	// //	// //	// //	// //
25	21 12	21 24	21 38	21 54	22 15	22 41	23 27	// //	// //	// //	// //	// //	// //	// //
29	21 07	21 18	21 31	21 46	22 04	22 27	23 01	// //	// //	// //	// //	// //	// //	// //
Aug. 2	21 00	21 11	21 23	21 37	21 53	22 14	22 41	23 29	// //	// //	// //	// //	// //	// //
6	20 54	21 04	21 15	21 28	21 42	22 01	22 24	22 57	// //	// //	// //	// //	// //	// //
10	20 47	20 56	21 06	21 18	21 32	21 48	22 08	22 35	23 19	// //	// //	// //	// //	// //
14	20 40	20 49	20 58	21 09	21 21	21 36	21 53	22 15	22 47	// //	// //	// //	// //	// //
18	20 33	20 41	20 49	20 59	21 10	21 24	21 39	21 58	22 23	23 01	// //	// //	// //	// //
22	20 26	20 33	20 41	20 50	21 00	21 12	21 26	21 42	22 03	22 31	23 21	// //	// //	// //
26	20 18	20 25	20 32	20 40	20 50	21 00	21 12	21 27	21 45	22 08	22 41	// //	// //	// //
30	20 11	20 17	20 23	20 31	20 39	20 49	21 00	21 13	21 28	21 47	22 13	22 51	// //	// //
Sept. 3	20 03	20 09	20 15	20 21	20 29	20 38	20 48	20 59	21 13	21 29	21 50	22 18	23 05	// //
7	19 56	20 01	20 06	20 12	20 19	20 27	20 36	20 46	20 58	21 12	21 29	21 52	22 24	23 27
11	19 48	19 53	19 57	20 03	20 09	20 16	20 24	20 33	20 43	20 56	21 11	21 29	21 54	22 30
15	19 41	19 45	19 49	19 54	19 59	20 06	20 13	20 21	20 30	20 41	20 54	21 09	21 29	21 56
19	19 33	19 37	19 41	19 45	19 50	19 55	20 02	20 09	20 17	20 26	20 37	20 51	21 08	21 29
23	19 26	19 29	19 33	19 36	19 41	19 45	19 51	19 57	20 04	20 12	20 22	20 34	20 48	21 05
27	19 19	19 22	19 25	19 28	19 32	19 36	19 41	19 46	19 52	19 59	20 08	20 17	20 29	20 44
Oct. 1	19 12	19 15	19 17	19 20	19 23	19 26	19 30	19 35	19 40	19 46	19 54	20 02	20 12	20 25
5	19 06	19 08	19 10	19 12	19 14	19 17	19 21	19 25	19 29	19 34	19 40	19 48	19 56	20 06

(// //) indicates continuous twilight.

ASTRONOMICAL TWILIGHT, 1993

UNIVERSAL TIME FOR MERIDIAN OF GREENWICH
BEGINNING ASTRONOMICAL TWILIGHT

Lat.	−55°	−50°	−45°	−40°	−35°	−30°	−20°	−10°	0°	+10°	+20°	+30°	+35°	+40°
	h m	h m	h m	h m	h m	h m	h m	h m	h m	h m	h m	h m	h m	h m
Oct. 1	3 17	3 37	3 52	4 03	4 11	4 18	4 28	4 34	4 38	4 39	4 38	4 34	4 31	4 26
5	3 04	3 27	3 43	3 55	4 05	4 13	4 24	4 32	4 36	4 39	4 39	4 36	4 34	4 30
9	2 50	3 16	3 34	3 48	3 59	4 07	4 20	4 29	4 35	4 38	4 40	4 39	4 37	4 34
13	2 36	3 05	3 25	3 41	3 53	4 02	4 17	4 27	4 34	4 38	4 41	4 41	4 40	4 38
17	2 21	2 54	3 16	3 33	3 46	3 57	4 13	4 24	4 32	4 38	4 42	4 43	4 43	4 42
21	2 06	2 43	3 08	3 26	3 40	3 52	4 10	4 22	4 31	4 38	4 43	4 46	4 46	4 46
25	1 49	2 31	2 59	3 19	3 35	3 47	4 06	4 20	4 30	4 38	4 44	4 48	4 50	4 50
29	1 30	2 19	2 50	3 12	3 29	3 43	4 03	4 18	4 30	4 39	4 46	4 51	4 53	4 54
Nov. 2	1 09	2 07	2 41	3 05	3 23	3 38	4 00	4 17	4 29	4 39	4 47	4 53	4 56	4 58
6	0 42	1 55	2 33	2 59	3 18	3 34	3 58	4 15	4 29	4 40	4 49	4 56	4 59	5 02
10	// //	1 42	2 24	2 52	3 13	3 30	3 55	4 14	4 28	4 40	4 50	4 59	5 03	5 06
14	// //	1 29	2 16	2 47	3 09	3 27	3 53	4 13	4 28	4 41	4 52	5 02	5 06	5 10
18	// //	1 15	2 08	2 41	3 05	3 24	3 52	4 12	4 29	4 42	4 54	5 04	5 09	5 14
22	// //	1 00	2 01	2 36	3 01	3 21	3 50	4 12	4 29	4 44	4 56	5 07	5 13	5 18
26	// //	0 44	1 54	2 32	2 58	3 19	3 50	4 12	4 30	4 45	4 58	5 10	5 16	5 22
30	// //	0 22	1 48	2 28	2 56	3 17	3 49	4 12	4 31	4 47	5 00	5 13	5 19	5 25
Dec. 4	// //	// //	1 43	2 26	2 54	3 16	3 49	4 13	4 32	4 48	5 02	5 16	5 22	5 29
8	// //	// //	1 39	2 24	2 53	3 16	3 49	4 14	4 34	4 50	5 05	5 18	5 25	5 32
12	// //	// //	1 37	2 23	2 53	3 16	3 50	4 15	4 35	4 52	5 07	5 21	5 28	5 35
16	// //	// //	1 35	2 23	2 54	3 17	3 52	4 17	4 37	4 54	5 09	5 23	5 31	5 38
20	// //	// //	1 36	2 24	2 55	3 19	3 53	4 19	4 39	4 56	5 11	5 26	5 33	5 40
24	// //	// //	1 38	2 26	2 57	3 21	3 55	4 21	4 41	4 58	5 13	5 28	5 35	5 42
28	// //	// //	1 41	2 29	3 00	3 23	3 58	4 23	4 43	5 00	5 15	5 29	5 36	5 44
32	// //	// //	1 47	2 33	3 03	3 26	4 00	4 25	4 45	5 02	5 17	5 31	5 38	5 45
36	// //	// //	1 53	2 38	3 07	3 30	4 03	4 28	4 47	5 03	5 18	5 32	5 38	5 45

ENDING ASTRONOMICAL TWILIGHT

Lat.	−55°	−50°	−45°	−40°	−35°	−30°	−20°	−10°	0°	+10°	+20°	+30°	+35°	+40°
	h m	h m	h m	h m	h m	h m	h m	h m	h m	h m	h m	h m	h m	h m
Oct. 1	20 24	20 04	19 49	19 38	19 29	19 22	19 12	19 05	19 02	19 00	19 01	19 05	19 08	19 12
5	20 35	20 12	19 55	19 42	19 33	19 25	19 13	19 05	19 01	18 58	18 58	19 00	19 02	19 06
9	20 47	20 20	20 02	19 48	19 37	19 28	19 15	19 06	19 00	18 56	18 55	18 55	18 57	19 00
13	20 59	20 29	20 09	19 53	19 41	19 31	19 16	19 06	18 59	18 54	18 51	18 51	18 52	18 54
17	21 12	20 39	20 16	19 59	19 45	19 34	19 18	19 07	18 58	18 52	18 49	18 47	18 47	18 48
21	21 27	20 49	20 23	20 04	19 50	19 38	19 20	19 07	18 58	18 51	18 46	18 43	18 42	18 42
25	21 43	20 59	20 31	20 10	19 55	19 42	19 22	19 08	18 58	18 50	18 44	18 39	18 38	18 37
29	22 02	21 11	20 39	20 17	20 00	19 46	19 25	19 10	18 58	18 49	18 42	18 36	18 34	18 33
Nov. 2	22 24	21 22	20 48	20 23	20 05	19 50	19 27	19 11	18 58	18 48	18 40	18 33	18 31	18 28
6	22 53	21 35	20 56	20 30	20 10	19 54	19 30	19 12	18 59	18 48	18 39	18 31	18 27	18 24
10	// //	21 49	21 05	20 37	20 15	19 58	19 33	19 14	19 00	18 48	18 37	18 29	18 25	18 21
14	// //	22 03	21 14	20 44	20 21	20 03	19 36	19 16	19 01	18 48	18 37	18 27	18 23	18 18
18	// //	22 19	21 24	20 50	20 26	20 07	19 39	19 18	19 02	18 48	18 36	18 26	18 21	18 16
22	// //	22 36	21 33	20 57	20 32	20 12	19 42	19 20	19 03	18 49	18 36	18 25	18 19	18 14
26	// //	22 56	21 42	21 04	20 37	20 16	19 45	19 23	19 05	18 50	18 36	18 24	18 18	18 13
30	// //	23 23	21 51	21 10	20 42	20 20	19 49	19 25	19 07	18 51	18 37	18 24	18 18	18 12
Dec. 4	// //	// //	21 59	21 16	20 47	20 24	19 52	19 28	19 08	18 52	18 38	18 25	18 18	18 11
8	// //	// //	22 06	21 21	20 51	20 28	19 55	19 30	19 10	18 54	18 39	18 25	18 19	18 12
12	// //	// //	22 12	21 25	20 55	20 31	19 57	19 32	19 12	18 56	18 41	18 26	18 19	18 12
16	// //	// //	22 17	21 29	20 58	20 34	20 00	19 35	19 15	18 57	18 42	18 28	18 21	18 14
20	// //	// //	22 20	21 32	21 00	20 37	20 02	19 37	19 17	18 59	18 44	18 30	18 23	18 15
24	// //	// //	22 21	21 33	21 02	20 39	20 04	19 39	19 19	19 01	18 46	18 32	18 25	18 17
28	// //	// //	22 21	21 34	21 03	20 40	20 06	19 40	19 20	19 03	18 48	18 34	18 27	18 20
32	// //	// //	22 19	21 34	21 03	20 41	20 07	19 42	19 22	19 05	18 50	18 37	18 30	18 23
36	// //	// //	22 16	21 33	21 03	20 41	20 07	19 43	19 24	19 07	18 53	18 39	18 32	18 26

(// //) indicates continuous twilight.

UNIVERSAL TIME FOR MERIDIAN OF GREENWICH
BEGINNING ASTRONOMICAL TWILIGHT

Lat.		+40°	+42°	+44°	+46°	+48°	+50°	+52°	+54°	+56°	+58°	+60°	+62°	+64°	+66°
		h m	h m	h m	h m	h m	h m	h m	h m	h m	h m	h m	h m	h m	h m
Oct.	1	4 26	4 24	4 21	4 18	4 15	4 12	4 07	4 03	3 57	3 51	3 44	3 35	3 24	3 12
	5	4 30	4 28	4 26	4 24	4 21	4 18	4 15	4 11	4 06	4 01	3 54	3 47	3 38	3 27
	9	4 34	4 33	4 31	4 29	4 27	4 25	4 22	4 18	4 15	4 10	4 05	3 59	3 51	3 42
	13	4 38	4 37	4 36	4 35	4 33	4 31	4 29	4 26	4 23	4 19	4 15	4 10	4 04	3 57
	17	4 42	4 42	4 41	4 40	4 39	4 37	4 36	4 34	4 31	4 28	4 25	4 21	4 16	4 10
	21	4 46	4 46	4 46	4 45	4 44	4 43	4 42	4 41	4 39	4 37	4 34	4 31	4 28	4 23
	25	4 50	4 50	4 50	4 50	4 50	4 49	4 49	4 48	4 47	4 45	4 44	4 41	4 39	4 35
	29	4 54	4 55	4 55	4 55	4 55	4 55	4 55	4 55	4 54	4 54	4 53	4 51	4 50	4 47
Nov.	2	4 58	4 59	5 00	5 00	5 01	5 01	5 02	5 02	5 02	5 02	5 01	5 01	5 00	4 59
	6	5 02	5 03	5 04	5 05	5 06	5 07	5 08	5 09	5 09	5 10	5 10	5 10	5 10	5 10
	10	5 06	5 08	5 09	5 10	5 12	5 13	5 14	5 15	5 16	5 17	5 18	5 19	5 20	5 20
	14	5 10	5 12	5 14	5 15	5 17	5 18	5 20	5 21	5 23	5 25	5 26	5 28	5 29	5 31
	18	5 14	5 16	5 18	5 20	5 22	5 24	5 26	5 28	5 30	5 32	5 34	5 36	5 38	5 40
	22	5 18	5 20	5 22	5 25	5 27	5 29	5 31	5 33	5 36	5 38	5 41	5 43	5 46	5 49
	26	5 22	5 24	5 27	5 29	5 31	5 34	5 36	5 39	5 42	5 45	5 48	5 51	5 54	5 58
	30	5 25	5 28	5 31	5 33	5 36	5 38	5 41	5 44	5 47	5 50	5 54	5 57	6 01	6 06
Dec.	4	5 29	5 32	5 34	5 37	5 40	5 43	5 46	5 49	5 52	5 56	5 59	6 03	6 08	6 13
	8	5 32	5 35	5 38	5 41	5 44	5 47	5 50	5 53	5 57	6 01	6 05	6 09	6 13	6 19
	12	5 35	5 38	5 41	5 44	5 47	5 50	5 54	5 57	6 01	6 05	6 09	6 13	6 18	6 24
	16	5 38	5 41	5 44	5 47	5 50	5 53	5 57	6 00	6 04	6 08	6 12	6 17	6 22	6 28
	20	5 40	5 43	5 46	5 49	5 52	5 56	5 59	6 03	6 07	6 11	6 15	6 20	6 25	6 31
	24	5 42	5 45	5 48	5 51	5 54	5 58	6 01	6 05	6 09	6 13	6 17	6 22	6 27	6 33
	28	5 44	5 47	5 50	5 53	5 56	5 59	6 02	6 06	6 10	6 14	6 18	6 23	6 28	6 34
	32	5 45	5 48	5 50	5 53	5 57	6 00	6 03	6 07	6 10	6 14	6 18	6 23	6 28	6 33
	36	5 45	5 48	5 51	5 54	5 57	6 00	6 03	6 06	6 10	6 13	6 17	6 22	6 26	6 31

ENDING ASTRONOMICAL TWILIGHT

Lat.		+40°	+42°	+44°	+46°	+48°	+50°	+52°	+54°	+56°	+58°	+60°	+62°	+64°	+66°
		h m	h m	h m	h m	h m	h m	h m	h m	h m	h m	h m	h m	h m	h m
Oct.	1	19 12	19 15	19 17	19 20	19 23	19 26	19 30	19 35	19 40	19 46	19 54	20 02	20 12	20 25
	5	19 06	19 08	19 10	19 12	19 14	19 17	19 21	19 25	19 29	19 34	19 40	19 48	19 56	20 06
	9	19 00	19 01	19 02	19 04	19 06	19 09	19 11	19 15	19 18	19 23	19 28	19 34	19 41	19 50
	13	18 54	18 54	18 56	18 57	18 59	19 00	19 03	19 05	19 08	19 12	19 16	19 21	19 26	19 34
	17	18 48	18 48	18 49	18 50	18 51	18 52	18 54	18 56	18 58	19 01	19 04	19 08	19 13	19 19
	21	18 42	18 43	18 43	18 43	18 44	18 45	18 46	18 47	18 49	18 51	18 53	18 56	19 00	19 04
	25	18 37	18 37	18 37	18 37	18 37	18 38	18 38	18 39	18 40	18 42	18 43	18 45	18 48	18 51
	29	18 33	18 32	18 32	18 31	18 31	18 31	18 31	18 31	18 32	18 32	18 33	18 34	18 36	18 39
Nov.	2	18 28	18 27	18 27	18 26	18 26	18 25	18 25	18 24	18 24	18 24	18 25	18 25	18 26	18 27
	6	18 24	18 23	18 22	18 21	18 20	18 19	18 18	18 18	18 17	18 17	18 16	18 16	18 16	18 16
	10	18 21	18 20	18 18	18 17	18 16	18 14	18 13	18 12	18 11	18 10	18 09	18 08	18 07	18 06
	14	18 18	18 17	18 15	18 13	18 12	18 10	18 08	18 07	18 05	18 04	18 02	18 00	17 59	17 57
	18	18 16	18 14	18 12	18 10	18 08	18 06	18 04	18 02	18 00	17 58	17 56	17 54	17 51	17 49
	22	18 14	18 12	18 10	18 07	18 05	18 03	18 01	17 58	17 56	17 53	17 51	17 48	17 45	17 42
	26	18 13	18 10	18 08	18 05	18 03	18 00	17 58	17 55	17 52	17 50	17 47	17 43	17 40	17 36
	30	18 12	18 09	18 07	18 04	18 01	17 59	17 56	17 53	17 50	17 47	17 43	17 39	17 35	17 31
Dec.	4	18 11	18 09	18 06	18 03	18 00	17 57	17 54	17 51	17 48	17 44	17 41	17 37	17 32	17 27
	8	18 12	18 09	18 06	18 03	18 00	17 57	17 54	17 50	17 47	17 43	17 39	17 35	17 30	17 25
	12	18 12	18 09	18 06	18 03	18 00	17 57	17 54	17 50	17 47	17 43	17 38	17 34	17 29	17 23
	16	18 14	18 11	18 08	18 04	18 01	17 58	17 55	17 51	17 47	17 43	17 39	17 34	17 29	17 23
	20	18 15	18 12	18 09	18 06	18 03	17 59	17 56	17 52	17 49	17 44	17 40	17 35	17 30	17 24
	24	18 17	18 14	18 11	18 08	18 05	18 02	17 58	17 55	17 51	17 47	17 42	17 38	17 32	17 27
	28	18 20	18 17	18 14	18 11	18 08	18 04	18 01	17 57	17 54	17 50	17 45	17 41	17 36	17 30
	32	18 23	18 20	18 17	18 14	18 11	18 08	18 04	18 01	17 57	17 53	17 49	17 45	17 40	17 34
	36	18 26	18 23	18 20	18 17	18 14	18 11	18 08	18 05	18 01	17 58	17 54	17 50	17 45	17 40

MOONRISE AND MOONSET, 1993
UNIVERSAL TIME FOR MERIDIAN OF GREENWICH
MOONRISE

Lat.	−55°	−50°	−45°	−40°	−35°	−30°	−20°	−10°	0°	+10°	+20°	+30°	+35°	+40°
	h m	h m	h m	h m	h m	h m	h m	h m	h m	h m	h m	h m	h m	h m
Jan. 0	11 56	11 50	11 45	11 41	11 38	11 35	11 30	11 25	11 21	11 17	11 13	11 08	11 05	11 01
1	13 07	12 56	12 47	12 40	12 34	12 29	12 19	12 11	12 03	11 56	11 48	11 39	11 34	11 28
2	14 20	14 04	13 51	13 41	13 32	13 24	13 10	12 59	12 48	12 37	12 26	12 13	12 05	11 57
3	15 34	15 13	14 56	14 43	14 31	14 21	14 04	13 49	13 36	13 22	13 07	12 50	12 41	12 30
4	16 48	16 22	16 02	15 46	15 32	15 21	15 01	14 43	14 27	14 11	13 54	13 34	13 22	13 09
5	17 57	17 28	17 06	16 49	16 34	16 21	15 59	15 40	15 22	15 04	14 46	14 24	14 11	13 57
6	18 57	18 28	18 06	17 48	17 33	17 20	16 58	16 38	16 20	16 02	15 43	15 21	15 08	14 53
7	19 45	19 19	18 59	18 42	18 28	18 16	17 55	17 37	17 20	17 03	16 45	16 24	16 12	15 58
8	20 21	20 00	19 43	19 29	19 18	19 07	18 50	18 34	18 20	18 05	17 49	17 31	17 21	17 09
9	20 49	20 33	20 21	20 10	20 02	19 54	19 40	19 28	19 17	19 06	18 54	18 40	18 32	18 23
10	21 10	21 01	20 53	20 47	20 41	20 36	20 27	20 20	20 13	20 05	19 58	19 49	19 44	19 38
11	21 29	21 25	21 22	21 19	21 17	21 15	21 12	21 09	21 06	21 03	21 00	20 56	20 54	20 52
12	21 46	21 48	21 49	21 51	21 52	21 53	21 54	21 56	21 57	21 59	22 00	22 02	22 03	22 05
13	22 03	22 11	22 17	22 22	22 26	22 30	22 37	22 42	22 48	22 54	23 00	23 07	23 11	23 16
14	22 22	22 35	22 46	22 54	23 02	23 08	23 20	23 30	23 39	23 49	23 59	.. ..	.. ..	.. ..
15	22 45	23 03	23 18	23 30	23 40	23 49	.. ..	.. ..	.. ..	.. ..	.. ..	0 11	0 18	0 26
16	23 13	23 37	23 55	.. ..	.. ..	.. ..	0 05	0 18	0 31	0 44	0 58	1 14	1 24	1 35
17	23 50	.. ..	.. ..	0 09	0 22	0 33	0 52	1 09	1 24	1 40	1 57	2 16	2 28	2 41
18	.. ..	0 17	0 38	0 55	1 09	1 21	1 42	2 01	2 18	2 36	2 54	3 16	3 29	3 43
19	0 37	1 05	1 27	1 45	2 00	2 13	2 35	2 54	3 12	3 30	3 49	4 12	4 25	4 40
20	1 34	2 02	2 23	2 41	2 55	3 08	3 29	3 48	4 05	4 23	4 41	5 03	5 15	5 30
21	2 39	3 04	3 24	3 39	3 52	4 04	4 23	4 40	4 56	5 12	5 29	5 49	6 00	6 13
22	3 50	4 10	4 26	4 39	4 50	5 00	5 17	5 31	5 45	5 58	6 13	6 29	6 39	6 50
23	5 01	5 17	5 29	5 39	5 48	5 56	6 09	6 20	6 31	6 42	6 53	7 06	7 13	7 22
24	6 13	6 23	6 32	6 39	6 45	6 50	6 59	7 07	7 15	7 22	7 30	7 39	7 44	7 50

MOONSET

Lat.	−55°	−50°	−45°	−40°	−35°	−30°	−20°	−10°	0°	+10°	+20°	+30°	+35°	+40°
	h m	h m	h m	h m	h m	h m	h m	h m	h m	h m	h m	h m	h m	h m
Jan. 0	22 54	23 02	23 08	23 13	23 18	23 22	23 29	23 35	23 41	23 47	23 53	.. ..	.. ..	.. ..
1	23 09	23 22	23 32	23 41	23 48	23 54	.. ..	.. ..	.. ..	.. ..	.. ..	0 01	0 05	0 10
2	23 28	23 46	.. ..	.. ..	.. ..	.. ..	0 05	0 15	0 24	0 34	0 44	0 55	1 01	1 09
3	23 53	.. ..	0 00	0 11	0 21	0 30	0 45	0 58	1 10	1 23	1 36	1 51	2 00	2 10
4	.. ..	0 15	0 33	0 47	1 00	1 10	1 29	1 45	2 00	2 15	2 31	2 49	3 00	3 13
5	0 26	0 53	1 14	1 30	1 44	1 57	2 18	2 36	2 53	3 10	3 28	3 49	4 02	4 16
6	1 12	1 42	2 04	2 22	2 37	2 50	3 12	3 32	3 50	4 08	4 27	4 49	5 02	5 17
7	2 14	2 43	3 05	3 23	3 37	3 50	4 12	4 31	4 49	5 06	5 25	5 47	5 59	6 14
8	3 30	3 55	4 15	4 31	4 44	4 56	5 16	5 33	5 49	6 04	6 21	6 41	6 52	7 05
9	4 56	5 16	5 31	5 44	5 55	6 04	6 20	6 34	6 47	7 00	7 14	7 30	7 39	7 49
10	6 26	6 39	6 50	6 59	7 07	7 13	7 25	7 35	7 44	7 53	8 03	8 14	8 20	8 27
11	7 55	8 03	8 09	8 13	8 18	8 21	8 28	8 33	8 38	8 43	8 48	8 54	8 58	9 01
12	9 24	9 25	9 26	9 27	9 27	9 28	9 29	9 30	9 30	9 31	9 32	9 32	9 33	9 33
13	10 51	10 46	10 42	10 39	10 36	10 33	10 29	10 25	10 21	10 18	10 14	10 10	10 07	10 04
14	12 16	12 05	11 56	11 49	11 43	11 38	11 28	11 20	11 12	11 05	10 57	10 47	10 42	10 36
15	13 40	13 23	13 10	12 59	12 49	12 41	12 27	12 15	12 04	11 53	11 41	11 27	11 19	11 10
16	15 00	14 38	14 20	14 06	13 55	13 44	13 26	13 11	12 57	12 42	12 27	12 09	11 59	11 47
17	16 14	15 48	15 27	15 11	14 57	14 45	14 25	14 07	13 50	13 34	13 16	12 55	12 43	12 30
18	17 19	16 50	16 28	16 11	15 56	15 43	15 21	15 02	14 44	14 26	14 07	13 45	13 32	13 18
19	18 12	17 43	17 22	17 04	16 50	16 37	16 15	15 56	15 38	15 20	15 01	14 39	14 26	14 11
20	18 53	18 27	18 07	17 51	17 37	17 25	17 05	16 47	16 30	16 13	15 55	15 35	15 22	15 08
21	19 23	19 02	18 45	18 31	18 19	18 08	17 51	17 35	17 20	17 05	16 49	16 31	16 20	16 08
22	19 47	19 30	19 16	19 05	18 56	18 47	18 32	18 20	18 07	17 55	17 42	17 27	17 18	17 08
23	20 06	19 53	19 43	19 35	19 28	19 22	19 11	19 01	18 52	18 43	18 33	18 22	18 16	18 08
24	20 21	20 14	20 07	20 02	19 58	19 54	19 47	19 41	19 35	19 29	19 23	19 16	19 12	19 07

(.. ..) indicates phenomenon will occur the next day.

UNIVERSAL TIME FOR MERIDIAN OF GREENWICH
MOONRISE

Lat.	+40°	+42°	+44°	+46°	+48°	+50°	+52°	+54°	+56°	+58°	+60°	+62°	+64°	+66°
Jan.	h m	h m	h m	h m	h m	h m	h m	h m	h m	h m	h m	h m	h m	h m
0	11 01	11 00	10 59	10 57	10 55	10 53	10 51	10 49	10 47	10 44	10 41	10 38	10 34	10 29
1	11 28	11 25	11 22	11 19	11 16	11 13	11 09	11 05	11 00	10 55	10 50	10 43	10 36	10 27
2	11 57	11 53	11 49	11 44	11 40	11 35	11 29	11 23	11 16	11 09	11 00	10 51	10 39	10 26
3	12 30	12 25	12 20	12 14	12 08	12 01	11 54	11 46	11 37	11 27	11 15	11 02	10 46	10 26
4	13 09	13 03	12 57	12 50	12 43	12 35	12 26	12 16	12 05	11 52	11 37	11 19	10 57	10 28
5	13 57	13 50	13 43	13 36	13 27	13 18	13 08	12 57	12 44	12 28	12 11	11 49	11 20	10 38
6	14 53	14 46	14 39	14 31	14 23	14 13	14 03	13 51	13 37	13 21	13 02	12 38	12 07	11 16
7	15 58	15 51	15 45	15 37	15 29	15 20	15 10	14 59	14 47	14 32	14 15	13 53	13 26	12 46
8	17 09	17 04	16 58	16 52	16 45	16 37	16 29	16 20	16 10	15 58	15 44	15 27	15 07	14 41
9	18 23	18 19	18 15	18 10	18 05	18 00	17 54	17 47	17 39	17 31	17 21	17 10	16 56	16 40
10	19 38	19 36	19 33	19 30	19 27	19 23	19 20	19 15	19 11	19 06	19 00	18 53	18 46	18 37
11	20 52	20 51	20 50	20 49	20 48	20 46	20 45	20 43	20 42	20 40	20 37	20 35	20 32	20 29
12	22 05	22 05	22 06	22 06	22 07	22 08	22 09	22 09	22 10	22 12	22 13	22 14	22 16	22 18
13	23 16	23 18	23 20	23 22	23 25	23 28	23 31	23 34	23 38	23 42	23 47	23 52	23 58	.. ..
14	.. ..	.. ..	.. ..	.. ..	.. ..	.. ..	.. ..	.. ..	.. ..	.. ..	.. ..	.. ..	.. ..	0 05
15	0 26	0 29	0 33	0 37	0 42	0 46	0 52	0 57	1 04	1 11	1 19	1 29	1 40	1 53
16	1 35	1 39	1 44	1 50	1 56	2 03	2 10	2 18	2 27	2 38	2 50	3 04	3 21	3 42
17	2 41	2 47	2 53	3 00	3 07	3 16	3 25	3 35	3 46	4 00	4 15	4 34	4 58	5 31
18	3 43	3 50	3 57	4 04	4 13	4 22	4 32	4 44	4 57	5 13	5 31	5 54	6 25	7 13
19	4 40	4 47	4 54	5 02	5 10	5 20	5 31	5 43	5 56	6 12	6 32	6 56	7 29	8 23
20	5 30	5 36	5 43	5 51	5 59	6 08	6 18	6 29	6 42	6 57	7 15	7 37	8 05	8 47
21	6 13	6 19	6 25	6 32	6 39	6 47	6 56	7 05	7 17	7 29	7 44	8 02	8 24	8 52
22	6 50	6 55	7 00	7 05	7 11	7 18	7 25	7 33	7 42	7 52	8 04	8 17	8 33	8 53
23	7 22	7 25	7 29	7 34	7 38	7 43	7 49	7 55	8 02	8 09	8 18	8 27	8 39	8 52
24	7 50	7 53	7 55	7 58	8 02	8 05	8 09	8 13	8 17	8 22	8 28	8 34	8 42	8 50

MOONSET

Lat.	+40°	+42°	+44°	+46°	+48°	+50°	+52°	+54°	+56°	+58°	+60°	+62°	+64°	+66°
Jan.	h m	h m	h m	h m	h m	h m	h m	h m	h m	h m	h m	h m	h m	h m
0	.. ..	.. ..	.. ..	.. ..	.. ..	.. ..	.. ..	.. ..	.. ..	.. ..	.. ..	.. ..	.. ..	.. ..
1	0 10	0 12	0 14	0 16	0 19	0 22	0 25	0 28	0 32	0 36	0 41	0 46	0 52	1 00
2	1 09	1 12	1 16	1 20	1 24	1 28	1 33	1 39	1 45	1 52	1 59	2 08	2 19	2 31
3	2 10	2 15	2 19	2 25	2 30	2 37	2 43	2 51	2 59	3 09	3 20	3 33	3 48	4 07
4	3 13	3 18	3 24	3 31	3 38	3 46	3 54	4 04	4 15	4 27	4 42	4 59	5 21	5 49
5	4 16	4 22	4 29	4 37	4 45	4 54	5 04	5 15	5 28	5 42	6 00	6 22	6 50	7 32
6	5 17	5 24	5 31	5 39	5 47	5 57	6 07	6 19	6 33	6 49	7 08	7 32	8 03	8 54
7	6 14	6 20	6 27	6 35	6 43	6 52	7 02	7 14	7 27	7 41	7 59	8 21	8 49	9 29
8	7 05	7 10	7 16	7 23	7 30	7 38	7 47	7 56	8 07	8 20	8 34	8 51	9 12	9 39
9	7 49	7 53	7 58	8 03	8 09	8 15	8 22	8 29	8 37	8 47	8 57	9 09	9 24	9 41
10	8 27	8 30	8 34	8 37	8 41	8 45	8 50	8 55	9 00	9 06	9 13	9 21	9 30	9 41
11	9 01	9 03	9 05	9 07	9 09	9 11	9 14	9 16	9 19	9 22	9 26	9 30	9 34	9 40
12	9 33	9 34	9 34	9 34	9 34	9 34	9 35	9 35	9 35	9 36	9 36	9 37	9 37	9 38
13	10 04	10 03	10 02	10 00	9 59	9 57	9 55	9 53	9 51	9 49	9 46	9 43	9 40	9 36
14	10 36	10 33	10 31	10 27	10 24	10 21	10 17	10 13	10 08	10 03	9 57	9 51	9 43	9 34
15	11 10	11 06	11 02	10 57	10 52	10 47	10 41	10 34	10 27	10 19	10 10	10 00	9 47	9 33
16	11 47	11 42	11 37	11 31	11 24	11 17	11 09	11 01	10 51	10 40	10 27	10 13	9 55	9 33
17	12 30	12 24	12 17	12 10	12 02	11 54	11 44	11 34	11 22	11 08	10 52	10 33	10 08	9 35
18	13 18	13 11	13 04	12 56	12 48	12 38	12 28	12 16	12 03	11 47	11 28	11 05	10 34	9 46
19	14 11	14 04	13 57	13 49	13 40	13 31	13 20	13 08	12 55	12 39	12 19	11 55	11 23	10 28
20	15 08	15 02	14 55	14 48	14 40	14 31	14 21	14 10	13 57	13 42	13 25	13 03	12 35	11 54
21	16 08	16 02	15 57	15 50	15 43	15 35	15 27	15 17	15 07	14 54	14 40	14 23	14 02	13 34
22	17 08	17 04	16 59	16 54	16 48	16 42	16 35	16 28	16 19	16 10	15 59	15 46	15 31	15 12
23	18 08	18 05	18 01	17 58	17 53	17 49	17 44	17 39	17 33	17 26	17 18	17 09	16 59	16 46
24	19 07	19 05	19 03	19 00	18 58	18 55	18 52	18 48	18 45	18 40	18 36	18 30	18 24	18 17

(.. ..) indicates phenomenon will occur the next day.
(-- --) indicates Moon continuously below horizon.
(** **) indicates Moon continuously above horizon.

MOONRISE AND MOONSET, 1993
UNIVERSAL TIME FOR MERIDIAN OF GREENWICH
MOONRISE

Lat.	−55°	−50°	−45°	−40°	−35°	−30°	−20°	−10°	0°	+10°	+20°	+30°	+35°	+40°
	h m	h m	h m	h m	h m	h m	h m	h m	h m	h m	h m	h m	h m	h m
Jan. 23	5 01	5 17	5 29	5 39	5 48	5 56	6 09	6 20	6 31	6 42	6 53	7 06	7 13	7 22
24	6 13	6 23	6 32	6 39	6 45	6 50	6 59	7 07	7 15	7 22	7 30	7 39	7 44	7 50
25	7 23	7 29	7 33	7 37	7 40	7 43	7 48	7 52	7 57	8 01	8 05	8 10	8 13	8 16
26	8 32	8 33	8 34	8 34	8 35	8 35	8 36	8 37	8 37	8 38	8 39	8 40	8 40	8 41
27	9 41	9 37	9 34	9 32	9 29	9 27	9 24	9 21	9 18	9 15	9 12	9 09	9 07	9 05
28	10 51	10 42	10 35	10 29	10 24	10 20	10 12	10 06	9 59	9 53	9 47	9 39	9 35	9 30
29	12 02	11 48	11 37	11 28	11 20	11 13	11 02	10 52	10 42	10 33	10 23	10 11	10 05	9 58
30	13 14	12 55	12 40	12 28	12 18	12 09	11 53	11 40	11 27	11 15	11 02	10 47	10 38	10 28
31	14 26	14 02	13 44	13 29	13 17	13 06	12 47	12 31	12 16	12 01	11 45	11 26	11 16	11 04
Feb. 1	15 36	15 08	14 47	14 30	14 16	14 04	13 43	13 25	13 08	12 51	12 33	12 12	12 00	11 46
2	16 39	16 10	15 48	15 30	15 15	15 02	14 40	14 21	14 03	13 45	13 26	13 04	12 51	12 36
3	17 33	17 05	16 43	16 26	16 11	15 59	15 37	15 18	15 01	14 43	14 24	14 03	13 50	13 35
4	18 14	17 50	17 32	17 16	17 03	16 52	16 33	16 16	16 00	15 44	15 27	15 07	14 55	14 42
5	18 47	18 28	18 13	18 01	17 50	17 41	17 25	17 11	16 58	16 45	16 31	16 15	16 06	15 55
6	19 12	18 59	18 49	18 40	18 33	18 26	18 15	18 05	17 56	17 47	17 37	17 25	17 18	17 11
7	19 33	19 26	19 20	19 16	19 12	19 08	19 02	18 57	18 52	18 47	18 41	18 35	18 31	18 27
8	19 51	19 50	19 50	19 49	19 48	19 48	19 47	19 46	19 46	19 45	19 45	19 44	19 43	19 43
9	20 09	20 14	20 18	20 21	20 24	20 27	20 31	20 35	20 39	20 43	20 47	20 52	20 55	20 58
10	20 29	20 39	20 48	20 55	21 01	21 06	21 16	21 24	21 32	21 40	21 49	21 59	22 05	22 11
11	20 51	21 07	21 20	21 30	21 40	21 48	22 02	22 14	22 26	22 38	22 50	23 05	23 13	23 23
12	21 18	21 39	21 56	22 10	22 21	22 32	22 50	23 05	23 20	23 35	23 50	.. ..	.. ..	.. ..
13	21 52	22 18	22 38	22 54	23 07	23 19	23 40	23 58	.. ..	.. ..	.. ..	0 09	0 19	0 32
14	22 36	23 04	23 25	23 43	23 57	.. ..	.. ..	.. ..	0 14	0 31	0 49	1 10	1 22	1 36
15	23 29	23 58	.. ..	.. ..	.. ..	0 10	0 32	0 51	1 09	1 26	1 46	2 07	2 20	2 35
16	.. ..	.. ..	0 19	0 37	0 51	1 04	1 26	1 44	2 02	2 19	2 38	3 00	3 13	3 27

MOONSET

Lat.	−55°	−50°	−45°	−40°	−35°	−30°	−20°	−10°	0°	+10°	+20°	+30°	+35°	+40°
	h m	h m	h m	h m	h m	h m	h m	h m	h m	h m	h m	h m	h m	h m
Jan. 23	20 06	19 53	19 43	19 35	19 28	19 22	19 11	19 01	18 52	18 43	18 33	18 22	18 16	18 08
24	20 21	20 14	20 07	20 02	19 58	19 54	19 47	19 41	19 35	19 29	19 23	19 16	19 12	19 07
25	20 35	20 32	20 30	20 27	20 26	20 24	20 21	20 19	20 16	20 14	20 11	20 08	20 07	20 05
26	20 48	20 50	20 51	20 52	20 53	20 53	20 55	20 56	20 57	20 58	20 59	21 00	21 01	21 02
27	21 02	21 08	21 12	21 17	21 20	21 23	21 29	21 33	21 38	21 42	21 47	21 53	21 56	21 59
28	21 16	21 27	21 35	21 43	21 49	21 54	22 04	22 12	22 20	22 28	22 36	22 46	22 51	22 57
29	21 34	21 49	22 01	22 11	22 20	22 28	22 41	22 53	23 04	23 15	23 26	23 40	23 48	23 57
30	21 55	22 15	22 31	22 44	22 55	23 05	23 22	23 36	23 50	.. ..	.. ..	.. ..	.. ..	.. ..
31	22 23	22 48	23 07	23 22	23 36	23 47	.. ..	.. ..	.. ..	0 04	0 19	0 36	0 46	0 57
Feb. 1	23 02	23 30	23 51	.. ..	.. ..	.. ..	0 07	0 24	0 40	0 56	1 14	1 33	1 45	1 58
2	23 54	.. ..	.. ..	0 08	0 23	0 36	0 57	1 16	1 34	1 51	2 10	2 32	2 44	2 59
3	.. ..	0 23	0 45	1 03	1 18	1 31	1 53	2 12	2 30	2 48	3 07	3 29	3 42	3 57
4	1 01	1 28	1 49	2 06	2 20	2 33	2 54	3 12	3 29	3 46	4 04	4 24	4 36	4 50
5	2 21	2 44	3 02	3 16	3 28	3 39	3 57	4 13	4 28	4 42	4 58	5 15	5 26	5 37
6	3 49	4 06	4 20	4 31	4 40	4 48	5 02	5 15	5 26	5 37	5 49	6 03	6 10	6 19
7	5 21	5 32	5 40	5 47	5 53	5 58	6 07	6 15	6 22	6 30	6 37	6 46	6 51	6 56
8	6 53	6 57	7 01	7 03	7 06	7 08	7 11	7 15	7 17	7 20	7 23	7 27	7 28	7 31
9	8 24	8 22	8 20	8 19	8 17	8 16	8 14	8 13	8 11	8 09	8 08	8 06	8 05	8 03
10	9 53	9 45	9 38	9 33	9 28	9 24	9 17	9 10	9 04	8 58	8 52	8 45	8 41	8 36
11	11 21	11 06	10 55	10 46	10 37	10 30	10 18	10 08	9 58	9 48	9 37	9 25	9 18	9 10
12	12 45	12 25	12 09	11 56	11 45	11 36	11 19	11 05	10 52	10 38	10 24	10 08	9 59	9 48
13	14 03	13 38	13 19	13 03	12 50	12 38	12 19	12 02	11 46	11 30	11 13	10 54	10 42	10 29
14	15 12	14 44	14 22	14 05	13 51	13 38	13 17	12 58	12 41	12 23	12 05	11 43	11 31	11 16
15	16 08	15 40	15 18	15 01	14 46	14 33	14 11	13 52	13 34	13 17	12 58	12 36	12 23	12 08
16	16 53	16 26	16 06	15 49	15 35	15 23	15 02	14 44	14 27	14 10	13 51	13 30	13 18	13 04

(.. ..) indicates phenomenon will occur the next day.

UNIVERSAL TIME FOR MERIDIAN OF GREENWICH
MOONRISE

Lat.	+40°	+42°	+44°	+46°	+48°	+50°	+52°	+54°	+56°	+58°	+60°	+62°	+64°	+66°
	h m	h m	h m	h m	h m	h m	h m	h m	h m	h m	h m	h m	h m	h m
Jan. 23	7 22	7 25	7 29	7 34	7 38	7 43	7 49	7 55	8 02	8 09	8 18	8 27	8 39	8 52
24	7 50	7 53	7 55	7 58	8 02	8 05	8 09	8 13	8 17	8 22	8 28	8 34	8 42	8 50
25	8 16	8 17	8 19	8 20	8 22	8 24	8 26	8 28	8 31	8 33	8 36	8 40	8 44	8 48
26	8 41	8 41	8 41	8 41	8 42	8 42	8 42	8 43	8 43	8 44	8 44	8 45	8 45	8 46
27	9 05	9 04	9 03	9 02	9 01	9 00	8 58	8 57	8 55	8 54	8 52	8 49	8 47	8 44
28	9 30	9 28	9 26	9 24	9 21	9 18	9 15	9 12	9 08	9 04	9 00	8 55	8 49	8 42
29	9 58	9 54	9 51	9 47	9 43	9 39	9 34	9 29	9 23	9 17	9 09	9 01	8 52	8 41
30	10 28	10 24	10 19	10 14	10 09	10 03	9 56	9 49	9 41	9 32	9 22	9 10	8 57	8 40
31	11 04	10 58	10 53	10 46	10 40	10 32	10 24	10 15	10 05	9 53	9 40	9 24	9 05	8 41
Feb. 1	11 46	11 40	11 33	11 26	11 18	11 09	11 00	10 49	10 37	10 23	10 07	9 47	9 22	8 47
2	12 36	12 30	12 22	12 15	12 06	11 57	11 46	11 35	11 21	11 06	10 47	10 24	9 54	9 08
3	13 35	13 29	13 22	13 14	13 06	12 56	12 46	12 34	12 21	12 06	11 47	11 25	10 55	10 09
4	14 42	14 36	14 30	14 23	14 16	14 07	13 58	13 48	13 36	13 23	13 07	12 48	12 24	11 51
5	15 55	15 50	15 45	15 40	15 34	15 27	15 20	15 12	15 03	14 52	14 40	14 26	14 10	13 49
6	17 11	17 07	17 04	17 00	16 56	16 51	16 46	16 41	16 35	16 28	16 20	16 11	16 00	15 48
7	18 27	18 25	18 24	18 21	18 19	18 17	18 14	18 11	18 08	18 05	18 01	17 56	17 51	17 45
8	19 43	19 43	19 43	19 42	19 42	19 42	19 42	19 42	19 41	19 41	19 41	19 40	19 40	19 39	19 39
9	20 58	20 59	21 01	21 02	21 04	21 06	21 08	21 10	21 13	21 15	21 19	21 22	21 26	21 31
10	22 11	22 14	22 17	22 21	22 24	22 28	22 33	22 37	22 43	22 49	22 55	23 03	23 12	23 23
11	23 23	23 27	23 32	23 37	23 42	23 48	23 55	.. ..	.. ..	.. ..	.. ..	.. ..	.. ..	.. ..
12	.. ..	.. ..	.. ..	.. ..	.. ..	.. ..	.. ..	0 02	0 10	0 19	0 30	0 42	0 57	1 15
13	0 32	0 37	0 43	0 50	0 57	1 04	1 13	1 22	1 33	1 45	1 59	2 17	2 38	3 05
14	1 36	1 43	1 50	1 57	2 05	2 14	2 24	2 35	2 48	3 02	3 20	3 41	4 09	4 50
15	2 35	2 42	2 49	2 57	3 06	3 15	3 25	3 37	3 51	4 07	4 26	4 49	5 21	6 13
16	3 27	3 34	3 41	3 48	3 57	4 06	4 16	4 28	4 41	4 56	5 14	5 37	6 06	6 50

MOONSET

Lat.	+40°	+42°	+44°	+46°	+48°	+50°	+52°	+54°	+56°	+58°	+60°	+62°	+64°	+66°
	h m	h m	h m	h m	h m	h m	h m	h m	h m	h m	h m	h m	h m	h m
Jan. 23	18 08	18 05	18 01	17 58	17 53	17 49	17 44	17 39	17 33	17 26	17 18	17 09	16 59	16 46
24	19 07	19 05	19 03	19 00	18 58	18 55	18 52	18 48	18 45	18 40	18 36	18 30	18 24	18 17
25	20 05	20 04	20 03	20 02	20 01	20 00	19 58	19 57	19 56	19 54	19 52	19 50	19 47	19 44
26	21 02	21 02	21 03	21 03	21 04	21 04	21 05	21 05	21 06	21 07	21 07	21 08	21 09	21 10
27	21 59	22 01	22 03	22 04	22 06	22 09	22 11	22 13	22 16	22 19	22 23	22 27	22 31	22 37
28	22 57	23 00	23 03	23 06	23 10	23 14	23 18	23 22	23 27	23 33	23 39	23 47	23 55	.. ..
29	23 57	.. ..	.. ..	.. ..	.. ..	.. ..	.. ..	.. ..	.. ..	.. ..	.. ..	.. ..	.. ..	0 05
30	.. ..	0 01	0 05	0 10	0 14	0 20	0 26	0 32	0 40	0 48	0 58	1 09	1 22	1 37
31	0 57	1 02	1 08	1 14	1 20	1 27	1 35	1 43	1 53	2 04	2 17	2 32	2 50	3 14
Feb. 1	1 58	2 04	2 11	2 18	2 25	2 34	2 43	2 53	3 05	3 19	3 35	3 55	4 19	4 53
2	2 59	3 05	3 13	3 20	3 29	3 38	3 48	4 00	4 13	4 28	4 47	5 10	5 40	6 26
3	3 57	4 03	4 11	4 18	4 27	4 36	4 46	4 58	5 11	5 27	5 46	6 08	6 39	7 25
4	4 50	4 56	5 03	5 10	5 18	5 26	5 36	5 46	5 58	6 12	6 28	6 48	7 12	7 45
5	5 37	5 43	5 48	5 54	6 01	6 08	6 15	6 24	6 34	6 45	6 57	7 12	7 30	7 52
6	6 19	6 23	6 27	6 32	6 37	6 42	6 47	6 54	7 01	7 08	7 17	7 27	7 39	7 53
7	6 56	6 59	7 02	7 04	7 07	7 11	7 14	7 18	7 22	7 27	7 32	7 38	7 45	7 53
8	7 31	7 32	7 33	7 34	7 35	7 36	7 37	7 39	7 40	7 42	7 44	7 46	7 49	7 52
9	8 03	8 03	8 02	8 01	8 01	8 00	7 59	7 58	7 57	7 56	7 55	7 54	7 52	7 50
10	8 36	8 34	8 32	8 29	8 27	8 24	8 21	8 18	8 15	8 11	8 06	8 01	7 56	7 49
11	9 10	9 07	9 03	8 59	8 55	8 50	8 45	8 40	8 34	8 27	8 19	8 10	8 00	7 48
12	9 48	9 43	9 38	9 33	9 27	9 20	9 13	9 05	8 57	8 47	8 35	8 22	8 07	7 48
13	10 29	10 24	10 17	10 11	10 03	9 55	9 47	9 37	9 26	9 13	8 58	8 40	8 19	7 50
14	11 16	11 10	11 03	10 55	10 47	10 38	10 28	10 16	10 04	9 49	9 31	9 09	8 41	7 59
15	12 08	12 01	11 54	11 46	11 37	11 28	11 17	11 06	10 52	10 36	10 17	9 53	9 22	8 30
16	13 04	12 57	12 50	12 43	12 34	12 25	12 15	12 04	11 51	11 36	11 18	10 56	10 27	9 43

(.. ..) indicates phenomenon will occur the next day.
(-- --) indicates Moon continuously below horizon.
(** **) indicates Moon continuously above horizon.

MOONRISE AND MOONSET, 1993

UNIVERSAL TIME FOR MERIDIAN OF GREENWICH

MOONRISE

Lat.	−55°	−50°	−45°	−40°	−35°	−30°	−20°	−10°	0°	+10°	+20°	+30°	+35°	+40°
	h m	h m	h m	h m	h m	h m	h m	h m	h m	h m	h m	h m	h m	h m
Feb. 15	23 29	23 58	.. ..	.. ..	.. ..	0 10	0 32	0 51	1 09	1 26	1 46	2 07	2 20	2 35
16	.. ..	.. ..	0 19	0 37	0 51	1 04	1 26	1 44	2 02	2 19	2 38	3 00	3 13	3 27
17	0 32	0 58	1 18	1 34	1 47	1 59	2 19	2 37	2 53	3 10	3 27	3 47	3 59	4 12
18	1 40	2 02	2 19	2 33	2 45	2 55	3 12	3 28	3 42	3 56	4 12	4 29	4 39	4 51
19	2 50	3 08	3 21	3 32	3 42	3 50	4 04	4 17	4 28	4 40	4 52	5 07	5 15	5 24
20	4 01	4 13	4 23	4 31	4 38	4 44	4 55	5 04	5 13	5 21	5 30	5 41	5 47	5 53
21	5 11	5 19	5 25	5 30	5 34	5 38	5 44	5 50	5 55	6 00	6 06	6 12	6 16	6 20
22	6 21	6 23	6 25	6 27	6 29	6 30	6 32	6 34	6 36	6 38	6 40	6 42	6 44	6 45
23	7 30	7 28	7 26	7 24	7 23	7 22	7 20	7 18	7 17	7 15	7 14	7 12	7 11	7 10
24	8 39	8 32	8 26	8 22	8 18	8 14	8 08	8 03	7 58	7 53	7 48	7 42	7 39	7 35
25	9 49	9 37	9 28	9 20	9 13	9 07	8 57	8 48	8 40	8 32	8 23	8 13	8 08	8 01
26	11 00	10 43	10 30	10 19	10 10	10 01	9 47	9 35	9 24	9 13	9 01	8 47	8 40	8 31
27	12 11	11 49	11 32	11 19	11 07	10 57	10 40	10 24	10 10	9 57	9 42	9 25	9 15	9 04
28	13 20	12 54	12 34	12 18	12 05	11 53	11 33	11 16	11 00	10 44	10 27	10 07	9 56	9 43
Mar. 1	14 24	13 56	13 34	13 17	13 02	12 50	12 28	12 09	11 52	11 35	11 16	10 55	10 42	10 28
2	15 20	14 52	14 30	14 13	13 58	13 45	13 23	13 04	12 47	12 29	12 10	11 48	11 36	11 21
3	16 06	15 40	15 20	15 04	14 50	14 38	14 18	14 00	13 43	13 26	13 09	12 48	12 36	12 22
4	16 42	16 20	16 04	15 50	15 38	15 28	15 10	14 55	14 40	14 26	14 10	13 52	13 42	13 30
5	17 10	16 54	16 41	16 31	16 22	16 14	16 00	15 48	15 37	15 26	15 14	15 00	14 51	14 42
6	17 33	17 23	17 15	17 08	17 02	16 57	16 48	16 40	16 33	16 25	16 18	16 08	16 03	15 57
7	17 53	17 49	17 46	17 43	17 40	17 38	17 34	17 31	17 28	17 25	17 22	17 18	17 16	17 13
8	18 12	18 14	18 15	18 16	18 17	18 18	18 20	18 21	18 23	18 24	18 26	18 27	18 28	18 30
9	18 32	18 39	18 45	18 50	18 55	18 59	19 05	19 12	19 17	19 23	19 29	19 37	19 41	19 46
10	18 53	19 07	19 17	19 26	19 34	19 41	19 52	20 03	20 13	20 23	20 33	20 46	20 53	21 01
11	19 19	19 38	19 53	20 05	20 16	20 25	20 41	20 55	21 09	21 22	21 37	21 53	22 03	22 14

MOONSET

Lat.	−55°	−50°	−45°	−40°	−35°	−30°	−20°	−10°	0°	+10°	+20°	+30°	+35°	+40°
	h m	h m	h m	h m	h m	h m	h m	h m	h m	h m	h m	h m	h m	h m
Feb. 15	16 08	15 40	15 18	15 01	14 46	14 33	14 11	13 52	13 34	13 17	12 58	12 36	12 23	12 08
16	16 53	16 26	16 06	15 49	15 35	15 23	15 02	14 44	14 27	14 10	13 51	13 30	13 18	13 04
17	17 26	17 03	16 45	16 31	16 18	16 08	15 49	15 32	15 17	15 02	14 45	14 26	14 15	14 02
18	17 52	17 33	17 19	17 07	16 56	16 47	16 32	16 18	16 05	15 52	15 38	15 22	15 12	15 01
19	18 12	17 58	17 47	17 38	17 30	17 23	17 11	17 00	16 50	16 40	16 29	16 16	16 09	16 01
20	18 29	18 20	18 12	18 06	18 01	17 56	17 48	17 40	17 33	17 26	17 19	17 10	17 05	17 00
21	18 43	18 39	18 35	18 32	18 29	18 27	18 22	18 19	18 15	18 11	18 07	18 03	18 00	17 57
22	18 57	18 57	18 57	18 57	18 56	18 56	18 56	18 56	18 56	18 56	18 55	18 55	18 55	18 55
23	19 11	19 15	19 18	19 21	19 24	19 26	19 30	19 33	19 37	19 40	19 43	19 47	19 49	19 52
24	19 25	19 34	19 41	19 47	19 52	19 57	20 05	20 12	20 18	20 25	20 32	20 40	20 44	20 50
25	19 42	19 55	20 06	20 15	20 22	20 29	20 41	20 51	21 01	21 11	21 21	21 33	21 40	21 48
26	20 01	20 19	20 34	20 46	20 56	21 05	21 20	21 33	21 46	21 59	22 12	22 28	22 37	22 47
27	20 27	20 49	21 07	21 21	21 33	21 44	22 03	22 19	22 34	22 49	23 05	23 24	23 35	23 47
28	21 00	21 26	21 46	22 03	22 17	22 29	22 50	23 08	23 24	23 41	23 59	.. ..	.. ..	.. ..
Mar. 1	21 44	22 13	22 34	22 52	23 07	23 20	23 41	.. ..	.. ..	.. ..	.. ..	0 20	0 32	0 46
2	22 42	23 10	23 32	23 49	.. ..	.. ..	.. ..	0 00	0 18	0 36	0 54	1 16	1 29	1 44
3	23 53	.. ..	.. ..	.. ..	0 04	0 16	0 38	0 56	1 14	1 31	1 49	2 10	2 23	2 37
4	.. ..	0 19	0 38	0 53	1 07	1 18	1 38	1 55	2 10	2 26	2 43	3 02	3 13	3 26
5	1 15	1 35	1 51	2 04	2 15	2 24	2 40	2 54	3 07	3 20	3 34	3 50	3 59	4 09
6	2 43	2 57	3 08	3 18	3 25	3 32	3 44	3 54	4 04	4 13	4 23	4 34	4 41	4 48
7	4 14	4 22	4 28	4 33	4 38	4 41	4 48	4 54	4 59	5 04	5 10	5 16	5 20	5 24
8	5 46	5 48	5 49	5 49	5 50	5 51	5 52	5 53	5 54	5 55	5 56	5 56	5 57	5 58
9	7 18	7 13	7 09	7 06	7 03	7 00	6 56	6 52	6 48	6 45	6 41	6 37	6 34	6 31
10	8 49	8 38	8 29	8 22	8 15	8 10	8 00	7 51	7 43	7 36	7 27	7 18	7 12	7 06
11	10 18	10 01	9 47	9 36	9 26	9 18	9 04	8 51	8 39	8 28	8 15	8 01	7 53	7 43

(.. ..) indicates phenomenon will occur the next day.

UNIVERSAL TIME FOR MERIDIAN OF GREENWICH
MOONRISE

Lat.	+40°	+42°	+44°	+46°	+48°	+50°	+52°	+54°	+56°	+58°	+60°	+62°	+64°	+66°
	h m	h m	h m	h m	h m	h m	h m	h m	h m	h m	h m	h m	h m	h m
Feb. 15	2 35	2 42	2 49	2 57	3 06	3 15	3 25	3 37	3 51	4 07	4 26	4 49	5 21	6 13
16	3 27	3 34	3 41	3 48	3 57	4 06	4 16	4 28	4 41	4 56	5 14	5 37	6 06	6 50
17	4 12	4 18	4 25	4 31	4 39	4 47	4 57	5 07	5 18	5 32	5 47	6 06	6 30	7 01
18	4 51	4 56	5 01	5 07	5 14	5 21	5 28	5 37	5 46	5 57	6 10	6 25	6 42	7 04
19	5 24	5 28	5 32	5 37	5 42	5 48	5 54	6 00	6 08	6 16	6 26	6 36	6 49	7 04
20	5 53	5 56	5 59	6 03	6 07	6 11	6 15	6 20	6 25	6 31	6 37	6 45	6 53	7 03
21	6 20	6 22	6 24	6 26	6 28	6 31	6 33	6 36	6 39	6 43	6 47	6 51	6 56	7 02
22	6 45	6 46	6 47	6 47	6 48	6 49	6 50	6 51	6 52	6 53	6 55	6 56	6 58	7 00
23	7 10	7 09	7 09	7 08	7 08	7 07	7 06	7 05	7 05	7 04	7 03	7 01	7 00	6 58
24	7 35	7 33	7 31	7 30	7 28	7 25	7 23	7 20	7 17	7 14	7 11	7 07	7 02	6 57
25	8 01	7 59	7 56	7 52	7 49	7 45	7 41	7 37	7 32	7 26	7 20	7 13	7 05	6 56
26	8 31	8 27	8 23	8 18	8 13	8 08	8 02	7 56	7 49	7 41	7 32	7 22	7 10	6 55
27	9 04	8 59	8 54	8 48	8 42	8 35	8 28	8 19	8 10	8 00	7 48	7 34	7 17	6 57
28	9 43	9 37	9 30	9 24	9 16	9 08	8 59	8 49	8 38	8 25	8 10	7 53	7 30	7 01
Mar. 1	10 28	10 22	10 15	10 07	9 59	9 50	9 40	9 29	9 16	9 01	8 44	8 23	7 55	7 15
2	11 21	11 15	11 08	11 00	10 51	10 42	10 32	10 20	10 07	9 52	9 33	9 11	8 41	7 55
3	12 22	12 16	12 09	12 02	11 54	11 45	11 36	11 25	11 13	10 58	10 41	10 21	9 54	9 17
4	13 30	13 25	13 19	13 13	13 06	12 58	12 50	12 41	12 31	12 19	12 05	11 49	11 29	11 03
5	14 42	14 38	14 34	14 29	14 24	14 18	14 12	14 05	13 58	13 49	13 39	13 28	13 14	12 57
6	15 57	15 55	15 52	15 49	15 45	15 42	15 38	15 34	15 29	15 23	15 17	15 11	15 03	14 53
7	17 13	17 12	17 11	17 10	17 09	17 07	17 06	17 04	17 02	17 00	16 57	16 55	16 52	16 48
8	18 30	18 30	18 31	18 31	18 32	18 33	18 34	18 34	18 35	18 36	18 38	18 39	18 41	18 42
9	19 46	19 48	19 50	19 53	19 55	19 58	20 01	20 05	20 08	20 13	20 18	20 23	20 29	20 37
10	21 01	21 05	21 08	21 13	21 17	21 22	21 28	21 34	21 40	21 48	21 56	22 06	22 18	22 32
11	22 14	22 19	22 24	22 30	22 36	22 43	22 51	22 59	23 09	23 19	23 32	23 47	.. ..	.. ..

MOONSET

Lat.	+40°	+42°	+44°	+46°	+48°	+50°	+52°	+54°	+56°	+58°	+60°	+62°	+64°	+66°
	h m	h m	h m	h m	h m	h m	h m	h m	h m	h m	h m	h m	h m	h m
Feb. 15	12 08	12 01	11 54	11 46	11 37	11 28	11 17	11 06	10 52	10 36	10 17	9 53	9 22	8 30
16	13 04	12 57	12 50	12 43	12 34	12 25	12 15	12 04	11 51	11 36	11 18	10 56	10 27	9 43
17	14 02	13 56	13 50	13 43	13 36	13 28	13 19	13 09	12 58	12 45	12 29	12 11	11 48	11 17
18	15 01	14 57	14 51	14 46	14 40	14 33	14 26	14 18	14 09	13 58	13 46	13 32	13 15	12 54
19	16 01	15 57	15 53	15 49	15 44	15 39	15 34	15 28	15 21	15 13	15 04	14 54	14 42	14 28
20	17 00	16 57	16 54	16 51	16 48	16 45	16 41	16 37	16 33	16 28	16 22	16 15	16 08	15 59
21	17 57	17 56	17 55	17 53	17 52	17 50	17 48	17 46	17 44	17 41	17 38	17 35	17 31	17 27
22	18 55	18 55	18 55	18 55	18 54	18 54	18 54	18 54	18 54	18 54	18 54	18 53	18 53	18 53
23	19 52	19 53	19 54	19 56	19 57	19 59	20 00	20 02	20 04	20 06	20 09	20 12	20 15	20 19
24	20 50	20 52	20 55	20 57	21 00	21 03	21 07	21 11	21 15	21 19	21 25	21 31	21 38	21 46
25	21 48	21 52	21 55	21 59	22 04	22 09	22 14	22 20	22 26	22 33	22 42	22 51	23 02	23 15
26	22 47	22 52	22 57	23 02	23 08	23 15	23 22	23 29	23 38	23 48	23 59	.. ..	.. ..	.. ..
27	23 47	23 53	23 59	.. ..	.. ..	.. ..	.. ..	.. ..	.. ..	.. ..	.. ..	0 13	0 29	0 48
28	.. ..	.. ..	.. ..	0 05	0 12	0 20	0 29	0 38	0 49	1 02	1 16	1 34	1 55	2 24
Mar. 1	0 46	0 53	0 59	1 07	1 15	1 24	1 33	1 44	1 57	2 11	2 29	2 50	3 17	3 56
2	1 44	1 50	1 57	2 05	2 13	2 23	2 33	2 44	2 58	3 13	3 31	3 54	4 24	5 09
3	2 37	2 43	2 50	2 58	3 06	3 15	3 24	3 35	3 48	4 03	4 20	4 41	5 07	5 45
4	3 26	3 31	3 37	3 44	3 51	3 59	4 07	4 17	4 28	4 40	4 54	5 11	5 32	5 58
5	4 09	4 14	4 19	4 24	4 29	4 36	4 42	4 50	4 58	5 07	5 18	5 30	5 45	6 03
6	4 48	4 51	4 55	4 58	5 02	5 07	5 11	5 16	5 22	5 28	5 36	5 44	5 53	6 04
7	5 24	5 25	5 27	5 29	5 32	5 34	5 36	5 39	5 42	5 46	5 49	5 53	5 58	6 04
8	5 58	5 58	5 58	5 58	5 59	5 59	5 59	6 00	6 00	6 01	6 01	6 02	6 02	6 03
9	6 31	6 30	6 30	6 29	6 27	6 26	6 24	6 22	6 20	6 18	6 16	6 13	6 10	6 06
10	7 06	7 03	7 00	6 57	6 54	6 50	6 46	6 42	6 37	6 32	6 26	6 19	6 11	6 02
11	7 43	7 39	7 35	7 30	7 25	7 19	7 13	7 07	6 59	6 51	6 41	6 30	6 18	6 03

(.. ..) indicates phenomenon will occur the next day.
(-- --) indicates Moon continuously below horizon.
(** **) indicates Moon continuously above horizon.

UNIVERSAL TIME FOR MERIDIAN OF GREENWICH
MOONRISE

Lat.	−55°	−50°	−45°	−40°	−35°	−30°	−20°	−10°	0°	+10°	+20°	+30°	+35°	+40°
	h m	h m	h m	h m	h m	h m	h m	h m	h m	h m	h m	h m	h m	h m
Mar. 9	18 32	18 39	18 45	18 50	18 55	18 59	19 05	19 12	19 17	19 23	19 29	19 37	19 41	19 46
10	18 53	19 07	19 17	19 26	19 34	19 41	19 52	20 03	20 13	20 23	20 33	20 46	20 53	21 01
11	19 19	19 38	19 53	20 05	20 16	20 25	20 41	20 55	21 09	21 22	21 37	21 53	22 03	22 14
12	19 52	20 16	20 34	20 49	21 02	21 13	21 33	21 50	22 05	22 21	22 38	22 58	23 10	23 23
13	20 33	21 00	21 21	21 38	21 52	22 05	22 26	22 44	23 02	23 19	23 38	23 59	.. ..	.. ..
14	21 25	21 53	22 14	22 32	22 46	22 59	23 20	23 39	23 57	.. ..	.. ..	.. ..	0 12	0 26
15	22 26	22 52	23 12	23 29	23 42	23 54	.. ..	.. ..	.. ..	0 14	0 33	0 55	1 07	1 22
16	23 32	23 55	.. ..	.. ..	.. ..	.. ..	0 15	0 33	0 49	1 06	1 24	1 44	1 56	2 10
17	.. ..	.. ..	0 13	0 27	0 40	0 50	1 09	1 25	1 39	1 54	2 10	2 28	2 39	2 51
18	0 42	1 00	1 15	1 27	1 37	1 46	2 01	2 14	2 27	2 39	2 52	3 07	3 16	3 26
19	1 52	2 06	2 17	2 26	2 33	2 40	2 52	3 02	3 11	3 21	3 31	3 42	3 49	3 56
20	3 02	3 11	3 18	3 24	3 29	3 33	3 41	3 48	3 54	4 00	4 07	4 14	4 19	4 24
21	4 11	4 15	4 18	4 21	4 23	4 26	4 29	4 32	4 35	4 38	4 41	4 45	4 47	4 49
22	5 20	5 19	5 19	5 18	5 18	5 18	5 17	5 17	5 16	5 16	5 15	5 15	5 15	5 14
23	6 29	6 23	6 19	6 16	6 12	6 10	6 05	6 01	5 57	5 53	5 49	5 45	5 42	5 39
24	7 39	7 28	7 20	7 14	7 08	7 03	6 54	6 46	6 39	6 32	6 25	6 16	6 11	6 06
25	8 49	8 34	8 22	8 12	8 04	7 57	7 44	7 33	7 23	7 13	7 02	6 50	6 42	6 34
26	10 00	9 40	9 24	9 12	9 01	8 52	8 36	8 22	8 08	7 55	7 42	7 26	7 17	7 07
27	11 09	10 45	10 26	10 11	9 59	9 47	9 28	9 12	8 57	8 41	8 25	8 07	7 56	7 43
28	12 14	11 47	11 26	11 10	10 56	10 43	10 22	10 04	9 47	9 31	9 13	8 52	8 40	8 26
29	13 12	12 44	12 22	12 05	11 51	11 38	11 16	10 58	10 40	10 23	10 04	9 43	9 30	9 16
30	14 00	13 34	13 13	12 57	12 43	12 30	12 10	11 52	11 35	11 18	11 00	10 39	10 27	10 12
31	14 38	14 15	13 58	13 43	13 31	13 20	13 01	12 45	12 30	12 14	11 58	11 39	11 28	11 15
Apr. 1	15 08	14 51	14 36	14 25	14 14	14 06	13 50	13 37	13 24	13 12	12 58	12 43	12 34	12 23
2	15 33	15 20	15 10	15 02	14 55	14 48	14 37	14 28	14 18	14 09	13 59	13 48	13 42	13 34

MOONSET

Lat.	−55°	−50°	−45°	−40°	−35°	−30°	−20°	−10°	0°	+10°	+20°	+30°	+35°	+40°
	h m	h m	h m	h m	h m	h m	h m	h m	h m	h m	h m	h m	h m	h m
Mar. 9	7 18	7 13	7 09	7 06	7 03	7 00	6 56	6 52	6 48	6 45	6 41	6 37	6 34	6 31
10	8 49	8 38	8 29	8 22	8 15	8 10	8 00	7 51	7 43	7 36	7 27	7 18	7 12	7 06
11	10 18	10 01	9 47	9 36	9 26	9 18	9 04	8 51	8 39	8 28	8 15	8 01	7 53	7 43
12	11 42	11 19	11 02	10 47	10 35	10 24	10 06	9 50	9 36	9 21	9 05	8 47	8 37	8 25
13	12 57	12 31	12 10	11 54	11 40	11 28	11 07	10 49	10 32	10 16	9 58	9 37	9 25	9 11
14	14 00	13 32	13 11	12 53	12 39	12 26	12 05	11 46	11 28	11 11	10 52	10 30	10 17	10 03
15	14 50	14 23	14 02	13 45	13 31	13 19	12 58	12 39	12 22	12 05	11 47	11 25	11 13	10 58
16	15 27	15 03	14 45	14 30	14 17	14 06	13 46	13 30	13 14	12 58	12 41	12 21	12 10	11 57
17	15 55	15 36	15 20	15 08	14 57	14 47	14 31	14 16	14 02	13 49	13 34	13 17	13 07	12 56
18	16 18	16 02	15 50	15 40	15 32	15 24	15 11	14 59	14 48	14 37	14 26	14 12	14 04	13 55
19	16 35	16 25	16 16	16 09	16 03	15 58	15 48	15 40	15 32	15 24	15 16	15 06	15 00	14 54
20	16 51	16 45	16 40	16 36	16 32	16 29	16 24	16 19	16 14	16 09	16 04	15 59	15 55	15 51
21	17 05	17 03	17 02	17 01	17 00	16 59	16 58	16 56	16 55	16 54	16 52	16 51	16 50	16 49
22	17 19	17 22	17 24	17 26	17 28	17 29	17 32	17 34	17 36	17 38	17 40	17 43	17 44	17 46
23	17 33	17 41	17 47	17 51	17 56	18 00	18 06	18 12	18 17	18 23	18 29	18 35	18 39	18 43
24	17 50	18 01	18 11	18 19	18 26	18 32	18 42	18 51	19 00	19 09	19 18	19 29	19 35	19 42
25	18 09	18 25	18 38	18 49	18 58	19 06	19 20	19 33	19 44	19 56	20 09	20 23	20 31	20 41
26	18 32	18 53	19 10	19 23	19 35	19 45	20 02	20 17	20 31	20 46	21 01	21 18	21 29	21 40
27	19 03	19 28	19 47	20 03	20 16	20 27	20 47	21 05	21 21	21 37	21 54	22 14	22 26	22 39
28	19 43	20 11	20 32	20 49	21 03	21 15	21 37	21 55	22 13	22 30	22 48	23 10	23 22	23 36
29	20 35	21 03	21 25	21 42	21 56	22 09	22 30	22 49	23 06	23 24	23 42	.. ..	.. ..	.. ..
30	21 40	22 06	22 25	22 42	22 55	23 07	23 27	23 45	.. ..	.. ..	.. ..	0 03	0 16	0 30
31	22 54	23 16	23 33	23 47	23 59	.. ..	.. ..	.. ..	0 01	0 17	0 34	0 54	1 06	1 19
Apr. 1	.. ..	.. ..	.. ..	.. ..	.. ..	0 09	0 26	0 42	0 56	1 10	1 25	1 42	1 51	2 03
2	0 16	0 33	0 46	0 57	1 06	1 14	1 27	1 39	1 50	2 01	2 13	2 26	2 33	2 42

(.. ..) indicates phenomenon will occur the next day.

UNIVERSAL TIME FOR MERIDIAN OF GREENWICH
MOONRISE

Lat.	+40°	+42°	+44°	+46°	+48°	+50°	+52°	+54°	+56°	+58°	+60°	+62°	+64°	+66°
	h m	h m	h m	h m	h m	h m	h m	h m	h m	h m	h m	h m	h m	h m
Mar. 9	19 46	19 48	19 50	19 53	19 55	19 58	20 01	20 05	20 08	20 13	20 18	20 23	20 29	20 37
10	21 01	21 05	21 08	21 13	21 17	21 22	21 28	21 34	21 40	21 48	21 56	22 06	22 18	22 32
11	22 14	22 19	22 24	22 30	22 36	22 43	22 51	22 59	23 09	23 19	23 32	23 47	.. ..	.. ..
12	23 23	23 29	23 35	23 42	23 50	23 58	.. ..	.. ..	.. ..	.. ..	.. ..	.. ..	0 05	0 27
13	.. ..	.. ..	.. ..	.. ..	.. ..	0 08	0 18	0 30	0 43	0 59	1 19	1 44	2 18	
14	0 26	0 33	0 40	0 47	0 56	1 05	1 15	1 27	1 40	1 55	2 13	2 36	3 06	3 51
15	1 22	1 28	1 35	1 43	1 51	2 01	2 11	2 22	2 36	2 51	3 09	3 32	4 01	4 46
16	2 10	2 16	2 22	2 30	2 37	2 46	2 55	3 06	3 18	3 32	3 48	4 08	4 32	5 06
17	2 51	2 56	3 02	3 08	3 15	3 22	3 30	3 39	3 49	4 01	4 14	4 30	4 49	5 13
18	3 26	3 30	3 35	3 40	3 45	3 51	3 58	4 05	4 13	4 22	4 32	4 44	4 58	5 15
19	3 56	4 00	4 03	4 07	4 11	4 15	4 20	4 25	4 31	4 38	4 45	4 54	5 03	5 15
20	4 24	4 26	4 28	4 31	4 33	4 36	4 39	4 43	4 47	4 51	4 56	5 01	5 07	5 14
21	4 49	4 50	4 52	4 53	4 54	4 55	4 57	4 58	5 00	5 02	5 04	5 07	5 10	5 13
22	5 14	5 14	5 14	5 14	5 14	5 14	5 14	5 13	5 13	5 13	5 13	5 12	5 12	5 12
23	5 39	5 38	5 37	5 35	5 34	5 32	5 30	5 28	5 26	5 24	5 21	5 18	5 15	5 11
24	6 06	6 03	6 01	5 58	5 55	5 52	5 48	5 45	5 40	5 36	5 30	5 25	5 18	5 10
25	6 34	6 31	6 27	6 23	6 19	6 14	6 09	6 03	5 57	5 50	5 42	5 33	5 22	5 10
26	7 07	7 02	6 57	6 52	6 46	6 40	6 33	6 25	6 17	6 08	5 57	5 44	5 29	5 11
27	7 43	7 38	7 32	7 26	7 19	7 11	7 03	6 53	6 43	6 31	6 17	6 01	5 41	5 16
28	8 26	8 20	8 13	8 06	7 58	7 50	7 40	7 30	7 17	7 04	6 47	6 27	6 02	5 28
29	9 16	9 09	9 02	8 55	8 47	8 38	8 27	8 16	8 03	7 48	7 30	7 08	6 40	5 58
30	10 12	10 06	9 59	9 52	9 44	9 35	9 25	9 14	9 02	8 47	8 30	8 09	7 42	7 03
31	11 15	11 10	11 04	10 57	10 50	10 42	10 33	10 24	10 13	10 00	9 45	9 28	9 06	8 37
Apr. 1	12 23	12 19	12 14	12 08	12 02	11 56	11 49	11 41	11 33	11 23	11 12	10 58	10 43	10 23
2	13 34	13 31	13 27	13 23	13 19	13 15	13 10	13 05	12 59	12 52	12 44	12 35	12 25	12 13

MOONSET

Lat.	+40°	+42°	+44°	+46°	+48°	+50°	+52°	+54°	+56°	+58°	+60°	+62°	+64°	+66°
	h m	h m	h m	h m	h m	h m	h m	h m	h m	h m	h m	h m	h m	h m
Mar. 9	6 31	6 30	6 29	6 27	6 26	6 24	6 22	6 20	6 18	6 16	6 13	6 10	6 06	6 02
10	7 06	7 03	7 00	6 57	6 54	6 50	6 46	6 42	6 37	6 32	6 26	6 19	6 11	6 02
11	7 43	7 39	7 35	7 30	7 25	7 19	7 13	7 07	6 59	6 51	6 41	6 30	6 18	6 03
12	8 25	8 20	8 14	8 08	8 01	7 54	7 46	7 37	7 27	7 16	7 02	6 47	6 28	6 05
13	9 11	9 05	8 58	8 51	8 43	8 35	8 25	8 15	8 03	7 49	7 32	7 12	6 47	6 13
14	10 03	9 56	9 49	9 41	9 33	9 24	9 13	9 02	8 49	8 33	8 15	7 52	7 22	6 36
15	10 58	10 52	10 45	10 37	10 29	10 20	10 10	9 58	9 45	9 30	9 12	8 50	8 20	7 35
16	11 57	11 51	11 44	11 37	11 30	11 21	11 12	11 02	10 50	10 37	10 21	10 02	9 37	9 04
17	12 56	12 51	12 45	12 39	12 33	12 26	12 18	12 10	12 00	11 49	11 36	11 21	11 03	10 39
18	13 55	13 51	13 47	13 42	13 37	13 32	13 26	13 19	13 12	13 03	12 54	12 42	12 29	12 13
19	14 54	14 51	14 48	14 44	14 41	14 37	14 33	14 28	14 23	14 17	14 11	14 03	13 54	13 44
20	15 51	15 50	15 48	15 46	15 44	15 42	15 39	15 37	15 34	15 30	15 27	15 22	15 17	15 12
21	16 49	16 48	16 48	16 47	16 47	16 46	16 45	16 44	16 44	16 43	16 42	16 40	16 39	16 37
22	17 46	17 47	17 47	17 48	17 49	17 50	17 51	17 52	17 54	17 55	17 57	17 58	18 01	18 03
23	18 43	18 45	18 47	18 50	18 52	18 55	18 57	19 01	19 04	19 08	19 12	19 17	19 23	19 29
24	19 42	19 45	19 48	19 52	19 56	20 00	20 04	20 10	20 15	20 22	20 29	20 37	20 47	20 58
25	20 41	20 45	20 50	20 55	21 00	21 06	21 12	21 19	21 27	21 36	21 46	21 58	22 12	22 29
26	21 40	21 46	21 51	21 57	22 04	22 11	22 19	22 28	22 38	22 50	23 03	23 19	23 38	.. ..
27	22 39	22 45	22 52	22 59	23 07	23 15	23 24	23 35	23 47	.. ..	.. ..	.. ..	.. ..	0 03
28	23 36	23 43	23 50	23 57	.. ..	.. ..	.. ..	.. ..	.. ..	0 00	0 16	0 36	1 01	1 35
29	.. ..	.. ..	.. ..	.. ..	0 05	0 14	0 25	0 36	0 49	1 04	1 21	1 43	2 12	2 54
30	0 30	0 36	0 43	0 51	0 59	1 08	1 18	1 29	1 41	1 56	2 14	2 35	3 02	3 42
31	1 19	1 25	1 31	1 38	1 45	1 53	2 02	2 12	2 24	2 37	2 52	3 10	3 32	4 02
Apr. 1	2 03	2 08	2 13	2 19	2 25	2 32	2 39	2 47	2 57	3 07	3 19	3 33	3 50	4 10
2	2 42	2 46	2 50	2 54	2 59	3 04	3 09	3 16	3 22	3 30	3 38	3 48	4 00	4 13

(.. ..) indicates phenomenon will occur the next day.
(-- --) indicates Moon continuously below horizon.
(** **) indicates Moon continuously above horizon.

MOONRISE AND MOONSET, 1993
UNIVERSAL TIME FOR MERIDIAN OF GREENWICH
MOONRISE

Lat.	−55°	−50°	−45°	−40°	−35°	−30°	−20°	−10°	0°	+10°	+20°	+30°	+35°	+40°
	h m	h m	h m	h m	h m	h m	h m	h m	h m	h m	h m	h m	h m	h m
Apr. 1	15 08	14 51	14 36	14 25	14 14	14 06	13 50	13 37	13 24	13 12	12 58	12 43	12 34	12 23
2	15 33	15 20	15 10	15 02	14 55	14 48	14 37	14 28	14 18	14 09	13 59	13 48	13 42	13 34
3	15 54	15 47	15 41	15 37	15 33	15 29	15 23	15 17	15 12	15 07	15 01	14 55	14 51	14 47
4	16 13	16 12	16 11	16 10	16 09	16 09	16 07	16 06	16 05	16 05	16 04	16 03	16 02	16 01
5	16 32	16 37	16 40	16 43	16 46	16 48	16 52	16 56	16 59	17 03	17 07	17 11	17 14	17 16
6	16 53	17 03	17 12	17 18	17 24	17 30	17 39	17 47	17 55	18 02	18 11	18 20	18 26	18 32
7	17 18	17 33	17 46	17 57	18 06	18 14	18 27	18 40	18 51	19 03	19 15	19 30	19 38	19 47
8	17 48	18 09	18 26	18 39	18 51	19 01	19 19	19 35	19 49	20 04	20 20	20 38	20 48	21 01
9	18 26	18 52	19 11	19 27	19 41	19 53	20 13	20 31	20 47	21 04	21 22	21 43	21 55	22 09
10	19 15	19 43	20 04	20 21	20 35	20 48	21 09	21 28	21 45	22 02	22 21	22 43	22 55	23 10
11	20 14	20 41	21 02	21 18	21 32	21 45	22 06	22 24	22 41	22 57	23 16	23 36	23 49	.. ..
12	21 21	21 45	22 03	22 18	22 31	22 42	23 01	23 18	23 33	23 48	.. ..	.. ..	.. ..	0 03
13	22 31	22 50	23 06	23 19	23 29	23 39	23 55	.. ..	.. ..	.. ..	0 05	0 24	0 35	0 47
14	23 41	23 56	.. ..	.. ..	.. ..	.. ..	.. ..	0 09	0 22	0 35	0 49	1 05	1 14	1 25
15	.. ..	.. ..	0 08	0 18	0 27	0 34	0 47	0 58	1 08	1 19	1 30	1 42	1 49	1 58
16	0 51	1 02	1 10	1 17	1 23	1 28	1 37	1 44	1 52	1 59	2 07	2 16	2 21	2 26
17	2 01	2 06	2 11	2 14	2 18	2 20	2 25	2 30	2 34	2 38	2 42	2 47	2 50	2 53
18	3 09	3 10	3 11	3 11	3 12	3 12	3 13	3 14	3 15	3 15	3 16	3 17	3 17	3 18
19	4 18	4 14	4 11	4 09	4 06	4 04	4 01	3 58	3 56	3 53	3 50	3 47	3 45	3 43
20	5 27	5 19	5 12	5 06	5 01	4 57	4 50	4 43	4 37	4 31	4 25	4 18	4 14	4 09
21	6 38	6 25	6 14	6 05	5 58	5 51	5 40	5 30	5 21	5 11	5 02	4 51	4 44	4 37
22	7 49	7 31	7 16	7 05	6 55	6 46	6 31	6 18	6 06	5 54	5 41	5 26	5 18	5 08
23	8 59	8 37	8 19	8 05	7 53	7 42	7 24	7 08	6 54	6 39	6 24	6 06	5 56	5 44
24	10 06	9 40	9 20	9 04	8 50	8 38	8 18	8 01	7 44	7 28	7 10	6 50	6 39	6 25
25	11 07	10 39	10 18	10 01	9 46	9 34	9 12	8 54	8 37	8 20	8 01	7 40	7 28	7 13

MOONSET

Lat.	−55°	−50°	−45°	−40°	−35°	−30°	−20°	−10°	0°	+10°	+20°	+30°	+35°	+40°
	h m	h m	h m	h m	h m	h m	h m	h m	h m	h m	h m	h m	h m	h m
Apr. 1	.. ..	.. ..	.. ..	.. ..	.. ..	0 09	0 26	0 42	0 56	1 10	1 25	1 42	1 51	2 03
2	0 16	0 33	0 46	0 57	1 06	1 14	1 27	1 39	1 50	2 01	2 13	2 26	2 33	2 42
3	1 43	1 53	2 02	2 09	2 15	2 20	2 29	2 37	2 44	2 51	2 59	3 07	3 12	3 18
4	3 11	3 16	3 19	3 22	3 25	3 27	3 31	3 34	3 37	3 40	3 44	3 47	3 49	3 52
5	4 41	4 39	4 38	4 37	4 36	4 35	4 34	4 32	4 31	4 30	4 28	4 27	4 26	4 25
6	6 12	6 04	5 58	5 52	5 48	5 44	5 37	5 31	5 25	5 20	5 14	5 07	5 03	4 59
7	7 42	7 28	7 17	7 08	7 00	6 53	6 41	6 31	6 21	6 12	6 01	5 50	5 43	5 35
8	9 11	8 51	8 35	8 22	8 12	8 02	7 46	7 32	7 19	7 05	6 51	6 35	6 26	6 15
9	10 33	10 08	9 49	9 34	9 20	9 09	8 50	8 33	8 17	8 01	7 44	7 25	7 14	7 01
10	11 44	11 16	10 55	10 39	10 24	10 12	9 51	9 32	9 15	8 58	8 40	8 18	8 06	7 52
11	12 41	12 13	11 53	11 36	11 21	11 09	10 48	10 29	10 12	9 55	9 36	9 15	9 02	8 48
12	13 24	12 59	12 40	12 24	12 11	12 00	11 40	11 22	11 06	10 50	10 32	10 12	10 00	9 47
13	13 56	13 35	13 19	13 06	12 54	12 44	12 27	12 11	11 57	11 43	11 27	11 09	10 59	10 47
14	14 21	14 05	13 52	13 41	13 31	13 23	13 09	12 56	12 45	12 33	12 20	12 06	11 57	11 47
15	14 41	14 29	14 19	14 11	14 04	13 58	13 48	13 38	13 29	13 21	13 11	13 00	12 54	12 47
16	14 57	14 50	14 44	14 39	14 34	14 30	14 24	14 18	14 12	14 06	14 00	13 53	13 49	13 45
17	15 12	15 09	15 06	15 04	15 03	15 01	14 58	14 56	14 53	14 51	14 49	14 46	14 44	14 42
18	15 26	15 27	15 28	15 29	15 30	15 31	15 32	15 33	15 34	15 35	15 36	15 38	15 38	15 39
19	15 40	15 46	15 51	15 55	15 58	16 01	16 07	16 11	16 16	16 20	16 25	16 30	16 33	16 36
20	15 56	16 07	16 15	16 22	16 28	16 33	16 42	16 50	16 58	17 06	17 14	17 23	17 28	17 35
21	16 15	16 29	16 41	16 51	17 00	17 07	17 20	17 31	17 42	17 53	18 04	18 17	18 25	18 34
22	16 37	16 56	17 12	17 24	17 35	17 45	18 01	18 15	18 29	18 42	18 56	19 13	19 23	19 34
23	17 06	17 29	17 48	18 03	18 15	18 27	18 46	19 02	19 18	19 33	19 50	20 09	20 20	20 33
24	17 44	18 10	18 31	18 47	19 01	19 13	19 34	19 52	20 09	20 26	20 44	21 05	21 17	21 31
25	18 32	19 00	19 21	19 38	19 53	20 05	20 27	20 45	21 03	21 20	21 38	21 59	22 12	22 26

(.. ..) indicates phenomenon will occur the next day.

UNIVERSAL TIME FOR MERIDIAN OF GREENWICH
MOONRISE

Lat.	+40°	+42°	+44°	+46°	+48°	+50°	+52°	+54°	+56°	+58°	+60°	+62°	+64°	+66°
	h m	h m	h m	h m	h m	h m	h m	h m	h m	h m	h m	h m	h m	h m
Apr. 1	12 23	12 19	12 14	12 08	12 02	11 56	11 49	11 41	11 33	11 23	11 12	10 58	10 43	10 23
2	13 34	13 31	13 27	13 23	13 19	13 15	13 10	13 05	12 59	12 52	12 44	12 35	12 25	12 13
3	14 47	14 45	14 43	14 41	14 39	14 36	14 34	14 31	14 27	14 24	14 20	14 15	14 10	14 03
4	16 01	16 01	16 01	16 00	16 00	16 00	16 00	15 59	15 59	15 58	15 58	15 57	15 56	15 55	15 54
5	17 16	17 18	17 19	17 21	17 22	17 24	17 26	17 28	17 30	17 33	17 35	17 39	17 42	17 47
6	18 32	18 35	18 38	18 41	18 45	18 49	18 53	18 57	19 03	19 08	19 15	19 22	19 31	19 41
7	19 47	19 52	19 56	20 01	20 07	20 12	20 19	20 26	20 34	20 43	20 53	21 06	21 20	21 37
8	21 01	21 06	21 12	21 18	21 25	21 33	21 41	21 51	22 01	22 13	22 28	22 44	23 05	23 33
9	22 09	22 15	22 22	22 29	22 37	22 46	22 56	23 07	23 19	23 34	23 51	.. ..	.. ..	.. ..
10	23 10	23 16	23 23	23 31	23 39	23 48	23 59	.. ..	.. ..	.. ..	.. ..	0 12	0 39	1 18
11	.. ..	.. ..	.. ..	.. ..	.. ..	.. ..	.. ..	0 10	0 23	0 39	0 57	1 19	1 49	2 33
12	0 03	0 09	0 16	0 23	0 31	0 40	0 49	1 00	1 12	1 27	1 44	2 04	2 30	3 07
13	0 47	0 53	0 59	1 05	1 12	1 20	1 29	1 38	1 49	2 01	2 15	2 32	2 53	3 19
14	1 25	1 30	1 35	1 40	1 46	1 52	1 59	2 07	2 16	2 25	2 36	2 49	3 05	3 23
15	1 58	2 01	2 05	2 09	2 14	2 19	2 24	2 30	2 36	2 43	2 52	3 01	3 12	3 25
16	2 26	2 29	2 31	2 34	2 37	2 41	2 44	2 48	2 53	2 58	3 03	3 09	3 17	3 25
17	2 53	2 54	2 56	2 57	2 59	3 01	3 03	3 05	3 07	3 10	3 13	3 16	3 20	3 24
18	3 18	3 18	3 18	3 19	3 19	3 19	3 20	3 20	3 20	3 21	3 21	3 22	3 23	3 23
19	3 43	3 42	3 41	3 40	3 39	3 38	3 37	3 35	3 34	3 32	3 30	3 28	3 25	3 23
20	4 09	4 07	4 05	4 02	4 00	3 57	3 54	3 51	3 48	3 44	3 39	3 34	3 29	3 22
21	4 37	4 34	4 31	4 27	4 23	4 19	4 14	4 09	4 04	3 57	3 50	3 42	3 33	3 22
22	5 08	5 04	5 00	4 55	4 49	4 44	4 37	4 31	4 23	4 14	4 04	3 53	3 40	3 24
23	5 44	5 39	5 33	5 27	5 21	5 14	5 06	4 57	4 47	4 36	4 24	4 09	3 51	3 28
24	6 25	6 20	6 13	6 06	5 59	5 50	5 41	5 31	5 20	5 06	4 51	4 32	4 09	3 38
25	7 13	7 07	7 00	6 53	6 45	6 36	6 26	6 15	6 02	5 47	5 30	5 09	4 42	4 02

MOONSET

Lat.	+40°	+42°	+44°	+46°	+48°	+50°	+52°	+54°	+56°	+58°	+60°	+62°	+64°	+66°
	h m	h m	h m	h m	h m	h m	h m	h m	h m	h m	h m	h m	h m	h m
Apr. 1	2 03	2 08	2 13	2 19	2 25	2 32	2 39	2 47	2 57	3 07	3 19	3 33	3 50	4 10
2	2 42	2 46	2 50	2 54	2 59	3 04	3 09	3 16	3 22	3 30	3 38	3 48	4 00	4 13
3	3 18	3 20	3 23	3 26	3 29	3 32	3 35	3 39	3 44	3 48	3 54	4 00	4 06	4 14
4	3 52	3 53	3 54	3 55	3 56	3 57	3 59	4 00	4 02	4 04	4 06	4 09	4 11	4 14
5	4 25	4 24	4 24	4 23	4 23	4 22	4 21	4 21	4 20	4 19	4 18	4 17	4 16	4 14
6	4 59	4 57	4 55	4 52	4 50	4 48	4 45	4 42	4 38	4 35	4 30	4 26	4 20	4 14
7	5 35	5 32	5 28	5 24	5 20	5 16	5 11	5 05	4 59	4 53	4 45	4 36	4 26	4 15
8	6 15	6 11	6 06	6 00	5 54	5 48	5 41	5 33	5 25	5 15	5 04	4 51	4 36	4 17
9	7 01	6 55	6 49	6 42	6 35	6 27	6 18	6 09	5 58	5 45	5 30	5 13	4 51	4 23
10	7 52	7 45	7 39	7 31	7 23	7 14	7 04	6 53	6 40	6 26	6 08	5 47	5 20	4 40
11	8 48	8 41	8 34	8 27	8 18	8 09	7 59	7 47	7 34	7 19	7 01	6 39	6 09	5 25
12	9 47	9 41	9 34	9 27	9 19	9 11	9 01	8 50	8 38	8 24	8 08	7 47	7 22	6 45
13	10 47	10 42	10 36	10 30	10 23	10 16	10 08	9 58	9 48	9 36	9 23	9 06	8 46	8 20
14	11 47	11 43	11 38	11 33	11 28	11 22	11 15	11 08	11 00	10 51	10 40	10 28	10 14	9 56
15	12 47	12 43	12 40	12 36	12 32	12 28	12 23	12 18	12 12	12 05	11 58	11 49	11 39	11 28
16	13 45	13 43	13 40	13 38	13 36	13 33	13 30	13 27	13 23	13 19	13 14	13 09	13 03	12 56
17	14 42	14 41	14 40	14 39	14 38	14 37	14 36	14 34	14 33	14 31	14 29	14 27	14 25	14 22
18	15 39	15 39	15 40	15 40	15 41	15 41	15 41	15 42	15 43	15 43	15 44	15 45	15 46	15 47
19	16 36	16 38	16 40	16 41	16 43	16 45	16 48	16 50	16 53	16 56	16 59	17 03	17 07	17 13
20	17 35	17 37	17 40	17 43	17 47	17 50	17 54	17 59	18 04	18 09	18 15	18 22	18 31	18 40
21	18 34	18 38	18 42	18 46	18 51	18 56	19 02	19 08	19 16	19 24	19 33	19 43	19 56	20 11
22	19 34	19 38	19 44	19 49	19 56	20 02	20 10	20 18	20 27	20 38	20 50	21 05	21 22	21 44
23	20 33	20 39	20 45	20 52	20 59	21 07	21 16	21 26	21 37	21 50	22 06	22 24	22 47	23 17
24	21 31	21 38	21 44	21 52	22 00	22 09	22 18	22 29	22 42	22 57	23 14	23 35	.. ..	.. ..
25	22 26	22 33	22 39	22 47	22 55	23 04	23 14	23 25	23 38	23 52	.. ..	.. ..	0 02	0 41

(.. ..) indicates phenomenon will occur the next day.
(-- --) indicates Moon continuously below horizon.
(** **) indicates Moon continuously above horizon.

MOONRISE AND MOONSET, 1993
UNIVERSAL TIME FOR MERIDIAN OF GREENWICH
MOONRISE

Lat.	−55°	−50°	−45°	−40°	−35°	−30°	−20°	−10°	0°	+10°	+20°	+30°	+35°	+40°
	h m	h m	h m	h m	h m	h m	h m	h m	h m	h m	h m	h m	h m	h m
Apr. 24	10 06	9 40	9 20	9 04	8 50	8 38	8 18	8 01	7 44	7 28	7 10	6 50	6 39	6 25
25	11 07	10 39	10 18	10 01	9 46	9 34	9 12	8 54	8 37	8 20	8 01	7 40	7 28	7 13
26	11 58	11 31	11 10	10 53	10 39	10 27	10 06	9 48	9 31	9 14	8 55	8 34	8 22	8 08
27	12 38	12 14	11 56	11 41	11 28	11 17	10 57	10 41	10 25	10 09	9 52	9 33	9 22	9 09
28	13 10	12 51	12 36	12 23	12 12	12 03	11 46	11 32	11 19	11 05	10 51	10 34	10 25	10 14
29	13 36	13 22	13 10	13 01	12 52	12 45	12 33	12 22	12 11	12 01	11 50	11 37	11 30	11 22
30	13 57	13 48	13 41	13 35	13 30	13 25	13 17	13 10	13 03	12 57	12 50	12 41	12 37	12 31
May 1	14 16	14 13	14 10	14 07	14 05	14 04	14 00	13 58	13 55	13 52	13 49	13 46	13 44	13 42
2	14 35	14 37	14 38	14 40	14 41	14 42	14 43	14 45	14 47	14 48	14 50	14 52	14 53	14 54
3	14 54	15 02	15 08	15 13	15 17	15 21	15 28	15 34	15 40	15 45	15 51	15 59	16 03	16 07
4	15 17	15 29	15 40	15 49	15 56	16 03	16 14	16 25	16 34	16 44	16 54	17 06	17 13	17 21
5	15 43	16 02	16 17	16 29	16 39	16 48	17 04	17 18	17 31	17 44	17 58	18 15	18 24	18 35
6	16 18	16 41	16 59	17 14	17 27	17 38	17 57	18 14	18 29	18 45	19 02	19 22	19 33	19 46
7	17 02	17 29	17 49	18 06	18 20	18 32	18 53	19 11	19 28	19 46	20 04	20 25	20 38	20 52
8	17 58	18 25	18 46	19 03	19 17	19 30	19 51	20 09	20 26	20 44	21 02	21 23	21 36	21 50
9	19 03	19 28	19 48	20 03	20 17	20 28	20 48	21 06	21 22	21 38	21 55	22 15	22 26	22 39
10	20 13	20 35	20 52	21 05	21 17	21 27	21 44	21 59	22 14	22 28	22 43	23 00	23 10	23 21
11	21 26	21 42	21 56	22 07	22 16	22 24	22 38	22 50	23 02	23 13	23 25	23 39	23 47	23 56
12	22 37	22 49	22 59	23 07	23 13	23 19	23 30	23 39	23 47	23 56	.. ..	.. ..	.. ..	.. ..
13	23 47	23 55	.. ..	.. ..	.. ..	.. ..	.. ..	.. ..	.. ..	.. ..	0 04	0 15	0 20	0 27
14	.. ..	.. ..	0 00	0 05	0 09	0 13	0 19	0 25	0 30	0 35	0 41	0 47	0 51	0 55
15	0 57	0 59	1 01	1 03	1 04	1 05	1 08	1 10	1 11	1 13	1 15	1 18	1 19	1 20
16	2 05	2 03	2 01	2 00	1 59	1 57	1 56	1 54	1 52	1 51	1 49	1 48	1 47	1 45
17	3 14	3 07	3 02	2 57	2 53	2 50	2 44	2 39	2 34	2 29	2 24	2 18	2 15	2 11
18	4 24	4 12	4 03	3 55	3 49	3 43	3 33	3 24	3 16	3 08	3 00	2 50	2 45	2 38

MOONSET

Lat.	−55°	−50°	−45°	−40°	−35°	−30°	−20°	−10°	0°	+10°	+20°	+30°	+35°	+40°
	h m	h m	h m	h m	h m	h m	h m	h m	h m	h m	h m	h m	h m	h m
Apr. 24	17 44	18 10	18 31	18 47	19 01	19 13	19 34	19 52	20 09	20 26	20 44	21 05	21 17	21 31
25	18 32	19 00	19 21	19 38	19 53	20 05	20 27	20 45	21 03	21 20	21 38	21 59	22 12	22 26
26	19 33	19 59	20 20	20 36	20 50	21 02	21 22	21 40	21 57	22 13	22 31	22 51	23 03	23 16
27	20 44	21 07	21 25	21 39	21 51	22 02	22 20	22 36	22 51	23 05	23 21	23 39	23 49	.. ..
28	22 02	22 20	22 34	22 46	22 56	23 04	23 19	23 32	23 44	23 56	.. ..	.. ..	.. ..	0 01
29	23 24	23 37	23 46	23 55	.. ..	.. ..	.. ..	.. ..	.. ..	.. ..	0 09	0 23	0 31	0 41
30	.. ..	.. ..	.. ..	.. ..	0 02	0 08	0 18	0 28	0 36	0 45	0 54	1 04	1 10	1 16
May 1	0 48	0 55	1 01	1 05	1 09	1 12	1 18	1 23	1 28	1 33	1 37	1 43	1 46	1 50
2	2 14	2 15	2 16	2 16	2 17	2 17	2 18	2 19	2 19	2 20	2 20	2 21	2 21	2 22
3	3 41	3 36	3 32	3 29	3 26	3 23	3 19	3 15	3 12	3 08	3 04	3 00	2 57	2 54
4	5 10	4 59	4 50	4 43	4 36	4 31	4 21	4 13	4 05	3 57	3 49	3 40	3 35	3 28
5	6 38	6 21	6 08	5 57	5 47	5 39	5 25	5 12	5 01	4 49	4 37	4 23	4 15	4 06
6	8 03	7 41	7 23	7 09	6 57	6 47	6 29	6 13	5 59	5 44	5 29	5 11	5 01	4 49
7	9 21	8 54	8 34	8 18	8 04	7 52	7 32	7 14	6 58	6 41	6 23	6 03	5 51	5 37
8	10 25	9 58	9 37	9 20	9 06	8 53	8 32	8 14	7 56	7 39	7 20	6 59	6 46	6 32
9	11 16	10 50	10 30	10 14	10 00	9 48	9 28	9 10	8 53	8 36	8 18	7 58	7 45	7 31
10	11 54	11 32	11 14	11 00	10 47	10 37	10 18	10 02	9 47	9 32	9 15	8 57	8 46	8 33
11	12 22	12 04	11 50	11 38	11 28	11 19	11 04	10 50	10 37	10 24	10 11	9 55	9 45	9 35
12	12 44	12 31	12 20	12 11	12 03	11 56	11 44	11 34	11 24	11 14	11 03	10 51	10 44	10 36
13	13 02	12 53	12 46	12 40	12 35	12 30	12 22	12 15	12 08	12 01	11 54	11 45	11 41	11 35
14	13 18	13 13	13 10	13 07	13 04	13 02	12 57	12 54	12 50	12 47	12 43	12 38	12 36	12 33
15	13 32	13 32	13 32	13 32	13 32	13 32	13 32	13 31	13 31	13 31	13 31	13 31	13 30	13 30
16	13 47	13 51	13 54	13 57	14 00	14 02	14 06	14 09	14 12	14 15	14 19	14 23	14 25	14 27
17	14 02	14 11	14 18	14 23	14 28	14 33	14 41	14 48	14 54	15 01	15 07	15 15	15 20	15 25
18	14 19	14 32	14 43	14 52	14 59	15 06	15 18	15 28	15 38	15 47	15 58	16 09	16 16	16 24

(.. ..) indicates phenomenon will occur the next day.

UNIVERSAL TIME FOR MERIDIAN OF GREENWICH

MOONRISE

Lat.	+40°	+42°	+44°	+46°	+48°	+50°	+52°	+54°	+56°	+58°	+60°	+62°	+64°	+66°
	h m	h m	h m	h m	h m	h m	h m	h m	h m	h m	h m	h m	h m	h m
Apr. 24	6 25	6 20	6 13	6 06	5 59	5 50	5 41	5 31	5 20	5 06	4 51	4 32	4 09	3 38
25	7 13	7 07	7 00	6 53	6 45	6 36	6 26	6 15	6 02	5 47	5 30	5 09	4 42	4 02
26	8 08	8 02	7 55	7 47	7 39	7 31	7 21	7 10	6 57	6 42	6 25	6 04	5 36	4 57
27	9 09	9 03	8 56	8 50	8 42	8 34	8 25	8 15	8 04	7 51	7 35	7 17	6 53	6 22
28	10 14	10 09	10 03	9 58	9 52	9 45	9 37	9 29	9 20	9 09	8 57	8 42	8 25	8 03
29	11 22	11 18	11 14	11 10	11 05	11 00	10 54	10 48	10 41	10 34	10 25	10 15	10 03	9 48
30	12 31	12 29	12 27	12 24	12 21	12 18	12 14	12 10	12 06	12 01	11 56	11 50	11 43	11 35
May 1	13 42	13 41	13 40	13 39	13 38	13 37	13 36	13 34	13 33	13 31	13 29	13 27	13 24	13 21
2	14 54	14 55	14 56	14 56	14 57	14 58	14 59	14 59	15 01	15 02	15 03	15 04	15 06	15 08
3	16 07	16 10	16 12	16 14	16 17	16 20	16 23	16 26	16 30	16 34	16 39	16 44	16 50	16 58
4	17 21	17 25	17 29	17 33	17 37	17 42	17 48	17 53	18 00	18 07	18 16	18 25	18 37	18 51
5	18 35	18 40	18 45	18 51	18 57	19 04	19 11	19 20	19 29	19 39	19 52	20 06	20 23	20 45
6	19 46	19 52	19 58	20 05	20 13	20 21	20 30	20 40	20 52	21 05	21 21	21 40	22 04	22 37
7	20 52	20 58	21 05	21 13	21 21	21 30	21 40	21 51	22 04	22 19	22 37	22 59	23 28	.. ..
8	21 50	21 56	22 03	22 11	22 19	22 28	22 38	22 49	23 02	23 16	23 34	23 56	.. ..	0 10
9	22 39	22 45	22 52	22 58	23 06	23 14	23 23	23 33	23 45	23 58	.. ..	.. ..	0 23	1 03
10	23 21	23 26	23 31	23 37	23 44	23 51	23 58	.. ..	.. ..	.. ..	0 13	0 31	0 54	1 24
11	23 56	.. ..	.. ..	.. ..	.. ..	.. ..	.. ..	0 07	0 16	0 27	0 39	0 53	1 11	1 32
12	.. ..	0 00	0 05	0 09	0 14	0 20	0 26	0 32	0 39	0 48	0 57	1 07	1 20	1 35
13	0 27	0 30	0 33	0 36	0 40	0 44	0 48	0 53	0 58	1 04	1 10	1 17	1 26	1 36
14	0 55	0 56	0 58	1 00	1 02	1 05	1 07	1 10	1 13	1 17	1 21	1 25	1 30	1 35
15	1 20	1 21	1 22	1 22	1 23	1 24	1 25	1 26	1 27	1 28	1 30	1 31	1 33	1 35
16	1 45	1 45	1 44	1 44	1 43	1 43	1 42	1 41	1 40	1 39	1 38	1 37	1 36	1 34
17	2 11	2 09	2 08	2 06	2 04	2 02	1 59	1 57	1 54	1 51	1 47	1 43	1 39	1 34
18	2 38	2 36	2 33	2 29	2 26	2 22	2 18	2 14	2 09	2 04	1 58	1 51	1 43	1 34

MOONSET

Lat.	+40°	+42°	+44°	+46°	+48°	+50°	+52°	+54°	+56°	+58°	+60°	+62°	+64°	+66°
	h m	h m	h m	h m	h m	h m	h m	h m	h m	h m	h m	h m	h m	h m
Apr. 24	21 31	21 38	21 44	21 52	22 00	22 09	22 18	22 29	22 42	22 57	23 14	23 35	.. ..	.. ..
25	22 26	22 33	22 39	22 47	22 55	23 04	23 14	23 25	23 38	23 52	.. ..	.. ..	0 02	0 41
26	23 16	23 22	23 29	23 36	23 43	23 52	.. ..	.. ..	.. ..	.. ..	0 10	0 31	0 59	1 39
27	.. ..	.. ..	.. ..	.. ..	.. ..	.. ..	0 01	0 11	0 23	0 36	0 52	1 11	1 34	2 06
28	0 01	0 06	0 12	0 18	0 24	0 31	0 39	0 48	0 58	1 09	1 22	1 37	1 55	2 18
29	0 41	0 45	0 49	0 54	0 59	1 05	1 11	1 18	1 25	1 34	1 43	1 54	2 07	2 22
30	1 16	1 19	1 22	1 26	1 29	1 33	1 37	1 42	1 47	1 53	1 59	2 06	2 15	2 24
May 1	1 50	1 51	1 53	1 55	1 57	1 59	2 01	2 03	2 06	2 09	2 12	2 16	2 20	2 25
2	2 22	2 22	2 22	2 22	2 22	2 23	2 23	2 23	2 23	2 24	2 24	2 24	2 25	2 25
3	2 54	2 53	2 52	2 50	2 49	2 47	2 45	2 43	2 41	2 38	2 36	2 33	2 29	2 25
4	3 28	3 26	3 23	3 20	3 16	3 13	3 09	3 05	3 00	2 55	2 49	2 42	2 35	2 26
5	4 06	4 02	3 58	3 53	3 48	3 43	3 37	3 30	3 23	3 15	3 05	2 55	2 42	2 28
6	4 49	4 44	4 38	4 32	4 25	4 18	4 10	4 02	3 52	3 41	3 28	3 13	2 55	2 32
7	5 37	5 31	5 25	5 18	5 10	5 02	4 52	4 42	4 30	4 16	4 00	3 41	3 16	2 43
8	6 32	6 26	6 19	6 11	6 03	5 54	5 44	5 32	5 19	5 04	4 46	4 24	3 56	3 13
9	7 31	7 25	7 18	7 11	7 03	6 54	6 44	6 33	6 20	6 06	5 48	5 27	5 00	4 20
10	8 33	8 27	8 21	8 15	8 07	7 59	7 51	7 41	7 30	7 17	7 02	6 44	6 22	5 52
11	9 35	9 30	9 25	9 20	9 14	9 07	9 00	8 52	8 43	8 33	8 21	8 07	7 51	7 30
12	10 36	10 32	10 28	10 24	10 20	10 15	10 09	10 03	9 57	9 49	9 41	9 31	9 19	9 05
13	11 35	11 33	11 30	11 27	11 24	11 21	11 17	11 13	11 09	11 04	10 58	10 52	10 45	10 36
14	12 33	12 32	12 30	12 29	12 27	12 26	12 24	12 22	12 20	12 17	12 14	12 11	12 07	12 03
15	13 30	13 30	13 30	13 30	13 30	13 30	13 30	13 30	13 29	13 29	13 29	13 29	13 29	13 28
16	14 27	14 29	14 30	14 31	14 32	14 34	14 35	14 37	14 39	14 41	14 44	14 47	14 50	14 54
17	15 25	15 27	15 30	15 33	15 35	15 38	15 42	15 46	15 50	15 54	15 59	16 05	16 12	16 20
18	16 24	16 27	16 31	16 35	16 39	16 44	16 49	16 55	17 01	17 08	17 16	17 26	17 37	17 49

(.. ..) indicates phenomenon will occur the next day.
(-- --) indicates Moon continuously below horizon.
(** **) indicates Moon continuously above horizon.

MOONRISE AND MOONSET, 1993
UNIVERSAL TIME FOR MERIDIAN OF GREENWICH
MOONRISE

Lat.	−55°	−50°	−45°	−40°	−35°	−30°	−20°	−10°	0°	+10°	+20°	+30°	+35°	+40°
	h m	h m	h m	h m	h m	h m	h m	h m	h m	h m	h m	h m	h m	h m
May 17	3 14	3 07	3 02	2 57	2 53	2 50	2 44	2 39	2 34	2 29	2 24	2 18	2 15	2 11
18	4 24	4 12	4 03	3 55	3 49	3 43	3 33	3 24	3 16	3 08	3 00	2 50	2 45	2 38
19	5 35	5 19	5 06	4 55	4 46	4 38	4 24	4 12	4 01	3 50	3 38	3 25	3 17	3 08
20	6 46	6 25	6 09	5 55	5 44	5 34	5 17	5 02	4 48	4 35	4 20	4 03	3 54	3 43
21	7 56	7 31	7 11	6 56	6 42	6 31	6 11	5 54	5 38	5 23	5 06	4 47	4 35	4 22
22	8 59	8 32	8 11	7 54	7 40	7 28	7 06	6 48	6 31	6 14	5 56	5 35	5 23	5 09
23	9 54	9 27	9 06	8 49	8 35	8 22	8 01	7 43	7 25	7 08	6 50	6 29	6 16	6 02
24	10 39	10 14	9 55	9 39	9 26	9 14	8 54	8 37	8 21	8 04	7 47	7 27	7 15	7 02
25	11 13	10 53	10 36	10 23	10 12	10 02	9 44	9 29	9 15	9 01	8 46	8 28	8 18	8 07
26	11 41	11 25	11 12	11 02	10 53	10 45	10 32	10 20	10 08	9 57	9 45	9 31	9 23	9 14
27	12 03	11 52	11 44	11 37	11 31	11 26	11 16	11 08	11 00	10 52	10 44	10 35	10 29	10 23
28	12 22	12 17	12 13	12 09	12 06	12 04	11 59	11 55	11 51	11 47	11 43	11 38	11 35	11 32
29	12 40	12 40	12 41	12 41	12 41	12 41	12 41	12 41	12 41	12 41	12 41	12 42	12 42	12 42
30	12 59	13 04	13 09	13 12	13 15	13 18	13 23	13 28	13 32	13 36	13 41	13 46	13 49	13 53
31	13 19	13 30	13 38	13 46	13 52	13 58	14 07	14 16	14 24	14 32	14 41	14 51	14 57	15 04
June 1	13 43	13 59	14 12	14 23	14 32	14 40	14 54	15 07	15 18	15 30	15 43	15 57	16 06	16 16
2	14 13	14 34	14 51	15 05	15 17	15 27	15 45	16 00	16 15	16 29	16 45	17 03	17 14	17 26
3	14 52	15 17	15 37	15 53	16 06	16 18	16 38	16 56	17 13	17 29	17 47	18 08	18 20	18 34
4	15 42	16 09	16 30	16 47	17 01	17 14	17 35	17 54	18 11	18 28	18 47	19 08	19 21	19 35
5	16 43	17 10	17 30	17 47	18 00	18 12	18 33	18 51	19 08	19 24	19 42	20 03	20 15	20 29
6	17 52	18 16	18 34	18 49	19 01	19 12	19 31	19 47	20 02	20 17	20 33	20 52	21 02	21 15
7	19 05	19 24	19 39	19 51	20 02	20 11	20 26	20 40	20 53	21 05	21 19	21 34	21 43	21 53
8	20 19	20 33	20 44	20 53	21 01	21 08	21 20	21 30	21 40	21 50	22 00	22 12	22 19	22 26
9	21 31	21 40	21 47	21 53	21 58	22 03	22 11	22 18	22 24	22 31	22 38	22 46	22 50	22 55
10	22 41	22 45	22 49	22 52	22 54	22 56	23 00	23 04	23 07	23 10	23 13	23 17	23 20	23 22

MOONSET

Lat.	−55°	−50°	−45°	−40°	−35°	−30°	−20°	−10°	0°	+10°	+20°	+30°	+35°	+40°
	h m	h m	h m	h m	h m	h m	h m	h m	h m	h m	h m	h m	h m	h m
May 17	14 02	14 11	14 18	14 23	14 28	14 33	14 41	14 48	14 54	15 01	15 07	15 15	15 20	15 25
18	14 19	14 32	14 43	14 52	14 59	15 06	15 18	15 28	15 38	15 47	15 58	16 09	16 16	16 24
19	14 40	14 58	15 12	15 24	15 34	15 43	15 58	16 11	16 23	16 36	16 49	17 05	17 14	17 24
20	15 07	15 29	15 46	16 01	16 13	16 23	16 41	16 57	17 12	17 27	17 43	18 01	18 12	18 24
21	15 42	16 07	16 27	16 43	16 57	17 09	17 29	17 47	18 03	18 20	18 38	18 58	19 10	19 24
22	16 27	16 55	17 16	17 33	17 47	18 00	18 21	18 40	18 57	19 14	19 33	19 54	20 06	20 21
23	17 25	17 52	18 13	18 30	18 44	18 56	19 17	19 35	19 52	20 09	20 27	20 47	20 59	21 13
24	18 34	18 58	19 17	19 32	19 45	19 56	20 15	20 31	20 47	21 02	21 18	21 37	21 48	22 00
25	19 51	20 11	20 26	20 38	20 49	20 58	21 14	21 28	21 41	21 53	22 07	22 22	22 31	22 41
26	21 12	21 26	21 37	21 47	21 55	22 01	22 13	22 24	22 33	22 43	22 53	23 04	23 11	23 18
27	22 35	22 43	22 50	22 56	23 01	23 05	23 12	23 18	23 24	23 30	23 36	23 43	23 47	23 52
28	23 59	.. ..	.. ..	.. ..	.. ..	.. ..	.. ..	.. ..	.. ..	.. ..	.. ..	.. ..	.. ..	.. ..
29	.. ..	0 01	0 04	0 05	0 07	0 08	0 11	0 13	0 15	0 17	0 19	0 21	0 22	0 23
30	1 23	1 20	1 18	1 16	1 14	1 12	1 10	1 07	1 05	1 03	1 01	0 58	0 56	0 55
31	2 48	2 39	2 32	2 26	2 21	2 17	2 09	2 03	1 57	1 50	1 44	1 36	1 32	1 27
June 1	4 14	3 59	3 48	3 38	3 30	3 23	3 10	3 00	2 50	2 40	2 29	2 17	2 10	2 02
2	5 38	5 18	5 02	4 49	4 38	4 29	4 13	3 58	3 45	3 32	3 18	3 01	2 52	2 41
3	6 58	6 33	6 14	5 59	5 46	5 34	5 15	4 58	4 42	4 27	4 10	3 50	3 39	3 26
4	8 08	7 41	7 20	7 04	6 49	6 37	6 16	5 58	5 41	5 23	5 05	4 44	4 32	4 18
5	9 06	8 39	8 18	8 01	7 47	7 35	7 14	6 56	6 38	6 21	6 03	5 41	5 29	5 15
6	9 49	9 25	9 06	8 51	8 38	8 27	8 07	7 50	7 34	7 18	7 01	6 41	6 29	6 16
7	10 22	10 02	9 46	9 33	9 22	9 12	8 55	8 41	8 27	8 13	7 58	7 40	7 30	7 19
8	10 47	10 32	10 19	10 09	10 00	9 52	9 39	9 27	9 16	9 05	8 52	8 39	8 30	8 21
9	11 07	10 56	10 47	10 40	10 34	10 28	10 18	10 10	10 02	9 54	9 45	9 35	9 29	9 22
10	11 24	11 17	11 12	11 08	11 04	11 01	10 55	10 50	10 45	10 40	10 35	10 29	10 25	10 22

(.. ..) indicates phenomenon will occur the next day.

UNIVERSAL TIME FOR MERIDIAN OF GREENWICH
MOONRISE

Lat.	+40°	+42°	+44°	+46°	+48°	+50°	+52°	+54°	+56°	+58°	+60°	+62°	+64°	+66°
	h m	h m	h m	h m	h m	h m	h m	h m	h m	h m	h m	h m	h m	h m
May 17	2 11	2 09	2 08	2 06	2 04	2 02	1 59	1 57	1 54	1 51	1 47	1 43	1 39	1 34
18	2 38	2 36	2 33	2 29	2 26	2 22	2 18	2 14	2 09	2 04	1 58	1 51	1 43	1 34
19	3 08	3 05	3 00	2 56	2 51	2 46	2 40	2 34	2 27	2 20	2 11	2 01	1 49	1 35
20	3 43	3 38	3 33	3 27	3 21	3 14	3 07	2 59	2 50	2 40	2 28	2 14	1 58	1 38
21	4 22	4 17	4 11	4 04	3 57	3 49	3 40	3 30	3 19	3 07	2 52	2 35	2 14	1 46
22	5 09	5 03	4 56	4 49	4 41	4 32	4 22	4 11	3 59	3 45	3 28	3 07	2 41	2 05
23	6 02	5 56	5 49	5 41	5 33	5 24	5 14	5 03	4 51	4 36	4 18	3 57	3 29	2 49
24	7 02	6 56	6 49	6 42	6 35	6 26	6 17	6 07	5 55	5 41	5 25	5 06	4 41	4 07
25	8 07	8 01	7 56	7 50	7 43	7 36	7 28	7 19	7 09	6 58	6 45	6 29	6 10	5 46
26	9 14	9 10	9 06	9 01	8 56	8 50	8 44	8 37	8 30	8 21	8 11	8 00	7 47	7 30
27	10 23	10 20	10 17	10 14	10 10	10 07	10 03	9 58	9 53	9 48	9 41	9 34	9 26	9 16
28	11 32	11 31	11 29	11 28	11 26	11 24	11 22	11 20	11 18	11 15	11 12	11 09	11 05	11 00
29	12 42	12 42	12 42	12 42	12 42	12 43	12 43	12 43	12 43	12 43	12 43	12 44	12 44	12 44
30	13 53	13 54	13 56	13 58	13 59	14 02	14 04	14 06	14 09	14 12	14 16	14 19	14 24	14 29
31	15 04	15 07	15 10	15 14	15 17	15 21	15 26	15 31	15 36	15 42	15 49	15 57	16 06	16 17
June 1	16 16	16 20	16 25	16 30	16 35	16 41	16 48	16 55	17 03	17 12	17 23	17 35	17 50	18 08
2	17 26	17 32	17 38	17 44	17 51	17 59	18 07	18 16	18 27	18 39	18 54	19 11	19 32	19 59
3	18 34	18 40	18 47	18 54	19 02	19 11	19 20	19 31	19 44	19 58	20 15	20 36	21 03	21 42
4	19 35	19 42	19 49	19 56	20 04	20 14	20 24	20 35	20 48	21 03	21 21	21 43	22 12	22 55
5	20 29	20 35	20 42	20 49	20 57	21 05	21 15	21 26	21 38	21 52	22 08	22 28	22 54	23 28
6	21 15	21 20	21 26	21 32	21 39	21 47	21 55	22 04	22 14	22 26	22 40	22 56	23 16	23 41
7	21 53	21 58	22 02	22 08	22 13	22 19	22 26	22 33	22 42	22 51	23 01	23 14	23 28	23 46
8	22 26	22 30	22 33	22 37	22 41	22 46	22 51	22 56	23 02	23 09	23 17	23 25	23 35	23 47
9	22 55	22 58	23 00	23 03	23 05	23 08	23 12	23 15	23 19	23 23	23 28	23 34	23 40	23 48
10	23 22	23 23	23 24	23 26	23 27	23 28	23 30	23 32	23 34	23 36	23 38	23 41	23 44	23 47

MOONSET

Lat.	+40°	+42°	+44°	+46°	+48°	+50°	+52°	+54°	+56°	+58°	+60°	+62°	+64°	+66°
	h m	h m	h m	h m	h m	h m	h m	h m	h m	h m	h m	h m	h m	h m
May 17	15 25	15 27	15 30	15 33	15 35	15 38	15 42	15 46	15 50	15 54	15 59	16 05	16 12	16 20
18	16 24	16 27	16 31	16 35	16 39	16 44	16 49	16 55	17 01	17 08	17 16	17 26	17 37	17 49
19	17 24	17 28	17 33	17 39	17 44	17 50	17 57	18 05	18 13	18 23	18 34	18 47	19 03	19 22
20	18 24	18 30	18 36	18 42	18 49	18 57	19 05	19 14	19 25	19 37	19 51	20 08	20 29	20 56
21	19 24	19 30	19 37	19 44	19 52	20 00	20 10	20 20	20 33	20 47	21 03	21 24	21 49	22 26
22	20 21	20 27	20 34	20 41	20 50	20 58	21 08	21 20	21 32	21 47	22 05	22 26	22 54	23 34
23	21 13	21 19	21 26	21 33	21 41	21 49	21 59	22 10	22 22	22 36	22 52	23 12	23 37	.. ..
24	22 00	22 05	22 11	22 18	22 25	22 32	22 40	22 50	23 00	23 12	23 26	23 42	.. ..	0 11
25	22 41	22 46	22 51	22 56	23 01	23 08	23 14	23 22	23 30	23 39	23 49	.. ..	0 01	0 26
26	23 18	23 22	23 25	23 29	23 33	23 37	23 42	23 47	23 53	23 59	.. ..	0 01	0 16	0 33
27	23 52	23 54	23 56	23 58	.. ..	.. ..	.. ..	.. ..	.. ..	.. ..	0 07	0 15	0 25	0 36
28	.. ..	.. ..	.. ..	.. ..	0 01	0 03	0 06	0 09	0 12	0 16	0 20	0 25	0 31	0 37
29	0 23	0 24	0 25	0 25	0 26	0 27	0 28	0 29	0 30	0 31	0 32	0 34	0 35	0 37
30	0 55	0 54	0 53	0 52	0 51	0 50	0 49	0 48	0 47	0 45	0 44	0 42	0 40	0 37
31	1 27	1 25	1 23	1 20	1 17	1 15	1 11	1 08	1 04	1 00	0 56	0 50	0 44	0 37
June 1	2 02	1 58	1 55	1 51	1 46	1 42	1 37	1 31	1 25	1 18	1 10	1 01	0 51	0 38
2	2 41	2 37	2 31	2 26	2 20	2 14	2 07	1 59	1 50	1 40	1 29	1 16	1 00	0 41
3	3 26	3 20	3 14	3 08	3 00	2 52	2 44	2 34	2 23	2 10	1 56	1 38	1 16	0 49
4	4 18	4 11	4 04	3 57	3 49	3 40	3 30	3 19	3 06	2 52	2 34	2 13	1 46	1 07
5	5 15	5 08	5 01	4 54	4 45	4 36	4 26	4 15	4 02	3 47	3 29	3 07	2 38	1 55
6	6 16	6 10	6 03	5 56	5 49	5 40	5 31	5 20	5 09	4 55	4 39	4 19	3 54	3 20
7	7 19	7 13	7 08	7 02	6 55	6 48	6 40	6 31	6 21	6 10	5 57	5 41	5 22	4 58
8	8 21	8 17	8 13	8 08	8 03	7 57	7 51	7 44	7 36	7 28	7 18	7 06	6 53	6 36
9	9 22	9 19	9 16	9 13	9 09	9 05	9 01	8 56	8 50	8 44	8 38	8 30	8 21	8 10
10	10 22	10 20	10 18	10 16	10 14	10 11	10 09	10 06	10 03	9 59	9 55	9 51	9 46	9 40

(.. ..) indicates phenomenon will occur the next day.
(-- --) indicates Moon continuously below horizon.
(** **) indicates Moon continuously above horizon.

MOONRISE AND MOONSET, 1993

UNIVERSAL TIME FOR MERIDIAN OF GREENWICH
MOONRISE

Lat.	−55°	−50°	−45°	−40°	−35°	−30°	−20°	−10°	0°	+10°	+20°	+30°	+35°	+40°
	h m	h m	h m	h m	h m	h m	h m	h m	h m	h m	h m	h m	h m	h m
June 8	20 19	20 33	20 44	20 53	21 01	21 08	21 20	21 30	21 40	21 50	22 00	22 12	22 19	22 26
9	21 31	21 40	21 47	21 53	21 58	22 03	22 11	22 18	22 24	22 31	22 38	22 46	22 50	22 55
10	22 41	22 45	22 49	22 52	22 54	22 56	23 00	23 04	23 07	23 10	23 13	23 17	23 20	23 22
11	23 50	23 50	23 49	23 49	23 49	23 49	23 49	23 48	23 48	23 48	23 48	23 48	23 48	23 47
12	.. ..	.. ..	.. ..	.. ..	.. ..	.. ..	.. ..	.. ..	.. ..	.. ..	.. ..	.. ..	.. ..	.. ..
13	0 59	0 54	0 50	0 46	0 44	0 41	0 37	0 33	0 29	0 26	0 22	0 18	0 16	0 13
14	2 08	1 58	1 51	1 44	1 39	1 34	1 25	1 18	1 11	1 04	0 57	0 49	0 45	0 39
15	3 18	3 04	2 52	2 43	2 35	2 28	2 15	2 05	1 55	1 45	1 34	1 23	1 16	1 08
16	4 29	4 10	3 55	3 43	3 32	3 23	3 07	2 53	2 41	2 28	2 15	1 59	1 50	1 40
17	5 40	5 16	4 58	4 43	4 30	4 20	4 01	3 45	3 30	3 15	2 59	2 40	2 30	2 17
18	6 47	6 20	5 59	5 43	5 29	5 17	4 56	4 38	4 21	4 05	3 47	3 27	3 15	3 01
19	7 46	7 18	6 57	6 40	6 26	6 13	5 52	5 33	5 16	4 59	4 40	4 19	4 06	3 52
20	8 35	8 09	7 49	7 33	7 19	7 07	6 46	6 29	6 12	5 55	5 37	5 17	5 04	4 51
21	9 14	8 52	8 35	8 20	8 08	7 57	7 39	7 23	7 08	6 53	6 37	6 18	6 07	5 55
22	9 45	9 27	9 13	9 02	8 52	8 43	8 28	8 15	8 03	7 51	7 37	7 22	7 13	7 03
23	10 09	9 57	9 47	9 39	9 32	9 26	9 15	9 05	8 56	8 47	8 38	8 27	8 20	8 13
24	10 29	10 23	10 17	10 12	10 08	10 05	9 59	9 53	9 48	9 43	9 38	9 31	9 28	9 24
25	10 48	10 46	10 45	10 44	10 43	10 42	10 41	10 40	10 39	10 38	10 37	10 35	10 35	10 34
26	11 06	11 10	11 13	11 15	11 18	11 20	11 23	11 26	11 29	11 32	11 35	11 39	11 41	11 44
27	11 25	11 34	11 42	11 48	11 53	11 58	12 06	12 13	12 20	12 27	12 35	12 43	12 48	12 54
28	11 47	12 02	12 13	12 23	12 31	12 38	12 51	13 02	13 13	13 23	13 35	13 48	13 55	14 04
29	12 14	12 34	12 49	13 02	13 13	13 22	13 39	13 53	14 07	14 21	14 35	14 52	15 02	15 14
30	12 49	13 12	13 31	13 46	13 59	14 11	14 30	14 47	15 03	15 19	15 36	15 56	16 08	16 21
July 1	13 33	14 00	14 20	14 37	14 51	15 03	15 24	15 43	16 00	16 17	16 35	16 57	17 09	17 23
2	14 29	14 56	15 17	15 33	15 48	16 00	16 21	16 39	16 56	17 13	17 32	17 53	18 05	18 19

MOONSET

Lat.	−55°	−50°	−45°	−40°	−35°	−30°	−20°	−10°	0°	+10°	+20°	+30°	+35°	+40°
	h m	h m	h m	h m	h m	h m	h m	h m	h m	h m	h m	h m	h m	h m
June 8	10 47	10 32	10 19	10 09	10 00	9 52	9 39	9 27	9 16	9 05	8 52	8 39	8 30	8 21
9	11 07	10 56	10 47	10 40	10 34	10 28	10 18	10 10	10 02	9 54	9 45	9 35	9 29	9 22
10	11 24	11 17	11 12	11 08	11 04	11 01	10 55	10 50	10 45	10 40	10 35	10 29	10 25	10 22
11	11 39	11 37	11 35	11 34	11 33	11 32	11 30	11 28	11 27	11 25	11 24	11 22	11 21	11 19
12	11 53	11 55	11 57	11 59	12 01	12 02	12 04	12 06	12 08	12 10	12 12	12 14	12 15	12 17
13	12 08	12 15	12 20	12 25	12 29	12 32	12 39	12 44	12 49	12 55	13 00	13 06	13 10	13 14
14	12 24	12 35	12 45	12 52	12 59	13 05	13 15	13 24	13 32	13 40	13 49	13 59	14 05	14 12
15	12 43	12 59	13 12	13 22	13 31	13 39	13 53	14 05	14 17	14 28	14 40	14 54	15 02	15 11
16	13 07	13 28	13 44	13 57	14 08	14 18	14 35	14 50	15 04	15 18	15 33	15 50	16 00	16 11
17	13 38	14 03	14 22	14 37	14 50	15 02	15 21	15 38	15 54	16 10	16 27	16 47	16 58	17 12
18	14 20	14 47	15 07	15 24	15 38	15 51	16 12	16 30	16 47	17 04	17 23	17 44	17 56	18 10
19	15 13	15 41	16 02	16 19	16 33	16 46	17 07	17 25	17 43	18 00	18 18	18 39	18 51	19 05
20	16 19	16 45	17 05	17 20	17 34	17 45	18 05	18 23	18 39	18 55	19 12	19 31	19 43	19 56
21	17 35	17 57	18 13	18 27	18 38	18 48	19 06	19 20	19 34	19 48	20 03	20 19	20 29	20 40
22	18 57	19 13	19 26	19 36	19 45	19 53	20 06	20 18	20 29	20 39	20 51	21 03	21 11	21 19
23	20 21	20 32	20 40	20 47	20 53	20 58	21 06	21 14	21 21	21 28	21 36	21 44	21 49	21 54
24	21 46	21 50	21 54	21 57	22 00	22 02	22 06	22 09	22 12	22 15	22 19	22 22	22 24	22 27
25	23 10	23 09	23 08	23 07	23 06	23 06	23 05	23 04	23 03	23 02	23 01	23 00	22 59	22 58
26	.. ..	.. ..	.. ..	.. ..	.. ..	.. ..	.. ..	23 58	23 53	23 48	23 43	23 37	23 34	23 30
27	0 34	0 27	0 22	0 17	0 13	0 10	0 04	.. ..	.. ..	.. ..	.. ..	.. ..	.. ..	.. ..
28	1 58	1 46	1 36	1 27	1 20	1 14	1 03	0 54	0 45	0 36	0 27	0 16	0 10	0 03
29	3 22	3 03	2 49	2 37	2 27	2 19	2 04	1 51	1 38	1 26	1 13	0 58	0 50	0 40
30	4 42	4 18	4 01	3 46	3 34	3 23	3 04	2 48	2 33	2 19	2 03	1 44	1 34	1 22
July 1	5 54	5 28	5 08	4 51	4 37	4 25	4 05	3 47	3 30	3 13	2 56	2 35	2 23	2 09
2	6 56	6 29	6 08	5 51	5 36	5 24	5 03	4 44	4 27	4 10	3 51	3 30	3 17	3 03

(.. ..) indicates phenomenon will occur the next day.

UNIVERSAL TIME FOR MERIDIAN OF GREENWICH
MOONRISE

Lat.	+40°	+42°	+44°	+46°	+48°	+50°	+52°	+54°	+56°	+58°	+60°	+62°	+64°	+66°
	h m	h m	h m	h m	h m	h m	h m	h m	h m	h m	h m	h m	h m	h m
June 8	22 26	22 30	22 33	22 37	22 41	22 46	22 51	22 56	23 02	23 09	23 17	23 25	23 35	23 47
9	22 55	22 58	23 00	23 03	23 05	23 08	23 12	23 15	23 19	23 23	23 28	23 34	23 40	23 48
10	23 22	23 23	23 24	23 26	23 27	23 28	23 30	23 32	23 34	23 36	23 38	23 41	23 44	23 47
11	23 47	23 47	23 47	23 47	23 47	23 47	23 47	23 47	23 47	23 47	23 47	23 47	23 47	23 47
12	.. ..	.. ..	.. ..	.. ..	.. ..	.. ..	.. ..	.. ..	.. ..	.. ..	23 58	23 56	23 53	23 50
13	0 13	0 12	0 10	0 09	0 08	0 06	0 04	0 03	0 00	.. ..	.. ..	.. ..	23 53	23 46
14	0 39	0 37	0 34	0 32	0 29	0 26	0 23	0 19	0 15	0 10	0 05	0 00	23 58	23 46
15	1 08	1 05	1 01	0 57	0 53	0 48	0 43	0 38	0 32	0 25	0 17	0 08	.. ..	23 49
16	1 40	1 36	1 31	1 26	1 20	1 14	1 08	1 00	0 52	0 43	0 32	0 20	0 06	23 54
17	2 17	2 12	2 06	2 00	1 53	1 46	1 38	1 29	1 18	1 07	0 53	0 38	0 18	.. ..
18	3 01	2 55	2 49	2 41	2 34	2 25	2 16	2 05	1 54	1 40	1 24	1 05	0 40	0 07
19	3 52	3 46	3 39	3 31	3 23	3 14	3 04	2 53	2 41	2 26	2 08	1 47	1 19	0 39
20	4 51	4 44	4 38	4 30	4 22	4 14	4 04	3 53	3 41	3 27	3 10	2 49	2 23	1 45
21	5 55	5 49	5 43	5 37	5 30	5 22	5 14	5 04	4 53	4 41	4 27	4 09	3 48	3 20
22	7 03	6 59	6 54	6 49	6 43	6 37	6 30	6 22	6 14	6 04	5 54	5 41	5 25	5 06
23	8 13	8 10	8 07	8 03	7 59	7 54	7 50	7 44	7 39	7 32	7 25	7 16	7 06	6 54
24	9 24	9 22	9 20	9 18	9 15	9 13	9 10	9 08	9 04	9 01	8 57	8 52	8 47	8 41
25	10 34	10 33	10 33	10 33	10 32	10 32	10 31	10 31	10 30	10 29	10 28	10 28	10 27	10 25
26	11 44	11 45	11 46	11 47	11 49	11 50	11 52	11 54	11 55	11 58	12 00	12 03	12 06	12 10
27	12 54	12 57	12 59	13 02	13 05	13 09	13 12	13 16	13 21	13 26	13 32	13 39	13 46	13 55
28	14 04	14 08	14 12	14 17	14 22	14 27	14 33	14 39	14 46	14 54	15 04	15 15	15 27	15 43
29	15 14	15 19	15 24	15 30	15 37	15 44	15 51	16 00	16 10	16 21	16 34	16 49	17 08	17 31
30	16 21	16 27	16 33	16 40	16 48	16 56	17 06	17 16	17 28	17 41	17 58	18 17	18 42	19 16
July 1	17 23	17 30	17 37	17 44	17 53	18 02	18 12	18 23	18 36	18 51	19 09	19 31	19 59	20 42
2	18 19	18 26	18 33	18 40	18 48	18 57	19 07	19 18	19 31	19 45	20 03	20 24	20 51	21 30

MOONSET

Lat.	+40°	+42°	+44°	+46°	+48°	+50°	+52°	+54°	+56°	+58°	+60°	+62°	+64°	+66°
	h m	h m	h m	h m	h m	h m	h m	h m	h m	h m	h m	h m	h m	h m
June 8	8 21	8 17	8 13	8 08	8 03	7 57	7 51	7 44	7 36	7 28	7 18	7 06	6 53	6 36
9	9 22	9 19	9 16	9 13	9 09	9 05	9 01	8 56	8 50	8 44	8 38	8 30	8 21	8 10
10	10 22	10 20	10 20	10 18	10 16	10 14	10 11	10 09	10 06	10 03	9 59	9 55	9 51	9 46
11	11 19	11 19	11 18	11 18	11 17	11 16	11 15	11 15	11 14	11 13	11 11	11 10	11 08	11 06
12	12 17	12 17	12 18	12 19	12 20	12 20	12 21	12 22	12 24	12 25	12 26	12 28	12 30	12 32
13	13 14	13 16	13 18	13 20	13 22	13 25	13 27	13 30	13 34	13 37	13 41	13 46	13 51	13 57
14	14 12	14 15	14 18	14 22	14 26	14 30	14 34	14 39	14 44	14 50	14 57	15 05	15 14	15 25
15	15 11	15 15	15 19	15 25	15 30	15 35	15 42	15 48	15 56	16 05	16 14	16 26	16 39	16 56
16	16 11	16 17	16 22	16 28	16 35	16 42	16 49	16 58	17 08	17 19	17 32	17 47	18 06	18 30
17	17 12	17 18	17 24	17 31	17 38	17 47	17 56	18 06	18 18	18 31	18 47	19 06	19 30	20 02
18	18 10	18 17	18 23	18 31	18 39	18 48	18 58	19 09	19 22	19 36	19 54	20 15	20 43	21 23
19	19 05	19 12	19 19	19 26	19 34	19 43	19 53	20 04	20 16	20 30	20 48	21 08	21 35	22 13
20	19 56	20 01	20 08	20 14	20 22	20 30	20 38	20 48	20 59	21 12	21 27	21 45	22 06	22 35
21	20 40	20 45	20 50	20 56	21 02	21 08	21 16	21 24	21 33	21 43	21 55	22 08	22 24	22 44
22	21 19	21 23	21 27	21 31	21 36	21 41	21 46	21 52	21 59	22 06	22 14	22 24	22 35	22 48
23	21 54	21 57	21 59	22 02	22 05	22 08	22 12	22 15	22 20	22 24	22 29	22 35	22 42	22 50
24	22 27	22 28	22 29	22 30	22 31	22 33	22 34	22 36	22 38	22 40	22 42	22 44	22 47	22 50
25	22 58	22 58	22 57	22 57	22 57	22 56	22 56	22 55	22 55	22 54	22 53	22 52	22 51	22 50
26	23 30	23 28	23 26	23 24	23 22	23 20	23 17	23 15	23 12	23 08	23 05	23 01	22 56	22 50
27	.. ..	.. ..	23 57	23 53	23 50	23 45	23 41	23 36	23 31	23 25	23 18	23 10	23 01	22 51
28	0 03	0 00	.. ..	.. ..	.. ..	.. ..	.. ..	.. ..	23 54	23 45	23 35	23 23	23 09	22 53
29	0 40	0 36	0 31	0 26	0 21	0 15	0 08	0 01	.. ..	.. ..	23 57	23 42	23 22	22 58
30	1 22	1 16	1 10	1 04	0 57	0 50	0 42	0 33	0 22	0 11	.. ..	.. ..	23 45	23 11
July 1	2 09	2 03	1 56	1 49	1 41	1 33	1 23	1 13	1 01	0 47	0 30	0 10	.. ..	23 44
2	3 03	2 56	2 49	2 42	2 34	2 25	2 14	2 03	1 50	1 35	1 17	0 55	0 26	.. ..

(.. ..) indicates phenomenon will occur the next day.
(-- --) indicates Moon continuously below horizon.
(** **) indicates Moon continuously above horizon.

MOONRISE AND MOONSET, 1993
UNIVERSAL TIME FOR MERIDIAN OF GREENWICH
MOONRISE

Lat.	−55°	−50°	−45°	−40°	−35°	−30°	−20°	−10°	0°	+10°	+20°	+30°	+35°	+40°
	h m	h m	h m	h m	h m	h m	h m	h m	h m	h m	h m	h m	h m	h m
July 1	13 33	14 00	14 20	14 37	14 51	15 03	15 24	15 43	16 00	16 17	16 35	16 57	17 09	17 23
2	14 29	14 56	15 17	15 33	15 48	16 00	16 21	16 39	16 56	17 13	17 32	17 53	18 05	18 19
3	15 34	15 59	16 18	16 34	16 47	16 59	17 18	17 35	17 51	18 07	18 24	18 44	18 55	19 08
4	16 45	17 06	17 23	17 36	17 48	17 58	18 15	18 29	18 43	18 57	19 12	19 29	19 38	19 49
5	17 59	18 15	18 28	18 39	18 48	18 56	19 09	19 21	19 32	19 43	19 55	20 08	20 16	20 25
6	19 12	19 23	19 32	19 40	19 46	19 52	20 02	20 10	20 18	20 26	20 35	20 44	20 50	20 56
7	20 24	20 30	20 35	20 40	20 43	20 46	20 52	20 57	21 02	21 06	21 11	21 17	21 20	21 24
8	21 34	21 35	21 37	21 38	21 39	21 40	21 41	21 42	21 44	21 45	21 46	21 48	21 49	21 50
9	22 43	22 40	22 37	22 35	22 33	22 32	22 29	22 27	22 25	22 23	22 21	22 18	22 17	22 15
10	23 51	23 44	23 38	23 33	23 28	23 24	23 18	23 12	23 06	23 01	22 55	22 49	22 45	22 41
11	.. ..	.. ..	.. ..	.. ..	.. ..	.. ..	.. ..	23 57	23 49	23 40	23 31	23 21	23 15	23 08
12	1 01	0 48	0 39	0 30	0 23	0 17	0 07	.. ..	.. ..	.. ..	.. ..	23 56	23 48	23 39
13	2 11	1 54	1 40	1 29	1 20	1 11	0 57	0 45	0 33	0 22	0 10	.. ..	.. ..	.. ..
14	3 21	2 59	2 42	2 29	2 17	2 07	1 49	1 34	1 20	1 06	0 51	0 34	0 24	0 13
15	4 29	4 04	3 44	3 28	3 15	3 03	2 43	2 26	2 10	1 54	1 37	1 18	1 06	0 53
16	5 32	5 04	4 43	4 26	4 12	4 00	3 39	3 20	3 03	2 46	2 28	2 07	1 55	1 41
17	6 26	5 59	5 38	5 21	5 07	4 55	4 34	4 16	3 58	3 41	3 23	3 02	2 50	2 36
18	7 10	6 46	6 27	6 12	5 59	5 47	5 28	5 11	4 55	4 39	4 22	4 02	3 51	3 38
19	7 45	7 25	7 10	6 57	6 46	6 36	6 20	6 05	5 52	5 38	5 23	5 06	4 57	4 45
20	8 12	7 58	7 46	7 37	7 29	7 21	7 09	6 57	6 47	6 37	6 25	6 12	6 05	5 56
21	8 35	8 26	8 19	8 13	8 08	8 03	7 55	7 48	7 41	7 34	7 27	7 19	7 14	7 09
22	8 55	8 51	8 49	8 46	8 44	8 42	8 39	8 36	8 34	8 31	8 28	8 25	8 23	8 21
23	9 14	9 16	9 17	9 18	9 19	9 21	9 22	9 24	9 25	9 27	9 29	9 31	9 32	9 33
24	9 33	9 40	9 46	9 51	9 55	9 59	10 06	10 12	10 17	10 23	10 29	10 36	10 40	10 45
25	9 54	10 07	10 17	10 25	10 33	10 39	10 50	11 00	11 10	11 19	11 29	11 41	11 48	11 56

MOONSET

Lat.	−55°	−50°	−45°	−40°	−35°	−30°	−20°	−10°	0°	+10°	+20°	+30°	+35°	+40°
	h m	h m	h m	h m	h m	h m	h m	h m	h m	h m	h m	h m	h m	h m
July 1	5 54	5 28	5 08	4 51	4 37	4 25	4 05	3 47	3 30	3 13	2 56	2 35	2 23	2 09
2	6 56	6 29	6 08	5 51	5 36	5 24	5 03	4 44	4 27	4 10	3 51	3 30	3 17	3 03
3	7 45	7 19	6 59	6 43	6 30	6 18	5 57	5 40	5 23	5 06	4 48	4 28	4 16	4 02
4	8 22	8 00	7 42	7 28	7 16	7 06	6 47	6 31	6 17	6 02	5 45	5 27	5 16	5 04
5	8 50	8 32	8 18	8 07	7 57	7 48	7 33	7 20	7 07	6 55	6 41	6 26	6 17	6 06
6	9 12	8 59	8 48	8 40	8 32	8 26	8 14	8 04	7 55	7 45	7 35	7 23	7 16	7 08
7	9 30	9 21	9 15	9 09	9 04	9 00	8 52	8 46	8 39	8 33	8 26	8 18	8 14	8 09
8	9 45	9 42	9 39	9 36	9 34	9 32	9 28	9 25	9 22	9 19	9 16	9 12	9 10	9 08
9	10 00	10 01	10 01	10 02	10 02	10 02	10 03	10 03	10 04	10 04	10 04	10 05	10 05	10 06
10	10 15	10 20	10 24	10 27	10 30	10 33	10 37	10 41	10 45	10 49	10 53	10 57	11 00	11 03
11	10 30	10 40	10 47	10 53	10 59	11 04	11 12	11 20	11 27	11 34	11 41	11 50	11 55	12 00
12	10 48	11 02	11 13	11 22	11 30	11 37	11 49	12 00	12 10	12 20	12 31	12 43	12 50	12 58
13	11 09	11 28	11 42	11 54	12 04	12 13	12 29	12 43	12 55	13 08	13 22	13 38	13 47	13 58
14	11 37	11 59	12 17	12 31	12 43	12 54	13 13	13 29	13 44	13 59	14 15	14 34	14 45	14 57
15	12 12	12 38	12 58	13 15	13 28	13 40	14 01	14 19	14 35	14 52	15 10	15 30	15 42	15 56
16	13 00	13 27	13 48	14 06	14 20	14 32	14 54	15 12	15 29	15 47	16 05	16 26	16 39	16 53
17	14 00	14 27	14 47	15 04	15 18	15 30	15 51	16 09	16 25	16 42	17 00	17 20	17 32	17 46
18	15 13	15 36	15 54	16 09	16 22	16 33	16 51	17 07	17 22	17 37	17 53	18 11	18 21	18 33
19	16 34	16 53	17 07	17 19	17 29	17 38	17 53	18 06	18 18	18 30	18 43	18 58	19 06	19 16
20	18 00	18 12	18 22	18 31	18 38	18 44	18 55	19 04	19 13	19 21	19 31	19 41	19 47	19 53
21	19 27	19 33	19 39	19 43	19 47	19 50	19 56	20 01	20 06	20 11	20 16	20 21	20 24	20 28
22	20 53	20 54	20 55	20 55	20 56	20 56	20 57	20 58	20 58	20 59	20 59	21 00	21 00	21 01
23	22 19	22 14	22 11	22 07	22 04	22 02	21 57	21 54	21 50	21 46	21 43	21 38	21 36	21 33
24	23 45	23 34	23 26	23 18	23 12	23 07	22 58	22 50	22 42	22 34	22 26	22 17	22 12	22 06
25	.. ..	.. ..	.. ..	.. ..	.. ..	.. ..	23 58	23 46	23 35	23 24	23 12	22 59	22 51	22 42

(.. ..) indicates phenomenon will occur the next day.

UNIVERSAL TIME FOR MERIDIAN OF GREENWICH
MOONRISE

Lat.		+40°	+42°	+44°	+46°	+48°	+50°	+52°	+54°	+56°	+58°	+60°	+62°	+64°	+66°
		h m	h m	h m	h m	h m	h m	h m	h m	h m	h m	h m	h m	h m	h m
July	1	17 23	17 30	17 37	17 44	17 53	18 02	18 12	18 23	18 36	18 51	19 09	19 31	19 59	20 42
	2	18 19	18 26	18 33	18 40	18 48	18 57	19 07	19 18	19 31	19 45	20 03	20 24	20 51	21 30
	3	19 08	19 14	19 20	19 27	19 34	19 42	19 51	20 01	20 12	20 25	20 40	20 58	21 20	21 49
	4	19 49	19 54	20 00	20 05	20 12	20 18	20 26	20 34	20 43	20 54	21 06	21 20	21 36	21 57
	5	20 25	20 29	20 33	20 37	20 42	20 48	20 53	21 00	21 07	21 14	21 23	21 34	21 45	22 00
	6	20 56	20 59	21 02	21 05	21 08	21 12	21 16	21 20	21 25	21 30	21 36	21 43	21 51	22 00
	7	21 24	21 25	21 27	21 29	21 31	21 33	21 35	21 38	21 41	21 44	21 47	21 51	21 55	22 00
	8	21 50	21 50	21 51	21 51	21 52	21 52	21 53	21 54	21 54	21 55	21 56	21 57	21 59	22 00
	9	22 15	22 15	22 14	22 13	22 12	22 11	22 10	22 09	22 08	22 07	22 05	22 04	22 02	21 59
	10	22 41	22 39	22 37	22 35	22 33	22 31	22 28	22 25	22 22	22 18	22 14	22 10	22 05	21 59
	11	23 08	23 06	23 02	22 59	22 55	22 51	22 47	22 43	22 37	22 32	22 25	22 18	22 09	21 59
	12	23 39	23 35	23 30	23 26	23 21	23 15	23 10	23 03	22 56	22 48	22 39	22 28	22 16	22 01
	13	.. ..	.. ..	.. ..	23 57	23 51	23 44	23 37	23 28	23 19	23 09	22 56	22 42	22 26	22 05
	14	0 13	0 08	0 03	.. ..	.. ..	.. ..	.. ..	.. ..	.. ..	23 50	23 37	23 22	23 04	22 42	22 14
	15	0 53	0 48	0 41	0 35	0 27	0 19	0 11	0 01	.. ..	.. ..	23 59	23 38	23 12	22 35
	16	1 41	1 34	1 28	1 20	1 12	1 03	0 54	0 43	0 30	0 16	.. ..	.. ..	.. ..	23 24
	17	2 36	2 29	2 22	2 15	2 07	1 58	1 48	1 37	1 24	1 10	0 52	0 31	0 04	.. ..
	18	3 38	3 32	3 25	3 19	3 11	3 03	2 54	2 43	2 32	2 19	2 03	1 44	1 20	0 48
	19	4 45	4 40	4 35	4 29	4 23	4 16	4 08	4 00	3 50	3 40	3 27	3 12	2 54	2 32
	20	5 56	5 53	5 49	5 44	5 40	5 34	5 29	5 23	5 16	5 08	4 59	4 48	4 36	4 22
	21	7 09	7 06	7 04	7 01	6 58	6 55	6 51	6 48	6 43	6 39	6 33	6 27	6 20	6 12
	22	8 21	8 20	8 19	8 18	8 17	8 16	8 15	8 13	8 12	8 10	8 08	8 06	8 03	8 00
	23	9 33	9 34	9 34	9 35	9 36	9 37	9 37	9 38	9 39	9 41	9 42	9 43	9 45	9 47
	24	10 45	10 47	10 49	10 51	10 54	10 57	11 00	11 03	11 07	11 11	11 15	11 21	11 27	11 34
	25	11 56	11 59	12 03	12 07	12 11	12 16	12 21	12 26	12 33	12 40	12 48	12 57	13 08	13 21

MOONSET

Lat.		+40°	+42°	+44°	+46°	+48°	+50°	+52°	+54°	+56°	+58°	+60°	+62°	+64°	+66°
		h m	h m	h m	h m	h m	h m	h m	h m	h m	h m	h m	h m	h m	h m
July	1	2 09	2 03	1 56	1 49	1 41	1 33	1 23	1 13	1 01	0 47	0 30	0 10	.. ..	23 44
	2	3 03	2 56	2 49	2 42	2 34	2 25	2 14	2 03	1 50	1 35	1 17	0 55	0 26	.. ..
	3	4 02	3 55	3 49	3 41	3 33	3 25	3 15	3 04	2 51	2 37	2 20	1 59	1 32	0 53
	4	5 04	4 58	4 52	4 45	4 38	4 31	4 22	4 12	4 01	3 49	3 34	3 17	2 55	2 27
	5	6 06	6 02	5 57	5 51	5 46	5 39	5 32	5 25	5 16	5 06	4 55	4 41	4 25	4 06
	6	7 08	7 05	7 01	6 57	6 53	6 48	6 43	6 37	6 31	6 24	6 15	6 06	5 55	5 42
	7	8 09	8 07	8 04	8 01	7 59	7 56	7 52	7 49	7 44	7 40	7 35	7 29	7 22	7 14
	8	9 08	9 07	9 06	9 04	9 03	9 02	9 00	8 58	8 56	8 54	8 52	8 49	8 46	8 42
	9	10 06	10 06	10 06	10 06	10 06	10 06	10 06	10 06	10 07	10 07	10 07	10 07	10 08	10 08	10 09
	10	11 03	11 04	11 06	11 07	11 09	11 10	11 12	11 15	11 17	11 19	11 22	11 26	11 29	11 34
	11	12 00	12 03	12 05	12 08	12 11	12 15	12 18	12 22	12 27	12 32	12 38	12 44	12 51	13 00
	12	12 58	13 02	13 06	13 10	13 15	13 20	13 25	13 31	13 38	13 45	13 54	14 03	14 15	14 29
	13	13 58	14 02	14 07	14 13	14 19	14 25	14 32	14 40	14 49	14 59	15 10	15 24	15 40	16 00
	14	14 57	15 03	15 09	15 15	15 22	15 30	15 39	15 48	15 59	16 11	16 26	16 43	17 05	17 33
	15	15 56	16 02	16 09	16 16	16 24	16 33	16 42	16 53	17 05	17 20	17 36	17 57	18 23	19 00
	16	16 53	16 59	17 06	17 14	17 22	17 31	17 41	17 52	18 04	18 19	18 36	18 58	19 25	20 05
	17	17 46	17 52	17 58	18 05	18 13	18 21	18 31	18 41	18 53	19 07	19 23	19 42	20 06	20 39
	18	18 33	18 39	18 44	18 50	18 57	19 04	19 12	19 21	19 31	19 43	19 56	20 11	20 30	20 53
	19	19 16	19 20	19 24	19 29	19 35	19 40	19 46	19 53	20 01	20 10	20 19	20 30	20 44	20 59
	20	19 53	19 56	20 00	20 03	20 07	20 10	20 15	20 19	20 24	20 30	20 37	20 44	20 52	21 02
	21	20 28	20 30	20 31	20 33	20 35	20 37	20 39	20 42	20 44	20 47	20 51	20 54	20 58	21 03
	22	21 01	21 01	21 01	21 01	21 01	21 01	21 02	21 02	21 02	21 02	21 03	21 03	21 03	21 04
	23	21 33	21 32	21 30	21 29	21 27	21 26	21 24	21 22	21 20	21 17	21 15	21 12	21 08	21 04
	24	22 06	22 03	22 01	21 58	21 54	21 51	21 47	21 43	21 38	21 33	21 28	21 21	21 14	21 05
	25	22 42	22 38	22 34	22 29	22 25	22 19	22 14	22 07	22 00	21 52	21 43	21 33	21 21	21 07

(.. ..) indicates phenomenon will occur the next day.
(-- --) indicates Moon continuously below horizon.
(** **) indicates Moon continuously above horizon.

MOONRISE AND MOONSET, 1993
UNIVERSAL TIME FOR MERIDIAN OF GREENWICH
MOONRISE

Lat.	−55°	−50°	−45°	−40°	−35°	−30°	−20°	−10°	0°	+10°	+20°	+30°	+35°	+40°
	h m	h m	h m	h m	h m	h m	h m	h m	h m	h m	h m	h m	h m	h m
July 24	9 33	9 40	9 46	9 51	9 55	9 59	10 06	10 12	10 17	10 23	10 29	10 36	10 40	10 45
25	9 54	10 07	10 17	10 25	10 33	10 39	10 50	11 00	11 10	11 19	11 29	11 41	11 48	11 56
26	10 19	10 37	10 51	11 03	11 13	11 22	11 37	11 51	12 03	12 16	12 30	12 46	12 55	13 05
27	10 51	11 13	11 31	11 45	11 58	12 08	12 27	12 43	12 58	13 14	13 30	13 49	14 00	14 13
28	11 31	11 57	12 17	12 33	12 47	12 59	13 19	13 37	13 54	14 11	14 29	14 50	15 02	15 16
29	12 22	12 49	13 10	13 27	13 41	13 53	14 14	14 33	14 50	15 07	15 25	15 47	15 59	16 13
30	13 23	13 49	14 09	14 25	14 38	14 50	15 10	15 28	15 44	16 01	16 18	16 38	16 50	17 04
31	14 31	14 54	15 11	15 25	15 38	15 48	16 06	16 22	16 37	16 51	17 07	17 25	17 35	17 47
Aug. 1	15 43	16 01	16 16	16 27	16 37	16 46	17 01	17 14	17 26	17 38	17 51	18 06	18 15	18 24
2	16 56	17 09	17 20	17 29	17 36	17 43	17 54	18 04	18 13	18 22	18 32	18 43	18 50	18 57
3	18 08	18 16	18 23	18 29	18 33	18 38	18 45	18 51	18 57	19 03	19 10	19 17	19 21	19 26
4	19 18	19 22	19 25	19 27	19 29	19 31	19 35	19 37	19 40	19 43	19 46	19 49	19 51	19 53
5	20 28	20 27	20 26	20 25	20 25	20 24	20 23	20 22	20 22	20 21	20 20	20 19	20 19	20 18
6	21 36	21 31	21 26	21 22	21 19	21 16	21 11	21 07	21 03	20 59	20 55	20 50	20 47	20 44
7	22 45	22 35	22 27	22 20	22 14	22 09	22 00	21 52	21 45	21 38	21 30	21 21	21 16	21 11
8	23 54	23 39	23 27	23 18	23 09	23 02	22 49	22 38	22 28	22 18	22 07	21 55	21 48	21 40
9	.. ..	.. ..	.. ..	.. ..	.. ..	23 56	23 40	23 26	23 13	23 00	22 47	22 31	22 22	22 12
10	1 03	0 44	0 28	0 16	0 05	.. ..	.. ..	.. ..	.. ..	23 46	23 30	23 12	23 01	22 49
11	2 11	1 47	1 29	1 14	1 02	0 51	0 32	0 16	0 01	.. ..	.. ..	23 57	23 45	23 32
12	3 15	2 49	2 29	2 12	1 58	1 46	1 26	1 08	0 51	0 35	0 17	.. ..	.. ..	.. ..
13	4 13	3 46	3 25	3 08	2 54	2 41	2 20	2 02	1 45	1 28	1 09	0 48	0 36	0 22
14	5 01	4 36	4 16	4 00	3 46	3 34	3 14	2 56	2 40	2 23	2 06	1 45	1 33	1 20
15	5 40	5 18	5 01	4 47	4 35	4 25	4 06	3 51	3 36	3 21	3 05	2 47	2 36	2 24
16	6 12	5 54	5 41	5 30	5 20	5 12	4 57	4 44	4 32	4 20	4 07	3 52	3 43	3 34
17	6 37	6 25	6 16	6 08	6 01	5 55	5 45	5 36	5 27	5 19	5 10	4 59	4 53	4 46

MOONSET

Lat.	−55°	−50°	−45°	−40°	−35°	−30°	−20°	−10°	0°	+10°	+20°	+30°	+35°	+40°
	h m	h m	h m	h m	h m	h m	h m	h m	h m	h m	h m	h m	h m	h m
July 24	23 45	23 34	23 26	23 18	23 12	23 07	22 58	22 50	22 42	22 34	22 26	22 17	22 12	22 06
25	.. ..	.. ..	.. ..	.. ..	.. ..	.. ..	23 58	23 46	23 35	23 24	23 12	22 59	22 51	22 42
26	1 09	0 52	0 40	0 29	0 20	0 12	.. ..	.. ..	.. ..	.. ..	.. ..	23 43	23 33	23 22
27	2 30	2 08	1 51	1 38	1 26	1 16	0 59	0 44	0 29	0 15	0 00	.. ..	.. ..	.. ..
28	3 44	3 19	2 59	2 43	2 30	2 18	1 58	1 41	1 25	1 09	0 52	0 32	0 20	0 07
29	4 49	4 22	4 01	3 44	3 30	3 17	2 56	2 38	2 21	2 04	1 45	1 24	1 12	0 58
30	5 41	5 15	4 54	4 38	4 24	4 12	3 51	3 33	3 16	2 59	2 41	2 20	2 08	1 54
31	6 21	5 58	5 40	5 25	5 12	5 01	4 42	4 25	4 10	3 54	3 37	3 18	3 06	2 53
Aug. 1	6 52	6 33	6 18	6 05	5 54	5 45	5 29	5 14	5 01	4 47	4 33	4 16	4 06	3 55
2	7 16	7 02	6 50	6 40	6 32	6 24	6 11	6 00	5 49	5 38	5 27	5 13	5 06	4 57
3	7 36	7 26	7 18	7 11	7 05	6 59	6 50	6 42	6 35	6 27	6 19	6 09	6 04	5 58
4	7 53	7 47	7 42	7 39	7 35	7 32	7 27	7 22	7 18	7 14	7 09	7 04	7 01	6 57
5	8 08	8 07	8 06	8 05	8 04	8 03	8 02	8 01	8 00	7 59	7 58	7 57	7 56	7 55
6	8 22	8 26	8 28	8 30	8 32	8 34	8 37	8 39	8 42	8 44	8 46	8 49	8 51	8 53
7	8 38	8 45	8 51	8 56	9 01	9 05	9 11	9 17	9 23	9 29	9 35	9 42	9 46	9 50
8	8 54	9 06	9 16	9 24	9 31	9 37	9 47	9 57	10 05	10 14	10 24	10 34	10 40	10 48
9	9 14	9 30	9 43	9 54	10 03	10 12	10 26	10 38	10 49	11 01	11 14	11 28	11 36	11 46
10	9 38	9 59	10 15	10 28	10 40	10 50	11 07	11 22	11 36	11 50	12 05	12 22	12 32	12 44
11	10 10	10 34	10 53	11 08	11 21	11 33	11 52	12 09	12 25	12 41	12 58	13 17	13 29	13 42
12	10 51	11 17	11 38	11 54	12 09	12 21	12 42	13 00	13 17	13 34	13 52	14 13	14 25	14 39
13	11 44	12 11	12 31	12 48	13 02	13 15	13 36	13 54	14 11	14 28	14 46	15 07	15 19	15 33
14	12 49	13 14	13 34	13 49	14 03	14 14	14 34	14 51	15 07	15 22	15 39	15 58	16 10	16 22
15	14 06	14 27	14 43	14 56	15 08	15 18	15 34	15 49	16 03	16 16	16 31	16 47	16 56	17 07
16	15 30	15 45	15 58	16 08	16 16	16 24	16 37	16 48	16 58	17 09	17 20	17 32	17 39	17 47
17	16 57	17 07	17 15	17 21	17 26	17 31	17 39	17 47	17 53	18 00	18 07	18 15	18 19	18 24

(.. ..) indicates phenomenon will occur the next day.

MOONRISE AND MOONSET, 1993
UNIVERSAL TIME FOR MERIDIAN OF GREENWICH
MOONRISE

Lat.		+40°	+42°	+44°	+46°	+48°	+50°	+52°	+54°	+56°	+58°	+60°	+62°	+64°	+66°
		h m	h m	h m	h m	h m	h m	h m	h m	h m	h m	h m	h m	h m	h m
July	24	10 45	10 47	10 49	10 51	10 54	10 57	11 00	11 03	11 07	11 11	11 15	11 21	11 27	11 34
	25	11 56	11 59	12 03	12 07	12 11	12 16	12 21	12 26	12 33	12 40	12 48	12 57	13 08	13 21
	26	13 05	13 10	13 15	13 21	13 26	13 33	13 40	13 48	13 57	14 07	14 19	14 32	14 49	15 09
	27	14 13	14 18	14 25	14 31	14 38	14 46	14 55	15 05	15 16	15 29	15 44	16 02	16 25	16 55
	28	15 16	15 22	15 29	15 37	15 45	15 53	16 03	16 14	16 27	16 41	16 59	17 20	17 47	18 27
	29	16 13	16 20	16 27	16 34	16 42	16 51	17 01	17 13	17 25	17 40	17 58	18 19	18 47	19 28
	30	17 04	17 10	17 16	17 23	17 31	17 39	17 49	17 59	18 11	18 24	18 40	18 59	19 23	19 56
	31	17 47	17 52	17 58	18 04	18 11	18 18	18 26	18 35	18 45	18 56	19 09	19 25	19 43	20 07
Aug.	1	18 24	18 29	18 33	18 38	18 44	18 50	18 56	19 03	19 11	19 20	19 30	19 41	19 55	20 11
	2	18 57	19 00	19 04	19 07	19 11	19 16	19 20	19 25	19 31	19 37	19 45	19 53	20 02	20 13
	3	19 26	19 28	19 30	19 33	19 35	19 38	19 41	19 44	19 48	19 52	19 56	20 01	20 07	20 14
	4	19 53	19 54	19 55	19 56	19 57	19 58	19 59	20 01	20 02	20 04	20 06	20 08	20 11	20 14
	5	20 18	20 18	20 18	20 18	20 17	20 17	20 17	20 17	20 16	20 16	20 15	20 15	20 14	20 14
	6	20 44	20 43	20 41	20 40	20 38	20 36	20 34	20 32	20 30	20 27	20 25	20 21	20 18	20 13
	7	21 11	21 08	21 06	21 03	21 00	20 57	20 53	20 49	20 45	20 40	20 35	20 29	20 22	20 14
	8	21 40	21 36	21 32	21 28	21 24	21 19	21 14	21 08	21 02	20 55	20 47	20 38	20 27	20 15
	9	22 12	22 07	22 02	21 57	21 52	21 45	21 39	21 31	21 23	21 13	21 03	20 50	20 36	20 18
	10	22 49	22 43	22 38	22 31	22 24	22 17	22 09	22 00	21 49	21 38	21 24	21 08	20 49	20 25
	11	23 32	23 26	23 19	23 12	23 05	22 56	22 47	22 36	22 25	22 11	21 55	21 36	21 12	20 39
	12	.. ..	.. ..	.. ..	.. ..	23 53	23 45	23 35	23 24	23 11	22 57	22 40	22 19	21 52	21 13
	13	0 22	0 16	0 09	0 01	.. ..	.. ..	.. ..	.. ..	.. ..	23 57	23 41	23 21	22 55	22 19
	14	1 20	1 13	1 07	1 00	0 52	0 43	0 34	0 23	0 11	.. ..	.. ..	.. ..	.. ..	23 53
	15	2 24	2 19	2 13	2 06	1 59	1 52	1 44	1 34	1 24	1 12	0 57	0 41	0 20	.. ..
	16	3 34	3 29	3 24	3 19	3 14	3 08	3 01	2 54	2 46	2 36	2 26	2 13	1 58	1 40
	17	4 46	4 43	4 40	4 36	4 32	4 28	4 24	4 19	4 13	4 07	4 00	3 52	3 42	3 31

MOONSET

Lat.		+40°	+42°	+44°	+46°	+48°	+50°	+52°	+54°	+56°	+58°	+60°	+62°	+64°	+66°
		h m	h m	h m	h m	h m	h m	h m	h m	h m	h m	h m	h m	h m	h m
July	24	22 06	22 03	22 01	21 58	21 54	21 51	21 47	21 43	21 38	21 33	21 28	21 21	21 14	21 05
	25	22 42	22 38	22 34	22 29	22 25	22 19	22 14	22 07	22 00	21 52	21 43	21 33	21 21	21 07
	26	23 22	23 17	23 11	23 06	22 59	22 52	22 45	22 36	22 27	22 16	22 04	21 50	21 32	21 11
	27	.. ..	.. ..	23 55	23 48	23 40	23 32	23 23	23 13	23 01	22 48	22 33	22 14	21 51	21 21
	28	0 07	0 01	.. ..	.. ..	.. ..	.. ..	.. ..	23 59	23 46	23 31	23 14	22 53	22 25	21 45
	29	0 58	0 51	0 44	0 37	0 29	0 20	0 10	.. ..	.. ..	.. ..	.. ..	23 48	23 21	22 40
	30	1 54	1 47	1 40	1 33	1 25	1 16	1 06	0 55	0 42	0 27	0 10	.. ..	.. ..	.. ..
	31	2 53	2 48	2 41	2 34	2 27	2 19	2 10	2 00	1 48	1 35	1 19	1 00	0 37	0 05
Aug.	1	3 55	3 50	3 45	3 39	3 33	3 26	3 18	3 10	3 00	2 49	2 37	2 22	2 04	1 41
	2	4 57	4 53	4 49	4 44	4 39	4 34	4 28	4 21	4 14	4 06	3 56	3 46	3 33	3 17
	3	5 58	5 55	5 52	5 49	5 45	5 41	5 37	5 33	5 28	5 22	5 16	5 09	5 00	4 50
	4	6 57	6 55	6 54	6 52	6 50	6 48	6 46	6 43	6 40	6 37	6 34	6 30	6 25	6 20
	5	7 55	7 55	7 55	7 54	7 54	7 53	7 53	7 52	7 51	7 51	7 50	7 49	7 48	7 47
	6	8 53	8 54	8 54	8 55	8 56	8 58	8 59	9 00	9 02	9 03	9 05	9 07	9 09	9 12
	7	9 50	9 52	9 54	9 56	9 59	10 02	10 05	10 08	10 11	10 15	10 20	10 25	10 31	10 37
	8	10 48	10 51	10 54	10 58	11 02	11 06	11 10	11 16	11 21	11 28	11 35	11 43	11 53	12 04
	9	11 46	11 50	11 54	11 59	12 04	12 10	12 16	12 23	12 31	12 40	12 50	13 02	13 16	13 33
	10	12 44	12 49	12 55	13 01	13 07	13 14	13 22	13 31	13 41	13 52	14 05	14 21	14 39	15 03
	11	13 42	13 48	13 54	14 01	14 09	14 17	14 26	14 36	14 48	15 01	15 17	15 36	15 59	16 32
	12	14 39	14 45	14 52	14 59	15 07	15 16	15 26	15 37	15 49	16 04	16 21	16 42	17 09	17 47
	13	15 33	15 39	15 46	15 53	16 01	16 09	16 19	16 30	16 42	16 56	17 13	17 33	17 59	18 35
	14	16 22	16 28	16 34	16 41	16 48	16 56	17 04	17 14	17 25	17 38	17 52	18 09	18 30	18 58
	15	17 07	17 12	17 17	17 23	17 29	17 35	17 42	17 50	17 59	18 09	18 20	18 33	18 49	19 08
	16	17 47	17 51	17 55	17 59	18 03	18 08	18 13	18 19	18 26	18 33	18 41	18 50	19 00	19 13
	17	18 24	18 26	18 29	18 31	18 34	18 37	18 40	18 44	18 48	18 52	18 57	19 02	19 08	19 15

(.. ..) indicates phenomenon will occur the next day.
(-- --) indicates Moon continuously below horizon.
(** **) indicates Moon continuously above horizon.

MOONRISE AND MOONSET, 1993
UNIVERSAL TIME FOR MERIDIAN OF GREENWICH
MOONRISE

Lat.	−55°	−50°	−45°	−40°	−35°	−30°	−20°	−10°	0°	+10°	+20°	+30°	+35°	+40°
	h m	h m	h m	h m	h m	h m	h m	h m	h m	h m	h m	h m	h m	h m
Aug. 16	6 12	5 54	5 41	5 30	5 20	5 12	4 57	4 44	4 32	4 20	4 07	3 52	3 43	3 34
17	6 37	6 25	6 16	6 08	6 01	5 55	5 45	5 36	5 27	5 19	5 10	4 59	4 53	4 46
18	6 59	6 53	6 48	6 43	6 40	6 37	6 31	6 26	6 22	6 17	6 12	6 07	6 04	6 00
19	7 19	7 18	7 18	7 17	7 17	7 17	7 16	7 16	7 16	7 15	7 15	7 15	7 14	7 14
20	7 39	7 43	7 48	7 51	7 54	7 57	8 01	8 05	8 09	8 13	8 17	8 22	8 25	8 28
21	8 00	8 10	8 19	8 26	8 32	8 37	8 47	8 55	9 03	9 11	9 20	9 30	9 35	9 42
22	8 25	8 40	8 53	9 04	9 13	9 21	9 34	9 46	9 58	10 10	10 22	10 36	10 45	10 54
23	8 55	9 15	9 32	9 45	9 57	10 07	10 24	10 39	10 54	11 08	11 24	11 41	11 52	12 04
24	9 33	9 57	10 16	10 32	10 45	10 57	11 16	11 34	11 50	12 06	12 24	12 44	12 56	13 09
25	10 20	10 47	11 07	11 24	11 38	11 50	12 11	12 29	12 46	13 03	13 21	13 42	13 55	14 09
26	11 18	11 44	12 04	12 20	12 34	12 46	13 06	13 24	13 41	13 57	14 15	14 35	14 47	15 01
27	12 23	12 46	13 05	13 19	13 32	13 43	14 02	14 18	14 33	14 48	15 04	15 23	15 34	15 46
28	13 33	13 52	14 08	14 20	14 31	14 40	14 56	15 10	15 23	15 36	15 50	16 05	16 15	16 25
29	14 44	14 59	15 11	15 21	15 29	15 36	15 49	16 00	16 10	16 20	16 31	16 43	16 51	16 59
30	15 56	16 06	16 14	16 21	16 26	16 31	16 40	16 48	16 55	17 02	17 10	17 18	17 23	17 29
31	17 06	17 11	17 16	17 19	17 22	17 25	17 30	17 34	17 38	17 42	17 46	17 50	17 53	17 56
Sept. 1	18 15	18 16	18 17	18 17	18 17	18 18	18 18	18 19	18 20	18 20	18 21	18 21	18 22	18 22
2	19 24	19 20	19 17	19 14	19 12	19 10	19 07	19 04	19 01	18 58	18 55	18 52	18 50	18 48
3	20 33	20 24	20 17	20 12	20 07	20 02	19 55	19 49	19 43	19 37	19 30	19 23	19 19	19 14
4	21 41	21 28	21 18	21 09	21 02	20 55	20 44	20 34	20 25	20 16	20 07	19 56	19 50	19 43
5	22 50	22 32	22 18	22 07	21 57	21 48	21 34	21 21	21 09	20 58	20 45	20 31	20 23	20 13
6	23 57	23 35	23 18	23 04	22 53	22 42	22 25	22 10	21 56	21 42	21 26	21 09	20 59	20 48
7	.. ..	.. ..	.. ..	.. ..	23 48	23 37	23 17	23 00	22 44	22 28	22 11	21 52	21 41	21 28
8	1 01	0 36	0 17	0 01	.. ..	.. ..	.. ..	23 52	23 35	23 18	23 00	22 40	22 28	22 14
9	2 00	1 34	1 13	0 57	0 43	0 30	0 10	.. ..	.. ..	.. ..	23 53	23 33	23 21	23 07

MOONSET

	−55°	−50°	−45°	−40°	−35°	−30°	−20°	−10°	0°	+10°	+20°	+30°	+35°	+40°
	h m	h m	h m	h m	h m	h m	h m	h m	h m	h m	h m	h m	h m	h m
Aug. 16	15 30	15 45	15 58	16 08	16 16	16 24	16 37	16 48	16 58	17 09	17 20	17 32	17 39	17 47
17	16 57	17 07	17 15	17 21	17 26	17 31	17 39	17 47	17 53	18 00	18 07	18 15	18 19	18 24
18	18 26	18 30	18 33	18 35	18 37	18 39	18 42	18 45	18 47	18 50	18 52	18 55	18 57	18 59
19	19 55	19 53	19 51	19 49	19 48	19 47	19 45	19 43	19 41	19 39	19 37	19 35	19 34	19 32
20	21 24	21 16	21 09	21 03	20 58	20 54	20 47	20 41	20 35	20 29	20 22	20 15	20 11	20 06
21	22 51	22 37	22 26	22 16	22 08	22 01	21 49	21 39	21 29	21 19	21 09	20 57	20 50	20 42
22	.. ..	23 56	23 40	23 28	23 17	23 08	22 51	22 37	22 24	22 11	21 58	21 42	21 32	21 22
23	0 15	.. ..	.. ..	.. ..	.. ..	.. ..	23 53	23 36	23 21	23 05	22 49	22 30	22 19	22 06
24	1 33	1 09	0 51	0 35	0 23	0 12	.. ..	.. ..	.. ..	.. ..	23 42	23 21	23 09	22 56
25	2 41	2 15	1 55	1 38	1 24	1 12	0 52	0 34	0 17	0 00	.. ..	.. ..	.. ..	23 50
26	3 37	3 11	2 51	2 34	2 20	2 08	1 47	1 29	1 12	0 55	0 37	0 16	0 04	.. ..
27	4 21	3 57	3 38	3 23	3 10	2 59	2 39	2 22	2 06	1 50	1 33	1 13	1 01	0 48
28	4 55	4 34	4 18	4 05	3 54	3 44	3 27	3 11	2 57	2 43	2 28	2 10	2 00	1 48
29	5 21	5 05	4 52	4 41	4 32	4 24	4 10	3 58	3 46	3 34	3 22	3 07	2 59	2 49
30	5 42	5 30	5 21	5 13	5 06	5 00	4 50	4 41	4 32	4 23	4 14	4 03	3 57	3 50
31	6 00	5 52	5 47	5 42	5 37	5 34	5 27	5 21	5 16	5 10	5 04	4 57	4 53	4 49
Sept. 1	6 15	6 13	6 10	6 08	6 07	6 05	6 03	6 00	5 58	5 56	5 53	5 51	5 49	5 47
2	6 30	6 32	6 33	6 34	6 35	6 36	6 37	6 38	6 40	6 41	6 42	6 43	6 44	6 45
3	6 46	6 51	6 56	7 00	7 04	7 07	7 12	7 17	7 21	7 25	7 30	7 35	7 39	7 42
4	7 02	7 12	7 20	7 27	7 33	7 38	7 48	7 55	8 03	8 11	8 19	8 28	8 33	8 39
5	7 21	7 35	7 47	7 57	8 05	8 12	8 25	8 36	8 46	8 57	9 08	9 21	9 28	9 37
6	7 43	8 02	8 17	8 29	8 40	8 49	9 05	9 18	9 31	9 44	9 58	10 14	10 24	10 34
7	8 11	8 34	8 52	9 06	9 18	9 29	9 48	10 04	10 19	10 34	10 50	11 09	11 19	11 32
8	8 48	9 13	9 33	9 49	10 02	10 14	10 34	10 52	11 08	11 25	11 42	12 03	12 14	12 28
9	9 34	10 01	10 22	10 38	10 52	11 04	11 25	11 43	12 00	12 17	12 35	12 56	13 08	13 22

(.. ..) indicates phenomenon will occur the next day.

UNIVERSAL TIME FOR MERIDIAN OF GREENWICH
MOONRISE

Lat.	+40°	+42°	+44°	+46°	+48°	+50°	+52°	+54°	+56°	+58°	+60°	+62°	+64°	+66°
	h m	h m	h m	h m	h m	h m	h m	h m	h m	h m	h m	h m	h m	h m
Aug. 16	3 34	3 29	3 24	3 19	3 14	3 08	3 01	2 54	2 46	2 36	2 26	2 13	1 58	1 40
17	4 46	4 43	4 40	4 36	4 32	4 28	4 24	4 19	4 13	4 07	4 00	3 52	3 42	3 31
18	6 00	5 58	5 57	5 55	5 53	5 51	5 48	5 46	5 43	5 40	5 36	5 32	5 27	5 22
19	7 14	7 14	7 14	7 14	7 14	7 14	7 14	7 13	7 13	7 13	7 13	7 13	7 12	7 12
20	8 28	8 30	8 31	8 33	8 35	8 37	8 39	8 41	8 44	8 46	8 50	8 53	8 57	9 02
21	9 42	9 45	9 48	9 51	9 55	9 59	10 03	10 08	10 13	10 19	10 26	10 33	10 42	10 53
22	10 54	10 58	11 03	11 08	11 13	11 19	11 25	11 32	11 40	11 49	12 00	12 12	12 26	12 43
23	12 04	12 09	12 15	12 21	12 28	12 35	12 44	12 53	13 03	13 15	13 29	13 45	14 05	14 31
24	13 09	13 15	13 22	13 29	13 37	13 45	13 55	14 05	14 17	14 31	14 48	15 08	15 33	16 09
25	14 09	14 15	14 22	14 29	14 37	14 46	14 56	15 07	15 20	15 35	15 52	16 14	16 41	17 21
26	15 01	15 07	15 14	15 21	15 29	15 37	15 47	15 57	16 09	16 23	16 39	16 59	17 24	17 58
27	15 46	15 52	15 58	16 04	16 11	16 18	16 27	16 36	16 47	16 59	17 12	17 29	17 49	18 14
28	16 25	16 30	16 35	16 40	16 46	16 52	16 59	17 06	17 15	17 24	17 35	17 48	18 03	18 21
29	16 59	17 02	17 06	17 10	17 15	17 19	17 25	17 30	17 37	17 44	17 52	18 01	18 12	18 25
30	17 29	17 31	17 34	17 37	17 40	17 43	17 46	17 50	17 55	18 00	18 05	18 11	18 18	18 26
31	17 56	17 58	17 59	18 00	18 02	18 04	18 06	18 08	18 10	18 13	18 16	18 19	18 22	18 27
Sept. 1	18 22	18 22	18 23	18 23	18 23	18 23	18 24	18 24	18 24	18 25	18 25	18 26	18 26	18 27
2	18 48	18 47	18 46	18 45	18 44	18 43	18 41	18 40	18 38	18 37	18 35	18 33	18 30	18 27
3	19 14	19 12	19 10	19 08	19 05	19 03	19 00	18 57	18 53	18 49	18 45	18 40	18 34	18 28
4	19 43	19 39	19 36	19 33	19 29	19 25	19 20	19 15	19 10	19 03	18 57	18 49	18 40	18 29
5	20 13	20 09	20 05	20 00	19 55	19 49	19 43	19 37	19 29	19 21	19 11	19 00	18 47	18 32
6	20 48	20 43	20 38	20 32	20 26	20 19	20 11	20 03	19 53	19 43	19 30	19 16	18 59	18 38
7	21 28	21 22	21 16	21 09	21 02	20 54	20 45	20 36	20 25	20 12	19 57	19 40	19 18	18 50
8	22 14	22 08	22 01	21 54	21 46	21 38	21 28	21 17	21 05	20 51	20 35	20 15	19 50	19 15
9	23 07	23 01	22 54	22 47	22 39	22 30	22 21	22 10	21 58	21 44	21 27	21 07	20 41	20 05

MOONSET

Lat.	+40°	+42°	+44°	+46°	+48°	+50°	+52°	+54°	+56°	+58°	+60°	+62°	+64°	+66°
	h m	h m	h m	h m	h m	h m	h m	h m	h m	h m	h m	h m	h m	h m
Aug. 16	17 47	17 51	17 55	17 59	18 03	18 08	18 13	18 19	18 26	18 33	18 41	18 50	19 00	19 13
17	18 24	18 26	18 29	18 31	18 34	18 37	18 40	18 44	18 48	18 52	18 57	19 02	19 08	19 15
18	18 59	18 59	19 00	19 01	19 02	19 03	19 04	19 06	19 07	19 09	19 10	19 12	19 14	19 17
19	19 32	19 32	19 31	19 30	19 29	19 29	19 28	19 27	19 26	19 24	19 23	19 21	19 20	19 18
20	20 06	20 04	20 02	20 00	19 57	19 54	19 51	19 48	19 45	19 41	19 36	19 31	19 26	19 19
21	20 42	20 39	20 35	20 31	20 27	20 23	20 18	20 12	20 06	19 59	19 52	19 43	19 33	19 21
22	21 22	21 17	21 12	21 07	21 01	20 55	20 48	20 40	20 32	20 22	20 11	19 58	19 43	19 25
23	22 06	22 01	21 54	21 48	21 41	21 33	21 25	21 15	21 04	20 52	20 38	20 21	20 00	19 34
24	22 56	22 49	22 43	22 35	22 27	22 19	22 09	21 58	21 46	21 32	21 15	20 55	20 29	19 54
25	23 50	23 44	23 37	23 29	23 21	23 12	23 02	22 51	22 39	22 24	22 07	21 45	21 18	20 38
26	.. ..	.. ..	.. ..	.. ..	.. ..	.. ..	.. ..	23 53	23 41	23 27	23 11	22 52	22 27	21 53
27	0 48	0 42	0 36	0 29	0 21	0 13	0 03	.. ..	.. ..	.. ..	.. ..	.. ..	23 50	23 25
28	1 48	1 43	1 37	1 31	1 25	1 17	1 09	1 00	0 50	0 39	0 25	0 09	.. ..	.. ..
29	2 49	2 45	2 40	2 35	2 30	2 24	2 18	2 11	2 03	1 54	1 43	1 31	1 17	0 59
30	3 50	3 46	3 43	3 39	3 35	3 31	3 27	3 21	3 16	3 09	3 02	2 53	2 44	2 32
31	4 49	4 47	4 45	4 43	4 40	4 37	4 34	4 31	4 28	4 24	4 19	4 14	4 08	4 01
Sept. 1	5 47	5 46	5 46	5 45	5 44	5 43	5 41	5 40	5 39	5 37	5 35	5 33	5 31	5 28
2	6 45	6 45	6 46	6 46	6 46	6 47	6 48	6 48	6 49	6 50	6 50	6 51	6 52	6 54
3	7 42	7 44	7 45	7 47	7 49	7 51	7 53	7 56	7 58	8 01	8 05	8 09	8 13	8 19
4	8 39	8 42	8 45	8 48	8 51	8 55	8 59	9 03	9 08	9 13	9 20	9 27	9 35	9 44
5	9 37	9 41	9 45	9 49	9 54	9 59	10 04	10 11	10 18	10 25	10 34	10 45	10 57	11 11
6	10 34	10 39	10 44	10 50	10 56	11 02	11 10	11 18	11 27	11 37	11 48	12 02	12 19	12 39
7	11 32	11 37	11 43	11 50	11 57	12 05	12 13	12 23	12 33	12 46	13 00	13 17	13 39	14 07
8	12 28	12 34	12 41	12 48	12 55	13 04	13 13	13 24	13 36	13 50	14 06	14 26	14 51	15 26
9	13 22	13 28	13 34	13 42	13 50	13 58	14 08	14 19	14 31	14 45	15 02	15 22	15 48	16 24

(.. ..) indicates phenomenon will occur the next day.
(-- --) indicates Moon continuously below horizon.
(** **) indicates Moon continuously above horizon.

MOONRISE AND MOONSET, 1993

UNIVERSAL TIME FOR MERIDIAN OF GREENWICH
MOONRISE

Lat.	−55°	−50°	−45°	−40°	−35°	−30°	−20°	−10°	0°	+10°	+20°	+30°	+35°	+40°
	h m	h m	h m	h m	h m	h m	h m	h m	h m	h m	h m	h m	h m	h m
Sept. 8	1 01	0 36	0 17	0 01	.. ..	.. ..	.. ..	23 52	23 35	23 18	23 00	22 40	22 28	22 14
9	2 00	1 34	1 13	0 57	0 43	0 30	0 10	.. ..	.. ..	.. ..	23 53	23 33	23 21	23 07
10	2 51	2 25	2 05	1 49	1 35	1 23	1 02	0 44	0 28	0 11	.. ..	.. ..	.. ..	.. ..
11	3 33	3 10	2 52	2 37	2 24	2 13	1 54	1 37	1 22	1 06	0 50	0 30	0 19	0 06
12	4 08	3 48	3 33	3 20	3 10	3 00	2 44	2 30	2 16	2 03	1 49	1 32	1 23	1 12
13	4 35	4 21	4 10	4 00	3 52	3 45	3 32	3 21	3 11	3 01	2 50	2 37	2 30	2 21
14	4 59	4 50	4 43	4 37	4 32	4 27	4 19	4 12	4 05	3 59	3 52	3 44	3 39	3 33
15	5 20	5 17	5 14	5 12	5 10	5 08	5 05	5 02	5 00	4 57	4 54	4 51	4 50	4 48
16	5 41	5 43	5 45	5 46	5 47	5 49	5 51	5 52	5 54	5 56	5 58	6 00	6 01	6 03
17	6 02	6 10	6 16	6 21	6 26	6 30	6 37	6 43	6 49	6 55	7 02	7 09	7 13	7 18
18	6 26	6 40	6 50	6 59	7 07	7 14	7 25	7 36	7 46	7 56	8 06	8 18	8 26	8 34
19	6 55	7 14	7 29	7 41	7 51	8 00	8 16	8 30	8 43	8 56	9 11	9 27	9 36	9 47
20	7 32	7 55	8 12	8 27	8 40	8 51	9 09	9 26	9 41	9 57	10 14	10 33	10 44	10 57
21	8 17	8 43	9 03	9 19	9 32	9 44	10 05	10 23	10 39	10 56	11 14	11 34	11 47	12 00
22	9 12	9 39	9 59	10 15	10 29	10 41	11 01	11 19	11 36	11 52	12 10	12 31	12 43	12 56
23	10 16	10 40	10 59	11 14	11 27	11 38	11 57	12 14	12 29	12 45	13 02	13 21	13 32	13 44
24	11 25	11 46	12 02	12 15	12 26	12 36	12 52	13 07	13 20	13 34	13 48	14 05	14 14	14 25
25	12 36	12 52	13 05	13 15	13 24	13 32	13 45	13 57	14 08	14 19	14 31	14 44	14 52	15 01
26	13 47	13 58	14 07	14 15	14 21	14 27	14 37	14 45	14 53	15 01	15 10	15 20	15 25	15 32
27	14 57	15 03	15 09	15 13	15 17	15 21	15 27	15 32	15 37	15 41	15 47	15 53	15 56	16 00
28	16 06	16 08	16 09	16 11	16 12	16 13	16 15	16 17	16 19	16 20	16 22	16 24	16 25	16 26
29	17 14	17 12	17 10	17 08	17 07	17 05	17 03	17 02	17 00	16 58	16 56	16 54	16 53	16 52
30	18 22	18 15	18 10	18 05	18 01	17 58	17 52	17 46	17 41	17 37	17 31	17 26	17 22	17 18
Oct. 1	19 31	19 19	19 10	19 02	18 56	18 50	18 40	18 32	18 24	18 16	18 07	17 58	17 52	17 46
2	20 39	20 23	20 10	20 00	19 51	19 43	19 30	19 18	19 08	18 57	18 45	18 32	18 25	18 16

MOONSET

Lat.	−55°	−50°	−45°	−40°	−35°	−30°	−20°	−10°	0°	+10°	+20°	+30°	+35°	+40°
	h m	h m	h m	h m	h m	h m	h m	h m	h m	h m	h m	h m	h m	h m
Sept. 8	8 48	9 13	9 33	9 49	10 02	10 14	10 34	10 52	11 08	11 25	11 42	12 03	12 14	12 28
9	9 34	10 01	10 22	10 38	10 52	11 04	11 25	11 43	12 00	12 17	12 35	12 56	13 08	13 22
10	10 33	10 58	11 18	11 34	11 48	12 00	12 20	12 37	12 53	13 10	13 27	13 47	13 58	14 12
11	11 42	12 05	12 22	12 37	12 49	12 59	13 18	13 33	13 48	14 02	14 18	14 36	14 46	14 57
12	13 00	13 18	13 33	13 44	13 54	14 03	14 18	14 30	14 42	14 54	15 07	15 21	15 30	15 39
13	14 24	14 37	14 47	14 55	15 02	15 08	15 19	15 28	15 37	15 45	15 54	16 05	16 10	16 17
14	15 52	15 59	16 04	16 08	16 12	16 16	16 21	16 26	16 31	16 36	16 41	16 46	16 49	16 53
15	17 21	17 22	17 23	17 23	17 24	17 24	17 24	17 25	17 25	17 26	17 26	17 27	17 27	17 27
16	18 52	18 46	18 42	18 39	18 35	18 33	18 28	18 24	18 20	18 16	18 12	18 07	18 05	18 02
17	20 22	20 11	20 02	19 54	19 48	19 42	19 32	19 24	19 16	19 08	18 59	18 50	18 44	18 38
18	21 51	21 34	21 20	21 09	20 59	20 51	20 37	20 24	20 13	20 01	19 49	19 35	19 27	19 17
19	23 14	22 52	22 35	22 21	22 09	21 59	21 41	21 25	21 11	20 56	20 41	20 23	20 13	20 01
20	.. ..	.. ..	23 44	23 28	23 14	23 03	22 43	22 25	22 09	21 53	21 35	21 16	21 04	20 51
21	0 29	0 03	.. ..	.. ..	.. ..	.. ..	23 41	23 23	23 06	22 50	22 32	22 11	21 59	21 45
22	1 30	1 04	0 44	0 28	0 14	0 02	.. ..	.. ..	.. ..	23 45	23 28	23 08	22 56	22 43
23	2 19	1 54	1 35	1 20	1 07	0 55	0 35	0 18	0 02	.. ..	.. ..	.. ..	23 55	23 43
24	2 56	2 35	2 18	2 04	1 52	1 42	1 24	1 09	0 54	0 40	0 24	0 06	.. ..	.. ..
25	3 25	3 07	2 54	2 42	2 32	2 24	2 09	1 56	1 44	1 31	1 18	1 03	0 54	0 44
26	3 47	3 34	3 24	3 15	3 08	3 01	2 50	2 40	2 30	2 21	2 10	1 59	1 52	1 44
27	4 06	3 58	3 51	3 45	3 40	3 35	3 28	3 21	3 14	3 08	3 01	2 53	2 48	2 43
28	4 23	4 18	4 15	4 12	4 10	4 07	4 04	4 00	3 57	3 54	3 50	3 46	3 44	3 41
29	4 38	4 38	4 38	4 38	4 38	4 38	4 38	4 38	4 39	4 39	4 39	4 39	4 39	4 39
30	4 53	4 58	5 01	5 04	5 07	5 09	5 13	5 17	5 20	5 23	5 27	5 31	5 33	5 36
Oct. 1	5 10	5 18	5 25	5 31	5 36	5 41	5 48	5 55	6 02	6 08	6 15	6 23	6 28	6 33
2	5 28	5 41	5 51	6 00	6 07	6 14	6 25	6 35	6 45	6 54	7 04	7 16	7 23	7 30

(.. ..) indicates phenomenon will occur the next day.

UNIVERSAL TIME FOR MERIDIAN OF GREENWICH
MOONRISE

Lat.	+40°	+42°	+44°	+46°	+48°	+50°	+52°	+54°	+56°	+58°	+60°	+62°	+64°	+66°
	h m	h m	h m	h m	h m	h m	h m	h m	h m	h m	h m	h m	h m	h m
Sept. 8	22 14	22 08	22 01	21 54	21 46	21 38	21 28	21 17	21 05	20 51	20 35	20 15	19 50	19 15
9	23 07	23 01	22 54	22 47	22 39	22 30	22 21	22 10	21 58	21 44	21 27	21 07	20 41	20 05
10	.. ..	.. ..	23 54	23 48	23 41	23 33	23 24	23 14	23 03	22 50	22 35	22 17	21 54	21 24
11	0 06	0 01	.. ..	.. ..	.. ..	.. ..	.. ..	.. ..	.. ..	.. ..	23 55	23 41	23 24	23 02
12	1 12	1 07	1 01	0 56	0 50	0 43	0 35	0 27	0 18	0 07	.. ..	.. ..	.. ..	.. ..
13	2 21	2 17	2 13	2 09	2 04	1 59	1 54	1 48	1 41	1 33	1 24	1 14	1 02	0 48
14	3 33	3 31	3 29	3 26	3 23	3 20	3 16	3 13	3 08	3 04	2 58	2 52	2 45	2 37
15	4 48	4 47	4 46	4 45	4 44	4 43	4 41	4 40	4 38	4 37	4 35	4 32	4 30	4 27
16	6 03	6 03	6 04	6 05	6 06	6 07	6 07	6 09	6 10	6 11	6 12	6 14	6 16	6 18
17	7 18	7 21	7 23	7 25	7 28	7 31	7 34	7 38	7 42	7 46	7 51	7 57	8 03	8 11
18	8 34	8 37	8 41	8 45	8 50	8 55	9 00	9 06	9 13	9 21	9 29	9 39	9 51	10 05
19	9 47	9 52	9 57	10 03	10 09	10 16	10 23	10 32	10 41	10 51	11 04	11 18	11 35	11 57
20	10 57	11 03	11 09	11 16	11 23	11 31	11 40	11 50	12 01	12 14	12 30	12 48	13 11	13 42
21	12 00	12 07	12 13	12 21	12 29	12 37	12 47	12 58	13 10	13 25	13 42	14 02	14 29	15 06
22	12 56	13 02	13 09	13 16	13 24	13 33	13 42	13 53	14 05	14 19	14 36	14 56	15 21	15 56
23	13 44	13 50	13 56	14 03	14 10	14 18	14 26	14 36	14 47	14 59	15 14	15 31	15 52	16 19
24	14 25	14 30	14 35	14 41	14 47	14 54	15 01	15 09	15 18	15 28	15 40	15 53	16 09	16 29
25	15 01	15 04	15 08	15 13	15 18	15 23	15 29	15 35	15 42	15 50	15 58	16 09	16 20	16 34
26	15 32	15 34	15 37	15 40	15 44	15 48	15 52	15 56	16 01	16 06	16 13	16 20	16 28	16 37
27	16 00	16 01	16 03	16 05	16 07	16 09	16 12	16 14	16 17	16 21	16 24	16 28	16 33	16 38
28	16 26	16 27	16 27	16 28	16 29	16 29	16 30	16 31	16 32	16 33	16 34	16 36	16 37	16 39
29	16 52	16 52	16 51	16 50	16 50	16 49	16 48	16 47	16 46	16 45	16 44	16 43	16 41	16 40
30	17 18	17 17	17 15	17 13	17 11	17 09	17 06	17 04	17 01	16 58	16 54	16 50	16 46	16 41
Oct. 1	17 46	17 43	17 40	17 37	17 34	17 30	17 26	17 22	17 17	17 12	17 06	16 59	16 51	16 42
2	18 16	18 12	18 08	18 04	17 59	17 54	17 49	17 43	17 36	17 28	17 20	17 10	16 59	16 45

MOONSET

Lat.	+40°	+42°	+44°	+46°	+48°	+50°	+52°	+54°	+56°	+58°	+60°	+62°	+64°	+66°
	h m	h m	h m	h m	h m	h m	h m	h m	h m	h m	h m	h m	h m	h m
Sept. 8	12 28	12 34	12 41	12 48	12 55	13 04	13 13	13 24	13 36	13 50	14 06	14 26	14 51	15 26
9	13 22	13 28	13 34	13 42	13 50	13 58	14 08	14 19	14 31	14 45	15 02	15 22	15 48	16 24
10	14 12	14 18	14 24	14 31	14 38	14 46	14 56	15 06	15 17	15 30	15 46	16 04	16 27	16 57
11	14 57	15 03	15 08	15 14	15 21	15 28	15 36	15 44	15 54	16 05	16 18	16 33	16 51	17 13
12	15 39	15 43	15 48	15 52	15 58	16 03	16 09	16 16	16 24	16 32	16 42	16 53	17 05	17 21
13	16 17	16 20	16 23	16 26	16 30	16 34	16 38	16 43	16 48	16 53	17 00	17 07	17 15	17 25
14	16 53	16 54	16 56	16 58	16 59	17 01	17 04	17 06	17 09	17 12	17 15	17 19	17 23	17 28
15	17 27	17 27	17 27	17 27	17 27	17 28	17 28	17 28	17 28	17 28	17 29	17 29	17 29	17 29
16	18 02	18 00	17 59	17 57	17 56	17 54	17 52	17 50	17 48	17 45	17 42	17 39	17 35	17 31
17	18 38	18 35	18 32	18 29	18 26	18 22	18 18	18 14	18 09	18 03	17 57	17 50	17 43	17 33
18	19 17	19 13	19 09	19 04	18 59	18 54	18 48	18 41	18 34	18 25	18 16	18 05	17 53	17 37
19	20 01	19 56	19 51	19 45	19 38	19 31	19 23	19 14	19 05	18 54	18 41	18 26	18 08	17 45
20	20 51	20 45	20 38	20 31	20 24	20 15	20 06	19 56	19 44	19 31	19 15	18 57	18 33	18 02
21	21 45	21 38	21 32	21 24	21 16	21 08	20 58	20 47	20 34	20 20	20 03	19 42	19 16	18 38
22	22 43	22 37	22 30	22 23	22 15	22 07	21 57	21 47	21 35	21 21	21 05	20 45	20 20	19 45
23	23 43	23 37	23 32	23 25	23 18	23 11	23 03	22 53	22 43	22 31	22 17	22 00	21 39	21 12
24	.. ..	.. ..	.. ..	.. ..	.. ..	.. ..	.. ..	.. ..	23 54	23 44	23 33	23 20	23 05	22 46
25	0 44	0 39	0 34	0 29	0 23	0 17	0 10	0 03	.. ..	.. ..	.. ..	.. ..	.. ..	.. ..
26	1 44	1 40	1 37	1 33	1 28	1 24	1 19	1 13	1 06	0 59	0 51	0 42	0 31	0 18
27	2 43	2 41	2 38	2 36	2 33	2 30	2 26	2 22	2 18	2 13	2 08	2 02	1 55	1 47
28	3 41	3 40	3 39	3 37	3 36	3 34	3 33	3 31	3 29	3 26	3 24	3 21	3 18	3 14
29	4 39	4 39	4 39	4 39	4 39	4 39	4 39	4 39	4 39	4 39	4 38	4 38	4 38	4 38
30	5 36	5 37	5 38	5 39	5 41	5 42	5 44	5 46	5 48	5 50	5 53	5 56	5 59	6 03
Oct. 1	6 33	6 35	6 38	6 40	6 43	6 46	6 49	6 53	6 57	7 02	7 07	7 13	7 20	7 28
2	7 30	7 34	7 37	7 41	7 45	7 50	7 55	8 01	8 07	8 14	8 22	8 31	8 41	8 54

(.. ..) indicates phenomenon will occur the next day.
(-- --) indicates Moon continuously below horizon.
(** **) indicates Moon continuously above horizon.

MOONRISE AND MOONSET, 1993
UNIVERSAL TIME FOR MERIDIAN OF GREENWICH
MOONRISE

Lat.	−55°	−50°	−45°	−40°	−35°	−30°	−20°	−10°	0°	+10°	+20°	+30°	+35°	+40°
	h m	h m	h m	h m	h m	h m	h m	h m	h m	h m	h m	h m	h m	h m
Oct. 1	19 31	19 19	19 10	19 02	18 56	18 50	18 40	18 32	18 24	18 16	18 07	17 58	17 52	17 46
2	20 39	20 23	20 10	20 00	19 51	19 43	19 30	19 18	19 08	18 57	18 45	18 32	18 25	18 16
3	21 47	21 26	21 11	20 58	20 47	20 37	20 21	20 06	19 53	19 40	19 26	19 10	19 00	18 50
4	22 52	22 28	22 10	21 55	21 42	21 31	21 12	20 56	20 41	20 25	20 09	19 51	19 40	19 28
5	23 52	23 26	23 06	22 50	22 36	22 24	22 04	21 46	21 30	21 14	20 56	20 36	20 25	20 11
6	.. ..	.. ..	23 58	23 42	23 28	23 16	22 56	22 38	22 21	22 05	21 47	21 26	21 15	21 01
7	0 44	0 18	.. ..	.. ..	.. ..	.. ..	23 46	23 29	23 13	22 58	22 41	22 21	22 10	21 56
8	1 29	1 04	0 46	0 30	0 17	0 06	.. ..	.. ..	.. ..	23 52	23 37	23 19	23 09	22 57
9	2 05	1 44	1 28	1 14	1 03	0 53	0 35	0 20	0 06	.. ..	.. ..	.. ..	.. ..	.. ..
10	2 34	2 18	2 05	1 54	1 45	1 37	1 23	1 10	0 59	0 47	0 35	0 20	0 12	0 03
11	2 59	2 48	2 38	2 31	2 24	2 18	2 08	2 00	1 51	1 43	1 34	1 24	1 18	1 11
12	3 21	3 15	3 10	3 05	3 02	2 59	2 53	2 48	2 44	2 39	2 34	2 29	2 26	2 22
13	3 41	3 40	3 40	3 39	3 39	3 39	3 38	3 37	3 37	3 37	3 36	3 36	3 35	3 35
14	4 02	4 07	4 11	4 14	4 17	4 19	4 24	4 27	4 31	4 35	4 39	4 44	4 46	4 50
15	4 25	4 35	4 44	4 51	4 57	5 02	5 11	5 19	5 27	5 35	5 43	5 53	5 59	6 05
16	4 52	5 08	5 20	5 31	5 40	5 48	6 02	6 14	6 25	6 37	6 49	7 03	7 12	7 21
17	5 26	5 46	6 03	6 16	6 28	6 38	6 55	7 10	7 25	7 39	7 55	8 12	8 23	8 35
18	6 08	6 33	6 52	7 07	7 20	7 32	7 52	8 09	8 25	8 41	8 58	9 19	9 30	9 44
19	7 02	7 27	7 47	8 04	8 17	8 29	8 50	9 08	9 24	9 41	9 59	10 19	10 31	10 45
20	8 04	8 29	8 48	9 04	9 17	9 28	9 48	10 05	10 21	10 37	10 54	11 13	11 25	11 38
21	9 13	9 35	9 52	10 06	10 17	10 28	10 45	11 00	11 14	11 29	11 44	12 01	12 11	12 23
22	10 25	10 42	10 56	11 07	11 17	11 25	11 40	11 53	12 04	12 16	12 29	12 43	12 51	13 00
23	11 37	11 49	12 00	12 08	12 15	12 22	12 32	12 42	12 51	13 00	13 09	13 20	13 26	13 33
24	12 47	12 55	13 02	13 07	13 12	13 16	13 23	13 29	13 35	13 41	13 47	13 54	13 58	14 03
25	13 56	14 00	14 02	14 05	14 07	14 09	14 12	14 15	14 17	14 20	14 23	14 26	14 28	14 30

MOONSET

Lat.	−55°	−50°	−45°	−40°	−35°	−30°	−20°	−10°	0°	+10°	+20°	+30°	+35°	+40°
	h m	h m	h m	h m	h m	h m	h m	h m	h m	h m	h m	h m	h m	h m
Oct. 1	5 10	5 18	5 25	5 31	5 36	5 41	5 48	5 55	6 02	6 08	6 15	6 23	6 28	6 33
2	5 28	5 41	5 51	6 00	6 07	6 14	6 25	6 35	6 45	6 54	7 04	7 16	7 23	7 30
3	5 49	6 06	6 20	6 31	6 41	6 50	7 04	7 17	7 29	7 41	7 54	8 09	8 18	8 28
4	6 16	6 37	6 53	7 07	7 19	7 29	7 46	8 01	8 16	8 30	8 45	9 03	9 13	9 25
5	6 49	7 13	7 32	7 48	8 01	8 12	8 31	8 48	9 04	9 20	9 37	9 57	10 08	10 21
6	7 31	7 58	8 18	8 34	8 48	9 00	9 20	9 38	9 55	10 11	10 29	10 49	11 01	11 15
7	8 24	8 50	9 10	9 27	9 40	9 52	10 12	10 30	10 46	11 03	11 20	11 40	11 52	12 05
8	9 28	9 52	10 10	10 25	10 37	10 48	11 07	11 23	11 39	11 54	12 10	12 28	12 39	12 51
9	10 40	11 00	11 15	11 28	11 39	11 48	12 04	12 18	12 31	12 44	12 58	13 14	13 23	13 33
10	11 59	12 13	12 25	12 35	12 43	12 50	13 03	13 14	13 24	13 34	13 44	13 56	14 03	14 11
11	13 22	13 31	13 38	13 45	13 50	13 55	14 03	14 10	14 16	14 23	14 30	14 37	14 42	14 47
12	14 47	14 51	14 54	14 56	14 59	15 00	15 04	15 06	15 09	15 11	15 14	15 17	15 19	15 21
13	16 15	16 13	16 12	16 10	16 09	16 08	16 06	16 04	16 02	16 01	15 59	15 57	15 56	15 55
14	17 45	17 37	17 31	17 25	17 21	17 17	17 10	17 03	16 57	16 52	16 46	16 38	16 34	16 30
15	19 16	19 02	18 51	18 41	18 33	18 27	18 15	18 04	17 54	17 45	17 34	17 23	17 16	17 08
16	20 44	20 24	20 09	19 56	19 46	19 36	19 20	19 06	18 53	18 40	18 26	18 11	18 01	17 51
17	22 05	21 42	21 23	21 08	20 55	20 44	20 25	20 09	19 53	19 38	19 22	19 03	18 52	18 39
18	23 15	22 50	22 30	22 14	22 00	21 48	21 28	21 10	20 53	20 37	20 19	19 59	19 47	19 33
19	.. ..	23 46	23 27	23 11	22 57	22 46	22 26	22 08	21 52	21 35	21 18	20 57	20 45	20 32
20	0 11	.. ..	.. ..	.. ..	23 47	23 37	23 18	23 02	22 47	22 32	22 16	21 57	21 46	21 33
21	0 54	0 32	0 14	0 00	.. ..	.. ..	.. ..	23 52	23 39	23 26	23 12	22 55	22 46	22 35
22	1 26	1 08	0 53	0 41	0 31	0 21	0 06	.. ..	.. ..	.. ..	.. ..	23 53	23 45	23 37
23	1 51	1 37	1 26	1 16	1 08	1 01	0 48	0 37	0 27	0 17	0 05	.. ..	.. ..	.. ..
24	2 11	2 02	1 54	1 47	1 41	1 36	1 28	1 20	1 12	1 05	0 57	0 48	0 43	0 37
25	2 29	2 23	2 19	2 15	2 12	2 09	2 04	2 00	1 55	1 51	1 47	1 41	1 38	1 35

(.. ..) indicates phenomenon will occur the next day.

UNIVERSAL TIME FOR MERIDIAN OF GREENWICH
MOONRISE

Lat.	+40°	+42°	+44°	+46°	+48°	+50°	+52°	+54°	+56°	+58°	+60°	+62°	+64°	+66°
	h m	h m	h m	h m	h m	h m	h m	h m	h m	h m	h m	h m	h m	h m
Oct. 1	17 46	17 43	17 40	17 37	17 34	17 30	17 26	17 22	17 17	17 12	17 06	16 59	16 51	16 42
2	18 16	18 12	18 08	18 04	17 59	17 54	17 49	17 43	17 36	17 28	17 20	17 10	16 59	16 45
3	18 50	18 45	18 40	18 34	18 29	18 22	18 15	18 07	17 59	17 49	17 38	17 25	17 09	16 50
4	19 28	19 22	19 16	19 10	19 03	18 56	18 47	18 38	18 28	18 16	18 02	17 46	17 26	17 01
5	20 11	20 05	19 59	19 52	19 44	19 36	19 27	19 17	19 05	18 51	18 36	18 17	17 53	17 21
6	21 01	20 55	20 48	20 41	20 33	20 25	20 15	20 04	19 52	19 38	19 22	19 02	18 37	18 02
7	21 56	21 51	21 44	21 37	21 30	21 22	21 13	21 03	20 51	20 38	20 22	20 04	19 40	19 09
8	22 57	22 52	22 47	22 41	22 34	22 27	22 19	22 10	22 00	21 49	21 36	21 20	21 01	20 37
9	.. ..	23 59	23 54	23 49	23 44	23 38	23 32	23 25	23 17	23 08	22 58	22 46	22 32	22 15
10	0 03	.. ..	.. ..	.. ..	.. ..	.. ..	.. ..	.. ..	.. ..	.. ..	.. ..	.. ..	.. ..	23 59
11	1 11	1 08	1 05	1 02	0 58	0 54	0 49	0 45	0 39	0 33	0 26	0 19	0 09	.. ..
12	2 22	2 20	2 19	2 17	2 15	2 13	2 10	2 08	2 05	2 02	1 58	1 54	1 50	1 44
13	3 35	3 35	3 35	3 35	3 34	3 34	3 34	3 34	3 34	3 33	3 33	3 33	3 32	3 32
14	4 50	4 51	4 52	4 54	4 56	4 57	4 59	5 02	5 04	5 07	5 10	5 13	5 17	5 22
15	6 05	6 08	6 11	6 15	6 18	6 22	6 26	6 31	6 36	6 42	6 48	6 56	7 05	7 15
16	7 21	7 25	7 30	7 35	7 40	7 46	7 52	7 59	8 07	8 16	8 27	8 39	8 53	9 10
17	8 35	8 40	8 46	8 52	8 59	9 06	9 15	9 24	9 34	9 46	10 00	10 16	10 36	11 02
18	9 44	9 50	9 56	10 03	10 11	10 19	10 29	10 39	10 51	11 05	11 21	11 41	12 06	12 40
19	10 45	10 51	10 58	11 05	11 13	11 22	11 31	11 42	11 54	12 08	12 25	12 45	13 11	13 47
20	11 38	11 44	11 50	11 57	12 04	12 12	12 21	12 31	12 42	12 55	13 11	13 29	13 51	14 21
21	12 23	12 28	12 33	12 39	12 45	12 52	13 00	13 09	13 18	13 29	13 42	13 56	14 14	14 36
22	13 00	13 05	13 09	13 14	13 19	13 25	13 31	13 38	13 45	13 54	14 03	14 14	14 27	14 43
23	13 33	13 36	13 40	13 43	13 47	13 51	13 56	14 01	14 06	14 12	14 19	14 27	14 36	14 47
24	14 03	14 05	14 07	14 09	14 11	14 14	14 17	14 20	14 24	14 27	14 32	14 37	14 42	14 49
25	14 30	14 30	14 31	14 32	14 34	14 35	14 36	14 37	14 39	14 41	14 43	14 45	14 47	14 50

MOONSET

Lat.	+40°	+42°	+44°	+46°	+48°	+50°	+52°	+54°	+56°	+58°	+60°	+62°	+64°	+66°
	h m	h m	h m	h m	h m	h m	h m	h m	h m	h m	h m	h m	h m	h m
Oct. 1	6 33	6 35	6 38	6 40	6 43	6 46	6 49	6 53	6 57	7 02	7 07	7 13	7 20	7 28
2	7 30	7 34	7 37	7 41	7 45	7 50	7 55	8 01	8 07	8 14	8 22	8 31	8 41	8 54
3	8 28	8 32	8 37	8 42	8 48	8 54	9 00	9 08	9 16	9 25	9 36	9 48	10 03	10 21
4	9 25	9 30	9 36	9 42	9 49	9 56	10 04	10 13	10 23	10 35	10 48	11 04	11 23	11 48
5	10 21	10 27	10 33	10 40	10 48	10 56	11 05	11 15	11 27	11 40	11 55	12 14	12 37	13 09
6	11 15	11 21	11 28	11 35	11 43	11 51	12 01	12 11	12 23	12 37	12 54	13 14	13 39	14 ·14
7	12 05	12 11	12 18	12 25	12 32	12 40	12 50	13 00	13 12	13 25	13 41	14 00	14 23	14 55
8	12 51	12 57	13 02	13 09	13 16	13 23	13 31	13 41	13 51	14 03	14 16	14 32	14 52	15 16
9	13 33	13 38	13 42	13 48	13 53	14 00	14 06	14 14	14 22	14 32	14 42	14 55	15 10	15 27
10	14 11	14 15	14 18	14 22	14 27	14 31	14 36	14 42	14 48	14 55	15 02	15 11	15 21	15 33
11	14 47	14 49	14 51	14 54	14 56	14 59	15 02	15 06	15 10	15 14	15 18	15 24	15 30	15 37
12	15 21	15 21	15 22	15 23	15 24	15 25	15 27	15 28	15 29	15 31	15 33	15 35	15 37	15 39
13	15 55	15 54	15 53	15 53	15 52	15 51	15 50	15 49	15 48	15 47	15 46	15 45	15 43	15 41
14	16 30	16 28	16 26	16 23	16 21	16 18	16 15	16 12	16 09	16 05	16 01	15 56	15 50	15 44
15	17 08	17 05	17 01	16 57	16 53	16 49	16 44	16 38	16 32	16 25	16 18	16 09	15 59	15 47
16	17 51	17 46	17 41	17 36	17 30	17 24	17 17	17 09	17 01	16 51	16 40	16 27	16 12	15 54
17	18 39	18 33	18 27	18 21	18 14	18 06	17 58	17 48	17 37	17 25	17 11	16 54	16 33	16 07
18	19 33	19 27	19 20	19 13	19 05	18 57	18 47	18 37	18 25	18 11	17 54	17 34	17 09	16 35
19	20 32	20 25	20 19	20 12	20 04	19 55	19 46	19 35	19 23	19 09	18 52	18 32	18 06	17 31
20	21 33	21 27	21 21	21 15	21 08	21 00	20 51	20 41	20 30	20 18	20 03	19 45	19 23	18 54
21	22 35	22 30	22 25	22 20	22 14	22 07	22 00	21 52	21 42	21 32	21 20	21 06	20 49	20 28
22	23 37	23 33	23 29	23 24	23 20	23 15	23 09	23 03	22 56	22 48	22 39	22 28	22 16	22 01
23	.. ..	.. ..	.. ..	.. ..	.. ..	.. ..	.. ..	.. ..	.. ..	.. ..	23 57	23 50	23 41	23 32
24	0 37	0 34	0 31	0 28	0 25	0 21	0 17	0 13	0 08	0 03	.. ..	.. ..	.. ..	.. ..
25	1 35	1 34	1 32	1 30	1 28	1 26	1 24	1 22	1 19	1 16	1 13	1 09	1 04	0 59

(.. ..) indicates phenomenon will occur the next day.
(-- --) indicates Moon continuously below horizon.
(** **) indicates Moon continuously above horizon.

UNIVERSAL TIME FOR MERIDIAN OF GREENWICH

MOONRISE

Lat.	−55°	−50°	−45°	−40°	−35°	−30°	−20°	−10°	0°	+10°	+20°	+30°	+35°	+40°
	h m	h m	h m	h m	h m	h m	h m	h m	h m	h m	h m	h m	h m	h m
Oct. 24	12 47	12 55	13 02	13 07	13 12	13 16	13 23	13 29	13 35	13 41	13 47	13 54	13 58	14 03
25	13 56	14 00	14 02	14 05	14 07	14 09	14 12	14 15	14 17	14 20	14 23	14 26	14 28	14 30
26	15 04	15 03	15 03	15 02	15 01	15 01	15 00	14 59	14 59	14 58	14 57	14 57	14 56	14 56
27	16 12	16 07	16 02	15 59	15 56	15 53	15 48	15 44	15 40	15 36	15 32	15 27	15 25	15 22
28	17 21	17 11	17 03	16 56	16 50	16 45	16 37	16 29	16 22	16 15	16 08	15 59	15 54	15 49
29	18 29	18 15	18 03	17 54	17 45	17 38	17 26	17 15	17 05	16 56	16 45	16 33	16 26	16 18
30	19 37	19 18	19 04	18 51	18 41	18 32	18 17	18 03	17 51	17 38	17 25	17 10	17 01	16 51
31	20 43	20 21	20 03	19 49	19 37	19 26	19 08	18 53	18 38	18 23	18 08	17 50	17 40	17 28
Nov. 1	21 45	21 20	21 01	20 45	20 32	20 20	20 00	19 43	19 27	19 11	18 54	18 35	18 23	18 10
2	22 41	22 15	21 55	21 38	21 25	21 13	20 52	20 34	20 18	20 01	19 44	19 23	19 12	18 58
3	23 27	23 02	22 43	22 28	22 14	22 03	21 43	21 26	21 10	20 54	20 36	20 17	20 05	19 52
4	.. ..	23 43	23 26	23 12	23 00	22 50	22 32	22 16	22 02	21 47	21 31	21 13	21 02	20 50
5	0 05	.. ..	.. ..	23 53	23 43	23 34	23 19	23 05	22 53	22 41	22 27	22 12	22 03	21 53
6	0 36	0 18	0 04	.. ..	.. ..	.. ..	.. ..	23 53	23 44	23 35	23 24	23 13	23 06	22 58
7	1 01	0 48	0 38	0 29	0 22	0 15	0 04	.. ..	.. ..	.. ..	.. ..	.. ..	.. ..	.. ..
8	1 23	1 15	1 09	1 03	0 58	0 54	0 47	0 41	0 35	0 29	0 22	0 15	0 11	0 06
9	1 43	1 40	1 38	1 36	1 34	1 33	1 30	1 28	1 25	1 23	1 21	1 18	1 17	1 15
10	2 03	2 05	2 07	2 09	2 10	2 11	2 13	2 15	2 17	2 19	2 21	2 23	2 24	2 26
11	2 24	2 32	2 38	2 43	2 48	2 51	2 58	3 04	3 10	3 16	3 22	3 30	3 34	3 39
12	2 49	3 02	3 12	3 21	3 28	3 35	3 46	3 56	4 06	4 16	4 26	4 38	4 45	4 53
13	3 18	3 37	3 51	4 03	4 13	4 22	4 38	4 51	5 04	5 17	5 31	5 47	5 57	6 07
14	3 56	4 19	4 37	4 51	5 04	5 14	5 33	5 49	6 05	6 20	6 36	6 55	7 07	7 19
15	4 45	5 10	5 30	5 46	5 59	6 11	6 31	6 49	7 06	7 22	7 40	8 00	8 12	8 26
16	5 45	6 10	6 30	6 46	7 00	7 11	7 31	7 49	8 05	8 22	8 39	8 59	9 11	9 25
17	6 54	7 17	7 35	7 49	8 02	8 13	8 31	8 47	9 02	9 17	9 33	9 52	10 02	10 15

MOONSET

Lat.	−55°	−50°	−45°	−40°	−35°	−30°	−20°	−10°	0°	+10°	+20°	+30°	+35°	+40°
	h m	h m	h m	h m	h m	h m	h m	h m	h m	h m	h m	h m	h m	h m
Oct. 24	2 11	2 02	1 54	1 47	1 41	1 36	1 28	1 20	1 12	1 05	0 57	0 48	0 43	0 37
25	2 29	2 23	2 19	2 15	2 12	2 09	2 04	2 00	1 55	1 51	1 47	1 41	1 38	1 35
26	2 45	2 43	2 43	2 42	2 41	2 40	2 39	2 38	2 37	2 36	2 35	2 34	2 33	2 32
27	3 00	3 03	3 06	3 08	3 09	3 11	3 14	3 16	3 19	3 21	3 23	3 26	3 28	3 29
28	3 16	3 23	3 29	3 34	3 39	3 42	3 49	3 55	4 00	4 06	4 11	4 18	4 22	4 26
29	3 34	3 45	3 55	4 02	4 09	4 15	4 25	4 34	4 43	4 51	5 00	5 11	5 17	5 24
30	3 54	4 10	4 23	4 33	4 42	4 50	5 04	5 16	5 27	5 38	5 50	6 04	6 12	6 21
31	4 19	4 39	4 55	5 08	5 19	5 28	5 45	6 00	6 13	6 27	6 41	6 58	7 08	7 19
Nov. 1	4 51	5 14	5 32	5 47	6 00	6 11	6 30	6 46	7 01	7 17	7 33	7 52	8 03	8 16
2	5 31	5 56	6 16	6 32	6 46	6 57	7 18	7 35	7 51	8 08	8 25	8 46	8 57	9 11
3	6 21	6 47	7 07	7 23	7 36	7 48	8 09	8 26	8 43	8 59	9 17	9 37	9 49	10 02
4	7 21	7 45	8 04	8 19	8 32	8 43	9 02	9 19	9 35	9 50	10 07	10 25	10 36	10 49
5	8 29	8 50	9 06	9 20	9 31	9 41	9 58	10 13	10 26	10 40	10 54	11 11	11 21	11 31
6	9 44	10 00	10 13	10 24	10 33	10 41	10 55	11 06	11 17	11 28	11 40	11 53	12 01	12 10
7	11 02	11 14	11 23	11 30	11 37	11 42	11 52	12 00	12 08	12 16	12 24	12 33	12 39	12 45
8	12 24	12 30	12 34	12 38	12 42	12 45	12 50	12 54	12 59	13 03	13 07	13 12	13 15	13 18
9	13 47	13 48	13 48	13 48	13 49	13 49	13 49	13 49	13 50	13 50	13 50	13 50	13 50	13 51
10	15 13	15 08	15 04	15 00	14 57	14 54	14 50	14 46	14 42	14 38	14 34	14 29	14 27	14 24
11	16 41	16 30	16 21	16 14	16 07	16 02	15 52	15 44	15 36	15 29	15 20	15 11	15 06	14 59
12	18 09	17 52	17 39	17 28	17 19	17 11	16 57	16 45	16 33	16 22	16 10	15 56	15 48	15 39
13	19 34	19 13	18 56	18 42	18 30	18 20	18 02	17 47	17 33	17 19	17 03	16 46	16 36	16 24
14	20 52	20 27	20 07	19 52	19 38	19 27	19 07	18 50	18 34	18 18	18 00	17 41	17 29	17 16
15	21 56	21 31	21 11	20 55	20 41	20 29	20 09	19 51	19 34	19 18	19 00	18 39	18 27	18 14
16	22 46	22 23	22 04	21 49	21 36	21 25	21 06	20 49	20 33	20 17	20 00	19 40	19 29	19 16
17	23 24	23 04	22 48	22 35	22 24	22 14	21 57	21 42	21 28	21 14	20 59	20 42	20 31	20 20

(.. ..) indicates phenomenon will occur the next day.

UNIVERSAL TIME FOR MERIDIAN OF GREENWICH
MOONRISE

Lat.	+40°	+42°	+44°	+46°	+48°	+50°	+52°	+54°	+56°	+58°	+60°	+62°	+64°	+66°
	h m	h m	h m	h m	h m	h m	h m	h m	h m	h m	h m	h m	h m	h m
Oct. 24	14 03	14 05	14 07	14 09	14 11	14 14	14 17	14 20	14 24	14 27	14 32	14 37	14 42	14 49
25	14 30	14 30	14 31	14 32	14 34	14 35	14 36	14 37	14 39	14 41	14 43	14 45	14 47	14 50
26	14 56	14 55	14 55	14 55	14 54	14 54	14 54	14 54	14 53	14 53	14 53	14 52	14 52	14 51
27	15 22	15 20	15 19	15 18	15 16	15 14	15 12	15 10	15 08	15 06	15 03	15 00	14 56	14 52
28	15 49	15 47	15 44	15 41	15 38	15 35	15 32	15 28	15 24	15 19	15 14	15 08	15 01	14 54
29	16 18	16 15	16 11	16 07	16 03	15 59	15 54	15 48	15 42	15 35	15 27	15 19	15 08	14 56
30	16 51	16 47	16 42	16 37	16 31	16 25	16 19	16 12	16 04	15 55	15 44	15 32	15 18	15 01
31	17 28	17 23	17 17	17 11	17 04	16 57	16 49	16 41	16 31	16 20	16 07	15 52	15 33	15 10
Nov. 1	18 10	18 04	17 58	17 51	17 44	17 36	17 27	17 17	17 06	16 53	16 38	16 20	15 57	15 28
2	18 58	18 52	18 45	18 38	18 31	18 22	18 13	18 02	17 50	17 36	17 20	17 01	16 36	16 02
3	19 52	19 46	19 39	19 32	19 25	19 17	19 07	18 57	18 45	18 32	18 16	17 57	17 33	17 01
4	20 50	20 45	20 39	20 33	20 26	20 19	20 10	20 01	19 51	19 39	19 25	19 08	18 48	18 22
5	21 53	21 48	21 44	21 38	21 33	21 26	21 20	21 12	21 04	20 54	20 43	20 30	20 15	19 56
6	22 58	22 55	22 51	22 47	22 43	22 38	22 33	22 28	22 22	22 15	22 07	21 58	21 47	21 34
7	.. ..	.. ..	.. ..	23 59	23 56	23 53	23 50	23 47	23 43	23 39	23 34	23 28	23 22	23 15
8	0 06	0 04	0 01	.. ..	.. ..	.. ..	.. ..	.. ..	.. ..	.. ..	.. ..	.. ..	.. ..	.. ..
9	1 15	1 14	1 13	1 12	1 11	1 10	1 09	1 08	1 07	1 05	1 04	1 02	1 00	0 57
10	2 26	2 26	2 27	2 28	2 29	2 30	2 31	2 32	2 33	2 34	2 36	2 37	2 39	2 42
11	3 39	3 41	3 43	3 45	3 48	3 51	3 54	3 57	4 01	4 06	4 10	4 16	4 22	4 30
12	4 53	4 56	5 00	5 04	5 09	5 14	5 19	5 25	5 31	5 38	5 47	5 56	6 08	6 21
13	6 07	6 12	6 17	6 23	6 29	6 36	6 43	6 51	7 00	7 10	7 22	7 36	7 53	8 14
14	7 19	7 25	7 31	7 38	7 45	7 53	8 02	8 12	8 23	8 36	8 51	9 09	9 32	10 02
15	8 26	8 32	8 39	8 46	8 54	9 02	9 12	9 23	9 35	9 49	10 06	10 26	10 52	11 28
16	9 25	9 31	9 37	9 44	9 52	10 00	10 10	10 20	10 32	10 46	11 02	11 21	11 45	12 18
17	10 15	10 20	10 26	10 32	10 39	10 47	10 55	11 04	11 14	11 26	11 40	11 56	12 16	12 41

MOONSET

Lat.	+40°	+42°	+44°	+46°	+48°	+50°	+52°	+54°	+56°	+58°	+60°	+62°	+64°	+66°
	h m	h m	h m	h m	h m	h m	h m	h m	h m	h m	h m	h m	h m	h m
Oct. 24	0 37	0 34	0 31	0 28	0 25	0 21	0 17	0 13	0 08	0 03	.. ..	.. ..	.. ..	.. ..
25	1 35	1 34	1 32	1 30	1 28	1 26	1 24	1 22	1 19	1 16	1 13	1 09	1 04	0 59
26	2 32	2 32	2 32	2 31	2 31	2 30	2 30	2 29	2 29	2 28	2 27	2 26	2 25	2 24
27	3 29	3 30	3 31	3 32	3 33	3 34	3 35	3 36	3 38	3 39	3 41	3 43	3 45	3 48
28	4 26	4 28	4 30	4 33	4 35	4 38	4 40	4 43	4 47	4 51	4 55	5 00	5 06	5 12
29	5 24	5 27	5 30	5 33	5 37	5 41	5 46	5 51	5 56	6 02	6 09	6 17	6 27	6 38
30	6 21	6 25	6 30	6 35	6 40	6 45	6 51	6 58	7 06	7 14	7 24	7 35	7 49	8 05
31	7 19	7 24	7 30	7 35	7 42	7 48	7 56	8 04	8 14	8 25	8 37	8 52	9 10	9 32
Nov. 1	8 16	8 22	8 28	8 34	8 42	8 50	8 58	9 08	9 19	9 32	9 47	10 04	10 26	10 56
2	9 11	9 17	9 23	9 30	9 38	9 47	9 56	10 06	10 18	10 32	10 48	11 08	11 32	12 06
3	10 02	10 08	10 15	10 22	10 29	10 38	10 47	10 57	11 09	11 23	11 39	11 58	12 22	12 55
4	10 49	10 55	11 01	11 07	11 14	11 22	11 30	11 40	11 51	12 03	12 17	12 34	12 55	13 21
5	11 31	11 36	11 41	11 47	11 53	12 00	12 07	12 15	12 24	12 34	12 46	12 59	13 15	13 35
6	12 10	12 14	12 18	12 22	12 27	12 32	12 38	12 44	12 51	12 58	13 07	13 17	13 29	13 42
7	12 45	12 48	12 50	12 53	12 57	13 00	13 04	13 08	13 13	13 18	13 24	13 30	13 38	13 47
8	13 18	13 19	13 21	13 22	13 24	13 26	13 28	13 30	13 32	13 35	13 38	13 41	13 45	13 49
9	13 51	13 51	13 51	13 51	13 51	13 51	13 51	13 51	13 51	13 51	13 51	13 51	13 51	13 52
10	14 24	14 22	14 21	14 20	14 18	14 16	14 14	14 12	14 10	14 07	14 05	14 01	13 58	13 54
11	14 59	14 57	14 54	14 51	14 48	14 44	14 40	14 36	14 31	14 26	14 20	14 13	14 06	13 57
12	15 39	15 35	15 31	15 26	15 21	15 16	15 10	15 03	14 56	14 48	14 39	14 29	14 16	14 02
13	16 24	16 19	16 14	16 08	16 01	15 54	15 47	15 38	15 28	15 17	15 05	14 50	14 33	14 11
14	17 16	17 10	17 04	16 57	16 49	16 41	16 32	16 22	16 10	15 57	15 42	15 23	15 00	14 30
15	18 14	18 07	18 01	17 53	17 46	17 37	17 27	17 17	17 04	16 50	16 34	16 13	15 47	15 11
16	19 16	19 10	19 03	18 57	18 49	18 41	18 32	18 21	18 10	17 56	17 41	17 21	16 58	16 25
17	20 20	20 15	20 09	20 03	19 56	19 49	19 41	19 32	19 22	19 11	18 58	18 42	18 23	17 59

(.. ..) indicates phenomenon will occur the next day.
(-- --) indicates Moon continuously below horizon.
(** **) indicates Moon continuously above horizon.

MOONRISE AND MOONSET, 1993
UNIVERSAL TIME FOR MERIDIAN OF GREENWICH
MOONRISE

Lat.	−55°	−50°	−45°	−40°	−35°	−30°	−20°	−10°	0°	+10°	+20°	+30°	+35°	+40°
	h m	h m	h m	h m	h m	h m	h m	h m	h m	h m	h m	h m	h m	h m
Nov. 16	5 45	6 10	6 30	6 46	7 00	7 11	7 31	7 49	8 05	8 22	8 39	8 59	9 11	9 25
17	6 54	7 17	7 35	7 49	8 02	8 13	8 31	8 47	9 02	9 17	9 33	9 52	10 02	10 15
18	8 07	8 26	8 41	8 53	9 04	9 13	9 29	9 42	9 55	10 08	10 22	10 37	10 46	10 57
19	9 21	9 35	9 47	9 56	10 04	10 11	10 24	10 35	10 45	10 55	11 05	11 17	11 24	11 32
20	10 33	10 43	10 51	10 57	11 03	11 08	11 16	11 24	11 31	11 37	11 45	11 53	11 58	12 04
21	11 43	11 49	11 53	11 56	11 59	12 02	12 06	12 10	12 14	12 18	12 22	12 26	12 29	12 32
22	12 52	12 53	12 53	12 54	12 54	12 54	12 55	12 56	12 56	12 56	12 57	12 58	12 58	12 58
23	14 01	13 57	13 53	13 51	13 49	13 47	13 43	13 40	13 37	13 35	13 32	13 28	13 27	13 24
24	15 09	15 00	14 53	14 48	14 43	14 39	14 31	14 25	14 19	14 13	14 07	14 00	13 56	13 51
25	16 17	16 04	15 54	15 45	15 38	15 31	15 20	15 11	15 02	14 53	14 44	14 33	14 27	14 20
26	17 25	17 08	16 54	16 43	16 33	16 25	16 11	15 58	15 46	15 35	15 22	15 08	15 00	14 51
27	18 33	18 11	17 55	17 41	17 29	17 19	17 02	16 47	16 33	16 19	16 04	15 48	15 38	15 27
28	19 37	19 13	18 54	18 38	18 25	18 14	17 55	17 38	17 22	17 07	16 50	16 31	16 20	16 07
29	20 36	20 09	19 49	19 33	19 20	19 08	18 47	18 30	18 13	17 57	17 39	17 19	17 07	16 54
30	21 26	21 00	20 41	20 25	20 11	19 59	19 39	19 22	19 05	18 49	18 32	18 12	18 00	17 46
Dec. 1	22 07	21 44	21 26	21 11	20 59	20 48	20 30	20 13	19 58	19 43	19 27	19 08	18 57	18 44
2	22 40	22 21	22 06	21 53	21 43	21 33	21 17	21 03	20 50	20 37	20 23	20 07	19 57	19 46
3	23 07	22 52	22 41	22 31	22 23	22 15	22 03	21 52	21 41	21 31	21 20	21 07	20 59	20 51
4	23 29	23 20	23 12	23 05	23 00	22 55	22 46	22 39	22 31	22 24	22 17	22 08	22 03	21 57
5	23 49	23 45	23 41	23 38	23 35	23 32	23 28	23 25	23 21	23 18	23 14	23 10	23 07	23 04
6	.. ..	.. ..	.. ..	.. ..	.. ..	.. ..	.. ..	.. ..	.. ..	.. ..	.. ..	.. ..	.. ..	.. ..
7	0 08	0 09	0 09	0 09	0 09	0 10	0 10	0 10	0 11	0 11	0 11	0 12	0 12	0 13
8	0 28	0 33	0 38	0 42	0 45	0 48	0 53	0 57	1 01	1 06	1 10	1 16	1 19	1 22
9	0 50	1 00	1 09	1 16	1 22	1 28	1 37	1 46	1 54	2 02	2 11	2 21	2 26	2 33
10	1 16	1 32	1 44	1 55	2 04	2 12	2 25	2 38	2 49	3 01	3 13	3 27	3 35	3 45

MOONSET

Lat.	−55°	−50°	−45°	−40°	−35°	−30°	−20°	−10°	0°	+10°	+20°	+30°	+35°	+40°
	h m	h m	h m	h m	h m	h m	h m	h m	h m	h m	h m	h m	h m	h m
Nov. 16	22 46	22 23	22 04	21 49	21 36	21 25	21 06	20 49	20 33	20 17	20 00	19 40	19 29	19 16
17	23 24	23 04	22 48	22 35	22 24	22 14	21 57	21 42	21 28	21 14	20 59	20 42	20 31	20 20
18	23 53	23 37	23 24	23 14	23 05	22 57	22 43	22 31	22 19	22 08	21 55	21 41	21 33	21 24
19	.. ..	.. ..	23 55	23 47	23 41	23 35	23 24	23 15	23 07	22 58	22 49	22 39	22 33	22 26
20	0 15	0 04	.. ..	.. ..	.. ..	.. ..	.. ..	.. ..	23 57	23 52	23 46	23 41	23 34	23 30	23 26
21	0 34	0 27	0 22	0 17	0 13	0 09	0 03	.. ..	.. ..	.. ..	.. ..	.. ..	.. ..	.. ..
22	0 51	0 48	0 46	0 44	0 43	0 41	0 39	0 36	0 34	0 32	0 30	0 27	0 26	0 24
23	1 06	1 08	1 09	1 10	1 11	1 12	1 14	1 15	1 16	1 17	1 18	1 20	1 20	1 21
24	1 22	1 28	1 33	1 37	1 40	1 43	1 48	1 53	1 57	2 02	2 06	2 12	2 15	2 18
25	1 39	1 49	1 57	2 04	2 10	2 15	2 24	2 32	2 40	2 47	2 55	3 04	3 09	3 15
26	1 59	2 13	2 24	2 34	2 42	2 49	3 02	3 13	3 23	3 33	3 45	3 57	4 05	4 13
27	2 22	2 41	2 55	3 07	3 18	3 27	3 42	3 56	4 09	4 22	4 35	4 51	5 00	5 11
28	2 51	3 13	3 31	3 45	3 57	4 08	4 26	4 42	4 57	5 11	5 27	5 46	5 56	6 09
29	3 28	3 53	4 13	4 28	4 42	4 53	5 13	5 30	5 47	6 03	6 20	6 40	6 52	7 05
30	4 16	4 42	5 02	5 18	5 32	5 44	6 04	6 22	6 38	6 55	7 12	7 33	7 45	7 58
Dec. 1	5 13	5 38	5 58	6 13	6 27	6 38	6 58	7 15	7 31	7 47	8 04	8 23	8 34	8 47
2	6 20	6 42	6 59	7 13	7 25	7 36	7 53	8 09	8 23	8 37	8 53	9 10	9 20	9 32
3	7 33	7 51	8 05	8 17	8 27	8 35	8 50	9 03	9 15	9 27	9 39	9 54	10 02	10 11
4	8 51	9 04	9 14	9 22	9 30	9 36	9 47	9 57	10 05	10 14	10 23	10 34	10 40	10 47
5	10 10	10 18	10 24	10 29	10 34	10 37	10 44	10 50	10 55	11 00	11 06	11 12	11 16	11 20
6	11 31	11 33	11 35	11 37	11 38	11 39	11 41	11 43	11 45	11 46	11 48	11 50	11 51	11 52
7	12 53	12 50	12 48	12 46	12 44	12 42	12 39	12 37	12 35	12 32	12 30	12 27	12 25	12 24
8	14 17	14 08	14 01	13 56	13 51	13 46	13 39	13 32	13 26	13 20	13 13	13 06	13 02	12 57
9	15 42	15 28	15 16	15 07	14 59	14 52	14 40	14 30	14 20	14 10	14 00	13 48	13 41	13 33
10	17 06	16 47	16 31	16 19	16 08	15 59	15 43	15 29	15 16	15 03	14 49	14 34	14 24	14 14

(.. ..) indicates phenomenon will occur the next day.

UNIVERSAL TIME FOR MERIDIAN OF GREENWICH
MOONRISE

Lat.	+40°	+42°	+44°	+46°	+48°	+50°	+52°	+54°	+56°	+58°	+60°	+62°	+64°	+66°
	h m	h m	h m	h m	h m	h m	h m	h m	h m	h m	h m	h m	h m	h m
Nov. 16	9 25	9 31	9 37	9 44	9 52	10 00	10 10	10 20	10 32	10 46	11 02	11 21	11 45	12 18
17	10 15	10 20	10 26	10 32	10 39	10 47	10 55	11 04	11 14	11 26	11 40	11 56	12 16	12 41
18	10 57	11 01	11 06	11 11	11 17	11 23	11 30	11 38	11 46	11 55	12 06	12 19	12 33	12 51
19	11 32	11 36	11 40	11 44	11 48	11 53	11 58	12 04	12 10	12 17	12 25	12 34	12 44	12 57
20	12 04	12 06	12 09	12 11	12 14	12 17	12 21	12 25	12 29	12 34	12 39	12 45	12 52	12 59
21	12 32	12 33	12 34	12 36	12 37	12 39	12 41	12 43	12 45	12 48	12 50	12 54	12 57	13 01
22	12 58	12 58	12 59	12 59	12 59	12 59	13 00	13 00	13 00	13 00	13 01	13 01	13 02	13 02
23	13 24	13 23	13 22	13 21	13 20	13 19	13 18	13 16	13 15	13 13	13 11	13 09	13 06	13 03
24	13 51	13 49	13 47	13 45	13 42	13 40	13 37	13 34	13 30	13 26	13 22	13 17	13 11	13 05
25	14 20	14 17	14 13	14 10	14 06	14 02	13 57	13 53	13 47	13 41	13 34	13 27	13 18	13 07
26	14 51	14 47	14 43	14 38	14 33	14 27	14 21	14 15	14 07	13 59	13 50	13 39	13 26	13 11
27	15 27	15 22	15 16	15 11	15 04	14 58	14 50	14 42	14 33	14 22	14 10	13 56	13 39	13 19
28	16 07	16 02	15 55	15 49	15 42	15 34	15 25	15 16	15 05	14 53	14 38	14 21	14 00	13 33
29	16 54	16 48	16 41	16 34	16 27	16 18	16 09	15 58	15 47	15 33	15 17	14 58	14 33	14 00
30	17 46	17 40	17 34	17 27	17 19	17 11	17 01	16 51	16 39	16 25	16 09	15 50	15 25	14 52
Dec. 1	18 44	18 39	18 33	18 26	18 19	18 11	18 03	17 53	17 42	17 30	17 15	16 58	16 36	16 08
2	19 46	19 42	19 36	19 31	19 25	19 18	19 11	19 03	18 54	18 43	18 31	18 17	18 00	17 39
3	20 51	20 47	20 43	20 39	20 34	20 29	20 23	20 17	20 10	20 03	19 54	19 43	19 31	19 17
4	21 57	21 55	21 52	21 49	21 46	21 43	21 39	21 35	21 30	21 25	21 19	21 13	21 05	20 56
5	23 04	23 03	23 02	23 00	22 59	22 57	22 56	22 54	22 52	22 49	22 46	22 43	22 40	22 36
6	.. ..	.. ..	.. ..	.. ..	.. ..	.. ..	.. ..	.. ..	.. ..	.. ..	.. ..	.. ..	.. ..	.. ..
7	0 13	0 13	0 13	0 13	0 13	0 13	0 14	0 14	0 14	0 15	0 15	0 15	0 16	0 16
8	1 22	1 24	1 25	1 27	1 29	1 31	1 33	1 36	1 39	1 42	1 45	1 49	1 54	1 59
9	2 33	2 36	2 39	2 42	2 46	2 50	2 54	2 59	3 05	3 10	3 17	3 25	3 34	3 45
10	3 45	3 49	3 54	3 59	4 04	4 10	4 16	4 23	4 31	4 40	4 50	5 02	5 16	5 34

MOONSET

Lat.	+40°	+42°	+44°	+46°	+48°	+50°	+52°	+54°	+56°	+58°	+60°	+62°	+64°	+66°
	h m	h m	h m	h m	h m	h m	h m	h m	h m	h m	h m	h m	h m	h m
Nov. 16	19 16	19 10	19 03	18 57	18 49	18 41	18 32	18 21	18 10	17 56	17 41	17 21	16 58	16 25
17	20 20	20 15	20 09	20 03	19 56	19 49	19 41	19 32	19 22	19 11	18 58	18 42	18 23	17 59
18	21 24	21 19	21 15	21 10	21 05	20 59	20 53	20 46	20 38	20 29	20 19	20 07	19 53	19 36
19	22 26	22 23	22 19	22 16	22 12	22 08	22 03	21 58	21 52	21 46	21 39	21 31	21 21	21 10
20	23 26	23 24	23 22	23 20	23 17	23 15	23 12	23 09	23 05	23 01	22 57	22 52	22 46	22 40
21	.. ..	.. ..	.. ..	.. ..	.. ..	.. ..	.. ..	.. ..	.. ..	.. ..	.. ..	.. ..	.. ..	.. ..
22	0 24	0 23	0 23	0 22	0 21	0 20	0 19	0 17	0 16	0 14	0 13	0 11	0 09	0 06
23	1 21	1 22	1 22	1 23	1 23	1 24	1 24	1 25	1 26	1 26	1 27	1 28	1 29	1 31
24	2 18	2 20	2 21	2 23	2 25	2 27	2 29	2 32	2 35	2 38	2 41	2 45	2 49	2 55
25	3 15	3 18	3 21	3 24	3 27	3 31	3 35	3 39	3 44	3 49	3 55	4 02	4 10	4 19
26	4 13	4 17	4 21	4 25	4 30	4 35	4 40	4 46	4 53	5 01	5 10	5 20	5 32	5 46
27	5 11	5 16	5 21	5 26	5 32	5 38	5 45	5 53	6 02	6 12	6 24	6 37	6 53	7 13
28	6 09	6 14	6 20	6 26	6 33	6 41	6 49	6 59	7 09	7 21	7 35	7 52	8 13	8 40
29	7 05	7 11	7 17	7 24	7 32	7 40	7 49	8 00	8 11	8 25	8 41	9 00	9 24	9 57
30	7 58	8 04	8 11	8 18	8 26	8 34	8 43	8 54	9 06	9 20	9 36	9 55	10 20	10 54
Dec. 1	8 47	8 53	8 59	9 06	9 13	9 21	9 30	9 40	9 51	10 04	10 19	10 36	10 58	11 27
2	9 32	9 37	9 42	9 48	9 54	10 01	10 09	10 17	10 27	10 38	10 50	11 05	11 22	11 44
3	10 11	10 15	10 20	10 25	10 30	10 35	10 41	10 48	10 56	11 04	11 14	11 25	11 38	11 53
4	10 47	10 50	10 53	10 57	11 00	11 04	11 09	11 14	11 19	11 25	11 32	11 39	11 48	11 58
5	11 20	11 22	11 24	11 26	11 28	11 30	11 33	11 36	11 39	11 42	11 46	11 50	11 55	12 01
6	11 52	11 52	11 53	11 54	11 54	11 55	11 56	11 56	11 57	11 58	11 59	12 00	12 02	12 03
7	12 24	12 23	12 22	12 21	12 20	12 19	12 18	12 17	12 15	12 14	12 12	12 10	12 08	12 05
8	12 57	12 55	12 52	12 50	12 47	12 45	12 41	12 38	12 34	12 30	12 26	12 21	12 15	12 08
9	13 33	13 30	13 26	13 22	13 18	13 13	13 08	13 03	12 57	12 50	12 42	12 33	12 23	12 11
10	14 14	14 09	14 04	13 59	13 53	13 47	13 40	13 33	13 24	13 15	13 04	12 51	12 36	12 18

(.. ..) indicates phenomenon will occur the next day.
(-- --) indicates Moon continuously below horizon.
(** **) indicates Moon continuously above horizon.

MOONRISE AND MOONSET, 1993

UNIVERSAL TIME FOR MERIDIAN OF GREENWICH

MOONRISE

Lat.	−55°	−50°	−45°	−40°	−35°	−30°	−20°	−10°	0°	+10°	+20°	+30°	+35°	+40°
	h m	h m	h m	h m	h m	h m	h m	h m	h m	h m	h m	h m	h m	h m
Dec. 9	0 50	1 00	1 09	1 16	1 22	1 28	1 37	1 46	1 54	2 02	2 11	2 21	2 26	2 33
10	1 16	1 32	1 44	1 55	2 04	2 12	2 25	2 38	2 49	3 01	3 13	3 27	3 35	3 45
11	1 48	2 09	2 25	2 39	2 50	3 00	3 17	3 32	3 47	4 01	4 16	4 34	4 44	4 56
12	2 31	2 55	3 14	3 29	3 42	3 54	4 13	4 30	4 46	5 02	5 20	5 40	5 51	6 05
13	3 24	3 50	4 10	4 26	4 40	4 52	5 12	5 30	5 47	6 03	6 21	6 42	6 54	7 07
14	4 29	4 54	5 13	5 28	5 42	5 53	6 12	6 29	6 45	7 01	7 18	7 38	7 49	8 02
15	5 42	6 03	6 20	6 33	6 45	6 55	7 12	7 27	7 41	7 55	8 10	8 27	8 37	8 49
16	6 57	7 14	7 27	7 38	7 48	7 56	8 10	8 22	8 34	8 45	8 57	9 11	9 19	9 28
17	8 12	8 24	8 34	8 42	8 48	8 54	9 05	9 14	9 22	9 31	9 39	9 50	9 56	10 02
18	9 25	9 32	9 38	9 43	9 47	9 51	9 57	10 03	10 08	10 13	10 18	10 25	10 28	10 32
19	10 36	10 38	10 40	10 42	10 44	10 45	10 47	10 49	10 51	10 53	10 55	10 57	10 58	11 00
20	11 45	11 43	11 41	11 40	11 39	11 38	11 36	11 34	11 33	11 32	11 30	11 28	11 27	11 26
21	12 54	12 47	12 42	12 37	12 33	12 30	12 24	12 19	12 15	12 10	12 05	12 00	11 57	11 53
22	14 02	13 51	13 42	13 34	13 28	13 23	13 13	13 05	12 57	12 49	12 41	12 32	12 27	12 21
23	15 10	14 54	14 42	14 32	14 23	14 16	14 03	13 51	13 41	13 30	13 19	13 06	12 59	12 51
24	16 18	15 58	15 42	15 30	15 19	15 09	14 53	14 39	14 26	14 13	13 59	13 44	13 35	13 24
25	17 23	17 00	16 42	16 27	16 15	16 04	15 45	15 29	15 14	14 59	14 43	14 25	14 15	14 02
26	18 25	17 59	17 40	17 24	17 10	16 58	16 38	16 21	16 05	15 48	15 31	15 11	15 00	14 46
27	19 19	18 53	18 33	18 17	18 03	17 52	17 31	17 14	16 57	16 40	16 23	16 03	15 51	15 37
28	20 05	19 41	19 22	19 07	18 54	18 42	18 23	18 06	17 50	17 35	17 18	16 58	16 47	16 34
29	20 42	20 21	20 05	19 51	19 40	19 30	19 13	18 58	18 44	18 30	18 15	17 57	17 47	17 36
30	21 11	20 55	20 42	20 32	20 22	20 14	20 00	19 48	19 37	19 25	19 13	18 59	18 50	18 41
31	21 36	21 24	21 15	21 08	21 01	20 55	20 45	20 37	20 28	20 20	20 11	20 01	19 55	19 48
32	21 57	21 50	21 45	21 41	21 37	21 34	21 28	21 23	21 19	21 14	21 09	21 03	21 00	20 56
33	22 16	22 15	22 14	22 13	22 12	22 12	22 11	22 10	22 09	22 08	22 07	22 06	22 05	22 05

MOONSET

	−55°	−50°	−45°	−40°	−35°	−30°	−20°	−10°	0°	+10°	+20°	+30°	+35°	+40°
	h m	h m	h m	h m	h m	h m	h m	h m	h m	h m	h m	h m	h m	h m
Dec. 9	15 42	15 28	15 16	15 07	14 59	14 52	14 40	14 30	14 20	14 10	14 00	13 48	13 41	13 33
10	17 06	16 47	16 31	16 19	16 08	15 59	15 43	15 29	15 16	15 03	14 49	14 34	14 24	14 14
11	18 26	18 02	17 44	17 29	17 17	17 06	16 47	16 30	16 15	16 00	15 43	15 25	15 14	15 01
12	19 37	19 11	18 51	18 35	18 21	18 10	17 49	17 32	17 15	16 59	16 41	16 21	16 09	15 55
13	20 34	20 09	19 50	19 34	19 21	19 09	18 49	18 31	18 15	17 58	17 41	17 21	17 09	16 55
14	21 19	20 56	20 39	20 25	20 13	20 02	19 44	19 28	19 13	18 57	18 41	18 22	18 12	17 59
15	21 52	21 34	21 20	21 08	20 58	20 49	20 33	20 20	20 07	19 54	19 40	19 24	19 15	19 04
16	22 18	22 04	21 53	21 44	21 37	21 30	21 18	21 07	20 57	20 47	20 37	20 24	20 17	20 09
17	22 39	22 30	22 22	22 16	22 11	22 06	21 58	21 51	21 44	21 37	21 30	21 22	21 17	21 11
18	22 56	22 52	22 48	22 45	22 42	22 40	22 36	22 32	22 29	22 25	22 21	22 17	22 15	22 12
19	23 13	23 12	23 12	23 12	23 12	23 12	23 12	23 12	23 11	23 11	23 11	23 11	23 10	23 10
20	23 28	23 33	23 36	23 39	23 41	23 43	23 47	23 50	23 53	23 56	23 59	.. ..	.. ..	.. ..
21	23 45	23 53	.. ..	.. ..	.. ..	.. ..	.. ..	.. ..	.. ..	.. ..	.. ..	0 03	0 05	0 08
22	.. ..	.. ..	0 00	0 06	0 10	0 15	0 22	0 29	0 35	0 41	0 48	0 55	1 00	1 05
23	0 03	0 16	0 26	0 34	0 41	0 48	0 59	1 09	1 18	1 27	1 37	1 48	1 55	2 02
24	0 25	0 41	0 55	1 06	1 15	1 24	1 38	1 51	2 02	2 14	2 27	2 41	2 50	3 00
25	0 51	1 12	1 28	1 41	1 53	2 03	2 20	2 35	2 49	3 03	3 18	3 36	3 46	3 57
26	1 25	1 49	2 07	2 22	2 35	2 47	3 06	3 23	3 38	3 54	4 11	4 30	4 41	4 54
27	2 08	2 34	2 53	3 10	3 23	3 35	3 55	4 13	4 30	4 46	5 04	5 24	5 36	5 49
28	3 02	3 27	3 47	4 03	4 17	4 29	4 49	5 06	5 23	5 39	5 56	6 16	6 28	6 41
29	4 06	4 30	4 48	5 03	5 15	5 26	5 45	6 01	6 16	6 31	6 47	7 05	7 16	7 28
30	5 19	5 39	5 54	6 07	6 17	6 27	6 42	6 56	7 09	7 22	7 36	7 51	8 00	8 10
31	6 37	6 52	7 03	7 13	7 21	7 28	7 41	7 51	8 01	8 11	8 22	8 34	8 41	8 48
32	7 57	8 07	8 14	8 21	8 26	8 31	8 39	8 46	8 52	8 59	9 06	9 14	9 18	9 23
33	9 19	9 23	9 26	9 29	9 31	9 33	9 37	9 40	9 43	9 45	9 48	9 52	9 54	9 56

(.. ..) indicates phenomenon will occur the next day.

UNIVERSAL TIME FOR MERIDIAN OF GREENWICH
MOONRISE

Lat.	+40°	+42°	+44°	+46°	+48°	+50°	+52°	+54°	+56°	+58°	+60°	+62°	+64°	+66°
	h m	h m	h m	h m	h m	h m	h m	h m	h m	h m	h m	h m	h m	h m
Dec. 9	2 33	2 36	2 39	2 42	2 46	2 50	2 54	2 59	3 05	3 10	3 17	3 25	3 34	3 45
10	3 45	3 49	3 54	3 59	4 04	4 10	4 16	4 23	4 31	4 40	4 50	5 02	5 16	5 34
11	4 56	5 02	5 07	5 14	5 20	5 28	5 36	5 45	5 55	6 07	6 20	6 37	6 57	7 22
12	6 05	6 11	6 17	6 24	6 32	6 40	6 50	7 00	7 12	7 26	7 42	8 01	8 26	9 00
13	7 07	7 13	7 20	7 27	7 35	7 44	7 53	8 04	8 16	8 30	8 47	9 07	9 33	10 08
14	8 02	8 08	8 14	8 21	8 28	8 36	8 45	8 55	9 06	9 19	9 34	9 52	10 14	10 44
15	8 49	8 54	8 59	9 05	9 11	9 18	9 26	9 34	9 44	9 54	10 07	10 21	10 38	10 59
16	9 28	9 32	9 37	9 41	9 46	9 52	9 58	10 04	10 11	10 20	10 29	10 40	10 52	11 07
17	10 02	10 05	10 08	10 12	10 15	10 19	10 23	10 28	10 33	10 39	10 45	10 53	11 01	11 11
18	10 32	10 34	10 36	10 38	10 40	10 42	10 45	10 48	10 51	10 54	10 58	11 03	11 07	11 13
19	11 00	11 01	11 01	11 02	11 03	11 04	11 05	11 06	11 07	11 08	11 09	11 11	11 13	11 15
20	11 26	11 26	11 25	11 25	11 24	11 24	11 23	11 22	11 21	11 21	11 20	11 18	11 17	11 16
21	11 53	11 51	11 50	11 48	11 46	11 44	11 42	11 39	11 36	11 33	11 30	11 26	11 22	11 17
22	12 21	12 18	12 15	12 12	12 09	12 05	12 02	11 57	11 53	11 48	11 42	11 35	11 28	11 19
23	12 51	12 47	12 43	12 39	12 34	12 29	12 24	12 18	12 12	12 04	11 56	11 46	11 35	11 22
24	13 24	13 20	13 15	13 09	13 04	12 57	12 50	12 43	12 34	12 25	12 14	12 01	11 46	11 28
25	14 02	13 57	13 51	13 45	13 38	13 31	13 23	13 14	13 03	12 52	12 38	12 22	12 03	11 39
26	14 46	14 41	14 34	14 27	14 20	14 12	14 03	13 52	13 41	13 28	13 12	12 54	12 30	12 00
27	15 37	15 31	15 24	15 17	15 10	15 01	14 52	14 41	14 29	14 15	13 59	13 39	13 14	12 40
28	16 34	16 28	16 22	16 15	16 08	15 59	15 50	15 40	15 29	15 16	15 01	14 42	14 19	13 48
29	17 36	17 31	17 25	17 19	17 13	17 05	16 58	16 49	16 39	16 28	16 15	15 59	15 41	15 17
30	18 41	18 37	18 32	18 28	18 22	18 17	18 11	18 04	17 56	17 47	17 37	17 25	17 12	16 55
31	19 48	19 45	19 42	19 39	19 35	19 31	19 27	19 22	19 16	19 10	19 04	18 56	18 47	18 36
32	20 56	20 55	20 53	20 51	20 49	20 47	20 44	20 42	20 39	20 35	20 32	20 28	20 23	20 17
33	22 05	22 04	22 04	22 04	22 03	22 03	22 03	22 02	22 02	22 01	22 00	22 00	21 59	21 58

MOONSET

Lat.	+40°	+42°	+44°	+46°	+48°	+50°	+52°	+54°	+56°	+58°	+60°	+62°	+64°	+66°
	h m	h m	h m	h m	h m	h m	h m	h m	h m	h m	h m	h m	h m	h m
Dec. 9	13 33	13 30	13 26	13 22	13 18	13 13	13 08	13 03	12 57	12 50	12 42	12 33	12 23	12 11
10	14 14	14 09	14 04	13 59	13 53	13 47	13 40	13 33	13 24	13 15	13 04	12 51	12 36	12 18
11	15 01	14 56	14 50	14 43	14 36	14 28	14 20	14 10	14 00	13 48	13 34	13 17	12 57	12 31
12	15 55	15 49	15 42	15 35	15 27	15 19	15 09	14 59	14 47	14 33	14 17	13 57	13 32	12 58
13	16 55	16 49	16 42	16 35	16 27	16 19	16 09	15 59	15 46	15 32	15 16	14 56	14 30	13 55
14	17 59	17 53	17 47	17 41	17 34	17 26	17 17	17 08	16 57	16 44	16 29	16 12	15 50	15 21
15	19 04	19 00	18 55	18 49	18 43	18 37	18 29	18 21	18 12	18 02	17 51	17 37	17 20	17 00
16	20 09	20 05	20 01	19 57	19 53	19 48	19 42	19 36	19 29	19 22	19 13	19 03	18 52	18 38
17	21 11	21 09	21 06	21 03	21 00	20 57	20 53	20 49	20 45	20 40	20 34	20 28	20 21	20 12
18	22 12	22 10	22 09	22 08	22 06	22 04	22 02	22 00	21 58	21 56	21 53	21 50	21 46	21 42
19	23 10	23 10	23 10	23 10	23 10	23 10	23 10	23 09	23 09	23 09	23 09	23 09	23 08	23 08
20	.. ..	.. ..	.. ..	.. ..	.. ..	.. ..	.. ..	.. ..	.. ..	.. ..	.. ..	.. ..	.. ..	.. ..
21	0 08	0 09	0 10	0 11	0 12	0 14	0 15	0 17	0 19	0 21	0 23	0 26	0 29	0 33
22	1 05	1 07	1 09	1 12	1 15	1 18	1 21	1 24	1 28	1 33	1 38	1 43	1 50	1 57
23	2 02	2 05	2 09	2 13	2 17	2 21	2 26	2 31	2 37	2 44	2 52	3 00	3 11	3 23
24	3 00	3 04	3 09	3 14	3 19	3 25	3 31	3 38	3 46	3 55	4 06	4 18	4 32	4 50
25	3 57	4 03	4 08	4 14	4 21	4 28	4 36	4 44	4 54	5 06	5 19	5 34	5 53	6 17
26	4 54	5 00	5 06	5 13	5 21	5 29	5 38	5 48	5 59	6 12	6 27	6 45	7 08	7 39
27	5 49	5 56	6 02	6 09	6 17	6 25	6 35	6 45	6 57	7 11	7 27	7 47	8 12	8 46
28	6 41	6 47	6 53	7 00	7 08	7 16	7 25	7 35	7 47	8 00	8 16	8 35	8 58	9 29
29	7 28	7 34	7 39	7 46	7 52	8 00	8 08	8 17	8 27	8 39	8 52	9 08	9 28	9 52
30	8 10	8 15	8 20	8 25	8 31	8 37	8 44	8 51	8 59	9 09	9 19	9 32	9 46	10 04
31	8 48	8 52	8 56	9 00	9 04	9 08	9 13	9 19	9 25	9 32	9 39	9 48	9 58	10 10
32	9 23	9 25	9 28	9 30	9 33	9 36	9 39	9 42	9 46	9 51	9 55	10 01	10 07	10 14
33	9 56	9 57	9 58	9 59	10 00	10 01	10 02	10 04	10 05	10 07	10 09	10 11	10 14	10 17

(.. ..) indicates phenomenon will occur the next day.
(-- --) indicates Moon continuously below horizon.
(** **) indicates Moon continuously above horizon.

There are four eclipses, two of the Sun and two of the Moon.

I	May 21	Partial eclipse of the Sun
II	June 4	Total eclipse of the Moon
III	November 13	Partial eclipse of the Sun
IV	November 29	Total eclipse of the Moon

A standard correction of $+0''\!.5$ has been applied to the tabular longitude of the Moon, and of $-0''\!.25$ has been applied to the tabular latitude of the Moon, to help correct for the difference between the center of figure and the center of mass when using the LE200 lunar ephemeris.

The arguments are given provisionally in Universal Time, using $\Delta T(A) = +58^s$. Once the value of ΔT is known, the data on these pages may be expressed in Universal Time as follows:

Define $\delta T = \Delta T - \Delta T(A)$.

Convert all arguments in preliminary Universal Time by subtracting δT. Apply the correction $1.0027\ \delta T$ to μ and the longitudes in such a way that if δT is positive, μ decreases and the longitudes shift to the east.

Leave all other quantities unchanged.

Longitude is positive to the east, and negative to the west.

I.—*Partial Eclipse of the Sun,* May 21.

ELEMENTS OF THE ECLIPSE

U.T. of geocentric conjunction in right ascension, May 21^d 14^h 33^m $45^s\!.841$

Julian Date = 2449129.1067805616

	h m s		s s
R.A. of Sun and Moon	3 53 32.177	Hourly motions	10.032 and 136.094
	° ′ ″		′ ″
Declination of Sun	+20 15 51.72	Hourly motion	+ 0 30.09
Declination of Moon	+21 19 49.89	Hourly motion	+ 3 49.21
Equatorial hor. par. of Sun	8.69	True semidiameter of Sun	15 48.0
Equatorial hor. par. of Moon	56 02.85	True semidiameter of Moon	15 16.4

CIRCUMSTANCES OF THE ECLIPSE

	U.T.	Longitude	Latitude
	d h m	° ′	° ′
Eclipse begins	May 21 12 18.8	−112 08.3	+37 44.4
Greatest eclipse	21 14 19.3	+162 12.0	+68 48.1
Eclipse ends	21 16 19.5	+ 49 24.6	+49 00.6

Magnitude of greatest eclipse 0.736

II.—*Total Eclipse of the Moon,* June 4; the beginning of the umbral phase visible along the east coast of Asia, and in Australia, Antarctica, the Hawaiian Islands, southern Alaska, extreme western Canada, the western United States, most of Mexico, the coastal regions of Peru and Ecuador, southwestern South America, the Pacific Ocean, and the southeastern Indian Ocean; the end visible in most of eastern and south central Asia, Madagascar Island, Australia, Antarctica, the Hawaiian Islands, the Aleutian Islands, the Indian Ocean, and the western Pacific Ocean.

Total Eclipse of the Moon, June 4 (continued).

ELEMENTS OF THE ECLIPSE

U.T. of geocentric opposition in right ascension, June 4^d 13^h 00^m 05^s165

Julian Date = 2449143.0417264439

	h m s		s
R.A. of Sun	4 50 12.257	Hourly motion	10.283
R.A. of Moon	16 50 12.257	Hourly motion	149.429
	° ′ ″		′ ″
Declination of Sun	+22 28 11.84	Hourly motion	+ 0 17.13
Declination of Moon	−22 18 38.71	Hourly motion	− 0 56.88
Equatorial hor. par. of Sun	8.67	True semidiameter of Sun	15 45.9
Equatorial hor. par. of Moon	58 21.37	True semidiameter of Moon	15 54.1

CIRCUMSTANCES OF THE ECLIPSE

		d h m	
Moon enters penumbra	June	4 10 10.8	
Moon enters umbra		4 11 11.2	
Moon enters totality		4 12 12.2	
Middle of eclipse		4 13 00.5	U.T.
Moon leaves totality		4 13 48.7	
Moon leaves umbra		4 14 49.7	
Moon leaves penumbra		4 15 50.2	

Contacts of Umbra with Limb of Moon	Position Angles from the North Point	The Moon being in the Zenith in Longitude	Latitude
	°	° ′	° ′
First	100.5 to East	−169 16.7	−22 16.7
Last	98.1 to West	+138 12.5	−22 20.1

Magnitude of the eclipse 1.567

III.—*Partial Eclipse of the Sun*, November 13.

ELEMENTS OF THE ECLIPSE

U.T. of geocentric conjunction in right ascension, November 13^d 22^h 03^m 11^s851

Julian Date = 2449305.4188871579

	h m s		s s
R.A. of Sun and Moon	15 16 29.895	Hourly motions	10.234 and 155.341
	° ′ ″		′ ″
Declination of Sun	−18 09 00.13	Hourly motion	− 0 39.32
Declination of Moon	−19 12 49.49	Hourly motion	− 6 24.42
Equatorial hor. par. of Sun	8.89	True semidiameter of Sun	16 09.9
Equatorial hor. par. of Moon	60 35.50	True semidiameter of Moon	16 30.7

Partial Eclipse of the Sun, November 13 (continued).

CIRCUMSTANCES OF THE ECLIPSE

	U.T.	Longitude	Latitude
	d h m	° ′	° ′
Eclipse begins	November 13 19 46.4	+ 138 01.5	− 31 16.5
Greatest eclipse	13 21 44.9	+ 58 10.1	− 69 35.2
Eclipse ends	13 23 43.2	− 67 45.2	− 48 43.9

Magnitude of greatest eclipse 0.928

IV.—*Total Eclipse of the Moon*, November 29; the beginning of the umbral phase visible in extreme eastern and northern Asia, the Hawaiian Islands, North America, Central America, South America, the Arctic regions, Greenland, Europe, western Africa, the extreme western U.S.S.R., the Palmer Peninsula of Antarctica, the eastern Pacific Ocean, and the Atlantic Ocean; the end visible in northeastern Asia, most of New Zealand, the Hawaiian Islands, North America, Central America, South America except the extreme east, the Arctic regions, Greenland, the northern United Kingdom, the Pacific Ocean, and most of the North Atlantic Ocean.

ELEMENTS OF THE ECLIPSE

U.T. of geocentric opposition in right ascension, November 29^d 6^h 22^m $59^s.391$

Julian Date = 2449320.7659651707

	h m s		s
R.A. of Sun	16 20 53.887	Hourly motion	10.730
R.A. of Moon	4 20 53.887	Hourly motion	133.050
	° ′ ″		′ ″
Declination of Sun	−21 29 11.12	Hourly motion	− 0 25.32
Declination of Moon	+21 07 02.30	Hourly motion	+ 2 20.57
Equatorial hor. par. of Sun	8.92	True semidiameter of Sun	16 12.9
Equatorial hor. par. of Moon	55 19.22	True semidiameter of Moon	15 04.5

CIRCUMSTANCES OF THE ECLIPSE

		d h m	
Moon enters penumbra	November	29 3 27.1	
Moon enters umbra		29 4 40.4	
Moon enters totality		29 6 02.2	
Middle of eclipse		29 6 26.1	U.T.
Moon leaves totality		29 6 50.1	
Moon leaves umbra		29 8 11.9	
Moon leaves penumbra		29 9 25.0	

Contacts of Umbra with Limb of Moon	Position Angles from the North Point	The Moon being in the Zenith in	
		Longitude	Latitude
	°	° ′	° ′
First	62.4 to East	− 73 54.6	+21 02.9
Last	70.2 to West	−124 57.7	+21 11.1

Magnitude of the eclipse 1.092

PARTIAL SOLAR ECLIPSE OF 1993 MAY 21

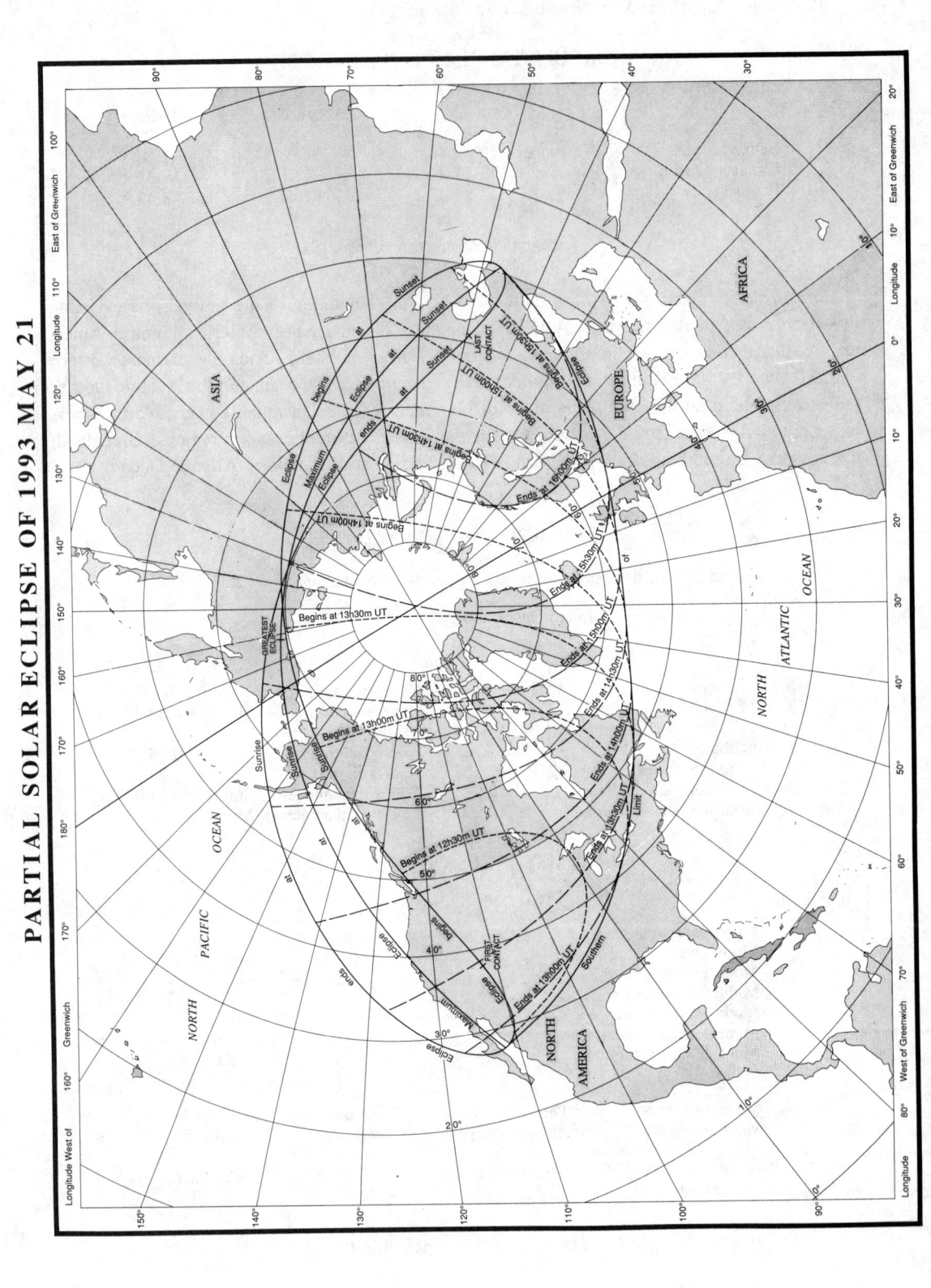

BESSELIAN ELEMENTS: PARTIAL SOLAR ECLIPSE OF MAY 21

U.T.	Intersection of Axis of Shadow with Fundamental Plane		Direction of Axis of Shadow			Radius of Penumbra on Fundamental Plane
	x	y	$\sin d$	$\cos d$	μ	
h　m					°	
11 50	−1.432984	+0.982193	+0.345939	0.938257	358.35996	0.556054
12 00	−1.345510	+0.992164	+0.345962	0.938249	0.86006	0.556044
10	1.258031	1.002126	.345984	.938240	3.36017	.556033
20	1.170547	1.012078	.346007	.938232	5.86027	.556022
30	1.083059	1.022021	.346029	.938224	8.36038	.556010
40	0.995568	1.031954	.346052	.938215	10.86048	.555998
50	0.908072	1.041878	.346074	.938207	13.36059	.555984
13 00	−0.820573	+1.051792	+0.346097	0.938199	15.86069	0.555971
10	0.733070	1.061697	.346119	.938191	18.36080	.555956
20	0.645564	1.071592	.346142	.938182	20.86090	.555942
30	0.558054	1.081478	.346164	.938174	23.36100	.555926
40	0.470542	1.091354	.346186	.938166	25.86111	.555910
50	0.383028	1.101220	.346209	.938157	28.36121	.555893
14 00	−0.295510	+1.111077	+0.346231	0.938149	30.86132	0.555876
10	0.207990	1.120924	.346254	.938141	33.36142	.555858
20	0.120468	1.130762	.346276	.938133	35.86152	.555840
30	−0.032945	1.140589	.346299	.938124	38.36163	.555821
40	+0.054581	1.150407	.346321	.938116	40.86173	.555801
50	0.142109	1.160216	.346343	.938108	43.36184	.555781
15 00	+0.229637	+1.170014	+0.346366	0.938100	45.86194	0.555760
10	0.317167	1.179803	.346388	.938091	48.36204	.555739
20	0.404698	1.189582	.346411	.938083	50.86215	.555717
30	0.492230	1.199351	.346433	.938075	53.36225	.555695
40	0.579763	1.209110	.346455	.938066	55.86235	.555672
50	0.667296	1.218860	.346478	.938058	58.36245	.555648
16 00	+0.754830	+1.228599	+0.346500	0.938050	60.86256	0.555624
10	0.842364	1.238329	.346523	.938042	63.36266	.555599
20	0.929897	1.248049	.346545	.938033	65.86276	.555573
30	1.017431	1.257758	.346567	.938025	68.36287	.555547
40	1.104963	1.267458	.346590	.938017	70.86297	.555521
50	+1.192496	+1.277148	+0.346612	0.938009	73.36307	0.555494

$\tan f_1$　　　0.004619
μ'　　　0.261810 radians per hour
d'　　　+0.000143 radians per hour

PARTIAL SOLAR ECLIPSE OF 1993 NOVEMBER 13

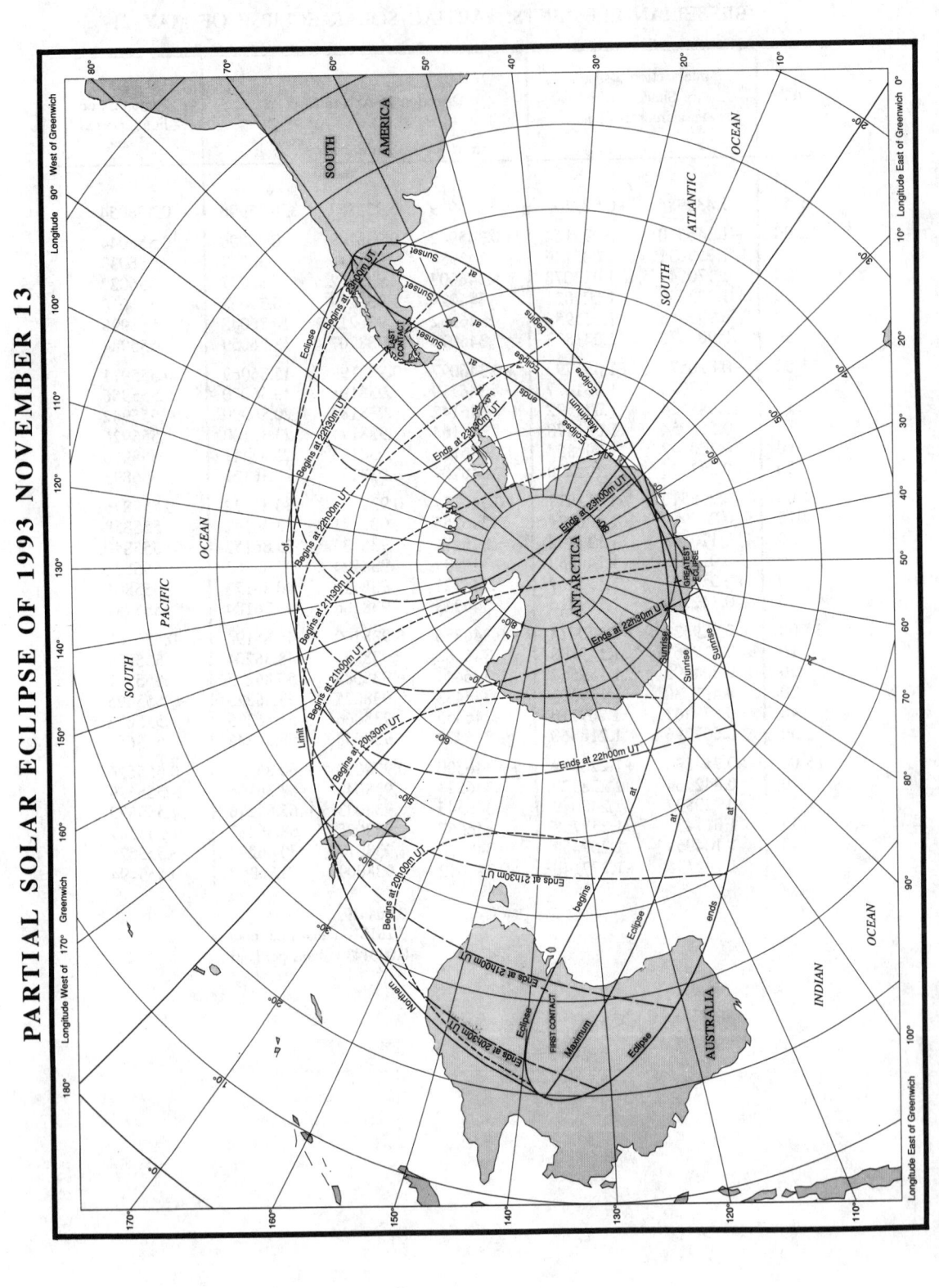

BESSELIAN ELEMENTS: PARTIAL SOLAR ECLIPSE OF NOVEMBER 13

U.T.	Intersection of Axis of Shadow with Fundamental Plane		Direction of Axis of Shadow			Radius of Penumbra on Fundamental Plane
	x	y	$\sin d$	$\cos d$	μ	
h m					°	
19 20	−1.541309	−0.794929	−0.310981	0.950416	113.90265	0.540306
30	1.446890	0.810997	.311010	.950407	116.40263	.540329
40	1.352467	0.827055	.311040	.950397	118.90262	.540351
50	1.258039	0.843104	.311069	.950387	121.40260	.540373
20 00	−1.163607	−0.859142	−0.311099	0.950378	123.90259	0.540393
10	1.069172	0.875170	.311128	.950368	126.40257	.540413
20	0.974733	0.891189	.311158	.950358	128.90256	.540433
30	0.880290	0.907197	.311188	.950348	131.40254	.540451
40	0.785845	0.923196	.311217	.950339	133.90253	.540469
50	0.691397	0.939184	.311247	.950329	136.40251	.540486
21 00	−0.596946	−0.955162	−0.311276	0.950319	138.90250	0.540503
10	0.502493	0.971130	.311306	.950310	141.40248	.540519
20	0.408038	0.987087	.311335	.950300	143.90246	.540534
30	0.313582	1.003035	.311365	.950290	146.40245	.540548
40	0.219124	1.018972	.311395	.950281	148.90243	.540562
50	0.124664	1.034898	.311424	.950271	151.40241	.540575
22 00	−0.030204	−1.050814	−0.311454	0.950261	153.90240	0.540587
10	+0.064257	1.066720	.311483	.950252	156.40238	.540598
20	0.158719	1.082616	.311513	.950242	158.90236	.540609
30	0.253180	1.098500	.311542	.950232	161.40235	.540619
40	0.347642	1.114375	.311572	.950223	163.90233	.540629
50	0.442103	1.130238	.311601	.950213	166.40231	.540638
23 00	+0.536564	−1.146091	−0.311631	0.950203	168.90229	0.540646
10	0.631024	1.161933	.311660	.950194	171.40228	.540653
20	0.725483	1.177765	.311690	.950184	173.90226	.540660
30	0.819941	1.193586	.311719	.950174	176.40224	.540665
40	0.914396	1.209396	.311749	.950165	178.90222	.540671
50	1.008851	1.225195	.311778	.950155	181.40220	.540675
0 00	+1.103303	−1.240983	−0.311808	0.950145	183.90218	0.540679
0 10	+1.197752	−1.256760	−0.311837	0.950135	186.40216	0.540682

$$\tan f_1 \qquad 0.004726$$
$$\mu' \qquad 0.261798 \text{ radians per hour}$$
$$d' \qquad -0.000187 \text{ radians per hour}$$

A transit of Mercury over the disk of the Sun will occur on November 6.

The times provided in the following tables are given provisionally in Universal Time, using $\Delta T(A) = +58^s$. Once the value of ΔT is known, the data on these pages may be expressed in Universal Time as follows:

Define $\delta T = \Delta T - \Delta T(A)$.

Convert all quantities in U.T. to U.T. $- \delta T$.

Convert the longitudes to $\lambda + 1.0027 \, \delta T$, with the convention that longitude is positive to the east and negative to the west.

Leave all other quantities unchanged.

This correction procedure is included in the formulae for local circumstances.

ELEMENTS OF THE TRANSIT

U.T. of geocentric conjunction in right ascension, November $6^d \, 02^h \, 39^m \, 51^s.087$

Julian Date = 2449297.61100795

	h m s		s s
R.A. of Sun and Mercury	14 44 58.362	Hourly motions	9.954 and −12.003

	° ′ ″		′ ″
Declination of Sun	−15 57 03.46	Hourly motion	− 0 45.00
Declination of Mercury	−16 14 13.46	Hourly motion	+ 1 48.47
Equ. hor. parallax of Sun	8.87	True semidiameter of Sun	16 08.16
Equ. hor. parallax of Mercury	13.04	True semidiameter of Mercury	4.99

GEOCENTRIC PHASES

	U.T.	Position Angle P	Mercury Being in the Zenith in Longitude	Latitude
	d h m s	°	° ′	° ′
Ingress, exterior contact	November 6 3 05 52.7	188.1	+129 24.2	−16 13.4
Ingress, interior contact	6 3 11 46.2	190.1	+127 55.3	−16 13.3
Least angular distance	6 3 56 33.5		+116 39.4	−16 11.9
Egress, interior contact	6 4 41 21.4	221.7	+105 23.3	−16 10.6
Egress, exterior contact	6 4 47 14.8	223.7	+103 54.4	−16 10.4

Least angular distance 15′ 26″.7

LOCAL CIRCUMSTANCES

The Universal Times of the four contacts for any point on the surface of the Earth may be computed from the four following formulae, in which ρ denotes the radius of the Earth at that point in units of the equatorial radius, ϕ' denotes the geocentric latitude, and λ denotes the longitude east of Greenwich.

T^I and T^{II} are respectively the times of exterior and interior contact at ingress; T^{III} and T^{IV} are respectively the times of interior and exterior contact at egress.

$$
\begin{array}{llll}
 & \text{h m s} & \text{s} & \text{s} & \circ \quad ' \\
T^I = & 3\ 05\ 52.7 + 132.38 & \rho \sin \phi' - & 44.58 & \rho \cos \phi' \cos (335\ 39.0 - \lambda - 1.0027\ \delta T) - \delta T \\
T^{II} = & 3\ 11\ 46.2 + 147.44 & \rho \sin \phi' - & 52.25 & \rho \cos \phi' \cos (339\ 29.5 - \lambda - 1.0027\ \delta T) - \delta T \\
T^{III} = & 4\ 41\ 21.4 - 111.62 & \rho \sin \phi' + & 109.46 & \rho \cos \phi' \cos (357\ 16.8 - \lambda - 1.0027\ \delta T) - \delta T \\
T^{IV} = & 4\ 47\ 14.8 - 96.57 & \rho \sin \phi' + & 100.80 & \rho \cos \phi' \cos (356\ 55.0 - \lambda - 1.0027\ \delta T) - \delta T \\
\end{array}
$$

The position angle P of the point of contact, reckoned from the north point of the limb of the Sun towards the east, may be taken as equal to its geocentric value given above.

The position angle V of the point of contact, reckoned from the vertex of the limb of the Sun towards the east, is found by:

$$V = P - C$$

where C, the parallactic angle, is given by:

$$\tan C = \frac{\cos \phi' \sin h}{\sin \phi' \cos \delta - \cos \phi' \sin \delta \cos h}$$

in which ϕ' is the geocentric latitude of the place, δ is the declination of the Sun, and h is the local hour angle of the Sun; $\sin C$ has the same algebraic sign as $\sin h$.

TRANSIT OF MERCURY OF 1993 NOVEMBER 6

CONTENTS OF SECTION B

NOTE

The tables and formulae in this section were revised in 1984 to bring them into accordance with the recommendations of the International Astronomical Union at its General Assemblies in 1976, 1979 and 1982. They are intended for use with the new dynamical time-scales, the new FK5 celestial reference system and the new standard epoch of J2000·0, and formulae are given for the computation of relativistic effects in the reduction from mean to apparent place. Except when the highest precision is required it is possible, however, to continue to use the classical methods (e.g. to use day numbers), but the catalogue position should be reduced to the FK5 system and to the standard equinox of J2000·0 as explained in the Supplement to the Almanac for 1984, and precession should be applied to give the mean place for the *middle* of the year as the starting point for the reduction from mean to apparent place when day numbers are to be used.

Background information about the new time and coordinate reference systems, and about the changes in the procedures, are given in the Explanation and in the Supplement to the Almanac for 1984.

CALENDAR, 1993

Day of Month	JANUARY Day of Week	Day of Year	FEBRUARY Day of Week	Day of Year	MARCH Day of Week	Day of Year	APRIL Day of Week	Day of Year	MAY Day of Week	Day of Year	JUNE Day of Week	Day of Year
1	Fri.	1	Mon.	32	Mon.	60	Thu.	91	Sat.	121	Tue.	152
2	Sat.	2	Tue.	33	Tue.	61	Fri.	92	Sun.	122	Wed.	153
3	Sun.	3	Wed.	34	Wed.	62	Sat.	93	Mon.	123	Thu.	154
4	Mon.	4	Thu.	35	Thu.	63	Sun.	94	Tue.	124	Fri.	155
5	Tue.	5	Fri.	36	Fri.	64	Mon.	95	Wed.	125	Sat.	156
6	Wed.	6	Sat.	37	Sat.	65	Tue.	96	Thu.	126	Sun.	157
7	Thu.	7	Sun.	38	Sun.	66	Wed.	97	Fri.	127	Mon.	158
8	Fri.	8	Mon.	39	Mon.	67	Thu.	98	Sat.	128	Tue.	159
9	Sat.	9	Tue.	40	Tue.	68	Fri.	99	Sun.	129	Wed.	160
10	Sun.	10	Wed.	41	Wed.	69	Sat.	100	Mon.	130	Thu.	161
11	Mon.	11	Thu.	42	Thu.	70	Sun.	101	Tue.	131	Fri.	162
12	Tue.	12	Fri.	43	Fri.	71	Mon.	102	Wed.	132	Sat.	163
13	Wed.	13	Sat.	44	Sat.	72	Tue.	103	Thu.	133	Sun.	164
14	Thu.	14	Sun.	45	Sun.	73	Wed.	104	Fri.	134	Mon.	165
15	Fri.	15	Mon.	46	Mon.	74	Thu.	105	Sat.	135	Tue.	166
16	Sat.	16	Tue.	47	Tue.	75	Fri.	106	Sun.	136	Wed.	167
17	Sun.	17	Wed.	48	Wed.	76	Sat.	107	Mon.	137	Thu.	168
18	Mon.	18	Thu.	49	Thu.	77	Sun.	108	Tue.	138	Fri.	169
19	Tue.	19	Fri.	50	Fri.	78	Mon.	109	Wed.	139	Sat.	170
20	Wed.	20	Sat.	51	Sat.	79	Tue.	110	Thu.	140	Sun.	171
21	Thu.	21	Sun.	52	Sun.	80	Wed.	111	Fri.	141	Mon.	172
22	Fri.	22	Mon.	53	Mon.	81	Thu.	112	Sat.	142	Tue.	173
23	Sat.	23	Tue.	54	Tue.	82	Fri.	113	Sun.	143	Wed.	174
24	Sun.	24	Wed.	55	Wed.	83	Sat.	114	Mon.	144	Thu.	175
25	Mon.	25	Thu.	56	Thu.	84	Sun.	115	Tue.	145	Fri.	176
26	Tue.	26	Fri.	57	Fri.	85	Mon.	116	Wed.	146	Sat.	177
27	Wed.	27	Sat.	58	Sat.	86	Tue.	117	Thu.	147	Sun.	178
28	Thu.	28	Sun.	59	Sun.	87	Wed.	118	Fri.	148	Mon.	179
29	Fri.	29			Mon.	88	Thu.	119	Sat.	149	Tue.	180
30	Sat.	30			Tue.	89	Fri.	120	Sun.	150	Wed.	181
31	Sun.	31			Wed.	90			Mon.	151		

CHRONOLOGICAL CYCLES AND ERAS

Dominical Letter	C	Julian Period (year of)	6706
Epact	6	Roman Indiction	1
Golden Number (Lunar Cycle) ...	XVIII	Solar Cycle	14

All dates are given in terms of the Gregorian calendar in which
1993 January 14 corresponds to 1993 January 1 of the Julian calendar.

ERA	YEAR BEGINS	ERA	YEAR BEGINS
Byzantine	7502 Sept. 14	Japanese	2653 Jan. 1
Jewish (A.M.)*	5754 Sept. 15	Grecian (Seleucidæ) ...	2305 Sept. 14
Chinese (Gui-you) ...	(4630) Jan. 23		(or Oct. 14)
Roman (A.U.C.)	2746 Jan. 14	Indian (Saka)	1915 Mar. 22
Nabonassar	2742 Apr. 25	Diocletian	1710 Sept. 11
		Islamic (Hegira)*	1414 June 20

* Year begins at sunset

Day of Month	JULY Day of Week	JULY Day of Year	AUGUST Day of Week	AUGUST Day of Year	SEPTEMBER Day of Week	SEPTEMBER Day of Year	OCTOBER Day of Week	OCTOBER Day of Year	NOVEMBER Day of Week	NOVEMBER Day of Year	DECEMBER Day of Week	DECEMBER Day of Year
1	Thu.	182	Sun.	213	Wed.	244	Fri.	274	Mon.	305	Wed.	335
2	Fri.	183	Mon.	214	Thu.	245	Sat.	275	Tue.	306	Thu.	336
3	Sat.	184	Tue.	215	Fri.	246	Sun.	276	Wed.	307	Fri.	337
4	Sun.	185	Wed.	216	Sat.	247	Mon.	277	Thu.	308	Sat.	338
5	Mon.	186	Thu.	217	Sun.	248	Tue.	278	Fri.	309	Sun.	339
6	Tue.	187	Fri.	218	Mon.	249	Wed.	279	Sat.	310	Mon.	340
7	Wed.	188	Sat.	219	Tue.	250	Thu.	280	Sun.	311	Tue.	341
8	Thu.	189	Sun.	220	Wed.	251	Fri.	281	Mon.	312	Wed.	342
9	Fri.	190	Mon.	221	Thu.	252	Sat.	282	Tue.	313	Thu.	343
10	Sat.	191	Tue.	222	Fri.	253	Sun.	283	Wed.	314	Fri.	344
11	Sun.	192	Wed.	223	Sat.	254	Mon.	284	Thu.	315	Sat.	345
12	Mon.	193	Thu.	224	Sun.	255	Tue.	285	Fri.	316	Sun.	346
13	Tue.	194	Fri.	225	Mon.	256	Wed.	286	Sat.	317	Mon.	347
14	Wed.	195	Sat.	226	Tue.	257	Thu.	287	Sun.	318	Tue.	348
15	Thu.	196	Sun.	227	Wed.	258	Fri.	288	Mon.	319	Wed.	349
16	Fri.	197	Mon.	228	Thu.	259	Sat.	289	Tue.	320	Thu.	350
17	Sat.	198	Tue.	229	Fri.	260	Sun.	290	Wed.	321	Fri.	351
18	Sun.	199	Wed.	230	Sat.	261	Mon.	291	Thu.	322	Sat.	352
19	Mon.	200	Thu.	231	Sun.	262	Tue.	292	Fri.	323	Sun.	353
20	Tue.	201	Fri.	232	Mon.	263	Wed.	293	Sat.	324	Mon.	354
21	Wed.	202	Sat.	233	Tue.	264	Thu.	294	Sun.	325	Tue.	355
22	Thu.	203	Sun.	234	Wed.	265	Fri.	295	Mon.	326	Wed.	356
23	Fri.	204	Mon.	235	Thu.	266	Sat.	296	Tue.	327	Thu.	357
24	Sat.	205	Tue.	236	Fri.	267	Sun.	297	Wed.	328	Fri.	358
25	Sun.	206	Wed.	237	Sat.	268	Mon.	298	Thu.	329	Sat.	359
26	Mon.	207	Thu.	238	Sun.	269	Tue.	299	Fri.	330	Sun.	360
27	Tue.	208	Fri.	239	Mon.	270	Wed.	300	Sat.	331	Mon.	361
28	Wed.	209	Sat.	240	Tue.	271	Thu.	301	Sun.	332	Tue.	362
29	Thu.	210	Sun.	241	Wed.	272	Fri.	302	Mon.	333	Wed.	363
30	Fri.	211	Mon.	242	Thu.	273	Sat.	303	Tue.	334	Thu.	364
31	Sat.	212	Tue.	243			Sun.	304			Fri.	365

RELIGIOUS CALENDARS

Epiphany	Jan. 6	Ascension Day	May 20
Ash Wednesday	Feb. 24	Whit Sunday—Pentecost ...	May 30
Palm Sunday	Apr. 4	Trinity Sunday	June 6
Good Friday	Apr. 9	First Sunday in Advent	Nov. 28
Easter Day	Apr. 11	Christmas Day (Saturday) ...	Dec. 25
First Day of Passover (Pesach)	Apr. 6	Day of Atonement	
Feast of Weeks (Shavuot) ...	May 26	(Yom Kippur)	Sept. 25
Jewish New Year (tabular)		First day of Tabernacles	
(Rosh Hashanah)	Sept. 16	(Succoth)	Sept. 30
First day of Ramadân	Feb. 23	Islamic New Year	June 21
(tabular)		(tabular)	

The Jewish and Islamic dates above are tabular dates, which begin at sunset on the previous evening and end at sunset on the date tabulated. In practice, the dates of Islamic fasts and festivals are determined by an actual sighting of the appropriate new moon.

Julian date

A tabulation of Julian date (JD) at 0^h UT against calendar date is given with the ephemeris of universal and sidereal times on pages B8–B15. The following relationship holds during 1993:

$$\text{Julian date} = 244\ 8987 \cdot 5 + \text{day of year} + \text{fraction of day from } 0^h \text{ UT}$$

where the day of the year for the current year of the Gregorian calendar is given on pages B2–B3. The following table gives the Julian dates at day 0 of each month of 1993:

0^h UT	JD	0^h UT	JD	0^h UT	JD
Jan. 0	244 8987·5	May 0	244 9107·5	Sept. 0	244 9230·5
Feb. 0	244 9018·5	June 0	244 9138·5	Oct. 0	244 9260·5
Mar. 0	244 9046·5	July 0	244 9168·5	Nov. 0	244 9291·5
Apr. 0	244 9077·5	Aug. 0	244 9199·5	Dec. 0	244 9321·5

Tabulations of Julian date against calendar date for other years are given on pages K2–K4. Other relevant dates are:

$$400\text{-day date, JD } 244\ 9200 \cdot 5 = 1993 \text{ August } 1 \cdot 0$$

$$\text{Standard epoch, 1900 January 0, } 12^h \text{ UT} = \text{JD } 241\ 5020 \cdot 000$$
$$\text{B}1950 \cdot 0\ = 1950 \text{ Jan. } 0 \cdot 923 = \text{JD } 243\ 3282 \cdot 423$$
$$\text{B}1993 \cdot 0\ = 1993 \text{ Jan. } 0 \cdot 338 = \text{JD } 244\ 8987 \cdot 838$$
$$\text{J}1993 \cdot 5\ = 1993 \text{ July } 2 \cdot 375 = \text{JD } 244\ 9170 \cdot 875$$
$$\text{J}2000 \cdot 0\ = 2000 \text{ Jan. } 1 \cdot 5\ \ \ = \text{JD } 245\ 1545 \cdot 0$$

The fraction of the year from 1993·5 is tabulated with the Besselian day numbers on pages B24–B31.

The "*modified Julian date*" (MJD) is the Julian date minus 240 0000·5 and in 1993 is given by: MJD = 48987·0 + day of year + fraction of day from 0^h UT.

A date may also be expressed in years as a Julian epoch, or for some purposes as a Besselian epoch, using:

$$\text{Julian epoch} = \text{J}[2000 \cdot 0 + (\text{JD} - 245\ 1545 \cdot 0)/365 \cdot 25]$$
$$\text{Besselian epoch} = \text{B}[1900 \cdot 0 + (\text{JD} - 241\ 5020 \cdot 313\ 52)/365 \cdot 242\ 198\ 781]$$

where JD is the Julian date; the prefixes J and B may be omitted only where the context, or precision, make them superfluous.

Notation for time-scales

A summary of the notation for time-scales and related quantities used in this Almanac is given below. Additional information is given in the Glossary, in the Explanation and in the Supplement to the Almanac for 1984.

UT = UT1; universal time; counted from 0^h at midnight; unit is mean solar day
UT0 local approximation to universal time; not corrected for polar motion
GMST Greenwich mean sidereal time; GHA of mean equinox of date
GAST Greenwich apparent sidereal time; GHA of true equinox of date
TAI international atomic time; unit is the SI second

Notation for time-scales (continued)

UTC   coordinated universal time; differs from TAI by an integral number of seconds, and is the basis of most radio time signals and legal time systems

ΔUT   = UT−UTC; increment to be applied to UTC to give UT

DUT   = predicted value of ΔUT, rounded to $0\overset{s}{.}1$, given in some radio time signals

ET   ephemeris time; was used in dynamical theories and in the Almanac from 1960–1983; but is now replaced by TDT and TDB

TDT   terrestrial dynamical time; used as time-scale of ephemerides for observations from the Earth's surface. TDT = TAI + $32\overset{s}{.}184$

TDB   barycentric dynamical time; used as time-scale of ephemerides referred to the barycentre of the solar system

ΔT = ET − UT (prior to 1984); increment to be applied to UT to give ET

ΔT = TDT − UT (1984 onwards); increment to be applied to UT to give TDT

ΔT = TAI + $32\overset{s}{.}184$ − UT

ΔAT   = TAI − UTC; increment to be applied to UTC to give TAI

ΔET   = ET − UTC; increment to be applied to UTC to give ET

ΔTT   = TDT − UTC; increment to be applied to UTC to give TDT

For most purposes, ET up to 1983 December 31 and TDT from 1984 January 1 can be regarded as a continuous time-scale. Values of ΔT for the years 1620 onwards are given on pages K8–K9.

The name Greenwich mean time (GMT) is not used in this Almanac since it is ambiguous and is now used, although not in astronomy, in the sense of UTC in addition to the earlier sense of UT; prior to 1925 it was reckoned for astronomical purposes from Greenwich mean noon (12^h UT).

Relationships between time-scales

The relationships between universal and sidereal times are described on page B6 and a daily ephemeris is given on pages B8–B15; examples of the use of the ephemeris are given on page B7.

The scale of coordinated universal time (UTC) contains step adjustments of exactly one second (leap seconds) so that universal time (UT) may be obtained directly from it with an accuracy of 1 second or better and so that international atomic time (TAI) may be obtained by the addition of an integral number of seconds. The step adjustments are usually inserted after the 60th second of the last minute of December 31 or June 30. Values of the differences ΔAT for 1972 onwards are given on page K9. Accurate values of the increment ΔUT to be applied to UTC to give UT are derived from observations, but predicted values are transmitted in code in some time signals.

The differences between the terrestrial and barycentric dynamical time-scales (due to the variations in gravitational potential around the Earth's orbit) are given by:

$$\text{TDB} = \text{TDT} + 0\overset{s}{.}001\,658\sin g + 0\overset{s}{.}000\,014\sin 2g$$
$$g = 357\overset{\circ}{.}53 + 0\overset{\circ}{.}985\,600\,28(\text{JD} - 245\,1545\cdot0)$$

where higher-order terms are neglected and g is the mean anomaly of the Earth in its orbit around the Sun. For the current year

$$g = 356\overset{\circ}{.}85 + 0\overset{\circ}{.}985\,600\,28\,d$$

where d is the day of the year tabulated on pages B2–B3.

Relationships between universal and sidereal time

The ephemeris of universal and sidereal times on pages B8–B15 is primarily intended to facilitate the conversion of universal time to local apparent sidereal time, and vice versa, for use in the computation and reduction of quantities dependent on local hour angle. Numerical examples of such conversions using the ephemeris and other tables are given opposite on page B7. Alternatively, such conversions may be carried out using the basic formulae and numerical coefficients given below.

Universal time is defined in terms of Greenwich mean sidereal time, (i.e. the Greenwich hour angle (GHA) of the mean equinox of date), by:

$$\text{GMST at } 0^{\text{h}} \text{ UT} = 24\ 110\overset{s}{.}548\ 41 + 8640\ 184\overset{s}{.}812\ 866\ T_{\text{U}}$$
$$+ 0\overset{s}{.}093\ 104\ T_{\text{U}}^{2} - 6\overset{s}{.}2 \times 10^{-6}\ T_{\text{U}}^{3}$$

where $$T_{\text{U}} = (\text{JD} - 245\ 1545 \cdot 0)/36\ 525$$

T_{U} is the interval of time, measured in Julian centuries of 36 525 days of universal time (mean solar days), elapsed since the epoch 2000 January $1^{\text{d}}\ 12^{\text{h}}$ UT.

The following relationship holds during 1993:

on day of year d at t^{h} UT, $\text{GMST} = 6^{\text{h}}\!\cdot\!644\ 4987 + 0^{\text{h}}\!\cdot\!065\ 709\ 8243\ d + 1^{\text{h}}\!\cdot\!002\ 737\ 91\ t$

where the day of year d is tabulated on pages B2–B3. Add or subtract multiples of 24^{h} as necessary.

In 1993:   1 mean solar day   = 1·002 737 909 35   mean sidereal days
                                    = $24^{\text{h}}\ 03^{\text{m}}\ 56\overset{s}{.}555\ 37$ of mean sidereal time
        1 mean sidereal day = 0·997 269 566 33   mean solar days
                                      = $23^{\text{h}}\ 56^{\text{m}}\ 04\overset{s}{.}090\ 53$ of mean solar time

Greenwich apparent sidereal time (i.e. the Greenwich hour angle of the true equinox of date) is given by:

$$\text{GAST} = \text{GMST} + \text{equation of equinoxes}$$

The equation of the equinoxes is tabulated on pages B8–B15 at 0^{h} UT for each day and should be interpolated to the required time if full precision is required; it is equal to the total nutation in longitude multiplied by the cosine of the true obliquity of the ecliptic.

Relationships with local time and hour angle

The following general relationships are used:

local mean solar time = universal time + east longitude
local mean sidereal time = Greenwich mean sidereal time + east longitude
local apparent sidereal time = local mean sidereal time + equation of equinoxes
= Greenwich apparent sidereal time + east longitude
local hour angle = local apparent sidereal time − apparent right ascension
= local mean sidereal time
− (apparent right ascension − equation of equinoxes)

A further small correction for the effect of polar motion is required in the reduction of very precise observations; for details see page B60.

Examples of the use of the ephemeris of universal and sidereal times

1. *Conversion of universal time to local sidereal time*

To find the local apparent sidereal time at $09^h\ 44^m\ 30^s$ UT on 1993 July 8 in longitude $80°\ 22'\ 55''79$ west.

	h	m	s
Greenwich mean sidereal time on July 8 at 0^h UT is (page B12)	19	03	49·1599
Add the equivalent mean sidereal time interval from 0^h to $09^h\ 44^m\ 30^s$ UT (multiply UT interval by 1·002 737 9093)	9	46	06·0185
Greenwich mean sidereal time at required UT:	4	49	55·1784
Add equation of equinoxes, interpolated using second-order differences to approximate UT $= 0^d41$			+1·0492
Greenwich apparent sidereal time:	4	49	56·2276
Subtract west longitude (add east longitude)	5	21	31·7193
Local apparent sidereal time:	23	28	24·5083

The calculation for local mean sidereal time is similar, but omit the step which allows for the equation of the equinoxes.

2. *Conversion of local sidereal time to universal time*

To find the universal time at $23^h\ 28^m\ 24^s5083$ local apparent sidereal time on 1993 July 8 in longitude $80°\ 22'\ 55''79$ west.

	h	m	s
Local apparent sidereal time:	23	28	24·5083
Add west longitude (subtract east longitude)	5	21	31·7193
Greenwich apparent sidereal time:	4	49	56·2276
Subtract equation of equinoxes, interpolated using second-order differences to approximate UT $= 0^d41$			+1·0492
Greenwich mean sidereal time:	4	49	55·1784
Subtract Greenwich mean sidereal time at 0^h UT	19	03	49·1599
Mean sidereal time interval from 0^h UT:	9	46	06·0185
Equivalent UT interval (multiply mean sidereal time interval by 0·997 269 5663)	9	44	30·0000

The conversion of mean sidereal time to universal time is carried out by a similar procedure; omit the step which allows for the equation of the equinoxes.

Date 0ʰ UT	Julian Date	G. SIDEREAL TIME (GHA of the Equinox) Apparent	Mean	Equation of Equinoxes at 0ʰ UT	GSD at 0ʰ GMST	UT at 0ʰ GMST (Greenwich Transit of the Mean Equinox)
	244	h m s	s	s	**245**	h m s
Jan. 0	**8987·5**	6 38 41·2600	40·1954	+1·0645	**5694·0**	Jan. 0 17 18 29·2076
1	**8988·5**	6 42 37·8120	36·7508	1·0612	**5695·0**	1 17 14 33·2981
2	**8989·5**	6 46 34·3650	33·3062	1·0588	**5696·0**	2 17 10 37·3887
3	**8990·5**	6 50 30·9200	29·8615	1·0584	**5697·0**	3 17 06 41·4792
4	**8991·5**	6 54 27·4775	26·4169	1·0606	**5698·0**	4 17 02 45·5697
5	**8992·5**	6 58 24·0381	22·9723	+1·0658	**5699·0**	5 16 58 49·6603
6	**8993·5**	7 02 20·6013	19·5276	1·0737	**5700·0**	6 16 54 53·7508
7	**8994·5**	7 06 17·1665	16·0830	1·0835	**5701·0**	7 16 50 57·8413
8	**8995·5**	7 10 13·7320	12·6384	1·0936	**5702·0**	8 16 47 01·9318
9	**8996·5**	7 14 10·2958	09·1937	1·1021	**5703·0**	9 16 43 06·0224
10	**8997·5**	7 18 06·8565	05·7491	+1·1074	**5704·0**	10 16 39 10·1129
11	**8998·5**	7 22 03·4132	02·3045	1·1088	**5705·0**	11 16 35 14·2034
12	**8999·5**	7 25 59·9665	58·8599	1·1066	**5706·0**	12 16 31 18·2940
13	**9000·5**	7 29 56·5177	55·4152	1·1025	**5707·0**	13 16 27 22·3845
14	**9001·5**	7 33 53·0688	51·9706	1·0982	**5708·0**	14 16 23 26·4750
15	**9002·5**	7 37 49·6214	48·5260	+1·0954	**5709·0**	15 16 19 30·5656
16	**9003·5**	7 41 46·1766	45·0813	1·0953	**5710·0**	16 16 15 34·6561
17	**9004·5**	7 45 42·7347	41·6367	1·0980	**5711·0**	17 16 11 38·7466
18	**9005·5**	7 49 39·2952	38·1921	1·1032	**5712·0**	18 16 07 42·8372
19	**9006·5**	7 53 35·8574	34·7474	1·1099	**5713·0**	19 16 03 46·9277
20	**9007·5**	7 57 32·4200	31·3028	+1·1172	**5714·0**	20 15 59 51·0182
21	**9008·5**	8 01 28·9818	27·8582	1·1237	**5715·0**	21 15 55 55·1088
22	**9009·5**	8 05 25·5420	24·4135	1·1285	**5716·0**	22 15 51 59·1993
23	**9010·5**	8 09 22·0999	20·9689	1·1311	**5717·0**	23 15 48 03·2898
24	**9011·5**	8 13 18·6553	17·5243	1·1311	**5718·0**	24 15 44 07·3803
25	**9012·5**	8 17 15·2084	14·0796	+1·1288	**5719·0**	25 15 40 11·4709
26	**9013·5**	8 21 11·7596	10·6350	1·1246	**5720·0**	26 15 36 15·5614
27	**9014·5**	8 25 08·3097	07·1904	1·1193	**5721·0**	27 15 32 19·6519
28	**9015·5**	8 29 04·8596	03·7457	1·1138	**5722·0**	28 15 28 23·7425
29	**9016·5**	8 33 01·4101	00·3011	1·1090	**5723·0**	29 15 24 27·8330
30	**9017·5**	8 36 57·9621	56·8565	+1·1057	**5724·0**	30 15 20 31·9235
31	**9018·5**	8 40 54·5164	53·4118	1·1045	**5725·0**	31 15 16 36·0141
Feb. 1	**9019·5**	8 44 51·0732	49·9672	1·1060	**5726·0**	Feb. 1 15 12 40·1046
2	**9020·5**	8 48 47·6328	46·5226	1·1102	**5727·0**	2 15 08 44·1951
3	**9021·5**	8 52 44·1945	43·0779	1·1166	**5728·0**	3 15 04 48·2857
4	**9022·5**	8 56 40·7573	39·6333	+1·1240	**5729·0**	4 15 00 52·3762
5	**9023·5**	9 00 37·3195	36·1887	1·1309	**5730·0**	5 14 56 56·4667
6	**9024·5**	9 04 33·8794	32·7440	1·1354	**5731·0**	6 14 53 00·5573
7	**9025·5**	9 08 30·4356	29·2994	1·1361	**5732·0**	7 14 49 04·6478
8	**9026·5**	9 12 26·9877	25·8548	1·1329	**5733·0**	8 14 45 08·7383
9	**9027·5**	9 16 23·5369	22·4101	+1·1268	**5734·0**	9 14 41 12·8288
10	**9028·5**	9 20 20·0852	18·9655	1·1197	**5735·0**	10 14 37 16·9194
11	**9029·5**	9 24 16·6345	15·5209	1·1136	**5736·0**	11 14 33 21·0099
12	**9030·5**	9 28 13·1863	12·0762	1·1101	**5737·0**	12 14 29 25·1004
13	**9031·5**	9 32 09·7412	08·6316	1·1095	**5738·0**	13 14 25 29·1910
14	**9032·5**	9 36 06·2987	05·1870	+1·1117	**5739·0**	14 14 21 33·2815
15	**9033·5**	9 40 02·8579	01·7423	+1·1156	**5740·0**	15 14 17 37·3720

Date 0ʰ UT	Julian Date	G. SIDEREAL TIME (GHA of the Equinox) Apparent	Mean	Equation of Equinoxes at 0ʰ UT	GSD at 0ʰ GMST	UT at 0ʰ GMST (Greenwich Transit of the Mean Equinox)
	244	h m s	s	s	245	h m s
Feb. 15	9033·5	9 40 02·8579	01·7423	+1·1156	5740·0	Feb. 15 14 17 37·3720
16	9034·5	9 43 59·4178	58·2977	1·1201	5741·0	16 14 13 41·4626
17	9035·5	9 47 55·9772	54·8531	1·1241	5742·0	17 14 09 45·5531
18	9036·5	9 51 52·5350	51·4085	1·1266	5743·0	18 14 05 49·6436
19	9037·5	9 55 49·0907	47·9638	1·1269	5744·0	19 14 01 53·7342
20	9038·5	9 59 45·6440	44·5192	+1·1248	5745·0	20 13 57 57·8247
21	9039·5	10 03 42·1949	41·0746	1·1204	5746·0	21 13 54 01·9152
22	9040·5	10 07 38·7439	37·6299	1·1139	5747·0	22 13 50 06·0057
23	9041·5	10 11 35·2915	34·1853	1·1062	5748·0	23 13 46 10·0963
24	9042·5	10 15 31·8387	30·7407	1·0981	5749·0	24 13 42 14·1868
25	9043·5	10 19 28·3864	27·2960	+1·0903	5750·0	25 13 38 18·2773
26	9044·5	10 23 24·9353	23·8514	1·0839	5751·0	26 13 34 22·3679
27	9045·5	10 27 21·4862	20·4068	1·0794	5752·0	27 13 30 26·4584
28	9046·5	10 31 18·0395	16·9621	1·0773	5753·0	28 13 26 30·5489
Mar. 1	9047·5	10 35 14·5953	13·5175	1·0778	5754·0	Mar. 1 13 22 34·6395
2	9048·5	10 39 11·1534	10·0729	+1·0805	5755·0	2 13 18 38·7300
3	9049·5	10 43 07·7128	06·6282	1·0846	5756·0	3 13 14 42·8205
4	9050·5	10 47 04·2725	03·1836	1·0889	5757·0	4 13 10 46·9111
5	9051·5	10 50 60·8307	59·7390	1·0918	5758·0	5 13 06 51·0016
6	9052·5	10 54 57·3861	56·2943	1·0918	5759·0	6 13 02 55·0921
7	9053·5	10 58 53·9378	52·8497	+1·0881	5760·0	7 12 58 59·1827
8	9054·5	11 02 50·4861	49·4051	1·0810	5761·0	8 12 55 03·2732
9	9055·5	11 06 47·0324	45·9604	1·0720	5762·0	9 12 51 07·3637
10	9056·5	11 10 43·5789	42·5158	1·0631	5763·0	10 12 47 11·4542
11	9057·5	11 14 40·1277	39·0712	1·0565	5764·0	11 12 43 15·5448
12	9058·5	11 18 36·6797	35·6265	+1·0532	5765·0	12 12 39 19·6353
13	9059·5	11 22 33·2349	32·1819	1·0530	5766·0	13 12 35 23·7258
14	9060·5	11 26 29·7924	28·7373	1·0551	5767·0	14 12 31 27·8164
15	9061·5	11 30 26·3508	25·2926	1·0582	5768·0	15 12 27 31·9069
16	9062·5	11 34 22·9090	21·8480	1·0610	5769·0	16 12 23 35·9974
17	9063·5	11 38 19·4659	18·4034	+1·0625	5770·0	17 12 19 40·0880
18	9064·5	11 42 16·0207	14·9587	1·0620	5771·0	18 12 15 44·1785
19	9065·5	11 46 12·5732	11·5141	1·0591	5772·0	19 12 11 48·2690
20	9066·5	11 50 09·1233	08·0695	1·0539	5773·0	20 12 07 52·3596
21	9067·5	11 54 05·6715	04·6248	1·0466	5774·0	21 12 03 56·4501
22	9068·5	11 58 02·2182	01·1802	+1·0380	5775·0	22 12 00 00·5406
23	9069·5	12 01 58·7644	57·7356	1·0288	5776·0	23 11 56 04·6312
24	9070·5	12 05 55·3109	54·2909	1·0200	5777·0	24 11 52 08·7217
25	9071·5	12 09 51·8586	50·8463	1·0123	5778·0	25 11 48 12·8122
26	9072·5	12 13 48·4081	47·4017	1·0064	5779·0	26 11 44 16·9027
27	9073·5	12 17 44·9600	43·9570	+1·0030	5780·0	27 11 40 20·9933
28	9074·5	12 21 41·5145	40·5124	1·0020	5781·0	28 11 36 25·0838
29	9075·5	12 25 38·0711	37·0678	1·0033	5782·0	29 11 32 29·1743
30	9076·5	12 29 34·6294	33·6232	1·0062	5783·0	30 11 28 33·2649
31	9077·5	12 33 31·1881	30·1785	1·0096	5784·0	31 11 24 37·3554
Apr. 1	9078·5	12 37 27·7461	26·7339	+1·0122	5785·0	Apr. 1 11 20 41·4459
2	9079·5	12 41 24·3019	23·2893	+1·0126	5786·0	2 11 16 45·5365

Date 0ʰ UT	Julian Date	G. SIDEREAL TIME (GHA of the Equinox) Apparent	Mean	Equation of Equinoxes at 0ʰ UT	GSD at 0ʰ GMST	UT at 0ʰ GMST (Greenwich Transit of the Mean Equinox)
	244	h m s	s	s	**245**	h m s
Apr. 1	**9078·5**	12 37 27·7461	26·7339	+1·0122	**5785·0**	Apr. 1 11 20 41·4459
2	**9079·5**	12 41 24·3019	23·2893	1·0126	**5786·0**	2 11 16 45·5365
3	**9080·5**	12 45 20·8546	19·8446	1·0100	**5787·0**	3 11 12 49·6270
4	**9081·5**	12 49 17·4041	16·4000	1·0041	**5788·0**	4 11 08 53·7175
5	**9082·5**	12 53 13·9511	12·9554	0·9958	**5789·0**	5 11 04 57·8081
6	**9083·5**	12 57 10·4975	09·5107	+0·9868	**5790·0**	6 11 01 01·8986
7	**9084·5**	13 01 07·0453	06·0661	·9792	**5791·0**	7 10 57 05·9891
8	**9085·5**	13 05 03·5961	02·6215	·9747	**5792·0**	8 10 53 10·0797
9	**9086·5**	13 08 60·1506	59·1768	·9738	**5793·0**	9 10 49 14·1702
10	**9087·5**	13 12 56·7082	55·7322	·9760	**5794·0**	10 10 45 18·2607
11	**9088·5**	13 16 53·2675	52·2876	+0·9799	**5795·0**	11 10 41 22·3512
12	**9089·5**	13 20 49·8270	48·8429	·9841	**5796·0**	12 10 37 26·4418
13	**9090·5**	13 24 46·3854	45·3983	·9871	**5797·0**	13 10 33 30·5323
14	**9091·5**	13 28 42·9420	41·9537	·9883	**5798·0**	14 10 29 34·6228
15	**9092·5**	13 32 39·4961	38·5090	·9871	**5799·0**	15 10 25 38·7134
16	**9093·5**	13 36 36·0479	35·0644	+0·9835	**5800·0**	16 10 21 42·8039
17	**9094·5**	13 40 32·5975	31·6198	·9778	**5801·0**	17 10 17 46·8944
18	**9095·5**	13 44 29·1457	28·1751	·9706	**5802·0**	18 10 13 50·9850
19	**9096·5**	13 48 25·6932	24·7305	·9627	**5803·0**	19 10 09 55·0755
20	**9097·5**	13 52 22·2409	21·2859	·9550	**5804·0**	20 10 05 59·1660
21	**9098·5**	13 56 18·7895	17·8412	+0·9483	**5805·0**	21 10 02 03·2566
22	**9099·5**	14 00 15·3400	14·3966	·9434	**5806·0**	22 9 58 07·3471
23	**9100·5**	14 04 11·8928	10·9520	·9409	**5807·0**	23 9 54 11·4376
24	**9101·5**	14 08 08·4483	07·5073	·9409	**5808·0**	24 9 50 15·5282
25	**9102·5**	14 12 05·0061	04·0627	·9434	**5809·0**	25 9 46 19·6187
26	**9103·5**	14 16 01·5656	00·6181	+0·9475	**5810·0**	26 9 42 23·7092
27	**9104·5**	14 19 58·1259	57·1734	·9524	**5811·0**	27 9 38 27·7997
28	**9105·5**	14 23 54·6856	53·7288	·9568	**5812·0**	28 9 34 31·8903
29	**9106·5**	14 27 51·2435	50·2842	·9593	**5813·0**	29 9 30 35·9808
30	**9107·5**	14 31 47·7987	46·8395	·9591	**5814·0**	30 9 26 40·0713
May 1	**9108·5**	14 35 44·3509	43·3949	+0·9559	**5815·0**	May 1 9 22 44·1619
2	**9109·5**	14 39 40·9005	39·9503	·9502	**5816·0**	2 9 18 48·2524
3	**9110·5**	14 43 37·4489	36·5056	·9433	**5817·0**	3 9 14 52·3429
4	**9111·5**	14 47 33·9980	33·0610	·9370	**5818·0**	4 9 10 56·4335
5	**9112·5**	14 51 30·5495	29·6164	·9331	**5819·0**	5 9 07 00·5240
6	**9113·5**	14 55 27·1045	26·1718	+0·9327	**5820·0**	6 9 03 04·6145
7	**9114·5**	14 59 23·6630	22·7271	·9359	**5821·0**	7 8 59 08·7051
8	**9115·5**	15 03 20·2241	19·2825	·9416	**5822·0**	8 8 55 12·7956
9	**9116·5**	15 07 16·7862	15·8379	·9483	**5823·0**	9 8 51 16·8861
10	**9117·5**	15 11 13·3477	12·3932	·9545	**5824·0**	10 8 47 20·9767
11	**9118·5**	15 15 09·9075	08·9486	+0·9589	**5825·0**	11 8 43 25·0672
12	**9119·5**	15 19 06·4649	05·5040	·9610	**5826·0**	12 8 39 29·1577
13	**9120·5**	15 23 03·0199	02·0593	·9605	**5827·0**	13 8 35 33·2482
14	**9121·5**	15 26 59·5725	58·6147	·9578	**5828·0**	14 8 31 37·3388
15	**9122·5**	15 30 56·1234	55·1701	·9533	**5829·0**	15 8 27 41·4293
16	**9123·5**	15 34 52·6733	51·7254	+0·9479	**5830·0**	16 8 23 45·5198
17	**9124·5**	15 38 49·2232	48·2808	+0·9424	**5831·0**	17 8 19 49·6104

Date 0ʰ UT	Julian Date	G. SIDEREAL TIME (GHA of the Equinox)		Equation of Equinoxes at 0ʰ UT	GSD at 0ʰ GMST	UT at 0ʰ GMST (Greenwich Transit of the Mean Equinox)
		Apparent	Mean			
	244	h m s	s	s	**245**	h m s
May 17	**9124·5**	15 38 49·2232	48·2808	+0·9424	**5831·0**	May 17	8 19 49·6104
18	**9125·5**	15 42 45·7738	44·8362	·9376	**5832·0**	18	8 15 53·7009
19	**9126·5**	15 46 42·3261	41·3915	·9345	**5833·0**	19	8 11 57·7914
20	**9127·5**	15 50 38·8805	37·9469	·9337	**5834·0**	20	8 08 01·8820
21	**9128·5**	15 54 35·4377	34·5023	·9354	**5835·0**	21	8 04 05·9725
22	**9129·5**	15 58 31·9973	31·0576	+0·9397	**5836·0**	22	8 00 10·0630
23	**9130·5**	16 02 28·5590	27·6130	·9460	**5837·0**	23	7 56 14·1536
24	**9131·5**	16 06 25·1216	24·1684	·9533	**5838·0**	24	7 52 18·2441
25	**9132·5**	16 10 21·6840	20·7237	·9602	**5839·0**	25	7 48 22·3346
26	**9133·5**	16 14 18·2447	17·2791	·9656	**5840·0**	26	7 44 26·4251
27	**9134·5**	16 18 14·8027	13·8345	+0·9682	**5841·0**	27	7 40 30·5157
28	**9135·5**	16 22 11·3577	10·3898	·9679	**5842·0**	28	7 36 34·6062
29	**9136·5**	16 26 07·9100	06·9452	·9648	**5843·0**	29	7 32 38·6967
30	**9137·5**	16 30 04·4607	03·5006	·9602	**5844·0**	30	7 28 42·7873
31	**9138·5**	16 34 01·0116	00·0559	·9556	**5845·0**	31	7 24 46·8778
June 1	**9139·5**	16 37 57·5642	56·6113	+0·9529	**5846·0**	June 1	7 20 50·9683
2	**9140·5**	16 41 54·1198	53·1667	·9531	**5847·0**	2	7 16 55·0589
3	**9141·5**	16 45 50·6789	49·7220	·9568	**5848·0**	3	7 12 59·1494
4	**9142·5**	16 49 47·2409	46·2774	·9635	**5849·0**	4	7 09 03·2399
5	**9143·5**	16 53 43·8046	42·8328	·9718	**5850·0**	5	7 05 07·3305
6	**9144·5**	16 57 40·3685	39·3881	+0·9803	**5851·0**	6	7 01 11·4210
7	**9145·5**	17 01 36·9310	35·9435	·9875	**5852·0**	7	6 57 15·5115
8	**9146·5**	17 05 33·4913	32·4989	·9924	**5853·0**	8	6 53 19·6021
9	**9147·5**	17 09 30·0490	29·0542	·9948	**5854·0**	9	6 49 23·6926
10	**9148·5**	17 13 26·6042	25·6096	·9945	**5855·0**	10	6 45 27·7831
11	**9149·5**	17 17 23·1573	22·1650	+0·9923	**5856·0**	11	6 41 31·8736
12	**9150·5**	17 21 19·7090	18·7204	·9887	**5857·0**	12	6 37 35·9642
13	**9151·5**	17 25 16·2604	15·2757	·9846	**5858·0**	13	6 33 40·0547
14	**9152·5**	17 29 12·8121	11·8311	·9810	**5859·0**	14	6 29 44·1452
15	**9153·5**	17 33 09·3652	08·3865	·9787	**5860·0**	15	6 25 48·2358
16	**9154·5**	17 37 05·9202	04·9418	+0·9784	**5861·0**	16	6 21 52·3263
17	**9155·5**	17 41 02·4778	01·4972	·9806	**5862·0**	17	6 17 56·4168
18	**9156·5**	17 44 59·0380	58·0526	·9854	**5863·0**	18	6 14 00·5074
19	**9157·5**	17 48 55·6004	54·6079	0·9925	**5864·0**	19	6 10 04·5979
20	**9158·5**	17 52 52·1642	51·1633	1·0009	**5865·0**	20	6 06 08·6884
21	**9159·5**	17 56 48·7281	47·7187	+1·0094	**5866·0**	21	6 02 12·7790
22	**9160·5**	18 00 45·2906	44·2740	1·0166	**5867·0**	22	5 58 16·8695
23	**9161·5**	18 04 41·8506	40·8294	1·0212	**5868·0**	23	5 54 20·9600
24	**9162·5**	18 08 38·4072	37·3848	1·0225	**5869·0**	24	5 50 25·0506
25	**9163·5**	18 12 34·9609	33·9401	1·0208	**5870·0**	25	5 46 29·1411
26	**9164·5**	18 16 31·5126	30·4955	+1·0171	**5871·0**	26	5 42 33·2316
27	**9165·5**	18 20 28·0638	27·0509	1·0130	**5872·0**	27	5 38 37·3221
28	**9166·5**	18 24 24·6164	23·6062	1·0101	**5873·0**	28	5 34 41·4127
29	**9167·5**	18 28 21·1715	20·1616	1·0099	**5874·0**	29	5 30 45·5032
30	**9168·5**	18 32 17·7298	16·7170	1·0128	**5875·0**	30	5 26 49·5937
July 1	**9169·5**	18 36 14·2910	13·2723	+1·0187	**5876·0**	July 1	5 22 53·6843
2	**9170·5**	18 40 10·8543	09·8277	+1·0266	**5877·0**	2	5 18 57·7748

Date 0ʰ UT		Julian Date	G. SIDEREAL TIME (GHA of the Equinox)		Equation of Equinoxes at 0ʰ UT	GSD at 0ʰ GMST	UT at 0ʰ GMST (Greenwich Transit of the Mean Equinox)		
			Apparent	Mean					
		244	h m s	s	s	**245**		h m s	
July	2	**9170·5**	18 40 10·8543	09·8277	+1·0266	**5877·0**	July	2	5 18 57·7748
	3	**9171·5**	18 44 07·4182	06·3831	1·0351	**5878·0**		3	5 15 01·8653
	4	**9172·5**	18 48 03·9812	02·9384	1·0428	**5879·0**		4	5 11 05·9559
	5	**9173·5**	18 51 60·5424	59·4938	1·0486	**5880·0**		5	5 07 10·0464
	6	**9174·5**	18 55 57·1009	56·0492	1·0518	**5881·0**		6	5 03 14·1369
	7	**9175·5**	18 59 53·6568	52·6045	+1·0523	**5882·0**		7	4 59 18·2275
	8	**9176·5**	19 03 50·2104	49·1599	1·0505	**5883·0**		8	4 55 22·3180
	9	**9177·5**	19 07 46·7623	45·7153	1·0470	**5884·0**		9	4 51 26·4085
	10	**9178·5**	19 11 43·3133	42·2706	1·0427	**5885·0**		10	4 47 30·4991
	11	**9179·5**	19 15 39·8644	38·8260	1·0384	**5886·0**		11	4 43 34·5896
	12	**9180·5**	19 19 36·4164	35·3814	+1·0350	**5887·0**		12	4 39 38·6801
	13	**9181·5**	19 23 32·9701	31·9367	1·0333	**5888·0**		13	4 35 42·7706
	14	**9182·5**	19 27 29·5260	28·4921	1·0339	**5889·0**		14	4 31 46·8612
	15	**9183·5**	19 31 26·0844	25·0475	1·0369	**5890·0**		15	4 27 50·9517
	16	**9184·5**	19 35 22·6452	21·6029	1·0423	**5891·0**		16	4 23 55·0422
	17	**9185·5**	19 39 19·2077	18·1582	+1·0495	**5892·0**		17	4 19 59·1328
	18	**9186·5**	19 43 15·7710	14·7136	1·0574	**5893·0**		18	4 16 03·2233
	19	**9187·5**	19 47 12·3334	11·2690	1·0644	**5894·0**		19	4 12 07·3138
	20	**9188·5**	19 51 08·8935	07·8243	1·0692	**5895·0**		20	4 08 11·4044
	21	**9189·5**	19 55 05·4504	04·3797	1·0707	**5896·0**		21	4 04 15·4949
	22	**9190·5**	19 59 02·0038	00·9351	+1·0687	**5897·0**		22	4 00 19·5854
	23	**9191·5**	20 02 58·5547	57·4904	1·0642	**5898·0**		23	3 56 23·6760
	24	**9192·5**	20 06 55·1046	54·0458	1·0588	**5899·0**		24	3 52 27·7665
	25	**9193·5**	20 10 51·6553	50·6012	1·0541	**5900·0**		25	3 48 31·8570
	26	**9194·5**	20 14 48·2083	47·1565	1·0518	**5901·0**		26	3 44 35·9476
	27	**9195·5**	20 18 44·7643	43·7119	+1·0524	**5902·0**		27	3 40 40·0381
	28	**9196·5**	20 22 41·3232	40·2673	1·0560	**5903·0**		28	3 36 44·1286
	29	**9197·5**	20 26 37·8843	36·8226	1·0616	**5904·0**		29	3 32 48·2191
	30	**9198·5**	20 30 34·4462	33·3780	1·0682	**5905·0**		30	3 28 52·3097
	31	**9199·5**	20 34 31·0076	29·9334	1·0742	**5906·0**		31	3 24 56·4002
Aug.	1	**9200·5**	20 38 27·5674	26·4887	+1·0787	**5907·0**	Aug.	1	3 21 00·4907
	2	**9201·5**	20 42 24·1249	23·0441	1·0808	**5908·0**		2	3 17 04·5813
	3	**9202·5**	20 46 20·6797	19·5995	1·0802	**5909·0**		3	3 13 08·6718
	4	**9203·5**	20 50 17·2320	16·1548	1·0772	**5910·0**		4	3 09 12·7623
	5	**9204·5**	20 54 13·7824	12·7102	1·0722	**5911·0**		5	3 05 16·8529
	6	**9205·5**	20 58 10·3316	09·2656	+1·0661	**5912·0**		6	3 01 20·9434
	7	**9206·5**	21 02 06·8806	05·8209	1·0597	**5913·0**		7	2 57 25·0339
	8	**9207·5**	21 06 03·4302	02·3763	1·0538	**5914·0**		8	2 53 29·1245
	9	**9208·5**	21 09 59·9811	58·9317	1·0494	**5915·0**		9	2 49 33·2150
	10	**9209·5**	21 13 56·5340	55·4870	1·0469	**5916·0**		10	2 45 37·3055
	11	**9210·5**	21 17 53·0892	52·0424	+1·0468	**5917·0**		11	2 41 41·3960
	12	**9211·5**	21 21 49·6467	48·5978	1·0489	**5918·0**		12	2 37 45·4866
	13	**9212·5**	21 25 46·2062	45·1531	1·0531	**5919·0**		13	2 33 49·5771
	14	**9213·5**	21 29 42·7668	41·7085	1·0583	**5920·0**		14	2 29 53·6676
	15	**9214·5**	21 33 39·3273	38·2639	1·0635	**5921·0**		15	2 25 57·7582
	16	**9215·5**	21 37 35·8863	34·8192	+1·0671	**5922·0**		16	2 22 01·8487
	17	**9216·5**	21 41 32·4424	31·3746	+1·0678	**5923·0**		17	2 18 05·9392

Date 0ʰ UT	Julian Date	G. SIDEREAL TIME (GHA of the Equinox)		Equation of Equinoxes at 0ʰ UT	GSD at 0ʰ GMST	UT at 0ʰ GMST (Greenwich Transit of the Mean Equinox)
		Apparent	Mean			
	244	h m s	s	s	**245**	h m s
Aug. 17	**9216·5**	21 41 32·4424	31·3746	+1·0678	**5923·0**	Aug. 17 2 18 05·9392
18	**9217·5**	21 45 28·9950	27·9300	1·0650	**5924·0**	18 2 14 10·0298
19	**9218·5**	21 49 25·5444	24·4853	1·0590	**5925·0**	19 2 10 14·1203
20	**9219·5**	21 53 22·0921	21·0407	1·0514	**5926·0**	20 2 06 18·2108
21	**9220·5**	21 57 18·6400	17·5961	1·0440	**5927·0**	21 2 02 22·3014
22	**9221·5**	22 01 15·1901	14·1515	+1·0386	**5928·0**	22 1 58 26·3919
23	**9222·5**	22 05 11·7431	10·7068	1·0363	**5929·0**	23 1 54 30·4824
24	**9223·5**	22 09 08·2992	07·2622	1·0370	**5930·0**	24 1 50 34·5730
25	**9224·5**	22 13 04·8576	03·8176	1·0401	**5931·0**	25 1 46 38·6635
26	**9225·5**	22 17 01·4171	00·3729	1·0442	**5932·0**	26 1 42 42·7540
27	**9226·5**	22 20 57·9763	56·9283	+1·0480	**5933·0**	27 1 38 46·8445
28	**9227·5**	22 24 54·5342	53·4837	1·0506	**5934·0**	28 1 34 50·9351
29	**9228·5**	22 28 51·0899	50·0390	1·0509	**5935·0**	29 1 30 55·0256
30	**9229·5**	22 32 47·6431	46·5944	1·0487	**5936·0**	30 1 26 59·1161
31	**9230·5**	22 36 44·1938	43·1498	1·0441	**5937·0**	31 1 23 03·2067
Sept. 1	**9231·5**	22 40 40·7425	39·7051	+1·0373	**5938·0**	Sept. 1 1 19 07·2972
2	**9232·5**	22 44 37·2898	36·2605	1·0293	**5939·0**	2 1 15 11·3877
3	**9233·5**	22 48 33·8366	32·8159	1·0208	**5940·0**	3 1 11 15·4783
4	**9234·5**	22 52 30·3838	29·3712	1·0126	**5941·0**	4 1 07 19·5688
5	**9235·5**	22 56 26·9322	25·9266	1·0056	**5942·0**	5 1 03 23·6593
6	**9236·5**	23 00 23·4824	22·4820	+1·0004	**5943·0**	.6 0 59 27·7499
7	**9237·5**	23 04 20·0347	19·0373	0·9974	**5944·0**	7 0 55 31·8404
8	**9238·5**	23 08 16·5893	15·5927	·9966	**5945·0**	8 0 51 35·9309
9	**9239·5**	23 12 13·1459	12·1481	0·9979	**5946·0**	9 0 47 40·0215
10	**9240·5**	23 16 09·7039	08·7034	1·0005	**5947·0**	10 0 43 44·1120
11	**9241·5**	23 20 06·2623	05·2588	+1·0035	**5948·0**	11 0 39 48·2025
12	**9242·5**	23 24 02·8198	01·8142	1·0056	**5949·0**	12 0 35 52·2930
13	**9243·5**	23 27 59·3752	58·3695	1·0057	**5950·0**	13 0 31 56·3836
14	**9244·5**	23 31 55·9276	54·9249	1·0026	**5951·0**	14 0 28 00·4741
15	**9245·5**	23 35 52·4766	51·4803	0·9963	**5952·0**	15 0 24 04·5646
16	**9246·5**	23 39 49·0233	48·0356	+0·9876	**5953·0**	16 0 20 08·6552
17	**9247·5**	23 43 45·5693	44·5910	·9783	**5954·0**	17 0 16 12·7457
18	**9248·5**	23 47 42·1169	41·1464	·9705	**5955·0**	18 0 12 16·8362
19	**9249·5**	23 51 38·6675	37·7017	·9658	**5956·0**	19 0 08 20·9268
20	**9250·5**	23 55 35·2217	34·2571	·9646	**5957·0**	20 0 04 25·0173
21	**9251·5**	23 59 31·7787	30·8125	+0·9662	**5958·0**	21 0 00 29·1078
					5959·0	21 23 56 33·1984
22	**9252·5**	0 03 28·3372	27·3678	+0·9693	**5960·0**	22 23 52 37·2889
23	**9253·5**	0 07 24·8957	23·9232	·9725	**5961·0**	23 23 48 41·3794
24	**9254·5**	0 11 21·4530	20·4786	·9745	**5962·0**	24 23 44 45·4699
25	**9255·5**	0 15 18·0084	17·0339	+0·9744	**5963·0**	25 23 40 49·5605
26	**9256·5**	0 19 14·5612	13·5893	·9719	**5964·0**	26 23 36 53·6510
27	**9257·5**	0 23 11·1116	10·1447	·9670	**5965·0**	27 23 32 57·7415
28	**9258·5**	0 27 07·6600	06·7001	·9599	**5966·0**	28 23 29 01·8321
29	**9259·5**	0 31 04·2069	03·2554	·9515	**5967·0**	29 23 25 05·9226
30	**9260·5**	0 34 60·7532	59·8108	+0·9424	**5968·0**	30 23 21 10·0131
Oct. 1	**9261·5**	0 38 57·2998	56·3662	+0·9336	**5969·0**	Oct. 1 23 17 14·1037

Date 0ʰ UT	Julian Date	G. SIDEREAL TIME (GHA of the Equinox)		Equation of Equinoxes at 0ʰ UT	GSD at 0ʰ GMST	UT at 0ʰ GMST (Greenwich Transit of the Mean Equinox)
		Apparent	Mean			
	244	h m s	s	s	**245**	h m s
Oct. 1	**9261·5**	0 38 57·2998	56·3662	+0·9336	**5969·0**	Oct. 1 23 17 14·1037
2	**9262·5**	0 42 53·8474	52·9215	·9258	**5970·0**	2 23 13 18·1942
3	**9263·5**	0 46 50·3967	49·4769	·9198	**5971·0**	3 23 09 22·2847
4	**9264·5**	0 50 46·9482	46·0323	·9159	**5972·0**	4 23 05 26·3753
5	**9265·5**	0 54 43·5019	42·5876	·9143	**5973·0**	5 23 01 30·4658
6	**9266·5**	0 58 40·0577	39·1430	+0·9147	**5974·0**	6 22 57 34·5563
7	**9267·5**	1 02 36·6150	35·6984	·9166	**5975·0**	7 22 53 38·6469
8	**9268·5**	1 06 33·1729	32·2537	·9192	**5976·0**	8 22 49 42·7374
9	**9269·5**	1 10 29·7305	28·8091	·9214	**5977·0**	9 22 45 46·8279
10	**9270·5**	1 14 26·2865	25·3645	·9220	**5978·0**	10 22 41 50·9184
11	**9271·5**	1 18 22·8400	21·9198	+0·9202	**5979·0**	11 22 37 55·0090
12	**9272·5**	1 22 19·3906	18·4752	·9154	**5980·0**	12 22 33 59·0995
13	**9273·5**	1 26 15·9386	15·0306	·9081	**5981·0**	13 22 30 03·1900
14	**9274·5**	1 30 12·4853	11·5859	·8994	**5982·0**	14 22 26 07·2806
15	**9275·5**	1 34 09·0326	08·1413	·8913	**5983·0**	15 22 22 11·3711
16	**9276·5**	1 38 05·5825	04·6967	+0·8858	**5984·0**	16 22 18 15·4616
17	**9277·5**	1 42 02·1361	01·2520	·8840	**5985·0**	17 22 14 19·5522
18	**9278·5**	1 45 58·6933	57·8074	·8859	**5986·0**	18 22 10 23·6427
19	**9279·5**	1 49 55·2529	54·3628	·8901	**5987·0**	19 22 06 27·7332
20	**9280·5**	1 53 51·8132	50·9181	·8950	**5988·0**	20 22 02 31·8238
21	**9281·5**	1 57 48·3726	47·4735	+0·8991	**5989·0**	21 21 58 35·9143
22	**9282·5**	2 01 44·9300	44·0289	·9011	**5990·0**	22 21 54 40·0048
23	**9283·5**	2 05 41·4850	40·5842	·9007	**5991·0**	23 21 50 44·0954
24	**9284·5**	2 09 38·0374	37·1396	·8978	**5992·0**	24 21 46 48·1859
25	**9285·5**	2 13 34·5877	33·6950	·8927	**5993·0**	25 21 42 52·2764
26	**9286·5**	2 17 31·1364	30·2503	+0·8861	**5994·0**	26 21 38 56·3669
27	**9287·5**	2 21 27·6844	26·8057	·8787	**5995·0**	27 21 35 00·4575
28	**9288·5**	2 25 24·2325	23·3611	·8714	**5996·0**	28 21 31 04·5480
29	**9289·5**	2 29 20·7816	19·9164	·8651	**5997·0**	29 21 27 08·6385
30	**9290·5**	2 33 17·3323	16·4718	·8604	**5998·0**	30 21 23 12·7291
31	**9291·5**	2 37 13·8851	13·0272	+0·8579	**5999·0**	31 21 19 16·8196
Nov. 1	**9292·5**	2 41 10·4402	09·5825	·8577	**6000·0**	Nov. 1 21 15 20·9101
2	**9293·5**	2 45 06·9976	06·1379	·8597	**6001·0**	2 21 11 25·0007
3	**9294·5**	2 49 03·5566	02·6933	·8633	**6002·0**	3 21 07 29·0912
4	**9295·5**	2 52 60·1164	59·2487	·8677	**6003·0**	4 21 03 33·1817
5	**9296·5**	2 56 56·6760	55·8040	+0·8720	**6004·0**	5 20 59 37·2723
6	**9297·5**	3 00 53·2344	52·3594	·8750	**6005·0**	6 20 55 41·3628
7	**9298·5**	3 04 49·7907	48·9148	·8759	**6006·0**	7 20 51 45·4533
8	**9299·5**	3 08 46·3443	45·4701	·8741	**6007·0**	8 20 47 49·5439
9	**9300·5**	3 12 42·8953	42·0255	·8698	**6008·0**	9 20 43 53·6344
10	**9301·5**	3 16 39·4447	38·5809	+0·8639	**6009·0**	10 20 39 57·7249
11	**9302·5**	3 20 35·9940	35·1362	·8578	**6010·0**	11 20 36 01·8154
12	**9303·5**	3 24 32·5451	31·6916	·8535	**6011·0**	12 20 32 05·9060
13	**9304·5**	3 28 29·0994	28·2470	·8524	**6012·0**	13 20 28 09·9965
14	**9305·5**	3 32 25·6575	24·8023	·8552	**6013·0**	14 20 24 14·0870
15	**9306·5**	3 36 22·2189	21·3577	+0·8612	**6014·0**	15 20 20 18·1776
16	**9307·5**	3 40 18·7821	17·9131	+0·8690	**6015·0**	16 20 16 22·2681

Date 0ʰ UT		Julian Date	G. SIDEREAL TIME (GHA of the Equinox)		Equation of Equinoxes at 0ʰ UT	GSD at 0ʰ GMST	UT at 0ʰ GMST (Greenwich Transit of the Mean Equinox)			
			Apparent	Mean						
		244	h m s	s	s	245		h m s		
Nov.	16	9307·5	3 40 18·7821	17·9131	+0·8690	6015·0	Nov. 16	20 16 22·2681		
	17	9308·5	3 44 15·3451	14·4684	·8766	6016·0	17	20 12 26·3586		
	18	9309·5	3 48 11·9064	11·0238	·8826	6017·0	18	20 08 30·4492		
	19	9310·5	3 52 08·4652	07·5792	·8860	6018·0	19	20 04 34·5397		
	20	9311·5	3 56 05·0213	04·1345	·8867	6019·0	20	20 00 38·6302		
	21	9312·5	4 00 01·5749	00·6899	+0·8850	6020·0	21	19 56 42·7208		
	22	9313·5	4 03 58·1267	57·2453	·8814	6021·0	22	19 52 46·8113		
	23	9314·5	4 07 54·6775	53·8006	·8768	6022·0	23	19 48 50·9018		
	24	9315·5	4 11 51·2281	50·3560	·8721	6023·0	24	19 44 54·9923		
	25	9316·5	4 15 47·7795	46·9114	·8681	6024·0	25	19 40 59·0829		
	26	9317·5	4 19 44·3323	43·4667	+0·8656	6025·0	26	19 37 03·1734		
	27	9318·5	4 23 40·8872	40·0221	·8651	6026·0	27	19 33 07·2639		
	28	9319·5	4 27 37·4444	36·5775	·8669	6027·0	28	19 29 11·3545		
	29	9320·5	4 31 34·0039	33·1328	·8711	6028·0	29	19 25 15·4450		
	30	9321·5	4 35 30·5653	29·6882	·8770	6029·0	30	19 21 19·5355		
Dec.	1	9322·5	4 39 27·1277	26·2436	+0·8841	6030·0	Dec. 1	19 17 23·6261		
	2	9323·5	4 43 23·6901	22·7989	·8911	6031·0	2	19 13 27·7166		
	3	9324·5	4 47 20·2514	19·3543	·8971	6032·0	3	19 09 31·8071		
	4	9325·5	4 51 16·8106	15·9097	·9009	6033·0	4	19 05 35·8977		
	5	9326·5	4 55 13·3672	12·4650	·9021	6034·0	5	19 01 39·9882		
	6	9327·5	4 59 09·9211	09·0204	+0·9007	6035·0	6	18 57 44·0787		
	7	9328·5	5 03 06·4732	05·5758	·8974	6036·0	7	18 53 48·1693		
	8	9329·5	5 07 03·0247	02·1312	·8935	6037·0	8	18 49 52·2598		
	9	9330·5	5 10 59·5772	58·6865	·8907	6038·0	9	18 45 56·3503		
	10	9331·5	5 14 56·1322	55·2419	·8903	6039·0	10	18 42 00·4408		
	11	9332·5	5 18 52·6907	51·7973	+0·8935	6040·0	11	18 38 04·5314		
	12	9333·5	5 22 49·2527	48·3526	·9001	6041·0	12	18 34 08·6219		
	13	9334·5	5 26 45·8171	44·9080	·9091	6042·0	13	18 30 12·7124		
	14	9335·5	5 30 42·3823	41·4634	·9190	6043·0	14	18 26 16·8030		
	15	9336·5	5 34 38·9465	38·0187	·9278	6044·0	15	18 22 20·8935		
	16	9337·5	5 38 35·5085	34·5741	+0·9344	6045·0	16	18 18 24·9840		
	17	9338·5	5 42 32·0676	31·1295	·9381	6046·0	17	18 14 29·0746		
	18	9339·5	5 46 28·6239	27·6848	·9390	6047·0	18	18 10 33·1651		
	19	9340·5	5 50 25·1779	24·2402	·9377	6048·0	19	18 06 37·2556		
	20	9341·5	5 54 21·7304	20·7956	·9349	6049·0	20	18 02 41·3462		
	21	9342·5	5 58 18·2825	17·3509	+0·9315	6050·0	21	17 58 45·4367		
	22	9343·5	6 02 14·8349	13·9063	·9286	6051·0	22	17 54 49·5272		
	23	9344·5	6 06 11·3884	10·4617	·9267	6052·0	23	17 50 53·6178		
	24	9345·5	6 10 07·9437	07·0170	·9267	6053·0	24	17 46 57·7083		
	25	9346·5	6 14 04·5012	03·5724	·9288	6054·0	25	17 43 01·7988		
	26	9347·5	6 18 01·0610	00·1278	+0·9332	6055·0	26	17 39 05·8893		
	27	9348·5	6 21 57·6228	56·6831	·9397	6056·0	27	17 35 09·9799		
	28	9349·5	6 25 54·1860	53·2385	·9475	6057·0	28	17 31 14·0704		
	29	9350·5	6 29 50·7495	49·7939	·9556	6058·0	29	17 27 18·1609		
	30	9351·5	6 33 47·3121	46·3492	·9628	6059·0	30	17 23 22·2515		
	31	9352·5	6 37 43·8727	42·9046	+0·9681	6060·0	31	17 19 26·3420		
	32	9353·5	6 41 40·4305	39·4600	+0·9705	6061·0	32	17 15 30·4325		

Purpose and arrangement

The formulae, tables and ephemerides in the remainder of this section are mainly intended to provide for the reduction of celestial coordinates (especially of right ascension and declination) from one reference system to another (especially for stars from catalogue (barycentric) place to apparent (geocentric) place) but some of the data may be used for other purposes. Formulae and numerical values are given on pages B16–B21 for the separate steps in such reductions (i.e. for proper motion, aberration, light-deflection, parallax, precession and nutation). Formulae, examples and ephemerides are given for approximate reductions using the day-number technique on pages B22–B35 and for full-precision reductions using vectors and the rotation-matrix technique on pages B36–B59. Finally, formulae and numerical values are given for the reduction from geocentric to topocentric place on pages B60 and B61. Background information is given in the Glossary and the Explanation.

Notation and units

t an epoch expressed in terms of the Julian year (see page B4); the difference between two epochs represents a time-interval expressed in Julian years; subscripts zero and one are used to indicate the epoch of a catalogue place, usually the standard epoch of J2000·0, and the epoch of the middle of a Julian year (here shortened to "epoch of year"), respectively.

τ fraction of year measured from the epoch of year; $\tau = t - t_1$.

T an interval of time expressed in Julian centuries of 36 525 days; usually measured from J2000·0, i.e. from JD 245 1545·0.

α, δ, π right ascension, declination and annual parallax; in the formulae for computation, right ascension and related quantities are expressed in time-measure ($1^{\text{h}} = 15°$, etc.), while declination and related quantities, including annual parallax, are expressed in sexagesimal angular measure, unless the contrary is indicated.

μ_α, μ_δ components of *centennial* proper motion in right ascension and declination.

λ, β ecliptic longitude and latitude.

Ω, i, ω orbital elements referred to the ecliptic; longitude of ascending node, inclination, argument of perihelion.

X, Y, Z rectangular coordinates of the Earth with respect to the barycentre of the solar system, referred to the mean equinox and equator of J2000·0, and expressed in astronomical units (au).

$\dot{X}, \dot{Y}, \dot{Z}$ first derivatives of X, Y, Z with respect to time expressed in days.

Approximate reduction for proper motion

In its simplest form the reduction for the proper motion is given by:

$$\alpha = \alpha_0 + (t - t_0)\mu_\alpha/100 \qquad \delta = \delta_0 + (t - t_0)\mu_\delta/100$$

In some cases it is necessary to allow also for second-order terms, radial velocity and orbital motion, but appropriate formulae are usually given in the catalogue.

Approximate reduction for annual parallax

The reduction for annual parallax from the catalogue place (α_0, δ_0) to the geocentric place (α, δ) is given by:

$$\alpha = \alpha_0 + (\pi/15 \cos \delta_0)(X \sin \alpha_0 - Y \cos \alpha_0)$$

$$\delta = \delta_0 + \pi(X \cos \alpha_0 \sin \delta_0 + Y \sin \alpha_0 \sin \delta_0 - Z \cos \delta_0)$$

where X, Y, Z are the coordinates of the Earth tabulated on pages B44 onwards. Expressions for X, Y, Z may be obtained from page C24, since $X = -x$, $Y = -y$, $Z = -z$. The correction may be applied with the correction for annual aberration using the C and D day numbers, (see page B22).

The times of reception of periodic phenomena, such as pulsar signals, may be reduced to a common origin at the barycentre by adding the light-time corresponding to the component of the Earth's position vector along the direction to the object; that is by adding to the observed times $(X \cos \alpha \cos \delta + Y \sin \alpha \cos \delta + Z \sin \delta)/c$, where the velocity of light, $c = 173·14$ au/d, and the light time for 1 au, $1/c = 0^{\text{d}}005\ 7755$.

Approximate reduction for annual aberration

The reduction for annual aberration from a geometric geocentric place (α_0, δ_0) to an apparent geocentric place (α, δ) is given by:

$$\alpha = \alpha_0 + (-\dot{X} \sin \alpha_0 + \dot{Y} \cos \alpha_0)/(c \cos \delta_0)$$

$$\delta = \delta_0 + (-\dot{X} \cos \alpha_0 \sin \delta_0 - \dot{Y} \sin \alpha_0 \sin \delta_0 + \dot{Z} \cos \delta_0)/c$$

where $c = 173 \cdot 14$ au/d, and $\dot{X}, \dot{Y}, \dot{Z}$ are the velocity components of the Earth given on pages B44 onwards. Alternatively, but to lower precision, it is possible to use the expressions

$$\dot{X} = +0\cdot 0172 \sin \lambda \qquad \dot{Y} = -0\cdot 0158 \cos \lambda \qquad \dot{Z} = -0\cdot 0068 \cos \lambda$$

where the apparent longitude of the Sun λ is given by the expression on page C24. The reduction may also be carried out by using the day-number technique (see page B22) or the rotation-matrix technique (see page B39) when full precision is required.

Measurements of radial velocity may be reduced to a common origin at the bary-centre by adding the component of the Earth's velocity in the direction of the object; that is by adding

$$\dot{X} \cos \alpha_0 \cos \delta_0 + \dot{Y} \sin \alpha_0 \cos \delta_0 + \dot{Z} \sin \delta_0$$

Classical reduction for planetary aberration

In the case of a body in the solar system the apparent direction at the instant of observation (t) differs from the geometric direction at that instant because of (a) the motion of the body during the light-time and (b) the relative motion of the Earth and the light. The reduction may be carried out in two stages: (i) by combining the barycentric position of the body at time $t - \Delta t$, where Δt is the light-time, with the barycentric position of the Earth at time t, and then (ii) by applying the correction for annual aberration as described above. Alternatively it is possible to interpolate the geometric (geocentric) ephemeris of the body to the time $t - \Delta t$; it is usually sufficient to subtract the product of the light-time and the first derivative of the coordinate. The light-time Δt in days is given by the distance in au between the body and the Earth, multiplied by $0 \cdot 005\ 7755$; strictly, the light-time corresponds to the distance from the position of the Earth at time t to the position of the body at time $t - \Delta t$, but it is usually sufficient to use the geocentric distance at time t.

Approximate reduction for light-deflection

The apparent direction of a star or of a body in the solar system may be significantly affected by the deflection of light in the gravitational field of the Sun. The elongation (E) from the centre of the Sun is increased by an amount (ΔE) that, for a star, depends on the elongation in the following manner:

$$\Delta E = 0\rlap{.}''004\ 07/\tan(E/2)$$

E	$0°25$	$0°5$	$1°$	$2°$	$5°$	$10°$	$20°$	$50°$	$90°$
ΔE	$1\rlap{.}''866$	$0\rlap{.}''933$	$0\rlap{.}''466$	$0\rlap{.}''233$	$0\rlap{.}''093$	$0\rlap{.}''047$	$0\rlap{.}''023$	$0\rlap{.}''009$	$0\rlap{.}''004$

The body disappears behind the Sun when E is less than the limiting grazing value of about $0°25$. The effects in right ascension and declination may be calculated approximately from:

$$\cos E = \sin \delta \sin \delta_0 + \cos \delta \cos \delta_0 \cos(\alpha - \alpha_0)$$

$$\Delta\alpha = 0\overset{s}{\cdot}000\ 271 \cos \delta_0 \sin(\alpha - \alpha_0)/(1 - \cos E) \cos \delta$$

$$\Delta\delta = 0\rlap{.}''004\ 07[\sin \delta \cos \delta_0 \cos(\alpha - \alpha_0) - \cos \delta \sin \delta_0]/(1 - \cos E)$$

where α, δ refer to the star, and α_0, δ_0 to the Sun. See also page B39.

Reduction for precession—rigorous formulae

Rigorous formulae for the reduction of mean equatorial positions from an initial epoch t_0 to epoch of date t, and vice versa, are as follows:

For right ascension and declination:

$$\sin(\alpha - z_A)\cos\delta = \sin(\alpha_0 + \zeta_A)\cos\delta_0$$
$$\cos(\alpha - z_A)\cos\delta = \cos(\alpha_0 + \zeta_A)\cos\theta_A\cos\delta_0 - \sin\theta_A\sin\delta_0$$
$$\sin\delta = \cos(\alpha_0 + \zeta_A)\sin\theta_A\cos\delta_0 + \cos\theta_A\sin\delta_0$$

$$\sin(\alpha_0 + \zeta_A)\cos\delta_0 = \sin(\alpha - z_A)\cos\delta$$
$$\cos(\alpha_0 + \zeta_A)\cos\delta_0 = \cos(\alpha - z_A)\cos\theta_A\cos\delta + \sin\theta_A\sin\delta$$
$$\sin\delta_0 = -\cos(\alpha - z_A)\sin\theta_A\cos\delta + \cos\theta_A\sin\delta$$

where ζ_A, z_A, θ_A are angles that serve to specify the position of the mean equinox and equator of date with respect to the mean equinox and equator of the initial epoch.

For reduction with respect to the standard epoch $t_0 = \text{J2000·0}$

$$\zeta_A = 0\overset{\circ}{.}640\,6161\,T + 0\overset{\circ}{.}000\,0839\,T^2 + 0\overset{\circ}{.}000\,0050\,T^3$$
$$z_A = 0\overset{\circ}{.}640\,6161\,T + 0\overset{\circ}{.}000\,3041\,T^2 + 0\overset{\circ}{.}000\,0051\,T^3$$
$$\theta_A = 0\overset{\circ}{.}556\,7530\,T - 0\overset{\circ}{.}000\,1185\,T^2 - 0\overset{\circ}{.}000\,0116\,T^3$$

where $T = (t - 2000\cdot0)/100 = (\text{JD} - 245\,1545\cdot0)/36\,525$

For equatorial rectangular coordinates (or direction cosines):

$$\mathbf{r} = \mathbf{P}\mathbf{r}_0 \qquad \mathbf{r}_0 = \mathbf{P}^{-1}\mathbf{r} = \mathbf{P}'\mathbf{r} \qquad \text{where } \mathbf{r} \text{ is the position vector } (x, y, z).$$

The inverse of the rotation matrix $\mathbf{P}$ is equal to its transpose, i.e. $\mathbf{P}^{-1} = \mathbf{P}'$. The elements of $\mathbf{P}$ may be expressed in terms of ζ_A, z_A, θ_A as follows:

$$
\begin{matrix}
\cos\zeta_A\cos\theta_A\cos z_A - \sin\zeta_A\sin z_A & -\sin\zeta_A\cos\theta_A\cos z_A - \cos\zeta_A\sin z_A & -\sin\theta_A\cos z_A \\
\cos\zeta_A\cos\theta_A\sin z_A + \sin\zeta_A\cos z_A & -\sin\zeta_A\cos\theta_A\sin z_A + \cos\zeta_A\cos z_A & -\sin\theta_A\sin z_A \\
\cos\zeta_A\sin\theta_A & -\sin\zeta_A\sin\theta_A & \cos\theta_A
\end{matrix}
$$

Values of the angles ζ_A, z_A, θ_A and of the elements of $\mathbf{P}$ for reduction from the standard epoch J2000·0 to epoch of year are as follows:

Epoch J1993·5	Rotation matrix $\mathbf{P}$ for reduction to epoch J1993·5		
$\zeta_A = -149\overset{\prime\prime}{.}90 = -0\overset{\circ}{.}041\,640$	$+0\cdot999\,998\,74$	$+0\cdot001\,453\,48$	$+0\cdot000\,631\,62$
$z_A = -149\overset{\prime\prime}{.}90 = -0\overset{\circ}{.}041\,639$	$-0\cdot001\,453\,48$	$+0\cdot999\,998\,94$	$-0\cdot000\,000\,46$
$\theta_A = -130\overset{\prime\prime}{.}28 = -0\overset{\circ}{.}036\,189$	$-0\cdot000\,631\,62$	$-0\cdot000\,000\,46$	$+0\cdot999\,999\,80$

The obliquity of the ecliptic of date (with respect to the mean equator of date) is given by:

$$\varepsilon = 23° \, 26' \, 21\overset{\prime\prime}{.}45 - 46\overset{\prime\prime}{.}815\,T - 0\overset{\prime\prime}{.}0006\,T^2 + 0\overset{\prime\prime}{.}001\,81\,T^3$$
$$\varepsilon = 23\overset{\circ}{.}439\,291 - 0\overset{\circ}{.}013\,0042\,T - 0\overset{\circ}{.}000\,000\,16\,T^2 + 0\overset{\circ}{.}000\,000\,504\,T^3$$

The precessional motion of the ecliptic is specified by the inclination (π_A) and longitude of the node (Π_A) of the ecliptic of date with respect to the ecliptic and equinox of J2000·0; they are given by:

$$\pi_A\sin\Pi_A = + 4\overset{\prime\prime}{.}198\,T + 0\overset{\prime\prime}{.}1945\,T^2 - 0\overset{\prime\prime}{.}000\,18\,T^3$$
$$\pi_A\cos\Pi_A = -46\overset{\prime\prime}{.}815\,T + 0\overset{\prime\prime}{.}0506\,T^2 + 0\overset{\prime\prime}{.}000\,34\,T^3$$

For epoch J1993·5
$$\varepsilon = 23° \, 26' \, 24\overset{\prime\prime}{.}49 = 23\overset{\circ}{.}440\,136$$
$$\pi_A = -3\overset{\prime\prime}{.}055 = -0\overset{\circ}{.}000\,8487$$
$$\Pi_A = 174° \, 53\overset{\prime}{.}5 = 174\overset{\circ}{.}892$$

Reduction for precession—approximate formulae

Approximate formulae for the reduction of coordinates and orbital elements referred to the mean equinox and equator or ecliptic of date (t) are as follows:

For reduction to J2000·0

$$\alpha_0 = \alpha - M - N \sin \alpha_m \tan \delta_m$$
$$\delta_0 = \delta - N \cos \alpha_m$$
$$\lambda_0 = \lambda - a + b \cos (\lambda + c') \tan \beta_0$$
$$\beta_0 = \beta - b \sin (\lambda + c')$$
$$\Omega_0 = \Omega - a + b \sin (\Omega + c') \cot i_0$$
$$i_0 = i - b \cos (\Omega + c')$$
$$\omega_0 = \omega - b \sin (\Omega + c') \operatorname{cosec} i_0$$

For reduction from J2000·0

$$\alpha = \alpha_0 + M + N \sin \alpha_m \tan \delta_m$$
$$\delta = \delta_0 + N \cos \alpha_m$$
$$\lambda = \lambda_0 + a - b \cos (\lambda_0 + c) \tan \beta$$
$$\beta = \beta_0 + b \sin (\lambda_0 + c)$$
$$\Omega = \Omega_0 + a - b \sin (\Omega_0 + c) \cot i$$
$$i = i_0 + b \cos (\Omega_0 + c)$$
$$\omega = \omega_0 + b \sin (\Omega_0 + c) \operatorname{cosec} i$$

where the subscript zero refers to epoch J2000·0 and α_m, δ_m refer to the mean epoch; with sufficient accuracy:

$$\alpha_m = \alpha - \tfrac{1}{2}(M + N \sin \alpha \tan \delta)$$
$$\delta_m = \delta - \tfrac{1}{2}N \cos \alpha_m$$

or

$$\alpha_m = \alpha_0 + \tfrac{1}{2}(M + N \sin \alpha_0 \tan \delta_0)$$
$$\delta_m = \delta_0 + \tfrac{1}{2}N \cos \alpha_m$$

The precessional constants M, N, etc., are given by:

$$M = 1°281\ 2323\ T + 0°000\ 3879\ T^2 + 0°000\ 0101\ T^3$$
$$N = 0°556\ 7530\ T - 0°000\ 1185\ T^2 - 0°000\ 0116\ T^3$$
$$a = 1°396\ 971\ T + 0°000\ 3086\ T^2$$
$$b = 0°013\ 056\ T - 0°000\ 0092\ T^2$$
$$c = 5°123\ 62 + 0°241\ 614\ T + 0°000\ 1122\ T^2$$
$$c' = 5°123\ 62 - 1°155\ 358\ T - 0°000\ 1964\ T^2$$

where $T = (t - 2000·0)/100 = (JD - 245\ 1545·0)/36\ 525$

Formulae for the reduction from the mean equinox and equator or ecliptic of the middle of year (t_1) to date (t) are as follows:

$$\alpha = \alpha_1 + \tau (m + n \sin \alpha_1 \tan \delta_1)$$
$$\lambda = \lambda_1 + \tau (p - \pi \cos (\lambda_1 + 6°) \tan \beta)$$
$$\Omega = \Omega_1 + \tau (p - \pi \sin (\Omega_1 + 6°) \cot i)$$
$$\omega = \omega_1 + \tau \pi \sin (\Omega_1 + 6°) \operatorname{cosec} i$$

$$\delta = \delta_1 + \tau n \cos \alpha_1$$
$$\beta = \beta_1 + \tau \pi \sin (\lambda_1 + 6°)$$
$$i = i_1 + \tau \pi \cos (\Omega_1 + 6°)$$

where $\tau = t - t_1$ and π is the annual rate of rotation of the ecliptic. The precessional constants p, m, etc. are as follows:

Epoch J1993·5

Annual general precession	$p = +0°013\ 9693$
Annual precession in R.A.	$m = +0°012\ 8118$
Annual precession in Dec.	$n = +0°005\ 5677$
Annual rate of rotation	$\pi = +0°000\ 1306$
Longitude of axis	$\Pi = +174°8170$
	$\gamma = 180° - \Pi = +5°1830$

where Π is the longitude of the instantaneous rotation axis of the ecliptic, measured from the mean equinox of date.

Approximate reduction for nutation

To first order, the contributions of the nutations in longitude ($\Delta\psi$) and in obliquity ($\Delta\varepsilon$) to the reduction from mean place to true place are given by:

$$\Delta\alpha = (\cos\varepsilon + \sin\varepsilon \sin\alpha \tan\delta)\,\Delta\psi - \cos\alpha \tan\delta\,\Delta\varepsilon \qquad \Delta\lambda = \Delta\psi$$
$$\Delta\delta = \sin\varepsilon \cos\alpha\,\Delta\psi + \sin\alpha\,\Delta\varepsilon \qquad\qquad \Delta\beta = 0$$

Daily values of $\Delta\psi$ and $\Delta\varepsilon$ during 1993 are tabulated on pages B24–B31. The following formulae may be used to compute $\Delta\psi$ and $\Delta\varepsilon$ to a precision of about $0°0002$ ($1''$) during 1993.

$$\Delta\psi = -0°0048 \sin(260°5 - 0·053\,d) \qquad \Delta\varepsilon = +0°0026 \cos(260°5 - 0·053\,d)$$
$$\quad -0°0004 \sin(199°3 + 1·971\,d) \qquad\qquad +0°0002 \cos(199°3 + 1·971\,d)$$

where $d = \text{JD} - 244\,8987·5$; for this precision

$$\varepsilon = 23°44 \qquad \cos\varepsilon = 0·917 \qquad \sin\varepsilon = 0·398$$

The corrections to be added to the mean rectangular coordinates (x, y, z) to produce the true rectangular coordinates are given by:

$$\Delta x = -(y\cos\varepsilon + z\sin\varepsilon)\,\Delta\psi \qquad \Delta y = +x\cos\varepsilon\,\Delta\psi - z\,\Delta\varepsilon \qquad \Delta z = +x\sin\varepsilon\,\Delta\psi + y\,\Delta\varepsilon$$

where $\Delta\psi$ and $\Delta\varepsilon$ are expressed in radians.

The elements of the corresponding rotation matrix are:

$$\begin{matrix} 1 & -\Delta\psi\cos\varepsilon & -\Delta\psi\sin\varepsilon \\ +\Delta\psi\cos\varepsilon & 1 & -\Delta\varepsilon \\ +\Delta\psi\sin\varepsilon & +\Delta\varepsilon & 1 \end{matrix}$$

The full series for nutation in $\Delta\psi$ and $\Delta\varepsilon$ are given in *The Astronomical Almanac 1984* on pages S23–S26.

Approximate reduction for precession and nutation

The following formulae and table may be used for the approximate reduction from the standard equinox and equator of J2000·0 to the true equinox and equator of date during 1993:

$$\alpha = \alpha_0 + f + g\sin(G + \alpha_0)\tan\delta_0$$
$$\delta = \delta_0 + g\cos(G + \alpha_0)$$

where the units of the correction to α_0 and δ_0 are seconds of time and minutes of arc, respectively.

Date 1993	f s	g s	g ′	G h m	Date 1993	f s	g s	g ′	G h m
Jan. −7	−20·5	8·9	2·23	11 56	July 2	−19·0	8·2	2·06	11 53
3	20·4	8·9	2·22	11 56	12	18·9	8·2	2·05	11 53
13*	20·3	8·8	2·21	11 57	22	18·8	8·2	2·04	11 54
23	20·2	8·8	2·20	11 57	Aug. 1*†	18·7	8·1	2·03	11 53
Feb. 2	20·1	8·8	2·19	11 57	11	18·6	8·1	2·02	11 54
12	−20·1	8·7	2·18	11 57	21	−18·5	8·1	2·01	11 54
22*	20·0	8·7	2·17	11 57	31	18·4	8·0	2·00	11 54
Mar. 4	19·9	8·7	2·16	11 57	Sept. 10*	18·4	8·0	2·00	11 54
14	19·9	8·6	2·16	11 57	20	18·4	8·0	1·99	11 54
24	19·8	8·6	2·15	11 57	30	18·3	8·0	1·99	11 54
Apr. 3*	−19·7	8·6	2·14	11 57	Oct. 10	−18·2	7·9	1·98	11 53
13	19·7	8·6	2·14	11 56	20*	18·2	7·9	1·97	11 53
23	19·6	8·5	2·13	11 56	30	18·1	7·9	1·97	11 53
May 3	19·6	8·5	2·12	11 56	Nov. 9	18·0	7·8	1·96	11 52
13*	19·5	8·5	2·11	11 55	19	17·9	7·8	1·95	11 51
23	−19·4	8·4	2·11	11 54	29*	−17·9	7·8	1·94	11 51
June 2	19·3	8·4	2·10	11 54	Dec. 9	17·8	7·7	1·93	11 51
12	19·2	8·3	2·08	11 54	19	17·6	7·7	1·92	11 50
22*	19·1	8·3	2·07	11 53	29	17·5	7·6	1·91	11 50
July 2	19·0	8·2	2·06	11 53	39*	17·4	7·6	1·90	11 50

* 40-day date   † 400-day date for osculation epoch

Differential precession and nutation

The corrections for differential precession and nutation are given below. These are to be added to the observed differences of the right ascension and declination, $\Delta\alpha$ and $\Delta\delta$, of an object relative to a comparison star to obtain the differences in the mean place for a standard epoch (e.g. J2000·0 or the beginning of the year). The differences $\Delta\alpha$ and $\Delta\delta$ are measured in the sense "object – comparison star", and the corrections are in the same units as $\Delta\alpha$ and $\Delta\delta$. In the correction to right ascension the same units must be used for $\Delta\alpha$ and $\Delta\delta$.

$$\text{correction to right ascension} \quad e \tan\delta\, \Delta\alpha - f \sec^2\delta\, \Delta\delta$$
$$\text{correction to declination} \quad f\, \Delta\alpha$$

where $e = -\cos\alpha\,(nt + \sin\varepsilon\,\Delta\psi) - \sin\alpha\,\Delta\varepsilon$
$\quad\quad f = +\sin\alpha\,(nt + \sin\varepsilon\,\Delta\psi) - \cos\alpha\,\Delta\varepsilon$
and $\quad \varepsilon = 23°44, \quad \sin\varepsilon = 0·3978$
$\quad\quad n = 0·000\ 0972$ radians for epoch J1993·5
$\quad\quad t$ is the time in years *from* the standard epoch *to* the time of observation.
$\quad\quad \Delta\psi, \Delta\varepsilon$ are nutations in longitude and obliquity at the time of observation, *expressed in radians*. $(1'' = 0·000\ 004\ 8481\ \text{rad})$.

The errors in arc units caused by using these formulae are of order $10^{-8}\,t^2\sec^2\delta$ multiplied by the displacement in arc from the comparison star.

Differential aberration

The corrections for differential annual aberration to be added to the observed differences (in the sense moving object minus star) of right ascension and declination to give the true differences are:

$$\text{in right ascension} \quad a\,\Delta\alpha + b\,\Delta\delta \quad \text{in units of } 0^\text{s}001$$
$$\text{in declination} \quad c\,\Delta\alpha + d\,\Delta\delta \quad \text{in units of } 0''01$$

where $\Delta\alpha, \Delta\delta$ are the observed differences in units of 1^m and $1'$ respectively, and where a, b, c, d are coefficients defined by:

$$a = -5·701 \cos(H + \alpha)\sec\delta \quad\quad b = -0·380 \sin(H + \alpha)\sec\delta\tan\delta$$
$$c = +8·552 \sin(H + \alpha)\sin\delta \quad\quad d = -0·570 \cos(H + \alpha)\cos\delta$$
$$H^\text{h} = 23·4 - (\text{day of year}/15·2)$$

The day of year is tabulated on pages B2–B3.

Astrometric positions

An astrometric position of a body in the solar system is formed by applying the correction for the barycentric motion of the body during the light-time to the geometric geocentric position referred to the equator and equinox of the standard epoch of J2000·0. Such a position is then directly comparable with the astrometric positions of stars formed by applying the corrections for proper motion and annual parallax to the catalogue positions for the standard epoch of J2000·0. The deflection of light has been ignored.

Formulae using day numbers

For stars and other objects outside the solar system the usual procedure for the computation of apparent positions from catalogue data is as follows, but the techniques described on pages B39–B41 should be used if full precision is required.

From	To	Step	Correction
catalogue epoch	current epoch	i	proper motion
catalogue equinox	mean equinox of year	ii	precession
mean equinox of year	mean equinox of date	iii	precession
mean equinox of date	true equinox of date	iv	nutation
true (heliocentric) position	apparent (geocentric) position $\begin{cases} v \\ vi \end{cases}$		aberration (annual) / parallax (annual)

Star catalogues usually provide coefficients for steps i and ii for the reduction from catalogue position (α_0, δ_0) to the position for the mean equinox of another epoch. Besselian day numbers (A to E), which provide for steps iii to v for the reductions from the position (α_1, δ_1) for the mean equinox of the middle of the year to the apparent geocentric position (α, δ), are given on pages B24–B31; for high declinations, the second-order day numbers (J, J') given on pages B32–B35 may be required. The formulae to be used are:

$$\alpha = \alpha_1 + Aa + Bb + Cc + Dd + E + J \tan^2 \delta_1$$
$$\delta = \delta_1 + Aa' + Bb' + Cc' + Dd' + J' \tan \delta_1$$

where the Besselian star constants are given by:

$$a = (m/n) + \sin \alpha_1 \tan \delta_1 \qquad a' = \cos \alpha_1$$
$$b = \cos \alpha_1 \tan \delta_1 \qquad\qquad b' = -\sin \alpha_1$$
$$c = \cos \alpha_1 \sec \delta_1 \qquad\qquad c' = \tan \varepsilon \cos \delta_1 - \sin \alpha_1 \sin \delta_1$$
$$d = \sin \alpha_1 \sec \delta_1 \qquad\qquad d' = \cos \alpha_1 \sin \delta_1$$

where α and δ are in arc units. For 1993·5, $m/n = 2\cdot301\ 10$ and $\tan \varepsilon = 0\cdot433\ 57$.

The additional corrections for the proper motion (centennial components μ_α, μ_δ) during the fraction of year (τ) and for annual parallax (π) are given by:

$$\Delta\alpha = \tau\mu_\alpha/100 + \pi(dX - cY) \qquad \Delta\delta = \tau\mu_\delta/100 + \pi(d'X - c'Y)$$

where X, Y are the coordinates of the Earth with respect to the solar-system barycentre given on pages B44–B59. Strictly, this parallax correction should be computed using the coordinates of the Earth referred to the mean equinox of the middle of the year, or using star constants computed for the standard epoch of J2000·0.

The corrections for annual parallax may be included with the corrections for annual aberration by substituting $C - \pi Y$ for C and $D + \pi X$ for D in the formulae given above. Alternatively if the annual parallax is small enough it is possible to make the substitutions

$$c + 0\cdot0532\,d\pi \text{ for } c \qquad\qquad d - 0\cdot0448\,c\pi \text{ for } d$$
$$c' + 0\cdot0532\,d'\pi \text{ for } c' \qquad\qquad d' - 0\cdot0448\,c'\pi \text{ for } d'$$

The error in this approximate method is negligible if the parallax of the star is less than about 0″·2.

A further correction to allow for the deflection of the light in the gravitational field of the Sun may also be required—appropriate formulae are given on page B17.

The day-number technique may also be used for objects within the solar system but steps i and vi are omitted and step v is replaced by forming the geocentric position by combining the barycentric position of the body at time $t - \Delta t$, where Δt is the light-time, with the barycentric position of the Earth at time t.

Example of day-number technique

To calculate the apparent place of a star at 0^h TDT at Greenwich on 1993 January 1 from the mean place for J1993·5 using day numbers.

Step 1. From a fundamental star catalogue, such as the FK5, calculate for epoch and equinox J1993·5 the mean right ascension and declination (α_1, δ_1), the centennial proper motion (μ_α, μ_δ) and the parallax (π).

Assume the following fictitious values for the calculation:

$$\alpha_1 = 14^h\ 39^m\ 09\overset{s}{\cdot}349 \qquad \delta_1 = -60°\ 48'\ 31''64 \qquad \pi = 0''752$$
$$\mu_\alpha = -49\overset{s}{\cdot}428 \text{ per century} \quad \mu_\delta = +69''81 \text{ per century}$$

Step 2. Form the star constants as follows:

$$a = \tfrac{1}{15}((m/n) + \sin\alpha_1\tan\delta_1) \qquad a' = \cos\alpha_1 = -0.768\ 41$$
$$= +0.229\ 77$$
$$b = \tfrac{1}{15}\cos\alpha_1\tan\delta_1 = +0.091\ 69 \qquad b' = -\sin\alpha_1 = +0.639\ 96$$
$$c = \tfrac{1}{15}\cos\alpha_1\sec\delta_1 = -0.105\ 03 \qquad c' = \tan\varepsilon\cos\delta_1 - \sin\alpha_1\sin\delta_1$$
$$= -0.347\ 22$$
$$d = \tfrac{1}{15}\sin\alpha_1\sec\delta_1 = -0.087\ 48 \qquad d' = \cos\alpha_1\sin\delta_1 = +0.670\ 82$$

Step 3. Extract the day numbers from pages B24, B34 and B35. In general, linear interpolation is required and second differences may be significant for A and B. The values for 1993 January 1 at 0^h TDT are:

$$A = -3''107 \qquad C = -3''527 \qquad E = +0\overset{s}{\cdot}0025 \qquad J = +0\overset{s}{\cdot}000\ 08$$
$$B = +1''910 \qquad D = +20''480 \qquad \tau = -0.4993 \qquad J' = -0''0003$$

Step 4. Extract the values of the Earth's rectangular coordinates from page B44 (the values for J2000·0 are of sufficient accuracy for computing the parallax correction). The values are:

$$X = -0.180 \qquad Y = +0.891$$

Step 5. Calculate the corrections for light-deflection, $\Delta\alpha$ and $\Delta\delta$.

For the Sun for 1993 January 1 at 0^h TDT, $\alpha_0 = 18^h\ 46^m1$, $\delta_0 = -23°\ 01'$. Using the formulae on page B17, $\cos(\text{elongation}) = +0.5540$ and the corrections for light-deflection are $\Delta\alpha = -0\overset{s}{\cdot}001$ and $\Delta\delta = 0''00$.

Step 6. Compute the apparent position as follows:

Mean position 1993·5, $\alpha_1 = 14^h\ 39^m\ 09\overset{s}{\cdot}349$		$\delta_1 = -60°\ 48'\ 31''64$	
$Aa + Bb + Cc + Dd + E$	$= -1\overset{s}{\cdot}957$	$Aa' + Bb' + Cc' + Dd'$	$= +18''57$
$J\tan^2\delta_1$	$= 0\overset{s}{\cdot}000$	$J'\tan\delta_1$	$= 0''00$
$\tau\mu_\alpha/100$	$= +0\overset{s}{\cdot}247$	$\tau\mu_\delta/100$	$= -0''35$
$\pi(dX - cY)$	$= +0\overset{s}{\cdot}082$	$\pi(d'X - c'Y)$	$= +0''14$
$\Delta\alpha$	$= -0\overset{s}{\cdot}001$	$\Delta\delta$	$= 0''00$

Apparent position $\alpha = 14^h\ 39^m\ 07\overset{s}{\cdot}720$ $\delta = -60°\ 48'\ 13''28$

FOR 0ʰ DYNAMICAL TIME

Date 0ʰ TDT	Nutation in Long.	in Obl.	Obl. of Ecliptic 23° 26′	Besselian Day Numbers for Mean Equinox J1993·5 A	B	C	D	E (0.0001)	Fraction of Year τ
	″	″	″	″	″	″	″		
Jan. 0	+17·404	−1·898	22·828	− 3·140	+1·898	− 3·198	+20·546	+25	−0·5021
1	17·349	1·910	22·815	3·107	1·910	3·527	20·480	25	·4993
2	17·311	1·936	22·788	3·067	1·936	3·855	20·408	25	·4966
3	17·304	1·972	22·750	3·015	1·972	4·181	20·330	25	·4938
4	17·340	2·014	22·707	2·946	2·014	4·506	20·246	25	·4911
5	+17·425	−2·052	22·667	− 2·857	+2·052	− 4·829	+20·156	+25	−0·4884
6	17·554	2·079	22·640	2·751	2·079	5·150	20·059	25	·4856
7	17·714	2·085	22·632	2·632	2·085	5·469	19·957	25	·4829
8	17·879	2·067	22·649	2·512	2·067	5·787	19·849	25	·4802
9	18·018	2·026	22·689	2·402	2·026	6·103	19·736	26	·4774
10	+18·105	−1·971	22·742	− 2·312	+1·971	− 6·417	+19·617	+26	−0·4747
11	18·127	1·917	22·795	2·249	1·917	6·729	19·492	26	·4719
12	18·093	1·877	22·833	2·207	1·877	7·040	19·362	26	·4692
13	18·025	1·860	22·849	2·179	1·860	7·348	19·226	26	·4665
14	17·955	1·868	22·841	2·152	1·868	7·655	19·084	25	·4637
15	+17·909	−1·895	22·812	− 2·116	+1·895	− 7·960	+18·935	+25	−0·4610
16	17·906	1·933	22·772	2·062	1·933	8·263	18·781	25	·4582
17	17·951	1·971	22·733	1·989	1·971	8·564	18·621	25	·4555
18	18·036	1·999	22·704	1·901	1·999	8·862	18·454	26	·4528
19	18·147	2·011	22·690	1·802	2·011	9·157	18·282	26	·4500
20	+18·265	−2·004	22·696	− 1·700	+2·004	− 9·450	+18·103	+26	−0·4473
21	18·371	1·979	22·721	1·603	1·979	9·740	17·918	26	·4446
22	18·450	1·939	22·759	1·516	1·939	10·026	17·728	26	·4418
23	18·492	1·890	22·806	1·445	1·890	10·309	17·531	26	·4391
24	18·492	1·840	22·855	1·390	1·840	10·589	17·329	26	·4363
25	+18·454	−1·795	22·899	− 1·350	+1·795	−10·865	+17·122	+26	−0·4336
26	18·386	1·760	22·933	1·322	1·760	11·137	16·909	26	·4309
27	18·300	1·738	22·953	1·302	1·738	11·405	16·691	26	·4281
28	18·210	1·732	22·958	1·283	1·732	11·670	16·467	26	·4254
29	18·131	1·740	22·948	1·259	1·740	11·930	16·239	26	·4227
30	+18·077	−1·760	22·927	− 1·226	+1·760	−12·186	+16·006	+26	−0·4199
31	18·058	1·787	22·899	1·179	1·787	12·438	15·768	26	·4172
Feb. 1	18·083	1·815	22·870	1·114	1·815	12·686	15·525	26	·4144
2	18·151	1·835	22·849	1·032	1·835	12·929	15·278	26	·4117
3	18·255	1·840	22·842	0·936	1·840	13·168	15·027	26	·4090
4	+18·376	−1·824	22·857	− 0·832	+1·824	−13·403	+14·772	+26	−0·4062
5	18·489	1·785	22·895	0·733	1·785	13·633	14·513	26	·4035
6	18·562	1·727	22·952	0·649	1·727	13·860	14·250	26	·4008
7	18·575	1·663	23·015	0·589	1·663	14·082	13·983	26	·3980
8	18·523	1·607	23·069	0·555	1·607	14·300	13·712	26	·3953
9	+18·422	−1·573	23·101	− 0·540	+1·573	−14·514	+13·438	+26	−0·3925
10	18·306	1·567	23·106	0·531	1·567	14·724	13·160	26	·3898
11	18·207	1·586	23·086	0·516	1·586	14·929	12·878	26	·3871
12	18·149	1·620	23·051	0·484	1·620	15·131	12·592	26	·3843
13	18·140	1·657	23·012	0·432	1·657	15·328	12·301	26	·3816
14	+18·175	−1·687	22·982	− 0·364	+1·687	−15·521	+12·007	+26	−0·3789
15	+18·239	−1·701	22·966	− 0·283	+1·701	−15·709	+11·709	+26	−0·3761

FOR 0ʰ DYNAMICAL TIME

Date 0ʰ TDT	Nutation in Long.	Nutation in Obl.	Obl. of Ecliptic 23° 26′	A	B	C	D	E (0.⁵0001)	Fraction of Year τ
	″	″	″	″	″	″	″		
Feb. 15	+ 18·239	− 1·701	22·966	− 0·283	+ 1·701	− 15·709	+ 11·709	+ 26	− 0·3761
16	18·313	1·697	22·969	0·199	1·697	15·892	11·407	26	·3734
17	18·378	1·675	22·989	0·118	1·675	16·070	11·101	26	·3706
18	18·419	1·639	23·024	− 0·047	1·639	16·243	10·792	26	·3679
19	18·424	1·593	23·069	+ 0·010	1·593	16·411	10·479	26	·3652
20	+ 18·390	− 1·545	23·116	+ 0·051	+ 1·545	− 16·573	+ 10·163	+ 26	− 0·3624
21	18·317	1·501	23·159	0·077	1·501	16·730	9·844	26	·3597
22	18·212	1·465	23·193	0·090	1·465	16·882	9·522	26	·3569
23	18·086	1·443	23·213	0·095	1·443	17·027	9·197	26	·3542
24	17·953	1·437	23·219	0·097	1·437	17·168	8·869	25	·3515
25	+ 17·826	− 1·446	23·209	+ 0·101	+ 1·446	− 17·302	+ 8·539	+ 25	− 0·3487
26	17·721	1·467	23·186	0·114	1·467	17·431	8·207	25	·3460
27	17·647	1·497	23·154	0·140	1·497	17·554	7·872	25	·3433
28	17·614	1·530	23·120	0·181	1·530	17·672	7·535	25	·3405
Mar. 1	17·621	1·559	23·090	0·239	1·559	17·784	7·197	25	·3378
2	+ 17·665	− 1·576	23·071	+ 0·312	+ 1·576	− 17·890	+ 6·857	+ 25	− 0·3350
3	17·732	1·577	23·070	0·393	1·577	17·990	6·516	25	·3323
4	17·802	1·557	23·089	0·476	1·557	18·085	6·173	25	·3296
5	17·850	1·517	23·127	0·550	1·517	18·174	5·829	25	·3268
6	17·850	1·466	23·177	0·605	1·466	18·257	5·485	25	·3241
7	+ 17·790	− 1·416	23·226	+ 0·636	+ 1·416	− 18·336	+ 5·139	+ 25	− 0·3214
8	17·674	1·382	23·259	0·644	1·382	18·409	4·793	25	·3186
9	17·526	1·374	23·265	0·640	1·374	18·477	4·445	25	·3159
10	17·382	1·396	23·242	0·638	1·396	18·540	4·096	25	·3131
11	17·273	1·440	23·197	0·650	1·440	18·598	3·747	24	·3104
12	+ 17·218	− 1·493	23·142	+ 0·683	+ 1·493	− 18·651	+ 3·396	+ 24	− 0·3077
13	17·216	1·542	23·092	0·736	1·542	18·698	3·044	24	·3049
14	17·250	1·577	23·055	0·805	1·577	18·740	2·691	24	·3022
15	17·301	1·593	23·038	0·880	1·593	18·777	2·337	25	·2995
16	17·347	1·591	23·039	0·953	1·591	18·807	1·982	25	·2967
17	+ 17·372	− 1·573	23·056	+ 1·018	+ 1·573	− 18·832	+ 1·626	+ 25	− 0·2940
18	17·363	1·545	23·083	1·069	1·545	18·852	1·270	25	·2912
19	17·315	1·512	23·114	1·105	1·512	18·865	0·914	25	·2885
20	17·230	1·483	23·142	1·126	1·483	18·872	0·557	24	·2858
21	17·111	1·462	23·162	1·134	1·462	18·874	+ 0·200	24	·2830
22	+ 16·971	− 1·453	23·169	+ 1·133	+ 1·453	− 18·869	− 0·157	+ 24	− 0·2803
23	16·821	1·460	23·161	1·128	1·460	18·859	0·513	24	·2775
24	16·676	1·482	23·137	1·125	1·482	18·843	0·869	24	·2748
25	16·550	1·518	23·100	1·130	1·518	18·820	1·224	23	·2721
26	16·454	1·564	23·053	1·147	1·564	18·792	1·579	23	·2693
27	+ 16·398	− 1·614	23·002	+ 1·179	+ 1·614	− 18·758	− 1·933	+ 23	− 0·2666
28	16·382	1·661	22·954	1·228	1·661	18·718	2·285	23	·2639
29	16·404	1·698	22·915	1·291	1·698	18·672	2·636	23	·2611
30	16·451	1·721	22·891	1·365	1·721	18·621	2·986	23	·2584
31	16·506	1·725	22·886	1·442	1·725	18·564	3·334	23	·2556
Apr. 1	+ 16·548	− 1·711	22·899	+ 1·513	+ 1·711	− 18·501	− 3·681	+ 23	− 0·2529
2	+ 16·556	− 1·683	22·925	+ 1·571	+ 1·683	− 18·433	− 4·025	+ 23	− 0·2502

FOR 0ʰ DYNAMICAL TIME

Date 0ʰ TDT	Nutation in Long.	in Obl.	Obl. of Ecliptic 23° 26′	Besselian Day Numbers for Mean Equinox J1993·5 A	B	C	D	E (0⁵·0001)	Fraction of Year τ
	″	″	″	″	″	″	″		
Apr. 1	+16·548	−1·711	22·899	+ 1·513	+1·711	−18·501	− 3·681	+23	−0·2529
2	16·556	1·683	22·925	1·571	1·683	18·433	4·025	23	·2502
3	16·513	1·652	22·955	1·609	1·652	18·360	4·368	23	·2474
4	16·416	1·629	22·976	1·626	1·629	18·282	4·708	23	·2447
5	16·280	1·628	22·976	1·626	1·628	18·199	5·047	23	·2420
6	+16·133	−1·655	22·948	+ 1·623	+1·655	−18·112	− 5·383	+23	−0·2392
7	16·009	1·708	22·894	1·628	1·708	18·019	5·718	23	·2365
8	15·935	1·777	22·823	1·654	1·777	17·922	6·051	23	·2337
9	15·921	1·849	22·750	1·703	1·849	17·820	6·383	23	·2310
10	15·957	1·910	22·688	1·772	1·910	17·714	6·713	23	·2283
11	+16·021	−1·952	22·644	+ 1·852	+1·952	−17·602	− 7·040	+23	−0·2255
12	16·088	1·973	22·622	1·934	1·973	17·485	7·366	23	·2228
13	16·139	1·976	22·618	2·009	1·976	17·363	7·690	23	·2201
14	16·158	1·966	22·626	2·072	1·966	17·236	8·012	23	·2173
15	16·138	1·951	22·641	2·119	1·951	17·104	8·332	23	·2146
16	+16·079	−1·936	22·654	+ 2·150	+1·936	−16·967	− 8·649	+23	−0·2118
17	15·986	1·928	22·661	2·168	1·928	16·825	8·964	23	·2091
18	15·869	1·932	22·656	2·176	1·932	16·677	9·276	22	·2064
19	15·740	1·950	22·637	2·180	1·950	16·525	9·585	22	·2036
20	15·613	1·983	22·602	2·184	1·983	16·367	9·891	22	·2009
21	+15·504	−2·030	22·553	+ 2·196	+2·030	−16·205	−10·193	+22	−0·1982
22	15·424	2·088	22·494	2·219	2·088	16·037	10·493	22	·1954
23	15·382	2·152	22·430	2·257	2·152	15·865	10·789	22	·1927
24	15·383	2·213	22·366	2·312	2·213	15·688	11·081	22	·1899
25	15·423	2·267	22·312	2·383	2·267	15·506	11·370	22	·1872
26	+15·491	−2·305	22·272	+ 2·465	+2·305	−15·320	−11·654	+22	−0·1845
27	15·571	2·325	22·251	2·552	2·325	15·129	11·935	22	·1817
28	15·642	2·327	22·248	2·635	2·327	14·934	12·211	22	·1790
29	15·684	2·315	22·259	2·706	2·315	14·735	12·484	22	·1762
30	15·681	2·296	22·276	2·760	2·296	14·532	12·752	22	·1735
May 1	+15·629	−2·281	22·289	+ 2·794	+2·281	−14·326	−13·016	+22	−0·1708
2	15·535	2·283	22·287	2·812	2·283	14·115	13·275	22	·1680
3	15·422	2·308	22·260	2·821	2·308	13·902	13·530	22	·1653
4	15·319	2·359	22·208	2·835	2·359	13·684	13·782	22	·1626
5	15·255	2·430	22·136	2·865	2·430	13·464	14·029	22	·1598
6	+15·249	−2·509	22·055	+ 2·917	+2·509	−13·240	−14·272	+22	−0·1571
7	15·301	2·583	21·980	2·993	2·583	13·013	14·511	22	·1543
8	15·394	2·641	21·921	3·085	2·641	12·783	14·747	22	·1516
9	15·504	2·677	21·883	3·183	2·677	12·550	14·978	22	·1489
10	15·605	2·692	21·867	3·278	2·692	12·312	15·206	22	·1461
11	+15·677	−2·690	21·868	+ 3·362	+2·690	−12·072	−15·429	+22	−0·1434
12	15·711	2·679	21·878	3·431	2·679	11·828	15·648	22	·1407
13	15·704	2·666	21·889	3·482	2·666	11·580	15·863	22	·1379
14	15·659	2·658	21·896	3·520	2·658	11·329	16·074	22	·1352
15	15·586	2·660	21·893	3·545	2·660	11·075	16·280	22	·1324
16	+15·497	−2·676	21·876	+ 3·565	+2·676	−10·817	−16·481	+22	−0·1297
17	+15·407	−2·707	21·844	+ 3·584	+2·707	−10·556	−16·677	+22	−0·1270

FOR 0ʰ DYNAMICAL TIME

Date	Nutation		Obl. of	Besselian Day Numbers					Fraction
	in	in	Ecliptic	for Mean Equinox J1993·5					of Year
0ʰ TDT	Long.	Obl.		A	B	C	D	E	τ
			23° 26′					(0ˢ.0001)	
	″	″	″	″	″	″	″		
May 17	+15·407	−2·707	21·844	+ 3·584	+2·707	−10·556	−16·677	+22	−0·1270
18	15·330	2·751	21·798	3·608	2·751	10·292	16·869	22	·1242
19	15·279	2·807	21·741	3·643	2·807	10·025	17·055	22	·1215
20	15·264	2·870	21·677	3·692	2·870	9·755	17·236	22	·1188
21	15·293	2·932	21·613	3·758	2·932	9·481	17·412	22	·1160
22	+15·363	−2·987	21·557	+ 3·841	+2·987	− 9·205	−17·583	+22	−0·1133
23	15·466	3·028	21·514	3·937	3·028	8·927	17·748	22	·1105
24	15·585	3·051	21·491	4·039	3·051	8·645	17·908	22	·1078
25	15·699	3·053	21·487	4·139	3·053	8·362	18·062	22	·1051
26	15·786	3·039	21·500	4·228	3·039	8·076	18·210	22	·1023
27	+15·830	−3·017	21·521	+ 4·301	+3·017	− 7·788	−18·353	+22	−0·0996
28	15·824	2·996	21·540	4·353	2·996	7·499	18·490	22	·0969
29	15·774	2·988	21·547	4·388	2·988	7·208	18·621	22	·0941
30	15·698	3·001	21·533	4·413	3·001	6·915	18·747	22	·0914
31	15·624	3·037	21·496	4·438	3·037	6·621	18·867	22	·0886
June 1	+15·578	−3·094	21·438	+ 4·475	+3·094	− 6·326	−18·982	+22	−0·0859
2	15·582	3·162	21·368	4·532	3·162	6·029	19·092	22	·0832
3	15·643	3·230	21·299	4·611	3·230	5·732	19·196	22	·0804
4	15·752	3·285	21·242	4·709	3·285	5·433	19·296	22	·0777
5	15·889	3·321	21·205	4·818	3·321	5·133	19·390	23	·0749
6	+16·027	−3·335	21·190	+ 4·928	+3·335	− 4·832	−19·480	+23	−0·0722
7	16·145	3·329	21·195	5·030	3·329	4·529	19·564	23	·0695
8	16·226	3·309	21·213	5·117	3·309	4·225	19·643	23	·0667
9	16·263	3·285	21·236	5·187	3·285	3·920	19·717	23	·0640
10	16·260	3·263	21·257	5·240	3·263	3·613	19·786	23	·0613
11	+16·223	−3·249	21·269	+ 5·280	+3·249	− 3·306	−19·849	+23	−0·0585
12	16·164	3·248	21·269	5·312	3·248	2·997	19·907	23	·0558
13	16·098	3·261	21·255	5·340	3·261	2·687	19·959	23	·0530
14	16·039	3·289	21·226	5·372	3·289	2·376	20·005	23	·0503
15	16·001	3·328	21·185	5·412	3·328	2·064	20·046	23	·0476
16	+15·996	−3·376	21·136	+ 5·465	+3·376	− 1·751	−20·081	+23	−0·0448
17	16·032	3·426	21·085	5·534	3·426	1·438	20·110	23	·0421
18	16·110	3·471	21·039	5·620	3·471	1·124	20·133	23	·0394
19	16·226	3·503	21·005	5·720	3·503	0·809	20·150	23	·0366
20	16·364	3·518	20·989	5·830	3·518	0·494	20·161	23	·0339
21	+16·503	−3·511	20·995	+ 5·941	+3·511	− 0·179	−20·166	+23	−0·0311
22	16·621	3·485	21·019	6·042	3·485	+ 0·136	20·165	24	·0284
23	16·695	3·448	21·055	6·127	3·448	0·450	20·157	24	·0257
24	16·716	3·410	21·092	6·190	3·410	0·765	20·144	24	·0229
25	16·689	3·382	21·118	6·234	3·382	1·078	20·124	24	·0202
26	+16·628	−3·373	21·126	+ 6·265	+3·373	+ 1·391	−20·098	+24	−0·0175
27	16·561	3·388	21·110	6·293	3·388	1·703	20·067	23	·0147
28	16·515	3·423	21·074	6·329	3·423	2·014	20·030	23	·0120
29	16·511	3·472	21·024	6·383	3·472	2·324	19·988	23	·0092
30	16·559	3·523	20·971	6·457	3·523	2·633	19·941	23	·0065
July 1	+16·655	−3·565	20·928	+ 6·550	+3·565	+ 2·941	−19·888	+24	−0·0038
2	+16·784	−3·590	20·901	+ 6·656	+3·590	+ 3·247	−19·830	+24	−0·0010

FOR 0^h DYNAMICAL TIME

Date 0^h TDT	Nutation in Long.	Nutation in Obl.	Obl. of Ecliptic 23° 26'	Besselian Day Numbers for Mean Equinox J1993·5 A	B	C	D	E (0.0001)	Fraction of Year τ
July 1	+16·655	−3·565	20·928	+ 6·550	+3·565	+ 2·941	−19·888	+24	−0·0038
2	16·784	3·590	20·901	6·656	3·590	3·247	19·830	24	− ·0010
3	16·923	3·594	20·896	6·766	3·594	3·553	19·767	24	+ ·0017
4	17·049	3·578	20·911	6·871	3·578	3·858	19·699	24	·0044
5	17·143	3·546	20·941	6·963	3·546	4·162	19·625	24	·0072
6	+17·196	−3·507	20·980	+ 7·039	+3·507	+ 4·464	−19·547	+24	+0·0099
7	17·204	3·466	21·019	7·097	3·466	4·766	19·463	24	·0127
8	17·174	3·432	21·051	7·141	3·432	5·067	19·374	24	·0154
9	17·117	3·410	21·073	7·173	3·410	5·366	19·280	24	·0181
10	17·046	3·401	21·080	7·199	3·401	5·665	19·180	24	·0209
11	+16·976	−3·408	21·072	+ 7·226	+3·408	+ 5·962	−19·075	+24	+0·0236
12	16·921	3·427	21·052	7·259	3·427	6·258	18·965	24	·0264
13	16·894	3·456	21·022	7·303	3·456	6·553	18·849	24	·0291
14	16·903	3·489	20·987	7·362	3·489	6·846	18·728	24	·0318
15	16·952	3·520	20·955	7·436	3·520	7·137	18·601	24	·0346
16	+17·041	−3·542	20·931	+ 7·526	+3·542	+ 7·427	−18·468	+24	+0·0373
17	17·159	3·549	20·924	7·628	3·549	7·715	18·330	24	·0400
18	17·287	3·535	20·936	7·734	3·535	8·000	18·187	24	·0428
19	17·403	3·500	20·969	7·835	3·500	8·284	18·037	25	·0455
20	17·481	3·450	21·018	7·921	3·450	8·565	17·882	25	·0483
21	+17·505	−3·395	21·072	+ 7·985	+3·395	+ 8·844	−17·722	+25	+0·0510
22	17·473	3·348	21·118	8·028	3·348	9·120	17·556	25	·0537
23	17·399	3·318	21·146	8·053	3·318	9·393	17·384	25	·0565
24	17·310	3·313	21·150	8·072	3·313	9·663	17·208	25	·0592
25	17·234	3·331	21·131	8·097	3·331	9·929	17·027	24	·0619
26	+17·196	−3·364	21·096	+ 8·137	+3·364	+10·193	−16·841	+24	+0·0647
27	17·206	3·403	21·057	8·196	3·403	10·453	16·651	24	·0674
28	17·264	3·435	21·023	8·274	3·435	10·710	16·456	24	·0702
29	17·357	3·452	21·005	8·365	3·452	10·964	16·257	25	·0729
30	17·463	3·450	21·005	8·463	3·450	11·215	16·054	25	·0756
31	+17·563	−3·428	21·026	+ 8·557	+3·428	+11·463	−15·847	+25	+0·0784
Aug. 1	17·636	3·390	21·063	8·641	3·390	11·708	15·635	25	·0811
2	17·670	3·342	21·109	8·709	3·342	11·949	15·419	25	·0838
3	17·661	3·292	21·158	8·761	3·292	12·188	15·200	25	·0866
4	17·611	3·246	21·203	8·796	3·246	12·423	14·976	25	·0893
5	+17·529	−3·211	21·237	+ 8·818	+3·211	+12·656	−14·748	+25	+0·0921
6	17·429	3·189	21·258	8·833	3·189	12·885	14·515	25	·0948
7	17·324	3·182	21·263	8·846	3·182	13·111	14·279	25	·0975
8	17·229	3·189	21·255	8·864	3·189	13·334	14·038	24	·1003
9	17·157	3·207	21·235	8·890	3·207	13·553	13·793	24	·1030
10	+17·116	−3·232	21·210	+ 8·928	+3·232	+13·769	−13·544	+24	+0·1057
11	17·113	3·257	21·183	8·982	3·257	13·981	13·291	24	·1085
12	17·149	3·276	21·163	9·051	3·276	14·190	13·034	24	·1112
13	17·216	3·284	21·154	9·133	3·284	14·395	12·772	24	·1140
14	17·302	3·274	21·163	9·222	3·274	14·596	12·506	25	·1167
15	+17·387	−3·244	21·191	+ 9·310	+3·244	+14·794	−12·236	+25	+0·1194
16	+17·445	−3·196	21·238	+ 9·388	+3·196	+14·987	−11·962	+25	+0·1222

FOR 0ʰ DYNAMICAL TIME

Date 0ʰ TDT	Nutation in Long.	in Obl.	Obl. of Ecliptic 23° 26′	A	B	C	D	E (0ˢ·0001)	Fraction of Year τ
	″	″	″	″	″	″	″		
Aug. 16	+17·445	−3·196	21·238	+ 9·388	+3·196	+14·987	−11·962	+25	+0·1222
17	17·457	3·138	21·294	9·448	3·138	15·176	11·684	25	·1249
18	17·411	3·083	21·348	9·485	3·083	15·360	11·402	25	·1277
19	17·314	3·043	21·387	9·501	3·043	15·539	11·116	25	·1304
20	17·189	3·027	21·401	9·506	3·027	15·714	10·827	24	·1331
21	+17·068	−3·038	21·389	+ 9·513	+3·038	+15·884	−10·535	+24	+0·1359
22	16·980	3·070	21·356	9·533	3·070	16·049	10·239	24	·1386
23	16·942	3·110	21·315	9·572	3·110	16·208	9·941	24	·1413
24	16·954	3·146	21·277	9·632	3·146	16·363	9·639	24	·1441
25	17·004	3·169	21·253	9·707	3·169	16·514	9·336	24	·1468
26	+17·071	−3·174	21·247	+ 9·788	+3·174	+16·659	− 9·030	+24	+0·1496
27	17·135	3·159	21·261	9·868	3·159	16·800	8·721	24	·1523
28	17·176	3·128	21·291	9·940	3·128	16·936	8·411	24	·1550
29	17·182	3·086	21·331	9·997	3·086	17·067	8·098	24	·1578
30	17·146	3·041	21·375	10·038	3·041	17·194	7·783	24	·1605
31	+17·069	−2·998	21·416	+10·062	+2·998	+17·316	− 7·465	+24	+0·1632
Sept. 1	16·960	2·965	21·448	10·073	2·965	17·434	7·146	24	·1660
2	16·828	2·945	21·467	10·076	2·945	17·547	6·824	24	·1687
3	16·689	2·941	21·470	10·075	2·941	17·655	6·500	24	·1715
4	16·555	2·950	21·459	10·077	2·950	17·759	6·174	23	·1742
5	+16·441	−2·972	21·436	+10·086	+2·972	+17·858	− 5·846	+23	+0·1769
6	16·356	3·002	21·405	10·107	3·002	17·952	5·516	23	·1797
7	16·306	3·035	21·371	10·143	3·035	18·042	5·184	23	·1824
8	16·294	3·064	21·340	10·192	3·064	18·126	4·850	23	·1851
9	16·314	3·084	21·319	10·255	3·084	18·206	4·514	23	·1879
10	+16·357	−3·090	21·312	+10·327	+3·090	+18·280	− 4·176	+23	+0·1906
11	16·406	3·078	21·322	10·402	3·078	18·349	3·836	23	·1934
12	16·441	3·049	21·350	10·471	3·049	18·413	3·494	23	·1961
13	16·442	3·007	21·391	10·526	3·007	18·472	3·150	23	·1988
14	16·392	2·961	21·435	10·561	2·961	18·525	2·805	23	·2016
15	+16·289	−2·925	21·470	+10·575	+2·925	+18·573	− 2·458	+23	+0·2043
16	16·147	2·911	21·483	10·573	2·911	18·614	2·110	23	·2070
17	15·995	2·924	21·469	10·568	2·924	18·650	1·761	23	·2098
18	15·867	2·963	21·428	10·572	2·963	18·679	1·412	22	·2125
19	15·790	3·017	21·373	10·596	3·017	18·703	1·062	22	·2153
20	+15·770	−3·073	21·316	+10·643	+3·073	+18·721	− 0·711	+22	+0·2180
21	15·796	3·117	21·271	10·708	3·117	18·733	0·361	22	·2207
22	15·848	3·142	21·244	10·783	3·142	18·740	− 0·010	22	·2235
23	15·899	3·147	21·238	10·859	3·147	18·741	+ 0·340	23	·2262
24	15·932	3·134	21·249	10·927	3·134	18·736	0·690	23	·2290
25	+15·931	−3·110	21·272	+10·981	+3·110	+18·726	+ 1·039	+23	+0·2317
26	15·890	3·081	21·300	11·020	3·081	18·711	1·389	22	·2344
27	15·809	3·054	21·326	11·042	3·054	18·691	1·737	22	·2372
28	15·694	3·035	21·344	11·052	3·035	18·665	2·086	22	·2399
29	15·556	3·028	21·349	11·051	3·028	18·635	2·434	22	·2426
30	+15·408	−3·037	21·340	+11·047	+3·037	+18·599	+ 2·781	+22	+0·2454
Oct. 1	+15·264	−3·060	21·315	+11·045	+3·060	+18·558	+ 3·128	+22	+0·2481

FOR 0ʰ DYNAMICAL TIME

Date 0ʰ TDT	Nutation in Long.	in Obl.	Obl. of Ecliptic 23° 26′	Besselian Day Numbers for Mean Equinox J1993·5 A	B	C	D	E (0ˢ.0001)	Fraction of Year τ
	″	″	″	″	″	″	″		
Oct. 1	+15·264	−3·060	21·315	+11·045	+3·060	+18·558	+ 3·128	+22	+0·2481
2	15·137	3·096	21·278	11·049	3·096	18·511	3·475	21	·2509
3	15·038	3·141	21·232	11·065	3·141	18·460	3·821	21	·2536
4	14·974	3·190	21·181	11·094	3·190	18·403	4·166	21	·2563
5	14·947	3·237	21·133	11·139	3·237	18·341	4·510	21	·2591
6	+14·954	−3·276	21·092	+11·196	+3·276	+18·274	+ 4·854	+21	+0·2618
7	14·985	3·303	21·064	11·264	3·303	18·201	5·197	21	·2645
8	15·028	3·314	21·052	11·335	3·314	18·124	5·539	21	·2673
9	15·064	3·309	21·056	11·404	3·309	18·040	5·881	21	·2700
10	15·074	3·290	21·074	11·463	3·290	17·952	6·221	21	·2728
11	+15·044	−3·264	21·098	+11·506	+3·264	+17·857	+ 6·560	+21	+0·2755
12	14·966	3·242	21·119	11·530	3·242	17·757	6·898	21	·2782
13	14·846	3·235	21·124	11·537	3·235	17·651	7·234	21	·2810
14	14·704	3·253	21·105	11·536	3·253	17·540	7·569	21	·2837
15	14·572	3·298	21·059	11·538	3·298	17·422	7·902	21	·2864
16	+14·482	−3·365	20·991	+11·557	+3·365	+17·299	+ 8·232	+21	+0·2892
17	14·453	3·440	20·914	11·601	3·440	17·170	8·560	20	·2919
18	14·483	3·509	20·844	11·667	3·509	17·035	8·886	21	·2947
19	14·552	3·560	20·792	11·750	3·560	16·895	9·208	21	·2974
20	14·633	3·589	20·762	11·837	3·589	16·749	9·528	21	·3001
21	+14·699	−3·597	20·752	+11·918	+3·597	+16·599	+ 9·844	+21	+0·3029
22	14·733	3·590	20·758	11·986	3·590	16·443	10·157	21	·3056
23	14·726	3·577	20·770	12·038	3·577	16·283	10·468	21	·3084
24	14·678	3·564	20·782	12·074	3·564	16·118	10·775	21	·3111
25	14·595	3·557	20·787	12·096	3·557	15·948	11·078	21	·3138
26	+14·487	−3·562	20·781	+12·108	+3·562	+15·773	+11·379	+21	+0·3166
27	14·366	3·581	20·761	12·115	3·581	15·594	11·676	20	·3193
28	14·247	3·614	20·726	12·122	3·614	15·410	11·970	20	·3220
29	14·144	3·661	20·678	12·136	3·661	15·222	12·261	20	·3248
30	14·067	3·717	20·620	12·161	3·717	15·030	12·548	20	·3275
31	+14·026	−3·779	20·557	+12·199	+3·779	+14·833	+12·832	+20	+0·3303
Nov. 1	14·023	3·840	20·496	12·252	3·840	14·632	13·112	20	·3330
2	14·055	3·893	20·441	12·320	3·893	14·426	13·389	20	·3357
3	14·114	3·934	20·398	12·398	3·934	14·216	13·663	20	·3385
4	14·186	3·960	20·372	12·482	3·960	14·002	13·933	20	·3412
5	+14·256	−3·968	20·362	+12·565	+3·968	+13·783	+14·199	+20	+0·3439
6	14·306	3·963	20·366	12·639	3·963	13·560	14·462	20	·3467
7	14·320	3·949	20·378	12·700	3·949	13·333	14·721	20	·3494
8	14·291	3·936	20·391	12·743	3·936	13·101	14·976	20	·3522
9	14·221	3·932	20·393	12·770	3·932	12·864	15·227	20	·3549
10	+14·124	−3·948	20·375	+12·787	+3·948	+12·623	+15·473	+20	+0·3576
11	14·025	3·989	20·333	12·802	3·989	12·378	15·716	20	·3604
12	13·954	4·053	20·268	12·829	4·053	12·128	15·953	20	·3631
13	13·936	4·131	20·189	12·876	4·131	11·874	16·186	20	·3658
14	13·981	4·209	20·109	12·949	4·209	11·615	16·414	20	·3686
15	+14·080	−4·275	20·043	+13·044	+4·275	+11·352	+16·636	+20	+0·3713
16	+14·207	−4·318	19·998	+13·149	+4·318	+11·086	+16·853	+20	+0·3741

FOR 0ʰ DYNAMICAL TIME

Date 0ʰ TDT	Nutation in Long.	Nutation in Obl.	Obl. of Ecliptic 23° 26′	Besselian Day Numbers for Mean Equinox J1993·5 A	B	C	D	E (0ˢ·0001)	Fraction of Year τ
	″	″	″	″	″	″	″		
Nov. 16	+14·207	−4·318	19·998	+13·149	+4·318	+11·086	+16·853	+20	+0·3741
17	14·332	4·338	19·977	13·253	4·338	10·816	17·064	20	·3768
18	14·429	4·338	19·975	13·347	4·338	10·542	17·269	20	·3795
19	14·486	4·327	19·985	13·424	4·327	10·266	17·469	21	·3823
20	14·497	4·314	19·997	13·484	4·314	9·986	17·664	21	·3850
21	+14·469	−4·304	20·005	+13·527	+4·304	+ 9·703	+17·853	+20	+0·3877
22	14·410	4·305	20·003	13·559	4·305	9·418	18·036	20	·3905
23	14·336	4·319	19·987	13·584	4·319	9·130	18·214	20	·3932
24	14·259	4·348	19·958	13·608	4·348	8·839	18·387	20	·3960
25	14·193	4·390	19·915	13·637	4·390	8·545	18·553	20	·3987
26	+14·152	−4·442	19·861	+13·676	+4·442	+ 8·249	+18·715	+20	+0·4014
27	14·143	4·500	19·802	13·727	4·500	7·951	18·871	20	·4042
28	14·173	4·558	19·743	13·794	4·558	7·651	19·021	20	·4069
29	14·241	4·610	19·689	13·876	4·610	7·348	19·166	20	·4097
30	14·339	4·650	19·648	13·970	4·650	7·043	19·305	20	·4124
Dec. 1	+14·454	−4·674	19·623	+14·070	+4·674	+ 6·735	+19·439	+20	+0·4151
2	14·569	4·680	19·616	14·171	4·680	6·426	19·567	21	·4179
3	14·666	4·670	19·624	14·264	4·670	6·114	19·690	21	·4206
4	14·729	4·650	19·643	14·344	4·650	5·800	19·807	21	·4233
5	14·749	4·627	19·664	14·407	4·627	5·485	19·919	21	·4261
6	+14·726	−4·613	19·678	+14·453	+4·613	+ 5·166	+20·024	+21	+0·4288
7	14·672	4·614	19·675	14·486	4·614	4·846	20·124	21	·4316
8	14·608	4·636	19·651	14·516	4·636	4·524	20·218	21	·4343
9	14·561	4·681	19·605	14·552	4·681	4·200	20·305	21	·4370
10	14·556	4·741	19·544	14·605	4·741	3·873	20·386	21	·4398
11	+14·608	−4·807	19·477	+14·680	+4·807	+ 3·545	+20·461	+21	+0·4425
12	14·715	4·865	19·417	14·778	4·865	3·216	20·529	21	·4452
13	14·863	4·905	19·376	14·892	4·905	2·885	20·590	21	·4480
14	15·024	4·922	19·358	15·010	4·922	2·553	20·644	21	·4507
15	15·169	4·916	19·362	15·123	4·916	2·220	20·691	21	·4535
16	+15·277	−4·895	19·383	+15·221	+4·895	+ 1·886	+20·731	+22	+0·4562
17	15·337	4·865	19·411	15·300	4·865	1·553	20·765	22	·4589
18	15·352	4·837	19·437	15·360	4·837	1·218	20·791	22	·4617
19	15·330	4·818	19·456	15·407	4·818	0·884	20·812	22	·4644
20	15·284	4·811	19·461	15·443	4·811	0·549	20·825	22	·4671
21	+15·230	−4·818	19·453	+15·476	+4·818	+ 0·215	+20·832	+22	+0·4699
22	15·181	4·839	19·431	15·512	4·839	− 0·119	20·833	21	·4726
23	15·151	4·871	19·397	15·555	4·871	0·453	20·827	21	·4754
24	15·150	4·910	19·357	15·609	4·910	0·786	20·815	21	·4781
25	15·185	4·951	19·315	15·678	4·951	1·119	20·796	21	·4808
26	+15·257	−4·988	19·276	+15·762	+4·988	− 1·451	+20·771	+22	+0·4836
27	15·362	5·015	19·248	15·858	5·015	1·783	20·741	22	·4863
28	15·490	5·026	19·236	15·964	5·026	2·114	20·704	22	·4890
29	15·623	5·019	19·242	16·072	5·019	2·444	20·661	22	·4918
30	15·742	4·994	19·265	16·174	4·994	2·774	20·612	22	·4945
31	+15·827	−4·956	19·302	+16·263	+4·956	− 3·103	+20·557	+22	+0·4973
32	+15·867	−4·914	19·343	+16·334	+4·914	− 3·431	+20·496	+22	+0·5000

SECOND-ORDER DAY NUMBERS, 1993

J for NORTHERN DECLINATIONS
FOR 0ʰ TDT AND EQUINOX J1993·5

Right Ascension

Date	0ʰ 12ʰ	1ʰ 13ʰ	2ʰ 14ʰ	3ʰ 15ʰ	4ʰ 16ʰ	5ʰ 17ʰ	6ʰ 18ʰ	7ʰ 19ʰ	8ʰ 20ʰ	9ʰ 21ʰ	10ʰ 22ʰ	11ʰ 23ʰ	12ʰ 24ʰ
Jan. −7	+ 1	+ 3	+ 4	+ 5	+ 4	+ 2	− 1	− 3	− 4	− 5	− 4	− 2	+ 1
3	− 1	+ 1	+ 4	+ 5	+ 5	+ 3	+ 1	− 1	− 4	− 5	− 5	− 3	− 1
13	− 3	− 1	+ 2	+ 4	+ 5	+ 5	+ 3	+ 1	− 2	− 4	− 5	− 5	− 3
23	− 4	− 2	0	+ 3	+ 5	+ 5	+ 4	+ 2	0	− 3	− 5	− 5	− 4
Feb. 2	− 5	− 4	− 1	+ 1	+ 4	+ 5	+ 5	+ 4	+ 1	− 1	− 4	− 5	− 5
12	− 5	− 5	− 3	− 1	+ 2	+ 4	+ 5	+ 5	+ 3	+ 1	− 2	− 4	− 5
22	− 5	− 5	− 4	− 2	0	+ 3	+ 5	+ 5	+ 4	+ 2	0	− 3	− 5
Mar. 4	− 4	− 5	− 5	− 4	− 1	+ 1	+ 4	+ 5	+ 5	+ 4	+ 1	− 1	− 4
14	− 2	− 4	− 5	− 5	− 3	− 1	+ 2	+ 4	+ 5	+ 5	+ 3	+ 1	− 2
24	0	− 3	− 4	− 5	− 4	− 2	0	+ 3	+ 4	+ 5	+ 4	+ 2	0
Apr. 3	+ 1	− 1	− 3	− 4	− 5	− 3	− 1	+ 1	+ 3	+ 4	+ 5	+ 3	+ 1
13	+ 3	+ 1	− 1	− 3	− 4	− 4	− 3	− 1	+ 1	+ 3	+ 4	+ 4	+ 3
23	+ 4	+ 2	0	− 2	− 4	− 4	− 4	− 2	0	+ 2	+ 4	+ 4	+ 4
May 3	+ 4	+ 3	+ 2	0	− 2	− 4	− 4	− 3	− 2	0	+ 2	+ 4	+ 4
13	+ 4	+ 4	+ 3	+ 1	− 1	− 2	− 4	− 4	− 3	− 1	+ 1	+ 2	+ 4
23	+ 3	+ 4	+ 3	+ 3	+ 1	− 1	− 3	− 4	− 3	− 3	− 1	+ 1	+ 3
June 2	+ 1	+ 3	+ 4	+ 3	+ 2	0	− 1	− 3	− 4	− 3	− 2	0	+ 1
12	0	+ 2	+ 3	+ 3	+ 3	+ 2	0	− 2	− 3	− 3	− 3	− 2	0
22	− 2	0	+ 2	+ 3	+ 3	+ 3	+ 2	0	− 2	− 3	− 3	− 3	− 2
July 2	− 3	− 1	0	+ 2	+ 3	+ 4	+ 3	+ 1	0	− 2	− 3	− 4	− 3
12	− 4	− 3	− 1	+ 1	+ 2	+ 4	+ 4	+ 3	+ 1	− 1	− 2	− 4	− 4
22	− 4	− 4	− 3	− 1	+ 1	+ 3	+ 4	+ 4	+ 3	+ 1	− 1	− 3	− 4
Aug. 1	− 3	− 4	− 4	− 3	− 1	+ 2	+ 3	+ 4	+ 4	+ 3	+ 1	− 2	− 3
11	− 2	− 4	− 5	− 5	− 3	0	+ 2	+ 4	+ 5	+ 5	+ 3	0	− 2
21	− 1	− 3	− 5	− 6	− 5	− 2	+ 1	+ 3	+ 5	+ 6	+ 5	+ 2	− 1
31	+ 2	− 2	− 5	− 7	− 7	− 5	− 2	+ 2	+ 5	+ 7	+ 7	+ 5	+ 2
Sept. 10	+ 4	0	− 4	− 7	− 8	− 7	− 4	0	+ 4	+ 7	+ 8	+ 7	+ 4
20	+ 7	+ 3	− 2	− 6	− 9	− 9	− 7	− 3	+ 2	+ 6	+ 9	+ 9	+ 7
30	+10	+ 6	+ 1	− 4	− 9	−11	−10	− 6	− 1	+ 4	+ 9	+11	+10
Oct. 10	+12	+ 9	+ 4	− 2	− 8	−12	−12	− 9	− 4	+ 2	+ 8	+12	+12
20	+14	+13	+ 8	+ 1	− 6	−12	−14	−13	− 8	− 1	+ 6	+12	+14
30	+15	+15	+11	+ 4	− 4	−11	−15	−15	−11	− 4	+ 4	+11	+15
Nov. 9	+15	+17	+15	+ 8	− 1	− 9	−15	−17	−15	− 8	+ 1	+ 9	+15
19	+15	+19	+18	+12	+ 3	− 7	−15	−19	−18	−12	− 3	+ 7	+15
29	+13	+19	+20	+15	+ 7	− 3	−13	−19	−20	−15	− 7	+ 3	+13
Dec. 9	+10	+18	+21	+18	+11	+ 1	−10	−18	−21	−18	−11	− 1	+10
19	+ 7	+16	+21	+21	+15	+ 5	− 7	−16	−21	−21	−15	− 5	+ 7
29	+ 3	+13	+20	+22	+17	+ 8	− 3	−13	−20	−22	−17	− 8	+ 3
39	− 1	+10	+18	+22	+19	+12	+ 1	−10	−18	−22	−19	−12	− 1

The second-order day number J is given in this table in units of $0\overset{s}{.}000\,01$. The apparent right ascension of a star is given by:

$$\alpha = \alpha_1 + \tau\mu_a / 100 + Aa + Bb + Cc + Dd + E + J \tan^2 \delta_1$$

where the position (α_1, δ_1) and centennial proper motion in right ascension (μ_a) are referred to the mean equator and equinox of J1993·5

J' for NORTHERN DECLINATIONS
FOR 0^h TDT AND EQUINOX J1993·5

Right Ascension

Date	0^h 12^h	1^h 13^h	2^h 14^h	3^h 15^h	4^h 16^h	5^h 17^h	6^h 18^h	7^h 19^h	8^h 20^h	9^h 21^h	10^h 22^h	11^h 23^h	12^h 24^h
Jan. −7	0	− 1	− 2	− 4	− 6	− 7	− 7	− 6	− 5	− 3	− 1	0	0
3	0	0	− 1	− 3	− 5	− 6	− 7	− 7	− 6	− 5	− 3	− 1	0
13	− 1	0	0	− 2	− 4	− 5	− 7	− 8	− 7	− 6	− 4	− 2	− 1
23	− 2	0	0	− 1	− 2	− 4	− 6	− 8	− 8	− 7	− 6	− 4	− 2
Feb. 2	− 3	− 1	0	0	− 1	− 3	− 5	− 7	− 8	− 8	− 7	− 5	− 3
12	− 4	− 2	− 1	0	0	− 2	− 4	− 6	− 7	− 8	− 8	− 6	− 4
22	− 6	− 4	− 2	0	0	− 1	− 2	− 4	− 6	− 8	− 8	− 7	− 6
Mar. 4	− 7	− 5	− 3	− 1	0	0	− 1	− 3	− 5	− 7	− 8	− 8	− 7
14	− 7	− 6	− 4	− 2	− 1	0	0	− 1	− 3	− 5	− 7	− 7	− 7
24	− 7	− 7	− 5	− 4	− 2	0	0	− 1	− 2	− 4	− 6	− 7	− 7
Apr. 3	− 7	− 7	− 6	− 5	− 3	− 1	0	0	− 1	− 2	− 4	− 6	− 7
13	− 6	− 6	− 6	− 5	− 4	− 2	− 1	0	0	− 1	− 3	− 4	− 6
23	− 5	− 6	− 6	− 6	− 5	− 3	− 2	− 1	0	0	− 1	− 3	− 5
May 3	− 3	− 5	− 6	− 6	− 6	− 4	− 3	− 1	0	0	− 1	− 2	− 3
13	− 2	− 3	− 5	− 5	− 6	− 5	− 4	− 2	− 1	0	0	− 1	− 2
23	− 1	− 2	− 3	− 5	− 5	− 5	− 5	− 3	− 2	− 1	0	0	− 1
June 2	0	− 1	− 2	− 4	− 5	− 5	− 5	− 4	− 3	− 2	− 1	0	0
12	0	0	− 1	− 2	− 4	− 5	− 5	− 5	− 4	− 3	− 1	0	0
22	0	0	0	− 1	− 3	− 4	− 5	− 5	− 5	− 4	− 3	− 1	0
July 2	− 1	0	0	0	− 2	− 3	− 4	− 5	− 5	− 5	− 4	− 2	− 1
12	− 2	− 1	0	0	− 1	− 2	− 3	− 5	− 5	− 6	− 5	− 4	− 2
22	− 4	− 2	− 1	0	0	− 1	− 2	− 4	− 5	− 6	− 6	− 5	− 4
Aug. 1	− 6	− 4	− 2	− 1	0	0	− 1	− 3	− 4	− 6	− 7	− 7	− 6
11	− 7	− 6	− 4	− 2	− 1	0	0	− 2	− 4	− 6	− 7	− 8	− 7
21	− 9	− 8	− 6	− 4	− 2	0	0	− 1	− 3	− 5	− 7	− 8	− 9
31	−10	−10	− 9	− 6	− 4	− 1	0	0	− 2	− 4	− 6	− 9	−10
Sept. 10	−11	−12	−11	− 9	− 6	− 3	− 1	0	− 1	− 3	− 6	− 9	−11
20	−12	−14	−14	−12	− 9	− 6	− 2	0	0	− 2	− 5	− 8	−12
30	−11	−15	−16	−15	−13	− 9	− 5	− 1	0	− 1	− 3	− 7	−11
Oct. 10	−11	−15	−18	−18	−16	−12	− 8	− 3	− 1	0	− 2	− 6	−11
20	−10	−15	−19	−21	−20	−16	−11	− 6	− 2	0	− 1	− 5	−10
30	− 9	−15	−20	−23	−23	−20	−15	− 9	− 4	0	0	− 3	− 9
Nov. 9	− 7	−13	−20	−24	−26	−24	−19	−12	− 6	− 2	0	− 2	− 7
19	− 5	−12	−19	−25	−28	−27	−23	−16	− 9	− 3	0	− 1	− 5
29	− 3	−10	−18	−25	−29	−30	−26	−20	−12	− 5	− 1	0	− 3
Dec. 9	− 2	− 8	−15	−23	−29	−31	−29	−24	−16	− 8	− 2	0	− 2
19	− 1	− 5	−13	−21	−28	−32	−32	−27	−20	−11	− 4	0	− 1
29	0	− 3	−10	−19	−27	−32	−33	−29	−23	−14	− 6	− 1	0
39	0	− 2	− 8	−16	−24	−30	−32	−31	−25	−17	− 9	− 3	0

The second-order day number J' is given in this table in units of $0''\!.0001$.
The apparent declination of a star is given by:

$$\delta = \delta_1 + \tau\mu_\delta / 100 + Aa' + Bb' + Cc' + J' \tan \delta_1$$

where the declination (δ_1) and centennial proper motion in declination (μ_δ) are referred to the mean equator and equinox of J1993·5

J for SOUTHERN DECLINATIONS
FOR 0ʰ TDT AND EQUINOX J1993·5

Right Ascension

Date	0ʰ / 12ʰ	1ʰ / 13ʰ	2ʰ / 14ʰ	3ʰ / 15ʰ	4ʰ / 16ʰ	5ʰ / 17ʰ	6ʰ / 18ʰ	7ʰ / 19ʰ	8ʰ / 20ʰ	9ʰ / 21ʰ	10ʰ / 22ʰ	11ʰ / 23ʰ	12ʰ / 24ʰ
Jan. −7	− 2	+ 3	+ 7	+ 9	+ 9	+ 7	+ 2	− 3	− 7	− 9	− 9	− 7	− 2
3	− 5	0	+ 5	+ 8	+ 9	+ 8	+ 5	0	− 5	− 8	− 9	− 8	− 5
13	− 6	− 3	+ 2	+ 6	+ 8	+ 9	+ 6	+ 3	− 2	− 6	− 8	− 9	− 6
23	− 7	− 5	− 1	+ 3	+ 7	+ 8	+ 7	+ 5	+ 1	− 3	− 7	− 8 '	− 7
Feb. 2	− 8	− 6	− 3	+ 1	+ 5	+ 7	+ 8	+ 6	+ 3	− 1	− 5	− 7	− 8 ·
12	− 7	− 7	− 5	− 2	+ 2	+ 5	+ 7	+ 7	+ 5	+ 2	− 2	− 5	− 7
22	− 6	− 7	− 6	− 4	− 1	+ 3	+ 6	+ 7	+ 6	+ 4	+ 1	− 3	− 6
Mar. 4	− 4	− 6	− 7	− 6	− 3	0	+ 4	+ 6	+ 7	+ 6	+ 3	0	− 4
14	− 1	− 4	− 6	− 7	− 5	− 2	+ 1	+ 4	+ 6	+ 7	+ 5	+ 2	− 1
24	+ 1	− 2	− 5	− 7	− 6	− 4	− 1	+ 2	+ 5	+ 7	+ 6	+ 4	+ 1
Apr. 3	+ 4	0	− 3	− 6	− 7	− 6	− 4	0	+ 3	+ 6	+ 7	+ 6	+ 4
13	+ 6	+ 3	− 1	− 5	− 7	− 8	− 6	− 3	+ 1	+ 5	+ 7	+ 8	+ 6
23	+ 8	+ 5	+ 2	− 2	− 6	− 8	− 8	− 5	− 2	+ 2	+ 6	+ 8	+ 8
May 3	+ 9	+ 7	+ 4	0	− 4	− 7	− 9	− 7	− 4	0	+ 4	+ 7	+ 9
13	+ 9	+ 9	+ 7	+ 3	− 2	− 6	− 9	− 9	− 7	− 3	+ 2	+ 6	+ 9
23	+ 8	+10	+ 9	+ 5	0	− 5	− 8	−10	− 9	− 5	0	+ 5	+ 8
June 2	+ 7	+10	+10	+ 8	+ 3	− 2	− 7	−10	−10	− 8	− 3	+ 2	+ 7
12	+ 5	+ 9	+11	+10	+ 6	0	− 5	− 9	−11	−10	− 6	0	+ 5
22	+ 3	+ 8	+11	+11	+ 8	+ 3	− 3	− 8	−11	−11	− 8	− 3	+ 3
July 2	0	+ 6	+10	+11	+10	+ 5	0	− 6	−10	−11	−10	− 5	0
12	− 2	+ 3	+ 8	+11	+11	+ 8	+ 2	− 3	− 8	−11	−11	− 8	− 2
22	− 5	+ 1	+ 6	+10	+11	+ 9	+ 5	− 1	− 6	−10	−11	− 9	− 5
Aug. 1	− 7	− 1	+ 4	+ 8	+11	+10	+ 7	+ 1	− 4	− 8	−11	−10	− 7
11	− 8	− 4	+ 1	+ 6	+ 9	+10	+ 8	+ 4	− 1	− 6	− 9	−10	− 8
21	− 8	− 5	− 1	+ 4	+ 7	+ 9	+ 8	+ 5	+ 1	− 4	− 7	− 9	− 8
31	− 8	− 6	− 3	+ 2	+ 5	+ 8	+ 8	+ 6	+ 3	− 2	− 5	− 8	− 8
Sept. 10	− 7	− 6	− 4	0	+ 3	+ 6	+ 7	+ 6	+ 4	0	− 3	− 6	− 7
20	− 6	− 6	− 4	− 2	+ 1	+ 4	+ 6	+ 6	+ 4	+ 2	− 1	− 4	− 6
30	− 4	− 5	− 5	− 3	0	+ 2	+ 4	+ 5	+ 5	+ 3	0	− 2	− 4
Oct. 10	− 2	− 4	− 4	− 3	− 1	+ 1	+ 2	+ 4	+ 4	+ 3	+ 1	− 1	− 2
20	− 1	− 2	− 3	− 3	− 2	− 1	+ 1	+ 2	+ 3	+ 3	+ 2	+ 1	− 1
30	0	− 1	− 2	− 2	− 2	− 1	0	+ 1	+ 2	+ 2	+ 2	+ 1	0
Nov. 9	+ 1	0	− 1	− 1	− 1	− 1	− 1	0	+ 1	+ 1	+ 1	+ 1	+ 1
19	+ 1	+ 1	0	0	− 1	− 1	− 1	− 1	0	0	+ 1	+ 1	+ 1
29	0	+ 1	+ 1	0	0	0	0	− 1	− 1	0	0	0	0
Dec. 9	0	0	0	+ 1	+ 1	0	0	0	0	− 1	− 1	0	0
19	− 1	0	0	0	+ 1	+ 1	+ 1	0	0	0	− 1	− 1	− 1
29	− 1	− 1	− 1	− 1	0	+ 1	+ 1	+ 1	+ 1	+ 1	0	− 1	− 1
39	− 1	− 2	− 2	− 2	− 1	0	+ 1	+ 2	+ 2	+ 2	+ 1	0	− 1

The second-order day number *J* is given in this table in units of 0ˢ.000 01.
The apparent right ascension of a star is given by:

$$\alpha = \alpha_1 + \tau\mu_a / 100 + Aa + Bb + Cc + Dd + E + J \tan^2 \delta_1$$

where the position (α_1, δ_1) and centennial proper motion in right ascension (μ_a) are referred to the mean equator and equinox of J1993·5

J' for SOUTHERN DECLINATIONS
FOR 0^h TDT AND EQUINOX J1993·5

Right Ascension

Date	0^h 12^h	1^h 13^h	2^h 14^h	3^h 15^h	4^h 16^h	5^h 17^h	6^h 18^h	7^h 19^h	8^h 20^h	9^h 21^h	10^h 22^h	11^h 23^h	12^h 24^h
Jan. −7	0	0	− 2	− 6	− 9	−13	−14	−14	−12	− 9	− 5	− 2	0
3	− 1	0	− 1	− 4	− 7	−11	−13	−14	−13	−11	− 7	− 3	− 1
13	− 2	0	0	− 2	− 5	− 8	−11	−13	−13	−11	− 8	− 5	− 2
23	− 4	− 1	0	− 1	− 3	− 6	− 9	−11	−12	−12	−10	− 7	− 4
Feb. 2	− 5	− 2	− 1	0	− 1	− 3	− 6	− 9	−11	−12	−11	− 8	− 5
12	− 7	− 4	− 2	0	0	− 2	− 4	− 7	− 9	−11	−11	− 9	− 7
22	− 8	− 6	− 3	− 1	0	0	− 2	− 5	− 7	− 9	−10	−10	− 8
Mar. 4	− 9	− 7	− 5	− 2	− 1	0	− 1	− 3	− 5	− 8	−10	−10	− 9
14	−10	− 9	− 7	− 4	− 2	0	0	− 1	− 3	− 6	− 8	−10	−10
24	−10	−10	− 8	− 6	− 3	− 1	0	0	− 2	− 4	− 7	− 9	−10
Apr. 3	−10	−11	−10	− 8	− 6	− 3	− 1	0	− 1	− 2	− 5	− 8	−10
13	− 9	−11	−11	−10	− 8	− 5	− 2	0	0	− 1	− 3	− 6	− 9
23	− 8	−10	−12	−12	−10	− 7	− 4	− 2	0	0	− 2	− 5	− 8
May 3	− 6	−10	−12	−13	−12	−10	− 6	− 3	− 1	0	− 1	− 3	− 6
13	− 5	− 9	−12	−14	−14	−12	− 9	− 5	− 2	0	0	− 2	− 5
23	− 3	− 7	−11	−14	−15	−14	−11	− 8	− 4	− 1	0	− 1	− 3
June 2	− 2	− 5	− 9	−13	−15	−15	−14	−10	− 6	− 3	0	0	− 2
12	− 1	− 4	− 8	−12	−15	−16	−15	−13	− 8	− 4	− 1	0	− 1
22	0	− 2	− 6	−11	−14	−17	−17	−14	−11	− 6	− 3	0	0
July 2	0	− 1	− 4	− 9	−13	−16	−17	−16	−13	− 8	− 4	− 1	0
12	0	0	− 3	− 7	−11	−15	−17	−16	−14	−10	− 6	− 2	0
22	− 1	0	− 1	− 5	− 9	−13	−16	−17	−15	−12	− 8	− 4	− 1
Aug. 1	− 2	0	− 1	− 3	− 7	−11	−14	−16	−15	−13	− 9	− 5	− 2
11	− 3	− 1	0	− 2	− 5	− 9	−12	−14	−15	−13	−10	− 6	− 3
21	− 4	− 1	0	− 1	− 3	− 6	−10	−12	−14	−13	−11	− 8	− 4
31	− 5	− 2	0	0	− 2	− 4	− 7	−10	−12	−12	−11	− 8	− 5
Sept. 10	− 6	− 3	− 1	0	− 1	− 2	− 5	− 8	−10	−11	−10	− 8	− 6
20	− 6	− 4	− 2	0	0	− 1	− 3	− 5	− 8	− 9	− 9	− 8	− 6
30	− 6	− 4	− 2	− 1	0	0	− 2	− 3	− 5	− 7	− 8	− 7	− 6
Oct. 10	− 5	− 4	− 2	− 1	0	0	− 1	− 2	− 3	− 5	− 6	− 6	− 5
20	− 4	− 4	− 3	− 1	− 1	0	0	− 1	− 2	− 3	− 4	− 4	− 4
30	− 3	− 3	− 2	− 2	− 1	0	0	0	− 1	− 1	− 2	− 3	− 3
Nov. 9	− 2	− 2	− 2	− 2	− 1	− 1	0	0	0	− 1	− 1	− 2	− 2
19	− 1	− 1	− 1	− 1	− 1	− 1	0	0	0	0	0	− 1	− 1
29	0	0	− 1	− 1	− 1	− 1	− 1	0	0	0	0	0	0
Dec. 9	0	0	0	0	− 1	− 1	− 1	− 1	− 1	0	0	0	0
19	0	0	0	0	0	0	− 1	− 1	− 1	− 1	− 1	− 1	0
29	− 1	− 1	0	0	0	0	− 1	− 1	− 1	− 2	− 2	− 2	− 1
39	− 3	− 2	− 1	− 1	0	0	0	− 1	− 2	− 2	− 3	− 3	− 3

The second-order day number J' is given in this table in units of $0''\!.0001$.
The apparent declination of a star is given by:

$$\delta = \delta_1 + \tau\mu_\delta / 100 + Aa' + Bb' + Cc' + J' \tan \delta_1$$

where the declination (δ_1) and centennial proper motion in declination
(μ_δ) are referred to the mean equator and equinox of J1993·5

Planetary reduction

Data and formulae are provided for the precise computation for an object within the solar system of apparent geocentric right ascension and declination at an epoch in terrestrial dynamical time, from a barycentric ephemeris in rectangular coordinates and barycentric dynamical time referred to the standard equator and equinox of J2000·0. The stages in the reduction may be summarised as follows:

1. Convert from terrestrial dynamical time TDT (proper time) to barycentric dynamical time TDB (coordinate time).

2. Calculate the geocentric rectangular coordinates of the planet from barycentric ephemerides of the planet and the Earth for the standard equator and equinox of J2000·0 and coordinate time argument TDB, allowing for light time calculated from heliocentric coordinates.

3. Calculate the direction of the planet relative to the natural frame (i.e. the geocentric inertial frame that is instantaneously stationary in the space time reference frame of the solar system), allowing for light deflection due to solar gravitation.

4. Calculate the direction of the planet relative to the geocentric proper frame by applying the correction for the Earth's orbital velocity about the barycentre (i.e. annual aberration). The resulting direction is for the standard equator and equinox of J2000·0.

5. Apply precession and nutation to convert to the true equator and equinox of date.

6. Convert to spherical coordinates.

Formulae and method for planetary reduction

Step 1.   The apparent place is required for a time in TDT whilst the barycentric ephemeris is referred to TDB. For calculating an apparent place the following approximate formulae are sufficient for converting from TDT to TDB:

$$TDB = TDT + 0\overset{s}{\cdot}001\,658 \sin g + 0\overset{s}{\cdot}000\,014 \sin 2g$$

where $g = 357\overset{\circ}{\cdot}53 + 0\overset{\circ}{\cdot}985\,6003\,(JD - 245\,1545\cdot0)$
and JD = Julian date to two decimals of a day.

Step 2.   Obtain the Earth's barycentric position $E_B(t)$ in au and velocity $\dot{E}_B(t)$ in au/d, at coordinate time $t = TDB$ referred to the equator and equinox of J2000·0.

Using an ephemeris, obtain the barycentric position of the planet Q_B in au at time $(t - \tau)$ for the equator and equinox of J2000·0 where τ is the light time, so that light emitted by the planet at the event $Q_B(t - \tau)$ arrives at the Earth at the event $E_B(t)$.

The light time equation is solved iteratively using the heliocentric position of the Earth (E) and the planet (Q), starting with the approximation $\tau = 0$, as follows:

Form P, the vector from the Earth to the planet from the equation:

$$P = Q_B(t - \tau) - E_B(t)$$

Form E and Q from the equations: $E = E_B(t) - S_B(t)$

$$Q = Q_B(t - \tau) - S_B(t - \tau)$$

where S_B is the barycentric position of the Sun.

Calculate τ from: $c\tau = P + (2\mu/c^2)\ln[(E + P + Q)/(E - P + Q)]$

where the light time (τ) includes the effect of gravitational retardation due to the Sun, and

$\mu = GM_0$ c = velocity of light = 173·1446 au/d
G = the gravitational constant $\mu/c^2 = 9\cdot87 \times 10^{-9}$ au
M_0 = mass of Sun $P = |P|, Q = |Q|, E = |E|$

where $|\;|$ means calculate the square root of the sum of the squares of the components.

Formulae and method for planetary reduction (continued)

After convergence, form unit vectors **p**, **q**, **e** by dividing **P**, **Q**, **E** by P, Q, E respectively.

Step 3.   Calculate the geocentric direction ($\mathbf{p}_1$) of the planet, corrected for light deflection in the natural frame, from:

$$\mathbf{p}_1 = \mathbf{p} + (2\mu/c^2 E)((\mathbf{p} \cdot \mathbf{q})\mathbf{e} - (\mathbf{e} \cdot \mathbf{p})\mathbf{q})/(1 + \mathbf{q} \cdot \mathbf{e})$$

where the dot indicates a scalar product. (The scalar product of two vectors is the sum of the products of their corresponding components in the same reference frame.)

The vector $\mathbf{p}_1$ is a unit vector to order μ/c^2.

Step 4.   Calculate the proper direction of the planet ($\mathbf{p}_2$) in the geocentric inertial frame that is moving with the instantaneous velocity (**V**) of the Earth relative to the natural frame from:

$$\mathbf{p}_2 = (\beta^{-1}\mathbf{p}_1 + (1 + (\mathbf{p}_1 \cdot \mathbf{V})/(1 + \beta^{-1}))\,\mathbf{V})/(1 + \mathbf{p}_1 \cdot \mathbf{V})$$

where $\mathbf{V} = \dot{\mathbf{E}}_B/c = 0\cdot005\,7755\,\dot{\mathbf{E}}_B$ and $\beta = (1 - V^2)^{-1/2}$; the velocity (**V**) is expressed in units of the velocity of light and is equal to the Earth's velocity in the barycentric frame to order V^2.

Step 5.   Apply precession and nutation to the proper direction ($\mathbf{p}_2$) by multiplying by the rotation matrix **R** given on the odd pages B45 to B59 to obtain the apparent direction $\mathbf{p}_3$ from:

$$\mathbf{p}_3 = \mathbf{R}\,\mathbf{p}_2$$

using row by column multiplication.

Step 6.   Convert to spherical coordinates α, δ using: $\alpha = \tan^{-1}(\eta/\xi), \delta = \sin^{-1}\zeta$ where $\mathbf{p}_3 = (\xi, \eta, \zeta)$ and the quadrant of α is determined by the signs of ξ and η.

Example of planetary reduction

Calculate the apparent place of Venus on 1993 December 18 at 0^h TDT:

Step 1.   From page B15, JD $= 244\,9339\cdot5$,
hence $g = 343\overset{\circ}{\cdot}79$ and TDB $-$ TDT $= -5\cdot4 \times 10^{-9}$ days.
The difference between TDB and TDT may be neglected in this example.

Step 2.   Tabular values, taken from the JPL DE200/LE200 barycentric ephemeris, referred to J2000·0, which are required for the calculation, are as follows:

Vector	Julian date (TDB)	x	y	z
		Rectangular components		
$\mathbf{E}_B$	244 9339·5	+0·067 030 644	+0·906 478 450	+0·392 963 770
$\dot{\mathbf{E}}_B$	244 9339·5	−0·017 454 690	+0·000 997 273	+0·000 432 345
$\mathbf{Q}_B$	244 9337·5	−0·293 728 038	−0·605 442 400	−0·253 847 446
	244 9338·5	−0·275 281 382	−0·612 362 252	−0·258 128 210
	244 9339·5	−0·256 620 475	−0·618 803 152	−0·262 207 072
	244 9340·5	−0·237 759 886	−0·624 760 355	−0·266 080 972
	244 9341·5	−0·218 714 318	−0·630 229 486	−0·269 747 012
$\mathbf{S}_B$	244 9338·5	+0·001 200 762	+0·005 689 486	+0·002 413 586
	244 9339·5	+0·001 196 291	+0·005 693 513	+0·002 415 456
	244 9340·5	+0·001 191 811	+0·005 697 534	+0·002 417 324

Example of planetary reduction (continued)

Hence on JD 244 9339·5

$E = (+0\cdot065\ 834\ 353, \quad +0\cdot900\ 784\ 937, \quad +0\cdot390\ 548\ 314)$ $\qquad E = 0\cdot984\ 009\ 985$

The first iteration, with $\tau = 0$, gives:

$P = (-0\cdot323\ 651\ 119, \quad -1\cdot525\ 281\ 602, \quad -0\cdot655\ 170\ 842)$ $\qquad P = 1\cdot691\ 296\ 202$

$Q = (-0\cdot257\ 816\ 766, \quad -0\cdot624\ 496\ 665, \quad -0\cdot264\ 622\ 528)$ $\qquad Q = 0\cdot725\ 596\ 756$

$\tau = 0^{d}009\ 768\ 11$

The second iteration, with $\tau = 0^{d}009\ 768\ 11$ using Stirling's central-difference formula up to δ^4 to interpolate Q_B, and up to δ^2 to interpolate S_B, gives:

$P = (-0\cdot323\ 834\ 391, \quad -1\cdot525\ 221\ 018, \quad -0\cdot655\ 131\ 986)$ $\qquad P = 1\cdot691\ 261\ 596$

$Q = (-0\cdot258\ 000\ 081, \quad -0\cdot624\ 436\ 042, \quad -0\cdot264\ 583\ 653)$ $\qquad Q = 0\cdot725\ 595\ 564$

$\tau = 0^{d}009\ 767\ 91$

Iterate until P changes by less than 10^{-9}.

Hence the unit vectors are:

$$\mathbf{p} = (-0\cdot191\ 475\ 043, \quad -0\cdot901\ 824\ 427, \quad -0\cdot387\ 362\ 894)$$
$$\mathbf{q} = (-0\cdot355\ 570\ 087, \quad -0\cdot860\ 584\ 152, \quad -0\cdot364\ 643\ 429)$$
$$\mathbf{e} = (+0\cdot066\ 904\ 151, \quad +0\cdot915\ 422\ 558, \quad +0\cdot396\ 894\ 666)$$

Step 3. Calculate the scalar products:

$\mathbf{p}\cdot\mathbf{q} = +0\cdot985\ 427\ 941$ $\quad \mathbf{e}\cdot\mathbf{p} = -0\cdot992\ 103\ 165$ $\quad \mathbf{q}\cdot\mathbf{e} = -0\cdot956\ 312\ 292$ $\qquad$ then

$(2\mu/c^2 E)((\mathbf{p}\cdot\mathbf{q})\mathbf{e} - (\mathbf{e}\cdot\mathbf{p})\mathbf{q})/(1 + \mathbf{q}\cdot\mathbf{e}) = (-0\cdot000\ 000\ 132, +0\cdot000\ 000\ 022, +0\cdot000\ 000\ 013)$

$\qquad\qquad$ and $\quad \mathbf{p}_1 = (-0\cdot191\ 475\ 175, -0\cdot901\ 824\ 404, -0\cdot387\ 362\ 880)$

Step 4. Take $\dot{E}_B$ from the table in *Step* 2 and calculate:

$\mathbf{V} = 0\cdot005\ 7755\ \dot{E}_B = (-0\cdot000\ 100\ 810, \quad +0\cdot000\ 005\ 760, \quad +0\cdot000\ 002\ 497)$

Then $V = 0\cdot000\ 101\ 005$, $\beta = 1\cdot000\ 000\ 005$ and $\beta^{-1} = 0\cdot999\ 999\ 995$

Calculate the scalar product $\mathbf{p}_1\cdot\mathbf{V} = +0\cdot000\ 013\ 141$

Then $1 + (\mathbf{p}_1\cdot\mathbf{V})/(1 + \beta^{-1}) = 1\cdot000\ 006\ 571$

Hence $\mathbf{p}_2 = (-0\cdot191\ 573\ 467, \quad -0\cdot901\ 806\ 789, \quad -0\cdot387\ 355\ 291)$

Step 5. From page B59, the precession and nutation matrix $\mathbf{R}$ is given by:

$$\mathbf{R} = \begin{bmatrix} +0\cdot999\ 999\ 02 & +0\cdot001\ 281\ 96 & +0\cdot000\ 557\ 16 \\ -0\cdot001\ 281\ 98 & +0\cdot999\ 999\ 18 & +0\cdot000\ 023\ 10 \\ -0\cdot000\ 557\ 13 & -0\cdot000\ 023\ 81 & +0\cdot999\ 999\ 84 \end{bmatrix}$$

Hence $\qquad \mathbf{p}_3 = \mathbf{R}\,\mathbf{p}_2 = (-0\cdot192\ 945\ 18, -0\cdot901\ 569\ 40, -0\cdot387\ 227\ 03)$

Step 6. Converting to spherical coordinates

$$\alpha = 17^{h}\ 11^{m}\ 40^{s}88 \qquad \delta = -22° 46' 55\!''4$$

The geometric distance between the Earth and Venus at time $t = $ JD 244 9339·5 is the value of $P = 1\cdot691\ 296\ 202$ au in the first iteration in *Step* 2, where $\tau = 0$. The light path distance between the Earth at time t and Venus at time $(t - \tau)$ is the value of $P = 1\cdot691\ 261\ 597$ au in the final iteration in *Step* 2, where $\tau = 0^{d}009\ 767\ 91$.

Solar reduction

The method for solar reduction is identical to the method for planetary reduction, except for the following differences:

In *Step* 2 set $\mathbf{Q_B} = \mathbf{S_B}$ and hence $\mathbf{P} = \mathbf{S_B}(t - \tau) - \mathbf{E_B}(t)$. Calculate the light time (τ) by iteration from $\tau = P/c$ and form the unit vector $\mathbf{p}$ only.

In *Step* 3 set $\mathbf{p}_1 = \mathbf{p}$ since there is no light deflection from the centre of the Sun's disk.

Stellar reduction

The method for planetary reduction may be applied with some modification to the calculation of the apparent places of stars.

The barycentric direction of a star at epoch TDB is calculated from its right ascension, declination and space motion for the standard equator and equinox of J2000·0 on the FK5 system. A concise method of conversion from B1950·0 on the FK4 system to J2000·0 on the FK5 system is given on page B42.

The main modifications to the planetary reduction in the stellar case are: in *Step* 1, the distinction between TDB and TDT is not significant; in *Step* 2, the space motion of the star is included but light time is ignored; in *Step* 3, the relativity term for light deflection is modified to the asymptotic case where the star is assumed to be at infinity.

Formulae and method for stellar reduction

The steps in the stellar reduction are as follows:

Step 1. Set TDB = TDT

Step 2. Obtain the Earth's barycentric position $\mathbf{E_B}$ in au and velocity $\dot{\mathbf{E}}_\mathbf{B}$ in au/d, at coordinate time $t = $ TDB referred to the equator and equinox of J2000·0.

The barycentric direction ($\mathbf{q}$) of a star at epoch J2000·0, referred to the standard equator and equinox of J2000·0, is given by:

$$\mathbf{q} = (\cos \alpha_0 \cos \delta_0, \ \sin \alpha_0 \cos \delta_0, \ \sin \delta_0)$$

where α_0 and δ_0 are the right ascension and declination for the equator, equinox and epoch of J2000·0.

The space motion vector $\mathbf{m} = (m_x, m_y, m_z)$ of the star expressed in radians per century, is given by:

$$
\begin{aligned}
m_x &= -\mu_\alpha \cos \delta_0 \sin \alpha_0 \ - \mu_\delta \sin \delta_0 \cos \alpha_0 \ + v\,\pi \cos \delta_0 \cos \alpha_0 \\
m_y &= \ \ \mu_\alpha \cos \delta_0 \cos \alpha_0 \ - \mu_\delta \sin \delta_0 \sin \alpha_0 \ + v\,\pi \cos \delta_0 \sin \alpha_0 \\
m_z &= \qquad\qquad\qquad\qquad \mu_\delta \cos \delta_0 \qquad + v\,\pi \sin \delta_0
\end{aligned}
$$

where these expressions take into account radial velocity (v) in au/century (1 km/s = 21·095 au/century), measured positively away from the Earth, as well as proper motion (μ_α, μ_δ) in right ascension and declination in radians/century, and π is the parallax in radians.

Calculate $\mathbf{P}$, the geocentric vector of the star at the required epoch, from:

$$\mathbf{P} = \mathbf{q} + T\,\mathbf{m} - \pi\,\mathbf{E_B}$$

where $T = (\text{JD} - 245\ 1545\cdot0)/36\ 525$, which is the interval in Julian centuries from J2000·0, and JD is the Julian date to one decimal of a day.

Formulae and method for stellar reduction (continued)

Form the heliocentric position of the Earth (**E**) from:

$$\mathbf{E} = \mathbf{E}_B - \mathbf{S}_B$$

where $\mathbf{S}_B$ is the barycentric position of the Sun at time t.

Form the geocentric direction (**p**) of the star and the unit vector (**e**) from $\mathbf{p} = \mathbf{P}/|\mathbf{P}|$ and $\mathbf{e} = \mathbf{E}/|\mathbf{E}|$.

Step 3.   Calculate the geocentric direction ($\mathbf{p}_1$) of the star, corrected for light deflection in the natural frame, from:

$$\mathbf{p}_1 = \mathbf{p} + (2\mu/c^2 E)(\mathbf{e} - (\mathbf{p} \cdot \mathbf{e})\mathbf{p})/(1 + \mathbf{p} \cdot \mathbf{e})$$

where the dot indicates a scalar product, $\mu/c^2 = 9.87 \times 10^{-9}$ au and $E = |\mathbf{E}|$. Note that the expression is derived from the planetary case by substituting $\mathbf{q} = \mathbf{p}$ in the small term which allows for light deflection.

The vector $\mathbf{p}_1$ is a unit vector to order μ/c^2.

Step 4.   Calculate the proper direction ($\mathbf{p}_2$) in the geocentric inertial frame, that is moving with the instantaneous velocity (**V**) of the Earth relative to the natural frame, from:

$$\mathbf{p}_2 = (\beta^{-1}\mathbf{p}_1 + (1 + (\mathbf{p}_1 \cdot \mathbf{V})/(1 + \beta^{-1}))\mathbf{V})/(1 + \mathbf{p}_1 \cdot \mathbf{V})$$

where $\mathbf{V} = \dot{\mathbf{E}}_B/c = 0.005\,7755\,\dot{\mathbf{E}}_B$ and $\beta = (1 - V^2)^{-1/2}$; the velocity (**V**) is expressed in units of velocity of light and is equal to the Earth's velocity in the barycentric frame to order V^2.

Step 5.   Apply precession and nutation to the proper direction ($\mathbf{p}_2$) by multiplying by the rotation matrix (**R**), given on the odd pages B45 to B59, to obtain the apparent direction ($\mathbf{p}_3$) from:

$$\mathbf{p}_3 = \mathbf{R}\,\mathbf{p}_2$$

using row by column multiplication.

Step 6.   Convert to spherical coordinates (α, δ) using: $\alpha = \tan^{-1}(\eta/\xi)$, $\delta = \sin^{-1}\zeta$ where $\mathbf{p}_3 = (\xi, \eta, \zeta)$ and the quadrant of α is determined by the signs of ξ and η.

Example of stellar reduction

Calculate the apparent position of a fictitious star on 1993 January 1 at 0^h TDT. The mean right ascension (α_0), declination (δ_0), centennial proper motions (μ_α, μ_δ), parallax (π) and radial velocity (v) of the star at the standard equator and equinox of J2000·0 are given by:

$\alpha_0 = 14^h\ 39^m\ 36\overset{s}{.}087$ $\delta_0 = -60°\ 50'\ 07\overset{''}{.}14$ $\pi = 0\overset{''}{.}752 = 3.6458 \times 10^{-6}$ rad

$\mu_\alpha = -49.486$ s/cy $\mu_\delta = +69.60\,''$/cy $v = -22.2$ km/s

$\quad = -0.003\,598\,723$ rad/cy, $= +0.000\,337\,430$ rad/cy, $v\pi = -0.001\,707\,357$ rad/cy

Step 1.   TDB = TDT = JD 244 8988·5

Step 2.   Tabular values of $\mathbf{E}_B$, $\dot{\mathbf{E}}_B$ and $\mathbf{S}_B$, taken from the JPL DE200/LE200 barycentric ephemeris referred to J2000·0, are:

Vector	Julian date (TDB)	Rectangular components		
		x	y	z
$\mathbf{E}_B$	244 8988·5	−0·180 034 964	+0·890 581 313	+0·386 046 052
$\dot{\mathbf{E}}_B$	244 8988·5	−0·017 186 742	−0·002 985 716	−0·001 294 251
$\mathbf{S}_B$	244 8988·5	+0·002 268 931	+0·004 057 863	+0·001 676 499

Example of stellar reduction (continued)

From the positional data, calculate:

$$\mathbf{q} = (-0{\cdot}373\ 854\ 098,\ -0{\cdot}312\ 594\ 565,\ -0{\cdot}873\ 222\ 624)$$
$$\mathbf{m} = (-0{\cdot}000\ 712\ 685,\ +0{\cdot}001\ 690\ 102,\ +0{\cdot}001\ 655\ 339)$$

Form $\mathbf{P} = \mathbf{q} + T\mathbf{m} - \pi\,\mathbf{E_B} = (-0{\cdot}373\ 803\ 559,\ -0{\cdot}312\ 716\ 107,\ -0{\cdot}873\ 339\ 894)$

where $T = (244\ 8988{\cdot}5 - 245\ 1545{\cdot}0)/36\ 525 = -0{\cdot}069\ 993\ 155,$

and form $\mathbf{E} = \mathbf{E_B} - \mathbf{S_B} = (-0{\cdot}182\ 303\ 895,\ +0{\cdot}886\ 523\ 450,\ +0{\cdot}384\ 369\ 553),$
$E = 0{\cdot}983\ 309\ 967$

Hence the unit vectors are:

$$\mathbf{p} = (-0{\cdot}373\ 758\ 143,\ -0{\cdot}312\ 678\ 114,\ -0{\cdot}873\ 233\ 787)$$
$$\mathbf{e} = (-0{\cdot}185\ 398\ 197,\ +0{\cdot}901\ 570\ 695,\ +0{\cdot}390\ 893\ 580)$$

Step 3.   Calculate the scalar product $\mathbf{p} \cdot \mathbf{e} = -0{\cdot}553\ 948\ 819$, then

$(2\mu/c^2 E)(\mathbf{e} - (\mathbf{p} \cdot \mathbf{e})\mathbf{p})/(1 + \mathbf{p} \cdot \mathbf{e}) = (-0{\cdot}000\ 000\ 018,\ +0{\cdot}000\ 000\ 033,\ -0{\cdot}000\ 000\ 004)$
and $\mathbf{p}_1 = (-0{\cdot}373\ 758\ 161,\ -0{\cdot}312\ 678\ 081,\ -0{\cdot}873\ 233\ 792)$

Step 4.

Calculate $\mathbf{V} = 0{\cdot}005\ 7755\,\dot{\mathbf{E}}_B = (-0{\cdot}000\ 099\ 262,\ -0{\cdot}000\ 017\ 244,\ -0{\cdot}000\ 007\ 475)$ where $\dot{\mathbf{E}}_B$ is taken from the table in *Step* 2.

Then $V = 0{\cdot}000\ 101\ 026$, $\beta = 1{\cdot}000\ 000\ 005$ and $\beta^{-1} = 0{\cdot}999\ 999\ 995$

Calculate the scalar product $\mathbf{p}_1 \cdot \mathbf{V} = +0{\cdot}000\ 049\ 019$

Then $1 + (\mathbf{p}_1 \cdot \mathbf{V})/(1 + \beta^{-1}) = 1{\cdot}000\ 024\ 510$

Hence $\mathbf{p}_2 = (-0{\cdot}373\ 839\ 098,\ -0{\cdot}312\ 679\ 996,\ -0{\cdot}873\ 198\ 459)$

Step 5.   From page B45, the precession and nutation matrix $\mathbf{R}$ is given by:

$$\mathbf{R} = \begin{bmatrix} +0{\cdot}999\ 998\ 68 & +0{\cdot}001\ 487\ 96 & +0{\cdot}000\ 646\ 69 \\ -0{\cdot}001\ 487\ 97 & +0{\cdot}999\ 998\ 89 & +0{\cdot}000\ 008\ 78 \\ -0{\cdot}000\ 646\ 67 & -0{\cdot}000\ 009\ 74 & +0{\cdot}999\ 999\ 79 \end{bmatrix}$$

Hence $\mathbf{p}_3 = \mathbf{R}\,\mathbf{p}_2 = (-0{\cdot}374\ 868\ 55,\ -0{\cdot}312\ 131\ 05,\ -0{\cdot}872\ 953\ 48)$

Step 6.   Converting to spherical coordinates:

$$\alpha = 14^{\rm h}\ 39^{\rm m}\ 07{\stackrel{\rm s}{\cdot}}719 \qquad \delta = -60°\ 48'\ 13{\stackrel{''}{\cdot}}28$$

Conversion of stellar positions and proper motions from the standard epoch B1950·0 to the standard epoch J2000·0

A matrix method for calculating the mean place of a star at J2000·0 on the FK5 system from the mean place at B1950·0 on the FK4 system, ignoring the systematic corrections FK5–FK4 and individual star corrections to the FK5, is as follows:

1. From a star catalogue obtain the FK4 position (α_0, δ_0), in degrees, proper motion $(\mu_{\alpha 0}, \mu_{\delta 0})$ in seconds of arc per tropical century, parallax (π_0) in seconds of arc and radial velocity (v_0) in km/s for B1950·0. If π_0 or v_0 are unspecified, set them both equal to zero.

2. Calculate the rectangular components of the position vector $\mathbf{r}_0$ and velocity vector $\dot{\mathbf{r}}_0$ from:

$$\mathbf{r}_0 = \begin{bmatrix} \cos\alpha_0 \cos\delta_0 \\ \sin\alpha_0 \cos\delta_0 \\ \sin\delta_0 \end{bmatrix} \quad \dot{\mathbf{r}}_0 = \begin{bmatrix} -\mu_{\alpha 0}\sin\alpha_0\cos\delta_0 - \mu_{\delta 0}\cos\alpha_0\sin\delta_0 \\ \mu_{\alpha 0}\cos\alpha_0\cos\delta_0 - \mu_{\delta 0}\sin\alpha_0\sin\delta_0 \\ \mu_{\delta 0}\cos\delta_0 \end{bmatrix} + 21{\cdot}095\, v_0\, \pi_0\, \mathbf{r}_0$$

3. Remove the effects of the E-terms of aberration to form $\mathbf{r}_1$ and $\dot{\mathbf{r}}_1$ from:

$$\mathbf{r}_1 = \mathbf{r}_0 - \mathbf{A} + (\mathbf{r}_0 \cdot \mathbf{A})\,\mathbf{r}_0$$

$$\dot{\mathbf{r}}_1 = \dot{\mathbf{r}}_0 - \dot{\mathbf{A}} + (\mathbf{r}_0 \cdot \dot{\mathbf{A}})\,\mathbf{r}_0$$

where $\mathbf{A} = \begin{bmatrix} -1{\cdot}625\,57 \\ -0{\cdot}319\,19 \\ -0{\cdot}138\,43 \end{bmatrix} \times 10^{-6}$ radians, $\dot{\mathbf{A}} = \begin{bmatrix} +1{\cdot}245'' \\ -1{\cdot}580'' \\ -0{\cdot}659'' \end{bmatrix} \times 10^{-3}$ per tropical cy.

The terms $(\mathbf{r}_0 \cdot \mathbf{A})$ and $(\mathbf{r}_0 \cdot \dot{\mathbf{A}})$ are scalar products.

4. Form the vector $\mathbf{R}_1 = \begin{bmatrix} \mathbf{r}_1 \\ \dot{\mathbf{r}}_1 \end{bmatrix}$ and calculate the vector $\mathbf{R} = \begin{bmatrix} \mathbf{r} \\ \dot{\mathbf{r}} \end{bmatrix}$ from:

$$\mathbf{R} = \mathbf{M}\,\mathbf{R}_1$$

where $\mathbf{M}$ is a constant 6×6 matrix given by:

$$\begin{bmatrix}
+0{\cdot}999\,925\,6782 & -0{\cdot}011\,182\,0611 & -0{\cdot}004\,857\,9477 & +0{\cdot}000\,002\,423\,950\,18 & -0{\cdot}000\,000\,027\,106\,63 & -0{\cdot}000\,000\,011\,776\,56 \\
+0{\cdot}011\,182\,0610 & +0{\cdot}999\,937\,4784 & -0{\cdot}000\,027\,1765 & +0{\cdot}000\,000\,027\,106\,63 & +0{\cdot}000\,002\,423\,978\,78 & -0{\cdot}000\,000\,000\,065\,87 \\
+0{\cdot}004\,857\,9479 & -0{\cdot}000\,027\,1474 & +0{\cdot}999\,988\,1997 & +0{\cdot}000\,000\,011\,776\,56 & -0{\cdot}000\,000\,000\,065\,82 & +0{\cdot}000\,002\,424\,101\,73 \\
-0{\cdot}000\,000\,551 & -0{\cdot}238\,565 & +0{\cdot}435\,739 & +0{\cdot}999\,947\,04 & -0{\cdot}011\,182\,51 & -0{\cdot}004\,857\,67 \\
+0{\cdot}238\,514 & -0{\cdot}002\,667 & -0{\cdot}008\,541 & +0{\cdot}011\,182\,51 & +0{\cdot}999\,958\,83 & -0{\cdot}000\,027\,18 \\
-0{\cdot}435\,623 & +0{\cdot}012\,254 & +0{\cdot}002\,117 & +0{\cdot}004\,857\,67 & -0{\cdot}000\,027\,14 & +1{\cdot}000\,009\,56
\end{bmatrix}$$

and set $(x, y, z, \dot{x}, \dot{y}, \dot{z}) = \mathbf{R}'$.

5. Calculate the FK5 mean position (α_1, δ_1), proper motion $(\mu_{\alpha 1}, \mu_{\delta 1})$ in seconds of arc per Julian century, parallax (π_1) in seconds of arc and radial velocity (v_1) in km/s for J2000·0 from:

$$\cos\alpha_1 \cos\delta_1 = x/r \qquad \sin\alpha_1 \cos\delta_1 = y/r \qquad \sin\delta_1 = z/r$$

$$\mu_{\alpha 1} = (x\dot{y} - y\dot{x})/(x^2 + y^2) \qquad \mu_{\delta 1} = [\dot{z}(x^2 + y^2) - z(x\dot{x} + y\dot{y})]/[r^2(x^2 + y^2)^{1/2}]$$

$$v_1 = (x\dot{x} + y\dot{y} + z\dot{z})/(21{\cdot}095\pi_0 r) \qquad \pi_1 = \pi_0/r$$

where $r = (x^2 + y^2 + z^2)^{1/2}$.

If π_0 is zero set $v_1 = v_0$.

References

Standish, E.M., (1982) *Astron. Astrophys.*, **115**, 20–22.

Aoki, S., Sôma, M., Kinoshita, H., Inoue, K., (1983) *Astron. Astrophys.*, **128**, 263–267.

Conversion of stellar positions and proper motions from the standard epoch J2000·0 to the standard epoch B1950·0

A matrix method for calculating the mean place of a star at B1950·0 on the FK4 system from the mean place at J2000·0 on the FK5 system, ignoring the systematic corrections FK4–FK5 and individual star corrections to the FK4, is as follows:

1. From a star catalogue obtain the FK5 position (α_0, δ_0), in degrees, proper motion $(\mu_{\alpha 0}, \mu_{\delta 0})$ in seconds of arc per Julian century, parallax (π_0) in seconds of arc and radial velocity (v_0) in km/s for J2000·0. If π_0 or v_0 are unspecified, set them both equal to zero.

2. Calculate the rectangular components of the position vector $\mathbf{r}_0$ and velocity vector $\dot{\mathbf{r}}_0$ from:

$$\mathbf{r}_0 = \begin{bmatrix} \cos\alpha_0 \cos\delta_0 \\ \sin\alpha_0 \cos\delta_0 \\ \sin\delta_0 \end{bmatrix} \quad \dot{\mathbf{r}}_0 = \begin{bmatrix} -\mu_{\alpha 0}\sin\alpha_0\cos\delta_0 - \mu_{\delta 0}\cos\alpha_0\sin\delta_0 \\ \mu_{\alpha 0}\cos\alpha_0\cos\delta_0 - \mu_{\delta 0}\sin\alpha_0\sin\delta_0 \\ \mu_{\delta 0}\cos\delta_0 \end{bmatrix} + 21\cdot095\, v_0 \pi_0 \mathbf{r}_0$$

3. Form the vector $\mathbf{R}_0 = \begin{bmatrix} \mathbf{r}_0 \\ \dot{\mathbf{r}}_0 \end{bmatrix}$ and calculate the vector $\mathbf{R}_1 = \begin{bmatrix} \mathbf{r}_1 \\ \dot{\mathbf{r}}_1 \end{bmatrix}$ from:

$$\mathbf{R}_1 = \mathbf{M}^{-1}\mathbf{R}_0$$

where $\mathbf{M}^{-1}$ is a constant 6×6 matrix given by:

$$\begin{bmatrix}
+0\cdot999\,925\,6795 & +0\cdot011\,181\,4828 & +0\cdot004\,859\,0039 & -0\cdot000\,002\,423\,898\,40 & -0\cdot000\,000\,027\,105\,44 & -0\cdot000\,000\,011\,777\,42 \\
-0\cdot011\,181\,4828 & +0\cdot999\,937\,4849 & -0\cdot000\,027\,1771 & +0\cdot000\,000\,027\,105\,44 & -0\cdot000\,002\,423\,927\,02 & +0\cdot000\,000\,000\,065\,85 \\
-0\cdot004\,859\,0040 & -0\cdot000\,027\,1557 & +0\cdot999\,988\,1946 & +0\cdot000\,000\,011\,777\,42 & +0\cdot000\,000\,000\,065\,85 & -0\cdot000\,002\,424\,049\,95 \\
-0\cdot000\,551 & +0\cdot238\,509 & -0\cdot435\,614 & +0\cdot999\,904\,32 & +0\cdot011\,181\,45 & +0\cdot004\,858\,52 \\
-0\cdot238\,560 & -0\cdot002\,667 & +0\cdot012\,254 & -0\cdot011\,181\,45 & +0\cdot999\,916\,13 & -0\cdot000\,027\,17 \\
+0\cdot435\,730 & -0\cdot008\,541 & +0\cdot002\,117 & -0\cdot004\,858\,52 & -0\cdot000\,027\,16 & +0\cdot999\,966\,84
\end{bmatrix}$$

4. Include the effects of the E-terms of aberration as follows: Form $\mathbf{s}_1 = \mathbf{r}_1/r_1$ and $\dot{\mathbf{s}}_1 = \dot{\mathbf{r}}_1/r_1$ where $r_1 = (x_1^2 + y_1^2 + z_1^2)^{1/2}$.

Set $\mathbf{s} = \mathbf{s}_1$ and calculate $\mathbf{r}$ from $\mathbf{r} = \mathbf{s}_1 + \mathbf{A} - (\mathbf{s} \cdot \mathbf{A})\mathbf{s}$, where

$$\mathbf{A} = \begin{bmatrix} -1\cdot625\,57 \\ -0\cdot319\,19 \\ -0\cdot138\,43 \end{bmatrix} \times 10^{-6} \text{ radians,}$$

and $(\mathbf{s} \cdot \mathbf{A})$ is a scalar product.

Set $\mathbf{s} = \mathbf{r}/r$ and iterate the expression for $\mathbf{r}$ once or twice until a consistent value for $\mathbf{r}$ is obtained, then calculate:

$$\dot{\mathbf{r}} = \dot{\mathbf{s}}_1 + \dot{\mathbf{A}} - (\mathbf{s} \cdot \dot{\mathbf{A}})\mathbf{s} \qquad \text{where} \qquad \dot{\mathbf{A}} = \begin{bmatrix} +1''245 \\ -1''580 \\ -0''659 \end{bmatrix} \times 10^{-3} \text{ per tropical cy}$$

5. Calculate the FK4 mean position (α_1, δ_1), proper motion $(\mu_{\alpha 1}, \mu_{\delta 1})$ in seconds of arc per tropical century, parallax (π_1) in seconds of arc and radial velocity (v_1) in km/s for B1950·0, as follows:

Set $\qquad (x, y, z) = \mathbf{r}' \quad (\dot{x}, \dot{y}, \dot{z}) = \dot{\mathbf{r}}' \quad$ and $\quad r = (x^2 + y^2 + z^2)^{1/2}$

Then $\qquad \cos\alpha_1 \cos\delta_1 = x/r \qquad \sin\alpha_1 \cos\delta_1 = y/r \qquad \sin\delta_1 = z/r$

$$\mu_{\alpha 1} = (x\dot{y} - y\dot{x})/(x^2 + y^2) \qquad \mu_{\delta 1} = [\dot{z}(x^2 + y^2) - z(x\dot{x} + y\dot{y})]/[r^2(x^2 + y^2)^{1/2}]$$

In step 4 set

$$(x_1, y_1, z_1) = \mathbf{r}_1' \quad (\dot{x}_1, \dot{y}_1, \dot{z}_1) = \dot{\mathbf{r}}_1' \quad \text{and} \quad r_1 = (x_1^2 + y_1^2 + z_1^2)^{1/2}$$

then $\qquad v_1 = (x_1\dot{x}_1 + y_1\dot{y}_1 + z_1\dot{z}_1)/(21\cdot095\pi_0 r_1) \qquad \pi_1 = \pi_0/r_1$

If π_0 is zero set $v_1 = v_0$.

ORIGIN AT SOLAR SYSTEM BARYCENTRE
MEAN EQUATOR AND EQUINOX J2000·0

Date 0^h TDB	X	Y	Z	$\dot{X}$	$\dot{Y}$	$\dot{Z}$
Jan. 0	-0·162 820 001	$+0$·893 428 953	$+0$·387 280 510	-1724 2290	$-$ 270 9370	$-$ 117 4583
1	·180 034 964	·890 581 313	·386 046 052	1718 6742	298 5716	129 4251
2	·197 191 710	·887 457 923	·384 692 181	1712 5870	326 0854	141 3402
3	·214 284 956	·884 060 039	·383 219 431	1705 9754	353 4690	153 2003
4	·231 309 500	·880 389 006	·381 628 369	1698 8483	380 7139	165 0022
5	-0·248 260 234	$+0$·876 446 247	$+0$·379 919 588	-1691 2152	$-$ 407 8131	$-$ 176 7437
6	·265 132 151	·872 233 247	·378 093 702	1683 0863	434 7615	188 4232
7	·281 920 340	·867 751 529	·376 151 333	1674 4714	461 5565	200 0401
8	·298 619 986	·863 002 629	·374 093 106	1665 3788	488 1980	211 5949
9	·315 226 342	·857 988 072	·371 919 638	1655 8138	514 6885	223 0886
10	-0·331 734 693	$+0$·852 709 352	$+0$·369 631 534	-1645 7779	$-$ 541 0313	$-$ 234 5223
11	·348 140 320	·847 167 929	·367 229 390	1635 2680	567 2292	245 8964
12	·364 438 452	·841 365 249	·364 713 808	1624 2777	593 2825	257 2098
13	·380 624 243	·835 302 771	·362 085 406	1612 7982	619 1880	268 4598
14	·396 692 757	·828 982 006	·359 344 838	1600 8209	644 9383	279 6421
15	-0·412 638 977	$+0$·822 404 555	$+0$·356 492 809	-1588 3383	$-$ 670 5232	$-$ 290 7509
16	·428 457 820	·815 572 137	·353 530 086	1575 3449	695 9296	301 7799
17	·444 144 164	·808 486 607	·350 457 501	1561 8382	721 1429	312 7221
18	·459 692 870	·801 149 972	·347 275 957	1547 8176	746 1480	323 5705
19	·475 098 810	·793 564 393	·343 986 427	1533 2852	770 9293	334 3182
20	-0·490 356 881	$+0$·785 732 185	$+0$·340 589 951	-1518 2449	$-$ 795 4713	$-$ 344 9586
21	·505 462 035	·777 655 815	·337 087 634	1502 7027	819 7591	355 4855
22	·520 409 286	·769 337 897	·333 480 640	1486 6659	843 7785	365 8929
23	·535 193 733	·760 781 183	·329 770 192	1470 1433	867 5162	376 1755
24	·549 810 565	·751 988 554	·325 957 563	1453 1447	890 9597	386 3284
25	-0·564 255 077	$+0$·742 963 007	$+0$·322 044 070	-1435 6809	$-$ 914 0979	$-$ 396 3474
26	·578 522 669	·733 707 648	·318 031 073	1417 7629	936 9205	406 2287
27	·592 608 859	·724 225 678	·313 919 968	1399 4021	959 4185	415 9686
28	·606 509 275	·714 520 387	·309 712 181	1380 6103	981 5835	425 5644
29	·620 219 667	·704 595 144	·305 409 171	1361 3992	1003 4079	435 0131
30	-0·633 735 903	$+0$·694 453 387	$+0$·301 012 418	-1341 7811	-1024 8849	$-$ 444 3124
31	·647 053 974	·684 098 623	·296 523 427	1321 7684	1046 0084	453 4602
Feb. 1	·660 169 998	·673 534 415	·291 943 723	1301 3741	1066 7732	462 4549
2	·673 080 230	·662 764 368	·287 274 843	1280 6121	1087 1756	471 2954
3	·685 781 060	·651 792 118	·282 518 331	1259 4959	1107 2136	479 9814
4	-0·698 269 014	$+0$·640 621 309	$+0$·277 675 728	-1238 0392	-1126 8878	$-$ 488 5137
5	·710 540 748	·629 255 565	·272 748 564	1216 2538	1146 2012	496 8938
6	·722 593 024	·617 698 468	·267 738 351	1194 1485	1165 1595	505 1241
7	·734 422 669	·605 953 535	·262 646 573	1171 7280	1183 7695	513 2070
8	·746 026 533	·594 024 220	·257 474 696	1148 9919	1202 0370	521 1441
9	-0·757 401 441	$+0$·581 913 927	$+0$·252 224 176	-1125 9358	-1219 9651	$-$ 528 9354
10	·768 544 160	·569 626 052	·246 896 480	1102 5530	1237 5526	536 5789
11	·779 451 391	·557 164 029	·241 493 104	1078 8373	1254 7933	544 0705
12	·790 119 784	·544 531 374	·236 015 594	1054 7849	1271 6774	551 4049
13	·800 545 963	·531 731 711	·230 465 549	1030 3949	1288 1925	558 5762
14	-0·810 726 566	$+0$·518 768 797	$+0$·224 844 634	-1005 6702	-1304 3256	$-$ 565 5782
15	-0·820 658 271	$+0$·505 646 516	$+0$·219 154 568	$-$ 980 6164	-1320 0636	$-$ 572 4053

$\dot{X}, \dot{Y}, \dot{Z}$ are in units of 10^{-9} au / d.

MATRIX ELEMENTS FOR CONVERSION FROM
MEAN EQUINOX OF J2000·0 TO TRUE EQUINOX OF DATE

Julian Date	$R_{11}-1$	R_{12}	R_{13}	R_{21}	$R_{22}-1$	R_{23}	R_{31}	R_{32}	$R_{33}-1$
244									
8987·5	− 132	+148 833	+ 64 685	−148 834	− 111	+ 872	− 64 683	− 968	− 21
8988·5	132	148 796	64 669	148 797	111	878	64 667	974	21
8989·5	132	148 752	64 649	148 753	111	890	64 648	987	21
8990·5	131	148 694	64 624	148 694	111	908	64 623	1004	21
8991·5	131	148 617	64 591	148 617	110	928	64 589	1024	21
8992·5	− 131	+148 518	+ 64 548	−148 519	− 110	+ 947	− 64 546	−1043	− 21
8993·5	131	148 399	64 496	148 400	110	960	64 495	1056	21
8994·5	131	148 267	64 439	148 267	110	963	64 437	1059	21
8995·5	130	148 132	64 380	148 133	110	954	64 379	1050	21
8996·5	130	148 009	64 327	148 010	110	935	64 325	1030	21
8997·5	− 130	+147 909	+ 64 284	−147 910	− 109	+ 908	− 64 282	−1003	− 21
8998·5	130	147 838	64 253	147 839	109	882	64 251	977	21
8999·5	130	147 792	64 233	147 793	109	863	64 231	958	21
9000·5	130	147 761	64 219	147 762	109	854	64 218	949	21
9001·5	130	147 731	64 206	147 732	109	858	64 205	953	21
9002·5	− 130	+147 690	+ 64 188	−147 691	− 109	+ 871	− 64 187	− 966	− 21
9003·5	130	147 630	64 162	147 631	109	890	64 161	985	21
9004·5	129	147 549	64 127	147 550	109	908	64 126	1003	21
9005·5	129	147 450	64 084	147 451	109	922	64 083	1017	21
9006·5	129	147 340	64 036	147 340	109	928	64 035	1022	21
9007·5	− 129	+147 226	+ 63 987	−147 227	− 108	+ 925	− 63 985	−1019	− 20
9008·5	129	147 117	63 940	147 118	108	912	63 938	1006	20
9009·5	128	147 021	63 898	147 022	108	893	63 896	987	20
9010·5	128	146 941	63 863	146 942	108	870	63 862	963	20
9011·5	128	146 880	63 836	146 880	108	845	63 835	939	20
9012·5	− 128	+146 836	+ 63 817	−146 836	− 108	+ 823	− 63 816	− 917	− 20
9013·5	128	146 805	63 804	146 805	108	806	63 802	900	20
9014·5	128	146 782	63 794	146 782	108	796	63 792	890	20
9015·5	128	146 760	63 784	146 761	108	793	63 783	887	20
9016·5	128	146 734	63 773	146 735	108	797	63 772	891	20
9017·5	− 128	+146 697	+ 63 757	−146 698	− 108	+ 807	− 63 756	− 900	− 20
9018·5	128	146 644	63 734	146 645	108	820	63 733	913	20
9019·5	128	146 572	63 702	146 573	107	833	63 701	926	20
9020·5	128	146 481	63 663	146 481	107	843	63 661	936	20
9021·5	127	146 373	63 616	146 374	107	846	63 615	939	20
9022·5	− 127	+146 258	+ 63 566	−146 259	− 107	+ 838	− 63 565	− 931	− 20
9023·5	127	146 147	63 518	146 147	107	819	63 516	912	20
9024·5	127	146 053	63 477	146 053	107	791	63 476	884	20
9025·5	127	145 986	63 448	145 986	107	760	63 447	852	20
9026·5	127	145 948	63 431	145 948	107	733	63 430	825	20
9027·5	− 127	+145 931	+ 63 424	−145 932	− 106	+ 716	− 63 423	− 809	− 20
9028·5	127	145 922	63 420	145 922	106	713	63 419	806	20
9029·5	127	145 905	63 412	145 905	106	723	63 411	815	20
9030·5	126	145 869	63 397	145 870	106	739	63 396	832	20
9031·5	126	145 812	63 372	145 813	106	757	63 371	850	20
9032·5	− 126	+145 735	+ 63 339	−145 736	− 106	+ 772	− 63 338	− 864	− 20
9033·5	− 126	+145 646	+ 63 300	−145 646	− 106	+ 779	− 63 299	− 871	− 20

Values are in units of 10^{-8}.

ORIGIN AT SOLAR SYSTEM BARYCENTRE
MEAN EQUATOR AND EQUINOX J2000·0

Date 0ʰ TDB	X	Y	Z	$\dot{X}$	$\dot{Y}$	$\dot{Z}$
Feb. 15	−0·820 658 271	+0·505 646 516	+0·219 154 568	− 980 6164	−1320 0636	− 572 4053
16	·830 337 822	·492 368 884	·213 397 129	955 2412	1335 3940	579 0521
17	·839 762 054	·478 940 032	·207 574 143	929 5540	1350 3056	585 5139
18	·848 927 898	·465 364 204	·201 687 481	903 5656	1364 7877	591 7866
19	·857 832 400	·451 645 742	·195 739 055	877 2876	1378 8307	597 8663
20	−0·866 472 727	+0·437 789 081	+0·189 730 809	− 850 7325	−1392 4261	− 603 7498
21	·874 846 171	·423 798 738	·183 664 722	823 9135	1405 5660	609 4343
22	·882 950 162	·409 679 301	·177 542 795	796 8441	1418 2438	614 9173
23	·890 782 267	·395 435 422	·171 367 053	769 5386	1430 4536	620 1970
24	·898 340 195	·381 071 805	·165 139 537	742 0113	1442 1907	625 2718
25	−0·905 621 802	+0·366 593 197	+0·158 862 303	− 714 2768	−1453 4513	− 630 1407
26	·912 625 089	·352 004 377	·152 537 412	686 3497	1464 2326	634 8030
27	·919 348 204	·337 310 149	·146 166 933	658 2449	1474 5326	639 2583
28	·925 789 443	·322 515 331	·139 752 935	629 9770	1484 3505	643 5068
Mar. 1	·931 947 250	·307 624 746	·133 297 484	601 5610	1493 6863	647 5491
2	−0·937 820 220	+0·292 643 207	+0·126 802 638	− 573 0119	−1502 5415	− 651 3861
3	·943 407 094	·277 575 507	·120 270 440	544 3443	1510 9193	655 0198
4	·948 706 758	·262 426 395	·113 702 912	515 5722	1518 8249	658 4526
5	·953 718 231	·247 200 558	·107 102 047	486 7078	1526 2658	661 6878
6	·958 440 639	·231 902 597	·100 469 801	457 7605	1533 2514	664 7293
7	−0·962 873 181	+0·216 537 014	+0·093 808 093	− 428 7353	−1539 7921	− 667 5810
8	·967 015 086	·201 108 206	·087 118 805	399 6326	1545 8976	670 2458
9	·970 865 564	·185 620 490	·080 403 795	370 4488	1551 5745	672 7253
10	·974 423 772	·170 078 139	·073 664 918	341 1777	1556 8246	675 0189
11	·977 688 809	·154 485 430	·066 904 046	311 8139	1561 6449	677 1237
12	−0·980 659 732	+0·138 846 698	+0·060 123 087	− 282 3546	−1566 0279	− 679 0356
13	·983 335 587	·123 166 362	·053 323 994	252 8010	1569 9638	680 7498
14	·985 715 455	·107 448 946	·046 508 765	223 1584	1573 4423	682 2618
15	·987 798 485	·091 699 072	·039 679 445	193 4351	1576 4538	683 5675
16	·989 583 923	·075 921 453	·032 838 114	163 6417	1578 9900	684 6636
17	−0·991 071 126	+0·060 120 879	+0·025 986 880	− 133 7903	−1581 0441	− 685 5476
18	·992 259 577	·044 302 197	·019 127 875	103 8934	1582 6106	686 2177
19	·993 148 888	·028 470 306	·012 263 244	73 9644	1583 6852	686 6724
20	·993 738 802	+ ·012 630 143	+ ·005 395 147	44 0165	1584 2645	686 9108
21	·994 029 201	− ·003 213 325	− ·001 474 250	− 14 0636	1584 3460	686 9324
22	−0·994 020 105	−0·019 055 111	−0·008 342 777	+ 15 8802	−1583 9278	− 686 7368
23	·993 711 675	·034 890 213	·015 208 263	45 8006	1583 0092	686 3243
24	·993 104 219	·050 713 626	·022 068 542	75 6831	1581 5901	685 6955
25	·992 198 190	·066 520 350	·028 921 456	105 5127	1579 6715	684 8514
26	·990 994 189	·082 305 399	·035 764 858	135 2749	1577 2557	683 7934
27	−0·989 492 966	−0·098 063 817	−0·042 596 618	+ 164 9549	−1574 3459	− 682 5235
28	·987 695 414	·113 790 684	·049 414 630	194 5382	1570 9464	681 0440
29	·985 602 570	·129 481 132	·056 216 810	224 0110	1567 0629	679 3579
30	·983 215 608	·145 130 353	·063 001 109	253 3596	1562 7025	677 4683
31	·980 535 834	·160 733 619	·069 765 511	282 5715	1557 8734	675 3792
Apr. 1	−0·977 564 671	−0·176 286 293	−0·076 508 042	+ 311 6355	−1552 5858	− 673 0949
2	−0·974 303 649	−0·191 783 844	−0·083 226 775	+ 340 5422	−1546 8510	− 670 6203

$\dot{X}, \dot{Y}, \dot{Z}$ are in units of 10^{-9} au / d.

MATRIX ELEMENTS FOR CONVERSION FROM
MEAN EQUINOX OF J2000·0 TO TRUE EQUINOX OF DATE

Julian Date	$R_{11}-1$	R_{12}	R_{13}	R_{21}	$R_{22}-1$	R_{23}	R_{31}	R_{32}	$R_{33}-1$
244									
9033·5	− 126	+145 646	+ 63 300	−145 646	− 106	+ 779	− 63 299	− 871	− 20
9034·5	126	145 552	63 259	145 552	106	777	63 258	869	20
9035·5	126	145 461	63 220	145 462	106	766	63 219	858	20
9036·5	126	145 382	63 185	145 383	106	749	63 184	841	20
9037·5	126	145 318	63 158	145 319	106	727	63 157	818	20
9038·5	− 125	+145 272	+ 63 138	−145 273	− 106	+ 703	− 63 137	− 795	− 20
9039·5	125	145 244	63 125	145 244	105	682	63 124	773	20
9040·5	125	145 229	63 119	145 230	105	665	63 118	756	20
9041·5	125	145 224	63 116	145 224	105	654	63 115	746	20
9042·5	125	145 222	63 116	145 222	105	651	63 115	742	20
9043·5	− 125	+145 217	+ 63 113	−145 217	− 105	+ 655	− 63 112	− 747	− 20
9044·5	125	145 203	63 107	145 203	105	666	63 106	757	20
9045·5	125	145 174	63 095	145 175	105	680	63 094	772	20
9046·5	125	145 128	63 075	145 128	105	696	63 074	788	20
9047·5	125	145 063	63 047	145 064	105	710	63 045	801	20
9048·5	− 125	+144 983	+ 63 011	−144 983	− 105	+ 719	− 63 010	− 810	− 20
9049·5	125	144 892	62 972	144 892	105	719	62 971	810	20
9050·5	125	144 799	62 932	144 800	105	709	62 931	800	20
9051·5	124	144 717	62 896	144 717	105	690	62 895	781	20
9052·5	124	144 655	62 869	144 656	105	665	62 868	756	20
9053·5	− 124	+144 621	+ 62 854	−144 621	− 105	+ 641	− 62 853	− 732	− 20
9054·5	124	144 611	62 850	144 612	105	624	62 849	715	20
9055·5	124	144 616	62 852	144 616	105	621	62 851	712	20
9056·5	124	144 619	62 853	144 619	105	631	62 852	722	20
9057·5	124	144 606	62 848	144 606	105	653	62 847	743	20
9058·5	− 124	+144 569	+ 62 832	−144 570	− 105	+ 678	− 62 831	− 769	− 20
9059·5	124	144 509	62 805	144 510	104	702	62 804	793	20
9060·5	124	144 433	62 772	144 433	104	719	62 771	810	20
9061·5	124	144 349	62 736	144 349	104	727	62 735	818	20
9062·5	124	144 267	62 700	144 268	104	726	62 699	816	20
9063·5	− 124	+144 195	+ 62 669	−144 195	− 104	+ 717	− 62 668	− 808	− 20
9064·5	124	144 138	62 644	144 138	104	704	62 643	794	20
9065·5	123	144 097	62 627	144 098	104	688	62 626	778	20
9066·5	123	144 074	62 617	144 075	104	674	62 616	764	20
9067·5	123	144 066	62 613	144 066	104	664	62 612	754	20
9068·5	− 123	+144 067	+ 62 613	−144 067	− 104	+ 660	− 62 612	− 750	− 20
9069·5	123	144 072	62 616	144 073	104	663	62 615	753	20
9070·5	123	144 076	62 617	144 076	104	673	62 616	764	20
9071·5	123	144 071	62 615	144 071	104	691	62 614	781	20
9072·5	123	144 052	62 606	144 052	104	713	62 605	803	20
9073·5	− 123	+144 016	+ 62 591	−144 016	− 104	+ 737	− 62 590	− 827	− 20
9074·5	123	143 961	62 567	143 962	104	760	62 566	850	20
9075·5	123	143 891	62 536	143 891	104	778	62 535	868	20
9076·5	123	143 809	62 501	143 809	103	789	62 499	879	20
9077·5	123	143 723	62 463	143 723	103	791	62 462	881	20
9078·5	− 123	+143 643	+ 62 429	−143 643	− 103	+ 785	− 62 428	− 874	− 19
9079·5	− 123	+143 578	+ 62 401	−143 579	− 103	+ 771	− 62 400	− 861	− 19

Values are in units of 10^{-8}.

ORIGIN AT SOLAR SYSTEM BARYCENTRE
MEAN EQUATOR AND EQUINOX J2000·0

Date 0ʰ TDB		X	Y	Z	$\dot{X}$	$\dot{Y}$	$\dot{Z}$
Apr.	1	−0·977 564 671	−0·176 286 293	−0·076 508 042	+ 311 6355	−1552 5858	− 673 0949
	2	·974 303 649	·191 783 844	·083 226 775	340 5422	1546 8510	670 6203
	3	·970 754 374	·207 221 865	·089 919 831	369 2851	1540 6818	667 9604
	4	·966 918 502	·222 596 076	·096 585 381	397 8616	1534 0912	665 1199
	5	·962 797 694	·237 902 325	·103 221 640	426 2728	1527 0911	662 1029
	6	−0·958 393 580	−0·253 136 563	−0·109 826 859	+ 454 5236	−1519 6903	− 658 9118
	7	·953 707 734	·268 294 810	·116 399 299	482 6207	1511 8934	655 5473
	8	·948 741 659	·283 373 108	·122 937 221	510 5700	1503 6999	652 0077
	9	·943 496 814	·298 367 472	·129 438 862	538 3750	1495 1055	648 2905
	10	·937 974 642	·313 273 858	·135 902 428	566 0349	1486 1031	644 3922
	11	−0·932 176 615	−0·328 088 150	−0·142 326 092	+ 593 5448	−1476 6856	− 640 3097
	12	·926 104 273	·342 806 163	·148 707 999	620 8963	1466 8464	636 0405
	13	·919 759 252	·357 423 657	·155 046 275	648 0788	1456 5810	631 5832
	14	·913 143 299	·371 936 352	·161 339 034	675 0807	1445 8864	626 9371
	15	·906 258 281	·386 339 950	·167 584 387	701 8897	1434 7615	622 1022
	16	−0·899 106 189	−0·400 630 147	−0·173 780 450	+ 728 4935	−1423 2061	− 617 0790
	17	·891 689 137	·414 802 642	·179 925 344	754 8799	1411 2214	611 8687
	18	·884 009 358	·428 853 149	·186 017 204	781 0366	1398 8090	606 4725
	19	·876 069 211	·442 777 404	·192 054 179	806 9514	1385 9713	600 8919
	20	·867 871 177	·456 571 167	·198 034 435	832 6118	1372 7114	595 1289
	21	−0·859 417 864	−0·470 230 236	−0·203 956 157	+ 858 0051	−1359 0331	− 589 1858
	22	·850 712 008	·483 750 452	·209 817 558	883 1184	1344 9415	583 0651
	23	·841 756 472	·497 127 708	·215 616 878	907 9389	1330 4425	576 7701
	24	·832 554 249	·510 357 969	·221 352 391	932 4538	1315 5436	570 3045
	25	·823 108 455	·523 437 276	·227 022 413	956 6511	1300 2534	563 6724
	26	−0·813 422 323	−0·536 361 766	−0·232 625 301	+ 980 5196	−1284 5821	− 556 8786
	27	·803 499 193	·549 127 684	·238 159 463	1004 0492	1268 5411	549 9282
	28	·793 342 497	·561 731 397	·243 623 360	1027 2314	1252 1431	542 8266
	29	·782 955 745	·574 169 401	·249 015 509	1050 0596	1235 4017	535 5795
	30	·772 342 499	·586 438 333	·254 334 484	1072 5297	1218 3311	528 1926
May	1	−0·761 506 350	−0·598 534 974	−0·259 578 914	+1094 6403	−1200 9459	− 520 6715
	2	·750 450 887	·610 456 247	·264 747 484	1116 3929	1183 2596	513 0212
	3	·739 179 669	·622 199 204	·269 838 922	1137 7923	1165 2845	505 2457
	4	·727 696 196	·633 761 005	·274 851 990	1158 8453	1147 0295	497 3477
	5	·716 003 892	·645 138 880	·279 785 471	1179 5599	1128 5000	489 3282
	6	−0·704 106 103	−0·656 330 093	−0·284 638 147	+1199 9431	−1109 6969	− 481 1865
	7	·692 006 118	·667 331 899	·289 408 789	1219 9995	1090 6180	472 9212
	8	·679 707 199	·678 141 519	·294 096 150	1239 7298	1071 2589	464 5299
	9	·667 212 620	·688 756 126	·298 698 960	1259 1307	1051 6146	456 0107
	10	·654 525 705	·699 172 847	·303 215 935	1278 1959	1031 6814	447 3625
	11	−0·641 649 851	−0·709 388 782	−0·307 645 780	+1296 9166	−1011 4570	− 438 5850
	12	·628 588 553	·719 401 017	·311 987 204	1315 2832	990 9413	429 6786
	13	·615 345 403	·729 206 643	·316 238 927	1333 2854	970 1358	420 6448
	14	·601 924 093	·738 802 776	·320 399 681	1350 9134	949 0433	411 4854
	15	·588 328 415	·748 186 565	·324 468 223	1368 1573	927 6676	402 2026
	16	−0·574 562 259	−0·757 355 200	−0·328 443 330	+1385 0076	− 906 0133	− 392 7990
	17	−0·560 629 607	−0·766 305 919	−0·332 323 809	+1401 4548	− 884 0855	− 383 2773

$\dot{X}, \dot{Y}, \dot{Z}$ are in units of 10^{-9} au / d.

MATRIX ELEMENTS FOR CONVERSION FROM
MEAN EQUINOX OF J2000·0 TO TRUE EQUINOX OF DATE

Julian Date	$R_{11}-1$	R_{12}	R_{13}	R_{21}	$R_{22}-1$	R_{23}	R_{31}	R_{32}	$R_{33}-1$
244									
9078·5	− 123	+143 643	+ 62 429	−143 643	− 103	+ 785	− 62 428	− 874	− 19
9079·5	123	143 578	62 401	143 579	103	771	62 400	861	19
9080·5	122	143 536	62 382	143 537	103	756	62 381	846	19
9081·5	122	143 518	62 374	143 518	103	745	62 373	835	19
9082·5	122	143 517	62 374	143 518	103	745	62 373	834	19
9083·5	− 122	+143 522	+ 62 376	−143 522	− 103	+ 758	− 62 375	− 847	− 19
9084·5	122	143 515	62 373	143 516	103	783	62 372	873	19
9085·5	122	143 487	62 361	143 488	103	817	62 359	906	19
9086·5	122	143 432	62 337	143 433	103	852	62 336	941	19
9087·5	122	143 355	62 303	143 356	103	881	62 302	971	19
9088·5	− 122	+143 265	+ 62 264	−143 266	− 103	+ 902	− 62 263	− 991	− 19
9089·5	122	143 174	62 225	143 175	103	912	62 223	1001	19
9090·5	122	143 090	62 188	143 091	102	914	62 187	1002	19
9091·5	122	143 021	62 158	143 021	102	909	62 157	998	19
9092·5	121	142 968	62 135	142 969	102	901	62 134	990	19
9093·5	− 121	+142 933	+ 62 120	−142 934	− 102	+ 894	− 62 119	− 983	− 19
9094·5	121	142 913	62 111	142 914	102	890	62 110	979	19
9095·5	121	142 904	62 107	142 905	102	892	62 106	981	19
9096·5	121	142 900	62 106	142 901	102	901	62 104	990	19
9097·5	121	142 895	62 103	142 896	102	917	62 102	1006	19
9098·5	− 121	+142 883	+ 62 098	−142 884	− 102	+ 940	− 62 097	−1029	− 19
9099·5	121	142 857	62 087	142 858	102	968	62 085	1057	19
9100·5	121	142 815	62 068	142 815	102	999	62 067	1087	19
9101·5	121	142 753	62 041	142 754	102	1029	62 040	1117	19
9102·5	121	142 674	62 007	142 675	102	1055	62 006	1143	19
9103·5	− 121	+142 582	+ 61 967	−142 583	− 102	+1073	− 61 966	−1162	− 19
9104·5	121	142 486	61 925	142 486	102	1083	61 924	1172	19
9105·5	121	142 393	61 885	142 394	101	1084	61 884	1172	19
9106·5	120	142 313	61 850	142 314	101	1078	61 849	1166	19
9107·5	120	142 253	61 824	142 254	101	1069	61 823	1157	19
9108·5	− 120	+142 215	+ 61 808	−142 216	− 101	+1062	− 61 806	−1150	− 19
9109·5	120	142 196	61 799	142 196	101	1063	61 798	1151	19
9110·5	120	142 185	61 795	142 186	101	1075	61 793	1163	19
9111·5	120	142 169	61 788	142 170	101	1100	61 786	1188	19
9112·5	120	142 137	61 774	142 137	101	1134	61 772	1222	19
9113·5	− 120	+142 078	+ 61 748	−142 079	− 101	+1173	− 61 746	−1260	− 19
9114·5	120	141 994	61 712	141 995	101	1209	61 710	1296	19
9115·5	120	141 891	61 667	141 892	101	1237	61 665	1324	19
9116·5	119	141 781	61 619	141 782	101	1254	61 617	1342	19
9117·5	119	141 675	61 573	141 676	100	1262	61 571	1349	19
9118·5	− 119	+141 581	+ 61 532	−141 582	− 100	+1261	− 61 531	−1348	− 19
9119·5	119	141 505	61 499	141 506	100	1255	61 497	1342	19
9120·5	119	141 447	61 474	141 448	100	1249	61 472	1336	19
9121·5	119	141 406	61 456	141 407	100	1245	61 454	1332	19
9122·5	119	141 377	61 444	141 378	100	1246	61 442	1333	19
9123·5	− 119	+141 355	+ 61 434	−141 356	− 100	+1254	− 61 432	−1341	− 19
9124·5	− 119	+141 334	+ 61 425	−141 335	− 100	+1269	− 61 423	−1356	− 19

Values are in units of 10^{-8}.

POSITION AND VELOCITY OF THE EARTH, 1993

ORIGIN AT SOLAR SYSTEM BARYCENTRE

MEAN EQUATOR AND EQUINOX J2000·0

Date 0ʰ TDB	X	Y	Z	$\dot{X}$	$\dot{Y}$	$\dot{Z}$
May 17	−0·560 629 607	−0·766 305 919	−0·332 323 809	+1401 4548	− 884 0855	− 383 2773
18	·546 534 538	·775 036 016	·336 108 494	1417 4895	861 8898	373 6406
19	·532 281 226	·783 542 843	·339 796 249	1433 1018	839 4326	363 8922
20	·517 873 943	·791 823 821	·343 385 977	1448 2819	816 7212	354 0357
21	·503 317 062	·799 876 449	·346 876 618	1463 0198	793 7642	344 0755
22	−0·488 615 054	−0·807 698 320	−0·350 267 158	+1477 3058	− 770 5716	− 334 0164
23	·473 772 482	·815 287 135	·353 556 633	1491 1309	747 1550	323 8636
24	·458 793 997	·822 640 717	·356 744 138	1504 4876	723 5275	313 6233
25	·443 684 311	·829 757 030	·359 828 827	1517 3700	699 7037	303 3016
26	·428 448 188	·836 634 189	·362 809 920	1529 7747	675 6991	292 9049
27	−0·413 090 412	−0·843 270 463	−0·365 686 698	+1541 7009	− 651 5295	− 282 4398
28	·397 615 760	·849 664 279	·368 458 506	1553 1503	627 2102	271 9120
29	·382 028 981	·855 814 215	·371 124 747	1564 1274	602 7556	261 3269
30	·366 334 764	·861 718 984	·373 684 869	1574 6390	578 1787	250 6891
31	·350 537 725	·867 377 416	·376 138 363	1584 6935	553 4896	240 0017
June 1	−0·334 642 386	−0·872 788 427	−0·378 484 745	+1594 3005	− 528 6958	− 229 2669
2	·318 653 176	·877 950 996	·380 723 545	1603 4692	503 8014	218 4854
3	·302 574 437	·882 864 124	·382 854 296	1612 2075	478 8075	207 6570
4	·286 410 443	·887 526 810	·384 876 525	1620 5208	453 7127	196 7806
5	·270 165 430	·891 938 032	·386 789 744	1628 4113	428 5140	185 8549
6	−0·253 843 630	−0·896 096 734	−0·388 593 455	+1635 8779	− 403 2085	− 174 8788
7	·237 449 298	·900 001 838	·390 287 151	1642 9167	377 7939	163 8520
8	·220 986 742	·903 652 248	·391 870 327	1649 5217	352 2698	152 7748
9	·204 460 333	·907 046 873	·393 342 484	1655 6861	326 6374	141 6486
10	·187 874 513	·910 184 644	·394 703 141	1661 4026	300 8995	130 4752
11	−0·171 233 798	−0·913 064 525	−0·395 951 838	+1666 6640	− 275 0604	− 119 2571
12	·154 542 773	·915 685 531	·397 088 144	1671 4635	249 1253	107 9973
13	·137 806 089	·918 046 732	·398 111 656	1675 7947	223 1003	96 6989
14	·121 028 461	·920 147 258	·399 022 005	1679 6513	196 9917	85 3653
15	·104 214 666	·921 986 310	·399 818 856	1683 0270	170 8065	73 9998
16	−0·087 369 546	−0·923 563 158	−0·400 501 909	+1685 9153	− 144 5523	− 62 6065
17	·070 498 006	·924 877 154	·401 070 907	1688 3098	118 2376	51 1895
18	·053 605 019	·925 927 739	·401 525 636	1690 2035	91 8720	39 7535
19	·036 695 626	·926 714 461	·401 865 931	1691 5902	65 4668	28 3038
20	·019 774 925	·927 236 987	·402 091 686	1692 4641	39 0352	16 8464
21	−0·002 848 065	−0·927 495 126	−0·402 202 855	+1692 8216	− 12 5919	− 5 3879
22	+ ·014 079 780	·927 488 841	·402 199 463	1692 6611	+ 13 8467	+ 6 0648
23	·031 003 435	·927 218 263	·402 081 601	1691 9844	40 2637	17 5049
24	·047 917 762	·926 683 694	·401 849 428	1690 7964	66 6425	28 9260
25	·064 817 685	·925 885 593	·401 503 164	1689 1051	92 9678	40 3224
26	+0·081 698 221	−0·924 824 559	−0·401 043 078	+1686 9209	+ 119 2269	+ 51 6896
27	·098 554 498	·923 501 311	·400 469 480	1684 2554	145 4093	63 0244
28	·115 381 766	·921 916 654	·399 782 705	1681 1209	171 5078	74 3247
29	·132 175 392	·920 071 449	·398 983 105	1677 5290	197 5181	85 5894
30	·148 930 856	·917 966 592	·398 071 035	1673 4901	223 4382	96 8186
July 1	+0·165 643 733	−0·915 602 984	−0·397 046 849	+1669 0127	+ 249 2685	+ 108 0128
2	+0·182 309 668	−0·912 981 517	−0·395 910 894	+1664 1026	+ 275 0104	+ 119 1727

$\dot{X}$, $\dot{Y}$, $\dot{Z}$ are in units of 10^{-9} au / d.

MATRIX ELEMENTS FOR CONVERSION FROM
MEAN EQUINOX OF J2000·0 TO TRUE EQUINOX OF DATE

Julian Date	$R_{11}-1$	R_{12}	R_{13}	R_{21}	$R_{22}-1$	R_{23}	R_{31}	R_{32}	$R_{33}-1$
244									
9124·5	− 119	+141 334	+ 61 425	−141 335	− 100	+1269	− 61 423	−1356	− 19
9125·5	119	141 307	61 413	141 308	100	1290	61 411	1377	19
9126·5	119	141 269	61 397	141 270	100	1318	61 395	1404	19
9127·5	119	141 214	61 373	141 215	100	1348	61 371	1435	19
9128·5	118	141 140	61 341	141 141	100	1378	61 339	1465	19
9129·5	− 118	+141 048	+ 61 300	−141 049	− 99	+1405	− 61 298	−1491	− 19
9130·5	118	140 941	61 254	140 942	99	1425	61 252	1511	19
9131·5	118	140 827	61 204	140 828	99	1436	61 202	1522	19
9132·5	118	140 715	61 156	140 716	99	1437	61 154	1523	19
9133·5	118	140 615	61 112	140 616	99	1430	61 110	1516	19
9134·5	− 117	+140 534	+ 61 077	−140 535	− 99	+1420	− 61 075	−1506	− 19
9135·5	117	140 476	61 052	140 476	99	1410	61 050	1495	19
9136·5	117	140 437	61 035	140 437	99	1406	61 033	1491	19
9137·5	117	140 409	61 023	140 410	99	1412	61 021	1498	19
9138·5	117	140 381	61 011	140 382	99	1429	61 009	1515	19
9139·5	− 117	+140 340	+ 60 993	−140 341	− 98	+1457	− 60 991	−1543	− 19
9140·5	117	140 277	60 965	140 278	98	1490	60 963	1576	19
9141·5	117	140 188	60 927	140 189	98	1523	60 925	1609	19
9142·5	117	140 079	60 880	140 080	98	1550	60 877	1635	19
9143·5	116	139 957	60 827	139 958	98	1568	60 824	1653	19
9144·5	− 116	+139 834	+ 60 773	−139 835	− 98	+1574	− 60 771	−1659	− 18
9145·5	116	139 721	60 724	139 721	98	1571	60 722	1656	18
9146·5	116	139 623	60 682	139 624	97	1562	60 680	1647	18
9147·5	116	139 545	60 648	139 546	97	1550	60 646	1635	18
9148·5	116	139 486	60 622	139 487	97	1540	60 620	1624	18
9149·5	− 116	+139 441	+ 60 603	−139 442	− 97	+1533	− 60 600	−1618	− 18
9150·5	116	139 406	60 587	139 407	97	1532	60 585	1617	18
9151·5	115	139 374	60 573	139 375	97	1539	60 571	1623	18
9152·5	115	139 339	60 558	139 340	97	1552	60 556	1637	18
9153·5	115	139 295	60 539	139 296	97	1572	60 537	1656	18
9154·5	− 115	+139 236	+ 60 513	−139 237	− 97	+1595	− 60 511	−1679	− 18
9155·5	115	139 158	60 480	139 159	97	1619	60 477	1703	18
9156·5	115	139 062	60 438	139 063	97	1641	60 436	1725	18
9157·5	115	138 950	60 389	138 951	97	1657	60 387	1740	18
9158·5	115	138 827	60 336	138 828	96	1664	60 334	1747	18
9159·5	− 114	+138 704	+ 60 282	−138 705	− 96	+1660	− 60 280	−1744	− 18
9160·5	114	138 591	60 233	138 592	96	1648	60 231	1732	18
9161·5	114	138 496	60 192	138 497	96	1630	60 190	1713	18
9162·5	114	138 425	60 161	138 426	96	1612	60 159	1695	18
9163·5	114	138 377	60 140	138 378	96	1598	60 138	1681	18
9164·5	− 114	+138 342	+ 60 125	−138 343	− 96	+1594	− 60 123	−1677	− 18
9165·5	114	138 311	60 112	138 312	96	1601	60 109	1684	18
9166·5	114	138 270	60 094	138 271	96	1618	60 092	1701	18
9167·5	114	138 211	60 068	138 212	96	1642	60 066	1725	18
9168·5	113	138 128	60 032	138 129	95	1666	60 030	1749	18
9169·5	− 113	+138 024	+ 59 987	−138 025	− 95	+1687	− 59 985	−1770	− 18
9170·5	− 113	+137 906	+ 59 936	−137 907	− 95	+1699	− 59 933	−1782	− 18

Values are in units of 10^{-8}.

ORIGIN AT SOLAR SYSTEM BARYCENTRE
MEAN EQUATOR AND EQUINOX J2000·0

Date 0ʰ TDB	X	Y	Z	$\dot{X}$	$\dot{Y}$	$\dot{Z}$
July 1	+0·165 643 733	−0·915 602 984	−0·397 046 849	+1669 0127	+ 249 2685	+ 108 0128
2	·182 309 668	·912 981 517	·395 910 894	1664 1026	275 0104	119 1727
3	·198 924 355	·910 103 063	·394 663 506	1658 7633	300 6663	130 2993
4	·215 483 506	·906 968 472	·393 305 018	1652 9954	326 2381	141 3930
5	·231 982 830	·903 578 578	·391 835 756	1646 7975	351 7270	152 4538
6	+0·248 418 013	−0·899 934 209	−0·390 256 054	+1640 1667	+ 377 1328	+ 163 4810
7	·264 784 708	·896 036 205	·388 566 254	1633 0991	402 4537	174 4730
8	·281 078 524	·891 885 429	·386 766 718	1625 5904	427 6864	185 4277
9	·297 295 032	·887 482 785	·384 857 832	1617 6366	452 8265	196 3426
10	·313 429 761	·882 829 227	·382 840 008	1609 2340	477 8684	207 2147
11	+0·329 478 205	−0·877 925 766	−0·380 713 692	+1600 3791	+ 502 8059	+ 218 0407
12	·345 435 826	·872 773 480	·378 479 360	1591 0689	527 6322	228 8171
13	·361 298 054	·867 373 516	·376 137 527	1581 3002	552 3402	239 5404
14	·377 060 291	·861 727 097	·373 688 742	1571 0699	576 9220	250 2067
15	·392 717 904	·855 835 525	·371 133 597	1560 3749	601 3691	260 8118
16	+0·408 266 227	−0·849 700 197	−0·368 472 726	+1549 2116	+ 625 6716	+ 271 3509
17	·423 700 565	·843 322 612	·365 706 815	1537 5771	649 8183	281 8189
18	·439 016 191	·836 704 395	·352 836 606	1525 4692	673 7958	292 2096
19	·454 208 370	·829 847 312	·359 862 902	1512 8878	697 5888	302 5166
20	·469 272 376	·822 753 290	·356 786 577	1499 8355	721 1806	312 7327
21	+0·484 203 531	−0·815 424 428	−0·353 608 572	+1486 3189	+ 744 5541	+ 322 8514
22	·498 997 242	·807 862 991	·350 329 895	1472 3485	767 6930	332 8664
23	·513 649 035	·800 071 397	·346 951 605	1457 9381	790 5835	342 7732
24	·528 154 589	·792 052 184	·343 474 803	1443 1033	813 2153	352 5684
25	·542 509 742	·783 807 976	·339 900 614	1427 8605	835 5818	362 2503
26	+0·556 710 490	−0·775 341 444	−0·336 230 175	+1412 2248	+ 857 6797	+ 371 8186
27	·570 752 974	·766 655 278	·332 464 620	1396 2098	879 5086	381 2736
28	·584 633 458	·757 752 165	·328 605 077	1379 8265	901 0696	390 6163
29	·598 348 305	·748 634 771	·324 652 665	1363 0835	922 3651	399 8478
30	·611 893 950	·739 305 740	·320 608 489	1345 9871	943 3977	408 9691
31	+0·625 266 883	−0·729 767 685	−0·316 473 647	+1328 5415	+ 964 1699	+ 417 9810
Aug. 1	·638 463 624	·720 023 202	·312 249 232	1310 7490	984 6837	426 8839
2	·651 480 709	·710 074 870	·307 936 333	1292 6103	1004 9399	435 6776
3	·664 314 676	·699 925 263	·303 536 046	1274 1253	1024 9385	444 3613
4	·676 962 057	·689 576 964	·299 049 477	1255 2930	1044 6778	452 9338
5	+0·689 419 374	−0·679 032 580	−0·294 477 748	+1236 1121	+1064 1552	+ 461 3931
6	·701 683 135	·668 294 746	·289 821 999	1216 5817	1083 3669	469 7371
7	·713 749 840	·657 366 144	·285 083 400	1196 7009	1102 3080	477 9630
8	·725 615 983	·646 249 505	·280 263 143	1176 4691	1120 9732	486 0680
9	·737 278 052	·634 947 619	·275 362 453	1155 8861	1139 3564	494 0490
10	+0·748 732 535	−0·623 463 339	−0·270 382 587	+1134 9520	+1157 4510	+ 501 9027
11	·759 975 921	·611 799 586	·265 324 834	1113 6667	1175 2499	509 6257
12	·771 004 699	·599 959 353	·260 190 522	1092 0303	1192 7453	517 2141
13	·781 815 358	·587 945 721	·254 981 016	1070 0428	1209 9283	524 6636
14	·792 404 386	·575 761 863	·249 697 728	1047 7046	1226 7885	531 9696
15	+0·802 768 285	−0·563 411 067	−0·244 342 120	+1025 0171	+1243 3136	+ 539 1266
16	+0·812 903 574	−0·550 896 754	−0·238 915 711	+1001 9836	+1259 4895	+ 546 1286

$\dot{X}, \dot{Y}, \dot{Z}$ are in units of 10^{-9} au / d.

MATRIX ELEMENTS FOR CONVERSION FROM
MEAN EQUINOX OF J2000·0 TO TRUE EQUINOX OF DATE

Julian Date 244	$R_{11}-1$	R_{12}	R_{13}	R_{21}	$R_{22}-1$	R_{23}	R_{31}	R_{32}	$R_{33}-1$
9169·5	− 113	+138 024	+ 59 987	−138 025	− 95	+1687	− 59 985	−1770	− 18
9170·5	113	137 906	59 936	137 907	95	1699	59 933	1782	18
9171·5	113	137 783	59 882	137 784	95	1701	59 880	1784	18
9172·5	113	137 665	59 831	137 666	95	1694	59 829	1776	18
9173·5	112	137 562	59 787	137 563	95	1678	59 784	1761	18
9174·5	− 112	+137 478	+ 59 750	−137 479	− 95	+1659	− 59 747	−1741	− 18
9175·5	112	137 413	59 722	137 414	94	1640	59 719	1722	18
9176·5	112	137 365	59 701	137 366	94	1623	59 698	1705	18
9177·5	112	137 329	59 685	137 330	94	1612	59 683	1694	18
9178·5	112	137 299	59 672	137 300	94	1608	59 670	1690	18
9179·5	− 112	+137 269	+ 59 659	−137 270	− 94	+1611	− 59 657	−1693	− 18
9180·5	112	137 232	59 643	137 233	94	1620	59 641	1702	18
9181·5	112	137 183	59 622	137 184	94	1634	59 619	1716	18
9182·5	112	137 118	59 593	137 119	94	1651	59 591	1732	18
9183·5	112	137 035	59 557	137 036	94	1666	59 555	1747	18
9184·5	− 111	+136 934	+ 59 514	−136 935	− 94	+1677	− 59 511	−1758	− 18
9185·5	111	136 821	59 464	136 822	94	1680	59 462	1761	18
9186·5	111	136 702	59 413	136 703	93	1673	59 411	1754	18
9187·5	111	136 590	59 364	136 591	93	1656	59 362	1737	18
9188·5	111	136 494	59 322	136 495	93	1632	59 320	1713	18
9189·5	− 111	+136 422	+ 59 291	−136 423	− 93	+1606	− 59 289	−1686	− 18
9190·5	111	136 375	59 271	136 376	93	1583	59 268	1663	18
9191·5	111	136 346	59 258	136 347	93	1568	59 256	1649	18
9192·5	110	136 325	59 249	136 326	93	1566	59 247	1647	18
9193·5	110	136 297	59 237	136 298	93	1574	59 235	1655	18
9194·5	− 110	+136 253	+ 59 218	−136 254	− 93	+1591	− 59 215	−1671	− 18
9195·5	110	136 187	59 189	136 188	93	1609	59 187	1690	18
9196·5	110	136 100	59 151	136 101	93	1625	59 149	1705	18
9197·5	110	135 998	59 107	135 999	92	1633	59 105	1714	17
9198·5	110	135 889	59 060	135 890	92	1633	59 057	1713	17
9199·5	− 110	+135 784	+ 59 014	−135 785	− 92	+1622	− 59 012	−1702	− 17
9200·5	109	135 690	58 973	135 691	92	1604	58 971	1684	17
9201·5	109	135 614	58 940	135 615	92	1580	58 938	1660	17
9202·5	109	135 557	58 915	135 558	92	1556	58 913	1636	17
9203·5	109	135 518	58 898	135 518	92	1534	58 896	1614	17
9204·5	− 109	+135 493	+ 58 887	−135 493	− 92	+1517	− 58 885	−1597	− 17
9205·5	109	135 476	58 880	135 477	92	1506	58 878	1586	17
9206·5	109	135 461	58 874	135 462	92	1503	58 871	1583	17
9207·5	109	135 442	58 865	135 443	92	1506	58 863	1586	17
9208·5	109	135 413	58 853	135 414	92	1515	58 851	1595	17
9209·5	− 109	+135 370	+ 58 834	−135 371	− 92	+1527	− 58 832	−1607	− 17
9210·5	109	135 310	58 808	135 311	92	1539	58 806	1619	17
9211·5	109	135 233	58 774	135 234	91	1549	58 772	1628	17
9212·5	109	135 142	58 735	135 143	91	1552	58 733	1632	17
9213·5	108	135 043	58 692	135 044	91	1548	58 689	1627	17
9214·5	− 108	+134 944	+ 58 649	−134 945	− 91	+1533	− 58 647	−1612	− 17
9215·5	− 108	+134 856	+ 58 611	−134 857	− 91	+1510	− 58 609	−1589	− 17

Values are in units of 10^{-8}.

ORIGIN AT SOLAR SYSTEM BARYCENTRE
MEAN EQUATOR AND EQUINOX J2000·0

Date 0ʰ TDB	X	Y	Z	$\dot{X}$	$\dot{Y}$	$\dot{Z}$
Aug. 16	+0·812 903 574	−0·550 896 754	−0·238 915 711	+1001 9836	+1259 4895	+ 546 1286
17	·822 806 824	·538 222 494	·233 420 085	978 6107	1275 3005	552 9693
18	·832 474 691	·525 392 015	·227 856 884	954 9091	1290 7306	559 6425
19	·841 903 960	·512 409 201	·222 227 810	930 8939	1305 7653	566 1432
20	·851 091 585	·499 278 065	·216 534 607	906 5837	1320 3934	572 4679
21	+0·860 034 719	−0·486 002 712	−0·210 779 045	+ 881 9990	+1334 6079	+ 578 6149
22	·868 730 717	·472 587 293	·204 962 901	857 1597	1348 4068	584 5844
23	·877 177 124	·459 035 957	·199 087 944	832 0835	1361 7916	590 3779
24	·885 371 647	·445 352 829	·193 155 923	806 7850	1374 7662	595 9975
25	·893 312 122	·431 541 982	·187 168 565	781 2757	1387 3359	601 4456
26	+0·900 996 485	−0·417 607 443	−0·181 127 575	+ 755 5639	+1399 5057	+ 606 7241
27	·908 422 746	·403 553 186	·175 034 642	729 6561	1411 2802	611 8348
28	·915 588 969	·389 383 143	·168 891 436	703 5569	1422 6632	616 7786
29	·922 493 257	·375 101 217	·162 699 624	677 2697	1433 6575	621 5562
30	·929 133 746	·360 711 283	·156 460 865	650 7972	1444 2648	626 1679
31	+0·935 508 590	−0·346 217 207	−0·150 176 820	+ 624 1413	+1454 4861	+ 630 6133
Sept. 1	·941 615 966	·331 622 850	·143 849 155	597 3035	1464 3210	634 8917
2	·947 454 060	·316 932 079	·137 479 545	570 2854	1473 7683	639 0020
3	·953 021 076	·302 148 781	·131 069 679	543 0882	1482 8261	642 9427
4	·958 315 232	·287 276 866	·124 621 263	515 7136	1491 4913	646 7119
5	+0·963 334 763	−0·272 320 276	−0·118 136 020	+ 488 1635	+1499 7602	+ 650 3076
6	·968 077 925	·257 282 996	·111 615 697	460 4401	1507 6286	653 7275
7	·972 542 996	·242 169 055	·105 062 064	432 5458	1515 0917	656 9691
8	·976 728 281	·226 982 532	·098 476 917	404 4834	1522 1438	660 0298
9	·980 632 112	·211 727 568	·091 862 081	376 2556	1528 7791	662 9065
10	+0·984 252 852	−0·196 408 365	−0·085 219 411	+ 347 8657	+1534 9902	+ 665 5960
11	·987 588 897	·181 029 205	·078 550 798	319 3172	1540 7689	668 0945
12	·990 638 683	·165 594 460	·071 858 172	290 6150	1546 1053	670 3978
13	·993 400 705	·150 108 611	·065 143 509	261 7656	1550 9879	672 5011
14	·995 873 538	·134 576 259	·058 408 833	232 7790	1555 4038	674 3996
15	+0·998 055 874	−0·119 002 134	−0·051 656 216	+ 203 6690	+1559 3403	+ 676 0886
16	0·999 946 566	·103 391 089	·044 887 772	174 4538	1562 7861	677 5645
17	1·001 544 672	·087 748 073	·038 105 641	145 1554	1565 7337	678 8256
18	1·002 849 476	·072 078 085	·031 311 974	115 7972	1568 1805	679 8722
19	1·003 860 492	·056 386 123	·024 508 905	86 4015	1570 1295	680 7064
20	+1·004 577 445	−0·040 677 133	−0·017 698 541	+ 56 9875	+1571 5874	+ 681 3320
21	1·005 000 232	·024 955 982	·010 882 947	+ 27 5703	1572 5633	681 7530
22	1·005 128 878	− ·009 227 441	− ·004 064 151	− 1 8392	1573 0669	681 9733
23	1·004 963 501	+ ·006 503 812	+ ·002 755 860	31 2331	1573 1070	681 9962
24	1·004 504 287	·022 233 179	·009 575 126	60 6057	1572 6911	681 8246
25	+1·003 751 473	+0·037 956 134	+0·016 391 710	− 89 9526	+1571 8253	+ 681 4603
26	1·002 705 334	·053 668 201	·023 203 695	119 2699	1570 5144	680 9048
27	1·001 366 184	·069 364 951	·030 009 173	148 5544	1568 7623	680 1592
28	0·999 734 367	·085 041 985	·036 806 247	177 8027	1566 5718	679 2240
29	·997 810 259	·100 694 933	·043 593 022	207 0121	1563 9451	678 0995
30	+0·995 594 266	+0·116 319 439	+0·050 367 606	− 236 1794	+1560 8837	+ 676 7859
Oct. 1	+0·993 086 820	+0·131 911 159	+0·057 128 108	− 265 3019	+1557 3881	+ 675 2828

$\dot{X}$, $\dot{Y}$, $\dot{Z}$ are in units of 10^{-9} au / d.

MATRIX ELEMENTS FOR CONVERSION FROM
MEAN EQUINOX OF J2000·0 TO TRUE EQUINOX OF DATE

Julian Date	$R_{11}-1$	R_{12}	R_{13}	R_{21}	$R_{22}-1$	R_{23}	R_{31}	R_{32}	$R_{33}-1$
244									
9215·5	− 108	+134 856	+ 58 611	−134 857	− 91	+1510	− 58 609	−1589	− 17
9216·5	108	134 790	58 582	134 791	91	1482	58 580	1561	17
9217·5	108	134 749	58 564	134 750	91	1455	58 562	1534	17
9218·5	108	134 731	58 556	134 732	91	1436	58 554	1515	17
9219·5	108	134 726	58 554	134 727	91	1428	58 552	1507	17
9220·5	− 108	+134 718	+ 58 551	−134 719	− 91	+1434	− 58 549	−1513	− 17
9221·5	108	134 696	58 541	134 697	91	1449	58 539	1528	17
9222·5	108	134 652	58 522	134 653	91	1468	58 520	1547	17
9223·5	108	134 585	58 493	134 586	91	1486	58 491	1565	17
9224·5	108	134 502	58 457	134 503	90	1497	58 454	1576	17
9225·5	− 107	+134 411	+ 58 417	−134 412	− 90	+1499	− 58 415	−1578	− 17
9226·5	107	134 321	58 378	134 322	90	1492	58 376	1571	17
9227·5	107	134 242	58 344	134 243	90	1477	58 342	1556	17
9228·5	107	134 178	58 316	134 179	90	1457	58 314	1535	17
9229·5	107	134 133	58 296	134 134	90	1435	58 294	1513	17
9230·5	− 107	+134 105	+ 58 284	−134 106	− 90	+1415	− 58 282	−1493	− 17
9231·5	107	134 093	58 279	134 094	90	1399	58 277	1477	17
9232·5	107	134 090	58 278	134 091	90	1389	58 276	1467	17
9233·5	107	134 091	58 278	134 092	90	1387	58 276	1465	17
9234·5	107	134 089	58 277	134 090	90	1391	58 275	1469	17
9235·5	− 107	+134 079	+ 58 272	−134 080	− 90	+1402	− 58 271	−1480	− 17
9236·5	107	134 056	58 262	134 056	90	1417	58 260	1495	17
9237·5	107	134 016	58 245	134 017	90	1432	58 243	1510	17
9238·5	107	133 961	58 221	133 962	90	1447	58 219	1525	17
9239·5	107	133 890	58 190	133 891	90	1456	58 188	1534	17
9240·5	− 106	+133 810	+ 58 156	−133 811	− 90	+1459	− 58 154	−1537	− 17
9241·5	106	133 727	58 120	133 728	89	1454	58 118	1531	17
9242·5	106	133 650	58 086	133 651	89	1439	58 084	1517	17
9243·5	106	133 589	58 059	133 590	89	1419	58 057	1497	17
9244·5	106	133 549	58 042	133 550	89	1397	58 040	1475	17
9245·5	− 106	+133 534	+ 58 036	−133 535	− 89	+1380	− 58 034	−1457	− 17
9246·5	106	133 536	58 036	133 537	89	1372	58 035	1450	17
9247·5	106	133 543	58 039	133 543	89	1379	58 037	1456	17
9248·5	106	133 538	58 037	133 539	89	1398	58 035	1475	17
9249·5	106	133 511	58 025	133 512	89	1424	58 024	1502	17
9250·5	− 106	+133 459	+ 58 003	−133 460	− 89	+1451	− 58 001	−1528	− 17
9251·5	106	133 386	57 971	133 387	89	1472	57 969	1550	17
9252·5	106	133 302	57 935	133 303	89	1485	57 933	1562	17
9253·5	105	133 218	57 898	133 219	89	1487	57 896	1564	17
9254·5	105	133 142	57 865	133 143	89	1481	57 863	1558	17
9255·5	− 105	+133 081	+ 57 839	−133 082	− 89	+1469	− 57 837	−1546	− 17
9256·5	105	133 038	57 820	133 039	89	1455	57 818	1532	17
9257·5	105	133 013	57 809	133 014	88	1442	57 807	1519	17
9258·5	105	133 003	57 805	133 004	88	1433	57 803	1510	17
9259·5	105	133 003	57 805	133 004	88	1430	57 803	1507	17
9260·5	− 105	+133 008	+ 57 807	−133 009	− 88	+1434	− 57 805	−1511	− 17
9261·5	− 105	+133 011	+ 57 808	−133 012	− 88	+1445	− 57 806	−1522	− 17

Values are in units of 10^{-8}.

ORIGIN AT SOLAR SYSTEM BARYCENTRE
MEAN EQUATOR AND EQUINOX J2000·0

Date 0ʰ TDB	X	Y	Z	$\dot{X}$	$\dot{Y}$	$\dot{Z}$
Oct. 1	+0·993 086 820	+0·131 911 159	+0·057 128 108	− 265 3019	+1557 3881	+ 675 2828
2	·990 288 387	·147 465 753	·063 872 629	294 3766	1553 4583	673 5897
3	·987 199 459	·162 978 875	·070 599 266	323 4003	1549 0935	671 7059
4	·983 820 563	·178 446 168	·077 306 107	352 3696	1544 2922	669 6303
5	·980 152 261	·193 863 257	·083 991 228	381 2808	1539 0522	667 3616
6	+0·976 195 155	+0·209 225 740	+0·090 652 690	− 410 1297	+1533 3707	+ 664 8983
7	·971 949 889	·224 529 187	·097 288 540	438 9118	1527 2441	662 2388
8	·967 417 159	·239 769 125	·103 896 806	467 6219	1520 6681	659 3812
9	·962 597 712	·254 941 033	·110 475 495	496 2539	1513 6372	656 3230
10	·957 492 365	·270 040 332	·117 022 589	524 8006	1506 1452	653 0618
11	+0·952 102 014	+0·285 062 373	+0·123 536 045	− 553 2528	+1498 1843	+ 649 5948
12	·946 427 663	·300 002 429	·130 013 789	581 5986	1489 7466	645 9191
13	·940 470 449	·314 855 689	·136 453 724	609 8223	1480 8241	642 0325
14	·934 231 688	·329 617 275	·142 853 731	637 9046	1471 4108	637 9335
15	·927 712 903	·344 282 260	·149 211 687	665 8230	1461 5041	633 6226
16	+0·920 915 854	+0·358 845 720	+0·155 525 485	− 693 5537	+1451 1068	+ 629 1022
17	·913 842 529	·373 302 785	·161 793 048	721 0744	1440 2266	624 3768
18	·906 495 130	·387 648 684	·168 012 355	748 3661	1428 8759	619 4519
19	·898 876 017	·401 878 781	·174 181 441	775 4150	1417 0687	614 3337
20	·890 987 671	·415 988 585	·180 298 404	802 2115	1404 8196	609 0281
21	+0·882 832 649	+0·429 973 744	+0·186 361 395	− 828 7495	+1392 1417	+ 603 5400
22	·874 413 555	·443 830 027	·192 368 611	855 0253	1379 0461	597 8736
23	·865 733 026	·457 553 306	·198 318 284	881 0361	1365 5423	592 0321
24	·856 793 725	·471 139 538	·204 208 677	906 7794	1351 6380	586 0181
25	·847 598 338	·484 584 752	·210 038 078	932 2528	1337 3398	579 8339
26	+0·838 149 577	+0·497 885 040	+0·215 804 793	− 957 4537	+1322 6536	+ 573 4813
27	·828 450 181	·511 036 549	·221 507 149	982 3796	1307 5846	566 9621
28	·818 502 911	·524 035 473	·227 143 486	1007 0280	1292 1375	560 2778
29	·808 310 555	·536 878 052	·232 712 159	1031 3963	1276 3163	553 4296
30	·797 875 925	·549 560 563	·238 211 535	1055 4823	1260 1244	546 4186
31	+0·787 201 858	+0·562 079 314	+0·243 639 990	−1079 2835	+1243 5646	+ 539 2454
Nov. 1	·776 291 212	·574 430 634	·248 995 905	1102 7974	1226 6387	531 9106
2	·765 146 878	·586 610 870	·254 277 665	1126 0209	1209 3477	524 4144
3	·753 771 773	·598 616 372	·259 483 655	1148 9507	1191 6918	516 7566
4	·742 168 858	·610 443 489	·264 612 258	1171 5822	1173 6704	508 9370
5	+0·730 341 139	+0·622 088 558	+0·269 661 855	−1193 9104	+1155 2822	+ 500 9551
6	·718 291 682	·633 547 903	·274 630 818	1215 9287	1136 5251	492 8103
7	·706 023 624	·644 817 821	·279 517 515	1237 6291	1117 3965	484 5019
8	·693 540 193	·655 894 584	·284 320 308	1259 0016	1097 8935	476 0292
9	·680 844 727	·666 774 435	·289 037 552	1280 0338	1078 0135	467 3921
10	+0·667 940 702	+0·677 453 590	+0·293 667 602	−1300 7105	+1057 7544	+ 458 5906
11	·654 831 760	·687 928 260	·298 208 821	1321 0140	1037 1166	449 6263
12	·641 521 732	·698 194 671	·302 659 593	1340 9242	1016 1035	440 5018
13	·628 014 656	·708 249 106	·307 018 338	1360 4205	994 7232	431 2218
14	·614 314 766	·718 087 952	·311 283 531	1379 4839	972 9883	421 7926
15	+0·600 426 474	+0·727 707 744	+0·315 453 716	−1398 0988	+ 950 9152	+ 412 2215
16	+0·586 354 321	+0·737 105 191	+0·319 527 515	−1416 2546	+ 928 5224	+ 402 5165

$\dot{X}, \dot{Y}, \dot{Z}$ are in units of 10^{-9} au / d.

MATRIX ELEMENTS FOR CONVERSION FROM
MEAN EQUINOX OF J2000·0 TO TRUE EQUINOX OF DATE

Julian Date	$R_{11}-1$	R_{12}	R_{13}	R_{21}	$R_{22}-1$	R_{23}	R_{31}	R_{32}	$R_{33}-1$
244									
9261·5	− 105	+133 011	+ 57 808	−133 012	− 88	+1445	− 57 806	−1522	− 17
9262·5	105	133 006	57 806	133 007	88	1462	57 804	1539	17
9263·5	105	132 989	57 798	132 990	88	1484	57 796	1561	17
9264·5	105	132 956	57 784	132 957	88	1508	57 782	1585	17
9265·5	105	132 907	57 762	132 908	88	1531	57 760	1608	17
9266·5	− 105	+132 842	+ 57 734	−132 843	− 88	+1550	− 57 732	−1627	− 17
9267·5	105	132 767	57 702	132 768	88	1563	57 700	1640	17
9268·5	105	132 687	57 667	132 688	88	1568	57 665	1645	17
9269·5	105	132 610	57 634	132 611	88	1566	57 631	1642	17
9270·5	104	132 544	57 605	132 545	88	1557	57 603	1633	17
9271·5	− 104	+132 496	+ 57 584	−132 497	− 88	+1544	− 57 582	−1621	− 17
9272·5	104	132 470	57 572	132 471	88	1534	57 570	1610	17
9273·5	104	132 462	57 569	132 463	88	1530	57 567	1607	17
9274·5	104	132 464	57 570	132 465	88	1539	57 568	1615	17
9275·5	104	132 461	57 569	132 462	88	1561	57 567	1637	17
9276·5	− 104	+132 440	+ 57 559	−132 441	− 88	+1593	− 57 557	−1669	− 17
9277·5	104	132 392	57 538	132 393	88	1630	57 536	1706	17
9278·5	104	132 317	57 506	132 318	88	1663	57 504	1739	17
9279·5	104	132 225	57 466	132 226	87	1688	57 464	1764	17
9280·5	104	132 128	57 424	132 129	87	1702	57 422	1778	16
9281·5	− 104	+132 038	+ 57 385	−132 039	− 87	+1706	− 57 382	−1782	− 16
9282·5	104	131 961	57 351	131 962	87	1703	57 349	1779	16
9283·5	103	131 903	57 326	131 904	87	1696	57 324	1772	16
9284·5	103	131 863	57 309	131 864	87	1690	57 306	1766	16
9285·5	103	131 839	57 298	131 840	87	1687	57 296	1762	16
9286·5	− 103	+131 826	+ 57 292	−131 827	− 87	+1689	− 57 290	−1765	− 16
9287·5	103	131 818	57 289	131 819	87	1698	57 287	1774	16
9288·5	103	131 810	57 285	131 811	87	1714	57 283	1790	16
9289·5	103	131 795	57 279	131 796	87	1737	57 276	1813	16
9290·5	103	131 767	57 267	131 769	87	1765	57 265	1840	16
9291·5	− 103	+131 725	+ 57 248	−131 726	− 87	+1794	− 57 246	−1870	− 16
9292·5	103	131 665	57 222	131 666	87	1824	57 220	1899	16
9293·5	103	131 590	57 190	131 591	87	1850	57 187	1925	16
9294·5	103	131 502	57 152	131 503	86	1870	57 149	1945	16
9295·5	103	131 408	57 111	131 410	86	1882	57 108	1957	16
9296·5	− 103	+131 316	+ 57 071	−131 317	− 86	+1886	− 57 068	−1961	− 16
9297·5	102	131 233	57 035	131 234	86	1884	57 032	1959	16
9298·5	102	131 165	57 005	131 166	86	1877	57 003	1952	16
9299·5	102	131 117	56 984	131 118	86	1871	56 982	1945	16
9300·5	102	131 087	56 971	131 088	86	1869	56 969	1944	16
9301·5	− 102	+131 069	+ 56 963	−131 070	− 86	+1877	− 56 961	−1952	− 16
9302·5	102	131 052	56 956	131 053	86	1897	56 953	1971	16
9303·5	102	131 022	56 943	131 023	86	1928	56 940	2002	16
9304·5	102	130 969	56 920	130 970	86	1965	56 917	2040	16
9305·5	102	130 887	56 884	130 889	86	2003	56 882	2078	16
9306·5	− 102	+130 782	+ 56 839	−130 783	− 86	+2035	− 56 836	−2110	− 16
9307·5	− 101	+130 665	+ 56 788	−130 666	− 85	+2056	− 56 785	−2131	− 16

Values are in units of 10^{-8}

POSITION AND VELOCITY OF THE EARTH, 1993

ORIGIN AT SOLAR SYSTEM BARYCENTRE

MEAN EQUATOR AND EQUINOX J2000·0

Date 0^h TDB	X	Y	Z	$\dot{X}$	$\dot{Y}$	$\dot{Z}$
Nov. 16	+0·586 354 321	+0·737 105 191	+0·319 527 515	−1416 2546	+ 928 5224	+ 402 5165
17	·572 102 934	·746 277 187	·323 503 624	1433 9450	905 8282	392 6848
18	·557 676 980	·755 220 808	·327 380 811	1451 1677	882 8497	382 7331
19	·543 081 141	·763 933 283	·331 157 904	1467 9223	859 6016	372 6668
20	·528 320 091	·772 411 982	·334 833 780	1484 2098	836 0963	362 4904
21	+0·513 398 498	+0·780 654 388	+0·338 407 359	−1500 0312	+ 812 3446	+ 352 2079
22	·498 321 019	·788 658 085	·341 877 596	1515 3873	788 3559	341 8226
23	·483 092 302	·796 420 744	·345 243 479	1530 2786	764 1386	331 3377
24	·467 716 995	·803 940 122	·348 504 027	1544 7055	739 7007	320 7559
25	·452 199 739	·811 214 049	·351 658 284	1558 6683	715 0497	310 0801
26	+0·436 545 174	+0·818 240 429	+0·354 705 324	−1572 1675	+ 690 1925	+ 299 3129
27	·420 757 934	·825 017 233	·357 644 245	1585 2035	665 1356	288 4566
28	·404 842 645	·831 542 494	·360 474 166	1597 7773	639 8846	277 5132
29	·388 803 926	·837 814 294	·363 194 225	1609 8894	614 4441	266 4845
30	·372 646 394	·843 830 756	·365 803 577	1621 5403	588 8177	255 3719
Dec. 1	+0·356 374 660	+0·849 590 037	+0·368 301 386	−1632 7295	+ 563 0079	+ 244 1762
2	·339 993 348	·855 090 308	·370 686 828	1643 4555	537 0161	232 8984
3	·323 507 102	·860 329 755	·372 959 081	1653 7155	510 8431	221 5388
4	·306 920 606	·865 306 566	·375 117 333	1663 5047	484 4890	210 0982
5	·290 238 599	·870 018 933	·377 160 778	1672 8165	457 9544	198 5774
6	+0·273 465 897	+0·874 465 055	+0·379 088 617	−1681 6422	+ 431 2400	+ 186 9775
7	·256 607 411	·878 643 140	·380 900 070	1689 9712	404 3477	175 3004
8	·239 668 170	·882 551 428	·382 594 377	1697 7911	377 2811	163 5487
9	·222 653 334	·886 188 201	·384 170 808	1705 0878	350 0461	151 7261
10	·205 568 206	·889 551 818	·385 628 678	1711 8468	322 6516	139 8374
11	+0·188 418 238	+0·892 640 744	+0·386 967 357	−1718 0538	+ 295 1103	+ 127 8890
12	·171 209 011	·895 453 587	·388 186 284	1723 6966	267 4380	115 8884
13	·153 946 218	·897 989 130	·389 284 978	1728 7660	239 6536	103 8437
14	·136 635 619	·900 246 352	·390 263 041	1733 2572	211 7772	91 7635
15	·119 283 005	·902 224 434	·391 120 157	1737 1693	183 8289	79 6558
16	+0·101 894 154	+0·903 922 752	+0·391 856 089	−1740 5052	+ 155 8272	+ 67 5277
17	·084 474 805	·905 340 856	·392 470 665	1743 2697	127 7887	55 3856
18	·067 030 644	·906 478 450	·392 963 770	1745 4690	99 7273	43 2345
19	·049 567 290	·907 335 366	·393 335 339	1747 1092	71 6550	31 0789
20	·032 090 303	·907 911 550	·393 585 347	1748 1964	43 5826	18 9228
21	+0·014 605 186	+0·908 207 048	+0·393 713 805	−1748 7362	+ 15 5194	+ 6 7696
22	− ·002 882 613	·908 221 998	·393 720 760	1748 7338	− 12 5258	− 5 3772
23	·020 367 700	·907 956 621	·393 606 292	1748 1944	40 5444	17 5146
24	·037 844 729	·907 411 224	·393 370 511	1747 1232	68 5287	29 6394
25	·055 308 409	·906 586 186	·393 013 556	1745 5255	96 4713	41 7488
26	−0·072 753 502	+0·905 481 959	+0·392 535 594	−1743 4069	− 124 3657	− 53 8404
27	·090 174 828	·904 099 052	·391 936 814	1740 7731	152 2064	65 9121
28	·107 567 264	·902 438 024	·391 217 425	1737 6294	179 9894	77 9621
29	·124 925 733	·900 499 465	·390 377 647	1733 9805	207 7121	89 9895
30	·142 245 201	·898 283 987	·389 417 713	1729 8294	235 3731	101 9934
31	−0·159 520 652	+0·895 792 209	+0·388 337 860	−1725 1772	− 262 9720	− 113 9731
32	−0·176 747 070	+0·893 024 755	+0·387 138 335	−1720 0225	− 290 5084	− 125 9278

$\dot{X}, \dot{Y}, \dot{Z}$ are in units of 10^{-9} au / d.

MATRIX ELEMENTS FOR CONVERSION FROM
MEAN EQUINOX OF J2000·0 TO TRUE EQUINOX OF DATE

Julian Date	$R_{11}-1$	R_{12}	R_{13}	R_{21}	$R_{22}-1$	R_{23}	R_{31}	R_{32}	$R_{33}-1$
244									
9307·5	− 101	+130 665	+ 56 788	−130 666	− 85	+2056	− 56 785	−2131	− 16
9308·5	101	130 548	56 737	130 549	85	2066	56 734	2140	16
9309·5	101	130 443	56 692	130 445	85	2066	56 689	2140	16
9310·5	101	130 357	56 654	130 358	85	2061	56 651	2135	16
9311·5	101	130 291	56 625	130 292	85	2054	56 623	2128	16
9312·5	− 101	+130 242	+ 56 604	−130 243	− 85	+2050	− 56 602	−2124	− 16
9313·5	101	130 207	56 589	130 208	85	2050	56 586	2124	16
9314·5	101	130 179	56 577	130 180	85	2057	56 574	2131	16
9315·5	101	130 152	56 565	130 153	85	2071	56 562	2145	16
9316·5	101	130 120	56 551	130 121	85	2091	56 548	2165	16
9317·5	− 101	+130 077	+ 56 532	−130 078	− 85	+2117	− 56 530	−2190	− 16
9318·5	100	130 020	56 507	130 021	85	2145	56 504	2218	16
9319·5	100	129 945	56 475	129 946	84	2173	56 472	2246	16
9320·5	100	129 854	56 435	129 855	84	2198	56 432	2272	16
9321·5	100	129 749	56 390	129 750	84	2218	56 387	2291	16
9322·5	− 100	+129 637	+ 56 341	−129 638	− 84	+2229	− 56 338	−2302	− 16
9323·5	100	129 524	56 292	129 525	84	2232	56 289	2305	16
9324·5	100	129 420	56 247	129 421	84	2228	56 244	2300	16
9325·5	99	129 331	56 208	129 332	84	2218	56 205	2291	16
9326·5	99	129 261	56 178	129 262	84	2207	56 175	2280	16
9327·5	− 99	+129 210	+ 56 156	−129 211	− 84	+2200	− 56 153	−2273	− 16
9328·5	99	129 172	56 139	129 174	83	2201	56 136	2273	16
9329·5	99	129 139	56 125	129 141	83	2212	56 122	2284	16
9330·5	99	129 099	56 107	129 100	83	2233	56 105	2306	16
9331·5	99	129 040	56 082	129 041	83	2263	56 079	2335	16
9332·5	− 99	+128 956	+ 56 045	−128 957	− 83	+2294	− 56 042	−2367	− 16
9333·5	99	128 847	55 998	128 848	83	2323	55 995	2395	16
9334·5	98	128 720	55 943	128 721	83	2342	55 940	2414	16
9335·5	98	128 587	55 885	128 588	83	2350	55 882	2422	16
9336·5	98	128 461	55 831	128 463	83	2348	55 828	2419	16
9337·5	− 98	+128 352	+ 55 783	−128 354	− 82	+2337	− 55 780	−2409	− 16
9338·5	98	128 264	55 745	128 265	82	2323	55 742	2395	16
9339·5	98	128 196	55 716	128 198	82	2310	55 713	2381	16
9340·5	98	128 145	55 693	128 146	82	2300	55 690	2371	16
9341·5	98	128 104	55 675	128 105	82	2297	55 672	2368	16
9342·5	− 98	+128 067	+ 55 659	−128 068	− 82	+2300	− 55 656	−2372	− 16
9343·5	97	128 027	55 642	128 029	82	2310	55 639	2382	16
9344·5	97	127 979	55 621	127 981	82	2326	55 618	2397	16
9345·5	97	127 919	55 595	127 920	82	2345	55 592	2416	15
9346·5	97	127 842	55 561	127 843	82	2365	55 558	2436	15
9347·5	− 97	+127 749	+ 55 521	−127 750	− 82	+2383	− 55 518	−2454	− 15
9348·5	97	127 641	55 474	127 642	81	2396	55 471	2467	15
9349·5	97	127 523	55 423	127 524	81	2402	55 420	2472	15
9350·5	96	127 402	55 371	127 404	81	2398	55 368	2469	15
9351·5	96	127 288	55 321	127 290	81	2386	55 318	2457	15
9352·5	− 96	+127 189	+ 55 278	−127 190	− 81	+2368	− 55 275	−2438	− 15
9353·5	− 96	+127 110	+ 55 244	−127 111	− 81	+2347	− 55 241	−2417	− 15

Values are in units of 10^{-8}.

Reduction for polar motion

The rotation of the Earth is represented by a diurnal rotation around a reference axis whose motion with respect to the inertial reference frame is represented by the theories of precession and nutation. This reference axis does not coincide with the axis of figure (maximum moment of inertia) of the Earth, but moves slowly (in a terrestrial reference frame) in a quasi-circular path around it. The reference axis is the celestial ephemeris pole (normal to the true equator) and its motion with respect to the terrestrial reference frame is known as polar motion. The maximum amplitude of the polar motion is typically about $0''3$ (corresponding to a displacement of about 9 m on the surface of the Earth) and the principal periods are about 365 and 428 days. The motion is affected by unpredictable geophysical forces and is determined from observations of stars, of radio sources and of appropriate satellites of the Earth.

The pole and zero (Greenwich) meridian of the terrestrial reference frame are defined implicitly by the adoption of a set of coordinates for the instruments that are used to determine UT and polar motion from astronomical observations. (The pole of this system is known as the conventional international origin.) The position of the terrestrial reference frame with respect to the true equator and equinox of date is defined by successive rotations through two small angles x, y and the Greenwich apparent sidereal time θ. The angles x, y correspond to the coordinates of the celestial ephemeris pole with respect to the terrestrial pole measured along the meridians at longitudes $0°$ and $270°$ ($90°$ west). Current values of the coordinates of the pole for use in the reduction of observations are published by the Central Bureau of IERS. Previous values from 1970 January 1 onwards are given on page K10. Values before 1988 were published by the International Polar Motion Service. The coordinates x and y are usually measured in seconds of arc.

Polar motion causes variations in the zenith distance and azimuth of the celestial ephemeris pole and hence in the values of terrestrial latitude (ϕ) and longitude (λ) that are determined from direct astronomical observations of latitude and time. To first order, the departures from the mean values ϕ_m, λ_m are given by:

$$\Delta\phi = x \cos \lambda_m - y \sin \lambda_m \quad \text{and} \quad \Delta\lambda = (x \sin \lambda_m + y \cos \lambda_m) \tan \phi_m$$

The variation in longitude must be taken into account in the determination of GMST, and hence of UT, from observations.

The rigorous transformation of a vector $\mathbf{p}_3$ with respect to the celestial frame of the true equator and equinox of date to the corresponding vector $\mathbf{p}_4$ with respect to the terrestrial frame is given by the formula:

$$\mathbf{p}_4 = \mathbf{R}_2(-x)\, \mathbf{R}_1(-y)\, \mathbf{R}_3(\theta)\, \mathbf{p}_3$$

and conversely,

$$\mathbf{p}_3 = \mathbf{R}_3(-\theta)\, \mathbf{R}_1(y)\, \mathbf{R}_2(x)\, \mathbf{p}_4$$

where $\mathbf{R}_1(\alpha)$, $\mathbf{R}_2(\alpha)$, $\mathbf{R}_3(\alpha)$ are, respectively, the matrices:

$$\begin{bmatrix} 1 & 0 & 0 \\ 0 & \cos\alpha & \sin\alpha \\ 0 & -\sin\alpha & \cos\alpha \end{bmatrix} \qquad \begin{bmatrix} \cos\alpha & 0 & -\sin\alpha \\ 0 & 1 & 0 \\ \sin\alpha & 0 & \cos\alpha \end{bmatrix} \qquad \begin{bmatrix} \cos\alpha & \sin\alpha & 0 \\ -\sin\alpha & \cos\alpha & 0 \\ 0 & 0 & 1 \end{bmatrix}$$

corresponding to rotations α about the x, y and z axes. The vector $\mathbf{p}$ could represent, for example, the coordinates of a point on the Earth's surface or of a satellite in orbit around the Earth.

Reduction for diurnal parallax and diurnal aberration

The computation of diurnal parallax and aberration due to the displacement of the observer from the centre of the Earth requires a knowledge of the geocentric coordinates (ρ, geocentric distance in units of the Earth's equatorial radius, and ϕ', geocentric latitude, see page K5) of the place of observation and the local sidereal time (θ_0) of the observation (see page B6).

For bodies whose equatorial horizontal parallax (π) normally amounts to only a few seconds of arc the corrections for diurnal parallax in right ascension and declination (in the sense geocentric place *minus* topocentric place) are given by:

$$\Delta\alpha = \pi(\rho \cos \phi' \sin h \sec \delta)$$
$$\Delta\delta = \pi(\rho \sin \phi' \cos \delta - \rho \cos \phi' \cos h \sin \delta)$$

where h is the local hour angle ($\theta_0 - \alpha$) and π may be calculated from $8''\!.794$ divided by the geocentric distance of the body (in au). For the Moon (and other very close bodies) more precise formulae are required (see page D3).

The corrections for diurnal aberration in right ascension and declination (in the sense apparent place *minus* mean place) are given by:

$$\Delta\alpha = 0^s\!.0213\, \rho \cos \phi' \cos h \sec \delta \quad \Delta\delta = 0''\!.319\, \rho \cos \phi' \sin h \sin \delta$$

For a body at transit the local hour angle (h) is zero and so $\Delta\delta$ is zero, but

$$\Delta\alpha = \pm 0^s\!.0213\, \rho \cos \phi' \sec \delta$$

where the plus and minus signs are used for the upper and lower transits, respectively; this may be regarded as a correction to the time of transit.

Alternatively, the effects may be computed in rectangular coordinates using the following expressions for the geocentric coordinates and velocity components of the observer with respect to the celestial equatorial reference frame:

$$\text{position:} \quad (a\rho \cos \phi' \cos \theta_0,\ a\rho \cos \phi' \sin \theta_0,\ a\rho \sin \phi')$$
$$\text{velocity:} \quad (-a\omega\rho \cos \phi' \sin \theta_0,\ a\omega\rho \cos \phi' \cos \theta_0,\ 0)$$

where θ_0 is the local sidereal time (mean or apparent as appropriate), a is the equatorial radius of the Earth and ω the angular velocity of the Earth.

$$\theta_0 = \text{Greenwich sidereal time} + \text{east longitude}$$
$$a\omega = 0.464\,\text{km/s} = 0.268 \times 10^{-3}\,\text{au/d} \quad c = 2.998 \times 10^5\,\text{km/s} = 173.14\,\text{au/d}$$
$$a\omega/c = 1.55 \times 10^{-6}\,\text{rad} = 0''\!.319 = 0^s\!.0213$$

These geocentric position and velocity vectors of the observer are added to the barycentric position and velocity of the Earth's centre, respectively, to obtain the corresponding barycentric vectors of the observer.

Conversion to altitude and azimuth

It is convenient to use the local hour angle (h) as an intermediary in the conversion from the apparent right ascension (α) and declination (δ) to the azimuth (A) and altitude (a). The local apparent sidereal time (θ_0) corresponding to the UT of the observation must be determined first (see page B6). The formulae are:

$$\theta_0 = \text{GMST} + \lambda + \text{equation of equinoxes}$$
$$h = \theta_0 - \alpha$$
$$\cos a \sin A = -\cos \delta \sin h$$
$$\cos a \cos A = \sin \delta \cos \phi - \cos \delta \cos h \sin \phi$$
$$\sin a = \sin \delta \sin \phi + \cos \delta \cos h \cos \phi$$

where azimuth (A) is measured from the north through east in the plane of the horizon, altitude (a) is measured perpendicular to the horizon, and λ, ϕ are the astronomical values of the east longitude and latitude of the place of observation. The plane of the

Conversion to altitude and azimuth (continued)

horizon is defined to be perpendicular to the apparent direction of gravity. Zenith distance is given by $z = 90° - a$.

For most purposes the values of the geodetic longitude and latitude may be used but in some cases the effects of local gravity anomalies and polar motion must be included. For full precision, the values of α, δ must be corrected for diurnal parallax and diurnal aberration. The inverse formulae are:

$$\cos \delta \sin h = - \cos a \sin A$$
$$\cos \delta \cos h = \quad \sin a \cos \phi - \cos a \cos A \sin \phi$$
$$\sin \delta = \quad \sin a \sin \phi + \cos a \cos A \cos \phi$$

Correction for refraction

For most astronomical purposes the effect of refraction in the Earth's atmosphere is to decrease the zenith distance (computed by the formulae of the previous section) by an amount R that depends on the zenith distance and on the meteorological conditions at the site. A simple expression for R for zenith distances less than 75° (altitudes greater than 15°) is:

$$R = 0°004\ 52\ P \tan z/(273 + T)$$
$$= 0°004\ 52\ P/((273 + T) \tan a)$$

where T is the temperature (°C) and P is the barometric pressure (millibars). This formula is usually accurate to about $0''1$ for altitudes above 15°, but the error increases rapidly at lower altitudes, especially in abnormal meteorological conditions. For observed apparent altitudes below 15° use the approximate formula:

$$R = P(0·1594 + 0·0196a + 0·000\ 02a^2)/[(273 + T)(1 + 0·505a + 0·0845a^2)]$$

where the altitude a is in degrees.

DETERMINATION OF LATITUDE AND AZIMUTH

Use of the Polaris Table

The table on pages B64–B67 gives data for obtaining latitude from an observed altitude of Polaris (suitably corrected for instrumental errors and refraction) and the azimuth of this star (measured from north, positive to the east and negative to the west), for all hour angles and northern latitudes. The six tabulated quantities, each given to a precision of $0''1$, are a_0, a_1, a_2, referring to the correction to altitude, and b_0, b_1, b_2, to the azimuth.

$$\text{latitude} = \text{corrected observed altitude} + a_0 + a_1 + a_2$$
$$\text{azimuth} = (b_0 + b_1 + b_2)/\cos(\text{latitude})$$

The table is to be entered with the local sidereal time of observation (LST), and gives the values of a_0, b_0 directly; interpolation, with maximum differences of $0''7$, can be done mentally. In the same vertical column, the values of a_1, b_1 are found with the latitude, and those of a_2, b_2 with the date, as argument. Thus all six quantities can, if desired, be extracted together. The errors due to the adoption of a mean value of the local sidereal time for each of the subsidiary tables have been reduced to a minimum, and the total error is not likely to exceed $0''2$. Interpolation between columns should not be attempted.

The observed altitude must be corrected for refraction before being used to determine the astronomical latitude of the place of observation. Both the latitude and the azimuth so obtained are affected by local gravity anomalies.

Pole Star formulae

The formulae below provide a method for obtaining latitude from the observed altitude of one of the pole stars, *Polaris* or σ Octantis, and an assumed *east* longitude of the observer λ. In addition, the azimuth of a pole star may be calculated from an assumed *east* longitude λ and the observed altitude a, or from λ and an assumed latitude ϕ. An error of $0°002$ in a or $0°1$ in λ will produce an error of about $0°002$ in the calculated latitude. Likewise an error of $0°03$ in λ, a or ϕ will produce an error of about $0°002$ in the calculated azimuth for latitudes below $70°$.

Step 1. Calculate the Greenwich hour angle GHA and polar distance p, in degrees, from expressions of the form:

$$GHA = a_0 + a_1 L + a_2 \sin L + a_3 \cos L + 15\,t$$
$$p = a_0 + a_1 L + a_2 \sin L + a_3 \cos L$$

where
$$L = 0°985\,65\,d$$
$$d = \text{day of year (from pages B2–B3)} + t/24$$

and where the coefficients a_0, a_1, a_2, a_3 are given in the table below, t is the universal time in hours, d is the interval in days from 1993 January 0 at 0^h UT to the time of observation, and the quantity L is in degrees. In the above formulae d is required to two decimals of a day, L to two decimals of a degree and t to three decimals of an hour.

Step 2. Calculate the local hour angle LHA from:

$$LHA = GHA + \lambda \quad \text{(add or subtract multiples of } 360°\text{)}$$

where λ is the assumed longitude measured east from the Greenwich meridian.

Form the quantities: $S = p \sin(LHA)$ $C = p \cos(LHA)$

Step 3. The latitude of the place of observation, in degrees, is given by:

$$\text{latitude} = a - C + 0·0087\,S^2 \tan a$$

where a is the observed altitude of the pole star after correction for instrument error and atmospheric refraction.

Step 4. The azimuth of the pole star, in degrees, is given by:

$$\text{azimuth of } Polaris = -S/\cos a$$
$$\text{azimuth of } \sigma \text{ Octantis} = 180° + S/\cos a$$

where azimuth is measured eastwards around the horizon from north.

In step 4, if a has not been observed, use the quantity:

$$a = \phi + C - 0·0087\,S^2 \tan \phi$$

where ϕ is an assumed latitude, taken to be positive in either hemisphere.

POLE STAR COEFFICIENTS FOR 1993

	Polaris		σ Octantis	
	GHA	*p*	*GHA*	*p*
	°	°	°	°
a_0	63·49	0·7655	144·00	1·0170
a_1	0·999 13	−0·0000 093	0·999 50	0·0000 113
a_2	0·35	−0·0021	0·17	0·0041
a_3	−0·20	−0·0050	0·26	−0·0034

LST	0^h		1^h		2^h		3^h		4^h		5^h	
	a_0	b_0	a_0	b_0	a_0	b_0	a_0	b_0	a_0	b_0	a_0	b_0
m	′	′	′	′	′	′	′	′	′	′	′	′
0	−36·8	+27·5	−42·6	+16·9	−45·5	+ 5·1	−45·3	− 7·0	−41·9	−18·6	−35·6	−29·0
3	37·1	27·0	42·8	16·4	45·6	4·5	45·2	7·6	41·6	19·2	35·2	29·4
6	37·5	26·5	43·0	15·8	45·6	3·9	45·1	8·2	41·4	19·7	34·9	29·9
9	37·8	26·0	43·2	15·2	45·7	3·3	45·0	8·8	41·1	20·3	34·5	30·3
12	38·1	25·5	43·4	14·6	45·7	2·7	44·8	9·4	40·9	20·8	34·1	30·8
15	−38·5	+25·0	−43·6	+14·1	−45·8	+ 2·1	−44·7	−10·0	−40·6	−21·4	−33·7	−31·2
18	38·8	24·5	43·8	13·5	45·8	1·5	44·6	10·6	40·3	21·9	33·2	31·7
21	39·1	24·0	44·0	12·9	45·8	0·9	44·4	11·2	40·0	22·4	32·8	32·1
24	39·4	23·5	44·1	12·3	45·8	+ 0·3	44·3	11·8	39·7	23·0	32·4	32·5
27	39·7	22·9	44·3	11·7	45·8	− 0·3	44·1	12·3	39·4	23·5	32·0	33·0
30	−40·0	+22·4	−44·4	+11·1	−45·8	− 0·9	−44·0	−12·9	−39·1	−24·0	−31·5	−33·4
33	40·3	21·9	44·6	10·5	45·8	1·5	43·8	13·5	38·8	24·5	31·1	33·8
36	40·6	21·3	44·7	10·0	45·8	2·1	43·6	14·1	38·5	25·0	30·7	34·2
39	40·9	20·8	44·8	9·4	45·7	2·8	43·4	14·7	38·1	25·5	30·2	34·6
42	41·1	20·3	45·0	8·8	45·7	3·4	43·2	15·2	37·8	26·0	29·8	35·0
45	−41·4	+19·7	−45·1	+ 8·2	−45·6	− 4·0	−43·0	−15·8	−37·4	−26·5	−29·3	−35·4
48	41·7	19·2	45·2	7·6	45·6	4·6	42·8	16·4	37·1	27·0	28·8	35·8
51	41·9	18·6	45·3	7·0	45·5	5·2	42·6	17·0	36·7	27·5	28·4	36·1
54	42·1	18·0	45·4	6·4	45·4	5·8	42·4	17·5	36·4	28·0	27·9	36·5
57	42·4	17·5	45·4	5·8	45·4	6·4	42·1	18·1	36·0	28·5	27·4	36·9
60	−42·6	+16·9	−45·5	+ 5·1	−45·3	− 7·0	−41·9	−18·6	−35·6	−29·0	−26·9	−37·2

Lat.	a_1	b_1	a_1	b_1	a_1	b_1	a_1	b_1	a_1	b_1	a_1	b_1
°												
0	−·1	−·3	·0	−·2	·0	·0	·0	+·2	−·1	+·3	−·2	+·4
10	−·1	−·3	·0	−·1	·0	·0	·0	+·2	−·1	+·3	−·2	+·3
20	−·1	−·2	·0	−·1	·0	·0	·0	+·1	−·1	+·2	−·1	+·3
30	·0	−·2	·0	−·1	·0	·0	·0	+·1	−·1	+·2	−·1	+·2
40	·0	−·1	·0	−·1	·0	·0	·0	+·1	·0	+·1	−·1	+·1
45	·0	·0	·0	·0	·0	·0	·0	·0	·0	+·1	·0	+·1
50	·0	·0	·0	·0	·0	·0	·0	·0	·0	·0	·0	·0
55	·0	+·1	·0	·0	·0	·0	·0	·0	·0	−·1	·0	−·1
60	·0	+·1	·0	+·1	·0	·0	·0	−·1	·0	−·1	+·1	−·2
62	·0	+·2	·0	+·1	·0	·0	·0	−·1	+·1	−·2	+·1	−·2
64	+·1	+·2	·0	+·1	·0	·0	·0	−·1	+·1	−·2	+·1	−·3
66	+·1	+·3	·0	+·1	·0	·0	·0	−·2	+·1	−·3	+·2	−·3

Month	a_2	b_2	a_2	b_2	a_2	b_2	a_2	b_2	a_2	b_2	a_2	b_2
Jan.	+·1	−·1	+·2	−·1	+·2	·0	+·2	·0	+·2	+·1	+·2	+·1
Feb.	+·1	−·3	+·1	−·2	+·2	−·2	+·2	−·1	+·3	−·1	+·3	·0
Mar.	−·1	−·3	·0	−·3	+·1	−·3	+·2	−·3	+·3	−·2	+·3	−·1
Apr.	−·2	−·3	−·1	−·4	·0	−·4	+·1	−·4	+·2	−·3	+·2	−·3
May	−·3	−·2	−·3	−·3	−·2	−·3	−·1	−·4	·0	−·4	+·1	−·4
June	−·4	−·1	−·3	−·2	−·3	−·2	−·2	−·3	−·1	−·3	·0	−·4
July	−·3	+·1	−·3	·0	−·3	−·1	−·3	−·2	−·2	−·2	−·2	−·3
Aug.	−·2	+·2	−·3	+·2	−·3	+·1	−·3	·0	−·3	−·1	−·3	−·1
Sept.	·0	+·3	−·1	+·3	−·2	+·2	−·2	+·2	−·3	+·1	−·3	·0
Oct.	+·2	+·3	+·1	+·3	·0	+·3	−·1	+·3	−·2	+·3	−·3	+·2
Nov.	+·3	+·3	+·2	+·3	+·2	+·4	·0	+·4	−·1	+·4	−·2	+·4
Dec.	+·4	+·1	+·4	+·2	+·3	+·3	+·2	+·4	+·1	+·4	·0	+·5

Latitude = Corrected observed altitude of *Polaris* + a_0 + a_1 + a_2

Azimuth of *Polaris* = $(b_0 + b_1 + b_2)$ / cos (latitude)

LST	6^h a_0	b_0	7^h a_0	b_0	8^h a_0	b_0	9^h a_0	b_0	10^h a_0	b_0	11^h a_0	b_0
m	′	′	′	′	′	′	′	′	′	′	′	′
0	−26·9	−37·2	−16·4	−42·9	− 4·7	−45·6	+ 7·2	−45·2	+18·7	−41·7	+28·8	−35·4
3	26·4	37·6	15·8	43·1	4·1	45·7	7·8	45·1	19·2	41·4	29·3	35·0
6	25·9	37·9	15·2	43·3	3·5	45·7	8·4	45·0	19·8	41·2	29·7	34·7
9	25·4	38·3	14·7	43·5	2·9	45·7	9·0	44·8	20·3	40·9	30·2	34·3
12	24·9	38·6	14·1	43·7	2·3	45·8	9·6	44·7	20·8	40·6	30·6	33·9
15	−24·4	−38·9	−13·5	−43·9	− 1·7	−45·8	+10·2	−44·6	+21·4	−40·4	+31·1	−33·5
18	23·9	39·2	12·9	44·0	1·1	45·8	10·8	44·4	21·9	40·1	31·5	33·1
21	23·4	39·5	12·4	44·2	− 0·5	45·8	11·3	44·3	22·4	39·8	31·9	32·6
24	22·9	39·8	11·8	44·4	+ 0·1	45·8	11·9	44·1	22·9	39·5	32·4	32·2
27	22·4	40·1	11·2	44·5	0·7	45·8	12·5	44·0	23·4	39·2	32·8	31·8
30	−21·8	−40·4	−10·6	−44·6	+ 1·3	−45·8	+13·1	−43·8	+24·0	−38·9	+33·2	−31·4
33	21·3	40·7	10·0	44·8	1·9	45·8	13·6	43·6	24·5	38·6	33·6	30·9
36	20·8	41·0	9·5	44·9	2·5	45·7	14·2	43·4	25·0	38·2	34·0	30·5
39	20·2	41·2	8·9	45·0	3·1	45·7	14·8	43·2	25·5	37·9	34·4	30·0
42	19·7	41·5	8·3	45·1	3·7	45·6	15·3	43·0	26·0	37·6	34·8	29·6
45	−19·1	−41·8	− 7·7	−45·2	+ 4·3	−45·6	+15·9	−42·8	+26·4	−37·2	+35·2	−29·1
48	18·6	42·0	7·1	45·3	4·9	45·5	16·5	42·6	26·9	36·9	35·6	28·7
51	18·0	42·2	6·5	45·4	5·5	45·4	17·0	42·4	27·4	36·5	35·9	28·2
54	17·5	42·5	5·9	45·5	6·1	45·4	17·6	42·2	27·9	36·2	36·3	27·8
57	16·9	42·7	5·3	45·5	6·6	45·3	18·1	41·9	28·4	35·8	36·7	27·3
60	−16·4	−42·9	− 4·7	−45·6	+ 7·2	−45·2	+18·7	−41·7	+28·8	−35·4	+37·0	−26·8

Lat.	a_1	b_1	a_1	b_1	a_1	b_1	a_1	b_1	a_1	b_1	a_1	b_1
°												
0	− ·3	+ ·3	− ·3	+ ·2	− ·4	·0	− ·3	− ·2	− ·3	− ·3	− ·2	− ·4
10	− ·2	+ ·3	− ·3	+ ·1	− ·3	·0	− ·3	− ·2	− ·2	− ·3	− ·1	− ·3
20	− ·2	+ ·2	− ·2	+ ·1	− ·3	·0	− ·2	− ·1	− ·2	− ·2	− ·1	− ·3
30	− ·1	+ ·2	− ·2	+ ·1	− ·2	·0	− ·2	− ·1	− ·1	− ·2	− ·1	− ·2
40	− ·1	+ ·1	− ·1	+ ·1	− ·1	·0	− ·1	− ·1	− ·1	− ·1	− ·1	− ·1
45	·0	·0	− ·1	·0	− ·1	·0	− ·1	·0	·0	− ·1	·0	− ·1
50	·0	·0	·0	·0	·0	·0	·0	·0	·0	·0	·0	·0
55	+ ·1	− ·1	+ ·1	·0	+ ·1	·0	+ ·1	·0	+ ·1	+ ·1	·0	+ ·1
60	+ ·1	− ·1	+ ·2	− ·1	+ ·2	·0	+ ·2	+ ·1	+ ·1	+ ·1	+ ·1	+ ·2
62	+ ·2	− ·2	+ ·2	− ·1	+ ·2	·0	+ ·2	+ ·1	+ ·2	+ ·2	+ ·1	+ ·2
64	+ ·2	− ·2	+ ·2	− ·1	+ ·3	·0	+ ·2	+ ·1	+ ·2	+ ·2	+ ·1	+ ·3
66	+ ·2	− ·3	+ ·3	− ·1	+ ·3	·0	+ ·3	+ ·2	+ ·2	+ ·3	+ ·2	+ ·3

Month	a_2	b_2	a_2	b_2	a_2	b_2	a_2	b_2	a_2	b_2	a_2	b_2
Jan.	+ ·1	+ ·1	+ ·1	+ ·2	·0	+ ·2	·0	+ ·2	− ·1	+ ·2	− ·1	+ ·2
Feb.	+ ·3	+ ·1	+ ·2	+ ·1	+ ·2	+ ·2	+ ·1	+ ·2	+ ·1	+ ·3	·0	+ ·3
Mar.	+ ·3	− ·1	+ ·3	·0	+ ·3	+ ·1	+ ·3	+ ·2	+ ·2	+ ·3	+ ·1	+ ·3
Apr.	+ ·3	− ·2	+ ·4	− ·1	+ ·4	·0	+ ·4	+ ·1	+ ·3	+ ·2	+ ·3	+ ·2
May	+ ·2	− ·3	+ ·3	− ·3	+ ·3	− ·2	+ ·4	− ·1	+ ·4	·0	+ ·4	+ ·1
June	+ ·1	− ·4	+ ·2	− ·3	+ ·2	− ·3	+ ·3	− ·2	+ ·3	− ·1	+ ·4	·0
July	− ·1	− ·3	·0	− ·3	+ ·1	− ·3	+ ·2	− ·3	+ ·2	− ·2	+ ·3	− ·2
Aug.	− ·2	− ·2	− ·2	− ·3	− ·1	− ·3	·0	− ·3	+ ·1	− ·3	+ ·1	− ·3
Sept.	− ·3	·0	− ·3	− ·1	− ·2	− ·2	− ·2	− ·2	− ·1	− ·3	·0	− ·3
Oct.	− ·3	+ ·2	− ·3	+ ·1	− ·3	·0	− ·3	− ·1	− ·3	− ·2	− ·2	− ·3
Nov.	− ·3	+ ·3	− ·3	+ ·2	− ·4	+ ·2	− ·4	·0	− ·4	− ·1	− ·4	− ·2
Dec.	− ·1	+ ·4	− ·2	+ ·4	− ·3	+ ·3	− ·4	+ ·2	− ·4	+ ·1	− ·5	·0

Latitude = Corrected observed altitude of *Polaris* + a_0 + a_1 + a_2

Azimuth of *Polaris* = (b_0 + b_1 + b_2) / cos (latitude)

POLARIS TABLE, 1993

LST	12ʰ a_0	12ʰ b_0	13ʰ a_0	13ʰ b_0	14ʰ a_0	14ʰ b_0	15ʰ a_0	15ʰ b_0	16ʰ a_0	16ʰ b_0	17ʰ a_0	17ʰ b_0
m	′	′	′	′	′	′	′	′	′	′	′	′
0	+37·0	−26·8	+42·7	−16·4	+45·5	− 5·0	+45·3	+ 6·8	+42·0	+18·1	+35·9	+28·2
3	37·4	26·3	42·9	15·9	45·6	4·4	45·2	7·4	41·8	18·6	35·5	28·7
6	37·7	25·8	43·1	15·3	45·6	3·8	45·1	7·9	41·5	19·2	35·2	29·2
9	38·0	25·3	43·3	14·8	45·7	3·2	45·0	8·5	41·3	19·7	34·8	29·6
12	38·4	24·8	43·5	14·2	45·7	2·6	44·9	9·1	41·0	20·2	34·4	30·1
15	+38·7	−24·3	+43·7	−13·6	+45·8	− 2·0	+44·7	+ 9·7	+40·7	+20·8	+34·0	+30·5
18	39·0	23·8	43·9	13·1	45·8	1·5	44·6	10·3	40·5	21·3	33·6	31·0
21	39·3	23·3	44·0	12·5	45·8	0·9	44·5	10·8	40·2	21·8	33·2	31·4
24	39·6	22·8	44·2	11·9	45·8	− 0·3	44·3	11·4	39·9	22·3	32·8	31·8
27	39·9	22·3	44·3	11·4	45·8	+ 0·3	44·2	12·0	39·6	22·9	32·3	32·2
30	+40·2	−21·8	+44·5	−10·8	+45·8	+ 0·9	+44·0	+12·5	+39·3	+23·4	+31·9	+32·7
33	40·5	21·3	44·6	10·2	45·8	1·5	43·9	13·1	39·0	23·9	31·5	33·1
36	40·8	20·7	44·8	9·6	45·8	2·1	43·7	13·7	38·7	24·4	31·1	33·5
39	41·0	20·2	44·9	9·1	45·7	2·7	43·5	14·2	38·3	24·9	30·6	33·9
42	41·3	19·7	45·0	8·5	45·7	3·3	43·3	14·8	38·0	25·4	30·2	34·3
45	+41·5	−19·2	+45·1	− 7·9	+45·6	+ 3·8	+43·1	+15·4	+37·7	+25·9	+29·7	+34·7
48	41·8	18·6	45·2	7·3	45·6	4·4	42·9	15·9	37·3	26·3	29·3	35·1
51	42·0	18·1	45·3	6·7	45·5	5·0	42·7	16·5	37·0	26·8	28·8	35·4
54	42·3	17·5	45·4	6·2	45·4	5·6	42·5	17·0	36·6	27·3	28·3	35·8
57	42·5	17·0	45·5	5·6	45·4	6·2	42·2	17·6	36·3	27·8	27·9	36·2
60	+42·7	−16·4	+45·5	− 5·0	+45·3	+ 6·8	+42·0	+18·1	+35·9	+28·2	+27·4	+36·5

Lat.	a_1	b_1	a_1	b_1	a_1	b_1	a_1	b_1	a_1	b_1	a_1	b_1
°												
0	− ·1	− ·3	·0	− ·2	·0	·0	·0	+ ·2	− ·1	+ ·3	− ·2	+ ·4
10	− ·1	− ·3	·0	− ·1	·0	·0	·0	+ ·2	− ·1	+ ·3	− ·2	+ ·3
20	− ·1	− ·2	·0	− ·1	·0	·0	·0	+ ·1	− ·1	+ ·2	− ·1	+ ·3
30	·0	− ·2	·0	− ·1	·0	·0	·0	+ ·1	− ·1	+ ·2	− ·1	+ ·2
40	·0	− ·1	·0	− ·1	·0	·0	·0	+ ·1	·0	+ ·1	− ·1	+ ·1
45	·0	·0	·0	·0	·0	·0	·0	·0	·0	+ ·1	·0	+ ·1
50	·0	·0	·0	·0	·0	·0	·0	·0	·0	·0	·0	·0
55	·0	+ ·1	·0	·0	·0	·0	·0	·0	·0	− ·1	·0	− ·1
60	·0	+ ·1	·0	+ ·1	·0	·0	·0	− ·1	·0	− ·1	+ ·1	− ·2
62	·0	+ ·2	·0	+ ·1	·0	·0	·0	− ·1	+ ·1	− ·2	+ ·1	− ·2
64	+ ·1	+ ·2	·0	+ ·1	·0	·0	·0	− ·1	+ ·1	− ·2	+ ·1	− ·3
66	+ ·1	+ ·3	·0	+ ·1	·0	·0	·0	− ·2	+ ·1	− ·3	+ ·2	− ·3

Month	a_2	b_2	a_2	b_2	a_2	b_2	a_2	b_2	a_2	b_2	a_2	b_2
Jan.	− ·1	+ ·1	− ·2	+ ·1	− ·2	·0	− ·2	·0	− ·2	− ·1	− ·2	− ·1
Feb.	− ·1	+ ·3	− ·1	+ ·2	− ·2	+ ·2	− ·2	+ ·1	− ·3	+ ·1	− ·3	·0
Mar.	+ ·1	+ ·3	·0	+ ·3	− ·1	+ ·3	− ·2	+ ·3	− ·3	+ ·2	− ·3	+ ·1
Apr.	+ ·2	+ ·3	+ ·1	+ ·4	·0	+ ·4	− ·1	+ ·4	− ·2	+ ·3	− ·2	+ ·3
May	+ ·3	+ ·2	+ ·3	+ ·3	+ ·2	+ ·3	+ ·1	+ ·4	·0	+ ·4	− ·1	+ ·4
June	+ ·4	+ ·1	+ ·3	+ ·2	+ ·3	+ ·2	+ ·2	+ ·3	+ ·1	+ ·3	·0	+ ·4
July	+ ·3	− ·1	+ ·3	·0	+ ·3	+ ·1	+ ·3	+ ·2	+ ·2	+ ·2	+ ·2	+ ·3
Aug.	+ ·2	− ·2	+ ·3	− ·2	+ ·3	− ·1	+ ·3	·0	+ ·3	+ ·1	+ ·3	+ ·1
Sept.	·0	− ·3	+ ·1	− ·3	+ ·2	− ·2	+ ·2	− ·2	+ ·3	− ·1	+ ·3	·0
Oct.	− ·2	− ·3	− ·1	− ·3	·0	− ·3	+ ·1	− ·3	+ ·2	− ·3	+ ·3	− ·2
Nov.	− ·3	− ·3	− ·2	− ·3	− ·2	− ·4	·0	− ·4	+ ·1	− ·4	+ ·2	− ·4
Dec.	− ·4	− ·1	− ·4	− ·2	− ·3	− ·3	− ·2	− ·4	− ·1	− ·4	·0	− ·5

Latitude = Corrected observed altitude of *Polaris* $\div$ $a_0 + a_1 + a_2$

Azimuth of *Polaris* = $(b_0 + b_1 + b_2)$ / cos (latitude)

LST	18ʰ a_0	b_0	19ʰ a_0	b_0	20ʰ a_0	b_0	21ʰ a_0	b_0	22ʰ a_0	b_0	23ʰ a_0	b_0
m	′	′	′	′	′	′	′	′	′	′	′	′
0	+27·4	+36·5	+17·0	+42·4	+ 5·4	+45·4	− 6·5	+45·4	−18·1	+42·2	−28·4	+36·1
3	26·9	36·9	16·4	42·6	4·8	45·5	7·1	45·3	18·6	42·0	28·9	35·8
6	26·4	37·2	15·9	42·8	4·2	45·6	7·7	45·2	19·2	41·7	29·3	35·4
9	25·9	37·6	15·3	43·1	3·6	45·6	8·3	45·1	19·7	41·5	29·8	35·0
12	25·4	37·9	14·7	43·3	3·0	45·7	8·9	45·0	20·2	41·2	30·2	34·6
15	+24·9	+38·3	+14·2	+43·4	+ 2·4	+45·7	− 9·5	+44·9	−20·8	+41·0	−30·7	+34·2
18	24·4	38·6	13·6	43·6	1·8	45·8	10·1	44·8	21·3	40·7	31·1	33·8
21	23·9	38·9	13·0	43·8	1·2	45·8	10·7	44·6	21·9	40·4	31·6	33·4
24	23·4	39·2	12·5	44·0	+ 0·6	45·8	11·2	44·5	22·4	40·1	32·0	32·9
27	22·9	39·5	11·9	44·1	0·0	45·8	11·8	44·3	22·9	39·8	32·4	32·5
30	+22·4	+39·8	+11·3	+44·3	− 0·6	+45·8	−12·4	+44·2	−23·4	+39·5	−32·9	+32·1
33	21·9	40·1	10·7	44·4	1·2	45·8	13·0	44·0	23·9	39·2	33·3	31·7
36	21·3	40·4	10·1	44·6	1·8	45·8	13·6	43·9	24·4	38·9	33·7	31·2
39	20·8	40·7	9·6	44·7	2·4	45·8	14·1	43·7	25·0	38·6	34·1	30·8
42	20·3	40·9	9·0	44·8	2·9	45·7	14·7	43·5	25·5	38·2	34·5	30·3
45	+19·7	+41·2	+ 8·4	+45·0	− 3·5	+45·7	−15·3	+43·3	−26·0	+37·9	−34·9	+29·9
48	19·2	41·5	7·8	45·1	4·1	45·6	15·8	43·1	26·5	37·6	35·3	29·4
51	18·6	41·7	7·2	45·2	4·7	45·6	16·4	42·9	26·9	37·2	35·6	28·9
54	18·1	41·9	6·6	45·3	5·3	45·5	17·0	42·7	27·4	36·9	36·0	28·5
57	17·5	42·2	6·0	45·4	5·9	45·5	17·5	42·5	27·9	36·5	36·4	28·0
60	+17·0	+42·4	+ 5·4	+45·4	− 6·5	+45·4	−18·1	+42·2	−28·4	+36·1	−36·8	+27·5

Lat.	a_1	b_1	a_1	b_1	a_1	b_1	a_1	b_1	a_1	b_1	a_1	b_1
°												
0	− ·3	+ ·3	− ·3	+ ·2	− ·4	·0	− ·3	− ·2	− ·3	− ·3	− ·2	− ·4
10	− ·2	+ ·3	− ·3	+ ·1	− ·3	·0	− ·3	− ·2	− ·2	− ·3	− ·1	− ·3
20	− ·2	+ ·2	− ·2	+ ·1	− ·3	·0	− ·2	− ·1	− ·2	− ·2	− ·1	− ·3
30	− ·1	+ ·2	− ·2	+ ·1	− ·2	·0	− ·2	− ·1	− ·1	− ·2	− ·1	− ·2
40	− ·1	+ ·1	− ·1	+ ·1	− ·1	·0	− ·1	− ·1	− ·1	− ·1	− ·1	− ·1
45	·0	·0	− ·1	·0	− ·1	·0	− ·1	·0	·0	− ·1	·0	− ·1
50	·0	·0	·0	·0	·0	·0	·0	·0	·0	·0	·0	·0
55	+ ·1	− ·1	+ ·1	·0	+ ·1	·0	+ ·1	·0	+ ·1	+ ·1	·0	+ ·1
60	+ ·1	− ·1	+ ·2	− ·1	+ ·2	·0	+ ·2	+ ·1	+ ·1	+ ·1	+ ·1	+ ·2
62	+ ·2	− ·2	+ ·2	− ·1	+ ·2	·0	+ ·2	+ ·1	+ ·2	+ ·2	+ ·1	+ ·2
64	+ ·2	− ·2	+ ·2	− ·1	+ ·3	·0	+ ·2	+ ·1	+ ·2	+ ·2	+ ·1	+ ·3
66	+ ·2	− ·3	+ ·3	− ·1	+ ·3	·0	+ ·3	+ ·2	+ ·2	+ ·3	+ ·2	+ ·3

Month	a_2	b_2	a_2	b_2	a_2	b_2	a_2	b_2	a_2	b_2	a_2	b_2
Jan.	− ·1	− ·1	− ·1	− ·2	·0	− ·2	·0	− ·2	+ ·1	− ·2	+ ·1	− ·2
Feb.	− ·3	− ·1	− ·2	− ·1	− ·2	− ·2	− ·1	− ·2	− ·1	− ·3	·0	− ·3
Mar.	− ·3	+ ·1	− ·3	·0	− ·3	− ·1	− ·3	− ·2	− ·2	− ·3	− ·1	− ·3
Apr.	− ·3	+ ·2	− ·4	+ ·1	− ·4	·0	− ·4	− ·1	− ·3	− ·2	− ·3	− ·2
May	− ·2	+ ·3	− ·3	+ ·3	− ·3	+ ·2	− ·4	+ ·1	− ·4	·0	− ·4	− ·1
June	− ·1	+ ·4	− ·2	+ ·3	− ·2	+ ·3	− ·3	+ ·2	− ·3	+ ·1	− ·4	·0
July	+ ·1	+ ·3	·0	+ ·3	− ·1	+ ·3	− ·2	+ ·3	− ·2	+ ·2	− ·3	+ ·2
Aug.	+ ·2	+ ·2	+ ·2	+ ·3	+ ·1	+ ·3	·0	+ ·3	− ·1	+ ·3	− ·1	+ ·3
Sept.	+ ·3	·0	+ ·3	+ ·1	+ ·2	+ ·2	+ ·2	+ ·2	+ ·1	+ ·3	·0	+ ·3
Oct.	+ ·3	− ·2	+ ·3	− ·1	+ ·3	·0	+ ·3	+ ·1	+ ·3	+ ·2	+ ·2	+ ·3
Nov.	+ ·3	− ·3	+ ·3	− ·2	+ ·4	− ·2	+ ·4	·0	+ ·4	+ ·1	+ ·4	+ ·2
Dec.	+ ·1	− ·4	+ ·2	− ·4	+ ·3	− ·3	+ ·4	− ·2	+ ·4	− ·1	+ ·5	·0

Latitude = Corrected observed altitude of *Polaris* + a_0 + a_1 + a_2

Azimuth of *Polaris* = $(b_0 + b_1 + b_2)$ / cos (latitude)

CONTENTS OF SECTION C

NOTES AND FORMULAS

Mean orbital elements of the Sun

Mean elements of the orbit of the Sun, referred to the mean equinox and ecliptic of date, are given by the following expressions. The time argument d is the interval in days from 1993 January 0, 0^h TDT. These expressions are intended for use only during the year of this volume.

    d = JD − 244 8987.5 = day of year (from B2–B3) + fraction of day from 0^h TDT.

    Geometric mean longitude: $279°.672\,950 + 0.985\,647\,36\,d$

    Mean longitude of perigee: $282°.817\,951 + 0.000\,047\,07\,d$

    Mean anomaly: $356°.854\,999 + 0.985\,600\,28\,d$

    Eccentricity: $0.016\,711\,28 − 0.000\,000\,0012\,d$

    Mean obliquity of the ecliptic with respect to the mean equator of date:
$$23°.440\,202 − 0.000\,000\,36\,d$$

The position of the ecliptic of date with respect to the ecliptic of the standard epoch is given by formulas on page B18.

    Accurate osculating elements of the Earth/Moon barycenter are given on pages E3 and E4.

Lengths of principal years

The lengths of the principal years at 1993.0 as derived from the Sun's mean motion are:

		d	d h m s
tropical year	(equinox to equinox)	365.242 190	365 05 48 45.2
sidereal year	(fixed star to fixed star)	365.256 363	365 06 09 09.8
anomalistic year	(perigee to perigee)	365.259 635	365 06 13 52.5
eclipse year	(node to node)	346.620 073	346 14 52 54.3

NOTES AND FORMULAS

Apparent ecliptic coordinates of the Sun

The apparent longitude may be computed from the geometric longitude tabulated on pages C4–C18 using:

apparent longitude = tabulated longitude + nutation in longitude $(\Delta\psi) - 20''.496/R$

where $\Delta\psi$ is tabulated on pages B24–B31 and R is the true distance; the tabulated longitude is the geometric longitude with respect to the mean equinox of date. The apparent latitude is equal to the geometric latitude to the precision of tabulation.

Time of transit of the Sun

The quantity tabulated as "Ephemeris Transit" on pages C5–C19 is the TDT of transit of the Sun over the ephemeris meridian, which is at the longitude $1.002\,738\,\Delta T$ east of the prime (Greenwich) meridian; in this expression ΔT is the difference TDT – UT. The TDT of transit of the Sun over a local meridian is obtained by interpolation where the first differences are about 24 hours. The interpolation factor p is given by:

$$p = -\lambda + 1.002\,738\,\Delta T$$

where λ is the east longitude and the right-hand side is expressed in days. (Divide longitude in degrees by 360 and ΔT in seconds by 86 400). During 1993 it is expected that ΔT will be about 58 seconds, so that the second term is about +0.000 67 days.

The UT of transit is obtained by subtracting ΔT from the TDT of transit obtained by interpolation.

Equation of time

The equation of time is defined so that:

local mean solar time = local apparent solar – equation of time.

To obtain the equation of time to a precision of about 1 second it is sufficient to use:

equation of time at 12^h UT = 12^h – tabulated value of TDT of ephemeris transit.

Alternatively it may be calculated for any instant during 1993 in seconds of time to a precision of about 3 seconds directly from the expression:

equation of time $= -106.4 \sin L + 596.1 \sin 2L + 4.4 \sin 3L - 12.7 \sin 4L$
$$- 428.9 \cos L - 2.1 \cos 2L + 19.3 \cos 3L$$

where L is the mean longitude of the Sun, given by:

$$L = 279°.673 + 0.985\,647\,d$$

and where d is the interval in days from 1993 January 0 at 0^h UT, given by:

$$d = \text{day of year (from B2–B3)} + \text{fraction of day from } 0^h \text{ UT}$$

Geocentric rectangular coordinates of the Sun

The geocentric equatorial rectangular coordinates of the Sun are given, in au, on pages C20–C23 and are referred to the mean equator and equinox of J2000.0. The x-axis is directed towards the equinox, the y-axis towards the point on the equator at right ascension 6^h, and the z-axis towards the north pole of the equator.

These geocentric rectangular coordinates (x, y, z) may be used to convert an object's heliocentric rectangular coordinates (x_0, y_0, z_0) to the corresponding geometric geocentric rectangular coordinates (ξ_0, η_0, ζ_0) by means of the formulas:

$$\xi_0 = x_0 + x \qquad\qquad \eta_0 = y_0 + y \qquad\qquad \zeta_0 = z_0 + z$$

See pages B36–B39 for a rigorous method of forming an apparent place of an object in the solar system.

NOTES AND FORMULAS

Elements of the rotation of Sun

The mean elements of the rotation of the Sun during 1993 are given by:

Longitude of the ascending node of the solar equator:

on the ecliptic of date, 75°.66   on the mean equator of date, 16°.11

Inclination of the solar equator:

on the ecliptic of date, 7°.25   on the mean equator of date, 26°.14

The mean position of the pole of the solar equator is at:

right ascension, 286°.11   declination, 63°.86

Sidereal period of rotation of the prime meridian is 25.38 days.

Mean synodic period of rotation of the prime meridian is 27.2753 days.

These data are derived from elements given by R. C. Carrington (*Observations of the Spots on the Sun*, p. 244, 1863).

Heliographic coordinates

The values of P (position angle of the northern extremity of the axis of rotation, measured eastwards from the north point of the disk), B_0 and L_0 (the heliographic latitude and longitude of the central point of the disk) are for 0^h UT; they may be interpolated linearly. The horizontal parallax and semidiameter are given for 0^h TDT, but may be regarded as being for 0^h UT.

If ρ_1, θ are the observed angular distance and position angle of a sunspot from the center of the disk of the Sun as seen from the Earth, and ρ is the heliocentric angular distance of the spot on the solar surface from the center of the Sun's disk, then

$$\sin (\rho + \rho_1) = \rho_1 / S$$

where S is the semidiameter of the Sun. The position angle is measured from the north point of the disk towards the east.

The formulas for the computation of the heliographic coordinates (L, B) of a sunspot (or other feature on the surface of the Sun) from (ρ, θ) are as follows:

$$\sin B = \sin B_0 \cos \rho + \cos B_0 \sin \rho \cos (P - \theta)$$
$$\cos B \sin (L - L_0) = \sin \rho \sin (P - \theta)$$
$$\cos B \cos (L - L_0) = \cos \rho \cos B_0 - \sin B_0 \sin \rho \cos (P - \theta)$$

where B is measured positive to the north of the solar equator and L is measured from 0° to 360° in the direction of rotation of the Sun, i.e., westwards on the apparent disk as seen from the Earth.

SYNODIC ROTATION NUMBERS, 1993

Number	Date of Commencement			Number	Date of Commencement			Number	Date of Commencement		
1864	1992	Dec.	24.72	1869	1993	May	10.27	1874	1993	Sept.	23.38
1865	1993	Jan.	21.06	1870		June	6.48	1875		Oct.	20.66
1866		Feb.	17.40	1871		July	3.67	1876		Nov.	16.97
1867		Mar.	16.73	1872		July	30.88	1877	1993	Dec.	14.28
1868		Apr.	13.02	1873		Aug.	27.12	1878	1994	Jan.	10.61

At the date of commencement of each synodic rotation period the value of L_0 is zero; that is, the prime meridian passes through the central point of the disk.

SUN, 1993

FOR 0ʰ DYNAMICAL TIME

Date		Julian Date	Ecliptic Long. for Mean Equinox of Date	Ecliptic Lat.	Apparent Right Ascension	Apparent Declination	True Geocentric Distance
		244	° ′ ″	″	h m s	° ′ ″	
Jan.	0	8987.5	279 34 02.28	+0.39	18 41 38.09	−23 05 40.4	0.983 3295
	1	8988.5	280 35 11.66	+0.36	18 46 03.19	23 01 02.9	.983 3100
	2	8989.5	281 36 20.85	+0.29	18 50 27.95	22 55 57.9	.983 2955
	3	8990.5	282 37 29.81	+0.20	18 54 52.36	22 50 25.5	.983 2863
	4	8991.5	283 38 38.52	+0.09	18 59 16.38	22 44 25.9	.983 2827
	5	8992.5	284 39 46.94	−0.04	19 03 39.98	−22 37 59.3	0.983 2849
	6	8993.5	285 40 55.07	−0.18	19 08 03.14	22 31 05.8	.983 2932
	7	8994.5	286 42 02.93	−0.33	19 12 25.83	22 23 45.8	.983 3078
	8	8995.5	287 43 10.52	−0.47	19 16 48.02	22 15 59.3	.983 3288
	9	8996.5	288 44 17.89	−0.60	19 21 09.70	22 07 46.6	.983 3565
	10	8997.5	289 45 25.06	−0.72	19 25 30.84	−21 59 07.9	0.983 3908
	11	8998.5	290 46 32.09	−0.80	19 29 51.43	21 50 03.5	.983 4317
	12	8999.5	291 47 39.01	−0.86	19 34 11.43	21 40 33.5	.983 4789
	13	9000.5	292 48 45.84	−0.88	19 38 30.85	21 30 38.2	.983 5322
	14	9001.5	293 49 52.58	−0.86	19 42 49.65	21 20 17.9	.983 5913
	15	9002.5	294 50 59.22	−0.81	19 47 07.83	−21 09 32.9	0.983 6557
	16	9003.5	295 52 05.73	−0.74	19 51 25.37	20 58 23.4	.983 7252
	17	9004.5	296 53 12.05	−0.64	19 55 42.25	20 46 49.8	.983 7994
	18	9005.5	297 54 18.13	−0.52	19 59 58.44	20 34 52.5	.983 8780
	19	9006.5	298 55 23.89	−0.40	20 04 13.94	20 22 31.7	.983 9607
	20	9007.5	299 56 29.24	−0.27	20 08 28.72	−20 09 47.8	0.984 0473
	21	9008.5	300 57 34.11	−0.14	20 12 42.76	19 56 41.2	.984 1377
	22	9009.5	301 58 38.41	−0.03	20 16 56.05	19 43 12.2	.984 2317
	23	9010.5	302 59 42.04	+0.07	20 21 08.56	19 29 21.3	.984 3292
	24	9011.5	304 00 44.92	+0.15	20 25 20.30	19 15 08.8	.984 4303
	25	9012.5	305 01 46.96	+0.21	20 29 31.24	−19 00 35.0	0.984 5349
	26	9013.5	306 02 48.08	+0.24	20 33 41.38	18 45 40.4	.984 6431
	27	9014.5	307 03 48.20	+0.24	20 37 50.71	18 30 25.3	.984 7550
	28	9015.5	308 04 47.25	+0.22	20 41 59.21	18 14 50.2	.984 8707
	29	9016.5	309 05 45.17	+0.17	20 46 06.89	17 58 55.4	.984 9903
	30	9017.5	310 06 41.90	+0.09	20 50 13.74	−17 42 41.4	0.985 1140
	31	9018.5	311 07 37.37	−0.01	20 54 19.76	17 26 08.5	.985 2420
Feb.	1	9019.5	312 08 31.56	−0.13	20 58 24.94	17 09 17.2	.985 3745
	2	9020.5	313 09 24.41	−0.26	21 02 29.29	16 52 07.8	.985 5117
	3	9021.5	314 10 15.92	−0.40	21 06 32.81	16 34 40.8	.985 6538
	4	9022.5	315 11 06.06	−0.53	21 10 35.50	−16 16 56.5	0.985 8010
	5	9023.5	316 11 54.85	−0.66	21 14 37.37	15 58 55.4	.985 9537
	6	9024.5	317 12 42.32	−0.77	21 18 38.41	15 40 37.9	.986 1121
	7	9025.5	318 13 28.49	−0.86	21 22 38.64	15 22 04.4	.986 2761
	8	9026.5	319 14 13.44	−0.92	21 26 38.06	15 03 15.2	.986 4459
	9	9027.5	320 14 57.21	−0.95	21 30 36.70	−14 44 10.7	0.986 6213
	10	9028.5	321 15 39.84	−0.94	21 34 34.56	14 24 51.3	.986 8021
	11	9029.5	322 16 21.39	−0.89	21 38 31.66	14 05 17.3	.986 9881
	12	9030.5	323 17 01.86	−0.82	21 42 28.01	13 45 29.2	.987 1789
	13	9031.5	324 17 41.25	−0.72	21 46 23.62	13 25 27.4	.987 3740
	14	9032.5	325 18 19.55	−0.61	21 50 18.51	−13 05 12.3	0.987 5731
	15	9033.5	326 18 56.71	−0.48	21 54 12.68	−12 44 44.3	0.987 7758

SUN, 1993

FOR 0ʰ DYNAMICAL TIME

Date		Position Angle of Axis P	Heliographic		H. P.	Semi-Diameter	Ephemeris Transit
			Latitude B_0	Longitude L_0			
		°	°	°	"	′ "	h m s
Jan.	0	+ 2.50	−2.92	277.35	8.94	16 15.91	12 03 11.20
	1	2.01	3.04	264.18	8.94	16 15.93	12 03 39.60
	2	1.53	3.15	251.01	8.94	16 15.95	12 04 07.64
	3	1.04	3.27	237.84	8.94	16 15.96	12 04 35.31
	4	0.56	3.38	224.67	8.94	16 15.96	12 05 02.57
	5	+ 0.07	−3.50	211.50	8.94	16 15.96	12 05 29.40
	6	− 0.41	3.61	198.33	8.94	16 15.95	12 05 55.77
	7	0.89	3.72	185.16	8.94	16 15.94	12 06 21.66
	8	1.38	3.83	171.99	8.94	16 15.91	12 06 47.04
	9	1.86	3.94	158.82	8.94	16 15.89	12 07 11.89
	10	− 2.34	−4.04	145.65	8.94	16 15.85	12 07 36.20
	11	2.81	4.15	132.48	8.94	16 15.81	12 07 59.94
	12	3.29	4.26	119.31	8.94	16 15.77	12 08 23.11
	13	3.76	4.36	106.14	8.94	16 15.71	12 08 45.67
	14	4.24	4.46	92.98	8.94	16 15.65	12 09 07.61
	15	− 4.71	−4.56	79.81	8.94	16 15.59	12 09 28.92
	16	5.17	4.66	66.64	8.94	16 15.52	12 09 49.58
	17	5.64	4.76	53.47	8.94	16 15.45	12 10 09.56
	18	6.10	4.85	40.31	8.94	16 15.37	12 10 28.84
	19	6.56	4.95	27.14	8.94	16 15.29	12 10 47.42
	20	− 7.02	−5.04	13.97	8.94	16 15.20	12 11 05.27
	21	7.47	5.13	0.81	8.94	16 15.11	12 11 22.37
	22	7.92	5.22	347.64	8.94	16 15.02	12 11 38.71
	23	8.37	5.31	334.47	8.93	16 14.92	12 11 54.28
	24	8.81	5.40	321.31	8.93	16 14.82	12 12 09.06
	25	− 9.25	−5.48	308.14	8.93	16 14.72	12 12 23.04
	26	9.68	5.56	294.97	8.93	16 14.61	12 12 36.22
	27	10.11	5.65	281.81	8.93	16 14.50	12 12 48.58
	28	10.54	5.73	268.64	8.93	16 14.39	12 13 00.12
	29	10.96	5.80	255.48	8.93	16 14.27	12 13 10.82
	30	−11.38	−5.88	242.31	8.93	16 14.15	12 13 20.70
	31	11.80	5.95	229.14	8.93	16 14.02	12 13 29.74
Feb.	1	12.21	6.02	215.98	8.92	16 13.89	12 13 37.94
	2	12.61	6.09	202.81	8.92	16 13.75	12 13 45.31
	3	13.01	6.16	189.64	8.92	16 13.61	12 13 51.85
	4	−13.41	−6.23	176.48	8.92	16 13.47	12 13 57.55
	5	13.80	6.29	163.31	8.92	16 13.32	12 14 02.44
	6	14.19	6.36	150.14	8.92	16 13.16	12 14 06.50
	7	14.57	6.42	136.98	8.92	16 13.00	12 14 09.77
	8	14.94	6.47	123.81	8.91	16 12.83	12 14 12.23
	9	−15.31	−6.53	110.64	8.91	16 12.66	12 14 13.92
	10	15.68	6.58	97.47	8.91	16 12.48	12 14 14.85
	11	16.04	6.64	84.31	8.91	16 12.30	12 14 15.01
	12	16.39	6.69	71.14	8.91	16 12.11	12 14 14.43
	13	16.74	6.73	57.97	8.91	16 11.92	12 14 13.12
	14	−17.09	−6.78	44.80	8.90	16 11.72	12 14 11.08
	15	−17.43	−6.82	31.64	8.90	16 11.52	12 14 08.33

SUN, 1993

FOR 0ʰ DYNAMICAL TIME

Date		Julian Date	Ecliptic Long. for Mean Equinox of Date	Ecliptic Lat.	Apparent Right Ascension	Apparent Declination	True Geocentric Distance
		244	° ′ ″	″	h m s	° ′ ″	
Feb.	15	9033.5	326 18 56.71	−0.48	21 54 12.68	− 12 44 44.3	0.987 7758
	16	9034.5	327 19 32.69	−0.35	21 58 06.14	12 24 03.9	.987 9817
	17	9035.5	328 20 07.44	−0.23	22 01 58.91	12 03 11.5	.988 1906
	18	9036.5	329 20 40.89	−0.11	22 05 50.98	11 42 07.6	.988 4023
	19	9037.5	330 21 12.98	−0.01	22 09 42.37	11 20 52.5	.988 6164
	20	9038.5	331 21 43.64	+0.07	22 13 33.10	− 10 59 26.7	0.988 8328
	21	9039.5	332 22 12.79	+0.13	22 17 23.17	10 37 50.7	.989 0514
	22	9040.5	333 22 40.35	+0.17	22 21 12.59	10 16 04.8	.989 2720
	23	9041.5	334 23 06.27	+0.18	22 25 01.38	9 54 09.5	.989 4946
	24	9042.5	335 23 30.47	+0.16	22 28 49.55	9 32 05.2	.989 7192
	25	9043.5	336 23 52.88	+0.11	22 32 37.12	− 9 09 52.3	0.989 9458
	26	9044.5	337 24 13.43	+0.04	22 36 24.09	8 47 31.2	.990 1743
	27	9045.5	338 24 32.08	−0.05	22 40 10.50	8 25 02.4	.990 4050
	28	9046.5	339 24 48.75	−0.15	22 43 56.34	8 02 26.3	.990 6378
Mar.	1	9047.5	340 25 03.41	−0.28	22 47 41.64	7 39 43.2	.990 8729
	2	9048.5	341 25 16.02	−0.40	22 51 26.41	− 7 16 53.6	0.991 1106
	3	9049.5	342 25 26.54	−0.53	22 55 10.68	6 53 57.9	.991 3509
	4	9050.5	343 25 34.97	−0.66	22 58 54.45	6 30 56.4	.991 5942
	5	9051.5	344 25 41.29	−0.77	23 02 37.75	6 07 49.6	.991 8407
	6	9052.5	345 25 45.54	−0.85	23 06 20.59	5 44 37.9	.992 0905
	7	9053.5	346 25 47.73	−0.91	23 10 03.00	− 5 21 21.5	0.992 3440
	8	9054.5	347 25 47.94	−0.94	23 13 45.00	4 58 00.9	.992 6012
	9	9055.5	348 25 46.23	−0.94	23 17 26.61	4 34 36.4	.992 8622
	10	9056.5	349 25 42.68	−0.89	23 21 07.87	4 11 08.4	.993 1268
	11	9057.5	350 25 37.35	−0.82	23 24 48.80	3 47 37.1	.993 3949
	12	9058.5	351 25 30.29	−0.73	23 28 29.43	− 3 24 02.9	0.993 6662
	13	9059.5	352 25 21.54	−0.61	23 32 09.78	3 00 26.2	.993 9402
	14	9060.5	353 25 11.13	−0.48	23 35 49.86	2 36 47.4	.994 2167
	15	9061.5	354 24 59.06	−0.35	23 39 29.71	2 13 06.8	.994 4951
	16	9062.5	355 24 45.31	−0.23	23 43 09.34	1 49 24.9	.994 7751
	17	9063.5	356 24 29.85	−0.11	23 46 48.77	− 1 25 42.0	0.995 0564
	18	9064.5	357 24 12.67	−0.01	23 50 28.01	1 01 58.4	.995 3386
	19	9065.5	358 23 53.72	+0.08	23 54 07.09	0 38 14.7	.995 6215
	20	9066.5	359 23 32.96	+0.14	23 57 46.02	− 0 14 31.2	.995 9047
	21	9067.5	0 23 10.35	+0.17	0 01 24.82	+ 0 09 11.8	.996 1881
	22	9068.5	1 22 45.82	+0.18	0 05 03.52	+ 0 32 53.9	0.996 4714
	23	9069.5	2 22 19.34	+0.17	0 08 42.12	0 56 34.7	.996 7545
	24	9070.5	3 21 50.85	+0.12	0 12 20.66	1 20 13.8	.997 0373
	25	9071.5	4 21 20.30	+0.05	0 15 59.14	1 43 50.8	.997 3197
	26	9072.5	5 20 47.62	−0.04	0 19 37.58	2 07 25.4	.997 6016
	27	9073.5	6 20 12.78	−0.14	0 23 16.00	+ 2 30 57.2	0.997 8831
	28	9074.5	7 19 35.72	−0.26	0 26 54.42	2 54 25.9	.998 1641
	29	9075.5	8 18 56.40	−0.39	0 30 32.86	3 17 51.0	.998 4448
	30	9076.5	9 18 14.78	−0.52	0 34 11.32	3 41 12.3	.998 7252
	31	9077.5	10 17 30.83	−0.64	0 37 49.84	4 04 29.3	.999 0056
Apr.	1	9078.5	11 16 44.55	−0.75	0 41 28.42	+ 4 27 41.7	0.999 2861
	2	9079.5	12 15 55.91	−0.85	0 45 07.08	+ 4 50 49.2	0.999 5670

FOR 0ʰ DYNAMICAL TIME

Date		Position Angle of Axis P	Heliographic		H. P.	Semi-Diameter	Ephemeris Transit
			Latitude B_0	Longitude L_0			
		°	°	°	"	′ "	h m s
Feb.	15	−17.43	−6.82	31.64	8.90	16 11.52	12 14 08.33
	16	17.76	6.86	18.47	8.90	16 11.32	12 14 04.88
	17	18.09	6.90	5.30	8.90	16 11.11	12 14 00.73
	18	18.41	6.94	352.13	8.90	16 10.91	12 13 55.90
	19	18.72	6.98	338.96	8.90	16 10.69	12 13 50.40
	20	−19.03	−7.01	325.79	8.89	16 10.48	12 13 44.23
	21	19.34	7.04	312.62	8.89	16 10.27	12 13 37.42
	22	19.64	7.07	299.46	8.89	16 10.05	12 13 29.97
	23	19.93	7.09	286.29	8.89	16 09.83	12 13 21.90
	24	20.21	7.12	273.12	8.89	16 09.61	12 13 13.21
	25	−20.49	−7.14	259.94	8.88	16 09.39	12 13 03.93
	26	20.77	7.16	246.77	8.88	16 09.17	12 12 54.06
	27	21.03	7.18	233.60	8.88	16 08.94	12 12 43.63
	28	21.30	7.19	220.43	8.88	16 08.71	12 12 32.64
Mar.	1	21.55	7.20	207.26	8.88	16 08.48	12 12 21.12
	2	−21.80	−7.21	194.08	8.87	16 08.25	12 12 09.07
	3	22.04	7.22	180.91	8.87	16 08.02	12 11 56.53
	4	22.28	7.23	167.74	8.87	16 07.78	12 11 43.50
	5	22.51	7.23	154.56	8.87	16 07.54	12 11 30.01
	6	22.73	7.23	141.39	8.86	16 07.30	12 11 16.07
	7	−22.95	−7.23	128.21	8.86	16 07.05	12 11 01.72
	8	23.16	7.23	115.04	8.86	16 06.80	12 10 46.98
	9	23.36	7.23	101.86	8.86	16 06.54	12 10 31.87
	10	23.56	7.22	88.68	8.86	16 06.29	12 10 16.41
	11	23.75	7.21	75.50	8.85	16 06.03	12 10 00.64
	12	−23.93	−7.20	62.32	8.85	16 05.76	12 09 44.57
	13	24.11	7.18	49.15	8.85	16 05.50	12 09 28.23
	14	24.28	7.17	35.97	8.85	16 05.23	12 09 11.64
	15	24.44	7.15	22.79	8.84	16 04.96	12 08 54.82
	16	24.60	7.13	9.60	8.84	16 04.69	12 08 37.79
	17	−24.75	−7.11	356.42	8.84	16 04.41	12 08 20.57
	18	24.89	7.08	343.24	8.84	16 04.14	12 08 03.17
	19	25.03	7.06	330.06	8.83	16 03.87	12 07 45.63
	20	25.16	7.03	316.88	8.83	16 03.59	12 07 27.94
	21	25.28	7.00	303.69	8.83	16 03.32	12 07 10.15
	22	−25.40	−6.96	290.51	8.83	16 03.04	12 06 52.25
	23	25.51	6.93	277.32	8.82	16 02.77	12 06 34.27
	24	25.61	6.89	264.14	8.82	16 02.50	12 06 16.23
	25	25.71	6.85	250.95	8.82	16 02.22	12 05 58.15
	26	25.79	6.81	237.76	8.82	16 01.95	12 05 40.03
	27	−25.87	−6.77	224.58	8.81	16 01.68	12 05 21.90
	28	25.95	6.72	211.39	8.81	16 01.41	12 05 03.78
	29	26.01	6.68	198.20	8.81	16 01.14	12 04 45.68
	30	26.07	6.63	185.01	8.81	16 00.87	12 04 27.61
	31	26.13	6.58	171.81	8.80	16 00.60	12 04 09.60
Apr.	1	−26.17	−6.52	158.62	8.80	16 00.33	12 03 51.67
	2	−26.21	−6.47	145.43	8.80	16 00.06	12 03 33.83

SUN, 1993

FOR 0ʰ DYNAMICAL TIME

Date		Julian Date	Ecliptic Long. for Mean Equinox of Date	Ecliptic Lat.	Apparent Right Ascension	Apparent Declination	True Geocentric Distance
		244	° ′ ″	″	h m s	° ′ ″	
Apr.	1	9078.5	11 16 44.55	−0.75	0 41 28.42	+ 4 27 41.7	0.999 2861
	2	9079.5	12 15 55.91	−0.85	0 45 07.08	4 50 49.2	.999 5670
	3	9080.5	13 15 04.94	−0.91	0 48 45.85	5 13 51.3	0.999 8486
	4	9081.5	14 14 11.67	−0.95	0 52 24.74	5 36 47.8	1.000 1310
	5	9082.5	15 13 16.15	−0.95	0 56 03.77	5 59 38.4	.000 4145
	6	9083.5	16 12 18.45	−0.92	0 59 42.97	+ 6 22 22.7	1.000 6992
	7	9084.5	17 11 18.66	−0.85	1 03 22.37	6 45 00.5	.000 9852
	8	9085.5	18 10 16.86	−0.76	1 07 01.98	7 07 31.4	.001 2725
	9	9086.5	19 09 13.14	−0.65	1 10 41.84	7 29 55.1	.001 5608
	10	9087.5	20 08 07.57	−0.52	1 14 21.96	7 52 11.3	.001 8498
	11	9088.5	21 07 00.21	−0.39	1 18 02.36	+ 8 14 19.7	1.002 1393
	12	9089.5	22 05 51.09	−0.26	1 21 43.07	8 36 19.9	.002 4288
	13	9090.5	23 04 40.26	−0.14	1 25 24.09	8 58 11.5	.002 7180
	14	9091.5	24 03 27.71	−0.03	1 29 05.45	9 19 54.3	.003 0066
	15	9092.5	25 02 13.46	+0.05	1 32 47.15	9 41 27.9	.003 2941
	16	9093.5	26 00 57.50	+0.11	1 36 29.22	+10 02 51.9	1.003 5803
	17	9094.5	26 59 39.81	+0.15	1 40 11.67	10 24 06.0	.003 8649
	18	9095.5	27 58 20.38	+0.16	1 43 54.51	10 45 09.8	.004 1475
	19	9096.5	28 56 59.19	+0.14	1 47 37.75	11 06 03.0	.004 4279
	20	9097.5	29 55 36.20	+0.10	1 51 21.41	11 26 45.3	.004 7060
	21	9098.5	30 54 11.40	+0.03	1 55 05.50	+11 47 16.2	1.004 9814
	22	9099.5	31 52 44.74	−0.06	1 58 50.04	12 07 35.6	.005 2541
	23	9100.5	32 51 16.18	−0.17	2 02 35.02	12 27 42.9	.005 5239
	24	9101.5	33 49 45.68	−0.29	2 06 20.46	12 47 37.9	.005 7908
	25	9102.5	34 48 13.21	−0.42	2 10 06.36	13 07 20.2	.006 0546
	26	9103.5	35 46 38.72	−0.55	2 13 52.74	+13 26 49.6	1.006 3156
	27	9104.5	36 45 02.19	−0.68	2 17 39.60	13 46 05.6	.006 5736
	28	9105.5	37 43 23.58	−0.80	2 21 26.94	14 05 08.0	.006 8290
	29	9106.5	38 41 42.88	−0.89	2 25 14.77	14 23 56.4	.007 0817
	30	9107.5	39 40 00.08	−0.96	2 29 03.10	14 42 30.4	.007 3322
May	1	9108.5	40 38 15.19	−1.01	2 32 51.93	+15 00 49.8	1.007 5806
	2	9109.5	41 36 28.24	−1.02	2 36 41.28	15 18 54.2	.007 8273
	3	9110.5	42 34 39.28	−0.99	2 40 31.14	15 36 43.4	.008 0724
	4	9111.5	43 32 48.36	−0.93	2 44 21.54	15 54 17.0	.008 3163
	5	9112.5	44 30 55.57	−0.85	2 48 12.49	16 11 34.8	.008 5590
	6	9113.5	45 29 01.01	−0.74	2 52 03.99	+16 28 36.4	1.008 8007
	7	9114.5	46 27 04.76	−0.61	2 55 56.06	16 45 21.7	.009 0413
	8	9115.5	47 25 06.93	−0.47	2 59 48.69	17 01 50.3	.009 2808
	9	9116.5	48 23 07.60	−0.34	3 03 41.91	17 18 01.9	.009 5188
	10	9117.5	49 21 06.85	−0.21	3 07 35.71	17 33 56.3	.009 7551
	11	9118.5	50 19 04.72	−0.09	3 11 30.10	+17 49 33.0	1.009 9895
	12	9119.5	51 17 01.28	+0.00	3 15 25.07	18 04 51.9	.010 2215
	13	9120.5	52 14 56.55	+0.08	3 19 20.63	18 19 52.6	.010 4509
	14	9121.5	53 12 50.56	+0.13	3 23 16.78	18 34 34.8	.010 6773
	15	9122.5	54 10 43.33	+0.15	3 27 13.52	18 48 58.3	.010 9005
	16	9123.5	55 08 34.88	+0.14	3 31 10.84	+19 03 02.7	1.011 1201
	17	9124.5	56 06 25.19	+0.10	3 35 08.74	+19 16 47.7	1.011 3359

FOR 0ʰ DYNAMICAL TIME

Date		Position Angle of Axis P	Heliographic		H. P.	Semi-Diameter	Ephemeris Transit
			Latitude B_0	Longitude L_0			
		°	°	°	″	′ ″	h m s
Apr.	1	−26.17	−6.52	158.62	8.80	16 00.33	12 03 51.67
	2	26.21	6.47	145.43	8.80	16 00.06	12 03 33.83
	3	26.24	6.41	132.24	8.80	15 59.79	12 03 16.11
	4	26.26	6.35	119.04	8.79	15 59.52	12 02 58.52
	5	26.28	6.29	105.84	8.79	15 59.25	12 02 41.09
	6	−26.29	−6.23	92.65	8.79	15 58.97	12 02 23.84
	7	26.29	6.16	79.45	8.79	15 58.70	12 02 06.80
	8	26.29	6.10	66.25	8.78	15 58.43	12 01 49.98
	9	26.28	6.03	53.05	8.78	15 58.15	12 01 33.42
	10	26.26	5.96	39.85	8.78	15 57.87	12 01 17.12
	11	−26.23	−5.89	26.65	8.78	15 57.60	12 01 01.12
	12	26.19	5.82	13.45	8.77	15 57.32	12 00 45.43
	13	26.15	5.74	0.25	8.77	15 57.04	12 00 30.06
	14	26.10	5.67	347.05	8.77	15 56.77	12 00 15.03
	15	26.05	5.59	333.84	8.77	15 56.49	12 00 00.37
	16	−25.98	−5.51	320.64	8.76	15 56.22	11 59 46.07
	17	25.91	5.43	307.44	8.76	15 55.95	11 59 32.17
	18	25.83	5.35	294.23	8.76	15 55.68	11 59 18.66
	19	25.75	5.26	281.02	8.76	15 55.41	11 59 05.57
	20	25.65	5.18	267.82	8.75	15 55.15	11 58 52.90
	21	−25.55	−5.09	254.61	8.75	15 54.89	11 58 40.66
	22	25.44	5.00	241.40	8.75	15 54.63	11 58 28.86
	23	25.33	4.91	228.19	8.75	15 54.37	11 58 17.52
	24	25.21	4.82	214.98	8.74	15 54.12	11 58 06.64
	25	25.08	4.73	201.77	8.74	15 53.87	11 57 56.22
	26	−24.94	−4.64	188.56	8.74	15 53.62	11 57 46.28
	27	24.79	4.54	175.34	8.74	15 53.38	11 57 36.82
	28	24.64	4.44	162.13	8.73	15 53.14	11 57 27.85
	29	24.48	4.35	148.92	8.73	15 52.90	11 57 19.37
	30	24.32	4.25	135.70	8.73	15 52.66	11 57 11.39
May	1	−24.14	−4.15	122.48	8.73	15 52.42	11 57 03.93
	2	23.96	4.05	109.27	8.73	15 52.19	11 56 56.98
	3	23.77	3.95	96.05	8.72	15 51.96	11 56 50.56
	4	23.58	3.84	82.83	8.72	15 51.73	11 56 44.69
	5	23.38	3.74	69.61	8.72	15 51.50	11 56 39.35
	6	−23.17	−3.63	56.39	8.72	15 51.27	11 56 34.58
	7	22.95	3.53	43.17	8.72	15 51.05	11 56 30.37
	8	22.73	3.42	29.95	8.71	15 50.82	11 56 26.74
	9	22.50	3.31	16.73	8.71	15 50.60	11 56 23.68
	10	22.26	3.20	3.51	8.71	15 50.37	11 56 21.21
	11	−22.02	−3.09	350.28	8.71	15 50.15	11 56 19.33
	12	21.77	2.98	337.06	8.71	15 49.94	11 56 18.04
	13	21.51	2.87	323.83	8.70	15 49.72	11 56 17.34
	14	21.24	2.76	310.61	8.70	15 49.51	11 56 17.22
	15	20.97	2.65	297.38	8.70	15 49.30	11 56 17.70
	16	−20.69	−2.53	284.16	8.70	15 49.09	11 56 18.76
	17	−20.41	−2.42	270.93	8.70	15 48.89	11 56 20.40

SUN, 1993

FOR 0ʰ DYNAMICAL TIME

Date	Julian Date	Ecliptic Long. for Mean Equinox of Date	Ecliptic Lat.	Apparent Right Ascension	Apparent Declination	True Geocentric Distance
	244	° ′ ″	″	h m s	° ′ ″	
May 17	9124.5	56 06 25.19	+0.10	3 35 08.74	+19 16 47.7	1.011 3359
18	9125.5	57 04 14.28	+0.04	3 39 07.21	19 30 13.2	.011 5475
19	9126.5	58 02 02.13	−0.04	3 43 06.26	19 43 18.8	.011 7549
20	9127.5	58 59 48.72	−0.15	3 47 05.87	19 56 04.2	.011 9577
21	9128.5	59 57 34.05	−0.27	3 51 06.03	20 08 29.2	.012 1558
22	9129.5	60 55 18.07	−0.39	3 55 06.73	+20 20 33.6	1.012 3491
23	9130.5	61 53 00.75	−0.53	3 59 07.96	20 32 17.1	.012 5374
24	9131.5	62 50 42.07	−0.65	4 03 09.70	20 43 39.4	.012 7207
25	9132.5	63 48 21.99	−0.77	4 07 11.94	20 54 40.3	.012 8991
26	9133.5	64 46 00.48	−0.87	4 11 14.66	21 05 19.6	.013 0727
27	9134.5	65 43 37.52	−0.95	4 15 17.84	+21 15 37.0	1.013 2415
28	9135.5	66 41 13.09	−0.99	4 19 21.48	21 25 32.4	.013 4060
29	9136.5	67 38 47.21	−1.01	4 23 25.55	21 35 05.5	.013 5663
30	9137.5	68 36 19.88	−0.99	4 27 30.05	21 44 16.0	.013 7228
31	9138.5	69 33 51.16	−0.94	4 31 34.95	21 53 03.9	.013 8756
June 1	9139.5	70 31 21.09	−0.86	4 35 40.25	+22 01 29.0	1.014 0253
2	9140.5	71 28 49.74	−0.75	4 39 45.95	22 09 31.0	.014 1719
3	9141.5	72 26 17.21	−0.62	4 43 52.02	22 17 09.9	.014 3157
4	9142.5	73 23 43.59	−0.49	4 47 58.45	22 24 25.4	.014 4568
5	9143.5	74 21 08.97	−0.34	4 52 05.23	22 31 17.5	.014 5951
6	9144.5	75 18 33.46	−0.21	4 56 12.34	+22 37 45.9	1.014 7307
7	9145.5	76 15 57.14	−0.08	5 00 19.77	22 43 50.6	.014 8634
8	9146.5	77 13 20.10	+0.03	5 04 27.50	22 49 31.3	.014 9929
9	9147.5	78 10 42.41	+0.11	5 08 35.51	22 54 48.0	.015 1191
10	9148.5	79 08 04.12	+0.17	5 12 43.79	22 59 40.6	.015 2417
11	9149.5	80 05 25.31	+0.21	5 16 52.31	+23 04 08.8	1.015 3605
12	9150.5	81 02 45.99	+0.21	5 21 01.06	23 08 12.7	.015 4751
13	9151.5	82 00 06.22	+0.19	5 25 10.01	23 11 52.1	.015 5853
14	9152.5	82 57 26.01	+0.14	5 29 19.15	23 15 06.9	.015 6908
15	9153.5	83 54 45.40	+0.07	5 33 28.45	23 17 57.1	.015 7914
16	9154.5	84 52 04.38	−0.03	5 37 37.88	+23 20 22.6	1.015 8869
17	9155.5	85 49 22.97	−0.14	5 41 47.43	23 22 23.3	.015 9769
18	9156.5	86 46 41.16	−0.26	5 45 57.07	23 23 59.4	.016 0612
19	9157.5	87 43 58.94	−0.39	5 50 06.77	23 25 10.6	.016 1398
20	9158.5	88 41 16.28	−0.51	5 54 16.50	23 25 57.0	.016 2123
21	9159.5	89 38 33.16	−0.63	5 58 26.23	+23 26 18.6	1.016 2788
22	9160.5	90 35 49.54	−0.73	6 02 35.93	23 26 15.4	.016 3392
23	9161.5	91 33 05.38	−0.81	6 06 45.58	23 25 47.5	.016 3936
24	9162.5	92 30 20.66	−0.87	6 10 55.13	23 24 54.8	.016 4421
25	9163.5	93 27 35.35	−0.89	6 15 04.58	23 23 37.4	.016 4849
26	9164.5	94 24 49.45	−0.87	6 19 13.88	+23 21 55.2	1.016 5223
27	9165.5	95 22 02.96	−0.83	6 23 23.02	23 19 48.5	.016 5546
28	9166.5	96 19 15.91	−0.75	6 27 31.98	23 17 17.1	.016 5822
29	9167.5	97 16 28.33	−0.65	6 31 40.73	23 14 21.3	.016 6054
30	9168.5	98 13 40.30	−0.53	6 35 49.26	23 11 01.1	.016 6246
July 1	9169.5	99 10 51.88	−0.40	6 39 57.55	+23 07 16.5	1.016 6399
2	9170.5	100 08 03.16	−0.26	6 44 05.57	+23 03 07.7	1.016 6517

FOR 0ʰ DYNAMICAL TIME

Date		Position Angle of Axis P	Heliographic		H. P.	Semi-Diameter	Ephemeris Transit
			Latitude B_0	Longitude L_0			
		°	°	°	″	′ ″	h m s
May	17	−20.41	−2.42	270.93	8.70	15 48.89	11 56 20.40
	18	20.12	2.31	257.70	8.69	15 48.69	11 56 22.61
	19	19.82	2.19	244.48	8.69	15 48.50	11 56 25.38
	20	19.52	2.07	231.25	8.69	15 48.31	11 56 28.71
	21	19.21	1.96	218.02	8.69	15 48.12	11 56 32.59
	22	−18.90	−1.84	204.79	8.69	15 47.94	11 56 36.99
	23	18.57	1.72	191.56	8.69	15 47.76	11 56 41.91
	24	18.25	1.61	178.33	8.68	15 47.59	11 56 47.34
	25	17.91	1.49	165.10	8.68	15 47.42	11 56 53.26
	26	17.58	1.37	151.87	8.68	15 47.26	11 56 59.66
	27	−17.23	−1.25	138.64	8.68	15 47.10	11 57 06.51
	28	16.88	1.13	125.41	8.68	15 46.95	11 57 13.81
	29	16.53	1.01	112.18	8.68	15 46.80	11 57 21.54
	30	16.17	0.89	98.94	8.68	15 46.65	11 57 29.69
	31	15.80	0.77	85.71	8.67	15 46.51	11 57 38.25
June	1	−15.43	−0.65	72.48	8.67	15 46.37	11 57 47.20
	2	15.05	0.53	59.24	8.67	15 46.23	11 57 56.52
	3	14.67	0.41	46.01	8.67	15 46.10	11 58 06.22
	4	14.29	0.29	32.77	8.67	15 45.97	11 58 16.26
	5	13.90	0.17	19.54	8.67	15 45.84	11 58 26.65
	6	−13.51	−0.05	6.30	8.67	15 45.71	11 58 37.36
	7	13.11	+0.07	353.07	8.67	15 45.59	11 58 48.38
	8	12.71	0.19	339.83	8.66	15 45.47	11 58 59.69
	9	12.30	0.31	326.60	8.66	15 45.35	11 59 11.28
	10	11.89	0.43	313.36	8.66	15 45.24	11 59 23.13
	11	−11.48	+0.55	300.13	8.66	15 45.13	11 59 35.22
	12	11.06	0.67	286.89	8.66	15 45.02	11 59 47.52
	13	10.64	0.79	273.65	8.66	15 44.92	12 00 00.02
	14	10.22	0.91	260.42	8.66	15 44.82	12 00 12.69
	15	9.79	1.03	247.18	8.66	15 44.73	12 00 25.51
	16	− 9.36	+1.15	233.94	8.66	15 44.64	12 00 38.45
	17	8.93	1.27	220.71	8.66	15 44.55	12 00 51.50
	18	8.50	1.39	207.47	8.66	15 44.48	12 01 04.61
	19	8.06	1.50	194.23	8.65	15 44.40	12 01 17.76
	20	7.62	1.62	181.00	8.65	15 44.33	12 01 30.94
	21	− 7.18	+1.74	167.76	8.65	15 44.27	12 01 44.10
	22	6.73	1.86	154.52	8.65	15 44.22	12 01 57.21
	23	6.29	1.97	141.29	8.65	15 44.17	12 02 10.26
	24	5.84	2.09	128.05	8.65	15 44.12	12 02 23.21
	25	5.39	2.20	114.81	8.65	15 44.08	12 02 36.03
	26	− 4.94	+2.32	101.58	8.65	15 44.05	12 02 48.71
	27	4.49	2.43	88.34	8.65	15 44.02	12 03 01.21
	28	4.04	2.54	75.10	8.65	15 43.99	12 03 13.52
	29	3.59	2.65	61.87	8.65	15 43.97	12 03 25.61
	30	3.14	2.77	48.63	8.65	15 43.95	12 03 37.46
July	1	− 2.68	+2.88	35.39	8.65	15 43.94	12 03 49.05
	2	− 2.23	+2.99	22.16	8.65	15 43.93	12 04 00.38

SUN, 1993

FOR 0ʰ DYNAMICAL TIME

Date		Julian Date	Ecliptic Long. for Mean Equinox of Date	Ecliptic Lat.	Apparent Right Ascension	Apparent Declination	True Geocentric Distance
		244	° ′ ″	″	h m s	° ′ ″	
July	1	9169.5	99 10 51.88	−0.40	6 39 57.55	+23 07 16.5	1.016 6399
	2	9170.5	100 08 03.16	−0.26	6 44 05.57	23 03 07.7	.016 6517
	3	9171.5	101 05 14.23	−0.12	6 48 13.31	22 58 34.8	.016 6600
	4	9172.5	102 02 25.18	+0.01	6 52 20.75	22 53 37.9	.016 6648
	5	9173.5	102 59 36.11	+0.13	6 56 27.88	22 48 17.1	.016 6663
	6	9174.5	103 56 47.11	+0.22	7 00 34.67	+22 42 32.6	1.016 6643
	7	9175.5	104 53 58.26	+0.29	7 04 41.11	22 36 24.3	.016 6588
	8	9176.5	105 51 09.65	+0.33	7 08 47.19	22 29 52.5	.016 6495
	9	9177.5	106 48 21.33	+0.35	7 12 52.89	22 22 57.4	.016 6363
	10	9178.5	107 45 33.37	+0.34	7 16 58.20	22 15 39.0	.016 6190
	11	9179.5	108 42 45.82	+0.30	7 21 03.10	+22 07 57.5	1.016 5974
	12	9180.5	109 39 58.73	+0.24	7 25 07.57	21 59 53.1	.016 5713
	13	9181.5	110 37 12.14	+0.16	7 29 11.61	21 51 26.1	.016 5404
	14	9182.5	111 34 26.07	+0.05	7 33 15.19	21 42 36.5	.016 5045
	15	9183.5	112 31 40.56	−0.06	7 37 18.31	21 33 24.6	.016 4634
	16	9184.5	113 28 55.61	−0.18	7 41 20.95	+21 23 50.6	1.016 4168
	17	9185.5	114 26 11.22	−0.31	7 45 23.09	21 13 54.8	.016 3645
	18	9186.5	115 23 27.38	−0.42	7 49 24.72	21 03 37.4	.016 3064
	19	9187.5	116 20 44.07	−0.53	7 53 25.82	20 52 58.5	.016 2422
	20	9188.5	117 18 01.25	−0.61	7 57 26.37	20 41 58.6	.016 1718
	21	9189.5	118 15 18.89	−0.67	8 01 26.36	+20 30 37.8	1.016 0953
	22	9190.5	119 12 36.93	−0.69	8 05 25.78	20 18 56.4	.016 0128
	23	9191.5	120 09 55.35	−0.69	8 09 24.60	20 06 54.6	.015 9243
	24	9192.5	121 07 14.11	−0.65	8 13 22.83	19 54 32.7	.015 8302
	25	9193.5	122 04 33.20	−0.58	8 17 20.46	19 41 50.9	.015 7309
	26	9194.5	123 01 52.64	−0.49	8 21 17.48	+19 28 49.6	1.015 6266
	27	9195.5	123 59 12.43	−0.37	8 25 13.88	19 15 29.1	.015 5178
	28	9196.5	124 56 32.64	−0.24	8 29 09.67	19 01 49.4	.015 4049
	29	9197.5	125 53 53.30	−0.10	8 33 04.84	18 47 51.1	.015 2880
	30	9198.5	126 51 14.50	+0.03	8 36 59.39	18 33 34.3	.015 1677
	31	9199.5	127 48 36.30	+0.16	8 40 53.32	+18 18 59.2	1.015 0440
Aug.	1	9200.5	128 45 58.78	+0.28	8 44 46.63	18 04 06.3	.014 9171
	2	9201.5	129 43 22.04	+0.37	8 48 39.32	17 48 55.6	.014 7873
	3	9202.5	130 40 46.16	+0.45	8 52 31.41	17 33 27.6	.014 6544
	4	9203.5	131 38 11.23	+0.50	8 56 22.89	17 17 42.4	.014 5187
	5	9204.5	132 35 37.31	+0.52	9 00 13.77	+17 01 40.4	1.014 3799
	6	9205.5	133 33 04.49	+0.51	9 04 04.06	16 45 21.8	.014 2381
	7	9206.5	134 30 32.84	+0.48	9 07 53.76	16 28 47.0	.014 0931
	8	9207.5	135 28 02.42	+0.43	9 11 42.88	16 11 56.1	.013 9448
	9	9208.5	136 25 33.28	+0.35	9 15 31.43	15 54 49.4	.013 7931
	10	9209.5	137 23 05.47	+0.25	9 19 19.42	+15 37 27.4	1.013 6378
	11	9210.5	138 20 39.05	+0.14	9 23 06.85	15 19 50.3	.013 4787
	12	9211.5	139 18 14.03	+0.03	9 26 53.74	15 01 58.3	.013 3156
	13	9212.5	140 15 50.46	−0.09	9 30 40.09	14 43 51.9	.013 1482
	14	9213.5	141 13 28.33	−0.21	9 34 25.90	14 25 31.3	.012 9765
	15	9214.5	142 11 07.66	−0.31	9 38 11.19	+14 06 56.9	1.012 8001
	16	9215.5	143 08 48.43	−0.40	9 41 55.95	+13 48 09.0	1.012 6188

FOR 0^h DYNAMICAL TIME

Date		Position Angle of Axis P	Heliographic		H. P.	Semi-Diameter	Ephemeris Transit
			Latitude B_0	Longitude L_0			
July	1	° − 2.68	° +2.88	° 35.39	" 8.65	′ ″ 15 43.94	h m s 12 03 49.05
	2	2.23	2.99	22.16	8.65	15 43.93	12 04 00.38
	3	1.77	3.10	8.92	8.65	15 43.92	12 04 11.41
	4	1.32	3.20	355.69	8.65	15 43.91	12 04 22.13
	5	0.87	3.31	342.45	8.65	15 43.91	12 04 32.53
	6	− 0.41	+3.42	329.21	8.65	15 43.91	12 04 42.59
	7	+ 0.04	3.52	315.98	8.65	15 43.92	12 04 52.30
	8	0.49	3.63	302.74	8.65	15 43.93	12 05 01.64
	9	0.94	3.73	289.51	8.65	15 43.94	12 05 10.59
	10	1.39	3.83	276.27	8.65	15 43.96	12 05 19.14
	11	+ 1.84	+3.93	263.04	8.65	15 43.98	12 05 27.28
	12	2.29	4.03	249.81	8.65	15 44.00	12 05 34.98
	13	2.74	4.13	236.57	8.65	15 44.03	12 05 42.24
	14	3.19	4.23	223.34	8.65	15 44.06	12 05 49.03
	15	3.63	4.33	210.11	8.65	15 44.10	12 05 55.36
	16	+ 4.07	+4.43	196.87	8.65	15 44.14	12 06 01.18
	17	4.51	4.52	183.64	8.65	15 44.19	12 06 06.51
	18	4.95	4.61	170.41	8.65	15 44.25	12 06 11.31
	19	5.39	4.71	157.18	8.65	15 44.31	12 06 15.57
	20	5.83	4.80	143.95	8.65	15 44.37	12 06 19.28
	21	+ 6.26	+4.89	130.72	8.65	15 44.44	12 06 22.43
	22	6.69	4.97	117.49	8.66	15 44.52	12 06 24.99
	23	7.11	5.06	104.26	8.66	15 44.60	12 06 26.97
	24	7.54	5.15	91.03	8.66	15 44.69	12 06 28.35
	25	7.96	5.23	77.80	8.66	15 44.78	12 06 29.12
	26	+ 8.38	+5.31	64.57	8.66	15 44.88	12 06 29.27
	27	8.80	5.39	51.34	8.66	15 44.98	12 06 28.81
	28	9.21	5.47	38.12	8.66	15 45.09	12 06 27.72
	29	9.62	5.55	24.89	8.66	15 45.19	12 06 26.02
	30	10.02	5.63	11.66	8.66	15 45.31	12 06 23.69
	31	+10.43	+5.70	358.44	8.66	15 45.42	12 06 20.75
Aug.	1	10.83	5.78	345.21	8.66	15 45.54	12 06 17.19
	2	11.22	5.85	331.98	8.67	15 45.66	12 06 13.02
	3	11.61	5.92	318.76	8.67	15 45.78	12 06 08.25
	4	12.00	5.99	305.53	8.67	15 45.91	12 06 02.87
	5	+12.39	+6.06	292.31	8.67	15 46.04	12 05 56.90
	6	12.77	6.12	279.09	8.67	15 46.17	12 05 50.34
	7	13.15	6.18	265.86	8.67	15 46.31	12 05 43.20
	8	13.52	6.25	252.64	8.67	15 46.45	12 05 35.49
	9	13.89	6.31	239.42	8.67	15 46.59	12 05 27.20
	10	+14.25	+6.37	226.20	8.68	15 46.73	12 05 18.36
	11	14.61	6.42	212.98	8.68	15 46.88	12 05 08.97
	12	14.97	6.48	199.76	8.68	15 47.03	12 04 59.02
	13	15.32	6.53	186.54	8.68	15 47.19	12 04 48.54
	14	15.67	6.58	173.32	8.68	15 47.35	12 04 37.53
	15	+16.01	+6.63	160.10	8.68	15 47.52	12 04 25.99
	16	+16.35	+6.68	146.88	8.68	15 47.69	12 04 13.94

SUN, 1993

FOR 0ʰ DYNAMICAL TIME

Date	Julian Date	Ecliptic Long. for Mean Equinox of Date	Ecliptic Lat.	Apparent Right Ascension	Apparent Declination	True Geocentric Distance
	244	° ′ ″	″	h m s	° ′ ″	
Aug. 16	9215.5	143 08 48.43	−0.40	9 41 55.95	+13 48 09.0	1.012 6188
17	9216.5	144 06 30.61	−0.46	9 45 40.19	13 29 07.9	.012 4324
18	9217.5	145 04 14.15	−0.49	9 49 23.92	13 09 54.0	.012 2409
19	9218.5	146 01 59.00	−0.50	9 53 07.15	12 50 27.6	.012 0443
20	9219.5	146 59 45.11	−0.46	9 56 49.88	12 30 49.1	.011 8426
21	9220.5	147 57 32.42	−0.40	10 00 32.12	+12 10 58.7	1.011 6361
22	9221.5	148 55 20.90	−0.31	10 04 13.88	11 50 56.9	.011 4251
23	9222.5	149 53 10.53	−0.19	10 07 55.17	11 30 43.9	.011 2099
24	9223.5	150 51 01.30	−0.06	10 11 36.01	11 10 20.1	.010 9910
25	9224.5	151 48 53.23	+0.07	10 15 16.40	10 49 45.7	.010 7687
26	9225.5	152 46 46.36	+0.21	10 18 56.37	+10 29 01.2	1.010 5434
27	9226.5	153 44 40.73	+0.33	10 22 35.92	10 08 06.9	.010 3155
28	9227.5	154 42 36.39	+0.45	10 26 15.07	9 47 02.9	.010 0854
29	9228.5	155 40 33.41	+0.54	10 29 53.84	9 25 49.7	.009 8531
30	9229.5	156 38 31.86	+0.62	10 33 32.25	9 04 27.6	.009 6190
31	9230.5	157 36 31.80	+0.67	10 37 10.31	+ 8 42 56.8	1.009 3833
Sept. 1	9231.5	158 34 33.30	+0.69	10 40 48.05	8 21 17.7	.009 1460
2	9232.5	159 32 36.44	+0.69	10 44 25.49	7 59 30.4	.008 9072
3	9233.5	160 30 41.29	+0.66	10 48 02.64	7 37 35.5	.008 6670
4	9234.5	161 28 47.91	+0.60	10 51 39.53	7 15 33.1	.008 4254
5	9235.5	162 26 56.36	+0.52	10 55 16.18	+ 6 53 23.5	1.008 1823
6	9236.5	163 25 06.71	+0.43	10 58 52.61	6 31 07.1	.007 9376
7	9237.5	164 23 19.00	+0.32	11 02 28.84	6 08 44.1	.007 6914
8	9238.5	165 21 33.28	+0.21	11 06 04.90	5 46 14.9	.007 4434
9	9239.5	166 19 49.60	+0.09	11 09 40.79	5 23 39.9	.007 1935
10	9240.5	167 18 07.99	−0.03	11 13 16.55	+ 5 00 59.3	1.006 9415
11	9241.5	168 16 28.47	−0.14	11 16 52.19	4 38 13.4	.006 6873
12	9242.5	169 14 51.04	−0.23	11 20 27.72	4 15 22.7	.006 4305
13	9243.5	170 13 15.71	−0.29	11 24 03.17	3 52 27.5	.006 1710
14	9244.5	171 11 42.44	−0.33	11 27 38.54	3 29 28.0	.005 9086
15	9245.5	172 10 11.21	−0.34	11 31 13.86	+ 3 06 24.8	1.005 6430
16	9246.5	173 08 41.95	−0.31	11 34 49.15	2 43 18.0	.005 3741
17	9247.5	174 07 14.59	−0.25	11 38 24.41	2 20 08.2	.005 1020
18	9248.5	175 05 49.06	−0.17	11 41 59.67	1 56 55.6	.004 8268
19	9249.5	176 04 25.29	−0.05	11 45 34.95	1 33 40.5	.004 5486
20	9250.5	177 03 03.23	+0.08	11 49 10.25	+ 1 10 23.4	1.004 2679
21	9251.5	178 01 42.85	+0.21	11 52 45.60	0 47 04.6	.003 9849
22	9252.5	179 00 24.13	+0.35	11 56 21.01	0 23 44.5	.003 7001
23	9253.5	179 59 07.07	+0.48	11 59 56.50	+ 0 00 23.3	.003 4139
24	9254.5	180 57 51.68	+0.60	12 03 32.09	− 0 22 58.6	.003 1268
25	9255.5	181 56 38.00	+0.69	12 07 07.81	− 0 46 20.8	1.002 8389
26	9256.5	182 55 26.05	+0.77	12 10 43.66	1 09 43.0	.002 5508
27	9257.5	183 54 15.88	+0.82	12 14 19.68	1 33 04.9	.002 2625
28	9258.5	184 53 07.53	+0.84	12 17 55.89	1 56 26.1	.001 9745
29	9259.5	185 52 01.05	+0.84	12 21 32.32	2 19 46.4	.001 6869
30	9260.5	186 50 56.50	+0.80	12 25 08.97	− 2 43 05.4	1.001 3999
Oct. 1	9261.5	187 49 53.93	+0.75	12 28 45.89	− 3 06 22.7	1.001 1136

FOR 0ʰ DYNAMICAL TIME

Date		Position Angle of Axis P	Heliographic		H. P.	Semi-Diameter	Ephemeris Transit
			Latitude B_0	Longitude L_0			
		°	°	°	"	′　　"	h　m　s
Aug.	16	+16.35	+6.68	146.88	8.68	15 47.69	12 04 13.94
	17	16.68	6.73	133.66	8.69	15 47.86	12 04 01.37
	18	17.01	6.77	120.45	8.69	15 48.04	12 03 48.29
	19	17.33	6.81	107.23	8.69	15 48.22	12 03 34.72
	20	17.65	6.85	94.02	8.69	15 48.41	12 03 20.66
	21	+17.96	+6.89	80.80	8.69	15 48.61	12 03 06.11
	22	18.27	6.93	67.59	8.69	15 48.80	12 02 51.08
	23	18.58	6.96	54.37	8.70	15 49.01	12 02 35.60
	24	18.88	6.99	41.16	8.70	15 49.21	12 02 19.66
	25	19.17	7.02	27.94	8.70	15 49.42	12 02 03.28
	26	+19.46	+7.05	14.73	8.70	15 49.63	12 01 46.48
	27	19.74	7.08	1.52	8.70	15 49.85	12 01 29.27
	28	20.02	7.10	348.31	8.71	15 50.06	12 01 11.68
	29	20.29	7.12	335.10	8.71	15 50.28	12 00 53.71
	30	20.56	7.14	321.89	8.71	15 50.50	12 00 35.39
	31	+20.82	+7.16	308.67	8.71	15 50.72	12 00 16.75
Sept.	1	21.08	7.18	295.47	8.71	15 50.95	11 59 57.79
	2	21.33	7.19	282.26	8.72	15 51.17	11 59 38.53
	3	21.57	7.21	269.05	8.72	15 51.40	11 59 19.01
	4	21.81	7.22	255.84	8.72	15 51.63	11 58 59.24
	5	+22.05	+7.22	242.63	8.72	15 51.86	11 58 39.23
	6	22.27	7.23	229.42	8.72	15 52.09	11 58 19.02
	7	22.50	7.23	216.22	8.73	15 52.32	11 57 58.61
	8	22.71	7.24	203.01	8.73	15 52.55	11 57 38.03
	9	22.92	7.23	189.81	8.73	15 52.79	11 57 17.30
	10	+23.13	+7.23	176.60	8.73	15 53.03	11 56 56.45
	11	23.33	7.23	163.40	8.74	15 53.27	11 56 35.47
	12	23.52	7.22	150.19	8.74	15 53.51	11 56 14.41
	13	23.71	7.21	136.99	8.74	15 53.76	11 55 53.27
	14	23.89	7.20	123.79	8.74	15 54.01	11 55 32.07
	15	+24.06	+7.19	110.58	8.74	15 54.26	11 55 10.83
	16	24.23	7.17	97.38	8.75	15 54.52	11 54 49.56
	17	24.39	7.16	84.18	8.75	15 54.77	11 54 28.28
	18	24.55	7.14	70.98	8.75	15 55.04	11 54 07.00
	19	24.70	7.12	57.78	8.75	15 55.30	11 53 45.74
	20	+24.84	+7.09	44.58	8.76	15 55.57	11 53 24.51
	21	24.98	7.07	31.38	8.76	15 55.84	11 53 03.34
	22	25.11	7.04	18.18	8.76	15 56.11	11 52 42.23
	23	25.23	7.01	4.98	8.76	15 56.38	11 52 21.22
	24	25.35	6.98	351.78	8.77	15 56.65	11 52 00.32
	25	+25.46	+6.94	338.59	8.77	15 56.93	11 51 39.55
	26	25.56	6.91	325.39	8.77	15 57.20	11 51 18.94
	27	25.66	6.87	312.19	8.77	15 57.48	11 50 58.50
	28	25.75	6.83	298.99	8.78	15 57.75	11 50 38.27
	29	25.84	6.79	285.80	8.78	15 58.03	11 50 18.26
	30	+25.91	+6.75	272.60	8.78	15 58.30	11 49 58.51
Oct.	1	+25.98	+6.70	259.40	8.78	15 58.58	11 49 39.02

SUN, 1993

FOR 0ʰ DYNAMICAL TIME

Date		Julian Date	Ecliptic Long. for Mean Equinox of Date	Ecliptic Lat.	Apparent Right Ascension	Apparent Declination	True Geocentric Distance
		244	° ′ ″	″	h m s	° ′ ″	
Oct.	1	9261.5	187 49 53.93	+0.75	12 28 45.89	− 3 06 22.7	1.001 1136
	2	9262.5	188 48 53.39	+0.67	12 32 23.10	3 29 38.1	.000 8281
	3	9263.5	189 47 54.94	+0.57	12 36 00.61	3 52 51.3	.000 5435
	4	9264.5	190 46 58.63	+0.46	12 39 38.45	4 16 01.8	1.000 2598
	5	9265.5	191 46 04.50	+0.34	12 43 16.65	4 39 09.3	0.999 9769
	6	9266.5	192 45 12.60	+0.22	12 46 55.23	− 5 02 13.5	0.999 6949
	7	9267.5	193 44 22.97	+0.09	12 50 34.21	5 25 14.0	.999 4135
	8	9268.5	194 43 35.64	−0.02	12 54 13.61	5 48 10.5	.999 1328
	9	9269.5	195 42 50.63	−0.11	12 57 53.45	6 11 02.6	.998 8525
	10	9270.5	196 42 07.96	−0.19	13 01 33.75	6 33 49.9	.998 5724
	11	9271.5	197 41 27.63	−0.24	13 05 14.53	− 6 56 32.0	0.998 2923
	12	9272.5	198 40 49.62	−0.25	13 08 55.80	7 19 08.6	.998 0120
	13	9273.5	199 40 13.90	−0.24	13 12 37.59	7 41 39.2	.997 7311
	14	9274.5	200 39 40.41	−0.19	13 16 19.91	8 04 03.5	.997 4496
	15	9275.5	201 39 09.07	−0.11	13 20 02.78	8 26 21.1	.997 1673
	16	9276.5	202 38 39.81	+0.00	13 23 46.21	− 8 48 31.5	0.996 8841
	17	9277.5	203 38 12.53	+0.13	13 27 30.21	9 10 34.4	.996 6002
	18	9278.5	204 37 47.14	+0.27	13 31 14.80	9 32 29.4	.996 3157
	19	9279.5	205 37 23.58	+0.41	13 34 59.99	9 54 16.0	.996 0311
	20	9280.5	206 37 01.79	+0.55	13 38 45.78	10 15 53.9	.995 7465
	21	9281.5	207 36 41.74	+0.67	13 42 32.20	−10 37 22.7	0.995 4624
	22	9282.5	208 36 23.39	+0.78	13 46 19.25	10 58 41.9	.995 1793
	23	9283.5	209 36 06.75	+0.86	13 50 06.96	11 19 51.2	.994 8974
	24	9284.5	210 35 51.81	+0.91	13 53 55.32	11 40 50.2	.994 6172
	25	9285.5	211 35 38.58	+0.94	13 57 44.37	12 01 38.5	.994 3389
	26	9286.5	212 35 27.08	+0.93	14 01 34.12	−12 22 15.7	0.994 0628
	27	9287.5	213 35 17.33	+0.90	14 05 24.58	12 42 41.5	.993 7893
	28	9288.5	214 35 09.36	+0.84	14 09 15.77	13 02 55.3	.993 5185
	29	9289.5	215 35 03.19	+0.76	14 13 07.70	13 22 57.0	.993 2507
	30	9290.5	216 34 58.87	+0.66	14 17 00.40	13 42 46.0	.992 9860
	31	9291.5	217 34 56.41	+0.55	14 20 53.87	−14 02 22.0	0.992 7246
Nov.	1	9292.5	218 34 55.87	+0.42	14 24 48.13	14 21 44.6	.992 4665
	2	9293.5	219 34 57.28	+0.29	14 28 43.19	14 40 53.4	.992 2119
	3	9294.5	220 35 00.67	+0.16	14 32 39.07	14 59 48.0	.991 9606
	4	9295.5	221 35 06.07	+0.04	14 36 35.77	15 18 28.1	.991 7128
	5	9296.5	222 35 13.53	−0.07	14 40 33.31	−15 36 53.1	0.991 4682
	6	9297.5	223 35 23.04	−0.15	14 44 31.69	15 55 02.7	.991 2268
	7	9298.5	224 35 34.64	−0.21	14 48 30.92	16 12 56.6	.990 9883
	8	9299.5	225 35 48.32	−0.24	14 52 31.00	16 30 34.2	.990 7526
	9	9300.5	226 36 04.06	−0.24	14 56 31.95	16 47 55.1	.990 5194
	10	9301.5	227 36 21.85	−0.20	15 00 33.76	−17 04 59.1	0.990 2885
	11	9302.5	228 36 41.61	−0.13	15 04 36.44	17 21 45.5	.990 0595
	12	9303.5	229 37 03.30	−0.03	15 08 39.98	17 38 14.1	.989 8323
	13	9304.5	230 37 26.82	+0.09	15 12 44.39	17 54 24.4	.989 6067
	14	9305.5	231 37 52.06	+0.23	15 16 49.66	18 10 16.0	.989 3826
	15	9306.5	232 38 18.94	+0.38	15 20 55.77	−18 25 48.5	0.989 1601
	16	9307.5	233 38 47.34	+0.52	15 25 02.73	−18 41 01.6	0.988 9394

FOR 0h DYNAMICAL TIME

Date		Position Angle of Axis P	Heliographic		H. P.	Semi-Diameter	Ephemeris Transit
			Latitude B_0	Longitude L_0			
		°	°	°	"	' "	h m s
Oct.	1	+25.98	+6.70	259.40	8.78	15 58.58	11 49 39.02
	2	26.04	6.65	246.21	8.79	15 58.85	11 49 19.83
	3	26.10	6.60	233.01	8.79	15 59.12	11 49 00.96
	4	26.15	6.55	219.82	8.79	15 59.40	11 48 42.43
	5	26.19	6.50	206.62	8.79	15 59.67	11 48 24.26
	6	+26.23	+6.44	193.43	8.80	15 59.94	11 48 06.48
	7	26.25	6.38	180.24	8.80	16 00.21	11 47 49.11
	8	26.27	6.32	167.04	8.80	16 00.48	11 47 32.17
	9	26.29	6.26	153.85	8.80	16 00.75	11 47 15.68
	10	26.29	6.20	140.66	8.81	16 01.02	11 46 59.66
	11	+26.29	+6.13	127.47	8.81	16 01.29	11 46 44.13
	12	26.28	6.06	114.27	8.81	16 01.56	11 46 29.10
	13	26.26	6.00	101.08	8.81	16 01.83	11 46 14.61
	14	26.24	5.92	87.89	8.82	16 02.10	11 46 00.65
	15	26.21	5.85	74.70	8.82	16 02.37	11 45 47.24
	16	+26.17	+5.78	61.51	8.82	16 02.64	11 45 34.40
	17	26.12	5.70	48.32	8.82	16 02.92	11 45 22.14
	18	26.07	5.62	35.13	8.83	16 03.19	11 45 10.47
	19	26.01	5.54	21.94	8.83	16 03.47	11 44 59.39
	20	25.94	5.46	8.75	8.83	16 03.74	11 44 48.93
	21	+25.86	+5.38	355.56	8.83	16 04.02	11 44 39.10
	22	25.78	5.29	342.37	8.84	16 04.29	11 44 29.91
	23	25.68	5.21	329.19	8.84	16 04.57	11 44 21.38
	24	25.58	5.12	316.00	8.84	16 04.84	11 44 13.53
	25	25.48	5.03	302.81	8.84	16 05.11	11 44 06.37
	26	+25.36	+4.94	289.62	8.85	16 05.38	11 43 59.91
	27	25.24	4.84	276.43	8.85	16 05.64	11 43 54.18
	28	25.11	4.75	263.25	8.85	16 05.91	11 43 49.18
	29	24.97	4.65	250.06	8.85	16 06.17	11 43 44.94
	30	24.82	4.56	236.87	8.86	16 06.42	11 43 41.46
	31	+24.66	+4.46	223.68	8.86	16 06.68	11 43 38.76
Nov.	1	24.50	4.36	210.50	8.86	16 06.93	11 43 36.86
	2	24.33	4.26	197.31	8.86	16 07.18	11 43 35.76
	3	24.15	4.16	184.12	8.87	16 07.42	11 43 35.48
	4	23.97	4.05	170.94	8.87	16 07.66	11 43 36.03
	5	+23.77	+3.95	157.75	8.87	16 07.90	11 43 37.42
	6	23.57	3.84	144.57	8.87	16 08.14	11 43 39.65
	7	23.36	3.73	131.38	8.87	16 08.37	11 43 42.74
	8	23.14	3.62	118.20	8.88	16 08.60	11 43 46.70
	9	22.92	3.51	105.01	8.88	16 08.83	11 43 51.51
	10	+22.68	+3.40	91.83	8.88	16 09.06	11 43 57.20
	11	22.44	3.29	78.65	8.88	16 09.28	11 44 03.75
	12	22.19	3.17	65.46	8.88	16 09.50	11 44 11.17
	13	21.94	3.06	52.28	8.89	16 09.72	11 44 19.44
	14	21.67	2.94	39.10	8.89	16 09.94	11 44 28.57
	15	+21.40	+2.83	25.92	8.89	16 10.16	11 44 38.54
	16	+21.12	+2.71	12.73	8.89	16 10.38	11 44 49.35

SUN, 1993

FOR 0ʰ DYNAMICAL TIME

Date	Julian Date	Ecliptic Long. for Mean Equinox of Date	Ecliptic Lat.	Apparent Right Ascension	Apparent Declination	True Geocentric Distance
	244	° ′ ″	″	h m s	° ′ ″	
Nov. 16	9307.5	233 38 47.34	+0.52	15 25 02.73	−18 41 01.6	0.988 9394
17	9308.5	234 39 17.18	+0.65	15 29 10.52	18 55 54.8	.988 7207
18	9309.5	235 39 48.38	+0.76	15 33 19.13	19 10 27.8	.988 5042
19	9310.5	236 40 20.88	+0.85	15 37 28.54	19 24 40.0	.988 2904
20	9311.5	237 40 54.63	+0.91	15 41 38.76	19 38 31.3	.988 0795
21	9312.5	238 41 29.60	+0.94	15 45 49.77	−19 52 01.2	0.987 8720
22	9313.5	239 42 05.76	+0.95	15 50 01.57	20 05 09.3	.987 6680
23	9314.5	240 42 43.10	+0.92	15 54 14.14	20 17 55.3	.987 4680
24	9315.5	241 43 21.61	+0.87	15 58 27.47	20 30 18.8	.987 2723
25	9316.5	242 44 01.28	+0.79	16 02 41.56	20 42 19.5	.987 0810
26	9317.5	243 44 42.12	+0.69	16 06 56.40	−20 53 57.2	0.986 8944
27	9318.5	244 45 24.13	+0.57	16 11 11.97	21 05 11.4	.986 7127
28	9319.5	245 46 07.33	+0.44	16 15 28.25	21 16 01.8	.986 5362
29	9320.5	246 46 51.73	+0.31	16 19 45.25	21 26 28.2	.986 3650
30	9321.5	247 47 37.36	+0.17	16 24 02.93	21 36 30.2	.986 1992
Dec. 1	9322.5	248 48 24.25	+0.04	16 28 21.29	−21 46 07.6	0.986 0388
2	9323.5	249 49 12.41	−0.07	16 32 40.30	21 55 20.0	.985 8839
3	9324.5	250 50 01.88	−0.17	16 36 59.95	22 04 07.3	.985 7344
4	9325.5	251 50 52.67	−0.24	16 41 20.22	22 12 29.0	.985 5903
5	9326.5	252 51 44.81	−0.28	16 45 41.09	22 20 24.9	.985 4513
6	9327.5	253 52 38.28	−0.29	16 50 02.53	−22 27 54.8	0.985 3172
7	9328.5	254 53 33.10	−0.26	16 54 24.52	22 34 58.5	.985 1878
8	9329.5	255 54 29.22	−0.21	16 58 47.05	22 41 35.6	.985 0629
9	9330.5	256 55 26.61	−0.12	17 03 10.07	22 47 46.0	.984 9419
10	9331.5	257 56 25.20	−0.01	17 07 33.56	22 53 29.5	.984 8248
11	9332.5	258 57 24.93	+0.13	17 11 57.50	−22 58 45.9	0.984 7113
12	9333.5	259 58 25.69	+0.27	17 16 21.85	23 03 35.0	.984 6010
13	9334.5	260 59 27.38	+0.41	17 20 46.56	23 07 56.7	.984 4940
14	9335.5	262 00 29.88	+0.54	17 25 11.61	23 11 50.8	.984 3903
15	9336.5	263 01 33.10	+0.66	17 29 36.95	23 15 17.2	.984 2898
16	9337.5	264 02 36.92	+0.75	17 34 02.55	−23 18 15.8	0.984 1928
17	9338.5	265 03 41.26	+0.83	17 38 28.36	23 20 46.5	.984 0994
18	9339.5	266 04 46.04	+0.87	17 42 54.35	23 22 49.2	.984 0100
19	9340.5	267 05 51.20	+0.88	17 47 20.49	23 24 23.8	.983 9247
20	9341.5	268 06 56.67	+0.86	17 51 46.74	23 25 30.2	.983 8439
21	9342.5	269 08 02.41	+0.81	17 56 13.07	−23 26 08.4	0.983 7678
22	9343.5	270 09 08.39	+0.74	18 00 39.44	23 26 18.4	.983 6967
23	9344.5	271 10 14.58	+0.65	18 05 05.82	23 26 00.1	.983 6308
24	9345.5	272 11 20.94	+0.53	18 09 32.18	23 25 13.7	.983 5704
25	9346.5	273 12 27.48	+0.40	18 13 58.49	23 23 59.0	.983 5156
26	9347.5	274 13 34.16	+0.27	18 18 24.72	−23 22 16.1	0.983 4668
27	9348.5	275 14 41.01	+0.13	18 22 50.82	23 20 05.1	.983 4241
28	9349.5	276 15 48.02	+0.00	18 27 16.78	23 17 26.0	.983 3876
29	9350.5	277 16 55.21	−0.12	18 31 42.56	23 14 18.9	.983 3576
30	9351.5	278 18 02.60	−0.22	18 36 08.13	23 10 43.9	.983 3340
31	9352.5	279 19 10.22	−0.30	18 40 33.47	−23 06 41.1	0.983 3168
32	9353.5	280 20 18.10	−0.35	18 44 58.54	−23 02 10.5	0.983 3060

FOR 0ʰ DYNAMICAL TIME

Date	Position Angle of Axis P	Heliographic		H. P.	Semi-Diameter	Ephemeris Transit
		Latitude B_0	Longitude L_0			
	°	°	°	″	′ ″	h m s
Nov. 16	+21.12	+2.71	12.73	8.89	16 10.38	11 44 49.35
17	20.84	2.59	359.55	8.89	16 10.59	11 45 00.97
18	20.54	2.47	346.37	8.90	16 10.81	11 45 13.42
19	20.24	2.35	333.19	8.90	16 11.02	11 45 26.67
20	19.93	2.23	320.01	8.90	16 11.22	11 45 40.73
21	+19.62	+2.11	306.83	8.90	16 11.43	11 45 55.57
22	19.29	1.99	293.64	8.90	16 11.63	11 46 11.20
23	18.96	1.87	280.46	8.91	16 11.82	11 46 27.60
24	18.63	1.74	267.28	8.91	16 12.02	11 46 44.76
25	18.28	1.62	254.10	8.91	16 12.20	11 47 02.67
26	+17.93	+1.50	240.92	8.91	16 12.39	11 47 21.32
27	17.58	1.37	227.74	8.91	16 12.57	11 47 40.69
28	17.22	1.25	214.56	8.91	16 12.74	11 48 00.77
29	16.85	1.12	201.38	8.92	16 12.91	11 48 21.55
30	16.47	0.99	188.20	8.92	16 13.07	11 48 43.01
Dec. 1	+16.09	+0.87	175.02	8.92	16 13.23	11 49 05.14
2	15.70	0.74	161.84	8.92	16 13.39	11 49 27.91
3	15.31	0.61	148.67	8.92	16 13.53	11 49 51.32
4	14.91	0.49	135.49	8.92	16 13.68	11 50 15.33
5	14.50	0.36	122.31	8.92	16 13.81	11 50 39.93
6	+14.09	+0.23	109.13	8.93	16 13.95	11 51 05.10
7	13.68	+0.10	95.95	8.93	16 14.07	11 51 30.82
8	13.26	−0.03	82.78	8.93	16 14.20	11 51 57.05
9	12.83	0.15	69.60	8.93	16 14.32	11 52 23.76
10	12.40	0.28	56.42	8.93	16 14.43	11 52 50.93
11	+11.97	−0.41	43.25	8.93	16 14.54	11 53 18.53
12	11.53	0.54	30.07	8.93	16 14.65	11 53 46.51
13	11.09	0.66	16.90	8.93	16 14.76	11 54 14.84
14	10.64	0.79	3.72	8.93	16 14.86	11 54 43.48
15	10.19	0.92	350.55	8.93	16 14.96	11 55 12.40
16	+ 9.73	−1.05	337.37	8.94	16 15.06	11 55 41.56
17	9.28	1.17	324.20	8.94	16 15.15	11 56 10.91
18	8.81	1.30	311.02	8.94	16 15.24	11 56 40.44
19	8.35	1.43	297.85	8.94	16 15.32	11 57 10.09
20	7.88	1.55	284.68	8.94	16 15.40	11 57 39.84
21	+ 7.41	−1.68	271.50	8.94	16 15.48	11 58 09.65
22	6.94	1.80	258.33	8.94	16 15.55	11 58 39.49
23	6.47	1.92	245.16	8.94	16 15.61	11 59 09.32
24	5.99	2.05	231.98	8.94	16 15.67	11 59 39.12
25	5.51	2.17	218.81	8.94	16 15.73	12 00 08.84
26	+ 5.03	−2.29	205.64	8.94	16 15.78	12 00 38.46
27	4.55	2.41	192.47	8.94	16 15.82	12 01 07.95
28	4.07	2.53	179.30	8.94	16 15.86	12 01 37.27
29	3.59	2.65	166.12	8.94	16 15.89	12 02 06.39
30	3.10	2.77	152.95	8.94	16 15.91	12 02 35.30
31	+ 2.62	−2.89	139.78	8.94	16 15.93	12 03 03.95
32	+ 2.13	−3.01	126.61	8.94	16 15.94	12 03 32.32

SUN, 1993

GEOCENTRIC RECTANGULAR COORDINATES
MEAN EQUATOR AND EQUINOX OF J2000.0

Date 0ʰTDT	x	y	z	Date 0ʰTDT	x	y	z
Jan. 0	+0.165 0904	−0.889 3761	−0.385 6062	Feb. 15	+0.822 8520	−0.501 3608	−0.217 3771
1	0.182 3039	0.886 5235	0.384 3696	16	0.832 5297	0.488 0781	0.211 6174
2	0.199 4592	0.883 3950	0.383 0134	17	0.841 9521	0.474 6442	0.205 7921
3	0.216 5509	0.879 9921	0.381 5385	18	0.851 1160	0.461 0633	0.199 9032
4	0.233 5740	0.876 3160	0.379 9452	19	0.860 0186	0.447 3397	0.193 9525
5	+0.250 5232	−0.872 3682	−0.378 2341	20	+0.868 6570	−0.433 4780	−0.187 9420
6	0.267 3936	0.868 1501	0.376 4060	21	0.877 0285	0.419 4826	0.181 8737
7	0.284 1803	0.863 6633	0.374 4614	22	0.885 1305	0.405 3581	0.175 7495
8	0.300 8784	0.858 9094	0.372 4009	23	0.892 9607	0.391 1091	0.169 5715
9	0.317 4832	0.853 8898	0.370 2252	24	0.900 5167	0.376 7404	0.163 3417
10	+0.333 9900	−0.848 6060	−0.367 9349	25	+0.907 7963	−0.362 2568	−0.157 0622
11	0.350 3941	0.843 0595	0.365 5305	26	0.914 7976	0.347 6629	0.150 7351
12	0.366 6907	0.837 2518	0.363 0127	27	0.921 5187	0.332 9636	0.144 3624
13	0.382 8749	0.831 1842	0.360 3820	28	0.927 9579	0.318 1637	0.137 9461
14	0.398 9418	0.824 8584	0.357 6392	Mar. 1	0.934 1137	0.303 2680	0.131 4884
15	+0.414 8864	−0.818 2759	−0.354 7850	2	+0.939 9847	−0.288 2814	−0.124 9913
16	0.430 7037	0.811 4384	0.351 8200	3	0.945 5695	0.273 2086	0.118 4568
17	0.446 3884	0.804 3478	0.348 7452	4	0.950 8671	0.258 0544	0.111 8871
18	0.461 9355	0.797 0061	0.345 5614	5	0.955 8765	0.242 8235	0.105 2839
19	0.477 3398	0.789 4155	0.342 2696	6	0.960 5969	0.227 5205	0.098 6494
20	+0.492 5963	−0.781 5782	−0.338 8709	7	+0.965 0273	−0.212 1499	−0.091 9855
21	0.507 6998	0.773 4968	0.335 3663	8	0.969 1671	0.196 7160	0.085 2939
22	0.522 6454	0.765 1738	0.331 7571	9	0.973 0155	0.181 2232	0.078 5766
23	0.537 4282	0.756 6120	0.328 0444	10	0.976 5716	0.165 6758	0.071 8355
24	0.552 0434	0.747 8143	0.324 2295	11	0.979 8345	0.150 0780	0.065 0724
25	+0.566 4862	−0.738 7837	−0.320 3138	12	+0.982 8033	−0.134 4342	−0.058 2892
26	0.580 7521	0.729 5233	0.316 2986	13	0.985 4770	0.118 7488	0.051 4878
27	0.594 8366	0.720 0363	0.312 1852	14	0.987 8547	0.103 0263	0.044 6703
28	0.608 7353	0.710 3259	0.307 9752	15	0.989 9356	0.087 2714	0.037 8388
29	0.622 4440	0.700 3956	0.303 6699	16	0.991 7188	0.071 4887	0.030 9952
30	+0.635 9585	−0.690 2488	−0.299 2709	17	+0.993 2038	−0.055 6831	−0.024 1417
31	0.649 2748	0.679 8890	0.294 7797	18	0.994 3901	0.039 8594	0.017 2804
Feb. 1	0.662 3891	0.669 3197	0.290 1977	19	0.995 2771	0.024 0224	0.010 4135
2	0.675 2976	0.658 5446	0.285 5266	20	0.995 8648	−0.008 1772	−0.003 5432
3	0.687 9967	0.647 5672	0.280 7678	21	0.996 1530	+0.007 6713	+0.003 3285
4	+0.700 4829	−0.636 3914	−0.275 9230	22	+0.996 1416	+0.023 5181	+0.010 1993
5	0.712 7528	0.625 0206	0.270 9936	23	0.995 8309	0.039 3583	0.017 0670
6	0.724 8033	0.613 4584	0.265 9811	24	0.995 2212	0.055 1867	0.023 9295
7	0.736 6312	0.601 7084	0.260 8871	25	0.994 3129	0.070 9985	0.030 7847
8	0.748 2332	0.589 7740	0.255 7130	26	0.993 1066	0.086 7886	0.037 6303
9	+0.759 6063	−0.577 6586	−0.250 4602	27	+0.991 6031	+0.102 5521	+0.044 4644
10	0.770 7472	0.565 3657	0.245 1302	28	0.989 8032	0.118 2840	0.051 2846
11	0.781 6526	0.552 8986	0.239 7246	29	0.987 7080	0.133 9794	0.058 0890
12	0.792 3191	0.540 2609	0.234 2448	30	0.985 3187	0.149 6337	0.064 8756
13	0.802 7435	0.527 4561	0.228 6925	31	0.982 6366	0.165 2420	0.071 6422
14	+0.812 9222	−0.514 4882	−0.223 0694	Apr. 1	+0.979 6631	+0.180 7997	+0.078 3870
15	+0.822 8520	−0.501 3608	−0.217 3771	2	+0.976 3997	+0.196 3022	+0.085 1080

GEOCENTRIC RECTANGULAR COORDINATES
MEAN EQUATOR AND EQUINOX OF J2000.0

Date 0ʰTDT	x	y	z	Date 0ʰTDT	x	y	z
Apr. 1	+0.979 6631	+0.180 7997	+0.078 3870	May 17	+0.562 6080	+0.771 0466	+0.334 3048
2	0.976 3997	0.196 3022	0.085 1080	18	0.548 5101	0.779 7815	0.338 0916
3	0.972 8480	0.211 7453	0.091 8033	19	0.534 2539	0.788 2932	0.341 7816
4	0.969 0097	0.227 1245	0.098 4711	20	0.519 8438	0.796 5790	0.345 3735
5	0.964 8865	0.242 4358	0.105 1096	21	0.505 2840	0.804 6365	0.348 8663
6	+0.960 4800	+0.257 6750	+0.111 7171	22	+0.490 5791	+0.812 4632	+0.352 2590
7	0.955 7917	0.272 8383	0.118 2917	23	0.475 7337	0.820 0568	0.355 5506
8	0.950 8232	0.287 9216	0.124 8319	24	0.460 7523	0.827 4152	0.358 7403
9	0.945 5759	0.302 9209	0.131 3358	25	0.445 6397	0.834 5363	0.361 8272
10	0.940 0513	0.317 8323	0.137 8016	26	0.430 4007	0.841 4183	0.364 8104
11	+0.934 2508	+0.332 6516	+0.144 2275	27	+0.415 0400	+0.848 0594	+0.367 6894
12	0.928 1759	0.347 3746	0.150 6116	28	0.399 5624	0.854 4580	0.370 4634
13	0.921 8284	0.361 9971	0.156 9521	29	0.383 9727	0.860 6127	0.373 1318
14	0.915 2100	0.376 5148	0.163 2471	30	0.368 2756	0.866 5223	0.375 6940
15	0.908 3224	0.390 9233	0.169 4947	31	0.352 4756	0.872 1855	0.378 1497
16	+0.901 1678	+0.405 2185	+0.175 6930	June 1	+0.336 5773	+0.877 6013	+0.380 4982
17	0.893 7482	0.419 3960	0.181 8401	2	0.320 5851	0.882 7687	0.382 7392
18	0.886 0659	0.433 4515	0.187 9342	3	0.304 5034	0.887 6866	0.384 8721
19	0.878 1232	0.447 3807	0.193 9734	4	0.288 3364	0.892 3540	0.386 8965
20	0.869 9226	0.461 1794	0.199 9559	5	0.272 0884	0.896 7700	0.388 8118
21	+0.861 4667	+0.474 8434	+0.205 8798	6	+0.255 7636	+0.900 9335	+0.390 6177
22	0.852 7582	0.488 3686	0.211 7435	7	0.239 3663	0.904 8434	0.392 3135
23	0.843 8001	0.501 7508	0.217 5450	8	0.222 9007	0.908 4985	0.393 8989
24	0.834 5953	0.514 9860	0.223 2827	9	0.206 3712	0.911 8979	0.395 3732
25	0.825 1469	0.528 0703	0.228 9550	10	0.189 7824	0.915 0404	0.396 7360
26	+0.815 4581	+0.540 9997	+0.234 5601	11	+0.173 1386	+0.917 9250	+0.397 9868
27	0.805 5323	0.553 7705	0.240 0965	12	0.156 4446	0.920 5508	0.399 1252
28	0.795 3730	0.566 3792	0.245 5626	13	0.139 7048	0.922 9167	0.400 1509
29	0.784 9836	0.578 8221	0.250 9569	14	0.122 9241	0.925 0220	0.401 0634
30	0.774 3677	0.591 0960	0.256 2781	15	0.106 1072	0.926 8657	0.401 8624
May 1	+0.763 5288	+0.603 1975	+0.261 5247	16	+0.089 2590	+0.928 4473	+0.402 5475
2	0.752 4707	0.615 1237	0.266 6955	17	0.072 3844	0.929 7660	0.403 1187
3	0.741 1968	0.626 8716	0.271 7892	18	0.055 4883	0.930 8213	0.403 5755
4	0.729 7106	0.638 4383	0.276 8044	19	0.038 5758	0.931 6127	0.403 9179
5	0.718 0156	0.649 8211	0.281 7401	20	0.021 6520	0.932 1399	0.404 1458
6	+0.706 1151	+0.661 0172	+0.286 5950	21	+0.004 7220	+0.932 4028	+0.404 2591
7	0.694 0123	0.672 0239	0.291 3678	22	−0.012 2090	0.932 4012	0.404 2578
8	0.681 7107	0.682 8384	0.296 0574	23	0.029 1357	0.932 1353	0.404 1421
9	0.669 2133	0.693 4579	0.300 6624	24	0.046 0532	0.931 6054	0.403 9120
10	0.656 5237	0.703 8795	0.305 1816	25	0.062 9563	0.930 8120	0.403 5679
11	+0.643 6450	+0.714 1003	+0.309 6136	26	−0.079 8400	+0.929 7556	+0.403 1099
12	0.630 5810	0.724 1174	0.313 9572	27	0.096 6994	0.928 4370	0.402 5384
13	0.617 3350	0.733 9279	0.318 2111	28	0.113 5299	0.926 8570	0.401 8538
14	0.603 9109	0.743 5289	0.322 3741	29	0.130 3267	0.925 0165	0.401 0563
15	0.590 3124	0.752 9175	0.326 4448	30	0.147 0853	0.922 9163	0.400 1463
16	+0.576 5434	+0.762 0910	+0.330 4221	July 1	−0.163 8014	+0.920 5573	+0.399 1242
17	+0.562 6080	+0.771 0466	+0.334 3048	2	−0.180 4705	+0.917 9405	+0.397 9904

GEOCENTRIC RECTANGULAR COORDINATES
MEAN EQUATOR AND EQUINOX OF J2000.0

Date 0ʰTDT	x	y	z	Date 0ʰTDT	x	y	z
July 1	−0.163 8014	+0.920 5573	+0.399 1242	Aug. 16	−0.811 2153	+0.556 0603	+0.241 0879
2	0.180 4705	0.917 9405	0.397 9904	17	0.821 1221	0.543 3905	0.235 5943
3	0.197 0884	0.915 0667	0.396 7451	18	0.830 7935	0.530 5645	0.230 0332
4	0.213 6508	0.911 9367	0.395 3887	19	0.840 2262	0.517 5862	0.224 4061
5	0.230 1534	0.908 5514	0.393 9215	20	0.849 4174	0.504 4595	0.218 7149
6	−0.246 5918	+0.904 9117	+0.392 3439	21	−0.858 3640	+0.491 1886	+0.212 9614
7	0.262 9617	0.901 0183	0.390 6562	22	0.867 0636	0.477 7776	0.207 1473
8	0.279 2588	0.896 8721	0.388 8587	23	0.875 5135	0.464 2307	0.201 2744
9	0.295 4785	0.892 4741	0.386 9519	24	0.883 7116	0.450 5521	0.195 3444
10	0.311 6165	0.887 8251	0.384 9362	25	0.891 6556	0.436 7457	0.189 3590
11	−0.327 6682	+0.882 9263	+0.382 8120	26	−0.899 3435	+0.422 8156	+0.183 3201
12	0.343 6291	0.877 7786	0.380 5797	27	0.906 7733	0.408 7657	0.177 2291
13	0.359 4946	0.872 3832	0.378 2400	28	0.913 9431	0.394 6001	0.171 0880
14	0.375 2601	0.866 7414	0.375 7933	29	0.920 8510	0.380 3227	0.164 8982
15	0.390 9210	0.860 8544	0.373 2402	30	0.927 4951	0.365 9372	0.158 6614
16	−0.406 4727	+0.854 7237	+0.370 5814	31	−0.933 8735	+0.351 4475	+0.152 3794
17	0.421 9103	0.848 3507	0.367 8176	Sept. 1	0.939 9845	0.336 8576	0.146 0537
18	0.437 2292	0.841 7370	0.364 9494	2	0.945 8262	0.322 1712	0.139 6862
19	0.452 4247	0.834 8845	0.361 9778	3	0.951 3968	0.307 3924	0.133 2783
20	0.467 4921	0.827 7950	0.358 9035	4	0.956 6946	0.292 5249	0.126 8319
21	−0.482 4266	+0.820 4707	+0.355 7276	5	−0.961 7178	+0.277 5727	+0.120 3487
22	0.497 2236	0.812 9138	0.352 4510	6	0.966 4646	0.262 5398	0.113 8304
23	0.511 8787	0.805 1268	0.349 0747	7	0.970 9333	0.247 4303	0.107 2787
24	0.526 3876	0.797 1121	0.345 6000	8	0.975 1222	0.232 2482	0.100 6956
25	0.540 7461	0.788 8725	0.342 0279	9	0.979 0297	0.216 9976	0.094 0828
26	−0.554 9503	+0.780 4105	+0.338 3595	10	−0.982 6541	+0.201 6828	+0.087 4421
27	0.568 9961	0.771 7288	0.334 5960	11	0.985 9938	0.186 3081	0.080 7755
28	0.582 8800	0.762 8303	0.330 7385	12	0.989 0473	0.170 8777	0.074 0849
29	0.596 5982	0.753 7174	0.326 7882	13	0.991 8130	0.155 3963	0.067 3722
30	0.610 1472	0.744 3929	0.322 7460	14	0.994 2896	0.139 8683	0.060 6396
31	−0.623 5235	+0.734 8594	+0.318 6132	15	−0.996 4756	+0.124 2986	+0.053 8889
Aug. 1	0.636 7237	0.725 1194	0.314 3909	16	0.998 3700	0.108 6919	0.047 1225
2	0.649 7442	0.715 1756	0.310 0800	17	0.999 9718	0.093 0533	0.040 3424
3	0.662 5816	0.705 0305	0.305 6818	18	1.001 2804	0.077 3877	0.033 5507
4	0.675 2323	0.694 6867	0.301 1973	19	1.002 2951	0.061 7001	0.026 7496
5	−0.687 6931	+0.684 1468	+0.296 6276	20	−1.003 0158	+0.045 9955	+0.019 9413
6	0.699 9603	0.673 4135	0.291 9739	21	1.003 4423	0.030 2787	0.013 1277
7	0.712 0304	0.662 4894	0.287 2373	22	1.003 5747	+0.014 5545	+0.006 3109
8	0.723 9000	0.651 3772	0.282 4191	23	1.003 4131	−0.001 1724	−0.000 5072
9	0.735 5655	0.640 0798	0.277 5204	24	1.002 9577	0.016 8974	0.007 3244
10	−0.747 0235	+0.628 6000	+0.272 5426	25	−1.002 2087	−0.032 6160	−0.014 1390
11	0.758 2703	0.616 9408	0.267 4869	26	1.001 1663	0.048 3237	0.020 9490
12	0.769 3025	0.605 1050	0.262 3546	27	0.999 8310	0.064 0161	0.027 7525
13	0.780 1167	0.593 0959	0.257 1471	28	0.998 2029	0.079 6888	0.034 5476
14	0.790 7092	0.580 9165	0.251 8659	29	0.996 2826	0.095 3374	0.041 3324
15	−0.801 0766	+0.568 5702	+0.246 5123	30	−0.994 0705	−0.110 9575	−0.048 1050
16	−0.811 2153	+0.556 0603	+0.241 0879	Oct. 1	−0.991 5669	−0.126 5449	−0.054 8635

GEOCENTRIC RECTANGULAR COORDINATES
MEAN EQUATOR AND EQUINOX OF J2000.0

Date 0ʰTDT	x	y	z	Date 0ʰTDT	x	y	z
Oct. 1	−0.991 5669	−0.126 5449	−0.054 8635	Nov. 16	−0.585 0191	−0.731 5430	−0.317 1729
2	0.988 7723	0.142 0952	0.061 6060	17	0.570 7719	0.740 7108	0.321 1471
3	0.985 6872	0.157 6040	0.068 3307	18	0.556 3502	0.749 6503	0.325 0223
4	0.982 3121	0.173 0669	0.075 0355	19	0.541 7586	0.758 3586	0.328 7975
5	0.978 6477	0.188 4797	0.081 7187	20	0.527 0017	0.766 8331	0.332 4714
6	−0.974 6944	−0.203 8379	−0.088 3782	21	−0.512 0844	−0.775 0714	−0.336 0431
7	0.970 4531	0.219 1370	0.095 0120	22	0.497 0112	0.783 0709	0.339 5114
8	0.965 9242	0.234 3726	0.101 6183	23	0.481 7867	0.790 8294	0.342 8754
9	0.961 1087	0.249 5402	0.108 1950	24	0.466 4157	0.798 3447	0.346 1340
10	0.956 0072	0.264 6352	0.114 7401	25	0.450 9027	0.805 6144	0.349 2864
11	−0.950 6208	−0.279 6529	−0.121 2516	26	−0.435 2524	−0.812 6367	−0.352 3315
12	0.944 9503	0.294 5887	0.127 7274	27	0.419 4695	0.819 4094	0.355 2685
13	0.938 9970	0.309 4376	0.134 1654	28	0.403 5585	0.825 9305	0.358 0965
14	0.932 7622	0.324 1949	0.140 5634	29	0.387 5241	0.832 1982	0.360 8147
15	0.926 2474	0.338 8556	0.146 9194	30	0.371 3709	0.838 2105	0.363 4221
16	−0.919 4543	−0.353 4148	−0.153 2312	Dec. 1	−0.355 1035	−0.843 9657	−0.365 9180
17	0.912 3849	0.367 8675	0.159 4968	2	0.338 7265	0.849 4618	0.368 3015
18	0.905 0415	0.382 2092	0.165 7142	3	0.322 2446	0.854 6972	0.370 5719
19	0.897 4263	0.396 4350	0.171 8813	4	0.305 6625	0.859 6699	0.372 7283
20	0.889 5419	0.410 5405	0.177 9963	5	0.288 9848	0.864 3782	0.374 7698
21	−0.881 3909	−0.424 5214	−0.184 0573	6	−0.272 2165	−0.868 8202	−0.376 6957
22	0.872 9758	0.438 3734	0.190 0626	7	0.255 3624	0.872 9942	0.378 5053
23	0.864 2993	0.452 0924	0.196 0103	8	0.238 4275	0.876 8984	0.380 1977
24	0.855 3640	0.465 6744	0.201 8987	9	0.221 4171	0.880 5311	0.381 7723
25	0.846 1726	0.479 1153	0.207 7262	10	0.204 3364	0.883 8907	0.383 2282
26	−0.836 7279	−0.492 4114	−0.213 4909	11	−0.187 1908	−0.886 9755	−0.384 5650
27	0.827 0325	0.505 5586	0.219 1913	12	0.169 9860	0.889 7843	0.385 7821
28	0.817 0893	0.518 5533	0.224 8257	13	0.152 7276	0.892 3158	0.386 8789
29	0.806 9010	0.531 3916	0.230 3924	14	0.135 4215	0.894 5690	0.387 8551
30	0.796 4704	0.544 0699	0.235 8898	15	0.118 0733	0.896 5430	0.388 7103
31	−0.785 8004	−0.556 5844	−0.241 3164	16	−0.100 6889	−0.898 2373	−0.389 4444
Nov. 1	0.774 8939	0.568 9315	0.246 6703	17	0.083 2740	0.899 6514	0.390 0571
2	0.763 7536	0.581 1075	0.251 9501	18	0.065 8344	0.900 7849	0.390 5483
3	0.752 3826	0.593 1088	0.257 1542	19	0.048 3755	0.901 6378	0.390 9180
4	0.740 7838	0.604 9317	0.262 2808	20	0.030 9030	0.902 2100	0.391 1662
5	−0.728 9602	−0.616 5725	−0.267 3285	21	−0.013 4224	−0.902 5015	−0.391 2927
6	0.716 9148	0.628 0277	0.272 2955	22	+0.004 0609	0.902 5124	0.391 2978
7	0.704 6509	0.639 2934	0.277 1803	23	0.021 5415	0.902 2431	0.391 1815
8	0.692 1716	0.650 3659	0.281 9811	24	0.039 0140	0.901 6937	0.390 9439
9	0.679 4803	0.661 2416	0.286 6964	25	0.056 4732	0.900 8646	0.390 5851
10	−0.666 5804	−0.671 9165	−0.291 3246	26	+0.073 9137	−0.899 7564	−0.390 1052
11	0.653 4756	0.682 3870	0.295 8638	27	0.091 3305	0.898 3695	0.389 5046
12	0.640 1698	0.692 6492	0.300 3127	28	0.108 7184	0.896 7045	0.388 7834
13	0.626 6669	0.702 6995	0.304 6695	29	0.126 0723	0.894 7620	0.387 9418
14	0.612 9711	0.712 5341	0.308 9328	30	0.143 3872	0.892 5426	0.386 9800
15	−0.599 0870	−0.722 1497	−0.313 1010	31	+0.160 6581	−0.890 0469	−0.385 8983
16	−0.585 0191	−0.731 5430	−0.317 1729	32	+0.177 8799	−0.887 2755	−0.384 6969

NOTES AND FORMULAS

Low precision formulas for the Sun's coordinates and the equation of time

The following formulas give the apparent coordinates of the Sun to a precision of $0°.01$ and the equation of time to a precision of $0^m.1$ between 1950 and 2050; on this page the time argument n is the number of days from J2000.0.

$n = \text{JD} - 2451545.0 = -2557.5 + \text{day of year (B2–B3)} + \text{fraction of day from } 0^h \text{ UT}$

Mean longitude of Sun, corrected for aberration: $L = 280°.460 + 0°.985\ 6474\ n$

Mean anomaly: $g = 357°.528 + 0°.985\ 6003\ n$

Put L and g in the range $0°$ to $360°$ by adding multiples of $360°$.

Ecliptic longitude: $\lambda = L + 1°.915 \sin g + 0°.020 \sin 2g$

Ecliptic latitude: $\beta = 0°$

Obliquity of ecliptic: $\varepsilon = 23°.439 - 0°.000\ 0004\ n$

Right ascension (in same quadrant as λ): $\alpha = \tan^{-1}(\cos \varepsilon \tan \lambda)$

Alternatively, α may be calculated directly from
$$\alpha = \lambda - ft \sin 2\lambda + (f/2)\, t^2 \sin 4\lambda$$
$$\text{where} \quad f = 180/\pi \quad \text{and} \quad t = \tan^2 \varepsilon/2$$

Declination: $\delta = \sin^{-1}(\sin \varepsilon \sin \lambda)$

Distance of Sun from Earth, in au: $R = 1.000\ 14 - 0.016\ 71 \cos g - 0.000\ 14 \cos 2g$

Equatorial rectangular coordinates of the Sun, in au:
$$x = R \cos \lambda, \qquad y = R \cos \varepsilon \sin \lambda, \qquad z = R \sin \varepsilon \sin \lambda$$

Equation of time (apparent time minus mean time):
$$E, \text{ in minutes of time} = (L - \alpha), \text{ in degrees, multiplied by 4.}$$

Horizontal parallax: $0°.0024$

Semidiameter: $0°.2666 / R$

Light time: $0^d.0058$

CONTENTS OF SECTION D

PHASES OF THE MOON

Lunation	New Moon			First Quarter			Full Moon			Last Quarter		
		d	h m		d	h m		d	h m		d	h m
866				Jan.	1	03 38	Jan.	8	12 37	Jan.	15	04 01
867	Jan.	22	18 27	Jan.	30	23 20	Feb.	6	23 55	Feb.	13	14 57
868	Feb.	21	13 05	Mar.	1	15 46	Mar.	8	09 46	Mar.	15	04 16
869	Mar.	23	07 14	Mar.	31	04 10	Apr.	6	18 43	Apr.	13	19 39
870	Apr.	21	23 49	Apr.	29	12 40	May	6	03 34	May	13	12 20
871	May	21	14 06	May	28	18 21	June	4	13 02	June	12	05 36
872	June	20	01 52	June	26	22 43	July	3	23 45	July	11	22 49
873	July	19	11 24	July	26	03 25	Aug.	2	12 10	Aug.	10	15 19
874	Aug.	17	19 28	Aug.	24	09 57	Sept.	1	02 33	Sept.	9	06 26
875	Sept.	16	03 10	Sept.	22	19 32	Sept.	30	18 54	Oct.	8	19 35
876	Oct.	15	11 36	Oct.	22	08 52	Oct.	30	12 38	Nov.	7	06 36
877	Nov.	13	21 34	Nov.	21	02 03	Nov.	29	06 31	Dec.	6	15 49
878	Dec.	13	09 27	Dec.	20	22 26	Dec.	28	23 05			

MOON AT PERIGEE

	d	h		d	h		d	h
Jan.	10	12	May	31	11	Oct.	15	02
Feb.	7	20	June	25	17	Nov.	12	12
Mar.	8	09	July	22	08	Dec.	10	14
Apr.	5	19	Aug.	19	07			
May	4	00	Sept.	16	15			

MOON AT APOGEE

	d	h		d	h		d	h
Jan.	26	10	June	12	16	Oct.	28	00
Feb.	22	18	July	10	11	Nov.	24	13
Mar.	21	19	Aug.	7	04	Dec.	22	08
Apr.	18	05	Sept.	3	17			
May	15	22	Sept.	30	21			

MOON, 1993

NOTES AND FORMULAE

Mean elements of the orbit of the Moon

The following expressions for the mean elements of the Moon are based on the fundamental arguments used in the IAU (1980) Theory of Nutation which are given in *The Astronomical Almanac 1984* on page S26. The angular elements are referred to the mean equinox and ecliptic of date. The time argument (d) is the interval in days from 1993 January 0 at 0^h TDT. These expressions are intended for use during 1993 only.

$$d = JD - 244\ 8987 \cdot 5 = \text{day of year (from B2–B3)} + \text{fraction of day from } 0^h \text{ TDT}$$

Mean longitude of the Moon, measured in the ecliptic to the mean ascending node and then along the mean orbit:

$$L' = 359°\!682\ 438 + 13\cdot176\ 396\ 48\,d$$

Mean longitude of the lunar perigee, measured as for L':

$$\Gamma' = 158°\!438\ 876 + 0\cdot111\ 403\ 57\,d$$

Mean longitude of the mean ascending node of the lunar orbit on the ecliptic:

$$\Omega = 260°\!473\ 786 - 0\cdot052\ 953\ 77\,d$$

Mean elongation of the Moon from the Sun:

$$D = L' - L = 80°\!009\ 488 + 12\cdot190\ 749\ 12\,d$$

Mean inclination of the lunar orbit to the ecliptic: $5°\!145\ 3964$.

Mean elements of the rotation of the Moon

The following expressions give the mean elements of the mean equator of the Moon, referred to the true equator of the Earth, during 1993 to a precision of about $0°\!001$; the time-argument d is as defined above for the orbital elements.

Inclination of the mean equator of the Moon to the true equator of the Earth:

$$i = 23°\!7405 + 0\cdot001\ 401\,d - 0\cdot000\ 000\ 247\,d^2$$

Arc of the mean equator of the Moon from its ascending node on the true equator of the Earth to its ascending node on the ecliptic of date:

$$\Delta = 77°\!0133 - 0\cdot052\ 191\,d + 0\cdot000\ 001\ 296\,d^2$$

Arc of the true equator of the Earth from the true equinox of date to the ascending node of the mean equator of the Moon:

$$\Omega' = +3°\!7812 - 0\cdot000\ 814\,d - 0\cdot000\ 001\ 425\,d^2$$

The inclination (I) of the mean lunar equator to the ecliptic: $1°\ 32'\ 32''\!7$

The ascending node of the mean lunar equator on the ecliptic is at the descending node of the mean lunar orbit on the ecliptic, that is at longitude $\Omega + 180°$.

Lengths of mean months

The lengths of the mean months at 1993·0, as derived from the mean orbital elements are:

		d	d h m s
synodic month	(new moon to new moon)	29·530 589	29 12 44 02·9
tropical month	(equinox to equinox)	27·321 582	27 07 43 04·7
sidereal month	(fixed star to fixed star)	27·321 662	27 07 43 11·6
anomalistic month	(perigee to perigee)	27·554 550	27 13 18 33·1
draconic month	(node to node)	27·212 221	27 05 05 35·9

NOTES AND FORMULAE

Geocentric coordinates

The apparent longitude (λ) and latitude (β) of the Moon given on pages D6–D20 are referred to the ecliptic of date: the apparent right ascension (α) and declination (δ) are referred to the true equator of date. These coordinates are primarily intended for planning purposes. The true distance (r) is expressed in Earth-radii and is derived, as is the semi-diameter (s), from the horizontal parallax (π).

The maximum errors which may result if Bessel's second-order interpolation formula is used are as follows:

λ	β	α	δ	r	π	s
$\pm0°\!.02$	$\pm0°\!.02$	$\pm2^s\!.4$	$\pm24''$	±0.002	$\pm0''\!.07$	$\pm0''\!.02$

More precise values of right ascension, declination and horizontal parallax may be obtained by using the polynomial coefficients given on pages D23–D45. Precise values of true distance and semi-diameter may be obtained from the parallax using:

$$r = 6\,378\cdot137/\sin\pi \text{ km} \qquad \sin s = 0\cdot272\,493\sin\pi$$

The tabulated values are all referred to the centre of the Earth, and may differ from the topocentric values by up to about 1 degree in angle and 2 per cent in distance.

Time of transit of the Moon

The TDT of upper (or lower) transit of the Moon over a local meridian may be obtained by interpolation in the tabulation of the time of upper (or lower) transit over the ephemeris meridian given on pages D6–D20, where the first differences are about 25 hours. The interpolation factor p is given by:

$$p = -\lambda + 1\cdot002\,738\,\Delta T$$

where λ is the *east* longitude and the right-hand side is expressed in days. (Divide longitude in degrees by 360 and ΔT in seconds by 86 400). During 1993 it is expected that ΔT will be about 60 seconds, so that the second term is about $+0\cdot000\,69$ days. In general, second-order differences are sufficient to give times to a few seconds, but higher-order differences must be taken into account if a precision of better than 1 second is required. The UT of transit is obtained by subtracting ΔT from the TDT of transit, which is obtained by interpolation.

Topocentric coordinates

The topocentric equatorial rectangular coordinates of the Moon (x', y', z'), referred to the true equinox of date, are equal to the geocentric equatorial rectangular coordinates of the Moon *minus* the geocentric equatorial rectangular coordinates of the observer. Hence, the topocentric right ascension (α'), declination (δ') and distance (r') of the Moon may be calculated from the formulae:

$$x' = r'\cos\delta'\cos\alpha' = r\cos\delta\cos\alpha - \rho\cos\phi'\cos\theta_0$$
$$y' = r'\cos\delta'\sin\alpha' = r\cos\delta\sin\alpha - \rho\cos\phi'\sin\theta_0$$
$$z' = r'\sin\delta' \qquad\quad = r\sin\delta \qquad - \rho\sin\phi'$$

where θ_0 is the local apparent sidereal time (see pages B6, B7) and ρ and ϕ' are the geocentric distance and latitude of the observer.

Then $\qquad r'^2 = x'^2 + y'^2 + z'^2, \quad \alpha' = \tan^{-1}(y'/x'), \quad \delta' = \sin^{-1}(z'/r')$

The topocentric hour angle (h') may be calculated from $h' = \theta_0 - \alpha'$.

Physical ephemeris

See page D4 for notes on the physical ephemeris of the Moon on pages D7–D21.

NOTES AND FORMULAE

Appearance of the Moon

The quantities tabulated in the ephemeris for physical observations of the Moon on odd pages D7–D21 represent the geocentric aspect and illumination of the Moon's disk. For most purposes it is sufficient to regard the instant of tabulation as 0^h universal time. The age is the number of days elapsed since the previous new Moon; the fraction illuminated (or phase) is the ratio of the illuminated area to the total area of the lunar disk; it is also the fraction of the diameter illuminated perpendicular to the line of cusps. These quantities indicate the general aspect of the Moon, while the precise times of the four principal phases are given on pages A1 and D1; they are the times when the apparent longitudes of the Moon and Sun differ by 0°, 90°, 180° and 270°.

The position angle of the bright limb is measured anticlockwise around the disk from the north point (of the hour circle through the centre of the apparent disk) to the midpoint of the bright limb. Before full moon the morning terminator is visible and the position angle of the northern cusp is 90° greater than the position angle of the bright limb; after full moon the evening terminator is visible and the position angle of the northern cusp is 90° less than the position angle of the bright limb.

The brightness of the Moon is determined largely by the fraction illuminated, but it also depends on the distance of the Moon, on the nature of the part of the lunar surface that is illuminated, and on other factors. The integrated visual magnitude of the full Moon at mean distance is about −12·7. The crescent Moon is not normally visible to the naked eye when the phase is less than 0·01, but much depends on the conditions of observation.

Selenographic coordinates

The positions of points on the Moon's surface are specified by a system of selenographic coordinates, in which latitude is measured positively to the north from the equator of the pole of rotation, and longitude is measured positively to the east on the selenocentric celestial sphere from the lunar meridian through the mean centre of the apparent disk. Selenographic longitudes are measured positive to the west (towards Mare Crisium) on the apparent disk; this sign convention implies that the longitudes of the Sun and of the terminators are decreasing functions of time, and so for some purposes it is convenient to use colongitude which is 90° (or 450°) minus longitude.

The tabulated values of the Earth's selenographic longitude and latitude specify the sub-terrestrial point on the Moon's surface (that is, the centre of the apparent disk). The position angle of the axis of rotation is measured anticlockwise from the north point, and specifies the orientation of the lunar meridian through the sub-terrestrial point, which is the pole of the great circle that corresponds to the limb of the Moon.

The tabulated values of the Sun's selenographic colongitude and latitude specify the sub-solar point of the Moon's surface (that is at the pole of the great circle that bounds the illuminated hemisphere). The following relations hold approximately:

longitude of morning terminator = 360° − colongitude of Sun
longitude of evening terminator = 180° (or 540°) − colongitude of Sun

The altitude (a) of the Sun above the lunar horizon at a point at selenographic longitude and latitude (l, b) may be calculated from:

$$\sin a = \sin b_0 \sin b + \cos b_0 \cos b \sin (c_0 + l)$$

where (c_0, b_0) are the Sun's colongitude and latitude at the time.

NOTES AND FORMULAE

Librations of the Moon

On average the same hemisphere of the Moon is always turned to the Earth but there is a periodic oscillation or libration of the apparent position of the lunar surface that allows about 59 per cent of the surface to be seen from the Earth. The libration is due partly to a physical libration, which is an oscillation of the actual rotational motion about its mean rotation, but mainly to the much larger geocentric optical libration, which results from the non-uniformity of the revolution of the Moon around the centre of the Earth. Both of these effects are taken into account in the computation of the Earth's selenographic longitude (l) and latitude (b) and of the position angle (C) of the axis of rotation. The contributions due to the physical libration are tabulated separately. There is a further contribution to the optical libration due to the difference between the viewpoints of the observer on the surface of the Earth and of the hypothetical observer at the centre of the Earth. These topocentric optical librations may be as much as 1° and have important effects on the apparent contour of the limb.

When the libration in longitude, that is the selenographic longitude of the Earth, is positive the mean centre of the disk is displaced eastwards on the celestial sphere, exposing to view a region on the west limb. When the libration in latitude, or selenographic latitude of the Earth, is positive the mean centre of the disk is displaced towards the south, and a region on the north limb is exposed to view. In a similar way the selenographic coordinates of the Sun show which regions of the lunar surface are illuminated.

Differential corrections to be applied to the tabular geocentric librations to form the topocentric librations may be computed from the following formulae:

$$\Delta l = -\pi' \sin(Q - C) \sec b$$
$$\Delta b = +\pi' \cos(Q - C)$$
$$\Delta C = +\sin(b + \Delta b)\,\Delta l - \pi' \sin Q \tan \delta$$

where Q is the geocentric parallactic angle of the Moon and π' is the topocentric horizontal parallax. The latter is obtained from the geocentric horizontal parallax (π), which is tabulated on even pages D6–D20 by using:

$$\pi' = \pi\,(\sin z + 0{\cdot}0084 \sin 2z)$$

where z is the geocentric zenith distance of the Moon. The values of z and Q may be calculated from the geocentric right ascension (α) and declination (δ) of the Moon by using:

$$\sin z \sin Q = \cos \phi \sin h$$
$$\sin z \cos Q = \cos \delta \sin \phi - \sin \delta \cos \phi \cos h$$
$$\cos z = \sin \delta \sin \phi + \cos \delta \cos \phi \cos h$$

where ϕ is the geocentric latitude of the observer and h is the local hour angle of the Moon, given by:

$$h = \text{local apparent sidereal time} - \alpha$$

Second differences must be taken into account in the interpolation of the tabular geocentric librations to the time of observation.

MOON, 1993

FOR 0ʰ DYNAMICAL TIME

Date 0ʰ TDT		Apparent Long.	Lat.	Apparent R.A.	Dec.	True Dist.	Horiz. Parallax	Semi-diameter	Ephemeris Transit for date Upper	Lower
		°	°	h m s	° ′ ″		′ ″	′ ″	h	h
Jan.	0	356·96	+5·23	23 40 31·2	+ 3 35 33	63·347	54 16·23	14 47·27	17·5188	05·1738
	1	8·91	+5·01	0 24 46·2	+ 8 08 13	62·993	54 34·56	14 52·26	18·2300	05·8702
	2	21·02	+4·57	1 10 39·2	+12 26 02	62·446	55 03·25	15 00·08	18·9828	06·6003
	3	33·36	+3·91	1 59 00·4	+16 18 31	61·731	55 41·50	15 10·50	19·7909	07·3792
	4	46·02	+3·04	2 50 29·9	+19 32 49	60·890	56 27·63	15 23·07	20·6627	08·2187
	5	59·05	+2·00	3 45 27·8	+21 53 56	59·982	57 18·95	15 37·05	21·5960	09·1223
	6	72·50	+0·81	4 43 40·0	+23 06 09	59·074	58 11·78	15 51·44	22·5751	10·0814
	7	86·36	−0·45	5 44 11·5	+22 56 14	58·243	59 01·64	16 05·03	23·5724	11·0734
	8	100·62	−1·72	6 45 35·5	+21 17 45	57·557	59 43·82	16 16·52	. . .	12·0682
	9	115·19	−2·91	7 46 20·3	+18 14 01	57·075	60 14·13	16 24·78	00·5578	13·0390
	10	129·97	−3·92	8 45 20·2	+13 58 11	56·829	60 29·77	16 29·04	01·5102	13·9713
	11	144·83	−4·67	9 42 10·8	+ 8 50 22	56·826	60 29·94	16 29·09	02·4225	14·8648
	12	159·64	−5·10	10 37 05·8	+ 3 13 30	57·046	60 15·96	16 25·28	03·2998	15·7292
	13	174·27	−5·20	11 30 42·9	− 2 29 46	57·447	59 50·69	16 18·39	04·1550	16·5791
	14	188·63	−4·96	12 23 49·7	− 7 59 00	57·978	59 17·79	16 09·43	05·0034	17·4295
	15	202·69	−4·44	13 17 11·0	−12 56 24	58·587	58 40·80	15 59·35	05·8587	18·2922
	16	216·42	−3·66	14 11 19·6	−17 06 51	59·229	58 02·68	15 48·97	06·7302	19·1729
	17	229·84	−2·70	15 06 27·6	−20 17 57	59·868	57 25·47	15 38·83	07·6197	20·0694
	18	242·97	−1·62	16 02 21·3	−22 20 33	60·484	56 50·37	15 29·26	08·5203	20·9705
	19	255·86	−0·48	16 58 22·9	−23 09 44	61·065	56 17·92	15 20·42	09·4178	21·8600
	20	268·54	+0·67	17 53 40·1	−22 45 34	61·606	55 48·25	15 12·34	10·2951	22·7214
	21	281·03	+1·77	18 47 21·9	−21 13 07	62·105	55 21·38	15 05·02	11·1376	23·5430
	22	293·37	+2·76	19 38 53·3	−18 41 30	62·557	54 57·38	14 58·48	11·9373	. . .
	23	305·56	+3·62	20 28 01·9	−15 22 05	62·954	54 36·59	14 52·82	12·6942	00·3209
	24	317·63	+4·30	21 14 57·2	−11 26 53	63·281	54 19·63	14 48·19	13·4141	01·0582
	25	329·60	+4·79	22 00 04·9	− 7 07 25	63·520	54 07·38	14 44·85	14·1073	01·7633
	26	341·49	+5·06	22 44 01·2	− 2 34 10	63·646	54 00·95	14 43·10	14·7863	02·4477
	27	353·35	+5·12	23 27 28·5	+ 2 03 26	63·635	54 01·52	14 43·26	15·4649	03·1248
	28	5·20	+4·95	0 11 12·6	+ 6 36 36	63·464	54 10·25	14 45·64	16·1579	03·8087
	29	17·12	+4·57	0 56 00·7	+10 56 40	63·117	54 28·09	14 50·50	16·8797	04·5143
	30	29·17	+3·99	1 42 39·3	+14 54 15	62·590	54 55·63	14 58·00	17·6445	05·2560
	31	41·44	+3·21	2 31 50·3	+18 18 40	61·890	55 32·91	15 08·16	18·4631	06·0465
Feb.	1	53·99	+2·26	3 24 03·6	+20 57 33	61·042	56 19·20	15 20·77	19·3407	06·8945
	2	66·91	+1·17	4 19 27·8	+22 37 09	60·090	57 12·75	15 35·36	20·2726	07·8005
	3	80·27	−0·01	5 17 40·2	+23 04 05	59·094	58 10·62	15 51·13	21·2429	08·7543
	4	94·11	−1·24	6 17 45·4	+22 08 10	58·129	59 08·56	16 06·91	22·2276	09·7350
	5	108·43	−2·43	7 18 27·7	+19 45 57	57·279	60 01·25	16 21·27	23·2029	10·7176
	6	123·19	−3·49	8 18 35·1	+16 03 04	56·622	60 43·02	16 32·65	. . .	11·6817
	7	138·26	−4·33	9 17 21·5	+11 14 13	56·223	61 08·89	16 39·70	00·1533	12·6175
	8	153·50	−4·87	10 14 35·6	+ 5 40 57	56·118	61 15·76	16 41·57	01·0750	13·5266
	9	168·72	−5·06	11 10 35·0	− 0 11 52	56·308	61 03·33	16 38·18	01·9739	14·4181
	10	183·74	−4·91	12 05 53·3	− 5 59 21	56·762	60 34·02	16 30·20	02·8610	15·3039
	11	198·43	−4·43	13 01 07·1	−11 18 57	57·422	59 52·24	16 18·82	03·7480	16·1941
	12	212·70	−3·68	13 56 44·1	−15 52 00	58·217	59 03·19	16 05·45	04·6429	17·0944
	13	226·52	−2·74	14 52 54·2	−19 24 15	59·075	58 11·72	15 51·43	05·5480	18·0028
	14	239·92	−1·68	15 49 25·0	−21 46 18	59·934	57 21·71	15 37·80	06·4575	18·9104
	15	252·94	−0·55	16 45 43·6	−22 53 51	60·744	56 35·82	15 25·30	07·3597	19·8035

EPHEMERIS FOR PHYSICAL OBSERVATIONS
FOR 0ʰ DYNAMICAL TIME

Date 0ʰ TDT		Age	The Earth's Selenographic		Physical Libration			The Sun's Selenographic		Position Angle		Fraction
			Long.	Lat.	Lg.	Lt.	P.A.	Colong.	Lat.	Axis	Bright Limb	Illum.
		d	°	°	(0°001)			°	°	°	°	
Jan.	0	7·0	−2·707	−6·775	+ 2	−10	+ 8	350·28	+0·48	336·379	245·38	0·39
	1	8·0	3·905	6·486	+ 1	11	10	2·44	0·50	336·128	246·46	0·49
	2	9·0	4·951	5·908	0	11	11	14·59	0·53	336·872	248·41	0·58
	3	10·0	5·771	5·047	− 1	11	12	26·74	0·56	338·703	251·23	0·68
	4	11·0	6·295	3·924	2	12	12	38·89	0·58	341·690	254·89	0·77
	5	12·0	−6·460	−2·568	− 2	−12	+12	51·02	+0·61	345·836	259·22	0·85
	6	13·0	6·226	−1·032	2	12	12	63·15	0·64	351·010	263·77	0·92
	7	14·0	5·577	+0·608	1	12	11	75·28	0·68	356·907	267·21	0·97
	8	15·0	4·534	2·254	− 1	12	10	87·41	0·71	3·076	260·93	1·00
	9	16·0	3·161	3·788	0	12	9	99·53	0·74	9·013	124·46	1·00
	10	17·0	−1·557	+5·089	0	−12	+ 7	111·66	+0·77	14·280	115·78	0·97
	11	18·0	+0·146	6·054	+ 1	11	6	123·78	0·80	18·562	116·08	0·91
	12	19·0	1·808	6·609	1	11	4	135·91	0·83	21·662	116·54	0·83
	13	20·0	3·301	6·725	2	11	2	148·05	0·85	23·462	116·16	0·74
	14	21·0	4·528	6·413	2	11	+ 1	160·20	0·88	23·902	114·75	0·63
	15	22·0	+5·431	+5·718	+ 2	−11	− 1	172·35	+0·90	22·965	112·29	0·52
	16	23·0	5·993	4·707	2	11	2	184·51	0·92	20·694	108·89	0·41
	17	24·0	6·225	3·457	2	11	3	196·67	0·95	17·214	104·73	0·31
	18	25·0	6·161	2·048	1	11	3	208·84	0·97	12·746	100·13	0·21
	19	26·0	5·840	+0·562	+ 1	11	3	221·02	0·99	7·602	95·56	0·14
	20	27·0	+5·304	−0·927	0	−11	− 3	233·21	+1·01	2·150	91·73	0·07
	21	28·0	4·589	2·348	− 1	11	2	245·39	1·03	356·748	90·18	0·03
	22	29·0	3·725	3·639	2	11	− 1	257·58	1·05	351·692	98·08	0·01
	23	0·2	2·735	4·746	3	11	0	269·77	1·07	347·188	201·49	0·00
	24	1·2	1·636	5·627	5	11	+ 1	281·96	1·09	343·363	235·35	0·02
	25	2·2	+0·448	−6·252	− 7	−12	+ 3	294·15	+1·10	340·293	239·43	0·05
	26	3·2	−0·808	6·601	8	12	4	306·34	1·12	338·025	240·75	0·09
	27	4·2	2·102	6·666	10	12	6	318·52	1·13	336·601	241·84	0·16
	28	5·2	3·392	6·444	11	12	7	330·70	1·15	336·071	243·30	0·23
	29	6·2	4·625	5·942	13	13	9	342·87	1·17	336·496	245·38	0·31
	30	7·2	−5·738	−5·174	−14	−13	+ 9	355·04	+1·18	337·944	248·17	0·41
	31	8·2	6·656	4·157	14	13	10	7·21	1·20	340·474	251·71	0·50
Feb.	1	9·2	7·296	2·919	15	13	10	19·36	1·22	344·104	255·97	0·60
	2	10·2	7·577	−1·500	15	13	10	31·51	1·23	348·771	260·79	0·70
	3	11·2	7·429	+0·045	15	13	10	43·66	1·25	354·278	265·80	0·80
	4	12·2	−6·801	+1·639	−15	−13	+ 9	55·80	+1·27	0·286	270·34	0·88
	5	13·2	5·684	3·182	14	12	7	67·93	1·29	6·349	273·08	0·94
	6	14·2	4·119	4·558	13	12	6	80·06	1·31	12·000	269·41	0·98
	7	15·2	2·212	5·647	13	12	4	92·19	1·33	16·839	197·14	1·00
	8	16·2	−0·121	6·347	12	11	3	104·32	1·35	20·565	129·42	0·98
	9	17·2	+1·961	+6·596	−11	−11	+ 1	116·45	+1·36	22·971	122·21	0·94
	10	18·2	3·847	6·384	11	11	− 1	128·58	1·38	23·935	118·86	0·87
	11	19·2	5·389	5·752	10	11	2	140·72	1·39	23·413	115·60	0·78
	12	20·2	6·495	4·773	10	11	3	152·87	1·40	21·447	111·75	0·68
	13	21·2	7·137	3·540	10	11	4	165·03	1·41	18·181	107·24	0·57
	14	22·2	+7·336	+2·146	−10	−11	− 4	177·19	+1·42	13·859	102·26	0·46
	15	23·2	+7·145	+0·677	−10	−11	− 5	189·36	+1·43	8·809	97·11	0·36

MOON, 1993

FOR 0ʰ DYNAMICAL TIME

Date 0ʰ TDT	Apparent Long.	Apparent Lat.	Apparent R.A.	Apparent Dec.	True Dist.	Horiz. Parallax	Semi-diameter	Ephemeris Transit for date Upper	Ephemeris Transit for date Lower
	°	°	h m s	° ′ ″		′ ″	′ ″	h	h
Feb. 15	252·94	−0·55	16 45 43·6	−22 53 51	60·744	56 35·82	15 25·30	07·3597	19·8035
16	265·64	+0·57	17 41 05·3	−22 47 39	61·473	55 55·53	15 14·32	08·2400	20·6679
17	278·09	+1·65	18 34 48·0	−21 32 54	62·104	55 21·45	15 05·04	09·0861	21·4939
18	290·35	+2·62	19 26 22·8	−19 18 09	62·629	54 53·57	14 57·44	09·8912	22·2780
19	302·46	+3·47	20 15 40·5	−16 13 48	63·051	54 31·54	14 51·44	10·6548	23·0226
20	314·48	+4·15	21 02 50·3	−12 30 56	63·372	54 14·95	14 46·92	11·3822	23·7350
21	326·42	+4·64	21 48 15·2	− 8 20 27	63·596	54 03·47	14 43·79	12·0822	. . .
22	338·32	+4·93	22 32 27·7	− 3 52 42	63·724	53 56·99	14 42·02	12·7659	00·4254
23	350·19	+5·00	23 16 05·0	+ 0 42 32	63·750	53 55·67	14 41·66	13·4453	01·1053
24	2·05	+4·85	23 59 47·1	+ 5 15 56	63·665	53 59·96	14 42·84	14·1330	01·7873
25	13·94	+4·49	0 44 14·9	+ 9 38 15	63·458	54 10·54	14 45·72	14·8417	02·4840
26	25·89	+3·94	1 30 08·0	+13 40 02	63·116	54 28·17	14 50·52	15·5833	03·2077
27	37·96	+3·20	2 18 01·9	+17 11 09	62·629	54 53·56	14 57·44	16·3674	03·9695
28	50·20	+2·30	3 08 23·8	+20 00 39	61·996	55 27·21	15 06·61	17·2001	04·7776
Mar. 1	62·69	+1·28	4 01 25·5	+21 56 57	61·225	56 09·10	15 18·02	18·0807	05·6347
2	75·50	+0·16	4 56 57·8	+22 48 38	60·341	56 58·48	15 31·47	19·0008	06·5367
3	88·72	−1·00	5 54 27·3	+22 26 08	59·384	57 53·55	15 46·48	19·9451	07·4711
4	102·40	−2·14	6 53 02·8	+20 43 57	58·414	58 51·25	16 02·20	20·8956	08·4206
5	116·57	−3·19	7 51 49·7	+17 42 39	57·504	59 47·15	16 17·43	21·8381	09·3685
6	131·22	−4·06	8 50 06·5	+13 30 05	56·735	60 35·75	16 30·67	22·7660	10·3040
7	146·26	−4·68	9 47 35·7	+ 8 21 15	56·187	61 11·27	16 40·35	23·6812	11·2248
8	161·57	−4·98	10 44 24·7	+ 2 37 02	55·919	61 28·84	16 45·14	. . .	12·1362
9	176·94	−4·92	11 40 57·5	− 3 17 57	55·964	61 25·86	16 44·32	00·5912	13·0473
10	192·19	−4·51	12 37 43·8	− 8 58 06	56·318	61 02·72	16 38·02	01·5056	13·9669
11	207·14	−3·80	13 35 06·4	−13 59 28	56·939	60 22·74	16 27·13	02·4315	14·8994
12	221·65	−2·85	14 33 10·1	−18 02 24	57·761	59 31·17	16 13·07	03·3700	15·8419
13	235·68	−1·76	15 31 35·6	−20 53 21	58·704	58 33·84	15 57·46	04·3137	16·7833
14	249·21	−0·61	16 29 41·4	−22 25 50	59·685	57 36·05	15 41·71	05·2485	17·7071
15	262·30	+0·55	17 26 35·3	−22 40 14	60·634	56 41·93	15 26·96	06·1574	18·5975
16	275·00	+1·64	18 21 30·3	−21 42 35	61·497	55 54·23	15 13·97	07·0265	19·4437
17	287·39	+2·62	19 13 57·3	−19 42 28	62·234	55 14·47	15 03·14	07·8489	20·2423
18	299·55	+3·47	20 03 50·1	−16 51 02	62·827	54 43·22	14 54·62	08·6247	20·9970
19	311·56	+4·15	20 51 22·4	−13 19 31	63·267	54 20·35	14 48·39	09·3604	21·7162
20	323·47	+4·64	21 37 01·6	− 9 18 30	63·561	54 05·29	14 44·29	10·0658	22·4107
21	335·34	+4·93	22 21 23·2	− 4 57 50	63·718	53 57·30	14 42·11	10·7525	23·0928
22	347·20	+5·00	23 05 06·3	− 0 26 49	63·752	53 55·58	14 41·64	11·4331	23·7750
23	359·07	+4·86	23 48 51·1	+ 4 05 25	63·675	53 59·46	14 42·70	12·1199	. . .
24	10·99	+4·50	0 33 17·0	+ 8 29 30	63·498	54 08·50	14 45·16	12·8249	00·4694
25	22·97	+3·95	1 19 00·8	+12 35 38	63·225	54 22·52	14 48·98	13·5589	01·1877
26	35·04	+3·21	2 06 33·6	+16 13 22	62·858	54 41·60	14 54·18	14·3303	01·9395
27	47·23	+2·31	2 56 17·4	+19 11 42	62·394	55 06·01	15 00·83	15·1437	02·7317
28	59·58	+1·29	3 48 19·5	+21 19 30	61·831	55 36·09	15 09·02	15·9982	03·5662
29	72·14	+0·19	4 42 28·5	+22 26 27	61·172	56 12·03	15 18·82	16·8862	04·4387
30	84·97	−0·94	5 38 13·9	+22 24 18	60·426	56 53·65	15 30·16	17·7948	05·3388
31	98·13	−2·05	6 34 52·4	+21 08 21	59·615	57 40·10	15 42·81	18·7095	06·2522
Apr. 1	111·68	−3·09	7 31 39·9	+18 38 35	58·775	58 29·59	15 56·30	19·6190	07·1654
2	125·66	−3·97	8 28 04·9	+15 00 13	57·955	59 19·20	16 09·81	20·5183	08·0699

EPHEMERIS FOR PHYSICAL OBSERVATIONS
FOR 0ʰ DYNAMICAL TIME

Date 0ʰ TDT	Age	The Earth's Selenographic Long.	Lat.	Physical Libration Lg.	Lt.	P.A.	The Sun's Selenographic Colong.	Lat.	Position Angle Axis	Bright Limb	Fraction Illum.
	d	°	°	(0°.001)			°	°	°	°	
Feb. 15	23·2	+7·145	+0·677	−10	−11	− 5	189·36	+1·43	8·809	97·11	0·36
16	24·2	6·635	−0·791	11	11	4	201·54	1·44	3·403	92·19	0·26
17	25·2	5·876	2·190	12	12	4	213·72	1·45	357·994	87·92	0·18
18	26·2	4·935	3·464	13	12	3	225·91	1·46	352·873	84·81	0·11
19	27·2	3·865	4·564	14	12	2	238·10	1·47	348·250	83·67	0·06
20	28·2	+2·708	−5·450	−15	−12	− 1	250·30	+1·48	344·262	86·82	0·02
21	29·2	1·492	6·090	17	13	+ 1	262·50	1·49	340·995	108·26	0·00
22	0·5	+0·237	6·461	18	13	2	274·70	1·49	338·509	203·44	0·00
23	1·5	−1·040	6·552	20	14	4	286·90	1·50	336·856	229·81	0·02
24	2·5	2·323	6·358	22	14	5	299·09	1·50	336·088	236·91	0·06
25	3·5	−3·587	−5·889	−23	−14	+ 6	311·29	+1·51	336·262	241·12	0·11
26	4·5	4·799	5·159	24	14	7	323·48	1·51	337·435	244·91	0·17
27	5·5	5·911	4·192	25	15	8	335·67	1·51	339·648	248·96	0·25
28	6·5	6·860	3·019	26	15	8	347·86	1·52	342·910	253·47	0·34
Mar. 1	7·5	7·573	1·680	26	14	8	0·03	1·52	347·165	258·48	0·43
2	8·5	−7·968	−0·222	−27	−14	+ 8	12·20	+1·52	352·264	263·81	0·54
3	9·5	7·963	+1·292	27	14	7	24·37	1·53	357·943	269·16	0·64
4	10·5	7·489	2·782	26	13	5	36·53	1·53	3·848	274·06	0·74
5	11·5	6·510	4·154	26	13	4	48·68	1·54	9·575	277·88	0·84
6	12·5	5·035	5·300	25	12	2	60·83	1·54	14·734	279·69	0·91
7	13·5	−3·143	+6·113	−24	−12	+ 1	72·97	+1·54	18·985	277·00	0·97
8	14·5	−0·977	6·504	24	11	− 1	85·11	1·54	22·050	251·98	1·00
9	15·5	+1·266	6·428	23	11	2	97·26	1·54	23·714	143·25	0·99
10	16·5	3·372	5·893	22	10	4	109·40	1·54	23·841	123·79	0·96
11	17·5	5·157	4·960	21	10	5	121·54	1·54	22·394	116·47	0·90
12	18·5	+6·492	+3·727	−20	−10	− 6	133·70	+1·53	19·475	110·59	0·82
13	19·5	7·321	2·303	20	10	6	145·85	1·53	15·326	104·78	0·73
14	20·5	7·648	+0·794	20	10	6	158·02	1·52	10·308	98·94	0·62
15	21·5	7·520	−0·710	19	11	6	170·19	1·52	4·841	93·29	0·52
16	22·5	7·011	2·136	20	11	6	182·37	1·51	359·321	88·14	0·42
17	23·5	+6·205	−3·426	−20	−11	− 5	194·56	+1·51	354·066	83·75	0·32
18	24·5	5·184	4·535	21	12	4	206·75	1·51	349·295	80·35	0·24
19	25·5	4·019	5·427	22	12	3	218·95	1·50	345·145	78·15	0·16
20	26·5	2·772	6·075	24	13	− 1	231·16	1·50	341·700	77·47	0·10
21	27·5	1·487	6·456	25	13	0	243·37	1·49	339·018	79·14	0·05
22	28·5	+0·198	−6·559	−26	−14	+ 2	255·58	+1·49	337·150	86·22	0·02
23	29·5	−1·073	6·378	28	14	3	267·79	1·48	336·156	122·28	0·00
24	0·7	2·307	5·918	29	14	4	280·01	1·47	336·097	216·35	0·01
25	1·7	3·489	5·195	30	15	5	292·22	1·47	337·034	236·41	0·03
26	2·7	4·596	4·233	31	15	6	304·44	1·46	339·010	244·57	0·07
27	3·7	−5·597	−3·068	−32	−15	+ 6	316·65	+1·45	342·031	250·71	0·12
28	4·7	6·449	1·742	33	15	6	328·85	1·44	346·038	256·51	0·19
29	5·7	7·098	−0·309	33	15	6	341·06	1·43	350·881	262·32	0·28
30	6·7	7·478	+1·171	33	15	5	353·25	1·42	356·320	268·08	0·38
31	7·7	7·521	2·628	33	15	4	5·44	1·41	2·035	273·54	0·48
Apr. 1	8·7	−7·165	+3·981	−33	−14	+ 2	17·63	+1·40	7·675	278·36	0·59
2	9·7	−6·367	+5·140	−32	−13	+ 1	29·80	+1·38	12·898	282·17	0·70

MOON, 1993

FOR 0ʰ DYNAMICAL TIME

Date 0ʰ TDT	Apparent Long.	Lat.	Apparent R.A.	Dec.	True Dist.	Horiz. Parallax	Semi-diameter	Ephemeris Transit for date Upper	Lower
	°	°	h m s	° ′ ″	′	′ ″	′ ″	h	h
Apr. 1	111·68	−3·09	7 31 39·9	+18 38 35	58·775	58 29·59	15 56·30	19·6190	07·1654
2	125·66	−3·97	8 28 04·9	+15 00 13	57·955	59 19·20	16 09·81	20·5183	08·0699
3	140·06	−4·63	9 23 56·8	+10 23 40	57·222	60 04·85	16 22·25	21·4099	08·9647
4	154·85	−5·01	10 19 26·6	+ 5 04 08	56·643	60 41·71	16 32·29	22·3021	09·8553
5	169·92	−5·04	11 15 01·5	− 0 38 53	56·284	61 04·93	16 38·62	23·2057	10·7518
6	185·12	−4·73	12 11 15·8	− 6 22 32	56·194	61 10·77	16 40·21	. . .	11·6650
7	200·28	−4·08	13 08 38·7	−11 42 21	56·395	60 57·69	16 36·65	00·1304	12·6022
8	215·23	−3·16	14 07 22·2	−16 14 45	56·875	60 26·84	16 28·24	01·0801	13·5630
9	229·83	−2·05	15 07 09·8	−19 40 15	57·589	59 41·84	16 15·98	02·0493	14·5365
10	243·98	−0·84	16 07 14·1	−21 46 25	58·471	58 47·83	16 01·27	03·0220	15·5028
11	257·65	+0·38	17 06 27·2	−22 29 31	59·440	57 50·29	15 45·59	03·9760	16·4391
12	270·86	+1·54	18 03 42·1	−21 54 00	60·418	56 54·13	15 30·29	04·8902	17·3279
13	283·66	+2·59	18 58 12·4	−20 10 02	61·334	56 03·15	15 16·40	05·7517	18·1615
14	296·11	+3·48	19 49 42·3	−17 30 24	62·132	55 19·93	15 04·62	06·5579	18·9418
15	308·30	+4·20	20 38 23·1	−14 07 55	62·775	54 45·91	14 55·35	07·3146	19·6776
16	320·30	+4·72	21 24 45·3	−10 14 11	63·243	54 21·61	14 48·73	08·0325	20·3812
17	332·20	+5·03	22 09 29·3	− 5 59 22	63·530	54 06·88	14 44·72	08·7252	21·0665
18	344·05	+5·13	22 53 19·8	− 1 32 29	63·644	54 01·06	14 43·13	09·4067	21·7477
19	355·91	+5·00	23 37 02·2	+ 2 57 54	63·602	54 03·18	14 43·71	10·0911	22·4385
20	7·83	+4·66	0 21 20·4	+ 7 23 03	63·427	54 12·12	14 46·15	10·7915	23·1516
21	19·83	+4·11	1 06 54·6	+11 33 28	63·144	54 26·72	14 50·12	11·5200	23·8978
22	31·96	+3·37	1 54 18·9	+15 18 40	62·775	54 45·92	14 55·36	12·2859	. . . .
23	44·21	+2·46	2 43 56·3	+18 27 11	62·340	55 08·85	15 01·60	13·0942	00·6846
24	56·63	+1·42	3 35 53·4	+20 47 15	61·853	55 34·91	15 08·71	13·9438	01·5142
25	69·22	+0·30	4 29 55·4	+22 07 54	61·323	56 03·74	15 16·56	14·8263	02·3817
26	82·01	−0·86	5 25 26·5	+22 20 41	60·756	56 35·14	15 25·12	15·7271	03·2754
27	95·04	−1·99	6 21 37·3	+21 21 14	60·157	57 08·95	15 34·33	16·6300	04·1792
28	108·32	−3·04	7 17 38·9	+19 10 09	59·534	57 44·79	15 44·09	17·5221	05·0779
29	121·90	−3·95	8 12 57·4	+15 53 02	58·905	58 21·82	15 54·18	18·3979	05·9621
30	135·79	−4·65	9 07 22·8	+11 39 34	58·294	58 58·54	16 04·18	19·2599	06·8302
May 1	149·99	−5·08	10 01 08·6	+ 6 42 49	57·738	59 32·62	16 13·47	20·1174	07·6884
2	164·47	−5·20	10 54 47·0	+ 1 18 35	57·282	60 01·03	16 21·21	20·9834	08·5484
3	179·17	−4·99	11 49 00·1	− 4 14 44	56·977	60 20·34	16 26·47	21·8715	09·4239
4	193·98	−4·44	12 44 29·6	− 9 36 24	56·866	60 27·41	16 28·40	22·7918	10·3272
5	208·79	−3·60	13 41 44·8	−14 24 18	56·980	60 20·15	16 26·42	23·7463	11·2651
6	223·46	−2·52	14 40 49·4	−18 17 06	57·327	59 58·20	16 20·44	. . .	12·2338
7	237·87	−1·30	15 41 11·0	−20 57 22	57·891	59 23·15	16 10·89	00·7251	13·2170
8	251·94	−0·03	16 41 43·2	−22 15 02	58·629	58 38·29	15 58·67	01·7063	14·1893
9	265·61	+1·21	17 41 02·6	−22 09 18	59·481	57 47·90	15 44·94	02·6630	15·1246
10	278·87	+2·35	18 37 56·9	−20 47 43	60·377	56 56·45	15 30·92	03·5725	16·0056
11	291·74	+3·34	19 31 44·8	−18 23 07	61·246	56 07·96	15 17·71	04·4236	16·8269
12	304·27	+4·14	20 22 21·0	−15 10 00	62·026	55 25·60	15 06·17	05·2165	17·5938
13	316·53	+4·73	21 10 08·3	−11 21 59	62·666	54 51·62	14 56·91	05·9602	18·3177
14	328·58	+5·10	21 55 46·4	− 7 10 45	63·132	54 27·33	14 50·29	06·6681	19·0134
15	340·50	+5·25	22 40 03·0	− 2 46 05	63·405	54 13·25	14 46·46	07·3555	19·6964
16	352·37	+5·17	23 23 48·1	+ 1 43 31	63·483	54 09·27	14 45·37	08·0381	20·3823
17	4·26	+4·87	0 07 51·3	+ 6 09 51	63·377	54 14·70	14 46·85	08·7309	21·0857

EPHEMERIS FOR PHYSICAL OBSERVATIONS
FOR 0ʰ DYNAMICAL TIME

Date 0ʰ TDT	Age	The Earth's Selenographic Long.	Lat.	Physical Libration Lg.	Lt.	P.A.	The Sun's Selenographic Colong.	Lat.	Position Angle Axis	Bright Limb	Fraction Illum.
	d	°	°	(0°.001)			°	°	°	°	
Apr. 1	8·7	−7·165	+3·981	−33	−14	+ 2	17·63	+1·40	7·675	278·36	0·59
2	9·7	6·367	5·140	32	13	+ 1	29·80	1·38	12·898	282·17	0·70
3	10·7	5·122	6·012	32	13	− 1	41·98	1·37	17·396	284·61	0·80
4	11·7	3·479	6·510	31	12	3	54·14	1·36	20·902	285·12	0·89
5	12·7	−1·544	6·571	30	11	4	66·30	1·34	23·175	282·52	0·95
6	13·7	+0·521	+6·171	−29	−10	− 6	78·46	+1·33	24·012	270·66	0·99
7	14·7	2·532	5·338	28	10	7	90·62	1·31	23·278	165·18	1·00
8	15·7	4·307	4·146	27	9	8	102·78	1·29	20·957	119·98	0·98
9	16·7	5·707	2·705	26	9	9	114·94	1·27	17·201	109·27	0·93
10	17·7	6·650	+1·135	25	9	9	127·11	1·25	12·337	101·71	0·86
11	18·7	+7·110	−0·452	−24	− 9	− 9	139·28	+1·23	6·817	95·04	0·78
12	19·7	7·110	1·965	24	9	8	151·46	1·21	1·109	89·03	0·68
13	20·7	6·707	3·333	24	10	7	163·65	1·20	355·607	83·83	0·58
14	21·7	5·972	4·506	24	10	6	175·84	1·18	350·582	79·55	0·48
15	22·7	4·987	5·447	25	10	5	188·04	1·16	346·192	76·26	0·39
16	23·7	+3·831	−6·134	−25	−11	− 3	200·25	+1·15	342·521	74·01	0·30
17	24·7	2·574	6·549	26	12	− 2	212·46	1·13	339·618	72·82	0·21
18	25·7	+1·280	6·682	27	12	0	224·68	1·12	337·524	72·81	0·14
19	26·7	−0·003	6·528	28	13	+ 1	236·90	1·10	336·290	74·23	0·08
20	27·7	1·236	6·090	29	13	3	249·13	1·08	335·978	77·90	0·04
21	28·7	−2·390	−5·382	−30	−14	+ 4	261·36	+1·07	336·657	87·66	0·01
22	0·0	3·441	4·425	31	14	5	273·59	1·05	338·383	160·85	0·00
23	1·0	4·370	3·252	32	14	5	285·82	1·03	341·180	240·45	0·01
24	2·0	5·157	1·910	32	15	5	298·05	1·01	345·001	253·08	0·04
25	3·0	5·775	−0·456	33	15	5	310·28	0·99	349·705	260·80	0·09
26	4·0	−6·194	+1·046	−33	−15	+ 4	322·50	+0·97	355·049	267·39	0·15
27	5·0	6·378	2·523	33	15	3	334·72	0·95	0·708	273·38	0·24
28	6·0	6·288	3·894	32	14	+ 1	346·94	0·93	6·329	278·68	0·34
29	7·0	5·890	5·077	32	14	0	359·15	0·91	11·582	283·09	0·44
30	8·0	5·162	5·993	31	13	− 2	11·35	0·89	16·188	286·43	0·55
May 1	9·0	−4·108	+6·565	−31	−12	− 4	23·55	+0·86	19·912	288·51	0·67
2	10·0	2·763	6·733	30	11	6	35·74	0·84	22·549	289·19	0·77
3	11·0	−1·202	6·466	29	11	7	47·92	0·81	23·905	288·25	0·86
4	12·0	+0·464	5·766	28	10	9	60·10	0·79	23·815	285·27	0·93
5	13·0	2·106	4·681	26	9	10	72·28	0·76	22·179	278·53	0·98
6	14·0	+3·589	+3·294	−25	− 9	−11	84·45	+0·73	19·026	236·44	1·00
7	15·0	4·798	1·717	24	9	11	96·63	0·70	14·566	109·52	0·99
8	16·0	5·653	+0·069	23	8	11	108·80	0·67	9·188	97·72	0·96
9	17·0	6·111	−1·540	22	8	11	120·98	0·64	3·383	90·29	0·90
10	18·0	6·166	3·019	21	8	10	133·17	0·61	357·624	84·23	0·83
11	19·0	+5·847	−4·301	−21	− 8	− 9	145·36	+0·58	352·274	79·25	0·74
12	20·0	5·201	5·342	21	9	7	157·56	0·56	347·552	75·31	0·65
13	21·0	4·291	6·115	21	9	6	169·76	0·53	343·572	72·40	0·55
14	22·0	3·189	6·603	22	10	4	181·98	0·51	340·387	70·47	0·45
15	23·0	1·966	6·801	23	10	2	194·19	0·49	338·026	69·49	0·36
16	24·0	+0·694	−6·706	−23	−11	− 1	206·42	+0·47	336·523	69·43	0·27
17	25·0	−0·565	−6·325	−24	−11	+ 1	218·65	+0·45	335·929	70·30	0·19

MOON, 1993

FOR 0ʰ DYNAMICAL TIME

Date 0ʰ TDT	Apparent Long.	Lat.	Apparent R.A.	Dec.	True Dist.	Horiz. Parallax	Semi-diameter	Ephemeris Transit for date Upper	Lower
	°	°	h m s	° ′ ″		′ ″	′ ″	h	h
May 17	4·26	+4·87	0 07 51·3	+ 6 09 51	63·377	54 14·70	14 46·85	08·7309	21·0857
18	16·23	+4·36	0 52 59·5	+10 24 20	63·110	54 28·45	14 50·60	09·4483	21·8201
19	28·33	+3·65	1 39 54·2	+14 17 15	62·715	54 49·07	14 56·21	10·2023	22·5958
20	40·60	+2·76	2 29 07·0	+17 37 28	62·227	55 14·88	15 03·25	11·0012	23·4184
21	53·08	+1·73	3 20 53·1	+20 12 43	61·682	55 44·13	15 11·22	11·8469	. . .
22	65·78	+0·59	4 15 03·8	+21 50 47	61·116	56 15·13	15 19·66	12·7329	00·2857
23	78·70	−0·60	5 11 04·0	+22 21 26	60·555	56 46·40	15 28·18	13·6442	01·1866
24	91·85	−1·78	6 07 57·5	+21 38 37	60·019	57 16·80	15 36·47	14·5609	02·1031
25	105·23	−2·89	7 04 42·7	+19 42 09	59·521	57 45·58	15 44·31	15·4652	03·0155
26	118·82	−3·84	8 00 31·3	+16 37 52	59·066	58 12·26	15 51·58	16·3466	03·9091
27	132·62	−4·60	8 55 01·5	+12 36 24	58·659	58 36·54	15 58·19	17·2044	04·7782
28	146·60	−5·09	9 48 20·0	+ 7 51 31	58·303	58 57·99	16 04·04	18·0461	05·6265
29	160·75	−5·28	10 40 56·5	+ 2 38 44	58·008	59 15·95	16 08·93	18·8848	06·4649
30	175·03	−5·15	11 33 35·0	− 2 45 11	57·791	59 29·30	16 12·57	19·7358	07·3078
31	189·39	−4·70	12 27 03·5	− 8 02 26	57·674	59 36·60	16 14·55	20·6132	08·1704
June 1	203·78	−3·95	13 22 04·3	−12 54 09	57·679	59 36·26	16 14·46	21·5261	09·0650
2	218·12	−2·96	14 19 01·3	−17 01 08	57·830	59 26·94	16 11·92	22·4738	09·9961
3	232·35	−1·80	15 17 48·2	−20 05 36	58·138	59 08·03	16 06·77	23·4433	10·9571
4	246·38	−0·54	16 17 41·3	−21 54 06	58·602	58 39·94	15 59·12	. . .	11·9291
5	260·17	+0·74	17 17 26·3	−22 20 28	59·202	58 04·22	15 49·39	00·4109	12·8854
6	273·65	+1·94	18 15 40·2	−21 27 09	59·904	57 23·40	15 38·26	01·3497	13·8015
7	286·81	+3·01	19 11 18·4	−19 23 56	60·658	56 40·59	15 26·60	02·2393	14·6626
8	299·65	+3·90	20 03 50·6	−16 24 51	61·409	55 59·04	15 15·28	03·0713	15·4661
9	312·18	+4·58	20 53 20·5	−12 44 46	62·098	55 21·74	15 05·12	03·8482	16·2190
10	324·46	+5·03	21 40 17·0	− 8 37 13	62·675	54 51·17	14 56·79	04·5802	16·9337
11	336·54	+5·25	22 25 23·0	− 4 13 37	63·096	54 29·20	14 50·80	05·2815	17·6254
12	348·49	+5·24	23 09 27·8	+ 0 16 30	63·332	54 17·00	14 47·48	05·9676	18·3100
13	0·37	+5·01	23 53 22·5	+ 4 44 49	63·369	54 15·11	14 46·96	06·6545	19·0032
14	12·28	+4·57	0 37 57·8	+ 9 03 16	63·207	54 23·48	14 49·24	07·3578	19·7202
15	24·28	+3·92	1 24 01·1	+13 03 12	62·861	54 41·43	14 54·13	08·0920	20·4745
16	36·44	+3·09	2 12 13·4	+16 34 41	62·361	55 07·72	15 01·30	08·8688	21·2758
17	48·83	+2·10	3 03 02·9	+19 26 11	61·748	55 40·56	15 10·24	09·6955	22·1278
18	61·48	+0·98	3 56 36·9	+21 25 11	61·070	56 17·66	15 20·35	10·5715	23·0249
19	74·44	−0·21	4 52 34·5	+22 19 40	60·377	56 56·41	15 30·91	11·4860	23·9520
20	87·70	−1·41	5 50 05·9	+22 00 38	59·719	57 34·09	15 41·17	12·4201	. . .
21	101·26	−2·56	6 48 03·7	+20 24 44	59·136	58 08·17	15 50·46	13·3514	00·8874
22	115·08	−3·58	7 45 23·6	+17 35 41	58·656	58 36·67	15 58·23	14·2626	01·8103
23	129·11	−4·40	8 41 23·3	+13 43 44	58·296	58 58·38	16 04·14	15·1459	02·7078
24	143·28	−4·96	9 35 52·2	+ 9 03 48	58·059	59 12·88	16 08·09	16·0036	03·5774
25	157·54	−5·23	10 29 07·9	+ 3 53 11	57·935	59 20·45	16 10·16	16·8461	04·4259
26	171·82	−5·17	11 21 47·7	− 1 30 07	57·913	59 21·79	16 10·52	17·6874	05·2659
27	186·06	−4·79	12 14 38·2	− 6 48 10	57·981	59 17·66	16 09·39	18·5425	06·1124
28	200·24	−4·12	13 08 24·5	−11 43 19	58·128	59 08·63	16 06·94	19·4233	06·9792
29	214·30	−3·21	14 03 40·1	−15 58 27	58·352	58 55·02	16 03·22	20·3352	07·8754
30	228·23	−2·12	15 00 36·2	−19 17 35	58·653	58 36·87	15 58·28	21·2737	08·8019
July 1	242·01	−0·92	15 58 52·5	−21 27 37	59·033	58 14·21	15 52·11	22·2232	09·7484
2	255·60	+0·32	16 57 37·1	−22 20 24	59·493	57 47·23	15 44·76	23·1610	10·6950

EPHEMERIS FOR PHYSICAL OBSERVATIONS
FOR 0ʰ DYNAMICAL TIME

Date 0ʰ TDT	Age	The Earth's Selenographic Long.	Lat.	Physical Libration Lg.	Lt.	P.A.	The Sun's Selenographic Colong.	Lat.	Position Angle Axis	Bright Limb	Fraction Illum.
	d	°	°	(0°·001)			°	°	°	°	
May 17	25·0	−0·565	−6·325	−24	−11	+ 1	218·65	+0·45	335·929	70·30	0·19
18	26·0	1·753	5·666	25	12	2	230·88	0·42	336·307	72·18	0·12
19	27·0	2·821	4·748	25	12	3	243·12	0·40	337·724	75·19	0·07
20	28·0	3·731	3·601	25	13	4	255·36	0·38	340·226	79·77	0·03
21	29·0	4·454	2·264	26	13	4	267·60	0·36	343·801	89·26	0·00
22	0·4	−4·967	−0·792	−26	−13	+ 4	279·85	+0·33	348·345	253·00	0·00
23	1·4	5·257	+0·745	26	13	3	292·09	0·31	353·633	267·16	0·02
24	2·4	5·315	2·271	25	13	2	304·34	0·29	359·334	274·00	0·06
25	3·4	5·137	3·699	25	13	+ 1	316·58	0·26	5·067	279·64	0·13
26	4·4	4·728	4·942	24	13	− 1	328·81	0·24	10·469	284·33	0·21
27	5·4	−4·095	+5·918	−24	−12	− 3	341·04	+0·21	15·241	287·98	0·31
28	6·4	3·258	6·558	23	12	5	353·27	0·18	19·154	290·49	0·41
29	7·4	2·247	6·810	22	11	6	5·48	0·16	22·026	291·80	0·53
30	8·4	−1·103	6·645	21	11	8	17·69	0·13	23·702	291·86	0·64
31	9·4	+0·116	6·065	20	10	9	29·90	0·10	24·042	290·66	0·75
June 1	10·4	+1·344	+5·102	−19	− 9	−11	42·10	+0·06	22·940	288·21	0·84
2	11·4	2·508	3·822	18	9	12	54·29	+0·03	20·368	284·61	0·92
3	12·4	3·534	2·314	16	9	12	66·48	0·00	16·433	280·09	0·97
4	13·4	4·358	+0·685	15	8	12	78·67	−0·04	11·411	275·55	1·00
5	14·4	4·924	−0·957	14	8	12	90·85	0·07	5·728	87·03	1·00
6	15·4	+5·198	−2·509	−13	− 8	−12	103·04	−0·10	359·867	82·62	0·97
7	16·4	5·161	3·891	13	8	11	115·23	0·13	354·256	77·92	0·93
8	17·4	4·818	5·042	12	8	10	127·43	0·16	349·199	73·91	0·87
9	18·4	4·190	5·921	12	8	8	139·63	0·19	344·869	70·79	0·79
10	19·4	3·316	6·509	12	9	6	151·83	0·22	341·350	68·58	0·71
11	20·4	+2·250	−6·797	−13	− 9	− 5	164·04	−0·24	338·678	67·27	0·62
12	21·4	+1·052	6·786	13	9	3	176·26	0·27	336·877	66·83	0·52
13	22·4	−0·207	6·485	14	10	− 2	188·48	0·29	335·980	67·21	0·43
14	23·4	1·456	5·905	14	10	0	200·71	0·31	336·035	68·42	0·34
15	24·4	2·623	5·063	15	11	+ 1	212·95	0·33	337·101	70·44	0·25
16	25·4	−3·641	−3·985	−15	−11	+ 2	225·19	−0·36	339·234	73·23	0·17
17	26·4	4·449	2·702	15	12	2	237·43	0·38	342·456	76·66	0·10
18	27·4	4·998	−1·263	15	12	2	249·68	0·40	346·713	80·31	0·05
19	28·4	5·255	+0·273	14	12	2	261·93	0·42	351·838	82·51	0·01
20	29·4	5·202	1·829	14	12	+ 1	274·18	0·44	357·535	33·91	0·00
21	0·9	−4·847	+3·314	−13	−12	0	286·43	−0·46	3·415	287·00	0·01
22	1·9	4·216	4·634	13	12	− 1	298·68	0·49	9·070	288·00	0·05
23	2·9	3·357	5·696	12	11	3	310·93	0·51	14·141	290·67	0·11
24	3·9	2·332	6·421	11	11	5	323·18	0·53	18·355	292·88	0·19
25	4·9	1·214	6·754	10	10	7	335·41	0·56	21·515	294·15	0·28
26	5·9	−0·071	+6·671	− 9	−10	− 8	347·65	−0·58	23·475	294·35	0·39
27	6·9	+1·033	6·176	8	9	10	359·87	0·61	24·122	293·42	0·51
28	7·9	2·048	5·306	6	9	11	12·09	0·64	23·375	291·39	0·62
29	8·9	2·938	4·122	5	9	12	24·30	0·67	21·215	288·35	0·73
30	9·9	3·675	2·703	4	8	13	36·51	0·70	17·715	284·53	0·82
July 1	10·9	+4·242	+1·144	− 3	− 8	−13	48·71	−0·73	13·083	280·36	0·90
2	11·9	+4·622	−0·460	− 2	− 8	−13	60·90	−0·76	7·663	276·85	0·96

MOON, 1993

FOR 0ʰ DYNAMICAL TIME

Date 0ʰ TDT		Apparent Long.	Lat.	Apparent R.A.	Dec.	True Dist.	Horiz. Parallax	Semi-diameter	Ephemeris Transit for date Upper	Lower
		°	°	h m s	° ′ ″		′ ″	′ ″	h	h
July	1	242·01	−0·92	15 58 52·5	−21 27 37	59·033	58 14·21	15 52·11	22·2232	09·7484
	2	255·60	+0·32	16 57 37·1	−22 20 24	59·493	57 47·23	15 44·76	23·1610	10·6950
	3	268·99	+1·52	17 55 39·0	−21 54 43	60·023	57 16·56	15 36·40	. . .	11·6184
	4	282·16	+2·62	18 51 50·1	−20 16 27	60·610	56 43·32	15 27·34	00·0651	12·4996
	5	295·08	+3·56	19 45 25·0	−17 36 52	61·225	56 09·11	15 18·02	00·9209	13·3291
	6	307·77	+4·30	20 36 09·4	−14 09 57	61·834	55 35·93	15 08·98	01·7244	14·1077
	7	320·21	+4·83	21 24 16·3	−10 09 50	62·396	55 05·89	15 00·80	02·4802	14·8435
	8	332·44	+5·12	22 10 17·6	− 5 49 19	62·867	54 41·08	14 54·04	03·1991	15·5488
	9	344·50	+5·18	22 54 55·4	− 1 19 17	63·209	54 23·36	14 49·21	03·8945	16·2380
	10	356·43	+5·01	23 38 56·8	+ 3 10 56	63·386	54 14·22	14 46·72	04·5812	16·9261
	11	8·31	+4·63	0 23 10·2	+ 7 33 00	63·376	54 14·73	14 46·86	05·2744	17·6280
	12	20·20	+4·05	1 08 23·2	+11 38 43	63·169	54 25·44	14 49·78	05·9887	18·3581
	13	32·19	+3·29	1 55 20·1	+15 19 16	62·767	54 46·34	14 55·47	06·7376	19·1286
	14	44·36	+2·37	2 44 37·3	+18 24 38	62·192	55 16·75	15 03·76	07·5318	19·9479
	15	56·78	+1·32	3 36 37·0	+20 43 26	61·478	55 55·27	15 14·25	08·3767	20·8176
	16	69·53	+0·18	4 31 18·5	+22 03 41	60·675	56 39·68	15 26·35	09·2694	21·7302
	17	82·65	−0·99	5 28 12·7	+22 14 29	59·842	57 27·00	15 39·24	10·1976	22·6689
	18	96·16	−2·15	6 26 25·2	+21 08 47	59·044	58 13·58	15 51·94	11·1414	23·6125
	19	110·06	−3·21	7 24 49·9	+18 45 44	58·343	58 55·53	16 03·37	12·0801	. . .
	20	124·30	−4·10	8 22 29·7	+15 12 02	57·793	59 29·22	16 12·54	12·9987	00·5425
	21	138·79	−4·74	9 18 53·1	+10 41 09	57·427	59 51·93	16 18·73	13·8924	01·4486
	22	153·41	−5·07	10 13 58·4	+ 5 31 12	57·261	60 02·34	16 21·57	14·7652	02·3308
	23	168·06	−5·08	11 08 08·3	+ 0 02 31	57·287	60 00·71	16 21·12	15·6276	03·1969
	24	182·61	−4·76	12 01 59·9	− 5 24 24	57·481	59 48·59	16 17·82	16·4926	04·0590
	25	197·00	−4·14	12 56 13·4	−10 30 07	57·807	59 28·36	16 12·31	17·3718	04·9299
	26	211·16	−3·28	13 51 22·0	−14 56 58	58·228	59 02·56	16 05·28	18·2722	05·8192
	27	225·08	−2·23	14 47 41·2	−18 29 35	58·710	58 33·43	15 57·34	19·1932	06·7305
	28	238·74	−1·08	15 45 02·1	−20 55 54	59·229	58 02·68	15 48·97	20·1249	07·6586
	29	252·18	+0·12	16 42 48·8	−22 08 15	59·765	57 31·42	15 40·45	21·0506	08·5897
	30	265·39	+1·28	17 40 06·4	−22 04 36	60·309	57 00·28	15 31·96	21·9514	09·5052
	31	278·40	+2·36	18 35 57·2	−20 48 53	60·854	56 29·68	15 23·63	22·8127	10·3876
Aug.	1	291·23	+3·30	19 29 37·2	−18 29 59	61·391	55 59·98	15 15·54	23·6277	11·2260
	2	303·86	+4·07	20 20 46·5	−15 19 56	61·912	55 31·72	15 07·84	. . .	12·0179
	3	316·32	+4·62	21 09 28·7	−11 31 54	62·400	55 05·66	15 00·74	00·3976	12·7678
	4	328·61	+4·95	21 56 06·3	− 7 18 39	62·834	54 42·84	14 54·52	01·1297	13·4849
	5	340·73	+5·05	22 41 13·1	− 2 51 48	63·187	54 24·48	14 49·51	01·8349	14·1812
	6	352·72	+4·93	23 25 29·2	+ 1 38 24	63·431	54 11·94	14 46·10	02·5256	14·8698
	7	4·61	+4·59	0 09 37·3	+ 6 02 48	63·536	54 06·55	14 44·63	03·2153	15·5639
	8	16·46	+4·06	0 54 20·1	+10 12 52	63·478	54 09·51	14 45·43	03·9173	16·2768
	9	28·32	+3·35	1 40 18·9	+14 00 05	63·240	54 21·75	14 48·77	04·6441	17·0205
	10	40·27	+2·49	2 28 09·7	+17 15 27	62·815	54 43·82	14 54·78	05·4070	17·8046
	11	52·40	+1·50	3 18 19·8	+19 49 06	62·211	55 15·72	15 03·48	06·2137	18·6345
	12	64·79	+0·42	4 11 00·7	+21 30 29	61·450	55 56·75	15 14·66	07·0667	19·5093
	13	77·52	−0·70	5 06 03·0	+22 09 09	60·574	56 45·32	15 27·89	07·9611	20·4202
	14	90·67	−1·83	6 02 54·1	+21 36 34	59·638	57 38·76	15 42·45	08·8846	21·3520
	15	104·29	−2·89	7 00 44·5	+19 48 14	58·712	58 33·34	15 57·32	09·8203	22·2876
	16	118·36	−3·80	7 58 41·8	+16 45 42	57·870	59 24·43	16 11·24	10·7524	23·2138

EPHEMERIS FOR PHYSICAL OBSERVATIONS
FOR 0ʰ DYNAMICAL TIME

Date 0ʰ TDT	Age	The Earth's Selenographic Long.	Lat.	Physical Libration Lg.	Lt.	P.A.	The Sun's Selenographic Colong.	Lat.	Position Angle Axis	Bright Limb	Fraction Illum.
	d	°	°	(0°.001)			°	°	°	°	
July 1	10·9	+ 4·242	+ 1·144	− 3	− 8	−13	48·71	−0·73	13·083	280·36	0·90
2	11·9	4·622	−0·460	2	8	13	60·90	0·76	7·663	276·85	0·96
3	12·9	4·801	2·014	− 1	8	13	73·10	0·79	1·886	277·50	0·99
4	13·9	4·766	3·433	0	8	12	85·29	0·82	356·183	357·43	1·00
5	14·9	4·507	4·647	0	8	11	97·48	0·85	350·903	63·65	0·99
6	15·9	+ 4·020	− 5·607	0	− 8	−10	109·68	−0·87	346·279	65·80	0·96
7	16·9	3·310	6·281	0	9	8	121·88	0·90	342·439	65·14	0·91
8	17·9	2·395	6·654	0	9	7	134·08	0·92	339·448	64·41	0·84
9	18·9	1·309	6·726	− 1	9	5	146·28	0·94	337·339	64·19	0·77
10	19·9	+ 0·098	6·504	1	10	4	158·49	0·96	336·137	64·62	0·68
11	20·9	− 1·179	− 6·003	− 2	−10	− 2	170·71	−0·98	335·876	65·76	0·59
12	21·9	2·451	5·244	2	10	− 1	182·93	0·99	336·599	67·63	0·50
13	22·9	3·640	4·251	2	11	0	195·15	1·01	338·353	70·25	0·40
14	23·9	4·664	3·053	2	11	0	207·39	1·02	341·167	73·55	0·31
15	24·9	5·444	1·689	2	11	0	219·62	1·04	345·025	77·43	0·22
16	25·9	− 5·908	− 0·209	− 2	−11	0	231·87	−1·05	349·824	81·56	0·14
17	26·9	5·999	+ 1·321	1	11	0	244·11	1·07	355·341	85·24	0·08
18	27·9	5·688	2·821	− 1	11	− 1	256·36	1·08	1·238	86·48	0·03
19	28·9	4·979	4·196	0	11	3	268·62	1·10	7·102	71·31	0·00
20	0·5	3·916	5·342	+ 1	10	4	280·87	1·12	12·527	313·63	0·01
21	1·5	− 2·585	+ 6·167	+ 2	−10	− 6	293·12	−1·13	17·167	300·16	0·03
22	2·5	− 1·100	6·598	3	9	7	305·37	1·15	20·760	298·35	0·09
23	3·5	+ 0·411	6·599	4	9	9	317·61	1·16	23·120	297·48	0·17
24	4·5	1·828	6·172	5	8	10	329·85	1·18	24·120	296·10	0·26
25	5·5	3·059	5·359	7	8	12	342·09	1·20	23·690	293·87	0·37
26	6·5	+ 4·047	+ 4·227	+ 8	− 8	−13	354·31	−1·22	21·829	290·74	0·48
27	7·5	4·770	2·863	9	8	13	6·53	1·24	18·622	286·79	0·60
28	8·5	5·232	+ 1·356	11	8	14	18·74	1·26	14·269	282·29	0·70
29	9·5	5·453	− 0·199	12	8	14	30·95	1·28	9·080	277·64	0·80
30	10·5	5·458	1·718	12	8	14	43·15	1·30	3·446	273·43	0·88
31	11·5	+ 5·269	− 3·121	+13	− 8	−13	55·34	−1·32	357·770	270·62	0·94
Aug. 1	12·5	4·904	4·344	13	8	12	67·54	1·34	352·402	271·60	0·98
2	13·5	4·368	5·333	13	8	11	79·73	1·36	347·596	291·36	1·00
3	14·5	3·667	6·051	13	9	10	91·92	1·38	343·516	33·74	1·00
4	15·5	2·803	6·477	12	9	8	104·11	1·39	340·254	54·19	0·98
5	16·5	+ 1·784	− 6·603	+12	− 9	− 7	116·30	−1·41	337·862	58·57	0·94
6	17·5	+ 0·629	6·436	11	10	6	128·49	1·42	336·375	60·73	0·89
7	18·5	− 0·631	5·991	10	10	4	140·69	1·43	335·825	62·67	0·82
8	19·5	1·949	5·289	10	11	3	152·89	1·44	336·245	64·95	0·74
9	20·5	3·264	4·358	9	11	2	165·10	1·44	337·666	67·75	0·66
10	21·5	− 4·499	− 3·231	+ 9	−11	− 2	177·31	−1·45	340·110	71·16	0·56
11	22·5	5·572	1·942	9	11	2	189·53	1·45	343·566	75·16	0·47
12	23·5	6·390	− 0·536	9	11	2	201·75	1·46	347·966	79·62	0·37
13	24·5	6·866	+ 0·933	9	11	2	213·98	1·46	353·150	84·31	0·27
14	25·5	6·922	2·398	9	11	3	226·22	1·46	358·856	88·79	0·18
15	26·5	− 6·507	+ 3·777	+10	−11	− 4	238·45	−1·47	4·731	92·29	0·11
16	27·5	− 5·607	+ 4·974	+10	−10	− 6	250·70	−1·47	10·381	93·21	0·05

MOON, 1993

FOR 0ʰ DYNAMICAL TIME

Date 0ʰ TDT	Apparent Long.	Lat.	Apparent R.A.	Dec.	True Dist.	Horiz. Parallax	Semi-diameter	Ephemeris Transit for date Upper	Lower
	°	°	h m s	° ′ ″		′ ″	′ ″	h	h
Aug. 16	118·36	−3·80	7 58 41·8	+16 45 42	57·870	59 24·43	16 11·24	10·7524	23·2138
17	132·87	−4·50	8 56 06·5	+12 37 33	57·188	60 07·00	16 22·84	11·6712	. . .
18	147·70	−4·92	9 52 42·1	+ 7 38 53	56·723	60 36·53	16 30·88	12·5751	00·1248
19	162·71	−5·01	10 48 35·8	+ 2 09 37	56·514	60 49·96	16 34·54	13·4694	01·0229
20	177·75	−4·75	11 44 11·7	− 3 27 38	56·569	60 46·44	16 33·58	14·3635	01·9159
21	192·66	−4·16	12 40 00·5	− 8 50 01	56·866	60 27·42	16 28·40	15·2669	02·8136
22	207·31	−3·32	13 36 28·5	−13 36 23	57·360	59 56·18	16 19·89	16·1854	03·7241
23	221·62	−2·28	14 33 47·2	−17 28 57	57·994	59 16·85	16 09·17	17·1182	04·6504
24	235·56	−1·12	15 31 46·2	−20 14 31	58·708	58 33·56	15 57·38	18·0568	05·5876
25	249·15	+0·07	16 29 51·8	−21 45 25	59·450	57 49·71	15 45·43	18·9860	06·5236
26	262·41	+1·22	17 27 14·7	−22 00 03	60·177	57 07·77	15 34·00	19·8894	07·4419
27	275·39	+2·29	18 23 04·5	−21 02 28	60·862	56 29·23	15 23·51	20·7540	08·3271
28	288·13	+3·22	19 16 43·9	−19 01 09	61·485	55 54·85	15 14·14	21·5737	09·1695
29	300·67	+3·98	20 07 56·4	−16 07 12	62·040	55 24·83	15 05·96	22·3495	09·9668
30	313·05	+4·54	20 56 46·8	−12 32 44	62·523	54 59·16	14 58·96	23·0878	10·7228
31	325·28	+4·88	21 43 36·2	− 8 29 44	62·931	54 37·77	14 53·14	23·7984	11·4459
Sept. 1	337·39	+4·99	22 28 55·4	− 4 09 27	63·260	54 20·73	14 48·49	. . .	12·1468
2	349·39	+4·88	23 13 20·9	+ 0 17 46	63·501	54 08·33	14 45·11	00·4925	12·8372
3	1·31	+4·56	23 57 30·8	+ 4 42 19	63·643	54 01·09	14 43·14	01·1823	13·5292
4	13·16	+4·04	0 42 03·2	+ 8 55 08	63·669	53 59·78	14 42·78	01·8793	14·2341
5	24·98	+3·35	1 27 33·8	+12 47 19	63·561	54 05·27	14 44·28	02·5948	14·9626
6	36·84	+2·51	2 14 34·1	+16 09 58	63·304	54 18·47	14 47·88	03·3385	15·7233
7	48·77	+1·55	3 03 28·0	+18 53 54	62·885	54 40·16	14 53·79	04·1176	16·5217
8	60·87	+0·51	3 54 28·2	+20 49 45	62·303	55 10·83	15 02·14	04·9355	17·3587
9	73·22	−0·58	4 47 31·6	+21 48 29	61·566	55 50·45	15 12·94	05·7906	18·2299
10	85·89	−1·67	5 42 18·7	+21 42 19	60·700	56 38·24	15 25·96	06·6755	19·1257
11	98·97	−2·71	6 38 16·5	+20 26 03	59·748	57 32·42	15 40·72	07·5790	20·0341
12	112·52	−3·63	7 34 47·7	+17 58 32	58·768	58 29·98	15 56·40	08·4896	20·9446
13	126·58	−4·37	8 31 21·1	+14 23 45	57·835	59 26·63	16 11·84	09·3985	21·8513
14	141·11	−4·85	9 27 41·5	+ 9 51 27	57·029	60 17·04	16 25·57	10·3032	22·7547
15	156·04	−5·03	10 23 52·0	+ 4 37 00	56·428	60 55·56	16 36·07	11·2068	23·6605
16	171·24	−4·85	11 20 11·3	− 0 59 22	56·094	61 17·35	16 42·00	12·1168	. . .
17	186·53	−4·33	12 17 05·3	− 6 34 06	56·059	61 19·60	16 42·62	13·0415	00·5769
18	201·72	−3·50	13 14 56·5	−11 42 43	56·323	61 02·36	16 37·92	13·9861	01·5112
19	216·64	−2·45	14 13 52·7	−16 02 39	56·850	60 28·42	16 28·67	14·9489	02·4656
20	231·18	−1·26	15 13 37·4	−19 16 05	57·578	59 42·52	16 16·17	15·9194	03·4342
21	245·30	−0·02	16 13 28·3	−21 12 10	58·434	58 50·05	16 01·87	16·8799	04·4022
22	258·97	+1·18	17 12 26·4	−21 48 01	59·342	57 56·02	15 47·15	17·8110	05·3502
23	272·23	+2·29	18 09 34·0	−21 07 57	60·237	57 04·35	15 33·07	18·6977	06·2605
24	285·14	+3·24	19 04 10·6	−19 21 21	61·069	56 17·72	15 20·37	19·5335	07·1220
25	297·75	+4·02	19 56 01·1	−16 40 14	61·803	55 37·62	15 09·44	20·3202	07·9326
26	310·13	+4·59	20 45 14·4	−13 17 04	62·419	55 04·66	15 00·46	21·0652	08·6973
27	322·33	+4·94	21 32 15·9	− 9 23 39	62·911	54 38·79	14 53·41	21·7794	09·4254
28	334·40	+5·06	22 17 40·5	− 5 10 46	63·282	54 19·60	14 48·19	22·4749	10·1287
29	346·37	+4·96	23 02 07·2	− 0 48 15	63·536	54 06·56	14 44·63	23·1640	10·8195
30	358·27	+4·65	23 46 15·3	+ 3 34 34	63·681	53 59·18	14 42·62	23·8586	11·5099
Oct. 1	10·13	+4·13	0 30 42·6	+ 7 48 37	63·721	53 57·13	14 42·06	. . .	12·2113

EPHEMERIS FOR PHYSICAL OBSERVATIONS
FOR 0ʰ DYNAMICAL TIME

Date 0ʰ TDT	Age	The Earth's Selenographic Long.	Lat.	Physical Libration (0°·001) Lg.	Lt.	P.A.	The Sun's Selenographic Colong.	Lat.	Position Angle Axis	Bright Limb	Fraction Illum.
	d	°	°				°	°	°	°	
Aug. 16	27·5	−5·607	+4·974	+10	−10	− 6	250·70	−1·47	10·381	93·21	0·05
17	28·5	4·265	5·887	11	9	7	262·94	1·48	15·425	84·54	0·01
18	0·2	2·579	6·429	12	9	9	275·19	1·48	19·535	351·70	0·00
19	1·2	−0·697	6·536	13	8	10	287·43	1·48	22·449	308·58	0·02
20	2·2	+1·205	6·192	15	7	12	299·67	1·49	23·973	301·38	0·07
21	3·2	+2·960	+5·429	+16	− 7	−13	311·91	−1·49	23·992	297·32	0·15
22	4·2	4·437	4·317	18	6	14	324·14	1·50	22·482	293·36	0·24
23	5·2	5·559	2·956	19	6	15	336·37	1·50	19·535	288·92	0·34
24	6·2	6·300	+1·448	21	6	15	348·59	1·51	15·364	283·98	0·46
25	7·2	6·676	−0·105	22	6	15	0·80	1·52	10·295	278·78	0·57
26	8·2	+6·726	−1·616	+23	− 6	−15	13·01	−1·53	4·727	273·68	0·67
27	9·2	6·501	3·010	23	7	14	25·21	1·54	359·061	269·12	0·76
28	10·2	6·052	4·226	23	7	14	37·40	1·54	353·643	265·52	0·84
29	11·2	5·420	5·217	23	7	13	49·59	1·55	348·727	263·47	0·91
30	12·2	4·636	5·946	23	8	11	61·77	1·56	344·484	264·11	0·96
31	13·2	+3·719	−6·392	+22	− 8	−10	73·95	−1·56	341·017	271·95	0·99
Sept. 1	14·2	2·684	6·544	21	9	9	86·14	1·56	338·393	325·04	1·00
2	15·2	1·540	6·403	20	9	7	98·32	1·56	336·657	40·86	0·99
3	16·2	+0·302	5·984	19	10	6	110·50	1·56	335·850	54·65	0·97
4	17·2	−1·008	5·306	18	10	5	122·68	1·56	336·006	60·39	0·92
5	18·2	−2·355	−4·401	+17	−11	− 4	134·86	−1·56	337·154	64·65	0·87
6	19·2	3·691	3·302	16	11	4	147·05	1·55	339·306	68·78	0·80
7	20·2	4·951	2·050	16	11	3	159·24	1·54	342·446	73·17	0·72
8	21·2	6·058	−0·688	15	11	4	171·44	1·53	346·508	77·91	0·63
9	22·2	6·925	+0·733	15	11	4	183·64	1·53	351·356	82·93	0·53
10	23·2	−7·460	+2·156	+14	−11	− 5	195·85	−1·52	356·776	87·99	0·43
11	24·2	7·577	3·512	14	11	6	208·06	1·51	2·478	92·77	0·32
12	25·2	7·208	4·720	15	10	8	220·28	1·50	8·127	96·84	0·23
13	26·2	6·321	5·690	15	9	9	232·51	1·49	13·373	99·60	0·14
14	27·2	4·936	6·330	16	9	11	244·74	1·48	17·883	100·00	0·07
15	28·2	−3·138	+6·562	+17	− 8	−13	256·97	−1·47	21·355	94·53	0·02
16	29·2	−1·074	6·339	18	7	14	269·20	1·46	23·528	44·57	0·00
17	0·9	+1·066	5·663	20	6	15	281·43	1·45	24·197	312·38	0·01
18	1·9	3·088	4·589	21	5	16	293·66	1·44	23·252	299·13	0·05
19	2·9	4·824	3·215	23	4	17	305·89	1·43	20·719	292·26	0·12
20	3·9	+6·167	+1·661	+24	− 4	−17	318·11	−1·43	16·786	286·22	0·21
21	4·9	7·068	+0·047	25	4	17	330·33	1·42	11·796	280·28	0·31
22	5·9	7·528	−1·523	26	4	17	342·54	1·41	6·191	274·49	0·41
23	6·9	7·588	2·964	27	4	16	354·74	1·40	0·422	269·14	0·52
24	7·9	7·304	4·214	27	5	16	6·93	1·40	354·868	264·50	0·62
25	8·9	+6·740	−5·229	+27	− 5	−14	19·12	−1·39	349·802	260·79	0·72
26	9·9	5·957	5·977	27	5	13	31·30	1·38	345·396	258·20	0·80
27	10·9	5·006	6·440	26	6	12	43·48	1·38	341·749	256·93	0·87
28	11·9	3·927	6·610	25	7	10	55·65	1·37	338·925	257·41	0·93
29	12·9	2·752	6·487	24	7	9	67·82	1·36	336·970	260·99	0·97
30	13·9	+1·506	−6·082	+23	− 8	− 8	79·99	−1·34	335·929	274·77	0·99
Oct. 1	14·9	+0·208	−5·415	+21	− 8	− 6	92·15	−1·33	335·843	5·90	1·00

MOON, 1993

FOR 0ʰ DYNAMICAL TIME

Date 0ʰ TDT		Apparent Long.	Lat.	Apparent R.A.	Dec.	True Dist.	Horiz. Parallax	Semi-diameter	Ephemeris Transit for date Upper	Lower
		°	°	h m s	° ′ ″		′ ″	′ ″	h	h
Oct.	1	10·13	+4·13	0 30 42·6	+ 7 48 37	63·721	53 57·13	14 42·06	. . .	12·2113
	2	21·98	+3·43	1 16 03·1	+11 44 49	63·658	54 00·33	14 42·94	00·5692	12·9334
	3	33·84	+2·59	2 02 45·5	+15 13 50	63·488	54 08·99	14 45·30	01·3048	13·6841
	4	45·75	+1·62	2 51 09·6	+18 06 18	63·206	54 23·53	14 49·26	02·0717	14·4678
	5	57·75	+0·57	3 41 24·0	+20 12 58	62·802	54 44·50	14 54·97	02·8723	15·2847
	6	69·91	−0·52	4 33 22·7	+21 25 23	62·272	55 12·45	15 02·59	03·7043	16·1302
	7	82·28	−1·61	5 26 45·8	+21 36 42	61·616	55 47·71	15 12·19	04·5612	16·9959
	8	94·93	−2·64	6 21 04·1	+20 42 33	60·845	56 30·16	15 23·76	05·4331	17·8717
	9	107·94	−3·57	7 15 46·3	+18 41 53	59·982	57 18·96	15 37·05	06·3106	18·7492
	10	121·38	−4·33	8 10 29·3	+15 37 22	59·067	58 12·22	15 51·57	07·1872	19·6246
	11	135·27	−4·87	9 05 04·9	+11 35 37	58·157	59 06·85	16 06·45	08·0617	20·4995
	12	149·63	−5·13	9 59 41·9	+ 6 47 28	57·323	59 58·46	16 20·51	08·9388	21·3809
	13	164·40	−5·06	10 54 44·1	+ 1 27 58	56·642	60 41·74	16 32·30	09·8272	22·2790
	14	179·49	−4·64	11 50 43·6	− 4 03 28	56·186	61 11·28	16 40·35	10·7376	23·2039
	15	194·74	−3·89	12 48 11·4	− 9 23 56	56·011	61 22·75	16 43·47	11·6786	. . .
	16	209·98	−2·87	13 47 24·9	−14 08 52	56·143	61 14·13	16 41·13	12·6524	00·1617
	17	225·03	−1·65	14 48 14·7	−17 55 20	56·570	60 46·37	16 33·56	13·6504	01·1494
	18	239·76	−0·34	15 49 56·7	−20 26 03	57·249	60 03·11	16 21·78	14·6525	02·1525
	19	254·06	+0·95	16 51 18·3	−21 32 39	58·111	59 09·70	16 07·23	15·6326	03·1469
	20	267·90	+2·15	17 50 59·1	−21 16 32	59·073	58 11·87	15 51·47	16·5676	04·1068
	21	281·29	+3·19	18 47 56·8	−19 47 00	60·055	57 14·73	15 35·90	17·4445	05·0136
	22	294·26	+4·03	19 41 41·8	−17 17 35	60·988	56 22·19	15 21·59	18·2620	05·8603
	23	306·89	+4·65	20 32 18·0	−14 02 43	61·817	55 36·86	15 09·23	19·0276	06·6506
	24	319·23	+5·04	21 20 12·4	−10 15 36	62·505	55 00·12	14 59·22	19·7535	07·3946
	25	331·35	+5·20	22 06 05·4	− 6 07 40	63·033	54 32·44	14 51·68	20·4537	08·1059
	26	343·33	+5·13	22 50 42·1	− 1 48 43	63·398	54 13·62	14 46·56	21·1426	08·7987
	27	355·22	+4·83	23 34 47·8	+ 2 32 26	63·606	54 02·99	14 43·66	21·8337	09·4871
	28	7·08	+4·33	0 19 05·5	+ 6 47 17	63·671	53 59·67	14 42·76	22·5390	10·1839
	29	18·93	+3·65	1 04 13·8	+10 47 09	63·612	54 02·70	14 43·58	23·2689	10·9004
	30	30·82	+2·80	1 50 44·6	+14 22 46	63·445	54 11·21	14 45·90	. . .	11·6454
	31	42·78	+1·82	2 38 59·6	+17 24 25	63·187	54 24·49	14 49·52	00·0303	12·4239
Nov.	1	54·83	+0·75	3 29 07·1	+19 42 16	62·847	54 42·13	14 54·32	00·8261	13·2363
	2	67·01	−0·36	4 20 58·6	+21 07 17	62·432	55 03·95	15 00·27	01·6536	14·0769
	3	79·34	−1·48	5 14 09·2	+21 32 17	61·943	55 30·04	15 07·38	02·5047	14·9356
	4	91·88	−2·54	6 08 02·8	+20 53 06	61·381	56 00·56	15 15·69	03·3679	15·8003
	5	104·66	−3·50	7 02 02·4	+19 09 15	60·747	56 35·61	15 25·24	04·2315	16·6608
	6	117·72	−4·30	7 55 40·6	+16 24 02	60·051	57 14·97	15 35·97	05·0876	17·5120
	7	131·12	−4·89	8 48 47·8	+12 44 03	59·312	57 57·78	15 47·63	05·9343	18·3554
	8	144·86	−5·22	9 41 34·1	+ 8 18 46	58·562	58 42·35	15 59·78	06·7763	19·1984
	9	158·98	−5·24	10 34 27·0	+ 3 20 20	57·846	59 25·95	16 11·65	07·6234	20·0531
	10	173·44	−4·94	11 28 05·9	− 1 56 14	57·222	60 04·81	16 22·24	08·4890	20·9330
	11	188·19	−4·32	12 23 13·6	− 7 12 45	56·754	60 34·57	16 30·35	09·3865	21·8505
	12	203·12	−3·39	13 20 26·3	−12 08 00	56·499	60 50·98	16 34·82	10·3256	22·8114
	13	218·11	−2·23	14 19 58·6	−16 19 09	56·499	60 50·96	16 34·81	11·3070	23·8102
	14	233·02	−0·92	15 21 30·0	−19 24 56	56·771	60 33·46	16 30·05	12·3180	. . .
	15	247·70	+0·43	16 23 57·8	−21 09 56	57·299	59 59·96	16 20·92	13·3325	00·8268
	16	262·05	+1·73	17 25 50·2	−21 28 26	58·039	59 14·07	16 08·42	14·3193	01·8312

EPHEMERIS FOR PHYSICAL OBSERVATIONS
FOR 0ʰ DYNAMICAL TIME

Date 0ʰ TDT	Age	The Earth's Selenographic Long.	The Earth's Selenographic Lat.	Physical Libration Lg.	Physical Libration Lt.	Physical Libration P.A.	The Sun's Selenographic Colong.	The Sun's Selenographic Lat.	Position Angle Axis	Position Angle Bright Limb	Fraction Illum.
	d	°	°	(0°.001)			°	°	°	°	
Oct. 1	14·9	+0·208	−5·415	+21	− 8	− 6	92·15	−1·33	335·843	5·90	1·00
2	15·9	−1·118	4·513	20	9	5	104·32	1·31	336·748	53·50	0·99
3	16·9	2·444	3·414	19	10	5	116·48	1·30	338·661	64·20	0·96
4	17·9	3·733	2·159	18	10	5	128·65	1·28	341·566	70·71	0·91
5	18·9	4·937	−0·797	17	10	5	140·82	1·26	345·396	76·38	0·85
6	19·9	−5·994	+0·621	+16	−10	− 5	153·00	−1·24	350·015	81·89	0·77
7	20·9	6·834	2·035	15	10	6	165·17	1·22	355·218	87·33	0·68
8	21·9	7·380	3·384	14	10	7	177·36	1·20	0·740	92·55	0·59
9	22·9	7·554	4·598	14	10	9	189·55	1·18	6·282	97·29	0·48
10	23·9	7·291	5·601	14	9	11	201·74	1·15	11·539	101·28	0·37
11	24·9	−6·551	+6·313	+14	− 8	−12	213·94	−1·13	16·220	104·23	0·27
12	25·9	5·334	6·659	14	7	14	226·15	1·11	20·049	105·78	0·17
13	26·9	3·695	6·579	15	6	16	238·36	1·09	22·764	105·42	0·09
14	27·9	−1·747	6·046	16	5	17	250·58	1·07	24·120	101·69	0·04
15	28·9	+0·349	5·080	18	4	18	262·79	1·05	23·916	83·67	0·00
16	0·5	+2·409	+3·752	+19	− 3	−19	275·01	−1·03	22·058	312·04	0·00
17	1·5	4·261	2·176	21	3	19	287·23	1·01	18·614	291·39	0·03
18	2·5	5·771	+0·484	22	2	19	299·44	0·99	13·862	282·83	0·09
19	3·5	6·858	−1·193	23	2	19	311·65	0·97	8·250	275·90	0·17
20	4·5	7·492	2·749	24	2	19	323·85	0·95	2·300	269·72	0·26
21	5·5	+7·686	−4·103	+25	− 2	−18	336·04	−0·93	356·481	264·32	0·36
22	6·5	7·483	5·202	25	2	17	348·23	0·91	351·134	259·84	0·46
23	7·5	6·944	6·017	25	2	15	0·42	0·89	346·463	256·35	0·56
24	8·5	6·132	6·532	24	3	14	12·59	0·87	342·576	253·87	0·66
25	9·5	5·115	6·744	23	3	12	24·76	0·85	339·524	252·41	0·75
26	10·5	+3·950	−6·657	+22	− 4	−11	36·93	−0·83	337·343	251·99	0·83
27	11·5	2·692	6·282	20	4	9	49·09	0·81	336·067	252·70	0·89
28	12·5	1·385	5·639	19	5	8	61·24	0·78	335·735	254·83	0·94
29	13·5	+0·067	4·753	18	6	7	73·39	0·76	336·388	259·48	0·98
30	14·5	−1·227	3·658	16	6	6	85·54	0·73	338·057	275·17	1·00
31	15·5	−2·468	−2·395	+15	− 7	− 6	97·69	−0·71	340·741	52·92	1·00
Nov. 1	16·5	3·623	−1·014	13	8	6	109·84	0·68	344·386	73·33	0·98
2	17·5	4·656	+0·429	12	8	6	121·99	0·65	348·865	81·11	0·94
3	18·5	5·528	1·872	11	8	7	134·14	0·62	353·968	87·30	0·89
4	19·5	6·194	3·249	10	8	8	146·30	0·59	359·425	92·91	0·82
5	20·5	−6·606	+4·493	+ 9	− 8	−10	158·46	−0·57	4·932	97·97	0·73
6	21·5	6·716	5·533	9	8	11	170·62	0·54	10·192	102·34	0·64
7	22·5	6·481	6·301	8	7	13	182·79	0·51	14·938	105·85	0·53
8	23·5	5·875	6·732	8	6	15	194·97	0·48	18·933	108·34	0·42
9	24·5	4·895	6·773	8	5	17	207·15	0·46	21·956	109·68	0·31
10	25·5	−3·572	+6·392	+ 9	− 5	−18	219·34	−0·43	23·793	109·73	0·21
11	26·5	1·977	5·585	10	4	19	231·53	0·40	24·238	108·33	0·12
12	27·5	−0·215	4·391	11	3	20	243·73	0·37	23·127	105·21	0·05
13	28·5	+1·583	2·891	12	2	21	255·93	0·35	20·405	99·09	0·01
14	0·1	3·279	+1·201	14	− 1	21	268·14	0·32	16·193	318·19	0·00
15	1·1	+4·746	−0·545	+15	0	−21	280·34	−0·29	10·832	277·70	0·02
16	2·1	+5·885	−2·219	+16	0	−20	292·54	−0·26	4·831	270·19	0·06

FOR 0ʰ DYNAMICAL TIME

Date 0ʰ TDT	Apparent Long.	Lat.	Apparent R.A.	Dec.	True Dist.	Horiz. Parallax	Semi-diameter	Ephemeris Transit for date Upper	Lower
	°	°	h m s	° ′ ″		′ ″	′ ″	h	h
Nov. 16	262·05	+1·73	17 25 50·2	−21 28 26	58·039	59 14·07	16 08·42	14·3193	01·8312
17	276·00	+2·89	18 25 35·5	−20 25 13	58·923	58 20·73	15 53·88	15·2534	02·7940
18	289·52	+3·84	19 22 11·3	−18 12 53	59·874	57 25·12	15 38·73	16·1231	03·6965
19	302·62	+4·57	20 15 16·8	−15 07 31	60·815	56 31·85	15 24·22	16·9303	04·5341
20	315·33	+5·04	21 05 06·9	−11 24 54	61·676	55 44·47	15 11·31	17·6854	05·3135
21	327·72	+5·27	21 52 19·1	− 7 18 41	62·405	55 05·40	15 00·66	18·4029	06·0479
22	339·86	+5·26	22 37 41·2	− 3 00 01	62·965	54 35·98	14 52·65	19·0989	06·7526
23	351·82	+5·01	23 22 03·8	+ 1 21 53	63·339	54 16·68	14 47·39	19·7889	07·4437
24	3·69	+4·56	0 06 16·5	+ 5 38 52	63·522	54 07·28	14 44·83	20·4874	08·1362
25	15·52	+3·91	0 51 05·0	+ 9 42 57	63·527	54 07·03	14 44·76	21·2071	08·8439
26	27·39	+3·09	1 37 09·0	+13 25 40	63·375	54 14·81	14 46·88	21·9582	09·5783
27	39·35	+2·13	2 24 59·2	+16 37 44	63·095	54 29·27	14 50·82	22·7466	10·3476
28	51·44	+1·07	3 14 52·1	+19 09 08	62·717	54 48·97	14 56·19	23·5721	11·1549
29	63·69	−0·06	4 06 45·7	+20 49 53	62·272	55 12·48	15 02·59	. . .	11·9969
30	76·13	−1·20	5 00 17·0	+21 31 22	61·785	55 38·56	15 09·70	00·4278	12·8632
Dec. 1	88·78	−2·30	5 54 45·5	+21 07 57	61·277	56 06·26	15 17·25	01·3010	13·7392
2	101·64	−3·30	6 49 23·5	+19 38 16	60·759	56 34·95	15 25·06	02·1763	14·6105
3	114·72	−4·15	7 43 30·2	+17 05 38	60·239	57 04·29	15 33·06	03·0410	15·4672
4	128·03	−4·79	8 36 43·3	+13 37 29	59·719	57 34·09	15 41·18	03·8890	16·3067
5	141·57	−5·18	9 29 03·7	+ 9 24 13	59·204	58 04·14	15 49·36	04·7214	17·1340
6	155·34	−5·28	10 20 53·2	+ 4 38 14	58·703	58 33·89	15 57·47	05·5463	17·9599
7	169·33	−5·07	11 12 49·9	− 0 26 32	58·232	59 02·27	16 05·20	06·3766	18·7984
8	183·52	−4·55	12 05 40·0	− 5 34 36	57·820	59 27·56	16 12·09	07·2272	19·6647
9	197·88	−3·75	13 00 09·4	−10 28 37	57·500	59 47·37	16 17·49	08·1123	20·5709
10	212·37	−2·70	13 56 52·8	−14 49 30	57·314	59 59·01	16 20·66	09·0410	21·5219
11	226·90	−1·47	14 55 59·4	−18 17 35	57·299	59 59·98	16 20·93	10·0124	22·5100
12	241·40	−0·15	15 57 00·1	−20 35 20	57·480	59 48·66	16 17·84	11·0117	23·5138
13	255·78	+1·16	16 58 45·5	−21 31 18	57·864	59 24·84	16 11·35	12·0121	. . .
14	269·93	+2·39	17 59 42·5	−21 03 09	58·435	58 49·97	16 01·85	12·9830	00·5030
15	283·79	+3·44	18 58 24·8	−19 18 11	59·156	58 06·96	15 50·13	13·9013	01·4496
16	297·30	+4·27	19 53 58·6	−16 30 29	59·970	57 19·62	15 37·23	14·7575	02·3372
17	310·44	+4·85	20 46 11·0	−12 56 49	60·812	56 31·99	15 24·26	15·5546	03·1629
18	323·22	+5·17	21 35 21·8	− 8 53 14	61·615	55 47·78	15 12·21	16·3036	03·9343
19	335·67	+5·24	22 22 10·4	− 4 33 21	62·318	55 10·01	15 01·92	17·0193	04·6646
20	347·85	+5·06	23 07 25·3	− 0 08 13	62·872	54 40·84	14 53·97	17·7174	05·3695
21	359·84	+4·67	23 51 57·2	+ 4 13 11	63·242	54 21·63	14 48·74	18·4137	06·0648
22	11·70	+4·08	0 36 35·4	+ 8 22 55	63·411	54 12·94	14 46·37	19·1226	06·7657
23	23·53	+3·32	1 22 05·7	+12 13 15	63·377	54 14·70	14 46·85	19·8569	07·4859
24	35·41	+2·41	2 09 07·1	+15 35 58	63·154	54 26·19	14 49·98	20·6265	08·2369
25	47·41	+1·39	2 58 08·0	+18 21 54	62·770	54 46·20	14 55·43	21·4363	09·0263
26	59·60	+0·30	3 49 20·8	+20 21 12	62·261	55 13·03	15 02·74	22·2844	09·8559
27	72·03	−0·84	4 42 36·6	+21 24 15	61·673	55 44·62	15 11·35	23·1618	10·7203
28	84·74	−1·95	5 37 24·2	+21 23 15	61·051	56 18·70	15 20·63	. . .	11·6068
29	97·73	−2·98	6 32 55·8	+20 14 08	60·438	56 52·97	15 29·97	00·0533	12·4992
30	111·01	−3·88	7 28 20·2	+17 57 57	59·870	57 25·39	15 38·81	00·9426	13·3823
31	124·53	−4·57	8 22 58·4	+14 41 07	59·370	57 54·39	15 46·71	01·8173	14·2473
32	138·27	−5·02	9 16 33·5	+10 34 32	58·952	58 19·01	15 53·42	02·6725	15·0934

EPHEMERIS FOR PHYSICAL OBSERVATIONS
FOR 0ʰ DYNAMICAL TIME

Date 0ʰ TDT	Age	The Earth's Selenographic Long.	Lat.	Physical Libration Lg.	Lt.	P.A.	The Sun's Selenographic Colong.	Lat.	Position Angle Axis	Bright Limb	Fraction Illum.
	d	°	°	(0°.001)			°	°	°	°	
Nov. 16	2·1	+5·885	−2·219	+16	0	−20	292·54	−0·26	4·831	270·19	0·06
17	3·1	6·634	3·713	17	0	20	304·73	0·23	358·740	264·18	0·13
18	4·1	6·969	4·953	17	0	19	316·92	0·21	353·012	259·15	0·21
19	5·1	6·899	5·891	17	0	17	329·11	0·18	347·943	255·13	0·30
20	6·1	6·460	6·509	17	0	16	341·29	0·15	343·690	252·12	0·39
21	7·1	+5·706	−6·805	+16	0	−14	353·46	−0·13	340·317	250·09	0·49
22	8·1	4·702	6·788	15	−1	13	5·63	0·10	337·847	248·98	0·59
23	9·1	3·520	6·475	14	1	11	17·79	0·07	336·298	248·74	0·68
24	10·1	2·229	5·887	12	2	10	29·94	0·05	335·693	249·33	0·76
25	11·1	+0·896	5·048	11	2	9	42·09	−0·02	336·064	250·73	0·84
26	12·1	−0·417	−3·991	+ 9	−3	− 8	54·24	+0·01	337·445	252·90	0·90
27	13·1	1·655	2·753	8	4	7	66·38	0·04	339·854	255·76	0·95
28	14·1	2·774	−1·379	6	4	7	78·52	0·07	343·263	258·96	0·98
29	15·1	3·733	+0·077	5	5	7	90·65	0·10	347·578	258·04	1·00
30	16·1	4·504	1·551	4	5	8	102·79	0·13	352·608	92·25	0·99
Dec. 1	17·1	−5·063	+2·972	+ 3	−5	− 9	114·92	+0·16	358·082	95·78	0·97
2	18·1	5·394	4·267	2	5	10	127·06	0·19	3·675	100·19	0·92
3	19·1	5·486	5·363	1	5	11	139·20	0·22	9·060	104·33	0·86
4	20·1	5·335	6·190	+ 1	4	13	151·34	0·25	13·949	107·81	0·78
5	21·1	4·940	6·689	0	4	15	163·49	0·28	18·103	110·43	0·68
6	22·1	−4·311	+6·815	0	−3	−16	175·64	+0·31	21·327	112·06	0·58
7	23·1	3·461	6·542	0	3	18	187·81	0·33	23·444	112·62	0·46
8	24·1	2·419	5·870	+ 1	2	19	199·97	0·36	24·293	112·07	0·35
9	25·1	−1·222	4·824	2	2	20	212·15	0·38	23·727	110·40	0·24
10	26·1	+0·075	3·463	3	−1	21	224·33	0·41	21·655	107·70	0·15
11	27·1	+1·406	+1·875	+ 4	0	−22	236·51	+0·44	18·100	104·29	0·08
12	28·1	2·693	+0·171	5	0	22	248·70	0·47	13·255	101·29	0·03
13	29·1	3·852	−1·528	6	+1	21	260·89	0·49	7·508	108·59	0·00
14	0·6	4·801	3·106	7	1	21	273·09	0·52	1·374	253·38	0·01
15	1·6	5·469	4·465	7	1	20	285·28	0·55	355·367	255·24	0·03
16	2·6	+5·808	−5·538	+ 7	+2	−19	297·47	+0·58	349·892	252·55	0·08
17	3·6	5·792	6·285	7	2	17	309·65	0·60	345·198	249·88	0·15
18	4·6	5·425	6·695	6	1	16	321·83	0·63	341·405	247·86	0·23
19	5·6	4·734	6·775	5	1	14	334·01	0·65	338·559	246·63	0·32
20	6·6	3·770	6·544	4	+1	13	346·18	0·68	336·672	246·20	0·41
21	7·6	+2·600	−6·030	+ 3	0	−12	358·34	+0·71	335·750	246·55	0·51
22	8·6	+1·300	5·261	+ 2	0	10	10·49	0·73	335·807	247·65	0·60
23	9·6	−0·048	4·271	0	−1	9	22·65	0·76	336·863	249·46	0·69
24	10·6	1·362	3·093	− 1	1	9	34·79	0·78	338·935	251·91	0·77
25	11·6	2·563	1·769	3	2	8	46·93	0·81	342·018	254·88	0·85
26	12·6	−3·583	−0·346	− 4	−2	− 8	59·07	+0·84	346·053	258·03	0·91
27	13·6	4·364	+1·119	5	2	9	71·20	0·86	350·902	260·48	0·96
28	14·6	4·866	2·558	6	2	10	83·33	0·89	356·329	258·29	0·99
29	15·6	5·068	3·896	7	2	11	95·45	0·91	2·016	174·67	1·00
30	16·6	4·975	5·052	8	2	12	107·58	0·94	7·609	115·31	0·99
31	17·6	−4·611	+5·949	− 8	−2	−13	119·71	+0·96	12·772	113·09	0·95
32	18·6	−4·019	+6·518	− 8	−1	−15	131·84	+0·98	17·218	113·98	0·89

NOTES AND FORMULAE

Use of the polynomial coefficients for the lunar coordinates

On pages D23–D45 for each day of the year, the apparent right ascension (α) and declination (δ) of the Moon are represented by economised polynomials of the fifth degree, and the horizontal parallax (π) is represented by an economised polynomial of the fourth degree. The formulae to be evaluated are of the form:

$$a_0 + a_1 p + a_2 p^2 + a_3 p^3 + a_4 p^4 + a_5 p^5$$

where a_5 is zero for the parallax.

The time-interval from 0^h TDT is expressed as a fraction of a day to form the interpolation factor p, where $0 \le p < 1$, and the polynomial is evaluated directly, or by re-expressing it in the nested form:

$$((((a_5 p + a_4)p + a_3)p + a_2)p + a_1)p + a_0$$

to avoid the separate formation of the powers of p. Alternatively this nested form for α and δ may be written as:

$$b_{n+1} = b_n p + a_{5-n}, \text{ for } n = 1 \text{ to } 5,$$

where $b_1 = a_5$ and b_6 is the required value. For the parallax a_5 is zero, so that:

$$b_{n+1} = b_n p + a_{4-n}, \text{ for } n = 1 \text{ to } 4,$$

where $b_1 = a_4$ and b_5 is the required value.

The polynomial coefficients are expressed in decimals of a degree, even for α, and the signs are given on the right-hand sides of the coefficients to facilitate their use with small calculators. Subtract 360° from α if it exceeds 360°. In order to obtain the full precision of the polynomial ephemeris the interpolating factor p must be evaluated to 8 decimal places (10^{-3} s); estimates of the precision of unrounded interpolated values are:

RA	Dec	HP
$\pm0^s0003$	$\pm0''003$	$\pm0''0003$

Particular care must be taken to ensure that the coefficients are entered with the correct signs.

Example. To calculate the apparent right ascension (α) the declination (δ) and the horizontal parallax (π) for the Moon on 1993 January 21^d 13^h 23^m 48^s32 UT, using an assumed value of $\Delta T = 60^s$.

$$\text{TDT} = 13^h \ 24^m \ 48^s32, \text{ hence } p = 0{\cdot}558 \ 892 \ 59$$

	right ascension	declination	horizontal parallax
b_1	$-0{\cdot}000 \ 0660$	$+0{\cdot}000 \ 2439$	$+0{\cdot}000 \ 003 \ 31$
b_2	$+0{\cdot}004 \ 3085$	$-0{\cdot}001 \ 4280$	$+0{\cdot}000 \ 009 \ 86$
b_3	$-0{\cdot}014 \ 5292$	$-0{\cdot}030 \ 4892$	$+0{\cdot}000 \ 403 \ 18$
b_4	$-0{\cdot}283 \ 9446$	$+0{\cdot}477 \ 7488$	$-0{\cdot}006 \ 848 \ 65$
b_5	$+13{\cdot}010 \ 6084$	$+2{\cdot}330 \ 2241$	$\pi = +0{\cdot}918 \ 776 \ 70$
b_6	$\alpha = 289{\cdot}112 \ 6686$	$\delta = -19{\cdot}916 \ 3609$	
	$= 19^h \ 16^m \ 27^s040$	$= -19° \ 54' \ 58''90$	$= \ 55' \ 07''596$

DAILY POLYNOMIAL COEFFICIENTS

	Apparent Right Ascension	Apparent Declination	Horizontal Parallax	Apparent Right Ascension	Apparent Declination	Horizontal Parallax
	January 0			**January 8**		
a_0	355·1300 219+	3·5924 771+	0·9045 0966+	101·3979 873+	21·2958 440+	0·9955 0678+
a_1	10·9313 318+	4·6171 219+	0·0036 2998+	15·3265 343+	2·3758 158−	0·0102 3702+
a_2	940 289+	490 385−	14 5490+	865 207−	7175 329−	16 6486−
a_3	369 544+	230 824−	1330+	594 404−	240 394+	1 7498−
a_4	1 553+	4 718−	773−	54 951+	74 285+	2114+
a_5	1 028−	1 377−		5 629+	4 709−	
	January 1			**January 9**		
a_0	6·1923 896+	8·1368 684+	0·9096 0010+	116·5846 186+	18·2334 922+	1·0039 2510+
a_1	11·2303 591+	4·4472 221+	0·0065 4875+	14·9999 582+	3·7114 056−	0·0064 6704+
a_2	2047 991+	1224 973−	14 4789+	2262 609−	6055 736−	20 6157−
a_3	364 803+	263 278−	1756−	322 642+	489 582+	8821−
a_4	3 352−	11 817−	942−	81 842+	49 273+	2571+
a_5	2 193−	1 063−		2 057−	6 146−	
	January 2			**January 10**		
a_0	17·6634 736+	12·4339 775+	0·9175 6976+	131·3340 302+	13·9697 839+	1·0082 6809+
a_1	11·7469 591+	4·1179 872+	0·0093 5418+	14·4823 484+	4·7590 404−	0·0021 8226+
a_2	3100 355+	2096 393−	13 3820+	2760 349−	4352 918−	21 7279−
a_3	328 485+	320 591−	5531−	17 848−	625 996+	1700+
a_4	14 269−	17 506−	1110−	69 548+	17 794+	2285+
a_5	3 902−	76−		5 442−	4 708−	
	January 3			**January 11**		
a_0	29·7514 995+	16·3085 082+	0·9281 9573+	145·5449 694+	8·8393 598+	1·0083 1741+
a_1	12·4579 154+	3·5954 937+	0·0118 2025+	13·9500 226+	5·4370 593−	0·0020 2082−
a_2	3961 062+	3164 026−	11 0541+	2451 171−	2415 243−	19 8735−
a_3	231 728+	390 209−	1 0009−	205 964+	651 417+	1 0974+
a_4	34 433−	18 344−	1208−	41 395+	5 720−	1406+
a_5	5 116−	1 931+		5 250−	2 375−	
	January 4			**January 12**		
a_0	42·6247 390+	19·5469 371+	0·9410 0923+	159·2740 858+	3·2251 085+	1·0044 3303+
a_1	13·3033 172+	2·8392 568+	0·0136 8246+	13·5355 119+	5·7281 560−	0·0056 1007−
a_2	4398 217+	4425 422−	7 3299+	1637 428−	518 998−	15 7704−
a_3	43 858+	442 709−	1 4921−	319 681+	605 839+	1 6585+
a_4	61 814−	8 792−	1118−	15 088+	17 196−	343+
a_5	3 468−	4 692+		4 091−	560−	
	January 5			**January 13**		
a_0	56·3657 354+	21·8989 708+	0·9552 6429+	172·6789 227+	2·4961 390−	0·9974 1520+
a_1	14·1696 655+	1·8201 909+	0·0146 5602+	13·3079 210+	5·6573 614−	0·0082 5293−
a_2	4123 944+	5759 248−	2 1956+	628 758−	1189 813+	10 6156−
a_3	234 435−	429 972−	1 9514−	339 559+	531 915+	1 7848+
a_4	81 047−	15 578+	708−	5 204−	19 529+	514−
a_5	2 903+	6 503+		3 342−	228+	
	January 6			**January 14**		
a_0	70·9165 374+	23·1024 479+	0·9699 3766+	185·9570 692+	7·9832 577−	0·9882 7405+
a_1	14·8931 650+	0·5488 306+	0·0144 8135+	13·2802 849+	5·2675 222−	0·0098 6123−
a_2	2963 505+	6890 422−	4 0587−	325 254+	2670 718−	5 5840−
a_3	525 260−	303 554−	2 2464−	285 576+	455 969+	1 5662+
a_4	65 654−	49 784+	85+	21 974−	18 021−	981−
a_5	10 722+	4 930+		2 950−	30+	
	January 7			**January 15**		
a_0	86·0480 338+	22·9373 523+	0·9837 8935+	199·2959 446+	12·9399 103−	0·9780 0123+
a_1	15·3073 893+	0·8979 470−	0·0129 9907+	13·4207 445+	4·6037 821−	0·0105 4747−
a_2	1101 548+	7452 964−	10 7143−	1020 548+	3930 826+	1 4771−
a_3	679 828−	57 892−	2 2164−	168 726+	383 740+	1 1635+
a_4	8 305−	75 248+	1142+	37 219−	17 722−	1076−
a_5	12 227+	4−		2 048−	769−	

Formula: Quantity in degrees = $a_0 + a_1 p + a_2 p^2 + a_3 p^3 + a_4 p^4 + a_5 p^5$

where p is the fraction of a day from 0^h TDT.

MOON, 1993

DAILY POLYNOMIAL COEFFICIENTS

January 16

	Apparent Right Ascension	Apparent Declination	Horizontal Parallax
a_0	212·8316 897+	17·1140 848−	0·9674 1164+
a_1	13·6595 626+	3·7099 687−	0·0105 3692−
a_2	1282 811+	4968 004+	1 3726+
a_3	705+	304 772+	7270+
a_4	48 181−	21 748−	915−
a_5	260+	1 486−	

January 24

	Apparent Right Ascension	Apparent Declination	Horizontal Parallax
a_0	318·7384 453+	11·4479 436−	0·9054 5173+
a_1	11·4839 427+	4·1529 068+	0·0041 0489−
a_2	2260 033−	2014 192+	6 5258+
a_3	224 693+	307 262−	4793+
a_4	17 317+	8 184+	180+
a_5	1 511−	39−	

January 17

	Apparent Right Ascension	Apparent Declination	Horizontal Parallax
a_0	226·6148 117+	20·2990 992−	0·9570 7554+
a_1	13·8971 976+	2·6343 782+	0·0100 8089−
a_2	998 396+	5736 910+	3 0139+
a_3	187 495−	203 017+	3588+
a_4	47 089−	29 632−	623−
a_5	3 674+	1 345−	

January 25

	Apparent Right Ascension	Apparent Declination	Horizontal Parallax
a_0	330·0204 347+	7·1235 293−	0·9020 4915+
a_1	11·1055 161+	4·4668 200+	0·0026 4874−
a_2	1497 167−	1141 102+	8 0670+
a_3	279 207+	275 210−	5520+
a_4	9 786+	7 881+	31+
a_5	884−	544−	

January 18

	Apparent Right Ascension	Apparent Declination	Horizontal Parallax
a_0	240·5887 580+	22·3425 823−	0·9473 2570+
a_1	14·0236 325+	1·4386 146−	0·0093 9536−
a_2	190 234+	6154 672+	3 7269+
a_3	337 761−	71 761+	1100+
a_4	27 848−	36 726−	298−
a_5	6 104+	89−	

January 26

	Apparent Right Ascension	Apparent Declination	Horizontal Parallax
a_0	341·0050 450+	2·5693 865−	0·9002 6262+
a_1	10·8933 176+	4·6153 573+	0·0008 6849−
a_2	609 663−	357 299+	9 7366+
a_3	309 696+	249 318−	5649+
a_4	5 467+	5 073+	134−
a_5	559−	865−	

January 19

	Apparent Right Ascension	Apparent Declination	Horizontal Parallax
a_0	254·5954 633+	23·1622 350−	0·9383 1104+
a_1	13·9522 627+	0·2008 850−	0·0086 2890−
a_2	928 929−	6148 719+	3 8871+
a_3	388 453−	75 092−	73−
a_4	3 951+	37 095−	7−
a_5	5 497+	1 572+	

January 27

	Apparent Right Ascension	Apparent Declination	Horizontal Parallax
a_0	351·8688 568+	2·0571 897+	0·9004 2294+
a_1	10·8662 011+	4·6136 183+	0·0012 4295+
a_2	346 648+	368 882−	11 3452+
a_3	325 906+	237 776−	5117+
a_4	2 805+	662+	314−
a_5	663−	1 037−	

January 20

	Apparent Right Ascension	Apparent Declination	Horizontal Parallax
a_0	268·4169 325+	22·7593 095−	0·9300 7006+
a_1	13·6542 664+	0·9922 807+	0·0078 5391−
a_2	2015 553−	5716 661+	3 8681+
a_3	319 397−	207 184−	70−
a_4	31 903+	28 800−	210+
a_5	2 417+	2 553+	

January 28

	Apparent Right Ascension	Apparent Declination	Horizontal Parallax
a_0	2·8025 275+	6·6101 047+	0·9028 4844+
a_1	11·0340 925+	4·4682 555+	0·0036 5295+
a_2	1334 583+	1088 628−	12 6856+
a_3	330 138+	245 479−	3871+
a_4	351−	4 647−	517−
a_5	1 274−	1 013−	

January 21

	Apparent Right Ascension	Apparent Declination	Horizontal Parallax
a_0	281·8411 359+	21·2187 059−	0·9226 0436+
a_1	13·1693 029+	2·0632 138+	0·0070 7398−
a_2	2758 243−	4947 890+	3 9767+
a_3	169 372+	296 911−	801+
a_4	43 454+	15 643−	331+
a_5	660−	2 439+	

January 29

	Apparent Right Ascension	Apparent Declination	Horizontal Parallax
a_0	14·0029 296+	10·9443 834+	0·9078 0350+
a_1	11·3992 721+	4·1745 210+	0·0062 8554+
a_2	2310 164+	1863 118−	13 5294+
a_3	315 356+	273 973−	1817+
a_4	6 606−	9 932−	755−
a_5	2 386−	630−	

January 22

	Apparent Right Ascension	Apparent Declination	Horizontal Parallax
a_0	294·7219 565+	18·6917 145−	0·9159 3937+
a_1	12·5838 921+	2·9586 799+	0·0062 4135−
a_2	3012 367−	3987 706+	4 4164+
a_3	3 033−	335 550−	2154+
a_4	39 356+	3 311−	354+
a_5	2 135−	1 631+	

January 30

	Apparent Right Ascension	Apparent Declination	Horizontal Parallax
a_0	25·6638 545+	14·9041 392+	0·9154 5259+
a_1	11·9520 751+	3·7154 192+	0·0090 1574+
a_2	3192 701+	2750 975−	13 6131+
a_3	264 371+	319 403−	1191−
a_4	18 709−	13 410−	1030−
a_5	3 632−	382+	

January 23

	Apparent Right Ascension	Apparent Declination	Horizontal Parallax
a_0	307·0080 307+	15·3679 870−	0·9101 6474+
a_1	11·9951 838+	3·6550 464+	0·0052 7927−
a_2	2806 757−	2977 493+	5 2735+
a_3	133 021+	333 014−	3595+
a_4	28 187+	4 789+	296+
a_5	2 143−	703+	

January 31

	Apparent Right Ascension	Apparent Declination	Horizontal Parallax
a_0	37·9594 027+	18·3112 179+	0·9258 0744+
a_1	12·6606 270+	3·0642 325+	0·0116 6143+
a_2	3837 109+	3785 869−	12 6289+
a_3	153 148+	368 181−	5319−
a_4	37 712−	11 813−	1314−
a_5	3 836−	2 183+	

Formula: Quantity in degrees $= a_0 + a_1 p + a_2 p^2 + a_3 p^3 + a_4 p^4 + a_5 p^5$
where p is the fraction of a day from 0^h TDT.

DAILY POLYNOMIAL COEFFICIENTS

	Apparent Right Ascension	Apparent Declination	Horizontal Parallax		Apparent Right Ascension	Apparent Declination	Horizontal Parallax
	February 1				**February 9**		
a_0	51·0149 006+	20·9590 824+	0·9386 6542+		167·6457 686+	0·1978 471−	1·0175 9200+
a_1	13·4569 934+	2·1929 732+	0·0139 7505+		13·8856 284+	5·9026 767−	0·0059 6616−
a_2	4031 689+	4939 449−	10 2386+		859 120−	463 493−	23 6983−
a_3	34 505−	392 398−	1 0623−		266 438+	671 995+	1 7800+
a_4	58 413−	820−	1518−		3 669+	18 739−	1632+
a_5	1 204−	4 316+			4 033−	1 851−	
	February 2				**February 10**		
a_0	64·8656 507+	22·6192 205+	0·9535 4292+		181·4720 924+	5·9890 341−	1·0094 5032+
a_1	14·2290 192+	1·0891 952+	0·0156 4331+		13·7931 881+	5·6167 998−	0·0101 0656−
a_2	3565 523+	6078 284−	6 1425+		78 153−	2348 579+	17 4242−
a_3	276 953+	351 976−	1 6805−		241 293+	579 133+	2 4269+
a_4	65 320−	21 584+	1479−		16 639−	27 678−	158+
a_5	4 523+	5 329+			3 162−	808−	
	February 3				**February 11**		
a_0	79·4174 472+	23·0680 810+	0·9696 1764+		195·2796 143+	11·3159 112−	0·9978 4559+
a_1	14·8351 768+	0·2207 582−	0·0163 0840+		13·8417 102+	4·9848 187−	0·0128 5712−
a_2	2388 169+	6951 249−	2290+		514 200+	3911 875+	10 0821−
a_3	490 265−	213 276−	2 2895−		143 914+	460 565+	2 4723+
a_4	41 250−	49 407+	991−		32 854−	31 453−	916−
a_5	9 494+	3 727+			1 808−	452−	
	February 4				**February 12**		
a_0	94·4392 390+	22·1361 837+	0·9857 1009+		209·1836 698+	15·8666 764−	0·9842 1833+
a_1	15·1539 778+	1·6533 688−	0·0156 2759+		13·9736 818+	4·0770 813−	0·0141 6860−
a_2	765 197+	7257 296−	7 2014−		730 659+	5100 335+	3 2309+
a_3	560 752−	19 497+	2 7041−		4 225−	330 278+	2 0880+
a_4	8 922+	68 509+	69+		42 388−	33 697−	1416−
a_5	8 728+	33−			537+	402−	
	February 5				**February 13**		
a_0	109·6154 264+	19·7658 825+	1·0003 4784+		223·2258 100+	19·4041 063−	0·9699 2127+
a_1	15·1467 182+	3·0715 960−	0·0133 7882+		14·1018 629+	2·9716 102−	0·0142 4510−
a_2	776 117−	6788 162−	15 2268−		469 018+	5884 942+	2 1819+
a_3	441 001−	291 176+	2 6833−		166 769−	191 680+	1 5096+
a_4	53 504+	67 776+	1546+		39 718−	35 906−	1450−
a_5	2 935+	3 583−			3 418+	57−	
	February 6				**February 14**		
a_0	124·6460 767+	16·0510 071+	1·0119 5112+		237·3542 679+	21·7716 505−	0·9560 3082+
a_1	14·8820 574+	4·3165 586−	0·0095 9039+		14·1314 600+	1·7515 076−	0·0134 1388−
a_2	1748 921−	5543 933−	22 3075−		235 309−	6243 956+	5 8477+
a_3	200 786−	525 519+	2 0500−		290 470−	47 971+	9240+
a_4	67 037+	48 974+	2910+		21 855−	36 343−	1215−
a_5	2 572−	5 173−			5 171+	796+	
	February 7				**February 15**		
a_0	139·3396 099+	11·2369 873+	1·0191 3488+		251·4314 816+	22·8975 202−	0·9432 8196+
a_1	14·4975 636+	5·2506 860−	0·0046 3050+		13·9911 001+	0·5024 634−	0·0120 1575−
a_2	1974 990−	3725 344−	26 6936−		1186 006−	6177 787+	7 9012+
a_3	40 254+	669 872+	8521−		326 570−	88 920−	4366+
a_4	52 785+	22 509+	3491+		4 967+	32 246−	876−
a_5	4 863−	4 824−			4 457+	1 719+	
	February 8				**February 16**		
a_0	153·6484 921+	5·6825 225+	1·0210 4571+		265·2722 665+	22·7941 495−	0·9320 9123+
a_1	14·1333 245+	5·7882 001−	0·0008 2404−		13·6601 401+	0·6943 794+	0·0103 3958−
a_2	1586 250−	1628 940−	27 1715−		2091 315−	5734 779+	8 6961+
a_3	202 748+	712 473+	5783+		263 556−	200 498−	869+
a_4	27 826+	1 817−	2965+		27 548+	23 359−	530−
a_5	4 804−	3 411−			1 924+	2 100+	

Formula: Quantity in degrees $= a_0 + a_1 p + a_2 p^2 + a_3 p^3 + a_4 p^4 + a_5 p^5$

where p is the fraction of a day from 0^h TDT.

DAILY POLYNOMIAL COEFFICIENTS

	Apparent Right Ascension	Apparent Declination	Horizontal Parallax		Apparent Right Ascension	Apparent Declination	Horizontal Parallax
	February 17				**February 25**		
a_0	278.6998 667+	21.5484 680−	0.9226 2465+		11.0621 244+	9.6376 287+	0.9029 2831+
a_1	13.1747 889+	1.7728 916+	0.0085 9548−		11.2667 490+	4.2278 611+	0.0038 8108+
a_2	2697 523+	5014 159+	8 6483+		1782 954+	1708 223−	9 7923+
a_3	135 523+	273 102−	1235−		267 505+	269 735−	3748+
a_4	36 728+	12 638−	224−		6 016−	4 684−	156−
a_5	535−	1 797+			1 585−	352−	
	February 18				**February 26**		
a_0	291.5949 703+	19.3025 548−	0.9148 7942+		22.5331 591+	13.6671 904+	0.9078 2453+
a_1	12.6090 495+	2.6896 355+	0.0069 1180−		11.7003 914+	3.8032 472+	0.0059 4571+
a_2	2889 177−	4137 003+	8 1513+		2533 492+	2549 081−	10 8149+
a_3	5 326+	306 052−	2109−		227 171+	291 687−	3137+
a_4	33 424+	3 608−	24+		14 064−	6 629−	405−
a_5	1 752−	1 139+			2 312−	172+	
	February 19				**February 27**		
a_0	303.9188 020+	16.2300 711−	0.9087 6190+		34.5079 793+	17.1857 151+	0.9148 7907+
a_1	12.0453 054+	3.4243 463+	0.0053 4386−		12.2684 598+	3.2033 607+	0.0081 8664+
a_2	2690 244−	3208 579+	7 5383+		3107 430+	3462 220−	11 5040+
a_3	121 445+	309 463−	1992−		147 716+	315 927−	1533+
a_4	24 264+	2 017+	203+		26 091−	5 955−	701−
a_5	1 817−	497+			2 494−	1 125+	
	February 20				**February 28**		
a_0	315.7094 721+	12.5155 618−	0.9041 5398+		47.0990 950+	20.0107 781+	0.9242 2442+
a_1	11.5524 876+	3.9742 778+	0.0038 8781−		12.9225 783+	2.4143 206+	0.0105 0539+
a_2	2198 527−	2297 241+	7 0660+		3368 953+	4434 485−	11 5327+
a_3	200 583+	296 701−	1155−		19 180+	327 794−	1263−
a_4	15 027+	4 401+	310+		39 407−	366−	1038−
a_5	1 346−	35+			1 192−	2 351+	
	February 21				**March 1**		
a_0	327.0635 335+	8.3407 865−	0.9009 6433+		60.3564 268+	21.9490 693+	0.9358 6006+
a_1	11.1782 959+	4.3464 932+	0.0024 9683−		13.5857 678+	1.4301 155+	0.0127 3250+
a_2	1520 080−	1433 878+	6 9067+		3178 021+	5396 512−	10 5205+
a_3	247 515+	278 919−	109+		148 556−	305 235−	5428−
a_4	8 291+	4 497+	342+		46 068−	11 675+	1374−
a_5	847−	256−			1 979+	3 267+	
	February 22				**March 2**		
a_0	338.1153 174+	3.8783 733−	0.8991 6268+		74.2407 321+	22.8105 043+	0.9495 7660+
a_1	10.9514 280+	4.5512 636+	0.0010 9853−		14.1593 713+	0.2655 458+	0.0146 1880+
a_2	736 255−	621 531+	7 1434+		2475 774+	6209 419−	8 0611+
a_3	272 374+	263 597−	1499+		311 061−	225 962−	1 0981−
a_4	4 114+	3 162+	303+		35 819−	28 554+	1604−
a_5	559−	435−			5 514+	3 114+	
	February 23				**March 3**		
a_0	349.0207 128+	0.7089 563+	0.8987 9651+		88.6135 443+	22.4356 788+	0.9648 7566+
a_1	10.8872 552+	4.5975 376+	0.0003 8725+		14.5496 386+	1.0311 496−	0.0158 3736+
a_2	99 962+	154 655−	7 7717+		1383 014+	6684 781−	3 8066+
a_3	283 225+	255 366−	2729+		398 622−	81 403−	1 7527−
a_4	1 393+	930+	201+		6 822−	44 541+	1543−
a_5	576−	539−			6 554+	1 717−	
	February 24				**March 4**		
a_0	359.9463 685+	5.2655 308+	0.8999 9023+		103.2615 954+	20.7325 366+	0.9809 0298+
a_1	10.9924 838+	4.4900 990+	0.0020 3151+		14.7072 003+	2.3738 541−	0.0160 1104+
a_2	952 234+	920 583−	8 7062+		211 910+	6644 570−	2 3589−
a_3	282 826+	257 041−	3549+		361 780−	112 822+	2 3897−
a_4	1 408−	1 844−	46+		27 077+	53 155+	963−
a_5	931−	543−			4 028+	215−	

Formula: Quantity in degrees $= a_0 + a_1 p + a_2 p^2 + a_3 p^3 + a_4 p^4 + a_5 p^5$

where p is the fraction of a day from 0^h TDT.

DAILY POLYNOMIAL COEFFICIENTS

	Apparent Right Ascension	Apparent Declination	Horizontal Parallax	Apparent Right Ascension	Apparent Declination	Horizontal Parallax
	March 5			**March 13**		
a_0	117·9569 191+	17·7108 017+	0·9964 2954+	232·8983 257+	20·8892 978−	0·9760 6652+
a_1	14·6538 885+	3·6477 687+	0·0147 8373+	14·5999 156+	2·2033 304−	0·0162 0927−
a_2	670 712+	5989 344+	10 0679−	389 280−	6588 954+	4938−
a_3	215 452−	322 321+	2 7943−	352 058−	79 747+	2 2332+
a_4	47 111+	51 907+	254+	20 911−	50 278−	1598−
a_5	19+	1 880−		6 249+	1 917+	
	March 6			**March 14**		
a_0	132·5269 043+	13·5013 335+	1·0099 2961+	247·4226 413+	22·4305 943−	0·9600 1522+
a_1	14·4739 612+	4·7291 198−	0·0119 4201+	14·4112 008+	0·8807 674−	0·0157 0203−
a_2	1034 332−	4729 760−	18 2480−	1508 262−	6545 752+	5 2479+
a_3	28 515+	510 443+	2 6980−	373 973−	101 558−	1 5830+
a_4	46 420+	42 353+	1890+	11 564+	40 280−	1565−
a_5	2 942−	3 071−		4 875+	3 038+	
	March 7			**March 15**		
a_0	146·8989 286+	8·3542 101+	1·0197 9594+	261·6472 626+	22·6706 666−	0·9449 8063+
a_1	14·2756 356+	5·5065 344−	0·0075 5874+	14·0044 158+	0·3833 223+	0·0142 4017−
a_2	870 885−	2975 049−	25 1645−	2512 033−	6029 841+	9 0663+
a_3	126 985+	648 701+	1 9220−	280 866−	232 311−	9527−
a_4	31 062+	26 829+	3310+	36 119+	24 616−	1295−
a_5	4 216−	3 828−		1 500+	3 007+	
	March 8			**March 16**		
a_0	161·1028 588+	2·6173 410+	1·0246 7913+	275·3761 504+	21·7097 522−	0·9317 2941+
a_1	14·1498 707+	5·8981 167−	0·0020 8184+	13·4329 442+	1·5112 530+	0·0121 9290−
a_2	345 782−	906 286−	28 9304−	3123 021−	5215 309+	11 1579+
a_3	208 932+	717 625+	5588−	122 988−	301 230−	4342+
a_4	9 619+	7 449+	3776+	42 921+	9 363−	956−
a_5	4 433−	4 020−		1 296−	2 078+	
	March 9			**March 17**		
a_0	175·2395 632+	3·2992 989−	1·0238 4980+	288·4886 562+	19·7078 199−	0·9206 8617+
a_1	14·1450 259+	5·8631 162−	0·0037 2067−	12·7879 627+	2·4612 379+	0·0098 6928−
a_2	294 338+	1251 057+	28 3646−	3247 541−	4276 205+	11 8972+
a_3	203 355+	707 481+	9874+	35 105+	318 554−	532+
a_4	12 917−	12 864−	3016+	35 681+	966+	632−
a_5	3 980−	3 567−		2 353−	944+	
	March 10			**March 18**		
a_0	189·4326 687+	8·9682 044−	1·0174 2157+	300·9587 081+	16·8506 259−	0·9120 0561+
a_1	14·2577 449+	5·4075 885−	0·0089 7664−	12·1620 821+	3·2217 700+	0·0074 9914−
a_2	786 992+	3260 634+	23 6400−	2951 739−	3335 749+	11 6864+
a_3	112 779+	620 890+	2 2070+	154 414+	305 746−	1980−
a_4	33 463−	30 814−	1466+	23 514+	5 508+	352−
a_5	2 467−	2 647−		2 120−	91+	
	March 11			**March 19**		
a_0	203·7767 978+	13·9909 866−	1·0063 1629+	312·8431 971+	13·3252 957−	0·9056 5179+
a_1	14·4343 619+	4·5828 424−	0·0129 8393−	11·6264 048+	3·7994 443+	0·0052 3535−
a_2	899 774+	4911 937+	16 1875−	2368 637−	2452 444+	10 8882+
a_3	43 988−	471 893+	2 7833+	227 653+	283 073−	3375−
a_4	46 470−	44 159−	109+	12 816+	5 798+	121−
a_5	576+	1 407−		1 442−	368−	
	March 12			**March 20**		
a_0	218·2921 488+	18·0400 026−	0·9919 9083+	324·2566 408+	9·3083 714−	0·9014 7031+
a_1	14·5828 245+	3·4772 522−	0·0153 9092−	11·2253 794+	4·2071 458+	0·0031 6377−
a_2	494 753+	6048 579+	7 9361−	1623 204−	1634 307+	9 8092+
a_3	222 008−	282 119+	2 7190+	264 837−	263 663−	3844−
a_4	43 509−	51 318−	1168−	5 642+	3 840+	67+
a_5	4 289+	191+		856−	530−	

Formula: Quantity in degrees $= a_0 + a_1 p + a_2 p^2 + a_3 p^3 + a_4 p^4 + a_5 p^5$

where p is the fraction of a day from 0^h TDT.

MOON, 1993

DAILY POLYNOMIAL COEFFICIENTS

March 21

	Apparent Right Ascension	Apparent Declination	Horizontal Parallax
	°	°	°
a_0	335·3466 621+	4·9638 302−	0·8992 4969+
a_1	10·9820 186+	4·4561 794+	0·0013 1456+
a_2	803 400−	861 045+	8 7007+
a_3	279 023+	253 594−	3561−
a_4	1 432+	1 117+	209+
a_5	560−	518−	

March 22

	Apparent Right Ascension	Apparent Declination	Horizontal Parallax
a_0	346·2763 302+	0·4468 457+	0·8987 7168+
a_1	10·9053 383+	4·5524 982+	0·0003 2713+
a_2	36 663+	101 774+	7 7608+
a_3	279 147+	254 242−	2705−
a_4	1 298−	1 528−	300+
a_5	585−	412−	

March 23

	Apparent Right Ascension	Apparent Declination	Horizontal Parallax
a_0	357·2130 613+	4·0902 116+	0·8998 5084+
a_1	10·9956 030+	4·4957 632+	0·0018 1013+
a_2	860 465+	674 256−	7 1298+
a_3	267 932+	264 364−	1486−
a_4	4 173−	3 650−	327+
a_5	902−	226−	

March 24

	Apparent Right Ascension	Apparent Declination	Horizontal Parallax
a_0	8·3209 964+	8·4917 253−	0·9023 6236+
a_1	11·2459 548+	4·2800 304+	0·0032 0463+
a_2	1630 194+	1491 519−	6 8792+
a_3	241 936+	281 036−	152−
a_4	8 694−	4 861−	284+
a_5	1 414−	82+	

March 25

	Apparent Right Ascension	Apparent Declination	Horizontal Parallax
a_0	19·7531 536+	12·5940 223+	0·9062 5623+
a_1	11·6403 895+	3·8955 130+	0·0045 8728+
a_2	2289 665+	2362 990−	7 0004+
a_3	192 778+	299 371−	1009+
a_4	15 937−	4 551−	166+
a_5	1 854−	574+	

March 26

	Apparent Right Ascension	Apparent Declination	Horizontal Parallax
a_0	31·6400 083+	16·2229 015+	0·9115 5529+
a_1	12·1488 545+	3·3315 710+	0·0060 2427+
a_2	2753 767+	3282 683−	7 3965+
a_3	110 602+	311 450−	1695−
a_4	25 647−	1 751+	26−
a_5	1 696−	1 245+	

March 27

	Apparent Right Ascension	Apparent Declination	Horizontal Parallax
a_0	44·0725 655+	19·1950 086+	0·9183 3590+
a_1	12·7216 836+	2·5815 222+	0·0075 5340+
a_2	2914 634+	4215 082−	7 8814+
a_3	8 141−	305 631−	1611+
a_4	34 761−	4 534+	285−
a_5	338−	1 904+	

March 28

	Apparent Right Ascension	Apparent Declination	Horizontal Parallax
a_0	57·0813 884+	21·3251 032+	0·9266 9069+
a_1	13·2880 974+	1·6495 819+	0·0091 6661+
a_2	2678 197+	5085 704−	8 1839+
a_3	149 112−	268 322−	485+
a_4	36 835−	14 296+	598−
a_5	2 206+	2 158+	

March 29

	Apparent Right Ascension	Apparent Declination	Horizontal Parallax
a_0	70·6189 315+	22·4409 279+	0·9366 7455+
a_1	13·7653 752+	0·5587 414+	0·0107 9399+
a_2	2031 962+	5783 269−	7 9597+
a_3	273 029−	189 819−	1907−
a_4	25 414−	25 385+	939−
a_5	4 629+	1 699+	

March 30

	Apparent Right Ascension	Apparent Declination	Horizontal Parallax
a_0	84·5581 215+	22·4050 689+	0·9482 3606+
a_1	14·0820 082+	0·6438 555−	0·0122 9116+
a_2	1106 811+	6183 408−	6 8149+
a_3	328 156−	71 841−	5687−
a_4	1 274−	33 982+	1245−
a_5	5 068+	719+	

March 31

	Apparent Right Ascension	Apparent Declination	Horizontal Parallax
a_0	98·7183 745+	21·1391 586+	0·9611 3939+
a_1	14·2069 455+	1·8881 381−	0·0134 3369+
a_2	165 464+	6187 869−	4 3569+
a_3	283 687−	70 777+	1 0740−
a_4	24 768+	37 421+	1404−
a_5	3 093+	157−	

April 1

	Apparent Right Ascension	Apparent Declination	Horizontal Parallax
a_0	112·9162 839+	18·6430 377+	0·9748 8732+
a_1	14·1663 828+	3·0895 894−	0·0139 2661+
a_2	506 077−	5752 604−	2974−
a_3	155 337−	218 657+	1 6491−
a_4	40 146+	36 460+	1245−
a_5	182+	546−	

April 2

	Apparent Right Ascension	Apparent Declination	Horizontal Parallax
a_0	127·0205 581+	15·0036 450+	0·9886 6632+
a_1	14·0347 131+	4·1602 021−	0·0134 4147+
a_2	729 475−	4883 320−	5 3764−
a_3	5 754+	358 932+	2 1647−
a_4	40 549+	33 775+	594−
a_5	2 073−	708−	

April 3

	Apparent Right Ascension	Apparent Declination	Horizontal Parallax
a_0	140·9867 467+	10·3943 108+	1·0013 4775+
a_1	13·9057 258+	5·0160 311−	0·0116 9293+
a_2	489 720−	3610 913−	12 1909−
a_3	146 462+	486 662+	2 4169−
a_4	29 785+	30 487+	578+
a_5	3 332−	1 198−	

April 4

	Apparent Right Ascension	Apparent Declination	Horizontal Parallax
a_0	154·8607 921+	5·0687 835+	1·0115 8569+
a_1	13·8619 678+	5·5806 207−	0·0085 5280+
a_2	95 023+	1979 947−	19 0513−
a_3	231 834+	596 007+	2 1855−
a_4	12 950+	24 746+	1996+
a_5	4 093−	2 273−	

April 5

	Apparent Right Ascension	Apparent Declination	Horizontal Parallax
a_0	168·7563 312+	0·6479 838−	1·0180 3477+
a_1	13·9536 554+	5·7890 474−	0·0041 6684+
a_2	827 252+	66 167−	24 3772−
a_3	242 434+	671 478+	1 3659−
a_4	7 746−	13 414+	3080+
a_5	4 603−	3 645−	

Formula: Quantity in degrees $= a_0 + a_1 p + a_2 p^2 + a_3 p^3 + a_4 p^4 + a_5 p^5$

where p is the fraction of a day from 0^h TDT.

DAILY POLYNOMIAL COEFFICIENTS

April 6

	Apparent Right Ascension	Apparent Declination	Horizontal Parallax
a_0	182·8157 203+	6·3755 232−	1·0196 5811+
a_1	14·1864 366+	5·5972 954−	0·0009 9498−
a_2	1461 928+	1992 262+	26 6212−
a_3	165 717+	688 117+	999−
a_4	31 487−	5 098−	3268+
a_5	4 165−	4 644−	

April 7

	Apparent Right Ascension	Apparent Declination	Horizontal Parallax
a_0	197·1613 562+	11·7057 549−	1·0160 2369+
a_1	14·5138 632+	4·9967 687−	0·0062 1832−
a_2	1728 314+	3979 504+	24 9848−
a_3	254−	621 399+	1 2352+
a_4	53 562−	28 918−	2452+
a_5	1 401−	4 480−	

April 8

	Apparent Right Ascension	Apparent Declination	Horizontal Parallax
a_0	211·8425 291+	16·2457 732−	1·0074 5492+
a_1	14·8373 305+	4·0282 532−	0·0107 4659−
a_2	1392 063+	5625 291+	19 8502−
a_3	225 539−	462 040+	2 2240+
a_4	61 266+	52 048−	1068+
a_5	3 814+	2 562−	

April 9

	Apparent Right Ascension	Apparent Declination	Horizontal Parallax
a_0	226·7907 669+	19·6707 544−	0·9949 5638+
a_1	15·0254 870+	2·7866 796−	0·0140 0676−
a_2	386 159+	6673 459+	12 5781−
a_3	429 959+	230 125+	2 6408+
a_4	40 974−	65 166−	256−
a_5	8 288+	779+	

April 10

	Apparent Right Ascension	Apparent Declination	Horizontal Parallax
a_0	241·8086 053+	21·7735 143−	0·9799 5333+
a_1	14·9614 851+	1·4086 239−	0·0157 4046−
a_2	1066 365−	6980 710+	4 8361−
a_3	511 160−	21 029−	2 5207+
a_4	2 747+	60 696−	1118−
a_5	7 934+	3 819+	

April 11

	Apparent Right Ascension	Apparent Declination	Horizontal Parallax
a_0	256·6134 060+	22·4918 579−	0·9639 7015+
a_1	14·5999 247+	0·0411 588−	0·0159 9625−
a_2	2503 905−	6591 777+	2 0447+
a_3	423 453−	225 066−	2 0586+
a_4	43 302+	40 591−	1455−
a_5	3 216+	4 775+	

April 12

	Apparent Right Ascension	Apparent Declination	Horizontal Parallax
a_0	270·9252 466+	21·8999 271−	0·9483 6968+
a_1	13·9910 312+	1·1958 271+	0·0150 2797−
a_2	3482 436−	5720 877+	7 3484+
a_3	220 760−	340 302−	1 4678+
a_4	58 459+	16 105−	1419−
a_5	1 481−	3 633+	

April 13

	Apparent Right Ascension	Apparent Declination	Horizontal Parallax
a_0	284·5516 560+	20·1672 897−	0·9342 0913+
a_1	13·2509 566+	2·2332 843+	0·0131 7475−
a_2	3808 968−	4639 668+	10 9070+
a_3	2 899−	369 469+	8968+
a_4	49 795−	2 061+	1197−
a_5	3 432−	1 741+	

April 14

	Apparent Right Ascension	Apparent Declination	Horizontal Parallax
a_0	297·4260 622+	17·5066 053−	0·9222 0279+
a_1	12·5064 957+	3·0520 701+	0·0107 7220−
a_2	3553 319−	3560 990+	12 8874+
a_3	162 100+	344 697−	4177−
a_4	31 973+	10 483+	926−
a_5	3 130−	220+	

April 15

	Apparent Right Ascension	Apparent Declination	Horizontal Parallax
a_0	309·5963 203+	14·1318 357−	0·9127 5185+
a_1	11·8556 874+	3·6651 612+	0·0081 0643−
a_2	2906 506−	2591 955+	13 5929+
a_3	259 303+	301 057−	484+
a_4	16 196+	11 305+	672−
a_5	2 054−	622−	

April 16

	Apparent Right Ascension	Apparent Declination	Horizontal Parallax
a_0	321·1887 016+	10·2365 163−	0·9060 0283+
a_1	11·3576 297+	4·0974 460+	0·0054 0020−
a_2	2051 953−	1750 369+	13 3416+
a_3	304 087+	262 239−	2193−
a_4	6 023+	8 012+	456−
a_5	1 128−	937−	

April 17

	Apparent Right Ascension	Apparent Declination	Horizontal Parallax
a_0	332·3720 342+	5·9895 498−	0·9019 1031+
a_1	11·0403 110+	4·3715 844+	0·0028 1589−
a_2	1114 821−	1002 333+	12 4160+
a_3	317 188+	239 567−	4008−
a_4	516+	3 213+	271−
a_5	643−	944−	

April 18

	Apparent Right Ascension	Apparent Declination	Horizontal Parallax
a_0	343·3325 693+	1·5414 620−	0·9002 9323+
a_1	10·9123 885+	4·5009 942+	0·0004 6378−
a_2	166 576−	293 454+	11 0561+
a_3	312 856+	236 052−	5087−
a_4	2 584−	1 591−	106−
a_5	608−	772−	

April 19

	Apparent Right Ascension	Apparent Declination	Horizontal Parallax
a_0	354·2592 668+	2·9650 362+	0·9008 8313+
a_1	10·9715 924+	4·4878 473+	0·0015 9061+
a_2	750 415+	431 984−	9 4713+
a_3	296 249+	249 941−	5506−
a_4	5 543−	5 538−	46+
a_5	957−	448−	

April 20

	Apparent Right Ascension	Apparent Declination	Horizontal Parallax
a_0	5·3348 756+	7·3840 924+	0·9033 6627+
a_1	11·2078 538+	4·3240 299+	0·0033 2152+
a_2	1596 326+	1219 528−	7 8512+
a_3	264 167+	276 267−	5314−
a_4	10 323−	7 883−	179+
a_5	1 557−	66+	

April 21

	Apparent Right Ascension	Apparent Declination	Horizontal Parallax
a_0	16·7275 908+	11·5577 612+	0·9074 2155+
a_1	11·6014 614+	3·9941 250+	0·0047 3949+
a_2	2311 291+	2094 985−	6 3672+
a_3	207 017+	306 710−	4584−
a_4	18 298−	7 664−	276+
a_5	2 081−	808+	

Formula: Quantity in degrees $= a_0 + a_1 p + a_2 p^2 + a_3 p^3 + a_4 p^4 + a_5 p^5$
where p is the fraction of a day from 0^h TDT.

DAILY POLYNOMIAL COEFFICIENTS

April 22

	Apparent Right Ascension	Apparent Declination	Horizontal Parallax
a_0	28·5788 451+	15·3110 311+	0·9127 5469+
a_1	12·1174 653+	3·4804 546+	0·0058 8648+
a_2	2801 658+	3053 024−	5 1591+
a_3	113 140+	328 774−	3455−
a_4	29 223−	3 660−	314+
a_5	1 892−	1 702+	

April 23

	Apparent Right Ascension	Apparent Declination	Horizontal Parallax
a_0	40·9846 787+	18·4531 102+	0·9191 2567+
a_1	12·6991 056+	2·7706 055+	0·0068 2723+
a_2	2946 705+	4044 263−	4 3098+
a_3	21 712−	325 991−	2169−
a_4	39 430−	5 010+	270+
a_5	263−	2 417+	

April 24

	Apparent Right Ascension	Apparent Declination	Horizontal Parallax
a_0	53·9723 143+	20·7874 330+	0·9263 6489+
a_1	13·2660 328+	1·8671 684+	0·0076 3496+
a_2	2642 292+	4967 945−	3 8171+
a_3	180 355−	281 788−	1057−
a_4	41 141−	17 488+	133+
a_5	2 728+	2 411+	

April 25

	Apparent Right Ascension	Apparent Declination	Horizontal Parallax
a_0	67·4806 995+	22·1316 180+	0·9343 7232+
a_1	13·7252 951+	0·7972 426+	0·0083 7201+
a_2	1881 727+	5684 214−	3 5729+
a_3	316 150−	188 311−	500−
a_4	26 938−	29 927+	92−
a_5	5 405+	1 386+	

April 26

	Apparent Right Ascension	Apparent Declination	Horizontal Parallax
a_0	81·3603 991+	22·3447 395+	0·9430 9569+
a_1	13·9987 233+	0·3834 315−	0·0090 6790+
a_2	825 865+	6055 724−	3 3585+
a_3	369 748−	55 632−	857−
a_4	1 284+	36 876+	379−
a_5	5 593+	178−	

April 27

	Apparent Right Ascension	Apparent Declination	Horizontal Parallax
a_0	95·4054 217+	21·3538 423+	0·9524 8709+
a_1	14·0562 792+	1·5966 054−	0·0096 9875+
a_2	219 652−	6003 190−	2 8651+
a_3	310 071−	89 472+	2379−
a_4	29 948+	35 624+	676−
a_5	3 101+	1 273−	

April 28

	Apparent Right Ascension	Apparent Declination	Horizontal Parallax
a_0	109·4120 335+	19·1693 003+	0·9624 4179+
a_1	13·9328 536+	2·7567 886−	0·0101 7334+
a_2	939 215−	5533 812−	1 7387+
a_3	161 069−	219 188+	5120−
a_4	45 186+	28 867+	907−
a_5	73−	1 345−	

April 29

	Apparent Right Ascension	Apparent Declination	Horizontal Parallax
a_0	123·2393 700+	15·8838 015+	0·9727 2873+
a_1	13·7147 256+	3·7869 195−	0·0103 3115+
a_2	1152 138−	4716 510−	3434−
a_3	17 733+	321 551+	8824−
a_4	44 166+	22 022+	967−
a_5	2 157−	720−	

April 30

	Apparent Right Ascension	Apparent Declination	Horizontal Parallax
a_0	136·8448 560+	11·6595 164+	0·9829 2763+
a_1	13·5062 047+	4·6253 068−	0·0099 5902+
a_2	855 585−	3626 896−	3 5633−
a_3	172 297+	402 765+	1 2800−
a_4	32 962+	18 604+	736−
a_5	3 018−	138−	

May 1

	Apparent Right Ascension	Apparent Declination	Horizontal Parallax
a_0	150·2857 263+	6·7136 431+	0·9923 9496+
a_1	13·3984 523+	5·2224 840−	0·0088 3285+
a_2	171 116−	2308 298−	7 8265−
a_3	273 676+	475 765+	1 5863−
a_4	17 820+	18 283+	142−
a_5	3 476−	199−	

May 2

	Apparent Right Ascension	Apparent Declination	Horizontal Parallax
a_0	163·6958 691+	1·3097 141+	1·0002 8513+
a_1	13·4517 213+	5·5342 018−	0·0067 8595+
a_2	722 074+	773 235−	12 6428−
a_3	309 781+	546 345+	1 6499−
a_4	512+	17 692+	756+
a_5	4 185−	1 172−	

May 3

	Apparent Right Ascension	Apparent Declination	Horizontal Parallax
a_0	177·2504 085+	4·2455 248−	1·0056 4937+
a_1	13·6871 819+	5·5184 566−	0·0037 9267+
a_2	1612 587+	960 274+	17 1101−
a_3	269 591+	604 393+	1 3432−
a_4	20 689−	12 090+	1701+
a_5	4 910−	2 922−	

May 4

	Apparent Right Ascension	Apparent Declination	Horizontal Parallax
a_0	191·1232 483+	9·6065 978−	1·0076 1372+
a_1	14·0798 469+	5·1417 111−	0·0000 3582+
a_2	2247 950+	2816 746+	20 1005−
a_3	138 229+	622 500+	6459−
a_4	46 352−	2 702−	2309+
a_5	4 166−	4 744−	

May 5

	Apparent Right Ascension	Apparent Declination	Horizontal Parallax
a_0	205·4366 613+	14·4051 289−	1·0055 9800+
a_1	14·5502 869+	4·3950 651−	0·0040 8555−
a_2	2342 622+	4620 476+	20 6534−
a_3	86 420−	564 008+	3000+
a_4	68 830−	27 280−	2285+
a_5	11−	5 241−	

May 6

	Apparent Right Ascension	Apparent Declination	Horizontal Parallax
a_0	220·2056 842+	18·2849 977+	0·9994 9996+
a_1	14·9653 553+	3·3152 976−	0·0080 3474−
a_2	1670 214+	6096 237+	18 4021−
a_3	358 058−	403 753+	1 2305+
a_4	69 217−	54 679−	1638+
a_5	6 784+	3 046−	

May 7

	Apparent Right Ascension	Apparent Declination	Horizontal Parallax
a_0	235·2960 119+	20·9560 688+	0·9897 6443+
a_1	15·1676 906+	1·9983 139−	0·0112 8048−
a_2	248 909+	6948 910+	13 7577−
a_3	564 864−	157 045+	1 8894+
a_4	32 944−	70 296+	671+
a_5	10 831+	1 318+	

Formula: Quantity in degrees $= a_0 + a_1 p + a_2 p^2 + a_3 p^3 + a_4 p^4 + a_5 p^5$
where p is the fraction of a day from 0^h TDT.

DAILY POLYNOMIAL COEFFICIENTS

	Apparent Right Ascension	Apparent Declination	Horizontal Parallax		Apparent Right Ascension	Apparent Declination	Horizontal Parallax
	May 8				**May 16**		
a_0	250·4298 957+	22·2506 850−	0·9773 0383+		350·9504 499+	1·7251 976+	0·9025 7471+
a_1	15·0402 477+	0·5888 738−	0·0134 3840−		10·9418 162+	4·4889 105+	0·0002 4363+
a_2	1534 667+	7011 588+	7 7149−		381 217+	267 249−	13 1345+
a_3	589 938+	108 918−	2 1507+		338 472+	227 229−	4277−
a_4	23 881+	62 727+	234−		4 174−	3 530−	449−
a_5	7 893+	4 930+			856−	960−	
	May 9				**May 17**		
a_0	265·2608 603+	22·1550 716−	0·9633 0666+		1·9637 321+	6·1642 113+	0·9040 8453+
a_1	14·5698 243+	0·7581 428+	0·0143 4560−		11·1175 031+	4·3654 003+	0·0027 2425+
a_2	3082 259−	6357 955+	1 4223−		1363 038+	979 744−	11 5855+
a_3	419 213−	310 182−	2 0456+		312 836+	250 669−	6080−
a_4	63 435+	36 760−	839−		8 368−	8 473−	332−
a_5	1 200+	5 485+			1 532−	483−	
	May 10				**May 18**		
a_0	279·4870 009+	20·7952 790−	0·9490 1500+		13·2478 326+	10·4056 748+	0·9079 0321+
a_1	13·8535 775+	1·9247 157+	0·0140 4998−		11·4798 472+	4·0906 213+	0·0048 4568+
a_2	3947 531−	5261 781+	4 2028+		2235 994+	1787 448−	9 5669+
a_3	156 124−	403 394−	1 7002+		263 567+	288 905−	7417−
a_4	67 791+	8 777−	1103−		16 111−	11 072−	190−
a_5	3 395−	3 631+			2 382−	346+	
	May 11				**May 19**		
a_0	292·9366 526+	18·3852 391−	0·9355 4429+		24·9757 865+	14·2875 882+	0·9136 2950+
a_1	13·0426 520+	2·8543 561+	0·0127 4351−		11·9984 801+	3·6422 057+	0·0065 2890+
a_2	4043 310−	4035 228+	8 6411+		2906 130+	2717 159−	7 2327+
a_3	80 516+	403 494−	1 2530+		175 124+	329 030−	8188−
a_4	49 490+	9 212+	1116−		28 482−	9 489−	18−
a_5	4 277−	1 342+			2 736−	1 561+	
	May 12				**May 20**		
a_0	305·5875 466+	15·1666 543+	0·9237 7903+		37·2792 702+	17·6243 823+	0·9207 9961+
a_1	12·2758 036+	3·5447 074+	0·0106 8404−		12·6194 840+	2·9970 516+	0·0077 2908+
a_2	3547 667+	2893 380+	11 7342+		3233 106+	3745 558−	4 7712+
a_3	236 310+	354 146−	8042+		34 567+	350 637−	8262−
a_4	27 661+	15 541+	996−		43 085−	1 602−	171+
a_5	3 164−	237−			1 515−	2 857+	
	May 13				**May 21**		
a_0	317·5346 643+	11·3664 931−	0·9143 3888+		50·2210 614+	20·2119 398+	0·9289 2491+
a_1	11·6466 474+	4·0232 368+	0·0081 3578−		13·2584 876+	2·1435 373+	0·0084 4234+
a_2	2704 409−	1921 776+	13 5540+		3063 016+	4778 440−	2 4008+
a_3	316 098+	294 801−	4054+		150 984−	328 159−	7562−
a_4	11 896+	14 059+	837−		51 507−	13 167+	341+
a_5	1 796−	1 002−			1 879+	3 440+	
	May 14				**May 22**		
a_0	328·9434 906+	7·1792 532+	0·9075 9068+		63·7657 894+	21·8464 780+	0·9375 3513+
a_1	11·2044 565+	4·3242 738+	0·0053 3683−		13·8061 366+	1·0963 876+	0·0087 0931+
a_2	1702 681−	1111 676+	14 2726+		2319 841+	5649 410−	3400+
a_3	346 240+	248 731−	712+		335 960+	241 642−	6167−
a_4	3 100+	8 872+	688−		41 827−	31 060+	441+
a_5	906−	1 241−			5 930+	2 487+	
	May 15				**May 23**		
a_0	340·0125 223+	2·7679 217+	0·9036 8135+		77·7667 245+	22·3571 152+	0·9462 2117+
a_1	10·9685 794+	4·4749 180+	0·0024 8845−		14·1555 525+	0·0923 219−	0·0086 0995+
a_2	654 405−	406 283+	14 0775+		1120 514+	6163 060−	1 2461−
a_3	349 754+	225 630−	2032−		443 166−	93 820−	4363−
a_4	1 254−	2 559+	562−		10 608−	43 797+	427+
a_5	613−	1 197−			7 362+	207+	

Formula: Quantity in degrees $= a_0 + a_1 p + a_2 p^2 + a_3 p^3 + a_4 p^4 + a_5 p^5$

where p is the fraction of a day from 0^h TDT.

DAILY POLYNOMIAL COEFFICIENTS

	Apparent Right Ascension	Apparent Declination	Horizontal Parallax		Apparent Right Ascension	Apparent Declination	Horizontal Parallax
	May 24				**June 1**		
a_0	91·9896 872+	21·6435 056+	0·9546 6715+		200·5177 500+	12·9025 319−	0·9934 0446+
a_1	14·2461 405+	1·3354 600−	0·0082 4694+		13·9875 629+	4·5418 618−	0·0012 9214−
a_2	198 830−	6179 721−	2 3033−		2476 272+	3737 453+	12 5332−
a_3	413 394−	82 229+	2617−		82 516+	530 122+	5218−
a_4	27 513+	44 436+	284+		55 817−	7 657−	1066+
a_5	4 793+	1 931−			3 093−	4 280−	
	May 25				**June 2**		
a_0	106·1778 359+	19·7025 468+	0·9626 6043+		214·7553 006+	17·0188 299−	0·9908 1749+
a_1	14·0957 534+	2·5299 278−	0·0077 1916+		14·4837 044+	3·6405 377−	0·0039 1261−
a_2	1226 030−	5685 828−	2 9252−		2357 760+	5238 945+	13 4499−
a_3	257 789−	240 245+	1457−		168 713−	456 521+	857−
a_4	51 351+	34 112+	43+		72 767−	29 985−	1356+
a_5	580+	2 633−			2 088+	4 651−	
	May 26				**June 3**		
a_0	120·1304 005+	16·6312 086+	0·9700 7292+		229·4508 417+	20·0932 847−	0·9855 6488+
a_1	13·7940 378+	3·5826 910−	0·0070 9212+		14·8765 866+	2·4701 091−	0·0065 7398−
a_2	1685 635−	4786 804−	3 3450−		1435 956+	6381 925+	12 8946−
a_3	48 270−	350 736+	1290−		435 279−	291 458+	4683+
a_4	53 317+	20 566+	230−		61 832−	54 402−	1310+
a_5	2 331−	1 948−			8 607+	2 246−	
	May 27				**June 4**		
a_0	133·7561 463+	12·6067 726+	0·9768 1533+		244·4221 735+	21·9017 201−	0·9777 6136+
a_1	13·4625 897+	4·4275 773−	0·0063 7519+		15·0127 670+	1·1291 653−	0·0089 6000−
a_2	1533 968−	3630 675−	3 8766−		154 411−	6907 410+	10 7152−
a_3	141 102+	414 174+	2246−		595 454−	53 780+	1 0004+
a_4	40 956+	10 849+	443−		15 981−	65 800−	947+
a_5	3 282−	787−			10 588+	1 993+	
	May 28				**June 5**		
a_0	147·0832 168+	7·8585 515+	0·9827 7597+		259·3594 147+	22·3411 471−	0·9678 3934+
a_1	13·2128 680+	5·0255 130−	0·0055 1474+		14·8021 450+	0·2431 304+	0·0107 6505−
a_2	897 783−	2330 886−	4 8180−		1930 502−	6694 033+	7 1625−
a_3	272 060+	450 166+	4080−		556 084−	187 784+	1 3815+
a_4	24 364+	7 189+	504−		38 962+	54 745−	415+
a_5	3 309−	34+			5 912+	5 002+	
	May 29				**June 6**		
a_0	160·2356 179+	2·6456 887+	0·9877 6308+		273·9173 886+	21·4523 661−	0·9565 0033+
a_1	13·1230 199+	5·3537 478−	0·0044 0857+		14·2677 534+	1·5062 050+	0·0117 6653−
a_2	31 496+	936 854−	6 3391−		3305 962−	5852 401+	2 7853−
a_3	336 300+	479 288+	6169−		344 760−	356 699−	1 5445+
a_4	7 954+	7 745+	347−		67 851+	28 570−	105−
a_5	3 504−	88+			540−	5 013+	
	May 30				**June 7**		
a_0	173·3958 624+	2·7530 324−	0·9914 7259+		287·8268 009+	19·3989 466−	0·9446 0867+
a_1	13·2316 378+	5·3941 912−	0·0029 4179+		13·5299 997+	2·5607 519+	0·0118 6447−
a_2	1053 081+	548 426+	8 3859−		3938 789−	4661 070+	1 7733+
a_3	332 681+	510 643+	7620−		80 745−	421 933−	1 4970+
a_4	9 480−	8 595+	35+		63 463+	3 128−	489−
a_5	4 209−	786−			3 917−	3 064+	
	May 31				**June 8**		
a_0	186·7647 074+	8·0405 359−	0·9934 9994+		300·9608 018+	16·4142 874−	0·9330 6634+
a_1	13·5361 611+	5·1282 705−	0·0010 3739+		12·7414 451+	3·3666 642+	0·0110 8028−
a_2	1952 070+	2124 101+	10 6346−		3839 574−	3407 105+	5 9645+
a_3	252 430+	536 187+	7503−		133 840+	405 014−	1 2963+
a_4	30 992−	4 937+	561+		42 845+	11 970+	701−
a_5	4 692−	2 481−			3 978−	963+	

Formula: Quantity in degrees $= a_0 + a_1 p + a_2 p^2 + a_3 p^3 + a_4 p^4 + a_5 p^5$
where p is the fraction of a day from 0^h TDT.

DAILY POLYNOMIAL COEFFICIENTS

June 9

	Apparent Right Ascension	Apparent Declination	Horizontal Parallax
a_0	313·3355 602+	12·7461 208+	0·9227 0514+
a_1	12·0288 326+	3·9318 490+	0·0095 2653−
a_2	3220 812−	2273 463+	9 4307+
a_3	266 158+	348 309−	1 0125+
a_4	22 708+	16 435+	773−
a_5	2 679−	420−	

June 10

	Apparent Right Ascension	Apparent Declination	Horizontal Parallax
a_0	325·0709 303+	8·6201 549−	0·9142 1520+
a_1	11·4722 628+	4·2884 121+	0·0073 6757−
a_2	2312 871−	1322 905+	12 0046+
a_3	330 916+	287 164−	7016+
a_4	9 430+	14 075+	764−
a_5	1 441−	1 087−	

June 11

	Apparent Right Ascension	Apparent Declination	Horizontal Parallax
a_0	336·3457 965+	4·2268 698−	0·9081 1061+
a_1	11·1120 155+	4·4719 303+	0·0047 8674−
a_2	1277 936+	534 969+	13 6520+
a_3	354 626+	241 864−	3957+
a_4	2 419+	8 488+	727−
a_5	759−	1 305−	

June 12

	Apparent Right Ascension	Apparent Declination	Horizontal Parallax
a_0	347·3656 468+	0·2750 893+	0·9047 2136+
a_1	10·9634 039+	4·5091 077+	0·0019 6673−
a_2	207 120−	152 763−	14 4037+
a_3	356 757+	220 943−	1053+
a_4	1 194−	1 859+	695−
a_5	683−	1 270−	

June 13

	Apparent Right Ascension	Apparent Declination	Horizontal Parallax
a_0	358·3438 267+	4·7468 851+	0·9041 9858+
a_1	11·0281 873+	4·4123 808+	0·0009 1779+
a_2	849 171+	817 164−	14 3029+
a_3	344 872+	226 064−	1725−
a_4	4 453−	4 615−	678−
a_5	1 164−	1 021−	

June 14

	Apparent Right Ascension	Apparent Declination	Horizontal Parallax
a_0	9·4908 567+	9·0543 795+	0·9065 2265+
a_1	11·2991 188+	4·1787 730+	0·0036 9952+
a_2	1845 428+	1533 286−	13 3792+
a_3	314 891+	254 396−	4441−
a_4	10 205−	9 909−	663−
a_5	2 084−	449−	

June 15

	Apparent Right Ascension	Apparent Declination	Horizontal Parallax
a_0	21·0047 785+	13·0533 486+	0·9115 0905+
a_1	11·7575 467+	3·7916 102+	0·0062 1561+
a_2	2707 993+	2360 455−	11 6506+
a_3	252 707+	297 894−	7109−
a_4	20 826−	12 399−	619−
a_5	3 033−	619+	

June 16

	Apparent Right Ascension	Apparent Declination	Horizontal Parallax
a_0	33·0560 093+	16·5779 458+	0·9188 1243+
a_1	12·3651 107+	3·2255 024+	0·0083 0767+
a_2	3310 713+	3322 373−	9 1500+
a_3	139 135+	340 402−	9615−
a_4	36 730−	9 470−	506−
a_5	3 000−	2 188+	

June 17

	Apparent Right Ascension	Apparent Declination	Horizontal Parallax
a_0	45·7621 319+	19·4364 425+	0·9279 3390+
a_1	13·0528 050+	2·4562 151+	0·0098 2897+
a_2	3477 559+	4378 487−	5 9689+
a_3	36 400−	355 542−	1 1675−
a_4	52 934−	1 681+	286−
a_5	644−	3 717+	

June 18

	Apparent Right Ascension	Apparent Declination	Horizontal Parallax
a_0	59·1536 950+	21·4197 945+	0·9382 4014+
a_1	13·7159 064+	1·4763 865+	0·0106 6102+
a_2	3044 213+	5397 745−	2 3049+
a_3	251 930−	311 495−	1 2852−
a_4	56 792−	21 020+	44+
a_5	4 036+	4 023+	

June 19

	Apparent Right Ascension	Apparent Declination	Horizontal Parallax
a_0	73·1435 540+	22·3277 613+	0·9490 0357+
a_1	14·2284 757+	0·3138 062+	0·0107 3819+
a_2	1988 186+	6165 765−	1 5122−
a_3	436 531−	188 214−	1 2683−
a_4	35 483−	41 974+	437+
a_5	8 019+	2 233+	

June 20

	Apparent Right Ascension	Apparent Declination	Horizontal Parallax
a_0	87·5244 489+	22·0105 902+	0·9594 6809+
a_1	14·4849 697+	0·9579 085−	0·0100 7277−
a_2	546 175+	6456 218−	5 0439−
a_3	498 517+	285−	1 0902−
a_4	6 673+	53 254+	790+
a_5	7 571+	823−	

June 21

	Apparent Right Ascension	Apparent Declination	Horizontal Parallax
a_0	102·0156 088+	20·4123 314+	0·9689 3535+
a_1	14·4510 992+	2·2281 792−	0·0087 6858+
a_2	833 519−	6144 168−	7 8343−
a_3	398 583−	203 778+	7671−
a_4	45 346+	48 453+	982+
a_5	3 119+	3 084−	

June 22

	Apparent Right Ascension	Apparent Declination	Horizontal Parallax
a_0	116·3483 443+	17·5946 501+	0·9768 5361+
a_1	14·1845 132+	3·3780 407−	0·0070 1092+
a_2	1726 128−	5273 065−	9 5477−
a_3	188 573−	366 536+	3661−
a_4	60 137+	32 277+	935+
a_5	1 394−	3 414−	

June 23

	Apparent Right Ascension	Apparent Declination	Horizontal Parallax
a_0	130·3472 617+	13·7288 429+	0·9828 8249+
a_1	13·8060 709+	4·3114 878−	0·0050 2895+
a_2	1945 139−	4013 976−	10 0937−
a_3	36 777+	462 092+	137−
a_4	52 062+	14 899+	663+
a_5	3 509−	2 355−	

June 24

	Apparent Right Ascension	Apparent Declination	Horizontal Parallax
a_0	143·9673 517+	9·0634 211+	0·9869 1006+
a_1	13·4471 463+	4·9708 717−	0·0030 4081+
a_2	1557 614−	2561 835−	9 6672−
a_3	209 776−	498 901+	2803+
a_4	33 977+	3 230+	271+
a_5	3 716−	1 018−	

Formula: Quantity in degrees = $a_0 + a_1 p + a_2 p^2 + a_3 p^3 + a_4 p^4 + a_5 p^5$

where p is the fraction of a day from 0^h TDT.

MOON, 1993

DAILY POLYNOMIAL COEFFICIENTS

	Apparent Right Ascension	Apparent Declination	Horizontal Parallax	Apparent Right Ascension	Apparent Declination	Horizontal Parallax
	June 25			**July 3**		
a_0	157·2827 403+	3·8864 772+	0·9890 1488+	268·9126 938+	21·9120 530−	0·9546 0063+
a_1	13·2102 893+	5·3327 841−	0·0012 0227+	14·3185 104+	1·0582 440+	0·0089 4171−
a_2	761 594−	1055 878−	8 6752−	2351 369−	6088 737+	3 6382−
a_3	308 658+	502 139+	3857+	421 809−	255 926−	6516+
a_4	15 384+	1 549−	97−	46 647−	39 416−	523+
a_5	3 455−	158−		2 754+	4 236+	
	June 26			**July 4**		
a_0	170·4489 288+	1·5018 515+	0·9893 8723+	282·9588 266+	20·2740 458−	0·9453 6549+
a_1	13·1549 937+	5·3940 167+	0·0004 2096−	13·7417 248+	2·1855 651+	0·0094 5292−
a_2	222 140+	439 721+	7 5833−	3309 528−	5126 931+	1 3760−
a_3	335 571+	494 394+	3410+	210 246−	371 500−	8634+
a_4	1 755−	1 961−	324−	59 394+	17 532−	309+
a_5	3 578−	97−		1 749−	3 706+	
	June 27			**July 5**		
a_0	183·6591 603+	6·8026 626−	0·9882 3881+	296·3543 384+	17·6143 201−	0·9358 6441+
a_1	13·2976 016+	5·1585 883−	0·0018 4830−	13·0396 264+	3·0943 398+	0·0094 5674−
a_2	1182 516+	1910 218+	6 7555−	3601 580−	3944 319+	1 3916+
a_3	292 582+	485 117+	2049+	8 823+	405 470−	9870+
a_4	19 766−	2 096−	353−	49 435+	1 141+	54+
a_5	3 955−	892−		3 433−	2 108+	
	June 28			**July 6**		
a_0	197·1018 996+	11·7220 162−	0·9857 3194+	309·0392 894+	14·1657 705−	0·9266 4607+
a_1	13·6119 963+	4·6322 956−	0·0031 5204−	12·3400 155+	3·7630 714+	0·0088 8015−
a_2	1901 999+	3344 097+	6 3474−	3312 926−	2755 807+	4 3781+
a_3	174 300+	467 026+	588+	172 441+	380 707−	1 0073+
a_4	40 290−	6 413−	196−	31 670+	11 491+	176−
a_5	3 471−	2 275−		2 998−	579+	
	June 29			**July 7**		
a_0	210·9171 497+	15·9740 683−	0·9819 4908+	321·0681 236+	10·1639 819−	0·9183 0270+
a_1	14·0268 378+	3·8270 723−	0·0044 1172−	11·7403 328+	4·2049 057+	0·0077 0941−
a_2	2148 255+	4683 898+	6 2800−	2635 587−	1688 386+	7 2886+
a_3	19 885−	418 005+	217−	269 745+	329 542−	9348+
a_4	58 899−	18 135−	78+	16 586+	14 141+	351−
a_5	593−	3 395−		1 916−	429−	
	June 30			**July 8**		
a_0	225·1508 754+	19·2931 033−	0·9769 0797+	332·5733 393+	5·8218 206−	0·9114 1212+
a_1	14·4266 734+	2·7738 422−	0·0056 7111−	11·2998 166+	4·4491 616+	0·0059 8530−
a_2	1729 190+	5795 030+	6 2895−	1745 983−	780 287+	9 8787+
a_3	258 479−	311 786+	107+	317 431+	277 577−	7928−
a_4	62 420−	35 960−	368+	7 122+	11 811+	469−
a_5	4 604+	2 963−		1 046−	952−	
	July 1			**July 9**		
a_0	239·7188 383+	21·4601 561−	0·9706 1265+	343·7309 084+	1·3213 021−	0·9064 8927+
a_1	14·6723 061+	1·5371 628−	0·0069 1108−	11·0481 759+	4·5261 942+	0·0037 9048−
a_2	625 459+	6484 904+	6 0305−	761 400−	8 883+	11 9733+
a_3	459 885−	139 737+	1618+	335 683+	239 973−	6046+
a_4	38 019−	51 461−	573+	2 045+	6 927+	550−
a_5	8 655+	470−		663−	1 155−	
	July 2			**July 10**		
a_0	254·4047 654+	22·3400 479−	0·9631 2043+	354·7366 508+	3·1823 604+	0·9039 5109+
a_1	14·6485 509+	0·2190 767−	0·0080 4571−	10·9970 872+	4·4581 724+	0·0012 3642−
a_2	895 457−	6590 685+	5 1998−	251 306+	681 039−	13 4550+
a_3	525 934−	69 045−	3962+	337 158+	223 802−	3848+
a_4	7 465+	53 574+	627+	1 119−	1 049+	621−
a_5	7 701+	2 650+		800−	1 140−	

Formula: Quantity in degrees $= a_0 + a_1 p + a_2 p^2 + a_3 p^3 + a_4 p^4 + a_5 p^5$

where p is the fraction of a day from 0^h TDT.

DAILY POLYNOMIAL COEFFICIENTS

July 11

	Apparent Right Ascension	Apparent Declination	Horizontal Parallax
	°	°	°
a_0	5·7923 924+	7·5500 396+	0·9040 9243+
a_1	11·1476 472+	4·2546 738+	0·0015 4515+
a_2	1248 072+	1357 575−	14 2339+
a_3	324 319+	230 856−	1368+
a_4	4 995−	4 787−	704−
a_5	1 424−	889−	

July 12

	Apparent Right Ascension	Apparent Declination	Horizontal Parallax
a_0	17·0966 367+	11·6453 026+	0·9070 6761+
a_1	11·4918 460+	3·9115 432+	0·0044 0481+
a_2	2176 808+	2087 791−	14 2187+
a_3	289 557+	258 529−	1444−
a_4	12 112−	9 439−	805−
a_5	2 372−	267−	

July 13

	Apparent Right Ascension	Apparent Declination	Horizontal Parallax
a_0	28·8336 707+	15·3212 433+	0·9128 7180+
a_1	12·0080 428+	3·4125 187+	0·0071 7304+
a_2	2949 023+	2922 720−	13 2996+
a_3	216 992+	298 281−	4668−
a_4	24 317−	11 025−	905−
a_5	3 095−	890+	

July 14

	Apparent Right Ascension	Apparent Declination	Horizontal Parallax
a_0	41·1555 737+	18·4106 483+	0·9213 1906+
a_1	12·6516 715+	2·7345 271+	0·0096 5670+
a_2	3423 007+	3874 834−	11 3546+
a_3	89 184+	332 553−	8315−
a_4	40 688+	6 697−	957−
a_5	2 453−	2 511+	

July 15

	Apparent Right Ascension	Apparent Declination	Horizontal Parallax
a_0	54·1541 500+	20·7240 181+	0·9320 1851+
a_1	13·3455 295+	1·8583 729+	0·0116 3989+
a_2	3421 722+	4887 518−	8 2887+
a_3	96 317−	333 442−	1 2197−
a_4	54 075−	6 165+	882−
a_5	637+	3 919+	

July 16

	Apparent Right Ascension	Apparent Declination	Horizontal Parallax
a_0	67·8268 763+	22·0613 036+	0·9443 5648+
a_1	13·9796 728+	0·7852 626+	0·0128 9639+
a_2	2814 666+	5811 542−	4 1094+
a_3	303 609−	269 614−	1 5805−
a_4	51 034−	26 567+	594−
a_5	5 328+	3 910+	

July 17

	Apparent Right Ascension	Apparent Declination	Horizontal Parallax
a_0	82·0530 843+	22·2414 982+	0·9574 9982+
a_1	14·4337 772+	0·4453 508−	0·0132 2030+
a_2	1651 133+	6421 778−	9718−
a_3	452 942−	125 417−	1 8263−
a_4	22 853−	46 864+	49−
a_5	8 074+	1 861+	

July 18

	Apparent Right Ascension	Apparent Declination	Horizontal Parallax
a_0	96·6052 026+	21·1463 004+	0·9704 3984+
a_1	14·6230 147+	1·7476 589−	0·0124 7608+
a_2	236 174+	6498 234−	6 4571−
a_3	464 662−	78 938+	1 8494−
a_4	19 311+	56 174+	690+
a_5	6 187+	1 162−	

July 19

	Apparent Right Ascension	Apparent Declination	Horizontal Parallax
	°	°	°
a_0	111·2079 183+	18·7622 132+	0·9820 9217+
a_1	14·5416 634+	3·0017 377−	0·0106 5747+
a_2	980 054−	5936 081−	11 5689−
a_3	328 200−	290 797+	1 5684−
a_4	50 492+	49 723+	1416+
a_5	1 462+	3 287−	

July 20

	Apparent Right Ascension	Apparent Declination	Horizontal Parallax
a_0	125·6239 518+	15·2005 907+	0·9914 5007+
a_1	14·2681 164+	4·0834 696−	0·0079 2988+
a_2	1647 227−	4798 315−	15 4113−
a_3	113 803−	456 568+	9885−
a_4	56 828+	32 636+	1849+
a_5	2 356−	3 685−	

July 21

	Apparent Right Ascension	Apparent Declination	Horizontal Parallax
a_0	139·7214 124+	10·6858 416+	0·9977 5846+
a_1	13·9260 815+	4·8949 493−	0·0046 2511+
a_2	1671 375−	3269 682−	17 2691−
a_3	89 059+	550 727+	2325−
a_4	44 109+	13 924+	1797+
a_5	3 824−	2 852−	

July 22

	Apparent Right Ascension	Apparent Declination	Horizontal Parallax
a_0	153·4932 908+	5·5201 040+	1·0006 5138+
a_1	13·6342 557+	5·3795 226−	0·0011 7347+
a_2	1177 848−	1562 464−	16 9041−
a_3	227 212+	578 573+	4980+
a_4	24 615+	283−	1288+
a_5	3 853−	1 679−	

July 23

	Apparent Right Ascension	Apparent Declination	Horizontal Parallax
a_0	167·0345 592+	0·0419 961+	1·0001 9710+
a_1	13·4747 697+	5·5193 950−	0·0020 0644−
a_2	387 061−	154 813+	14 6602−
a_3	287 269+	561 135+	1 0156+
a_4	5 336+	8 419−	552+
a_5	3 627−	842−	

July 24

	Apparent Right Ascension	Apparent Declination	Horizontal Parallax
a_0	180·4995 207+	5·4067 302−	0·9968 3172+
a_1	13·4838 595+	5·3238 804−	0·0046 1175−
a_2	470 472+	1779 334+	11 3033−
a_3	272 420+	519 130+	1 2308+
a_4	12 875+	12 300−	131−
a_5	3 516−	686−	

July 25

	Apparent Right Ascension	Apparent Declination	Horizontal Parallax
a_0	194·0560 301+	10·5020 628−	0·9912 1140+
a_1	13·6527 721+	4·8175 382−	0·0065 0847−
a_2	1175 238+	3256 099+	7 7033−
a_3	186 109+	462 789+	1 1691+
a_4	30 915−	15 499−	573−
a_5	2 955−	1 188−	

July 26

	Apparent Right Ascension	Apparent Declination	Horizontal Parallax
a_0	207·8415 499+	14·9493 808−	0·9840 4378+
a_1	13·9298 111+	4·0342 759−	0·0077 2136−
a_2	1518 389+	4539 585+	4 5446−
a_3	34 086+	388 544+	9311−
a_4	46 527−	21 508−	727−
a_5	930−	1 861−	

Formula: Quantity in degrees $= a_0 + a_1 p + a_2 p^2 + a_3 p^3 + a_4 p^4 + a_5 p^5$

where p is the fraction of a day from 0^h TDT.

DAILY POLYNOMIAL COEFFICIENTS

	Apparent Right Ascension	Apparent Declination	Horizontal Parallax	Apparent Right Ascension	Apparent Declination	Horizontal Parallax
	July 27			**August 4**		
a_0	221·9218 628+ °	18·4931 808− °	0·9759 5381+ °	329·0260 887+ °	7·3108 590− °	0·9118 9897+ °
a_1	14·2246 430+	3·0193 295−	0·0083 8003−	11·4411 175−	4·3644 606+	0·0057 8075−
a_2	1332 098+	5557 497+	2 1847−	1900 710−	1124 211+	6 1936+
a_3	159 222−	283 925+	6344+	264 858+	303 149−	6175+
a_4	51 709−	31 250−	645−	9 627+	10 085+	59+
a_5	2 752+	1 850−		1 174−	385−	
	July 28			**August 5**		
a_0	236·2588 976+	20·9316 781+	0·9674 1231+	340·3044 664+	2·8633 223+	0·9067 9992+
a_1	14·4239 922+	1·8360 763+	0·0086 5246−	11·1436 975+	4·5021 990+	0·0043 5442−
a_2	571 784+	6203 200+	6615−	1060 105−	271 401+	8 0770+
a_3	336 624−	141 147+	3736+	291 895+	266 852−	6411+
a_4	37 284−	40 994−	421−	3 858+	8 054+	86−
a_5	6 177+	586−		715−	706−	
	July 29			**August 6**		
a_0	250·7032 952+	22·1374 778−	0·9587 2684+	351·3716 571+	1·6400 663+	0·9033 1645+
a_1	14·4255 373+	0·5697 809−	0·0086 8954−	11·0204 308+	4·4792 918−	0·0025 5014−
a_2	599 811−	6374 804+	2148+	168 415−	487 911−	9 9442+
a_3	423 791−	27 565−	2049+	300 212+	241 781−	6066+
a_4	4 870−	43 971−	151−	387+	4 434+	230−
a_5	6 541+	1 412+		636−	841−	
	July 30			**August 7**		
a_0	265·0266 394+	22·0767 907−	0·9500 7777+	2·4052 427+	6·0467 481+	0·9018 1908+
a_1	14·1797 569+	0·6800 298+	0·0085 9111−	11·0766 479+	4·3105 282+	0·0003 8852−
a_2	1834 879−	6042 470+	7468+	728 186+	1195 082+	11 6215+
a_3	379 539−	188 510−	1466+	295 213+	232 438−	5149+
a_4	28 713+	36 447−	92+	2 706−	126+	374−
a_5	3 541+	2 849+		940−	802−	
	July 31			**August 8**		
a_0	278·9881 799+	20·8147 246−	0·9415 7692+	13·5838 659+	10·2144 569+	0·9026 4046+
a_1	13·7121 709+	1·8188 168+	0·0083 9409−	11·3092 961+	4·0014 306+	0·0020 7529+
a_2	2765 877−	5286 823+	1 2466+	1588 189+	1899 679−	12 9368+
a_3	231 393−	305 718−	1862+	274 634+	239 789−	3659+
a_4	46 011+	21 682−	255+	7 371−	4 022−	531−
a_5	179−	2 981+		1 551−	524−	
	August 1			**August 9**		
a_0	292·4052 069+	18·4996 675−	0·9333 2867+	25·0785 522+	14·0014 860+	0·9060 4071+
a_1	13·1078 899+	2·7772 827+	0·0080 7867−	11·7055 997+	3·5476 877+	0·0047 5116+
a_2	3185 927−	4269 419+	1 9604+	2352 327+	2648 453−	13 7098+
a_3	50 372−	363 102−	2915+	229 267+	260 753−	1543+
a_4	44 194+	6 550−	319+	15 265−	6 829−	715−
a_5	2 280−	2 144+		2 211−	106+	
	August 2			**August 10**		
a_0	305·1936 583+	15·3321 936−	0·9254 7839+	37·0405 637+	17·2575 809+	0·9121 7113+
a_1	12·4721 300+	3·5206 868+	0·0075 8633−	12·2376 338+	2·9370 939+	0·0075 1081+
a_2	3094 784−	3162 245+	3 0258+	2926 351+	3470 652−	13 7369+
a_3	103 427+	368 479−	4220+	146 067+	286 398−	1311−
a_4	32 141+	4 127+	290+	26 789−	6 472−	928−
a_5	2 549−	1 063+		2 303−	1 157+	
	August 3			**August 11**		
a_0	317·3696 117+	11·5316 114−	0·9182 3974+	49·5825 301+	19·8184 382+	0·9210 3323+
a_1	11·8957 837+	4·0447 728+	0·0068 4296−	12·8548 585+	2·1550 349+	0·0101 8174+
a_2	2617 191−	2092 168+	4 4629+	3180 660+	4357 115−	12 7802+
a_3	206 872+	341 852−	5397+	16 676+	299 992−	5029−
a_4	19 161+	9 294+	193+	39 104−	697−	1144−
a_5	1 910−	186+		956−	2 434+	

Formula: Quantity in degrees $= a_0 + a_1 p + a_2 p^2 + a_3 p^3 + a_4 p^4 + a_5 p^5$

where p is the fraction of a day from 0^h TDT.

DAILY POLYNOMIAL COEFFICIENTS

	Apparent Right Ascension	Apparent Declination	Horizontal Parallax	Apparent Right Ascension	Apparent Declination	Horizontal Parallax
	August 12			**August 20**		
a_0	62·7531 162+	21·5079 361+	0·9324 3126+	176·0486 176+	3·4605 312−	1·0128 9931+
a_1	13·4798 773+	1·1945 536+	0·0125 4110+	13·9050 830+	5·5590 831−	0·0032 4730−
a_2	2986 409+	5236 885−	10 5803+	276 859+	1251 521+	21 7517−
a_3	147 557−	277 948−	9646−	217 364+	623 902+	1 2386+
a_4	44 496−	11 800+	1294−	8 167−	12 876−	1617+
a_5	2 095+	3 316+		3 695−	2 199−	
	August 13			**August 21**		
a_0	76·5126 386+	22·1525 180+	0·9459 2099+	190·0019 367+	8·8335 795−	1·0076 1686+
a_1	14·0161 449+	0·0701 699+	0·0143 1599+	14·0205 511+	5·1278 575−	0·0071 6139−
a_2	2297 760+	5966 682−	6 9119+	842 923+	3024 007+	17 1024−
a_3	302 766−	197 762−	1 4908−	148 298+	550 684+	1 8843+
a_4	33 637−	28 967+	1250−	27 118−	23 741−	425+
a_5	5 347+	3 027+		2 789−	1 734−	
	August 14			**August 22**		
a_0	90·7254 539+	21·6094 429+	0·9607 6660+	204·1186 193+	13·6065 154−	0·9989 3790+
a_1	14·3740 867+	1·1693 964−	0·0152 0108+	14·2213 862+	4·3682 140−	0·0099 9964−
a_2	1241 291+	6355 827−	1 7022+	1097 113+	4516 274+	11 2243−
a_3	383 374−	52 547−	2 0041−	13 230+	438 581+	2 0420+
a_4	5 578−	44 547+	857−	41 747−	32 407−	540−
a_5	6 177+	1 407+		584−	1 405−	
	August 15			**August 23**		
a_0	105·1853 923+	19·8038 045+	0·9759 2893+	218·4468 066+	17·4826 252−	0·9880 1463+
a_1	14·5081 874+	2·4378 063−	0·0149 0593+	14·4277 906+	3·3470 497−	0·0116 5355−
a_2	119 609+	6232 116−	4 7985−	880 427+	5623 492+	5 4385−
a_3	345 263−	138 473+	2 3611−	157 680−	295 280+	1 8116+
a_4	26 316+	51 585+	24−	44 968−	39 645−	1068−
a_5	3 746+	754−		2 777+	768−	
	August 16			**August 24**		
a_0	119·6740 203+	16·7617 169+	0·9901 1867+	232·9426 528+	20·2418 389−	0·9759 8771+
a_1	14·4409 250+	3·6224 330−	0·0132 3692+	14·5399 764+	2·1500 075−	0·0122 4056−
a_2	720 859+	5514 775−	11 8599−	165 439+	6263 760+	6484−
a_3	204 631−	336 275+	2 3767−	308 243−	129 736+	1 3732+
a_4	44 909+	47 511+	1145+	30 391−	43 690−	1186−
a_5	45+	2 465−		5 518+	471+	
	August 17			**August 25**		
a_0	134·0268 918+	12·6259 386+	1·0019 4340+	247·4658 615+	21·7568 187−	0·9638 0777+
a_1	14·2533 469+	4·6067 342−	0·0101 9781+	14·4711 938+	0·8755 737−	0·0120 0575−
a_2	1064 965−	4245 575−	18 2683−	886 286−	6395 552+	2 7642+
a_3	26 076−	501 175+	1 9089−	374 625−	39 518−	8924−
a_4	44 386+	34 849+	2271+	1 545−	41 226−	1033−
a_5	2 627−	3 301−		5 520+	1 877+	
	August 18			**August 26**		
a_0	148·1753 104+	7·6479 193+	1·0101 4619+	261·8113 618+	22·0007 239−	0·9521 5736+
a_1	14·0489 704+	5·2932 072−	0·0060 6243+	14·1836 885+	0·3761 304+	0·0112 2651−
a_2	903 247−	2565 992−	22 6150−	1964 145−	6048 471+	4 8305+
a_3	124 548+	607 534+	9760−	327 087−	185 217−	4770+
a_4	30 649+	18 092+	2848−	26 685+	31 446−	749−
a_5	3 733−	3 337−		2 861+	2 629+	
	August 19			**August 27**		
a_0	162·1491 025+	2·1603 419+	1·0138 7800+	275·7688 817+	21·0411 498−	0·9414 5411+
a_1	13·9160 781+	5·6185 765−	0·0013 6069+	13·7048 343+	1·5189 954+	0·0101 4727−
a_2	383 094−	668 220−	23 8424−	2756 753−	5330 483+	5 8219+
a_3	209 693+	646 809+	1906−	193 498−	284 827−	1777+
a_4	11 696−	1 288+	2581+	40 606+	17 956−	434−
a_5	3 925−	2 843−		242−	2 408+	

Formula: Quantity in degrees $= a_0 + a_1 p + a_2 p^2 + a_3 p^3 + a_4 p^4 + a_5 p^5$

where p is the fraction of a day from 0^h TDT.

MOON, 1993

DAILY POLYNOMIAL COEFFICIENTS

	Apparent Right Ascension	Apparent Declination	Horizontal Parallax
August 28			
a_0	289·1827 273+	19·0191 437+	0·9319 0246+
a_1	13·1115 535+	2·4936 644+	0·0089 4693−
a_2	3096 155−	4392 357+	6 1034+
a_3	34 511−	333 024−	56+
a_4	38 634+	5 816−	149−
a_5	1 984−	1 606+	
August 29			
a_0	301·9848 793+	16·1199 670−	0·9235 6494+
a_1	12·4964 308+	3·2707 040+	0·0077 3051−
a_2	2987 808−	3374 432+	6 0380+
a_3	100 028+	340 711−	516−
a_4	28 173+	2 130+	76+
a_5	2 229−	766+	
August 30			
a_0	314·1951 264+	12·5456 013+	0·9164 3383+
a_1	11·9390 327+	3·8446 115+	0·0065 3534−
a_2	2541 017−	2372 719+	5 9334+
a_3	190 716+	324 878−	187−
a_4	16 819+	5 830+	224+
a_5	1 716−	165+	
August 31			
a_0	325·9006 393+	8·4956 063−	0·9104 9219+
a_1	11·4939 143+	4·2241 059+	0·0053 4531−
a_2	1885 127−	1434 695+	6 0137+
a_3	241 186+	300 114−	734+
a_4	8 226+	6 546+	292+
a_5	1 099−	184−	
September 1			
a_0	337·2308 723+	4·1574 060−	0·9057 5850+
a_1	11·1919 864+	4·4235 373+	0·0041 0889−
a_2	1123 199−	571 783+	6 4086+
a_3	263 343+	275 868−	1922+
a_4	2 786+	5 554+	285+
a_5	691−	362−	
September 2			
a_0	348·3370 826+	0·2962 419+	0·9023 1255+
a_1	11·0471 186+	4·4571 737+	0·0027 5809−
a_2	323 363−	226 133−	7 1542+
a_3	267 648+	257 319−	3080+
a_4	605−	3 686+	216+
a_5	574−	437−	
September 3			
a_0	359·3785 120+	4·7053 953−	0·9003 0283+
a_1	11·0622 118+	4·3360 072+	0·0012 2621−
a_2	470 217+	980 359−	8 2042+
a_3	259 405+	246 938−	3958+
a_4	3 428−	1 437+	100+
a_5	728−	421−	
September 4			
a_0	10·5132 702+	8·9187 744+	0·8999 3763+
a_1	11·2323 406+	4·0662 184+	0·0005 3738+
a_2	1220 567+	1716 776−	9 4469+
a_3	238 201+	245 314−	4369+
a_4	7 071−	751−	52−
a_5	1 082−	276−	

	Apparent Right Ascension	Apparent Declination	Horizontal Parallax
September 5			
a_0	21·8906 723+	12·7886 810+	0·9014 6287+
a_1	11·5445 443+	3·6488 310+	0·0025 5577+
a_2	1881 896+	2460 000−	10 7209+
a_3	198 886+	250 878−	4173+
a_4	12 596−	2 238−	235−
a_5	1 447−	64+	
September 6			
a_0	33·6418 905+	16·1662 068+	0·9051 3011+
a_1	11·9748 276+	3·0807 049+	0·0048 1574+
a_2	2388 458+	3225 441−	11 8247+
a_3	134 040+	258 861−	3244+
a_4	20 137−	2 025−	455−
a_5	1 468−	633+	
September 7			
a_0	45·8668 074+	18·8983 422+	0·9111 5622+
a_1	12·4839 434+	2·3574 655+	0·0072 5984+
a_2	2654 999+	4007 855−	12 5171+
a_3	39 295−	260 222−	1440−
a_4	27 954−	1 106+	716−
a_5	671−	1 350+	
September 8			
a_0	58·6173 176+	20·8292 456+	0·9196 7499+
a_1	13·0152 165+	1·4789 460+	0·0097 7778+
a_2	2598 377+	4768 370−	12 5097+
a_3	78 196−	241 956−	1417−
a_4	31 724−	7 968+	1017−
a_5	1 126+	1 954+	
September 9			
a_0	71·8814 925+	21·8081 513+	0·9306 7941+
a_1	13·4993 091+	0·4568 497+	0·0121 9654+
a_2	2184 708+	5426 855−	11 4652+
a_3	192 625−	190 465−	5494−
a_4	26 030−	17 978+	1319−
a_5	3 252+	2 099+	
September 10			
a_0	85·5777 322+	21·7052 768+	0·9439 5433+
a_1	13·8696 784+	0·6774 204−	0·0142 7195+
a_2	1483 255+	5869 355−	9 0190+
a_3	263 639−	97 819−	1 0825−
a_4	9 123−	28 701+	1529−
a_5	4 300+	1 646+	
September 11			
a_0	99·5688 899+	20·4341 736+	0·9590 0464+
a_1	14·0857 374+	1·8683 350−	0·0156 8977+
a_2	680 692+	5974 137−	4 8560+
a_3	257 649−	32 960+	1 7060−
a_4	13 096+	37 021+	1474−
a_5	3 383+	810+	
September 12			
a_0	113·6985 795+	17·9755 039+	0·9749 9467+
a_1	14·1515 085+	3·0380 623−	0·0160 9010+
a_2	20 172+	5645 028−	1 1299−
a_3	172 735+	188 607+	2 3139−
a_4	30 224+	41 086+	944−
a_5	1 090+	107−	

Formula: Quantity in degrees $= a_0 + a_1 p + a_2 p^2 + a_3 p^3 + a_4 p^4 + a_5 p^5$

where p is the fraction of a day from 0^h TDT.

DAILY POLYNOMIAL COEFFICIENTS

September 13

	Apparent Right Ascension	Apparent Declination	Horizontal Parallax
a_0	127·8379 630+	14·3958 975+	0·9907 3096+
a_1	14·1163 542+	4·0941 059−	0·0151 3208+
a_2	305 842−	4833 749−	8 6036−
a_3	42 287−	351 314+	2 7099−
a_4	35 391+	40 615+	174+
a_5	1 249−	1 068+	

September 14

	Apparent Right Ascension	Apparent Declination	Horizontal Parallax
a_0	141·9229 186+	9·8575 028+	1·0047 3343+
a_1	14·0560 299+	4·9397 507−	0·0126 0531+
a_2	232 910−	3546 781−	16 5823−
a_3	85 838+	502 443+	2 6461−
a_4	28 755+	35 365+	1695+
a_5	2 881−	2 182−	

September 15

	Apparent Right Ascension	Apparent Declination	Horizontal Parallax
a_0	155·9668 286+	4·6166 365+	1·0154 3287+
a_1	14·0452 595+	5·4853 206−	0·0085 6292+
a_2	168 267+	1849 088−	23 4621−
a_3	171 486+	621 417+	1 9509−
a_4	14 051+	24 423+	3051+
a_5	3 843−	3 329−	

September 16

	Apparent Right Ascension	Apparent Declination	Horizontal Parallax
a_0	170·0470 842+	0·9893 418−	1·0214 8500+
a_1	14·1340 572+	5·6606 091−	0·0034 0745+
a_2	728 541+	128 387+	27 4689−
a_3	189 057+	685 373+	6950−
a_4	5 512−	7 567+	3559+
a_5	4 228−	4 108−	

September 17

	Apparent Right Ascension	Apparent Declination	Horizontal Parallax
a_0	184·2719 271+	6·5682 290−	1·0221 1165+
a_1	14·3321 644+	5·4283 471−	0·0021 5229−
a_2	1220 248+	2188 785+	27 4377−
a_3	125 164+	674 532+	7627+
a_4	27 345−	13 291−	2931+
a_5	3 535−	4 159−	

September 18

	Apparent Right Ascension	Apparent Declination	Horizontal Parallax
a_0	198·7355 446+	11·7119 894−	1·0173 2116+
a_1	14·6010 607+	4·7956 254−	0·0072 9369−
a_2	1396 169+	4090 993+	23 4338−
a_3	18 025−	580 281+	1 9494+
a_4	45 991−	34 458−	1526+
a_5	910−	3 296−	

September 19

	Apparent Right Ascension	Apparent Declination	Horizontal Parallax
a_0	213·4697 296+	16·0442 629−	1·0078 9429+
a_1	14·8560 406+	3·8187 719−	0·0113 3462−
a_2	1056 984+	5592 072+	16 7159−
a_3	208 632−	410 563+	2 5518+
a_4	50 942−	51 312−	35+
a_5	3 403+	1 441−	

September 20

	Apparent Right Ascension	Apparent Declination	Horizontal Parallax
a_0	228·4058 515+	19·2680 466−	0·9951 4360+
a_1	14·9861 760+	2·5984 310−	0·0139 1094−
a_2	159 598+	6501 467+	9 0719+
a_3	376 467−	192 351+	2 5471+
a_4	32 909+	58 610−	1012−
a_5	6 821+	1 084+	

September 21

	Apparent Right Ascension	Apparent Declination	Horizontal Parallax
a_0	243·3677 318+	21·2028 484−	0·9805 7006+
a_1	14·8954 019+	1·2633 319−	0·0150 0176−
a_2	1098 817−	6737 765+	2 0524−
a_3	440 100−	30 042−	2 1246+
a_4	2 896+	52 745−	1472−
a_5	6 452+	3 204+	

September 22

	Apparent Right Ascension	Apparent Declination	Horizontal Parallax
a_0	258·1101 767+	21·8003 620−	0·9655 6081+
a_1	14·5479 884+	0·0557 134+	0·0148 3379−
a_2	2337 141−	6363 315−	3 4379+
a_3	366 056−	208 609−	1 5246+
a_4	35 825+	36 018−	1475−
a_5	2 772+	3 833+	

September 23

	Apparent Right Ascension	Apparent Declination	Horizontal Parallax
a_0	272·3917 053+	21·1323 966−	0·9512 0851+
a_1	13·9864 555+	1·2533 018+	0·0137 4787−
a_2	3192 741−	5559 768+	7 1341+
a_3	197 181−	314 823−	9296−
a_4	49 021+	16 419−	1229−
a_5	996−	2 984+	

September 24

	Apparent Right Ascension	Apparent Declination	Horizontal Parallax
a_0	286·0439 709+	19·3559 437−	0·9382 5473+
a_1	13·3078 610+	2·2657 317−	0·0120 9133−
a_2	3500 275−	4546 632+	9 1959+
a_3	12 094−	351 457−	4372+
a_4	43 060+	1 483−	895−
a_5	2 739−	1 573+	

September 25

	Apparent Right Ascension	Apparent Declination	Horizontal Parallax
a_0	299·0046 271+	16·6706 854−	0·9271 1776+
a_1	12·6200 321+	3·0698 132+	0·0101 5677−
a_2	3305 685−	3499 066+	9 9810+
a_3	132 760+	342 329−	803−
a_4	28 782+	6 177+	564−
a_5	2 675−	406+	

September 26

	Apparent Right Ascension	Apparent Declination	Horizontal Parallax
a_0	311·3099 774+	13·2845 402−	0·9179 6148+
a_1	12·0088 991+	3·6696 008+	0·0081 5903−
a_2	2761 500−	2513 166+	9 8927+
a_3	221 579+	313 950−	1435−
a_4	15 243+	7 986+	274−
a_5	1 887−	257−	

September 27

	Apparent Right Ascension	Apparent Declination	Horizontal Parallax
a_0	323·0662 200+	9·3942 449−	0·9107 7463+
a_1	11·5282 273+	4·0811 145+	0·0062 3449−
a_2	2024 180−	1616 637+	9 3053+
a_3	264 116+	284 721−	2512−
a_4	5 848+	6 550+	37−
a_5	1 131−	503−	

September 28

	Apparent Right Ascension	Apparent Declination	Horizontal Parallax
a_0	334·4189 126+	5·1793 343−	0·9054 4517+
a_1	11·2044 001+	4·3213 937+	0·0044 5027−
a_2	1208 055−	796 721+	8 5350+
a_3	276 449+	263 562−	2641−
a_4	281−	3 945+	143+
a_5	685−	505−	

Formula: Quantity in degrees $= a_0 + a_1 p + a_2 p^2 + a_3 p^3 + a_4 p^4 + a_5 p^5$

where p is the fraction of a day from 0^h TDT.

MOON, 1993

DAILY POLYNOMIAL COEFFICIENTS

	Apparent Right Ascension	Apparent Declination	Horizontal Parallax		Apparent Right Ascension	Apparent Declination	Horizontal Parallax
	September 29				**October 7**		
a_0	345·5301 117+	0·8042 807+	0·9018 2342+		81·6910 390+	21·6115 293+	0·9299 1989+
a_1	11·0454 938+	4·4029 950+	0·0028 1678−		13·4836 228+	0·3489 592−	0·0108 1320+
a_2	383 874−	24 646+	7 8321+		1149 104+	5477 316−	10 0683+
a_3	270 779+	252 765−	2050−		226 896−	79 941−	1752−
a_4	3 077−	1 366+	262+		3 052−	23 385+	1019−
a_5	567−	383−			3 554+	643+	
	September 30				**October 8**		
a_0	356·5639 316+	3·5760 007+	0·8997 7196+		95·2669 329+	20·7092 471+	0·9417 1221+
a_1	11·0484 381+	4·3324 500+	0·0013 0136−		13·6459 300+	1·4587 296−	0·0127 3354+
a_2	404 321+	729 290−	7 3763+		485 700+	5570 409−	8 9214+
a_3	252 707+	251 022−	979−		204 098−	19 812+	5846−
a_4	5 889−	596−	317+		15 176+	26 506+	1345−
a_5	709−	192−			2 609+	257+	
	October 1				**October 9**		
a_0	7·6774 127+	7·8103 406+	0·8992 0161+		108·9428 014+	18·6981 342+	0·9552 6598+
a_1	11·2024 041+	4·1109 510+	0·0001 5722+		13·6892 130+	2·5561 365−	0·0142 8860+
a_2	1120 004+	1487 868−	7 2725+		9 453−	5349 375−	6 3548+
a_3	221 900+	255 183−	311+		118 326−	128 365+	1 1294−
a_4	9 474−	1 612−	305+		28 290+	27 675+	1540−
a_5	984−	67+			822+	187+	
	October 2				**October 10**		
a_0	19·0129 614+	11·7468 321+	0·9000 9224+		122·6221 476+	15·6226 829+	0·9700 6172+
a_1	11·4886 933+	3·7362 119+	0·0016 3327+		13·6635 493+	3·5763 385−	0·0151 5907+
a_2	1718 992+	2262 426−	7 5465+		186 518−	4796 355−	2 0467+
a_3	174 062+	260 756−	1553+		2 050+	240 979+	1 7592−
a_4	14 550−	1 333−	227+		32 176+	28 636+	1417−
a_5	1 182−	412+			909−	288+	
	October 3				**October 11**		
a_0	30·6893 868+	15·2306 337+	0·9024 9796+		136·2703 769+	11·5936 993+	0·9852 3537+
a_1	11·8782 991+	3·2051 733+	0·0031 9824+		13·6392 753+	4·4517 173−	0·0149 8384+
a_2	2142 001+	3048 575−	8 1441+		3 560+	3898 677−	4 0609−
a_3	104 174+	261 724−	2480+		120 894+	358 286+	2 3457−
a_4	20 755−	701+	86+		27 411+	30 326+	767−
a_5	980−	824+			2 221−	100+	
	October 4				**October 12**		
a_0	42·7901 299+	18·1049 296+	0·9065 3627+		149·9246 167+	6·7909 854+	0·9995 7089+
a_1	12·3291 605+	2·5176 340+	0·0049 0489+		13·6861 084+	5·1117 879−	0·0134 3717+
a_2	2320 126+	3821 296−	8 9333+		508 480+	2640 808−	11 5196−
a_3	11 885+	250 469−	2842+		207 675+	480 035+	2 6700−
a_4	26 032−	4 864+	113−		16 226+	31 212+	482+
a_5	64−	1 195+			3 330−	840−	
	October 5				**October 13**		
a_0	55·3498 820+	20·2159 930+	0·9123 6178+		163·6836 302+	1·4661 574+	1·0115 9393+
a_1	12·7863 086+	1·6807 774+	0·0067 7229+		13·8549 312+	5·4838 764−	0·0103 5151+
a_2	2198 910+	4531 552−	9 7099+		1195 537+	1021 784−	19 1922−
a_3	91 983−	218 989−	2406+		238 642+	595 457+	2 4791−
a_4	26 594−	10 963+	369−		525−	27 324+	2058+
a_5	1 517+	1 335+			4 439−	2 620−	
	October 6				**October 14**		
a_0	68·3443 756+	21·4229 461+	0·9201 2542+		177·6814 829+	4·0578 813−	1·0197 9889+
a_1	13·1886 182+	0·7138 228+	0·0087 7170+		14·1632 010+	5·4999 788−	0·0058 5176+
a_2	1778 576+	5109 371−	10 2008+		1863 824+	902 331+	25 3565−
a_3	182 325−	161 917−	946+		191 864+	677 362+	1 6336−
a_4	18 856−	17 779+	676−		23 281−	14 187+	3317+
a_5	3 057+	1 113+			4 990−	4 715−	

Formula: Quantity in degrees $= a_0 + a_1 p + a_2 p^2 + a_3 p^3 + a_4 p^4 + a_5 p^5$

where p is the fraction of a day from 0^h TDT.

DAILY POLYNOMIAL COEFFICIENTS

	Apparent Right Ascension	Apparent Declination	Horizontal Parallax	Apparent Right Ascension	Apparent Declination	Horizontal Parallax
	October 15			**October 23**		
a_0	192·0474 256+	9·3989 436−	1·0229 8481+	308·0747 929+	14·0451 562−	0·9269 0469+
a_1	14·5817 194+	5·1129 882−	0·0004 2325+	12·2889 809+	3·5508 797+	0·0114 4024−
a_2	2249 615+	2972 301+	28 2588+	3389 322−	2672 268+	12 0579+
a_3	49 835+	686 255+	2685−	251 546+	343 058−	3869+
a_4	49 600−	9 989−	3594+	20 571+	14 228+	930−
a_5	3 347−	5 984−		2 735−	464−	
	October 16			**October 24**		
a_0	206·8537 953+	14·1476 735−	1·0205 9126+	320·0517 798+	10·2599 791−	0·9166 9963+
a_1	15·0250 854+	4·3196 379−	0·0051 6517−	11·6934 426+	3·9878 748+	0·0089 4978−
a_2	2067 836+	4911 139+	26 9348−	2538 603−	1723 786+	12 6698+
a_3	179 080−	587 023−	1 2010+	307 175+	291 062+	161+
a_4	67 767−	41 003−	2725+	6 994+	11 652+	634−
a_5	1 803+	5 056−		1 527−	932−	
	October 17			**October 25**		
a_0	222·0611 600+	17·9221 012−	1·0128 7995+	331·5226 264+	6·1277 599−	0·9090 1210+
a_1	15·3587 304+	3·1802 284−	0·0100 8278−	11·2799 094+	4·2495 080+	0·0064 3635−
a_2	1142 086+	6375 502+	21 7436−	1590 370−	911 166+	12 3456+
a_3	428 562−	374 510+	2 3003+	320 299+	253 797−	2362−
a_4	58 251−	67 192−	1195+	484−	6 845+	380−
a_5	8 190+	1 454−		816−	964−	
	October 18			**October 26**		
a_0	237·4862 367+	20·4341 930−	1·0008 6478+	342·6753 986+	1·8119 269−	0·9037 8289+
a_1	15·4393 758+	1·8203 737−	0·0136 9367−	11·0573 234+	4·3578 582+	0·0040 5329−
a_2	410 827−	7081 377+	14 1709−	640 533−	181 186+	11 4156+
a_3	578 586−	93 770+	2 7665+	310 331+	235 948−	3872−
a_4	14 582−	74 210−	275−	4 440−	1 939+	166−
a_5	10 143+	3 093+		603−	773−	
	October 19			**October 27**		
a_0	252·8262 274+	21·5441 637−	0·9860 2791+	353·6991 974+	2·5405 717+	0·9008 3078+
a_1	15·1828 683+	0·4041 021−	0·0157 0901−	11·0202 384+	4·3237 006+	0·0018 9298−
a_2	2132 381−	6948 540+	6 0657−	257 791+	522 765−	10 1599+
a_3	537 950−	170 696−	2 6367+	286 450+	235 730−	4528−
a_4	38 060+	57 459−	1219−	7 385−	1 992−	15+
a_5	5 650+	5 618+		760−	445−	
	October 20			**October 28**		
a_0	267·7464 336+	21·2756 654−	0·9699 6381+	4·7730 453+	6·7881 791+	0·8999 0865+
a_1	14·6130 493+	0·9142 223+	0·0161 7998−	11·1543 968+	4·1474 100+	0·0000 0376+
a_2	3461 465+	6148 040+	1 1018+	1065 212+	1246 371−	8 8152+
a_3	332 708−	344 641−	2 1323+	249 091+	247 892−	4457−
a_4	65 681+	28 283−	1573−	11 204−	4 289−	164+
a_5	586−	5 034+		1 116−	6+	
	October 21			**October 29**		
a_0	281·9865 750+	19·7834 281−	0·9540 9152+	16·0576 404+	10·7857 345+	0·9007 5100+
a_1	13·8469 192+	2·0316 395+	0·0153 8288−	11·4371 268+	3·8220 562+	0·0016 3965−
a_2	4071 612−	4994 794+	6 5568+	1734 068+	2015 736−	7 5799+
a_3	77 774−	408 678−	1 4936+	192 945+	264 664−	3786−
a_4	61 129+	2 887−	1511−	16 950−	4 324−	274+
a_5	3 883−	2 813+		1 401−	579+	
	October 22			**October 30**		
a_0	295·4242 801+	17·2931 844−	0·9394 9857+	27·6856 333+	14·3793 762+	0·9031 1353+
a_1	13·0317 744+	2·9082 440+	0·0136 8390−	11·8343 437+	3·3380 703+	0·0030 5303+
a_2	3977 148−	3779 517+	10 1391+	2197 133+	2829 889+	6 6102+
a_3	127 802+	393 290−	8857−	111 253+	275 822−	2670−
a_4	40 706+	10 868+	1247−	24 307−	1 436−	329+
a_5	3 977−	747+		1 191−	1 202+	

Formula: Quantity in degrees $= a_0 + a_1 p + a_2 p^2 + a_3 p^3 + a_4 p^4 + a_5 p^5$
where p is the fraction of a day from 0^h TDT.

MOON, 1993

DAILY POLYNOMIAL COEFFICIENTS

October 31

	Apparent Right Ascension	Apparent Declination	Horizontal Parallax
	°	°	°
a_0	39·7482 659+	17·4068 519+	0·9068 0416+
a_1	12·2968 294+	2·6893 728+	0·0043 0811+
a_2	2373 062+	3653 939−	6 0057+
a_3	2 746+	269 292−	1331−
a_4	30 739−	4 686+	313+
a_5	68−	1 667+	

November 1

	Apparent Right Ascension	Apparent Declination	Horizontal Parallax
a_0	52·2795 954+	19·7045 370+	0·9117 0265+
a_1	12·7599 383+	1·8805 056+	0·0054 8185+
a_2	2196 133+	4416 992−	5 7912+
a_3	119 790−	233 886−	52−
a_4	31 370−	13 258+	216+
a_5	1 895+	1 665+	

November 2

	Apparent Right Ascension	Apparent Declination	Horizontal Parallax
a_0	65·2442 206+	21·1214 471+	0·9177 6526+
a_1	13·1516 297+	0·9330 766+	0·0066 4720+
a_2	1667 523+	5022 416−	5 8998+
a_3	225 278−	164 567−	840+
a_4	21 644−	21 815+	36+
a_5	3 746+	1 034+	

November 3

	Apparent Right Ascension	Apparent Declination	Horizontal Parallax
a_0	78·5382 851+	21·5381 104+	0·9250 1119+
a_1	13·4107 671+	0·1115 346−	0·0078 5380+
a_2	899 381+	5374 879−	6 1653+
a_3	274 133−	67 528−	1005+
a_4	2 224−	27 019+	220−
a_5	4 181+	42+	

November 4

	Apparent Right Ascension	Apparent Declination	Horizontal Parallax
a_0	92·0117 728+	20·8850 413+	0·9334 8937+
a_1	13·5096 029+	1·1959 408+	0·0091 0821+
a_2	105 518+	5414 955−	6 3250+
a_3	241 952−	40 542+	138+
a_4	19 214+	27 019+	533−
a_5	2 850+	712−	

November 5

	Apparent Right Ascension	Apparent Declination	Horizontal Parallax
a_0	105·5099 387+	19·1542 900+	0·9432 2612+
a_1	13·4672 291+	2·2563 173−	0·0103 5600+
a_2	476 569−	5138 368−	6 0360+
a_3	137 797−	141 449+	1998−
a_4	33 436+	23 177+	866−
a_5	726+	797−	

November 6

	Apparent Right Ascension	Apparent Declination	Horizontal Parallax
a_0	118·9191 475+	16·4005 188+	0·9541 5708+
a_1	13·3443 121+	3·2326 833−	0·0114 6860+
a_2	682 140−	4582 950−	4 9083+
a_3	2 214+	226 466+	5493−
a_4	36 696+	19 041+	1150−
a_5	1 006−	291−	

November 7

	Apparent Right Ascension	Apparent Declination	Horizontal Parallax
a_0	132·1990 359+	12·7340 621+	0·9660 5008+
a_1	13·2227 222+	4·0738 618−	0·0122 3944+
a_2	465 441−	3792 200−	2 5669+
a_3	138 345+	300 086+	1 0169−
a_4	31 350+	17 661+	1270−
a_5	1 997−	359+	

November 8

	Apparent Right Ascension	Apparent Declination	Horizontal Parallax
	°	°	°
a_0	145·3919 839+	8·3127 909+	0·9784 3183+
a_1	13·1826 783+	4·7350 321−	0·0123 9689+
a_2	117 707+	2782 346−	1 2393−
a_3	243 357+	374 448+	1 5378−
a_4	21 307+	19 743+	1070−
a_5	2 686−	610+	

November 9

	Apparent Right Ascension	Apparent Declination	Horizontal Parallax
a_0	158·6126 308+	3·3390 043+	0·9905 4031+
a_1	13·2864 055+	5·1709 655−	0·0116 4481+
a_2	948 768+	1534 374−	6 4741−
a_3	301 146+	459 148+	1 9817−
a_4	8 010+	23 252+	411−
a_5	3 667−	14−	

November 10

	Apparent Right Ascension	Apparent Declination	Horizontal Parallax
a_0	172·0244 619+	1·9371 600−	1·0013 3543+
a_1	13·5678 717+	5·3308 040−	0·0097 3896+
a_2	1863 580+	17 478−	12 6318−
a_3	295 743+	550 987+	2 1578−
a_4	10 349−	23 687+	696+
a_5	5 033−	1 793−	

November 11

	Apparent Right Ascension	Apparent Declination	Horizontal Parallax
a_0	185·8067 278+	7·2124 237−	1·0096 0239+
a_1	14·0226 542+	5·1604 283−	0·0065 9308+
a_2	2638 257+	1759 706+	18 6491−
a_3	203 723+	626 279+	1 8771−
a_4	36 324−	14 930+	1963+
a_5	5 660−	4 457−	

November 12

	Apparent Right Ascension	Apparent Declination	Horizontal Parallax
a_0	200·1093 816+	12·1332 063−	1·0141 6248+
a_1	14·5940 661+	4·6168 622−	0·0023 7875+
a_2	2974 586+	3683 467+	23 0752−
a_3	3 417+	640 225+	1 0712−
a_4	66 571−	7 977−	2864+
a_5	3 015−	6 636−	

November 13

	Apparent Right Ascension	Apparent Declination	Horizontal Parallax
a_0	214·9942 894+	16·3191 607−	1·0141 5523+
a_1	15·1618 811+	3·6946 095−	0·0024 4294−
a_2	2555 026−	5489 692+	24 5684−
a_3	288 885−	542 383+	1047+
a_4	83 263−	42 741−	2936+
a_5	4 280+	5 986−	

November 14

	Apparent Right Ascension	Apparent Declination	Horizontal Parallax
a_0	230·3748 864+	19·4154 355−	1·0092 9527+
a_1	15·5550 642+	2·4540 407−	0·0072 0763−
a_2	1231 814+	6800 341+	22 5169−
a_3	575 044−	314 156+	1 3027+
a_4	60 286−	74 009−	2136+
a_5	11 730+	1 410−	

November 15

	Apparent Right Ascension	Apparent Declination	Horizontal Parallax
a_0	245·9907 721+	21·1655 683−	0·9999 8758+
a_1	15·6106 642+	1·0300 277−	0·0112 3473−
a_2	737 191−	7284 734+	17 3659−
a_3	698 942−	7 240+	2 1627+
a_4	2 247+	80 531−	874+
a_5	11 639+	4 323+	

Formula: Quantity in degrees $= a_0 + a_1 p + a_2 p^2 + a_3 p^3 + a_4 p^4 + a_5 p^5$

where p is the fraction of a day from 0^h TDT.

DAILY POLYNOMIAL COEFFICIENTS

	Apparent Right Ascension	Apparent Declination	Horizontal Parallax		Apparent Right Ascension	Apparent Declination	Horizontal Parallax
	November 16				**November 24**		
a_0	261·4592 116+	21·4740 196−	0·9872 4127+		1·5687 560+	5·6478 295+	0·9020 2194+
a_1	15·2602 533+	0·3990 425+	0·0140 2417−		11·0973 128+	4·1980 243+	0·0012 9636−
a_2	2703 944−	6866 752+	10 3895−		755 936+	1071 114−	12 7541+
a_3	577 699−	270 182−	2 5025+		301 544+	224 292−	4537−
a_4	61 931+	57 090−	304−		9 803−	4 065−	350−
a_5	4 159+	6 881+			1 110−	525−	
	November 17				**November 25**		
a_0	276·3979 095+	20·4203 410−	0·9724 2534+		12·7707 256+	9·7158 542+	0·9019 5212+
a_1	14·5729 987+	1·6719 413+	0·0153 6357−		11·3344 866+	3·9146 262+	0·0011 0435+
a_2	4024 120−	5782 652+	3 0881−		1590 632+	1773 648−	11 1879+
a_3	292 436−	430 484−	2 3652+		250 940+	245 410−	5938−
a_4	81 031+	21 479−	1062−		15 433−	6 806−	196−
a_5	2 929−	5 457+			1 644−	138+	
	November 18				**November 26**		
a_0	290·5470 628+	18·2147 851−	0·9569 7887+		24·2876 616+	13·4279 078+	0·9041 1393+
a_1	13·7113 890+	2·6934 601+	0·0153 1417−		11·7208 994+	3·4836 210+	0·0031 5596+
a_2	4444 830−	4416 898+	3 3609+		2234 356+	2549 355−	9 2940+
a_3	965+	463 486−	1 9272+		172 671+	270 744−	6724−
a_4	64 406+	5 837+	1358−		23 971−	6 207−	36−
a_5	5 265−	2 530+			1 851−	1 022+	
	November 19				**November 27**		
a_0	303·8199 794+	15·1251 471−	0·9421 7993+		36·2466 816+	16·6290 004+	0·9081 3169+
a_1	12·8458 434+	3·4413 909+	0·0141 1820−		12·2090 591+	2·8905 560+	0·0048 1159+
a_2	4108 280−	3086 688+	8 3282+		2589 938+	3388 605−	7 2602+
a_3	206 436+	416 171−	1 3761+		58 752+	284 828−	6868−
a_4	37 260+	18 010+	1328−		33 822−	1 051−	128+
a_5	4 289−	232+			1 064−	1 942+	
	November 20				**November 28**		
a_0	316·2789 356+	11·4148 803−	0·9290 1888+		48·7171 211+	19·1523 022+	0·9136 0190+
a_1	12·0988 796+	3·9411 959+	0·0120 9287−		12·7306 137+	2·1279 379+	0·0060 6272+
a_2	3308 317−	1948 489+	11 6654+		2552 522+	4229 933−	5 2813+
a_3	313 569+	342 501−	8419+		85 938−	269 338−	6346−
a_4	15 799+	18 735+	1138−		39 725−	8 944+	276+
a_5	2 547−	935−			1 097+	2 434+	
	November 21				**November 29**		
a_0	328·0796 656+	7·3113 057−	0·9181 6537+		61·6905 303+	20·8314 509+	0·9201 3205+
a_1	11·5363 347+	4·2351 692+	0·0095 5273−		13·1999 982+	1·2059 443+	0·0069 3966+
a_2	2298 258−	1024 002+	13 5156+		2067 320+	4959 877−	3 5464+
a_3	352 034+	277 133−	3867+		232 309−	209 487−	5218−
a_4	3 289+	13 801+	906−		34 214−	21 554+	376+
a_5	1 278−	1 297−			3 881+	1 984+	
	November 22				**November 30**		
a_0	339·4215 790+	3·0001 991−	0·9099 9382+		75·0709 962+	21·5228 126+	0·9273 7792+
a_1	11·1829 704+	4·3617 019+	0·0067 6981−		13·5320 259+	0·1607 349+	0·0075 0744+
a_2	1235 184−	262 419+	14 1390+		1204 028+	5439 133−	2 2068+
a_3	352 742+	234 867−	254+		329 526−	104 222−	3682−
a_4	2 896−	7 181+	692−		13 969−	31 746+	389+
a_5	708−	1 241−			5 380+	594+	
	November 23				**December 1**		
a_0	350·5159 448+	1·3648 520+	0·9046 3354+		88·6896 135+	21·1324 460+	0·9350 7311+
a_1	11·0402 439+	4·3459 777+	0·0039 6205−		13·6710 751+	0·9453 650−	0·0078 5391+
a_2	201 400−	411 524−	13 8058+		185 567+	5555 410−	1 3325+
a_3	334 082+	218 394−	2503−		332 184−	27 814+	2089−
a_4	6 297−	885+	510−		13 883+	34 568+	292+
a_5	713−	970−			4 331+	959−	

Formula: Quantity in degrees = $a_0 + a_1 p + a_2 p^2 + a_3 p^3 + a_4 p^4 + a_5 p^5$

where p is the fraction of a day from 0^h TDT.

MOON, 1993

DAILY POLYNOMIAL COEFFICIENTS

	Apparent Right Ascension	Apparent Declination	Horizontal Parallax		Apparent Right Ascension	Apparent Declination	Horizontal Parallax

December 2 / December 10

	Apparent Right Ascension °	Apparent Declination °	Horizontal Parallax °		Apparent Right Ascension °	Apparent Declination °	Horizontal Parallax °
a_0	102·3478 483+	19·6376 822+	0·9430 4231+	a_0	209·2201 755+	14·8250 694−	0·9997 2419+
a_1	13·6162 489+	2·0347 563−	0·0080 6945+	a_1	14·4845 627+	3·9615 483−	0·0018 5375+
a_2	684 358−	5274 215−	8747+	a_2	3050 508+	4414 763+	14 9028−
a_3	234 870−	156 036+	888−	a_3	49 374−	540 575+	1 0656−
a_4	35 740+	29 350+	86+	a_4	72 370−	12 659−	1399+
a_5	1 617+	1 747−		a_5	1 548−	5 886−	

December 3 / December 11

	Apparent Right Ascension	Apparent Declination	Horizontal Parallax		Apparent Right Ascension	Apparent Declination	Horizontal Parallax
a_0	115·8759 100+	17·0938 683+	0·9511 9119+	a_0	223·9974 597+	18·2929 385−	0·9999 9510+
a_1	13·4240 179+	3·0319 218−	0·0082 2117+	a_1	15·0501 384+	2·9244 289−	0·0013 9044−
a_2	1158 438−	4647 527−	6508+	a_2	2452 524+	5901 454+	17 2439−
a_3	77 155−	256 091+	529−	a_3	350 000−	431 555+	4924−
a_4	43 345+	20 264+	200−	a_4	81 176−	43 623−	1925+
a_5	850−	1 507−		a_5	6 115+	5 124−	

December 4 / December 12

	Apparent Right Ascension	Apparent Declination	Horizontal Parallax		Apparent Right Ascension	Apparent Declination	Horizontal Parallax
a_0	129·1806 180+	13·6246 786+	0·9594 7016+	a_0	239·2503 445+	20·5889 412−	0·9968 5028+
a_1	13·1860 950+	3·8772 469−	0·0083 2748+	a_1	15·4062 370+	1·6346 778−	0·0049 0985−
a_2	1138 429+	3772 751−	3630+	a_2	976 939+	6882 974+	17 5656−
a_3	86 969+	322 552+	1333−	a_3	610 192−	208 316+	2956+
a_4	38 539+	12 631+	504−	a_4	48 313−	70 420−	1943+
a_5	2 109−	666−		a_5	12 197+	707−	

December 5 / December 13

	Apparent Right Ascension	Apparent Declination	Horizontal Parallax		Apparent Right Ascension	Apparent Declination	Horizontal Parallax
a_0	142·2652 100+	9·4036 083+	0·9678 1557+	a_0	254·6896 448+	21·5216 028−	0·9902 3286+
a_1	12·9988 606+	4·5303 110−	0·0083 3991+	a_1	15·4053 383−	0·2241 040−	0·0082 5649−
a_2	667 423−	2735 945−	3468−	a_2	1021 043−	7078 423+	15 5281−
a_3	219 771+	366 896+	3386−	a_3	682 560−	77 535−	1 0869+
a_4	27 745+	9 434+	745−	a_4	16 246+	73 316−	1444+
a_5	2 517−	174+		a_5	10 175+	4 463+	

December 6 / December 14

	Apparent Right Ascension	Apparent Declination	Horizontal Parallax		Apparent Right Ascension	Apparent Declination	Horizontal Parallax
a_0	155·2218 281+	4·6373 532+	0·9760 7948+	a_0	269·9272 649+	21·0525 032−	0·9805 4668+
a_1	12·9411 462+	4·9635 703−	0·0081 3912+	a_1	15·0079 389+	1·1412 277+	0·0109 7825−
a_2	133 189+	1576 867−	1 8120−	a_2	2869 414−	6450 798+	11 4252−
a_3	305 343+	406 576+	6436−	a_3	520 129−	324 996−	1 6688+
a_4	15 232+	10 599+	823−	a_4	67 766+	49 307−	654+
a_5	2 895−	539+		a_5	2 401+	6 473+	

December 7 / December 15

	Apparent Right Ascension	Apparent Declination	Horizontal Parallax		Apparent Right Ascension	Apparent Declination	Horizontal Parallax
a_0	168·2080 612+	0·4421 323−	0·9839 6481+	a_0	284·6032 662+	19·3029 786−	0·9685 9934+
a_1	13·0640 309+	5·1524 620−	0·0075 5065+	a_1	14·3063 176+	2·3174 007+	0·0127 3649−
a_2	1111 671+	288 084−	4 2310−	a_2	3999 476−	5244 847−	6 0501−
a_3	336 786+	454 088+	9826−	a_3	228 496−	458 312−	1 9258+
a_4	941+	13 723+	640−	a_4	77 871+	15 928−	121−
a_5	3 807−	73+		a_5	3 612−	4 942+	

December 8 / December 16

	Apparent Right Ascension	Apparent Declination	Horizontal Parallax		Apparent Right Ascension	Apparent Declination	Horizontal Parallax
a_0	181·4166 511+	5·5766 144−	0·9909 8770+	a_0	298·4942 126+	16·5080 230−	0·9554 4919+
a_1	13·3858 722+	5·0683 290−	0·0063 8402+	a_1	13·4672 143+	3·2249 730+	0·0133 7369−
a_2	2089 571+	1157 314+	7 5474−	a_2	4254 115−	3823 755+	3628−
a_3	301 780+	508 804+	1 2486−	a_3	45 974+	474 155−	1 8683+
a_4	18 216−	14 567+	144−	a_4	58 115+	8 761+	672−
a_5	5 062−	1 473−		a_5	5 040−	2 211+	

December 9 / December 17

	Apparent Right Ascension	Apparent Declination	Horizontal Parallax		Apparent Right Ascension	Apparent Declination	Horizontal Parallax
a_0	195·0393 305+	10·4770 222−	0·9964 9070+	a_0	311·5459 204+	12·9469 928−	0·9422 1932+
a_1	13·8845 029+	4·6791 376−	0·0044 9420+	a_1	12·6509 110+	3·8520 848+	0·0129 1269−
a_2	2834 829+	2756 428+	11 3561−	a_2	3817 996−	2475 895+	4 8302+
a_3	178 315+	550 952+	1 3117−	a_3	228 692+	418 228−	1 5911+
a_4	44 565−	7 422+	607+	a_4	32 330+	19 375+	946−
a_5	5 157−	3 896−		a_5	3 816−	104+	

Formula: Quantity in degrees $= a_0 + a_1 p + a_2 p^2 + a_3 p^3 + a_4 p^4 + a_5 p^5$
where p is the fraction of a day from 0^h TDT.

DAILY POLYNOMIAL COEFFICIENTS

December 18

	Apparent Right Ascension	Apparent Declination	Horizontal Parallax
a_0	323·8407 524+	8·8871 935+	0·9299 3931+
a_1	11·9669 453+	4·2295 961+	0·0115 0718−
a_2	2976 099+	1338 439+	9 0341+
a_3	320 778+	340 332−	1 2073+
a_4	13 310+	19 499+	1002−
a_5	2 189−	983−	

December 19

	Apparent Right Ascension	Apparent Declination	Horizontal Parallax
a_0	335·5432 777+	4·5559 351−	0·9194 4625+
a_1	11·4721 896+	4·4024 920+	0·0093 7825−
a_2	1955 775−	424 572+	12 0570+
a_3	352 748+	272 379−	8043+
a_4	2 584+	14 346+	936−
a_5	1 115−	1 339−	

December 20

	Apparent Right Ascension	Apparent Declination	Horizontal Parallax
a_0	346·8553 115+	0·1369 231−	0·9113 4477+
a_1	11·1873 357+	4·4107 615+	0·0067 6301−
a_2	893 156−	319 905−	13 9115+
a_3	352 169+	228 370−	4296+
a_4	2 793−	7 515+	830−
a_5	719−	1 301−	

December 21

	Apparent Right Ascension	Apparent Declination	Horizontal Parallax
a_0	357·9881 973+	4·2196 322+	0·9060 0757+
a_1	11·1128 784+	4·2806 248+	0·0038 8505−
a_2	139 415+	972 960−	14 7051+
a_3	333 721+	211 172−	981+
a_4	6 251−	906−	731−
a_5	875−	1 038−	

December 22

	Apparent Right Ascension	Apparent Declination	Horizontal Parallax
a_0	9·1476 767+	8·3818 306+	0·9035 9554+
a_1	11·2379 390+	4·0225 253+	0·0009 4381−
a_2	1094 315+	1611 439−	14 5634+
a_3	299 659+	217 646−	1936−
a_4	10 582−	4 403−	652−
a_5	1 404−	558−	

December 23

	Apparent Right Ascension	Apparent Declination	Horizontal Parallax
a_0	20·5238 145+	12·2209 512+	0·9040 8218+
a_1	11·5417 643+	3·6329 043+	0·0018 8468+
a_2	1915 731+	2296 400−	13 5932+
a_3	242 962+	240 392−	4547−
a_4	17 736−	7 342−	583−
a_5	1 988−	210+	

December 24

	Apparent Right Ascension	Apparent Declination	Horizontal Parallax
a_0	32·2794 757+	15·5994 632+	0·9072 7489+
a_1	11·9897 105+	3·0986 763+	0·0044 4358+
a_2	2518 244+	3059 545−	11 8819+
a_3	152 137+	267 046−	6891−
a_4	28 126−	6 404−	496−
a_5	2 026−	1 273+	

December 25

	Apparent Right Ascension	Apparent Declination	Horizontal Parallax
a_0	44·5332 092+	18·3649 673+	0·9128 3279+
a_1	12·5267 390+	2·4047 295+	0·0065 9337+
a_2	2785 530+	3886 370−	9 5211+
a_3	20 140+	279 313−	8897−
a_4	38 981−	40+	359−
a_5	737−	2 367+	

December 26

	Apparent Right Ascension	Apparent Declination	Horizontal Parallax
a_0	57·3365 433+	20·3533 692+	0·9202 8571+
a_1	13·0739 292+	1·5448 612+	0·0082 1630+
a_2	2604 604+	4700 350−	6 6431+
a_3	141 560−	255 218−	1 0358−
a_4	43 204−	12 263+	149−
a_5	2 075+	2 865+	

December 27

	Apparent Right Ascension	Apparent Declination	Horizontal Parallax
a_0	70·6526 640+	21·4041 864+	0·9290 6125+
a_1	13·5361 413+	0·5345 628+	0·0092 2823+
a_2	1941 489+	5363 696−	3 4551+
a_3	291 981+	177 932−	1 0970−
a_4	32 482−	27 134+	129+
a_5	5 039+	2 150+	

December 28

	Apparent Right Ascension	Apparent Declination	Horizontal Parallax
a_0	84·3510 118+	21·3875 149+	0·9385 2659+
a_1	13·8263 725+	0·5796 293−	0·0095 9532+
a_2	921 204+	5713 148−	2507+
a_3	371 078−	48 913−	1 0450−
a_4	6 120−	38 156+	428+
a_5	5 853+	360+	

December 29

	Apparent Right Ascension	Apparent Declination	Horizontal Parallax
a_0	98·2323 702+	20·2355 310+	0·9480 4677+
a_1	13·8997 661+	1·7214 925−	0·0093 4912+
a_2	170 104−	5627 385−	2 6199−
a_3	338 198−	106 273+	8703−
a_4	24 026+	39 722+	669+
a_5	3 776+	1 462+	

December 30

	Apparent Right Ascension	Apparent Declination	Horizontal Parallax
a_0	112·0840 863+	17·9657 533+	0·9570 5356+
a_1	13·7757 806+	2·7999 308+	0·0085 9083+
a_2	1002 808−	5084 922−	4 8267−
a_3	206 157−	250 050+	5971−
a_4	42 790+	31 926+	763+
a_5	550+	2 304−	

December 31

	Apparent Right Ascension	Apparent Declination	Horizontal Parallax
a_0	125·7433 044+	14·6852 975+	0·9651 0964+
a_1	13·5307 604+	3·7302 816−	0·0074 7693+
a_2	1359 144−	4166 305−	6 1630−
a_3	30 827−	354 858+	2855−
a_4	44 866+	20 052+	665+
a_5	1 761−	2 026−	

December 32

	Apparent Right Ascension	Apparent Declination	Horizontal Parallax
a_0	139·1393 781+	10·5756 738+	0·9719 4836+
a_1	13·2667 478+	4·4500 764−	0·0061 8531+
a_2	1200 135−	3001 688−	6 6287−
a_3	130 479+	415 289+	150−
a_4	35 519+	9 843+	395+
a_5	2 662−	1 166−	

Formula: Quantity in degrees $= a_0 + a_1 p + a_2 p^2 + a_3 p^3 + a_4 p^4 + a_5 p^5$

where p is the fraction of a day from 0^h TDT.

NOTES AND FORMULAE

Low-precision formulae for geocentric coordinates of the Moon

The following formulae give approximate geocentric coordinates of the Moon. The errors will rarely exceed $0°3$ in ecliptic longitude (λ), $0°2$ in ecliptic latitude (β), $0°003$ in horizontal parallax (π), $0°001$ in semidiameter (SD), 0.2 Earth radii in distance (r), $0°3$ in right ascension (α) and $0°2$ in declination (δ).

On this page the time argument T is the number of Julian centuries from J2000·0.

$$T = (JD - 245\ 1545·0)/36\ 525 = (-2557·5 + \text{day of year} + UT/24)/36\ 525$$

where day of year is given on pages B2–B3 and UT is the universal time in hours.

$$\begin{aligned}
\lambda = {}& 218°32 + 481\ 267°883\ T \\
& + 6°29 \sin(134°9 + 477\ 198°85\ T) - 1°27 \sin(259°2 - 413\ 335°38\ T) \\
& + 0°66 \sin(235°7 + 890\ 534°23\ T) + 0°21 \sin(269°9 + 954\ 397°70\ T) \\
& - 0°19 \sin(357°5 + 35\ 999°05\ T) - 0°11 \sin(186°6 + 966\ 404°05\ T) \\
\beta = {}& + 5°13 \sin(93°3 + 483\ 202°03\ T) + 0°28 \sin(228°2 + 960\ 400°87\ T) \\
& - 0°28 \sin(318°3 + 6\ 003°18\ T) - 0°17 \sin(217°6 - 407\ 332°20\ T) \\
\pi = {}& + 0°9508 \\
& + 0°0518 \cos(134°9 + 477\ 198°85\ T) + 0°0095 \cos(259°2 - 413\ 335°38\ T) \\
& + 0°0078 \cos(235°7 + 890\ 534°23\ T) + 0°0028 \cos(269°9 + 954\ 397°70\ T) \\
SD = {}& 0·2725\ \pi \\
r = {}& 1/\sin \pi
\end{aligned}$$

Form the geocentric direction cosines (l, m, n) from:

$$\begin{aligned}
l &= \cos \beta \cos \lambda \\
m &= +0·9175 \cos \beta \sin \lambda - 0·3978 \sin \beta \\
n &= +0·3978 \cos \beta \sin \lambda + 0·9175 \sin \beta
\end{aligned}$$

where $l = \cos \delta \cos \alpha \quad m = \cos \delta \sin \alpha \quad n = \sin \delta$
Then $\alpha = \tan^{-1}(m/l)$ and $\delta = \sin^{-1}(n)$
where the quadrant of α is determined by the signs of l and m, and where α, δ are referred to the mean equator and equinox of date.

Low-precision formulae for topocentric coordinates of the Moon

The following formulae give approximate topocentric values of right ascension (α'), declination (δ'), distance (r'), parallax (π') and semi-diameter (SD').

Form the geocentric rectangular coordinates (x, y, z) from:

$$\begin{aligned}
x &= rl = r \cos \delta \cos \alpha \\
y &= rm = r \cos \delta \sin \alpha \\
z &= rn = r \sin \delta
\end{aligned}$$

Form the topocentric rectangular coordinates (x', y', z') from:

$$\begin{aligned}
x' &= x - \cos \phi' \cos \theta_0 \\
y' &= y - \cos \phi' \sin \theta_0 \\
z' &= z - \sin \phi'
\end{aligned}$$

where ϕ' is the observer's geocentric latitude and θ_0 is the local sidereal time.

$$\theta_0 = 100°46 + 36\ 000°77\ T + \lambda' + 15\ UT$$

where λ' is the observer's east longitude.

Then
$$\begin{aligned}
r' &= (x'^2 + y'^2 + z'^2)^{1/2} \quad \alpha' = \tan^{-1}(y'/x') \quad \delta' = \sin^{-1}(z'/r') \\
\pi' &= \sin^{-1}(1/r') \quad\quad\quad SD' = 0·2725\pi'
\end{aligned}$$

CONTENTS OF SECTION E

NOTES

1. Other data, explanatory notes and formulas are given on the following pages:

2. Other data on the planets are given on the following pages:

NOTES AND FORMULAS

Orbital elements

The heliocentric osculating orbital elements for the Earth given on pages E3–E4 refer to the Earth/Moon barycenter. In ecliptic rectangular coordinates, the correction from the Earth/Moon barycenter to the Earth's center is given by:

(Earth's center) = (Earth/Moon barycenter) − (0.000 0312 cos L, 0.000 0312 sin L, 0.0)

where $L = 218° + 481\ 268°\ T$, with T in Julian centuries from JD 245 1545.0 to 5 decimal places; the coordinates are in au and are referred to the mean equinox and ecliptic of date.

Linear interpolation of the heliocentric osculating orbital elements usually leads to errors of about 1″ or 2″ in the geocentric positions of the Sun and planets: the errors may, however, reach about 7″ for Venus at inferior conjunction and about 3″ for Mars at opposition.

Heliocentric coordinates

The heliocentric ecliptic coordinates of the Earth may be obtained from the geocentric ecliptic coordinates of the Sun given on pages C4–C18 by adding ±180° to the longitude, and reversing the sign of the latitude.

Geocentric coordinates

Precise values of apparent semidiameter and horizontal parallax may be computed from the formulas and values given on page E43. Values of apparent diameter are tabulated in the ephemerides for physical observations on pages E52 onwards.

Times of transit, rising and setting

Formulas for obtaining the universal times of transit, rising and setting of the planets are given on page E43.

Ephemerides for physical observations

Full descriptions of the quantities tabulated in the ephemerides for physical observations of the planets are given in the Explanation (Section L).

Invariable plane of the solar system

Approximate coordinates of the north pole of the invariable plane for J2000.0 are:

$$\alpha_0 = 273°.85 \qquad \delta_0 = 66°.99$$

HELIOCENTRIC OSCULATING ORBITAL ELEMENTS
REFERRED TO THE MEAN ECLIPTIC AND EQUINOX OF J2000.0

Julian Date 244	Inclin- ation i	Longitude Asc. Node Ω	Longitude Perihelion $\tilde{\omega}$	Mean Distance a	Daily Motion n	Eccen- tricity e	Mean Longitude L
MERCURY	°	°	°	°			°
9000.5	7.005 39	48.3392	77.4442	0.387 0989	4.092 336	0.205 6201	279.296 48
9200.5	7.005 41	48.3386	77.4420	0.387 0984	4.092 343	0.205 6276	17.765 02
VENUS							
9000.5	3.394 60	76.6998	131.696	0.723 3249	1.602 155	0.006 7491	65.360 87
9200.5	3.394 68	76.6953	131.413	0.723 3296	1.602 139	0.006 7996	25.783 96
EARTH*							
9000.5	0.000 96	0.6	102.8470	1.000 0029	0.985 604 9	0.016 7052	112.581 12
9200.5	0.000 75	358.9	102.8054	0.999 9998	0.985 609 5	0.016 6987	309.705 34
MARS							
9000.5	1.850 33	49.5753	336.0177	1.523 6263	0.524 066 6	0.093 4810	102.048 06
9200.5	1.850 31	49.5757	336.0375	1.523 7507	0.524 002 4	0.093 3535	206.851 30
JUPITER							
9000.5	1.304 64	100.4696	15.6871	5.202 988	0.083 086 81	0.048 2999	182.950 24
9200.5	1.304 63	100.4707	15.6717	5.202 787	0.083 091 62	0.048 3379	199.569 49
SATURN							
9000.5	2.486 82	113.6735	93.4970	9.525 356	0.033 530 83	0.053 8115	324.800 17
9200.5	2.486 44	113.6685	93.1884	9.530 050	0.033 506 06	0.053 3435	331.481 56
URANUS							
9000.5	0.772 26	74.0219	172.8397	19.216 80	0.011 700 16	0.047 7621	283.243 38
9200.5	0.772 47	74.0329	173.8986	19.235 31	0.011 683 28	0.047 3229	285.586 53
NEPTUNE							
9000.5	1.772 02	131.7531	43.810	30.104 11	0.005 967 282	0.006 6367	289.459 79
9200.5	1.771 80	131.7560	33.496	30.140 84	0.005 956 378	0.006 2489	290.653 61
PLUTO							
9000.5	17.140 12	110.2901	223.9482	39.771 57	0.003 929 569	0.254 2840	228.699 25
9200.5	17.135 57	110.3143	224.0992	39.810 13	0.003 923 862	0.254 9486	229.540 89

HELIOCENTRIC COORDINATES AND VELOCITY COMPONENTS
REFERRED TO THE MEAN EQUATOR AND EQUINOX OF J2000.0

	x	y	z	$\dot{x}$	$\dot{y}$	$\dot{z}$
MERCURY						
9000.5	+ 0.016 3060	− 0.407 1873	− 0.219 1904	+ 0.022 475 01	+ 0.002 983 23	− 0.000 737 91
9200.5	+ 0.357 9568	− 0.013 3089	− 0.044 2407	− 0.003 102 24	+ 0.025 817 21	+ 0.014 112 09
VENUS						
9000.5	+ 0.308 6035	+ 0.601 7373	+ 0.251 1658	− 0.018 347 10	+ 0.007 386 93	+ 0.004 484 31
9200.5	+ 0.655 6286	+ 0.294 9631	+ 0.091 1979	− 0.008 641 04	+ 0.016 428 50	+ 0.007 937 54
EARTH*						
9000.5	− 0.382 9044	+ 0.831 1880	+ 0.360 3807	− 0.016 127 39	− 0.006 203 77	− 0.002 689 79
9200.5	+ 0.636 7352	− 0.725 1473	− 0.314 4010	+ 0.013 117 55	+ 0.009 844 27	+ 0.004 268 17
MARS						
9000.5	− 0.555 2842	+ 1.373 1126	+ 0.644 8226	− 0.012 608 00	− 0.003 417 40	− 0.001 226 40
9200.5	− 1.530 8754	− 0.498 7368	− 0.187 3434	+ 0.005 118 33	− 0.010 881 45	− 0.005 129 41
JUPITER						
9000.5	− 5.433 317	− 0.406 439	− 0.041 833	+ 0.000 441 975	− 0.006 598 355	− 0.002 839 125
9200.5	− 5.148 567	− 1.695 330	− 0.601 248	+ 0.002 387 143	− 0.006 211 989	− 0.002 720 903
SATURN						
9000.5	+ 7.571 424	− 5.718 840	− 2.687 619	+ 0.003 270 504	+ 0.003 997 225	+ 0.001 510 101
9200.5	+ 8.177 455	− 4.885 595	− 2.369 567	+ 0.002 782 257	+ 0.004 327 553	+ 0.001 667 576
URANUS						
9000.5	+ 6.132 91	− 16.995 24	− 7.530 13	+ 0.003 707 127	+ 0.000 976 342	+ 0.000 375 163
9200.5	+ 6.869 50	− 16.786 58	− 7.449 13	+ 0.003 657 729	+ 0.001 110 016	+ 0.000 434 388
NEPTUNE						
9000.5	+ 9.717 32	− 26.365 26	− 11.033 46	+ 0.002 953 205	+ 0.000 974 016	+ 0.000 325 027
9200.5	+ 10.306 02	− 26.164 75	− 10.966 07	+ 0.002 933 449	+ 0.001 031 174	+ 0.000 348 929
PLUTO						
9000.5	− 17.165 27	− 24.147 03	− 2.364 92	+ 0.002 652 172	− 0.001 876 390	− 0.001 384 823
9200.5	− 16.630 81	− 24.516 80	− 2.641 32	+ 0.002 692 111	− 0.001 820 966	− 0.001 378 989

*Values labelled for the Earth are actually for the Earth/Moon barycenter (see note on page E2).
The velocity components are expressed in astronomical units per day.

HELIOCENTRIC OSCULATING ORBITAL ELEMENTS
REFERRED TO THE MEAN ECLIPTIC AND EQUINOX OF DATE

Date	Julian Date 244	Inclination i	Longitude Asc. Node Ω	Longitude Perihelion ϖ	Mean Distance a	Daily Motion n	Eccentricity e	Mean Longitude L
MERCURY		°	°	°		°		°
Jan. −6	8920.5	7.0048	48.245	77.343	0.387 100	4.092 32	0.205 620	311.8100
Jan. −27	8960.5	7.0048	48.246	77.345	0.387 099	4.092 34	0.205 617	115.5045
Jan. 13	9000.5	7.0049	48.248	77.347	0.387 099	4.092 34	0.205 620	279.1991
Feb. 22	9040.5	7.0049	48.249	77.349	0.387 098	4.092 34	0.205 619	82.8941
Apr. 3	9080.5	7.0049	48.250	77.349	0.387 098	4.092 36	0.205 627	246.5887
May 13	9120.5	7.0049	48.252	77.350	0.387 098	4.092 35	0.205 627	50.2845
June 22	9160.5	7.0049	48.253	77.351	0.387 098	4.092 35	0.205 628	213.9798
Aug. 1	9200.5	7.0049	48.254	77.352	0.387 098	4.092 34	0.205 628	17.6753
Sept. 10	9240.5	7.0049	48.256	77.354	0.387 098	4.092 34	0.205 626	181.3704
Oct. 20	9280.5	7.0049	48.257	77.355	0.387 098	4.092 34	0.205 627	345.0656
Nov. 29	9320.5	7.0049	48.259	77.357	0.387 098	4.092 34	0.205 625	148.7607
VENUS								
Jan. −6	8920.5	3.3945	76.615	131.55	0.723 326	1.602 15	0.006 753	297.0888
Jan. −27	8960.5	3.3945	76.616	131.56	0.723 327	1.602 15	0.006 750	1.1761
Jan. 13	9000.5	3.3945	76.618	131.60	0.723 325	1.602 15	0.006 749	65.2635
Feb. 22	9040.5	3.3945	76.619	131.59	0.723 332	1.602 13	0.006 759	129.3512
Apr. 3	9080.5	3.3945	76.617	131.57	0.723 347	1.602 08	0.006 786	193.4352
May 13	9120.5	3.3946	76.617	131.37	0.723 330	1.602 14	0.006 801	257.5196
June 22	9160.5	3.3946	76.618	131.33	0.723 327	1.602 15	0.006 804	321.6072
Aug. 1	9200.5	3.3946	76.620	131.32	0.723 330	1.602 14	0.006 800	25.6943
Sept. 10	9240.5	3.3946	76.621	131.36	0.723 326	1.602 15	0.006 798	89.7815
Oct. 20	9280.5	3.3946	76.622	131.38	0.723 329	1.602 14	0.006 801	153.8691
Nov. 29	9320.5	3.3946	76.623	131.40	0.723 334	1.602 12	0.006 810	217.9553
EARTH*								
Jan. −6	8920.5	0.0	—	102.711	1.000 006	0.985 600	0.016 706	33.6316
Jan. −27	8960.5	0.0	—	102.726	1.000 002	0.985 606	0.016 704	73.0573
Jan. 13	9000.5	0.0	—	102.750	1.000 003	0.985 605	0.016 705	112.4838
Feb. 22	9040.5	0.0	—	102.783	1.000 012	0.985 591	0.016 710	151.9099
Apr. 3	9080.5	0.0	—	102.786	1.000 010	0.985 594	0.016 702	191.3361
May 13	9120.5	0.0	—	102.772	1.000 007	0.985 599	0.016 696	230.7624
June 22	9160.5	0.0	—	102.739	0.999 999	0.985 610	0.016 698	270.1889
Aug. 1	9200.5	0.0	—	102.716	1.000 000	0.985 610	0.016 699	309.6157
Sept. 10	9240.5	0.0	—	102.709	1.000 003	0.985 604	0.016 695	349.0414
Oct. 20	9280.5	0.0	—	102.712	1.000 003	0.985 604	0.016 689	28.4663
Nov. 29	9320.5	0.0	—	102.729	0.999 993	0.985 619	0.016 678	67.8916
MARS								
Jan. −6	8920.5	1.8498	49.499	335.926	1.523 633	0.524 063	0.093 508	60.0190
Jan. −27	8960.5	1.8498	49.500	335.923	1.523 624	0.524 068	0.093 498	80.9843
Jan. 13	9000.5	1.8498	49.501	335.920	1.523 626	0.524 067	0.093 481	101.9507
Feb. 22	9040.5	1.8498	49.502	335.920	1.523 651	0.524 054	0.093 454	122.9170
Apr. 3	9080.5	1.8498	49.503	335.920	1.523 684	0.524 037	0.093 427	143.8819
May 13	9120.5	1.8498	49.504	335.924	1.523 720	0.524 018	0.093 401	164.8440
June 22	9160.5	1.8498	49.506	335.932	1.523 749	0.524 003	0.093 374	185.8037
Aug. 1	9200.5	1.8498	49.507	335.948	1.523 751	0.524 002	0.093 354	206.7616
Sept. 10	9240.5	1.8498	49.509	335.967	1.523 726	0.524 015	0.093 337	227.7200
Oct. 20	9280.5	1.8498	49.510	335.988	1.523 680	0.524 039	0.093 329	248.6807
Nov. 29	9320.5	1.8498	49.511	336.006	1.523 640	0.524 060	0.093 324	269.6439

*Values labelled for the Earth are actually for the Earth/Moon barycenter (see note on page E2).

FORMULAS

Mean anomaly, $M = L - \varpi$

Argument of perihelion, measured from node, $\omega = \varpi - \Omega$

True anomaly, $v = M + (2e - e^3/4) \sin M + (5e^2/4) \sin 2M + (13e^3/12) \sin 3M + \dots$ in radians.

True distance, $r = a(1 - e^2)/(1 + e \cos v)$

Heliocentric rectangular coordinates, referred to the ecliptic of date, may be computed from these elements by:

$$x = r \{\cos (v + \omega) \cos \Omega - \sin (v + \omega) \cos i \sin \Omega\}$$
$$y = r \{\cos (v + \omega) \sin \Omega + \sin (v + \omega) \cos i \cos \Omega\}$$
$$z = r \sin (v + \omega) \sin i$$

HELIOCENTRIC OSCULATING ORBITAL ELEMENTS
REFERRED TO THE MEAN ECLIPTIC AND EQUINOX OF DATE

Date	Julian Date 244	Inclin- ation i	Longitude Asc. Node Ω	Longitude Perihelion ϖ	Mean Distance a	Daily Motion n	Eccen- tricity e	Mean Longitude L
JUPITER		°	°	°		°		°
Jan. − 6	8920.5	1.3049	100.408	15.565	5.202 94	0.083 088 1	0.048 305	176.2049
Jan. − 27	8960.5	1.3049	100.410	15.578	5.202 93	0.083 088 2	0.048 310	179.5286
Jan. 13	9000.5	1.3049	100.411	15.590	5.202 99	0.083 086 8	0.048 300	182.8529
Feb. 22	9040.5	1.3049	100.412	15.594	5.203 07	0.083 084 8	0.048 283	186.1780
Apr. 3	9080.5	1.3049	100.412	15.583	5.203 10	0.083 084 1	0.048 276	189.5043
May 13	9120.5	1.3049	100.413	15.573	5.203 01	0.083 086 2	0.048 293	192.8302
June 22	9160.5	1.3049	100.415	15.571	5.202 89	0.083 089 0	0.048 317	196.1555
Aug. 1	9200.5	1.3049	100.416	15.582	5.202 79	0.083 091 6	0.048 338	199.4798
Sept. 10	9240.5	1.3049	100.417	15.594	5.202 78	0.083 091 8	0.048 339	202.8040
Oct. 20	9280.5	1.3049	100.417	15.599	5.202 80	0.083 091 3	0.048 334	206.1288
Nov. 29	9320.5	1.3049	100.417	15.598	5.202 82	0.083 090 7	0.048 330	209.4541
SATURN								
Jan. − 6	8920.5	2.4874	113.593	93.437	9.524 25	0.033 536 7	0.053 953	322.0262
Jan. − 27	8960.5	2.4873	113.594	93.415	9.524 82	0.033 533 7	0.053 885	323.3652
Jan. 13	9000.5	2.4873	113.594	93.400	9.525 36	0.033 530 8	0.053 811	324.7028
Feb. 22	9040.5	2.4872	113.595	93.380	9.525 99	0.033 527 5	0.053 726	326.0394
Apr. 3	9080.5	2.4871	113.596	93.332	9.526 93	0.033 522 5	0.053 617	327.3756
May 13	9120.5	2.4870	113.596	93.255	9.528 06	0.033 516 6	0.053 510	328.7133
June 22	9160.5	2.4869	113.596	93.173	9.529 14	0.033 510 9	0.053 417	330.0522
Aug. 1	9200.5	2.4868	113.596	93.099	9.530 05	0.033 506 1	0.053 344	331.3919
Sept. 10	9240.5	2.4868	113.596	93.045	9.530 78	0.033 502 2	0.053 277	332.7305
Oct. 20	9280.5	2.4867	113.597	92.984	9.531 59	0.033 497 9	0.053 201	334.0683
Nov. 29	9320.5	2.4867	113.597	92.911	9.532 52	0.033 493 0	0.053 119	335.4056
URANUS								
Jan. − 6	8920.5	0.7720	73.988	172.403	19.211 2	0.011 705 3	0.047 854	282.2099
Jan. − 27	8960.5	0.7721	73.989	172.563	19.213 9	0.011 702 8	0.047 806	282.6787
Jan. 13	9000.5	0.7721	73.991	172.742	19.216 8	0.011 700 2	0.047 762	283.1461
Feb. 22	9040.5	0.7721	73.993	172.953	19.220 2	0.011 697 0	0.047 711	283.6128
Apr. 3	9080.5	0.7722	73.998	173.207	19.224 5	0.011 693 2	0.047 630	284.0809
May 13	9120.5	0.7723	74.001	173.444	19.228 6	0.011 689 4	0.047 525	284.5519
June 22	9160.5	0.7723	74.003	173.647	19.232 3	0.011 686 0	0.047 418	285.0243
Aug. 1	9200.5	0.7723	74.004	173.809	19.235 3	0.011 683 3	0.047 323	285.4969
Sept. 10	9240.5	0.7724	74.008	173.968	19.238 1	0.011 680 7	0.047 245	285.9675
Oct. 20	9280.5	0.7724	74.012	174.152	19.241 4	0.011 677 7	0.047 159	286.4378
Nov. 29	9320.5	0.7725	74.017	174.351	19.244 9	0.011 674 5	0.047 060	286.9086
NEPTUNE								
Jan. − 6	8920.5	1.7727	131.673	46.27	30.093 3	0.005 970 50	0.006 841	288.8876
Jan. − 27	8960.5	1.7727	131.675	45.05	30.098 5	0.005 968 96	0.006 747	289.1259
Jan. 13	9000.5	1.7727	131.676	43.71	30.104 1	0.005 967 28	0.006 637	289.3625
Feb. 22	9040.5	1.7727	131.677	42.08	30.110 7	0.005 965 31	0.006 513	289.5983
Apr. 3	9080.5	1.7727	131.678	39.86	30.119 1	0.005 962 82	0.006 389	289.8358
May 13	9120.5	1.7726	131.680	37.46	30.127 4	0.005 960 35	0.006 310	290.0772
June 22	9160.5	1.7725	131.682	35.25	30.134 8	0.005 958 16	0.006 267	290.3204
Aug. 1	9200.5	1.7724	131.685	33.41	30.140 8	0.005 956 38	0.006 249	290.5639
Sept. 10	9240.5	1.7724	131.686	31.69	30.146 5	0.005 954 70	0.006 222	290.8052
Oct. 20	9280.5	1.7724	131.688	29.71	30.153 0	0.005 952 77	0.006 195	291.0463
Nov. 29	9320.5	1.7724	131.689	27.52	30.160 1	0.005 950 66	0.006 181	291.2880
PLUTO								
Jan. − 6	8920.5	17.1418	110.185	223.808	39.754 4	0.003 932 11	0.253 976	228.2705
Jan. − 27	8960.5	17.1412	110.190	223.829	39.762 0	0.003 930 99	0.254 111	228.4363
Jan. 13	9000.5	17.1405	110.195	223.851	39.771 6	0.003 929 57	0.254 284	228.6018
Feb. 22	9040.5	17.1397	110.201	223.876	39.782 7	0.003 927 92	0.254 484	228.7685
Apr. 3	9080.5	17.1387	110.208	223.910	39.794 0	0.003 926 25	0.254 684	228.9385
May 13	9120.5	17.1377	110.215	223.947	39.801 7	0.003 925 11	0.254 815	229.1103
June 22	9160.5	17.1367	110.222	223.980	39.806 8	0.003 924 35	0.254 898	229.2816
Aug. 1	9200.5	17.1359	110.227	224.009	39.810 1	0.003 923 86	0.254 949	229.4511
Sept. 10	9240.5	17.1352	110.232	224.036	39.815 1	0.003 923 13	0.255 031	229.6190
Oct. 20	9280.5	17.1344	110.238	224.065	39.821 0	0.003 922 25	0.255 130	229.7881
Nov. 29	9320.5	17.1335	110.244	224.098	39.826 9	0.003 921 38	0.255 227	229.9583

MERCURY, 1993

HELIOCENTRIC POSITIONS FOR 0ʰ DYNAMICAL TIME
MEAN EQUINOX AND ECLIPTIC OF DATE

Date		Longitude	Latitude	Radius Vector	Date		Longitude	Latitude	Radius Vector
		° ′ ″	° ′ ″				° ′ ″	° ′ ″	
Jan.	0	235 55 58.3	− 0 56 29.0	0.458 5441	Feb.	15	42 19 17.2	− 0 43 37.1	0.317 3300
	1	238 45 15.5	1 17 00.8	.460 5244		16	48 17 47.5	+ 0 00 21.0	.314 2469
	2	241 33 14.4	1 37 11.6	.462 2327		17	54 22 46.7	0 45 06.5	.311 7019
	3	244 20 08.3	1 57 00.5	.463 6669		18	60 33 13.2	1 29 59.8	.309 7332
	4	247 06 10.2	2 16 26.3	.464 8253		19	66 47 55.4	2 14 18.5	.308 3711
	5	249 51 32.9	− 2 35 28.1	0.465 7064		20	73 05 33.4	+ 2 57 18.6	0.307 6375
	6	252 36 28.9	2 54 04.8	.466 3093		21	79 24 41.1	3 38 16.9	.307 5443
	7	255 21 10.6	3 12 15.3	.466 6333		22	85 43 48.3	4 16 33.0	.308 0930
	8	258 05 50.2	3 29 58.6	.466 6781		23	92 01 24.0	4 51 31.3	.309 2747
	9	260 50 40.0	3 47 13.4	.466 4435		24	98 15 59.2	5 22 42.4	.311 0704
	10	263 35 52.2	− 4 03 58.6	0.465 9299		25	104 26 09.8	+ 5 49 44.4	0.313 4520
	11	266 21 39.0	4 20 12.7	.465 1378		26	110 30 39.0	6 12 23.6	.316 3834
	12	269 08 12.7	4 35 54.4	.464 0681		27	116 28 19.6	6 30 33.8	.319 8222
	13	271 55 45.9	4 51 01.9	.462 7221		28	122 18 15.4	6 44 16.4	.323 7212
	14	274 44 31.1	5 05 33.6	.461 1014	Mar.	1	127 59 41.4	6 53 38.6	.328 0303
	15	277 34 41.4	− 5 19 27.4	0.459 2080		2	133 32 04.4	+ 6 58 53.0	0.332 6972
	16	280 26 29.8	5 32 41.3	.457 0442		3	138 55 02.0	7 00 15.8	.337 6699
	17	283 20 10.1	5 45 12.9	.454 6130		4	144 08 22.1	6 58 05.7	.342 8969
	18	286 15 56.0	5 56 59.6	.451 9176		5	149 12 01.6	6 52 42.7	.348 3283
	19	289 14 02.1	6 07 58.5	.448 9620		6	154 06 05.0	6 44 27.5	.353 9169
	20	292 14 43.2	− 6 18 06.5	0.445 7506		7	158 50 42.9	+ 6 33 40.3	0.359 6180
	21	295 18 14.7	6 27 20.0	.442 2887		8	163 26 11.1	6 20 40.5	.365 3900
	22	298 24 52.7	6 35 35.2	.438 5821		9	167 52 49.2	6 05 46.5	.371 1948
	23	301 34 53.7	6 42 48.0	.434 6375		10	172 10 59.3	5 49 15.1	.376 9972
	24	304 48 35.1	6 48 53.6	.430 4628		11	176 21 05.6	5 31 21.7	.382 7652
	25	308 06 14.8	− 6 53 47.1	0.426 0666		12	180 23 33.5	+ 5 12 20.1	0.388 4699
	26	311 28 11.6	6 57 22.9	.421 4587		13	184 18 48.7	4 52 22.6	.394 0854
	27	314 54 44.7	6 59 35.2	.416 6505		14	188 07 17.3	4 31 40.2	.399 5882
	28	318 26 14.5	7 00 17.3	.411 6546		15	191 49 24.8	4 10 22.3	.404 9573
	29	322 03 01.5	6 59 22.5	.406 4852		16	195 25 36.4	3 48 37.3	.410 1741
	30	325 45 27.3	− 6 56 43.3	0.401 1585		17	198 56 16.5	+ 3 26 32.5	0.415 2219
	31	329 33 53.6	6 52 11.9	.395 6925		18	202 21 48.8	3 04 14.2	.420 0860
Feb.	1	333 28 43.0	6 45 40.1	.390 1075		19	205 42 35.8	2 41 47.8	.424 7532
	2	337 30 17.7	6 36 59.5	.384 4261		20	208 58 59.5	2 19 18.1	.429 2119
	3	341 39 00.5	6 26 01.3	.378 6736		21	212 11 20.4	1 56 48.9	.433 4518
	4	345 55 13.3	− 6 12 37.1	0.372 8782		22	215 19 58.6	+ 1 34 24.0	0.437 4640
	5	350 19 17.5	5 56 38.6	.367 0707		23	218 25 13.1	1 12 06.1	.441 2403
	6	354 51 33.4	5 37 58.1	.361 2854		24	221 27 21.8	0 49 58.0	.444 7739
	7	359 32 19.0	5 16 29.1	.355 5597		25	224 26 42.3	0 28 01.8	.448 0585
	8	4 21 50.0	4 52 06.4	.349 9341		26	227 23 31.0	+ 0 06 19.6	.451 0888
	9	9 20 18.7	− 4 24 47.0	0.344 4523		27	230 18 03.8	− 0 15 07.0	0.453 8600
	10	14 27 52.9	3 54 31.0	.339 1611		28	233 10 36.1	0 36 16.4	.456 3682
	11	19 44 34.9	3 21 21.5	.334 1095		29	236 01 22.4	0 57 07.3	.458 6099
	12	25 10 20.7	2 45 26.1	.329 3486		30	238 50 37.0	1 17 38.4	.460 5819
	13	30 44 58.4	2 06 57.3	.324 9304		31	241 38 33.6	1 37 48.6	.462 2819
	14	36 28 07.3	− 1 26 13.1	0.320 9072	Apr.	1	244 25 25.6	− 1 57 36.7	0.463 7077
	15	42 19 17.2	− 0 43 37.1	0.317 3300		2	247 11 26.1	− 2 17 01.8	0.464 8575

HELIOCENTRIC POSITIONS FOR 0ʰ DYNAMICAL TIME
MEAN EQUINOX AND ECLIPTIC OF DATE

Date	Longitude	Latitude	Radius Vector	Date	Longitude	Latitude	Radius Vector
	° ′ ″	° ′ ″			° ′ ″	° ′ ″	
Apr. 1	244 25 25.6	− 1 57 36.7	0.463 7077	May 17	60 44 57.4	+ 1 31 23.0	0.309 6778
2	247 11 26.1	2 17 01.8	.464 8575	18	66 59 46.8	2 15 40.0	.308 3351
3	249 56 47.6	2 36 02.9	.465 7302	19	73 17 29.4	2 58 37.0	.307 6213
4	252 41 42.9	2 54 38.8	.466 3245	20	79 36 38.9	3 39 31.0	.307 5483
5	255 26 24.3	3 12 48.5	.466 6399	21	85 55 45.1	4 17 41.5	.308 1170
6	258 11 04.0	− 3 30 30.9	0.466 6761	22	92 13 16.9	+ 4 52 33.2	0.309 3184
7	260 55 54.2	3 47 44.8	.466 4329	23	98 27 45.5	5 23 36.8	.311 1330
8	263 41 07.2	4 04 29.1	.465 9107	24	104 37 46.9	5 50 30.9	.313 5325
9	266 26 55.2	4 20 42.2	.465 1100	25	110 42 04.6	6 13 01.8	.316 4806
10	269 13 30.5	4 36 22.8	.464 0318	26	116 39 31.9	6 31 03.6	.319 9348
11	272 01 05.6	− 4 51 29.3	0.462 6773	27	122 29 12.6	+ 6 44 37.9	0.323 8477
12	274 49 53.2	5 05 59.8	.461 0481	28	128 10 22.3	6 53 52.2	.328 1689
13	277 40 06.2	5 19 52.5	.459 1462	29	133 42 28.0	6 58 59.2	.332 8465
14	280 31 57.8	5 33 05.1	.456 9741	30	139 05 07.8	7 00 15.0	.337 8282
15	283 25 41.6	5 45 35.4	.454 5345	31	144 18 09.9	6 57 58.6	.343 0625
16	286 21 31.6	− 5 57 20.7	0.451 8310	June 1	149 21 31.4	+ 6 52 29.9	0.348 4998
17	289 19 42.2	6 08 18.0	.448 8673	2	154 15 17.0	6 44 09.7	.354 0928
18	292 20 28.2	6 18 24.4	.445 6480	3	158 59 37.5	6 33 18.0	.359 7969
19	295 24 05.2	6 27 36.2	.442 1783	4	163 34 48.8	6 20 14.4	.365 5708
20	298 30 49.1	6 35 49.6	.438 4641	5	168 01 10.6	6 05 17.1	.371 3762
21	301 40 56.6	− 6 43 00.3	0.434 5122	6	172 19 05.1	+ 5 48 42.9	0.377 1781
22	304 54 45.0	6 49 03.8	.430 3303	7	176 28 56.7	5 30 47.2	.382 9447
23	308 12 32.4	6 53 55.0	.425 9272	8	180 31 10.6	5 11 43.7	.388 6472
24	311 34 37.4	6 57 28.4	.421 3128	9	184 26 12.7	4 51 44.7	.394 2596
25	315 01 19.4	6 59 38.0	.416 4984	10	188 14 28.9	4 31 01.0	.399 7586
26	318 32 58.6	− 7 00 17.3	0.411 4967	11	191 56 24.9	+ 4 09 42.1	0.405 1233
27	322 09 55.8	6 59 19.4	.406 3220	12	195 32 25.7	3 47 56.4	.410 3351
28	325 52 32.4	6 56 36.9	.400 9905	13	199 02 55.8	3 25 51.1	.415 3775
29	329 41 10.3	6 52 01.9	.395 5202	14	202 28 18.7	3 03 32.5	.420 2356
30	333 36 11.9	6 45 26.3	.389 9316	15	205 48 57.1	2 41 06.0	.424 8965
May 1	337 37 59.6	− 6 36 41.5	0.384 2474	16	209 05 12.8	+ 2 18 36.2	0.429 3486
2	341 46 56.1	6 25 39.0	.378 4930	17	212 17 26.4	1 56 07.1	.433 5816
3	346 03 23.3	6 12 10.2	.372 6964	18	215 25 57.9	1 33 42.3	.437 5865
4	350 27 42.6	5 56 06.8	.366 8888	19	218 31 06.2	1 11 24.7	.441 3554
5	355 00 14.1	5 37 21.2	.361 1045	20	221 33 09.4	0 49 16.9	.444 8813
6	359 41 16.0	− 5 15 46.8	0.355 3810	21	224 32 24.8	+ 0 27 21.2	0.448 1580
7	4 31 03.7	4 51 18.6	.349 7590	22	227 29 09.0	+ 0 05 39.4	.451 1802
8	9 29 49.5	4 23 53.8	.344 2822	23	230 23 37.8	− 0 15 46.6	.453 9433
9	14 37 41.0	3 53 32.3	.338 9975	24	233 16 06.4	0 36 55.5	.456 4433
10	19 54 40.3	3 20 17.5	.333 9539	25	236 06 49.6	0 57 45.8	.458 6765
11	25 20 43.2	− 2 44 17.1	0.329 2026	26	238 56 01.6	− 1 18 16.2	0.460 6401
12	30 55 37.4	2 05 43.8	.324 7958	27	241 43 55.9	1 38 25.7	.462 3315
13	36 39 02.2	1 24 55.6	.320 7856	28	244 30 46.1	1 58 13.2	.463 7487
14	42 30 26.9	− 0 42 16.6	.317 2229	29	247 16 45.1	2 17 37.6	.464 8899
15	48 29 10.5	+ 0 01 43.7	.314 1558	30	250 02 05.6	2 36 37.8	.465 7538
16	54 34 21.4	+ 0 46 30.0	0.311 6282	July 1	252 47 00.2	− 2 55 12.9	0.466 3395
17	60 44 57.4	+ 1 31 23.0	0.309 6778	2	255 31 41.3	− 3 13 21.8	0.466 6462

MERCURY, 1993

HELIOCENTRIC POSITIONS FOR 0ʰ DYNAMICAL TIME

MEAN EQUINOX AND ECLIPTIC OF DATE

Date		Longitude	Latitude	Radius Vector	Date		Longitude	Latitude	Radius Vector
		° ′ ″	° ′ ″				° ′ ″	° ′ ″	
July	1	252 47 00.2	− 2 55 12.9	0.466 3395	Aug.	16	79 48 35.4	+ 3 40 44.7	0.307 5567
	2	255 31 41.3	3 13 21.8	.466 6462		17	86 07 40.0	4 18 49.6	.308 1454
	3	258 16 21.1	3 31 03.4	.466 6736		18	92 25 07.4	4 53 34.6	.309 3661
	4	261 01 11.8	3 48 16.4	.466 4217		19	98 39 28.8	5 24 30.8	.311 1994
	5	263 46 25.7	4 04 59.7	.465 8907		20	104 49 20.6	5 51 16.8	.313 6165
	6	266 32 14.9	− 4 21 11.9	0.465 0814		21	110 53 26.5	+ 6 13 39.4	0.316 5810
	7	269 18 51.9	4 36 51.5	.463 9945		22	116 50 40.0	6 31 32.9	.320 0501
	8	272 06 29.0	4 51 56.8	.462 6314		23	122 40 05.3	6 44 59.0	.323 9765
	9	274 55 19.0	5 06 26.2	.460 9936		24	128 20 58.5	6 54 05.4	.328 3095
	10	277 45 34.9	5 20 17.7	.459 0833		25	133 52 46.9	6 59 04.9	.332 9973
	11	280 37 29.8	− 5 33 29.1	0.456 9027		26	139 15 08.9	+ 7 00 13.9	0.337 9876
	12	283 31 17.3	5 45 58.0	.454 4549		27	144 27 52.9	6 57 51.2	.343 2289
	13	286 27 11.4	5 57 41.8	.451 7432		28	149 30 56.4	6 52 17.0	.348 6717
	14	289 25 26.6	6 08 37.7	.448 7714		29	154 24 24.2	6 43 51.7	.354 2688
	15	292 26 17.7	6 18 42.4	.445 5442		30	159 08 27.3	6 32 55.7	.359 9756
	16	295 30 00.2	− 6 27 52.4	0.442 0668		31	163 43 21.9	+ 6 19 48.3	0.365 7510
	17	298 36 50.2	6 36 03.9	.438 3451	Sept.	1	168 09 27.5	6 04 47.7	.371 5567
	18	301 47 04.3	6 43 12.7	.434 3859		2	172 27 06.7	5 48 10.8	.377 3579
	19	305 00 59.8	6 49 14.0	.430 1970		3	176 36 43.7	5 30 12.8	.383 1229
	20	308 18 54.9	6 54 02.9	.425 7872		4	180 38 43.8	5 11 07.4	.388 8230
	21	311 41 08.2	− 6 57 33.8	0.421 1664		5	184 33 33.0	+ 4 51 06.8	0.394 4322
	22	315 07 59.1	6 59 40.6	.416 3460		6	188 21 37.0	4 30 21.9	.399 9272
	23	318 39 47.9	7 00 17.0	.411 3386		7	192 03 21.5	4 09 02.1	.405 2875
	24	322 16 55.3	6 59 16.0	.406 1588		8	195 39 11.7	3 47 15.7	.410 4942
	25	325 59 42.8	6 56 30.1	.400 8227		9	199 09 32.0	3 25 09.9	.415 5311
	26	329 48 32.3	− 6 51 51.5	0.395 3484		10	202 34 45.7	+ 3 02 51.0	0.420 3833
	27	333 43 46.1	6 45 12.0	.389 7565		11	205 55 15.7	2 40 24.3	.425 0378
	28	337 45 46.8	6 36 23.1	.384 0697		12	209 11 23.5	2 17 54.4	.429 4832
	29	341 54 56.9	6 25 16.2	.378 3135		13	212 23 30.0	1 55 25.5	.433 7093
	30	346 11 38.5	6 11 42.7	.372 5161		14	215 31 54.9	1 33 00.8	.437 7070
	31	350 36 12.8	− 5 55 34.4	0.366 7087		15	218 36 57.2	+ 1 10 43.5	0.441 4684
Aug.	1	355 08 59.9	5 36 43.6	.360 9258		16	221 38 55.0	0 48 36.1	.444 9866
	2	359 50 17.9	5 15 03.9	.355 2048		17	224 38 05.5	0 26 40.7	.448 2555
	3	4 40 22.2	4 50 30.3	.349 5866		18	227 34 45.2	+ 0 04 59.4	.451 2698
	4	9 39 24.8	4 23 00.0	.344 1151		19	230 29 10.1	− 0 16 26.1	.454 0248
	5	14 47 33.3	− 3 52 33.0	0.338 8371		20	233 21 35.3	− 0 37 34.4	0.456 5165
	6	20 04 49.6	3 19 12.9	.333 8018		21	236 12 15.4	0 58 24.1	.458 7415
	7	25 31 09.2	2 43 07.6	.329 0605		22	239 01 24.7	1 18 54.0	.460 6967
	8	31 06 19.6	2 04 29.7	.324 6652		23	241 49 16.9	1 39 02.8	.462 3796
	9	36 49 59.8	1 23 37.8	.320 6682		24	244 36 05.3	1 58 49.6	.463 7883
	10	42 41 38.8	− 0 40 55.7	0.317 1201		25	247 22 02.9	− 2 18 13.2	0.464 9209
	11	48 40 35.2	+ 0 03 06.5	.314 0692		26	250 07 22.5	2 37 12.7	.465 7763
	12	54 45 57.2	0 47 53.7	.311 5590		27	252 52 16.5	2 55 47.0	.466 3533
	13	60 56 42.2	1 32 46.2	.309 6272		28	255 36 57.4	3 13 55.1	.466 6514
	14	67 11 38.2	2 17 01.4	.308 3037		29	258 21 37.3	3 31 35.8	.466 6702
	15	73 29 24.8	+ 2 59 55.2	0.307 6098		30	261 06 28.6	− 3 48 47.9	0.466 4097
	16	79 48 35.4	+ 3 40 44.7	0.307 5567	Oct.	1	263 51 43.3	− 4 05 30.3	0.465 8701

HELIOCENTRIC POSITIONS FOR 0ʰ DYNAMICAL TIME
MEAN EQUINOX AND ECLIPTIC OF DATE

Date		Longitude	Latitude	Radius Vector	Date		Longitude	Latitude	Radius Vector
		° ′ ″	° ′ ″				° ′ ″	° ′ ″	
Oct.	1	263 51 43.3	− 4 05 30.3	0.465 8701	Nov.	16	105 00 50.3	+ 5 52 02.2	0.313 7000
	2	266 37 33.9	4 21 41.5	.465 0522		17	111 04 44.4	6 14 16.6	.316 6807
	3	269 24 12.5	4 37 20.0	.463 9568		18	117 01 44.2	6 32 01.8	.320 1647
	4	272 11 51.7	4 52 24.3	.462 5851		19	122 50 54.4	6 45 19.7	.324 1043
	5	275 00 44.1	5 06 52.6	.460 9389		20	128 31 31.2	6 54 18.3	.328 4490
	6	277 51 02.8	− 5 20 42.8	0.459 0202		21	134 03 02.4	+ 6 59 10.5	0.333 1469
	7	280 43 01.0	5 33 52.9	.456 8314		22	139 25 06.7	7 00 12.7	.338 1456
	8	283 36 52.2	5 46 20.5	.454 3754		23	144 37 32.9	6 57 43.8	.343 3938
	9	286 32 50.5	5 58 02.9	.451 6556		24	149 40 18.5	6 52 03.9	.348 8421
	10	289 31 10.2	6 08 57.2	.448 6759		25	154 33 28.7	6 43 33.7	.354 4431
	11	292 32 06.4	− 6 19 00.3	0.445 4409		26	159 17 14.7	+ 6 32 33.4	0.360 1526
	12	295 35 54.4	6 28 08.6	.441 9559		27	163 51 52.7	6 19 22.2	.365 9294
	13	298 42 50.4	6 36 18.2	.438 2267		28	168 17 42.4	6 04 18.5	.371 7355
	14	301 53 11.1	6 43 24.9	.434 2603		29	172 35 06.4	5 47 38.8	.377 5361
	15	305 07 13.8	6 49 24.1	.430 0645		30	176 44 29.0	5 29 38.5	.383 2995
	16	308 25 16.5	− 6 54 10.7	0.425 6480	Dec.	1	180 46 15.4	+ 5 10 31.2	0.388 9971
	17	311 47 38.0	6 57 39.1	.421 0209		2	184 40 51.7	4 50 29.1	.394 6031
	18	315 14 37.9	6 59 43.2	.416 1945		3	188 28 43.7	4 29 43.0	.400 0943
	19	318 46 36.1	7 00 16.7	.411 1816		4	192 10 17.0	4 08 22.3	.405 4500
	20	322 23 53.7	6 59 12.6	.405 9968		5	195 45 56.7	3 46 35.2	.410 6518
	21	326 06 52.0	− 6 56 23.3	0.400 6561		6	199 16 07.1	+ 3 24 28.9	0.415 6832
	22	329 55 53.0	6 51 41.1	.395 1779		7	202 41 11.9	3 02 09.6	.420 5295
	23	333 51 19.0	6 44 57.8	.389 5828		8	206 01 33.5	2 39 42.7	.425 1777
	24	337 53 32.7	6 36 04.7	.383 8934		9	209 17 33.6	2 17 12.8	.429 6165
	25	342 02 56.4	6 24 53.4	.378 1355		10	212 29 33.0	1 54 43.9	.433 8357
	26	346 19 52.1	− 6 11 15.2	0.372 3373		11	215 37 51.4	+ 1 32 19.5	0.437 8262
	27	350 44 41.3	5 55 02.0	.366 5302		12	218 42 47.8	1 10 02.4	.441 5803
	28	355 17 43.9	5 36 06.1	.360 7486		13	221 44 40.2	0 47 55.3	.445 0910
	29	359 59 17.9	5 14 21.1	.355 0302		14	224 43 45.8	0 26 00.4	.448 3522
	30	4 49 38.6	4 49 42.1	.349 4158		15	227 40 21.2	+ 0 04 19.5	.451 3586
	31	9 48 57.9	− 4 22 06.3	0.343 9496		16	230 34 42.1	− 0 17 05.5	0.454 1056
Nov.	1	14 57 23.2	3 51 33.9	.338 6783		17	233 27 03.9	0 38 13.3	.456 5892
	2	20 14 56.4	3 18 08.6	.333 6514		18	236 17 41.1	0 59 02.4	.458 8060
	3	25 41 32.5	2 41 58.3	.328 9199		19	239 06 47.8	1 19 31.6	.460 7529
	4	31 16 59.0	2 03 16.1	.324 5362		20	241 54 37.9	1 39 39.8	.462 4276
	5	37 00 54.4	− 1 22 20.3	0.320 5522		21	244 41 24.5	− 1 59 25.8	0.463 8279
	6	42 52 47.5	− 0 39 35.3	.317 0188		22	247 27 20.7	2 18 48.8	.464 9522
	7	48 51 56.6	+ 0 04 28.9	.313 9839		23	250 12 39.3	2 37 47.5	.465 7991
	8	54 57 29.5	0 49 16.8	.311 4910		24	252 57 32.8	2 56 21.0	.466 3677
	9	61 08 23.3	1 34 08.9	.309 5775		25	255 42 13.4	3 14 28.2	.466 6574
	10	67 23 25.7	+ 2 18 22.2	0.308 2732		26	258 26 53.5	− 3 32 08.0	0.466 6678
	11	73 41 16.2	3 01 12.8	.307 5989		27	261 11 45.3	3 49 19.3	.466 3989
	12	80 00 28.0	3 41 57.8	.307 5656		28	263 57 00.9	4 06 00.7	.465 8510
	13	86 19 30.9	4 19 57.0	.308 1739		29	266 42 52.7	4 22 10.9	.465 0248
	14	92 36 53.8	4 54 35.4	.309 4138		30	269 29 32.9	4 37 48.4	.463 9211
	15	98 51 08.1	+ 5 25 24.1	0.311 2655		31	272 17 14.1	− 4 52 51.6	0.462 5412
	16	105 00 50.3	+ 5 52 02.2	0.313 7000		32	275 06 09.0	− 5 07 18.7	0.460 8869

VENUS, 1993

HELIOCENTRIC POSITIONS FOR 0ʰ DYNAMICAL TIME
MEAN EQUINOX AND ECLIPTIC OF DATE

Date	Longitude	Latitude	Radius Vector	Date	Longitude	Latitude	Radius Vector
	° ′ ″	° ′ ″			° ′ ″	° ′ ″	
Jan. −1	42 06 23.3	− 1 55 28.9	0.723 2527	Apr. 1	190 56 09.1	+ 3 05 38.0	0.720 8183
1	45 18 37.2	1 45 55.3	.722 9798	3	194 09 53.9	3 00 37.3	.721 0583
3	48 30 57.8	1 36 01.3	.722 7080	5	197 23 29.0	2 55 02.6	.721 3053
5	51 43 25.2	1 25 48.8	.722 4380	7	200 36 54.0	2 48 54.9	.721 5588
7	54 55 59.4	1 15 19.8	.722 1707	9	203 50 08.6	2 42 15.4	.721 8179
9	58 08 40.6	− 1 04 36.1	0.721 9069	11	207 03 12.7	+ 2 35 05.6	0.722 0816
11	61 21 28.7	0 53 39.8	.721 6475	13	210 16 06.0	2 27 26.9	.722 3493
13	64 34 24.0	0 42 32.8	.721 3932	15	213 28 48.3	2 19 20.7	.722 6201
15	67 47 26.4	0 31 17.4	.721 1449	17	216 41 19.7	2 10 48.6	.722 8931
17	71 00 35.9	0 19 55.5	.720 9034	19	219 53 40.1	2 01 52.4	.723 1674
19	74 13 52.7	− 0 08 29.5	0.720 6694	21	223 05 49.6	+ 1 52 33.8	0.723 4421
21	77 27 16.7	+ 0 02 58.7	.720 4437	23	226 17 48.2	1 42 54.5	.723 7165
23	80 40 47.9	0 14 26.6	.720 2271	25	229 29 36.2	1 32 56.5	.723 9896
25	83 54 26.2	0 25 52.2	.720 0201	27	232 41 13.6	1 22 41.6	.724 2606
27	87 08 11.6	0 37 13.3	.719 8235	29	235 52 40.8	1 12 11.7	.724 5287
29	90 22 04.1	+ 0 48 27.7	0.719 6379	May 1	239 03 58.1	+ 1 01 29.0	0.724 7929
31	93 36 03.4	0 59 33.1	.719 4639	3	242 15 05.8	0 50 35.2	.725 0526
Feb. 2	96 50 09.4	1 10 27.5	.719 3020	5	245 26 04.3	0 39 32.6	.725 3067
4	100 04 22.0	1 21 08.6	.719 1529	7	248 36 54.0	0 28 23.1	.725 5547
6	103 18 40.9	1 31 34.5	.719 0169	9	251 47 35.4	0 17 08.8	.725 7957
8	106 33 05.9	+ 1 41 43.0	0.718 8945	11	254 58 08.9	+ 0 05 51.9	0.726 0290
10	109 47 36.6	1 51 32.3	.718 7861	13	258 08 35.1	− 0 05 25.8	.726 2538
12	113 02 12.7	2 01 00.3	.718 6921	15	261 18 54.4	0 16 42.0	.726 4695
14	116 16 53.9	2 10 05.1	.718 6127	17	264 29 07.5	0 27 54.8	.726 6754
16	119 31 39.7	2 18 45.1	.718 5483	19	267 39 14.9	0 39 02.1	.726 8709
18	122 46 29.7	+ 2 26 58.4	0.718 4991	21	270 49 17.1	− 0 50 01.9	0.727 0553
20	126 01 23.3	2 34 43.5	.718 4651	23	273 59 14.8	1 00 52.2	.727 2282
22	129 16 20.1	2 41 58.9	.718 4465	25	277 09 08.5	1 11 31.0	.727 3890
24	132 31 19.5	2 48 43.0	.718 4435	27	280 18 58.8	1 21 56.5	.727 5371
26	135 46 21.0	2 54 54.7	.718 4559	29	283 28 46.3	1 32 06.8	.727 6722
28	139 01 23.8	+ 3 00 32.6	0.718 4838	31	286 38 31.6	− 1 42 00.1	0.727 7939
Mar. 2	142 16 27.4	3 05 35.7	.718 5271	June 2	289 48 15.2	1 51 34.5	.727 9018
4	145 31 31.0	3 10 02.9	.718 5856	4	292 57 57.6	2 00 48.4	.727 9955
6	148 46 34.1	3 13 53.5	.718 6592	6	296 07 39.5	2 09 40.1	.728 0748
8	152 01 36.0	3 17 06.7	.718 7476	8	299 17 21.3	2 18 08.1	.728 1394
10	155 16 35.8	+ 3 19 41.9	0.718 8506	10	302 27 03.4	− 2 26 10.8	0.728 1891
12	158 31 33.0	3 21 38.6	.718 9677	12	305 36 46.5	2 33 46.8	.728 2239
14	161 46 26.8	3 22 56.4	.719 0987	14	308 46 30.9	2 40 54.6	.728 2435
16	165 01 16.5	3 23 35.2	.719 2432	16	311 56 17.0	2 47 33.1	.728 2479
18	168 16 01.4	3 23 34.9	.719 4006	18	315 06 05.4	2 53 41.1	.728 2372
20	171 30 40.9	+ 3 22 55.5	0.719 5704	20	318 15 56.2	− 2 59 17.3	0.728 2113
22	174 45 14.3	3 21 37.3	.719 7522	22	321 25 50.0	3 04 20.8	.728 1704
24	177 59 41.0	3 19 40.4	.719 9453	24	324 35 46.9	3 08 50.7	.728 1145
26	181 14 00.4	3 17 05.4	.720 1492	26	327 45 47.4	3 12 46.0	.728 0438
28	184 28 11.8	3 13 52.9	.720 3631	28	330 55 51.7	3 16 06.2	.727 9586
30	187 42 14.9	+ 3 10 03.5	0.720 5864	30	334 06 00.0	− 3 18 50.5	0.727 8590
Apr. 1	190 56 09.1	+ 3 05 38.0	0.720 8183	July 2	337 16 12.6	− 3 20 58.5	0.727 7454

HELIOCENTRIC POSITIONS FOR 0ʰ DYNAMICAL TIME
MEAN EQUINOX AND ECLIPTIC OF DATE

Date	Longitude	Latitude	Radius Vector	Date	Longitude	Latitude	Radius Vector
	° ′ ″	° ′ ″			° ′ ″	° ′ ″	
July 2	337 16 12.6	− 3 20 58.5	0.727 7454	Oct. 2	124 53 34.9	+ 2 32 04.9	0.718 4397
4	340 26 29.7	3 22 29.6	.727 6182	4	128 08 31.8	2 39 30.9	.718 4167
6	343 36 51.4	3 23 23.6	.727 4777	6	131 23 31.4	2 46 26.1	.718 4092
8	346 47 18.0	3 23 40.4	.727 3244	8	134 38 33.2	2 52 49.3	.718 4173
10	349 57 49.7	3 23 19.6	.727 1586	10	137 53 36.6	2 58 39.1	.718 4410
12	353 08 26.4	− 3 22 21.5	0.726 9810	12	141 08 41.0	+ 3 03 54.5	0.718 4802
14	356 19 08.5	3 20 46.1	.726 7920	14	144 23 45.6	3 08 34.3	.718 5347
16	359 29 55.9	3 18 33.6	.726 5922	16	147 38 49.8	3 12 37.8	.718 6044
18	2 40 48.8	3 15 44.5	.726 3823	18	150 53 52.9	3 16 04.1	.718 6891
20	5 51 47.3	3 12 19.0	.726 1629	20	154 08 54.3	3 18 52.6	.718 7884
22	9 02 51.4	− 3 08 18.0	0.725 9346	22	157 23 53.2	+ 3 21 02.8	0.718 9021
24	12 14 01.4	3 03 41.8	.725 6981	24	160 38 48.9	3 22 34.2	.719 0298
26	15 25 17.2	2 58 31.5	.725 4542	26	163 53 40.7	3 23 26.6	.719 1711
28	18 36 38.9	2 52 47.9	.725 2036	28	167 08 27.9	3 23 39.9	.719 3255
30	21 48 06.7	2 46 31.9	.724 9471	30	170 23 09.8	3 23 14.1	.719 4926
Aug. 1	24 59 40.5	− 2 39 44.7	0.724 6855	Nov. 1	173 37 45.8	+ 3 22 09.4	0.719 6717
3	28 11 20.6	2 32 27.4	.724 4196	3	176 52 15.3	3 20 25.9	.719 8624
5	31 23 06.9	2 24 41.5	.724 1502	5	180 06 37.6	3 18 04.1	.720 0639
7	34 34 59.5	2 16 28.1	.723 8781	7	183 20 52.2	3 15 04.6	.720 2758
9	37 46 58.6	2 07 48.9	.723 6042	9	186 34 58.5	3 11 27.9	.720 4972
11	40 59 04.3	− 1 58 45.4	0.723 3294	11	189 48 56.0	+ 3 07 14.9	0.720 7275
13	44 11 16.5	1 49 19.3	.723 0544	13	193 02 44.3	3 02 26.4	.720 9659
15	47 23 35.5	1 39 32.2	.722 7802	15	196 16 22.9	2 57 03.4	.721 2117
17	50 36 01.2	1 29 25.9	.722 5076	17	199 29 51.6	2 51 07.0	.721 4641
19	53 48 33.9	1 19 02.4	.722 2375	19	202 43 09.9	2 44 38.4	.721 7223
21	57 01 13.5	− 1 08 23.6	0.721 9707	21	205 56 17.7	+ 2 37 39.0	0.721 9855
23	60 14 00.2	0 57 31.4	.721 7081	23	209 09 14.8	2 30 10.2	.722 2529
25	63 26 53.9	0 46 27.8	.721 4505	25	212 22 00.9	2 22 13.4	.722 5235
27	66 39 54.9	0 35 15.0	.721 1987	27	215 34 36.1	2 13 50.2	.722 7966
29	69 53 03.0	0 23 55.1	.720 9535	29	218 47 00.3	2 05 02.2	.723 0713
31	73 06 18.4	− 0 12 30.2	0.720 7157	Dec. 1	221 59 13.5	+ 1 55 51.2	0.723 3467
Sept. 2	76 19 41.0	− 0 01 02.5	.720 4860	3	225 11 15.9	1 46 18.9	.723 6220
4	79 33 10.8	+ 0 10 25.9	.720 2652	5	228 23 07.4	1 36 27.2	.723 8963
6	82 46 47.8	0 21 52.7	.720 0540	7	231 34 48.4	1 26 17.9	.724 1687
8	86 00 32.0	0 33 15.7	.719 8531	9	234 46 19.1	1 15 53.1	.724 4385
10	89 14 23.3	+ 0 44 32.7	0.719 6631	11	237 57 39.6	+ 1 05 14.6	0.724 7047
12	92 28 21.4	0 55 41.6	.719 4846	13	241 08 50.5	0 54 24.4	.724 9665
14	95 42 26.4	1 06 40.2	.719 3182	15	244 19 52.0	0 43 24.7	.725 2232
16	98 56 38.0	1 17 26.3	.719 1645	17	247 30 44.6	0 32 17.4	.725 4739
18	102 10 56.0	1 27 57.8	.719 0239	19	250 41 28.6	0 21 04.5	.725 7179
20	105 25 20.1	+ 1 38 12.7	0.718 8968	21	253 52 04.7	+ 0 09 48.3	0.725 9543
22	108 39 50.1	1 48 09.0	.718 7838	23	257 02 33.1	− 0 01 29.4	.726 1826
24	111 54 25.6	1 57 44.7	.718 6851	25	260 12 54.6	0 12 46.4	.726 4019
26	115 09 06.2	2 06 57.9	.718 6011	27	263 23 09.6	0 24 00.6	.726 6117
28	118 23 51.7	2 15 46.8	.718 5321	29	266 33 18.7	0 35 10.0	.726 8112
30	121 38 41.4	+ 2 24 09.7	0.718 4782	31	269 43 22.4	− 0 46 12.6	0.727 0000
Oct. 2	124 53 34.9	+ 2 32 04.9	0.718 4397	33	272 53 21.4	− 0 57 06.4	0.727 1773

MARS, 1993

HELIOCENTRIC POSITIONS FOR 0ʰ DYNAMICAL TIME

MEAN EQUINOX AND ECLIPTIC OF DATE

Date	Longitude	Latitude	Radius Vector	Date	Longitude	Latitude	Radius Vector
	° ′ ″	° ′ ″			° ′ ″	° ′ ″	
Jan. −3	102 30 52.3	+ 1 28 40.0	1.599 4780	July 4	186 20 55.3	+ 1 15 55.9	1.642 7664
1	104 24 14.0	1 30 49.2	.603 6276	8	188 08 49.7	1 13 21.2	.640 0511
5	106 17 01.3	1 32 51.8	.607 6699	12	189 57 05.9	1 10 41.7	.637 1970
9	108 09 15.3	1 34 47.8	.611 6012	16	191 45 45.1	1 07 57.3	.634 2064
13	110 00 57.2	1 36 37.3	.615 4179	20	193 34 48.6	1 05 08.3	.631 0817
17	111 52 08.2	+ 1 38 20.2	1.619 1164	24	195 24 17.5	+ 1 02 14.6	1.627 8256
21	113 42 49.4	1 39 56.5	.622 6934	28	197 14 13.0	0 59 16.4	.624 4409
25	115 33 02.2	1 41 26.3	.626 1458	Aug. 1	199 04 36.5	0 56 13.8	.620 9305
29	117 22 47.6	1 42 49.4	.629 4706	5	200 55 28.9	0 53 06.9	.617 2974
Feb. 2	119 12 06.9	1 44 06.0	.632 6649	9	202 46 51.6	0 49 55.8	.613 5451
6	121 01 01.2	+ 1 45 16.0	1.635 7260	13	204 38 45.8	+ 0 46 40.6	1.609 6767
10	122 49 31.8	1 46 19.4	.638 6513	17	206 31 12.6	0 43 21.5	.605 6959
14	124 37 39.9	1 47 16.3	.641 4385	21	208 24 13.3	0 39 58.5	.601 6064
18	126 25 26.6	1 48 06.7	.644 0853	25	210 17 48.9	0 36 31.9	.597 4121
22	128 12 53.2	1 48 50.6	.646 5894	29	212 12 00.7	0 33 01.8	.593 1169
26	130 00 00.9	+ 1 49 28.0	1.648 9490	Sept. 2	214 06 49.9	+ 0 29 28.4	1.588 7251
Mar. 2	131 46 50.9	1 49 59.0	.651 1621	6	216 02 17.5	0 25 51.7	.584 2411
6	133 33 24.3	1 50 23.5	.653 2271	10	217 58 24.7	0 22 12.1	.579 6693
10	135 19 42.4	1 50 41.7	.655 1423	14	219 55 12.6	0 18 29.6	.575 0146
14	137 05 46.4	1 50 53.5	.656 9062	18	221 52 42.3	0 14 44.5	.570 2818
18	138 51 37.5	+ 1 50 58.9	1.658 5176	22	223 50 54.9	+ 0 10 57.0	1.565 4759
22	140 37 16.8	1 50 58.1	.659 9751	26	225 49 51.4	0 07 07.4	.560 6022
26	142 22 45.6	1 50 51.0	.661 2778	30	227 49 32.9	+ 0 03 15.7	.555 6662
30	144 08 05.1	1 50 37.6	.662 4246	Oct. 4	229 50 00.3	− 0 00 37.7	.550 6734
Apr. 3	145 53 16.4	1 50 18.1	.663 4147	8	231 51 14.7	0 04 32.5	.545 6295
7	147 38 20.8	+ 1 49 52.4	1.664 2473	12	233 53 16.9	− 0 08 28.6	1.540 5407
11	149 23 19.4	1 49 20.6	.664 9219	16	235 56 07.9	0 12 25.6	.535 4129
15	151 08 13.5	1 48 42.7	.665 4380	20	237 59 48.5	0 16 23.2	.530 2524
19	152 53 04.2	1 47 58.7	.665 7952	24	240 04 19.5	0 20 21.1	.525 0659
23	154 37 52.7	1 47 08.8	.665 9932	28	242 09 41.6	0 24 19.0	.519 8598
27	156 22 40.3	+ 1 46 12.8	1.666 0320	Nov. 1	244 15 55.7	− 0 28 16.6	1.514 6410
May 1	158 07 28.0	1 45 11.0	.665 9114	5	246 23 02.3	0 32 13.6	.509 4165
5	159 52 17.1	1 44 03.3	.665 6317	9	248 31 02.1	0 36 09.5	.504 1933
9	161 37 08.9	1 42 49.8	.665 1930	13	250 39 55.4	0 40 04.0	.498 9788
13	163 22 04.4	1 41 30.4	.664 5957	17	252 49 42.9	0 43 56.8	.493 7803
17	165 07 04.9	+ 1 40 05.4	1.663 8402	21	255 00 24.9	− 0 47 47.3	1.488 6055
21	166 52 11.6	1 38 34.6	.662 9271	25	257 12 01.7	0 51 35.3	.483 4619
25	168 37 25.6	1 36 58.2	.661 8571	29	259 24 33.5	0 55 20.3	.478 3573
29	170 22 48.2	1 35 16.2	.660 6310	Dec. 3	261 38 00.3	0 59 01.9	.473 2996
June 2	172 08 20.6	1 33 28.7	.659 2497	7	263 52 22.4	1 02 39.5	.468 2967
6	173 54 03.9	+ 1 31 35.6	1.657 7144	11	266 07 39.5	− 1 06 12.9	1.463 3567
10	175 39 59.4	1 29 37.2	.656 0260	15	268 23 51.5	1 09 41.5	.458 4877
14	177 26 08.3	1 27 33.4	.654 1861	19	270 40 58.2	1 13 04.8	.453 6979
18	179 12 31.7	1 25 24.2	.652 1959	23	272 58 59.1	1 16 22.4	.448 9952
22	180 59 10.9	1 23 09.8	.650 0571	27	275 17 53.7	1 19 33.9	.444 3880
26	182 46 07.1	+ 1 20 50.3	1.647 7714	31	277 37 41.4	− 1 22 38.7	1.439 8844
30	184 33 21.5	+ 1 18 25.6	1.645 3405	35	279 58 21.5	− 1 25 36.3	1.435 4925

HELIOCENTRIC POSITIONS FOR 0ʰ DYNAMICAL TIME
MEAN EQUINOX AND ECLIPTIC OF DATE

Date	Longitude	Latitude	Radius Vector	Date	Longitude	Latitude	Radius Vector
JUPITER				**SATURN**			
Jan. −7	182 29 18.2	+ 1 17 32.8	5.447 099	Jan. −7	319 26 35.8	− 1 05 06.1	9.866 140
3	183 14 45.7	1 17 40.9	.447 902	3	319 45 20.3	1 05 49.9	.863 970
13	184 00 12.5	1 17 48.2	.448 659	13	320 04 05.3	1 06 33.6	.861 789
23	184 45 38.5	1 17 54.8	.449 368	23	320 22 50.8	1 07 17.3	.859 598
Feb. 2	185 31 03.8	1 18 00.5	.450 029	Feb. 2	320 41 36.9	1 08 00.8	.857 396
12	186 16 28.5	+ 1 18 05.3	5.450 644	12	321 00 23.4	− 1 08 44.3	9.855 184
22	187 01 52.6	1 18 09.4	.451 211	22	321 19 10.5	1 09 27.6	.852 962
Mar. 4	187 47 16.2	1 18 12.6	.451 730	Mar. 4	321 37 58.1	1 10 10.8	.850 729
14	188 32 39.3	1 18 15.1	.452 201	14	321 56 46.3	1 10 53.9	.848 487
24	189 18 02.0	1 18 16.7	.452 624	24	322 15 35.0	1 11 37.0	.846 234
Apr. 3	190 03 24.2	+ 1 18 17.5	5.452 999	Apr. 3	322 34 24.2	− 1 12 19.9	9.843 971
13	190 48 46.1	1 18 17.4	.453 326	13	322 53 14.0	1 13 02.7	.841 698
23	191 34 07.7	1 18 16.6	.453 605	23	323 12 04.4	1 13 45.4	.839 415
May 3	192 19 29.0	1 18 14.9	.453 836	May 3	323 30 55.3	1 14 27.9	.837 123
13	193 04 50.2	1 18 12.4	.454 019	13	323 49 46.7	1 15 10.4	.834 820
23	193 50 11.1	+ 1 18 09.2	5.454 154	23	324 08 38.7	− 1 15 52.7	9.832 507
June 2	194 35 31.9	1 18 05.0	.454 240	June 2	324 27 31.3	1 16 35.0	.830 184
12	195 20 52.7	1 18 00.1	.454 278	12	324 46 24.4	1 17 17.1	.827 851
22	196 06 13.4	1 17 54.4	.454 269	22	325 05 18.1	1 17 59.1	.825 509
July 2	196 51 34.2	1 17 47.8	.454 211	July 2	325 24 12.4	1 18 40.9	.823 157
12	197 36 55.0	+ 1 17 40.5	5.454 105	12	325 43 07.2	− 1 19 22.7	9.820 795
22	198 22 15.9	1 17 32.3	.453 951	22	326 02 02.6	1 20 04.3	.818 423
Aug. 1	199 07 37.1	1 17 23.3	.453 749	Aug. 1	326 20 58.6	1 20 45.8	.816 041
11	199 52 58.4	1 17 13.5	.453 500	11	326 39 55.2	1 21 27.2	.813 650
21	200 38 20.0	1 17 03.0	.453 203	21	326 58 52.3	1 22 08.4	.811 250
31	201 23 41.8	+ 1 16 51.6	5.452 857	31	327 17 50.0	− 1 22 49.5	9.808 840
Sept. 10	202 09 04.1	1 16 39.4	.452 465	Sept. 10	327 36 48.3	1 23 30.5	.806 421
20	202 54 26.8	1 16 26.3	.452 024	20	327 55 47.2	1 24 11.4	.803 993
30	203 39 49.9	1 16 12.5	.451 536	30	328 14 46.7	1 24 52.1	.801 556
Oct. 10	204 25 13.5	1 15 57.9	.451 000	Oct. 10	328 33 46.8	1 25 32.7	.799 111
20	205 10 37.7	+ 1 15 42.5	5.450 416	20	328 52 47.4	− 1 26 13.1	9.796 656
30	205 56 02.5	1 15 26.3	.449 785	30	329 11 48.7	1 26 53.4	.794 193
Nov. 9	206 41 27.9	1 15 09.3	.449 107	Nov. 9	329 30 50.5	1 27 33.6	.791 720
19	207 26 54.1	1 14 51.6	.448 381	19	329 49 53.0	1 28 13.7	.789 240
29	208 12 20.9	1 14 33.0	.447 608	29	330 08 56.0	1 28 53.5	.786 751
Dec. 9	208 57 48.6	+ 1 14 13.6	5.446 788	Dec. 9	330 27 59.7	− 1 29 33.3	9.784 253
19	209 43 17.0	1 13 53.5	.445 920	19	330 47 04.0	1 30 12.9	.781 747
29	210 28 46.4	1 13 32.6	.445 006	29	331 06 08.9	1 30 52.4	.779 233
39	211 14 16.7	+ 1 13 10.8	5.444 045	39	331 25 14.4	− 1 31 31.7	9.776 710
URANUS				**NEPTUNE**			
Jan. −27	287 42 36.4	− 0 25 43.1	19.567 52	Jan. −27	288 26 35.0	+ 0 41 57.9	30.188 34
Jan. 13	288 09 44.3	0 26 01.2	19.574 31	Jan. 13	288 40 54.7	0 41 33.6	30.187 59
Feb. 22	288 36 51.3	0 26 19.3	19.581 08	Feb. 22	288 55 14.5	0 41 09.2	30.186 84
Apr. 3	289 03 57.3	0 26 37.3	19.587 82	Apr. 3	289 09 34.5	0 40 44.7	30.186 09
May 13	289 31 02.3	0 26 55.1	19.594 54	May 13	289 23 54.6	0 40 20.2	30.185 34
June 22	289 58 06.5	− 0 27 12.9	19.601 23	June 22	289 38 14.8	+ 0 39 55.7	30.184 58
Aug. 1	290 25 09.7	0 27 30.5	19.607 89	Aug. 1	289 52 35.3	0 39 31.1	30.183 82
Sept. 10	290 52 11.9	0 27 48.1	19.614 53	Sept. 10	290 06 55.8	0 39 06.5	30.183 06
Oct. 20	291 19 13.2	0 28 05.5	19.621 13	Oct. 20	290 21 16.4	0 38 41.8	30.182 29
Nov. 29	291 46 13.5	0 28 22.8	19.627 70	Nov. 29	290 35 37.2	0 38 17.1	30.181 53
Dec. 39	292 13 13.0	− 0 28 40.0	19.634 25	Dec. 39	290 49 58.2	+ 0 37 52.3	30.180 76

MERCURY, 1993

GEOCENTRIC COORDINATES FOR 0ʰ DYNAMICAL TIME

Date	Apparent Right Ascension	Apparent Declination	True Geocentric Distance	Date	Apparent Right Ascension	Apparent Declination	True Geocentric Distance
	h m s	° ′ ″			h m s	° ′ ″	
Jan. 0	17 42 40.403	−23 41 53.45	1.352 6993	Feb. 15	22 55 34.270	−. 7 05 08.57	1.108 1461
1	17 49 15.607	23 50 59.82	.361 4815	16	23 00 57.639	6 18 10.53	.082 7319
2	17 55 53.378	23 58 55.12	.369 6987	17	23 06 04.306	5 31 58.58	.056 4911
3	18 02 33.568	24 05 37.76	.377 3584	18	23 10 52.196	4 46 53.27	.029 5434
4	18 09 16.038	24 11 06.27	.384 4677	19	23 15 19.152	4 03 16.47	1.002 0306
5	18 16 00.655	−24 15 19.26	1.391 0326	20	23 19 22.980	− 3 21 31.04	0.974 1160
6	18 22 47.292	24 18 15.42	.397 0583	21	23 23 01.499	2 42 00.53	.945 9819
7	18 29 35.826	24 19 53.49	.402 5490	22	23 26 12.606	2 05 08.74	.917 8261
8	18 36 26.137	24 20 12.29	.407 5080	23	23 28 54.342	1 31 19.24	.889 8582
9	18 43 18.111	24 19 10.68	.411 9374	24	23 31 04.969	1 00 54.87	.862 2949
10	18 50 11.633	−24 16 47.56	1.415 8383	25	23 32 43.045	− 0 34 17.22	0.835 3547
11	18 57 06.594	24 13 01.91	.419 2107	26	23 33 47.508	− 0 11 46.04	.809 2539
12	19 04 02.888	24 07 52.71	.422 0535	27	23 34 17.753	+ 0 06 21.39	.784 2011
13	19 11 00.409	24 01 19.02	.424 3643	28	23 34 13.707	0 19 50.89	.760 3938
14	19 17 59.056	23 53 19.96	.426 1395	Mar. 1	23 33 35.903	0 28 32.07	.738 0138
15	19 24 58.724	−23 43 54.67	1.427 3744	2	23 32 25.530	+ 0 32 19.02	0.717 2250
16	19 31 59.311	23 33 02.37	.428 0631	3	23 30 44.470	0 31 11.00	.698 1695
17	19 39 00.712	23 20 42.32	.428 1982	4	23 28 35.308	0 25 13.02	.680 9660
18	19 46 02.821	23 06 53.83	.427 7713	5	23 26 01.306	+ 0 14 36.23	.665 7078
19	19 53 05.534	22 51 36.27	.426 7724	6	23 23 06.339	− 0 00 21.93	.652 4611
20	20 00 08.742	−22 34 49.05	1.425 1901	7	23 19 54.790	− 0 19 17.90	0.641 2645
21	20 07 12.338	22 16 31.64	.423 0116	8	23 16 31.416	0 41 42.63	.632 1287
22	20 14 16.211	21 56 43.59	.420 2225	9	23 13 01.175	1 07 02.51	.625 0376
23	20 21 20.247	21 35 24.48	.416 8067	10	23 09 29.043	1 34 40.70	.619 9493
24	20 28 24.330	21 12 34.01	.412 7466	11	23 05 59.834	2 03 58.68	.616 7993
25	20 35 28.337	−20 48 11.96	1.408 0226	12	23 02 38.033	− 2 34 17.78	0.615 5031
26	20 42 32.137	20 22 18.24	.402 6135	13	22 59 27.661	3 05 00.71	.615 9600
27	20 49 35.592	19 54 52.88	.396 4963	14	22 56 32.180	3 35 32.78	.618 0574
28	20 56 38.550	19 25 56.06	.389 6461	15	22 53 54.439	4 05 22.89	.621 6748
29	21 03 40.845	18 55 28.16	.382 0360	16	22 51 36.664	4 34 04.07	.626 6873
30	21 10 42.289	−18 23 29.74	1.373 6377	17	22 49 40.473	− 5 01 13.79	0.632 9693
31	21 17 42.671	17 50 01.66	.364 4211	18	22 48 06.927	5 26 33.87	.640 3970
Feb. 1	21 24 41.749	17 15 05.06	.354 3546	19	22 46 56.588	5 49 50.30	.648 8514
2	21 31 39.246	16 38 41.45	.343 4056	20	22 46 09.600	6 10 52.76	.658 2190
3	21 38 34.840	16 00 52.77	.331 5406	21	22 45 45.752	6 29 34.22	.668 3940
4	21 45 28.158	−15 21 41.48	1.318 7257	22	22 45 44.562	− 6 45 50.36	0.679 2783
5	21 52 18.765	14 41 10.61	.304 9276	23	22 46 05.336	6 59 39.12	.690 7822
6	21 59 06.158	13 59 23.89	.290 1140	24	22 46 47.227	7 11 00.21	.702 8241
7	22 05 49.748	13 16 25.87	.274 2551	25	22 47 49.289	7 19 54.72	.715 3306
8	22 12 28.856	12 32 22.00	.257 3242	26	22 49 10.513	7 26 24.79	.728 2361
9	22 19 02.694	−11 47 18.81	1.239 3002	27	22 50 49.862	− 7 30 33.30	0.741 4821
10	22 25 30.356	11 01 24.03	.220 1684	28	22 52 46.298	7 32 23.64	.755 0168
11	22 31 50.800	10 14 46.74	.199 9232	29	22 54 58.802	7 31 59.55	.768 7946
12	22 38 02.838	9 27 37.52	.178 5706	30	22 57 26.385	7 29 24.95	.782 7753
13	22 44 05.126	8 40 08.55	.156 1300	31	23 00 08.102	7 24 43.84	.796 9237
14	22 49 56.159	− 7 52 33.69	1.132 6371	Apr. 1	23 03 03.060	− 7 18 00.24	0.811 2093
15	22 55 34.270	− 7 05 08.57	1.108 1461	2	23 06 10.419	− 7 09 18.08	0.825 6052

GEOCENTRIC COORDINATES FOR 0ʰ DYNAMICAL TIME

Date	Apparent Right Ascension	Apparent Declination	True Geocentric Distance	Date	Apparent Right Ascension	Apparent Declination	True Geocentric Distance
	h m s	° ′ ″			h m s	° ′ ″	
Apr. 1	23 03 03.060	− 7 18 00.24	0.811 2093	May 17	3 39 14.405	+19 52 33.59	1.320 1521
2	23 06 10.419	7 09 18.08	.825 6052	18	3 48 10.239	20 31 54.37	.316 1591
3	23 09 29.397	6 58 41.21	.840 0880	19	3 57 10.312	21 09 20.49	.310 7260
4	23 12 59.273	6 46 13.35	.854 6375	20	4 06 13.417	21 44 41.07	.303 8618
5	23 16 39.384	6 31 58.08	.869 2359	21	4 15 18.262	22 17 46.38	.295 5946
6	23 20 29.124	− 6 15 58.81	0.883 8675	22	4 24 23.495	+22 48 28.00	1.285 9709
7	23 24 27.943	5 58 18.83	.898 5187	23	4 33 27.737	23 16 39.09	.275 0536
8	23 28 35.342	5 39 01.29	.913 1772	24	4 42 29.613	23 42 14.43	.262 9204
9	23 32 50.873	5 18 09.21	.927 8321	25	4 51 27.780	24 05 10.53	.249 6606
10	23 37 14.130	4 55 45.49	.942 4736	26	5 00 20.956	24 25 25.55	.235 3717
11	23 41 44.754	− 4 31 52.92	0.957 0925	27	5 09 07.935	+24 42 59.26	1.220 1567
12	23 46 22.429	4 06 34.17	.971 6806	28	5 17 47.605	24 57 52.88	.204 1211
13	23 51 06.880	3 39 51.80	0.986 2299	29	5 26 18.954	25 10 08.92	.187 3699
14	23 55 57.873	3 11 48.29	1.000 7328	30	5 34 41.077	25 19 51.02	.170 0054
15	0 00 55.210	2 42 26.02	.015 1816	31	5 42 53.168	25 27 03.75	.152 1259
16	0 05 58.734	− 2 11 47.28	1.029 5685	June 1	5 50 54.521	+25 31 52.41	1.133 8241
17	0 11 08.320	1 39 54.31	.043 8854	2	5 58 44.519	25 34 22.90	.115 1861
18	0 16 23.878	1 06 49.30	.058 1236	3	6 06 22.626	25 34 41.58	.096 2915
19	0 21 45.353	− 0 32 34.40	.072 2735	4	6 13 48.376	25 32 55.06	.077 2126
20	0 27 12.717	+ 0 02 48.29	.086 3247	5	6 21 01.365	25 29 10.20	.058 0150
21	0 32 45.976	+ 0 39 16.64	1.100 2655	6	6 28 01.240	+25 23 33.95	1.038 7579
22	0 38 25.163	1 16 48.52	.114 0827	7	6 34 47.691	25 16 13.30	.019 4939
23	0 44 10.338	1 55 21.80	.127 7615	8	6 41 20.440	25 07 15.23	1.000 2703
24	0 50 01.590	2 34 54.26	.141 2849	9	6 47 39.238	24 56 46.71	0.981 1292
25	0 55 59.033	3 15 23.62	.154 6340	10	6 53 43.853	24 44 54.60	.962 1081
26	1 02 02.802	+ 3 56 47.53	1.167 7871	11	6 59 34.063	+24 31 45.71	0.943 2406
27	1 08 13.061	4 39 03.46	.180 7197	12	7 05 09.657	24 17 26.74	.924 5569
28	1 14 29.990	5 22 08.77	.193 4042	13	7 10 30.419	24 02 04.33	.906 0843
29	1 20 53.792	6 06 00.58	.205 8095	14	7 15 36.136	23 45 44.99	.887 8477
30	1 27 24.689	6 50 35.82	.217 9006	15	7 20 26.582	23 28 35.18	.869 8700
May 1	1 34 02.915	+ 7 35 51.10	1.229 6381	16	7 25 01.525	+23 10 41.27	0.852 1727
2	1 40 48.717	8 21 42.73	.240 9785	17	7 29 20.719	22 52 09.58	.834 7763
3	1 47 42.350	9 08 06.63	.251 8731	18	7 33 23.904	22 33 06.38	.817 7004
4	1 54 44.069	9 54 58.25	.262 2685	19	7 37 10.805	22 13 37.89	.800 9644
5	2 01 54.120	10 42 12.58	.272 1058	20	7 40 41.131	21 53 50.33	.784 5879
6	2 09 12.735	+11 29 43.99	1.281 3211	21	7 43 54.578	+21 33 49.90	0.768 5905
7	2 16 40.116	12 17 26.23	.289 8457	22	7 46 50.831	21 13 42.79	.752 9928
8	2 24 16.428	13 05 12.32	.297 6059	23	7 49 29.568	20 53 35.20	.737 8163
9	2 32 01.783	13 52 54.54	.304 5245	24	7 51 50.464	20 33 33.34	.723 0837
10	2 39 56.224	14 40 24.37	.310 5211	25	7 53 53.204	20 13 43.43	.708 8195
11	2 47 59.715	+15 27 32.47	1.315 5142	26	7 55 37.484	+19 54 11.69	0.695 0495
12	2 56 12.119	16 14 08.74	.319 4223	27	7 57 03.029	19 35 04.37	.681 8018
13	3 04 33.188	17 00 02.33	.322 1664	28	7 58 09.602	19 16 27.67	.669 1064
14	3 13 02.541	17 45 01.73	.323 6723	29	7 58 57.020	18 58 27.82	.656 9955
15	3 21 39.660	18 28 54.94	.323 8738	30	7 59 25.170	18 41 10.94	.645 5036
16	3 30 23.863	+19 11 29.96	1.322 7146	July 1	7 59 34.029	+18 24 43.09	0.634 6673
17	3 39 14.405	+19 52 33.59	1.320 1521	2	7 59 23.688	+18 09 10.16	0.624 5255

MERCURY, 1993

GEOCENTRIC COORDINATES FOR 0ʰ DYNAMICAL TIME

Date	Apparent Right Ascension	Apparent Declination	True Geocentric Distance	Date	Apparent Right Ascension	Apparent Declination	True Geocentric Distance
	h m s	° ′ ″			h m s	° ′ ″	
July 1	7 59 34.029	+18 24 43.09	0.634 6673	Aug.16	8 49 45.369	+18 44 01.92	1.182 7606
2	7 59 23.688	18 09 10.16	.624 5255	17	8 57 31.837	18 21 46.63	.204 1006
3	7 58 54.371	17 54 37.86	.615 1190	18	9 05 24.222	17 56 54.96	.224 2985
4	7 58 06.462	17 41 11.63	.606 4907	19	9 13 20.621	17 29 32.69	.243 2788
5	7 57 00.527	17 28 56.57	.598 6849	20	9 21 19.245	16 59 47.09	.260 9854
6	7 55 37.341	+17 17 57.35	0.591 7469	21	9 29 18.448	+16 27 46.67	1.277 3819
7	7 53 57.903	17 08 18.16	.585 7230	22	9 37 16.757	15 53 40.84	.292 4505
8	7 52 03.450	17 00 02.60	.580 6596	23	9 45 12.877	15 17 39.65	.306 1904
9	7 49 55.475	16 53 13.60	.576 6024	24	9 53 05.703	14 39 53.47	.318 6156
10	7 47 35.719	16 47 53.36	.573 5962	25	10 00 54.313	14 00 32.72	.329 7527
11	7 45 06.169	+16 44 03.25	0.571 6834	26	10 08 37.961	+13 19 47.71	1.339 6381
12	7 42 29.042	16 41 43.78	.570 9041	27	10 16 16.066	12 37 48.42	.348 3160
13	7 39 46.751	16 40 54.58	.571 2946	28	10 23 48.194	11 54 44.38	.355 8354
14	7 37 01.876	16 41 34.35	.572 8870	29	10 31 14.044	11 10 44.58	.362 2491
15	7 34 17.109	16 43 40.87	.575 7084	30	10 38 33.425	10 25 57.40	.367 6112
16	7 31 35.211	+16 47 11.06	0.579 7807	31	10 45 46.239	+ 9 40 30.67	1.371 9762
17	7 28 58.950	16 52 00.98	.585 1199	Sept. 1	10 52 52.474	8 54 31.58	.375 3977
18	7 26 31.047	16 58 05.94	.591 7362	2	10 59 52.181	8 08 06.73	.377 9278
19	7 24 14.126	17 05 20.50	.599 6335	3	11 06 45.464	7 21 22.13	.379 6161
20	7 22 10.665	17 13 38.58	.608 8099	4	11 13 32.464	6 34 23.25	.380 5096
21	7 20 22.961	+17 22 53.52	0.619 2579	5	11 20 13.358	+ 5 47 15.08	1.380 6523
22	7 18 53.102	17 32 58.15	.630 9641	6	11 26 48.340	5 00 02.13	.380 0852
23	7 17 42.945	17 43 44.84	.643 9102	7	11 33 17.622	4 12 48.53	.378 8461
24	7 16 54.111	17 55 05.55	.658 0727	8	11 39 41.428	3 25 38.00	.376 9696
25	7 16 27.982	18 06 51.91	.673 4234	9	11 45 59.983	2 38 33.94	.374 4874
26	7 16 25.704	+18 18 55.19	0.689 9293	10	11 52 13.516	+ 1 51 39.46	1.371 4282
27	7 16 48.198	18 31 06.38	.707 5530	11	11 58 22.253	1 04 57.39	.367 8178
28	7 17 36.178	18 43 16.15	.726 2522	12	12 04 26.414	+ 0 18 30.34	.363 6794
29	7 18 50.159	18 55 14.92	.745 9798	13	12 10 26.215	− 0 27 39.29	.359 0337
30	7 20 30.481	19 06 52.79	.766 6836	14	12 16 21.862	1 13 29.29	.353 8991
31	7 22 37.321	+19 17 59.60	0.788 3055	15	12 22 13.554	− 1 58 57.57	1.348 2920
Aug. 1	7 25 10.703	19 28 24.94	.810 7813	16	12 28 01.476	2 44 02.21	.342 2264
2	7 28 10.512	19 37 58.13	.834 0401	17	12 33 45.806	3 28 41.40	.335 7151
3	7 31 36.499	19 46 28.33	.858 0033	18	12 39 26.708	4 12 53.42	.328 7689
4	7 35 28.281	19 53 44.50	.882 5840	19	12 45 04.332	4 56 36.64	.321 3971
5	7 39 45.341	+19 59 35.57	0.907 6868	20	12 50 38.813	− 5 39 49.48	1.313 6080
6	7 44 27.025	20 03 50.47	.933 2068	21	12 56 10.272	6 22 30.41	.305 4082
7	7 49 32.534	20 06 18.33	.959 0298	22	13 01 38.813	7 04 37.94	.296 8036
8	7 55 00.917	20 06 48.60	0.985 0325	23	13 07 04.525	7 46 10.60	.287 7986
9	8 00 51.063	20 05 11.28	1.011 0830	24	13 12 27.480	8 27 06.93	.278 3969
10	8 07 01.698	+20 01 17.15	1.037 0422	25	13 17 47.734	− 9 07 25.48	1.268 6012
11	8 13 31.387	19 54 58.00	.062 7654	26	13 23 05.324	9 47 04.79	.258 4133
12	8 20 18.537	19 46 06.90	.088 1053	27	13 28 20.265	10 26 03.38	.247 8343
13	8 27 21.409	19 34 38.47	.112 9144	28	13 33 32.551	11 04 19.74	.236 8648
14	8 34 38.147	19 20 29.02	.137 0492	29	13 38 42.155	11 41 52.31	.225 5048
15	8 42 06.801	+19 03 36.77	1.160 3731	30	13 43 49.020	−12 18 39.48	1.213 7537
16	8 49 45.369	+18 44 01.92	1.182 7606	Oct. 1	13 48 53.063	−12 54 39.57	1.201 6108

GEOCENTRIC COORDINATES FOR 0ʰ DYNAMICAL TIME

Date	Apparent Right Ascension	Apparent Declination	True Geocentric Distance	Date	Apparent Right Ascension	Apparent Declination	True Geocentric Distance
	h m s	° ′ ″			h m s	° ′ ″	
Oct. 1	13 48 53.063	−12 54 39.57	1.201 6108	Nov.16	14 19 59.290	−11 37 31.75	0.831 3065
2	13 53 54.169	13 29 50.83	.189 0750	17	14 20 58.793	11 36 42.89	.856 4946
3	13 58 52.189	14 04 11.40	.176 1453	18	14 22 34.128	11 40 37.92	.882 2048
4	14 03 46.936	14 37 39.33	.162 8204	19	14 24 42.257	11 48 49.29	.908 1818
5	14 08 38.181	15 10 12.51	.149 0995	20	14 27 20.069	12 00 48.13	.934 2023
6	14 13 25.649	−15 41 48.72	1.134 9819	21	14 30 24.512	−12 16 05.60	0.960 0749
7	14 18 09.012	16 12 25.56	.120 4674	22	14 33 52.690	12 34 13.86	0.985 6387
8	14 22 47.887	16 42 00.46	.105 5568	23	14 37 41.918	12 54 46.75	1.010 7618
9	14 27 21.827	17 10 30.61	.090 2515	24	14 41 49.750	13 17 20.10	.035 3379
10	14 31 50.314	17 37 52.99	.074 5546	25	14 46 13.993	13 41 31.91	.059 2833
11	14 36 12.754	−18 04 04.28	1.058 4704	26	14 50 52.700	−14 07 02.37	1.082 5343
12	14 40 28.465	18 29 00.89	.042 0054	27	14 55 44.159	14 33 33.81	.105 0436
13	14 44 36.671	18 52 38.85	.025 1686	28	15 00 46.875	15 00 50.52	.126 7781
14	14 48 36.488	19 14 53.81	1.007 9721	29	15 05 59.552	15 28 38.63	.147 7161
15	14 52 26.918	19 35 40.97	0.990 4317	30	15 11 21.069	15 56 45.91	.167 8452
16	14 56 06.833	−19 54 55.01	0.972 5676	Dec. 1	15 16 50.460	−16 25 01.61	1.187 1606
17	14 59 34.965	20 12 30.03	.954 4057	2	15 22 26.896	16 53 16.25	.205 6631
18	15 02 49.896	20 28 19.47	.935 9782	3	15 28 09.669	17 21 21.52	.223 3584
19	15 05 50.052	20 42 15.97	.917 3252	4	15 33 58.169	17 49 10.09	.240 2553
20	15 08 33.695	20 54 11.35	.898 4956	5	15 39 51.879	18 16 35.47	.256 3655
21	15 10 58.926	−21 03 56.48	0.879 5489	6	15 45 50.355	−18 43 31.95	1.271 7021
22	15 13 03.691	21 11 21.18	.860 5569	7	15 51 53.219	19 09 54.46	.286 2796
23	15 14 45.797	21 16 14.22	.841 6057	8	15 58 00.148	19 35 38.49	.300 1133
24	15 16 02.942	21 18 23.23	.822 7975	9	16 04 10.863	20 00 40.00	.313 2185
25	15 16 52.768	21 17 34.79	.804 2527	10	16 10 25.126	20 24 55.39	.325 6108
26	15 17 12.935	−21 13 34.59	0.786 1125	11	16 16 42.728	−20 48 21.40	1.337 3057
27	15 17 01.231	21 06 07.78	.768 5402	12	16 23 03.489	21 10 55.07	.348 3181
28	15 16 15.715	20 54 59.56	.751 7226	13	16 29 27.248	21 32 33.70	.358 6627
29	15 14 54.901	20 39 56.10	.735 8709	14	16 35 53.862	21 53 14.83	.368 3533
30	15 12 57.985	20 20 45.90	.721 2193	15	16 42 23.204	22 12 56.16	.377 4031
31	15 10 25.095	−19 57 21.53	0.708 0225	16	16 48 55.161	−22 31 35.55	1.385 8248
Nov. 1	15 07 17.548	19 29 41.88	.696 5501	17	16 55 29.631	22 49 11.04	.393 6299
2	15 03 38.082	18 57 54.57	.687 0789	18	17 02 06.519	23 05 40.74	.400 8291
3	14 59 31.015	18 22 18.43	.679 8810	19	17 08 45.740	23 21 02.91	.407 4322
4	14 55 02.276	17 43 25.34	.675 2101	20	17 15 27.210	23 35 15.88	.413 4481
5	14 50 19.271	−17 02 01.00	0.673 2853	21	17 22 10.851	-23 48 18.06	1.418 8845
6	14 45 30.559	16 19 04.06	.674 2746	22	17 28 56.584	24 00 07.94	.423 7482
7	14 40 45.364	15 35 43.37	.678 2809	23	17 35 44.333	24 10 44.07	.428 0450
8	14 36 12.962	14 53 13.38	.685 3314	24	17 42 34.019	24 20 05.04	.431 7796
9	14 32 02.057	14 12 48.52	.695 3724	25	17 49 25.564	24 28 09.50	.434 9558
10	14 28 20.226	−13 35 37.45	0.708 2723	26	17 56 18.886	−24 34 56.15	1.437 5761
11	14 25 13.512	13 02 38.10	.723 8288	27	18 03 13.902	24 40 23.72	.439 6421
12	14 22 46.217	12 34 34.39	.741 7828	28	18 10 10.525	24 44 30.97	.441 1543
13	14 21 00.881	12 11 54.84	.761 8341	29	18 17 08.663	24 47 16.70	.442 1119
14	14 19 58.427	11 54 52.93	.783 6587	30	18 24 08.224	24 48 39.76	.442 5133
15	14 19 38.404	−11 43 28.81	0.806 9248	31	18 31 09.107	−24 48 39.01	1.442 3553
16	14 19 59.290	−11 37 31.75	0.831 3065	32	18 38 11.212	−24 47 13.34	1.441 6336

VENUS, 1993

GEOCENTRIC COORDINATES FOR 0ʰ DYNAMICAL TIME

Date	Apparent Right Ascension	Apparent Declination	True Geocentric Distance	Date	Apparent Right Ascension	Apparent Declination	True Geocentric Distance
	h m s	° ′ ″			h m s	° ′ ″	
Jan. 0	21 53 32.666	− 14 30 33.63	0.831 9318	Feb. 15	0 32 03.104	+ 7 00 12.00	0.494 3725
1	21 57 47.554	14 04 33.69	.824 6703	16	0 34 24.996	7 25 15.23	.487 3084
2	22 02 00.485	13 38 16.22	.817 3958	17	0 36 42.739	7 49 55.30	.480 2822
3	22 06 11.456	13 11 42.07	.810 1087	18	0 38 56.172	8 14 10.94	.473 2964
4	22 10 20.463	12 44 52.07	.802 8097	19	0 41 05.124	8 38 00.80	.466 3535
5	22 14 27.502	− 12 17 47.06	0.795 4993	20	0 43 09.417	+ 9 01 23.52	0.459 4564
6	22 18 32.570	11 50 27.87	.788 1782	21	0 45 08.863	9 24 17.64	.452 6080
7	22 22 35.663	11 22 55.32	.780 8471	22	0 47 03.267	9 46 41.65	.445 8114
8	22 26 36.778	10 55 10.25	.773 5068	23	0 48 52.424	10 08 33.98	.439 0702
9	22 30 35.911	10 27 13.45	.766 1581	24	0 50 36.125	10 29 52.98	.432 3879
10	22 34 33.060	− 9 59 05.72	0.758 8017	25	0 52 14.148	+ 10 50 36.92	0.425 7684
11	22 38 28.224	9 30 47.85	.751 4383	26	0 53 46.270	11 10 43.99	.419 2157
12	22 42 21.405	9 02 20.61	.744 0685	27	0 55 12.257	11 30 12.30	.412 7343
13	22 46 12.605	8 33 44.75	.736 6929	28	0 56 31.872	11 48 59.85	.406 3289
14	22 50 01.822	8 05 01.04	.729 3120	Mar. 1	0 57 44.876	12 07 04.57	.400 0043
15	22 53 49.057	− 7 36 10.25	0.721 9262	2	0 58 51.024	+ 12 24 24.27	0.393 7659
16	22 57 34.306	7 07 13.17	.714 5359	3	0 59 50.073	12 40 56.68	.387 6192
17	23 01 17.559	6 38 10.59	.707 1413	4	1 00 41.783	12 56 39.43	.381 5703
18	23 04 58.808	6 09 03.32	.699 7429	5	1 01 25.917	13 11 30.03	.375 6252
19	23 08 38.035	5 39 52.17	.692 3411	6	1 02 02.250	13 25 25.95	.369 7907
20	23 12 15.224	− 5 10 37.97	0.684 9362	7	1 02 30.572	+ 13 38 24.57	0.364 0737
21	23 15 50.353	4 41 21.55	.677 5287	8	1 02 50.689	13 50 23.20	.358 4813
22	23 19 23.397	4 12 03.74	.670 1191	9	1 03 02.432	14 01 19.15	.353 0209
23	23 22 54.328	3 42 45.39	.662 7081	10	1 03 05.657	14 11 09.69	.347 7001
24	23 26 23.116	3 13 27.34	.655 2961	11	1 03 00.247	14 19 52.05	.342 5267
25	23 29 49.726	− 2 44 10.43	0.647 8840	12	1 02 46.112	+ 14 27 23.47	0.337 5083
26	23 33 14.121	2 14 55.52	.640 4725	13	1 02 23.198	14 33 41.21	.332 6531
27	23 36 36.260	1 45 43.46	.633 0625	14	1 01 51.480	14 38 42.53	.327 9690
28	23 39 56.098	1 16 35.11	.625 6550	15	1 01 10.980	14 42 24.78	.323 4642
29	23 43 13.588	0 47 31.35	.618 2509	16	1 00 21.760	14 44 45.44	.319 1471
30	23 46 28.676	− 0 18 33.04	0.610 8515	17	0 59 23.935	+ 14 45 42.14	0.315 0262
31	23 49 41.306	+ 0 10 18.94	.603 4579	18	0 58 17.675	14 45 12.73	.311 1099
Feb. 1	23 52 51.414	0 39 03.68	.596 0714	19	0 57 03.207	14 43 15.37	.307 4069
2	23 55 58.935	1 07 40.29	.588 6934	20	0 55 40.824	14 39 48.57	.303 9257
3	23 59 03.797	1 36 07.86	.581 3255	21	0 54 10.883	14 34 51.24	.300 6748
4	0 02 05.922	+ 2 04 25.46	0.573 9693	22	0 52 33.807	+ 14 28 22.79	0.297 6625
5	0 05 05.229	2 32 32.16	.566 6267	23	0 50 50.089	14 20 23.18	.294 8971
6	0 08 01.634	3 00 27.03	.559 2993	24	0 49 00.288	14 10 52.98	.292 3863
7	0 10 55.049	3 28 09.14	.551 9893	25	0 47 05.027	13 59 53.42	.290 1377
8	0 13 45.383	3 55 37.54	.544 6987	26	0 45 04.991	13 47 26.47	.288 1584
9	0 16 32.545	+ 4 22 51.31	0.537 4293	27	0 43 00.922	+ 13 33 34.82	0.286 4549
10	0 19 16.440	4 49 49.51	.530 1833	28	0 40 53.610	13 18 21.93	.285 0332
11	0 21 56.966	5 16 31.17	.522 9626	29	0 38 43.889	13 01 52.05	.283 8986
12	0 24 34.017	5 42 55.31	.515 7692	30	0 36 32.623	12 44 10.15	.283 0555
13	0 27 07.476	6 09 00.89	.508 6050	31	0 34 20.704	12 25 21.95	.282 5077
14	0 29 37.216	+ 6 34 46.83	0.501 4721	Apr. 1	0 32 09.034	+ 12 05 33.83	0.282 2580
15	0 32 03.104	+ 7 00 12.00	0.494 3725	2	0 29 58.517	+ 11 44 52.78	0.282 3084

GEOCENTRIC COORDINATES FOR 0ʰ DYNAMICAL TIME

Date	Apparent Right Ascension	Apparent Declination	True Geocentric Distance	Date	Apparent Right Ascension	Apparent Declination	True Geocentric Distance
	h m s	° ′ ″			h m s	° ′ ″	
Apr. 1	0 32 09.034	+12 05 33.83	0.282 2580	May 17	0 49 44.889	+ 4 36 43.84	0.507 6481
2	0 29 58.517	11 44 52.78	.282 3084	18	0 52 30.072	4 46 09.35	.515 2662
3	0 27 50.052	11 23 26.30	.282 6597	19	0 55 18.618	4 56 08.86	.522 9230
4	0 25 44.517	11 01 22.31	.283 3118	20	0 58 10.399	5 06 40.89	.530 6160
5	0 23 42.761	10 38 49.05	.284 2637	21	1 01 05.291	5 17 43.99	.538 3427
6	0 21 45.595	+10 15 54.94	0.285 5131	22	1 04 03.179	+ 5 29 16.75	0.546 1009
7	0 19 53.777	9 52 48.43	.287 0566	23	1 07 03.953	5 41 17.77	.553 8885
8	0 18 08.004	9 29 37.89	.288 8901	24	1 10 07.509	5 53 45.69	.561 7037
9	0 16 28.904	9 06 31.44	.291 0081	25	1 13 13.751	6 06 39.20	.569 5445
10	0 14 57.029	8 43 36.86	.293 4046	26	1 16 22.590	6 19 56.98	.577 4094
11	0 13 32.853	+ 8 21 01.51	0.296 0727	27	1 19 33.944	+ 6 33 37.77	0.585 2968
12	0 12 16.774	7 58 52.21	.299 0050	28	1 22 47.738	6 47 40.35	.593 2052
13	0 11 09.115	7 37 15.25	.302 1937	29	1 26 03.905	7 02 03.50	.601 1331
14	0 10 10.127	7 16 16.32	.305 6303	30	1 29 22.384	7 16 46.07	.609 0791
15	0 09 19.996	6 56 00.52	.309 3066	31	1 32 43.121	7 31 46.90	.617 0418
16	0 08 38.844	+ 6 36 32.34	0.313 2137	June 1	1 36 06.067	+ 7 47 04.89	0.625 0198
17	0 08 06.737	6 17 55.67	.317 3430	2	1 39 31.176	8 02 38.91	.633 0116
18	0 07 43.687	6 00 13.81	.321 6856	3	1 42 58.406	8 18 27.88	.641 0157
19	0 07 29.664	5 43 29.54	.326 2327	4	1 46 27.714	8 34 30.69	.649 0307
20	0 07 24.591	5 27 45.07	.330 9758	5	1 49 59.062	8 50 46.26	.657 0548
21	0 07 28.362	+ 5 13 02.16	0.335 9063	6	1 53 32.411	+ 9 07 13.49	0.665 0867
22	0 07 40.835	4 59 22.09	.341 0159	7	1 57 07.723	9 23 51.30	.673 1246
23	0 08 01.844	4 46 45.77	.346 2966	8	2 00 44.964	9 40 38.62	.681 1672
24	0 08 31.203	4 35 13.70	.351 7404	9	2 04 24.101	9 57 34.37	.689 2129
25	0 09 08.708	4 24 46.08	.357 3398	10	2 08 05.102	10 14 37.51	.697 2603
26	0 09 54.143	+ 4 15 22.82	0.363 0875	11	2 11 47.938	+10 31 46.99	0.705 3081
27	0 10 47.282	4 07 03.57	.368 9766	12	2 15 32.582	10 49 01.80	.713 3550
28	0 11 47.892	3 59 47.78	.375 0002	13	2 19 19.008	11 06 20.93	.721 3998
29	0 12 55.741	3 53 34.71	.381 1521	14	2 23 07.192	11 23 43.38	.729 4414
30	0 14 10.592	3 48 23.47	.387 4260	15	2 26 57.111	11 41 08.17	.737 4785
May 1	0 15 32.215	+ 3 44 13.03	0.393 8160	16	2 30 48.743	+11 58 34.32	0.745 5103
2	0 17 00.379	3 41 02.30	.400 3163	17	2 34 42.068	12 16 00.89	.753 5357
3	0 18 34.862	3 38 50.05	.406 9215	18	2 38 37.066	12 33 26.92	.761 5537
4	0 20 15.442	3 37 35.01	.413 6260	19	2 42 33.717	12 50 51.48	.769 5637
5	0 22 01.906	3 37 15.82	.420 4248	20	2 46 32.003	13 08 13.63	.777 5647
6	0 23 54.042	+ 3 37 51.07	0.427 3126	21	2 50 31.905	+13 25 32.47	0.785 5562
7	0 25 51.639	3 39 19.27	.434 2844	22	2 54 33.407	13 42 47.07	.793 5376
8	0 27 54.492	3 41 38.89	.441 3354	23	2 58 36.494	13 59 56.56	.801 5083
9	0 30 02.396	3 44 48.33	.448 4607	24	3 02 41.154	14 17 00.03	.809 4679
10	0 32 15.153	3 48 46.00	.455 6561	25	3 06 47.377	14 33 56.63	.817 4160
11	0 34 32.567	+ 3 53 30.26	0.462 9170	26	3 10 55.159	+14 50 45.50	0.825 3522
12	0 36 54.453	3 58 59.48	.470 2396	27	3 15 04.492	15 07 25.81	.833 2761
13	0 39 20.629	4 05 12.05	.477 6198	28	3 19 15.376	15 23 56.73	.841 1874
14	0 41 50.922	4 12 06.36	.485 0541	29	3 23 27.807	15 40 17.43	.849 0854
15	0 44 25.168	4 19 40.80	.492 5391	30	3 27 41.781	15 56 27.12	.856 9696
16	0 47 03.207	+ 4 27 53.81	0.500 0715	July 1	3 31 57.296	+16 12 24.98	0.864 8395
17	0 49 44.889	+ 4 36 43.84	0.507 6481	2	3 36 14.345	+16 28 10.19	0.872 6944

VENUS, 1993

GEOCENTRIC COORDINATES FOR 0ʰ DYNAMICAL TIME

Date	Apparent Right Ascension	Apparent Declination	True Geocentric Distance	Date	Apparent Right Ascension	Apparent Declination	True Geocentric Distance
	h m s	° ′ ″			h m s	° ′ ″	
July 1	3 31 57.296	+16 12 24.98	0.864 8395	Aug. 16	7 10 04.279	+21 30 25.24	1.200 7215
2	3 36 14.345	16 28 10.19	.872 6944	17	7 15 05.471	21 25 03.76	.207 2888
3	3 40 32.923	16 43 41.94	.880 5336	18	7 20 06.669	21 19 06.83	.213 8182
4	3 44 53.022	16 58 59.42	.888 3562	19	7 25 07.822	21 12 34.49	.220 3094
5	3 49 14.633	17 14 01.82	.896 1615	20	7 30 08.885	21 05 26.82	.226 7624
6	3 53 37.745	+17 28 48.33	0.903 9486	21	7 35 09.815	+20 57 43.90	1.233 1773
7	3 58 02.350	17 43 18.16	.911 7168	22	7 40 10.570	20 49 25.87	.239 5541
8	4 02 28.433	17 57 30.51	.919 4651	23	7 45 11.111	20 40 32.87	.245 8931
9	4 06 55.983	18 11 24.62	.927 1927	24	7 50 11.399	20 31 05.09	.252 1942
10	4 11 24.985	18 24 59.71	.934 8990	25	7 55 11.397	20 21 02.71	.258 4576
11	4 15 55.422	+18 38 15.02	0.942 5832	26	8 00 11.067	+20 10 25.96	1.264 6830
12	4 20 27.277	18 51 09.83	.950 2444	27	8 05 10.375	19 59 15.06	.270 8706
13	4 25 00.532	19 03 43.40	.957 8820	28	8 10 09.289	19 47 30.28	.277 0201
14	4 29 35.165	19 15 55.01	.965 4954	29	8 15 07.776	19 35 11.87	.283 1313
15	4 34 11.152	19 27 43.97	.973 0839	30	8 20 05.809	19 22 20.14	.289 2041
16	4 38 48.471	+19 39 09.58	0.980 6468	31	8 25 03.359	+19 08 55.39	1.295 2381
17	4 43 27.092	19 50 11.17	.988 1837	Sept. 1	8 30 00.402	18 54 57.95	.301 2330
18	4 48 06.986	20 00 48.07	0.995 6940	2	8 34 56.913	18 40 28.17	.307 1886
19	4 52 48.123	20 10 59.65	1.003 1773	3	8 39 52.872	18 25 26.44	.313 1044
20	4 57 30.471	20 20 45.26	.010 6333	4	8 44 48.258	18 09 53.14	.318 9800
21	5 02 13.995	+20 30 04.27	1.018 0617	5	8 49 43.052	+17 53 48.70	1.324 8151
22	5 06 58.665	20 38 56.09	.025 4625	6	8 54 37.237	17 37 13.55	.330 6093
23	5 11 44.448	20 47 20.12	.032 8354	7	8 59 30.797	17 20 08.15	.336 3622
24	5 16 31.316	20 55 15.79	.040 1804	8	9 04 23.717	17 02 32.97	.342 0733
25	5 21 19.237	21 02 42.57	.047 4974	9	9 09 15.984	16 44 28.51	.347 7422
26	5 26 08.181	+21 09 39.94	1.054 7865	10	9 14 07.584	+16 25 55.28	1.353 3685
27	5 30 58.117	21 16 07.39	.062 0473	11	9 18 58.508	16 06 53.81	.358 9518
28	5 35 49.010	21 22 04.43	.069 2798	12	9 23 48.744	15 47 24.65	.364 4917
29	5 40 40.826	21 27 30.60	.076 4836	13	9 28 38.284	15 27 28.36	.369 9879
30	5 45 33.528	21 32 25.45	.083 6585	14	9 33 27.120	15 07 05.50	.375 4400
31	5 50 27.078	+21 36 48.52	1.090 8040	15	9 38 15.246	+14 46 16.66	1.380 8478
Aug. 1	5 55 21.437	21 40 39.40	.097 9198	16	9 43 02.662	14 25 02.42	.386 2111
2	6 00 16.564	21 43 57.68	.105 0053	17	9 47 49.367	14 03 23.37	.391 5300
3	6 05 12.419	21 46 42.98	.112 0601	18	9 52 35.363	13 41 20.10	.396 8045
4	6 10 08.959	21 48 54.95	.119 0835	19	9 57 20.658	13 18 53.25	.402 0347
5	6 15 06.141	+21 50 33.25	1.126 0751	20	10 02 05.257	+12 56 03.41	1.407 2210
6	6 20 03.922	21 51 37.58	.133 0343	21	10 06 49.168	12 32 51.22	.412 3634
7	6 25 02.257	21 52 07.66	.139 9604	22	10 11 32.401	12 09 17.31	.417 4623
8	6 30 01.098	21 52 03.23	.146 8531	23	10 16 14.969	11 45 22.31	.422 5178
9	6 35 00.400	21 51 24.09	.153 7115	24	10 20 56.885	11 21 06.85	.427 5301
10	6 40 00.115	+21 50 10.02	1.160 5354	25	10 25 38.165	+10 56 31.57	1.432 4991
11	6 45 00.194	21 48 20.88	.167 3240	26	10 30 18.828	10 31 37.11	.437 4250
12	6 50 00.587	21 45 56.52	.174 0769	27	10 34 58.893	10 06 24.10	.442 3078
13	6 55 01.243	21 42 56.84	.180 7935	28	10 39 38.382	9 40 53.20	.447 1473
14	7 00 02.112	21 39 21.76	.187 4735	29	10 44 17.320	9 15 05.05	.451 9436
15	7 05 03.142	+21 35 11.24	1.194 1162	30	10 48 55.730	+ 8 49 00.31	1.456 6965
16	7 10 04.279	+21 30 25.24	1.200 7215	Oct. 1	10 53 33.638	+ 8 22 39.63	1.461 4059

GEOCENTRIC COORDINATES FOR 0ʰ DYNAMICAL TIME

Date	Apparent Right Ascension	Apparent Declination	True Geocentric Distance	Date	Apparent Right Ascension	Apparent Declination	True Geocentric Distance
	h m s	° ′ ″			h m s	° ′ ″	
Oct. 1	10 53 33.638	+ 8 22 39.63	1.461 4059	Nov.16	14 26 48.258	−13 10 13.32	1.629 2861
2	10 58 11.072	7 56 03.69	.466 0716	17	14 31 39.785	13 35 24.15	.631 8799
3	11 02 48.058	7 29 13.16	.470 6934	18	14 36 32.375	14 00 14.97	.634 4293
4	11 07 24.626	7 02 08.71	.475 2712	19	14 41 26.047	14 24 44.98	.636 9347
5	11 12 00.805	6 34 51.03	.479 8046	20	14 46 20.820	14 48 53.37	.639 3964
6	11 16 36.623	+ 6 07 20.82	1.484 2935	21	14 51 16.711	−15 12 39.34	1.641 8149
7	11 21 12.109	5 39 38.77	.488 7375	22	14 56 13.740	15 36 02.10	.644 1903
8	11 25 47.295	5 11 45.60	.493 1364	23	15 01 11.920	15 59 00.86	.646 5232
9	11 30 22.208	4 43 42.01	.497 4898	24	15 06 11.266	16 21 34.82	.648 8136
10	11 34 56.881	4 15 28.72	.501 7975	25	15 11 11.791	16 43 43.21	.651 0620
11	11 39 31.342	+ 3 47 06.46	1.506 0592	26	15 16 13.504	−17 05 25.24	1.653 2685
12	11 44 05.624	3 18 35.95	.510 2745	27	15 21 16.415	17 26 40.14	.655 4333
13	11 48 39.757	2 49 57.92	.514 4432	28	15 26 20.529	17 47 27.15	.657 5567
14	11 53 13.776	2 21 13.10	.518 5652	29	15 31 25.849	18 07 45.49	.659 6388
15	11 57 47.713	1 52 22.22	.522 6404	30	15 36 32.376	18 27 34.41	.661 6797
16	12 02 21.604	+ 1 23 25.99	1.526 6688	Dec. 1	15 41 40.108	−18 46 53.15	1.663 6795
17	12 06 55.481	0 54 25.16	.530 6506	2	15 46 49.041	19 05 40.97	.665 6382
18	12 11 29.378	+ 0 25 20.45	.534 5860	3	15 51 59.167	19 23 57.11	.667 5558
19	12 16 03.330	− 0 03 47.39	.538 4753	4	15 57 10.477	19 41 40.84	.669 4322
20	12 20 37.369	0 32 57.63	.542 3188	5	16 02 22.957	19 58 51.45	.671 2672
21	12 25 11.532	− 1 02 09.52	1.546 1170	6	16 07 36.593	−20 15 28.20	1.673 0607
22	12 29 45.856	1 31 22.33	.549 8700	7	16 12 51.368	20 31 30.41	.674 8125
23	12 34 20.377	2 00 35.32	.553 5781	8	16 18 07.262	20 46 57.40	.676 5225
24	12 38 55.135	2 29 47.78	.557 2417	9	16 23 24.252	21 01 48.51	.678 1903
25	12 43 30.169	2 58 58.95	.560 8608	10	16 28 42.312	21 16 03.10	.679 8158
26	12 48 05.519	− 3 28 08.12	1.564 4357	11	16 34 01.411	−21 29 40.55	1.681 3988
27	12 52 41.225	3 57 14.54	.567 9665	12	16 39 21.515	21 42 40.27	.682 9394
28	12 57 17.327	4 26 17.47	.571 4533	13	16 44 42.585	21 55 01.70	.684 4374
29	13 01 53.866	4 55 16.17	.574 8962	14	16 50 04.578	22 06 44.25	.685 8930
30	13 06 30.882	5 24 09.91	.578 2952	15	16 55 27.450	22 17 47.41	.687 3065
31	13 11 08.414	− 5 52 57.92	1.581 6504	16	17 00 51.156	−22 28 10.65	1.688 6779
Nov. 1	13 15 46.500	6 21 39.44	.584 9618	17	17 06 15.648	22 37 53.48	.690 0077
2	13 20 25.181	6 50 13.73	.588 2294	18	17 11 40.879	22 46 55.44	.691 2962
3	13 25 04.491	7 18 40.01	.591 4529	19	17 17 06.799	22 55 16.09	.692 5437
4	13 29 44.469	7 46 57.50	.594 6324	20	17 22 33.358	23 02 55.03	.693 7505
5	13 34 25.148	− 8 15 05.43	1.597 7677	21	17 28 00.504	−23 09 51.90	1.694 9169
6	13 39 06.565	8 43 03.00	.600 8586	22	17 33 28.184	23 16 06.34	.696 0433
7	13 43 48.753	9 10 49.41	.603 9049	23	17 38 56.343	23 21 38.05	.697 1299
8	13 48 31.744	9 38 23.88	.606 9064	24	17 44 24.925	23 26 26.75	.698 1770
9	13 53 15.571	10 05 45.60	.609 8629	25	17 49 53.872	23 30 32.20	.699 1849
10	13 58 00.266	−10 32 53.77	1.612 7741	26	17 55 23.125	−23 33 54.19	1.700 1538
11	14 02 45.859	10 59 47.59	.615 6399	27	18 00 52.625	23 36 32.54	.701 0840
12	14 07 32.380	11 26 26.25	.618 4601	28	18 06 22.310	23 38 27.10	.701 9756
13	14 12 19.857	11 52 48.96	.621 2347	29	18 11 52.118	23 39 37.75	.702 8288
14	14 17 08.314	12 18 54.92	.623 9638	30	18 17 21.989	23 40 04.42	.703 6436
15	14 21 57.774	−12 44 43.31	1.626 6475	31	18 22 51.858	−23 39 47.03	1.704 4202
16	14 26 48.258	−13 10 13.32	1.629 2861	32	18 28 21.664	−23 38 45.58	1.705 1584

MARS, 1993

GEOCENTRIC COORDINATES FOR 0ʰ DYNAMICAL TIME

Date	Apparent Right Ascension	Apparent Declination	True Geocentric Distance	Date	Apparent Right Ascension	Apparent Declination	True Geocentric Distance
	h m s	° ′ ″			h m s	° ′ ″	
Jan. 0	7 32 34.748	+25 37 45.91	0.627 4732	Feb. 15	6 38 50.321	+26 47 55.17	0.806 2067
1	7 30 54.690	25 43 04.71	.626 8086	16	6 38 50.449	26 46 22.49	.813 8556
2	7 29 13.315	25 48 16.54	.626 3595	17	6 38 53.884	26 44 46.06	.821 6083
3	7 27 30.829	25 53 20.68	.626 1274	18	6 39 00.584	26 43 05.99	.829 4613
4	7 25 47.445	25 58 16.48	.626 1133	19	6 39 10.507	26 41 22.39	.837 4111
5	7 24 03.375	+26 03 03.32	0.626 3180	20	6 39 23.606	+26 39 35.36	0.845 4542
6	7 22 18.831	26 07 40.63	.626 7422	21	6 39 39.834	26 37 44.98	.853 5871
7	7 20 34.026	26 12 07.91	.627 3862	22	6 39 59.141	26 35 51.30	.861 8064
8	7 18 49.169	26 16 24.71	.628 2500	23	6 40 21.476	26 33 54.40	.870 1086
9	7 17 04.468	26 20 30.63	.629 3336	24	6 40 46.787	26 31 54.31	.878 4904
10	7 15 20.129	+26 24 25.32	0.630 6368	25	6 41 15.018	+26 29 51.07	0.886 9483
11	7 13 36.358	26 28 08.46	.632 1592	26	6 41 46.115	26 27 44.72	.895 4793
12	7 11 53.359	26 31 39.80	.633 9004	27	6 42 20.020	26 25 35.29	.904 0799
13	7 10 11.337	26 34 59.11	.635 8598	28	6 42 56.675	26 23 22.77	.912 7471
14	7 08 30.497	26 38 06.23	.638 0366	Mar. 1	6 43 36.020	26 21 07.20	.921 4779
15	7 06 51.040	+26 41 01.06	0.640 4297	2	6 44 17.994	+26 18 48.56	0.930 2692
16	7 05 13.163	26 43 43.54	.643 0379	3	6 45 02.535	26 16 26.85	.939 1182
17	7 03 37.058	26 46 13.67	.645 8596	4	6 45 49.579	26 14 02.06	.948 0221
18	7 02 02.911	26 48 31.50	.648 8929	5	6 46 39.063	26 11 34.16	.956 9783
19	7 00 30.898	26 50 37.13	.652 1358	6	6 47 30.923	26 09 03.12	.965 9844
20	6 59 01.191	+26 52 30.67	0.655 5858	7	6 48 25.095	+26 06 28.88	0.975 0380
21	6 57 33.949	26 54 12.32	.659 2402	8	6 49 21.522	26 03 51.37	.984 1372
22	6 56 09.322	26 55 42.28	.663 0962	9	6 50 20.147	26 01 10.52	0.993 2798
23	6 54 47.451	26 57 00.80	.667 1505	10	6 51 20.917	25 58 26.26	1.002 4642
24	6 53 28.467	26 58 08.16	.671 3998	11	6 52 23.782	25 55 38.51	.011 6887
25	6 52 12.489	+26 59 04.67	0.675 8405	12	6 53 28.696	+25 52 47.20	1.020 9514
26	6 50 59.625	26 59 50.65	.680 4688	13	6 54 35.611	25 49 52.25	.030 2508
27	6 49 49.972	27 00 26.47	.685 2810	14	6 55 44.480	25 46 53.58	.039 5851
28	6 48 43.616	27 00 52.49	.690 2730	15	6 56 55.259	25 43 51.09	.048 9524
29	6 47 40.631	27 01 09.10	.695 4408	16	6 58 07.902	25 40 44.70	.058 3510
30	6 46 41.081	+27 01 16.70	0.700 7801	17	6 59 22.366	+25 37 34.30	1.067 7789
31	6 45 45.019	27 01 15.68	.706 2868	18	7 00 38.608	25 34 19.80	.077 2344
Feb. 1	6 44 52.485	27 01 06.45	.711 9566	19	7 01 56.585	25 31 01.09	.086 7154
2	6 44 03.512	27 00 49.42	.717 7852	20	7 03 16.256	25 27 38.08	.096 2201
3	6 43 18.120	27 00 24.97	.723 7685	21	7 04 37.580	25 24 10.67	.105 7465
4	6 42 36.319	+26 59 53.51	0.729 9022	22	7 06 00.518	+25 20 38.76	1.115 2929
5	6 41 58.111	26 59 15.40	.736 1821	23	7 07 25.029	25 17 02.25	.124 8573
6	6 41 23.489	26 58 31.00	.742 6042	24	7 08 51.074	25 13 21.07	.134 4379
7	6 40 52.441	26 57 40.63	.749 1647	25	7 10 18.614	25 09 35.12	.144 0327
8	6 40 24.949	26 56 44.60	.755 8599	26	7 11 47.610	25 05 44.33	.153 6400
9	6 40 00.996	+26 55 43.19	0.762 6862	27	7 13 18.022	+25 01 48.62	1.163 2580
10	6 39 40.562	26 54 36.65	.769 6401	28	7 14 49.810	24 57 47.92	.172 8850
11	6 39 23.625	26 53 25.23	.776 7184	29	7 16 22.936	24 53 42.17	.182 5192
12	6 39 10.160	26 52 09.17	.783 9175	30	7 17 57.359	24 49 31.30	.192 1591
13	6 39 00.142	26 50 48.68	.791 2342	31	7 19 33.039	24 45 15.24	.201 8031
14	6 38 53.541	+26 49 23.95	0.798 6651	Apr. 1	7 21 09.935	+24 40 53.95	1.211 4497
15	6 38 50.321	+26 47 55.17	0.806 2067	2	7 22 48.007	+24 36 27.34	1.221 0976

GEOCENTRIC COORDINATES FOR 0ʰ DYNAMICAL TIME

Date	Apparent Right Ascension	Apparent Declination	True Geocentric Distance	Date	Apparent Right Ascension	Apparent Declination	True Geocentric Distance
	h m s	° ′ ″			h m s	° ′ ″	
Apr. 1	7 21 09.935	+24 40 53.95	1.211 4497	May 17	8 49 34.696	+19 30 34.49	1.641 7518
2	7 22 48.007	24 36 27.34	.221 0976	18	8 51 41.052	19 21 16.31	.650 5189
3	7 24 27.216	24 31 55.36	.230 7454	19	8 53 47.665	19 11 51.52	.659 2512
4	7 26 07.524	24 27 17.93	.240 3922	20	8 55 54.526	19 02 20.14	.667 9481
5	7 27 48.897	24 22 34.97	.250 0369	21	8 58 01.626	18 52 42.21	.676 6088
6	7 29 31.302	+24 17 46.42	1.259 6786	22	9 00 08.958	+18 42 57.75	1.685 2325
7	7 31 14.711	24 12 52.21	.269 3168	23	9 02 16.512	18 33 06.81	.693 8186
8	7 32 59.095	24 07 52.26	.278 9506	24	9 04 24.276	18 23 09.42	.702 3661
9	7 34 44.427	24 02 46.53	.288 5793	25	9 06 32.241	18 13 05.63	.710 8746
10	7 36 30.681	23 57 34.94	.298 2024	26	9 08 40.395	18 02 55.50	.719 3432
11	7 38 17.832	+23 52 17.45	1.307 8190	27	9 10 48.726	+17 52 39.06	1.727 7715
12	7 40 05.854	23 46 53.98	.317 4282	28	9 12 57.225	17 42 16.36	.736 1589
13	7 41 54.724	23 41 24.47	.327 0292	29	9 15 05.881	17 31 47.44	.744 5050
14	7 43 44.417	23 35 48.85	.336 6211	30	9 17 14.688	17 21 12.34	.752 8096
15	7 45 34.913	23 30 07.06	.346 2027	31	9 19 23.638	17 10 31.10	.761 0725
16	7 47 26.189	+23 24 19.03	1.355 7731	June 1	9 21 32.725	+16 59 43.75	1.769 2936
17	7 49 18.225	23 18 24.72	.365 3313	2	9 23 41.944	16 48 50.33	.777 4728
18	7 51 10.999	23 12 24.06	.374 8761	3	9 25 51.289	16 37 50.90	.785 6102
19	7 53 04.491	23 06 17.01	.384 4065	4	9 28 00.754	16 26 45.50	.793 7057
20	7 54 58.683	23 00 03.52	.393 9213	5	9 30 10.336	16 15 34.17	.801 7595
21	7 56 53.553	+22 53 43.56	1.403 4195	6	9 32 20.028	+16 04 16.95	1.809 7716
22	7 58 49.083	22 47 17.09	.412 8999	7	9 34 29.827	15 52 53.88	.817 7417
23	8 00 45.252	22 40 44.09	.422 3615	8	9 36 39.729	15 41 25.00	.825 6698
24	8 02 42.040	22 34 04.54	.431 8031	9	9 38 49.734	15 29 50.32	.833 5558
25	8 04 39.426	22 27 18.43	.441 2236	10	9 40 59.838	15 18 09.89	.841 3992
26	8 06 37.389	+22 20 25.75	1.450 6221	11	9 43 10.042	+15 06 23.74	1.849 1999
27	8 08 35.906	22 13 26.50	.459 9975	12	9 45 20.345	14 54 31.89	.856 9574
28	8 10 34.956	22 06 20.67	.469 3488	13	9 47 30.746	14 42 34.39	.864 6713
29	8 12 34.515	21 59 08.26	.478 6752	14	9 49 41.245	14 30 31.27	.872 3413
30	8 14 34.563	21 51 49.27	.487 9760	15	9 51 51.843	14 18 22.57	.879 9669
May 1	8 16 35.078	+21 44 23.68	1.497 2504	16	9 54 02.538	+14 06 08.35	1.887 5476
2	8 18 36.042	21 36 51.51	.506 4978	17	9 56 13.330	13 53 48.65	.895 0830
3	8 20 37.436	21 29 12.72	.515 7179	18	9 58 24.219	13 41 23.52	.902 5723
4	8 22 39.245	21 21 27.32	.524 9102	19	10 00 35.202	13 28 53.04	.910 0152
5	8 24 41.455	21 13 35.30	.534 0745	20	10 02 46.277	13 16 17.27	.917 4110
6	8 26 44.051	+21 05 36.66	1.543 2107	21	10 04 57.440	+13 03 36.27	1.924 7591
7	8 28 47.021	20 57 31.41	.552 3184	22	10 07 08.687	12 50 50.14	.932 0591
8	8 30 50.352	20 49 19.54	.561 3974	23	10 09 20.015	12 37 58.93	.939 3104
9	8 32 54.029	20 41 01.05	.570 4476	24	10 11 31.420	12 25 02.72	.946 5126
10	8 34 58.043	20 32 35.95	.579 4684	25	10 13 42.898	12 12 01.58	.953 6654
11	8 37 02.381	+20 24 04.23	1.588 4595	26	10 15 54.448	+11 58 55.58	1.960 7686
12	8 39 07.033	20 15 25.87	.597 4205	27	10 18 06.069	11 45 44.77	.967 8219
13	8 41 11.990	20 06 40.88	.606 3507	28	10 20 17.760	11 32 29.23	.974 8255
14	8 43 17.243	19 57 49.24	.615 2496	29	10 22 29.521	11 19 09.02	.981 7793
15	8 45 22.784	19 48 50.96	.624 1165	30	10 24 41.352	11 05 44.20	.988 6835
16	8 47 28.604	+19 39 46.04	1.632 9508	July 1	10 26 53.251	+10 52 14.85	1.995 5382
17	8 49 34.696	+19 30 34.49	1.641 7518	2	10 29 05.220	+10 38 41.03	2.002 3436

MARS, 1993

GEOCENTRIC COORDINATES FOR 0ʰ DYNAMICAL TIME

Date	Apparent Right Ascension	Apparent Declination	True Geocentric Distance	Date	Apparent Right Ascension	Apparent Declination	True Geocentric Distance
	h m s	° ′ ″			h m s	° ′ ″	
July 1	10 26 53.251	+ 10 52 14.85	1.995 5382	Aug. 16	12 09 58.855	− 0 30 34.41	2.255 8554
2	10 29 05.220	10 38 41.03	2.002 3436	17	12 12 17.278	0 46 17.51	.260 2863
3	10 31 17.257	10 25 02.82	.009 0999	18	12 14 35.948	1 02 01.48	.264 6633
4	10 33 29.363	10 11 20.27	.015 8072	19	12 16 54.868	1 17 46.20	.268 9858
5	10 35 41.539	9 57 33.44	.022 4656	20	12 19 14.044	1 33 31.60	.273 2538
6	10 37 53.786	+ 9 43 42.40	2.029 0752	21	12 21 33.481	− 1 49 17.55	2.277 4671
7	10 40 06.109	9 29 47.19	.035 6360	22	12 23 53.183	2 05 03.98	.281 6258
8	10 42 18.510	9 15 47.87	.042 1478	23	12 26 13.157	2 20 50.77	.285 7301
9	10 44 30.994	9 01 44.49	.048 6106	24	12 28 33.406	2 36 37.81	.289 7801
10	10 46 43.565	8 47 37.09	.055 0242	25	12 30 53.933	2 52 25.01	.293 7761
11	10 48 56.227	+ 8 33 25.74	2.061 3884	26	12 33 14.742	− 3 08 12.25	2.297 7186
12	10 51 08.984	8 19 10.50	.067 7031	27	12 35 35.838	3 23 59.43	.301 6079
13	10 53 21.842	8 04 51.41	.073 9678	28	12 37 57.225	3 39 46.43	.305 4443
14	10 55 34.805	7 50 28.54	.080 1824	29	12 40 18.908	3 55 33.15	.309 2282
15	10 57 47.875	7 36 01.97	.086 3464	30	12 42 40.895	4 11 19.49	.312 9599
16	11 00 01.057	+ 7 21 31.76	2.092 4595	31	12 45 03.192	− 4 27 05.36	2.316 6398
17	11 02 14.354	7 06 58.00	.098 5213	Sept. 1	12 47 25.806	4 42 50.65	.320 2680
18	11 04 27.766	6 52 20.75	.104 5313	2	12 49 48.747	4 58 35.27	.323 8449
19	11 06 41.296	6 37 40.12	.110 4891	3	12 52 12.022	5 14 19.13	.327 3705
20	11 08 54.944	6 22 56.19	.116 3943	4	12 54 35.641	5 30 02.12	.330 8451
21	11 11 08.710	+ 6 08 09.05	2.122 2464	5	12 56 59.610	− 5 45 44.16	2.334 2688
22	11 13 22.596	5 53 18.80	.128 0451	6	12 59 23.940	6 01 25.14	.337 6415
23	11 15 36.604	5 38 25.50	.133 7902	7	13 01 48.638	6 17 04.96	.340 9635
24	11 17 50.736	5 23 29.26	.139 4814	8	13 04 13.713	6 32 43.51	.344 2345
25	11 20 04.996	5 08 30.13	.145 1189	9	13 06 39.170	6 48 20.70	.347 4547
26	11 22 19.386	+ 4 53 28.21	2.150 7026	10	13 09 05.018	− 7 03 56.39	2.350 6238
27	11 24 33.910	4 38 23.59	.156 2328	11	13 11 31.263	7 19 30.49	.353 7418
28	11 26 48.569	4 23 16.33	.161 7096	12	13 13 57.910	7 35 02.85	.356 8085
29	11 29 03.367	4 08 06.54	.167 1333	13	13 16 24.966	7 50 33.36	.359 8235
30	11 31 18.305	3 52 54.30	.172 5042	14	13 18 52.436	8 06 01.87	.362 7867
31	11 33 33.388	+ 3 37 39.70	2.177 8226	15	13 21 20.326	− 8 21 28.27	2.365 6977
Aug. 1	11 35 48.617	3 22 22.81	.183 0886	16	13 23 48.641	8 36 52.42	.368 5564
2	11 38 03.998	3 07 03.71	.188 3026	17	13 26 17.389	8 52 14.19	.371 3625
3	11 40 19.536	2 51 42.47	.193 4648	18	13 28 46.576	9 07 33.46	.374 1160
4	11 42 35.236	2 36 19.18	.198 5752	19	13 31 16.206	9 22 50.10	.376 8170
5	11 44 51.106	+ 2 20 53.90	2.203 6339	20	13 33 46.285	− 9 38 03.99	2.379 4656
6	11 47 07.153	2 05 26.69	.208 6410	21	13 36 16.816	9 53 14.99	.382 0622
7	11 49 23.384	1 49 57.63	.213 5966	22	13 38 47.802	10 08 22.96	.384 6070
8	11 51 39.805	1 34 26.79	.218 5005	23	13 41 19.247	10 23 27.76	.387 1006
9	11 53 56.425	1 18 54.25	.223 3527	24	13 43 51.154	10 38 29.25	.389 5434
10	11 56 13.249	+ 1 03 20.08	2.228 1531	25	13 46 23.528	− 10 53 27.29	2.391 9359
11	11 58 30.286	0 47 44.35	.232 9014	26	13 48 56.376	11 08 21.74	.394 2784
12	12 00 47.541	0 32 07.16	.237 5977	27	13 51 29.704	11 23 12.47	.396 5714
13	12 03 05.021	0 16 28.60	.242 2414	28	13 54 03.518	11 37 59.35	.398 8154
14	12 05 22.730	0 00 48.75	.246 8325	29	13 56 37.826	11 52 42.25	.401 0106
15	12 07 40.673	− 0 14 52.29	2.251 3706	30	13 59 12.637	− 12 07 21.03	2.403 1575
16	12 09 58.855	− 0 30 34.41	2.255 8554	Oct. 1	14 01 47.956	− 12 21 55.57	2.405 2564

GEOCENTRIC COORDINATES FOR 0ʰ DYNAMICAL TIME

Date	Apparent Right Ascension	Apparent Declination	True Geocentric Distance	Date	Apparent Right Ascension	Apparent Declination	True Geocentric Distance
	h m s	° ′ ″			h m s	° ′ ″	
Oct. 1	14 01 47.956	−12 21 55.57	2.405 2564	Nov.16	16 11 21.964	−21 32 15.85	2.452 5523
2	14 04 23.794	12 36 25.73	.407 3076	17	16 14 25.328	21 40 36.06	.452 5960
3	14 07 00.156	12 50 51.39	.409 3113	18	16 17 29.271	21 48 44.39	.452 6013
4	14 09 37.051	13 05 12.41	.411 2677	19	16 20 33.786	21 56 40.66	.452 5688
5	14 12 14.485	13 19 28.66	.413 1771	20	16 23 38.866	22 04 24.72	.452 4990
6	14 14 52.466	−13 33 39.99	2.415 0395	21	16 26 44.504	−22 11 56.39	2.452 3926
7	14 17 30.999	13 47 46.27	.416 8550	22	16 29 50.695	22 19 15.54	.452 2501
8	14 20 10.089	14 01 47.34	.418 6237	23	16 32 57.432	22 26 21.99	.452 0723
9	14 22 49.742	14 15 43.05	.420 3455	24	16 36 04.710	22 33 15.62	.451 8596
10	14 25 29.963	14 29 33.25	.422 0204	25	16 39 12.523	22 39 56.27	.451 6126
11	14 28 10.756	−14 43 17.78	2.423 6483	26	16 42 20.864	−22 46 23.81	2.451 3320
12	14 30 52.127	14 56 56.48	.425 2291	27	16 45 29.727	22 52 38.10	.451 0182
13	14 33 34.079	15 10 29.18	.426 7624	28	16 48 39.104	22 58 39.00	.450 6718
14	14 36 16.617	15 23 55.72	.428 2483	29	16 51 48.988	23 04 26.38	.450 2932
15	14 38 59.748	15 37 15.96	.429 6865	30	16 54 59.371	23 10 00.11	.449 8829
16	14 41 43.474	−15 50 29.72	2.431 0770	Dec. 1	16 58 10.242	−23 15 20.06	2.449 4413
17	14 44 27.799	16 03 36.87	.432 4199	2	17 01 21.594	23 20 26.10	.448 9688
18	14 47 12.723	16 16 37.25	.433 7155	3	17 04 33.416	23 25 18.10	.448 4656
19	14 49 58.246	16 29 30.68	.434 9639	4	17 07 45.698	23 29 55.93	.447 9320
20	14 52 44.367	16 42 17.01	.436 1657	5	17 10 58.430	23 34 19.44	.447 3680
21	14 55 31.087	−16 54 56.05	2.437 3213	6	17 14 11.602	−23 38 28.53	2.446 7739
22	14 58 18.406	17 07 27.64	.438 4313	7	17 17 25.204	23 42 23.07	.446 1496
23	15 01 06.325	17 19 51.61	.439 4962	8	17 20 39.226	23 46 02.93	.445 4952
24	15 03 54.847	17 32 07.78	.440 5166	9	17 23 53.658	23 49 28.01	.444 8107
25	15 06 43.975	17 44 16.00	.441 4929	10	17 27 08.488	23 52 38.22	.444 0960
26	15 09 33.711	−17 56 16.10	2.442 4257	11	17 30 23.702	−23 55 33.46	2.443 3513
27	15 12 24.059	18 08 07.92	.443 3154	12	17 33 39.287	23 58 13.66	.442 5765
28	15 15 15.023	18 19 51.30	.444 1626	13	17 36 55.226	24 00 38.73	.441 7720
29	15 18 06.605	18 31 26.08	.444 9678	14	17 40 11.499	24 02 48.58	.440 9380
30	15 20 58.808	18 42 52.11	.445 7313	15	17 43 28.090	24 04 43.13	.440 0748
31	15 23 51.635	−18 54 09.22	2.446 4535	16	17 46 44.980	−24 06 22.31	2.439 1830
Nov. 1	15 26 45.088	19 05 17.26	.447 1348	17	17 50 02.152	24 07 46.02	.438 2631
2	15 29 39.168	19 16 16.07	.447 7755	18	17 53 19.592	24 08 54.20	.437 3157
3	15 32 33.877	19 27 05.49	.448 3758	19	17 56 37.283	24 09 46.76	.436 3415
4	15 35 29.215	19 37 45.34	.448 9361	20	17 59 55.211	24 10 23.66	.435 3410
5	15 38 25.182	−19 48 15.47	2.449 4565	21	18 03 13.362	−24 10 44.82	2.434 3149
6	15 41 21.776	19 58 35.70	.449 9370	22	18 06 31.721	24 10 50.21	.433 2638
7	15 44 18.998	20 08 45.85	.450 3778	23	18 09 50.275	24 10 39.78	.432 1883
8	15 47 16.846	20 18 45.75	.450 7789	24	18 13 09.008	24 10 13.50	.431 0892
9	15 50 15.319	20 28 35.23	.451 1401	25	18 16 27.906	24 09 31.34	.429 9669
10	15 53 14.416	−20 38 14.11	2.451 4615	26	18 19 46.952	−24 08 33.26	2.428 8220
11	15 56 14.136	20 47 42.23	.451 7430	27	18 23 06.131	24 07 19.19	.427 6552
12	15 59 14.478	20 56 59.43	.451 9846	28	18 26 25.430	24 05 49.07	.426 4669
13	16 02 15.438	21 06 05.54	.452 1861	29	18 29 44.840	24 04 02.92	.425 2576
14	16 05 17.011	21 15 00.42	.452 3477	30	18 33 04.343	24 02 00.76	.424 0278
15	16 08 19.189	−21 23 43.91	2.452 4697	31	18 36 23.925	−23 59 42.60	2.422 7779
16	16 11 21.964	−21 32 15.85	2.452 5523	32	18 39 43.568	−23 57 08.41	2.421 5080

JUPITER, 1993

GEOCENTRIC COORDINATES FOR 0ʰ DYNAMICAL TIME

Date	Apparent Right Ascension	Apparent Declination	True Geocentric Distance	Date	Apparent Right Ascension	Apparent Declination	True Geocentric Distance
	h m s	° ′ ″			h m s	° ′ ″	
Jan. 0	12 51 20.410	− 4 05 29.31	5.424 2488	Feb. 15	12 54 45.194	− 4 14 04.66	4.739 4824
1	12 51 39.757	4 07 15.09	.408 1650	16	12 54 33.457	4 12 35.67	.727 5489
2	12 51 58.506	4 08 56.96	.392 0691	17	12 54 21.058	4 11 02.70	.715 8169
3	12 52 16.652	4 10 34.90	.375 9654	18	12 54 08.003	4 09 25.78	.704 2911
4	12 52 34.191	4 12 08.88	.359 8579	19	12 53 54.298	4 07 44.96	.692 9763
5	12 52 51.117	− 4 13 38.89	5.343 7510	20	12 53 39.951	− 4 06 00.30	4.681 8771
6	12 53 07.426	4 15 04.91	.327 6488	21	12 53 24.971	4 04 11.86	.670 9981
7	12 53 23.112	4 16 26.90	.311 5554	22	12 53 09.367	4 02 19.70	.660 3438
8	12 53 38.169	4 17 44.83	.295 4747	23	12 52 53.150	4 00 23.89	.649 9186
9	12 53 52.588	4 18 58.66	.279 4110	24	12 52 36.331	3 58 24.51	.639 7268
10	12 54 06.365	− 4 20 08.36	5.263 3681	25	12 52 18.922	− 3 56 21.63	4.629 7724
11	12 54 19.491	4 21 13.88	.247 3502	26	12 52 00.935	3 54 15.34	.620 0595
12	12 54 31.964	4 22 15.20	.231 3613	27	12 51 42.382	3 52 05.73	.610 5919
13	12 54 43.778	4 23 12.30	.215 4059	28	12 51 23.278	3 49 52.88	.601 3734
14	12 54 54.929	4 24 05.15	.199 4882	Mar. 1	12 51 03.634	3 47 36.87	.592 4074
15	12 55 05.414	− 4 24 53.75	5.183 6129	2	12 50 43.463	− 3 45 17.79	4.583 6975
16	12 55 15.229	4 25 38.08	.167 7846	3	12 50 22.779	3 42 55.74	.575 2469
17	12 55 24.369	4 26 18.12	.152 0082	4	12 50 01.593	3 40 30.78	.567 0587
18	12 55 32.828	4 26 53.85	.136 2887	5	12 49 39.919	3 38 03.01	.559 1357
19	12 55 40.601	4 27 25.25	.120 6310	6	12 49 17.770	3 35 32.49	.551 4808
20	12 55 47.683	− 4 27 52.29	5.105 0402	7	12 48 55.159	− 3 32 59.33	4.544 0966
21	12 55 54.070	4 28 14.96	.089 5214	8	12 48 32.100	3 30 23.60	.536 9858
22	12 55 59.757	4 28 33.24	.074 0799	9	12 48 08.609	3 27 45.41	.530 1510
23	12 56 04.741	4 28 47.11	.058 7206	10	12 47 44.704	3 25 04.88	.523 5946
24	12 56 09.019	4 28 56.56	.043 4488	11	12 47 20.401	3 22 22.10	.517 3194
25	12 56 12.590	− 4 29 01.60	5.028 2696	12	12 46 55.716	− 3 19 37.20	4.511 3280
26	12 56 15.452	4 29 02.22	5.013 1880	13	12 46 30.665	3 16 50.27	.505 6231
27	12 56 17.607	4 28 58.42	4.998 2092	14	12 46 05.263	3 14 01.43	.500 2072
28	12 56 19.052	4 28 50.23	.983 3382	15	12 45 39.526	3 11 10.78	.495 0830
29	12 56 19.791	4 28 37.63	.968 5799	16	12 45 13.469	3 08 18.42	.490 2529
30	12 56 19.822	− 4 28 20.66	4.953 9393	17	12 44 47.110	− 3 05 24.48	4.485 7190
31	12 56 19.147	4 27 59.33	.939 4212	18	12 44 20.467	3 02 29.06	.481 4837
Feb. 1	12 56 17.768	4 27 33.64	.925 0305	19	12 43 53.558	2 59 32.30	.477 5489
2	12 56 15.686	4 27 03.62	.910 7718	20	12 43 26.402	2 56 34.30	.473 9164
3	12 56 12.901	4 26 29.28	.896 6499	21	12 42 59.020	2 53 35.21	.470 5878
4	12 56 09.414	− 4 25 50.62	4.882 6693	22	12 42 31.433	− 2 50 35.16	4.467 5647
5	12 56 05.226	4 25 07.66	.868 8345	23	12 42 03.661	2 47 34.29	.464 8482
6	12 56 00.335	4 24 20.40	.855 1499	24	12 41 35.727	2 44 32.73	.462 4395
7	12 55 54.745	4 23 28.84	.841 6198	25	12 41 07.651	2 41 30.63	.460 3393
8	12 55 48.455	4 22 33.00	.828 2487	26	12 40 39.455	2 38 28.12	.458 5485
9	12 55 41.470	− 4 21 32.90	4.815 0408	27	12 40 11.161	− 2 35 25.34	4.457 0675
10	12 55 33.794	4 20 28.56	.802 0008	28	12 39 42.789	2 32 22.44	.455 8965
11	12 55 25.431	4 19 20.03	.789 1331	29	12 39 14.362	2 29 19.54	.455 0355
12	12 55 16.386	4 18 07.34	.776 4427	30	12 38 45.898	2 26 16.78	.454 4845
13	12 55 06.662	4 16 50.53	.763 9341	31	12 38 17.417	2 23 14.27	.454 2430
14	12 54 56.264	− 4 15 29.62	4.751 6124	Apr. 1	12 37 48.940	− 2 20 12.15	4.454 3106
15	12 54 45.194	− 4 14 04.66	4.739 4824	2	12 37 20.484	− 2 17 10.53	4.454 6865

GEOCENTRIC COORDINATES FOR 0ʰ DYNAMICAL TIME

Date	Apparent Right Ascension	Apparent Declination	True Geocentric Distance	Date	Apparent Right Ascension	Apparent Declination	True Geocentric Distance
	h m s	o ′ ″			h m s	o ′ ″	
Apr. 1	12 37 48.940	− 2 20 12.15	4.454 3106	May 17	12 21 05.368	− 0 39 19.63	4.761 0476
2	12 37 20.484	2 17 10.53	.454 6865	18	12 20 55.354	0 38 30.10	.773 1968
3	12 36 52.069	2 14 09.53	.455 3698	19	12 20 45.985	0 37 44.89	.785 5182
4	12 36 23.714	2 11 09.26	.456 3595	20	12 20 37.267	0 37 04.04	.798 0072
5	12 35 55.439	2 08 09.86	.457 6546	21	12 20 29.204	0 36 27.54	.810 6592
6	12 35 27.265	− 2 05 11.45	4.459 2539	22	12 20 21.800	− 0 35 55.44	4.823 4696
7	12 34 59.211	2 02 14.16	.461 1563	23	12 20 15.057	0 35 27.72	.836 4337
8	12 34 31.298	1 59 18.13	.463 3607	24	12 20 08.977	0 35 04.39	.849 5466
9	12 34 03.544	1 56 23.47	.465 8660	25	12 20 03.560	0 34 45.46	.862 8035
10	12 33 35.966	1 53 30.30	.468 6712	26	12 19 58.808	0 34 30.91	.876 1996
11	12 33 08.582	− 1 50 38.73	4.471 7749	27	12 19 54.719	− 0 34 20.72	4.889 7300
12	12 32 41.408	1 47 48.87	.475 1760	28	12 19 51.294	0 34 14.90	.903 3899
13	12 32 14.461	1 45 00.82	.478 8730	29	12 19 48.533	0 34 13.44	.917 1744
14	12 31 47.758	1 42 14.70	.482 8643	30	12 19 46.436	0 34 16.32	.931 0789
15	12 31 21.318	1 39 30.63	.487 1483	31	12 19 45.004	0 34 23.55	.945 0988
16	12 30 55.158	− 1 36 48.71	4.491 7231	June 1	12 19 44.238	− 0 34 35.13	4.959 2297
17	12 30 29.297	1 34 09.05	.496 5865	2	12 19 44.136	0 34 51.03	.973 4671
18	12 30 03.753	1 31 31.78	.501 7364	3	12 19 44.697	0 35 11.26	4.987 8069
19	12 29 38.543	1 28 57.01	.507 1705	4	12 19 45.919	0 35 35.79	5.002 2451
20	12 29 13.687	1 26 24.85	.512 8861	5	12 19 47.798	0 36 04.60	.016 7774
21	12 28 49.201	− 1 23 55.40	4.518 8806	6	12 19 50.331	− 0 36 37.66	5.031 4001
22	12 28 25.104	1 21 28.78	.525 1512	7	12 19 53.515	0 37 14.94	.046 1091
23	12 28 01.410	1 19 05.09	.531 6947	8	12 19 57.347	0 37 56.42	.060 9005
24	12 27 38.138	1 16 44.42	.538 5081	9	12 20 01.824	0 38 42.09	.075 7703
25	12 27 15.300	1 14 26.87	.545 5879	10	12 20 06.945	0 39 31.92	.090 7145
26	12 26 52.911	− 1 12 12.51	4.552 9307	11	12 20 12.708	− 0 40 25.91	5.105 7290
27	12 26 30.985	1 10 01.44	.560 5328	12	12 20 19.111	0 41 24.02	.120 8097
28	12 26 09.533	1 07 53.71	.568 3905	13	12 20 26.154	0 42 26.25	.135 9526
29	12 25 48.566	1 05 49.39	.576 4999	14	12 20 33.834	0 43 32.59	.151 1536
30	12 25 28.096	1 03 48.54	.584 8570	15	12 20 42.151	0 44 43.01	.166 4083
May 1	12 25 08.134	− 1 01 51.23	4.593 4579	16	12 20 51.101	− 0 45 57.50	5.181 7128
2	12 24 48.690	0 59 57.52	.602 2985	17	12 21 00.682	0 47 16.03	.197 0627
3	12 24 29.776	0 58 07.47	.611 3748	18	12 21 10.892	0 48 38.58	.212 4538
4	12 24 11.403	0 56 21.15	.620 6830	19	12 21 21.727	0 50 05.12	.227 8818
5	12 23 53.580	0 54 38.62	.630 2189	20	12 21 33.182	0 51 35.61	.243 3423
6	12 23 36.319	− 0 52 59.94	4.639 9790	21	12 21 45.252	− 0 53 10.02	5.258 8311
7	12 23 19.625	0 51 25.15	.649 9594	22	12 21 57.932	0 54 48.30	.274 3438
8	12 23 03.507	0 49 54.30	.660 1564	23	12 22 11.215	0 56 30.41	.289 8761
9	12 22 47.971	0 48 27.42	.670 5663	24	12 22 25.096	0 58 16.29	.305 4236
10	12 22 33.021	0 47 04.55	.681 1855	25	12 22 39.571	1 00 05.92	.320 9823
11	12 22 18.665	− 0 45 45.71	4.692 0100	26	12 22 54.634	− 1 01 59.26	5.336 5480
12	12 22 04.909	0 44 30.96	.703 0360	27	12 23 10.282	1 03 56.27	.352 1167
13	12 21 51.760	0 43 20.32	.714 2596	28	12 23 26.510	1 05 56.93	.367 6848
14	12 21 39.225	0 42 13.82	.725 6767	29	12 23 43.314	1 08 01.20	.383 2485
15	12 21 27.310	0 41 11.52	.737 2833	30	12 24 00.689	1 10 09.04	.398 8042
16	12 21 16.022	− 0 40 13.44	4.749 0750	July 1	12 24 18.627	− 1 12 20.42	5.414 3487
17	12 21 05.368	− 0 39 19.63	4.761 0476	2	12 24 37.124	− 1 14 35.28	5.429 8786

JUPITER, 1993

GEOCENTRIC COORDINATES FOR 0ʰ DYNAMICAL TIME

Date	Apparent Right Ascension	Apparent Declination	True Geocentric Distance	Date	Apparent Right Ascension	Apparent Declination	True Geocentric Distance
	h m s	° ′ ″			h m s	° ′ ″	
July 1	12 24 18.627	− 1 12 20.42	5.414 3487	Aug. 16	12 46 40.302	− 3 45 19.09	6.062 9793
2	12 24 37.124	1 14 35.28	.429 8786	17	12 47 18.719	3 49 32.00	.074 5805
3	12 24 56.171	1 16 53.59	.445 3907	18	12 47 57.447	3 53 46.53	.086 0357
4	12 25 15.762	1 19 15.29	.460 8818	19	12 48 36.480	3 58 02.66	.097 3422
5	12 25 35.891	1 21 40.35	.476 3488	20	12 49 15.815	4 02 20.34	.108 4979
6	12 25 56.552	− 1 24 08.71	5.491 7885	21	12 49 55.447	− 4 06 39.54	6.119 5007
7	12 26 17.740	1 26 40.34	.507 1978	22	12 50 35.374	4 11 00.24	.130 3484
8	12 26 39.450	1 29 15.22	.522 5736	23	12 51 15.589	4 15 22.40	.141 0394
9	12 27 01.679	1 31 53.30	.537 9126	24	12 51 56.088	4 19 45.98	.151 5718
10	12 27 24.423	1 34 34.56	.553 2116	25	12 52 36.865	4 24 10.93	.161 9441
11	12 27 47.677	− 1 37 18.97	5.568 4675	26	12 53 17.912	− 4 28 37.22	6.172 1549
12	12 28 11.438	1 40 06.49	.583 6769	27	12 53 59.224	4 33 04.80	.182 2025
13	12 28 35.702	1 42 57.10	.598 8366	28	12 54 40.794	4 37 33.61	.192 0857
14	12 29 00.464	1 45 50.76	.613 9434	29	12 55 22.617	4 42 03.64	.201 8031
15	12 29 25.720	1 48 47.44	.628 9939	30	12 56 04.689	4 46 34.82	.211 3531
16	12 29 51.466	− 1 51 47.11	5.643 9849	31	12 56 47.005	− 4 51 07.13	6.220 7346
17	12 30 17.694	1 54 49.71	.658 9129	Sept. 1	12 57 29.562	4 55 40.54	.229 9459
18	12 30 44.400	1 57 55.21	.673 7745	2	12 58 12.355	5 00 15.02	.238 9858
19	12 31 11.577	2 01 03.55	.688 5664	3	12 58 55.383	5 04 50.53	.247 8527
20	12 31 39.217	2 04 14.69	.703 2852	4	12 59 38.641	5 09 27.06	.256 5453
21	12 32 07.315	− 2 07 28.56	5.717 9275	5	13 00 22.128	− 5 14 04.56	6.265 0620
22	12 32 35.863	2 10 45.13	.732 4899	6	13 01 05.838	5 18 43.02	.273 4013
23	12 33 04.857	2 14 04.36	.746 9694	7	13 01 49.770	5 23 22.41	.281 5616
24	12 33 34.291	2 17 26.20	.761 3628	8	13 02 33.919	5 28 02.70	.289 5415
25	12 34 04.162	2 20 50.62	.775 6672	9	13 03 18.281	5 32 43.84	.297 3394
26	12 34 34.465	− 2 24 17.58	5.789 8798	10	13 04 02.851	− 5 37 25.81	6.304 9535
27	12 35 05.193	2 27 47.06	.803 9981	11	13 04 47.624	5 42 08.57	.312 3824
28	12 35 36.341	2 31 19.00	.818 0195	12	13 05 32.595	5 46 52.07	.319 6242
29	12 36 07.901	2 34 53.35	.831 9417	13	13 06 17.759	5 51 36.27	.326 6775
30	12 36 39.868	2 38 30.08	.845 7623	14	13 07 03.110	5 56 21.12	.333 5404
31	12 37 12.233	− 2 42 09.13	5.859 4790	15	13 07 48.643	− 6 01 06.59	6.340 2113
Aug. 1	12 37 44.990	2 45 50.46	.873 0896	16	13 08 34.354	6 05 52.63	.346 6886
2	12 38 18.134	2 49 34.02	.886 5919	17	13 09 20.241	6 10 39.21	.352 9709
3	12 38 51.659	2 53 19.77	.899 9837	18	13 10 06.299	6 15 26.31	.359 0568
4	12 39 25.561	2 57 07.68	.913 2628	19	13 10 52.526	6 20 13.90	.364 9452
5	12 39 59.835	− 3 00 57.71	5.926 4268	20	13 11 38.915	− 6 25 01.95	6.370 6351
6	12 40 34.477	3 04 49.83	.939 4736	21	13 12 25.462	6 29 50.42	.376 1257
7	12 41 09.484	3 08 44.01	.952 4009	22	13 13 12.160	6 34 39.27	.381 4162
8	12 41 44.853	3 12 40.23	.965 2064	23	13 13 59.002	6 39 28.45	.386 5060
9	12 42 20.578	3 16 38.44	.977 8876	24	13 14 45.983	6 44 17.93	.391 3943
10	12 42 56.658	− 3 20 38.63	5.990 4424	25	13 15 33.098	− 6 49 07.65	6.396 0808
11	12 43 33.087	3 24 40.75	6.002 8682	26	13 16 20.341	6 53 57.60	.400 5646
12	12 44 09.861	3 28 44.78	.015 1628	27	13 17 07.710	6 58 47.72	.404 8453
13	12 44 46.975	3 32 50.67	.027 3237	28	13 17 55.200	7 03 37.99	.408 9223
14	12 45 24.424	3 36 58.38	.039 3484	29	13 18 42.807	7 08 28.38	.412 7949
15	12 46 02.202	− 3 41 07.87	6.051 2344	30	13 19 30.530	− 7 13 18.87	6.416 4626
16	12 46 40.302	− 3 45 19.09	6.062 9793	Oct. 1	13 20 18.364	− 7 18 09.42	6.419 9246

GEOCENTRIC COORDINATES FOR 0ʰ DYNAMICAL TIME

Date	Apparent Right Ascension	Apparent Declination	True Geocentric Distance	Date	Apparent Right Ascension	Apparent Declination	True Geocentric Distance
	h m s	° ′ ″			h m s	° ′ ″	
Oct. 1	13 20 18.364	− 7 18 09.42	6.419 9246	Nov.16	13 57 43.522	−10 53 00.73	6.349 3043
2	13 21 06.308	7 23 00.02	.423 1805	17	13 58 31.498	10 57 18.89	.342 7808
3	13 21 54.357	7 27 50.64	.426 2294	18	13 59 19.350	11 01 35.61	.336 0526
4	13 22 42.509	7 32 41.25	.429 0707	19	14 00 07.071	11 05 50.86	.329 1210
5	13 23 30.760	7 37 31.82	.431 7037	20	14 00 54.656	11 10 04.59	.321 9874
6	13 24 19.106	− 7 42 22.33	6.434 1276	21	14 01 42.100	−11 14 16.80	6.314 6531
7	13 25 07.541	7 47 12.75	.436 3417	22	14 02 29.397	11 18 27.44	.307 1195
8	13 25 56.062	7 52 03.03	.438 3452	23	14 03 16.543	11 22 36.50	.299 3881
9	13 26 44.664	7 56 53.14	.440 1373	24	14 04 03.534	11 26 43.95	.291 4601
10	13 27 33.340	8 01 43.04	.441 7172	25	14 04 50.365	11 30 49.77	.283 3370
11	13 28 22.087	− 8 06 32.68	6.443 0840	26	14 05 37.032	−11 34 53.96	6.275 0201
12	13 29 10.898	8 11 22.03	.444 2370	27	14 06 23.529	11 38 56.47	.266 5107
13	13 29 59.769	8 16 11.06	.445 1754	28	14 07 09.852	11 42 57.30	.257 8103
14	13 30 48.698	8 20 59.71	.445 8984	29	14 07 55.995	11 46 56.43	.248 9201
15	13 31 37.681	8 25 47.97	.446 4055	30	14 08 41.952	11 50 53.83	.239 8416
16	13 32 26.715	− 8 30 35.81	6.446 6962	Dec. 1	14 09 27.717	−11 54 49.46	6.230 5759
17	13 33 15.796	8 35 23.16	.446 7703	2	14 10 13.282	11 58 43.31	.221 1243
18	13 34 04.911	8 40 09.94	.446 6277	3	14 10 58.642	12 02 35.35	.211 4882
19	13 34 54.045	8 44 56.32	.446 2684	4	14 11 43.788	12 06 25.52	.201 6688
20	13 35 43.213	8 49 42.35	.445 6926	5	14 12 28.715	12 10 13.81	.191 6674
21	13 36 32.408	− 8 54 27.75	6.444 9005	6	14 13 13.415	−12 14 00.18	6.181 4852
22	13 37 21.617	8 59 12.48	.443 8925	7	14 13 57.884	12 17 44.60	.171 1236
23	13 38 10.834	9 03 56.52	.442 6688	8	14 14 42.116	12 21 27.05	.160 5841
24	13 39 00.054	9 08 39.86	.441 2297	9	14 15 26.105	12 25 07.50	.149 8682
25	13 39 49.274	9 13 22.46	.439 5756	10	14 16 09.845	12 28 45.95	.138 9775
26	13 40 38.490	− 9 18 04.30	6.437 7068	11	14 16 53.330	−12 32 22.36	6.127 9139
27	13 41 27.698	9 22 45.36	.435 6235	12	14 17 36.551	12 35 56.72	.116 6793
28	13 42 16.894	9 27 25.61	.433 3260	13	14 18 19.501	12 39 29.01	.105 2759
29	13 43 06.076	9 32 05.03	.430 8147	14	14 19 02.169	12 42 59.18	.093 7059
30	13 43 55.239	9 36 43.60	.428 0898	15	14 19 44.546	12 46 27.20	.081 9718
31	13 44 44.381	− 9 41 21.29	6.425 1516	16	14 20 26.624	−12 49 53.05	6.070 0761
Nov. 1	13 45 33.496	9 45 58.09	.422 0003	17	14 21 08.396	12 53 16.67	.058 0212
2	13 46 22.580	9 50 33.96	.418 6362	18	14 21 49.853	12 56 38.05	.045 8098
3	13 47 11.628	9 55 08.87	.415 0593	19	14 22 30.991	12 59 57.17	.033 4444
4	13 48 00.635	9 59 42.81	.411 2700	20	14 23 11.803	13 03 14.00	.020 9277
5	13 48 49.595	−10 04 15.72	6.407 2683	21	14 23 52.284	−13 06 28.52	6.008 2622
6	13 49 38.503	10 08 47.57	.403 0545	22	14 24 32.428	13 09 40.73	5.995 4506
7	13 50 27.351	10 13 18.33	.398 6286	23	14 25 12.229	13 12 50.60	.982 4953
8	13 51 16.136	10 17 47.96	.393 9909	24	14 25 51.682	13 15 58.11	.969 3990
9	13 52 04.851	10 22 16.42	.389 1415	25	14 26 30.780	13 19 03.26	.956 1643
10	13 52 53.492	−10 26 43.69	6.384 0807	26	14 27 09.516	−13 22 06.03	5.942 7938
11	13 53 42.055	10 31 09.72	.378 8089	27	14 27 47.884	13 25 06.40	.929 2899
12	13 54 30.536	10 35 34.52	.373 3263	28	14 28 25.877	13 28 04.35	.915 6553
13	13 55 18.929	10 39 58.04	.367 6338	29	14 29 03.486	13 30 59.85	.901 8925
14	13 56 07.230	10 44 20.27	.361 7319	30	14 29 40.705	13 33 52.88	.888 0039
15	13 56 55.430	−10 48 41.18	6.355 6217	31	14 30 17.523	−13 36 43.41	5.873 9920
16	13 57 43.522	−10 53 00.73	6.349 3043	32	14 30 53.935	−13 39 31.41	5.859 8594

SATURN, 1993

GEOCENTRIC COORDINATES FOR 0ʰ DYNAMICAL TIME

Date	Apparent Right Ascension	Apparent Declination	True Geocentric Distance	Date	Apparent Right Ascension	Apparent Declination	True Geocentric Distance
	h m s	° ′ ″			h m s	° ′ ″	
Jan. 0	21 16 04.843	−16 56 06.62	10.635 5965	Feb. 15	21 37 11.416	−15 18 10.12	10.838 3971
1	21 16 29.934	16 54 13.79	.645 3822	16	21 37 39.834	15 15 54.25	.836 8549
2	21 16 55.203	16 52 19.99	.654 9515	17	21 38 08.217	15 13 38.41	.835 0548
3	21 17 20.644	16 50 25.27	.664 3025	18	21 38 36.559	15 11 22.61	.832 9971
4	21 17 46.256	16 48 29.62	.673 4333	19	21 39 04.856	15 09 06.90	.830 6822
5	21 18 12.032	−16 46 33.08	10.682 3419	20	21 39 33.102	−15 06 51.28	10.828 1105
6	21 18 37.968	16 44 35.66	.691 0268	21	21 40 01.292	15 04 35.78	.825 2829
7	21 19 04.059	16 42 37.41	.699 4862	22	21 40 29.422	15 02 20.43	.822 1998
8	21 19 30.298	16 40 38.33	.707 7185	23	21 40 57.488	15 00 05.24	.818 8624
9	21 19 56.680	16 38 38.46	.715 7222	24	21 41 25.487	14 57 50.23	.815 2714
10	21 20 23.197	−16 36 37.82	10.723 4956	25	21 41 53.414	−14 55 35.43	10.811 4280
11	21 20 49.845	16 34 36.41	.731 0371	26	21 42 21.265	14 53 20.85	.807 3333
12	21 21 16.620	16 32 34.25	.738 3450	27	21 42 49.038	14 51 06.52	.802 9887
13	21 21 43.519	16 30 31.32	.745 4174	28	21 43 16.728	14 48 52.47	.798 3954
14	21 22 10.539	16 28 27.65	.752 2525	Mar. 1	21 43 44.331	14 46 38.72	.793 5549
15	21 22 37.679	−16 26 23.24	10.758 8485	2	21 44 11.843	−14 44 25.31	10.788 4688
16	21 23 04.935	16 24 18.12	.765 2035	3	21 44 39.258	14 42 12.25	.783 1385
17	21 23 32.303	16 22 12.31	.771 3156	4	21 45 06.571	14 39 59.60	.777 5659
18	21 23 59.778	16 20 05.83	.777 1831	5	21 45 33.777	14 37 47.37	.771 7525
19	21 24 27.354	16 17 58.72	.782 8045	6	21 46 00.870	14 35 35.59	.765 7000
20	21 24 55.026	−16 15 51.01	10.788 1780	7	21 46 27.845	−14 33 24.27	10.759 4102
21	21 25 22.786	16 13 42.72	.793 3023	8	21 46 54.699	14 31 13.45	.752 8845
22	21 25 50.630	16 11 33.88	.798 1760	9	21 47 21.430	14 29 03.11	.746 1245
23	21 26 18.550	16 09 24.52	.802 7980	10	21 47 48.036	14 26 53.26	.739 1316
24	21 26 46.542	16 07 14.64	.807 1672	11	21 48 14.516	14 24 43.94	.731 9071
25	21 27 14.601	−16 05 04.28	10.811 2825	12	21 48 40.868	−14 22 35.15	10.724 4523
26	21 27 42.722	16 02 53.44	.815 1432	13	21 49 07.087	14 20 26.93	.716 7686
27	21 28 10.901	16 00 42.15	.818 7486	14	21 49 33.169	14 18 19.32	.708 8574
28	21 28 39.133	15 58 30.42	.822 0979	15	21 49 59.109	14 16 12.35	.700 7202
29	21 29 07.415	15 56 18.28	.825 1908	16	21 50 24.900	14 14 06.05	.692 3586
30	21 29 35.744	−15 54 05.73	10.828 0269	17	21 50 50.537	−14 12 00.47	10.683 7743
31	21 30 04.114	15 51 52.81	.830 6057	18	21 51 16.016	14 09 55.62	.674 9691
Feb. 1	21 30 32.521	15 49 39.53	.832 9272	19	21 51 41.331	14 07 51.52	.665 9450
2	21 31 00.962	15 47 25.93	.834 9911	20	21 52 06.478	14 05 48.22	.656 7040
3	21 31 29.431	15 45 12.03	.836 7975	21	21 52 31.453	14 03 45.71	.647 2482
4	21 31 57.923	−15 42 57.87	10.838 3465	22	21 52 56.253	−14 01 44.04	10.637 5800
5	21 32 26.431	15 40 43.46	.839 6380	23	21 53 20.873	13 59 43.21	.627 7017
6	21 32 54.950	15 38 28.85	.840 6723	24	21 53 45.310	13 57 43.25	.617 6157
7	21 33 23.475	15 36 14.06	.841 4494	25	21 54 09.562	13 55 44.18	.607 3245
8	21 33 52.001	15 33 59.12	.841 9694	26	21 54 33.625	13 53 46.02	.596 8309
9	21 34 20.523	−15 31 44.13	10.842 2321	27	21 54 57.495	−13 51 48.81	10.586 1375
10	21 34 49.020	15 29 28.96	.842 2374	28	21 55 21.168	13 49 52.56	.575 2472
11	21 35 17.516	15 27 13.32	.841 9852	29	21 55 44.641	13 47 57.31	.564 1628
12	21 35 46.015	15 24 57.59	.841 4752	30	21 56 07.910	13 46 03.09	.552 8873
13	21 36 14.501	15 22 41.82	.840 7073	31	21 56 30.968	13 44 09.92	.541 4235
14	21 36 42.970	−15 20 25.98	10.839 6813	Apr. 1	21 56 53.813	−13 42 17.85	10.529 7747
15	21 37 11.416	−15 18 10.12	10.838 3971	2	21 57 16.437	−13 40 26.88	10.517 9437

GEOCENTRIC COORDINATES FOR 0^h DYNAMICAL TIME

Date	Apparent Right Ascension	Apparent Declination	True Geocentric Distance	Date	Apparent Right Ascension	Apparent Declination	True Geocentric Distance
	h m s	° ′ ″			h m s	° ′ ″	
Apr. 1	21 56 53.813	−13 42 17.85	10.529 7747	May 17	22 09 35.303	−12 42 01.37	9.847 9295
2	21 57 16.437	13 40 26.88	.517 9437	18	22 09 44.417	12 41 23.68	.831 2867
3	21 57 38.838	13 38 37.05	.505 9335	19	22 09 53.173	12 40 47.99	.814 6299
4	21 58 01.011	13 36 48.37	.493 7473	20	22 10 01.570	12 40 14.31	.797 9636
5	21 58 22.954	13 35 00.85	.481 3877	21	22 10 09.608	12 39 42.64	.781 2925
6	21 58 44.666	−13 33 14.50	10.468 8577	22	22 10 17.283	−12 39 13.00	9.764 6212
7	21 59 06.146	13 31 29.33	.456 1599	23	22 10 24.594	12 38 45.41	.747 9545
8	21 59 27.392	13 29 45.35	.443 2970	24	22 10 31.538	12 38 19.88	.731 2971
9	21 59 48.403	13 28 02.59	.430 2715	25	22 10 38.113	12 37 56.43	.714 6538
10	22 00 09.173	13 26 21.09	.417 0861	26	22 10 44.316	12 37 35.07	.698 0293
11	22 00 29.700	−13 24 40.87	10.403 7435	27	22 10 50.144	−12 37 15.80	9.681 4284
12	22 00 49.976	13 23 01.98	.390 2465	28	22 10 55.597	12 36 58.62	.664 8557
13	22 01 09.998	13 21 24.45	.376 5979	29	22 11 00.674	12 36 43.54	.648 3157
14	22 01 29.759	13 19 48.30	.362 8007	30	22 11 05.376	12 36 30.53	.631 8129
15	22 01 49.257	13 18 13.55	.348 8580	31	22 11 09.704	12 36 19.60	.615 3517
16	22 02 08.487	−13 16 40.23	10.334 7731	June 1	22 11 13.659	−12 36 10.73	9.598 9363
17	22 02 27.445	13 15 08.36	.320 5492	2	22 11 17.243	12 36 03.92	.582 5709
18	22 02 46.129	13 13 37.96	.306 1897	3	22 11 20.456	12 35 59.18	.566 2596
19	22 03 04.535	13 12 09.04	.291 6982	4	22 11 23.297	12 35 56.51	.550 0065
20	22 03 22.660	13 10 41.62	.277 0781	5	22 11 25.764	12 35 55.93	.533 8156
21	22 03 40.503	−13 09 15.72	10.262 3332	6	22 11 27.856	−12 35 57.45	9.517 6912
22	22 03 58.060	13 07 51.37	.247 4671	7	22 11 29.570	12 36 01.09	.501 6373
23	22 04 15.328	13 06 28.58	.232 4838	8	22 11 30.905	12 36 06.83	.485 6583
24	22 04 32.305	13 05 07.37	.217 3871	9	22 11 31.860	12 36 14.69	.469 7585
25	22 04 48.987	13 03 47.77	.202 1809	10	22 11 32.435	12 36 24.65	.453 9422
26	22 05 05.370	−13 02 29.81	10.186 8694	11	22 11 32.629	−12 36 36.72	9.438 2139
27	22 05 21.451	13 01 13.51	.171 4565	12	22 11 32.443	12 36 50.88	.422 5782
28	22 05 37.224	12 59 58.90	.155 9463	13	22 11 31.879	12 37 07.12	.407 0396
29	22 05 52.687	12 58 46.00	.140 3429	14	22 11 30.937	12 37 25.44	.391 6028
30	22 06 07.835	12 57 34.83	.124 6503	15	22 11 29.618	12 37 45.82	.376 2723
May 1	22 06 22.665	−12 56 25.39	10.108 8726	16	22 11 27.924	−12 38 08.26	9.361 0530
2	22 06 37.176	12 55 17.71	.093 0137	17	22 11 25.856	12 38 32.75	.345 9495
3	22 06 51.367	12 54 11.77	.077 0775	18	22 11 23.416	12 38 59.28	.330 9666
4	22 07 05.236	12 53 07.59	.061 0677	19	22 11 20.603	12 39 27.84	.316 1091
5	22 07 18.785	12 52 05.17	.044 9880	20	22 11 17.419	12 39 58.44	.301 3817
6	22 07 32.011	−12 51 04.53	10.028 8421	21	22 11 13.863	−12 40 31.06	9.286 7892
7	22 07 44.914	12 50 05.68	10.012 6334	22	22 11 09.937	12 41 05.70	.272 3365
8	22 07 57.488	12 49 08.66	9.996 3657	23	22 11 05.640	12 41 42.35	.258 0280
9	22 08 09.731	12 48 13.50	.980 0425	24	22 11 00.974	12 42 20.98	.243 8684
10	22 08 21.638	12 47 20.22	.963 6676	25	22 10 55.943	12 43 01.56	.229 8622
11	22 08 33.205	−12 46 28.84	9.947 2449	26	22 10 50.549	−12 43 44.08	9.216 0135
12	22 08 44.428	12 45 39.39	.930 7781	27	22 10 44.798	12 44 28.49	.202 3267
13	22 08 55.305	12 44 51.87	.914 2715	28	22 10 38.694	12 45 14.76	.188 8056
14	22 09 05.833	12 44 06.30	.897 7291	29	22 10 32.242	12 46 02.87	.175 4541
15	22 09 16.010	12 43 22.68	.881 1551	30	22 10 25.446	12 46 52.80	.162 2762
16	22 09 25.834	−12 42 41.04	9.864 5538	July 1	22 10 18.308	−12 47 44.54	9.149 2755
17	22 09 35.303	−12 42 01.37	9.847 9295	2	22 10 10.832	−12 48 38.06	9.136 4557

SATURN, 1993

GEOCENTRIC COORDINATES FOR 0ʰ DYNAMICAL TIME

Date	Apparent Right Ascension	Apparent Declination	True Geocentric Distance	Date	Apparent Right Ascension	Apparent Declination	True Geocentric Distance
	h m s	° ′ ″			h m s	° ′ ″	
July 1	22 10 18.308	−12 47 44.54	9.149 2755	Aug. 16	21 59 58.547	−13 51 07.36	8.802 4748
2	22 10 10.832	12 48 38.06	.136 4557	17	21 59 41.203	13 52 45.56	.801 3950
3	22 10 03.018	12 49 33.36	.123 8204	18	21 59 23.818	13 54 23.68	.800 6173
4	22 09 54.869	12 50 30.43	.111 3734	19	21 59 06.403	13 56 01.66	.800 1421
5	22 09 46.386	12 51 29.24	.099 1183	20	21 58 48.968	13 57 39.43	.799 9697
6	22 09 37.573	−12 52 29.78	9.087 0588	21	21 58 31.527	−13 59 16.92	8.800 1000
7	22 09 28.432	12 53 32.01	.075 1987	22	21 58 14.090	14 00 54.09	.800 5328
8	22 09 18.967	12 54 35.90	.063 5418	23	21 57 56.668	14 02 30.87	.801 2677
9	22 09 09.182	12 55 41.43	.052 0918	24	21 57 39.271	14 04 07.23	.802 3040
10	22 08 59.083	12 56 48.56	.040 8526	25	21 57 21.907	14 05 43.13	.803 6410
11	22 08 48.673	−12 57 57.25	9.029 8280	26	21 57 04.584	−14 07 18.53	8.805 2781
12	22 08 37.959	12 59 07.48	.019 0218	27	21 56 47.310	14 08 53.39	.807 2142
13	22 08 26.946	13 00 19.20	9.008 4377	28	21 56 30.092	14 10 27.68	.809 4486
14	22 08 15.639	13 01 32.38	8.998 0796	29	21 56 12.938	14 12 01.35	.811 9802
15	22 08 04.043	13 02 47.00	.987 9512	30	21 55 55.856	14 13 34.35	.814 8082
16	22 07 52.164	−13 04 03.01	8.978 0562	31	21 55 38.854	−14 15 06.64	8.817 9316
17	22 07 40.005	13 05 20.39	.968 3984	Sept. 1	21 55 21.942	14 16 38.18	.821 3492
18	22 07 27.573	13 06 39.12	.958 9813	2	21 55 05.129	14 18 08.91	.825 0600
19	22 07 14.871	13 07 59.15	.949 8087	3	21 54 48.423	14 19 38.78	.829 0628
20	22 07 01.903	13 09 20.46	.940 8838	4	21 54 31.834	14 21 07.75	.833 3565
21	22 06 48.676	−13 10 43.00	8.932 2102	5	21 54 15.372	−14 22 35.78	8.837 9399
22	22 06 35.196	13 12 06.72	.923 7908	6	21 53 59.045	14 24 02.81	.842 8115
23	22 06 21.470	13 13 31.56	.915 6288	7	21 53 42.863	14 25 28.82	.847 9701
24	22 06 07.508	13 14 57.48	.907 7267	8	21 53 26.834	14 26 53.75	.853 4142
25	22 05 53.318	13 16 24.41	.900 0873	9	21 53 10.966	14 28 17.58	.859 1421
26	22 05 38.910	−13 17 52.31	8.892 7128	10	21 52 55.267	−14 29 40.27	8.865 1524
27	22 05 24.291	13 19 21.13	.885 6055	11	21 52 39.745	14 31 01.79	.871 4433
28	22 05 09.470	13 20 50.83	.878 7675	12	21 52 24.406	14 32 22.10	.878 0129
29	22 04 54.451	13 22 21.39	.872 2009	13	21 52 09.257	14 33 41.16	.884 8593
30	22 04 39.243	13 23 52.75	.865 9075	14	21 51 54.307	14 34 58.94	.891 9804
31	22 04 23.850	−13 25 24.90	8.859 8894	15	21 51 39.563	−14 36 15.39	8.899 3739
Aug. 1	22 04 08.278	13 26 57.79	.854 1484	16	21 51 25.034	14 37 30.46	.907 0371
2	22 03 52.534	13 28 31.38	.848 6863	17	21 51 10.730	14 38 44.09	.914 9674
3	22 03 36.624	13 30 05.61	.843 5051	18	21 50 56.663	14 39 56.25	.923 1618
4	22 03 20.557	13 31 40.46	.838 6065	19	21 50 42.841	14 41 06.89	.931 6170
5	22 03 04.340	−13 33 15.85	8.833 9922	20	21 50 29.273	−14 42 15.99	8.940 3297
6	22 02 47.982	13 34 51.75	.829 6642	21	21 50 15.965	14 43 23.52	.949 2964
7	22 02 31.491	13 36 28.10	.825 6241	22	21 50 02.923	14 44 29.47	.958 5136
8	22 02 14.877	13 38 04.84	.821 8735	23	21 49 50.152	14 45 33.83	.967 9779
9	22 01 58.147	13 39 41.94	.818 4142	24	21 49 37.657	14 46 36.56	.977 6856
10	22 01 41.312	−13 41 19.33	8.815 2476	25	21 49 25.443	−14 47 37.65	8.987 6332
11	22 01 24.379	13 42 56.97	.812 3753	26	21 49 13.516	14 48 37.08	8.997 8171
12	22 01 07.357	13 44 34.82	.809 7987	27	21 49 01.881	14 49 34.81	9.008 2339
13	22 00 50.256	13 46 12.82	.807 5191	28	21 48 50.544	14 50 30.82	.018 8799
14	22 00 33.081	13 47 50.95	.805 5378	29	21 48 39.510	14 51 25.08	.029 7516
15	22 00 15.843	−13 49 29.14	8.803 8561	30	21 48 28.787	−14 52 17.56	9.040 8454
16	21 59 58.547	−13 51 07.36	8.802 4748	Oct. 1	21 48 18.379	−14 53 08.24	9.052 1577

GEOCENTRIC COORDINATES FOR 0ʰ DYNAMICAL TIME

Date	Apparent Right Ascension	Apparent Declination	True Geocentric Distance	Date	Apparent Right Ascension	Apparent Declination	True Geocentric Distance
	h m s	° ′ ″			h m s	° ′ ″	
Oct. 1	21 48 18.379	−14 53 08.24	9.052 1577	Nov.16	21 47 02.049	−14 55 59.88	9.734 9018
2	21 48 08.294	14 53 57.10	.063 6848	17	21 47 09.693	14 55 15.27	.751 5018
3	21 47 58.536	14 54 44.11	.075 4232	18	21 47 17.725	14 54 28.68	.768 0974
4	21 47 49.111	14 55 29.25	.087 3691	19	21 47 26.143	14 53 40.14	.784 6836
5	21 47 40.024	14 56 12.52	.099 5189	20	21 47 34.943	14 52 49.64	.801 2555
6	21 47 31.280	−14 56 53.89	9.111 8687	21	21 47 44.124	−14 51 57.19	9.817 8083
7	21 47 22.881	14 57 33.35	.124 4149	22	21 47 53.682	14 51 02.81	.834 3372
8	21 47 14.833	14 58 10.89	.137 1534	23	21 48 03.616	14 50 06.49	.850 8377
9	21 47 07.138	14 58 46.50	.150 0805	24	21 48 13.924	14 49 08.25	.867 3052
10	21 46 59.800	14 59 20.17	.163 1921	25	21 48 24.604	14 48 08.10	.883 7352
11	21 46 52.821	−14 59 51.88	9.176 4841	26	21 48 35.653	−14 47 06.05	9.900 1233
12	21 46 46.206	15 00 21.62	.189 9524	27	21 48 47.070	14 46 02.10	.916 4651
13	21 46 39.957	15 00 49.35	.203 5924	28	21 48 58.852	14 44 56.29	.932 7565
14	21 46 34.082	15 01 15.05	.217 3997	29	21 49 10.996	14 43 48.61	.948 9930
15	21 46 28.585	15 01 38.70	.231 3697	30	21 49 23.498	14 42 39.09	.965 1707
16	21 46 23.472	−15 02 00.28	9.245 4973	Dec. 1	21 49 36.355	−14 41 27.76	9.981 2853
17	21 46 18.747	15 02 19.78	.259 7775	2	21 49 49.562	14 40 14.62	9.997 3326
18	21 46 14.415	15 02 37.19	.274 2054	3	21·50 03.116	14 38 59.70	10.013 3087
19	21 46 10.475	15 02 52.53	.288 7756	4	21 50 17.012	14 37 43.01	.029 2093
20	21 46 06.929	15 03 05.80	.303 4833	5	21 50 31.247	14 36 24.56	.045 0303
21	21 46 03.775	−15 03 17.01	9.318 3231	6	21 50 45.817	−14 35 04.36	10.060 7675
22	21 46 01.016	15 03 26.16	.333 2903	7	21 51 00.721	14 33 42.41	.076 4167
23	21 45 58.650	15 03 33.25	.348 3798	8	21 51 15.956	14 32 18.72	.091 9735
24	21 45 56.680	15 03 38.26	.363 5868	9	21 51 31.522	14 30 53.29	.107 4336
25	21 45 55.106	15 03 41.20	.378 9063	10	21 51 47.416	14 29 26.14	.122 7926
26	21 45 53.930	−15 03 42.06	9.394 3337	11	21 52 03.637	−14 27 57.27	10.138 0460
27	21 45 53.153	15 03 40.83	.409 8642	12	21 52 20.180	14 26 26.71	.153 1892
28	21 45 52.776	15 03 37.50	.425 4929	13	21 52 37.042	14 24 54.49	.168 2180
29	21 45 52.802	15 03 32.09	.441 2154	14	21 52 54.216	14 23 20.65	.183 1278
30	21 45 53.231	15 03 24.57	.457 0268	15	21 53 11.697	14 21 45.20	.197 9144
31	21 45 54.064	−15 03 14.97	9.472 9226	16	21 53 29.478	−14 20 08.18	10.212 5737
Nov. 1	21 45 55.301	15 03 03.27	.488 8981	17	21 53 47.555	14 18 29.61	.227 1017
2	21 45 56.943	15 02 49.49	.504 9487	18	21 54 05.923	14 16 49.49	.241 4944
3	21 45 58.989	15 02 33.63	.521 0699	19	21 54 24.577	14 15 07.85	.255 7483
4	21 46 01.438	15 02 15.69	.537 2570	20	21 54 43.515	14 13 24.70	.269 8596
5	21 46 04.290	−15 01 55.70	9.553 5054	21	21 55 02.732	−14 11 40.05	10.283 8248
6	21 46 07.542	15 01 33.65	.569 8105	22	21 55 22.225	14 09 53.92	.297 6406
7	21 46 11.193	15 01 09.55	.586 1675	23	21 55 41.990	14 08 06.33	.311 3036
8	21 46 15.244	15 00 43.39	.602 5717	24	21 56 02.023	14 06 17.29	.324 8105
9	21 46 19.693	15 00 15.18	.619 0182	25	21 56 22.321	14 04 26.83	.338 1583
10	21 46 24.541	−14 59 44.90	9.635 5021	26	21 56 42.879	−14 02 34.96	10.351 3439
11	21 46 29.789	14 59 12.56	.652 0183	27	21 57 03.692	14 00 41.72	.364 3643
12	21 46 35.439	14 58 38.13	.668 5618	28	21 57 24.756	13 58 47.12	.377 2164
13	21 46 41.491	14 58 01.64	.685 1272	29	21 57 46.066	13 56 51.19	.389 8976
14	21 46 47.944	14 57 23.08	.701 7092	30	21 58 07.615	13 54 53.96	.402 4049
15	21 46 54.798	−14 56 42.49	9.718 3025	31	21 58 29.399	−13 52 55.45	10.414 7356
16	21 47 02.049	−14 55 59.88	9.734 9018	32	21 58 51.412	−13 50 55.67	10.426 8867

URANUS, 1993

GEOCENTRIC COORDINATES FOR 0ʰ DYNAMICAL TIME

Date	Apparent Right Ascension	Apparent Declination	True Geocentric Distance	Date	Apparent Right Ascension	Apparent Declination	True Geocentric Distance
	h m s	° ′ ″			h m s	° ′ ″	
Jan. 0	19 16 34.059	−22 41 18.89	20.545 245	Feb. 15	19 27 50.028	−22 19 51.83	20.369 563
1	19 16 49.305	22 40 51.34	.547 673	16	19 28 03.027	22 19 25.86	.359 642
2	19 17 04.574	22 40 23.67	.549 817	17	19 28 15.906	22 19 00.10	.349 492
3	19 17 19.863	22 39 55.89	.551 679	18	19 28 28.662	22 18 34.58	.339 116
4	19 17 35.172	22 39 27.99	.553 258	19	19 28 41.290	22 18 09.29	.328 517
5	19 17 50.496	−22 39 00.00	20.554 553	20	19 28 53.786	−22 17 44.23	20.317 699
6	19 18 05.834	22 38 31.93	.555 566	21	19 29 06.150	22 17 19.42	.306 664
7	19 18 21.185	22 38 03.84	.556 295	22	19 29 18.376	22 16 54.84	.295 416
8	19 18 36.552	22 37 36.12	.556 741	23	19 29 30.465	22 16 30.50	.283 958
9	19 18 51.817	22 37 07.76	.556 905	24	19 29 42.414	22 16 06.41	.272 294
10	19 19 07.168	−22 36 39.16	20.556 785	25	19 29 54.221	−22 15 42.56	20.260 428
11	19 19 22.500	22 36 10.75	.556 383	26	19 30 05.886	22 15 18.98	.248 362
12	19 19 37.815	22 35 42.33	.555 698	27	19 30 17.405	22 14 55.66	.236 101
13	19 19 53.114	22 35 13.84	.554 730	28	19 30 28.778	22 14 32.61	.223 648
14	19 20 08.397	22 34 45.30	.553 479	Mar. 1	19 30 40.003	22 14 09.86	.211 008
15	19 20 23.663	−22 34 16.69	20.551 945	2	19 30 51.076	−22 13 47.42	20.198 184
16	19 20 38.909	22 33 48.04	.550 129	3	19 31 01.995	22 13 25.28	.185 180
17	19 20 54.134	22 33 19.36	.548 029	4	19 31 12.756	22 13 03.48	.172 000
18	19 21 09.334	22 32 50.67	.545 647	5	19 31 23.355	22 12 42.02	.158 648
19	19 21 24.503	22 32 21.98	.542 983	6	19 31 33.790	22 12 20.90	.145 128
20	19 21 39.638	−22 31 53.30	20.540 038	7	19 31 44.056	−22 12 00.11	20.131 443
21	19 21 54.734	22 31 24.65	.536 813	8	19 31 54.152	22 11 39.66	.117 597
22	19 22 09.787	22 30 56.03	.533 307	9	19 32 04.077	22 11 19.52	.103 595
23	19 22 24.791	22 30 27.45	.529 523	10	19 32 13.834	22 10 59.70	.089 439
24	19 22 39.743	22 29 58.90	.525 462	11	19 32 23.421	22 10 40.20	.075 133
25	19 22 54.641	−22 29 30.38	20.521 125	12	19 32 32.838	−22 10 21.05	20.060 680
26	19 23 09.481	22 29 01.91	.516 513	13	19 32 42.083	22 10 02.25	.046 084
27	19 23 24.260	22 28 33.48	.511 628	14	19 32 51.154	22 09 43.84	.031 350
28	19 23 38.977	22 28 05.09	.506 472	15	19 33 00.046	22 09 25.81	.016 480
29	19 23 53.630	22 27 36.76	.501 046	16	19 33 08.757	22 09 08.19	20.001 480
30	19 24 08.216	−22 27 08.48	20.495 352	17	19 33 17.282	−22 08 50.98	19.986 352
31	19 24 22.733	22 26 40.27	.489 393	18	19 33 25.619	22 08 34.17	.971 102
Feb. 1	19 24 37.179	22 26 12.14	.483 170	19	19 33 33.765	22 08 17.78	.955 734
2	19 24 51.550	22 25 44.11	.476 685	20	19 33 41.719	22 08 01.81	.940 252
3	19 25 05.844	22 25 16.19	.469 942	21	19 33 49.479	22 07 46.24	.924 661
4	19 25 20.056	−22 24 48.40	20.462 941	22	19 33 57.044	−22 07 31.09	19.908 966
5	19 25 34.182	22 24 20.74	.455 685	23	19 34 04.413	22 07 16.35	.893 170
6	19 25 48.217	22 23 53.22	.448 176	24	19 34 11.586	22 07 02.02	.877 280
7	19 26 02.156	22 23 25.85	.440 416	25	19 34 18.561	22 06 48.12	.861 299
8	19 26 15.997	22 22 58.61	.432 408	26	19 34 25.339	22 06 34.64	.845 234
9	19 26 29.737	−22 22 31.50	20.424 154	27	19 34 31.919	−22 06 21.59	19.829 087
10	19 26 43.377	22 22 04.51	.415 655	28	19 34 38.300	22 06 08.99	.812 865
11	19 26 56.917	22 21 37.66	.406 913	29	19 34 44.479	22 05 56.84	.796 573
12	19 27 10.354	22 21 10.94	.397 931	30	19 34 50.457	22 05 45.15	.780 215
13	19 27 23.687	22 20 44.39	.388 711	31	19 34 56.230	22 05 33.94	.763 796
14	19 27 36.913	−22 20 18.01	20.379 254	Apr. 1	19 35 01.795	−22 05 23.21	19.747 321
15	19 27 50.028	−22 19 51.83	20.369 563	2	19 35 07.151	−22 05 12.95	19.730 795

GEOCENTRIC COORDINATES FOR 0ʰ DYNAMICAL TIME

Date	Apparent Right Ascension	Apparent Declination	True Geocentric Distance	Date	Apparent Right Ascension	Apparent Declination	True Geocentric Distance
	h m s	° ′ ″			h m s	° ′ ″	
Apr. 1	19 35 01.795	−22 05 23.21	19.747 321	May 17	19 35 27.950	−22 05 47.34	19.010 405
2	19 35 07.151	22 05 12.95	.730 795	18	19 35 23.641	22 05 58.77	18.996 612
3	19 35 12.296	22 05 03.17	.714 223	19	19 35 19.144	22 06 10.59	.982 986
4	19 35 17.229	22 04 53.86	.697 609	20	19 35 14.460	22 06 22.81	.969 532
5	19 35 21.950	22 04 45.00	.680 958	21	19 35 09.593	22 06 35.43	.956 253
6	19 35 26.459	−22 04 36.59	19.664 274	22	19 35 04.544	−22 06 48.44	18.943 154
7	19 35 30.760	22 04 28.62	.647 562	23	19 34 59.316	22 07 01.84	.930 240
8	19 35 34.854	22 04 21.11	.630 826	24	19 34 53.909	22 07 15.64	.917 515
9	19 35 38.740	22 04 14.06	.614 070	25	19 34 48.325	22 07 29.83	.904 982
10	19 35 42.417	22 04 07.49	.597 299	26	19 34 42.564	22 07 44.40	.892 645
11	19 35 45.884	−22 04 01.42	19.580 517	27	19 34 36.628	−22 07 59.34	18.880 509
12	19 35 49.137	22 03 55.85	.563 729	28	19 34 30.519	22 08 14.64	.868 578
13	19 35 52.174	22 03 50.80	.546 940	29	19 34 24.241	22 08 30.27	.856 853
14	19 35 54.994	22 03 46.24	.530 153	30	19 34 17.797	22 08 46.22	.845 339
15	19 35 57.596	22 03 42.20	.513 375	31	19 34 11.192	22 09 02.47	.834 040
16	19 35 59.978	−22 03 38.65	19.496 611	June 1	19 34 04.431	−22 09 19.02	18.822 957
17	19 36 02.141	22 03 35.59	.479 864	2	19 33 57.518	22 09 35.85	.812 094
18	19 36 04.085	22 03 33.03	.463 141	3	19 33 50.457	22 09 52.98	.801 454
19	19 36 05.811	22 03 30.95	.446 446	4	19 33 43.250	22 10 10.40	.791 040
20	19 36 07.319	22 03 29.35	.429 785	5	19 33 35.899	22 10 28.12	.780 854
21	19 36 08.610	−22 03 28.24	19.413 162	6	19 33 28.403	−22 10 46.14	18.770 900
22	19 36 09.686	22 03 27.61	.396 583	7	19 33 20.765	22 11 04.46	.761 181
23	19 36 10.547	22 03 27.46	.380 052	8	19 33 12.987	22 11 23.05	.751 699
24	19 36 11.194	22 03 27.80	.363 576	9	19 33 05.069	22 11 41.92	.742 458
25	19 36 11.627	22 03 28.64	.347 159	10	19 32 57.016	22 12 01.03	.733 459
26	19 36 11.846	−22 03 29.98	19.330 807	11	19 32 48.831	−22 12 20.39	18.724 708
27	19 36 11.850	22 03 31.82	.314 523	12	19 32 40.518	22 12 39.96	.716 206
28	19 36 11.639	22 03 34.17	.298 314	13	19 32 32.080	22 12 59.75	.707 956
29	19 36 11.211	22 03 37.02	.282 184	14	19 32 23.524	22 13 19.74	.699 961
30	19 36 10.567	22 03 40.37	.266 138	15	19 32 14.852	22 13 39.92	.692 224
May 1	19 36 09.707	−22 03 44.19	19.250 180	16	19 32 06.069	−22 14 00.28	18.684 748
2	19 36 08.632	22 03 48.49	.234 315	17	19 31 57.180	22 14 20.82	.677 536
3	19 36 07.346	22 03 53.24	.218 548	18	19 31 48.188	22 14 41.53	.670 589
4	19 36 05.851	22 03 58.43	.202 882	19	19 31 39.097	22 15 02.42	.663 911
5	19 36 04.150	22 04 04.07	.187 323	20	19 31 29.910	22 15 23.47	.657 503
6	19 36 02.246	−22 04 10.15	19.171 873	21	19 31 20.629	−22 15 44.69	18.651 369
7	19 36 00.140	22 04 16.69	.156 537	22	19 31 11.256	22 16 06.07	.645 510
8	19 35 57.832	22 04 23.69	.141 320	23	19 31 01.795	22 16 27.58	.639 929
9	19 35 55.321	22 04 31.16	.126 225	24	19 30 52.249	22 16 49.22	.634 626
10	19 35 52.607	22 04 39.11	.111 257	25	19 30 42.621	22 17 10.96	.629 603
11	19 35 49.689	−22 04 47.53	19.096 421	26	19 30 32.917	−22 17 32.79	18.624 863
12	19 35 46.566	22 04 56.41	.081 719	27	19 30 23.144	22 17 54.67	.620 405
13	19 35 43.241	22 05 05.73	.067 158	28	19 30 13.307	22 18 16.61	.616 232
14	19 35 39.715	22 05 15.50	.052 742	29	19 30 03.412	22 18 38.59	.612 343
15	19 35 35.989	22 05 25.70	.038 475	30	19 29 53.464	22 19 00.62	.608 740
16	19 35 32.067	−22 05 36.31	19.024 361	July 1	19 29 43.467	−22 19 22.69	18.605 424
17	19 35 27.950	−22 05 47.34	19.010 405	2	19 29 33.423	−22 19 44.81	18.602 395

URANUS, 1993

GEOCENTRIC COORDINATES FOR 0ʰ DYNAMICAL TIME

Date	Apparent Right Ascension	Apparent Declination	True Geocentric Distance	Date	Apparent Right Ascension	Apparent Declination	True Geocentric Distance
	h m s	° ′ ″			h m s	° ′ ″	
July 1	19 29 43.467	−22 19 22.69	18.605 424	Aug. 16	19 22 17.083	−22 34 42.33	18.764 849
2	19 29 33.423	22 19 44.81	.602 395	17	19 22 09.206	22 34 57.33	.774 734
3	19 29 23.335	22 20 06.98	.599 654	18	19 22 01.463	22 35 12.02	.784 861
4	19 29 13.205	22 20 29.19	.597 202	19	19 21 53.859	22 35 26.39	.795 226
5	19 29 03.035	22 20 51.43	.595 040	20	19 21 46.398	22 35 40.40	.805 827
6	19 28 52.829	−22 21 13.69	18.593 168	21	19 21 39.085	−22 35 54.05	18.816 660
7	19 28 42.591	22 21 35.96	.591 587	22	19 21 31.927	22 36 07.35	.827 720
8	19 28 32.324	22 21 58.20	.590 299	23	19 21 24.928	22 36 20.28	.839 005
9	19 28 22.034	22 22 20.42	.589 303	24	19 21 18.090	22 36 32.87	.850 511
10	19 28 11.725	22 22 42.60	.588 600	25	19 21 11.416	22 36 45.12	.862 233
11	19 28 01.402	−22 23 04.72	18.588 191	26	19 21 04.906	−22 36 57.03	18.874 168
12	19 27 51.072	22 23 26.78	.588 076	27	19 20 58.562	22 37 08.61	.886 313
13	19 27 40.738	22 23 48.77	.588 256	28	19 20 52.384	22 37 19.85	.898 663
14	19 27 30.406	22 24 10.69	.588 731	29	19 20 46.375	22 37 30.74	.911 215
15	19 27 20.080	22 24 32.52	.589 502	30	19 20 40.535	22 37 41.28	.923 965
16	19 27 09.766	−22 24 54.26	18.590 568	31	19 20 34.868	−22 37 51.46	18.936 910
17	19 26 59.466	22 25 15.93	.591 929	Sept. 1	19 20 29.375	22 38 01.27	.950 045
18	19 26 49.184	22 25 37.50	.593 586	2	19 20 24.060	22 38 10.70	.963 368
19	19 26 38.922	22 25 58.98	.595 538	3	19 20 18.927	22 38 19.74	.976 875
20	19 26 28.685	22 26 20.36	.597 785	4	19 20 13.977	22 38 28.40	18.990 561
21	19 26 18.473	−22 26 41.62	18.600 326	5	19 20 09.215	−22 38 36.66	19.004 424
22	19 26 08.293	22 27 02.73	.603 161	6	19 20 04.643	22 38 44.53	.018 459
23	19 25 58.150	22 27 23.69	.606 287	7	19 20 00.263	22 38 52.01	.032 662
24	19 25 48.049	22 27 44.46	.609 705	8	19 19 56.078	22 38 59.10	.047 030
25	19 25 37.997	22 28 05.04	.613 412	9	19 19 52.090	22 39 05.81	.061 558
26	19 25 28.000	−22 28 25.43	18.617 407	10	19 19 48.300	−22 39 12.13	19.076 243
27	19 25 18.064	22 28 45.62	.621 689	11	19 19 44.709	22 39 18.08	.091 081
28	19 25 08.191	22 29 05.63	.626 255	12	19 19 41.317	22 39 23.65	.106 066
29	19 24 58.386	22 29 25.44	.631 105	13	19 19 38.125	22 39 28.84	.121 196
30	19 24 48.651	22 29 45.07	.636 236	14	19 19 35.134	22 39 33.63	.136 465
31	19 24 38.987	−22 30 04.51	18.641 648	15	19 19 32.344	−22 39 38.02	19.151 868
Aug. 1	19 24 29.398	22 30 23.75	.647 337	16	19 19 29.758	22 39 41.98	.167 402
2	19 24 19.886	22 30 42.79	.653 303	17	19 19 27.381	22 39 45.51	.183 060
3	19 24 10.454	22 31 01.61	.659 544	18	19 19 25.216	22 39 48.60	.198 838
4	19 24 01.106	22 31 20.20	.666 058	19	19 19 23.266	22 39 51.26	.214 732
5	19 23 51.846	−22 31 38.54	18.672 844	20	19 19 21.533	−22 39 53.50	19.230 734
6	19 23 42.680	22 31 56.63	.679 899	21	19 19 20.016	22 39 55.33	.246 841
7	19 23 33.611	22 32 14.46	.687 222	22	19 19 18.717	22 39 56.77	.263 048
8	19 23 24.644	22 32 32.01	.694 811	23	19 19 17.632	22 39 57.81	.279 350
9	19 23 15.784	22 32 49.28	.702 664	24	19 19 16.762	22 39 58.46	.295 741
10	19 23 07.035	−22 33 06.28	18.710 780	25	19 19 16.105	−22 39 58.71	19.312 217
11	19 22 58.402	22 33 22.99	.719 155	26	19 19 15.662	22 39 58.55	.328 773
12	19 22 49.888	22 33 39.42	.727 788	27	19 19 15.433	22 39 57.99	.345 405
13	19 22 41.497	22 33 55.57	.736 676	28	19 19 15.419	22 39 57.02	.362 108
14	19 22 33.231	22 34 11.44	.745 817	29	19 19 15.621	22 39 55.62	.378 876
15	19 22 25.092	−22 34 27.03	18.755 209	30	19 19 16.040	−22 39 53.80	19.395 707
16	19 22 17.083	−22 34 42.33	18.764 849	Oct. 1	19 19 16.676	−22 39 51.55	19.412 594

GEOCENTRIC COORDINATES FOR 0ʰ DYNAMICAL TIME

Date	Apparent Right Ascension	Apparent Declination	True Geocentric Distance	Date	Apparent Right Ascension	Apparent Declination	True Geocentric Distance
	h m s	° ′ ″			h m s	° ′ ″	
Oct. 1	19 19 16.676	−22 39 51.55	19.412 594	Nov.16	19 23 35.581	−22 30 45.43	20.167 374
2	19 19 17.533	22 39 48.87	.429 534	17	19 23 45.779	22 30 24.39	.181 526
3	19 19 18.609	22 39 45.76	.446 521	18	19 23 56.141	22 30 03.02	.195 511
4	19 19 19.907	22 39 42.24	.463 552	19	19 24 06.664	22 29 41.32	.209 324
5	19 19 21.426	22 39 38.29	.480 621	20	19 24 17.343	22 29 19.27	.222 962
6	19 19 23.167	−22 39 33.94	19.497 724	21	19 24 28.178	−22 28 56.88	20.236 420
7	19 19 25.129	22 39 29.17	.514 856	22	19 24 39.166	22 28 34.15	.249 696
8	19 19 27.310	22 39 24.01	.532 013	23	19 24 50.305	22 28 11.06	.262 786
9	19 19 29.711	22 39 18.44	.549 189	24	19 25 01.594	22 27 47.63	.275 686
10	19 19 32.329	22 39 12.47	.566 380	25	19 25 13.031	22 27 23.86	.288 394
11	19 19 35.163	−22 39 06.10	19.583 580	26	19 25 24.614	−22 26 59.74	20.300 906
12	19 19 38.213	22 38 59.31	.600 786	27	19 25 36.342	22 26 35.29	.313 218
13	19 19 41.479	22 38 52.09	.617 991	28	19 25 48.213	22 26 10.51	.325 328
14	19 19 44.961	22 38 44.44	.635 190	29	19 26 00.223	22 25 45.41	.337 233
15	19 19 48.662	22 38 36.34	.652 379	30	19 26 12.370	22 25 20.01	.348 930
16	19 19 52.584	−22 38 27.80	19.669 551	Dec. 1	19 26 24.651	−22 24 54.30	20.360 415
17	19 19 56.727	22 38 18.83	.686 701	2	19 26 37.061	22 24 28.31	.371 686
18	19 20 01.091	22 38 09.43	.703 824	3	19 26 49.597	22 24 02.02	.382 739
19	19 20 05.673	22 37 59.64	.720 914	4	19 27 02.256	22 23 35.45	.393 573
20	19 20 10.469	22 37 49.46	.737 967	5	19 27 15.033	22 23 08.59	.404 183
21	19 20 15.478	−22 37 38.89	19.754 977	6	19 27 27.927	−22 22 41.43	20.414 566
22	19 20 20.696	22 37 27.93	.771 940	7	19 27 40.935	22 22 13.97	.424 721
23	19 20 26.121	22 37 16.57	.788 850	8	19 27 54.056	22 21 46.21	.434 642
24	19 20 31.753	22 37 04.82	.805 703	9	19 28 07.290	22 21 18.14	.444 329
25	19 20 37.589	22 36 52.67	.822 495	10	19 28 20.635	22 20 49.76	.453 776
26	19 20 43.629	−22 36 40.11	19.839 221	11	19 28 34.090	−22 20 21.11	20.462 982
27	19 20 49.873	22 36 27.13	.855 876	12	19 28 47.652	22 19 52.18	.471 943
28	19 20 56.320	22 36 13.75	.872 455	13	19 29 01.316	22 19 23.00	.480 657
29	19 21 02.970	22 35 59.96	.888 955	14	19 29 15.077	22 18 53.58	.489 120
30	19 21 09.822	22 35 45.76	.905 372	15	19 29 28.930	22 18 23.94	.497 332
31	19 21 16.875	−22 35 31.15	19.921 700	16	19 29 42.871	−22 17 54.07	20.505 288
Nov. 1	19 21 24.129	22 35 16.16	.937 935	17	19 29 56.894	22 17 23.98	.512 987
2	19 21 31.581	22 35 00.77	.954 073	18	19 30 10.997	22 16 53.66	.520 428
3	19 21 39.229	22 34 45.00	.970 111	19	19 30 25.177	22 16 23.11	.527 608
4	19 21 47.072	22 34 28.85	19.986 042	20	19 30 39.432	22 15 52.33	.534 525
5	19 21 55.106	−22 34 12.34	20.001 864	21	19 30 53.759	−22 15 21.33	20.541 179
6	19 22 03.329	22 33 55.45	.017 572	22	19 31 08.156	22 14 50.10	.547 567
7	19 22 11.737	22 33 38.19	.033 160	23	19 31 22.622	22 14 18.66	.553 688
8	19 22 20.329	22 33 20.56	.048 626	24	19 31 37.153	22 13 47.00	.559 540
9	19 22 29.104	22 33 02.54	.063 965	25	19 31 51.747	22 13 15.15	.565 124
10	19 22 38.059	−22 32 44.12	20.079 171	26	19 32 06.401	−22 12 43.11	20.570 437
11	19 22 47.196	22 32 25.30	.094 240	27	19 32 21.112	22 12 10.88	.575 477
12	19 22 56.514	22 32 06.09	.109 168	28	19 32 35.876	22 11 38.50	.580 246
13	19 23 06.014	22 31 46.48	.123 950	29	19 32 50.689	22 11 05.96	.584 740
14	19 23 15.694	22 31 26.48	.138 581	30	19 33 05.547	22 10 33.27	.588 959
15	19 23 25.551	−22 31 06.13	20.153 057	31	19 33 20.444	−22 10 00.44	20.592 902
16	19 23 35.581	−22 30 45.43	20.167 374	32	19 33 35.379	−22 09 27.47	20.596 569

NEPTUNE, 1993

GEOCENTRIC COORDINATES FOR 0ʰ DYNAMICAL TIME

Date	Apparent Right Ascension	Apparent Declination	True Geocentric Distance	Date	Apparent Right Ascension	Apparent Declination	True Geocentric Distance
	h m s	° ′ ″			h m s	° ′ ″	
Jan. 0	19 18 58.629	−21 31 10.50	31.159 270	Feb. 15	19 26 05.157	−21 17 20.82	30.977 049
1	19 19 08.247	21 30 53.07	.161 731	16	19 26 13.288	21 17 03.84	.966 823
2	19 19 17.882	21 30 35.52	.163 901	17	19 26 21.336	21 16 47.01	.956 363
3	19 19 27.534	21 30 17.87	.165 781	18	19 26 29.300	21 16 30.32	.945 673
4	19 19 37.202	21 30 00.13	.167 370	19	19 26 37.176	21 16 13.78	.934 755
5	19 19 46.884	−21 29 42.31	31.168 668	20	19 26 44.963	−21 15 57.38	30.923 613
6	19 19 56.578	21 29 24.40	.169 674	21	19 26 52.657	21 15 41.14	.912 251
7	19 20 06.282	21 29 06.40	.170 390	22	19 27 00.258	21 15 25.04	.900 671
8	19 20 15.992	21 28 48.24	.170 815	23	19 27 07.765	21 15 09.08	.888 878
9	19 20 25.662	21 28 29.84	.170 949	24	19 27 15.176	21 14 53.27	.876 875
10	19 20 35.350	−21 28 12.28	31.170 792	25	19 27 22.491	−21 14 37.61	30.864 666
11	19 20 45.050	21 27 54.28	.170 345	26	19 27 29.710	21 14 22.10	.852 255
12	19 20 54.738	21 27 36.14	.169 606	27	19 27 36.831	21 14 06.75	.839 646
13	19 21 04.414	21 27 17.91	.168 576	28	19 27 43.854	21 13 51.58	.826 842
14	19 21 14.080	21 26 59.61	.167 255	Mar. 1	19 27 50.776	21 13 36.58	.813 848
15	19 21 23.736	−21 26 41.25	31.165 643	2	19 27 57.597	−21 13 21.77	30.800 668
16	19 21 33.381	21 26 22.84	.163 740	3	19 28 04.314	21 13 07.17	.787 306
17	19 21 43.013	21 26 04.39	.161 546	4	19 28 10.924	21 12 52.77	.773 766
18	19 21 52.630	21 25 45.92	.159 061	5	19 28 17.425	21 12 38.60	.760 052
19	19 22 02.228	21 25 27.45	.156 287	6	19 28 23.812	21 12 24.65	.746 169
20	19 22 11.804	−21 25 08.97	31.153 223	7	19 28 30.084	−21 12 10.90	30.732 120
21	19 22 21.354	21 24 50.51	.149 870	8	19 28 36.241	21 11 57.36	.717 909
22	19 22 30.875	21 24 32.06	.146 230	9	19 28 42.281	21 11 44.01	.703 540
23	19 22 40.363	21 24 13.62	.142 303	10	19 28 48.207	21 11 30.85	.689 017
24	19 22 49.815	21 23 55.20	.138 091	11	19 28 54.019	21 11 17.88	.674 343
25	19 22 59.230	−21 23 36.79	31.133 594	12	19 28 59.718	−21 11 05.11	30.659 523
26	19 23 08.606	21 23 18.40	.128 816	13	19 29 05.303	21 10 52.57	.644 559
27	19 23 17.941	21 23 00.01	.123 757	14	19 29 10.771	21 10 40.27	.629 457
28	19 23 27.234	21 22 41.64	.118 418	15	19 29 16.119	21 10 28.22	.614 221
29	19 23 36.484	21 22 23.29	.112 803	16	19 29 21.345	21 10 16.42	.598 854
30	19 23 45.689	−21 22 04.96	31.106 912	17	19 29 26.446	−21 10 04.89	30.583 360
31	19 23 54.849	21 21 46.67	.100 748	18	19 29 31.420	21 09 53.61	.567 746
Feb. 1	19 24 03.961	21 21 28.41	.094 314	19	19 29 36.266	21 09 42.60	.552 014
2	19 24 13.024	21 21 10.20	.087 610	20	19 29 40.981	21 09 31.84	.536 170
3	19 24 22.036	21 20 52.07	.080 640	21	19 29 45.566	21 09 21.34	.520 218
4	19 24 30.992	−21 20 34.01	31.073 406	22	19 29 50.021	−21 09 11.10	30.504 164
5	19 24 39.890	21 20 16.04	.065 910	23	19 29 54.344	21 09 01.10	.488 012
6	19 24 48.725	21 19 58.16	.058 155	24	19 29 58.536	21 08 51.36	.471 767
7	19 24 57.494	21 19 40.37	.050 143	25	19 30 02.597	21 08 41.87	.455 434
8	19 25 06.195	21 19 22.66	.041 876	26	19 30 06.527	21 08 32.65	.439 018
9	19 25 14.826	−21 19 05.02	31.033 356	27	19 30 10.326	−21 08 23.69	30.422 525
10	19 25 23.389	21 18 47.44	.024 585	28	19 30 13.994	21 08 15.00	.405 959
11	19 25 31.883	21 18 29.93	.015 566	29	19 30 17.529	21 08 06.60	.389 325
12	19 25 40.309	21 18 12.50	31.006 300	30	19 30 20.931	21 07 58.49	.372 629
13	19 25 48.664	21 17 55.16	30.996 791	31	19 30 24.197	21 07 50.68	.355 876
14	19 25 56.948	−21 17 37.93	30.987 039	Apr. 1	19 30 27.326	−21 07 43.18	30.339 070
15	19 26 05.157	−21 17 20.82	30.977 049	2	19 30 30.315	−21 07 35.98	30.322 217

GEOCENTRIC COORDINATES FOR 0ʰ DYNAMICAL TIME

Date	Apparent Right Ascension	Apparent Declination	True Geocentric Distance	Date	Apparent Right Ascension	Apparent Declination	True Geocentric Distance
	h m s	o ′ ″			h m s	o ′ ″	
Apr. 1	19 30 27.326	−21 07 43.18	30.339 070	May 17	19 30 21.726	−21 07 21.24	29.592 236
2	19 30 30.315	21 07 35.98	.322 217	18	19 30 18.492	21 07 27.65	.578 350
3	19 30 33.164	21 07 29.08	.305 321	19	19 30 15.141	21 07 34.32	.564 635
4	19 30 35.872	21 07 22.47	.288 388	20	19 30 11.674	21 07 41.24	.551 096
5	19 30 38.438	21 07 16.14	.271 421	21	19 30 08.094	21 07 48.42	.537 736
6	19 30 40.865	−21 07 10.08	30.254 426	22	19 30 04.403	−21 07 55.85	29.524 561
7	19 30 43.156	21 07 04.29	.237 407	23	19 30 00.600	21 08 03.55	.511 574
8	19 30 45.311	21 06 58.76	.220 368	24	19 29 56.688	21 08 11.51	.498 780
9	19 30 47.332	21 06 53.53	.203 314	25	19 29 52.665	21 08 19.74	.486 182
10	19 30 49.217	21 06 48.59	.186 249	26	19 29 48.532	21 08 28.23	.473 784
11	19 30 50.964	−21 06 43.97	30.169 178	27	19 29 44.290	−21 08 36.97	29.461 590
12	19 30 52.572	21 06 39.67	.152 106	28	19 29 39.939	21 08 45.95	.449 603
13	19 30 54.039	21 06 35.69	.135 038	29	19 29 35.483	21 08 55.16	.437 827
14	19 30 55.363	21 06 32.04	.117 978	30	19 29 30.924	21 09 04.57	.426 264
15	19 30 56.543	21 06 28.70	.100 931	31	19 29 26.266	21 09 14.18	.414 919
16	19 30 57.581	−21 06 25.67	30.083 903	June 1	19 29 21.513	−21 09 23.99	29.403 792
17	19 30 58.474	21 06 22.96	.066 898	2	19 29 16.668	21 09 33.99	.392 889
18	19 30 59.225	21 06 20.54	.049 922	3	19 29 11.734	21 09 44.19	.382 210
19	19 30 59.833	21 06 18.42	.032 979	4	19 29 06.712	21 09 54.60	.371 760
20	19 31 00.301	21 06 16.60	30.016 076	5	19 29 01.602	21 10 05.23	.361 540
21	19 31 00.629	−21 06 15.08	29.999 216	6	19 28 56.405	−21 10 16.07	29.351 554
22	19 31 00.818	21 06 13.85	.982 406	7	19 28 51.120	21 10 27.12	.341 804
23	19 31 00.870	21 06 12.92	.965 650	8	19 28 45.748	21 10 38.39	.332 293
24	19 31 00.784	21 06 12.29	.948 954	9	19 28 40.291	21 10 49.85	.323 025
25	19 31 00.562	21 06 11.97	.932 323	10	19 28 34.750	21 11 01.49	.314 001
26	19 31 00.203	−21 06 11.98	29.915 762	11	19 28 29.128	−21 11 13.31	29.305 224
27	19 30 59.706	21 06 12.30	.899 275	12	19 28 23.428	21 11 25.29	.296 699
28	19 30 59.070	21 06 12.95	.882 869	13	19 28 17.652	21 11 37.42	.288 426
29	19 30 58.296	21 06 13.92	.866 547	14	19 28 11.805	21 11 49.71	.280 409
30	19 30 57.382	21 06 15.21	.850 314	15	19 28 05.888	21 12 02.14	.272 651
May 1	19 30 56.328	−21 06 16.80	29.834 176	16	19 27 59.906	−21 12 14.71	29.265 155
2	19 30 55.137	21 06 18.68	.818 137	17	19 27 53.860	21 12 27.41	.257 921
3	19 30 53.810	21 06 20.84	.802 200	18	19 27 47.755	21 12 40.26	.250 955
4	19 30 52.350	21 06 23.27	.786 370	19	19 27 41.590	21 12 53.25	.244 256
5	19 30 50.760	21 06 25.98	.770 652	20	19 27 35.369	21 13 06.39	.237 829
6	19 30 49.043	−21 06 28.96	29.755 049	21	19 27 29.092	−21 13 19.67	29.231 674
7	19 30 47.199	21 06 32.22	.739 566	22	19 27 22.759	21 13 33.09	.225 795
8	19 30 45.228	21 06 35.79	.724 206	23	19 27 16.373	21 13 46.65	.220 192
9	19 30 43.130	21 06 39.66	.708 974	24	19 27 09.934	21 14 00.32	.214 867
10	19 30 40.902	21 06 43.84	.693 874	25	19 27 03.446	21 14 14.09	.209 822
11	19 30 38.545	−21 06 48.33	29.678 910	26	19 26 56.912	−21 14 27.94	29.205 059
12	19 30 36.059	21 06 53.11	.664 087	27	19 26 50.337	21 14 41.87	.200 577
13	19 30 33.444	21 06 58.19	.649 409	28	19 26 43.724	21 14 55.85	.196 378
14	19 30 30.701	21 07 03.55	.634 881	29	19 26 37.079	21 15 09.90	.192 462
15	19 30 27.833	21 07 09.18	.620 506	30	19 26 30.405	21 15 24.01	.188 832
16	19 30 24.840	−21 07 15.08	29.606 290	July 1	19 26 23.703	−21 15 38.20	29.185 486
17	19 30 21.726	−21 07 21.24	29.592 236	2	19 26 16.975	−21 15 52.46	29.182 427

GEOCENTRIC COORDINATES FOR 0ʰ DYNAMICAL TIME

Date	Apparent Right Ascension	Apparent Declination	True Geocentric Distance	Date	Apparent Right Ascension	Apparent Declination	True Geocentric Distance
	h m s	° ′ ″			h m s	° ′ ″	
July 1	19 26 23.703	−21 15 38.20	29.185 486	Aug.16	19 21 25.176	−21 26 21.09	29.341 318
2	19 26 16.975	21 15 52.46	.182 427	17	19 21 19.838	21 26 33.01	.351 079
3	19 26 10.222	21 16 06.80	.179 653	18	19 21 14.582	21 26 44.77	.361 081
4	19 26 03.445	21 16 21.21	.177 168	19	19 21 09.411	21 26 56.36	.371 321
5	19 25 56.645	21 16 35.70	.174 970	20	19 21 04.329	21 27 07.76	.381 796
6	19 25 49.823	−21 16 50.24	29.173 061	21	19 20 59.339	−21 27 18.96	29.392 501
7	19 25 42.981	21 17 04.83	.171 441	22	19 20 54.448	21 27 29.95	.403 434
8	19 25 36.122	21 17 19.46	.170 111	23	19 20 49.656	21 27 40.76	.414 591
9	19 25 29.250	21 17 34.12	.169 072	24	19 20 44.968	21 27 51.37	.425 967
10	19 25 22.367	21 17 48.78	.168 323	25	19 20 40.382	21 28 01.81	.437 560
11	19 25 15.478	−21 18 03.46	29.167 867	26	19 20 35.900	−21 28 12.07	29.449 366
12	19 25 08.585	21 18 18.13	.167 703	27	19 20 31.522	21 28 22.16	.461 380
13	19 25 01.693	21 18 32.80	.167 831	28	19 20 27.248	21 28 32.07	.473 600
14	19 24 54.805	21 18 47.47	.168 252	29	19 20 23.078	21 28 41.80	.486 022
15	19 24 47.923	21 19 02.14	.168 966	30	19 20 19.014	21 28 51.34	.498 642
16	19 24 41.050	−21 19 16.79	29.169 973	31	19 20 15.058	−21 29 00.68	29.511 457
17	19 24 34.188	21 19 31.45	.171 274	Sept. 1	19 20 11.210	21 29 09.81	.524 463
18	19 24 27.339	21 19 46.11	.172 867	2	19 20 07.473	21 29 18.72	.537 656
19	19 24 20.504	21 20 00.77	.174 754	3	19 20 03.850	21 29 27.41	.551 033
20	19 24 13.684	21 20 15.41	.176 932	4	19 20 00.343	21 29 35.87	.564 591
21	19 24 06.880	−21 20 30.03	29.179 403	5	19 19 56.955	−21 29 44.11	29.578 325
22	19 24 00.095	21 20 44.62	.182 164	6	19 19 53.687	21 29 52.11	.592 231
23	19 23 53.332	21 20 59.14	.185 215	7	19 19 50.541	21 29 59.88	.606 307
24	19 23 46.597	21 21 13.60	.188 554	8	19 19 47.520	21 30 07.43	.620 548
25	19 23 39.893	21 21 27.97	.192 181	9	19 19 44.624	21 30 14.75	.634 951
26	19 23 33.225	−21 21 42.26	29.196 094	10	19 19 41.854	−21 30 21.86	29.649 511
27	19 23 26.597	21 21 56.47	.200 290	11	19 19 39.209	21 30 28.75	.664 224
28	19 23 20.010	21 22 10.62	.204 769	12	19 19 36.691	21 30 35.42	.679 086
29	19 23 13.467	21 22 24.69	.209 529	13	19 19 34.299	21 30 41.88	.694 093
30	19 23 06.968	21 22 38.70	.214 569	14	19 19 32.032	21 30 48.10	.709 240
31	19 23 00.515	−21 22 52.65	29.219 886	15	19 19 29.892	−21 30 54.08	29.724 523
Aug. 1	19 22 54.108	21 23 06.53	.225 479	16	19 19 27.881	21 30 59.79	.739 937
2	19 22 47.748	21 23 20.33	.231 346	17	19 19 26.003	21 31 05.24	.755 478
3	19 22 41.437	21 23 34.04	.237 486	18	19 19 24.259	21 31 10.41	.771 139
4	19 22 35.178	21 23 47.65	.243 897	19	19 19 22.655	21 31 15.30	.786 916
5	19 22 28.974	−21 24 01.15	29.250 578	20	19 19 21.190	−21 31 19.94	29.802 804
6	19 22 22.827	21 24 14.54	.257 527	21	19 19 19.865	21 31 24.32	.818 798
7	19 22 16.741	21 24 27.80	.264 741	22	19 19 18.678	21 31 28.46	.834 892
8	19 22 10.719	21 24 40.92	.272 220	23	19 19 17.630	21 31 32.37	.851 083
9	19 22 04.764	21 24 53.91	.279 961	24	19 19 16.718	21 31 36.04	.867 364
10	19 21 58.880	−21 25 06.77	29.287 962	25	19 19 15.943	−21 31 39.46	29.883 732
11	19 21 53.069	21 25 19.48	.296 222	26	19 19 15.304	21 31 42.64	.900 181
12	19 21 47.333	21 25 32.07	.304 738	27	19 19 14.801	21 31 45.56	.916 706
13	19 21 41.675	21 25 44.52	.313 508	28	19 19 14.436	21 31 48.22	.933 304
14	19 21 36.096	21 25 56.84	.322 529	29	19 19 14.208	21 31 50.61	.949 969
15	19 21 30.596	−21 26 09.03	29.331 800	30	19 19 14.121	−21 31 52.72	29.966 697
16	19 21 25.176	−21 26 21.09	29.341 318	Oct. 1	19 19 14.173	−21 31 54.55	29.983 483

GEOCENTRIC COORDINATES FOR 0ʰ DYNAMICAL TIME

Date	Apparent Right Ascension	Apparent Declination	True Geocentric Distance	Date	Apparent Right Ascension	Apparent Declination	True Geocentric Distance
	h m s	° ′ ″			h m s	° ′ ″	
Oct. 1	19 19 14.173	−21 31 54.55	29.983 483	Nov.16	19 21 47.018	−21 28 24.67	30.733 407
2	19 19 14.368	21 31 56.11	30.000 323	17	19 21 53.377	21 28 13.84	.747 402
3	19 19 14.706	21 31 57.38	.017 211	18	19 21 59.845	21 28 02.78	.761 224
4	19 19 15.188	21 31 58.39	.034 144	19	19 22 06.420	21 27 51.50	.774 870
5	19 19 15.815	21 31 59.12	.051 116	20	19 22 13.100	21 27 39.98	.788 335
6	19 19 16.585	−21 31 59.58	30.068 122	21	19 22 19.883	−21 27 28.22	30.801 615
7	19 19 17.499	21 31 59.78	.085 159	22	19 22 26.768	21 27 16.21	.814 708
8	19 19 18.557	21 31 59.73	.102 221	23	19 22 33.755	21 27 03.96	.827 609
9	19 19 19.757	21 31 59.42	.119 304	24	19 22 40.842	21 26 51.47	.840 315
10	19 19 21.097	21 31 58.85	.136 401	25	19 22 48.030	21 26 38.72	.852 822
11	19 19 22.578	−21 31 58.02	30.153 510	26	19 22 55.317	−21 26 25.74	30.865 128
12	19 19 24.197	21 31 56.92	.170 623	27	19 23 02.702	21 26 12.51	.877 227
13	19 19 25.957	21 31 55.54	.187 737	28	19 23 10.185	21 25 59.06	.889 119
14	19 19 27.857	21 31 53.85	.204 845	29	19 23 17.762	21 25 45.38	.900 798
15	19 19 29.901	21 31 51.86	.221 942	30	19 23 25.433	21 25 31.49	.912 263
16	19 19 32.090	−21 31 49.57	30.239 024	Dec. 1	19 23 33.194	−21 25 17.39	30.923 510
17	19 19 34.425	21 31 46.99	.256 083	2	19 23 41.042	21 25 03.09	.934 535
18	19 19 36.906	21 31 44.13	.273 115	3	19 23 48.976	21 24 48.60	.945 336
19	19 19 39.532	21 31 41.00	.290 115	4	19 23 56.991	21 24 33.91	.955 910
20	19 19 42.299	21 31 37.61	.307 076	5	19 24 05.085	21 24 19.01	.966 253
21	19 19 45.205	−21 31 33.97	30.323 995	6	19 24 13.257	−21 24 03.91	30.976 362
22	19 19 48.248	21 31 30.08	.340 866	7	19 24 21.505	21 23 48.59	.986 235
23	19 19 51.427	21 31 25.92	.357 683	8	19 24 29.829	21 23 33.05	30.995 867
24	19 19 54.740	21 31 21.50	.374 443	9	19 24 38.230	21 23 17.30	31.005 255
25	19 19 58.188	21 31 16.80	.391 140	10	19 24 46.706	21 23 01.32	.014 398
26	19 20 01.770	−21 31 11.82	30.407 770	11	19 24 55.257	−21 22 45.14	31.023 290
27	19 20 05.486	21 31 06.56	.424 329	12	19 25 03.882	21 22 28.77	.031 930
28	19 20 09.337	21 31 01.01	.440 810	13	19 25 12.577	21 22 12.12	.040 314
29	19 20 13.323	21 30 55.18	.457 211	14	19 25 21.337	21 21 55.51	.048 440
30	19 20 17.443	21 30 49.07	.473 526	15	19 25 30.159	21 21 38.65	.056 305
31	19 20 21.697	−21 30 42.68	30.489 751	16	19 25 39.038	−21 21 21.64	31.063 907
Nov. 1	19 20 26.086	21 30 36.02	.505 881	17	19 25 47.973	21 21 04.47	.071 243
2	19 20 30.607	21 30 29.09	.521 913	18	19 25 56.959	21 20 47.14	.078 312
3	19 20 35.259	21 30 21.90	.537 841	19	19 26 05.996	21 20 29.65	.085 112
4	19 20 40.041	21 30 14.46	.553 661	20	19 26 15.083	21 20 11.99	.091 640
5	19 20 44.951	−21 30 06.77	30.569 369	21	19 26 24.217	−21 19 54.17	31.097 896
6	19 20 49.985	21 29 58.82	.584 959	22	19 26 33.399	21 19 36.19	.103 878
7	19 20 55.143	21 29 50.63	.600 429	23	19 26 42.626	21 19 18.04	.109 584
8	19 21 00.423	21 29 42.17	.615 772	24	19 26 51.897	21 18 59.75	.115 013
9	19 21 05.823	21 29 33.45	.630 984	25	19 27 01.211	21 18 41.31	.120 164
10	19 21 11.343	−21 29 24.45	30.646 061	26	19 27 10.565	−21 18 22.74	31.125 035
11	19 21 16.985	21 29 15.17	.660 997	27	19 27 19.957	21 18 04.04	.129 626
12	19 21 22.749	21 29 05.60	.675 789	28	19 27 29.385	21 17 45.23	.133 935
13	19 21 28.635	21 28 55.75	.690 430	29	19 27 38.845	21 17 26.31	.137 961
14	19 21 34.644	21 28 45.64	.704 917	30	19 27 48.333	21 17 07.29	.141 703
15	19 21 40.773	−21 28 35.27	30.719 244	31	19 27 57.847	−21 16 48.18	31.145 161
16	19 21 47.018	−21 28 24.67	30.733 407	32	19 28 07.382	−21 16 28.96	31.148 333

PLUTO, 1993

GEOCENTRIC POSITIONS FOR 0ʰ DYNAMICAL TIME

Date	Astrometric Right Ascension J2000.0	Astrometric Declination J2000.0	True Geocentric Distance	Date	Astrometric Right Ascension J2000.0	Astrometric Declination J2000.0	True Geocentric Distance
	h m s	° ′ ″			h m s	° ′ ″	
Jan. − 1	15 42 43.338	− 5 09 14.15	30.408183	July 7	15 37 02.463	− 4 21 49.79	29.122845
3	15 43 19.400	5 09 55.75	.348606	12	15 36 45.615	4 23 14.13	.189518
8	15 43 53.217	5 10 20.23	.284283	17	15 36 31.464	4 24 54.99	.260043
13	15 44 24.601	5 10 27.71	.215678	22	15 36 20.167	4 26 51.89	.333914
18	15 44 53.368	5 10 18.34	.143252	27	15 36 11.854	4 29 04.19	.410566
23	15 45 19.328	− 5 09 52.39	30.067523	Aug. 1	15 36 06.604	− 4 31 31.06	29.489424
28	15 45 42.313	5 09 10.37	29.989078	6	15 36 04.474	4 34 11.71	.569950
Feb. 2	15 46 02.192	5 08 12.95	.908539	11	15 36 05.514	4 37 05.29	.651612
7	15 46 18.868	5 07 00.92	.826526	16	15 36 09.763	4 40 10.91	.733857
12	15 46 32.270	5 05 35.09	.743630	21	15 36 17.246	4 43 27.51	.816094
17	15 46 42.326	− 5 03 56.32	29.660441	26	15 36 27.943	− 4 46 53.88	29.897706
22	15 46 48.979	5 02 05.64	.577599	31	15 36 41.797	4 50 28.81	29.978125
27	15 46 52.214	5 00 04.29	.495770	Sept. 5	15 36 58.743	4 54 11.12	30.056825
Mar. 4	15 46 52.058	4 57 53.60	.415603	10	15 37 18.712	4 57 59.63	.133289
9	15 46 48.573	4 55 34.92	.337705	15	15 37 41.625	5 01 53.10	.206987
14	15 46 41.836	− 4 53 09.59	29.262625	20	15 38 07.378	− 5 05 50.16	30.277370
19	15 46 31.927	4 50 39.01	.190922	25	15 38 35.824	5 09 49.40	.343917
24	15 46 18.959	4 48 04.74	.123166	30	15 39 06.800	5 13 49.50	.406183
29	15 46 03.087	4 45 28.39	.059905	Oct. 5	15 39 40.144	5 17 49.17	.463765
Apr. 3	15 45 44.506	4 42 51.63	29.001627	10	15 40 15.693	5 21 47.17	.516269
8	15 45 23.429	− 4 40 16.00	28.948742	15	15 40 53.271	− 5 25 42.17	30.563302
13	15 45 00.069	4 37 42.99	.901606	20	15 41 32.670	5 29 32.80	.604482
18	15 44 34.646	4 35 14.14	.860579	25	15 42 13.657	5 33 17.74	.639505
23	15 44 07.416	4 32 51.05	.825996	30	15 42 55.997	5 36 55.83	.668145
28	15 43 38.665	4 30 35.27	.798129	Nov. 4	15 43 39.466	5 40 25.95	.690212
May 3	15 43 08.697	− 4 28 28.23	28.777163	9	15 44 23.836	− 5 43 47.00	30.705533
8	15 42 37.810	4 26 31.20	.763200	14	15 45 08.865	5 46 57.85	.713943
13	15 42 06.287	4 24 45.35	.756312	19	15 45 54.283	5 49 57.42	.715337
18	15 41 34.421	4 23 11.88	.756564	24	15 46 39.814	5 52 44.77	.709708
23	15 41 02.525	4 21 51.91	.763967	29	15 47 25.196	5 55 19.10	.697113
28	15 40 30.923	− 4 20 46.43	28.778453	Dec. 4	15 48 10.181	− 5 57 39.70	30.677638
June 2	15 39 59.926	4 19 56.19	.799863	9	15 48 54.520	5 59 45.86	.651382
7	15 39 29.816	4 19 21.79	.827987	14	15 49 37.946	6 01 36.92	.618479
12	15 39 00.857	4 19 03.73	.862613	19	15 50 20.182	6 03 12.32	.579149
17	15 38 33.318	4 19 02.52	.903507	24	15 51 00.968	6 04 31.74	.533702
22	15 38 07.469	− 4 19 18.48	28.950374	29	15 51 40.069	− 6 05 34.97	30.482484
27	15 37 43.568	− 4 19 51.75	29.002842	Dec. 34	15 52 17.263	− 6 06 21.85	30.425854
July 2	15 37 21.838	− 4 20 42.26	29.060478				

HELIOCENTRIC POSITIONS FOR 0ʰ DYNAMICAL TIME
MEAN EQUINOX AND ECLIPTIC OF DATE

Date	Longitude	Latitude	Radius Vector	Date	Longitude	Latitude	Radius Vector
	° ′ ″	° ′ ″			° ′ ″	° ′ ″	
Jan. − 27	233 00 08.0	+ 14 31 56.3	29.716 62	Aug. 1	234 40 27.7	+ 14 15 56.8	29.742 79
Jan. 13	233 16 52.8	14 29 19.1	.720 67	Sept. 10	234 57 08.7	14 13 13.1	.747 58
Feb. 22	233 33 37.0	14 26 40.8	.724 85	Oct. 20	235 13 49.1	14 10 28.3	.752 49
Apr. 3	233 50 20.6	14 24 01.5	.729 16	Nov. 29	235 30 28.7	14 07 42.4	.757 53
May 13	234 07 03.7	14 21 21.0	.733 58	Jan. 8	235 47 07.7	+ 14 04 55.5	29.762 68
June 22	234 23 46.0	+ 14 18 39.4	29.738 13				

NOTES AND FORMULAS

Semidiameter and parallax

The apparent angular semidiameter of a planet is given by:

apparent S.D. = S.D. at unit distance / true distance

where the true distance is given in the daily geocentric ephemeris and the adopted semidiameter at unit distance is given by:

Mercury	3.36″	Jupiter: equatorial	98.44″	Uranus	35.02″
Venus	8.34	polar	92.06	Neptune	33.50
Mars	4.68	Saturn: equatorial	82.73	Pluto	2.07
		polar	73.82		

The difference in transit times of the limb and center of a planet in seconds of time is given approximately by:

difference in transit time = (apparent S.D. in seconds of arc) / 15 cos δ

where the sidereal motion of the planet is ignored.

The equatorial horizontal parallax of a planet is given by 8″.794 148 divided by its true geocentric distance; formulas for the corrections for diurnal parallax are given on page B61.

Time of transit of a planet

The transit times that are tabulated on pages E44–E51 are expressed in dynamical time (TDT) and refer to the transits over the ephemeris meridian; for most purposes this may be regarded as giving the universal time (UT) of transit over the Greenwich meridian.

The UT of transit over a local meridian is given by:

time of ephemeris transit − (λ/24) ∗ first difference

with an error that is usually less than 1 second, where λ is the *east* longitude in hours and the first difference is about 24 hours.

Times of rising and setting

Approximate times of the rising and setting of a planet at a place with latitude φ may be obtained from the time of transit by applying the value of the hour angle h of the point on the horizon at the same declination as the planet; h is given by:

cos h = − tan φ tan δ

This ignores the sidereal motion of the planet during the interval between transit and rising or setting. Similarly, the time at which a planet reaches a zenith distance z may be obtained by determining the corresponding hour angle h from:

cos h = − tan φ tan δ + sec φ sec δ cos z

and applying h to the time of transit.

Date	Mercury	Venus	Mars	Jupiter	Saturn	Uranus	Neptune	Pluto
	h m s	h m s	h m s	h m s	h m s	h m s	h m s	h m
Jan. 0	11 05 12	15 15 03	0 53 41	6 11 43	14 35 15	12 35 57	12 38 18	9 02
1	11 07 52	15 15 20	0 48 06	6 08 06	14 31 44	12 32 16	12 34 32	8 59
2	11 10 35	15 15 36	0 42 29	6 04 29	14 28 14	12 28 35	12 30 45	8 55
3	11 13 20	15 15 49	0 36 51	6 00 51	14 24 43	12 24 54	12 26 59	8 51
4	11 16 07	15 16 00	0 31 13	5 57 12	14 21 13	12 21 14	12 23 13	8 47
5	11 18 57	15 16 09	0 25 33	5 53 33	14 17 43	12 17 33	12 19 26	8 43
6	11 21 48	15 16 16	0 19 54	5 49 53	14 14 12	12 13 52	12 15 40	8 40
7	11 24 41	15 16 22	0 14 13	5 46 13	14 10 43	12 10 12	12 11 54	8 36
8	11 27 36	15 16 25	0 08 33	5 42 32	14 07 13	12 06 31	12 08 08	8 32
9	11 30 32	15 16 26	0 02 53	5 38 50	14 03 43	12 02 50	12 04 21	8 28
10	11 33 31	15 16 26	23 51 35	5 35 08	14 00 14	11 59 10	12 00 35	8 24
11	11 36 30	15 16 23	23 45 57	5 31 25	13 56 45	11 55 29	11 56 49	8 20
12	11 39 31	15 16 18	23 40 19	5 27 41	13 53 15	11 51 48	11 53 02	8 17
13	11 42 33	15 16 12	23 34 43	5 23 57	13 49 46	11 48 08	11 49 16	8 13
14	11 45 36	15 16 03	23 29 09	5 20 12	13 46 17	11 44 27	11 45 30	8 09
15	11 48 40	15 15 52	23 23 35	5 16 26	13 42 48	11 40 46	11 41 44	8 05
16	11 51 44	15 15 40	23 18 04	5 12 40	13 39 20	11 37 06	11 37 57	8 01
17	11 54 50	15 15 25	23 12 34	5 08 53	13 35 51	11 33 25	11 34 11	7 57
18	11 57 56	15 15 09	23 07 07	5 05 05	13 32 23	11 29 44	11 30 25	7 54
19	12 01 03	15 14 50	23 01 42	5 01 17	13 28 54	11 26 03	11 26 38	7 50
20	12 04 10	15 14 29	22 56 19	4 57 28	13 25 26	11 22 22	11 22 52	7 46
21	12 07 18	15 14 07	22 50 59	4 53 38	13 21 58	11 18 41	11 19 05	7 42
22	12 10 26	15 13 42	22 45 42	4 49 48	13 18 29	11 15 00	11 15 19	7 38
23	12 13 34	15 13 15	22 40 27	4 45 57	13 15 01	11 11 19	11 11 32	7 34
24	12 16 42	15 12 46	22 35 16	4 42 05	13 11 33	11 07 38	11 07 46	7 31
25	12 19 49	15 12 14	22 30 07	4 38 12	13 08 05	11 03 57	11 03 59	7 27
26	12 22 57	15 11 41	22 25 02	4 34 19	13 04 37	11 00 16	11 00 13	7 23
27	12 26 04	15 11 05	22 20 00	4 30 25	13 01 10	10 56 35	10 56 26	7 19
28	12 29 10	15 10 27	22 15 01	4 26 31	12 57 42	10 52 54	10 52 39	7 15
29	12 32 16	15 09 46	22 10 06	4 22 35	12 54 14	10 49 12	10 48 53	7 11
30	12 35 21	15 09 03	22 05 14	4 18 39	12 50 46	10 45 31	10 45 06	7 07
31	12 38 24	15 08 18	22 00 25	4 14 43	12 47 19	10 41 49	10 41 19	7 04
Feb. 1	12 41 27	15 07 30	21 55 40	4 10 45	12 43 51	10 38 08	10 37 32	7 00
2	12 44 27	15 06 39	21 50 59	4 06 47	12 40 23	10 34 26	10 33 45	6 56
3	12 47 25	15 05 46	21 46 21	4 02 48	12 36 56	10 30 44	10 29 58	6 52
4	12 50 21	15 04 50	21 41 47	3 58 49	12 33 28	10 27 02	10 26 11	6 48
5	12 53 14	15 03 50	21 37 16	3 54 49	12 30 01	10 23 21	10 22 24	6 44
6	12 56 03	15 02 49	21 32 49	3 50 48	12 26 33	10 19 39	10 18 37	6 40
7	12 58 48	15 01 44	21 28 26	3 46 46	12 23 06	10 15 56	10 14 50	6 36
8	13 01 28	15 00 35	21 24 05	3 42 44	12 19 38	10 12 14	10 11 03	6 33
9	13 04 02	14 59 24	21 19 49	3 38 41	12 16 11	10 08 32	10 07 15	6 29
10	13 06 30	14 58 09	21 15 36	3 34 37	12 12 43	10 04 50	10 03 28	6 25
11	13 08 50	14 56 51	21 11 26	3 30 33	12 09 16	10 01 07	9 59 40	6 21
12	13 11 00	14 55 30	21 07 20	3 26 28	12 05 48	9 57 25	9 55 53	6 17
13	13 13 00	14 54 04	21 03 17	3 22 22	12 02 20	9 53 42	9 52 05	6 13
14	13 14 48	14 52 35	20 59 17	3 18 16	11 58 53	9 49 59	9 48 17	6 09
15	13 16 21	14 51 02	20 55 21	3 14 09	11 55 25	9 46 16	9 44 30	6 05

Second transit: Mars, Jan. 9ᵈ23ʰ57ᵈ14ˢ.

Date	Mercury	Venus	Mars	Jupiter	Saturn	Uranus	Neptune	Pluto
	h m s	h m s	h m s	h m s	h m s	h m s	h m s	h m
Feb. 15	13 16 21	14 51 02	20 55 21	3 14 09	11 55 25	9 46 16	9 44 30	6 05
16	13 17 39	14 49 25	20 51 28	3 10 01	11 51 57	9 42 33	9 40 42	6 01
17	13 18 39	14 47 44	20 47 39	3 05 53	11 48 30	9 38 50	9 36 54	5 57
18	13 19 19	14 45 58	20 43 52	3 01 44	11 45 02	9 35 07	9 33 06	5 54
19	13 19 37	14 44 08	20 40 09	2 57 34	11 41 34	9 31 23	9 29 18	5 50
20	13 19 31	14 42 13	20 36 29	2 53 24	11 38 06	9 27 40	9 25 29	5 46
21	13 18 58	14 40 13	20 32 51	2 49 13	11 34 39	9 23 56	9 21 41	5 42
22	13 17 56	14 38 07	20 29 17	2 45 02	11 31 11	9 20 12	9 17 53	5 38
23	13 16 24	14 35 57	20 25 46	2 40 50	11 27 43	9 16 28	9 14 04	5 34
24	13 14 21	14 33 41	20 22 18	2 36 37	11 24 15	9 12 44	9 10 16	5 30
25	13 11 44	14 31 19	20 18 53	2 32 24	11 20 46	9 09 00	9 06 27	5 26
26	13 08 34	14 28 51	20 15 30	2 28 10	11 17 18	9 05 16	9 02 38	5 22
27	13 04 49	14 26 17	20 12 10	2 23 55	11 13 50	9 01 31	8 58 49	5 18
28	13 00 31	14 23 37	20 08 53	2 19 40	11 10 21	8 57 47	8 55 01	5 14
Mar. 1	12 55 40	14 20 49	20 05 38	2 15 25	11 06 53	8 54 02	8 51 11	5 10
2	12 50 17	14 17 55	20 02 26	2 11 09	11 03 24	8 50 17	8 47 22	5 07
3	12 44 26	14 14 54	19 59 17	2 06 52	10 59 56	8 46 32	8 43 33	5 03
4	12 38 08	14 11 45	19 56 10	2 02 35	10 56 27	8 42 46	8 39 44	4 59
5	12 31 28	14 08 28	19 53 05	1 58 18	10 52 58	8 39 01	8 35 54	4 55
6	12 24 29	14 05 04	19 50 03	1 54 00	10 49 29	8 35 15	8 32 05	4 51
7	12 17 17	14 01 31	19 47 03	1 49 41	10 46 00	8 31 30	8 28 15	4 47
8	12 09 55	13 57 50	19 44 05	1 45 23	10 42 31	8 27 44	8 24 25	4 43
9	12 02 29	13 54 01	19 41 09	1 41 03	10 39 01	8 23 58	8 20 35	4 39
10	11 55 03	13 50 04	19 38 15	1 36 44	10 35 32	8 20 11	8 16 45	4 35
11	11 47 43	13 45 57	19 35 23	1 32 24	10 32 02	8 16 25	8 12 55	4 31
12	11 40 32	13 41 42	19 32 34	1 28 03	10 28 32	8 12 38	8 09 05	4 27
13	11 33 34	13 37 19	19 29 46	1 23 42	10 25 03	8 08 52	8 05 14	4 23
14	11 26 52	13 32 46	19 27 00	1 19 21	10 21 32	8 05 05	8 01 24	4 19
15	11 20 29	13 28 05	19 24 16	1 15 00	10 18 02	8 01 18	7 57 33	4 15
16	11 14 26	13 23 16	19 21 34	1 10 38	10 14 32	7 57 30	7 53 42	4 11
17	11 08 45	13 18 18	19 18 54	1 06 16	10 11 02	7 53 43	7 49 51	4 07
18	11 03 27	13 13 11	19 16 15	1 01 53	10 07 31	7 49 55	7 46 00	4 03
19	10 58 31	13 07 57	19 13 38	0 57 30	10 04 00	7 46 07	7 42 09	3 59
20	10 53 59	13 02 35	19 11 03	0 53 08	10 00 29	7 42 19	7 38 18	3 55
21	10 49 50	12 57 06	19 08 29	0 48 44	9 56 58	7 38 31	7 34 27	3 51
22	10 46 03	12 51 30	19 05 57	0 44 21	9 53 27	7 34 42	7 30 35	3 47
23	10 42 37	12 45 48	19 03 27	0 39 58	9 49 55	7 30 54	7 26 44	3 43
24	10 39 32	12 40 00	19 00 58	0 35 34	9 46 24	7 27 05	7 22 52	3 39
25	10 36 46	12 34 07	18 58 30	0 31 10	9 42 52	7 23 16	7 19 00	3 35
26	10 34 19	12 28 10	18 56 04	0 26 46	9 39 20	7 19 27	7 15 08	3 31
27	10 32 10	12 22 09	18 53 39	0 22 22	9 35 47	7 15 37	7 11 16	3 28
28	10 30 17	12 16 05	18 51 16	0 17 58	9 32 15	7 11 48	7 07 23	3 24
29	10 28 40	12 09 59	18 48 53	0 13 34	9 28 42	7 07 58	7 03 31	3 20
30	10 27 17	12 03 53	18 46 32	0 09 10	9 25 10	7 04 08	6 59 38	3 16
31	10 26 09	11 57 46	18 44 13	0 04 45	9 21 36	7 00 18	6 55 46	3 12
Apr. 1	10 25 12	11 51 40	18 41 54	0 00 21	9 18 03	6 56 27	6 51 53	3 08
2	10 24 28	11 45 35	18 39 37	23 51 33	9 14 30	6 52 37	6 48 00	3 04

Second transit: Jupiter, Apr. 1^{d}23^{h}55^{d}57^s.

Date	Mercury	Venus	Mars	Jupiter	Saturn	Uranus	Neptune	Pluto
	h m s	h m s	h m s	h m s	h m s	h m s	h m s	h m
Apr. 1	10 25 12	11 51 40	18 41 54	0 00 21	9 18 03	6 56 27	6 51 53	3 08
2	10 24 28	11 45 35	18 39 37	23 51 33	9 14 30	6 52 37	6 48 00	3 04
3	10 23 56	11 39 33	18 37 21	23 47 09	9 10 56	6 48 46	6 44 07	3 00
4	10 23 34	11 33 34	18 35 05	23 42 45	9 07 22	6 44 55	6 40 13	2 56
5	10 23 21	11 27 39	18 32 51	23 38 21	9 03 48	6 41 03	6 36 20	2 52
6	10 23 19	11 21 49	18 30 38	23 33 57	9 00 14	6 37 12	6 32 27	2 48
7	10 23 25	11 16 05	18 28 26	23 29 33	8 56 39	6 33 20	6 28 33	2 44
8	10 23 39	11 10 27	18 26 15	23 25 10	8 53 04	6 29 28	6 24 39	2 40
9	10 24 01	11 04 56	18 24 04	23 20 46	8 49 29	6 25 36	6 20 45	2 36
10	10 24 31	10 59 32	18 21 55	23 16 23	8 45 54	6 21 44	6 16 51	2 32
11	10 25 08	10 54 17	18 19 46	23 12 00	8 42 18	6 17 51	6 12 57	2 28
12	10 25 53	10 49 09	18 17 39	23 07 38	8 38 42	6 13 59	6 09 03	2 24
13	10 26 43	10 44 09	18 15 32	23 03 15	8 35 06	6 10 06	6 05 08	2 20
14	10 27 41	10 39 19	18 13 26	22 58 53	8 31 30	6 06 13	6 01 13	2 16
15	10 28 44	10 34 37	18 11 20	22 54 31	8 27 53	6 02 19	5 57 19	2 11
16	10 29 54	10 30 04	18 09 16	22 50 09	8 24 16	5 58 26	5 53 24	2 07
17	10 31 10	10 25 40	18 07 12	22 45 48	8 20 39	5 54 32	5 49 29	2 03
18	10 32 31	10 21 25	18 05 09	22 41 27	8 17 02	5 50 38	5 45 33	1 59
19	10 33 59	10 17 19	18 03 07	22 37 06	8 13 24	5 46 44	5 41 38	1 55
20	10 35 32	10 13 22	18 01 05	22 32 46	8 09 46	5 42 49	5 37 43	1 51
21	10 37 12	10 09 34	17 59 04	22 28 26	8 06 08	5 38 54	5 33 47	1 47
22	10 38 57	10 05 54	17 57 04	22 24 07	8 02 29	5 35 00	5 29 51	1 43
23	10 40 49	10 02 22	17 55 04	22 19 48	7 58 50	5 31 04	5 25 55	1 39
24	10 42 46	9 58 59	17 53 05	22 15 29	7 55 11	5 27 09	5 21 59	1 35
25	10 44 50	9 55 44	17 51 06	22 11 11	7 51 32	5 23 14	5 18 03	1 31
26	10 47 00	9 52 36	17 49 08	22 06 53	7 47 52	5 19 18	5 14 07	1 27
27	10 49 17	9 49 36	17 47 11	22 02 36	7 44 12	5 15 22	5 10 10	1 23
28	10 51 41	9 46 44	17 45 14	21 58 19	7 40 32	5 11 26	5 06 14	1 19
29	10 54 12	9 43 58	17 43 17	21 54 03	7 36 51	5 07 29	5 02 17	1 15
30	10 56 50	9 41 19	17 41 21	21 49 47	7 33 10	5 03 33	4 58 20	1 11
May 1	10 59 35	9 38 47	17 39 26	21 45 32	7 29 29	4 59 36	4 54 23	1 07
2	11 02 28	9 36 22	17 37 31	21 41 17	7 25 47	4 55 39	4 50 26	1 03
3	11 05 29	9 34 02	17 35 36	21 37 03	7 22 06	4 51 42	4 46 29	0 59
4	11 08 39	9 31 49	17 33 42	21 32 49	7 18 23	4 47 44	4 42 32	0 55
5	11 11 57	9 29 41	17 31 48	21 28 36	7 14 41	4 43 47	4 38 34	0 51
6	11 15 23	9 27 39	17 29 54	21 24 23	7 10 58	4 39 49	4 34 36	0 47
7	11 18 59	9 25 43	17 28 01	21 20 11	7 07 15	4 35 51	4 30 39	0 43
8	11 22 44	9 23 51	17 26 08	21 16 00	7 03 31	4 31 52	4 26 41	0 39
9	11 26 37	9 22 05	17 24 16	21 11 49	6 59 47	4 27 54	4 22 43	0 35
10	11 30 40	9 20 23	17 22 23	21 07 39	6 56 03	4 23 55	4 18 45	0 31
11	11 34 52	9 18 45	17 20 32	21 03 29	6 52 19	4 19 57	4 14 46	0 27
12	11 39 13	9 17 13	17 18 40	20 59 20	6 48 34	4 15 57	4 10 48	0 23
13	11 43 42	9 15 44	17 16 49	20 55 12	6 44 49	4 11 58	4 06 49	0 19
14	11 48 20	9 14 19	17 14 58	20 51 04	6 41 03	4 07 59	4 02 51	0 15
15	11 53 05	9 12 58	17 13 07	20 46 57	6 37 17	4 03 59	3 58 52	0 11
16	11 57 57	9 11 41	17 11 17	20 42 50	6 33 31	3 59 59	3 54 53	0 07
17	12 02 55	9 10 28	17 09 27	20 38 44	6 29 45	3 55 59	3 50 54	0 03

Second transit: Pluto, May 17^{d}23^{h}59^d.

Date	Mercury	Venus	Mars	Jupiter	Saturn	Uranus	Neptune	Pluto
	h m s	h m s	h m s	h m s	h m s	h m s	h m s	h m
May 17	12 02 55	9 10 28	17 09 27	20 38 44	6 29 45	3 55 59	3 50 54	0 03
18	12 07 57	9 09 18	17 07 37	20 34 39	6 25 58	3 51 59	3 46 55	23 54
19	12 13 04	9 08 11	17 05 47	20 30 34	6 22 10	3 47 59	3 42 56	23 50
20	12 18 12	9 07 08	17 03 58	20 26 30	6 18 23	3 43 58	3 38 56	23 46
21	12 23 22	9 06 07	17 02 09	20 22 27	6 14 35	3 39 57	3 34 57	23 42
22	12 28 32	9 05 10	17 00 20	20 18 24	6 10 46	3 35 56	3 30 57	23 38
23	12 33 39	9 04 15	16 58 31	20 14 22	6 06 58	3 31 55	3 26 57	23 34
24	12 38 44	9 03 23	16 56 42	20 10 20	6 03 08	3 27 54	3 22 58	23 30
25	12 43 44	9 02 34	16 54 54	20 06 20	5 59 19	3 23 52	3 18 58	23 26
26	12 48 39	9 01 47	16 53 06	20 02 20	5 55 29	3 19 51	3 14 58	23 22
27	12 53 26	9 01 03	16 51 18	19 58 20	5 51 39	3 15 49	3 10 58	23 18
28	12 58 06	9 00 21	16 49 30	19 54 21	5 47 48	3 11 47	3 06 57	23 14
29	13 02 37	8 59 41	16 47 43	19 50 23	5 43 57	3 07 45	3 02 57	23 10
30	13 06 58	8 59 04	16 45 55	19 46 26	5 40 06	3 03 42	2 58 56	23 06
31	13 11 08	8 58 29	16 44 08	19 42 29	5 36 14	2 59 40	2 54 56	23 02
June 1	13 15 07	8 57 57	16 42 20	19 38 33	5 32 22	2 55 37	2 50 55	22 58
2	13 18 55	8 57 26	16 40 33	19 34 37	5 28 30	2 51 34	2 46 55	22 54
3	13 22 30	8 56 57	16 38 46	19 30 43	5 24 37	2 47 31	2 42 54	22 50
4	13 25 53	8 56 31	16 36 59	19 26 48	5 20 44	2 43 28	2 38 53	22 46
5	13 29 02	8 56 06	16 35 13	19 22 55	5 16 50	2 39 25	2 34 52	22 42
6	13 31 58	8 55 44	16 33 26	19 19 02	5 12 56	2 35 22	2 30 51	22 38
7	13 34 41	8 55 23	16 31 39	19 15 10	5 09 02	2 31 18	2 26 50	22 34
8	13 37 09	8 55 05	16 29 53	19 11 18	5 05 08	2 27 15	2 22 48	22 30
9	13 39 24	8 54 48	16 28 07	19 07 27	5 01 12	2 23 11	2 18 47	22 26
10	13 41 24	8 54 33	16 26 20	19 03 37	4 57 17	2 19 07	2 14 45	22 22
11	13 43 09	8 54 20	16 24 34	18 59 47	4 53 21	2 15 03	2 10 44	22 18
12	13 44 40	8 54 09	16 22 48	18 55 58	4 49 25	2 10 59	2 06 42	22 14
13	13 45 56	8 53 59	16 21 02	18 52 10	4 45 29	2 06 54	2 02 41	22 10
14	13 46 56	8 53 52	16 19 16	18 48 22	4 41 32	2 02 50	1 58 39	22 06
15	13 47 41	8 53 46	16 17 31	18 44 35	4 37 34	1 58 45	1 54 37	22 02
16	13 48 11	8 53 41	16 15 45	18 40 48	4 33 37	1 54 41	1 50 35	21 58
17	13 48 24	8 53 39	16 13 59	18 37 03	4 29 39	1 50 36	1 46 33	21 54
18	13 48 21	8 53 38	16 12 14	18 33 17	4 25 40	1 46 31	1 42 31	21 50
19	13 48 02	8 53 39	16 10 28	18 29 33	4 21 41	1 42 26	1 38 29	21 45
20	13 47 26	8 53 41	16 08 43	18 25 49	4 17 42	1 38 21	1 34 27	21 41
21	13 46 33	8 53 45	16 06 58	18 22 05	4 13 43	1 34 16	1 30 25	21 37
22	13 45 23	8 53 50	16 05 13	18 18 22	4 09 43	1 30 11	1 26 23	21 33
23	13 43 55	8 53 57	16 03 28	18 14 40	4 05 43	1 26 05	1 22 21	21 29
24	13 42 09	8 54 06	16 01 43	18 10 58	4 01 42	1 22 00	1 18 18	21 25
25	13 40 05	8 54 16	15 59 58	18 07 17	3 57 41	1 17 54	1 14 16	21 21
26	13 37 43	8 54 28	15 58 13	18 03 37	3 53 40	1 13 49	1 10 14	21 17
27	13 35 01	8 54 42	15 56 28	17 59 57	3 49 38	1 09 43	1 06 11	21 13
28	13 32 01	8 54 56	15 54 44	17 56 18	3 45 36	1 05 37	1 02 09	21 09
29	13 28 41	8 55 13	15 52 59	17 52 39	3 41 34	1 01 32	0 58 06	21 05
30	13 25 03	8 55 31	15 51 14	17 49 01	3 37 31	0 57 26	0 54 04	21 01
July 1	13 21 05	8 55 50	15 49 30	17 45 23	3 33 28	0 53 20	0 50 01	20 57
2	13 16 48	8 56 12	15 47 46	17 41 46	3 29 24	0 49 14	0 45 58	20 53

Date	Mercury	Venus	Mars	Jupiter	Saturn	Uranus	Neptune	Pluto
	h m s	h m s	h m s	h m s	h m s	h m s	h m s	h m
July 1	13 21 05	8 55 50	15 49 30	17 45 23	3 33 28	0 53 20	0 50 01	20 57
2	13 16 48	8 56 12	15 47 46	17 41 46	3 29 24	0 49 14	0 45 58	20 53
3	13 12 13	8 56 34	15 46 01	17 38 09	3 25 21	0 45 08	0 41 56	20 49
4	13 07 19	8 56 58	15 44 17	17 34 33	3 21 17	0 41 02	0 37 53	20 45
5	13 02 08	8 57 24	15 42 33	17 30 58	3 17 12	0 36 56	0 33 50	20 41
6	12 56 41	8 57 51	15 40 49	17 27 23	3 13 08	0 32 50	0 29 48	20 37
7	12 50 58	8 58 20	15 39 05	17 23 48	3 09 02	0 28 44	0 25 45	20 33
8	12 45 01	8 58 50	15 37 21	17 20 14	3 04 57	0 24 38	0 21 42	20 29
9	12 38 52	8 59 21	15 35 37	17 16 41	3 00 51	0 20 32	0 17 40	20 25
10	12 32 32	8 59 54	15 33 53	17 13 08	2 56 45	0 16 26	0 13 37	20 21
11	12 26 03	9 00 29	15 32 09	17 09 36	2 52 39	0 12 19	0 09 34	20 17
12	12 19 28	9 01 04	15 30 26	17 06 04	2 48 33	0 08 13	0 05 31	20 13
13	12 12 50	9 01 42	15 28 42	17 02 32	2 44 26	0 04 07	0 01 28	20 09
14	12 06 10	9 02 20	15 26 59	16 59 01	2 40 19	0 00 01	23 53 23	20 06
15	11 59 31	9 03 00	15 25 15	16 55 31	2 36 11	23 51 49	23 49 20	20 02
16	11 52 57	9 03 42	15 23 32	16 52 01	2 32 03	23 47 42	23 45 17	19 58
17	11 46 30	9 04 24	15 21 49	16 48 31	2 27 55	23 43 36	23 41 15	19 54
18	11 40 12	9 05 08	15 20 06	16 45 02	2 23 47	23 39 30	23 37 12	19 50
19	11 34 06	9 05 53	15 18 23	16 41 34	2 19 38	23 35 24	23 33 09	19 46
20	11 28 15	9 06 39	15 16 41	16 38 06	2 15 30	23 31 18	23 29 07	19 42
21	11 22 40	9 07 27	15 14 58	16 34 38	2 11 20	23 27 12	23 25 04	19 38
22	11 17 24	9 08 15	15 13 16	16 31 11	2 07 11	23 23 06	23 21 01	19 34
23	11 12 28	9 09 05	15 11 33	16 27 44	2 03 02	23 19 00	23 16 59	19 30
24	11 07 54	9 09 56	15 09 51	16 24 18	1 58 52	23 14 54	23 12 56	19 26
25	11 03 43	9 10 48	15 08 09	16 20 52	1 54 42	23 10 48	23 08 54	19 22
26	10 59 56	9 11 40	15 06 27	16 17 26	1 50 31	23 06 42	23 04 51	19 18
27	10 56 34	9 12 34	15 04 45	16 14 01	1 46 21	23 02 37	23 00 49	19 14
28	10 53 38	9 13 29	15 03 03	16 10 37	1 42 10	22 58 31	22 56 46	19 10
29	10 51 07	9 14 24	15 01 22	16 07 13	1 37 59	22 54 25	22 52 44	19 06
30	10 49 03	9 15 21	14 59 40	16 03 49	1 33 48	22 50 20	22 48 42	19 02
31	10 47 26	9 16 18	14 57 59	16 00 25	1 29 37	22 46 14	22 44 39	18 58
Aug. 1	10 46 14	9 17 16	14 56 18	15 57 02	1 25 26	22 42 09	22 40 37	18 54
2	10 45 29	9 18 15	14 54 37	15 53 40	1 21 14	22 38 04	22 36 35	18 50
3	10 45 11	9 19 15	14 52 56	15 50 17	1 17 02	22 33 59	22 32 33	18 46
4	10 45 17	9 20 15	14 51 16	15 46 55	1 12 51	22 29 53	22 28 31	18 42
5	10 45 49	9 21 16	14 49 35	15 43 34	1 08 39	22 25 48	22 24 29	18 38
6	10 46 45	9 22 18	14 47 55	15 40 13	1 04 26	22 21 43	22 20 27	18 35
7	10 48 04	9 23 20	14 46 15	15 36 52	1 00 14	22 17 39	22 16 25	18 31
8	10 49 46	9 24 22	14 44 35	15 33 31	0 56 02	22 13 34	22 12 23	18 27
9	10 51 49	9 25 25	14 42 55	15 30 11	0 51 49	22 09 29	22 08 21	18 23
10	10 54 12	9 26 29	14 41 16	15 26 51	0 47 36	22 05 25	22 04 19	18 19
11	10 56 54	9 27 32	14 39 37	15 23 32	0 43 24	22 01 20	22 00 18	18 15
12	10 59 52	9 28 36	14 37 57	15 20 13	0 39 11	21 57 16	21 56 16	18 11
13	11 03 06	9 29 40	14 36 19	15 16 54	0 34 58	21 53 12	21 52 15	18 07
14	11 06 32	9 30 45	14 34 40	15 13 36	0 30 45	21 49 08	21 48 13	18 03
15	11 10 10	9 31 49	14 33 02	15 10 17	0 26 32	21 45 04	21 44 12	17 59
16	11 13 56	9 32 54	14 31 24	15 07 00	0 22 19	21 41 00	21 40 11	17 55

Second transits: Uranus, July 14ᵈ23ʰ55ᵈ55ˢ, Neptune, July 13ᵈ23ʰ57ᵈ26ˢ.

Date	Mercury	Venus	Mars	Jupiter	Saturn	Uranus	Neptune	Pluto
	h m s	h m s	h m s	h m s	h m s	h m s	h m s	h m
Aug. 16	11 13 56	9 32 54	14 31 24	15 07 00	0 22 19	21 41 00	21 40 11	17 55
17	11 17 50	9 33 59	14 29 46	15 03 42	0 18 06	21 36 57	21 36 10	17 51
18	11 21 48	9 35 03	14 28 08	15 00 25	0 13 52	21 32 53	21 32 09	17 48
19	11 25 50	9 36 08	14 26 31	14 57 08	0 09 39	21 28 50	21 28 08	17 44
20	11 29 53	9 37 13	14 24 54	14 53 51	0 05 26	21 24 47	21 24 07	17 40
21	11 33 57	9 38 17	14 23 17	14 50 35	0 01 13	21 20 44	21 20 06	17 36
22	11 37 58	9 39 21	14 21 40	14 47 19	23 52 46	21 16 41	21 16 05	17 32
23	11 41 57	9 40 25	14 20 04	14 44 03	23 48 33	21 12 38	21 12 05	17 28
24	11 45 52	9 41 29	14 18 28	14 40 48	23 44 20	21 08 36	21 08 04	17 24
25	11 49 42	9 42 32	14 16 52	14 37 33	23 40 07	21 04 33	21 04 04	17 20
26	11 53 27	9 43 35	14 15 17	14 34 18	23 35 54	21 00 31	21 00 04	17 16
27	11 57 06	9 44 38	14 13 41	14 31 03	23 31 41	20 56 29	20 56 03	17 12
28	12 00 39	9 45 40	14 12 07	14 27 49	23 27 28	20 52 27	20 52 03	17 09
29	12 04 06	9 46 42	14 10 32	14 24 35	23 23 15	20 48 25	20 48 03	17 05
30	12 07 26	9 47 43	14 08 58	14 21 21	23 19 02	20 44 24	20 44 04	17 01
31	12 10 39	9 48 44	14 07 24	14 18 07	23 14 49	20 40 22	20 40 04	16 57
Sept. 1	12 13 46	9 49 44	14 05 50	14 14 54	23 10 37	20 36 21	20 36 04	16 53
2	12 16 46	9 50 44	14 04 17	14 11 41	23 06 24	20 32 20	20 32 05	16 49
3	12 19 40	9 51 43	14 02 44	14 08 28	23 02 12	20 28 19	20 28 05	16 45
4	12 22 28	9 52 42	14 01 11	14 05 15	22 57 59	20 24 18	20 24 06	16 41
5	12 25 09	9 53 40	13 59 39	14 02 02	22 53 47	20 20 18	20 20 07	16 38
6	12 27 45	9 54 37	13 58 07	13 58 50	22 49 35	20 16 18	20 16 08	16 34
7	12 30 15	9 55 34	13 56 35	13 55 38	22 45 23	20 12 18	20 12 09	16 30
8	12 32 40	9 56 30	13 55 04	13 52 26	22 41 12	20 08 18	20 08 10	16 26
9	12 34 59	9 57 26	13 53 33	13 49 15	22 37 00	20 04 18	20 04 11	16 22
10	12 37 14	9 58 21	13 52 03	13 46 03	22 32 49	20 00 18	20 00 13	16 18
11	12 39 24	9 59 15	13 50 33	13 42 52	22 28 38	19 56 19	19 56 14	16 14
12	12 41 29	10 00 08	13 49 04	13 39 41	22 24 27	19 52 20	19 52 16	16 10
13	12 43 30	10 01 01	13 47 34	13 36 30	22 20 16	19 48 21	19 48 18	16 07
14	12 45 28	10 01 53	13 46 06	13 33 19	22 16 05	19 44 22	19 44 20	16 03
15	12 47 21	10 02 44	13 44 37	13 30 09	22 11 55	19 40 24	19 40 22	15 59
16	12 49 10	10 03 35	13 43 09	13 26 58	22 07 45	19 36 26	19 36 24	15 55
17	12 50 57	10 04 25	13 41 42	13 23 48	22 03 35	19 32 27	19 32 26	15 51
18	12 52 39	10 05 14	13 40 15	13 20 38	21 59 25	19 28 30	19 28 29	15 47
19	12 54 19	10 06 02	13 38 48	13 17 29	21 55 16	19 24 32	19 24 31	15 44
20	12 55 55	10 06 50	13 37 22	13 14 19	21 51 07	19 20 34	19 20 34	15 40
21	12 57 29	10 07 37	13 35 56	13 11 09	21 46 58	19 16 37	19 16 37	15 36
22	12 58 59	10 08 24	13 34 31	13 08 00	21 42 49	19 12 40	19 12 40	15 32
23	13 00 27	10 09 09	13 33 06	13 04 51	21 38 41	19 08 43	19 08 43	15 28
24	13 01 52	10 09 54	13 31 42	13 01 42	21 34 33	19 04 47	19 04 47	15 24
25	13 03 14	10 10 39	13 30 18	12 58 33	21 30 25	19 00 50	19 00 50	15 21
26	13 04 34	10 11 23	13 28 55	12 55 24	21 26 17	18 56 54	18 56 54	15 17
27	13 05 51	10 12 06	13 27 32	12 52 15	21 22 10	18 52 58	18 52 57	15 13
28	13 07 05	10 12 49	13 26 10	12 49 07	21 18 03	18 49 02	18 49 01	15 09
29	13 08 17	10 13 31	13 24 48	12 45 58	21 13 57	18 45 07	18 45 05	15 05
30	13 09 26	10 14 13	13 23 27	12 42 50	21 09 50	18 41 12	18 41 09	15 01
Oct. 1	13 10 32	10 14 54	13 22 06	12 39 42	21 05 44	18 37 16	18 37 13	14 58

Second transit: Saturn, Aug. 21^{d}23^{h}56^{d}59^s.

Date	Mercury	Venus	Mars	Jupiter	Saturn	Uranus	Neptune	Pluto
	h m s	h m s	h m s	h m s	h m s	h m s	h m s	h m
Oct. 1	13 10 32	10 14 54	13 22 06	12 39 42	21 05 44	18 37 16	18 37 13	14 58
2	13 11 35	10 15 35	13 20 45	12 36 33	21 01 39	18 33 22	18 33 18	14 54
3	13 12 34	10 16 15	13 19 25	12 33 25	20 57 33	18 29 27	18 29 22	14 50
4	13 13 31	10 16 55	13 18 06	12 30 17	20 53 28	18 25 32	18 25 27	14 46
5	13 14 23	10 17 34	13 16 47	12 27 10	20 49 24	18 21 38	18 21 32	14 42
6	13 15 12	10 18 13	13 15 29	12 24 02	20 45 19	18 17 44	18 17 37	14 38
7	13 15 56	10 18 52	13 14 12	12 20 54	20 41 15	18 13 50	18 13 42	14 35
8	13 16 36	10 19 31	13 12 55	12 17 47	20 37 12	18 09 57	18 09 47	14 31
9	13 17 10	10 20 09	13 11 38	12 14 39	20 33 09	18 06 04	18 05 53	14 27
10	13 17 39	10 20 47	13 10 22	12 11 32	20 29 06	18 02 10	18 01 58	14 23
11	13 18 01	10 21 25	13 09 07	12 08 24	20 25 03	17 58 17	17 58 04	14 19
12	13 18 17	10 22 02	13 07 52	12 05 17	20 21 01	17 54 25	17 54 10	14 16
13	13 18 24	10 22 40	13 06 38	12 02 10	20 16 59	17 50 32	17 50 16	14 12
14	13 18 22	10 23 17	13 05 24	11 59 03	20 12 58	17 46 40	17 46 22	14 08
15	13 18 10	10 23 55	13 04 11	11 55 55	20 08 57	17 42 48	17 42 28	14 04
16	13 17 47	10 24 32	13 02 59	11 52 48	20 04 56	17 38 56	17 38 34	14 00
17	13 17 12	10 25 10	13 01 47	11 49 41	20 00 56	17 35 04	17 34 41	13 57
18	13 16 22	10 25 47	13 00 35	11 46 34	19 56 56	17 31 13	17 30 47	13 53
19	13 15 17	10 26 24	12 59 25	11 43 27	19 52 56	17 27 22	17 26 54	13 49
20	13 13 54	10 27 02	12 58 15	11 40 20	19 48 57	17 23 31	17 23 01	13 45
21	13 12 12	10 27 40	12 57 05	11 37 13	19 44 58	17 19 40	17 19 08	13 41
22	13 10 08	10 28 17	12 55 56	11 34 06	19 41 00	17 15 49	17 15 16	13 38
23	13 07 40	10 28 56	12 54 48	11 30 59	19 37 02	17 11 59	17 11 23	13 34
24	13 04 47	10 29 34	12 53 41	11 27 53	19 33 05	17 08 09	17 07 30	13 30
25	13 01 25	10 30 13	12 52 33	11 24 46	19 29 07	17 04 19	17 03 38	13 26
26	12 57 32	10 30 51	12 51 27	11 21 39	19 25 11	17 00 29	16 59 46	13 22
27	12 53 06	10 31 31	12 50 21	11 18 32	19 21 14	16 56 40	16 55 54	13 19
28	12 48 07	10 32 11	12 49 16	11 15 25	19 17 18	16 52 50	16 52 02	13 15
29	12 42 31	10 32 51	12 48 11	11 12 18	19 13 23	16 49 01	16 48 10	13 11
30	12 36 21	10 33 32	12 47 07	11 09 11	19 09 28	16 45 12	16 44 18	13 07
31	12 29 35	10 34 13	12 46 04	11 06 04	19 05 33	16 41 24	16 40 27	13 03
Nov. 1	12 22 16	10 34 55	12 45 01	11 02 57	19 01 39	16 37 35	16 36 35	13 00
2	12 14 27	10 35 37	12 43 59	10 59 50	18 57 45	16 33 47	16 32 44	12 56
3	12 06 15	10 36 20	12 42 58	10 56 43	18 53 51	16 29 58	16 28 53	12 52
4	11 57 44	10 37 04	12 41 57	10 53 35	18 49 58	16 26 10	16 25 01	12 48
5	11 49 04	10 37 48	12 40 57	10 50 28	18 46 05	16 22 23	16 21 11	12 45
6	11 40 23	10 38 33	12 39 57	10 47 21	18 42 13	16 18 35	16 17 20	12 41
7	11 31 49	10 39 19	12 38 58	10 44 14	18 38 21	16 14 48	16 13 29	12 37
8	11 23 32	10 40 06	12 38 00	10 41 06	18 34 29	16 11 00	16 09 38	12 33
9	11 15 40	10 40 54	12 37 02	10 37 59	18 30 38	16 07 13	16 05 48	12 29
10	11 08 20	10 41 43	12 36 05	10 34 51	18 26 47	16 03 26	16 01 58	12 26
11	11 01 36	10 42 32	12 35 09	10 31 44	18 22 57	15 59 40	15 58 07	12 22
12	10 55 33	10 43 22	12 34 13	10 28 36	18 19 07	15 55 53	15 54 17	12 18
13	10 50 11	10 44 14	12 33 18	10 25 28	18 15 17	15 52 07	15 50 27	12 14
14	10 45 33	10 45 06	12 32 23	10 22 20	18 11 28	15 48 21	15 46 37	12 10
15	10 41 35	10 46 00	12 31 29	10 19 12	18 07 39	15 44 35	15 42 48	12 07
16	10 38 17	10 46 54	12 30 35	10 16 04	18 03 51	15 40 49	15 38 58	12 03

Date	Mercury	Venus	Mars	Jupiter	Saturn	Uranus	Neptune	Pluto
	h m s	h m s	h m s	h m s	h m s	h m s	h m s	h m
Nov. 16	10 38 17	10 46 54	12 30 35	10 16 04	18 03 51	15 40 49	15 38 58	12 03
17	10 35 37	10 47 50	12 29 43	10 12 56	18 00 03	15 37 03	15 35 09	11 59
18	10 33 31	10 48 46	12 28 50	10 09 47	17 56 15	15 33 18	15 31 19	11 55
19	10 31 56	10 49 44	12 27 59	10 06 39	17 52 28	15 29 32	15 27 30	11 52
20	10 30 49	10 50 42	12 27 07	10 03 30	17 48 41	15 25 47	15 23 41	11 48
21	10 30 08	10 51 42	12 26 17	10 00 22	17 44 55	15 22 02	15 19 52	11 44
22	10 29 49	10 52 43	12 25 27	9 57 13	17 41 09	15 18 17	15 16 03	11 40
23	10 29 50	10 53 46	12 24 37	9 54 04	17 37 23	15 14 33	15 12 14	11 36
24	10 30 09	10 54 49	12 23 48	9 50 54	17 33 37	15 10 48	15 08 25	11 33
25	10 30 43	10 55 54	12 23 00	9 47 45	17 29 52	15 07 04	15 04 36	11 29
26	10 31 31	10 56 59	12 22 12	9 44 36	17 26 08	15 03 19	15 00 48	11 25
27	10 32 31	10 58 06	12 21 24	9 41 26	17 22 23	14 59 35	14 56 59	11 21
28	10 33 42	10 59 14	12 20 38	9 38 16	17 18 40	14 55 51	14 53 11	11 18
29	10 35 02	11 00 24	12 19 51	9 35 06	17 14 56	14 52 07	14 49 22	11 14
30	10 36 31	11 01 34	12 19 05	9 31 56	17 11 13	14 48 23	14 45 34	11 10
Dec. 1	10 38 07	11 02 46	12 18 20	9 28 45	17 07 30	14 44 40	14 41 46	11 06
2	10 39 50	11 03 59	12 17 35	9 25 35	17 03 47	14 40 56	14 37 58	11 02
3	10 41 39	11 05 13	12 16 50	9 22 24	17 00 05	14 37 13	14 34 10	10 59
4	10 43 33	11 06 29	12 16 06	9 19 13	16 56 23	14 33 30	14 30 22	10 55
5	10 45 33	11 07 45	12 15 23	9 16 01	16 52 42	14 29 47	14 26 34	10 51
6	10 47 37	11 09 03	12 14 40	9 12 50	16 49 01	14 26 04	14 22 47	10 47
7	10 49 45	11 10 22	12 13 57	9 09 38	16 45 20	14 22 21	14 18 59	10 43
8	10 51 57	11 11 42	12 13 15	9 06 26	16 41 39	14 18 38	14 15 11	10 40
9	10 54 13	11 13 03	12 12 33	9 03 14	16 37 59	14 14 55	14 11 24	10 36
10	10 56 33	11 14 25	12 11 51	9 00 01	16 34 19	14 11 13	14 07 36	10 32
11	10 58 56	11 15 48	12 11 10	8 56 49	16 30 40	14 07 30	14 03 49	10 28
12	11 01 21	11 17 12	12 10 29	8 53 36	16 27 00	14 03 48	14 00 02	10 25
13	11 03 50	11 18 37	12 09 49	8 50 22	16 23 21	14 00 06	13 56 14	10 21
14	11 06 22	11 20 03	12 09 09	8 47 09	16 19 43	13 56 23	13 52 27	10 17
15	11 08 56	11 21 30	12 08 29	8 43 55	16 16 04	13 52 41	13 48 40	10 13
16	11 11 33	11 22 57	12 07 50	8 40 41	16 12 26	13 48 59	13 44 53	10 09
17	11 14 12	11 24 26	12 07 10	8 37 26	16 08 49	13 45 17	13 41 06	10 06
18	11 16 54	11 25 55	12 06 31	8 34 11	16 05 11	13 41 35	13 37 19	10 02
19	11 19 38	11 27 25	12 05 53	8 30 56	16 01 34	13 37 54	13 33 32	9 58
20	11 22 24	11 28 55	12 05 14	8 27 41	15 57 57	13 34 12	13 29 45	9 54
21	11 25 13	11 30 26	12 04 36	8 24 25	15 54 21	13 30 30	13 25 59	9 50
22	11 28 03	11 31 57	12 03 58	8 21 09	15 50 44	13 26 49	13 22 12	9 47
23	11 30 56	11 33 29	12 03 20	8 17 53	15 47 08	13 23 07	13 18 25	9 43
24	11 33 50	11 35 02	12 02 42	8 14 36	15 43 32	13 19 26	13 14 39	9 39
25	11 36 46	11 36 34	12 02 05	8 11 19	15 39 57	13 15 45	13 10 52	9 35
26	11 39 44	11 38 07	12 01 27	8 08 01	15 36 21	13 12 03	13 07 05	9 31
27	11 42 44	11 39 40	12 00 50	8 04 43	15 32 46	13 08 22	13 03 19	9 28
28	11 45 45	11 41 14	12 00 13	8 01 25	15 29 12	13 04 41	12 59 32	9 24
29	11 48 48	11 42 47	11 59 36	7 58 07	15 25 37	13 01 00	12 55 46	9 20
30	11 51 52	11 44 20	11 58 59	7 54 48	15 22 03	12 57 19	12 51 59	9 16
31	11 54 57	11 45 54	11 58 22	7 51 28	15 18 29	12 53 38	12 48 13	9 12
32	11 58 04	11 47 27	11 57 45	7 48 08	15 14 55	12 49 56	12 44 26	9 09

MERCURY, 1993

EPHEMERIS FOR PHYSICAL OBSERVATIONS
FOR 0ʰ DYNAMICAL TIME

Date		Light-time	Magnitude	Surface Brightness	Diameter	Phase	Phase Angle	Defect of Illumination
		m			"		°	"
Jan.	−1	11.17	− 0.5	+2.7	5.01	0.926	31.5	0.37
	1	11.32	0.5	2.6	4.94	0.938	28.8	0.31
	3	11.45	0.5	2.6	4.88	0.948	26.3	0.25
	5	11.57	0.6	2.5	4.84	0.957	23.9	0.21
	7	11.66	0.6	2.5	4.80	0.965	21.5	0.17
	9	11.74	− 0.7	+2.4	4.76	0.972	19.2	0.13
	11	11.80	0.7	2.3	4.74	0.978	16.9	0.10
	13	11.85	0.8	2.3	4.72	0.984	14.6	0.08
	15	11.87	0.9	2.2	4.71	0.988	12.3	0.05
	17	11.88	1.0	2.1	4.71	0.992	10.1	0.04
	19	11.87	− 1.1	+2.0	4.71	0.995	7.9	0.02
	21	11.83	1.2	1.9	4.73	0.997	5.9	0.01
	23	11.78	1.3	1.8	4.75	0.998	4.8	0.01
	25	11.71	1.3	1.8	4.78	0.998	5.3	0.01
	27	11.61	1.3	1.8	4.82	0.996	7.4	0.02
	29	11.49	− 1.3	+1.9	4.87	0.992	10.4	0.04
	31	11.35	1.3	1.9	4.93	0.985	14.0	0.07
Feb.	2	11.17	1.2	2.0	5.01	0.975	18.2	0.12
	4	10.97	1.2	2.0	5.10	0.961	22.8	0.20
	6	10.73	1.2	2.1	5.21	0.941	28.0	0.31
	8	10.46	− 1.2	+2.1	5.35	0.915	33.9	0.45
	10	10.15	1.1	2.2	5.51	0.881	40.4	0.66
	12	9.80	1.1	2.3	5.71	0.837	47.6	0.93
	14	9.42	1.0	2.3	5.94	0.783	55.6	1.29
	16	9.01	0.9	2.4	6.21	0.717	64.3	1.76
	18	8.56	− 0.8	+2.5	6.53	0.641	73.7	2.35
	20	8.10	0.6	2.7	6.90	0.555	83.7	3.07
	22	7.63	− 0.3	2.9	7.33	0.464	94.2	3.93
	24	7.17	+ 0.0	3.1	7.80	0.371	105.0	4.91
	26	6.73	0.5	3.4	8.31	0.280	116.1	5.98
	28	6.33	+ 1.1	+3.8	8.84	0.197	127.3	7.10
Mar.	2	5.97	1.8	4.2	9.38	0.126	138.4	8.20
	4	5.66	2.7	4.5	9.88	0.070	149.4	9.19
	6	5.43	3.7	4.7	10.31	0.031	159.7	9.99
	8	5.26	4.6	4.5	10.64	0.011	168.2	10.53
	10	5.16	+ 4.8	+4.5	10.85	0.008	169.7	10.76
	12	5.12	4.1	4.9	10.93	0.021	163.1	10.69
	14	5.14	3.3	4.9	10.88	0.048	154.8	10.36
	16	5.21	2.6	4.8	10.73	0.083	146.5	9.84
	18	5.33	2.1	4.7	10.50	0.124	138.7	9.20
	20	5.47	+ 1.7	+4.5	10.22	0.169	131.5	8.50
	22	5.65	1.3	4.4	9.90	0.214	124.9	7.79
	24	5.84	1.1	4.2	9.57	0.258	118.9	7.10
	26	6.06	0.9	4.1	9.24	0.301	113.5	6.46
	28	6.28	0.7	4.0	8.91	0.342	108.5	5.86
	30	6.51	+ 0.6	+4.0	8.59	0.380	103.9	5.33
Apr.	1	6.75	+ 0.5	+3.9	8.29	0.416	99.6	4.84

EPHEMERIS FOR PHYSICAL OBSERVATIONS
FOR 0ʰ DYNAMICAL TIME

Date		Sub-Earth Point		Sub-Solar Point			North Pole	
		Long.	Lat.	Long.	Dist.	P.A.	Dist.	P.A.
		°	°	°	″	°	″	°
Jan.	−1	29.79	− 3.93	61.03	1.31	91.56	− 2.50	8.04
	1	39.03	3.99	67.60	1.19	89.20	2.46	6.51
	3	48.26	4.05	74.26	1.08	86.67	2.44	4.94
	5	57.45	4.11	80.98	0.98	83.96	2.41	3.35
	7	66.63	4.17	87.73	0.88	81.02	2.39	1.73
	9	75.77	− 4.24	94.50	0.78	77.77	− 2.38	0.08
	11	84.89	4.30	101.25	0.69	74.08	2.36	358.43
	13	93.99	4.36	107.95	0.60	69.75	2.35	356.77
	15	103.05	4.42	114.58	0.50	64.39	2.35	355.11
	17	112.07	4.49	121.11	0.41	57.25	2.35	353.45
	19	121.07	− 4.55	127.51	0.32	46.70	− 2.35	351.81
	21	130.03	4.62	133.75	0.24	29.11	2.36	350.19
	23	138.94	4.69	139.78	0.20	358.75	2.37	348.60
	25	147.82	4.77	145.58	0.22	321.79	2.38	347.04
	27	156.66	4.85	151.10	0.31	296.42	2.40	345.53
	29	165.46	− 4.93	156.30	0.44	282.04	− 2.42	344.06
	31	174.23	5.02	161.11	0.60	273.20	2.46	342.65
Feb.	2	182.96	5.12	165.50	0.78	267.11	2.49	341.30
	4	191.66	5.23	169.41	0.99	262.56	2.54	340.03
	6	200.36	5.36	172.78	1.23	258.94	2.59	338.83
	8	209.06	− 5.50	175.56	1.49	255.94	− 2.66	337.73
	10	217.79	5.66	177.73	1.79	253.38	2.74	336.72
	12	226.60	5.85	179.26	2.11	251.15	2.84	335.81
	14	235.53	6.07	180.17	2.45	249.17	2.95	335.01
	16	244.65	6.32	180.53	2.80	247.38	3.09	334.33
	18	254.02	− 6.61	180.47	3.13	245.70	− 3.24	333.77
	20	263.75	6.94	180.13	3.43	244.08	3.43	333.32
	22	273.92	7.30	179.73	−3.65	242.43	3.63	332.97
	24	284.61	7.70	179.46	−3.77	240.65	3.86	332.73
	26	295.90	8.12	179.53	−3.73	238.58	4.11	332.59
	28	307.84	− 8.53	180.07	−3.52	235.99	− 4.37	332.54
Mar.	2	320.42	8.93	181.20	−3.11	232.39	4.63	332.58
	4	333.62	9.26	182.95	−2.52	226.75	4.87	332.72
	6	347.33	9.51	185.33	−1.79	216.03	5.08	332.95
	8	1.41	9.64	188.32	−1.09	189.19	5.24	333.26
	10	15.69	− 9.64	191.89	−0.97	131.95	− 5.35	333.63
	12	29.97	9.50	195.97	−1.58	97.48	5.39	334.02
	14	44.08	9.24	200.51	−2.32	84.58	5.37	334.40
	16	57.91	8.89	205.47	−2.96	78.37	5.30	334.74
	18	71.36	8.47	210.78	−3.47	74.72	5.19	334.99
	20	84.39	− 8.00	216.40	−3.83	72.27	− 5.06	335.15
	22	97.01	7.52	222.29	−4.06	70.47	4.91	335.21
	24	109.23	7.03	228.40	−4.19	69.05	4.75	335.17
	26	121.07	6.54	234.70	−4.24	67.88	4.59	335.04
	28	132.58	6.08	241.14	−4.23	66.86	4.43	334.84
	30	143.78	− 5.63	247.71	−4.17	65.96	− 4.28	334.58
Apr.	1	154.72	− 5.20	254.37	−4.09	65.14	− 4.13	334.27

MERCURY, 1993

EPHEMERIS FOR PHYSICAL OBSERVATIONS
FOR 0ʰ DYNAMICAL TIME

Date		Light-time	Magnitude	Surface Brightness	Diameter	Phase	Phase Angle	Defect of Illumination
		m			"		°	"
Apr.	1	6.75	+ 0.5	+3.9	8.29	0.416	99.6	4.84
	3	6.99	0.4	3.8	8.01	0.451	95.7	4.40
	5	7.23	0.4	3.8	7.74	0.483	92.0	4.00
	7	7.47	0.3	3.7	7.49	0.514	88.4	3.64
	9	7.72	0.2	3.6	7.25	0.543	85.1	3.31
	11	7.96	+ 0.2	+3.6	7.03	0.571	81.8	3.02
	13	8.20	0.1	3.5	6.82	0.598	78.7	2.74
	15	8.44	0.1	3.4	6.63	0.625	75.5	2.49
	17	8.68	+ 0.0	3.3	6.44	0.651	72.4	2.25
	19	8.92	− 0.1	3.2	6.27	0.677	69.2	2.02
	21	9.15	− 0.1	+3.2	6.11	0.704	66.0	1.81
	23	9.38	0.2	3.1	5.96	0.730	62.6	1.61
	25	9.60	0.3	3.0	5.83	0.757	59.1	1.42
	27	9.82	0.4	2.8	5.70	0.784	55.3	1.23
	29	10.03	0.5	2.7	5.58	0.812	51.3	1.05
May	1	10.23	− 0.7	+2.6	5.47	0.841	47.0	0.87
	3	10.41	0.8	2.4	5.37	0.870	42.4	0.70
	5	10.58	1.0	2.3	5.29	0.898	37.3	0.54
	7	10.73	1.2	2.1	5.21	0.925	31.7	0.39
	9	10.85	1.4	1.9	5.16	0.951	25.6	0.25
	11	10.94	− 1.6	+1.7	5.11	0.973	19.0	0.14
	13	11.00	1.9	1.4	5.09	0.989	11.9	0.06
	15	11.01	2.2	1.1	5.08	0.999	4.4	0.01
	17	10.98	2.2	1.0	5.09	0.999	3.7	0.01
	19	10.90	2.0	1.3	5.13	0.989	11.9	0.06
	21	10.78	− 1.7	+1.5	5.19	0.969	20.2	0.16
	23	10.61	1.5	1.8	5.27	0.940	28.5	0.32
	25	10.39	1.3	2.0	5.38	0.902	36.5	0.53
	27	10.15	1.1	2.2	5.51	0.859	44.1	0.78
	29	9.88	0.9	2.3	5.66	0.812	51.4	1.06
	31	9.58	− 0.8	+2.5	5.84	0.764	58.1	1.38
June	2	9.28	0.6	2.7	6.03	0.716	64.4	1.71
	4	8.96	0.4	2.9	6.24	0.668	70.3	2.07
	6	8.64	0.3	3.0	6.47	0.622	75.8	2.44
	8	8.32	− 0.1	3.2	6.72	0.578	81.0	2.84
	10	8.00	+ 0.0	+3.3	6.99	0.536	85.9	3.24
	12	7.69	0.2	3.4	7.27	0.495	90.6	3.67
	14	7.39	0.3	3.6	7.57	0.455	95.1	4.12
	16	7.09	0.4	3.7	7.89	0.417	99.5	4.60
	18	6.80	0.6	3.9	8.22	0.380	103.9	5.10
	20	6.53	+ 0.7	+4.0	8.57	0.343	108.3	5.63
	22	6.26	0.9	4.1	8.93	0.307	112.7	6.19
	24	6.01	1.1	4.3	9.30	0.271	117.2	6.78
	26	5.78	1.3	4.4	9.68	0.236	121.8	7.39
	28	5.57	1.5	4.5	10.05	0.201	126.7	8.03
	30	5.37	+ 1.8	+4.7	10.42	0.168	131.7	8.67
July	2	5.19	+ 2.1	+4.8	10.77	0.135	136.9	9.32

EPHEMERIS FOR PHYSICAL OBSERVATIONS
FOR 0ʰ DYNAMICAL TIME

Date		Sub-Earth Point		Sub-Solar Point			North Pole	
		Long.	Lat.	Long.	Dist.	P.A.	Dist.	P.A.
		°	°	°	″	°	″	°
Apr.	1	154.72	− 5.20	254.37	−4.09	65.14	− 4.13	334.27
	3	165.41	4.79	261.09	−3.98	64.40	3.99	333.93
	5	175.89	4.40	267.85	−3.87	63.72	3.86	333.58
	7	186.17	4.03	274.61	3.74	63.10	3.73	333.22
	9	196.28	3.69	281.36	3.61	62.54	3.62	332.86
	11	206.23	− 3.35	288.06	3.48	62.05	− 3.51	332.53
	13	216.03	3.04	294.69	3.34	61.61	3.41	332.23
	15	225.69	2.74	301.22	3.21	61.25	3.31	331.96
	17	235.22	2.45	307.61	3.07	60.96	3.22	331.74
	19	244.63	2.18	313.85	2.93	60.74	3.13	331.57
	21	253.91	− 1.92	319.88	2.79	60.61	− 3.06	331.46
	23	263.07	1.67	325.67	2.65	60.57	2.98	331.43
	25	272.12	1.43	331.19	2.50	60.63	2.91	331.48
	27	281.05	1.20	336.38	2.34	60.79	2.85	331.61
	29	289.86	0.99	341.19	2.18	61.07	2.79	331.84
May	1	298.55	− 0.78	345.57	2.00	61.47	− 2.73	332.18
	3	307.12	0.57	349.47	1.81	62.03	2.69	332.63
	5	315.57	0.38	352.83	1.60	62.74	2.64	333.21
	7	323.90	0.19	355.60	1.37	63.66	2.61	333.93
	9	332.12	− 0.00	357.75	1.12	64.83	− 2.58	334.79
	11	340.23	+ 0.18	359.27	0.83	66.38	+ 2.56	335.81
	13	348.24	0.36	0.18	0.53	68.76	2.54	336.99
	15	356.19	0.54	0.53	0.19	75.55	2.54	338.33
	17	4.09	0.72	0.46	0.16	238.46	2.55	339.82
	19	11.98	0.90	0.12	0.53	247.11	2.57	341.45
	21	19.90	+ 1.10	359.72	0.90	250.21	+ 2.59	343.21
	23	27.89	1.30	359.46	1.26	252.66	2.64	345.06
	25	35.97	1.51	359.53	1.60	254.93	2.69	346.97
	27	44.18	1.73	0.08	1.92	257.13	2.75	348.91
	29	52.54	1.97	1.22	2.21	259.28	2.83	350.85
	31	61.07	+ 2.23	2.97	2.48	261.38	+ 2.92	352.76
June	2	69.78	2.50	5.37	2.72	263.43	3.01	354.61
	4	78.67	2.79	8.37	2.94	265.41	3.12	356.39
	6	87.74	3.10	11.94	3.14	267.32	3.23	358.09
	8	97.01	3.43	16.03	3.32	269.15	3.36	359.68
	10	106.47	+ 3.78	20.58	3.49	270.91	+ 3.49	1.16
	12	116.13	4.16	25.54	−3.64	272.59	3.63	2.53
	14	125.99	4.55	30.86	−3.77	274.20	3.78	3.78
	16	136.07	4.97	36.49	−3.89	275.75	3.93	4.90
	18	146.36	5.42	42.38	−3.99	277.26	4.09	5.89
	20	156.88	+ 5.88	48.49	−4.07	278.72	+ 4.26	6.76
	22	167.64	6.37	54.79	−4.12	280.17	4.44	7.48
	24	178.67	6.87	61.24	−4.14	281.64	4.62	8.07
	26	189.97	7.39	67.82	−4.11	283.16	4.80	8.52
	28	201.55	7.92	74.48	−4.03	284.79	4.98	8.83
	30	213.44	+ 8.46	81.20	−3.89	286.61	+ 5.15	8.98
July	2	225.64	+ 8.99	87.96	−3.68	288.74	+ 5.32	8.99

MERCURY, 1993

EPHEMERIS FOR PHYSICAL OBSERVATIONS
FOR 0ʰ DYNAMICAL TIME

Date		Light-time	Magnitude	Surface Brightness	Diameter	Phase	Phase Angle	Defect of Illumination
		m			"		°	"
July	2	5.19	+ 2.1	+4.8	10.77	0.135	136.9	9.32
	4	5.04	2.5	5.0	11.09	0.104	142.4	9.94
	6	4.92	2.9	5.1	11.37	0.076	148.1	10.50
	8	4.83	3.4	5.2	11.58	0.051	153.9	10.99
	10	4.77	3.9	5.2	11.73	0.031	159.6	11.36
	12	4.75	+ 4.5	+5.1	11.78	0.017	164.9	11.58
	14	4.76	4.8	4.9	11.74	0.010	168.4	11.62
	16	4.82	4.8	4.9	11.60	0.011	168.1	11.48
	18	4.92	4.3	5.1	11.37	0.019	164.0	11.15
	20	5.06	3.7	5.1	11.05	0.036	158.0	10.65
	22	5.25	+ 3.1	+5.0	10.66	0.061	151.3	10.01
	24	5.47	2.5	4.7	10.22	0.094	144.3	9.26
	26	5.74	2.0	4.5	9.75	0.134	137.1	8.44
	28	6.04	1.5	4.2	9.26	0.181	129.7	7.59
	30	6.38	1.1	3.9	8.77	0.234	122.2	6.72
Aug.	1	6.74	+ 0.7	+3.7	8.30	0.293	114.5	5.87
	3	7.13	0.3	3.4	7.84	0.357	106.6	5.04
	5	7.55	+ 0.0	3.2	7.41	0.426	98.5	4.25
	7	7.97	− 0.3	3.0	7.01	0.499	90.1	3.51
	9	8.41	0.5	2.7	6.65	0.575	81.4	2.83
	11	8.84	− 0.7	+2.6	6.33	0.650	72.5	2.21
	13	9.25	0.9	2.4	6.04	0.723	63.5	1.67
	15	9.65	1.1	2.2	5.80	0.791	54.5	1.21
	17	10.01	1.2	2.1	5.59	0.850	45.6	0.84
	19	10.34	1.3	1.9	5.41	0.899	37.0	0.54
	21	10.62	− 1.5	+1.8	5.27	0.938	28.9	0.33
	23	10.86	1.6	1.7	5.15	0.966	21.3	0.18
	25	11.06	1.7	1.6	5.06	0.984	14.5	0.08
	27	11.21	1.8	1.4	4.99	0.994	8.7	0.03
	29	11.33	1.8	1.4	4.94	0.998	5.1	0.01
	31	11.41	− 1.7	+1.5	4.90	0.997	6.4	0.02
Sept.	2	11.46	1.5	1.7	4.88	0.992	10.3	0.04
	4	11.48	1.3	1.9	4.87	0.984	14.3	0.08
	6	11.48	1.1	2.1	4.87	0.975	18.2	0.12
	8	11.45	0.9	2.2	4.88	0.964	21.8	0.17
	10	11.41	− 0.8	+2.3	4.90	0.953	25.1	0.23
	12	11.34	0.7	2.5	4.93	0.940	28.3	0.29
	14	11.26	0.6	2.6	4.97	0.927	31.3	0.36
	16	11.16	0.5	2.7	5.01	0.914	34.1	0.43
	18	11.05	0.4	2.7	5.06	0.900	36.8	0.51
	20	10.93	− 0.3	+2.8	5.12	0.886	39.5	0.58
	22	10.79	0.3	2.9	5.19	0.871	42.1	0.67
	24	10.63	0.2	2.9	5.26	0.856	44.7	0.76
	26	10.47	0.2	3.0	5.34	0.839	47.3	0.86
	28	10.29	0.1	3.1	5.44	0.822	49.9	0.97
	30	10.10	− 0.1	+3.1	5.54	0.804	52.6	1.09
Oct.	2	9.89	− 0.1	+3.1	5.66	0.784	55.4	1.22

EPHEMERIS FOR PHYSICAL OBSERVATIONS
FOR 0ʰ DYNAMICAL TIME

Date		Sub-Earth Point		Sub-Solar Point			North Pole	
		Long.	Lat.	Long.	Dist.	P.A.	Dist.	P.A.
		°	°	°	"	°	"	°
July	2	225.64	+ 8.99	87.96	−3.68	288.74	+ 5.32	8.99
	4	238.15	9.50	94.72	−3.38	291.41	5.47	8.86
	6	250.96	9.97	101.47	−3.01	294.97	5.60	8.58
	8	264.05	10.39	108.17	−2.55	300.12	5.70	8.17
	10	277.38	10.74	114.80	−2.04	308.36	5.76	7.66
	12	290.88	+10.99	121.32	−1.54	323.02	+ 5.78	7.06
	14	304.47	11.15	127.72	−1.18	350.07	5.76	6.41
	16	318.08	11.19	133.95	−1.20	26.19	5.69	5.76
	18	331.61	11.13	139.98	−1.57	52.00	5.58	5.15
	20	344.96	10.96	145.77	−2.07	66.00	5.42	4.63
	22	358.06	+10.70	151.28	−2.56	74.05	+ 5.24	4.23
	24	10.84	10.36	156.46	−2.98	79.27	5.03	3.99
	26	23.26	9.98	161.26	−3.32	83.05	4.80	3.92
	28	35.28	9.55	165.64	−3.56	86.05	4.57	4.06
	30	46.89	9.11	169.53	−3.71	88.63	4.33	4.40
Aug.	1	58.09	+ 8.66	172.88	−3.78	90.99	+ 4.10	4.96
	3	68.86	8.22	175.64	−3.76	93.26	3.88	5.72
	5	79.24	7.80	177.78	−3.67	95.52	3.67	6.67
	7	89.23	7.40	179.29	−3.51	97.82	3.48	7.81
	9	98.86	7.02	180.19	3.29	100.20	3.30	9.12
	11	108.15	+ 6.68	180.53	3.02	102.69	+ 3.14	10.56
	13	117.14	6.38	180.45	2.70	105.31	3.00	12.10
	15	125.89	6.10	180.11	2.36	108.10	2.88	13.70
	17	134.44	5.86	179.71	1.99	111.11	2.78	15.33
	19	142.84	5.65	179.45	1.63	114.49	2.69	16.94
	21	151.14	+ 5.47	179.53	1.27	118.49	+ 2.62	18.49
	23	159.41	5.32	180.09	0.94	123.73	2.56	19.95
	25	167.66	5.18	181.24	0.63	131.79	2.52	21.31
	27	175.94	5.06	183.00	0.38	147.96	2.48	22.55
	29	184.26	4.96	185.40	0.22	190.68	2.46	23.67
	31	192.65	+ 4.87	188.42	0.27	245.85	+ 2.44	24.66
Sept.	2	201.11	4.79	191.99	0.44	268.12	2.43	25.53
	4	209.64	4.71	196.09	0.60	277.52	2.43	26.28
	6	218.25	4.64	200.65	0.76	282.66	2.43	26.91
	8	226.94	4.57	205.61	0.91	285.94	2.43	27.44
	10	235.71	+ 4.51	210.94	1.04	288.24	+ 2.44	27.86
	12	244.55	4.44	216.57	1.17	289.93	2.46	28.18
	14	253.46	4.38	222.46	1.29	291.21	2.48	28.42
	16	262.45	4.31	228.58	1.41	292.20	2.50	28.57
	18	271.51	4.25	234.88	1.52	292.97	2.52	28.63
	20	280.64	+ 4.18	241.33	1.63	293.55	+ 2.55	28.62
	22	289.83	4.12	247.91	1.74	293.99	2.59	28.54
	24	299.09	4.05	254.57	1.85	294.30	2.62	28.39
	26	308.42	3.98	261.29	1.96	294.51	2.67	28.18
	28	317.82	3.91	268.05	2.08	294.62	2.71	27.90
	30	327.28	+ 3.83	274.81	2.20	294.64	+ 2.76	27.57
Oct.	2	336.83	+ 3.75	281.56	2.33	294.60	+ 2.82	27.19

MERCURY, 1993

EPHEMERIS FOR PHYSICAL OBSERVATIONS
FOR 0ʰ DYNAMICAL TIME

Date		Light-time	Magnitude	Surface Brightness	Diameter	Phase	Phase Angle	Defect of Illumination
		m			"		°	"
Oct.	2	9.89	− 0.1	+3.1	5.66	0.784	55.4	1.22
	4	9.67	0.1	3.2	5.78	0.763	58.3	1.37
	6	9.44	0.1	3.2	5.93	0.740	61.3	1.54
	8	9.20	0.1	3.2	6.08	0.714	64.6	1.74
	10	8.94	0.0	3.3	6.26	0.686	68.1	1.96
	12	8.67	− 0.0	+3.3	6.45	0.655	72.0	2.23
	14	8.38	− 0.0	3.3	6.67	0.620	76.1	2.54
	16	8.09	+ 0.0	3.4	6.91	0.581	80.7	2.90
	18	7.79	0.0	3.4	7.18	0.537	85.8	3.33
	20	7.47	0.1	3.4	7.48	0.487	91.5	3.84
	22	7.16	+ 0.2	+3.5	7.81	0.431	97.9	4.44
	24	6.84	0.4	3.6	8.17	0.370	105.1	5.15
	26	6.54	0.6	3.7	8.55	0.302	113.3	5.97
	28	6.25	1.0	3.9	8.95	0.231	122.5	6.88
	30	6.00	1.5	4.1	9.32	0.159	133.0	7.84
Nov.	1	5.79	+ 2.3	+4.4	9.66	0.092	144.7	8.77
	3	5.65	3.4	4.5	9.89	0.038	157.6	9.52
	5	5.60	4.8	3.9	9.99	0.005	171.5	9.93
	7	5.64	5.1	3.5	9.92	0.003	173.8	9.89
	9	5.78	3.4	4.4	9.67	0.033	159.0	9.35
	11	6.02	+ 2.1	+4.1	9.29	0.094	144.3	8.42
	13	6.34	1.2	3.8	8.83	0.176	130.4	7.27
	15	6.71	0.5	3.4	8.34	0.270	117.3	6.08
	17	7.12	+ 0.1	3.2	7.85	0.367	105.4	4.97
	19	7.55	− 0.2	3.0	7.41	0.460	94.6	4.00
	21	7.98	− 0.4	+2.9	7.01	0.544	84.9	3.19
	23	8.40	0.5	2.8	6.66	0.618	76.3	2.54
	25	8.81	0.6	2.8	6.35	0.682	68.7	2.02
	27	9.19	0.6	2.7	6.09	0.736	61.9	1.61
	29	9.54	0.6	2.7	5.86	0.781	55.8	1.29
Dec.	1	9.87	− 0.6	+2.7	5.67	0.818	50.4	1.03
	3	10.17	0.6	2.6	5.50	0.850	45.6	0.83
	5	10.45	0.6	2.6	5.35	0.876	41.3	0.66
	7	10.70	0.6	2.6	5.23	0.898	37.3	0.53
	9	10.92	0.6	2.6	5.12	0.916	33.7	0.43
	11	11.12	− 0.6	+2.5	5.03	0.931	30.4	0.35
	13	11.30	0.6	2.5	4.95	0.944	27.3	0.28
	15	11.45	0.7	2.5	4.88	0.955	24.4	0.22
	17	11.59	0.7	2.4	4.83	0.964	21.7	0.17
	19	11.70	0.7	2.4	4.78	0.972	19.2	0.13
	21	11.80	− 0.8	+2.3	4.74	0.979	16.7	0.10
	23	11.88	0.8	2.3	4.71	0.984	14.4	0.07
	25	11.93	0.9	2.2	4.69	0.989	12.1	0.05
	27	11.97	0.9	2.1	4.67	0.993	9.9	0.03
	29	11.99	1.0	2.1	4.66	0.995	7.8	0.02
	31	12.00	− 1.1	+2.0	4.66	0.997	5.8	0.01
	33	11.98	− 1.2	+1.9	4.67	0.999	4.3	0.01

EPHEMERIS FOR PHYSICAL OBSERVATIONS
FOR 0ʰ DYNAMICAL TIME

Date		Sub-Earth Point		Sub-Solar Point			North Pole	
		Long.	Lat.	Long.	Dist.	P.A.	Dist.	P.A.
		°	°	°	″	°	″	°
Oct.	2	336.83	+ 3.75	281.56	2.33	294.60	+ 2.82	27.19
	4	346.45	3.67	288.26	2.46	294.49	2.89	26.76
	6	356.17	3.59	294.89	2.60	294.33	2.96	26.29
	8	5.98	3.51	301.41	2.75	294.13	3.04	25.79
	10	15.90	3.42	307.81	2.90	293.89	3.12	25.27
	12	25.96	+ 3.32	314.03	3.07	293.64	+ 3.22	24.73
	14	36.16	3.22	320.06	3.24	293.39	3.33	24.19
	16	46.55	3.11	325.85	3.41	293.15	3.45	23.66
	18	57.16	3.00	331.35	3.58	292.95	3.59	23.17
	20	68.03	2.87	336.53	−3.74	292.80	3.74	22.74
	22	79.23	+ 2.73	341.33	−3.87	292.75	+ 3.90	22.39
	24	90.82	2.58	345.70	−3.95	292.83	4.08	22.15
	26	102.88	2.40	349.58	−3.93	293.07	4.27	22.05
	28	115.48	2.20	352.92	−3.77	293.51	4.47	22.12
	30	128.69	1.96	355.68	−3.41	294.19	4.66	22.38
Nov.	1	142.52	+ 1.69	357.81	−2.79	295.17	+ 4.83	22.81
	3	156.93	1.38	359.31	−1.89	296.68	4.94	23.39
	5	171.76	1.03	0.19	−0.74	300.85	4.99	24.03
	7	186.72	0.67	0.53	−0.54	108.66	4.96	24.67
	9	201.49	+ 0.30	0.45	−1.74	114.45	+ 4.84	25.21
	11	215.76	− 0.04	0.11	−2.71	115.68	− 4.65	25.60
	13	229.33	0.36	359.70	−3.36	116.15	4.41	25.84
	15	242.11	0.64	359.45	−3.70	116.25	4.17	25.91
	17	254.14	0.88	359.54	−3.79	116.08	3.93	25.84
	19	265.51	1.10	0.11	−3.69	115.72	3.70	25.64
	21	276.33	− 1.29	1.26	3.49	115.19	− 3.50	25.31
	23	286.72	1.46	3.04	3.23	114.50	3.33	24.87
	25	296.78	1.61	5.45	2.96	113.67	3.17	24.32
	27	306.60	1.76	8.47	2.68	112.71	3.04	23.66
	29	316.23	1.89	12.06	2.43	111.61	2.93	22.92
Dec.	1	325.74	− 2.02	16.16	2.18	110.38	− 2.83	22.08
	3	335.15	2.15	20.72	1.96	109.02	2.75	21.15
	5	344.49	2.27	25.69	1.77	107.53	2.67	20.14
	7	353.79	2.39	31.02	1.58	105.89	2.61	19.05
	9	3.04	2.50	36.66	1.42	104.11	2.56	17.89
	11	12.28	− 2.62	42.55	1.27	102.16	− 2.51	16.67
	13	21.49	2.73	48.67	1.14	100.04	2.47	15.37
	15	30.69	2.84	54.98	1.01	97.72	2.44	14.02
	17	39.88	2.95	61.43	0.89	95.15	2.41	12.61
	19	49.06	3.06	68.00	0.79	92.28	2.39	11.14
	21	58.22	− 3.16	74.67	0.68	89.00	− 2.37	9.63
	23	67.38	3.27	81.39	0.59	85.15	2.35	8.08
	25	76.52	3.38	88.15	0.49	80.46	2.34	6.49
	27	85.65	3.49	94.91	0.40	74.37	2.33	4.86
	29	94.76	3.60	101.66	0.32	65.77	2.33	3.21
	31	103.85	− 3.70	108.36	0.24	52.14	− 2.33	1.54
	33	112.93	− 3.81	114.98	0.18	28.18	− 2.33	359.85

VENUS, 1993

EPHEMERIS FOR PHYSICAL OBSERVATIONS
FOR 0ʰ DYNAMICAL TIME

Date		Light-time	Magnitude	Surface Brightness	Diameter	Phase	Phase Angle	Defect of Illumination
		m			"		°	"
Jan.	−3	7.10	− 4.3	+1.4	19.55	0.615	76.7	7.52
	1	6.86	4.3	1.4	20.23	0.599	78.6	8.11
	5	6.62	4.3	1.4	20.97	0.582	80.6	8.77
	9	6.37	4.3	1.5	21.78	0.564	82.7	9.50
	13	6.13	4.4	1.5	22.65	0.545	84.8	10.30
	17	5.88	− 4.4	+1.5	23.59	0.526	87.1	11.20
	21	5.64	4.4	1.5	24.63	0.505	89.4	12.19
	25	5.39	4.5	1.5	25.75	0.483	91.9	13.30
	29	5.14	4.5	1.6	26.99	0.461	94.5	14.55
Feb.	2	4.90	4.5	1.6	28.34	0.437	97.3	15.96
	6	4.65	− 4.5	+1.6	29.83	0.411	100.2	17.56
	10	4.41	4.6	1.6	31.47	0.385	103.3	19.37
	14	4.17	4.6	1.6	33.27	0.356	106.7	21.42
	18	3.94	4.6	1.7	35.25	0.326	110.4	23.76
	22	3.71	4.6	1.7	37.42	0.294	114.3	26.41
	26	3.49	− 4.6	+1.7	39.80	0.261	118.6	29.43
Mar.	2	3.28	4.6	1.6	42.37	0.225	123.3	32.83
	6	3.08	4.6	1.6	45.12	0.189	128.5	36.61
	10	2.89	4.6	1.5	47.99	0.151	134.2	40.73
	14	2.73	4.5	1.4	50.87	0.114	140.5	45.05
	18	2.59	− 4.4	+1.2	53.63	0.080	147.2	49.36
	22	2.48	4.3	0.9	56.05	0.049	154.4	53.29
	26	2.40	4.2	+0.4	57.90	0.026	161.5	56.41
	30	2.35	4.1	−0.3	58.95	0.012	167.4	58.24
Apr.	3	2.35	4.0	−0.5	59.03	0.010	168.8	58.47
	7	2.39	− 4.1	+0.1	58.13	0.018	164.4	57.05
	11	2.46	4.2	0.7	56.36	0.038	157.6	54.23
	15	2.57	4.3	1.1	53.95	0.065	150.4	50.44
	19	2.71	4.4	1.4	51.15	0.098	143.5	46.15
	23	2.88	4.5	1.5	48.19	0.133	137.1	41.76
	27	3.07	− 4.5	+1.6	45.23	0.170	131.3	37.53
May	1	3.27	4.5	1.6	42.37	0.207	125.9	33.62
	5	3.50	4.5	1.7	39.69	0.242	121.0	30.08
	9	3.73	4.5	1.7	37.21	0.276	116.6	26.93
	13	3.97	4.5	1.7	34.94	0.309	112.5	24.16
	17	4.22	− 4.5	+1.7	32.87	0.339	108.7	21.72
	21	4.48	4.5	1.7	31.00	0.368	105.3	19.58
	25	4.74	4.4	1.6	29.30	0.396	102.0	17.70
	29	5.00	4.4	1.6	27.76	0.422	99.0	16.05
June	2	5.26	4.4	1.6	26.36	0.447	96.1	14.58
	6	5.53	− 4.3	+1.6	25.09	0.470	93.4	13.29
	10	5.80	4.3	1.6	23.93	0.493	90.8	12.14
	14	6.07	4.3	1.5	22.88	0.514	88.3	11.11
	18	6.33	4.2	1.5	21.91	0.535	86.0	10.19
	22	6.60	4.2	1.5	21.03	0.555	83.7	9.36
	26	6.86	− 4.2	+1.5	20.22	0.574	81.5	8.61
	30	7.13	− 4.2	+1.4	19.47	0.592	79.4	7.94

EPHEMERIS FOR PHYSICAL OBSERVATIONS
FOR 0ʰ DYNAMICAL TIME

Date	L_s	Sub-Earth Point		Sub-Solar Point				North Pole	
		Long.	Lat.	Long.	Lat.	Dist.	P.A.	Dist.	P.A.
	°	°	°	°	°	″	°	″	°
Jan. −3	162.15	146.68	+ 1.32	223.34	+ 0.82	9.51	252.66	+ 9.77	342.13
1	168.56	157.08	1.02	235.67	0.53	9.92	251.45	10.11	341.12
5	174.98	167.43	0.68	248.01	+ 0.23	10.35	250.35	10.49	340.23
9	181.41	177.70	+ 0.32	260.36	− 0.07	10.80	249.37	+10.89	339.47
13	187.85	187.90	− 0.08	272.72	0.36	11.28	248.48	−11.32	338.84
17	194.30	198.00	− 0.51	285.09	− 0.66	11.78	247.68	−11.80	338.32
21	200.75	208.01	0.97	297.46	0.94	12.31	246.97	12.31	337.90
25	207.22	217.91	1.45	309.85	1.22	−12.87	246.33	12.87	337.59
29	213.69	227.67	1.96	322.24	1.48	13.45	245.74	13.49	337.38
Feb. 2	220.17	237.29	2.51	334.64	1.72	14.06	245.19	14.16	337.24
6	226.65	246.72	− 3.07	347.05	− 1.94	−14.68	244.66	−14.89	337.18
10	233.14	255.94	3.66	359.47	2.13	15.31	244.11	15.70	337.18
14	239.63	264.93	4.28	11.89	2.30	15.93	243.53	16.59	337.22
18	246.13	273.63	4.91	24.31	2.43	16.52	242.86	17.56	337.30
22	252.62	282.01	5.57	36.74	2.54	17.05	242.07	18.62	337.39
26	259.12	290.01	− 6.23	49.17	− 2.61	−17.47	241.07	−19.78	337.49
Mar. 2	265.61	297.56	6.88	61.59	2.65	17.70	239.79	21.03	337.56
6	272.11	304.61	7.53	74.02	2.66	17.65	238.10	22.36	337.60
10	278.60	311.06	8.14	86.44	2.63	17.19	235.83	23.75	337.59
14	285.08	316.89	8.67	98.86	2.57	16.19	232.69	25.15	337.53
18	291.57	322.05	− 9.10	111.28	− 2.48	−14.52	228.17	−26.48	337.42
22	298.04	326.57	9.38	123.68	2.35	−12.13	221.17	27.65	337.28
26	304.51	330.53	9.45	136.08	2.19	−9.19	208.89	28.56	337.15
30	310.97	334.10	9.29	148.47	2.01	−6.44	183.73	29.09	337.04
Apr. 3	317.43	337.51	8.88	160.85	1.80	−5.73	139.54	29.16	336.98
7	323.87	341.02	− 8.26	173.22	− 1.57	−7.83	105.39	−28.76	336.98
11	330.31	344.89	7.46	185.57	1.32	−10.75	89.23	27.94	337.01
15	336.73	349.29	6.56	197.92	1.05	13.31	80.95	26.80	337.05
19	343.15	354.32	5.63	210.26	0.77	15.20	76.08	25.45	337.10
23	349.56	360.00	4.71	222.58	0.48	16.39	72.94	24.01	337.13
27	355.95	6.30	− 3.83	234.90	− 0.19	−16.99	70.78	−22.56	337.16
May 1	2.34	13.17	3.02	247.20	+ 0.11	17.16	69.24	21.16	337.18
5	8.72	20.55	2.28	259.50	0.40	17.00	68.12	19.83	337.22
9	15.09	28.36	1.63	271.79	0.69	16.64	67.32	18.60	337.28
13	21.45	36.56	1.05	284.07	0.97	16.14	66.77	17.47	337.39
17	27.80	45.08	− 0.54	296.34	+ 1.24	−15.56	66.42	−16.44	337.55
21	34.15	53.88	− 0.10	308.61	1.49	14.95	66.26	−15.50	337.78
25	40.49	62.91	+ 0.28	320.88	1.73	14.33	66.26	+14.65	338.09
29	46.82	72.14	0.60	333.13	1.94	13.71	66.42	13.88	338.48
June 2	53.15	81.54	0.87	345.39	2.13	13.11	66.73	13.18	338.97
6	59.48	91.09	+ 1.10	357.65	+ 2.29	−12.52	67.19	+12.54	339.55
10	65.80	100.77	1.27	9.90	2.43	−11.97	67.80	11.96	340.24
14	72.12	110.56	1.41	22.15	2.53	11.43	68.54	11.44	341.04
18	78.44	120.45	1.51	34.40	2.61	10.93	69.44	10.95	341.95
22	84.77	130.42	1.58	46.66	2.65	10.45	70.47	10.51	342.96
26	91.09	140.47	+ 1.62	58.91	+ 2.66	10.00	71.64	+10.11	344.09
30	97.42	150.59	+ 1.63	71.17	+ 2.64	9.57	72.94	+ 9.73	345.32

VENUS, 1993

EPHEMERIS FOR PHYSICAL OBSERVATIONS
FOR 0ʰ DYNAMICAL TIME

Date		Light-time	Magnitude	Surface Brightness	Diameter	Phase	Phase Angle	Defect of Illumination
		m			"		°	"
July	4	7.39	− 4.2	+1.4	18.79	0.610	77.3	7.32
	8	7.65	4.1	1.4	18.15	0.627	75.2	6.76
	12	7.90	4.1	1.4	17.56	0.644	73.3	6.25
	16	8.15	4.1	1.3	17.02	0.660	71.3	5.78
	20	8.40	4.1	1.3	16.51	0.676	69.4	5.35
	24	8.65	− 4.1	+1.3	16.04	0.691	67.5	4.96
	28	8.89	4.0	1.3	15.61	0.706	65.7	4.59
Aug.	1	9.13	4.0	1.3	15.20	0.720	63.9	4.25
	5	9.36	4.0	1.2	14.82	0.734	62.1	3.94
	9	9.59	4.0	1.2	14.46	0.748	60.3	3.65
	13	9.82	− 4.0	+1.2	14.13	0.761	58.6	3.38
	17	10.04	4.0	1.2	13.82	0.774	56.8	3.13
	21	10.26	4.0	1.1	13.53	0.786	55.1	2.90
	25	10.47	4.0	1.1	13.26	0.798	53.4	2.68
	29	10.67	4.0	1.1	13.01	0.810	51.7	2.47
Sept.	2	10.87	− 4.0	+1.1	12.77	0.821	50.0	2.28
	6	11.07	4.0	1.1	12.54	0.832	48.4	2.11
	10	11.25	4.0	1.0	12.33	0.843	46.7	1.94
	14	11.44	4.0	1.0	12.13	0.853	45.1	1.78
	18	11.62	4.0	1.0	11.95	0.863	43.5	1.64
	22	11.79	− 4.0	+1.0	11.77	0.873	41.8	1.50
	26	11.95	3.9	1.0	11.61	0.882	40.2	1.37
	30	12.11	3.9	1.0	11.46	0.891	38.6	1.25
Oct.	4	12.27	3.9	0.9	11.31	0.899	37.0	1.14
	8	12.42	3.9	0.9	11.18	0.907	35.5	1.04
	12	12.56	− 3.9	+0.9	11.05	0.915	33.9	0.94
	16	12.70	3.9	0.9	10.93	0.922	32.4	0.85
	20	12.83	3.9	0.9	10.82	0.929	30.8	0.76
	24	12.95	3.9	0.9	10.72	0.936	29.3	0.69
	28	13.07	3.9	0.9	10.62	0.942	27.8	0.61
Nov.	1	13.18	− 3.9	+0.9	10.53	0.948	26.3	0.55
	5	13.29	3.9	0.8	10.44	0.954	24.8	0.48
	9	13.39	3.9	0.8	10.37	0.959	23.4	0.43
	13	13.48	3.9	0.8	10.29	0.964	21.9	0.37
	17	13.57	3.9	0.8	10.23	0.968	20.5	0.32
	21	13.65	− 3.9	+0.8	10.16	0.973	19.1	0.28
	25	13.73	3.9	0.8	10.11	0.976	17.6	0.24
	29	13.80	3.9	0.8	10.05	0.980	16.2	0.20
Dec.	3	13.87	3.9	0.8	10.01	0.983	14.9	0.17
	7	13.93	3.9	0.8	9.96	0.986	13.5	0.14
	11	13.98	− 3.9	+0.8	9.92	0.989	12.1	0.11
	15	14.03	3.9	0.8	9.89	0.991	10.8	0.09
	19	14.08	3.9	0.8	9.86	0.993	9.5	0.07
	23	14.11	3.9	0.8	9.83	0.995	8.1	0.05
	27	14.15	3.9	0.8	9.81	0.996	6.8	0.03
	31	14.18	− 3.9	+0.8	9.79	0.998	5.5	0.02
	35	14.20	− 3.9	+0.8	9.77	0.999	4.3	0.01

EPHEMERIS FOR PHYSICAL OBSERVATIONS
FOR 0ʰ DYNAMICAL TIME

Date	L_s	Sub-Earth Point		Sub-Solar Point				North Pole	
		Long.	Lat.	Long.	Lat.	Dist.	P.A.	Dist.	P.A.
	°	°	°	°	°	″	°	″	°
July 4	103.75	160.76	+ 1.62	83.44	+ 2.59	9.16	74.37	+ 9.39	346.66
8	110.08	171.00	1.58	95.70	2.50	8.78	75.93	9.07	348.10
12	116.42	181.28	1.53	107.97	2.38	8.41	77.61	8.78	349.64
16	122.77	191.61	1.46	120.25	2.24	8.06	79.40	8.51	351.27
20	129.13	201.99	1.38	132.53	2.06	7.73	81.29	8.25	352.98
24	135.49	212.40	+ 1.28	144.82	+ 1.87	7.41	83.27	+ 8.02	354.76
28	141.86	222.84	1.17	157.12	1.64	7.11	85.32	7.80	356.59
Aug. 1	148.24	233.32	1.06	169.42	1.40	6.82	87.44	7.60	358.48
5	154.63	243.83	0.94	181.73	1.14	6.55	89.59	7.41	0.39
9	161.03	254.38	0.82	194.05	0.87	6.28	91.78	7.23	2.31
13	167.43	264.95	+ 0.69	206.38	+ 0.58	6.03	93.98	+ 7.07	4.23
17	173.85	275.55	0.57	218.71	+ 0.29	5.79	96.16	6.91	6.13
21	180.28	286.17	0.45	231.06	− 0.01	5.55	98.31	6.77	7.98
25	186.72	296.82	0.33	243.41	0.31	5.32	100.41	6.63	9.78
29	193.16	307.49	0.21	255.78	0.61	5.10	102.45	6.50	11.51
Sept. 2	199.62	318.19	+ 0.10	268.15	− 0.89	4.89	104.40	+ 6.38	13.15
6	206.08	328.90	+ 0.00	280.54	1.17	4.69	106.25	+ 6.27	14.68
10	212.55	339.64	− 0.09	292.93	1.43	4.49	107.99	− 6.17	16.11
14	219.03	350.39	0.17	305.33	1.68	4.30	109.61	6.07	17.41
18	225.51	1.17	0.25	317.72	1.90	4.11	111.08	5.97	18.58
22	232.00	11.96	− 0.31	330.15	− 2.10	3.93	112.42	− 5.89	19.62
26	238.49	22.76	0.36	342.57	2.27	3.75	113.60	5.80	20.52
30	244.98	33.58	0.40	354.99	2.41	3.58	114.63	5.73	21.27
Oct. 4	251.48	44.42	0.43	7.42	2.52	3.41	115.49	5.66	21.87
8	257.97	55.27	0.44	19.85	2.60	3.24	116.19	5.59	22.32
12	264.47	66.13	− 0.44	32.27	− 2.65	3.08	116.71	− 5.52	22.62
16	270.96	77.01	0.43	44.70	2.66	2.93	117.06	5.47	22.77
20	277.45	87.90	0.41	57.12	2.64	2.77	117.23	5.41	22.77
24	283.94	98.79	0.38	69.54	2.58	2.62	117.21	5.36	22.61
28	290.42	109.69	0.34	81.96	2.49	2.48	117.01	5.31	22.30
Nov. 1	296.90	120.61	− 0.29	94.37	− 2.37	2.33	116.62	− 5.26	21.84
5	303.37	131.53	0.23	106.76	2.22	2.19	116.03	5.22	21.22
9	309.83	142.45	0.16	119.15	2.04	2.06	115.25	5.18	20.45
13	316.29	153.39	0.08	131.54	1.84	1.92	114.26	5.15	19.53
17	322.74	164.33	− 0.00	143.91	1.61	1.79	113.07	− 5.11	18.46
21	329.17	175.27	+ 0.08	156.27	− 1.36	1.66	111.67	+ 5.08	17.25
25	335.60	186.22	0.17	168.62	1.10	1.53	110.06	5.05	15.89
29	342.02	197.17	0.26	180.95	0.82	1.41	108.23	5.03	14.39
Dec. 3	348.43	208.12	0.35	193.28	0.53	1.28	106.18	5.00	12.76
7	354.82	219.07	0.45	205.60	− 0.24	1.16	103.90	4.98	11.02
11	1.21	230.03	+ 0.53	217.91	+ 0.06	1.04	101.37	+ 4.96	9.16
15	7.59	240.99	0.62	230.20	0.35	0.93	98.58	4.94	7.21
19	13.96	251.96	0.70	242.49	0.64	0.81	95.48	4.93	5.19
23	20.33	262.92	0.77	254.78	0.92	0.70	91.99	4.92	3.11
27	26.68	273.88	0.84	267.05	1.19	0.58	87.98	4.90	0.99
31	33.03	284.84	+ 0.90	279.32	+ 1.45	0.47	83.14	+ 4.89	358.86
35	39.37	295.80	+ 0.95	291.59	+ 1.69	0.36	76.82	+ 4.89	356.74

MARS, 1993

EPHEMERIS FOR PHYSICAL OBSERVATIONS
FOR 0ʰ DYNAMICAL TIME

Date		Light-time	Magnitude	Surface Brightness	Diameter		Phase	Phase Angle	Defect of Illumination
					Eq.	Pol.			
		m			″	″		°	″
Jan.	−3	5.25	− 1.3	+4.2	14.84	14.76	0.993	9.7	0.11
	1	5.21	1.4	4.2	14.93	14.85	0.997	6.4	0.05
	5	5.21	1.4	4.2	14.94	14.86	0.999	3.5	0.01
	9	5.23	1.4	4.1	14.87	14.79	0.999	2.6	0.01
	13	5.29	1.4	4.2	14.72	14.64	0.998	5.0	0.03
	17	5.37	− 1.3	+4.2	14.49	14.41	0.995	8.1	0.07
	21	5.48	1.2	4.3	14.19	14.12	0.991	11.1	0.13
	25	5.62	1.1	4.3	13.85	13.77	0.985	14.1	0.21
	29	5.78	1.0	4.4	13.46	13.39	0.978	16.9	0.29
Feb.	2	5.97	0.9	4.4	13.04	12.97	0.971	19.5	0.37
	6	6.18	− 0.7	+4.4	12.60	12.54	0.964	21.9	0.45
	10	6.40	0.6	4.5	12.16	12.10	0.957	24.0	0.53
	14	6.64	0.5	4.5	11.72	11.66	0.949	26.0	0.59
	18	6.90	0.4	4.5	11.28	11.22	0.943	27.7	0.65
	22	7.17	0.3	4.5	10.86	10.80	0.936	29.3	0.69
	26	7.45	− 0.2	+4.6	10.45	10.40	0.930	30.7	0.73
Mar.	2	7.74	− 0.1	4.6	10.06	10.01	0.925	31.9	0.76
	6	8.03	+ 0.0	4.6	9.69	9.64	0.920	32.9	0.78
	10	8.34	0.1	4.6	9.33	9.29	0.916	33.8	0.79
	14	8.65	0.2	4.6	9.00	8.95	0.912	34.5	0.79
	18	8.96	+ 0.3	+4.6	8.69	8.64	0.909	35.2	0.79
	22	9.28	0.4	4.6	8.39	8.35	0.906	35.7	0.79
	26	9.59	0.5	4.6	8.11	8.07	0.904	36.1	0.78
	30	9.92	0.5	4.6	7.85	7.81	0.902	36.5	0.77
Apr.	3	10.24	0.6	4.6	7.60	7.56	0.901	36.7	0.75
	7	10.56	+ 0.7	+4.6	7.37	7.33	0.900	36.9	0.74
	11	10.88	0.8	4.7	7.15	7.12	0.899	37.0	0.72
	15	11.20	0.8	4.7	6.95	6.92	0.899	37.0	0.70
	19	11.51	0.9	4.7	6.76	6.73	0.899	37.0	0.68
	23	11.83	0.9	4.7	6.58	6.55	0.900	36.9	0.66
	27	12.14	+ 1.0	+4.7	6.41	6.38	0.900	36.8	0.64
May	1	12.45	1.1	4.6	6.25	6.22	0.901	36.7	0.62
	5	12.76	1.1	4.6	6.10	6.07	0.902	36.5	0.60
	9	13.06	1.1	4.6	5.96	5.93	0.903	36.2	0.58
	13	13.36	1.2	4.6	5.83	5.80	0.905	35.9	0.55
	17	13.65	+ 1.2	+4.6	5.70	5.67	0.906	35.6	0.53
	21	13.94	1.3	4.6	5.58	5.55	0.908	35.3	0.51
	25	14.23	1.3	4.6	5.47	5.44	0.910	34.9	0.49
	29	14.51	1.3	4.6	5.36	5.34	0.912	34.5	0.47
June	2	14.78	1.4	4.6	5.26	5.24	0.914	34.1	0.45
	6	15.05	+ 1.4	+4.6	5.17	5.15	0.916	33.7	0.43
	10	15.32	1.4	4.6	5.08	5.06	0.918	33.2	0.41
	14	15.57	1.5	4.6	5.00	4.98	0.921	32.7	0.40
	18	15.82	1.5	4.6	4.92	4.90	0.923	32.2	0.38
	22	16.07	1.5	4.6	4.84	4.82	0.925	31.7	0.36
	26	16.31	+ 1.5	+4.6	4.77	4.75	0.928	31.2	0.35
	30	16.54	+ 1.5	+4.6	4.71	4.68	0.930	30.7	0.33

EPHEMERIS FOR PHYSICAL OBSERVATIONS
FOR 0ʰ DYNAMICAL TIME

Date	L_s	Sub-Earth Point		Sub-Solar Point				North Pole	
		Long.	Lat.	Long.	Lat.	Dist.	P.A.	Dist.	P.A.
	°	°	°	°	°	"	°	"	°
Jan. −3	17.56	27.63	+ 9.29	37.22	+ 7.45	1.25	86.11	+ 7.28	346.01
1	19.44	352.55	8.56	359.06	8.23	0.84	77.53	7.34	345.10
5	21.32	317.53	7.82	320.89	9.00	0.46	54.64	7.36	344.15
9	23.19	282.53	7.10	282.71	9.75	0.34	347.17	7.34	343.20
13	25.06	247.49	6.40	244.53	10.49	0.64	306.58	7.28	342.27
17	26.91	212.38	+ 5.76	206.34	+11.22	1.02	293.92	+ 7.17	341.39
21	28.75	177.16	5.19	168.14	11.93	1.37	288.01	7.03	340.59
25	30.59	141.80	4.70	129.94	12.64	1.69	284.48	6.86	339.89
29	32.42	106.26	4.32	91.73	13.32	1.95	282.08	6.67	339.30
Feb. 2	34.24	70.54	4.03	53.51	13.99	2.17	280.34	6.47	338.83
6	36.05	34.63	+ 3.85	15.28	+14.65	2.35	279.04	+ 6.25	338.49
10	37.86	358.52	3.77	337.04	15.29	2.47	278.06	6.03	338.27
14	39.66	322.22	3.78	298.79	15.92	2.57	277.32	5.82	338.17
18	41.46	285.74	3.89	260.54	16.53	2.62	276.80	5.60	338.19
22	43.25	249.09	4.09	222.28	17.12	2.65	276.44	5.39	338.31
26	45.03	212.26	+ 4.36	184.01	+17.70	2.66	276.23	+ 5.18	338.53
Mar. 2	46.81	175.29	4.71	145.73	18.26	2.65	276.15	4.99	338.85
6	48.58	138.16	5.12	107.44	18.80	2.63	276.19	4.80	339.26
10	50.35	100.91	5.60	69.15	19.32	2.59	276.31	4.62	339.75
14	52.12	63.54	6.12	30.84	19.82	2.55	276.52	4.45	340.31
18	53.88	26.05	+ 6.69	352.53	+20.30	2.50	276.81	+ 4.29	340.95
22	55.64	348.46	7.30	314.21	20.77	2.45	277.16	4.14	341.66
26	57.40	310.77	7.95	275.88	21.21	2.39	277.56	4.00	342.43
30	59.16	272.99	8.62	237.54	21.64	2.33	278.01	3.86	343.26
Apr. 3	60.91	235.13	9.33	199.20	22.04	2.27	278.50	3.73	344.15
7	62.66	197.19	+10.05	160.85	+22.42	2.21	279.03	+ 3.61	345.09
11	64.41	159.18	10.79	122.48	22.79	2.15	279.58	3.50	346.07
15	66.15	121.11	11.54	84.12	23.13	2.09	280.16	3.39	347.11
19	67.90	82.97	12.31	45.74	23.44	2.03	280.75	3.29	348.18
23	69.65	44.77	13.08	7.36	23.74	1.98	281.36	3.19	349.29
27	71.39	6.51	+13.85	328.96	+24.01	1.92	281.97	+ 3.10	350.45
May 1	73.14	328.19	14.62	290.57	24.26	1.86	282.59	3.01	351.64
5	74.88	289.82	15.39	252.16	24.49	1.81	283.22	2.93	352.86
9	76.63	251.41	16.16	213.75	24.69	1.76	283.84	2.85	354.10
13	78.38	212.94	16.91	175.34	24.87	1.71	284.45	2.77	355.38
17	80.13	174.42	+17.66	136.91	+25.02	1.66	285.06	+ 2.70	356.68
21	81.88	135.85	18.38	98.49	25.15	1.61	285.66	2.64	358.01
25	83.63	97.24	19.10	60.05	25.25	1.56	286.24	2.57	359.36
29	85.39	58.58	19.79	21.62	25.33	1.52	286.81	2.51	0.73
June 2	87.14	19.88	20.46	343.18	25.39	1.47	287.36	2.46	2.11
6	88.91	341.14	+21.10	304.73	+25.42	1.43	287.90	+ 2.40	3.52
10	90.67	302.35	21.72	266.29	25.42	1.39	288.41	2.35	4.93
14	92.44	263.52	22.31	227.84	25.40	1.35	288.90	2.30	6.36
18	94.21	224.65	22.87	189.39	25.35	1.31	289.36	2.26	7.79
22	95.99	185.74	23.39	150.93	25.27	1.27	289.80	2.21	9.24
26	97.77	146.79	+23.87	112.48	+25.17	1.24	290.22	+ 2.17	10.69
30	99.56	107.80	+24.32	74.03	+25.05	1.20	290.60	+ 2.14	12.14

MARS, 1993

EPHEMERIS FOR PHYSICAL OBSERVATIONS
FOR 0ʰ DYNAMICAL TIME

Date		Light-time	Magnitude	Surface Brightness	Diameter		Phase	Phase Angle	Defect of Illumination
					Eq.	Pol.			
		m			"	"		°	"
July	4	16.77	+ 1.6	+4.6	4.64	4.62	0.932	30.1	0.31
	8	16.98	1.6	4.5	4.58	4.56	0.935	29.6	0.30
	12	17.20	1.6	4.5	4.53	4.51	0.937	29.0	0.28
	16	17.40	1.6	4.5	4.47	4.45	0.940	28.4	0.27
	20	17.60	1.6	4.5	4.42	4.40	0.942	27.8	0.26
	24	17.79	+ 1.6	+4.5	4.37	4.36	0.945	27.2	0.24
	28	17.98	1.6	4.5	4.33	4.31	0.947	26.6	0.23
Aug.	1	18.16	1.6	4.5	4.29	4.27	0.950	26.0	0.22
	5	18.33	1.6	4.5	4.25	4.23	0.952	25.3	0.20
	9	18.49	1.6	4.5	4.21	4.19	0.954	24.7	0.19
	13	18.65	+ 1.7	+4.4	4.17	4.16	0.957	24.0	0.18
	17	18.80	1.7	4.4	4.14	4.12	0.959	23.4	0.17
	21	18.94	1.7	4.4	4.11	4.09	0.961	22.7	0.16
	25	19.08	1.7	4.4	4.08	4.06	0.963	22.1	0.15
	29	19.21	1.7	4.4	4.05	4.03	0.966	21.4	0.14
Sept.	2	19.33	+ 1.6	+4.4	4.03	4.01	0.968	20.7	0.13
	6	19.44	1.6	4.4	4.00	3.99	0.970	20.0	0.12
	10	19.55	1.6	4.3	3.98	3.96	0.972	19.3	0.11
	14	19.65	1.6	4.3	3.96	3.94	0.974	18.7	0.10
	18	19.75	1.6	4.3	3.94	3.92	0.976	18.0	0.10
	22	19.83	+ 1.6	+4.3	3.92	3.91	0.977	17.3	0.09
	26	19.91	1.6	4.3	3.91	3.89	0.979	16.6	0.08
	30	19.99	1.6	4.3	3.89	3.88	0.981	15.9	0.07
Oct.	4	20.05	1.6	4.2	3.88	3.86	0.983	15.1	0.07
	8	20.12	1.6	4.2	3.87	3.85	0.984	14.4	0.06
	12	20.17	+ 1.6	+4.2	3.86	3.84	0.986	13.7	0.06
	16	20.22	1.5	4.2	3.85	3.83	0.987	13.0	0.05
	20	20.26	1.5	4.2	3.84	3.82	0.989	12.3	0.04
	24	20.30	1.5	4.2	3.83	3.82	0.990	11.6	0.04
	28	20.33	1.5	4.1	3.83	3.81	0.991	10.8	0.03
Nov.	1	20.35	+ 1.5	+4.1	3.82	3.80	0.992	10.1	0.03
	5	20.37	1.5	4.1	3.82	3.80	0.993	9.4	0.03
	9	20.39	1.5	4.1	3.82	3.80	0.994	8.7	0.02
	13	20.39	1.4	4.1	3.82	3.80	0.995	8.0	0.02
	17	20.40	1.4	4.1	3.82	3.80	0.996	7.2	0.02
	21	20.40	+ 1.4	+4.0	3.82	3.80	0.997	6.5	0.01
	25	20.39	1.4	4.0	3.82	3.80	0.997	5.8	0.01
	29	20.38	1.4	4.0	3.82	3.80	0.998	5.1	0.01
Dec.	3	20.36	1.3	4.0	3.82	3.80	0.999	4.3	0.01
	7	20.34	1.3	4.0	3.83	3.81	0.999	3.6	0.00
	11	20.32	+ 1.3	+3.9	3.83	3.81	0.999	2.9	0.00
	15	20.29	1.3	3.9	3.83	3.82	1.000	2.2	0.00
	19	20.26	1.3	3.9	3.84	3.82	1.000	1.5	0.00
	23	20.23	1.2	3.9	3.85	3.83	1.000	0.9	0.00
	27	20.19	1.2	3.9	3.85	3.83	1.000	0.5	0.00
	31	20.15	+ 1.2	+3.9	3.86	3.84	1.000	0.9	0.00
	35	20.11	+ 1.2	+3.9	3.87	3.85	1.000	1.5	0.00

EPHEMERIS FOR PHYSICAL OBSERVATIONS
FOR 0ʰ DYNAMICAL TIME

Date		L_s	Sub-Earth Point		Sub-Solar Point				North Pole	
			Long.	Lat.	Long.	Lat.	Dist.	P.A.	Dist.	P.A.
		°	°	°	°	°	"	°	"	°
July	4	101.35	68.78	+24.73	35.57	+24.89	1.16	290.96	+ 2.10	13.58
	8	103.15	29.73	25.09	357.12	24.71	1.13	291.29	2.07	15.03
	12	104.95	350.64	25.40	318.67	24.51	1.10	291.59	2.04	16.47
	16	106.76	311.52	25.68	280.22	24.27	1.06	291.85	2.01	17.90
	20	108.58	272.38	25.90	241.77	24.01	1.03	292.09	1.98	19.31
	24	110.41	233.20	+26.07	203.32	+23.73	1.00	292.29	+ 1.96	20.71
	28	112.24	194.01	26.19	164.88	23.42	0.97	292.46	1.94	22.09
Aug.	1	114.08	154.79	26.26	126.44	23.08	0.94	292.59	1.92	23.44
	5	115.93	115.56	26.27	88.00	22.72	0.91	292.69	1.90	24.77
	9	117.78	76.31	26.23	49.56	22.33	0.88	292.75	1.88	26.06
	13	119.65	37.05	+26.13	11.13	+21.92	0.85	292.78	+ 1.87	27.31
	17	121.52	357.78	25.98	332.70	21.48	0.82	292.77	1.85	28.52
	21	123.41	318.50	25.77	294.28	21.01	0.79	292.72	1.84	29.69
	25	125.30	279.22	25.50	255.86	20.52	0.77	292.64	1.84	30.80
	29	127.21	239.93	25.17	217.44	20.01	0.74	292.52	1.83	31.86
Sept.	2	129.12	200.65	+24.79	179.03	+19.47	0.71	292.36	+ 1.82	32.85
	6	131.05	161.37	24.35	140.62	18.91	0.69	292.15	1.82	33.79
	10	132.98	122.10	23.86	102.22	18.32	0.66	291.91	1.81	34.65
	14	134.93	82.83	23.31	63.81	17.71	0.63	291.63	1.81	35.44
	18	136.89	43.57	22.70	25.42	17.08	0.61	291.31	1.81	36.16
	22	138.86	4.32	+22.04	347.02	+16.42	0.58	290.95	+ 1.81	36.79
	26	140.84	325.09	21.33	308.63	15.75	0.56	290.56	1.81	37.34
	30	142.84	285.86	20.57	270.24	15.05	0.53	290.12	1.82	37.81
Oct.	4	144.85	246.66	19.76	231.85	14.33	0.51	289.64	1.82	38.18
	8	146.87	207.46	18.91	193.46	13.59	0.48	289.12	1.82	38.47
	12	148.90	168.28	+18.00	155.08	+12.83	0.46	288.57	+ 1.83	38.66
	16	150.95	129.11	17.05	116.69	12.05	0.43	287.98	1.83	38.75
	20	153.01	89.96	16.06	78.31	11.25	0.41	287.35	1.84	38.74
	24	155.09	50.82	15.03	39.92	10.43	0.38	286.70	1.84	38.64
	28	157.18	11.69	13.97	1.53	9.60	0.36	286.02	1.85	38.43
Nov.	1	159.28	332.57	+12.86	323.14	+ 8.75	0.34	285.32	+ 1.86	38.12
	5	161.40	293.46	11.73	284.74	7.88	0.31	284.61	1.86	37.71
	9	163.54	254.37	10.56	246.35	7.00	0.29	283.89	1.87	37.21
	13	165.69	215.27	9.36	207.94	6.10	0.26	283.18	1.87	36.60
	17	167.85	176.19	8.14	169.53	5.19	0.24	282.49	1.88	35.89
	21	170.03	137.10	+ 6.89	131.12	+ 4.27	0.22	281.85	+ 1.88	35.08
	25	172.22	98.02	5.63	92.69	3.34	0.19	281.29	1.89	34.17
	29	174.43	58.94	4.34	54.26	2.39	0.17	280.87	1.89	33.18
Dec.	3	176.66	19.86	3.04	15.81	1.44	0.14	280.67	1.90	32.09
	7	178.90	340.76	1.73	337.36	+ 0.47	0.12	280.85	1.90	30.91
	11	181.15	301.66	+ 0.41	298.89	− 0.50	0.10	281.69	+ 1.90	29.65
	15	183.42	262.55	− 0.91	260.41	1.47	0.07	283.86	− 1.91	28.31
	19	185.71	223.43	2.24	221.92	2.45	0.05	289.14	1.91	26.89
	23	188.01	184.29	3.57	183.41	3.43	0.03	304.22	1.91	25.40
	27	190.32	145.13	4.90	144.88	4.42	0.02	355.74	1.91	23.85
	31	192.65	105.95	− 6.22	106.33	− 5.40	0.03	47.37	− 1.91	22.23
	35	195.00	66.75	− 7.52	67.77	− 6.39	0.05	62.51	− 1.91	20.55

JUPITER, 1993

EPHEMERIS FOR PHYSICAL OBSERVATIONS
FOR 0ʰ DYNAMICAL TIME

Date		Light-time	Magnitude	Surface Brightness	Diameter		Phase Angle	Defect of Illumination
					Eq.	Pol.		
		m			″	″	°	″
Jan.	−3	45.51	− 2.0	5.5	35.98	33.65	10.3	0.29
	1	44.98	2.0	5.5	36.41	34.05	10.4	0.30
	5	44.44	2.0	5.5	36.84	34.46	10.4	0.30
	9	43.91	2.1	5.5	37.29	34.88	10.4	0.30
	13	43.37	2.1	5.5	37.75	35.31	10.3	0.30
	17	42.85	− 2.1	5.5	38.22	35.74	10.2	0.30
	21	42.33	2.1	5.5	38.68	36.18	10.0	0.29
	25	41.82	2.2	5.5	39.16	36.62	9.8	0.28
	29	41.32	2.2	5.5	39.63	37.06	9.5	0.27
Feb.	2	40.84	2.2	5.5	40.09	37.50	9.1	0.25
	6	40.38	− 2.2	5.5	40.55	37.93	8.8	0.24
	10	39.94	2.3	5.5	41.00	38.35	8.3	0.22
	14	39.52	2.3	5.5	41.44	38.76	7.9	0.19
	18	39.12	2.3	5.5	41.85	39.15	7.3	0.17
	22	38.76	2.3	5.4	42.25	39.52	6.8	0.15
	26	38.42	− 2.4	5.4	42.62	39.86	6.1	0.12
Mar.	2	38.12	2.4	5.4	42.95	40.18	5.5	0.10
	6	37.85	2.4	5.4	43.26	40.46	4.8	0.08
	10	37.62	2.4	5.4	43.52	40.71	4.1	0.05
	14	37.43	2.4	5.4	43.75	40.92	3.3	0.04
	18	37.27	− 2.4	5.4	43.93	41.09	2.5	0.02
	22	37.16	2.5	5.4	44.07	41.22	1.8	0.01
	26	37.08	2.5	5.4	44.16	41.30	1.0	0.00
	30	37.05	2.5	5.4	44.20	41.34	0.3	0.00
Apr.	3	37.05	2.5	5.4	44.19	41.33	0.8	0.00
	7	37.10	− 2.5	5.4	44.13	41.28	1.6	0.01
	11	37.19	2.5	5.4	44.03	41.18	2.3	0.02
	15	37.32	2.4	5.4	43.88	41.04	3.1	0.03
	19	37.49	2.4	5.4	43.68	40.86	3.9	0.05
	23	37.69	2.4	5.4	43.45	40.64	4.6	0.07
	27	37.93	− 2.4	5.4	43.17	40.38	5.3	0.09
May	1	38.20	2.4	5.4	42.86	40.09	6.0	0.12
	5	38.51	2.4	5.4	42.52	39.77	6.6	0.14
	9	38.84	2.3	5.5	42.15	39.43	7.2	0.17
	13	39.21	2.3	5.5	41.76	39.06	7.8	0.19
	17	39.60	− 2.3	5.5	41.35	38.68	8.3	0.22
	21	40.01	2.3	5.5	40.93	38.28	8.7	0.24
	25	40.44	2.2	5.5	40.49	37.87	9.2	0.26
	29	40.90	2.2	5.5	40.04	37.45	9.5	0.28
June	2	41.36	2.2	5.5	39.59	37.03	9.8	0.29
	6	41.85	− 2.2	5.5	39.13	36.60	10.1	0.30
	10	42.34	2.1	5.5	38.68	36.17	10.3	0.31
	14	42.84	2.1	5.5	38.22	35.75	10.5	0.32
	18	43.35	2.1	5.5	37.77	35.33	10.6	0.32
	22	43.87	2.1	5.5	37.33	34.91	10.7	0.32
	26	44.38	− 2.0	5.5	36.89	34.51	10.7	0.32
	30	44.90	− 2.0	5.5	36.47	34.11	10.7	0.32

EPHEMERIS FOR PHYSICAL OBSERVATIONS
FOR 0ʰ DYNAMICAL TIME

Date		L_s	Sub-Earth Point		Sub-Solar Point				North Pole	
			Long.	Lat.	Long.	Lat.	Dist.	P.A.	Dist.	P.A.
Jan.	−3	225.64	355.07	− 2.94	5.41	− 2.55	3.23	113.00	−16.81	24.66
	1	225.95	237.18	2.97	247.57	2.57	3.28	112.88	17.01	24.62
	5	226.25	119.34	3.00	129.74	2.58	3.32	112.77	17.21	24.59
	9	226.55	1.54	3.03	11.90	2.59	3.35	112.66	17.42	24.55
	13	226.85	243.78	3.06	254.06	2.60	3.37	112.54	17.63	24.53
	17	227.16	126.07	− 3.09	136.22	− 2.62	3.37	112.42	−17.85	24.51
	21	227.46	8.40	3.11	18.38	2.63	3.35	112.31	18.07	24.49
	25	227.76	250.78	3.13	260.53	2.64	3.32	112.18	18.29	24.49
	29	228.07	133.20	3.15	142.67	2.66	3.26	112.06	18.51	24.48
Feb.	2	228.37	15.66	3.17	24.80	2.67	3.19	111.92	18.73	24.48
	6	228.67	258.16	− 3.19	266.92	− 2.68	3.09	111.78	−18.94	24.49
	10	228.97	140.70	3.20	149.03	2.69	2.97	111.62	19.15	24.50
	14	229.28	23.27	3.22	31.13	2.71	2.83	111.44	19.35	24.52
	18	229.58	265.88	3.23	273.21	2.72	2.67	111.24	19.55	24.55
	22	229.88	148.52	3.23	155.27	2.73	2.49	111.00	19.73	24.58
	26	230.18	31.18	− 3.24	37.31	− 2.74	2.28	110.70	−19.90	24.62
Mar.	2	230.49	273.86	3.24	279.34	2.75	2.05	110.34	20.06	24.66
	6	230.79	156.56	3.24	161.34	2.77	1.81	109.86	20.20	24.70
	10	231.09	39.27	3.24	43.32	2.78	1.54	109.19	20.33	24.74
	14	231.39	281.98	3.23	285.28	2.79	1.27	108.22	20.43	24.79
	18	231.69	164.70	− 3.22	167.22	− 2.80	0.97	106.63	−20.52	24.84
	22	232.00	47.41	3.21	49.13	2.81	0.67	103.59	20.58	24.88
	26	232.30	290.11	3.19	291.02	2.82	0.37	95.47	20.62	24.93
	30	232.60	172.79	3.17	172.88	2.84	0.12	42.06	20.64	24.98
Apr.	3	232.90	55.44	3.15	54.72	2.85	0.30	315.29	20.64	25.02
	7	233.21	298.07	− 3.13	296.53	− 2.86	0.60	303.88	−20.61	25.06
	11	233.51	180.66	3.11	178.32	2.87	0.90	300.16	20.56	25.10
	15	233.81	63.21	3.08	60.08	2.88	1.20	298.33	20.49	25.14
	19	234.11	305.71	3.06	301.82	2.89	1.48	297.23	20.40	25.17
	23	234.41	188.17	3.03	183.54	2.90	1.75	296.49	20.29	25.20
	27	234.72	70.58	− 3.00	65.24	− 2.91	2.01	295.96	−20.17	25.23
May	1	235.02	312.93	2.98	306.91	2.93	2.24	295.55	20.02	25.25
	5	235.32	195.22	2.95	188.57	2.94	2.46	295.23	19.86	25.27
	9	235.62	77.45	2.92	70.21	2.95	2.65	294.97	19.69	25.29
	13	235.93	319.62	2.90	311.83	2.96	2.83	294.74	19.51	25.30
	17	236.23	201.73	− 2.87	193.44	− 2.97	2.98	294.55	−19.32	25.32
	21	236.53	83.79	2.85	75.03	2.98	3.11	294.38	19.12	25.32
	25	236.83	325.78	2.82	316.61	2.99	3.22	294.23	18.91	25.33
	29	237.13	207.71	2.80	198.18	3.00	3.31	294.09	18.71	25.33
June	2	237.44	89.58	2.78	79.74	3.01	3.38	293.97	18.49	25.33
	6	237.74	331.40	− 2.77	321.29	− 3.02	3.43	293.85	−18.28	25.33
	10	238.04	213.16	2.75	202.83	3.03	3.46	293.74	18.07	25.33
	14	238.34	94.87	2.73	84.37	3.04	3.48	293.64	17.86	25.32
	18	238.64	336.53	2.72	325.90	3.05	3.48	293.54	17.65	25.31
	22	238.95	218.14	2.71	207.43	3.06	3.47	293.44	17.44	25.30
	26	239.25	99.71	− 2.70	88.96	− 3.07	3.44	293.35	−17.24	25.28
	30	239.55	341.23	− 2.70	330.49	− 3.08	3.40	293.26	−17.04	25.27

JUPITER, 1993

EPHEMERIS FOR PHYSICAL OBSERVATIONS
FOR 0ʰ DYNAMICAL TIME

Date		Light-time	Magnitude	Surface Brightness	Diameter		Phase Angle	Defect of Illumination
					Eq.	Pol.		
		m			"	"	°	"
July	4	45.42	− 2.0	5.5	36.05	33.72	10.7	0.31
	8	45.93	2.0	5.5	35.65	33.34	10.6	0.30
	12	46.44	1.9	5.5	35.26	32.98	10.5	0.29
	16	46.94	1.9	5.5	34.88	32.63	10.3	0.28
	20	47.43	1.9	5.5	34.52	32.29	10.1	0.27
	24	47.92	− 1.9	5.5	34.17	31.96	9.9	0.25
	28	48.39	1.8	5.5	33.84	31.65	9.7	0.24
Aug.	1	48.85	1.8	5.5	33.52	31.35	9.4	0.22
	5	49.29	1.8	5.5	33.22	31.07	9.1	0.21
	9	49.72	1.8	5.5	32.94	30.80	8.7	0.19
	13	50.13	− 1.8	5.5	32.67	30.55	8.4	0.17
	17	50.52	1.8	5.5	32.41	30.31	8.0	0.16
	21	50.89	1.7	5.5	32.17	30.09	7.6	0.14
	25	51.25	1.7	5.5	31.95	29.88	7.1	0.12
	29	51.58	1.7	5.4	31.75	29.69	6.7	0.11
Sept.	2	51.89	− 1.7	5.4	31.56	29.52	6.2	0.09
	6	52.17	1.7	5.4	31.38	29.35	5.7	0.08
	10	52.44	1.7	5.4	31.23	29.21	5.2	0.07
	14	52.67	1.7	5.4	31.09	29.08	4.7	0.05
	18	52.89	1.7	5.4	30.96	28.96	4.2	0.04
	22	53.07	− 1.7	5.4	30.85	28.86	3.7	0.03
	26	53.23	1.7	5.4	30.76	28.77	3.1	0.02
	30	53.36	1.7	5.4	30.68	28.70	2.6	0.02
Oct.	4	53.47	1.7	5.4	30.62	28.64	2.0	0.01
	8	53.55	1.7	5.4	30.58	28.60	1.5	0.01
	12	53.60	− 1.7	5.4	30.55	28.58	0.9	0.00
	16	53.62	1.7	5.4	30.54	28.57	0.4	0.00
	20	53.61	1.7	5.4	30.55	28.57	0.3	0.00
	24	53.57	1.7	5.4	30.57	28.59	0.8	0.00
	28	53.50	1.7	5.4	30.60	28.63	1.4	0.00
Nov.	1	53.41	− 1.7	5.4	30.66	28.68	1.9	0.01
	5	53.29	1.7	5.4	30.73	28.74	2.5	0.01
	9	53.14	1.7	5.4	30.82	28.82	3.0	0.02
	13	52.96	1.7	5.4	30.92	28.92	3.6	0.03
	17	52.75	1.7	5.4	31.04	29.03	4.1	0.04
	21	52.52	− 1.7	5.4	31.18	29.16	4.6	0.05
	25	52.26	1.7	5.4	31.33	29.31	5.2	0.06
	29	51.97	1.7	5.4	31.51	29.47	5.7	0.08
Dec.	3	51.66	1.7	5.4	31.70	29.65	6.1	0.09
	7	51.32	1.7	5.4	31.90	29.84	6.6	0.11
	11	50.96	− 1.7	5.4	32.13	30.05	7.1	0.12
	15	50.58	1.8	5.4	32.37	30.28	7.5	0.14
	19	50.18	1.8	5.5	32.63	30.52	7.9	0.15
	23	49.75	1.8	5.5	32.91	30.78	8.3	0.17
	27	49.31	1.8	5.5	33.21	31.06	8.6	0.19
	31	48.85	− 1.8	5.5	33.52	31.35	9.0	0.21
	35	48.38	− 1.9	5.5	33.85	31.66	9.3	0.22

EPHEMERIS FOR PHYSICAL OBSERVATIONS
FOR 0ʰ DYNAMICAL TIME

Date		L_s	Sub-Earth Point		Sub-Solar Point				North Pole	
			Long.	Lat.	Long.	Lat.	Dist.	P.A.	Dist.	P.A.
		°	°	°	°	°	″	°	″	°
July	4	239.85	222.71	− 2.69	212.02	− 3.09	3.34	293.17	−16.84	25.25
	8	240.15	104.16	2.69	93.55	3.10	3.28	293.07	16.66	25.22
	12	240.46	345.57	2.69	335.09	3.11	3.21	292.98	16.47	25.19
	16	240.76	226.95	2.69	216.62	3.12	3.13	292.88	16.30	25.16
	20	241.06	108.30	2.69	98.17	3.12	3.04	292.78	16.13	25.13
	24	241.36	349.63	− 2.70	339.72	− 3.13	2.94	292.67	−15.97	25.09
	28	241.66	230.93	2.71	221.27	3.14	2.84	292.56	15.81	25.04
Aug.	1	241.97	112.21	2.71	102.84	3.15	2.73	292.44	15.66	24.99
	5	242.27	353.47	2.72	344.41	3.16	2.61	292.32	15.52	24.94
	9	242.57	234.71	2.73	225.99	3.17	2.50	292.19	15.39	24.88
	13	242.87	115.94	− 2.75	107.59	− 3.18	2.37	292.04	−15.26	24.81
	17	243.17	357.16	2.76	349.19	3.19	2.25	291.89	15.14	24.74
	21	243.48	238.36	2.78	230.81	3.19	2.11	291.72	15.03	24.67
	25	243.78	119.56	2.79	112.44	3.20	1.98	291.53	14.93	24.59
	29	244.08	0.75	2.81	354.08	3.21	1.85	291.33	14.83	24.50
Sept.	2	244.38	241.94	− 2.83	235.73	− 3.22	1.71	291.10	−14.74	24.41
	6	244.69	123.13	2.85	117.40	3.23	1.57	290.84	14.66	24.31
	10	244.99	4.32	2.87	359.08	3.24	1.43	290.54	14.59	24.20
	14	245.29	245.51	2.89	240.78	3.24	1.28	290.19	14.52	24.09
	18	245.59	126.70	2.91	122.49	3.25	1.14	289.78	14.46	23.98
	22	245.90	7.90	− 2.93	4.22	− 3.26	0.99	289.27	−14.41	23.85
	26	246.20	249.10	2.95	245.97	3.27	0.84	288.61	14.37	23.72
	30	246.50	130.31	2.97	127.73	3.27	0.69	287.72	14.33	23.59
Oct.	4	246.80	11.54	3.00	9.51	3.28	0.55	286.41	14.30	23.44
	8	247.10	252.77	3.02	251.30	3.29	0.40	284.20	14.28	23.30
	12	247.41	134.02	− 3.05	133.11	− 3.30	0.25	279.49	−14.27	23.14
	16	247.71	15.28	3.07	14.94	3.30	0.11	261.90	14.26	22.98
	20	248.01	256.56	3.09	256.79	3.31	0.08	152.49	14.27	22.82
	24	248.31	137.86	3.12	138.65	3.32	0.22	124.98	14.28	22.65
	28	248.62	19.17	3.14	20.53	3.32	0.37	119.12	14.29	22.48
Nov.	1	248.92	260.51	− 3.17	262.43	− 3.33	0.52	116.56	−14.32	22.30
	5	249.22	141.86	3.19	144.35	3.34	0.67	115.08	14.35	22.11
	9	249.53	23.24	3.22	26.28	3.34	0.81	114.08	14.39	21.93
	13	249.83	264.65	3.24	268.23	3.35	0.96	113.32	14.44	21.74
	17	250.13	146.08	3.27	150.19	3.36	1.11	112.72	14.50	21.55
	21	250.43	27.53	− 3.29	32.18	− 3.36	1.26	112.22	−14.56	21.35
	25	250.74	269.02	3.32	274.17	3.37	1.41	111.78	14.63	21.16
	29	251.04	150.53	3.34	156.19	3.38	1.55	111.39	14.71	20.96
Dec.	3	251.34	32.07	3.37	38.22	3.38	1.69	111.03	14.80	20.76
	7	251.65	273.65	3.39	280.26	3.39	1.83	110.70	14.90	20.56
	11	251.95	155.25	− 3.42	162.32	− 3.39	1.97	110.39	−15.00	20.37
	15	252.25	36.89	3.44	44.39	3.40	2.11	110.10	15.12	20.17
	19	252.55	278.57	3.46	286.48	3.41	2.24	109.82	15.24	19.98
	23	252.86	160.28	3.49	168.57	3.41	2.37	109.55	15.37	19.79
	27	253.16	42.03	3.51	50.68	3.42	2.49	109.29	15.50	19.61
	31	253.46	283.81	− 3.53	292.80	− 3.42	2.61	109.04	−15.65	19.43
	35	253 77	165.64	− 3.56	174.93	− 3.43	2.73	108.80	−15.80	19.25

SATURN, 1993

EPHEMERIS FOR PHYSICAL OBSERVATIONS
FOR 0ʰ DYNAMICAL TIME

Date		Light-time	Magnitude	Surface Brightness	Diameter		Phase Angle	Defect of Illumination
					Eq.	Pol.		
		m			″	″	°	″
Jan.	−3	88.20	+ 0.8	7.0	15.60	14.05	3.6	0.02
	1	88.54	0.8	7.0	15.54	13.99	3.3	0.01
	5	88.84	0.8	6.9	15.49	13.94	3.0	0.01
	9	89.12	0.8	6.9	15.44	13.90	2.7	0.01
	13	89.37	0.8	6.9	15.40	13.86	2.4	0.01
	17	89.58	+ 0.7	6.9	15.36	13.82	2.1	0.00
	21	89.77	0.7	6.9	15.33	13.79	1.7	0.00
	25	89.91	0.7	6.9	15.30	13.76	1.4	0.00
	29	90.03	0.7	6.8	15.28	13.74	1.0	0.00
Feb.	2	90.11	0.7	6.8	15.27	13.73	0.7	0.00
	6	90.16	+ 0.7	6.8	15.26	13.72	0.3	0.00
	10	90.17	0.7	6.8	15.26	13.71	0.1	0.00
	14	90.15	0.7	6.8	15.26	13.71	0.4	0.00
	18	90.10	0.8	6.8	15.27	13.72	0.7	0.00
	22	90.01	0.8	6.8	15.29	13.73	1.1	0.00
	26	89.88	+ 0.8	6.9	15.31	13.75	1.4	0.00
Mar.	2	89.72	0.8	6.9	15.34	13.77	1.8	0.00
	6	89.54	0.8	6.9	15.37	13.79	2.1	0.01
	10	89.31	0.8	6.9	15.41	13.83	2.5	0.01
	14	89.06	0.9	6.9	15.45	13.86	2.8	0.01
	18	88.78	+ 0.9	6.9	15.50	13.91	3.1	0.01
	22	88.47	0.9	6.9	15.55	13.95	3.4	0.01
	26	88.13	0.9	7.0	15.61	14.00	3.7	0.02
	30	87.77	0.9	7.0	15.68	14.06	4.0	0.02
Apr.	3	87.38	0.9	7.0	15.75	14.12	4.2	0.02
	7	86.96	+ 0.9	7.0	15.82	14.19	4.5	0.02
	11	86.53	0.9	7.0	15.90	14.26	4.7	0.03
	15	86.07	0.9	7.0	15.99	14.33	4.9	0.03
	19	85.59	0.9	7.0	16.08	14.41	5.1	0.03
	23	85.10	0.9	7.0	16.17	14.49	5.3	0.03
	27	84.59	+ 0.9	7.0	16.27	14.58	5.4	0.04
May	1	84.07	0.9	7.0	16.37	14.66	5.6	0.04
	5	83.54	0.9	7.0	16.47	14.76	5.7	0.04
	9	83.00	0.9	7.0	16.58	14.85	5.8	0.04
	13	82.45	0.9	7.0	16.69	14.95	5.8	0.04
	17	81.90	+ 0.9	7.0	16.80	15.05	5.9	0.04
	21	81.35	0.9	7.0	16.92	15.15	5.9	0.04
	25	80.79	0.9	7.0	17.03	15.25	5.9	0.04
	29	80.24	0.8	7.0	17.15	15.36	5.9	0.04
June	2	79.70	0.8	7.0	17.27	15.46	5.8	0.04
	6	79.16	+ 0.8	7.0	17.38	15.57	5.7	0.04
	10	78.63	0.8	7.0	17.50	15.68	5.6	0.04
	14	78.11	0.8	7.0	17.62	15.78	5.5	0.04
	18	77.60	0.7	7.0	17.73	15.88	5.3	0.04
	22	77.12	0.7	7.0	17.84	15.98	5.1	0.03
	26	76.65	+ 0.7	7.0	17.95	16.08	4.9	0.03
	30	76.20	+ 0.7	7.0	18.06	16.18	4.7	0.03

EPHEMERIS FOR PHYSICAL OBSERVATIONS
FOR 0ʰ DYNAMICAL TIME

Date		L_s	Sub-Earth Point		Sub-Solar Point				North Pole	
			Long.	Lat.	Long.	Lat.	Dist.	P.A.	Dist.	P.A.
		°	°	°	°	°	"	°	"	°
Jan.	−3	146.10	61.41	+19.77	57.96	+18.04	0.49	253.84	+ 6.69	6.70
	1	146.23	64.01	19.57	60.83	17.98	0.45	253.90	6.67	6.68
	5	146.35	66.60	19.36	63.71	17.92	0.41	253.99	6.66	6.67
	9	146.47	69.21	19.14	66.61	17.86	0.36	254.13	6.64	6.66
	13	146.60	71.82	18.92	69.53	17.80	0.32	254.34	6.63	6.64
	17	146.72	74.45	+18.69	72.46	+17.74	0.28	254.64	+ 6.62	6.62
	21	146.85	77.08	18.46	75.42	17.68	0.23	255.11	6.61	6.61
	25	146.97	79.73	18.23	78.39	17.62	0.18	255.87	6.61	6.59
	29	147.10	82.39	17.99	81.38	17.57	0.14	257.22	6.60	6.57
Feb.	2	147.22	85.07	17.75	84.39	17.51	0.09	260.05	6.60	6.56
	6	147.35	87.77	+17.50	87.42	+17.45	0.05	268.92	+ 6.60	6.54
	10	147.48	90.49	17.26	90.47	17.39	0.01	356.90	6.61	6.52
	14	147.60	93.23	17.01	93.54	17.33	0.05	56.05	6.62	6.50
	18	147.73	95.99	16.77	96.63	17.27	0.10	63.05	6.63	6.48
	22	147.85	98.77	16.52	99.74	17.21	0.15	65.53	6.64	6.46
	26	147.98	101.57	+16.28	102.86	+17.15	0.19	66.75	+ 6.65	6.44
Mar.	2	148.10	104.40	16.04	106.01	17.09	0.24	67.46	6.67	6.42
	6	148.23	107.25	15.80	109.17	17.03	0.28	67.92	6.69	6.41
	10	148.35	110.12	15.57	112.35	16.97	0.33	68.22	6.71	6.39
	14	148.48	113.03	15.33	115.55	16.91	0.37	68.43	6.74	6.37
	18	148.60	115.95	+15.11	118.77	+16.85	0.42	68.59	+ 6.76	6.35
	22	148.73	118.91	14.89	122.00	16.79	0.46	68.70	6.79	6.33
	26	148.85	121.89	14.67	125.25	16.73	0.50	68.78	6.82	6.31
	30	148.98	124.90	14.47	128.51	16.67	0.54	68.85	6.85	6.29
Apr.	3	149.10	127.94	14.26	131.79	16.61	0.58	68.90	6.89	6.27
	7	149.23	131.00	+14.07	135.08	+16.55	0.61	68.94	+ 6.92	6.26
	11	149.35	134.09	13.89	138.38	16.49	0.65	68.97	6.96	6.24
	15	149.48	137.21	13.71	141.70	16.43	0.68	69.00	7.00	6.22
	19	149.61	140.35	13.55	145.02	16.36	0.71	69.03	7.04	6.21
	23	149.73	143.53	13.40	148.36	16.30	0.74	69.06	7.09	6.19
	27	149.86	146.73	+13.25	151.70	+16.24	0.77	69.08	+ 7.13	6.18
May	1	149.98	149.95	13.12	155.05	16.18	0.79	69.11	7.18	6.17
	5	150.11	153.21	13.01	158.41	16.12	0.81	69.15	7.23	6.15
	9	150.23	156.48	12.90	161.77	16.06	0.83	69.18	7.28	6.14
	13	150.36	159.79	12.81	165.13	16.00	0.85	69.23	7.33	6.13
	17	150.48	163.11	+12.73	168.50	+15.93	0.86	69.27	+ 7.38	6.13
	21	150.61	166.47	12.66	171.87	15.87	0.87	69.33	7.43	6.12
	25	150.74	169.84	12.61	175.24	15.81	0.87	69.39	7.48	6.11
	29	150.86	173.24	12.57	178.61	15.75	0.87	69.45	7.53	6.11
June	2	150.99	176.65	12.55	181.98	15.69	0.87	69.53	7.59	6.10
	6	151.11	180.09	+12.54	185.34	+15.63	0.86	69.62	+ 7.64	6.10
	10	151.24	183.55	12.55	188.69	15.56	0.85	69.71	7.69	6.10
	14	151.37	187.02	12.57	192.04	15.50	0.84	69.82	7.74	6.10
	18	151.49	190.51	12.61	195.38	15.44	0.82	69.95	7.79	6.10
	22	151.62	194.01	12.66	198.72	15.38	0.79	70.08	7.84	6.11
	26	151.74	197.52	+12.73	202.04	+15.31	0.76	70.24	+ 7.88	6.11
	30	151.87	201.05	+12.80	205.35	+15.25	0.73	70.42	+ 7.93	6.12

SATURN, 1993

EPHEMERIS FOR PHYSICAL OBSERVATIONS
FOR 0ʰ DYNAMICAL TIME

Date		Light-time	Magnitude	Surface Brightness	Diameter		Phase Angle	Defect of Illumination
					Eq.	Pol.		
		m			″	″	°	″
July	4	75.78	+ 0.6	7.0	18.16	16.27	4.4	0.03
	8	75.38	0.6	7.0	18.26	16.35	4.1	0.02
	12	75.01	0.6	7.0	18.35	16.44	3.8	0.02
	16	74.67	0.6	6.9	18.43	16.51	3.5	0.02
	20	74.36	0.5	6.9	18.51	16.58	3.1	0.01
	24	74.08	+ 0.5	6.9	18.57	16.65	2.8	0.01
	28	73.84	0.5	6.9	18.63	16.70	2.4	0.01
Aug.	1	73.64	0.4	6.9	18.69	16.75	2.0	0.01
	5	73.47	0.4	6.9	18.73	16.79	1.6	0.00
	9	73.34	0.4	6.8	18.76	16.82	1.2	0.00
	13	73.25	+ 0.4	6.8	18.79	16.84	0.8	0.00
	17	73.20	0.3	6.8	18.80	16.86	0.4	0.00
	21	73.19	0.3	6.8	18.80	16.86	0.2	0.00
	25	73.22	0.3	6.8	18.79	16.86	0.6	0.00
	29	73.29	0.4	6.8	18.78	16.84	1.0	0.00
Sept.	2	73.40	+ 0.4	6.9	18.75	16.82	1.4	0.00
	6	73.54	0.4	6.9	18.71	16.79	1.8	0.00
	10	73.73	0.4	6.9	18.66	16.75	2.2	0.01
	14	73.95	0.4	6.9	18.61	16.70	2.6	0.01
	18	74.21	0.4	6.9	18.54	16.64	3.0	0.01
	22	74.51	+ 0.5	6.9	18.47	16.58	3.3	0.02
	26	74.83	0.5	6.9	18.39	16.51	3.6	0.02
	30	75.19	0.5	7.0	18.30	16.43	4.0	0.02
Oct.	4	75.58	0.5	7.0	18.21	16.35	4.3	0.02
	8	75.99	0.6	7.0	18.11	16.26	4.5	0.03
	12	76.43	+ 0.6	7.0	18.00	16.17	4.8	0.03
	16	76.89	0.6	7.0	17.90	16.07	5.0	0.03
	20	77.38	0.6	7.0	17.78	15.97	5.2	0.04
	24	77.87	0.6	7.0	17.67	15.87	5.4	0.04
	28	78.39	0.7	7.0	17.55	15.76	5.5	0.04
Nov.	1	78.92	+ 0.7	7.0	17.44	15.66	5.6	0.04
	5	79.45	0.7	7.0	17.32	15.55	5.7	0.04
	9	80.00	0.7	7.0	17.20	15.44	5.8	0.04
	13	80.55	0.7	7.0	17.08	15.34	5.8	0.04
	17	81.10	0.7	7.0	16.97	15.23	5.8	0.04
	21	81.65	+ 0.8	7.0	16.85	15.13	5.8	0.04
	25	82.20	0.8	7.0	16.74	15.03	5.7	0.04
	29	82.74	0.8	7.0	16.63	14.93	5.7	0.04
Dec.	3	83.28	0.8	7.0	16.52	14.83	5.6	0.04
	7	83.80	0.8	7.0	16.42	14.74	5.4	0.04
	11	84.32	+ 0.8	7.0	16.32	14.64	5.3	0.03
	15	84.81	0.8	7.0	16.22	14.56	5.1	0.03
	19	85.29	0.8	7.0	16.13	14.47	4.9	0.03
	23	85.76	0.9	7.0	16.05	14.39	4.7	0.03
	27	86.20	0.9	7.0	15.96	14.32	4.5	0.02
	31	86.62	+ 0.9	7.0	15.89	14.25	4.3	0.02
	35	87.01	+ 0.9	7.0	15.81	14.18	4.0	0.02

EPHEMERIS FOR PHYSICAL OBSERVATIONS
FOR 0ʰ DYNAMICAL TIME

Date		L_s	Sub-Earth Point		Sub-Solar Point				North Pole	
			Long.	Lat.	Long.	Lat.	Dist.	P.A.	Dist.	P.A.
		°	°	°	°	°	″	°	″	°
July	4	151.99	204.58	+12.89	208.64	+15.19	0.69	70.62	+ 7.97	6.12
	8	152.12	208.12	13.00	211.93	15.13	0.65	70.85	8.01	6.13
	12	152.25	211.67	13.11	215.19	15.06	0.61	71.13	8.05	6.14
	16	152.37	215.21	13.24	218.44	15.00	0.56	71.45	8.08	6.15
	20	152.50	218.76	13.37	221.67	14.94	0.50	71.84	8.11	6.16
	24	152.63	222.30	+13.52	224.89	+14.87	0.45	72.33	+ 8.14	6.18
	28	152.75	225.84	13.67	228.08	14.81	0.39	72.96	8.16	6.19
Aug.	1	152.88	229.37	13.82	231.25	14.75	0.32	73.82	8.18	6.20
	5	153.00	232.89	13.99	234.41	14.68	0.26	75.09	8.20	6.21
	9	153.13	236.40	14.15	237.54	14.62	0.19	77.22	8.21	6.23
	13	153.26	239.90	+14.32	240.65	+14.56	0.12	81.61	+ 8.21	6.24
	17	153.38	243.37	14.49	243.73	14.49	0.06	96.27	8.22	6.26
	21	153.51	246.83	14.66	246.80	14.43	0.03	195.51	8.21	6.27
	25	153.63	250.26	14.83	249.84	14.37	0.09	233.77	8.21	6.29
	29	153.76	253.67	15.00	252.86	14.30	0.16	240.87	8.19	6.30
Sept.	2	153.89	257.05	+15.16	255.85	+14.24	0.23	243.77	+ 8.18	6.31
	6	154.01	260.40	15.32	258.83	14.17	0.29	245.37	8.16	6.33
	10	154.14	263.73	15.46	261.78	14.11	0.36	246.40	8.13	6.34
	14	154.27	267.02	15.60	264.72	14.05	0.42	247.14	8.10	6.35
	18	154.39	270.27	15.74	267.63	13.98	0.48	247.69	8.07	6.36
	22	154.52	273.49	+15.86	270.52	+13.92	0.53	248.14	+ 8.04	6.37
	26	154.65	276.68	15.97	273.39	13.85	0.58	248.50	8.00	6.38
	30	154.77	279.83	16.07	276.25	13.79	0.63	248.81	7.96	6.39
Oct.	4	154.90	282.95	16.15	279.09	13.72	0.67	249.07	7.92	6.40
	8	155.03	286.02	16.23	281.92	13.66	0.71	249.30	7.87	6.40
	12	155.15	289.07	+16.29	284.73	+13.60	0.75	249.50	+ 7.82	6.41
	16	155.28	292.07	16.33	287.53	13.53	0.78	249.68	7.78	6.41
	20	155.41	295.04	16.36	290.31	13.47	0.80	249.84	7.73	6.42
	24	155.53	297.98	16.38	293.09	13.40	0.82	249.98	7.68	6.42
	28	155.66	300.88	16.38	295.86	13.34	0.84	250.11	7.63	6.42
Nov.	1	155.79	303.75	+16.37	298.62	+13.27	0.85	250.22	+ 7.58	6.42
	5	155.91	306.58	16.34	301.38	13.20	0.86	250.33	7.53	6.42
	9	156.04	309.39	16.30	304.13	13.14	0.86	250.42	7.47	6.41
	13	156.17	312.17	16.24	306.88	13.07	0.86	250.50	7.43	6.41
	17	156.29	314.93	16.17	309.62	13.01	0.85	250.57	7.38	6.40
	21	156.42	317.66	+16.08	312.37	+12.94	0.84	250.64	+ 7.33	6.40
	25	156.55	320.36	15.98	315.12	12.88	0.83	250.70	7.28	6.39
	29	156.67	323.05	15.87	317.88	12.81	0.82	250.76	7.24	6.38
Dec.	3	156.80	325.72	15.74	320.63	12.75	0.80	250.81	7.19	6.37
	7	156.93	328.38	15.61	323.40	12.68	0.77	250.86	7.15	6.36
	11	157.05	331.01	+15.45	326.17	+12.61	0.75	250.91	+ 7.11	6.35
	15	157.18	333.64	15.29	328.94	12.55	0.72	250.96	7.07	6.33
	19	157.31	336.26	15.12	331.73	12.48	0.69	251.02	7.04	6.32
	23	157.44	338.87	14.93	334.53	12.42	0.66	251.08	7.00	6.30
	27	157.56	341.48	14.74	337.34	12.35	0.62	251.14	6.97	6.29
	31	157.69	344.08	+14.53	340.16	+12.28	0.59	251.22	+ 6.94	6.27
	35	157.82	346.68	+14.32	343.00	+12.22	0.55	251.32	+ 6.91	6.25

URANUS, 1993

EPHEMERIS FOR PHYSICAL OBSERVATIONS
FOR 0ʰ DYNAMICAL TIME

Date		Light-time	Magnitude	Equatorial Diameter	Phase Angle	L_s	Sub-Earth Lat.	North Pole	
								Dist.	P.A.
		m		"	°	°	°	"	°
Jan.	−7	170.66	+ 5.8	3.41	0.7	300.38	−60.93	− 0.84	278.88
	3	170.92	5.8	3.41	0.3	300.49	60.38	0.85	278.36
	13	170.95	5.8	3.41	0.2	300.61	59.83	0.87	277.86
	23	170.74	5.8	3.41	0.7	300.72	59.27	0.88	277.36
Feb.	2	170.30	5.8	3.42	1.2	300.83	58.74	0.90	276.90
	12	169.64	+ 5.8	3.43	1.6	300.95	−58.23	− 0.92	276.47
	22	168.79	5.8	3.45	2.0	301.06	57.76	0.93	276.08
Mar.	4	167.77	5.8	3.47	2.3	301.17	57.34	0.95	275.74
	14	166.60	5.8	3.50	2.6	301.28	56.98	0.96	275.45
	24	165.31	5.8	3.52	2.8	301.40	56.68	0.98	275.22
Apr.	3	163.96	+ 5.7	3.55	2.9	301.51	−56.46	− 0.99	275.04
	13	162.57	5.7	3.58	2.9	301.62	56.31	1.00	274.94
	23	161.18	5.7	3.61	2.9	301.73	56.24	1.02	274.89
May	3	159.84	5.7	3.64	2.8	301.85	56.25	1.02	274.91
	13	158.58	5.7	3.67	2.6	301.96	56.34	1.03	274.99
	23	157.44	+ 5.7	3.70	2.3	302.07	−56.51	− 1.03	275.12
June	2	156.46	5.6	3.72	1.9	302.18	56.74	1.03	275.31
	12	155.66	5.6	3.74	1.5	302.30	57.02	1.03	275.55
	22	155.07	5.6	3.76	1.0	302.41	57.35	1.03	275.82
July	2	154.71	5.6	3.77	0.5	302.52	57.71	1.02	276.12
	12	154.59	+ 5.6	3.77	0.0	302.63	−58.09	− 1.01	276.44
	22	154.72	5.6	3.77	0.5	302.74	58.47	1.00	276.77
Aug.	1	155.09	5.6	3.76	1.0	302.86	58.83	0.99	277.08
	11	155.68	5.6	3.74	1.4	302.97	59.16	0.97	277.37
	21	156.49	5.6	3.72	1.9	303.08	59.45	0.96	277.63
	31	157.49	+ 5.7	3.70	2.2	303.19	−59.68	− 0.95	277.84
Sept.	10	158.65	5.7	3.67	2.5	303.31	59.85	0.94	277.99
	20	159.94	5.7	3.64	2.7	303.42	59.95	0.93	278.07
	30	161.31	5.7	3.61	2.9	303.53	59.97	0.92	278.08
Oct.	10	162.73	5.7	3.58	2.9	303.64	59.91	0.91	278.02
	20	164.16	+ 5.8	3.55	2.9	303.75	−59.77	− 0.91	277.89
	30	165.55	5.8	3.52	2.8	303.87	59.55	0.90	277.69
Nov.	9	166.87	5.8	3.49	2.6	303.98	59.27	0.90	277.43
	19	168.08	5.8	3.47	2.3	304.09	58.91	0.91	277.11
	29	169.14	5.8	3.44	2.0	304.20	58.49	0.91	276.75
Dec.	9	170.03	+ 5.8	3.43	1.6	304.32	−58.03	− 0.92	276.35
	19	170.72	5.8	3.41	1.2	304.43	57.52	0.93	275.92
	29	171.20	5.8	3.40	0.7	304.54	56.98	0.94	275.48
	39	171.44	+ 5.8	3.40	0.2	304.65	−56.43	− 0.95	275.04

EPHEMERIS FOR PHYSICAL OBSERVATIONS
FOR 0ʰ DYNAMICAL TIME

Date		Light-time	Magnitude	Equatorial Diameter	Phase Angle	L_s	Sub-Earth Lat.	North Pole	
								Dist.	P.A.
		m		"	°	°	°	"	°
Jan.	−7	258.93	+ 8.0	2.15	0.5	250.52	−28.83	− 0.93	4.97
	3	259.20	8.0	2.15	0.2	250.57	28.91	0.93	4.63
	13	259.22	8.0	2.15	0.1	250.63	29.00	0.93	4.29
	23	259.00	8.0	2.15	0.4	250.69	29.08	0.93	3.95
Feb.	2	258.55	8.0	2.16	0.7	250.75	29.15	0.93	3.62
	12	257.87	+ 8.0	2.16	1.0	250.81	−29.22	− 0.93	3.31
	22	256.99	8.0	2.17	1.3	250.87	29.29	0.93	3.03
Mar.	4	255.94	8.0	2.18	1.5	250.93	29.35	0.94	2.78
	14	254.74	8.0	2.19	1.7	250.99	29.40	0.94	2.57
	24	253.43	7.9	2.20	1.8	251.05	29.43	0.94	2.40
Apr.	3	252.04	+ 7.9	2.21	1.9	251.11	−29.46	− 0.95	2.27
	13	250.63	7.9	2.22	1.9	251.17	29.48	0.95	2.20
	23	249.22	7.9	2.24	1.9	251.23	29.49	0.96	2.18
May	3	247.86	7.9	2.25	1.8	251.29	29.49	0.96	2.20
	13	246.59	7.9	2.26	1.6	251.35	29.47	0.97	2.28
	23	245.44	+ 7.9	2.27	1.5	251.41	−29.45	− 0.97	2.40
June	2	244.45	7.9	2.28	1.2	251.46	29.41	0.98	2.55
	12	243.65	7.9	2.29	0.9	251.52	29.37	0.98	2.74
	22	243.06	7.9	2.29	0.7	251.58	29.32	0.99	2.96
July	2	242.70	7.9	2.30	0.3	251.64	29.27	0.99	3.20
	12	242.58	+ 7.9	2.30	0.0	251.70	−29.21	− 0.99	3.44
	22	242.70	7.9	2.30	0.3	251.76	29.15	0.99	3.68
Aug.	1	243.06	7.9	2.29	0.6	251.82	29.09	0.99	3.92
	11	243.65	7.9	2.29	0.9	251.88	29.04	0.99	4.13
	21	244.45	7.9	2.28	1.2	251.94	28.99	0.98	4.32
	31	245.44	+ 7.9	2.27	1.4	252.00	−28.95	− 0.98	4.48
Sept.	10	246.59	7.9	2.26	1.6	252.06	28.91	0.97	4.59
	20	247.86	7.9	2.25	1.8	252.12	28.89	0.97	4.67
	30	249.23	7.9	2.24	1.9	252.18	28.88	0.96	4.69
Oct.	10	250.64	7.9	2.22	1.9	252.24	28.88	0.96	4.66
	20	252.06	+ 7.9	2.21	1.9	252.30	−28.89	− 0.95	4.59
	30	253.44	7.9	2.20	1.8	252.36	28.92	0.95	4.46
Nov.	9	254.75	8.0	2.19	1.7	252.41	28.95	0.94	4.29
	19	255.95	8.0	2.18	1.5	252.47	29.00	0.94	4.08
	29	256.99	8.0	2.17	1.3	252.53	29.06	0.93	3.82
Dec.	9	257.86	+ 8.0	2.16	1.0	252.59	−29.12	− 0.93	3.54
	19	258.53	8.0	2.16	0.7	252.65	29.19	0.93	3.23
	29	258.97	8.0	2.15	0.4	252.71	29.26	0.93	2.90
	39	259.17	+ 8.0	2.15	0.1	252.77	−29.33	− 0.92	2.55

PLUTO, 1993

EPHEMERIS FOR PHYSICAL OBSERVATIONS
FOR 0ʰ DYNAMICAL TIME

Date		Light-time	Magnitude	Phase Angle	L_s	Sub-Earth Point		North Pole P.A.
						Long.	Lat.	
		m		°	°	°	°	°
Jan.	−7	253.35	+13.8	1.2	194.06	278.25	−13.42	84.48
	3	252.40	13.8	1.4	194.12	121.98	13.72	84.44
	13	251.30	13.8	1.6	194.19	325.70	13.99	84.40
	23	250.06	13.8	1.8	194.26	169.40	14.22	84.38
Feb.	2	248.74	13.7	1.9	194.33	13.09	14.40	84.37
	12	247.37	+13.7	1.9	194.40	216.75	−14.52	84.36
	22	245.99	13.7	1.9	194.46	60.39	14.60	84.37
Mar.	4	244.64	13.7	1.8	194.53	264.01	14.62	84.39
	14	243.37	13.7	1.7	194.60	107.61	14.58	84.41
	24	242.21	13.7	1.5	194.67	311.20	14.50	84.44
Apr.	3	241.20	+13.7	1.3	194.74	154.78	−14.36	84.48
	13	240.37	13.7	1.1	194.80	358.35	14.19	84.52
	23	239.74	13.7	0.9	194.87	201.91	13.98	84.57
May	3	239.33	13.7	0.6	194.94	45.46	13.74	84.61
	13	239.16	13.7	0.5	195.01	249.02	13.49	84.65
	23	239.22	+13.7	0.6	195.08	92.58	−13.23	84.69
June	2	239.52	13.7	0.8	195.14	296.15	12.97	84.72
	12	240.04	13.7	1.0	195.21	139.74	12.73	84.75
	22	240.77	13.7	1.3	195.28	343.33	12.51	84.77
July	2	241.69	13.7	1.5	195.35	186.94	12.32	84.78
	12	242.76	+13.7	1.7	195.42	30.57	−12.17	84.78
	22	243.96	13.7	1.8	195.48	234.21	12.05	84.78
Aug.	1	245.26	13.7	1.9	195.55	77.88	11.99	84.77
	11	246.60	13.7	1.9	195.62	281.56	11.98	84.75
	21	247.97	13.7	1.9	195.69	125.26	12.02	84.72
	31	249.32	+13.8	1.9	195.76	328.97	−12.11	84.69
Sept.	10	250.61	13.8	1.8	195.82	172.70	12.25	84.64
	20	251.81	13.8	1.6	195.89	16.45	12.44	84.59
	30	252.88	13.8	1.4	195.96	220.21	12.67	84.54
Oct.	10	253.80	13.8	1.2	196.03	63.97	12.94	84.47
	20	254.53	+13.8	1.0	196.10	267.75	−13.25	84.41
	30	255.06	13.8	0.7	196.16	111.53	13.58	84.34
Nov.	9	255.37	13.8	0.5	196.23	315.31	13.93	84.26
	19	255.45	13.8	0.5	196.30	159.09	14.29	84.19
	29	255.30	13.8	0.6	196.37	2.87	14.66	84.12
Dec.	9	254.92	+13.8	0.8	196.43	206.64	−15.02	84.05
	19	254.32	13.8	1.0	196.50	50.40	15.37	83.99
	29	253.51	13.8	1.3	196.57	254.15	15.69	83.93
	39	252.53	+13.8	1.5	196.64	97.89	−15.99	83.88

FOR 0ʰ DYNAMICAL TIME

Date		Mars	Jupiter			Saturn	
			System I	System II	System III	System I	System III
		°	°	°	°	°	°
Jan.	0	1.31	115.14	165.33	86.65	147.76	333.36
	1	352.55	273.04	315.60	237.18	271.91	64.01
	2	343.79	70.94	105.86	27.72	36.06	154.66
	3	335.03	228.84	256.13	178.25	160.22	245.30
	4	326.28	26.74	46.41	328.79	284.37	335.95
	5	317.53	184.65	196.69	119.34	48.53	66.60
	6	308.78	342.56	346.96	269.88	172.68	157.26
	7	300.03	140.47	137.25	60.43	296.84	247.91
	8	291.28	298.39	287.53	210.98	60.99	338.56
	9	282.53	96.31	77.82	1.54	185.15	69.21
	10	273.77	254.23	228.11	152.09	309.30	159.86
	11	265.01	52.15	18.40	302.65	73.46	250.51
	12	256.25	210.08	168.70	93.21	197.62	341.17
	13	247.49	8.01	319.00	243.78	321.78	71.82
	14	238.72	165.94	109.30	34.35	85.94	162.48
	15	229.95	323.88	259.61	184.92	210.10	253.13
	16	221.17	121.82	49.91	335.49	334.26	343.79
	17	212.38	279.76	200.22	126.07	98.42	74.45
	18	203.59	77.70	350.54	276.65	222.59	165.10
	19	194.79	235.65	140.85	67.23	346.75	255.76
	20	185.98	33.60	291.17	217.81	110.91	346.42
	21	177.16	191.55	81.49	8.40	235.08	77.08
	22	168.33	349.50	231.82	158.99	359.24	167.74
	23	159.50	147.46	22.14	309.58	123.41	258.40
	24	150.65	305.42	172.47	100.18	247.58	349.07
	25	141.80	103.38	322.81	250.78	11.75	79.73
	26	132.93	261.35	113.14	41.38	135.92	170.39
	27	124.05	59.32	263.48	191.98	260.09	261.06
	28	115.16	217.29	53.82	342.59	24.26	351.73
	29	106.26	15.26	204.16	133.20	148.43	82.39
	30	97.35	173.24	354.51	283.81	272.61	173.06
	31	88.42	331.22	144.85	74.42	36.78	263.73
Feb.	1	79.49	129.20	295.21	225.04	160.96	354.40
	2	70.54	287.18	85.56	15.66	285.14	85.07
	3	61.58	85.17	235.91	166.28	49.32	175.75
	4	52.61	243.16	26.27	316.90	173.50	266.42
	5	43.62	41.15	176.63	107.53	297.68	357.10
	6	34.63	199.14	327.00	258.16	61.86	87.77
	7	25.62	357.14	117.36	48.79	186.04	178.45
	8	16.60	155.14	267.73	199.43	310.23	269.13
	9	7.56	313.14	58.10	350.06	74.41	359.81
	10	358.52	111.14	208.47	140.70	198.60	90.49
	11	349.46	269.14	358.84	291.34	322.79	181.17
	12	340.39	67.15	149.22	81.98	86.98	271.86
	13	331.31	225.16	299.60	232.63	211.17	2.54
	14	322.22	23.17	89.98	23.27	335.36	93.23
	15	313.12	181.18	240.36	173.92	99.56	183.91

FOR 0ʰ DYNAMICAL TIME

Date		Mars	Jupiter			Saturn	
			System I	System II	System III	System I	System III
		°	°	°	°	°	°
Feb.	15	313.12	181.18	240.36	173.92	99.56	183.91
	16	304.01	339.20	30.75	324.57	223.75	274.60
	17	294.88	137.22	181.14	115.23	347.95	5.29
	18	285.74	295.24	331.52	265.88	112.15	95.99
	19	276.60	93.26	121.91	56.54	236.34	186.68
	20	267.44	251.28	272.31	207.20	0.55	277.37
	21	258.27	49.30	62.70	357.86	124.75	8.07
	22	249.09	207.33	213.10	148.52	248.95	98.77
	23	239.90	5.36	3.49	299.18	13.16	189.46
	24	230.70	163.39	153.89	89.85	137.36	280.16
	25	221.49	321.42	304.29	240.51	261.57	10.87
	26	212.26	119.45	94.69	31.18	25.78	101.57
	27	203.03	277.48	245.10	181.85	149.99	192.27
	28	193.79	75.52	35.50	332.52	274.21	282.98
Mar.	1	184.54	233.55	185.91	123.19	38.42	13.69
	2	175.29	31.59	336.31	273.86	162.64	104.40
	3	166.02	189.63	126.72	64.53	286.85	195.11
	4	156.74	347.67	277.13	215.21	51.07	285.82
	5	147.46	145.71	67.54	5.88	175.29	16.53
	6	138.16	303.75	217.95	156.56	299.52	107.25
	7	128.86	101.79	8.36	307.24	63.74	197.96
	8	119.55	259.83	158.77	97.91	187.97	288.68
	9	110.24	57.87	309.18	248.59	312.19	19.40
	10	100.91	215.91	99.59	39.27	76.42	110.12
	11	91.58	13.96	250.00	189.95	200.65	200.85
	12	82.24	172.00	40.42	340.63	324.89	291.57
	13	72.89	330.04	190.83	131.31	89.12	22.30
	14	63.54	128.09	341.24	281.98	213.36	113.03
	15	54.17	286.13	131.66	72.66	337.59	203.76
	16	44.81	84.17	282.07	223.34	101.83	294.49
	17	35.43	242.21	72.48	14.02	226.07	25.22
	18	26.05	40.26	222.90	164.70	350.31	115.95
	19	16.66	198.30	13.31	315.38	114.56	206.69
	20	7.27	356.34	163.72	106.06	238.80	297.43
	21	357.86	154.38	314.13	256.73	3.05	28.17
	22	348.46	312.42	104.54	47.41	127.30	118.91
	23	339.04	110.46	254.95	198.09	251.55	209.65
	24	329.62	268.50	45.36	348.76	15.80	300.40
	25	320.20	66.54	195.77	139.43	140.06	31.14
	26	310.77	224.58	346.17	290.11	264.32	121.89
	27	301.33	22.61	136.58	80.78	28.57	212.64
	28	291.89	180.65	286.98	231.45	152.83	303.39
	29	282.44	338.68	77.39	22.12	277.09	34.14
	30	272.99	136.71	227.79	172.79	41.36	124.90
	31	263.53	294.74	18.19	323.45	165.62	215.66
Apr.	1	254.07	92.77	168.59	114.12	289.89	306.41
	2	244.60	250.80	318.99	264.78	54.16	37.17

FOR 0ʰ DYNAMICAL TIME

Date		Mars	Jupiter			Saturn	
			System I	System II	System III	System I	System III
Apr.	1	254.07	92.77	168.59	114.12	289.89	306.41
	2	244.60	250.80	318.99	264.78	54.16	37.17
	3	235.13	48.82	109.38	55.44	178.43	127.94
	4	225.65	206.85	259.77	206.10	302.70	218.70
	5	216.17	4.87	50.17	356.76	66.97	309.46
	6	206.68	162.89	200.56	147.41	191.25	40.23
	7	197.19	320.91	350.94	298.07	315.52	131.00
	8	187.70	118.92	141.33	88.72	79.80	221.77
	9	178.20	276.93	291.71	239.37	204.08	312.54
	10	168.69	74.94	82.09	30.01	328.37	43.31
	11	159.18	232.95	232.47	180.66	92.65	134.09
	12	149.67	30.96	22.84	331.30	216.94	224.87
	13	140.15	188.96	173.22	121.94	341.22	315.65
	14	130.63	346.96	323.59	272.57	105.51	46.43
	15	121.11	144.96	113.96	63.21	229.80	137.21
	16	111.58	302.95	264.32	213.84	354.10	227.99
	17	102.05	100.94	54.68	4.47	118.39	318.78
	18	92.51	258.93	205.04	155.09	242.69	49.56
	19	82.97	56.92	355.40	305.71	6.98	140.35
	20	73.42	214.90	145.75	96.33	131.28	231.14
	21	63.88	12.88	296.10	246.95	255.59	321.94
	22	54.32	170.86	86.45	37.56	19.89	52.73
	23	44.77	328.83	236.79	188.17	144.19	143.53
	24	35.21	126.80	27.13	338.78	268.50	234.32
	25	25.65	284.77	177.47	129.38	32.81	325.12
	26	16.08	82.73	327.80	279.98	157.12	55.92
	27	6.51	240.69	118.13	70.58	281.43	146.73
	28	356.93	38.65	268.46	221.17	45.74	237.53
	29	347.36	196.60	58.78	11.76	170.06	328.34
	30	337.78	354.55	209.10	162.34	294.37	59.14
May	1	328.19	152.49	359.42	312.93	58.69	149.95
	2	318.61	310.44	149.73	103.50	183.01	240.76
	3	309.02	108.37	300.04	254.08	307.33	331.58
	4	299.42	266.31	90.34	44.65	71.66	62.39
	5	289.82	64.24	240.64	195.22	195.98	153.21
	6	280.22	222.17	30.94	345.78	320.31	244.02
	7	270.62	20.09	181.24	136.34	84.64	334.84
	8	261.01	178.01	331.53	286.90	208.97	65.66
	9	251.41	335.93	121.81	77.45	333.30	156.48
	10	241.79	133.84	272.10	228.00	97.63	247.31
	11	232.18	291.75	62.37	18.54	221.96	338.13
	12	222.56	89.65	212.65	169.08	346.30	68.96
	13	212.94	247.55	2.92	319.62	110.64	159.79
	14	203.31	45.45	153.19	110.16	234.98	250.62
	15	193.68	203.34	303.45	260.69	359.32	341.45
	16	184.05	1.23	93.71	51.21	123.66	72.28
	17	174.42	159.12	243.97	201.73	248.00	163.11

FOR 0ʰ DYNAMICAL TIME

Date		Mars	Jupiter			Saturn	
			System I	System II	System III	System I	System III
		°	°	°	°	°	°
May	17	174.42	159.12	243.97	201.73	248.00	163.11
	18	164.78	317.00	34.22	352.25	12.35	253.95
	19	155.14	114.88	184.47	142.77	136.69	344.79
	20	145.50	272.75	334.72	293.28	261.04	75.63
	21	135.85	70.62	124.96	83.79	25.39	166.47
	22	126.21	228.49	275.19	234.29	149.74	257.31
	23	116.55	26.35	65.43	24.79	274.09	348.15
	24	106.90	184.21	215.66	175.28	38.45	78.99
	25	97.24	342.07	5.88	325.78	162.80	169.84
	26	87.58	139.92	156.11	116.26	287.16	260.69
	27	77.92	297.77	306.32	266.75	51.52	351.54
	28	68.25	95.61	96.54	57.23	175.87	82.39
	29	58.58	253.45	246.75	207.71	300.24	173.24
	30	48.91	51.29	36.96	358.18	64.60	264.09
	31	39.24	209.12	187.16	148.65	188.96	354.94
June	1	29.56	6.95	337.36	299.12	313.32	85.80
	2	19.88	164.78	127.56	89.58	77.69	176.65
	3	10.20	322.60	277.75	240.04	202.06	267.51
	4	0.51	120.42	67.94	30.49	326.42	358.37
	5	350.83	278.24	218.13	180.95	90.79	89.23
	6	341.14	76.05	8.31	331.40	215.16	180.09
	7	331.44	233.86	158.49	121.84	339.53	270.95
	8	321.75	31.66	308.67	272.28	103.91	1.82
	9	312.05	189.47	98.84	62.72	228.28	92.68
	10	302.35	347.27	249.01	213.16	352.65	183.55
	11	292.64	145.06	39.18	3.59	117.03	274.41
	12	282.94	302.85	189.34	154.02	241.41	5.28
	13	273.23	100.64	339.50	304.45	5.78	96.15
	14	263.52	258.43	129.66	94.87	130.16	187.02
	15	253.80	56.21	279.81	245.29	254.54	277.89
	16	244.09	213.99	69.96	35.70	18.92	8.76
	17	234.37	11.77	220.11	186.12	143.31	99.63
	18	224.65	169.54	10.25	336.53	267.69	190.51
	19	214.92	327.31	160.39	126.93	32.07	281.38
	20	205.20	125.08	310.53	277.34	156.46	12.25
	21	195.47	282.85	100.67	67.74	280.84	103.13
	22	185.74	80.61	250.80	218.14	45.23	194.01
	23	176.00	238.37	40.93	8.53	169.61	284.89
	24	166.27	36.12	191.06	158.93	294.00	15.76
	25	156.53	193.88	341.18	309.32	58.39	106.64
	26	146.79	351.63	131.30	99.71	182.78	197.52
	27	137.04	149.37	281.42	250.09	307.16	288.40
	28	127.30	307.12	71.54	40.47	71.55	19.28
	29	117.55	104.86	221.65	190.85	195.94	110.17
	30	107.80	262.60	11.76	341.23	320.34	201.05
July	1	98.05	60.34	161.87	131.60	84.73	291.93
	2	88.29	218.08	311.98	281.98	209.12	22.81

FOR 0ʰ DYNAMICAL TIME

Date		Mars	Jupiter			Saturn	
			System I	System II	System III	System I	System III
		°	°	°	°	°	°
July	1	98.05	60.34	161.87	131.60	84.73	291.93
	2	88.29	218.08	311.98	281.98	209.12	22.81
	3	78.54	15.81	102.08	72.35	333.51	113.70
	4	68.78	173.54	252.18	222.71	97.90	204.58
	5	59.02	331.27	42.28	13.08	222.30	295.47
	6	49.26	129.00	192.38	163.44	346.69	26.35
	7	39.49	286.72	342.47	313.80	111.08	117.24
	8	29.73	84.44	132.56	104.16	235.48	208.12
	9	19.96	242.16	282.65	254.52	359.87	299.01
	10	10.19	39.88	72.74	44.87	124.27	29.89
	11	0.41	197.59	222.83	195.22	248.66	120.78
	12	350.64	355.31	12.91	345.57	13.05	211.67
	13	340.86	153.02	162.99	135.92	137.45	302.55
	14	331.08	310.73	313.07	286.27	261.84	33.44
	15	321.30	108.44	103.15	76.61	26.24	124.33
	16	311.52	266.14	253.23	226.95	150.63	215.21
	17	301.74	63.84	43.30	17.29	275.03	306.10
	18	291.95	221.55	193.38	167.63	39.42	36.99
	19	282.17	19.25	343.45	317.97	163.82	127.87
	20	272.38	176.95	133.52	108.30	288.21	218.76
	21	262.59	334.64	283.58	258.64	52.61	309.65
	22	252.79	132.34	73.65	48.97	177.00	40.53
	23	243.00	290.03	223.71	199.30	301.39	131.42
	24	233.20	87.72	13.78	349.63	65.79	222.30
	25	223.41	245.41	163.84	139.96	190.18	313.19
	26	213.61	43.10	313.90	290.28	314.57	44.07
	27	203.81	200.79	103.96	80.61	78.96	134.96
	28	194.01	358.48	254.01	230.93	203.36	225.84
	29	184.21	156.16	44.07	21.25	327.75	316.73
	30	174.40	313.85	194.12	171.57	92.14	47.61
	31	164.60	111.53	344.18	321.89	216.53	138.49
Aug.	1	154.79	269.21	134.23	112.21	340.92	229.37
	2	144.99	66.89	284.28	262.52	105.30	320.26
	3	135.18	224.57	74.33	52.84	229.69	51.14
	4	125.37	22.25	224.38	203.15	354.08	142.02
	5	115.56	179.92	14.42	353.47	118.47	232.89
	6	105.75	337.60	164.47	143.78	242.85	323.77
	7	95.94	135.27	314.52	294.09	7.24	54.65
	8	86.13	292.95	104.56	84.40	131.62	145.53
	9	76.31	90.62	254.60	234.71	256.00	236.40
	10	66.50	248.29	44.65	25.02	20.38	327.28
	11	56.68	45.96	194.69	175.33	144.76	58.15
	12	46.87	203.63	344.73	325.63	269.14	149.03
	13	37.05	1.30	134.77	115.94	33.52	239.90
	14	27.24	158.97	284.81	266.24	157.90	330.77
	15	17.42	316.64	74.85	56.55	282.28	61.64
	16	7.60	114.31	224.88	206.85	46.65	152.51

FOR 0ʰ DYNAMICAL TIME

Date		Mars	Jupiter			Saturn	
			System I	System II	System III	System I	System III
Aug.	16	7.60	114.31	224.88	206.85	46.65	152.51
	17	357.78	271.97	14.92	357.16	171.02	243.37
	18	347.96	69.64	164.96	147.46	295.40	334.24
	19	338.14	227.30	314.99	297.76	59.77	65.10
	20	328.32	24.97	105.03	88.06	184.14	155.97
	21	318.50	182.63	255.06	238.36	308.50	246.83
	22	308.68	340.30	45.10	28.66	72.87	337.69
	23	298.86	137.96	195.13	178.96	197.24	68.55
	24	289.04	295.62	345.16	329.26	321.60	159.41
	25	279.22	93.29	135.20	119.56	85.96	250.26
	26	269.40	250.95	285.23	269.86	210.32	341.12
	27	259.58	48.61	75.26	60.16	334.68	71.97
	28	249.76	206.27	225.29	210.46	99.04	162.82
	29	239.93	3.93	15.33	0.75	223.39	253.67
	30	230.11	161.59	165.36	151.05	347.74	344.52
	31	220.29	319.26	315.39	301.35	112.10	75.36
Sept.	1	210.47	116.92	105.42	91.65	236.45	166.21
	2	200.65	274.58	255.45	241.94	0.79	257.05
	3	190.83	72.24	45.48	32.24	125.14	347.89
	4	181.01	229.90	195.51	182.54	249.48	78.73
	5	171.19	27.56	345.54	332.83	13.83	169.57
	6	161.37	185.22	135.58	123.13	138.17	260.40
	7	151.55	342.88	285.61	273.43	262.51	351.24
	8	141.73	140.54	75.64	63.72	26.84	82.07
	9	131.92	298.20	225.67	214.02	151.18	172.90
	10	122.10	95.86	15.70	4.32	275.51	263.73
	11	112.28	253.52	165.73	154.61	39.84	354.55
	12	102.46	51.18	315.76	304.91	164.17	85.37
	13	92.65	208.84	105.79	95.21	288.50	176.20
	14	82.83	6.50	255.82	245.51	52.82	267.02
	15	73.01	164.17	45.85	35.80	177.14	357.83
	16	63.20	321.83	195.89	186.10	301.46	88.65
	17	53.39	119.49	345.92	336.40	65.78	179.46
	18	43.57	277.15	135.95	126.70	190.09	270.27
	19	33.76	74.81	285.98	277.00	314.41	1.08
	20	23.95	232.48	76.02	67.30	78.72	91.89
	21	14.13	30.14	226.05	217.60	203.03	182.69
	22	4.32	187.80	16.08	7.90	327.33	273.49
	23	354.51	345.47	166.12	158.20	91.64	4.29
	24	344.70	143.13	316.15	308.50	215.94	95.09
	25	334.89	300.80	106.19	98.80	340.24	185.89
	26	325.09	98.46	256.23	249.10	104.54	276.68
	27	315.28	256.13	46.26	39.40	228.83	7.47
	28	305.47	53.80	196.30	189.71	353.13	98.26
	29	295.67	211.46	346.34	340.01	117.42	189.05
	30	285.86	9.13	136.37	130.31	241.70	279.83
Oct.	1	276.06	166.80	286.41	280.62	5.99	10.61

Date		Mars	Jupiter			Saturn	
			System I	System II	System III	System I	System III
Oct.	1	276.06	166.80	286.41	280.62	5.99	10.61
	2	266.26	324.47	76.45	70.92	130.27	101.39
	3	256.46	122.14	226.49	221.23	254.55	192.17
	4	246.66	279.81	16.53	11.54	18.83	282.95
	5	236.85	77.48	166.58	161.84	143.11	13.72
	6	227.06	235.15	316.62	312.15	267.38	104.49
	7	217.26	32.83	106.66	102.46	31.66	195.26
	8	207.46	190.50	256.71	252.77	155.93	286.02
	9	197.66	348.18	46.75	43.08	280.19	16.79
	10	187.87	145.85	196.80	193.39	44.46	107.55
	11	178.07	303.53	346.84	343.71	168.72	198.31
	12	168.28	101.21	136.89	134.02	292.98	289.07
	13	158.49	258.88	286.94	284.33	57.24	19.82
	14	148.69	56.56	76.99	74.65	181.50	110.57
	15	138.90	214.24	227.04	224.96	305.75	201.32
	16	129.11	11.92	17.09	15.28	70.00	292.07
	17	119.32	169.61	167.14	165.60	194.25	22.82
	18	109.53	327.29	317.19	315.92	318.50	113.56
	19	99.74	124.97	107.25	106.24	82.74	204.30
	20	89.96	282.66	257.30	256.56	206.98	295.04
	21	80.17	80.34	47.36	46.88	331.22	25.78
	22	70.38	238.03	197.42	197.21	95.46	116.51
	23	60.60	35.72	347.47	347.53	219.70	207.25
	24	50.82	193.41	137.53	137.86	343.93	297.98
	25	41.03	351.10	287.60	288.18	108.16	28.70
	26	31.25	148.79	77.66	78.51	232.39	119.43
	27	21.47	306.49	227.72	228.84	356.62	210.15
	28	11.69	104.18	17.79	19.17	120.85	300.88
	29	1.91	261.88	167.85	169.50	245.07	31.60
	30	352.13	59.58	317.92	319.84	9.29	122.32
	31	342.35	217.27	107.99	110.17	133.51	213.03
Nov.	1	332.57	14.97	258.06	260.51	257.73	303.75
	2	322.79	172.68	48.13	50.85	21.94	34.46
	3	313.02	330.38	198.20	201.18	146.16	125.17
	4	303.24	128.08	348.28	351.52	270.37	215.88
	5	293.46	285.79	138.35	141.86	34.58	306.58
	6	283.69	83.50	288.43	292.21	158.78	37.29
	7	273.91	241.20	78.51	82.55	282.99	127.99
	8	264.14	38.91	228.59	232.90	47.20	218.69
	9	254.37	196.62	18.67	23.24	171.40	309.39
	10	244.59	354.34	168.75	173.59	295.60	40.09
	11	234.82	152.05	318.83	323.94	59.80	130.79
	12	225.05	309.77	108.92	114.29	183.99	221.48
	13	215.27	107.49	259.01	264.65	308.19	312.17
	14	205.50	265.20	49.09	55.00	72.38	42.86
	15	195.73	62.92	199.19	205.36	196.58	133.55
	16	185.96	220.65	349.28	355.72	320.77	224.24

FOR 0ʰ DYNAMICAL TIME

Date		Mars	Jupiter			Saturn	
			System I	System II	System III	System I	System III
Nov.	16	185.96	220.65	349.28	355.72	320.77	224.24
	17	176.19	18.37	139.37	146.08	84.96	314.93
	18	166.42	176.10	289.47	296.44	209.14	45.61
	19	156.65	333.82	79.56	86.80	333.33	136.30
	20	146.87	131.55	229.66	237.17	97.51	226.98
	21	137.10	289.28	19.76	27.53	221.70	317.66
	22	127.33	87.02	169.87	177.90	345.88	48.34
	23	117.56	244.75	319.97	328.27	110.06	139.01
	24	107.79	42.49	110.08	118.64	234.24	229.69
	25	98.02	200.23	260.18	269.02	358.42	320.36
	26	88.25	357.97	50.29	59.39	122.59	51.04
	27	78.48	155.71	200.40	209.77	246.77	141.71
	28	68.71	313.45	350.52	0.15	10.94	232.38
	29	58.94	111.20	140.63	150.53	135.12	323.05
	30	49.17	268.94	290.75	300.91	259.29	53.72
Dec.	1	39.40	66.69	80.87	91.30	23.46	144.39
	2	29.63	224.44	230.99	241.68	147.63	235.06
	3	19.86	22.20	21.11	32.07	271.80	325.72
	4	10.08	179.95	171.23	182.46	35.96	56.39
	5	0.31	337.71	321.36	332.86	160.13	147.05
	6	350.54	135.47	111.49	123.25	284.30	237.71
	7	340.76	293.23	261.62	273.65	48.46	328.38
	8	330.99	90.99	51.75	64.05	172.63	59.04
	9	321.22	248.76	201.89	214.45	296.79	149.70
	10	311.44	46.52	352.02	4.85	60.95	240.36
	11	301.66	204.29	142.16	155.25	185.11	331.01
	12	291.89	2.06	292.30	305.66	309.27	61.67
	13	282.11	159.84	82.45	96.07	73.44	152.33
	14	272.33	317.61	232.59	246.48	197.60	242.99
	15	262.55	115.39	22.74	36.89	321.75	333.64
	16	252.77	273.17	172.89	187.31	85.91	64.30
	17	242.99	70.95	323.04	337.73	210.07	154.95
	18	233.21	228.74	113.19	128.15	334.23	245.61
	19	223.43	26.52	263.35	278.57	98.39	336.26
	20	213.65	184.31	53.51	68.99	222.54	66.91
	21	203.86	342.10	203.67	219.42	346.70	157.57
	22	194.08	139.90	353.83	9.85	110.85	248.22
	23	184.29	297.69	144.00	160.28	235.01	338.87
	24	174.50	95.49	294.16	310.71	359.16	69.52
	25	164.71	253.29	84.33	101.15	123.32	160.17
	26	154.92	51.09	234.51	251.59	247.47	250.83
	27	145.13	208.90	24.68	42.03	11.63	341.48
	28	135.34	6.71	174.86	192.47	135.78	72.13
	29	125.55	164.52	325.04	342.92	259.94	162.78
	30	115.75	322.33	115.22	133.36	24.09	253.43
	31	105.95	120.14	265.40	283.81	148.25	344.08
	32	96.16	277.96	55.59	74.27	272.40	74.73

ROTATION ELEMENTS FOR MEAN EQUINOX AND EQUATOR OF DATE
ON 1993 JANUARY 0 AT 0^h TDT

		North Pole Right Ascension α_1	North Pole Declin- ation δ_1	Argument of Prime Meridian at epoch W_0	Argument of Prime Meridian var./day $\dot{W}$	Longitude of Central Meridian λ_c	Inclination of Equator to Orbit
		°	°	°	°	°	°
Mercury		280.99	61.44	110.49	6.1385025	34.48	0.00
Venus		272.69	67.17	348.89	− 1.4813291	154.22	177.34
Mars		317.63	52.86	250.62	350.8919830	1.56	25.19
Jupiter	I	268.04	64.49	157.85	877.900	115.23	3.13
	II	268.04	64.49	207.77	870.270	165.39	3.13
	III	268.04	64.49	129.13	870.536	86.74	3.13
Saturn	III	40.27	83.51	33.49	810.7939024	333.06	26.72
Uranus		257.33	−15.09	320.75	−501.1600928	140.70	97.86
Neptune		298.46	40.73	50.95	483.7625981	243.01	30.20
Pluto		311.54	4.15	43.59	− 56.364	312.83	117.58

These data were derived from the "Report of the IAU/IAG/COSPAR Working Group on Cartographic Coordinates and Rotational Elements of the Planets and Satellites: 1988" (Davies *et al.*, *Celest. Mech.*, 46, 187–204, 1989).

DEFINITIONS AND FORMULAS

α_1, δ_1 right ascension and declination of the north pole of the planet; variations during one year are negligible.

W_0 the angle measured from the planet's equator in the positive sense with respect to the planet's north pole from the ascending node of the planet's equator on the Earth's mean equator of date to the prime meridian of the planet.

$\dot{W}$ the daily rate of change of W_0. The sidereal periods of rotation are given on page E88.

α, δ, Δ apparent right ascension, declination and true distance of the planet at the time of observation (pages E14–E42).

W_1 argument of the prime meridian at the time of observation antedated by the light-time from the planet to the Earth.

$$W_1 = W_0 + \dot{W} (d - 0.005\ 7755\ \Delta)$$

where d is the interval in days from Jan. 0 at 0^h TDT.

β_e planetocentric declination of the Earth, positive in the planet's northern hemisphere:

$$\sin \beta_e = -\sin \delta_1 \sin \delta - \cos \delta_1 \cos \delta \cos (\alpha_1 - \alpha), \text{ where } -90° < \beta_e < 90°.$$

p_n position angle of the central meridian, also called the position angle of the axis, measured eastwards from the north point:

$$\cos \beta_e \sin p_n = \cos \delta_1 \sin(\alpha_1 - \alpha)$$
$$\cos \beta_e \cos p_n = \sin \delta_1 \cos \delta - \cos \delta_1 \sin \delta \cos (\alpha_1 - \alpha), \text{ where } \cos \beta_e > 0.$$

λ_c planetographic longitude of the central meridian measured in the direction opposite to the direction of rotation:

$$\lambda_c = W_1 - K, \text{ if } \dot{W} \text{ is positive}$$
$$\lambda_c = K - W_1, \text{ if } \dot{W} \text{ is negative}$$

where K is given by

$$\cos \beta_e \sin K = -\cos \delta_1 \sin \delta + \sin \delta_1 \cos \delta \cos (\alpha_1 - \alpha)$$
$$\cos \beta_e \cos K = \cos \delta \sin (\alpha_1 - \alpha), \text{ where } \cos \beta_e > 0.$$

λ, φ planetographic longitude (measured in the direction opposite to the rotation) and latitude (measured positive to the planet's north) of a feature on the planet's surface.

s apparent semidiameter of the planet (see page E43).

$\Delta\alpha, \Delta\delta$ displacements in right ascension and declination of the feature (λ, φ) from the center of the planet:

$$\Delta\alpha \cos \delta = X \cos p_n + Y \sin p_n$$
$$\Delta\delta = -X \sin p_n + Y \cos p_n$$

where $X = s \cos \varphi \sin (\lambda - \lambda_c)$, if $\dot{W} > 0$; $X = -s \cos \varphi \sin (\lambda - \lambda_c)$, if $\dot{W} < 0$;

$Y = s (\sin \varphi \cos \beta_e - \cos \varphi \sin \beta_e \cos (\lambda - \lambda_c))$.

MAJOR PLANETS

PHYSICAL AND PHOTOMETRIC DATA

Planet	Mass[1] ×10²⁴ kg	Mean Equatorial Radius km	Maximum Angular Diameter[2] "	Minimum Geocentric Distance[3] au	Flattening[4] (geometric)	$10^3 J_2$	$10^6 J_3$	$10^8 J_4$
Mercury	0.330 22	2 439	11.0	0.613	0	—	—	—
Venus	4.869 0	6 052	60.2	0.277	0	0.027	—	—
Earth	5.974 2	6 378.140	—	—	0.003 352 81	1.082 63	-2.54	-1.61
(Moon)	0.073 483	1 738	1 864.8	0.002 57	0	0.202 7	—	—
Mars	0.641 91	3 397.4	17.9	0.524	0.005 186 5	1.964	36	—
Jupiter	1 898.8	71 492.4	46.8	4.203	0.064 808 8	14.75	—	-580
Saturn	568.50	60 268.4	19.4	8.539	0.107 620 9	16.45	—	-1 000
Uranus	86.625	25 559.4	3.9	18.182	0.030	12	—	—
Neptune	102.78	25 269.10	2.3	29.06	0.025 9	4	—	—
Pluto	0.015	1 160	0.1	38.44	0	—	—	—

Planet	Sidereal Period of Rotation[5] d	Inclination of Equator to Orbit °	Mean Density g/cm³	Geometric Albedo[6]	Visual Magnitude[7] V(1,0)	V_0	B−V	U−B
Mercury	58.646 2	0.0	5.43	0.106	-0.42	—	0.93	0.41
Venus	-243.01	177.3	5.24	0.65	-4.40	—	0.82	0.50
Earth	0.997 269 68	23.45	5.515	0.367	-3.86	—	—	—
(Moon)	27.321 66	6.68	3.34	0.12	+0.21	-12.74	0.92	0.46
Mars	1.025 956 75	25.19	3.94	0.150	-1.52	-2.01	1.36	0.58
Jupiter	0.413 54 (System III)	3.12	1.33	0.52	-9.40	-2.70	0.83	0.48
Saturn	0.444 01 (System III)	26.73	0.70	0.47	-8.88	+0.67	1.04	0.58
Uranus	-0.65	97.86	1.30	0.51	-7.19	+5.52	0.56	0.28
Neptune	0.768	29.56	1.76	0.41	-6.87	+7.84	0.41	0.21
Pluto	-6.386 7	118.?	1.1	0.3:	-1.0	+15.12	0.80	0.31

[1] Values for the masses include the atmospheres but exclude satellites.

[2] The tabulated Maximum Angular Diameter is the diameter when the planet is at the tabulated Minimum Geocentric Distance.

[3] For Mercury and Venus the tabulated Minimum Geocentric Distance is the mean distance of the planet at inferior conjunction; for the outer planets it is the mean distance at opposition.

[4] The Flattening is the ratio of the difference of the equatorial and polar radii to the equatorial radius.

[5] Sidereal Period of Rotation is the rotation at the equator with respect to a fixed frame of reference. A negative sign indicates that the rotation is retrograde with respect to the pole that lies north of the invariable plane of the solar system. The period is measured in days of 86 400 SI seconds. Rotation elements are tabulated on page E87.

[6] The Geometric Albedo is the ratio of the illumination of the planet at zero phase angle to the illumination produced by a plane, absolutely white Lambert surface of the same radius and position as the planet.

[7] V(1,0) is the visual magnitude of the planet reduced to a distance of 1 au from both the Sun and Earth and with phase angle zero. V_0 is the mean opposition magnitude. For Saturn the photometric quantities refer to the disk only.

Data for the Mean Equatorial Radius, Flattening, Sidereal Period of Rotation, and Inclination of Equator to Orbit are based on the "Report of the IAU/IAG/Cospar Working Group on Cartographic Coordinates and Rotational Elements of the Planets and Satellites: 1988" (M. E. Davies *et al.*, *Celest. Mech.*, **46**, 187–204, 1989). The data on this page are the best values available at the time of publication. They are not necessarily those used in preparing the ephemerides. The constants used in preparing the ephemerides are given on pages K6 and K7.

CONTENTS OF SECTION F

The satellite ephemerides were calculated using $\Delta T = 58$ seconds.

Satellite		Orbital Period[1] (R = Retrograde)	Max. Elong. at Mean Opposition	Semimajor Axis	Orbital Eccentricity	Inclination of Orbit to Planet's Equator	Motion of Node on Fixed Plane[4]
		d	° ′ ″	×10³ km		°	°/yr
Earth		Moon	27.321 661		384.400	0.054 900 489	18.28–28.58	19.34[6]
Mars	I	Phobos	0.318 910 23	25	9.378	0.015	1.0	158.8
	II	Deimos	1.262 4407	1 02	23.459	0.000 5	0.9–2.7	6.614
Jupiter	I	Io	1.769 137 786	2 18	422	0.004	0.04	48.6
	II	Europa	3.551 181 041	3 40	671	0.009	0.47	12.0
	III	Ganymede	7.154 552 96	5 51	1 070	0.002	0.21	2.63
	IV	Callisto	16.689 018 4	10 18	1 883	0.007	0.51	0.643
	V	Amalthea	0.498 179 05	59	181	0.003	0.40	914.6
	VI	Himalia	250.566 2	1 02 46	11 480	0.157 98	27.63	
	VII	Elara	259.652 8	1 04 10	11 737	0.207 19	24.77	
	VIII	Pasiphae	735. R	2 08 26	23 500	0.378	145	
	IX	Sinope	758. R	2 09 31	23 700	0.275	153	
	X	Lysithea	259.22	1 04 04	11 720	0.107	29.02	
	XI	Carme	692. R	2 03 31	22 600	0.206 78	164	
	XII	Ananke	631. R	1 55 52	21 200	0.168 70	147	
	XIII	Leda	238.72	1 00 39	11 094	0.147 62	26.07	
	XIV	Thebe	0.674 5	1 13	222	0.015	0.8	
	XV	Adrastea	0.298 26	42	129			
	XVI	Metis	0.294 780	42	128			
Saturn	I	Mimas	0.942 421 813	30	185.52	0.020 2	1.53	365.0
	II	Enceladus	1.370 217 855	38	238.02	0.004 52	0.00	156.2[5]
	III	Tethys	1.887 802 160	48	294.66	0.000 00	1.86	72.25
	IV	Dione	2.736 914 742	1 01	377.40	0.002 230	0.02	30.85[5]
	V	Rhea	4.517 500 436	1 25	527.04	0.001 00	0.35	10.16
	VI	Titan	15.945 420 68	3 17	1 221.83	0.029 192	0.33	0.5213[5]
	VII	Hyperion	21.276 608 8	3 59	1 481.1	0.104	0.43	
	VIII	Iapetus	79.330 182 5	9 35	3 561.3	0.028 28	14.72	
	IX	Phoebe	550.48 R	34 51	12 952	0.163 26	177.2[2]	
	X	Janus	0.694 5	24	151.472	0.007	0.14	
	XI	Epimetheus	0.694 2	24	151.422	0.009	0.34	
	XII	Helene	2.736 9	1 01	377.40	0.005	0.0	
	XIII	Telesto	1.887 8	48	294.66			
	XIV	Calypso	1.887 8	48	294.66			
	XV	Atlas	0.601 9	22	137.670	0.000	0.3	
	XVI	Prometheus	0.613 0	23	139.353	0.003	0.0	
	XVII	Pandora	0.628 5	23	141.700	0.004	0.0	
Uranus	I	Ariel	2.520 379 35	14	191.02	0.003 4	0.3	6.8
	II	Umbriel	4.144 177 2	20	266.30	0.005 0	0.36	3.6
	III	Titania	8.705 871 7	33	435.91	0.002 2	0.14	2.0
	IV	Oberon	13.463 238 9	44	583.52	0.000 8	0.10	1.4
	V	Miranda	1.413 479 25	10	129.39	0.002 7	4.2	19.8
	VI	Cordelia	0.335 033	4	49.77	<0.001	0.1	550.
	VII	Ophelia	0.376 409	4	53.79	0.010	0.1	419.
	VIII	Bianca	0.434 577	4	59.17	<0.001	0.2	229.
	IX	Cressida	0.463 570	5	61.78	<0.001	0.0	257.
	X	Desdemona	0.473 651	5	62.68	<0.001	0.2	245.
	XI	Juliet	0.493 066	5	64.35	<0.001	0.1	223.
	XII	Portia	0.513 196	5	66.09	<0.001	0.1	203.
	XIII	Rosalind	0.558 459	5	69.94	<0.001	0.3	129.
	XIV	Belinda	0.623 525	6	75.26	<0.001	0.0	167.
	XV	Puck	0.761 832	7	86.01	<0.001	0.31	81.
Neptune	I	Triton	5.876 854 1 R	17	354.76	0.000 016	157.345	0.5232
	II	Nereid	360.13619	4 21	5 513.4	0.751 2	27.6[3]	0.039
		1989N1	1.122316	6	117.65	<0.001	0.55	0.5232
		1989N2	0.554654	3	73.55	0.001 4	0.20	143.
		1989N3	0.334655	2	52.53	<0.001	0.07	466.
		1989N4	0.428745	3	61.95	<0.001	0.05	261.
		1989N5	0.311485	2	50.07	<0.001	0.21	551.
		1989N6	0.294396	2	48.23	<0.001	4.74	626.
Pluto	I	Charon	6.387 25	<1	19.6	<0.001	99.3[3]	

[1] Sidereal periods, except that tropical periods are given for satellites of Saturn.
[2] Relative to ecliptic plane.
[3] Referred to equator of 1950.0.
[4] Rate of decrease (or increase) in the longitude of the ascending node.
[5] Rate of increase in the longitude of the apse.
[6] On the ecliptic plane.

Satellite		Mass (1/Planet)	Radius	Sidereal Period of Rotation[7]	Geometric Albedo (V)[9]	$V(1,0)$	V_0	$B-V$	$U-B$
			km	d					
	Moon	0.01230002	1738	S	0.12	+ 0.21	− 12.74	0.92	0.46
I	Phobos	1.5×10^{-8}	$13.5 \times 10.8 \times 9.4$	S	0.06	+11.8	11.3	0.6	
II	Deimos	3×10^{-9}	$7.5 \times 6.1 \times 5.5$	S	0.07	+12.89	12.40	0.65	0.18
I	Io	4.68×10^{-5}	1815	S	0.61	− 1.68	5.02	1.17	1.30
II	Europa	2.52×10^{-5}	1569	S	0.64	− 1.41	5.29	0.87	0.52
III	Ganymede	7.80×10^{-5}	2631	S	0.42	− 2.09	4.61	0.83	0.50
IV	Callisto	5.66×10^{-5}	2400	S	0.20	− 1.05	5.65	0.86	0.55
V	Amalthea	38×10^{-10}	$135 \times 83 \times 75$	S	0.05	+ 7.4	14.1	1.50	
VI	Himalia	50×10^{-10}	93	0.4	0.03	+ 8.14	14.84	0.67	0.30
VII	Elara	4×10^{-10}	38	0.5	0.03	+10.07	16.77	0.69	0.28
VIII	Pasiphae	1×10^{-10}	25			+10.33	17.03	0.63	0.34
IX	Sinope	0.4×10^{-10}	18			+11.6	18.3	0.7	
X	Lysithea	0.4×10^{-10}	18			+11.7	18.4	0.7	
XI	Carme	0.5×10^{-10}	20			+11.3	18.0	0.7	
XII	Ananke	0.2×10^{-10}	15			+12.2	18.9	0.7	
XIII	Leda	0.03×10^{-10}	8			+13.5	20.2	0.7	
XIV	Thebe	4×10^{-10}	55×45	S	0.05	+ 9.0	15.7	1.3	
XV	Adrastea	0.1×10^{-10}	$12.5 10 \times 7.5$		0.05	+12.4	19.1		
XVI	Metis	0.5×10^{-10}	20		0.05	+10.8	17.5		
I	Mimas	8.0×10^{-8}	196	S	0.5	+ 3.3	12.9		
II	Enceladus	1.3×10^{-7}	250	S	1.0	+ 2.1	11.7	0.70	0.28
III	Tethys	1.3×10^{-6}	530	S	0.9	+ 0.6	10.2	0.73	0.30
IV	Dione	1.85×10^{-6}	560	S	0.7	+ 0.8	10.4	0.71	0.31
V	Rhea	4.4×10^{-6}	765	S	0.7	+ 0.1	9.7	0.78	0.38
VI	Titan	2.38×10^{-4}	2575	S	0.21	− 1.28	8.28	1.28	0.75
VII	Hyperion	3×10^{-8}	$205 \times 130 \times 110$		0.3	+ 4.63	14.19	0.78	0.33
VIII	Iapetus	3.3×10^{-6}	730	S	0.2[8]	+ 1.5	11.1	0.72	0.30
IX	Phoebe	7×10^{-10}	110	0.4	0.06	+ 6.89	16.45	0.70	0.34
X	Janus		$110 \times 100 \times 80$		0.8	+ 4.4 :	14.:		
XI	Epimetheus		$70 \times 60 \times 50$	S	0.8	+ 5.4 :	15.:		
XII	Helene		$18 \times 16 \times 15$		0.7	+ 8.4 :	18.:		
XIII	Telesto		$17 \times 14 \times 13$		0.5	+ 8.9 :	18.5 :		
XIV	Calypso		$17 \times 11 \times 11$		0.6	+ 9.1 :	18.7 :		
XV	Atlas		20×10		0.9	+ 8.4 :	18.:		
XVI	Prometheus		$70 \times 50 \times 40$		0.6	+ 6.4 :	16.:		
XVII	Pandora		$55 \times 45 \times 35$		0.9	+ 6.4 :	16.:		
I	Ariel	1.8×10^{-5}	579	S	0.34	+ 1.45	14.16	0.65	
II	Umbriel	1.2×10^{-5}	586	S	0.18	+ 2.10	14.81	0.68	
III	Titania	6.8×10^{-5}	790	S	0.27	+ 1.02	13.73	0.70	0.28
IV	Oberon	6.9×10^{-5}	762	S	0.24	+ 1.23	13.94	0.68	0.20
V	Miranda	0.2×10^{-5}	240	S	0.27	+ 3.6	16.3		
VI	Cordelia		13		0.07 :	+11.4	24.1		
VII	Ophelia		15		0.07 :	+11.1	23.8		
VIII	Bianca		21		0.07 :	+10.3	23.0		
IX	Cressida		31		0.07 :	+ 9.5	22.2		
X	Desdemona		27		0.07 :	+ 9.8	22.5		
XI	Juliet		42		0.07 :	+ 8.8	21.5		
XII	Portia		54		0.07 :	+ 8.3	21.0		
XIII	Rosalind		27		0.07 :	+ 9.8	22.5		
XIV	Belinda		33		0.07 :	+ 9.4	22.1		
XV	Puck		77		0.07 :	+ 7.5	20.2		
I	Triton	2.09×10^{-4}	1350	S	0.7	− 1.24	13.47	0.72	0.29
II	Nereid	2×10^{-7}	170		0.4	+ 4.0	18.7	0.65	
	1989N1		$218 \times 208 \times 201$		0.06	+ 5.6	20.3		
	1989N2		104×89		0.06	+ 7.3	22.0		
	1989N3		75		0.05	+ 7.9	22.6		
	1989N4		80.:		0.06 :	+ 7.6 :	22.3		
	1989N5		40.:		0.06 :	+ 9.1 :	23.8		
	1989N6		27.:		0.06 :	+10.0 :	24.7		
I	Charon	0.22	593	S	0.5	+ 0.9	16.8		

[7] S = Synchronous, rotation period same as orbital period.
[8] Bright side, 0.5; faint side, 0.05.
[9] $V(\text{Sun}) = -26.8$

SATELLITES OF MARS, 1993

APPARENT ORBITS OF THE SATELLITES ON JAN. 7

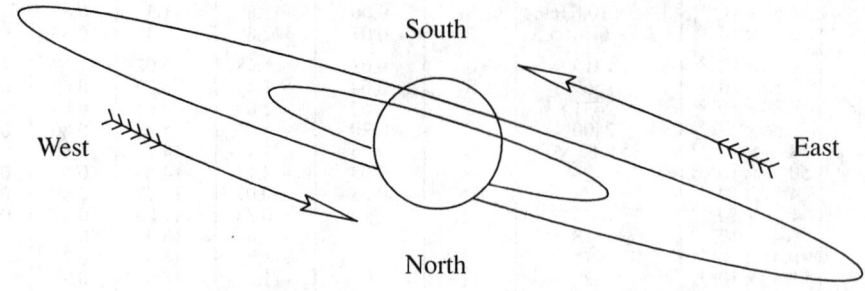

South

West

East

North

	NAME	SIDEREAL PERIOD h m s
I	Phobos	7 39 13.85
II	Deimos	30 17 54.87

DEIMOS

UNIVERSAL TIME OF GREATEST EASTERN ELONGATION

Jan.	Feb.	Mar.	Apr.	May	June	July	Aug.	Sept.	Oct.	Nov.	Dec.
d h	d h	d h	d h	d h	d h	d h	d h	d h	d h	d h	d h
0 16.8	1 05.5	1 00.1	1 14.2	1 22.5	1 06.9	1 15.6	1 00.5	1 15.8	2 00.8	1 09.7	1 18.6
1 23.1	2 11.8	2 06.4	2 20.6	3 04.8	2 13.3	2 22.0	2 06.9	2 22.2	3 07.2	2 16.1	3 01.0
3 05.4	3 18.1	3 12.7	4 02.9	4 11.1	3 19.7	4 04.4	3 13.2	4 04.6	4 13.5	3 22.5	4 07.4
4 11.6	5 00.4	4 19.0	5 09.2	5 17.5	5 02.0	5 10.7	4 19.6	5 10.9	5 19.9	5 04.9	5 13.7
5 17.9	6 06.7	6 01.3	6 15.6	6 23.9	6 08.4	6 17.1	6 02.0	6 17.3	7 02.3	6 11.2	6 20.1
7 00.2	7 12.9	7 07.7	7 21.9	8 06.2	7 14.7	7 23.5	7 08.3	7 23.7	8 08.7	7 17.6	8 02.5
8 06.4	8 19.2	8 14.0	9 04.3	9 12.5	8 21.1	9 05.8	8 14.7	9 06.1	9 15.0	8 23.9	9 08.9
9 12.7	10 01.5	9 20.3	10 10.6	10 18.9	10 03.4	10 12.2	9 21.1	10 12.4	10 21.4	10 06.4	10 15.2
10 18.9	11 07.8	11 02.6	11 16.9	12 01.3	11 09.8	11 18.6	11 03.5	11 18.8	12 03.8	11 12.7	11 21.6
12 01.2	12 14.1	12 08.9	12 23.3	13 07.6	12 16.2	13 00.9	12 09.8	13 01.2	13 10.2	12 19.1	13 04.0
13 07.5	13 20.4	13 15.3	14 05.6	14 13.9	13 22.5	14 07.3	13 16.2	14 07.6	14 16.5	14 01.5	14 10.3
14 13.7	15 02.7	14 21.6	15 11.9	15 20.3	15 04.9	15 13.6	14 22.6	15 13.9	15 22.9	15 07.8	15 16.7
15 20.0	16 09.0	16 03.9	16 18.3	17 02.7	16 11.2	16 20.1	16 05.0	16 20.3	17 05.3	16 14.2	16 23.0
17 02.3	17 15.3	17 10.2	18 00.6	18 09.0	17 17.6	18 02.4	17 11.3	18 02.7	18 11.7	17 20.5	18 05.5
18 08.5	18 21.6	18 16.6	19 07.0	19 15.4	19 00.0	19 08.8	18 17.7	19 09.1	19 18.0	19 02.9	19 11.8
19 14.8	20 03.9	19 22.9	20 13.3	20 21.7	20 06.3	20 15.1	20 00.1	20 15.4	21 00.4	20 09.3	20 18.2
20 21.0	21 10.2	21 05.2	21 19.7	22 04.1	21 12.7	21 21.5	21 06.5	21 21.8	22 06.8	21 15.7	22 00.5
22 03.3	22 16.5	22 11.5	23 02.0	23 10.4	22 19.1	23 03.9	22 12.8	23 04.2	23 13.1	22 22.0	23 06.9
23 09.6	23 22.8	23 17.9	24 08.4	24 16.8	24 01.4	24 10.2	23 19.2	24 10.6	24 19.5	24 04.4	24 13.3
24 15.9	25 05.1	25 00.2	25 14.7	25 23.2	25 07.8	25 16.6	25 01.6	25 16.9	26 01.9	25 10.8	25 19.6
25 22.1	26 11.4	26 06.5	26 21.1	27 05.5	26 14.1	26 23.0	26 08.0	26 23.3	27 08.3	26 17.1	27 02.0
27 04.4	27 17.8	27 12.9	28 03.4	28 11.8	27 20.5	28 05.4	27 14.3	28 05.7	28 14.6	27 23.5	28 08.4
28 10.7		28 19.2	29 09.7	29 18.2	29 02.9	29 11.7	28 20.7	29 12.1	29 21.0	29 05.9	29 14.8
29 17.0		30 01.6	30 16.1	31 00.6	30 09.2	30 18.1	30 03.1	30 18.4	31 03.4	30 12.3	30 21.1
30 23.2		31 07.9					31 09.4				32 03.5

PHOBOS

UNIVERSAL TIME OF EVERY THIRD GREATEST EASTERN ELONGATION

Jan.	Feb.	Mar.	Apr.	May	June	July	Aug.	Sept.	Oct.	Nov.	Dec.
d h	d h	d h	d h	d h	d h	d h	d h	d h	d h	d h	d h
0 02.9	1 15.4	1 09.4	1 00.3	1 15.4	1 06.5	1 21.7	1 13.0	1 04.2	1 19.4	1 10.6	1 02.9
1 01.9	2 14.4	2 08.3	1 23.3	2 14.4	2 05.5	2 20.7	2 11.9	2 03.2	2 18.4	2 09.6	2 01.9
2 00.9	3 13.4	3 07.3	2 22.3	3 13.3	3 04.5	3 19.7	3 10.9	3 02.2	3 17.4	3 08.6	3 00.8
2 23.8	4 12.3	4 06.3	3 21.2	4 12.3	4 03.5	4 18.7	4 09.9	4 01.1	4 16.4	4 07.6	3 23.8
3 22.8	5 11.3	5 05.2	4 20.2	5 11.3	5 02.4	5 17.6	5 08.9	5 00.1	5 15.3	5 06.6	4 22.8
4 21.7	6 10.2	6 04.2	5 19.2	6 10.3	6 01.4	6 16.6	6 07.8	5 23.1	6 14.3	6 05.5	5 21.7
5 20.7	7 09.2	7 03.2	6 18.1	7 09.2	7 00.4	7 15.6	7 06.8	6 22.0	7 13.3	7 04.5	6 20.7
6 19.6	8 08.2	8 02.1	7 17.1	8 08.2	7 23.4	8 14.6	8 05.8	7 21.0	8 12.3	8 03.5	7 19.7
7 18.6	9 07.1	9 01.1	8 16.1	9 07.2	8 22.3	9 13.5	9 04.8	8 20.0	9 11.2	9 02.5	8 18.7
8 17.5	10 06.1	10 00.1	9 15.1	10 06.2	9 21.3	10 12.5	10 03.7	9 19.0	10 10.2	10 01.4	9 17.7
9 16.5	11 05.0	10 23.0	10 14.0	11 05.1	10 20.3	11 11.5	11 02.7	10 18.0	11 09.2	11 00.4	10 16.6
10 15.4	12 04.0	11 22.0	11 13.0	12 04.1	11 19.3	12 10.5	12 01.7	11 16.9	12 08.2	11 23.4	11 15.6
11 14.4	13 03.0	12 21.0	12 12.0	13 03.1	12 18.2	13 09.4	13 00.7	12 15.9	13 07.1	12 22.3	12 14.6
12 13.4	14 01.9	13 19.9	13 10.9	14 02.1	13 17.2	14 08.4	13 23.6	13 14.9	14 06.1	13 21.3	13 13.6
13 12.3	15 00.9	14 18.9	14 09.9	15 01.0	14 16.2	15 07.4	14 22.6	14 13.9	15 05.1	14 20.3	14 12.5
14 11.3	15 23.9	15 17.9	15 08.9	16 00.0	15 15.2	16 06.4	15 21.6	15 12.8	16 04.1	15 19.3	15 11.5
15 10.2	16 22.8	16 16.8	16 07.9	16 23.0	16 14.1	17 05.3	16 20.6	16 11.8	17 03.0	16 18.2	16 10.5
16 09.2	17 21.8	17 15.8	17 06.8	17 21.9	17 13.1	18 04.3	17 19.5	17 10.8	18 02.0	17 17.2	17 09.5
17 08.1	18 20.7	18 14.8	18 05.8	18 20.9	18 12.1	19 03.3	18 18.5	18 09.8	19 01.0	18 16.2	18 08.4
18 07.1	19 19.7	19 13.7	19 04.8	19 19.9	19 11.1	20 02.3	19 17.5	19 08.7	20 00.0	19 15.2	19 07.4
19 06.0	20 18.7	20 12.7	20 03.7	20 18.9	20 10.0	21 01.2	20 16.5	20 07.7	20 22.9	20 14.2	20 06.4
20 05.0	21 17.6	21 11.7	21 02.7	21 17.8	21 09.0	22 00.2	21 15.5	21 06.7	21 21.9	21 13.1	21 05.4
21 04.0	22 16.6	22 10.6	22 01.7	22 16.8	22 08.0	22 23.2	22 14.4	22 05.7	22 20.9	22 12.1	22 04.3
22 02.9	23 15.6	23 09.6	23 00.7	23 15.8	23 07.0	23 22.2	23 13.4	23 04.6	23 19.9	23 11.1	23 03.3
23 01.9	24 14.5	24 08.6	23 23.6	24 14.8	24 05.9	24 21.1	24 12.4	24 03.6	24 18.8	24 10.1	24 02.3
24 00.8	25 13.5	25 07.5	24 22.6	25 13.7	25 04.9	25 20.1	25 11.4	25 02.6	25 17.8	25 09.0	25 01.3
24 23.8	26 12.5	26 06.5	25 21.6	26 12.7	26 03.9	26 19.1	26 10.3	26 01.6	26 16.8	26 08.0	26 00.2
25 22.7	27 11.4	27 05.5	26 20.5	27 11.7	27 02.9	27 18.1	27 09.3	27 00.6	27 15.8	27 07.0	26 23.2
26 21.7	28 10.4	28 04.5	27 19.5	28 10.6	28 01.8	28 17.0	28 08.3	27 23.5	28 14.7	28 06.0	27 22.2
27 20.7		29 03.4	28 18.5	29 09.6	29 00.8	29 16.0	29 07.3	28 22.5	29 13.7	29 04.9	28 21.2
28 19.6		30 02.4	29 17.5	30 08.6	29 23.8	30 15.0	30 06.2	29 21.5	30 12.7	30 03.9	29 20.1
29 18.6		31 01.4	30 16.4	31 07.6	30 22.8	31 14.0	31 05.2	30 20.4	31 11.7		30 19.1
30 17.5											31 18.1
31 16.5											32 17.1

SATELLITES OF MARS, 1993

PHOBOS

APPARENT DISTANCE AND POSITION ANGLE

Day (0ʰ UT)	Jan. a/Δ	P_2	Feb. a/Δ	P_2	Mar. a/Δ	P_2	Apr. a/Δ	P_2	May a/Δ	P_2	June a/Δ	P_2
	"	°	"	°	"	°	"	°	"	°	"	°
1	20.64	+ 1.2	18.17	− 4.8	14.04	− 4.8	10.68	+ 0.4	8.64	+ 8.5	7.31	+18.5
2	20.66	1.0	18.02	4.9	13.91	4.7	10.60	0.6	8.59	8.8	7.28	18.9
3	20.66	0.8	17.88	5.0	13.78	4.6	10.51	0.8	8.54	9.1	7.25	19.2
4	20.66	0.5	17.73	5.1	13.65	4.5	10.43	1.1	8.48	9.4	7.21	19.6
5	20.66	0.3	17.57	5.2	13.52	4.4	10.35	1.3	8.43	9.7	7.18	19.9
6	20.64	+ 0.1	17.42	− 5.2	13.39	− 4.3	10.27	+ 1.5	8.38	+10.0	7.15	+20.3
7	20.62	− 0.2	17.27	5.3	13.27	4.2	10.19	1.8	8.33	10.3	7.12	20.6
8	20.59	0.4	17.12	5.3	13.15	4.0	10.12	2.0	8.29	10.6	7.09	20.9
9	20.56	0.6	16.96	5.4	13.03	3.9	10.04	2.3	8.24	10.9	7.06	21.3
10	20.52	0.9	16.81	5.4	12.91	3.8	9.97	2.5	8.19	11.2	7.03	21.6
11	20.47	− 1.1	16.66	− 5.5	12.79	− 3.6	9.89	+ 2.8	8.14	+11.6	7.00	+22.0
12	20.41	1.3	16.50	5.5	12.67	3.5	9.82	3.1	8.10	11.9	6.97	22.3
13	20.35	1.6	16.35	5.5	12.56	3.3	9.75	3.3	8.05	12.2	6.94	22.7
14	20.28	1.8	16.20	5.5	12.45	3.2	9.68	3.6	8.01	12.5	6.91	23.0
15	20.20	2.0	16.05	5.5	12.33	3.0	9.61	3.9	7.97	12.9	6.88	23.4
16	20.12	− 2.2	15.90	− 5.5	12.22	− 2.8	9.54	+ 4.1	7.92	+13.2	6.85	+23.7
17	20.03	2.4	15.75	5.5	12.12	2.7	9.48	4.4	7.88	13.5	6.83	24.1
18	19.94	2.6	15.60	5.5	12.01	2.5	9.41	4.7	7.84	13.8	6.80	24.4
19	19.84	2.8	15.45	5.4	11.91	2.3	9.35	5.0	7.80	14.2	6.77	24.8
20	19.74	3.0	15.30	5.4	11.80	2.1	9.28	5.2	7.76	14.5	6.75	25.1
21	19.63	− 3.2	15.16	− 5.4	11.70	− 1.9	9.22	+ 5.5	7.72	+14.8	6.72	+25.5
22	19.51	3.4	15.01	5.3	11.60	1.7	9.16	5.8	7.68	15.2	6.70	25.8
23	19.39	3.6	14.87	5.3	11.50	1.6	9.10	6.1	7.64	15.5	6.67	26.2
24	19.27	3.7	14.73	5.2	11.40	1.4	9.04	6.4	7.60	15.8	6.65	26.5
25	19.14	3.9	14.59	5.1	11.31	1.2	8.98	6.7	7.56	16.2	6.62	26.9
26	19.01	− 4.0	14.45	− 5.1	11.21	− 0.9	8.92	+ 7.0	7.52	+16.5	6.60	+27.2
27	18.88	4.2	14.31	5.0	11.12	0.7	8.86	7.3	7.49	16.8	6.57	27.6
28	18.74	4.3	14.17	− 4.9	11.03	0.5	8.81	7.5	7.45	17.2	6.55	27.9
29	18.60	4.5			10.94	0.3	8.75	7.8	7.42	17.5	6.53	28.3
30	18.46	4.6			10.85	− 0.1	8.70	+ 8.1	7.38	17.9	6.51	+28.6
31	18.32	− 4.7			10.77	+ 0.1			7.35	+18.2		

Time from Eastern Elongation	F	P_1	Time from Eastern Elongation	F	P_1	Time from Eastern Elongation	F	P_1	Time from Eastern Elongation	F	P_1
h m		°	h m		°	h m		°	h m		°
0 00	1.000	74.0	2 00	0.157	190.9	4 00	0.990	255.1	6 00	0.252	41.1
0 10	0.991	75.1	2 10	0.248	220.4	4 10	0.962	256.3	6 10	0.367	53.0
0 20	0.964	76.3	2 20	0.363	232.7	4 20	0.917	257.5	6 20	0.484	59.2
0 30	0.919	77.5	2 30	0.479	239.0	4 30	0.854	258.9	6 30	0.595	63.0
0 40	0.857	78.9	2 40	0.591	242.9	4 40	0.777	260.6	6 40	0.697	65.6
0 50	0.780	80.5	2 50	0.693	245.5	4 50	0.685	262.6	6 50	0.786	67.6
1 00	0.689	82.6	3 00	0.783	247.6	5 00	0.583	265.4	7 00	0.862	69.2
1 10	0.587	85.3	3 10	0.860	249.2	5 10	0.471	269.4	7 10	0.923	70.6
1 20	0.475	89.2	3 20	0.921	250.6	5 20	0.354	276.0	7 20	0.966	71.8
1 30	0.358	95.6	3 30	0.965	251.8	5 30	0.239	289.0	7 30	0.992	73.0
1 40	0.244	108.3	3 40	0.992	252.9	5 40	0.152	320.6	7 40	1.000	74.1
1 50	0.154	138.8	3 50	1.000	254.0	5 50	0.159	12.6			

PHOBOS

APPARENT DISTANCE AND POSITION ANGLE

Day (0ʰ UT)	July a/Δ	July p_2	Aug. a/Δ	Aug. p_2	Sept. a/Δ	Sept. p_2	Oct. a/Δ	Oct. p_2	Nov. a/Δ	Nov. p_2	Dec. a/Δ	Dec. p_2
	"	°	"	°	"	°	"	°	"	°	"	°
1	6.48	+29.0	5.93	+39.3	5.58	+47.9	5.38	+52.8	5.29	+53.0	5.28	+47.8
2	6.46	29.3	5.91	39.6	5.57	48.1	5.37	52.9	5.29	52.9	5.28	47.5
3	6.44	29.6	5.90	39.9	5.56	48.3	5.37	53.0	5.28	52.8	5.28	47.3
4	6.42	30.0	5.88	40.3	5.55	48.5	5.37	53.1	5.28	52.7	5.29	47.0
5	6.40	30.3	5.87	40.6	5.54	48.8	5.36	53.1	5.28	52.6	5.29	46.7
6	6.38	+30.7	5.86	+40.9	5.53	+49.0	5.36	+53.2	5.28	+52.5	5.29	+46.5
7	6.36	31.0	5.84	41.2	5.53	49.2	5.35	53.3	5.28	52.4	5.29	46.2
8	6.34	31.4	5.83	41.5	5.52	49.4	5.35	53.3	5.28	52.3	5.29	45.9
9	6.32	31.7	5.82	41.8	5.51	49.6	5.35	53.4	5.28	52.1	5.29	45.6
10	6.30	32.1	5.81	42.1	5.50	49.8	5.34	53.4	5.28	52.0	5.29	45.3
11	6.28	+32.4	5.79	+42.4	5.50	+50.0	5.34	+53.5	5.28	+51.8	5.30	+45.0
12	6.26	32.7	5.78	42.7	5.49	50.2	5.33	53.5	5.28	51.7	5.30	44.7
13	6.24	33.1	5.77	42.9	5.48	50.3	5.33	53.5	5.28	51.5	5.30	44.3
14	6.22	33.4	5.76	43.2	5.48	50.5	5.33	53.6	5.28	51.4	5.30	44.0
15	6.20	33.8	5.75	43.5	5.47	50.7	5.32	53.6	5.28	51.2	5.30	43.7
16	6.18	+34.1	5.74	+43.8	5.46	+50.9	5.32	+53.6	5.28	+51.1	5.30	+43.4
17	6.17	34.4	5.72	44.1	5.46	51.0	5.32	53.6	5.28	50.9	5.31	43.0
18	6.15	34.8	5.71	44.3	5.45	51.2	5.32	53.6	5.28	50.7	5.31	42.7
19	6.13	35.1	5.70	44.6	5.44	51.3	5.31	53.6	5.28	50.5	5.31	42.4
20	6.11	35.4	5.69	44.9	5.44	51.5	5.31	53.6	5.28	50.3	5.31	42.0
21	6.10	+35.8	5.68	+45.2	5.43	+51.6	5.31	+53.6	5.28	+50.1	5.31	+41.7
22	6.08	36.1	5.67	45.4	5.43	51.8	5.31	53.5	5.28	49.9	5.32	41.3
23	6.06	36.4	5.66	45.7	5.42	51.9	5.30	53.5	5.28	49.7	5.32	40.9
24	6.05	36.8	5.65	45.9	5.41	52.0	5.30	53.5	5.28	49.5	5.32	40.6
25	6.03	37.1	5.64	46.2	5.41	52.2	5.30	53.4	5.28	49.3	5.32	40.2
26	6.02	+37.4	5.63	+46.4	5.40	+52.3	5.30	+53.4	5.28	+49.0	5.33	+39.8
27	6.00	37.7	5.62	46.7	5.40	52.4	5.30	53.3	5.28	48.8	5.33	39.5
28	5.99	38.1	5.61	46.9	5.39	52.5	5.29	53.3	5.28	48.6	5.33	39.1
29	5.97	38.4	5.60	47.2	5.39	52.6	5.29	53.2	5.28	48.3	5.33	38.7
30	5.96	38.7	5.59	47.4	5.38	+52.7	5.29	53.2	5.28	+48.1	5.34	38.3
31	5.94	+39.0	5.58	+47.6			5.29	+53.1			5.34	+37.9

Apparent distance of satellite: $s = Fa/\Delta$

Position angle of satellite: $p = p_1 + p_2$

The differences of right ascension and declination, in the sense "satellite minus primary," are approximately

$$\Delta\alpha = s \sin p \, \sec (\delta + \Delta\delta)$$
$$\Delta\delta = s \cos p$$

SATELLITES OF MARS, 1993

DEIMOS

APPARENT DISTANCE AND POSITION ANGLE

Day (0ʰ UT)	Jan. a/Δ	Jan. p_2	Feb. a/Δ	Feb. p_2	Mar. a/Δ	Mar. p_2	Apr. a/Δ	Apr. p_2	May a/Δ	May p_2	June a/Δ	June p_2
	″	°	″	°	″	°	″	°	″	°	″	°
1	51.65	+ 1.8	45.47	− 4.0	35.13	− 4.2	26.72	+ 0.5	21.62	+ 8.0	18.30	+17.6
2	51.68	1.6	45.10	4.1	34.80	4.1	26.51	0.7	21.49	8.3	18.21	17.9
3	51.70	1.4	44.73	4.2	34.47	4.0	26.30	0.9	21.36	8.6	18.13	18.2
4	51.70	1.2	44.35	4.3	34.15	3.9	26.10	1.1	21.23	8.8	18.05	18.6
5	51.69	0.9	43.97	4.3	33.83	3.8	25.90	1.4	21.10	9.1	17.97	18.9
6	51.65	+ 0.7	43.59	− 4.4	33.51	− 3.7	25.70	+ 1.6	20.98	+ 9.4	17.89	+19.2
7	51.60	0.5	43.21	4.5	33.20	3.6	25.50	1.8	20.85	9.7	17.81	19.6
8	51.53	+ 0.3	42.83	4.5	32.89	3.5	25.31	2.0	20.73	10.0	17.73	19.9
9	51.44	0.0	42.45	4.6	32.59	3.4	25.12	2.3	20.61	10.3	17.66	20.2
10	51.33	− 0.2	42.06	4.6	32.29	3.2	24.94	2.5	20.50	10.6	17.58	20.6
11	51.21	− 0.4	41.68	− 4.7	32.00	− 3.1	24.75	+ 2.7	20.38	+10.9	17.51	+20.9
12	51.07	0.6	41.30	4.7	31.71	3.0	24.57	3.0	20.27	11.2	17.43	21.2
13	50.91	0.8	40.91	4.7	31.42	2.8	24.40	3.2	20.15	11.5	17.36	21.6
14	50.74	1.1	40.53	4.7	31.14	2.7	24.22	3.5	20.04	11.8	17.29	21.9
15	50.55	1.3	40.15	4.7	30.86	2.6	24.05	3.7	19.93	12.1	17.22	22.3
16	50.34	− 1.5	39.78	− 4.7	30.59	− 2.4	23.88	+ 4.0	19.82	+12.4	17.15	+22.6
17	50.12	1.7	39.40	4.7	30.32	2.3	23.71	4.2	19.72	12.8	17.08	22.9
18	49.89	1.9	39.03	4.7	30.05	2.1	23.55	4.5	19.61	13.1	17.02	23.3
19	49.64	2.1	38.66	4.7	29.79	1.9	23.38	4.7	19.51	13.4	16.95	23.6
20	49.38	2.2	38.29	4.7	29.53	1.8	23.22	5.0	19.41	13.7	16.88	24.0
21	49.11	− 2.4	37.93	− 4.6	29.28	− 1.6	23.07	+ 5.2	19.31	+14.0	16.82	+24.3
22	48.82	2.6	37.56	4.6	29.03	1.4	22.91	5.5	19.21	14.3	16.76	24.7
23	48.52	2.8	37.21	4.5	28.78	1.3	22.76	5.8	19.11	14.6	16.69	25.0
24	48.22	2.9	36.85	4.5	28.54	1.1	22.61	6.0	19.02	15.0	16.63	25.3
25	47.90	3.1	36.50	4.4	28.30	0.9	22.46	6.3	18.92	15.3	16.57	25.7
26	47.57	− 3.2	36.15	− 4.4	28.06	− 0.7	22.32	+ 6.6	18.83	+15.6	16.51	+26.0
27	47.24	3.4	35.81	4.3	27.83	0.5	22.17	6.9	18.74	15.9	16.45	26.4
28	46.90	3.5	35.47	− 4.2	27.60	0.3	22.03	7.1	18.65	16.3	16.39	26.7
29	46.55	3.6			27.38	− 0.1	21.89	7.4	18.56	16.6	16.34	27.1
30	46.20	3.8			27.15	+ 0.1	21.76	+ 7.7	18.47	16.9	16.28	+27.4
31	45.84	− 3.9			26.94	+ 0.3			18.38	+17.2		

Time from Eastern Elongation	F	p_1	Time from Eastern Elongation	F	p_1	Time from Eastern Elongation	F	p_1	Time from Eastern Elongation	F	p_1
h m		°	h m		°	h m		°	h m		°
0 00	1.000	73.0	8 00	0.128	206.5	16 00	0.985	254.0	24 00	0.277	54.0
0 40	0.991	73.7	8 40	0.242	231.0	16 40	0.951	254.7	24 40	0.401	60.7
1 20	0.962	74.5	9 20	0.367	239.3	17 20	0.900	255.6	25 20	0.521	64.2
2 00	0.916	75.3	10 00	0.489	243.4	18 00	0.832	256.6	26 00	0.632	66.4
2 40	0.852	76.3	10 40	0.603	245.9	18 40	0.748	257.8	26 40	0.732	68.0
3 20	0.773	77.4	11 20	0.706	247.6	19 20	0.651	259.3	27 20	0.819	69.2
4 00	0.679	78.8	12 00	0.796	248.9	20 00	0.541	261.4	28 00	0.890	70.2
4 40	0.572	80.7	12 40	0.872	250.0	20 40	0.422	264.6	28 40	0.944	71.1
5 20	0.456	83.5	13 20	0.931	250.9	21 20	0.298	270.4	29 20	0.980	71.9
6 00	0.333	88.4	14 00	0.972	251.7	22 00	0.176	284.6	30 00	0.998	72.7
6 40	0.208	99.1	14 40	0.995	252.5	22 40	0.094	335.7	30 40	0.997	73.4
7 20	0.106	134.7	15 20	0.999	253.2	23 20	0.156	36.7			

DEIMOS

APPARENT DISTANCE AND POSITION ANGLE

Day (0h UT)	July a/Δ	p_2	Aug. a/Δ	p_2	Sept. a/Δ	p_2	Oct. a/Δ	p_2	Nov. a/Δ	p_2	Dec. a/Δ	p_2
	"	°	"	°	"	°	"	°	"	°	"	°
1	16.22	+27.8	14.83	+38.3	13.95	+47.4	13.46	+53.0	13.23	+53.8	13.22	+48.9
2	16.17	28.1	14.79	38.7	13.93	47.7	13.45	53.1	13.23	53.7	13.22	48.7
3	16.11	28.5	14.76	39.0	13.91	47.9	13.44	53.2	13.22	53.6	13.22	48.4
4	16.06	28.8	14.72	39.3	13.89	48.2	13.43	53.3	13.22	53.5	13.22	48.2
5	16.01	29.2	14.69	39.6	13.87	48.4	13.42	53.4	13.22	53.5	13.23	47.9
6	15.95	+29.5	14.66	+39.9	13.85	+48.6	13.40	+53.5	13.21	+53.4	13.23	+47.6
7	15.90	29.8	14.62	40.3	13.83	48.9	13.39	53.6	13.21	53.3	13.23	47.3
8	15.85	30.2	14.59	40.6	13.81	49.1	13.38	53.7	13.21	53.1	13.24	47.1
9	15.80	30.5	14.56	40.9	13.79	49.3	13.38	53.8	13.21	53.0	13.24	46.8
10	15.75	30.9	14.53	41.2	13.77	49.5	13.37	53.8	13.21	52.9	13.25	46.5
11	15.70	+31.2	14.50	+41.5	13.75	+49.7	13.36	+53.9	13.20	+52.8	13.25	+46.2
12	15.66	31.6	14.47	41.8	13.74	49.9	13.35	53.9	13.20	52.6	13.25	45.9
13	15.61	31.9	14.44	42.1	13.72	50.2	13.34	54.0	13.20	52.5	13.26	45.6
14	15.56	32.3	14.41	42.4	13.70	50.4	13.33	54.0	13.20	52.4	13.26	45.2
15	15.52	32.6	14.38	42.7	13.68	50.5	13.32	54.1	13.20	52.2	13.27	44.9
16	15.47	+32.9	14.35	+43.0	13.67	+50.7	13.32	+54.1	13.20	+52.0	13.27	+44.6
17	15.43	33.3	14.32	43.3	13.65	50.9	13.31	54.1	13.20	51.9	13.28	44.3
18	15.38	33.6	14.29	43.6	13.64	51.1	13.30	54.1	13.20	51.7	13.28	43.9
19	15.34	34.0	14.27	43.9	13.62	51.3	13.30	54.2	13.20	51.5	13.29	43.6
20	15.30	34.3	14.24	44.2	13.61	51.5	13.29	54.2	13.20	51.3	13.29	43.3
21	15.25	+34.7	14.21	+44.5	13.59	+51.6	13.28	+54.2	13.20	+51.2	13.30	+42.9
22	15.21	35.0	14.19	44.8	13.58	51.8	13.28	54.2	13.20	51.0	13.30	42.6
23	15.17	35.3	14.16	45.0	13.56	51.9	13.27	54.2	13.20	50.8	13.31	42.2
24	15.13	35.7	14.14	45.3	13.55	52.1	13.26	54.1	13.20	50.5	13.32	41.8
25	15.09	36.0	14.11	45.6	13.53	52.2	13.26	54.1	13.20	50.3	13.32	41.5
26	15.05	+36.3	14.09	+45.9	13.52	+52.4	13.25	+54.1	13.21	+50.1	13.33	+41.1
27	15.01	36.7	14.07	46.1	13.51	52.5	13.25	54.1	13.21	49.9	13.34	40.7
28	14.98	37.0	14.04	46.4	13.50	52.7	13.25	54.0	13.21	49.7	13.34	40.4
29	14.94	37.3	14.02	46.7	13.48	52.8	13.24	54.0	13.21	49.4	13.35	40.0
30	14.90	37.7	14.00	46.9	13.47	+52.9	13.24	53.9	13.21	+49.2	13.36	39.6
31	14.86	+38.0	13.97	+47.2			13.23	+53.8			13.36	+39.2

Apparent distance of satellite: $s = Fa/\Delta$

Position angle of satellite: $p = p_1 + p_2$

The differences of right ascension and declination, in the sense "satellite minus primary," are approximately

$$\Delta\alpha = s \sin p \ \sec (\delta + \Delta\delta)$$

$$\Delta\delta = s \cos p$$

SATELLITES OF JUPITER, 1993

APPARENT ORBITS OF SATELLITES I-V AT MARCH 30

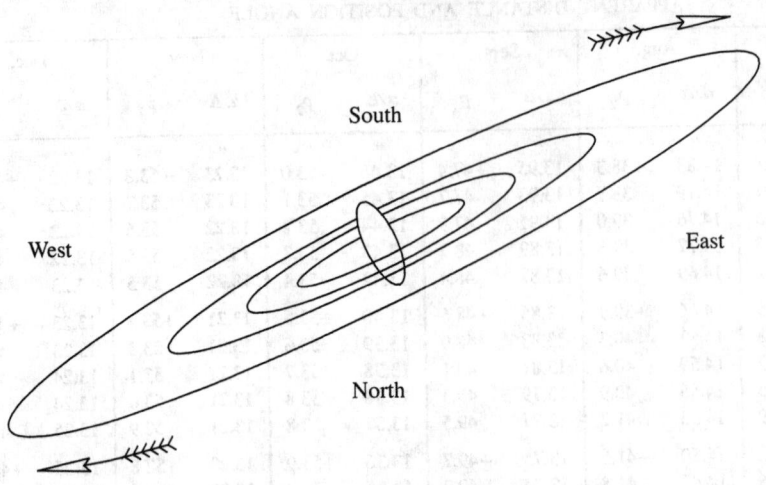

South

West

East

North

Orbits elongated in ratio of 3 to 1 in direction of minor axes.

	NAME	MEAN SYNODIC PERIOD		NAME	SIDEREAL PERIOD
		d h m s d			d
V	Amalthea	0 11 57 27.619 = 0.498 236 33	XIII	Leda	238.72
I	Io	1 18 28 35.946 = 1.769 860 49	X	Lysithea	259.22
II	Europa	3 13 17 53.736 = 3.554 094 17	XII	Ananke	631
III	Ganymede	7 03 59 35.856 = 7.166 387 22	XI	Carme	692
IV	Callisto	16 18 05 06.916 = 16.753 552 27	VIII	Pasiphae	735
VI	Himalia	266.00	IX	Sinope	758
VII	Elara	276.67			

SATELLITE V

UNIVERSAL TIME OF EVERY TWENTIETH GREATEST EASTERN ELONGATION

	d h		d h		d h		d h		d h
Jan.	0 16.7	Mar.	21 09.5	June	9 02.3	Aug.	27 19.8	Nov.	15 13.4
	10 15.8		31 08.5		19 01.5	Sept.	6 19.0		25 12.6
	20 14.9	Apr.	10 07.6		29 00.7		16 18.2	Dec.	5 11.8
	30 14.0		20 06.7	July	8 23.8		26 17.4		15 10.9
Feb.	9 13.1		30 05.8		18 23.0	Oct.	6 16.6		25 10.1
	19 12.2	May	10 04.9		28 22.2		16 15.8		35 09.3
Mar.	1 11.3		20 04.1	Aug.	7 21.4		26 15.0		
	11 10.4		30 03.2		17 20.6	Nov.	5 14.2		

MULTIPLES OF THE MEAN SYNODIC PERIOD

	d h		d h		d h		d h		d h
1............	0 12.0	6............	2 23.7	11............	5 11.5	16............	7 23.3		
2............	0 23.9	7............	3 11.7	12............	5 23.5	17............	8 11.3		
3............	1 11.9	8............	3 23.7	13............	6 11.4	18............	8 23.2		
4............	1 23.8	9............	4 11.6	14............	6 23.4	19............	9 11.2		
5............	2 11.8	10............	4 23.6	15............	7 11.4	20............	9 23.2		

DIFFERENTIAL COORDINATES FOR 0ʰ U.T.

Date	Satellite VI Δα	Δδ	Satellite VII Δα	Δδ	Date	Satellite VI Δα	Δδ	Satellite VII Δα	Δδ
	m s	′	m s	′		m s	′	m s	′
Jan. −3	− 1 07	− 6.8	+ 2 36	− 14.3	July 4	+ 2 41	− 27.4	− 1 14	+ 19.3
1	1 23	− 3.0	2 32	16.5	8	2 32	28.3	0 53	18.8
5	1 39	+ 1.0	2 26	18.6	12	2 23	29.0	0 33	18.1
9	1 53	5.1	2 18	20.5	16	2 12	29.4	− 0 13	17.1
13	2 06	9.2	2 09	22.2	20	2 00	29.5	+ 0 07	16.0
17	− 2 17	+ 13.3	+ 1 58	− 23.7	24	+ 1 47	− 29.3	+ 0 26	+ 14.6
21	2 27	17.2	1 45	25.0	28	1 34	28.7	0 45	12.9
25	2 35	21.0	1 31	26.1	Aug. 1	1 20	27.8	1 02	11.1
29	2 41	24.7	1 15	27.0	5	1 05	26.5	1 18	9.1
Feb. 2	2 45	28.0	0 59	27.6	9	0 50	24.9	1 33	6.9
6	− 2 47	+ 31.1	+ 0 41	− 28.0	13	+ 0 34	− 23.0	+ 1 46	+ 4.6
10	2 47	33.9	0 22	28.1	17	0 19	20.8	1 56	+ 2.2
14	2 45	36.3	+ 0 02	28.0	21	+ 0 03	18.3	2 05	− 0.2
18	2 41	38.4	− 0 18	27.6	25	− 0 12	15.5	2 11	2.6
22	2 35	40.0	0 39	27.0	29	0 27	12.5	2 16	5.0
26	− 2 27	+ 41.3	− 1 01	− 26.2	Sept. 2	− 0 41	− 9.4	+ 2 18	− 7.3
Mar. 2	2 17	42.1	1 22	25.1	6	0 54	6.1	2 18	9.5
6	2 05	42.6	1 43	23.8	10	1 07	− 2.8	2 17	11.6
10	1 53	42.6	2 04	22.4	14	1 18	+ 0.6	2 14	13.5
14	1 38	42.2	2 24	20.7	18	1 27	3.9	2 10	15.3
18	− 1 23	+ 41.4	− 2 43	− 18.9	22	− 1 36	+ 7.2	+ 2 04	− 16.9
22	1 06	40.3	3 02	17.0	26	1 43	10.3	1 58	18.4
26	0 49	38.7	3 19	15.0	30	1 49	13.3	1 50	19.6
30	0 31	36.9	3 34	12.8	Oct. 4	1 54	16.1	1 42	20.8
Apr. 3	− 0 12	34.7	3 48	10.7	8	1 58	18.7	1 33	21.8
7	+ 0 07	+ 32.3	− 4 01	− 8.4	12	− 2 00	+ 21.1	+ 1 24	− 22.5
11	0 25	29.6	4 11	6.2	16	2 02	23.2	1 15	23.2
15	0 43	26.8	4 20	4.0	20	2 03	25.1	1 05	23.7
19	1 01	23.8	4 26	− 1.8	24	2 02	26.8	0 54	24.1
23	1 18	20.6	4 31	+ 0.3	28	2 02	28.3	0 44	24.3
27	+ 1 34	+ 17.3	− 4 33	+ 2.4	Nov. 1	− 2 00	+ 29.6	+ 0 34	− 24.5
May 1	1 49	14.0	4 34	4.4	5	1 58	30.6	0 23	24.4
5	2 03	10.7	4 32	6.3	9	1 55	31.4	0 12	24.3
9	2 16	7.3	4 29	8.1	13	1 52	32.0	+ 0 02	24.1
13	2 27	4.0	4 23	9.8	17	1 48	32.4	− 0 09	23.7
17	+ 2 37	+ 0.8	− 4 16	+ 11.4	21	− 1 43	+ 32.6	− 0 20	− 23.2
21	2 45	− 2.4	4 08	12.9	25	1 39	32.6	0 31	22.6
25	2 52	5.5	3 57	14.2	29	1 33	32.4	0 42	22.0
29	2 57	8.5	3 46	15.4	Dec. 3	1 28	32.1	0 52	21.2
June 2	3 01	11.3	3 33	16.5	7	1 22	31.5	1 03	20.3
6	+ 3 04	− 14.0	− 3 19	+ 17.4	11	− 1 16	+ 30.8	− 1 14	− 19.3
10	3 05	16.5	3 03	18.2	15	1 09	29.9	1 25	18.2
14	3 04	18.9	2 47	18.8	19	1 02	28.8	1 35	17.0
18	3 02	21.0	2 30	19.3	23	0 54	27.6	1 46	15.7
22	2 59	23.0	2 12	19.6	27	0 46	26.2	1 56	14.3
26	+ 2 54	− 24.7	− 1 53	+ 19.7	31	− 0 38	+ 24.6	− 2 06	− 12.8
30	+ 2 48	− 26.1	− 1 33	+ 19.6	35	− 0 30	+ 22.9	− 2 16	− 11.2

Differential coordinates are given in the sense "satellite minus planet."

SATELLITES OF JUPITER, 1993

DIFFERENTIAL COORDINATES FOR 0ʰ U.T.

Date		Satellite VIII		Satellite IX		Satellite X	
		$\Delta\alpha$	$\Delta\delta$	$\Delta\alpha$	$\Delta\delta$	$\Delta\alpha$	$\Delta\delta$
		m s	′	m s	′	m s	′
Jan.	− 7	+ 0 02	− 67.1	+ 4 58	− 26.1	− 1 34	+ 28.6
	3	0 36	72.0	5 07	22.3	1 51	34.2
	13	1 10	76.6	5 12	18.1	2 02	37.6
	23	1 44	80.9	5 14	13.5	2 05	38.5
Feb.	2	2 17	84.8	5 12	8.5	2 00	36.7
	12	+ 2 48	− 88.1	+ 5 07	− 3.3	− 1 46	+ 32.3
	22	3 18	90.8	4 59	+ 1.9	1 24	25.6
Mar.	4	3 45	92.5	4 49	7.1	0 54	16.9
	14	4 09	93.4	4 36	12.1	− 0 18	+ 6.9
	24	4 30	93.3	4 21	17.0	+ 0 20	− 3.9
Apr.	3	+ 4 49	− 92.2	+ 4 03	+ 21.5	+ 0 57	− 14.6
	13	5 05	90.3	3 43	25.6	1 31	24.5
	23	5 19	87.6	3 20	29.4	1 58	32.9
May	3	5 31	84.4	2 55	32.8	2 18	39.4
	13	5 42	80.8	2 27	35.9	2 29	43.6
	23	+ 5 52	− 77.0	+ 1 58	+ 38.7	+ 2 31	− 45.5
June	2	6 02	73.2	1 28	41.3	2 25	45.1
	12	6 11	69.4	0 57	43.6	2 12	42.5
	22	6 19	65.6	+ 0 25	45.8	1 54	38.0
July	2	6 27	62.0	− 0 07	47.7	1 32	31.7
	12	+ 6 33	− 58.4	− 0 39	+ 49.6	+ 1 07	− 24.0
	22	6 39	54.9	· 1 11	51.3	0 40	15.4
Aug.	1	6 44	51.4	1 42	52.8	+ 0 13	− 6.3
	11	6 47	47.8	2 12	54.3	− 0 14	+ 2.9
	21	6 49	44.3	2 41	55.5	0 38	11.4
	31	+ 6 50	− 40.6	− 3 10	+ 56.6	− 1 00	+ 18.7
Sept.	10	6 49	36.8	3 37	57.5	1 17	24.4
	20	6 46	32.8	4 03	58.2	1 30	28.1
	30	6 41	28.7	4 28	58.6	1 39	30.0
Oct.	10	6 35	24.4	4 52	58.8	1 44	29.9
	20	+ 6 26	− 20.0	− 5 15	+ 58.8	− 1 45	+ 28.3
	30	6 16	15.3	5 36	58.5	1 42	25.1
Nov.	9	6 02	10.5	5 56	57.9	1 36	20.9
	19	5 47	5.5	6 14	57.0	1 27	15.7
	29	5 29	− 0.3	6 31	55.9	1 15	9.9
Dec.	9	+ 5 08	+ 5.0	− 6 46	+ 54.5	− 0 59	+ 3.6
	19	4 44	10.3	7 00	52.8	0 41	− 3.0
	29	4 17	15.8	7 12	50.9	− 0 19	9.7
	39	+ 3 47	+ 21.1	− 7 23	+ 48.7	+ 0 06	− 16.2

Differential coordinates are given in the sense "satellite minus planet."

DIFFERENTIAL COORDINATES FOR 0ʰ U.T.

Date		Satellite XI		Satellite XII		Satellite XIII	
		$\Delta\alpha$	$\Delta\delta$	$\Delta\alpha$	$\Delta\delta$	$\Delta\alpha$	$\Delta\delta$
		m s	′	m s	′	m s	′
Jan.	− 7	+ 1 48	+ 17.6	− 6 57	− 18.1	− 2 23	− 3.8
	3	2 33	14.6	6 48	19.8	1 58	7.1
	13	3 18	11.5	6 38	21.5	1 19	9.5
	23	4 01	8.3	6 26	23.0	− 0 28	11.1
Feb.	2	4 44	4.9	6 12	24.2	+ 0 29	11.7
	12	+ 5 24	+ 1.5	− 5 56	− 25.1	+ 1 28	− 11.5
	22	6 01	− 2.1	5 37	25.5	2 24	10.4
Mar.	4	6 34	5.7	5 15	25.5	3 13	8.5
	14	7 02	9.3	4 50	25.0	3 52	6.0
	24	7 26	12.9	4 22	24.0	4 17	− 2.9
Apr.	3	+ 7 45	− 16.4	− 3 50	− 22.6	+ 4 26	+ 0.6
	13	7 59	19.8	3 15	21.0	4 20	4.3
	23	8 08	23.0	2 37	19.1	3 59	8.0
May	3	8 13	26.0	1 56	17.2	3 27	11.3
	13	8 15	28.8	1 14	15.3	2 45	14.1
	23	+ 8 14	− 31.3	− 0 30	− 13.4	+ 1 57	+ 16.0
June	2	8 11	33.6	+ 0 13	11.5	1 07	16.9
	12	8 06	35.6	0 55	9.8	+ 0 17	16.8
	22	7 59	37.3	1 35	8.0	− 0 30	15.6
July	2	7 50	38.8	2 11	6.3	1 12	13.5
	12	+ 7 41	− 39.9	+ 2 41	− 4.4	− 1 47	+ 10.6
	22	7 29	40.8	3 05	2.5	2 12	7.1
Aug.	1	7 17	41.3	3 20	− 0.4	2 25	+ 3.3
	11	7 03	41.6	3 27	+ 1.8	2 25	− 0.3
	21	6 48	41.5	3 24	4.2	2 11	3.6
	31	+ 6 31	− 41.2	+ 3 11	+ 6.6	− 1 47	− 6.0
Sept.	10	6 13	40.7	2 50	9.1	1 14	7.4
	20	5 53	39.9	2 20	11.4	− 0 36	7.8
	30	5 32	38.9	1 45	13.5	+ 0 03	7.3
Oct.	10	5 09	37.7	1 06	15.4	0 41	6.1
	20	+ 4 44	− 36.3	+ 0 23	+ 17.1	+ 1 16	− 4.4
	30	4 18	34.9	− 0 22	18.3	1 48	2.4
Nov.	9	3 50	33.3	1 07	19.2	2 16	− 0.3
	19	3 21	31.8	1 52	19.7	2 39	+ 1.9
	29	2 50	30.1	2 36	19.8	2 58	3.9
Dec.	9	+ 2 17	− 28.6	− 3 20	+ 19.4	+ 3 12	+ 5.6
	19	1 43	27.0	4 02	18.6	3 21	7.1
	29	1 08	25.5	4 43	17.4	3 24	8.1
	39	+ 0 32	− 24.1	− 5 22	+ 15.9	+ 3 20	+ 8.7

Differential coordinates are given in the sense "satellite minus planet."

DYNAMICAL TIME OF SUPERIOR GEOCENTRIC CONJUNCTION

SATELLITE I

	d h m		d h m		d h m		d h m
Jan.	0 05 13	Mar.	20 19 28	June	8 09 32	Aug.	27 01 31
	1 23 42		22 13 54		10 04 00		28 20 01
	3 18 10		24 08 20		11 22 28		30 14 31
	5 12 38		26 02 46		13 16 56	Sept.	1 09 01
	7 07 06		27 21 12		15 11 25		3 03 32
	9 01 34		29 15 38		17 05 53		4 22 02
	10 20 02		31 10 04		19 00 22		6 16 32
	12 14 30	Apr.	2 04 30		20 18 50		8 11 02
	14 08 58		3 22 56		22 13 19		10 05 32
	16 03 26		5 17 22		24 07 48		12 00 03
	17 21 54		7 11 48		26 02 16		13 18 33
	19 16 22		9 06 14		27 20 45		15 13 03
	21 10 49		11 00 40		29 15 14		17 07 33
	23 05 17		12 19 06	July	1 09 43		19 02 04
	24 23 44		14 13 32		3 04 12		20 20 34
	26 18 12		16 07 59		4 22 41		.. .. ..
	28 12 39		18 02 25		6 17 10	Nov.	12 23 41
	30 07 06		19 20 51		8 11 39		14 18 11
Feb.	1 01 34		21 15 17		10 06 08		16 12 41
	2 20 01		23 09 44		12 00 37		18 07 11
	4 14 28		25 04 10		13 19 07		20 01 41
	6 08 55		26 22 37		15 13 36		21 20 11
	8 03 22		28 17 03		17 08 05		23 14 41
	9 21 49		30 11 30		19 02 35		25 09 11
	11 16 16	May	2 05 57		20 21 04		27 03 41
	13 10 43		4 00 23		22 15 34		28 22 11
	15 05 09		5 18 50		24 10 03		30 16 40
	16 23 36		7 13 17		26 04 33	Dec.	2 11 10
	18 18 03		9 07 44		27 23 03		4 05 40
	20 12 29		11 02 11		29 17 32		6 00 10
	22 06 56		12 20 38		31 12 02		7 18 39
	24 01 22		14 15 05	Aug.	2 06 32		9 13 09
	25 19 49		16 09 32		4 01 01		11 07 39
	27 14 15		18 03 59		5 19 31		13 02 08
Mar.	1 08 41		19 22 27		7 14 01		14 20 38
	3 03 07		21 16 54		9 08 31		16 15 08
	4 21 34		23 11 21		11 03 01		18 09 37
	6 16 00		25 05 49		12 21 31		20 04 07
	8 10 26		27 00 17		14 16 01		21 22 36
	10 04 52		28 18 44		16 10 31		23 17 05
	11 23 18		30 13 12		18 05 01		25 11 35
	13 17 44	June	1 07 40		19 23 31		27 06 04
	15 12 10		3 02 08		21 18 01		29 00 33
	17 06 36		4 20 36		23 12 31		30 19 03
	19 01 02		6 15 04		25 07 01		32 13 32

DYNAMICAL TIME OF SUPERIOR GEOCENTRIC CONJUNCTION

SATELLITE II

Month	d h m	Month	d h m	Month	d h m	Month	d h m
Jan.	0 11 59	Mar.	23 03 30	June	12 18 18	Sept.	2 12 56
	4 01 17		26 16 37		16 07 34		6 02 19
	7 14 34		30 05 44		19 20 50		9 15 43
	11 03 51	Apr.	2 18 51		23 10 06		13 05 06
	14 17 07		6 07 58		26 23 23		16 18 30
	18 06 22		9 21 05		30 12 41		20 07 54
	21 19 37		13 10 12	July	4 01 58		.. .. ..
	25 08 52		16 23 20		7 15 17	Nov.	16 06 29
	28 22 05		20 12 28		11 04 35		19 19 54
Feb.	1 11 18		24 01 36		14 17 54		23 09 18
	5 00 31		27 14 44		18 07 14		26 22 43
	8 13 43	May	1 03 53		21 20 34		30 12 07
	12 02 55		4 17 03		25 09 54	Dec.	4 01 31
	15 16 05		8 06 12		28 23 14		7 14 54
	19 05 16		11 19 23	Aug.	1 12 35		11 04 18
	22 18 25		15 08 33		5 01 56		14 17 41
	26 07 35		18 21 45		8 15 18		18 07 05
Mar.	1 20 44		22 10 56		12 04 40		21 20 27
	5 09 52		26 00 09		15 18 02		25 09 50
	8 23 00		29 13 22		19 07 24		28 23 12
	12 12 08	June	2 02 35		22 20 47		32 12 35
	16 01 15		5 15 49		26 10 09		
	19 14 23		9 05 03		29 23 32		

SATELLITE III

Month	d h m	Month	d h m	Month	d h m	Month	d h m
Jan.	2 20 01	Mar.	29 14 36	June	23 09 08	Sept.	17 12 01
	9 23 56	Apr.	5 17 53		30 13 07		.. .. ..
	17 03 47		12 21 11	July	7 17 10	Nov.	13 23 33
	24 07 34		20 00 29		14 21 17		21 03 58
	31 11 16		27 03 51		22 01 26		28 08 22
Feb.	7 14 54	May	4 07 15		29 05 38	Dec.	5 12 45
	14 18 28		11 10 44	Aug.	5 09 52		12 17 05
	21 21 57		18 14 18		12 14 09		19 21 24
Mar.	1 01 22		25 17 55		19 18 28		27 01 39
	8 04 43	June	1 21 38		26 22 50		
	15 08 02		9 01 24	Sept.	3 03 12		
	22 11 19		16 05 14		10 07 37		

SATELLITE IV

Month	d h m	Month	d h m	Month	d h m	Month	d h m
Jan.	9 10 57	Apr.	2 16 11	June	24 22 42	Sept.	16 23 54
	26 04 06		19 06 26	July	11 16 58		.. .. ..
Feb.	11 20 16	May	5 21 12		28 11 57	Nov.	23 10 15
	28 11 30		22 12 46	Aug.	14 07 32	Dec.	10 06 28
Mar.	17 02 02	June	8 05 16		31 03 33		27 02 18

SATELLITES OF JUPITER, 1993

DYNAMICAL TIME OF GEOCENTRIC PHENOMENA

JANUARY

d	h m		d	h m		d	h m		d	h m	
0	2 54	I.Ec.D.	8	4 19	I.Sh.E.	16	10 09	II.Sh.E.	24	3 42	I.Tr.E.
	6 19	I.Oc.R.		5 31	I.Tr.E.		12 28	II.Tr.E.		4 23	III.Ec.R.
	8 13	II.Ec.D.		23 15	I.Ec.D.		21 27	III.Ec.D.		6 16	III.Oc.D.
	13 14	II.Oc.R.	9	2 40	I.Oc.R.		22 28	I.Sh.I.		8 52	III.Oc.R.
1	0 13	I.Sh.I.		5 05	II.Sh.I.		23 40	I.Tr.I.		21 29	I.Ec.D.
	1 27	I.Tr.I.		7 32	II.Tr.I.	17	0 27	III.Ec.R.	25	0 50	I.Oc.R.
	2 26	I.Sh.E.		7 36	II.Sh.E.		0 41	I.Sh.E.		5 16	II.Ec.D.
	3 38	I.Tr.E.		9 57	II.Tr.E.		1 51	I.Tr.E.		10 04	II.Oc.R.
	21 22	I.Ec.D.		17 30	III.Ec.D.		2 28	III.Oc.D.		18 50	I.Sh.I.
2	0 48	I.Oc.R.		20 31	III.Ec.R.		5 07	III.Oc.R.		19 59	I.Tr.I.
	2 31	II.Sh.I.		20 35	I.Sh.I.		19 36	I.Ec.D.		21 02	I.Sh.E.
	4 59	II.Tr.I.		21 48	I.Tr.I.		23 00	I.Oc.R.		22 09	I.Tr.E.
	5 03	II.Sh.E.		22 36	III.Oc.D.	18	2 41	II.Ec.D.	26	15 57	I.Ec.D.
	7 25	II.Tr.E.		22 48	I.Sh.E.		7 36	II.Oc.R.		19 17	I.Oc.R.
	13 33	III.Ec.D.		23 59	I.Tr.E.		16 57	I.Sh.I.		23 28	II.Sh.I.
	16 34	III.Ec.R.	10	1 17	III.Oc.R.		18 08	I.Tr.I.	27	1 47	II.Tr.I.
	18 39	III.Oc.D.		17 43	I.Ec.D.		19 09	I.Sh.E.		1 59	II.Sh.E.
	18 42	I.Sh.I.		21 08	I.Oc.R.		20 19	I.Tr.E.		4 10	II.Tr.E.
	19 55	I.Tr.I.	11	0 06	II.Ec.D.	19	14 04	I.Ec.D.		13 18	I.Sh.I.
	20 54	I.Sh.E.		5 04	II.Oc.R.		17 27	I.Oc.R.		14 26	I.Tr.I.
	21 23	III.Oc.R.		15 03	I.Sh.I.		20 55	II.Sh.I.		15 20	III.Sh.I.
	22 06	I.Tr.E.		16 16	I.Tr.I.		23 18	II.Tr.I.		15 31	I.Sh.E.
3	15 50	I.Ec.D.		17 16	I.Sh.E.		23 25	II.Sh.E.		16 37	I.Tr.E.
	19 16	I.Oc.R.		18 27	I.Tr.E.	20	1 42	II.Tr.E.		18 17	III.Sh.E.
	21 30	II.Ec.D.	12	12 11	I.Ec.D.		11 22	III.Sh.I.		20 05	III.Tr.I.
4	2 31	II.Oc.R.		15 36	I.Oc.R.		11 25	I.Sh.I.		22 38	III.Tr.E.
	13 10	I.Sh.I.		18 21	II.Sh.I.		12 36	I.Tr.I.	28	10 25	I.Ec.D.
	14 24	I.Tr.I.		20 48	II.Tr.I.		13 37	I.Sh.E.		13 45	I.Oc.R.
	15 23	I.Sh.E.		20 52	II.Sh.E.		14 20	III.Sh.E.		18 34	II.Ec.D.
	16 35	I.Tr.E.		23 13	II.Tr.E.		14 46	I.Tr.E.		23 18	II.Oc.R.
5	10 18	I.Ec.D.	13	7 25	III.Sh.I.		16 19	III.Tr.I.	29	7 46	I.Sh.I.
	13 44	I.Oc.R.		9 32	I.Sh.I.		18 54	III.Tr.E.		8 54	I.Tr.I.
	15 48	II.Sh.I.		10 23	III.Sh.E.	21	8 32	I.Ec.D.		9 59	I.Sh.E.
	18 16	II.Tr.I.		10 44	I.Tr.I.		11 55	I.Oc.R.		11 04	I.Tr.E.
	18 19	II.Sh.E.		11 44	I.Sh.E.		15 59	II.Ec.D.	30	4 54	I.Ec.D.
	20 41	II.Tr.E.		12 28	III.Tr.I.		20 50	II.Oc.R.		8 12	I.Oc.R.
6	3 26	III.Sh.I.		12 55	I.Tr.E.	22	5 53	I.Sh.I.		12 45	II.Sh.I.
	6 25	III.Sh.E.		15 06	III.Tr.E.		7 03	I.Tr.I.		15 00	II.Tr.I.
	7 38	I.Sh.I.	14	6 39	I.Ec.D.		8 06	I.Sh.E.		15 16	II.Sh.E.
	8 32	III.Tr.I.		10 04	I.Oc.R.		9 14	I.Tr.E.		17 23	II.Tr.E.
	8 52	I.Tr.I.		13 23	II.Ec.D.	23	3 01	I.Ec.D.	31	2 15	I.Sh.I.
	9 51	I.Sh.E.		18 20	II.Oc.R.		6 23	I.Oc.R.		3 21	I.Tr.I.
	11 03	I.Tr.E.	15	4 00	I.Sh.I.		10 11	II.Sh.I.		4 27	I.Sh.E.
	11 13	III.Tr.E.		5 12	I.Tr.I.		12 33	II.Tr.I.		5 21	III.Ec.D.
7	4 47	I.Ec.D.		6 12	I.Sh.E.		12 42	II.Sh.E.		5 31	I.Tr.E.
	8 12	I.Oc.R.		7 23	I.Tr.E.		14 56	II.Tr.E.		8 19	III.Ec.R.
	10 48	II.Ec.D.	16	1 08	I.Ec.D.	24	0 21	I.Sh.I.		9 59	III.Oc.D.
	15 48	II.Oc.R.		4 32	I.Oc.R.		1 24	III.Ec.D.		12 33	III.Oc.R.
8	2 07	I.Sh.I.		7 38	II.Sh.I.		1 31	I.Tr.I.		23 22	I.Ec.D.
	3 20	I.Tr.I.		10 03	II.Tr.I.		2 34	I.Sh.E.			

I. Jan. 16	II. Jan. 14	III. Jan. 16-17	IV. Jan.
$x_1 = -2.0,\ y_1 = -0.3$	$x_1 = -2.5,\ y_1 = -0.5$	$x_1 = -3.4,\ y_1 = -0.6$ $x_2 = -1.8,\ y_2 = -0.6$	No Eclipse

NOTE.—I. denotes ingress; E., egress; D., disappearance; R., reappearance; Ec., eclipse; Oc., occultation; Tr., transit of the satellite; Sh., transit of the shadow.

CONFIGURATIONS OF SATELLITES I–IV FOR JANUARY

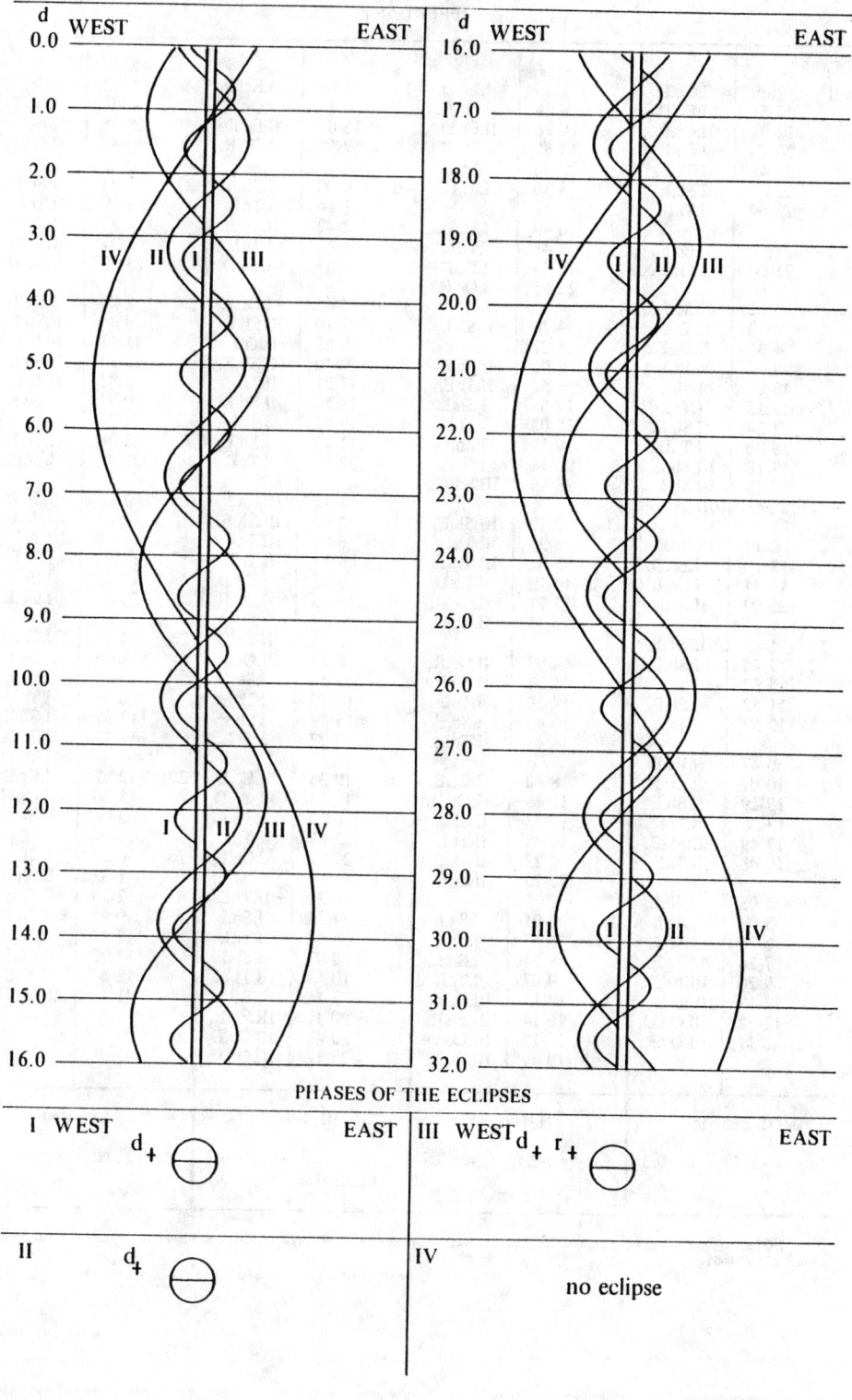

UNIVERSAL TIME

PHASES OF THE ECLIPSES

I WEST d_+ EAST

III WEST d_+ r_+ EAST

II d_+

IV no eclipse

SATELLITES OF JUPITER, 1993

DYNAMICAL TIME OF GEOCENTRIC PHENOMENA

FEBRUARY

d	h m		d	h m		d	h m		d	h m	
1	2 39	I.Oc.R.	8	1 15	I.Ec.D.	15	3 08	I.Ec.D.	22	5 02	I.Ec.D.
	7 51	II.Ec.D.		4 28	I.Oc.R.		6 15	I.Oc.R.		8 01	I.Oc.R.
	12 31	II.Oc.R.		10 26	II.Ec.D.		13 01	II.Ec.D.		15 35	II.Ec.D.
	20 43	I.Sh.I.		14 55	II.Oc.R.		17 17	II.Oc.R.		19 37	II.Oc.R.
	21 48	I.Tr.I.		22 36	I.Sh.I.						
	22 56	I.Sh.E.		23 36	I.Tr.I.	16	0 30	I.Sh.I.	23	2 23	I.Sh.I.
	23 59	I.Tr.E.					1 24	I.Tr.I.		3 10	I.Tr.I.
			9	0 49	I.Sh.E.		2 42	I.Sh.E.		4 35	I.Sh.E.
2	17 50	I.Ec.D.		1 47	I.Tr.E.		3 34	I.Tr.E.		5 21	I.Tr.E.
	21 06	I.Oc.R.		19 43	I.Ec.D.		21 37	I.Ec.D.		23 30	I.Ec.D.
				22 55	I.Oc.R.						
3	2 02	II.Sh.I.				17	0 42	I.Oc.R.	24	2 28	I.Oc.R.
	4 13	II.Tr.I.	10	4 36	II.Sh.I.		7 10	II.Sh.I.		9 44	II.Sh.I.
	4 32	II.Sh.E.		6 37	II.Tr.I.		8 58	II.Tr.I.		11 18	II.Tr.I.
	6 36	II.Tr.E.		7 06	II.Sh.E.		9 40	II.Sh.E.		12 14	II.Sh.E.
	15 11	I.Sh.I.		8 59	II.Tr.E.		11 21	II.Tr.E.		13 41	II.Tr.E.
	16 15	I.Tr.I.		17 05	I.Sh.I.		18 58	I.Sh.I.		20 51	I.Sh.I.
	17 24	I.Sh.E.		18 03	I.Tr.I.		19 50	I.Tr.I.		21 36	I.Tr.I.
	18 26	I.Tr.E.		19 17	I.Sh.E.		21 10	I.Sh.E.		23 04	I.Sh.E.
	19 18	III.Sh.I.		20 14	I.Tr.E.		22 01	I.Tr.E.		23 47	I.Tr.E.
	22 13	III.Sh.E.		23 15	III.Sh.I.						
	23 45	III.Tr.I.				18	3 12	III.Sh.I.	25	7 10	III.Sh.I.
			11	2 10	III.Sh.E.		6 06	III.Sh.E.		10 03	III.Sh.E.
4	2 17	III.Tr.E.		3 21	III.Tr.I.		6 53	III.Tr.I.		10 20	III.Tr.I.
	12 18	I.Ec.D.		5 52	III.Tr.E.		9 22	III.Tr.E.		12 49	III.Tr.E.
	15 34	I.Oc.R.		14 12	I.Ec.D.		16 05	I.Ec.D.		17 58	I.Ec.D.
	21 09	II.Ec.D.		17 21	I.Oc.R.		19 08	I.Oc.R.		20 54	I.Oc.R.
				23 43	II.Ec.D.						
5	1 43	II.Oc.R.				19	2 18	II.Ec.D.	26	4 53	II.Ec.D.
	9 40	I.Sh.I.	12	4 07	II.Oc.R.		6 27	II.Oc.R.		8 46	II.Oc.R.
	10 42	I.Tr.I.		11 33	I.Sh.I.		13 26	I.Sh.I.		15 20	I.Sh.I.
	11 52	I.Sh.E.		12 30	I.Tr.I.		14 17	I.Tr.I.		16 03	I.Tr.I.
	12 53	I.Tr.E.		13 45	I.Sh.E.		15 39	I.Sh.E.		17 32	I.Sh.E.
				14 41	I.Tr.E.		16 27	I.Tr.E.		18 13	I.Tr.E.
6	6 47	I.Ec.D.									
	10 01	I.Oc.R.	13	8 40	I.Ec.D.	20	10 33	I.Ec.D.	27	12 27	I.Ec.D.
	15 19	II.Sh.I.		11 48	I.Oc.R.		13 35	I.Oc.R.		15 20	I.Oc.R.
	17 25	II.Tr.I.		17 53	II.Sh.I.		20 27	II.Sh.I.		23 01	II.Sh.I.
	17 49	II.Sh.E.		19 48	II.Tr.I.		22 08	II.Tr.I.			
	19 48	II.Tr.E.		20 23	II.Sh.E.		22 57	II.Sh.E.	28	0 27	II.Tr.I.
				22 10	II.Tr.E.					1 32	II.Sh.E.
7	4 08	I.Sh.I.				21	0 31	II.Tr.E.		2 50	II.Tr.E.
	5 09	I.Tr.I.	14	6 01	I.Sh.I.		7 55	I.Sh.I.		9 48	I.Sh.I.
	6 20	I.Sh.E.		6 57	I.Tr.I.		8 44	I.Tr.I.		10 29	I.Tr.I.
	7 20	I.Tr.E.		8 14	I.Sh.E.		10 07	I.Sh.E.		12 00	I.Sh.E.
	9 20	III.Ec.D.		9 07	I.Tr.E.		10 54	I.Tr.E.		12 40	I.Tr.E.
	12 17	III.Ec.R.		13 17	III.Ec.D.		17 16	III.Ec.D.		21 13	III.Ec.D.
	13 38	III.Oc.D.		16 14	III.Ec.R.		20 11	III.Ec.R.			
	16 11	III.Oc.R.		17 12	III.Oc.D.		20 42	III.Oc.D.			
				19 44	III.Oc.R.		23 12	III.Oc.R.			

I. Feb. 15	II. Feb. 15	III. Feb. 14	IV. Feb.
$x_1 = -1.7,\ y_1 = -0.3$	$x_1 = -2.1,\ y_1 = -0.5$	$x_1 = -2.8,\ y_1 = -0.7$ $x_2 = -1.2,\ y_2 = -0.7$	No Eclipse

NOTE.—I. denotes ingress; E., egress; D., disappearance; R., reappearance; Ec., eclipse; Oc., occultation; Tr., transit of the satellite; Sh., transit of the shadow.

CONFIGURATIONS OF SATELLITES I–IV FOR FEBRUARY

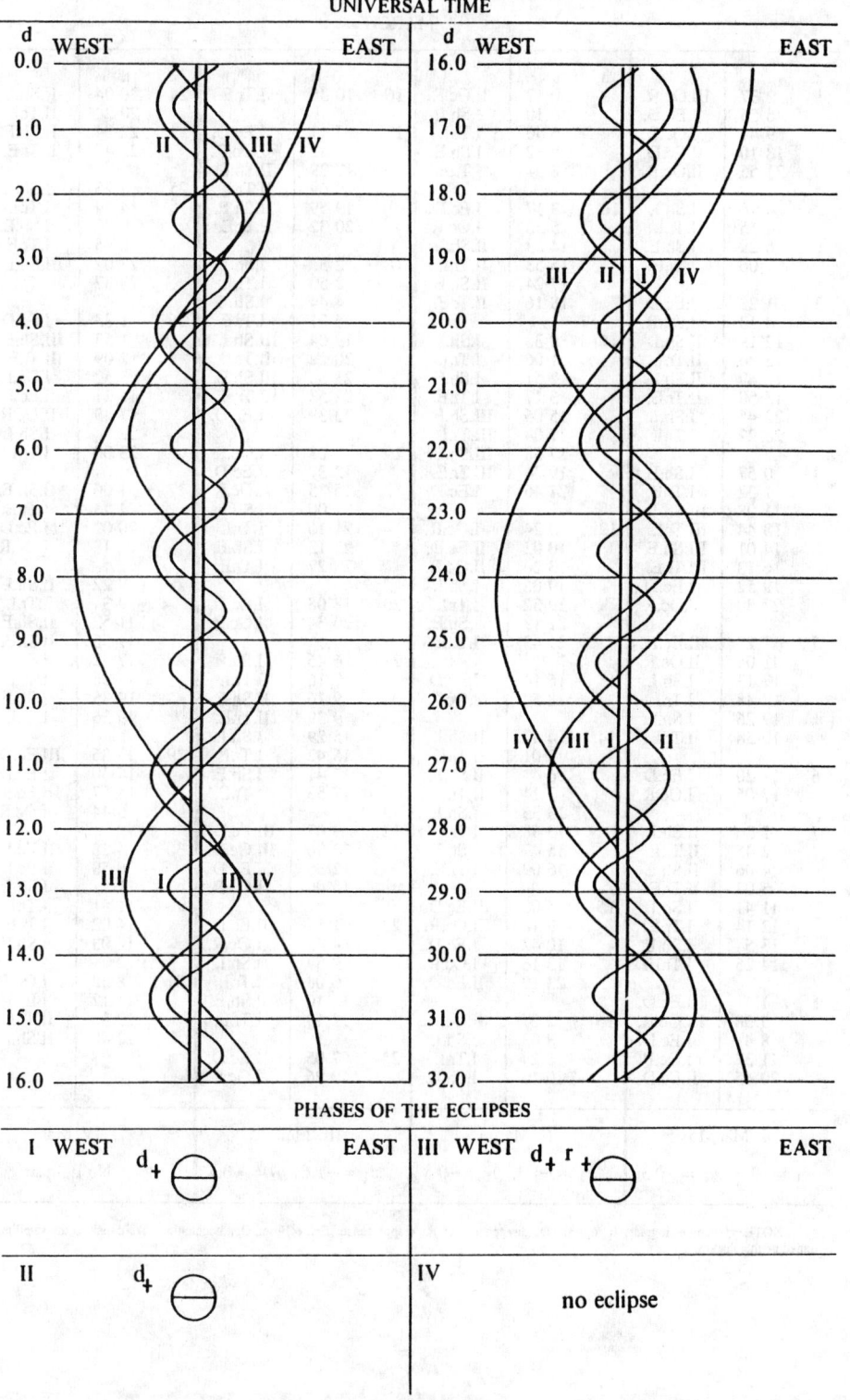

SATELLITES OF JUPITER, 1993

DYNAMICAL TIME OF GEOCENTRIC PHENOMENA

MARCH

d	h m		d	h m		d	h m		d	h m	
1	2 37	III.Oc.R.	9	0 12	II.Oc.R.	16	10 35	I.Tr.E.	24	20 04	II.Sh.I.
	6 55	I.Ec.D.		6 10	I.Sh.I.					20 24	II.Tr.I.
	9 47	I.Oc.R.		6 40	I.Tr.I.	17	5 11	I.Ec.D.		22 34	II.Sh.E.
	18 10	II.Ec.D.		8 22	I.Sh.E.		7 42	I.Oc.R.		22 47	II.Tr.E.
	21 55	II.Oc.R.		8 51	I.Tr.E.		17 29	II.Sh.I.			
2	4 16	I.Sh.I.					18 09	II.Tr.I.	25	4 25	I.Sh.I.
	4 55	I.Tr.I.	10	3 17	I.Ec.D.		19 59	II.Sh.E.		4 34	I.Tr.I.
	6 29	I.Sh.E.		5 58	I.Oc.R.		20 32	II.Tr.E.		6 38	I.Sh.E.
	7 06	I.Tr.E.		14 53	II.Sh.I.					6 45	I.Tr.E.
3	1 23	I.Ec.D.		15 53	II.Tr.I.	18	2 32	I.Sh.I.		23 02	III.Sh.I.
	4 13	I.Oc.R.		17 24	II.Sh.E.		2 50	I.Tr.I.		23 37	III.Tr.I.
	12 19	II.Sh.I.		18 16	II.Tr.E.		4 44	I.Sh.E.			
	13 36	II.Tr.I.					5 01	I.Tr.E.	26	1 33	I.Ec.D.
	14 49	II.Sh.E.	11	0 38	I.Sh.I.		19 04	III.Sh.I.		1 53	III.Sh.E.
	15 59	II.Tr.E.		1 06	I.Tr.I.		20 22	III.Tr.I.		2 09	III.Tr.E.
	22 45	I.Sh.I.		2 51	I.Sh.E.		21 56	III.Sh.E.		3 52	I.Oc.R.
	23 22	I.Tr.I.		3 17	I.Tr.E.		22 53	III.Tr.E.		15 11	II.Ec.D.
4	0 57	I.Sh.E.		15 06	III.Sh.I.		23 39	I.Ec.D.		17 49	II.Oc.R.
	1 32	I.Tr.E.		17 04	III.Tr.I.	19	2 08	I.Oc.R.		22 54	I.Sh.I.
	11 08	III.Sh.I.		17 58	III.Sh.E.		12 37	II.Ec.D.		23 00	I.Tr.I.
	13 44	III.Tr.I.		19 34	III.Tr.E.		15 35	II.Oc.R.	27	1 06	I.Sh.E.
	14 01	III.Sh.E.		21 46	I.Ec.D.		21 00	I.Sh.I.		1 11	I.Tr.E.
	16 13	III.Tr.E.	12	0 24	I.Oc.R.		21 16	I.Tr.I.		20 02	I.Ec.D.
	19 52	I.Ec.D.		10 02	II.Ec.D.		23 13	I.Sh.E.		22 18	I.Oc.R.
	22 39	I.Oc.R.		13 20	II.Oc.R.		23 27	I.Tr.E.	28	9 22	II.Sh.I.
5	7 27	II.Ec.D.		19 06	I.Sh.I.	20	18 08	I.Ec.D.		9 31	II.Tr.I.
	11 04	II.Oc.R.		19 32	I.Tr.I.		20 34	I.Oc.R.		11 52	II.Sh.E.
	17 13	I.Sh.I.		21 19	I.Sh.E.	21	6 46	II.Sh.I.		11 55	II.Tr.E.
	17 48	I.Tr.I.		21 43	I.Tr.E.		7 16	II.Tr.I.		17 22	I.Sh.I.
	19 26	I.Sh.E.	13	16 14	I.Ec.D.		9 16	II.Sh.E.		17 26	I.Tr.I.
	19 58	I.Tr.E.		18 50	I.Oc.R.		9 39	II.Tr.E.		19 35	I.Sh.E.
6	14 20	I.Ec.D.	14	4 11	II.Sh.I.		15 29	I.Sh.I.		19 36	I.Tr.E.
	17 05	I.Oc.R.		5 01	II.Tr.I.		15 42	I.Tr.I.	29	13 06	III.Ec.D.
7	1 36	II.Sh.I.		6 41	II.Sh.E.		17 41	I.Sh.E.		14 30	I.Ec.D.
	2 45	II.Tr.I.		7 24	II.Tr.E.		17 53	I.Tr.E.		15 57	III.Ec.R.
	4 06	II.Sh.E.		13 35	I.Sh.I.	22	9 07	III.Ec.D.		16 44	I.Oc.R.
	5 07	II.Tr.E.		13 58	I.Tr.I.		12 36	III.Oc.R.	30	4 28	II.Ec.D.
	11 41	I.Sh.I.		15 47	I.Sh.E.		12 36	I.Ec.D.		6 58	II.Ec.R.
	12 14	I.Tr.I.		16 09	I.Tr.E.		15 00	I.Oc.R.		11 51	I.Sh.I.
	13 54	I.Sh.E.	15	5 08	III.Ec.D.	23	1 54	II.Ec.D.		11 51	I.Tr.I.
	14 25	I.Tr.E.		9 18	III.Oc.R.		4 42	II.Oc.R.		14 02	I.Tr.E.
8	1 11	III.Ec.D.		10 42	I.Ec.D.		9 57	I.Sh.I.		14 03	I.Sh.E.
	5 58	III.Oc.R.		13 16	I.Oc.R.		10 08	I.Tr.I.	31	8 58	I.Oc.D.
	8 49	I.Ec.D.		23 19	II.Ec.D.		12 10	I.Sh.E.		11 12	I.Ec.R.
	11 32	I.Oc.R.	16	2 27	II.Oc.R.		12 19	I.Tr.E.		22 38	II.Tr.I.
	20 45	II.Ec.D.		8 03	I.Sh.I.	24	7 05	I.Ec.D.		22 40	II.Sh.I.
				8 24	I.Tr.I.		9 26	I.Oc.R.			
				10 16	I.Sh.E.						

I. Mar. 15	II. Mar. 15	III. Mar. 15	IV. Mar.
$x_1 = -1.3,\ y_1 = -0.3$	$x_1 = -1.3,\ y_1 = -0.5$	$x_1 = -1.6,\ y_1 = -0.7$	No Eclipse

NOTE.—I. denotes ingress; E., egress; D., disappearance; R., reappearance; Ec., eclipse; Oc., occultation; Tr., transit of the satellite; Sh., transit of the shadow.

CONFIGURATIONS OF SATELLITES I–IV FOR MARCH

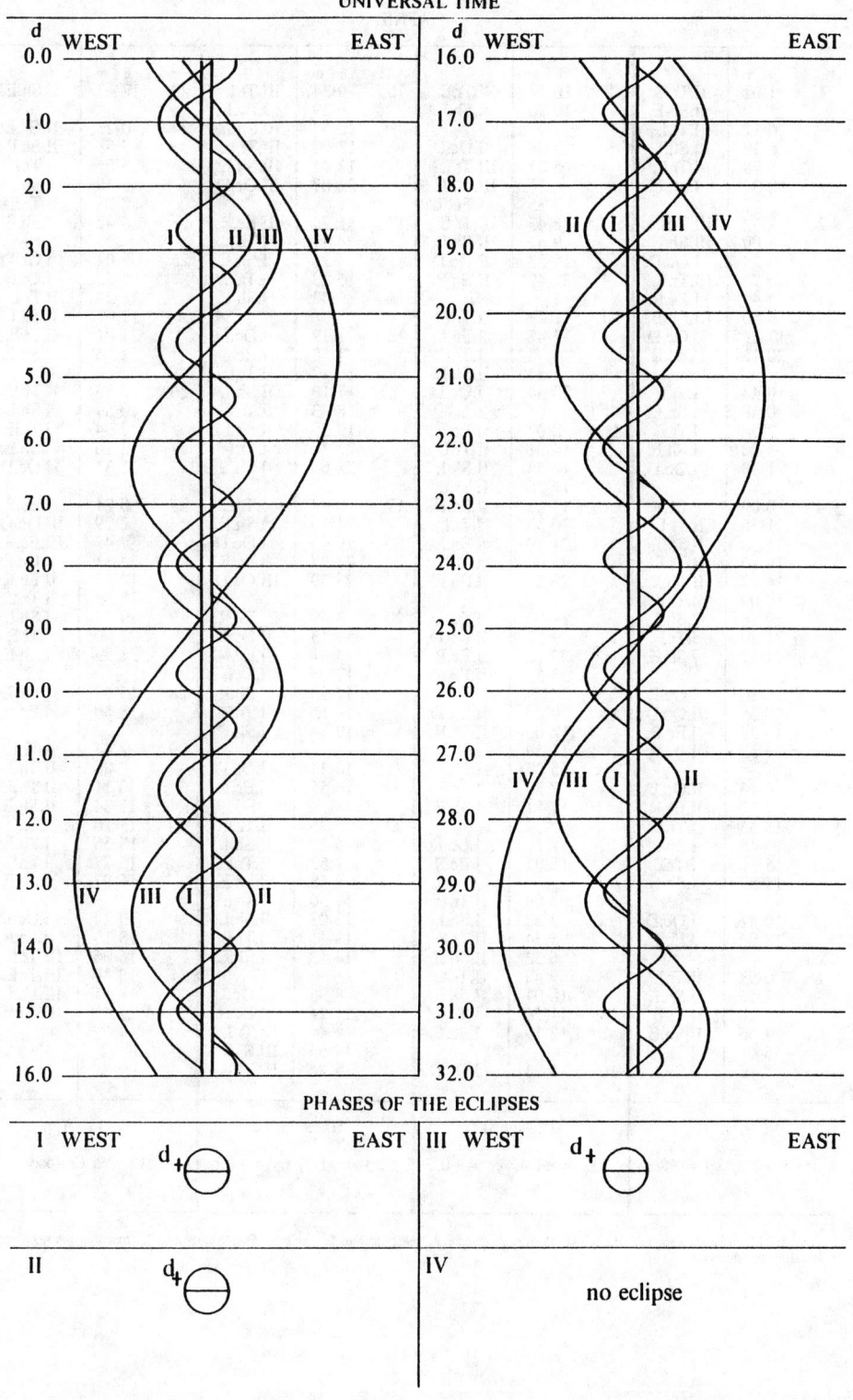

SATELLITES OF JUPITER, 1993

DYNAMICAL TIME OF GEOCENTRIC PHENOMENA

APRIL

d	h m		d	h m		d	h m		d	h m	
1	1 02	II.Tr.E.	8	10 12	I.Tr.E.	16	9 24	III.Tr.I.	23	17 43	III.Sh.E.
	1 10	II.Sh.E.		10 26	I.Sh.E.		9 29	I.Ec.R.	24	0 23	II.Oc.D.
	6 17	I.Tr.I.	9	5 08	I.Oc.D.		10 57	III.Sh.I.		3 58	II.Ec.R.
	6 19	I.Sh.I.		6 07	III.Tr.I.		12 02	III.Tr.E.		5 56	I.Tr.I.
	8 28	I.Tr.E.		6 58	III.Sh.I.		13 45	III.Sh.E.		6 30	I.Sh.I.
	8 32	I.Sh.E.		7 35	I.Ec.R.		22 07	II.Oc.D.		8 08	I.Tr.E.
2	2 52	III.Tr.I.		8 43	III.Tr.E.	17	1 23	II.Ec.R.		8 42	I.Sh.E.
	3 00	III.Sh.I.		9 47	III.Sh.E.		4 11	I.Tr.I.	25	3 04	I.Oc.D.
	3 24	I.Oc.D.		19 53	II.Oc.D.		4 36	I.Sh.I.		5 52	I.Ec.R.
	5 26	III.Tr.E.		22 49	II.Ec.R.		6 23	I.Tr.E.		18 34	II.Tr.I.
	5 41	I.Ec.R.	10	2 27	I.Tr.I.		6 48	I.Sh.E.		19 47	II.Sh.I.
	5 50	III.Sh.E.		2 42	I.Sh.I.	18	1 19	I.Oc.D.		21 01	II.Tr.E.
	17 39	II.Oc.D.		4 38	I.Tr.E.		3 58	I.Ec.R.		22 16	II.Sh.E.
	20 15	II.Ec.R.		4 54	I.Sh.E.		16 17	II.Tr.I.	26	0 23	I.Tr.I.
3	0 43	I.Tr.I.		23 34	I.Oc.D.		17 10	II.Sh.I.		0 59	I.Sh.I.
	0 48	I.Sh.I.	11	2 03	I.Ec.R.		18 43	II.Tr.E.		2 34	I.Tr.E.
	2 54	I.Tr.E.		14 01	II.Tr.I.		19 39	II.Sh.E.		3 10	I.Sh.E.
	3 00	I.Sh.E.		14 34	II.Sh.I.		22 38	I.Tr.I.		21 31	I.Oc.D.
	21 50	I.Oc.D.		16 26	II.Tr.E.		23 04	I.Sh.I.	27	0 21	I.Ec.R.
4	0 09	I.Ec.R.		17 03	II.Sh.E.	19	0 49	I.Tr.E.		2 29	III.Oc.D.
	11 45	II.Tr.I.		20 53	I.Tr.I.		1 16	I.Sh.E.		7 48	III.Ec.R.
	11 58	II.Sh.I.		21 10	I.Sh.I.		19 45	I.Oc.D.		13 31	II.Oc.D.
	14 10	II.Tr.E.		23 04	I.Tr.E.		22 27	I.Ec.R.		17 15	II.Ec.R.
	14 27	II.Sh.E.		23 22	I.Sh.E.		23 09	III.Oc.D.		18 49	I.Tr.I.
	19 09	I.Tr.I.	12	18 00	I.Oc.D.	20	3 50	III.Ec.R.		19 27	I.Sh.I.
	19 16	I.Sh.I.		19 52	III.Oc.D.		11 15	II.Oc.D.		21 00	I.Tr.E.
	21 20	I.Tr.E.		20 32	I.Ec.R.		14 41	II.Ec.R.		21 39	I.Sh.E.
	21 29	I.Sh.E.		23 53	III.Ec.R.		17 04	I.Tr.I.	28	15 57	I.Oc.D.
5	16 16	I.Oc.D.	13	9 00	II.Oc.D.		17 33	I.Sh.I.		18 50	I.Ec.R.
	16 35	III.Oc.D.		12 06	II.Ec.R.		19 15	I.Tr.E.	29	7 44	II.Tr.I.
	18 38	I.Ec.R.		15 19	I.Tr.I.		19 45	I.Sh.E.		9 06	II.Sh.I.
	19 55	III.Ec.R.		15 39	I.Sh.I.	21	14 11	I.Oc.D.		10 11	II.Tr.E.
6	6 46	II.Oc.D.		17 30	I.Tr.E.		16 55	I.Ec.R.		11 34	II.Sh.E.
	9 32	II.Ec.R.		17 51	I.Sh.E.	22	5 26	II.Tr.I.		13 16	I.Tr.I.
	13 35	I.Tr.I.	14	12 27	I.Oc.D.		6 29	II.Sh.I.		13 56	I.Sh.I.
	13 45	I.Sh.I.		15 01	I.Ec.R.		7 52	II.Tr.E.		15 27	I.Tr.E.
	15 46	I.Tr.E.	15	3 09	II.Tr.I.		8 58	II.Sh.E.		16 07	I.Sh.E.
	15 57	I.Sh.E.		3 52	II.Sh.I.		11 30	I.Tr.I.	30	10 24	I.Oc.D.
7	10 42	I.Oc.D.		5 34	II.Tr.E.		12 02	I.Sh.I.		13 19	I.Ec.R.
	13 06	I.Ec.R.		6 22	II.Sh.E.		13 41	I.Tr.E.		16 06	III.Tr.I.
8	0 53	II.Tr.I.		9 45	I.Tr.I.		14 13	I.Sh.E.		18 49	III.Tr.E.
	1 16	II.Sh.I.		10 07	I.Sh.I.	23	8 38	I.Oc.D.		18 55	III.Sh.I.
	3 18	II.Tr.E.		11 56	I.Tr.E.		11 24	I.Ec.R.		21 41	III.Sh.E.
	3 46	II.Sh.E.		12 19	I.Sh.E.		12 44	III.Tr.I.			
	8 01	I.Tr.I.	16	6 53	I.Oc.D.		14 56	III.Sh.I.			
	8 13	I.Sh.I.					15 24	III.Tr.E.			

I. Apr. 16	II. Apr. 17	III. Apr. 12	IV. Apr.
$x_2 = +1.3,\ y_2 = -0.3$	$x_2 = +1.4,\ y_2 = -0.5$	$x_2 = +1.5,\ y_2 = -0.6$	No Eclipse

NOTE.—I. denotes ingress; E., egress; D., disappearance; R., reappearance; Ec., eclipse; Oc., occultation; Tr., transit of the satellite; Sh., transit of the shadow.

CONFIGURATIONS OF SATELLITES I–IV FOR APRIL

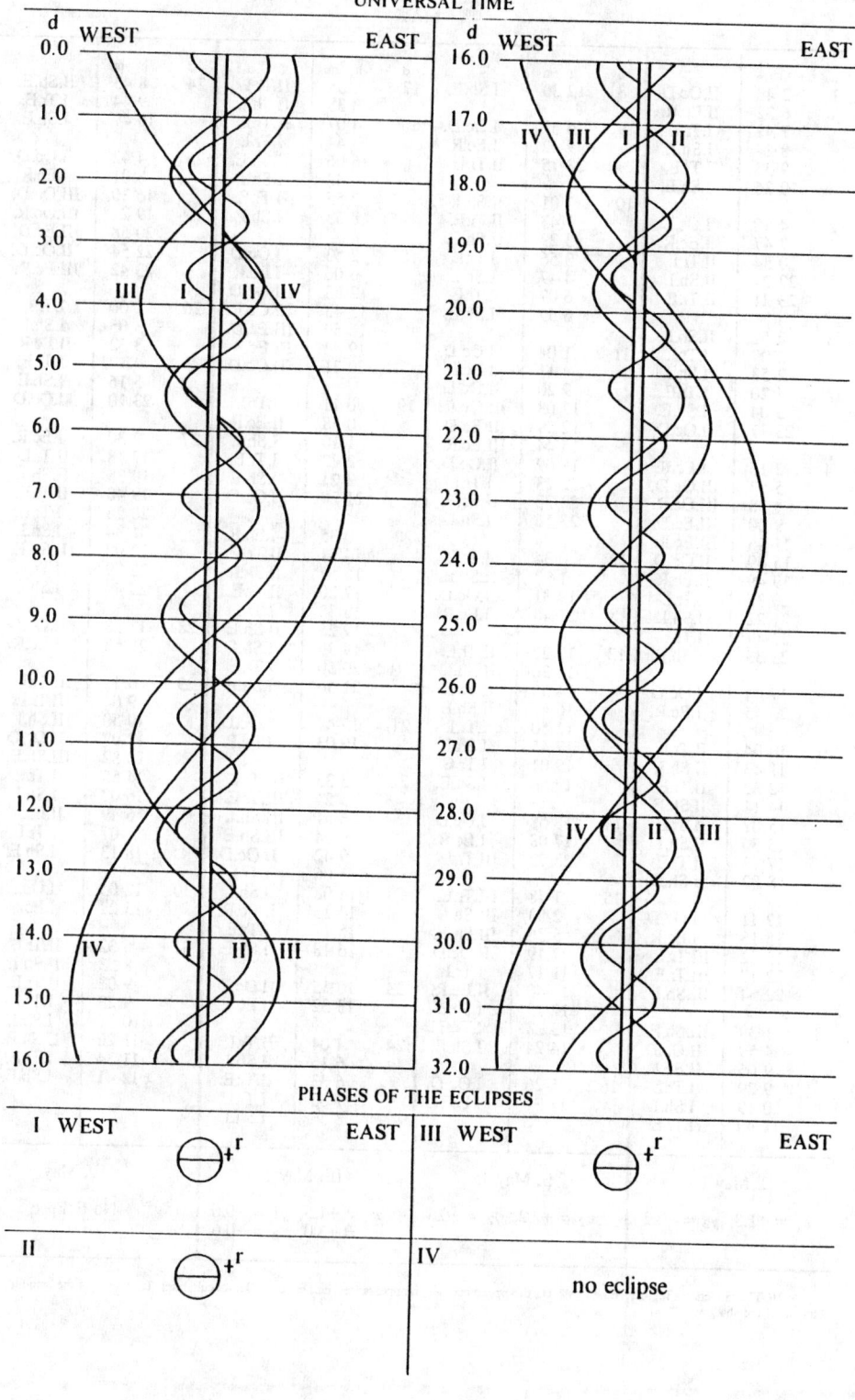

SATELLITES OF JUPITER, 1993

DYNAMICAL TIME OF GEOCENTRIC PHENOMENA

MAY

d	h m		d	h m		d	h m		d	h m	
1	2 40	II.Oc.D.	8	12 30	I.Sh.E.	17	1 38	II.Tr.I.	24	8 43	II.Sh.E.
	6 32	II.Ec.R.	9	6 37	I.Oc.D.		3 38	II.Sh.I.		9 44	I.Tr.E.
	7 42	I.Tr.I.		9 42	I.Ec.R.		4 07	II.Tr.E.		10 47	I.Sh.E.
	8 24	I.Sh.I.		23 15	II.Tr.I.		5 44	I.Tr.I.	25	4 42	I.Oc.D.
	9 53	I.Tr.E.	10	1 01	II.Sh.I.		6 06	II.Sh.E.		8 01	I.Ec.R.
	10 36	I.Sh.E.		1 43	II.Tr.E.		6 42	I.Sh.I.		16 30	III.Oc.D.
2	4 50	I.Oc.D.		3 29	II.Sh.E.		7 55	I.Tr.E.		19 21	III.Oc.R.
	7 47	I.Ec.R.		3 56	I.Tr.I.		8 53	I.Sh.E.		20 58	III.Ec.D.
	20 54	II.Tr.I.		4 47	I.Sh.I.	18	2 53	I.Oc.D.		22 54	II.Oc.D.
	22 24	II.Sh.I.		6 07	I.Tr.E.		6 06	I.Ec.R.		23 42	III.Ec.R.
	23 21	II.Tr.E.		6 59	I.Sh.E.		12 53	III.Oc.D.	26	2 00	I.Tr.I.
3	0 52	II.Sh.E.	11	1 04	I.Oc.D.		15 43	III.Oc.R.		3 05	I.Sh.I.
	2 09	I.Tr.I.		4 11	I.Ec.R.		16 59	III.Ec.D.		3 32	II.Ec.R.
	2 53	I.Sh.I.		9 20	III.Oc.D.		19 44	III.Ec.R.		4 12	I.Tr.E.
	4 20	I.Tr.E.		12 08	III.Oc.R.		20 31	II.Oc.D.		5 16	I.Sh.E.
	5 04	I.Sh.E.		12 59	III.Ec.D.	19	0 11	I.Tr.I.		23 10	I.Oc.D.
	23 17	I.Oc.D.		15 44	III.Ec.R.		0 58	I.Ec.R.	27	2 30	I.Ec.R.
4	2 16	I.Ec.R.		18 09	II.Oc.D.		1 10	I.Sh.I.		17 18	II.Tr.I.
	5 53	III.Oc.D.		22 23	I.Tr.I.		2 22	I.Tr.E.		19 35	II.Sh.I.
	8 38	III.Oc.R.		22 23	I.Ec.R.		3 21	I.Sh.E.		19 48	II.Tr.E.
	9 00	III.Ec.D.		23 16	I.Sh.I.		21 20	I.Oc.D.		20 28	I.Tr.I.
	11 46	III.Ec.R.	12	0 34	I.Tr.E.	20	0 35	I.Ec.R.		21 34	I.Sh.I.
	15 49	II.Oc.D.		1 27	I.Sh.E.		14 51	II.Tr.I.		22 02	II.Sh.E.
	19 49	II.Ec.R.		19 31	I.Oc.D.		16 57	II.Sh.I.		22 39	I.Tr.E.
	20 35	I.Tr.I.		22 40	I.Ec.R.		17 20	II.Tr.E.		23 44	I.Sh.E.
	21 22	I.Sh.I.	13	12 27	II.Tr.I.		18 38	I.Tr.I.	28	17 38	I.Oc.D.
	22 47	I.Tr.E.		14 20	II.Sh.I.		19 25	II.Sh.E.		20 58	I.Ec.R.
	23 33	I.Sh.E.		14 55	II.Tr.E.		19 39	I.Sh.I.	29	6 13	III.Tr.I.
5	17 44	I.Oc.D.		16 48	II.Sh.E.		20 50	I.Tr.E.		9 04	III.Tr.E.
	20 45	I.Ec.R.		16 50	I.Tr.I.		21 50	I.Sh.E.		10 50	III.Sh.I.
6	10 04	II.Tr.I.		17 45	I.Sh.I.	21	15 47	I.Oc.D.		12 07	II.Oc.D.
	11 43	II.Sh.I.		19 01	I.Tr.E.		19 03	I.Ec.R.		13 32	III.Sh.E.
	12 32	II.Tr.E.		19 56	I.Sh.E.	22	2 35	III.Tr.I.		14 55	I.Tr.I.
	14 11	II.Sh.E.	14	13 58	I.Oc.D.		5 24	III.Tr.E.		16 02	I.Sh.I.
	15 02	I.Tr.I.		17 08	I.Ec.R.		6 51	III.Sh.I.		16 49	II.Ec.R.
	15 50	I.Sh.I.		23 02	III.Tr.I.		9 34	III.Sh.E.		17 07	I.Tr.E.
	17 13	I.Tr.E.	15	1 48	III.Tr.E.		9 42	II.Oc.D.		18 13	I.Sh.E.
	18 02	I.Sh.E.		2 53	III.Sh.I.		13 06	I.Tr.I.	30	12 05	I.Oc.D.
7	12 11	I.Oc.D.		5 36	III.Sh.E.		14 08	I.Sh.I.		15 27	I.Ec.R.
	15 13	I.Ec.R.		7 19	II.Oc.D.		14 15	II.Ec.R.	31	6 32	II.Tr.I.
	19 32	III.Tr.I.		11 17	I.Tr.I.		15 17	I.Tr.E.		8 53	II.Sh.I.
	22 17	III.Tr.E.		11 40	II.Ec.R.		16 18	I.Sh.E.		9 02	II.Tr.E.
	22 54	III.Sh.I.		12 13	I.Sh.I.	23	10 15	I.Oc.D.		9 23	I.Tr.I.
8	1 39	III.Sh.E.		13 28	I.Tr.E.		13 32	I.Ec.R.		10 31	I.Sh.I.
	4 59	II.Oc.D.		14 24	I.Sh.E.	24	4 04	II.Tr.I.		11 20	II.Sh.E.
	9 06	II.Ec.R.	16	8 26	I.Oc.D.		6 15	II.Sh.I.		11 34	I.Tr.E.
	9 29	I.Tr.I.		11 37	I.Ec.R.		6 33	II.Tr.E.		12 41	I.Sh.E.
	10 19	I.Sh.I.					7 33	I.Tr.I.			
	11 40	I.Tr.E.					8 36	I.Sh.I.			

I. May 16	II. May 15	III. May 18	IV. May
$x_2 = +1.8,\ y_2 = -0.2$	$x_2 = +2.2,\ y_2 = -0.5$	$x_1 = +1.5,\ y_1 = -0.6$ $x_2 = +3.0,\ y_2 = -0.6$	No Eclipse

NOTE.—I. denotes ingress; E., egress; D., disappearance; R., reappearance; Ec., eclipse; Oc., occultation; Tr., transit of the satellite; Sh., transit of the shadow.

CONFIGURATIONS OF SATELLITES I–IV FOR MAY

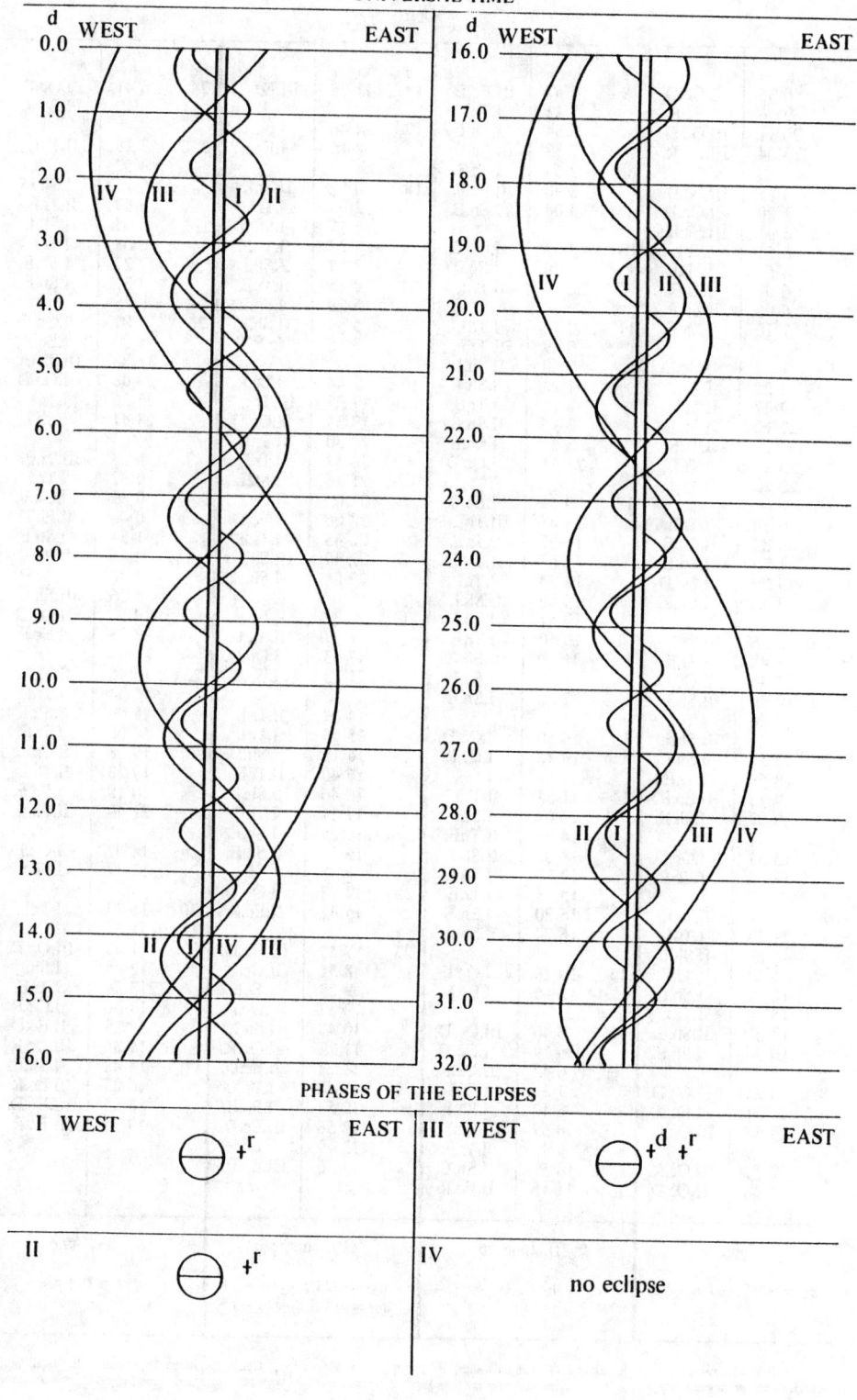

UNIVERSAL TIME

PHASES OF THE ECLIPSES

SATELLITES OF JUPITER, 1993

DYNAMICAL TIME OF GEOCENTRIC PHENOMENA

JUNE

d	h m		d	h m		d	h m		d	h m	
1	6 33	I.Oc.D.	9	4 57	III.Ec.D.	16	11 38	III.Ec.R.	24	6 41	I.Oc.D.
	9 56	I.Ec.R.		5 42	I.Tr.I.	17	4 46	I.Oc.D.		10 10	I.Ec.R.
	20 11	III.Oc.D.		6 54	I.Sh.I.		8 15	I.Ec.R.	25	3 28	II.Tr.I.
	23 04	III.Oc.R.		7 39	III.Ec.R.	18	0 52	II.Tr.I.		3 57	I.Tr.I.
2	0 58	III.Ec.D.		7 54	I.Tr.E.		2 03	I.Tr.I.		5 12	I.Sh.I.
	1 20	II.Oc.D.		8 40	II.Ec.R.		3 17	I.Sh.I.		5 59	II.Tr.E.
	3 41	III.Ec.R.		9 04	I.Sh.E.		3 23	II.Tr.E.		6 05	II.Sh.I.
	3 51	I.Tr.I.	10	2 53	I.Oc.D.		3 27	II.Sh.I.		6 08	I.Tr.E.
	4 59	I.Sh.I.		6 20	I.Ec.R.		4 15	I.Tr.E.		7 22	I.Sh.E.
	6 02	I.Tr.E.		22 19	II.Tr.I.		5 28	I.Sh.E.		8 31	II.Sh.E.
	6 06	II.Ec.R.	11	0 10	I.Tr.I.		5 54	II.Sh.E.	26	1 09	I.Oc.D.
	7 10	I.Sh.E.		0 49	II.Tr.E.		23 15	I.Oc.D.		4 39	I.Ec.R.
3	1 01	I.Oc.D.		0 50	II.Sh.I.	19	2 44	I.Ec.R.		21 33	III.Tr.I.
	4 25	I.Ec.R.		1 23	I.Sh.I.		17 37	III.Tr.I.		22 08	II.Oc.D.
	19 47	II.Tr.I.		2 22	I.Tr.E.		19 35	II.Oc.D.		22 26	I.Tr.I.
	22 12	II.Sh.I.		3 16	II.Sh.E.		20 30	III.Tr.E.		23 41	I.Sh.I.
	22 17	II.Tr.E.		3 33	I.Sh.E.		20 32	I.Tr.I.	27	0 28	III.Tr.E.
	22 19	I.Tr.I.		21 21	I.Oc.D.		21 46	I.Sh.I.		0 37	I.Tr.E.
	23 28	I.Sh.I.	12	0 49	I.Ec.R.		22 05	II.Oc.R.		0 39	II.Oc.R.
4	0 30	I.Tr.E.		13 45	III.Tr.I.		22 06	II.Ec.D.		0 40	II.Ec.D.
	0 39	II.Sh.E.		16 37	III.Tr.E.		22 43	I.Tr.E.		1 51	I.Sh.E.
	1 39	I.Sh.E.		17 03	II.Oc.D.		22 49	III.Sh.I.		2 48	III.Sh.I.
	19 29	I.Oc.D.		18 38	I.Tr.I.		23 56	I.Sh.E.		3 06	II.Ec.R.
	22 54	I.Ec.R.		18 49	III.Sh.I.	20	0 32	II.Ec.R.		5 26	III.Sh.E.
5	9 56	III.Tr.I.		19 51	I.Sh.I.		1 27	III.Sh.E.		19 38	I.Oc.D.
	12 48	III.Tr.E.		20 50	I.Tr.E.		17 43	I.Oc.D.		23 08	I.Ec.R.
	14 34	II.Oc.D.		21 29	III.Sh.E.		21 13	I.Ec.R.	28	16 46	II.Tr.I.
	14 49	III.Sh.I.		21 57	II.Ec.R.	21	14 09	II.Tr.I.		16 54	I.Tr.I.
	16 46	I.Tr.I.		22 02	I.Sh.E.		15 00	I.Tr.I.		18 09	I.Sh.I.
	17 30	III.Sh.E.	13	15 50	I.Oc.D.		16 15	I.Sh.I.		19 06	I.Tr.E.
	17 57	I.Sh.I.		19 18	I.Ec.R.		16 40	II.Tr.E.		19 18	II.Tr.E.
	18 58	I.Tr.E.	14	11 35	II.Tr.I.		16 46	II.Sh.I.		19 23	II.Sh.I.
	19 23	II.Ec.R.		13 07	I.Tr.I.		17 11	I.Tr.E.		20 19	I.Sh.E.
	20 07	I.Sh.E.		14 05	II.Tr.E.		18 25	I.Sh.E.		21 49	II.Sh.E.
6	13 57	I.Oc.D.		14 08	II.Sh.I.		19 12	II.Sh.E.	29	14 07	I.Oc.D.
	17 22	I.Ec.R.		14 20	I.Sh.I.	22	12 12	I.Oc.D.		17 37	I.Ec.R.
7	9 02	II.Tr.I.		15 18	I.Tr.E.		15 42	I.Ec.R.	30	11 23	I.Tr.I.
	11 14	I.Tr.I.		16 30	I.Sh.E.	23	7 40	III.Oc.D.		11 25	II.Oc.D.
	11 30	II.Sh.I.		16 34	II.Sh.E.		8 51	II.Oc.D.		11 39	III.Oc.D.
	11 33	II.Tr.E.	15	10 18	I.Oc.D.		9 28	I.Tr.I.		12 38	I.Sh.I.
	12 25	I.Sh.I.		13 46	I.Ec.R.		10 37	III.Oc.R.		13 34	I.Tr.E.
	13 26	I.Tr.E.	16	3 46	III.Oc.D.		10 43	I.Sh.I.		13 56	II.Oc.R.
	13 57	II.Sh.E.		6 19	II.Oc.D.		11 22	II.Oc.R.		13 58	II.Ec.D.
	14 36	I.Sh.E.		6 42	III.Oc.R.		11 23	II.Ec.D.		14 36	III.Oc.R.
8	8 25	I.Oc.D.		7 35	I.Tr.I.		11 40	I.Tr.E.		14 48	I.Sh.E.
	11 51	I.Ec.R.		8 49	I.Sh.I.		12 53	I.Sh.E.		16 23	II.Ec.R.
	23 57	III.Oc.D.		8 57	III.Ec.D.		12 56	III.Ec.D.		16 55	III.Ec.D.
9	2 51	III.Oc.R.		9 46	I.Tr.E.		13 49	II.Ec.R.		19 35	III.Ec.R.
	3 48	II.Oc.D.		10 59	I.Sh.E.		15 36	III.Ec.R.			
				11 15	II.Ec.R.						

I. June 15	II. June 16	III. June 16	IV. June
$x_2 = +2.0,\ y_2 = -0.2$	$x_2 = +2.5,\ y_2 = -0.4$	$x_1 = +2.0,\ y_1 = -0.6$ $x_2 = +3.5,\ y_2 = -0.5$	No Eclipse

NOTE.—I. denotes ingress; E., egress; D., disappearance; R., reappearance; Ec., eclipse; Oc., occultation; Tr., transit of the satellite; Sh., transit of the shadow.

CONFIGURATIONS OF SATELLITES I–IV FOR JUNE

UNIVERSAL TIME

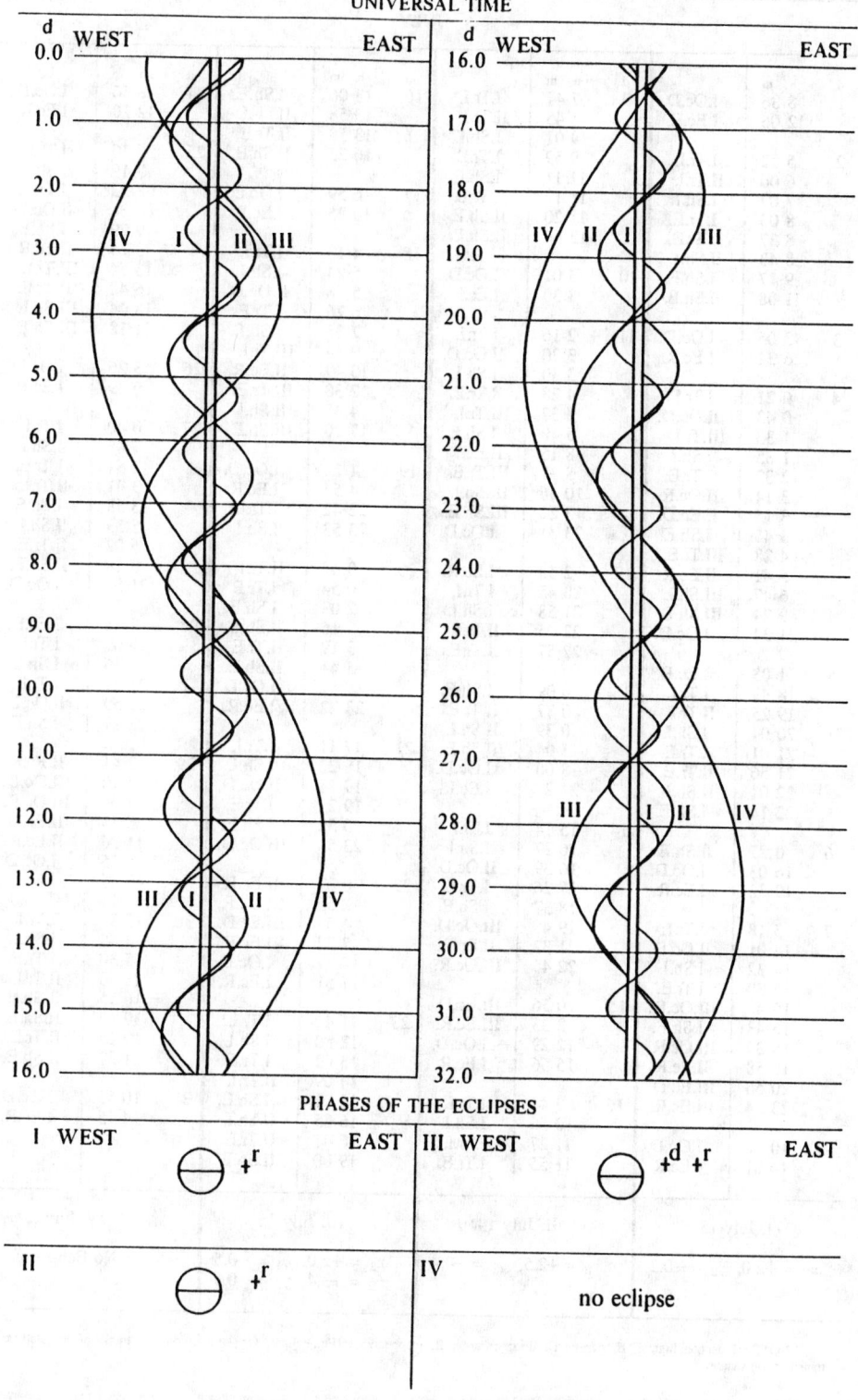

PHASES OF THE ECLIPSES

SATELLITES OF JUPITER, 1993

DYNAMICAL TIME OF GEOCENTRIC PHENOMENA

JULY

d	h m		d	h m		d	h m		d	h m	
1	8 36	I.Oc.D.	9	7 47	I.Tr.I.	16	13 06	I.Sh.E.	24	8 56	I.Oc.D.
	12 06	I.Ec.R.		8 45	II.Tr.I.		13 58	II.Sh.I.		12 20	I.Ec.R.
2	5 52	I.Tr.I.		9 01	I.Sh.I.		13 58	II.Tr.E.	25	6 10	I.Tr.I.
	6 06	II.Tr.I.		9 59	I.Tr.E.		16 23	II.Sh.E.		7 19	I.Sh.I.
	7 07	I.Sh.I.		11 11	I.Sh.E.	17	6 59	I.Oc.D.		8 22	I.Tr.E.
	8 03	I.Tr.E.		11 17	II.Tr.E.		10 25	I.Ec.R.		8 38	II.Oc.D.
	8 37	II.Tr.E.		11 20	II.Sh.I.	18	4 13	I.Tr.I.		9 29	I.Sh.E.
	8 43	II.Sh.I.		13 46	II.Sh.E.		5 24	I.Sh.I.		13 24	II.Ec.R.
	9 17	I.Sh.E.	10	5 01	I.Oc.D.		5 58	II.Oc.D.		13 54	III.Tr.I.
	11 08	II.Sh.E.		8 30	I.Ec.R.		6 25	I.Tr.E.		16 48	III.Tr.E.
3	3 05	I.Oc.D.	11	2 16	I.Tr.I.		7 35	I.Sh.E.		18 44	III.Sh.I.
	6 34	I.Ec.R.		3 20	II.Oc.D.		9 44	III.Tr.I.		21 18	III.Sh.E.
4	0 21	I.Tr.I.		3 30	I.Sh.I.		10 49	II.Ec.R.	26	3 26	I.Oc.D.
	0 43	II.Oc.D.		4 28	I.Tr.E.		12 38	III.Tr.E.		6 49	I.Ec.R.
	1 33	III.Tr.I.		5 37	III.Tr.I.		14 45	III.Sh.I.	27	0 40	I.Tr.I.
	1 35	I.Sh.I.		5 40	I.Sh.E.		17 20	III.Sh.E.		1 48	I.Sh.I.
	2 32	I.Tr.E.		8 15	II.Ec.R.	19	1 28	I.Oc.D.		2 51	I.Tr.E.
	3 14	II.Oc.R.		8 31	III.Tr.E.		4 54	I.Ec.R.		3 31	II.Tr.I.
	3 15	II.Ec.D.		10 46	III.Sh.I.		22 42	I.Tr.I.		3 58	I.Sh.E.
	3 45	I.Sh.E.		13 22	III.Sh.E.		23 53	I.Sh.I.		5 53	II.Sh.I.
	4 28	III.Tr.E.		23 31	I.Oc.D.	20	0 47	II.Tr.I.		6 02	II.Tr.E.
	5 41	II.Ec.R.	12	2 58	I.Ec.R.		0 54	I.Tr.E.		8 18	II.Sh.E.
	6 47	III.Sh.I.		20 45	I.Tr.I.		2 03	I.Sh.E.		21 56	I.Oc.D.
	9 24	III.Sh.E.		21 58	I.Sh.I.		3 16	II.Sh.I.	28	1 18	I.Ec.R.
	21 34	I.Oc.D.		22 05	II.Tr.I.		3 19	II.Tr.E.		19 09	I.Tr.I.
5	1 03	I.Ec.R.		22 57	I.Tr.E.		5 41	II.Sh.E.		20 16	I.Sh.I.
	18 49	I.Tr.I.	13	0 09	I.Sh.E.		19 57	I.Oc.D.		21 21	I.Tr.E.
	19 25	II.Tr.I.		0 37	II.Tr.E.		23 22	I.Ec.R.		21 59	II.Oc.D.
	20 04	I.Sh.I.		0 39	II.Sh.I.	21	17 11	I.Tr.I.		22 27	I.Sh.E.
	21 01	I.Tr.E.		3 04	II.Sh.E.		18 22	I.Sh.I.	29	2 41	II.Ec.R.
	21 56	II.Tr.E.		18 00	I.Oc.D.		19 18	II.Oc.D.		4 10	III.Oc.D.
	22 01	II.Sh.I.		21 27	I.Ec.R.		19 23	I.Tr.E.		7 06	III.Oc.R.
	22 14	I.Sh.E.	14	15 14	I.Tr.I.		20 32	I.Sh.E.		8 55	III.Ec.D.
6	0 27	II.Sh.E.		16 27	I.Sh.I.		23 58	III.Oc.D.		11 30	III.Ec.R.
	16 03	I.Oc.D.		16 39	II.Oc.D.	22	0 07	II.Ec.R.		16 25	I.Oc.D.
	19 32	I.Ec.R.		17 26	I.Tr.E.		2 55	III.Oc.R.		19 46	I.Ec.R.
7	13 18	I.Tr.I.		18 37	I.Sh.E.		4 55	III.Ec.D.	30	13 38	I.Tr.I.
	14 01	II.Oc.D.		19 48	III.Oc.D.		7 32	III.Ec.R.		14 45	I.Sh.I.
	14 32	I.Sh.I.		21 32	II.Ec.R.		14 27	I.Oc.D.		15 50	I.Tr.E.
	15 30	I.Tr.E.		22 45	III.Oc.R.		17 51	I.Ec.R.		16 53	II.Tr.I.
	15 42	III.Oc.D.	15	0 56	III.Ec.D.	23	11 41	I.Tr.I.		16 55	I.Sh.E.
	16 43	I.Sh.E.		3 33	III.Ec.R.		12 50	I.Sh.I.		19 12	II.Sh.I.
	18 39	III.Oc.R.		12 29	I.Oc.D.		13 52	I.Tr.E.		19 25	II.Tr.E.
	18 58	II.Ec.R.		15 56	I.Ec.R.		14 09	II.Tr.I.		21 37	II.Sh.E.
	20 56	III.Ec.D.	16	9 44	I.Tr.I.		15 01	I.Sh.E.	31	10 55	I.Oc.D.
	23 34	III.Ec.R.		10 56	I.Sh.I.		16 35	II.Sh.I.		14 15	I.Ec.R.
8	10 32	I.Oc.D.		11 27	II.Tr.I.		16 41	II.Tr.E.			
	14 01	I.Ec.R.		11 55	I.Tr.E.		19 00	II.Sh.E.			

I. July 15	II. July 14	III. July 15	IV. July
$x_2 = +2.0,\ y_2 = -0.2$	$x_2 = +2.5,\ y_2 = -0.4$	$x_1 = +2.0,\ y_1 = -0.5$ $x_2 = +3.4,\ y_2 = -0.5$	No Eclipse

NOTE.—I. denotes ingress; E., egress; D., disappearance; R., reappearance; Ec., eclipse; Oc., occultation; Tr., transit of the satellite; Sh., transit of the shadow.

CONFIGURATIONS OF SATELLITES I–IV FOR JULY

UNIVERSAL TIME

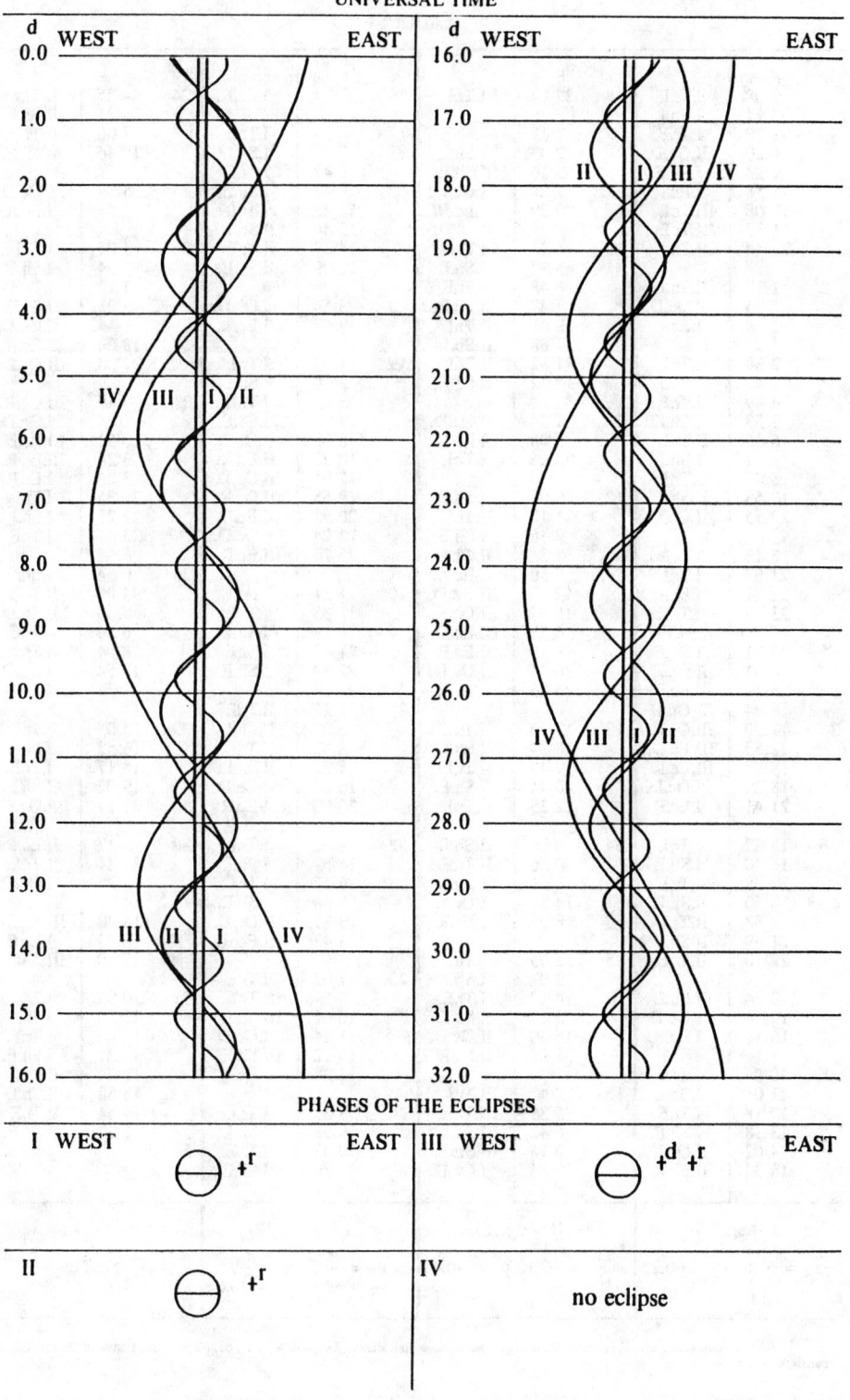

PHASES OF THE ECLIPSES

SATELLITES OF JUPITER, 1993

DYNAMICAL TIME OF GEOCENTRIC PHENOMENA

AUGUST

d	h m		d	h m		d	h m		d	h m	
1	8 08	I.Tr.I.	8	22 24	III.Tr.I.	16	12 34	I.Ec.R.	24	14 35	II.Tr.I.
	9 14	I.Sh.I.	9	1 17	III.Tr.E.	17	6 35	I.Tr.I.		16 21	II.Sh.I.
	10 20	I.Tr.E.		2 43	III.Sh.I.		7 31	I.Sh.I.		17 06	II.Tr.E.
	11 20	II.Oc.D.		5 16	III.Sh.E.		8 47	I.Tr.E.		18 46	II.Sh.E.
	11 24	I.Sh.E.		7 24	I.Oc.D.		9 42	I.Sh.E.	25	5 54	I.Oc.D.
	15 58	II.Ec.R.		10 39	I.Ec.R.		11 48	II.Tr.I.		8 57	I.Ec.R.
	18 08	III.Tr.I.	10	4 36	I.Tr.I.		13 44	II.Sh.I.	26	3 05	I.Tr.I.
	21 02	III.Tr.E.		5 37	I.Sh.I.		14 19	II.Tr.E.		3 54	I.Sh.I.
	22 44	III.Sh.I.		6 48	I.Tr.E.		16 09	II.Sh.E.		5 17	I.Tr.E.
2	1 17	III.Sh.E.		7 47	I.Sh.E.	18	3 54	I.Oc.D.		6 05	I.Sh.E.
	5 25	I.Oc.D.		9 01	II.Tr.I.		7 02	I.Ec.R.		8 54	II.Oc.D.
	8 44	I.Ec.R.		11 08	II.Sh.I.	19	1 05	I.Tr.I.		13 00	II.Ec.R.
3	2 38	I.Tr.I.		11 32	II.Tr.E.		2 00	I.Sh.I.		21 24	III.Oc.D.
	3 42	I.Sh.I.		13 32	II.Sh.E.		3 17	I.Tr.E.	27	0 16	III.Oc.R.
	4 49	I.Tr.E.	11	1 54	I.Oc.D.		4 10	I.Sh.E.		0 24	I.Oc.D.
	5 53	I.Sh.E.		5 08	I.Ec.R.		6 09	II.Oc.D.		0 52	III.Ec.D.
	6 15	II.Tr.I.		23 06	I.Tr.I.		10 25	II.Ec.R.		3 24	III.Ec.R.
	8 31	II.Sh.I.	12	0 05	I.Sh.I.		17 01	III.Oc.D.		3 26	I.Ec.R.
	8 47	II.Tr.E.		1 18	I.Tr.E.		19 55	III.Oc.R.		21 35	I.Tr.I.
	10 55	II.Sh.E.		2 16	I.Sh.E.		20 52	III.Ec.D.		22 23	I.Sh.I.
	23 55	I.Oc.D.		3 24	II.Oc.D.		22 24	I.Oc.D.		23 47	I.Tr.E.
4	3 13	I.Ec.R.		7 50	II.Ec.R.		23 25	III.Ec.R.	28	0 34	I.Sh.E.
	21 07	I.Tr.I.		12 42	III.Oc.D.	20	1 31	I.Ec.R.		4 00	II.Tr.I.
	22 11	I.Sh.I.		15 37	III.Oc.R.		19 35	I.Tr.I.		5 40	II.Sh.I.
	23 19	I.Tr.E.		16 53	III.Ec.D.		20 29	I.Sh.I.		6 30	II.Tr.E.
5	0 21	I.Sh.E.		19 26	III.Ec.R.		21 47	I.Tr.E.		8 04	II.Sh.E.
	0 41	II.Oc.D.		20 24	I.Oc.D.		22 39	I.Sh.E.		18 54	I.Oc.D.
	5 16	II.Ec.R.		23 36	I.Ec.R.	21	1 12	II.Tr.I.		21 55	I.Ec.R.
	8 24	III.Oc.D.	13	17 36	I.Tr.I.		3 03	II.Sh.I.	29	16 05	I.Tr.I.
	11 20	III.Oc.R.		18 34	I.Sh.I.		3 43	II.Tr.E.		16 52	I.Sh.I.
	12 53	III.Ec.D.		19 48	I.Tr.E.		5 28	II.Sh.E.		18 17	I.Tr.E.
	15 28	III.Ec.R.		20 44	I.Sh.E.		16 54	I.Oc.D.		19 02	I.Sh.E.
	18 24	I.Oc.D.		22 25	II.Tr.I.		20 00	I.Ec.R.		22 17	II.Oc.D.
	21 41	I.Ec.R.	14	0 26	II.Sh.I.	22	14 05	I.Tr.I.	30	2 17	II.Ec.R.
6	15 37	I.Tr.I.		0 56	II.Tr.E.		14 57	I.Sh.I.		11 24	II.Tr.I.
	16 40	I.Sh.I.		2 51	II.Sh.E.		16 17	I.Tr.E.		13 25	I.Oc.D.
	17 49	I.Tr.E.		14 54	I.Oc.D.		17 08	I.Sh.E.		14 14	III.Tr.E.
	18 50	I.Sh.E.		18 05	I.Ec.R.		19 31	II.Oc.D.		14 40	III.Sh.I.
	19 38	II.Tr.I.	15	12 05	I.Tr.I.		23 42	II.Ec.R.		16 23	I.Ec.R.
	21 49	II.Sh.I.		13 03	I.Sh.I.	23	7 02	III.Tr.I.		17 10	III.Sh.E.
	22 10	II.Tr.E.		14 17	I.Tr.E.		9 54	III.Tr.E.	31	10 35	I.Tr.I.
7	0 14	II.Sh.E.		15 13	I.Sh.E.		10 41	III.Sh.I.		11 20	I.Sh.I.
	12 54	I.Oc.D.		16 46	II.Oc.D.		11 24	I.Oc.D.		12 47	I.Tr.E.
	16 10	I.Ec.R.		21 08	II.Ec.R.		13 12	III.Sh.E.		13 31	I.Sh.E.
8	10 06	I.Tr.I.	16	2 42	III.Tr.I.		14 28	I.Ec.R.		17 24	II.Tr.I.
	11 08	I.Sh.I.		5 35	III.Tr.E.	24	8 35	I.Tr.I.		18 58	II.Sh.I.
	12 18	I.Tr.E.		6 42	III.Sh.I.		9 26	I.Sh.I.		19 54	II.Tr.E.
	13 18	I.Sh.E.		9 14	III.Sh.E.		10 47	I.Tr.E.		21 22	II.Sh.E.
	14 02	II.Oc.D.		9 24	I.Oc.D.		11 36	I.Sh.E.			
	18 33	II.Ec.R.									

I. Aug. 16	II. Aug. 15	III. Aug. 12	IV. Aug.
$x_2 = +1.8, y_2 = -0.2$	$x_2 = +2.1, y_2 = -0.4$	$x_1 = +1.5, y_1 = -0.6$ $x_2 = +2.9, y_2 = -0.6$	No Eclipse

NOTE.—I. denotes ingress; E., egress; D., disappearance; R., reappearance; Ec., eclipse; Oc., occultation; Tr., transit of the satellite; Sh., transit of the shadow.

CONFIGURATIONS OF SATELLITES I–IV FOR AUGUST

UNIVERSAL TIME

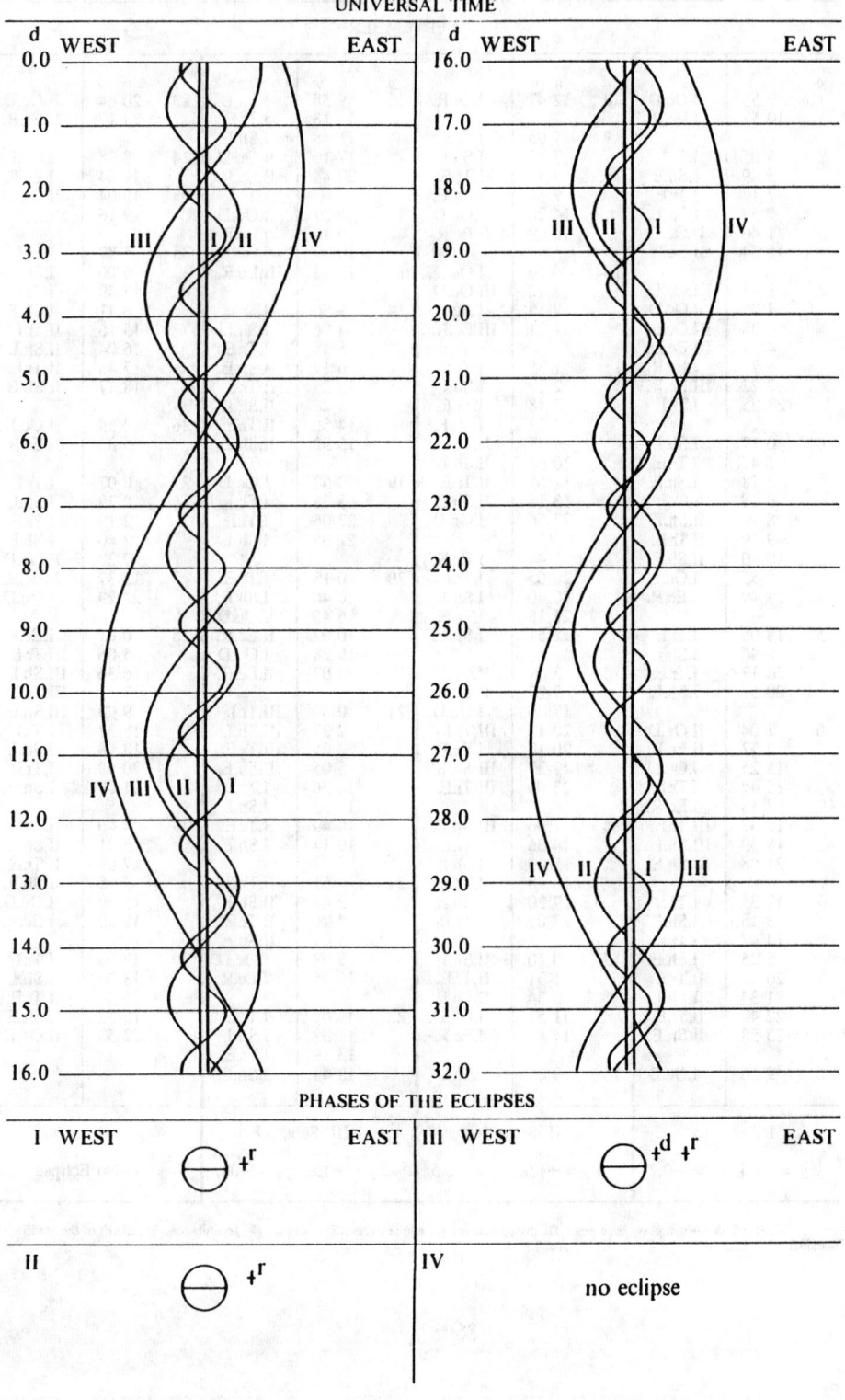

PHASES OF THE ECLIPSES

DYNAMICAL TIME OF GEOCENTRIC PHENOMENA

SEPTEMBER

d	h m		d	h m		d	h m		d	h m	
1	7 55	I.Oc.D.	8	12 47	I.Ec.R.	16	9 38	I.Sh.I.	23	20 04	II.Oc.D.
	10 52	I.Ec.R.					11 18	I.Tr.E.		23 19	II.Ec.R.
			9	7 05	I.Tr.I.		11 48	I.Sh.E.			
2	5 05	I.Tr.I.		7 43	I.Sh.I.		17 16	II.Oc.D.	24	8 28	I.Oc.D.
	5 49	I.Sh.I.		9 17	I.Tr.E.		20 44	II.Ec.R.		11 04	I.Ec.R.
	7 17	I.Tr.E.		9 54	I.Sh.E.					15 04	III.Oc.D.
	7 59	I.Sh.E.		14 28	II.Oc.D.	17	6 27	I.Oc.D.		19 16	III.Ec.R.
	11 40	II.Oc.D.		18 09	II.Ec.R.		9 10	I.Ec.R.			
	15 34	II.Ec.R.					10 37	III.Oc.D.	25	5 37	I.Tr.I.
			10	4 26	I.Oc.D.		15 18	III.Ec.R.		6 00	I.Sh.I.
3	1 47	III.Oc.D.		6 12	III.Oc.D.					7 49	I.Tr.E.
	2 25	I.Oc.D.		7 15	I.Ec.R.	18	3 36	I.Tr.I.		8 11	I.Sh.E.
	4 38	III.Oc.R.		11 21	III.Ec.R.		4 06	I.Sh.I.		15 16	II.Tr.I.
	4 51	III.Ec.D.					5 48	I.Tr.E.		16 04	II.Sh.I.
	5 21	I.Ec.R.	11	1 35	I.Tr.I.		6 17	I.Sh.E.		17 45	II.Tr.E.
	7 22	III.Ec.R.		2 12	I.Sh.I.		12 26	II.Tr.I.		18 27	II.Sh.E.
	23 35	I.Tr.I.		3 48	I.Tr.E.		13 28	II.Sh.I.			
				4 23	I.Sh.E.		14 56	II.Tr.E.	26	2 59	I.Oc.D.
4	0 17	I.Sh.I.		9 37	II.Tr.I.		15 52	II.Sh.E.		5 33	I.Ec.R.
	1 47	I.Tr.E.		10 52	II.Sh.I.						
	2 28	I.Sh.E.		12 07	II.Tr.E.	19	0 57	I.Oc.D.	27	0 07	I.Tr.I.
	6 48	II.Tr.I.		13 16	II.Sh.E.		3 38	I.Ec.R.		0 29	I.Sh.I.
	8 16	II.Sh.I.		22 56	I.Oc.D.		22 06	I.Tr.I.		2 19	I.Tr.E.
	9 19	II.Tr.E.	12	1 44	I.Ec.R.		22 35	I.Sh.I.		2 40	I.Sh.E.
	10 40	II.Sh.E.		20 05	I.Tr.I.					9 28	II.Oc.D.
	20 55	I.Oc.D.		20 40	I.Sh.I.	20	0 18	I.Tr.E.		12 37	II.Ec.R.
	23 49	I.Ec.R.		22 18	I.Tr.E.		0 46	I.Sh.E.		21 29	I.Oc.D.
				22 51	I.Sh.E.		6 40	II.Oc.D.			
5	18 05	I.Tr.I.					10 02	II.Ec.R.	28	0 01	I.Ec.R.
	18 46	I.Sh.I.	13	3 51	II.Oc.D.		19 28	I.Oc.D.		5 06	III.Tr.I.
	20 17	I.Tr.E.		7 27	II.Ec.R.		22 07	I.Ec.R.		6 36	III.Sh.I.
	20 57	I.Sh.E.		17 26	I.Oc.D.					7 51	III.Tr.E.
				20 12	III.Tr.I.	21	0 39	III.Tr.I.		9 03	III.Sh.E.
6	1 04	II.Oc.D.		20 12	I.Ec.R.		2 37	III.Sh.I.		18 37	I.Tr.I.
	4 52	II.Ec.R.		22 37	III.Sh.I.		3 25	III.Tr.E.		18 58	I.Sh.I.
	15 25	I.Oc.D.		23 00	III.Tr.E.		5 05	III.Sh.E.		20 50	I.Tr.E.
	15 47	III.Tr.I.					16 36	I.Tr.I.		21 08	I.Sh.E.
	18 18	I.Ec.R.	14	1 06	III.Sh.E.		17 03	I.Sh.I.			
	18 37	III.Tr.E.		14 36	I.Tr.I.		18 49	I.Tr.E.	29	4 40	II.Tr.I.
	18 39	III.Sh.I.		15 09	I.Sh.I.		19 14	I.Sh.E.		5 21	II.Sh.I.
	21 08	III.Sh.E.		16 48	I.Tr.E.					7 09	II.Tr.E.
				17 20	I.Sh.E.	22	1 51	II.Tr.I.		7 45	II.Sh.E.
7	12 35	I.Tr.I.		23 01	II.Tr.I.		2 46	II.Sh.I.		15 59	I.Oc.D.
	13 15	I.Sh.I.					4 20	II.Tr.E.		18 30	I.Ec.R.
	14 47	I.Tr.E.	15	0 10	II.Sh.I.		5 09	II.Sh.E.			
	15 25	I.Sh.E.		1 31	II.Tr.E.		13 58	I.Oc.D.	30	13 08	I.Tr.I.
	20 12	II.Tr.I.		2 34	II.Sh.E.		16 35	I.Ec.R.		13 26	I.Sh.I.
	21 34	II.Sh.I.		11 57	I.Oc.D.					15 20	I.Tr.E.
	22 42	II.Tr.E.		14 41	I.Ec.R.	23	11 07	I.Tr.I.		15 37	I.Sh.E.
	23 58	II.Sh.E.					11 32	I.Sh.I.		22 53	II.Oc.D.
			16	9 06	I.Tr.I.		13 19	I.Tr.E.			
8	9 56	I.Oc.D.					13 43	I.Sh.E.			

I. Sept. 15	II. Sept. 16	III. Sept. 17	IV. Sept.
$x_2 = +1.4,\ y_2 = -0.2$	$x_2 = +1.5,\ y_2 = -0.5$	$x_2 = +1.8,\ y_2 = -0.6$	No Eclipse

NOTE.—I. denotes ingress; E., egress; D., disappearance; R., reappearance; Ec., eclipse; Oc., occultation; Tr., transit of the satellite; Sh., transit of the shadow.

CONFIGURATIONS OF SATELLITES I–IV FOR SEPTEMBER

UNIVERSAL TIME

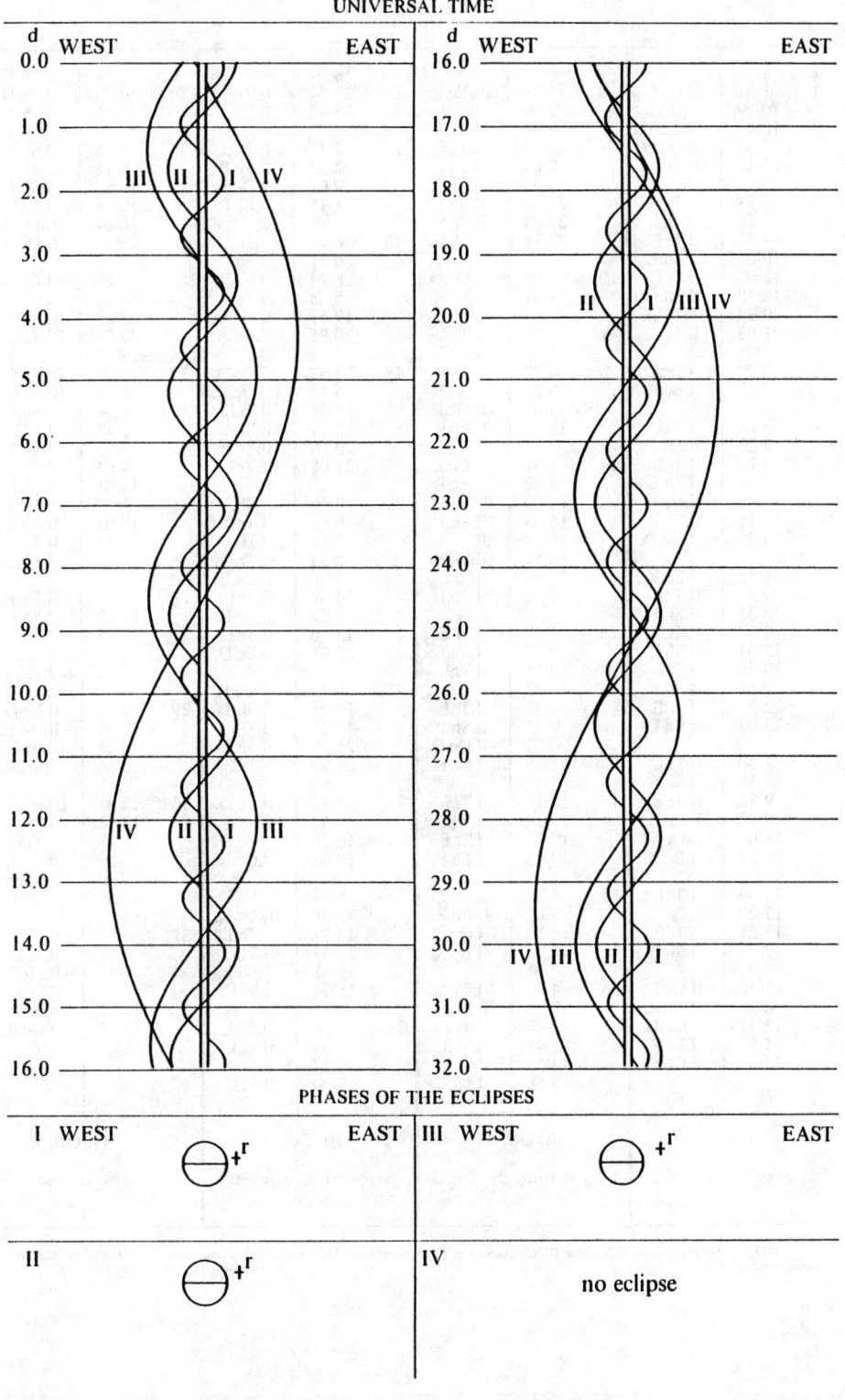

PHASES OF THE ECLIPSES

SATELLITES OF JUPITER, 1993

DYNAMICAL TIME OF GEOCENTRIC PHENOMENA

OCTOBER

d	h m		d	h m		d	h m		d	h m	
1	1 54	II.Ec.R.	9	3 11	III.Ec.R.	16	23 44	II.Tr.I.	24	10 58	I.Ec.D.
	10 29	I.Oc.D.		9 39	I.Tr.I.		23 49	II.Sh.I.		13 15	I.Oc.R.
	12 58	I.Ec.R.		9 49	I.Sh.I.						
	19 31	III.Oc.D.		11 51	I.Tr.E.	17	2 11	II.Tr.E.	25	8 05	I.Sh.I.
	23 13	III.Ec.R.		12 00	I.Sh.E.		2 12	II.Sh.E.		8 12	I.Tr.I.
				20 55	II.Tr.I.		9 02	I.Oc.D.		10 16	I.Sh.E.
2	7 38	I.Tr.I.		21 14	II.Sh.I.		11 15	I.Ec.R.		10 24	I.Tr.E.
	7 55	I.Sh.I.		23 23	II.Tr.E.					20 34	II.Ec.D.
	9 50	I.Tr.E.		23 38	II.Sh.E.	18	6 11	I.Tr.I.		23 14	II.Oc.R.
	10 06	I.Sh.E.					6 11	I.Sh.I.			
	18 05	II.Tr.I.	10	7 01	I.Oc.D.		8 22	I.Sh.E.	26	5 26	I.Ec.D.
	18 39	II.Sh.I.		9 21	I.Ec.R.		8 23	I.Tr.E.		7 45	I.Oc.R.
	20 34	II.Tr.E.	11	4 10	I.Tr.I.		17 57	II.Oc.D.		22 30	III.Sh.I.
	21 03	II.Sh.E.		4 17	I.Sh.I.		20 25	II.Oc.R.		22 59	III.Tr.I.
3	5 00	I.Oc.D.		6 22	I.Tr.E.	19	3 32	I.Ec.D.	27	0 53	III.Sh.E.
	7 27	I.Ec.R.		6 28	I.Sh.E.		5 45	I.Oc.R.		1 34	III.Tr.E.
				15 07	II.Oc.D.		18 31	III.Tr.I.		2 34	I.Sh.I.
4	2 08	I.Tr.I.		17 47	II.Ec.R.		18 31	III.Sh.I.		2 42	I.Tr.I.
	2 23	I.Sh.I.	12	1 31	I.Oc.D.		20 56	III.Sh.E.		4 45	I.Sh.E.
	4 20	I.Tr.E.		3 49	I.Ec.R.		21 08	III.Tr.E.		4 54	I.Tr.E.
	4 34	I.Sh.E.		14 02	III.Tr.I.	20	0 40	I.Sh.I.		15 41	II.Sh.I.
	12 18	II.Oc.D.		14 33	III.Sh.I.		0 41	I.Tr.I.		15 58	II.Tr.I.
	15 12	II.Ec.R.		16 42	III.Tr.E.		2 51	I.Sh.E.		18 04	II.Sh.E.
	23 30	I.Oc.D.		16 59	III.Sh.E.		2 53	I.Tr.E.		18 24	II.Tr.E.
5	1 55	I.Ec.R.		22 40	I.Tr.I.		13 06	II.Sh.I.		23 55	I.Ec.D.
	9 35	III.Tr.I.		22 46	I.Sh.I.		13 09	II.Tr.I.			
	10 35	III.Sh.I.					15 29	II.Sh.E.	28	2 16	I.Oc.R.
	12 17	III.Tr.E.	13	0 52	I.Tr.E.		15 36	II.Tr.E.		21 02	I.Sh.I.
	13 01	III.Sh.E.		0 57	I.Sh.E.		22 01	I.Ec.D.		21 13	I.Tr.I.
	20 39	I.Tr.I.		10 19	II.Tr.I.					23 13	I.Sh.E.
	20 52	I.Sh.I.		10 32	II.Sh.I.	21	0 15	I.Oc.R.		23 24	I.Tr.E.
	22 51	I.Tr.E.		12 47	II.Tr.E.		19 08	I.Sh.I.			
	23 03	I.Sh.E.		12 55	II.Sh.E.		19 11	I.Tr.I.	29	9 52	II.Ec.D.
6	7 30	II.Tr.I.		20 02	I.Oc.D.		21 19	I.Sh.E.		12 39	II.Oc.R.
	7 56	II.Sh.I.		22 18	I.Ec.R.		21 23	I.Tr.E.		18 23	I.Ec.D.
	9 58	II.Tr.E.	14	17 10	I.Tr.I.	22	7 16	II.Ec.D.		20 46	I.Oc.R.
	10 20	II.Sh.E.		17 14	I.Sh.I.		9 50	II.Oc.R.			
	18 00	I.Oc.D.		19 22	I.Tr.E.		16 29	I.Ec.D.	30	12 41	III.Ec.D.
	20 24	I.Ec.R.		19 25	I.Sh.E.		18 45	I.Oc.R.		15 31	I.Sh.I.
7	15 09	I.Tr.I.	15	4 32	II.Oc.D.	23	8 42	III.Ec.D.		15 43	I.Tr.I.
	15 20	I.Sh.I.		7 05	II.Ec.R.		11 34	III.Oc.R.		15 59	III.Oc.R.
	17 21	I.Tr.E.		14 32	I.Oc.D.		13 37	I.Sh.I.		17 42	I.Sh.E.
	17 31	I.Sh.E.		16 46	I.Ec.R.		13 42	I.Tr.I.		17 55	I.Tr.E.
8	1 42	II.Oc.D.	16	4 28	III.Oc.D.		15 48	I.Sh.E.	31	4 58	II.Sh.I.
	4 29	II.Ec.R.		7 10	III.Ec.R.		15 54	I.Tr.E.		5 22	II.Tr.I.
	12 31	I.Oc.D.		11 40	I.Tr.I.	24	2 24	II.Sh.I.		7 21	II.Sh.E.
	14 52	I.Ec.R.		11 43	I.Sh.I.		2 33	II.Tr.I.		7 48	II.Tr.E.
	23 59	III.Oc.D.		13 53	I.Tr.E.		4 47	II.Sh.E.		12 52	I.Ec.D.
				13 54	I.Sh.E.		5 00	II.Tr.E.		15 16	I.Oc.R.

I. Oct. 13	II. Oct. 11	III. Oct. 9	IV. Oct.
$x_2 = +1.0,\ y_2 = -0.3$	$x_2 = +1.0,\ y_2 = -0.5$	$x_2 = +1.0,\ y_2 = -0.6$	No Eclipse

NOTE.—I. denotes ingress; E., egress; D., disappearance; R., reappearance; Ec., eclipse; Oc., occultation; Tr., transit of the satellite; Sh., transit of the shadow.

CONFIGURATIONS OF SATELLITES I–IV FOR OCTOBER

UNIVERSAL TIME

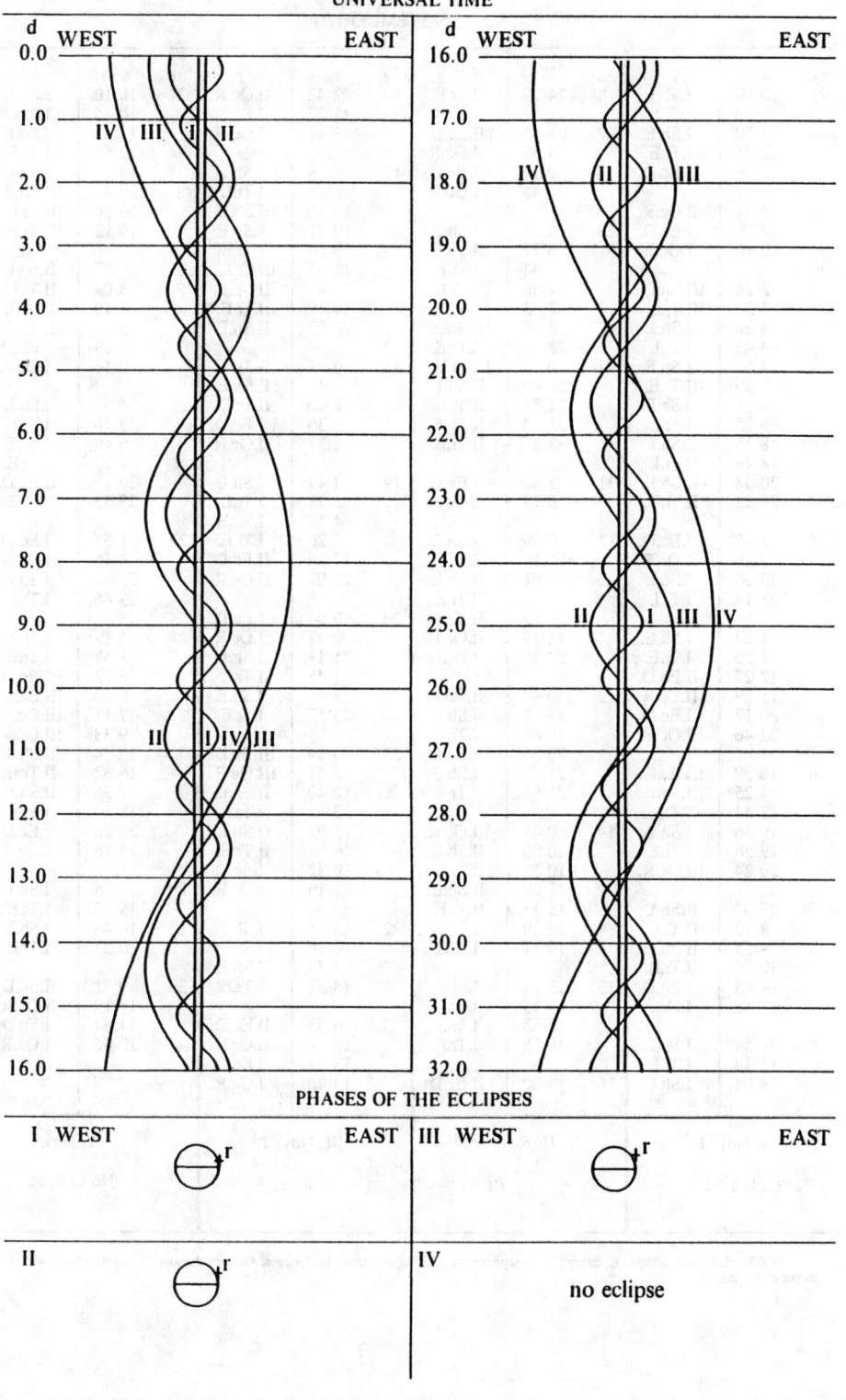

PHASES OF THE ECLIPSES

SATELLITES OF JUPITER, 1993

DYNAMICAL TIME OF GEOCENTRIC PHENOMENA

NOVEMBER

d	h m		d	h m		d	h m		d	h m	
1	10 00	I.Sh.I.	8	14 26	I.Tr.E.	16	7 42	II.Oc.R.	24	10 10	I.Sh.I.
	10 13	I.Tr.I.					11 07	I.Ec.D.		10 46	I.Tr.I.
	12 10	I.Sh.E.	9	1 44	II.Ec.D.		13 47	I.Oc.R.		12 21	I.Sh.E.
	12 25	I.Tr.E.		4 53	II.Oc.R.					12 57	I.Tr.E.
	23 09	II.Ec.D.		9 14	I.Ec.D.	17	8 16	I.Sh.I.		14 24	III.Sh.I.
				11 46	I.Oc.R.		8 45	I.Tr.I.		16 44	III.Sh.E.
2	2 04	II.Oc.R.					10 26	III.Sh.I.		16 50	III.Tr.I.
	7 20	I.Ec.D.	10	6 22	I.Sh.I.		10 27	I.Sh.E.		19 12	III.Tr.E.
	9 46	I.Oc.R.		6 27	III.Sh.I.		10 56	I.Tr.E.			
				6 44	I.Tr.I.		12 23	III.Tr.I.	25	1 57	II.Sh.I.
3	2 28	III.Sh.I.		7 56	III.Tr.I.		12 47	III.Sh.E.		3 09	II.Tr.I.
	3 27	III.Tr.I.		8 33	I.Sh.E.		14 49	III.Tr.E.		4 19	II.Sh.E.
	4 28	I.Sh.I.		8 49	III.Sh.E.		23 23	II.Sh.I.		5 32	II.Tr.E.
	4 43	I.Tr.I.		8 56	I.Tr.E.	18	0 22	II.Tr.I.		7 29	I.Ec.D.
	4 51	III.Sh.E.		10 25	III.Tr.E.		1 45	II.Sh.E.		10 16	I.Oc.R.
	5 59	III.Tr.E.		20 49	II.Sh.I.		2 46	II.Tr.E.			
	6 39	I.Sh.E.		21 34	II.Tr.I.		5 36	I.Ec.D.	26	4 38	I.Sh.I.
	6 55	I.Tr.E.		23 12	II.Sh.E.		8 17	I.Oc.R.		5 16	I.Tr.I.
	18 15	II.Sh.I.		23 59	II.Tr.E.	19	2 44	I.Sh.I.		6 49	I.Sh.E.
	18 46	II.Tr.I.	11	3 42	I.Ec.D.		3 15	I.Tr.I.		7 27	I.Tr.E.
	20 38	II.Sh.E.		6 17	I.Oc.R.		4 55	I.Sh.E.		20 13	II.Ec.D.
	21 12	II.Tr.E.	12	0 50	I.Sh.I.		5 26	I.Tr.E.		23 55	II.Oc.R.
4	1 49	I.Ec.D.		1 15	I.Tr.I.		17 38	II.Ec.D.	27	1 57	I.Ec.D.
	4 16	I.Oc.R.		3 01	I.Sh.E.		21 07	II.Oc.R.		4 46	I.Oc.R.
	22 56	I.Sh.I.		3 26	I.Tr.E.	20	0 04	I.Ec.D.		23 07	I.Sh.I.
	23 14	I.Tr.I.		15 02	II.Ec.D.		2 47	I.Oc.R.		23 46	I.Tr.I.
5	1 07	I.Sh.E.		18 18	II.Oc.R.		21 13	I.Sh.I.	28	1 17	I.Sh.E.
	1 25	I.Tr.E.		22 11	I.Ec.D.		21 45	I.Tr.I.		1 57	I.Tr.E.
	12 27	II.Ec.D.	13	0 47	I.Oc.R.		23 24	I.Sh.E.		4 32	III.Ec.D.
	15 29	II.Oc.R.		19 19	I.Sh.I.		23 57	I.Tr.E.		6 53	III.Ec.R.
	20 17	I.Ec.D.		19 45	I.Tr.I.	21	0 34	III.Ec.D.		7 11	III.Oc.D.
	22 46	I.Oc.R.		20 36	III.Ec.D.		5 11	III.Oc.R.		9 33	III.Oc.R.
6	16 39	III.Ec.D.		21 30	I.Sh.E.		12 40	II.Sh.I.		15 14	II.Sh.I.
	17 25	I.Sh.I.		21 56	I.Tr.E.		13 45	II.Tr.I.		16 32	II.Tr.I.
	17 44	I.Tr.I.	14	0 48	III.Oc.R.		15 02	II.Sh.E.		17 36	II.Sh.E.
	19 36	I.Sh.E.		10 06	II.Sh.I.		16 09	II.Tr.E.		18 55	II.Tr.E.
	19 56	I.Tr.E.		10 58	II.Tr.I.		18 32	I.Ec.D.		20 26	I.Ec.D.
	20 24	III.Oc.R.		12 29	II.Sh.E.		21 16	I.Oc.R.		23 16	I.Oc.R.
7	7 32	II.Sh.I.		13 23	II.Tr.E.	22	15 41	I.Sh.I.	29	17 35	I.Sh.I.
	8 10	II.Tr.I.		16 39	I.Ec.D.		16 16	I.Tr.I.		18 16	I.Tr.I.
	9 55	II.Sh.E.		19 17	I.Oc.R.		17 52	I.Sh.E.		19 46	I.Sh.E.
	10 36	II.Tr.E.	15	13 47	I.Sh.I.		18 27	I.Tr.E.		20 27	I.Tr.E.
	14 45	I.Ec.D.		14 15	I.Tr.I.	23	6 55	II.Ec.D.	30	9 31	II.Ec.D.
	17 16	I.Oc.R.		15 58	I.Sh.E.		10 31	II.Oc.R.		13 19	II.Oc.R.
8	11 54	I.Sh.I.		16 26	I.Tr.E.		13 01	I.Ec.D.		14 54	I.Ec.D.
	12 14	I.Tr.I.	16	4 20	II.Ec.D.		15 46	I.Oc.R.		17 46	I.Oc.R.
	14 04	I.Sh.E.									

I. Nov. 16	II. Nov. 16	III. Nov. 13	IV. Nov.
$x_1 = -1.4, \; y_1 = -0.3$	$x_1 = -1.5, \; y_1 = -0.5$	$x_1 = -1.6, \; y_1 = -0.7$	No Eclipse

NOTE.—I. denotes ingress; E., egress; D., disappearance; R., reappearance; Ec., eclipse; Oc., occultation; Tr., transit of the satellite; Sh., transit of the shadow.

CONFIGURATIONS OF SATELLITES I–IV FOR NOVEMBER

UNIVERSAL TIME

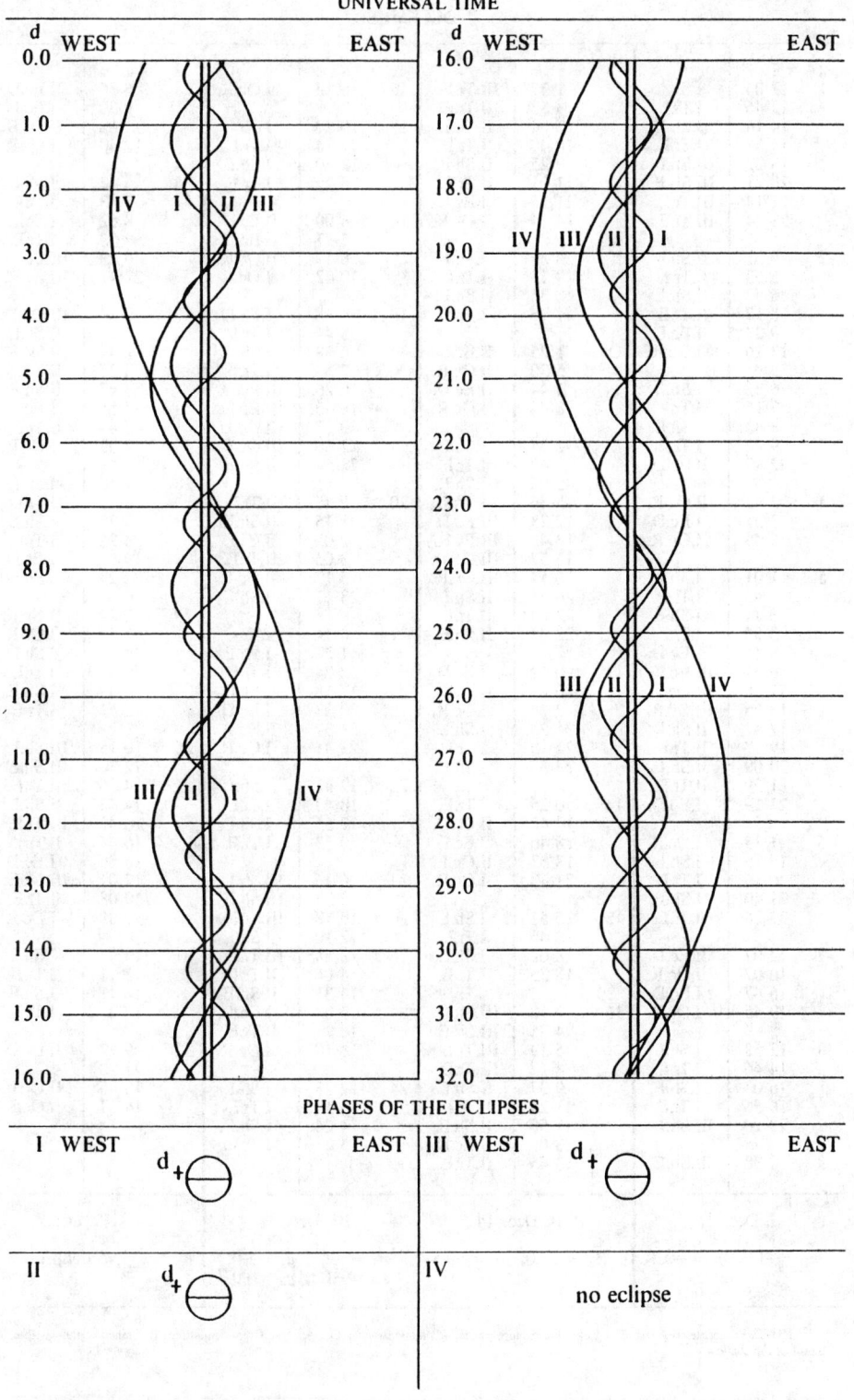

PHASES OF THE ECLIPSES

SATELLITES OF JUPITER, 1993

DYNAMICAL TIME OF GEOCENTRIC PHENOMENA

DECEMBER

d	h m		d	h m		d	h m		d	h m	
1	12 04	I.Sh.I.	9	1 37	III.Tr.I.	16	16 13	I.Oc.R.	25	6 36	II.Ec.D.
	12 46	I.Tr.I.		3 53	III.Tr.E.	17	10 20	I.Sh.I.		9 30	I.Ec.D.
	14 14	I.Sh.E.		7 04	II.Sh.I.		11 14	I.Tr.I.		11 02	II.Oc.R.
	14 57	I.Tr.E.		8 40	II.Tr.I.		12 30	I.Sh.E.		12 40	I.Oc.R.
	18 22	III.Sh.I.		9 25	II.Sh.E.		13 25	I.Tr.E.	26	6 42	I.Sh.I.
	20 41	III.Sh.E.		11 01	II.Tr.E.	18	4 00	II.Ec.D.		7 43	I.Tr.I.
	21 14	III.Tr.I.		11 16	I.Ec.D.		7 37	I.Ec.D.		8 52	I.Sh.E.
	23 34	III.Tr.E.		14 14	I.Oc.R.		8 17	II.Oc.R.		9 52	I.Tr.E.
2	4 31	II.Sh.I.	10	8 26	I.Sh.I.		10 42	I.Oc.R.		20 23	III.Ec.D.
	5 55	II.Tr.I.		9 15	I.Tr.I.	19	4 48	I.Sh.I.		22 41	III.Ec.R.
	6 52	II.Sh.E.		10 36	I.Sh.E.		5 44	I.Tr.I.	27	0 34	III.Oc.D.
	8 17	II.Tr.E.		11 26	I.Tr.E.		6 58	I.Sh.E.		1 27	II.Sh.I.
	9 22	I.Ec.D.	11	1 25	II.Ec.D.		7 54	I.Tr.E.		2 44	III.Oc.R.
	12 16	I.Oc.R.		5 30	II.Oc.R.		16 26	III.Ec.D.		3 27	II.Tr.I.
3	6 32	I.Sh.I.		5 44	I.Ec.D.		18 45	III.Ec.R.		3 47	II.Sh.E.
	7 16	I.Tr.I.		8 44	I.Oc.R.		20 17	III.Oc.D.		3 58	I.Ec.D.
	8 43	I.Sh.E.	12	2 54	I.Sh.I.		22 30	III.Oc.R.		5 47	II.Tr.E.
	9 26	I.Tr.E.		3 45	I.Tr.I.		22 54	II.Sh.I.		7 09	I.Oc.R.
	22 49	II.Ec.D.		5 05	I.Sh.E.	20	0 45	II.Tr.I.	28	1 10	I.Sh.I.
4	2 43	II.Oc.R.		5 56	I.Tr.E.		1 15	II.Sh.E.		2 12	I.Tr.I.
	3 51	I.Ec.D.		12 28	III.Ec.D.		2 05	I.Ec.D.		3 20	I.Sh.E.
	6 45	I.Oc.R.		14 48	III.Ec.R.		3 06	II.Tr.E.		4 22	I.Tr.E.
5	1 01	I.Sh.I.		15 57	III.Oc.D.		5 12	I.Oc.R.		19 53	II.Ec.D.
	1 46	I.Tr.I.		18 14	III.Oc.R.		23 17	I.Sh.I.		22 26	I.Ec.D.
	3 11	I.Sh.E.		20 21	II.Sh.I.	21	0 14	I.Tr.I.	29	0 24	II.Oc.R.
	3 56	I.Tr.E.		22 02	II.Tr.I.		1 27	I.Sh.E.		1 38	I.Oc.R.
	8 31	III.Ec.D.		22 42	II.Sh.E.		2 24	I.Tr.E.		19 39	I.Sh.I.
	10 51	III.Ec.R.	13	0 12	I.Ec.D.		17 18	II.Ec.D.		20 42	I.Tr.I.
	11 35	III.Oc.D.		0 23	II.Tr.E.		20 33	I.Ec.D.		21 49	I.Sh.E.
	13 55	III.Oc.R.		3 14	I.Oc.R.		21 39	II.Oc.R.		22 51	I.Tr.E.
	17 47	II.Sh.I.		21 23	I.Sh.I.		23 41	I.Oc.R.	30	10 15	III.Sh.I.
	19 17	II.Tr.I.		22 15	I.Tr.I.	22	17 45	I.Sh.I.		12 30	III.Sh.E.
	20 09	II.Sh.E.		23 33	I.Sh.E.		18 43	I.Tr.I.		14 36	III.Tr.I.
	21 39	II.Tr.E.	14	0 25	I.Tr.E.		19 55	I.Sh.E.		14 43	II.Sh.I.
	22 19	I.Ec.D.		14 42	II.Ec.D.		20 53	I.Tr.E.		16 42	III.Tr.E.
6	1 15	I.Oc.R.		18 40	I.Ec.D.	23	6 16	III.Sh.I.		16 48	II.Tr.I.
	19 29	I.Sh.I.		18 53	II.Oc.R.		8 32	III.Sh.E.		16 55	I.Ec.D.
	20 16	I.Tr.I.		21 43	I.Oc.R.		10 18	III.Tr.I.		17 04	II.Sh.E.
	21 40	I.Sh.E.	15	15 51	I.Sh.I.		12 10	II.Sh.I.		19 08	II.Tr.E.
	22 26	I.Tr.E.		16 45	I.Tr.I.		12 28	III.Tr.E.		20 08	I.Oc.R.
7	12 07	II.Ec.D.		18 02	I.Sh.E.		14 06	II.Tr.I.	31	14 07	I.Sh.I.
	16 07	II.Oc.R.		18 55	I.Tr.E.		14 31	II.Sh.E.		15 11	I.Tr.I.
	16 47	I.Ec.D.	16	2 18	III.Sh.I.		15 02	I.Ec.D.		16 17	I.Sh.E.
	19 45	I.Oc.R.		4 35	III.Sh.E.		16 27	II.Tr.E.		17 21	I.Tr.E.
8	13 58	I.Sh.I.		5 59	III.Tr.I.		18 10	I.Oc.R.	32	9 12	II.Ec.D.
	14 46	I.Tr.I.		8 12	III.Tr.E.	24	12 13	I.Sh.I.		11 23	I.Ec.D.
	16 08	I.Sh.E.		9 37	II.Sh.I.		13 13	I.Tr.I.		13 46	II.Oc.R.
	16 56	I.Tr.E.		11 24	II.Tr.I.		14 24	I.Sh.E.		14 37	I.Oc.R.
	22 20	III.Sh.I.		11 58	II.Sh.E.		15 23	I.Tr.E.			
9	0 38	III.Sh.E.		13 09	I.Ec.D.						
				13 45	II.Tr.E.						

I. Dec. 16	II. Dec. 14	III. Dec. 12	IV. Dec.
$x_1 = -1.7,\ y_1 = -0.3$	$x_1 = -2.0,\ y_1 = -0.5$	$x_1 = -2.5,\ y_1 = -0.7$ $x_2 = -1.3,\ y_2 = -0.7$	No Eclipse

NOTE.—I. denotes ingress; E., egress; D., disappearance; R., reappearance; Ec., eclipse; Oc., occultation; Tr., transit of the satellite; Sh., transit of the shadow.

CONFIGURATIONS OF SATELLITES I–IV FOR DECEMBER

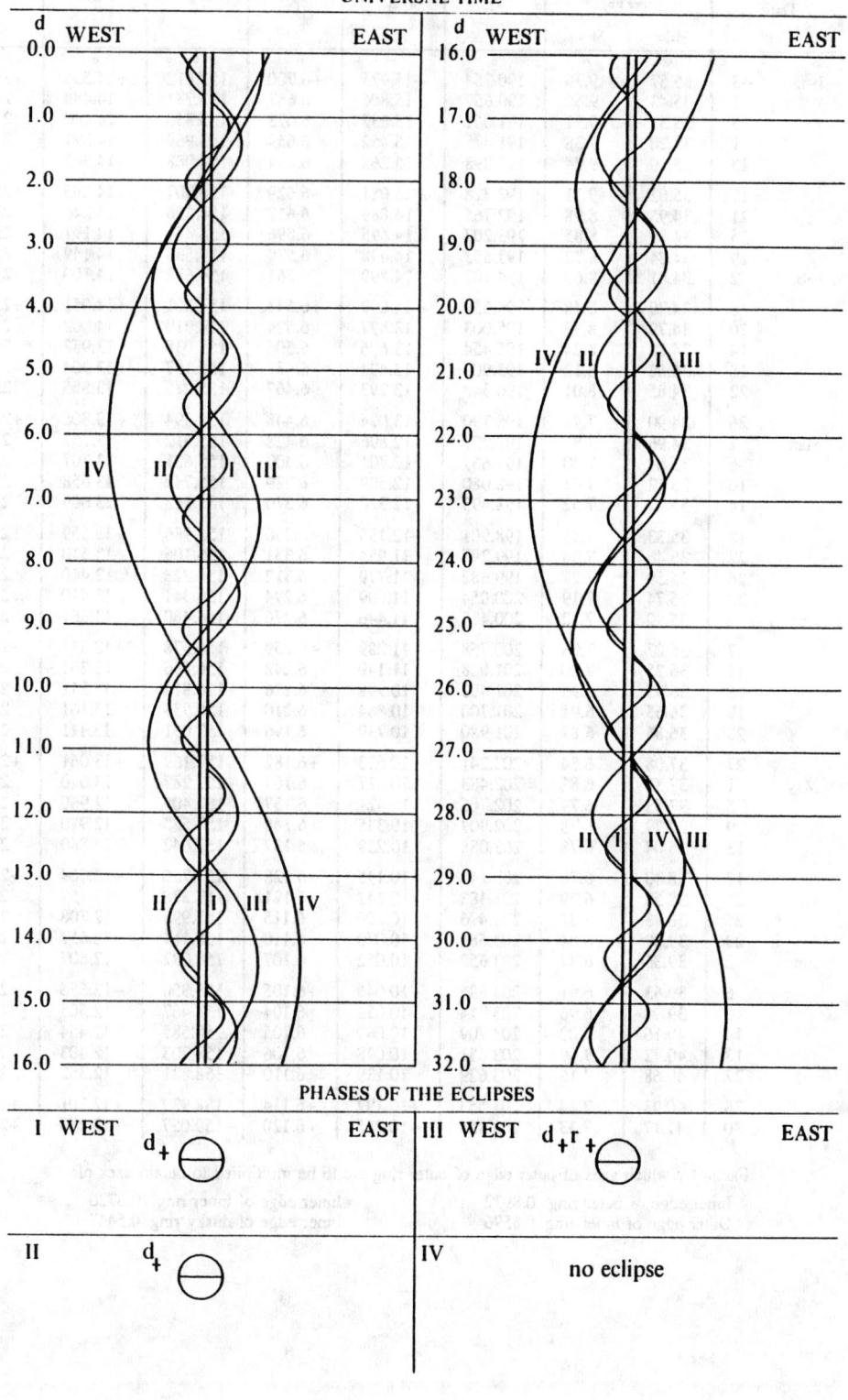

UNIVERSAL TIME

PHASES OF THE ECLIPSES

RINGS OF SATURN, 1993

FOR 0ʰ UNIVERSAL TIME

Date		Axes of outer edge of outer ring		U	B	P	U'	B'	P'
		Major	Minor						
		"	"	°	°	°	°	°	°
Jan.	−3	35.57	9.79	190.264	+15.975	+6.700	153.612	+14.536	+24.937
	1	35.43	9.65	190.657	15.806	6.687	153.731	14.488	24.964
	5	35.31	9.51	191.061	15.632	6.673	153.850	14.440	24.991
	9	35.20	9.38	191.475	15.452	6.659	153.969	14.391	25.019
	13	35.10	9.24	191.898	15.268	6.644	154.088	14.343	25.046
	17	35.02	9.11	192.328	+15.081	+6.629	154.207	+14.295	+25.073
	21	34.95	8.98	192.765	14.889	6.612	154.326	14.246	25.099
	25	34.89	8.85	193.207	14.695	6.596	154.444	14.197	25.126
	29	34.84	8.72	193.653	14.498	6.579	154.563	14.149	25.153
Feb.	2	34.81	8.60	194.102	14.299	6.561	154.682	14.100	25.179
	6	34.79	8.48	194.553	+14.099	+6.543	154.801	+14.051	+25.206
	10	34.79	8.36	195.003	13.897	6.524	154.919	14.002	25.232
	14	34.80	8.24	195.454	13.696	6.506	155.038	13.953	25.258
	18	34.82	8.12	195.902	13.494	6.487	155.157	13.904	25.284
	22	34.85	8.01	196.348	13.293	6.467	155.275	13.855	25.310
	26	34.90	7.91	196.790	+13.094	+6.448	155.394	+13.806	+25.336
Mar.	2	34.96	7.80	197.227	12.896	6.428	155.512	13.757	25.362
	6	35.04	7.70	197.657	12.701	6.409	155.631	13.707	25.387
	10	35.12	7.61	198.080	12.509	6.389	155.749	13.658	25.413
	14	35.22	7.52	198.495	12.320	6.370	155.868	13.609	25.438
	18	35.33	7.43	198.901	+12.135	+6.350	155.986	+13.559	+25.463
	22	35.46	7.34	199.297	11.954	6.331	156.105	13.510	25.488
	26	35.59	7.27	199.682	11.779	6.312	156.223	13.460	25.513
	30	35.74	7.19	200.054	11.609	6.294	156.341	13.410	25.538
Apr.	3	35.90	7.12	200.413	11.446	6.276	156.460	13.361	25.563
	7	36.07	7.06	200.758	+11.289	+6.259	156.578	+13.311	+25.588
	11	36.25	7.00	201.088	11.140	6.242	156.696	13.261	25.612
	15	36.45	6.95	201.402	10.998	6.226	156.814	13.211	25.637
	19	36.65	6.91	201.700	10.864	6.210	156.933	13.161	25.661
	23	36.86	6.87	201.980	10.739	6.196	157.051	13.111	25.685
	27	37.08	6.84	202.241	+10.623	+6.182	157.169	+13.061	+25.709
May	1	37.31	6.81	202.483	10.517	6.169	157.287	13.010	25.733
	5	37.55	6.79	202.706	10.421	6.157	157.405	12.960	25.757
	9	37.79	6.78	202.907	10.335	6.146	157.523	12.910	25.781
	13	38.04	6.78	203.088	10.259	6.137	157.642	12.860	25.804
	17	38.30	6.78	203.246	+10.195	+6.128	157.760	+12.809	+25.828
	21	38.56	6.79	203.383	10.142	6.121	157.878	12.759	25.851
	25	38.83	6.81	203.496	10.100	6.115	157.996	12.708	25.874
	29	39.09	6.84	203.586	10.070	6.110	158.114	12.657	25.897
June	2	39.36	6.87	203.652	10.052	6.107	158.232	12.607	25.920
	6	39.63	6.91	203.695	+10.046	+6.105	158.350	+12.556	+25.943
	10	39.90	6.96	203.714	10.052	6.104	158.467	12.505	25.966
	14	40.16	7.02	203.709	10.069	6.105	158.585	12.454	25.989
	18	40.42	7.09	203.681	10.098	6.106	158.703	12.403	26.011
	22	40.68	7.16	203.629	10.139	6.110	158.821	12.352	26.034
	26	40.93	7.24	203.553	+10.192	+6.114	158.939	+12.301	+26.056
	30	41.17	7.33	203.455	+10.255	+6.120	159.057	+12.250	+26.078

Factor by which axes of outer edge of outer ring are to be multiplied to obtain axes of:

Inner edge of outer ring 0.8932
Outer edge of inner ring 0.8596

Inner edge of inner ring 0.6726
Inner edge of dusky ring 0.5447

FOR 0ʰ UNIVERSAL TIME

Date		Axes of outer edge of outer ring		U	B	P	U'	B'	P'
		Major	Minor						
		"	"	°	°	°	°	°	°
July	4	41.40	7.42	203.336	+10.328	+6.127	159.174	+12.199	+26.100
	8	41.62	7.52	203.195	10.412	6.135	159.292	12.148	26.122
	12	41.82	7.62	203.035	10.504	6.144	159.410	12.096	26.144
	16	42.01	7.73	202.855	10.606	6.155	159.528	12.045	26.166
	20	42.19	7.84	202.658	10.716	6.166	159.645	11.993	26.187
	24	42.34	7.96	202.444	+10.833	+6.178	159.763	+11.942	+26.209
	28	42.48	8.07	202.216	10.956	6.190	159.881	11.890	26.230
Aug.	1	42.60	8.19	201.976	11.084	6.203	159.998	11.839	26.251
	5	42.70	8.31	201.724	11.216	6.217	160.116	11.787	26.272
	9	42.77	8.42	201.464	11.352	6.231	160.233	11.735	26.293
	13	42.83	8.53	201.197	+11.490	+6.245	160.351	+11.684	+26.314
	17	42.85	8.64	200.925	11.629	6.260	160.468	11.632	26.335
	21	42.86	8.74	200.651	11.768	6.274	160.586	11.580	26.355
	25	42.84	8.84	200.376	11.905	6.288	160.703	11.528	26.376
	29	42.80	8.93	200.105	12.040	6.302	160.821	11.476	26.396
Sept.	2	42.74	9.01	199.837	+12.172	+6.316	160.938	+11.424	+26.417
	6	42.65	9.09	199.577	12.299	6.329	161.056	11.372	26.437
	10	42.55	9.15	199.325	12.420	6.341	161.173	11.320	26.457
	14	42.42	9.21	199.084	12.536	6.353	161.291	11.267	26.477
	18	42.27	9.25	198.857	12.643	6.364	161.408	11.215	26.497
	22	42.10	9.29	198.644	+12.743	+6.374	161.525	+11.163	+26.516
	26	41.92	9.31	198.449	12.834	6.384	161.643	11.110	26.536
	30	41.72	9.32	198.272	12.914	6.392	161.760	11.058	26.555
Oct.	4	41.51	9.33	198.114	12.985	6.399	161.877	11.005	26.574
	8	41.28	9.32	197.978	13.045	6.406	161.994	10.953	26.594
	12	41.04	9.30	197.864	+13.094	+6.411	162.112	+10.900	+26.613
	16	40.80	9.27	197.774	13.132	6.415	162.229	10.847	26.632
	20	40.54	9.23	197.707	13.157	6.418	162.346	10.795	26.651
	24	40.28	9.18	197.666	13.171	6.420	162.463	10.742	26.669
	28	40.02	9.12	197.649	13.173	6.420	162.581	10.689	26.688
Nov.	1	39.75	9.05	197.658	+13.162	+6.419	162.698	+10.636	+26.706
	5	39.48	8.97	197.693	13.140	6.418	162.815	10.583	26.725
	9	39.21	8.89	197.752	13.105	6.415	162.932	10.530	26.743
	13	38.94	8.80	197.837	13.058	6.410	163.049	10.477	26.761
	17	38.68	8.70	197.947	13.000	6.405	163.166	10.424	26.779
	21	38.42	8.60	198.081	+12.930	+6.398	163.283	+10.371	+26.797
	25	38.16	8.49	198.240	12.848	6.391	163.400	10.318	26.815
	29	37.91	8.37	198.422	12.756	6.382	163.517	10.264	26.832
Dec.	3	37.67	8.25	198.626	12.653	6.372	163.634	10.211	26.850
	7	37.43	8.13	198.852	12.540	6.360	163.751	10.158	26.867
	11	37.20	8.00	199.099	+12.417	+6.348	163.868	+10.104	+26.884
	15	36.99	7.87	199.366	12.284	6.335	163.985	10.051	26.902
	19	36.78	7.74	199.652	12.142	6.320	164.102	9.997	26.919
	23	36.58	7.60	199.957	11.991	6.305	164.219	9.944	26.936
	27	36.39	7.46	200.278	11.832	6.289	164.336	9.890	26.952
	31	36.22	7.32	200.615	+11.666	+6.271	164.453	+9.836	+26.969
	35	36.05	7.18	200.966	+11.492	+6.253	164.570	+9.783	+26.986

Factor by which axes of outer edge of outer ring are to be multiplied to obtain axes of:

Inner edge of outer ring 0.8932   Inner edge of inner ring 0.6726
Outer edge of inner ring 0.8596   Inner edge of dusky ring 0.5447

APPARENT ORBITS OF SATELLITES I–VII, AT DATE OF OPPOSITION, AUGUST 19

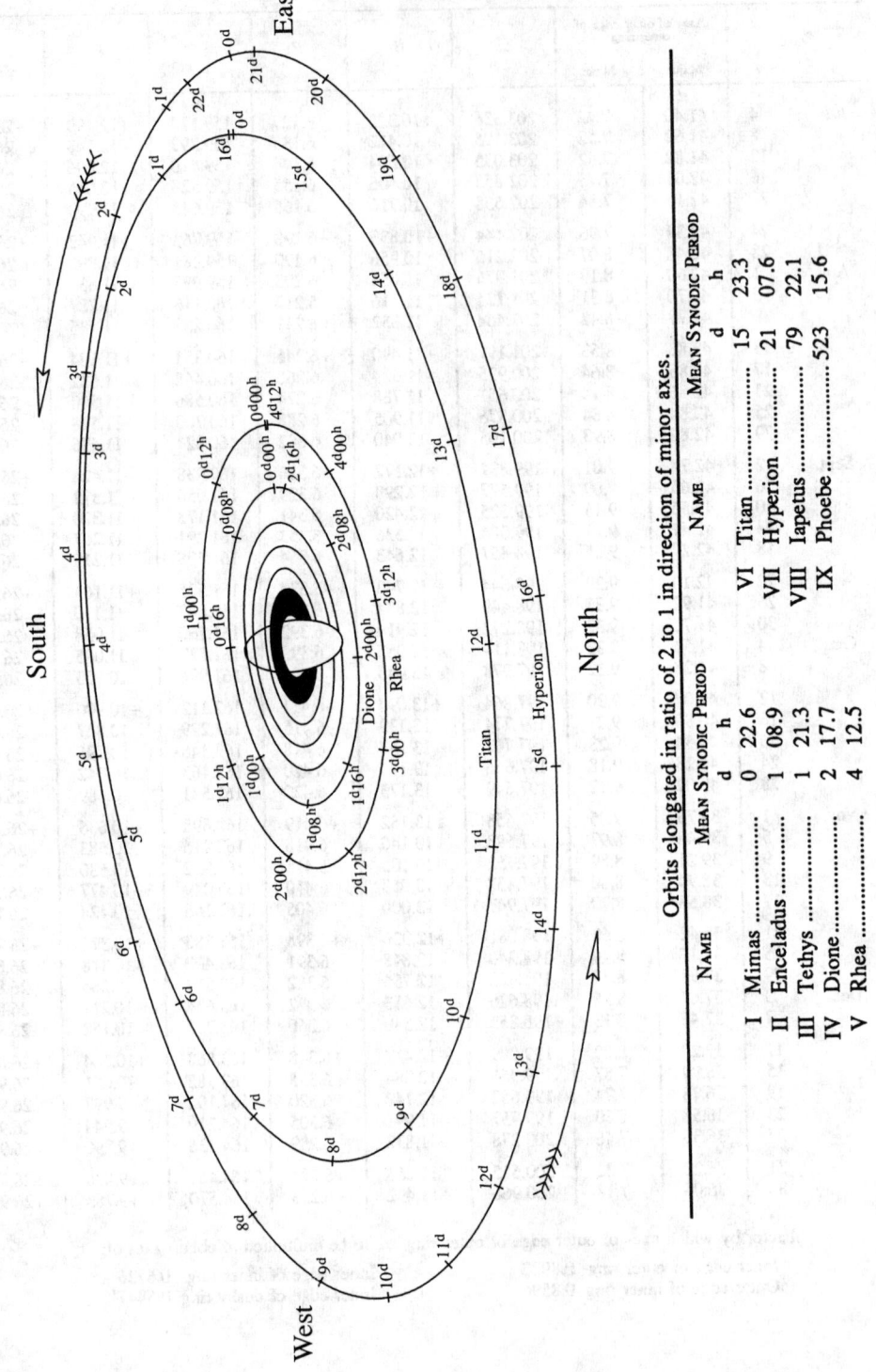

Orbits elongated in ratio of 2 to 1 in direction of minor axes.

NAME	MEAN SYNODIC PERIOD		NAME	MEAN SYNODIC PERIOD	
	d	h		d	h
I Mimas	0	22.6	VI Titan	15	23.3
II Enceladus	1	08.9	VII Hyperion	21	07.6
III Tethys	1	21.3	VIII Iapetus	79	22.1
IV Dione	2	17.7	IX Phoebe	523	15.6
V Rhea	4	12.5			

UNIVERSAL TIME OF GREATEST EASTERN ELONGATION

MIMAS

Jan.	Feb.	Mar.	Apr.	May	June	July	Aug.	Sept.	Oct.	Nov.	Dec.
d h	d h	d h	d h	d h	d h	d h	d h	d h	d h	d h	d h
0 23.6	1 02.2	1 08.9	1 11.5	1 15.4	1 17.8	1 21.5	1 01.1	1 03.4	1 07.1	1 09.6	1 13.5
1 22.2	2 00.8	2 07.6	2 10.1	2 14.0	2 16.4	2 20.1	1 23.8	2 02.0	2 05.7	2 08.2	2 12.1
2 20.8	2 23.5	3 06.2	3 08.7	3 12.6	3 15.0	3 18.7	2 22.4	3 00.6	3 04.4	3 06.8	3 10.7
3 19.4	3 22.1	4 04.8	4 07.4	4 11.2	4 13.6	4 17.3	3 21.0	3 23.3	4 03.0	4 05.4	4 09.3
4 18.1	4 20.7	5 03.4	5 06.0	5 09.9	5 12.2	5 15.9	4 19.6	4 21.9	5 01.6	5 04.0	5 08.0
5 16.7	5 19.3	6 02.1	6 04.6	6 08.5	6 10.9	6 14.6	5 18.2	5 20.5	6 00.2	6 02.7	6 06.6
6 15.3	6 17.9	7 00.7	7 03.2	7 07.1	7 09.5	7 13.2	6 16.8	6 19.1	6 22.8	7 01.3	7 05.2
7 13.9	7 16.6	7 23.3	8 01.9	8 05.7	8 08.1	8 11.8	7 15.4	7 17.7	7 21.4	7 23.9	8 03.8
8 12.6	8 15.2	8 21.9	9 00.5	9 04.3	9 06.7	9 10.4	8 14.1	8 16.3	8 20.1	8 22.5	9 02.5
9 11.2	9 13.8	9 20.6	9 23.1	10 02.9	10 05.3	10 09.0	9 12.7	9 14.9	9 18.7	9 21.1	10 01.1
10 09.8	10 12.5	10 19.2	10 21.7	11 01.6	11 03.9	11 07.6	10 11.3	10 13.6	10 17.3	10 19.8	10 23.7
11 08.4	11 11.1	11 17.8	11 20.3	12 00.2	12 02.6	12 06.2	11 09.9	11 12.2	11 15.9	11 18.4	11 22.3
12 07.1	12 09.7	12 16.4	12 19.0	12 22.8	13 01.2	13 04.9	12 08.5	12 10.8	12 14.5	12 17.0	12 21.0
13 05.7	13 08.3	13 15.0	13 17.6	13 21.4	13 23.8	14 03.5	13 07.1	13 09.4	13 13.2	13 15.6	13 19.6
14 04.3	14 07.0	14 13.7	14 16.2	14 20.0	14 22.4	15 02.1	14 05.7	14 08.0	14 11.8	14 14.3	14 18.2
15 02.9	15 05.6	15 12.3	15 14.8	15 18.7	15 21.0	16 00.7	15 04.4	15 06.6	15 10.4	15 12.9	15 16.8
16 01.6	16 04.2	16 10.9	16 13.4	16 17.3	16 19.6	16 23.3	16 03.0	16 05.3	16 09.0	16 11.5	16 15.4
17 00.2	17 02.8	17 09.5	17 12.1	17 15.9	17 18.3	17 21.9	17 01.6	17 03.9	17 07.6	17 10.1	17 14.1
17 22.8	18 01.5	18 08.2	18 10.7	18 14.5	18 16.9	18 20.5	18 00.2	18 02.5	18 06.3	18 08.7	18 12.7
18 21.4	19 00.1	19 06.8	19 09.3	19 13.1	19 15.5	19 19.2	18 22.8	19 01.1	19 04.9	19 07.4	19 11.3
19 20.1	19 22.7	20 05.4	20 07.9	20 11.8	20 14.1	20 17.8	19 21.4	19 23.7	20 03.5	20 06.0	20 09.9
20 18.7	20 21.3	21 04.0	21 06.6	21 10.4	21 12.7	21 16.4	20 20.0	20 22.3	21 02.1	21 04.6	21 08.6
21 17.3	21 20.0	22 02.7	22 05.2	22 09.0	22 11.3	22 15.0	21 18.7	21 21.0	22 00.7	22 03.2	22 07.2
22 15.9	22 18.6	23 01.3	23 03.8	23 07.6	23 10.0	23 13.6	22 17.3	22 19.6	22 23.4	23 01.9	23 05.8
23 14.6	23 17.2	23 23.9	24 02.4	24 06.2	24 08.6	24 12.2	23 15.9	23 18.2	23 22.0	24 00.5	24 04.4
24 13.2	24 15.8	24 22.5	25 01.0	25 04.8	25 07.2	25 10.8	24 14.5	24 16.8	24 20.6	24 23.1	25 03.1
25 11.8	25 14.4	25 21.2	25 23.7	26 03.5	26 05.8	26 09.5	25 13.1	25 15.4	25 19.2	25 21.7	26 01.7
26 10.4	26 13.1	26 19.8	26 22.3	27 02.1	27 04.4	27 08.1	26 11.7	26 14.0	26 17.8	26 20.3	27 00.3
27 09.1	27 11.7	27 18.4	27 20.9	28 00.7	28 03.0	28 06.7	27 10.3	27 12.7	27 16.5	27 19.0	27 22.9
28 07.7	28 10.3	28 17.0	28 19.5	28 23.3	29 01.6	29 05.3	28 09.0	28 11.3	28 15.1	28 17.6	28 21.6
29 06.3		29 15.6	29 18.1	29 21.9	30 00.3	30 03.9	29 07.6	29 09.9	29 13.7	29 16.2	29 20.2
30 05.0		30 14.3	30 16.8	30 20.5	30 22.9	31 02.5	30 06.2	30 08.5	30 12.3	30 14.8	30 18.8
31 03.6		31 12.9		31 19.2			31 04.8		31 10.9		31 17.4
											32 16.1

ENCELADUS

Jan.	Feb.	Mar.	Apr.	May	June	July	Aug.	Sept.	Oct.	Nov.	Dec.
d h	d h	d h	d h	d h	d h	d h	d h	d h	d h	d h	d h
−1 17.7	1 15.3	1 01.2	1 13.8	1 17.5	2 05.9	1 00.4	1 12.6	2 00.7	2 04.1	1 07.6	1 11.2
1 02.6	3 00.2	2 10.1	2 22.7	3 02.4	3 14.7	2 09.2	2 21.4	3 09.6	3 13.0	2 16.5	2 20.1
2 11.5	4 09.1	3 19.0	4 07.6	4 11.2	4 23.6	3 18.1	4 06.3	4 18.5	4 21.8	4 01.4	4 05.0
3 20.4	5 18.0	5 03.9	5 16.5	5 20.1	6 08.5	5 03.0	5 15.2	6 03.4	6 06.7	5 10.2	5 13.9
5 05.3	7 02.9	6 12.8	7 01.4	7 05.0	7 17.4	6 11.9	7 00.1	7 12.2	7 15.6	6 19.1	6 22.8
6 14.2	8 11.8	7 21.7	8 10.3	8 13.9	9 02.3	7 20.8	8 08.9	8 21.1	9 00.5	8 04.0	8 07.7
7 23.1	9 20.7	9 06.6	9 19.2	9 22.8	10 11.2	9 05.6	9 17.8	10 06.0	10 09.4	9 12.9	9 16.6
9 08.0	11 05.6	10 15.5	11 04.1	11 07.7	11 20.0	10 14.5	11 02.7	11 14.9	11 18.3	10 21.8	11 01.5
10 16.9	12 14.5	12 00.4	12 13.0	12 16.6	13 04.9	11 23.4	12 11.6	12 23.7	13 03.2	12 06.7	12 10.4
12 01.8	13 23.4	13 09.3	13 21.9	14 01.5	14 13.8	13 08.3	13 20.4	14 08.6	14 12.0	13 15.6	13 19.3
13 10.7	15 08.3	14 18.2	15 06.8	15 10.3	15 22.7	14 17.2	15 05.3	15 17.5	15 20.9	15 00.5	15 04.2
14 19.6	16 17.1	16 03.1	16 15.7	16 19.2	17 07.6	16 02.0	16 14.2	17 02.4	17 05.8	16 09.4	16 13.1
16 04.5	18 02.1	17 12.0	18 00.6	18 04.1	18 16.4	17 10.9	17 23.1	18 11.3	18 14.7	17 18.3	17 22.0
17 13.4	19 10.9	18 20.9	19 09.5	19 13.0	20 01.3	18 19.8	19 07.9	19 20.1	19 23.6	19 03.2	19 06.9
18 22.3	20 19.9	20 05.8	20 18.3	20 21.9	21 10.2	20 04.7	20 16.8	21 05.0	21 08.5	20 12.0	20 15.8
20 07.2	22 04.7	21 14.7	22 03.2	22 06.8	22 19.1	21 13.5	22 01.7	22 13.9	22 17.4	21 20.9	22 00.7
21 16.1	23 13.6	22 23.6	23 12.1	23 15.7	24 04.0	22 22.4	23 10.6	23 22.8	24 02.2	23 05.8	23 09.5
23 01.0	24 22.5	24 08.5	24 21.0	25 00.5	25 12.8	24 07.3	24 19.4	25 07.7	25 11.1	24 14.7	24 18.4
24 09.9	26 07.4	25 17.4	26 05.9	26 09.4	26 21.7	25 16.2	26 04.3	26 16.6	26 20.0	25 23.6	26 03.3
25 18.8	27 16.3	27 02.3	27 14.8	27 18.3	28 06.6	27 01.0	27 13.2	28 01.4	28 04.9	27 08.5	27 12.2
27 03.7		28 11.2	28 23.7	29 03.2	29 15.5	28 09.9	28 22.1	29 10.3	29 13.8	28 17.4	28 21.1
28 12.6		29 20.1	30 08.6	30 12.1		29 18.8	30 07.0	30 19.2	30 22.7	30 02.3	30 06.0
29 21.5		31 05.0		31 21.0		31 03.7	31 15.8				31 14.9
31 06.4											32 23.8

UNIVERSAL TIME OF GREATEST EASTERN ELONGATION

Jan.	Feb.	Mar.	Apr.	May	June	July	Aug.	Sept.	Oct.	Nov.	Dec.

TETHYS

d h	d h	d h	d h	d h	d h	d h	d h	d h	d h	d h	d h
0 01.9	1 04.6	1 12.6	2 15.2	2 20.3	2 01.3	2 06.1	1 10.8	2 12.8	2 17.5	1 22.4	2 03.6
1 23.3	3 02.0	3 10.0	4 12.5	4 17.7	3 22.6	4 03.4	3 08.1	4 10.1	4 14.8	3 19.8	4 00.9
3 20.6	4 23.3	5 07.3	6 09.9	6 15.0	5 19.9	6 00.7	5 05.4	6 07.4	6 12.1	5 17.1	5 22.2
5 18.0	6 20.6	7 04.6	8 07.2	8 12.3	7 17.2	7 22.0	7 02.7	8 04.7	8 09.4	7 14.4	7 19.5
7 15.3	8 18.0	9 02.0	10 04.5	10 09.6	9 14.5	9 19.3	8 24.0	10 02.0	10 06.7	9 11.7	9 16.9
9 12.6	10 15.3	10 23.3	12 01.8	12 06.9	11 11.8	11 16.6	10 21.3	11 23.3	12 04.0	11 09.0	11 14.2
11 09.9	12 12.6	12 20.6	13 23.2	14 04.2	13 09.1	13 13.9	12 18.6	13 20.5	14 01.4	13 06.3	13 11.5
13 07.3	14 10.0	14 17.9	15 20.5	16 01.5	15 06.4	15 11.2	14 15.9	15 17.8	15 22.7	15 03.7	15 08.8
15 04.6	16 07.3	16 15.3	17 17.8	17 22.9	17 03.7	17 08.5	16 13.2	17 15.1	17 20.0	17 01.0	17 06.2
17 02.0	18 04.6	18 12.6	19 15.1	19 20.2	19 01.0	19 05.8	18 10.5	19 12.4	19 17.3	18 22.3	19 03.5
18 23.3	20 02.0	20 09.9	21 12.4	21 17.5	20 22.3	21 03.1	20 07.7	21 09.7	21 14.6	20 19.6	21 00.8
20 20.6	21 23.3	22 07.3	23 09.8	23 14.8	22 19.6	23 00.4	22 05.0	23 07.0	23 11.9	22 16.9	22 22.2
22 18.0	23 20.6	24 04.6	25 07.1	25 12.1	24 16.9	24 21.7	24 02.3	25 04.3	25 09.2	24 14.3	24 19.5
24 15.3	25 18.0	26 01.9	27 04.4	27 09.4	26 14.2	26 19.0	25 23.6	27 01.6	27 06.5	26 11.6	26 16.8
26 12.6	27 15.3	27 23.2	29 01.7	29 06.7	28 11.5	28 16.3	27 20.9	28 22.9	29 03.8	28 08.9	28 14.1
28 10.0		29 20.6	30 23.0	31 04.0	30 08.8	30 13.5	29 18.2	30 20.2	31 01.1	30 06.2	30 11.5
30 07.3		31 17.9					31 15.5				32 08.8

DIONE

d h	d h	d h	d h	d h	d h	d h	d h	d h	d h	d h	d h
−1 07.9	1 04.8	3 08.0	2 11.0	2 13.9	1 16.6	1 19.0	3 14.9	2 17.1	2 19.4	1 21.9	2 00.7
2 01.7	3 22.6	6 01.7	5 04.8	5 07.6	4 10.3	4 12.7	6 08.6	5 10.7	5 13.0	4 15.6	4 18.4
4 19.4	6 16.3	8 19.5	7 22.5	8 01.3	7 04.0	7 06.3	9 02.2	8 04.4	8 06.7	7 09.3	7 12.1
7 13.2	9 10.1	11 13.2	10 16.2	10 19.0	9 21.6	10 00.0	11 19.9	10 22.1	11 00.4	10 03.0	10 05.8
10 06.9	12 03.8	14 06.9	13 09.9	13 12.7	12 15.3	12 17.7	14 13.5	13 15.7	13 18.1	12 20.7	12 23.6
13 00.6	14 21.5	17 00.7	16 03.6	16 06.4	15 09.0	15 11.3	17 07.2	16 09.4	16 11.8	15 14.4	15 17.3
15 18.4	17 15.3	19 18.4	18 21.4	19 00.1	18 02.7	18 05.0	20 00.8	19 03.0	19 05.4	18 08.1	18 11.0
18 12.1	20 09.0	22 12.1	21 15.1	21 17.8	20 20.3	20 22.6	22 18.5	21 20.7	21 23.1	21 01.8	21 04.8
21 05.9	23 02.8	25 05.8	24 08.8	24 11.5	23 14.0	23 16.3	25 12.1	24 14.4	24 16.8	23 19.5	23 22.5
23 23.6	25 20.5	27 23.6	27 02.5	27 05.2	26 07.7	26 10.0	28 05.8	27 08.0	27 10.5	26 13.3	26 16.2
26 17.4	28 14.3	30 17.3	29 20.2	29 22.9	29 01.3	29 03.6	30 23.4	30 01.7	30 04.2	29 07.0	29 09.9
29 11.1						31 21.3					32 03.7

RHEA

d h	d h	d h	d h	d h	d h	d h	d h	d h	d h	d h	d h
−2 24.0	4 04.6	3 08.0	3 23.8	1 02.9	1 18.1	3 08.8	3 23.3	4 13.5	1 15.7	2 06.5	3 21.9
3 12.6	8 17.1	7 20.5	8 12.3	5 15.3	6 06.5	7 21.2	8 11.6	9 01.9	6 04.1	6 19.0	8 10.4
8 01.1	13 05.7	12 09.1	13 00.8	10 03.8	10 18.9	12 09.5	12 23.9	13 14.2	10 16.4	11 07.4	12 22.9
12 13.7	17 18.3	16 21.6	17 13.4	14 16.3	15 07.3	16 21.9	17 12.2	18 02.6	15 04.8	15 19.9	17 11.4
17 02.3	22 06.8	21 10.2	22 01.9	19 04.7	19 19.7	21 10.2	22 00.6	22 14.9	19 17.3	20 08.4	21 24.0
21 14.8	26 19.4	25 22.7	26 14.4	23 17.2	24 08.1	25 22.6	26 12.9	27 03.3	24 05.7	24 20.9	26 12.5
26 03.4		30 11.3		28 05.6	28 20.5	30 10.9	31 01.2		28 18.1	29 09.4	31 01.0
30 16.0											35 13.6

UNIVERSAL TIME OF CONJUNCTIONS AND ELONGATIONS

TITAN

Eastern Elongation		Inferior Conjunction		Western Elongation		Superior Conjunction	
	d h		d h		d h		d h
						Jan.	− 2 11.0
Jan.	2 07.1	Jan.	6 10.0	Jan.	10 14.1		14 11.3
	18 07.5		22 10.6		26 14.7		30 11.8
Feb.	3 08.1	Feb.	7 11.4	Feb.	11 15.3	Feb.	15 12.3
	19 08.7		23 12.1		27 15.9	Mar.	3 12.8
Mar.	7 09.3	Mar.	11 12.7	Mar.	15 16.4		19 13.1
	23 09.7		27 13.1		31 16.7	Apr.	4 13.3
Apr.	8 09.9	Apr.	12 13.4	Apr.	16 16.8		20 13.2
	24 09.8		28 13.3	May	2 16.6	May	6 12.9
May	10 09.4	May	14 12.9		18 16.0		22 12.2
	26 08.6		30 12.0	June	3 15.0	June	7 11.1
June	11 07.5	June	15 10.8		19 13.7		23 09.7
	27 05.9	July	1 09.1	July	5 11.9	July	9 07.9
July	13 04.0		17 07.1		21 09.9		25 05.8
	29 01.8	Aug.	2 04.8	Aug.	6 07.6	Aug.	10 03.5
Aug.	13 23.4		18 02.3		22 05.1		26 01.1
	29 21.0	Sept.	2 23.7	Sept.	7 02.7	Sept.	10 22.7
Sept.	14 18.6		18 21.4		23 00.5		26 20.6
	30 16.5	Oct.	4 19.3	Oct.	8 22.5	Oct.	12 18.7
Oct.	16 14.7		20 17.6		24 20.9		28 17.3
Nov.	1 13.3	Nov.	5 16.3	Nov.	9 19.7	Nov.	13 16.2
	17 12.4		21 15.5		25 19.0		29 15.5
Dec.	3 11.8	Dec.	7 15.1	Dec.	11 18.6	Dec.	15 15.2
	19 11.6		23 15.0		27 18.6		31 15.2
	35 11.8						

HYPERION

Eastern Elongation		Inferior Conjunction		Western Elongation		Superior Conjunction	
	d h		d h		d h		d h
						Jan.	− 2 01.3
Jan.	3 20.6	Jan.	8 14.2	Jan.	13 12.2		19 13.0
	25 07.5		30 00.5	Feb.	3 23.4	Feb.	10 01.4
Feb.	15 19.0	Feb.	20 11.5		25 11.4	Mar.	3 14.2
Mar.	9 06.7	Mar.	13 22.6	Mar.	18 23.4		25 03.1
	30 18.4	Apr.	4 09.9	Apr.	9 11.6	Apr.	15 15.6
Apr.	21 05.8		25 20.8		30 23.1	May	7 03.5
May	12 16.6	May	17 07.1	May	22 10.1		28 14.3
June	3 02.6	June	7 16.7	June	12 19.9	June	18 24.0
	24 11.4		29 01.2	July	4 04.5	July	10 08.3
July	15 19.2	July	20 08.9		25 12.0		31 15.4
Aug.	6 02.2	Aug.	10 15.7	Aug.	15 18.6	Aug.	21 21.7
	27 08.2		31 21.8	Sept.	6 00.5	Sept.	12 03.6
Sept.	17 14.0	Sept.	22 03.7		27 06.5	Oct.	3 09.4
Oct.	8 19.9	Oct.	13 09.6	Oct.	18 12.8		24 15.7
	30 02.0	Nov.	3 15.8	Nov.	8 19.5	Nov.	14 22.6
Nov.	20 08.3		24 22.3		30 02.7	Dec.	6 06.0
Dec.	11 15.0	Dec.	16 05.1	Dec.	21 10.5		27 13.8
	32 22.0						

IAPETUS

Eastern Elongation		Inferior Conjunction		Western Elongation		Superior Conjunction	
	d h		d h		d h		d h
		Jan.	0 14.8	Jan.	21 23.8	Feb.	11 09.3
Mar.	2 16.6	Mar.	22 24.0	Apr.	13 07.2	May	3 08.3
May	22 08.8	June	11 08.5	July	2 03.0	July	21 15.7
Aug.	9 05.9	Aug.	28 19.4	Sept.	18 08.7	Oct.	7 23.4
Oct.	26 17.9	Nov.	15 15.0	Dec.	6 16.9	Dec.	26 19.7
Dec.	46 01.1						

SATELLITES OF SATURN, 1993

APPARENT DISTANCE AND POSITION ANGLE

Time from Eastern Elongation	MIMAS		Time from Eastern Elongation	ENCELADUS		TETHYS		Time from Eastern Elongation	DIONE	
	F	P_1		F	P_1	F	P_1		F	P_1
h		°	d h		°		°	d h		°
0.0	1.000	97.0	0 00	1.000	96.0	1.000	97.0	0 00	1.000	96.0
0.5	0.991	98.4	0 01	0.983	98.2	0.991	98.6	0 02	0.983	98.3
1.0	0.963	100.0	0 02	0.931	100.7	0.963	100.2	0 04	0.931	100.7
1.5	0.917	101.6	0 03	0.847	103.5	0.918	101.9	0 06	0.847	103.5
2.0	0.855	103.4	0 04	0.735	107.0	0.856	103.9	0 08	0.735	107.0
2.5	0.777	105.6	0 05	0.601	112.0	0.779	106.2	0 10	0.600	112.1
3.0	0.686	108.3	0 06	0.451	120.2	0.689	109.1	0 12	0.450	120.3
3.5	0.583	111.9	0 07	0.304	136.5	0.587	113.0	0 14	0.303	136.7
4.0	0.472	117.1	0 08	0.207	174.2	0.478	118.5	0 16	0.207	174.8
4.5	0.359	125.6	0 09	0.249	222.5	0.368	127.4	0 18	0.251	222.8
5.0	0.254	141.5	0 10	0.384	246.2	0.266	143.5	0 20	0.386	246.3
5.5	0.186	173.6	0 11	0.536	256.9	0.201	174.0	0 22	0.538	257.0
6.0	0.204	215.0	0 12	0.678	263.0	0.216	212.5	1 00	0.680	263.1
6.5	0.292	239.9	0 13	0.801	267.1	0.299	237.3	1 02	0.803	267.1
7.0	0.402	252.2	0 14	0.898	270.2	0.406	250.2	1 04	0.899	270.2
7.5	0.515	259.2	0 15	0.964	272.7	0.517	257.7	1 06	0.965	272.8
8.0	0.623	263.7	0 16	0.997	275.0	0.624	262.5	1 08	0.997	275.1
8.5	0.722	266.8	0 17	0.995	277.2	0.721	265.9	1 10	0.994	277.3
9.0	0.809	269.3	0 18	0.958	279.6	0.808	268.6	1 12	0.957	279.6
9.5	0.881	271.3	0 19	0.888	282.2	0.880	270.8	1 14	0.886	282.2
10.0	0.937	273.1	0 20	0.788	285.3	0.936	272.7	1 16	0.785	285.4
10.5	0.976	274.6	0 21	0.663	289.5	0.975	274.4	1 18	0.659	289.7
11.0	0.996	276.1	0 22	0.518	296.0	0.996	276.0	1 20	0.514	296.2
11.5	0.999	277.6	0 23	0.367	307.6	0.999	277.5	1 22	0.363	308.2
12.0	0.982	279.0	1 00	0.238	333.8	0.983	279.1	2 00	0.235	335.1
12.5	0.948	280.6	1 01	0.212	23.6	0.950	280.8	2 02	0.214	25.1
13.0	0.895	282.2	1 02	0.320	58.1	0.899	282.6	2 04	0.325	58.8
13.5	0.827	284.2	1 03	0.469	73.0	0.831	284.7	2 06	0.474	73.4
14.0	0.744	286.5	1 04	0.617	80.7	0.749	287.2	2 08	0.622	80.9
14.5	0.648	289.5	1 05	0.750	85.5	0.655	290.3	2 10	0.754	85.6
15.0	0.541	293.6	1 06	0.858	88.9	0.550	294.6	2 12	0.862	89.0
15.5	0.429	299.8	1 07	0.939	91.6	0.440	301.1	2 14	0.941	91.7
16.0	0.317	310.4	1 08	0.986	94.0	0.330	311.8	2 16	0.988	94.1
16.5	0.221	331.4	1 09	1.000	96.3	0.237	332.1	2 18	1.000	96.3
17.0	0.181	10.2	1 10	0.978	98.5	0.196	7.8	2 20	0.977	98.6
17.5	0.232	46.7	1 11			0.240	43.0			
18.0	0.333	65.6	1 12			0.334	62.7			
18.5	0.445	75.3	1 13			0.444	73.2			
19.0	0.557	81.1	1 14			0.555	79.6			
19.5	0.662	85.0	1 15			0.659	83.8			
20.0	0.757	87.9	1 16			0.753	86.9			
20.5	0.838	90.1	1 17			0.834	89.4			
21.0	0.904	92.0	1 18			0.901	91.5			
21.5	0.954	93.7	1 19			0.951	93.3			
22.0	0.986	95.2	1 20			0.984	94.9			
22.5	0.999	96.7	1 21			0.999	96.5			
23.0	0.995	98.1	1 22			0.996	98.1			

Apparent distance of satellite is Fa/Δ

Position angle of satellite is $p_1 + p_2$

APPARENT DISTANCE AND POSITION ANGLE

Time from Eastern Elongation	RHEA F	RHEA p_1	Time from Eastern Elongation	TITAN F	TITAN p_1	HYPERION F	HYPERION p_1	Time from Eastern Elongation	IAPETUS F	IAPETUS p_1
d h		°	d h		°		°	d		°
0 00	1.000	97.0	0 00	0.997	96.0	0.949	96.0	0	0.981	87.0
0 03	0.986	99.1	0 10	0.989	97.9	0.932	97.5	2	0.971	86.9
0 06	0.943	101.2	0 20	0.955	99.9	0.900	99.1	4	0.936	86.8
0 09	0.873	103.7	1 06	0.897	102.0	0.851	100.8	6	0.876	86.6
0 12	0.779	106.7	1 16	0.818	104.6	0.787	102.8	8	0.795	86.4
0 15	0.664	110.6	2 02	0.719	107.7	0.709	105.2	10	0.693	86.2
0 18	0.534	116.3	2 12	0.605	112.0	0.619	108.2	12	0.573	85.9
0 21	0.396	125.9	2 22	0.481	118.4	0.520	112.3	14	0.440	85.5
1 00	0.269	145.3	3 08	0.355	129.4	0.414	118.5	16	0.296	84.6
1 03	0.204	185.3	3 18	0.247	151.1	0.308	128.9	18	0.145	81.9
1 06	0.262	226.7	4 04	0.205	191.0	0.216	149.3	20	0.016	319.9
1 09	0.386	247.1	4 14	0.268	227.2	0.176	186.7	22	0.165	271.5
1 12	0.524	257.2	5 00	0.383	245.7	0.220	223.3	24	0.315	269.3
1 15	0.655	263.1	5 10	0.510	255.2	0.313	242.8	26	0.458	268.5
1 18	0.771	267.1	5 20	0.633	261.0	0.420	252.9	28	0.591	268.0
1 21	0.867	270.1	6 06	0.744	265.0	0.527	258.9	30	0.710	267.8
2 00	0.939	272.6	6 16	0.839	268.0	0.629	262.9	32	0.813	267.6
2 03	0.983	274.8	7 02	0.914	270.4	0.722	265.8	34	0.897	267.4
2 06	1.000	276.9	7 12	0.967	272.5	0.806	268.1	36	0.960	267.3
2 09	0.988	278.9	7 22	0.997	274.4	0.878	270.0	38	1.001	267.2
2 12	0.947	281.1	8 08	1.000	276.3	0.938	271.6	40	1.018	267.0
2 15	0.879	283.5	8 18	0.979	278.2	0.984	273.0	42	1.011	266.9
2 18	0.786	286.4	9 04	0.931	280.3	1.018	274.4	44	0.981	266.8
2 21	0.673	290.3	9 14	0.859	282.6	1.037	275.6	46	0.926	266.7
3 00	0.543	295.8	10 00	0.765	285.4	1.044	276.8	48	0.849	266.5
3 03	0.406	305.1	10 10	0.652	289.1	1.037	278.1	50	0.751	266.4
3 06	0.277	323.4	10 20	0.524	294.6	1.017	279.3	52	0.634	266.1
3 09	0.205	1.9	11 06	0.389	303.8	0.985	280.6	54	0.501	265.7
3 12	0.254	44.5	11 16	0.263	322.3	0.942	281.1	56	0.356	265.1
3 15	0.377	66.1	12 02	0.194	2.0	0.887	283.7	58	0.201	263.5
3 18	0.514	76.6	12 12	0.246	45.1	0.823	285.5	60	0.042	249.5
3 21	0.647	82.7	12 22	0.367	66.2	0.750	287.6	62	0.122	92.8
4 00	0.764	86.8	13 08	0.502	76.3	0.669	290.3	64	0.280	89.4
4 03	0.861	89.9	13 18	0.632	82.2	0.582	293.7	66	0.431	88.5
4 06	0.935	92.4	14 04	0.748	86.1	0.491	298.3	68	0.570	88.0
4 09	0.981	94.7	14 14	0.845	89.1	0.399	305.1	70	0.693	87.7
4 12	1.000	96.7	15 00	0.919	91.5	0.311	315.8	72	0.797	87.5
4 15	0.989	98.8	15 10	0.970	93.6	0.238	334.0	74	0.880	87.3
			15 20	0.995	95.5	0.203	2.6	76	0.939	87.2
			16 06	0.993	97.4	0.225	33.0	78	0.973	87.1
			16 16			0.291	53.7	80	0.980	87.0
			17 02			0.376	65.9	82	0.962	86.8
			17 12			0.467	73.4			
			17 22			0.557	78.5			
			18 08			0.643	82.2			
			18 18			0.721	85.1			
			19 04			0.791	87.4			
			19 14			0.850	89.4			
			20 00			0.896	91.1			
			20 10			0.929	92.7			
			20 20			0.948	94.2			
			21 06			0.951	95.7			
			21 16			0.937	97.2			

Apparent distance of satellite is Fa/Δ
Position angle of satellite is $p_1 + p_2$

SATELLITES OF SATURN, 1993

APPARENT DISTANCE AND POSITION ANGLE

Date (0ʰ UT)		MIMAS		ENCELADUS		TETHYS		DIONE	
		a/Δ	p_2	a/Δ	p_2	a/Δ	p_2	a/Δ	p_2
		"	°	"	°	"	°	"	°
Jan.	−3	24.1	−1.9	31.0	+0.7	38.3	+0.6	49.1	+0.7
	1	24.0	1.9	30.8	0.7	38.2	0.6	48.9	0.7
	5	24.0	1.9	30.7	0.7	38.0	0.6	48.7	0.7
	9	23.9	1.9	30.6	0.7	37.9	0.6	48.6	0.7
	13	23.8	1.9	30.6	0.6	37.8	0.6	48.4	0.6
	17	23.8	−1.9	30.5	+0.6	37.7	+0.6	48.3	+0.6
	21	23.7	1.9	30.4	0.6	37.7	0.6	48.2	0.6
	25	23.7	1.8	30.4	0.6	37.6	0.6	48.1	0.6
	29	23.6	1.8	30.3	0.6	37.5	0.6	48.1	0.6
Feb.	2	23.6	1.8	30.3	0.6	37.5	0.6	48.0	0.6
	6	23.6	−1.7	30.3	+0.5	37.5	+0.6	48.0	+0.5
	10	23.6	1.6	30.3	0.5	37.5	0.6	48.0	0.5
	14	23.6	1.6	30.3	0.5	37.5	0.6	48.0	0.5
	18	23.6	1.5	30.3	0.5	37.5	0.5	48.0	0.5
	22	23.6	1.4	30.3	0.5	37.6	0.5	48.1	0.5
	26	23.7	−1.3	30.4	+0.4	37.6	+0.5	48.2	+0.5
Mar.	2	23.7	1.3	30.4	0.4	37.7	0.5	48.2	0.4
	6	23.8	1.2	30.5	0.4	37.7	0.5	48.3	0.4
	10	23.8	1.1	30.6	0.4	37.8	0.5	48.5	0.4
	14	23.9	1.0	30.7	0.4	37.9	0.5	48.6	0.4
	18	24.0	−0.9	30.8	+0.3	38.1	+0.4	48.8	+0.4
	22	24.1	0.8	30.9	0.3	38.2	0.4	48.9	0.3
	26	24.1	0.7	31.0	0.3	38.4	0.4	49.1	0.3
	30	24.2	0.6	31.1	0.3	38.5	0.4	49.3	0.3
Apr.	3	24.4	0.5	31.2	0.3	38.7	0.4	49.5	0.3
	7	24.5	−0.4	31.4	+0.2	38.9	+0.4	49.8	+0.3
	11	24.6	0.3	31.6	0.2	39.1	0.4	50.0	0.3
	15	24.7	0.2	31.7	0.2	39.3	0.3	50.3	0.2
	19	24.9	−0.1	31.9	0.2	39.5	0.3	50.6	0.2
	23	25.0	0.0	32.1	0.2	39.7	0.3	50.9	0.2
	27	25.2	+0.1	32.3	+0.2	40.0	+0.3	51.2	+0.2
May	1	25.3	0.1	32.5	0.1	40.2	0.3	51.5	0.2
	5	25.5	0.2	32.7	0.1	40.5	0.3	51.8	0.2
	9	25.6	0.3	32.9	0.1	40.7	0.3	52.2	0.2
	13	25.8	0.3	33.1	0.1	41.0	0.2	52.5	0.1
	17	26.0	+0.4	33.3	+0.1	41.3	+0.2	52.9	+0.1
	21	26.2	0.5	33.6	0.1	41.5	0.2	53.2	0.1
	25	26.3	0.5	33.8	0.1	41.8	0.2	53.6	0.1
	29	26.5	0.5	34.0	0.1	42.1	0.2	53.9	0.1
June	2	26.7	0.6	34.3	0.1	42.4	0.2	54.3	0.1
	6	26.9	+0.6	34.5	+0.1	42.7	+0.2	54.7	+0.1
	10	27.1	0.6	34.7	0.1	43.0	0.2	55.1	0.1
	14	27.2	0.6	35.0	0.1	43.3	0.2	55.4	0.1
	18	27.4	0.6	35.2	0.1	43.6	0.2	55.8	0.1
	22	27.6	0.6	35.4	0.1	43.8	0.2	56.1	0.1
	26	27.8	+0.6	35.6	+0.1	44.1	+0.2	56.5	+0.1
	30	27.9	+0.6	35.8	+0.1	44.4	+0.2	56.8	+0.1

APPARENT DISTANCE AND POSITION ANGLE

Date (0ʰ UT)		MIMAS		ENCELADUS		TETHYS		DIONE	
		a/Δ	p_2	a/Δ	p_2	a/Δ	p_2	a/Δ	p_2
		"	°	"	°	"	°	"	°
July	4	28.1	+0.6	36.0	+0.1	44.6	+0.2	57.1	+0.1
	8	28.2	0.6	36.2	0.1	44.8	0.2	57.4	0.1
	12	28.4	0.6	36.4	0.1	45.1	0.2	57.7	0.2
	16	28.5	0.5	36.6	0.1	45.3	0.2	58.0	0.2
	20	28.6	0.5	36.7	0.1	45.5	0.2	58.2	0.2
	24	28.7	+0.5	36.9	+0.2	45.6	+0.2	58.4	+0.2
	28	28.8	0.4	37.0	0.2	45.8	0.2	58.6	0.2
Aug.	1	28.9	0.4	37.1	0.2	45.9	0.3	58.8	0.2
	5	29.0	0.3	37.2	0.2	46.0	0.3	58.9	0.2
	9	29.0	0.3	37.2	0.2	46.1	0.3	59.0	0.2
	13	29.1	+0.2	37.3	+0.2	46.1	+0.3	59.1	+0.3
	17	29.1	0.1	37.3	0.2	46.2	0.3	59.1	0.3
	21	29.1	+0.1	37.3	0.3	46.2	0.3	59.1	0.3
	25	29.1	0.0	37.3	0.3	46.2	0.3	59.1	0.3
	29	29.0	−0.1	37.3	0.3	46.1	0.3	59.1	0.3
Sept.	2	29.0	−0.2	37.2	+0.3	46.1	+0.3	59.0	+0.3
	6	28.9	0.2	37.1	0.3	46.0	0.4	58.9	0.3
	10	28.9	0.3	37.0	0.3	45.8	0.4	58.7	0.4
	14	28.8	0.4	36.9	0.3	45.7	0.4	58.5	0.4
	18	28.7	0.5	36.8	0.3	45.5	0.4	58.3	0.4
	22	28.6	−0.6	36.6	+0.4	45.4	+0.4	58.1	+0.4
	26	28.4	0.7	36.5	0.4	45.2	0.4	57.8	0.4
	30	28.3	0.8	36.3	0.4	45.0	0.4	57.6	0.4
Oct.	4	28.2	0.9	36.1	0.4	44.7	0.4	57.3	0.4
	8	28.0	1.0	35.9	0.4	44.5	0.4	57.0	0.4
	12	27.8	−1.1	35.7	+0.4	44.2	+0.4	56.6	+0.4
	16	27.7	1.2	35.5	0.4	44.0	0.4	56.3	0.4
	20	27.5	1.3	35.3	0.4	43.7	0.4	55.9	0.4
	24	27.3	1.4	35.1	0.4	43.4	0.4	55.6	0.4
	28	27.1	1.5	34.8	0.4	43.1	0.4	55.2	0.4
Nov.	1	27.0	−1.5	34.6	+0.4	42.8	+0.4	54.9	+0.4
	5	26.8	1.6	34.4	0.4	42.5	0.4	54.5	0.4
	9	26.6	1.7	34.1	0.4	42.2	0.3	54.1	0.4
	13	26.4	1.8	33.9	0.4	42.0	0.3	53.7	0.4
	17	26.2	1.9	33.7	0.4	41.7	0.3	53.4	0.4
	21	26.1	−1.9	33.4	+0.4	41.4	+0.3	53.0	+0.4
	25	25.9	2.0	33.2	0.4	41.1	0.3	52.7	0.4
	29	25.7	2.0	33.0	0.4	40.8	0.3	52.3	0.4
Dec.	3	25.6	2.1	32.8	0.4	40.6	0.2	52.0	0.4
	7	25.4	2.1	32.6	0.3	40.3	0.2	51.7	0.4
	11	25.2	−2.2	32.4	+0.3	40.1	+0.2	51.3	+0.4
	15	25.1	2.2	32.2	0.3	39.9	0.1	51.0	0.4
	19	25.0	2.2	32.0	0.3	39.6	0.1	50.8	0.3
	23	24.8	2.2	31.8	0.3	39.4	0.1	50.5	0.3
	27	24.7	2.3	31.7	0.3	39.2	+0.1	50.2	0.3
	31	24.6	−2.2	31.5	+0.3	39.0	0.0	50.0	+0.3
	35	24.5	−2.2	31.4	+0.2	38.8	0.0	49.8	+0.3

SATELLITES OF SATURN, 1993

APPARENT DISTANCE AND POSITION ANGLE

Date (0ʰ UT)		RHEA		TITAN		HYPERION		IAPETUS	
		a/Δ	p_2	a/Δ	p_2	a/Δ	p_2	a/Δ	p_2
		"	°	"	°	"	°	"	°
Jan.	−3	68.5	0.0	159	+0.5	193	+0.3	463	+3.1
	1	68.3	0.0	158	0.4	192	0.3	461	2.9
	5	68.0	−0.1	158	0.4	192	0.2	460	2.8
	9	67.8	0.1	157	0.4	191	0.2	458	2.7
	13	67.6	0.1	157	0.4	190	0.2	457	2.6
	17	67.5	−0.1	156	+0.4	190	+0.2	456	+2.5
	21	67.3	0.1	156	0.4	190	0.2	455	2.4
	25	67.2	0.1	156	0.3	189	0.1	454	2.3
	29	67.1	0.1	156	0.3	189	0.1	453	2.1
Feb.	2	67.1	0.2	155	0.3	189	0.1	453	2.0
	6	67.1	−0.2	155	+0.3	189	+0.1	453	+1.9
	10	67.0	0.2	155	0.3	189	0.0	453	1.8
	14	67.1	0.2	155	0.2	189	0.0	453	1.6
	18	67.1	0.2	155	0.2	189	0.0	453	1.5
	22	67.2	0.2	156	0.2	189	0.0	454	1.4
	26	67.3	−0.3	156	+0.2	190	−0.1	454	+1.3
Mar.	2	67.4	0.3	156	0.2	190	0.1	455	1.2
	6	67.5	0.3	156	0.1	190	0.1	456	1.0
	10	67.7	0.3	157	0.1	191	0.1	457	0.9
	14	67.9	0.3	157	0.1	191	0.2	458	0.8
	18	68.1	−0.4	158	+0.1	192	−0.2	460	+0.7
	22	68.3	0.4	158	+0.1	193	0.2	461	0.6
	26	68.6	0.4	159	0.0	194	0.2	463	0.5
	30	68.9	0.4	160	0.0	194	0.3	465	0.4
Apr.	3	69.2	0.4	160	0.0	195	0.3	467	0.3
	7	69.5	−0.4	161	0.0	196	−0.3	469	+0.2
	11	69.9	0.5	162	0.0	197	0.3	472	+0.1
	15	70.2	0.5	163	−0.1	198	0.3	474	0.0
	19	70.6	0.5	164	0.1	199	0.4	477	0.0
	23	71.0	0.5	165	0.1	200	0.4	480	−0.1
	27	71.5	−0.5	166	−0.1	202	−0.4	483	−0.2
May	1	71.9	0.5	167	0.1	203	0.4	486	0.2
	5	72.4	0.5	168	0.1	204	0.4	489	0.3
	9	72.8	0.6	169	0.1	206	0.4	492	0.4
	13	73.3	0.6	170	0.2	207	0.5	495	0.4
	17	73.8	−0.6	171	−0.2	208	−0.5	498	−0.4
	21	74.3	0.6	172	0.2	210	0.5	502	0.5
	25	74.8	0.6	173	0.2	211	0.5	505	0.5
	29	75.3	0.6	175	0.2	213	0.5	509	0.5
June	2	75.9	0.6	176	0.2	214	0.5	512	0.6
	6	76.4	−0.6	177	−0.2	216	−0.5	516	−0.6
	10	76.9	0.6	178	0.2	217	0.5	519	0.6
	14	77.4	0.6	179	0.2	218	0.5	523	0.6
	18	77.9	0.6	181	0.2	220	0.5	526	0.6
	22	78.4	0.6	182	0.2	221	0.5	529	0.5
	26	78.9	−0.6	183	−0.2	223	−0.5	533	−0.5
	30	79.3	−0.6	184	−0.2	224	−0.5	536	−0.5

APPARENT DISTANCE AND POSITION ANGLE

Date (0ʰ UT)		RHEA		TITAN		HYPERION		IAPETUS	
		a/Δ	p_2	a/Δ	p_2	a/Δ	p_2	a/Δ	p_2
		"	°	"	°	"	°	"	°
July	4	79.8	−0.6	185	−0.2	225	−0.5	539	−0.5
	8	80.2	0.6	186	0.2	226	0.5	542	0.4
	12	80.6	0.6	187	0.1	227	0.5	544	0.4
	16	81.0	0.5	188	0.1	228	0.4	547	0.3
	20	81.3	0.5	188	0.1	229	0.4	549	0.3
	24	81.6	−0.5	189	−0.1	230	−0.4	551	−0.2
	28	81.9	0.5	190	0.1	231	0.4	553	0.2
Aug.	1	82.1	0.5	190	0.1	231	0.4	554	−0.1
	5	82.3	0.5	191	0.1	232	0.4	556	0.0
	9	82.4	0.5	191	−0.1	232	0.4	557	0.0
	13	82.5	−0.5	191	0.0	233	−0.3	557	+0.1
	17	82.6	0.4	191	0.0	233	0.3	558	0.2
	21	82.6	0.4	191	0.0	233	0.3	558	0.2
	25	82.6	0.4	191	0.0	233	0.3	558	0.3
	29	82.5	0.4	191	0.0	232	0.3	557	0.4
Sept.	2	82.4	−0.4	191	0.0	232	−0.2	556	+0.5
	6	82.2	0.4	190	+0.1	232	0.2	555	0.5
	10	82.0	0.4	190	0.1	231	0.2	554	0.6
	14	81.7	0.3	189	0.1	230	0.2	552	0.7
	18	81.5	0.3	189	0.1	229	0.2	550	0.7
	22	81.1	−0.3	188	+0.1	228	−0.2	548	+0.8
	26	80.8	0.3	187	0.1	227	0.2	546	0.8
	30	80.4	0.3	186	0.1	226	0.2	543	0.9
Oct.	4	80.0	0.3	185	0.1	225	0.1	540	0.9
	8	79.6	0.3	184	0.1	224	0.1	537	1.0
	12	79.1	−0.3	183	+0.1	223	−0.1	534	+1.0
	16	78.6	0.3	182	0.1	221	0.1	531	1.0
	20	78.1	0.3	181	0.1	220	0.1	528	1.0
	24	77.6	0.3	180	0.1	218	0.1	524	1.0
	28	77.1	0.3	179	0.2	217	0.1	521	1.1
Nov.	1	76.6	−0.3	178	+0.1	215	−0.1	517	+1.0
	5	76.1	0.3	176	0.1	214	0.1	514	1.0
	9	75.6	0.3	175	0.1	212	0.1	510	1.0
	13	75.1	0.3	174	0.1	211	0.1	507	1.0
	17	74.5	0.3	173	0.1	209	0.1	503	1.0
	21	74.0	−0.3	172	+0.1	208	−0.1	500	+0.9
	25	73.5	0.3	170	0.1	207	0.2	497	0.9
	29	73.1	0.3	169	0.1	205	0.2	493	0.8
Dec.	3	72.6	0.3	168	0.1	204	0.2	490	0.8
	7	72.1	0.3	167	0.1	203	0.2	487	0.7
	11	71.7	−0.3	166	+0.1	201	−0.2	484	+0.7
	15	71.3	0.4	165	+0.1	200	0.2	481	0.6
	19	70.9	0.4	164	0.0	199	0.2	479	0.5
	23	70.5	0.4	163	0.0	198	0.3	476	0.4
	27	70.1	0.4	163	0.0	197	0.3	474	0.3
	31	69.8	−0.4	162	0.0	196	−0.3	471	+0.2
	35	69.5	−0.4	161	0.0	195	−0.3	469	+0.2

SATELLITES OF SATURN, 1993

ORBITAL POSITIONS FOR 0ʰ UNIVERSAL TIME

Date		MIMAS			ENCELADUS		TETHYS		DIONE	
		L	M	θ	L	M	L	θ	L	M
		°	°	°	°	°	°	°	°	°
Jan.	−3	222.851	119.5	197.5	297.755	273.9	64.690	45.8	342.063	347.9
	1	310.819	203.5	193.5	268.683	243.5	107.482	45.0	148.202	153.7
	5	38.787	287.4	189.5	239.611	213.1	150.274	44.2	314.341	319.5
	9	126.755	11.4	185.5	210.539	182.7	193.065	43.4	120.481	125.3
	13	214.722	95.4	181.5	181.467	152.3	235.857	42.6	286.620	291.2
	17	302.690	179.3	177.5	152.394	121.8	278.649	41.8	92.759	97.0
	21	30.658	263.3	173.5	123.322	91.4	321.441	41.1	258.899	262.8
	25	118.626	347.3	169.5	94.249	61.0	4.232	40.3	65.038	68.6
	29	206.593	71.2	165.5	65.177	30.6	47.024	39.5	231.178	234.4
Feb.	2	294.561	155.2	161.5	36.104	0.1	89.816	38.7	37.317	40.2
	6	22.529	239.1	157.5	7.032	329.7	132.608	37.9	203.456	206.0
	10	110.496	323.1	153.5	337.959	299.3	175.399	37.1	9.596	11.8
	14	198.464	47.1	149.5	308.886	268.9	218.191	36.3	175.735	177.6
	18	286.431	131.0	145.5	279.813	238.4	260.983	35.5	341.874	343.4
	22	14.399	215.0	141.5	250.740	208.0	303.775	34.7	148.014	149.2
	26	102.366	299.0	137.5	221.667	177.6	346.566	33.9	314.153	315.0
Mar.	2	190.334	22.9	133.5	192.594	147.2	29.358	33.1	120.293	120.8
	6	278.301	106.9	129.5	163.521	116.7	72.150	32.3	286.432	286.6
	10	6.268	190.9	125.5	134.448	86.3	114.942	31.6	92.572	92.4
	14	94.236	274.8	121.5	105.374	55.9	157.733	30.8	258.711	258.2
	18	182.203	358.8	117.5	76.301	25.5	200.525	30.0	64.850	64.0
	22	270.170	82.7	113.5	47.228	355.0	243.317	29.2	230.990	229.8
	26	358.137	166.7	109.5	18.154	324.6	286.109	28.4	37.129	35.6
	30	86.105	250.7	105.5	349.081	294.2	328.900	27.6	203.269	201.4
Apr.	3	174.072	334.6	101.5	320.007	263.8	11.692	26.8	9.408	7.2
	7	262.039	58.6	97.5	290.933	233.3	54.484	26.0	175.548	173.0
	11	350.006	142.6	93.5	261.859	202.9	97.276	25.2	341.687	338.8
	15	77.973	226.5	89.5	232.786	172.5	140.067	24.4	147.827	144.6
	19	165.940	310.5	85.5	203.712	142.1	182.859	23.6	313.966	310.4
	23	253.907	34.5	81.5	174.638	111.6	225.651	22.8	120.105	116.2
	27	341.874	118.4	77.5	145.564	81.2	268.443	22.1	286.245	282.0
May	1	69.840	202.4	73.5	116.490	50.8	311.235	21.3	92.384	87.8
	5	157.807	286.3	69.5	87.415	20.4	354.026	20.5	258.524	253.6
	9	245.774	10.3	65.5	58.341	349.9	36.818	19.7	64.663	59.4
	13	333.741	94.3	61.5	29.267	319.5	79.610	18.9	230.803	225.2
	17	61.708	178.2	57.5	0.192	289.1	122.402	18.1	36.942	31.1
	21	149.674	262.2	53.5	331.118	258.7	165.194	17.3	203.082	196.9
	25	237.641	346.2	49.5	302.043	228.2	207.985	16.5	9.221	2.7
	29	325.607	70.1	45.5	272.969	197.8	250.777	15.7	175.361	168.5
June	2	53.574	154.1	41.5	243.894	167.4	293.569	14.9	341.500	334.3
	6	141.541	238.1	37.5	214.819	137.0	336.361	14.1	147.640	140.1
	10	229.507	322.0	33.5	185.744	106.5	19.153	13.3	313.779	305.9
	14	317.474	46.0	29.5	156.670	76.1	61.944	12.5	119.919	111.7
	18	45.440	129.9	25.5	127.595	45.7	104.736	11.8	286.059	277.5
	22	133.406	213.9	21.5	98.520	15.3	147.528	11.0	92.198	83.3
	26	221.373	297.9	17.5	69.445	344.8	190.320	10.2	258.338	249.1
	30	309.339	21.8	13.5	40.369	314.4	233.112	9.4	64.477	54.9
4ᵈ motion		1527.967	1524.0	−4.0	1050.926	1049.6	762.792	−0.8	526.139	525.8

ORBITAL POSITIONS FOR 0ʰ UNIVERSAL TIME

Date		MIMAS			ENCELADUS		TETHYS		DIONE	
		L	M	θ	L	M	L	θ	L	M
		°	°	°	°	°	°	°	°	°
July	4	37.305	105.8	9.5	11.294	284.0	275.903	8.6	230.617	220.7
	8	125.272	189.8	5.5	342.219	253.6	318.695	7.8	36.756	26.5
	12	213.238	273.7	1.5	313.144	223.1	1.487	7.0	202.896	192.3
	16	301.204	357.7	357.5	284.068	192.7	44.279	6.2	9.035	358.1
	20	29.170	81.6	353.5	254.993	162.3	87.071	5.4	175.175	163.9
	24	117.136	165.6	349.5	225.917	131.8	129.862	4.6	341.315	329.7
	28	205.102	249.6	345.5	196.841	101.4	172.654	3.8	147.454	135.5
Aug.	1	293.068	333.5	341.5	167.766	71.0	215.446	3.0	313.594	301.3
	5	21.034	57.5	337.5	138.690	40.6	258.238	2.3	119.733	107.1
	9	109.000	141.5	333.5	109.614	10.1	301.030	1.5	285.873	272.9
	13	196.966	225.4	329.5	80.538	339.7	343.822	0.7	92.012	78.7
	17	284.932	309.4	325.5	51.463	309.3	26.613	359.9	258.152	244.5
	21	12.898	33.3	321.5	22.387	278.9	69.405	359.1	64.292	50.3
	25	100.864	117.3	317.5	353.311	248.4	112.197	358.3	230.431	216.1
	29	188.830	201.3	313.5	324.234	218.0	154.989	357.5	36.571	21.9
Sept.	2	276.795	285.2	309.5	295.158	187.6	197.781	356.7	202.710	187.7
	6	4.761	9.2	305.5	266.082	157.1	240.572	355.9	8.850	353.5
	10	92.727	93.2	301.5	237.006	126.7	283.364	355.1	174.990	159.3
	14	180.692	177.1	297.5	207.929	96.3	326.156	354.3	341.129	325.2
	18	268.658	261.1	293.5	178.853	65.9	8.948	353.5	147.269	131.0
	22	356.624	345.0	289.5	149.777	35.4	51.740	352.8	313.409	296.8
	26	84.589	69.0	285.5	120.700	5.0	94.532	352.0	119.548	102.6
	30	172.555	153.0	281.5	91.624	334.6	137.324	351.2	285.688	268.4
Oct.	4	260.520	236.9	277.5	62.547	304.2	180.115	350.4	91.827	74.2
	8	348.485	320.9	273.5	33.470	273.7	222.907	349.6	257.967	240.0
	12	76.451	44.9	269.5	4.394	243.3	265.699	348.8	64.107	45.8
	16	164.416	128.8	265.5	335.317	212.9	308.491	348.0	230.246	211.6
	20	252.382	212.8	261.5	306.240	182.4	351.283	347.2	36.386	17.4
	24	340.347	296.7	257.5	277.164	152.0	34.075	346.4	202.526	183.2
	28	68.312	20.7	253.5	248.087	121.6	76.866	345.6	8.665	349.0
Nov.	1	156.277	104.7	249.5	219.010	91.2	119.658	344.8	174.805	154.8
	5	244.242	188.6	245.5	189.933	60.7	162.450	344.0	340.945	320.6
	9	332.208	272.6	241.5	160.856	30.3	205.242	343.3	147.084	126.4
	13	60.173	356.5	237.5	131.779	359.9	248.034	342.5	313.224	292.2
	17	148.138	80.5	233.5	102.702	329.4	290.826	341.7	119.364	98.0
	21	236.103	164.5	229.5	73.625	299.0	333.618	340.9	285.503	263.8
	25	324.068	248.4	225.5	44.547	268.6	16.410	340.1	91.643	69.6
	29	52.033	332.4	221.5	15.470	238.2	59.201	339.3	257.783	235.4
Dec.	3	139.998	56.4	217.5	346.393	207.7	101.993	338.5	63.922	41.2
	7	227.962	140.3	213.5	317.316	177.3	144.785	337.7	230.062	207.0
	11	315.927	224.3	209.5	288.238	146.9	187.577	336.9	36.202	12.8
	15	43.892	308.2	205.5	259.161	116.4	230.369	336.1	202.341	178.6
	19	131.857	32.2	201.5	230.084	86.0	273.161	335.3	8.481	344.4
	23	219.822	116.2	197.5	201.006	55.6	315.953	334.5	174.621	150.2
	27	307.786	200.1	193.5	171.929	25.2	358.745	333.8	340.761	316.0
	31	35.751	284.1	189.5	142.852	354.7	41.536	333.0	146.900	121.8
	35	123.716	8.0	185.5	113.774	324.3	84.328	332.2	313.040	287.6
4ᵈ motion		1527.965	1524.0	−4.0	1050.923	1049.6	762.792	−0.8	526.140	525.8

SATELLITES OF SATURN, 1993

ORBITAL POSITIONS FOR 0ʰ UNIVERSAL TIME

Date		RHEA				TITAN			
		L	M	θ	γ	L	M	θ	γ
		°	°	°	°	°	°	°	°
Jan.	−3	126.112	285.0	45.3	0.311	159.433	318.81	240.25	0.360
	1	84.872	243.7	45.2	0.311	249.741	49.11	240.25	0.360
	5	43.632	202.5	45.1	0.311	340.048	139.41	240.25	0.360
	9	2.392	161.2	45.0	0.311	70.356	229.71	240.25	0.360
	13	321.152	119.9	44.8	0.311	160.663	320.01	240.25	0.359
	17	279.912	78.6	44.7	0.311	250.971	50.32	240.25	0.359
	21	238.672	37.4	44.6	0.311	341.278	140.62	240.25	0.359
	25	197.431	356.1	44.5	0.311	71.586	230.92	240.25	0.359
	29	156.191	314.8	44.3	0.311	161.893	321.22	240.25	0.359
Feb.	2	114.951	273.5	44.2	0.311	252.201	51.52	240.25	0.359
	6	73.711	232.2	44.1	0.311	342.508	141.82	240.25	0.359
	10	32.471	191.0	44.0	0.311	72.816	232.13	240.25	0.359
	14	351.231	149.7	43.8	0.311	163.124	322.43	240.25	0.359
	18	309.991	108.4	43.7	0.311	253.431	52.73	240.25	0.359
	22	268.750	67.1	43.6	0.311	343.739	143.03	240.25	0.359
	26	227.510	25.9	43.5	0.311	74.046	233.33	240.25	0.359
Mar.	2	186.270	344.6	43.3	0.311	164.354	323.63	240.25	0.359
	6	145.030	303.3	43.2	0.311	254.661	53.93	240.25	0.359
	10	103.790	262.0	43.1	0.311	344.969	144.24	240.25	0.359
	14	62.550	220.7	43.0	0.311	75.276	234.54	240.25	0.359
	18	21.309	179.5	42.8	0.311	165.584	324.84	240.25	0.359
	22	340.069	138.2	42.7	0.311	255.891	55.14	240.25	0.359
	26	298.829	96.9	42.6	0.311	346.199	145.44	240.25	0.359
	30	257.589	55.6	42.5	0.311	76.507	235.74	240.25	0.359
Apr.	3	216.349	14.4	42.3	0.311	166.814	326.05	240.25	0.359
	7	175.109	333.1	42.2	0.311	257.122	56.35	240.24	0.358
	11	133.869	291.8	42.1	0.311	347.429	146.65	240.24	0.358
	15	92.628	250.5	42.0	0.311	77.737	236.95	240.24	0.358
	19	51.388	209.2	41.8	0.311	168.044	327.25	240.24	0.358
	23	10.148	168.0	41.7	0.311	258.352	57.55	240.24	0.358
	27	328.908	126.7	41.6	0.311	348.659	147.85	240.24	0.358
May	1	287.668	85.4	41.5	0.311	78.967	238.16	240.24	0.358
	5	246.428	44.1	41.3	0.311	169.274	328.46	240.24	0.358
	9	205.188	2.9	41.2	0.311	259.582	58.76	240.24	0.358
	13	163.947	321.6	41.1	0.311	349.889	149.06	240.24	0.358
	17	122.707	280.3	41.0	0.311	80.197	239.36	240.23	0.358
	21	81.467	239.0	40.8	0.311	170.505	329.66	240.23	0.358
	25	40.227	197.8	40.7	0.311	260.812	59.97	240.23	0.358
	29	358.987	156.5	40.6	0.311	351.120	150.27	240.23	0.358
June	2	317.747	115.2	40.5	0.312	81.427	240.57	240.23	0.358
	6	276.507	73.9	40.3	0.312	171.735	330.87	240.23	0.358
	10	235.266	32.6	40.2	0.312	262.042	61.17	240.23	0.358
	14	194.026	351.4	40.1	0.312	352.350	151.47	240.23	0.358
	18	152.786	310.1	40.0	0.312	82.657	241.77	240.22	0.358
	22	111.546	268.8	39.9	0.312	172.965	332.08	240.22	0.358
	26	70.306	227.5	39.7	0.312	263.272	62.38	240.22	0.358
	30	29.066	186.3	39.6	0.312	353.580	152.68	240.22	0.358
4ᵈ motion		318.760	318.7	. . .	. . . .	90.308	90.30	. . . . .	. . . .

ORBITAL POSITIONS FOR 0ʰ UNIVERSAL TIME

Date		RHEA				TITAN			
		L	M	θ	γ	L	M	θ	γ
		°	°	°	°	°	°	°	°
July	4	347.825	145.0	39.5	0.312	83.887	242.98	240.22	0.358
	8	306.585	103.7	39.4	0.312	174.195	333.28	240.22	0.358
	12	265.345	62.4	39.2	0.312	264.502	63.58	240.21	0.357
	16	224.105	21.1	39.1	0.312	354.810	153.89	240.21	0.357
	20	182.865	339.9	39.0	0.312	85.118	244.19	240.21	0.357
	24	141.625	298.6	38.9	0.312	175.425	334.49	240.21	0.357
	28	100.385	257.3	38.7	0.312	265.733	64.79	240.21	0.357
Aug.	1	59.144	216.0	38.6	0.312	356.040	155.09	240.20	0.357
	5	17.904	174.8	38.5	0.312	86.348	245.39	240.20	0.357
	9	336.664	133.5	38.4	0.312	176.655	335.69	240.20	0.357
	13	295.424	92.2	38.2	0.312	266.963	66.00	240.20	0.357
	17	254.184	50.9	38.1	0.312	357.270	156.30	240.20	0.357
	21	212.944	9.6	38.0	0.312	87.578	246.60	240.19	0.357
	25	171.704	328.4	37.9	0.312	177.885	336.90	240.19	0.357
	29	130.463	287.1	37.7	0.312	268.193	67.20	240.19	0.357
Sept.	2	89.223	245.8	37.6	0.312	358.500	157.50	240.19	0.357
	6	47.983	204.5	37.5	0.312	88.808	247.81	240.18	0.357
	10	6.743	163.3	37.4	0.312	179.115	338.11	240.18	0.357
	14	325.503	122.0	37.2	0.312	269.423	68.41	240.18	0.357
	18	284.263	80.7	37.1	0.312	359.730	158.71	240.18	0.357
	22	243.022	39.4	37.0	0.312	90.038	249.01	240.18	0.357
	26	201.782	358.2	36.9	0.312	180.346	339.31	240.17	0.357
	30	160.542	316.9	36.7	0.312	270.653	69.61	240.17	0.357
Oct.	4	119.302	275.6	36.6	0.312	0.961	159.92	240.17	0.357
	8	78.062	234.3	36.5	0.312	91.268	250.22	240.16	0.357
	12	36.822	193.0	36.4	0.312	181.576	340.52	240.16	0.357
	16	355.582	151.8	36.2	0.312	271.883	70.82	240.16	0.357
	20	314.341	110.5	36.1	0.312	2.191	161.12	240.16	0.357
	24	273.101	69.2	36.0	0.312	92.498	251.42	240.15	0.356
	28	231.861	27.9	35.9	0.312	182.806	341.73	240.15	0.356
Nov.	1	190.621	346.7	35.8	0.312	273.113	72.03	240.15	0.356
	5	149.381	305.4	35.6	0.312	3.421	162.33	240.15	0.356
	9	108.141	264.1	35.5	0.312	93.728	252.63	240.14	0.356
	13	66.901	222.8	35.4	0.312	184.036	342.93	240.14	0.356
	17	25.660	181.5	35.3	0.312	274.343	73.23	240.14	0.356
	21	344.420	140.3	35.1	0.312	4.651	163.54	240.13	0.356
	25	303.180	99.0	35.0	0.312	94.958	253.84	240.13	0.356
	29	261.940	57.7	34.9	0.312	185.266	344.14	240.13	0.356
Dec.	3	220.700	16.4	34.8	0.312	275.573	74.44	240.12	0.356
	7	179.460	335.2	34.6	0.312	5.881	164.74	240.12	0.356
	11	138.220	293.9	34.5	0.312	96.189	255.04	240.12	0.356
	15	96.979	252.6	34.4	0.312	186.496	345.34	240.11	0.356
	19	55.739	211.3	34.3	0.312	276.804	75.65	240.11	0.356
	23	14.499	170.0	34.1	0.312	7.111	165.95	240.11	0.356
	27	333.259	128.8	34.0	0.312	97.419	256.25	240.10	0.356
	31	292.019	87.5	33.9	0.312	187.726	346.55	240.10	0.356
	35	250.779	46.2	33.8	0.312	278.034	76.85	240.10	0.356
4ᵈ motion		318.760	318.7	...	....	90.308	90.30	... ..	....

ORBITAL POSITIONS FOR 0ʰ UNIVERSAL TIME

Date		HYPERION						IAPETUS		
		L	M	θ	γ	e	a	L	M	γ
		°	°	°	°		″	°	°	°
Jan.	−3	174.933	173.43	255.13	0.946	0.08019	2045.9	350.842	109.10	15.336
	1	242.524	241.28	255.12	0.946	0.08037	2046.2	8.993	127.25	15.336
	5	310.101	309.11	255.10	0.946	0.08055	2046.5	27.145	145.40	15.336
	9	17.665	16.92	255.09	0.946	0.08073	2046.7	45.296	163.55	15.336
	13	85.215	84.73	255.07	0.946	0.08091	2047.0	63.448	181.70	15.336
	17	152.753	152.52	255.06	0.946	0.08109	2047.3	81.599	199.85	15.336
	21	220.278	220.29	255.05	0.946	0.08126	2047.5	99.751	218.00	15.337
	25	287.790	288.06	255.03	0.946	0.08144	2047.8	117.902	236.15	15.337
	29	355.290	355.80	255.02	0.946	0.08161	2048.0	136.054	254.30	15.337
Feb.	2	62.778	63.54	255.00	0.946	0.08177	2048.2	154.205	272.45	15.337
	6	130.254	131.27	254.99	0.947	0.08194	2048.5	172.357	290.60	15.337
	10	197.719	198.98	254.98	0.947	0.08210	2048.7	190.508	308.75	15.337
	14	265.172	266.68	254.96	0.947	0.08226	2048.9	208.660	326.90	15.337
	18	332.615	334.37	254.95	0.947	0.08241	2049.1	226.811	345.05	15.338
	22	40.048	42.04	254.93	0.947	0.08256	2049.3	244.963	3.20	15.338
	26	107.470	109.71	254.92	0.947	0.08271	2049.5	263.114	21.35	15.338
Mar.	2	174.883	177.37	254.91	0.947	0.08285	2049.7	281.266	39.50	15.338
	6	242.287	245.02	254.89	0.947	0.08299	2049.9	299.417	57.65	15.338
	10	309.682	312.65	254.88	0.947	0.08312	2050.1	317.569	75.80	15.338
	14	17.068	20.28	254.86	0.947	0.08325	2050.2	335.720	93.96	15.339
	18	84.447	87.90	254.85	0.948	0.08338	2050.4	353.872	112.11	15.339
	22	151.819	155.52	254.84	0.948	0.08350	2050.5	12.023	130.26	15.339
	26	219.183	223.12	254.82	0.948	0.08361	2050.7	30.175	148.41	15.339
	30	286.541	290.72	254.81	0.948	0.08372	2050.8	48.326	166.56	15.339
Apr.	3	353.893	358.31	254.79	0.948	0.08383	2050.9	66.478	184.71	15.339
	7	61.240	65.90	254.78	0.948	0.08393	2051.0	84.629	202.86	15.339
	11	128.582	133.48	254.77	0.948	0.08402	2051.1	102.781	221.01	15.340
	15	195.919	201.06	254.75	0.948	0.08411	2051.2	120.932	239.16	15.340
	19	263.252	268.63	254.74	0.948	0.08419	2051.3	139.084	257.31	15.340
	23	330.583	336.20	254.72	0.948	0.08427	2051.3	157.235	275.46	15.340
	27	37.910	43.77	254.71	0.949	0.08434	2051.4	175.387	293.61	15.340
May	1	105.235	111.33	254.70	0.949	0.08441	2051.4	193.538	311.76	15.340
	5	172.559	178.89	254.68	0.949	0.08447	2051.5	211.690	329.91	15.341
	9	239.881	246.45	254.67	0.949	0.08453	2051.5	229.841	348.06	15.341
	13	307.203	314.01	254.65	0.949	0.08457	2051.5	247.993	6.21	15.341
	17	14.525	21.57	254.64	0.949	0.08462	2051.5	266.144	24.36	15.341
	21	81.847	89.13	254.63	0.949	0.08465	2051.5	284.295	42.51	15.341
	25	149.170	156.69	254.61	0.949	0.08469	2051.5	302.447	60.66	15.341
	29	216.495	224.25	254.60	0.949	0.08471	2051.4	320.598	78.81	15.341
June	2	283.823	291.82	254.58	0.949	0.08473	2051.4	338.750	96.97	15.342
	6	351.152	359.39	254.57	0.950	0.08475	2051.3	356.901	115.12	15.342
	10	58.486	66.96	254.56	0.950	0.08475	2051.3	15.053	133.27	15.342
	14	125.823	134.53	254.54	0.950	0.08476	2051.2	33.204	151.42	15.342
	18	193.164	202.11	254.53	0.950	0.08476	2051.1	51.356	169.57	15.342
	22	260.510	269.69	254.51	0.950	0.08475	2051.0	69.507	187.72	15.342
	26	327.862	337.28	254.50	0.950	0.08473	2050.9	87.659	205.87	15.342
	30	35.219	44.88	254.49	0.950	0.08472	2050.8	105.810	224.02	15.343

ORBITAL POSITIONS FOR 0ʰ UNIVERSAL TIME

Date		HYPERION						IAPETUS		
		L	M	θ	γ	e	a	L	M	γ
		°	°	°	°		″	°	°	°
July	4	102.583	112.48	254.47	0.950	0.08469	2050.7	123.962	242.17	15.343
	8	169.954	180.09	254.46	0.950	0.08466	2050.5	142.113	260.32	15.343
	12	237.332	247.71	254.44	0.950	0.08463	2050.4	160.265	278.47	15.343
	16	304.718	315.33	254.43	0.951	0.08459	2050.2	178.416	296.62	15.343
	20	12.112	22.96	254.42	0.951	0.08455	2050.1	196.568	314.77	15.343
	24	79.515	90.61	254.40	0.951	0.08450	2049.9	214.719	332.92	15.344
	28	146.927	158.26	254.39	0.951	0.08445	2049.7	232.871	351.07	15.344
Aug.	1	214.349	225.92	254.37	0.951	0.08439	2049.5	251.022	9.22	15.344
	5	281.780	293.59	254.36	0.951	0.08433	2049.3	269.174	27.37	15.344
	9	349.222	1.28	254.35	0.951	0.08426	2049.1	287.325	45.52	15.344
	13	56.675	68.97	254.33	0.951	0.08419	2048.9	305.477	63.67	15.344
	17	124.139	136.68	254.32	0.951	0.08412	2048.7	323.628	81.83	15.344
	21	191.614	204.39	254.30	0.951	0.08405	2048.5	341.780	99.98	15.345
	25	259.101	272.12	254.29	0.952	0.08397	2048.2	359.931	118.13	15.345
	29	326.599	339.87	254.28	0.952	0.08389	2048.0	18.083	136.28	15.345
Sept.	2	34.111	47.62	254.26	0.952	0.08380	2047.7	36.234	154.43	15.345
	6	101.634	115.39	254.25	0.952	0.08372	2047.5	54.386	172.58	15.345
	10	169.171	183.17	254.23	0.952	0.08363	2047.2	72.537	190.73	15.345
	14	236.720	250.96	254.22	0.952	0.08354	2047.0	90.689	208.88	15.346
	18	304.283	318.77	254.21	0.952	0.08344	2046.7	108.840	227.03	15.346
	22	11.859	26.60	254.19	0.952	0.08335	2046.5	126.992	245.18	15.346
	26	79.449	94.43	254.18	0.952	0.08325	2046.2	145.143	263.33	15.346
	30	147.052	162.28	254.16	0.952	0.08315	2045.9	163.295	281.48	15.346
Oct.	4	214.669	230.15	254.15	0.953	0.08305	2045.6	181.446	299.63	15.346
	8	282.300	298.03	254.14	0.953	0.08295	2045.4	199.598	317.78	15.346
	12	349.945	5.92	254.12	0.953	0.08285	2045.1	217.749	335.93	15.347
	16	57.604	73.83	254.11	0.953	0.08275	2044.8	235.901	354.08	15.347
	20	125.277	141.76	254.10	0.953	0.08265	2044.5	254.052	12.23	15.347
	24	192.965	209.69	254.08	0.953	0.08255	2044.3	272.204	30.38	15.347
	28	260.666	277.65	254.07	0.953	0.08245	2044.0	290.355	48.53	15.347
Nov.	1	328.381	345.61	254.05	0.953	0.08236	2043.7	308.507	66.68	15.347
	5	36.110	53.60	254.04	0.953	0.08226	2043.4	326.658	84.84	15.348
	9	103.854	121.59	254.03	0.953	0.08216	2043.2	344.810	102.99	15.348
	13	171.610	189.60	254.01	0.954	0.08206	2042.9	2.961	121.14	15.348
	17	239.381	257.63	254.00	0.954	0.08197	2042.6	21.113	139.29	15.348
	21	307.165	325.67	253.98	0.954	0.08188	2042.3	39.264	157.44	15.348
	25	14.963	33.72	253.97	0.954	0.08179	2042.1	57.416	175.59	15.348
	29	82.774	101.79	253.96	0.954	0.08170	2041.8	75.567	193.74	15.348
Dec.	3	150.597	169.87	253.94	0.954	0.08162	2041.6	93.719	211.89	15.349
	7	218.434	237.96	253.93	0.954	0.08153	2041.3	111.870	230.04	15.349
	11	286.283	306.07	253.91	0.954	0.08146	2041.1	130.022	248.19	15.349
	15	354.144	14.19	253.90	0.954	0.08138	2040.8	148.173	266.34	15.349
	19	62.017	82.32	253.89	0.954	0.08131	2040.6	166.325	284.49	15.349
	23	129.902	150.47	253.87	0.954	0.08124	2040.3	184.476	302.64	15.349
	27	197.798	218.62	253.86	0.955	0.08117	2040.1	202.628	320.79	15.349
	31	265.705	286.79	253.84	0.955	0.08111	2039.9	220.779	338.94	15.350
	35	333.623	354.97	253.83	0.955	0.08105	2039.7	238.931	357.09	15.350

SATELLITES OF SATURN, 1993

DIFFERENTIAL COORDINATES OF HYPERION FOR 0^h U.T.

Date		Δα	Δδ	Date		Δα	Δδ	Date		Δα	Δδ
		s	′			s	′			s	′
Jan.	−1	+ 4	+ 0.8	May	1	− 14	+ 0.4	Sept.	2	− 6	− 0.5
	1	+ 10	+ 0.4		3	− 13	+ 0.6		4	− 14	− 0.1
	3	+ 13	− 0.1		5	− 7	+ 0.7		6	− 17	+ 0.4
	5	+ 12	− 0.6		7	0	+ 0.6		8	− 14	+ 0.8
	7	+ 6	− 0.8		9	+ 7	+ 0.4		10	− 8	+ 0.9
	9	− 2	− 0.7		11	+ 12	0.0		12	0	+ 0.8
	11	− 10	− 0.3		13	+ 13	− 0.4		14	+ 8	+ 0.5
	13	− 13	+ 0.2		15	+ 9	− 0.6		16	+ 14	0.0
	15	− 12	+ 0.7		17	+ 1	− 0.5		18	+ 15	− 0.5
	17	− 8	+ 0.9		19	− 8	− 0.3		20	+ 9	− 0.8
	19	− 1	+ 0.9		21	− 13	+ 0.1		22	0	− 0.7
	21	+ 6	+ 0.6		23	− 15	+ 0.5		24	− 9	− 0.4
	23	+ 11	+ 0.2		25	− 12	+ 0.7		26	− 15	+ 0.1
	25	+ 13	− 0.3		27	− 6	+ 0.7		28	− 16	+ 0.6
	27	+ 10	− 0.6		29	+ 2	+ 0.6		30	− 12	+ 0.9
	29	+ 4	− 0.7		31	+ 9	+ 0.3	Oct.	2	− 5	+ 0.9
	31	− 5	− 0.5	June	2	+ 13	− 0.1		4	+ 3	+ 0.8
Feb.	2	− 11	− 0.1		4	+ 13	− 0.5		6	+ 11	+ 0.3
	4	− 13	+ 0.4		6	+ 7	− 0.6		8	+ 14	− 0.2
	6	− 11	+ 0.7		8	− 2	− 0.5		10	+ 13	− 0.6
	8	− 6	+ 0.8		10	− 10	− 0.2		12	+ 6	− 0.8
	10	0	+ 0.8		12	− 15	+ 0.2		14	− 3	− 0.6
	12	+ 7	+ 0.5		14	− 15	+ 0.6		16	− 12	− 0.2
	14	+ 12	+ 0.1		16	− 11	+ 0.7		18	− 16	+ 0.3
	16	+ 12	− 0.4		18	− 4	+ 0.7		20	− 15	+ 0.7
	18	+ 9	− 0.7		20	+ 5	+ 0.5		22	− 10	+ 0.9
	20	+ 1	− 0.7		22	+ 11	+ 0.1		24	− 2	+ 0.9
	22	− 6	− 0.4		24	+ 14	− 0.3		26	+ 6	+ 0.6
	24	− 12	0.0		26	+ 12	− 0.6		28	+ 12	+ 0.2
	26	− 13	+ 0.4		28	+ 5	− 0.6		30	+ 14	− 0.3
	28	− 11	+ 0.7		30	− 5	− 0.4	Nov.	1	+ 11	− 0.7
Mar.	2	− 5	+ 0.8	July	2	− 13	− 0.1		3	+ 2	− 0.8
	4	+ 2	+ 0.7		4	− 16	+ 0.4		5	− 7	− 0.5
	6	+ 8	+ 0.3		6	− 14	+ 0.7		7	− 13	0.0
	8	+ 12	− 0.1		8	− 9	+ 0.8		9	− 15	+ 0.4
	10	+ 12	− 0.4		10	− 1	+ 0.7		11	− 13	+ 0.8
	12	+ 7	− 0.6		12	+ 7	+ 0.4		13	− 7	+ 0.9
	14	− 1	− 0.6		14	+ 13	0.0		15	+ 1	+ 0.8
	16	− 8	− 0.3		16	+ 15	− 0.4		17	+ 8	+ 0.4
	18	− 13	+ 0.2		18	+ 10	− 0.7		19	+ 13	0.0
	20	− 13	+ 0.5		20	+ 1	− 0.6		21	+ 13	− 0.5
	22	− 10	+ 0.7		22	− 8	− 0.4		23	+ 8	− 0.7
	24	− 3	+ 0.7		24	− 15	+ 0.1		25	− 1	− 0.7
	26	+ 4	+ 0.6		26	− 16	+ 0.5		27	− 9	− 0.3
	28	+ 10	+ 0.2		28	− 13	+ 0.8		29	− 14	+ 0.1
	30	+ 13	− 0.2		30	− 6	+ 0.8	Dec.	1	− 14	+ 0.5
Apr.	1	+ 11	− 0.5	Aug.	1	+ 2	+ 0.7		3	− 11	+ 0.8
	3	+ 5	− 0.6		3	+ 10	+ 0.3		5	− 4	+ 0.8
	5	− 3	− 0.5		5	+ 15	− 0.1		7	+ 3	+ 0.6
	7	− 10	− 0.1		7	+ 14	− 0.5		9	+ 10	+ 0.3
	9	− 14	+ 0.3		9	+ 7	− 0.7		11	+ 13	− 0.2
	11	− 13	+ 0.6		11	− 2	− 0.6		13	+ 11	− 0.6
	13	− 9	+ 0.7		13	− 11	− 0.2		15	+ 5	− 0.7
	15	− 2	+ 0.7		15	− 16	+ 0.2		17	− 4	− 0.5
	17	+ 5	+ 0.5		17	− 16	+ 0.6		19	− 11	− 0.1
	19	+ 11	+ 0.1		19	− 11	+ 0.9		21	− 14	+ 0.3
	21	+ 13	− 0.3		21	− 3	+ 0.9		23	− 13	+ 0.6
	23	+ 10	− 0.6		23	+ 5	+ 0.6		25	− 9	+ 0.8
	25	+ 3	− 0.6		25	+ 12	+ 0.2		27	− 2	+ 0.7
	27	− 5	− 0.4		27	+ 15	− 0.3		29	+ 6	+ 0.5
	29	− 12	0.0		29	+ 12	− 0.7		31	+ 11	+ 0.1
May	1	− 14	+ 0.4		31	+ 4	− 0.8		33	+ 13	− 0.3

Differential coordinates are given in the sense "satellite minus planet."

DIFFERENTIAL COORDINATES OF IAPETUS FOR 0ʰ U.T.

Date	$\Delta\alpha$	$\Delta\delta$	Date	$\Delta\alpha$	$\Delta\delta$	Date	$\Delta\alpha$	$\Delta\delta$
	s	′		s	′		s	′
Jan. −1	+ 4	− 0.3	May 1	− 6	− 0.3	Sept. 2	− 13	− 0.1
1	− 1	0.3	3	− 1	0.2	4	18	0.1
3	6	0.3	5	+ 5	0.2	6	23	0.2
5	11	0.2	7	10	− 0.1	8	28	0.2
7	15	0.2	9	15	0.0	10	32	0.3
9	19	0.2	11	19	+ 0.1	12	35	0.3
11	− 23	− 0.2	13	+ 24	+ 0.2	14	− 37	− 0.4
13	26	0.2	15	27	0.3	16	38	0.4
15	28	0.2	17	30	0.3	18	39	0.4
17	30	0.1	19	32	0.4	20	38	0.4
19	32	0.1	21	33	0.5	22	37	0.3
21	32	0.1	23	34	0.5	24	34	0.3
23	− 32	− 0.1	25	+ 33	+ 0.6	26	− 31	− 0.3
25	31	− 0.1	27	32	0.6	28	27	0.2
27	30	0.0	29	30	0.6	30	22	0.2
29	27	0.0	31	27	0.6	Oct. 2	17	0.1
31	24	0.0	June 2	23	0.6	4	12	− 0.1
Feb. 2	21	0.0	4	19	0.5	6	− 6	0.0
4	− 17	0.0	6	+ 14	+ 0.5	8	0	0.0
6	13	0.0	8	9	0.4	10	+ 6	+ 0.1
8	8	0.0	10	+ 3	0.3	12	12	0.1
10	− 3	+ 0.1	12	− 2	0.3	14	17	0.2
12	+ 2	0.1	14	7	0.2	16	22	0.2
14	7	0.1	16	13	+ 0.1	18	26	0.2
16	+ 11	+ 0.1	18	− 18	0.0	20	+ 30	+ 0.3
18	16	0.1	20	23	− 0.1	22	33	0.3
20	20	0.2	22	27	0.2	24	34	0.3
22	23	0.2	24	30	0.3	26	35	0.3
24	26	0.2	26	33	0.4	28	35	0.3
26	28	0.2	28	36	0.4	30	34	0.3
28	+ 30	+ 0.2	30	− 37	− 0.5	Nov. 1	+ 32	+ 0.3
Mar. 2	31	0.2	July 2	37	0.5	3	29	0.2
4	31	0.2	4	37	0.6	5	26	0.2
6	30	0.3	6	35	0.6	7	22	0.2
8	28	0.3	8	33	0.6	9	17	0.1
10	26	0.3	10	30	0.6	11	12	+ 0.1
12	+ 23	+ 0.2	12	− 26	− 0.5	13	+ 7	0.0
14	20	0.2	14	22	0.5	15	+ 2	0.0
16	16	0.2	16	16	0.4	17	− 4	− 0.1
18	12	0.2	18	11	0.4	19	9	0.1
20	7	0.2	20	− 5	0.3	21	14	0.1
22	+ 2	0.1	22	+ 1	0.2	23	19	0.2
24	− 3	+ 0.1	24	+ 7	− 0.1	25	− 23	− 0.2
26	7	0.0	26	13	0.0	27	26	0.2
28	12	0.0	28	19	+ 0.1	29	29	0.3
30	16	− 0.1	30	24	0.2	Dec. 1	32	0.3
Apr. 1	20	0.1	Aug. 1	28	0.3	3	33	0.3
3	24	0.2	3	32	0.3	5	34	0.3
5	− 27	− 0.2	5	+ 35	+ 0.4	7	− 34	− 0.3
7	30	0.3	7	37	0.4	9	33	0.3
9	31	0.3	9	37	0.5	11	32	0.3
11	33	0.4	11	37	0.5	13	30	0.3
13	33	0.4	13	36	0.5	15	27	0.3
15	33	0.4	15	34	0.5	17	23	0.3
17	− 32	− 0.5	17	+ 31	+ 0.4	19	− 19	− 0.3
19	30	0.5	19	27	0.4	21	14	0.2
21	27	0.5	21	22	0.3	23	10	0.2
23	24	0.5	23	17	0.3	25	− 5	0.1
25	20	0.4	25	11	0.2	27	+ 1	− 0.1
27	16	0.4	27	+ 5	0.1	29	6	0.0
29	− 11	− 0.4	29	− 1	+ 0.1	31	+ 11	0.0
May 1	− 6	− 0.3	31	− 7	0.0	33	+ 15	+ 0.1

Differential coordinates are given in the sense "satellite minus planet."

SATELLITES OF SATURN, 1993

DIFFERENTIAL COORDINATES OF PHOEBE FOR 0^h U.T.

Date		Δα	Δδ	Date		Δα	Δδ	Date		Δα	Δδ
		m s	'			m s	'			m s	'
Jan.	−1	+ 1 39	+ 7.2	May	1	+ 1 47	+ 6.8	Sept.	2	− 0 49	− 5.6
	1	1 41	7.3		3	1 46	6.6		4	0 51	5.8
	3	1 42	7.4		5	1 44	6.5		6	0 54	5.9
	5	1 44	7.5		7	1 43	6.3		8	0 57	6.0
	7	1 45	7.6		9	1 41	6.2		10	0 59	6.2
	9	1 46	7.7		11	1 39	6.0		12	1 02	6.3
	11	+ 1 48	+ 7.7		13	+ 1 38	+ 5.8		14	− 1 04	− 6.4
	13	1 49	7.8		15	1 36	5.7		16	1 07	6.5
	15	1 50	7.9		17	1 34	5.5		18	1 09	6.6
	17	1 51	8.0		19	1 33	5.3		20	1 12	6.7
	19	1 53	8.0		21	1 31	5.2		22	1 14	6.8
	21	1 54	8.1		23	1 29	5.0		24	1 16	6.9
	23	+ 1 55	+ 8.2		25	+ 1 27	+ 4.8		26	− 1 18	− 7.0
	25	1 56	8.2		27	1 25	4.6		28	1 20	7.0
	27	1 57	8.3		29	1 23	4.4		30	1 22	7.1
	29	1 58	8.3		31	1 21	4.2	Oct.	2	1 24	7.2
	31	1 58	8.4	June	2	1 19	4.0		4	1 26	7.2
Feb.	2	1 59	8.4		4	1 17	3.8		6	1 28	7.3
	4	+ 2 00	+ 8.5		6	+ 1 14	+ 3.6		8	− 1 29	− 7.3
	6	2 01	8.5		8	1 12	3.4		10	1 31	7.3
	8	2 01	8.6		10	1 10	3.2		12	1 32	7.4
	10	2 02	8.6		12	1 08	3.0		14	1 34	7.4
	12	2 03	8.7		14	1 05	2.7		16	1 35	7.4
	14	2 03	8.7		16	1 03	2.5		18	1 36	7.4
	16	+ 2 04	+ 8.7		18	+ 1 00	+ 2.3		20	− 1 38	− 7.4
	18	2 04	8.7		20	0 58	2.1		22	1 39	7.4
	20	2 05	8.8		22	0 55	1.9		24	1 39	7.4
	22	2 05	8.8		24	0 53	1.6		26	1 40	7.4
	24	2 05	8.8		26	0 50	1.4		28	1 41	7.4
	26	2 05	8.8		28	0 48	1.2		30	1 42	7.4
	28	+ 2 06	+ 8.8		30	+ 0 45	+ 1.0	Nov.	1	− 1 42	− 7.3
Mar.	2	2 06	8.8	July	2	0 42	0.7		3	1 43	7.3
	4	2 06	8.8		4	0 40	0.5		5	1 43	7.3
	6	2 06	8.8		6	0 37	+ 0.3		7	1 43	7.2
	8	2 06	8.8		8	0 34	0.0		9	1 43	7.2
	10	2 06	8.8		10	0 31	− 0.2		11	1 43	7.1
	12	+ 2 06	+ 8.7		12	+ 0 28	− 0.4		13	− 1 43	− 7.0
	14	2 06	8.7		14	0 25	0.7		15	1 43	7.0
	16	2 05	8.7		16	0 23	0.9		17	1 43	6.9
	18	2 05	8.7		18	0 20	1.1		19	1 43	6.8
	20	2 05	8.6		20	0 17	1.3		21	1 42	6.7
	22	2 05	8.6		22	0 14	1.6		23	1 42	6.6
	24	+ 2 04	+ 8.5		24	+ 0 11	− 1.8		25	− 1 41	− 6.6
	26	2 04	8.5		26	0 08	2.0		27	1 40	6.4
	28	2 03	8.4		28	0 05	2.2		29	1 40	6.3
	30	2 03	8.4		30	+ 0 02	2.5	Dec.	1	1 39	6.2
Apr.	1	2 02	8.3	Aug.	1	− 0 01	2.7		3	1 38	6.1
	3	2 01	8.2		3	0 04	2.9		5	1 37	6.0
	5	+ 2 01	+ 8.2		5	− 0 07	− 3.1		7	− 1 36	− 5.9
	7	2 00	8.1		7	0 10	3.3		9	1 34	5.7
	9	1 59	8.0		9	0 13	3.5		11	1 33	5.6
	11	1 58	7.9		11	0 16	3.7		13	1 32	5.5
	13	1 57	7.8		13	0 19	3.9		15	1 30	5.3
	15	1 56	7.7		15	0 22	4.1		17	1 29	5.2
	17	+ 1 55	+ 7.6		17	− 0 25	− 4.3		19	− 1 27	− 5.0
	19	1 54	7.5		19	0 28	4.5		21	1 25	4.8
	21	1 53	7.4		21	0 31	4.6		23	1 24	4.7
	23	1 52	7.3		23	0 34	4.8		25	1 22	4.5
	25	1 51	7.1		25	0 37	5.0		27	1 20	4.3
	27	1 50	7.0		27	0 40	5.2		29	1 18	4.2
	29	+ 1 48	+ 6.9		29	− 0 43	− 5.3		31	− 1 16	− 4.0
May	1	+ 1 47	+ 6.8		31	− 0 46	− 5.5		33	− 1 14	− 3.8

Differential coordinates are given in the sense "satellite minus planet."

TRUE ORBITAL LONGITUDE AND RADIUS VECTOR

The formulae and constants for obtaining the true orbital longitude u and the radius vector r of Satellites I–VIII (where γ is the inclination) follow. Quantities that change during the year are tabulated separately.

Mimas

$r/a = 1.0002 - 0.0201 \cos M - 0.0002 \cos 2M$ $\qquad a = 255''.9 \qquad \gamma = 1°31'.0$
$u = L + 2°.303 \sin M + 0°.029 \sin 2M$

Enceladus

$r/a = 1 - 0.0044 \cos M$ $\qquad a = 328''.3 \qquad \gamma = 1'.4$
$u = L + 0°.509 \sin M$ $\qquad u - \theta = 36° + 263.15 \, (\text{JD} - 243\ 6000.5)$

Tethys

$r/a = 1 \qquad u = L$ $\qquad a = 406''.4 \qquad \gamma = 1°05'.56$

Dione

$r/a = 1 - 0.0022 \cos M$ $\qquad a = 520''.5 \qquad \gamma = 1'.4$
$u = L + 0°.253 \sin M$ $\qquad u - \theta = 214° + 131.62 \, (\text{JD} - 243\ 6000.5)$

Rhea, Titan, Hyperion

$r/a = 1 + e^2/2 - e \cos M - e^2/2 \cos 2M - \dots$
$u = L + 2e \sin M + \dots$

Rhea

$a = 726''.9$ $\qquad e = 0.00128$ January 0 – December 32

Titan

$a = 1684''.4$ $\qquad e = 0.02889$ January 0 – November 17
$\qquad\qquad\qquad\qquad\quad\ = 0.02888$ November 18 – December 32

Iapetus

$r/a = 1.0004 - 0.0283 \cos M - 0.0004 \cos 2M$ $\qquad a = 4908''.6$
$u = L + 3°.240 \sin M + 0°.057 \sin 2M + 0°.001 \sin 3M$

$\qquad\qquad \theta = 254.33$ January 0 – February 6
$\qquad\qquad\quad\ = 254.32$ February 7 – May 5
$\qquad\qquad\quad\ = 254.31$ May 6 – August 1
$\qquad\qquad\quad\ = 254.30$ August 2 – October 24
$\qquad\qquad\quad\ = 254.29$ October 25 – December 32

SATURNICENTRIC RECTANGULAR COORDINATES

Apparent rectangular coordinates, with the x-axis in the plane of the rings, positive toward the east, and the y-axis positive toward the north pole of Saturn, are given by

$$x = \xi / (1 + \zeta) \qquad\qquad y = \eta / (1 + \zeta)$$

$$\xi = (a/\Delta)\,(r/a)\,[\cos b \sin (l - U)]$$

$$\eta = (a/\Delta)\,(r/a)\,[\cos b \sin B \cos (l - U) + \sin b \cos B]$$

$$\zeta = (a/\Delta)\,(r/a)\,[\cos b \cos B \cos (l - U) - \sin b \sin B]$$

$$\sin b = \sin (u - \theta) \sin \gamma$$

$$\cos b \sin (l - \theta) = \sin (u - \theta) \cos \gamma$$

$$\cos b \cos (l - \theta) = \cos (u - \theta)$$

For Satellites I–V, apparent rectangular coordinates may be obtained with sufficient accuracy from

$$x = (a/\Delta)\,(r/a)\,[1/(1 + \zeta)] \sin (u - U) = s \sin (p - P)$$

$$y = (a/\Delta)\,(r/a)\,[1/(1 + \zeta)]\,[\sin B \cos (u - U) + \cos B \sin \gamma \sin (u - \theta)]$$

$$= s \cos (p - P)$$

and the tables given below. In critical cases ascend.

Mimas		
$u - U$	$\dfrac{1}{1+\zeta}$	$u - U$
°		°
0.0	0.9999	360.0
67.3	1.0000	292.7
112.6	1.0001	247.4
247.3		112.7

Tethys		
$u - U$	$\dfrac{1}{1+\zeta}$	$u - U$
°		°
0.0	9.9998	360.0
43.4	0.9999	316.6
75.9	1.0000	284.1
104.0	1.0001	256.0
136.5	1.0002	223.5
223.4		136.6

Rhea		
$u - U$	$\dfrac{1}{1+\zeta}$	$u - U$
°		°
0.0	0.9996	360.0
18.6	0.9997	341.4
47.4	0.9998	312.6
66.0	0.9999	294.0
82.2	1.0000	277.8
97.7	1.0001	262.3
113.9	1.0002	246.1
132.5	1.0003	227.5
161.3	1.0004	198.7
198.6		161.4

Enceladus		
$u - U$	$\dfrac{1}{1+\zeta}$	$u - U$
°		°
0.0	0.9998	360.0
25.9	0.9999	334.1
72.5	1.0000	287.5
107.4	1.0001	252.6
154.0	1.0002	206.0
205.9		154.1

Dione		
$u - U$	$\dfrac{1}{1+\zeta}$	$u - U$
°		°
0.0	0.9997	360.0
19.0	0.9998	341.0
55.4	0.9999	304.6
79.1	1.0000	280.9
100.8	1.0001	259.2
124.5	1.0002	235.5
160.9	1.0003	199.1
199.0		161.0

APPARENT ORBITS OF SATELLITES I–IV AT DATE OF OPPOSITION, JULY 12

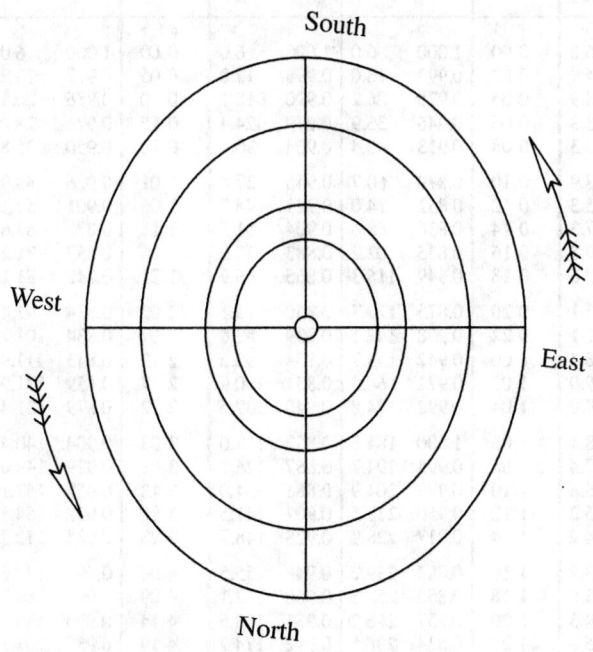

	NAME	SIDEREAL PERIOD	
		d	h
V	Miranda	1.4	
I	Ariel	2	12.489
II	Umbriel	4	03.460
III	Titania	8	16.941
IV	Oberon	13	11.118

RINGS OF URANUS

Ring	Semimajor Axis	Eccentricity	Azimuth of Periapse	Precession Rate
	km		°	°/d
6	41870	0.0014	236	2.77
5	42270	0.0018	182	2.66
4	42600	0.0012	120	2.60
α	44750	0.0007	331	2.18
β	45700	0.0005	231	2.03
η	47210	— —	—	—
γ	47660	— —	—	—
δ	48330	0.0005	140	—
ε	51180	0.0079	216	1.36

Epoch: 1977 March 10, 20^h UT (JD 244 3213.33)

APPARENT DISTANCE AND POSITION ANGLE

Time from Northern Elongation	Miranda		Time from Northern Elongation	Ariel		Umbriel		Time from Northern Elongation	Titania		Time from Northern Elongation	Oberon	
	F	p_1		F	p_1	F	p_1		F	p_1		F	p_1
d h		°	d h		°		°	d h		°	d h		°
0 00	1.000	6.0	0 00	1.000	6.0	1.000	6.0	0 00	1.000	6.0	0 00	1.000	6.0
0 01	0.995	14.9	0 02	0.993	16.0	0.998	12.0	0 05	0.997	13.2	0 08	0.996	13.4
0 02	0.980	23.9	0 04	0.975	26.2	0.990	18.1	0 10	0.986	20.5	0 16	0.986	21.0
0 03	0.957	33.3	0 06	0.946	36.9	0.979	24.4	0 15	0.971	28.0	1 00	0.969	28.8
0 04	0.928	43.3	0 08	0.913	48.4	0.964	30.7	0 20	0.950	35.8	1 08	0.947	36.8
0 05	0.897	53.9	0 10	0.879	60.7	0.945	37.4	1 01	0.926	43.9	1 16	0.922	45.3
0 06	0.869	65.3	0 12	0.852	74.0	0.925	44.3	1 06	0.901	52.5	2 00	0.896	54.3
0 07	0.847	77.3	0 14	0.836	88.0	0.904	51.5	1 11	0.877	61.6	2 08	0.872	63.8
0 08	0.835	89.8	0 16	0.835	102.2	0.883	59.0	1 16	0.857	71.2	2 16	0.852	73.8
0 09	0.835	102.6	0 18	0.849	116.3	0.865	66.9	1 21	0.842	81.1	3 00	0.838	84.3
0 10	0.847	115.1	0 20	0.875	129.7	0.850	75.1	2 02	0.834	91.4	3 08	0.833	94.9
0 11	0.869	127.1	0 22	0.908	142.1	0.839	83.6	2 07	0.834	101.7	3 16	0.837	105.6
0 12	0.898	138.4	1 00	0.942	153.7	0.834	92.2	2 12	0.843	111.9	4 00	0.849	116.0
0 13	0.929	149.0	1 02	0.972	164.5	0.834	100.9	2 17	0.859	121.9	4 08	0.867	126.1
0 14	0.957	159.0	1 04	0.992	174.8	0.840	109.5	2 22	0.879	131.4	4 16	0.891	135.7
0 15	0.980	168.4	1 06	1.000	184.8	0.852	118.0	3 03	0.904	140.4	5 00	0.916	144.8
0 16	0.995	177.4	1 08	0.995	194.7	0.867	126.1	3 08	0.929	149.0	5 08	0.942	153.4
0 17	1.000	186.3	1 10	0.978	204.9	0.886	134.0	3 13	0.952	157.1	5 16	0.964	161.6
0 18	0.994	195.2	1 12	0.950	215.5	0.907	141.5	3 18	0.972	164.8	6 00	0.983	169.4
0 19	0.979	204.2	1 14	0.917	226.9	0.928	148.7	3 23	0.988	172.3	6 08	0.995	177.0
0 20	0.956	213.7	1 16	0.883	239.2	0.948	155.5	4 04	0.997	179.6	6 16	1.000	184.5
0 21	0.927	223.6	1 18	0.855	252.3	0.966	162.1	4 09	1.000	186.8	7 00	0.998	191.9
0 22	0.896	234.3	1 20	0.837	266.2	0.981	168.5	4 14	0.996	194.0	7 08	0.988	199.4
0 23	0.868	245.6	1 22	0.834	280.5	0.992	174.7	4 19	0.985	201.3	7 16	0.973	207.1
1 00	0.846	257.7	2 00	0.846	294.6	0.998	180.7	5 00	0.969	208.8	8 00	0.952	215.1
1 01	0.834	270.3	2 02	0.872	308.0	1.000	186.8	5 05	0.947	216.6	8 08	0.927	223.6
1 02	0.835	283.0	2 04	0.904	320.6	0.997	192.8	5 10	0.923	224.8	8 16	0.901	232.4
1 03	0.848	295.5	2 06	0.938	332.3	0.989	198.9	5 15	0.898	233.5	9 00	0.876	241.8
1 04	0.870	307.5	2 08	0.969	343.2	0.977	205.2	5 20	0.875	242.6	9 08	0.856	251.7
1 05	0.899	318.8	2 10	0.990	353.5	0.961	211.6	6 01	0.855	252.2	9 16	0.841	262.1
1 06	0.930	329.4	2 12	1.000	3.5	0.943	218.2	6 06	0.840	262.2	10 00	0.834	272.7
1 07	0.958	339.3	2 14	0.996	13.5	0.922	225.2	6 11	0.834	272.5	10 08	0.835	283.4
1 08	0.981	348.7	2 16			0.901	232.4	6 16	0.835	282.8	10 16	0.845	293.9
1 09	0.995	357.7	2 18			0.881	240.0	6 21	0.844	293.0	11 00	0.863	304.1
1 10	1.000	6.6	2 20			0.863	248.0	7 02	0.861	302.9	11 08	0.886	313.8
1 11	0.994	15.4	2 22			0.848	256.2	7 07	0.882	312.4	11 16	0.911	323.0
			3 00			0.838	264.7	7 12	0.906	321.3	12 00	0.937	331.7
			3 02			0.833	273.3	7 17	0.931	329.8	12 08	0.960	339.9
			3 04			0.835	282.0	7 22	0.954	337.9	12 16	0.979	347.8
			3 06			0.841	290.6	8 03	0.974	345.6	13 00	0.993	355.5
			3 08			0.853	299.0	8 08	0.989	353.1	13 08	0.999	2.9
			3 10			0.870	307.2	8 13	0.998	0.3	13 16	0.999	10.4
			3 12			0.889	315.0	8 18	1.000	7.5			
			3 14			0.909	322.4						
			3 16			0.930	329.6						
			3 18			0.950	336.4						
			3 20			0.968	342.9						
			3 22			0.982	349.3						
			4 00			0.993	355.5						
			4 02			0.999	1.5						
			4 04			1.000	7.6						

Apparent distance of satellite is Fa/Δ

Position angle of satellite is $p_1 + p_2$

APPARENT DISTANCE AND POSITION ANGLE

Date (0^h UT)	a/Δ					P_2	Date (0^h UT)	a/Δ					P_2
	Mi-randa	Ariel	Um-briel	Ti-tania	Oberon			Mi-randa	Ariel	Um-briel	Ti-tania	Oberon	
	"	"	"	"	"	°		"	"	"	"	"	°
Jan. −7	8.7	12.8	17.9	29.3	39.2	+ 2.9	July 12	9.6	14.2	19.7	32.4	43.3	+ 0.4
3	8.7	12.8	17.8	29.3	39.2	2.4	22	9.6	14.2	19.7	32.3	43.2	0.7
13	8.7	12.8	17.8	29.3	39.1	1.9	Aug. 1	9.6	14.1	19.7	32.3	43.1	1.0
23	8.7	12.8	17.9	29.3	39.2	1.3	11	9.6	14.1	19.6	32.1	43.0	1.2
Feb. 2	8.7	12.9	17.9	29.4	39.3	0.8	21	9.5	14.0	19.5	32.0	42.8	1.5
12	8.8	12.9	18.0	29.5	39.4	+ 0.3	31	9.5	13.9	19.4	31.8	42.5	+ 1.6
22	8.8	13.0	18.1	29.6	39.7	− 0.1	Sept. 10	9.4	13.8	19.2	31.5	42.2	1.8
Mar. 4	8.9	13.1	18.2	29.8	39.9	0.5	20	9.3	13.7	19.1	31.3	41.8	1.8
14	8.9	13.1	18.3	30.0	40.2	0.8	30	9.2	13.6	18.9	31.0	41.5	1.8
24	9.0	13.2	18.5	30.3	40.5	1.0	Oct. 10	9.2	13.5	18.7	30.7	41.1	1.8
Apr. 3	9.1	13.4	18.6	30.5	40.8	− 1.2	20	9.1	13.3	18.6	30.5	40.8	+ 1.6
13	9.2	13.5	18.8	30.8	41.2	1.3	30	9.0	13.2	18.4	30.2	40.4	1.5
23	9.2	13.6	18.9	31.0	41.5	1.3	Nov. 9	8.9	13.1	18.3	30.0	40.1	1.2
May 3	9.3	13.7	19.1	31.3	41.9	1.2	19	8.9	13.0	18.1	29.8	39.8	1.0
13	9.4	13.8	19.2	31.5	42.2	1.1	29	8.8	12.9	18.0	29.6	39.6	0.6
23	9.5	13.9	19.4	31.8	42.5	− 0.9	Dec. 9	8.8	12.9	17.9	29.4	39.4	+ 0.3
June 2	9.5	14.0	19.5	32.0	42.8	0.7	19	8.7	12.8	17.9	29.3	39.2	− 0.1
12	9.6	14.1	19.6	32.1	43.0	0.5	29	8.7	12.8	17.8	29.2	39.1	0.5
22	9.6	14.1	19.7	32.3	43.1	− 0.2	39	8.7	12.8	17.8	29.2	39.0	− 1.0
July 2	9.6	14.2	19.7	32.3	43.2	+ 0.1							

UNIVERSAL TIME OF GREATEST NORTHERN ELONGATION

MIRANDA

Jan.	Feb.	Mar.	Apr.	May	June	July	Aug.	Sept.	Oct.	Nov.	Dec.
d h	d h	d h	d h	d h	d h	d h	d h	d h	d h	d h	d h
−1 17.8	1 06.4	1 13.4	1 14.7	1 07.3	1 10.2	1 02.0	1 03.9	1 06.9	1 00.0	1 01.4	2 03.5
1 03.7	2 16.1	2 23.5	3 00.8	2 17.0	2 20.1	2 12.4	2 13.9	2 16.6	2 10.0	2 11.8	3 13.4
2 13.7	4 01.9	4 09.3	4 11.2	4 02.8	4 05.6	3 22.5	3 23.9	4 02.4	3 19.9	3 21.9	4 23.4
3 23.8	5 11.7	5 19.1	5 21.3	5 12.7	5 15.4	5 08.5	5 10.3	5 12.1	5 05.4	5 08.2	6 09.6
5 10.2	6 21.6	7 04.7	7 07.4	6 22.6	7 01.1	6 18.4	6 20.5	6 22.0	6 15.2	6 18.1	7 19.7
6 20.4	8 07.9	8 14.5	8 17.3	8 08.9	8 10.8	8 04.1	8 06.8	8 08.2	8 00.9	8 03.9	9 06.1
8 06.6	9 18.1	10 00.2	10 03.0	9 19.1	9 20.7	9 13.8	9 16.7	9 18.3	9 10.5	9 13.7	10 16.2
9 16.5	11 04.4	11 09.8	11 12.8	11 05.4	11 06.6	10 23.6	11 02.3	11 04.8	10 20.3	10 23.4	12 02.2
11 02.4	12 14.5	12 19.7	12 22.5	12 15.4	12 16.9	12 09.2	12 12.3	12 14.9	12 06.2	12 08.9	13 12.0
12 12.0	14 00.5	14 05.7	14 08.1	14 01.4	14 03.3	13 19.0	13 22.1	14 01.0	13 16.3	13 18.7	14 21.8
13 21.7	15 10.2	15 15.8	15 17.9	15 11.1	15 13.4	15 04.8	16 17.4	15 10.8	15 02.4	15 04.4	16 07.4
15 07.2	16 20.0	17 01.9	17 03.7	16 20.9	16 23.5	16 14.8	18 03.1	16 20.6	16 12.9	16 14.3	17 17.1
16 17.0	18 05.5	18 13.7	18 13.7	18 06.4	18 09.4	18 03.1	19 13.0	18 06.2	17 23.0	18 00.3	19 02.8
18 02.8	19 15.3	19 22.4	19 23.7	19 16.2	19 19.3	19 11.3	20 22.9	19 15.9	19 09.1	19 10.7	20 12.6
19 12.7	21 01.0	21 08.4	21 10.0	21 02.0	21 04.8	20 21.5	22 09.2	21 01.6	20 19.0	20 20.8	21 22.4
											23 08.5
20 22.7	22 10.8	22 18.2	22 20.2	22 11.7	22 14.6	22 07.7	23 19.4	22 11.3	22 04.7	22 07.2	24 18.6
22 09.1	23 20.6	24 03.8	24 06.4	23 21.6	24 00.3	23 17.6	25 05.8	23 21.1	23 14.4	23 17.2	26 05.0
23 19.2	25 06.8	25 13.6	25 16.4	25 07.8	25 10.0	25 03.3	26 15.8	25 07.2	25 00.2	25 03.1	27 15.1
25 05.5	26 16.9	26 23.4	27 02.3	26 18.0	26 19.8	26 13.1	28 01.8	26 17.3	26 09.7	26 12.9	29 01.2
26 15.5	28 03.3	28 09.0	28 11.9	28 04.3	28 05.8	28 01.8	29 11.6	28 03.8	27 19.5	27 22.6	30 11.1
28 01.4		29 18.8	29 21.7	29 14.4	29 15.8	29 08.4	30 21.4	29 13.9	29 05.3	29 08.2	31 21.0
29 11.1		31 04.7		31 00.4		30 18.2			30 15.3	30 17.9	33 06.6
30 20.9											

UNIVERSAL TIME OF GREATEST NORTHERN ELONGATION

Jan.	Feb.	Mar.	Apr.	May	June	July	Aug.	Sept.	Oct.	Nov.	Dec.

ARIEL

Jan.	Feb.	Mar.	Apr.	May	June	July	Aug.	Sept.	Oct.	Nov.	Dec.
−2 18.6	3 01.3	2 18.5	2 00.3	2 06.0	1 11.9	1 17.8	3 12.3	2 18.3	3 00.2	2 06.1	2 11.9
1 07.1	5 13.8	5 07.0	4 12.8	4 18.5	4 00.4	4 06.3	6 00.8	5 06.8	5 12.7	4 18.6	5 00.4
3 19.5	8 02.2	7 19.5	7 01.2	7 07.0	6 12.9	6 18.8	8 13.3	7 19.3	8 01.2	7 07.1	7 12.9
6 08.0	10 14.7	10 07.9	9 13.7	9 19.5	9 01.4	9 07.3	11 01.7	10 07.8	10 13.7	9 19.6	10 01.4
8 20.5	13 03.2	12 20.5	12 02.2	12 08.0	11 13.8	11 19.8	13 14.3	12 20.3	13 02.2	12 08.1	12 13.8
11 09.0	15 15.6	15 08.9	14 14.7	14 20.5	14 02.3	14 08.3	16 02.8	15 08.8	15 14.6	14 20.6	15 02.3
13 21.5	18 04.1	17 21.4	17 03.2	17 09.0	16 14.8	16 20.8	18 15.3	17 21.3	18 03.1	17 09.1	17 14.8
16 09.9	20 16.6	20 09.9	19 15.6	19 21.5	19 03.3	19 09.3	21 03.8	20 09.8	20 15.6	19 21.5	20 03.3
18 22.5	23 05.1	22 22.4	22 04.1	22 10.0	21 15.8	21 21.8	23 16.2	22 22.3	23 04.1	22 10.0	22 15.8
21 10.9	25 17.5	25 10.9	24 16.6	24 22.4	24 04.3	24 10.3	26 04.8	25 10.8	25 16.6	24 22.5	25 04.3
23 23.4	28 06.0	27 23.3	27 05.1	27 10.9	26 16.8	26 22.8	28 17.3	27 23.2	28 05.1	27 11.0	27 16.8
26 11.9		30 11.8	29 17.5	29 23.4	29 05.3	29 11.3	31 05.8	30 11.7	30 17.6	29 23.4	30 05.2
29 00.4						31 23.8					32 17.7
31 12.8											

UMBRIEL

Jan.	Feb.	Mar.	Apr.	May	June	July	Aug.	Sept.	Oct.	Nov.	Dec.
−1 00.6	1 03.9	2 03.8	4 07.5	3 07.7	1 07.7	4 11.5	2 12.0	4 15.9	3 16.1	1 16.3	4 20.0
3 04.1	5 07.3	6 07.3	8 11.0	7 11.1	5 11.2	8 15.0	6 15.5	8 19.4	7 19.6	5 19.7	8 23.4
7 07.5	9 10.7	10 10.7	12 14.4	11 14.5	9 14.6	12 18.5	10 19.0	12 22.8	11 23.0	9 23.2	17 06.3
11 10.9	13 14.1	14 14.2	16 17.9	15 17.9	13 18.1	16 22.0	14 22.5	17 02.2	16 02.5	14 02.7	21 09.8
15 14.2	17 17.5	18 17.7	20 21.3	19 21.3	17 21.6	21 01.6	19 02.0	21 05.8	20 05.9	18 06.0	25 13.2
19 17.6	21 21.0	22 21.2	25 00.7	24 00.8	22 01.1	25 04.9	23 05.5	25 09.3	24 09.3	22 09.5	29 16.6
23 21.0	26 00.5	27 00.6	29 04.2	28 04.3	26 04.5	29 08.4	27 09.0	29 12.7	28 12.8	26 13.0	33 20.0
28 00.4		31 04.0			30 08.0		31 12.5		30 16.5		

TITANIA

Jan.	Feb.	Mar.	Apr.	May	June	July	Aug.	Sept.	Oct.	Nov.	Dec.
−7 21.9	6 10.1	4 12.7	8 08.1	4 10.7	8 06.5	4 09.6	8 05.8	3 09.0	8 04.9	3 07.6	8 02.9
2 14.7	15 02.9	13 05.5	17 01.0	13 03.6	16 23.5	13 02.6	16 23.0	12 02.0	16 21.8	12 00.4	16 19.8
11 07.5	23 19.9	21 22.4	25 17.8	21 20.5	25 16.6	21 19.8	25 16.0	20 19.0	25 14.7	20 17.3	25 12.6
20 00.4		30 15.3		30 13.5		30 12.8		29 12.0		29 10.1	34 05.4
28 17.2											

OBERON

Jan.	Feb.	Mar.	Apr.	May	June	July	Aug.	Sept.	Oct.	Nov.	Dec.
−10 12.2	13 07.0	12 04.4	8 02.6	5 00.8	14 10.8	11 09.3	7 07.7	3 06.4	13 15.9	9 14.2	6 12.0
3 23.1	26 17.6	25 15.5	21 13.7	18 12.1	27 22.0	24 20.4	20 19.2	16 17.7	27 02.9	23 01.1	19 22.7
17 09.8				31 23.5				30 04.8			33 09.5
30 20.3											

APPARENT ORBIT OF TRITON AT DATE OF OPPOSITION, JULY 12

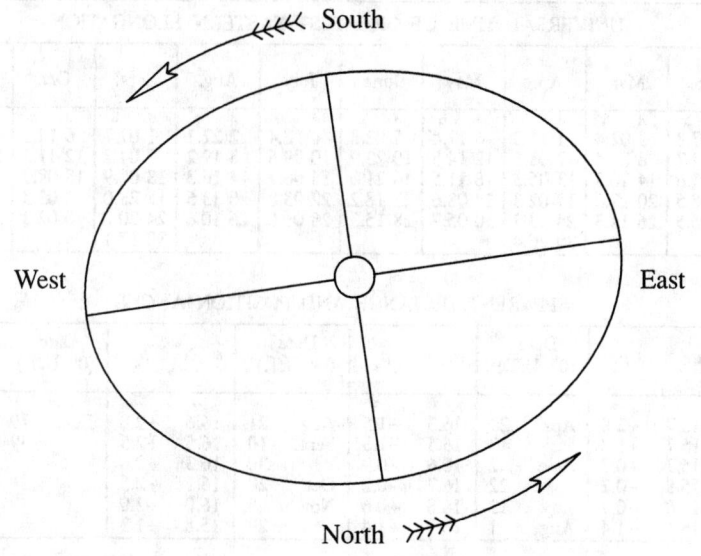

NAME		SIDEREAL PERIOD
I	Triton	$5^d\ 21^h.044$
II	Nereid	$360^d.2$

DIFFERENTIAL COORDINATES OF NEREID FOR 0^h U.T.

Date		$\Delta\alpha\cos\delta$	$\Delta\delta$	Date		$\Delta\alpha\cos\delta$	$\Delta\delta$	Date		$\Delta\alpha\cos\delta$	$\Delta\delta$
		′ ″	″			′ ″	″			′ ″	″
Jan.	−7	+3 52.2	+69.6	May	3	−0 01.8	+15.3	Sept.	10	+4 43.0	+69.7
	3	3 41.0	68.2		13	0 27.6	+07.6		20	4 48.9	72.5
	13	3 28.9	66.4		23	0 52.8	−00.4		30	4 51.4	74.6
	23	3 15.9	64.2	June	2	1 15.3	08.4	Oct.	10	4 51.1	76.0
Feb.	2	3 01.9	61.7		12	1 29.9	15.3		20	4 48.6	76.8
	12	+2 46.7	+58.7		22	−1 19.8	−17.8		30	+4 44.3	+77.3
	22	2 30.3	55.1	July	2	+0 00.3	−03.9	Nov.	9	4 38.3	77.3
Mar.	4	2 12.6	51.1		12	1 35.8	+17.8		19	4 31.1	77.0
	14	1 53.6	46.6		22	2 39.9	33.9		29	4 22.8	76.4
	24	1 33.1	41.4	Aug.	1	3 23.9	45.6	Dec.	9	4 13.5	75.4
Apr.	3	+1 11.3	+35.7		11	+3 55.1	+54.3		19	+4 03.3	+74.1
	13	0 48.1	29.5		21	4 17.4	60.9		29	3 52.2	72.5
	23	+0 23.6	+22.7		31	+4 32.8	+65.9		39	+3 40.2	+70.6

SATELLITES OF NEPTUNE, 1993

TRITON

UNIVERSAL TIME OF GREATEST EASTERN ELONGATION

Jan.	Feb.	Mar.	Apr.	May	June	July	Aug.	Sept.	Oct.	Nov.	Dec.
d h	d h	d h	d h	d h	d h	d h	d h	d h	d h	d h	d h
-3 12.2	1 17.8	3 02.4	1 11.3	6 17.4	5 02.8	4 12.4	2 22.1	1 07.7	6 14.2	4 23.3	4 08.1
3 09.1	7 14.7	8 23.4	7 08.3	12 14.5	10 23.9	10 09.6	8 19.2	7 04.8	12 11.2	10 20.3	10 05.1
9 06.1	13 11.6	14 20.3	13 05.3	18 11.5	16 21.0	16 06.7	14 16.3	13 01.9	18 08.2	16 17.2	16 02.0
15 03.0	19 08.5	20 17.3	19 02.3	24 08.6	22 18.2	22 03.8	20 13.5	18 23.0	24 05.3	22 14.2	21 23.0
20 23.9	25 05.5	26 14.3	24 23.3	30 05.7	28 15.3	28 01.0	26 10.6	24 20.0	30 02.3	28 11.2	27 19.9
26 20.8			30 20.4					30 17.1			33 16.8

APPARENT DISTANCE AND POSITION ANGLE

Date (0ʰ U.T.)	a/Δ	p_2	Date (0ʰ U.T.)	a/Δ	p_2	Date (0ʰ U.T.)	a/Δ	p_2	Date (0ʰ U.T.)	a/Δ	p_2
	"	°		"	°		"	°		"	°
Jan. -7	15.7	+2.8	Apr. 23	16.3	-1.5	Aug. 21	16.6	+2.0	Dec. 19	15.7	+0.4
13	15.7	+1.8	May 13	16.5	-1.3	Sept. 10	16.5	+2.5	39	15.7	-0.7
Feb. 2	15.7	+0.7	June 2	16.6	-0.9	30	16.3	+2.6			
22	15.8	-0.2	22	16.7	-0.2	Oct. 20	16.1	+2.5			
Mar. 14	16.0	-0.9	July 12	16.8	+0.6	Nov. 9	16.0	+2.0			
Apr. 3	16.1	-1.4	Aug. 1	16.7	+1.4	29	15.8	+1.3			

Time from Eastern Elongation	F	p_1	Time from Eastern Elongation	F	p_1	Time from Eastern Elongation	F	p_1	Time from Eastern Elongation	F	p_1
d h		°	d h		°	d h		°	d h		°
0 00	1.000	98.0	1 12	0.743	190.5	3 00	0.999	280.8	4 12	0.746	15.6
0 03	0.996	103.7	1 15	0.751	200.8	3 03	0.991	286.5	4 15	0.759	25.7
0 06	0.984	109.5	1 18	0.769	210.6	3 06	0.976	292.4	4 18	0.781	35.3
0 09	0.965	115.5	1 21	0.794	219.9	3 09	0.954	298.5	4 21	0.809	44.3
0 12	0.940	121.7	2 00	0.825	228.6	3 12	0.926	305.0	5 00	0.842	52.7
0 15	0.910	128.4	2 03	0.859	236.7	3 15	0.894	311.8	5 03	0.876	60.4
0 18	0.877	135.5	2 06	0.893	244.1	3 18	0.860	319.2	5 06	0.909	67.5
0 21	0.842	143.2	2 09	0.925	250.9	3 21	0.826	327.2	5 09	0.940	74.2
1 00	0.810	151.6	2 12	0.953	257.4	4 00	0.795	335.9	5 12	0.965	80.4
1 03	0.781	160.6	2 15	0.975	263.5	4 03	0.769	345.2	5 15	0.984	86.4
1 06	0.759	170.2	2 18	0.991	269.4	4 06	0.751	355.1	5 18	0.996	92.2
1 09	0.746	180.3	2 21	0.999	275.1	4 09	0.743	5.3	5 21	1.000	97.9

Apparent distance of satellite is Fa/Δ
Position angle of satellite is $p_1 + p_2$

APPARENT ORBIT OF CHARON AT DATE OF OPPOSITION, MAY 14

South

West   ○   East

North

Sidereal Period: $6^d 09^h.29$

UNIVERSAL TIME OF NORTHERN ELONGATION

	d h		d h		d h
Jan.	− 2 21.7	May	6 15.6	Sept.	5 00.3
	5 07.0		13 00.9		11 09.5
	11 16.2		19 10.3		17 18.8
	18 01.5		25 19.6		24 04.1
	24 10.8	June	1 04.9		30 13.3
Jan.	30 20.1		7 14.2	Oct.	6 22.6
Feb.	6 05.3		13 23.5		13 07.8
	12 14.6		20 08.8		19 17.1
	18 23.9		26 18.1		26 02.3
	25 09.2	July	3 03.4	Nov.	1 11.6
Mar.	3 18.5		9 12.7		7 20.9
	10 03.8		15 22.0		14 06.1
	16 13.1		22 07.3		20 15.4
	22 22.4		28 16.6		27 00.6
	29 07.7	Aug.	4 01.9	Dec.	3 09.9
Apr.	4 17.1		10 11.2		9 19.1
	11 02.4		16 20.4		16 04.4
	17 11.7		23 05.7		22 13.7
	23 21.0		29 15.0		28 22.9
	30 06.3				35 08.2

APPARENT DISTANCE AND POSITION ANGLE

Date (0ʰ UT)	a/Δ	p_2	Date (0ʰ UT)	a/Δ	p_2	Date (0ʰ UT)	a/Δ	p_2	Date (0ʰ UT)	a/Δ	p_2
	″	°		″	°		″	°		″	°
Jan. − 7	0.9	− 0.3	Apr. 23	0.9	− 0.3	Aug. 21	0.9	− 0.1	Dec. 19	0.9	− 0.8
13	0.9	0.4	May 13	0.9	0.2	Sept. 10	0.9	0.2	39	0.9	− 0.9
Feb. 2	0.9	0.4	June 2	0.9	0.1	30	0.9	0.3			
22	0.9	0.4	22	0.9	0.1	Oct. 20	0.9	0.4			
Mar. 14	0.9	0.4	July 12	0.9	0.1	Nov. 9	0.9	0.5			
Apr. 3	0.9	− 0.4	Aug. 1	0.9	− 0.1	29	0.9	− 0.6			

Time from Northern Elongation	F	p_1	Time from Northern Elongation	F	p_1	Time from Northern Elongation	F	p_1	Time from Northern Elongation	F	p_1
d h		°	d h		°	d h		°	d h		°
0 00	1.000	355.0	1 16	0.198	105.2	3 08	0.991	176.5	5 00	0.274	313.3
0 04	0.987	356.8	1 20	0.294	136.8	3 12	0.957	178.3	5 04	0.401	329.3
0 08	0.949	358.6	2 00	0.423	151.0	3 16	0.898	180.4	5 08	0.534	337.5
0 12	0.886	0.7	2 04	0.555	158.4	3 20	0.816	182.7	5 12	0.658	342.5
0 16	0.801	3.2	2 08	0.677	163.1	4 00	0.714	185.7	5 16	0.769	345.9
0 20	0.696	6.3	2 12	0.785	166.4	4 04	0.596	189.8	5 20	0.861	348.5
1 00	0.575	10.7	2 16	0.874	168.9	4 08	0.466	196.1	6 00	0.931	350.7
1 04	0.444	17.5	2 20	0.940	171.0	4 12	0.334	207.4	6 04	0.977	352.6
1 08	0.313	30.1	3 00	0.983	172.9	4 16	0.222	231.8	6 08	0.999	354.4
1 12	0.209	57.9	3 04	1.000	174.7	4 20	0.191	277.8	6 12	0.994	356.2

Apparent distance of satellite is $F\, a/\Delta$.

Position angle of satellite is $p_1 + p_2$.

CONTENTS OF SECTION G

Notes

The osculating elements for periodic comets returning to perihelion in 1993 have been supplied by B.G. Marsden, Smithsonian Astrophysical Observatory, and are intended for use in the generation of ephemerides by numerical integration.

The geocentric ephemerides of the four principal minor planets (1 Ceres; 2 Pallas; 3 Juno; 4 Vesta) give, at an interval of 2 days, the astrometric right ascension and declination, referred to the mean equator and equinox of J2000.0, the geometric distance and the time of ephemeris transit. Linear interpolation is sufficient for the distance and ephemeris transit, but for the astrometric right ascension and declination second differences are significant. The tabulations are similar to those for Pluto, and the use of the data is similar to that for major planets.

Opposition dates (in right ascension) and visual magnitudes in 1993, and osculating elements for epoch 1993 August 1·0 TDT (JD 244 9200·5) and ecliptic and equinox J2000·0, for 135 of the larger minor planets are given on pages G10–G12; in these tabulations H is the absolute visual magnitude at zero phase angle and G is the slope parameter which depends on the albedo. The data were supplied by the Institute of Theoretical Astronomy, Leningrad.

PERIODIC COMETS, 1993

OSCULATING ELEMENTS FOR ECLIPTIC AND EQUINOX OF J2000·0

Name	Perihelion Time T	Perihelion Distance q	Eccentricity e	Period P	Arg. of Perihelion ω	Long. of Asc. Node Ω	Inclination i	Osc. Epoch
		au		years	°	°	°	
Ciffreo	Jan. 22·476 44	1·708 7565	0·543 1052	7·23	358·040 66	53·708 83	13·088 82	Jan. 13
Howell	Feb. 26·096 01	1·409 1431	0·552 0647	5·58	234·757 01	57·743 75	4·399 72	Feb. 22
Schaumasse	Mar. 4·103 35	1·202 1659	0·704 8715	8·22	57·482 69	81·053 83	11·846 05	Feb. 22
Forbes	Mar. 14·632 21	1·446 8438	0·568 0485	6·13	310·536 54	334·455 54	7·159 07	Apr. 3
Holmes	Apr. 10·746 71	2·176 7564	0·410 4149	7·09	23·222 67	328·046 08	19·170 38	Apr. 3
Väisälä 1	Apr. 29·175 09	1·783 0241	0·634 7145	10·78	47·385 24	135·077 01	11·596 24	May 13
Lovas 2	June 2·402 97	1·461 9923	0·591 1716	6·76	71·328 77	283·706 12	1·526 97	June 22
Wiseman-Skiff	June 4·394 10	1·509 1611	0·567 8347	6·53	171·904 09	271·657 61	18·185 68	June 22
Slaughter-Burnham	June 22·425 22	2·543 0578	0·503 5657	11·59	44·113 30	346·443 69	8·155 73	June 22
Urata-Niijima	July 13·334 27	1·456 6308	0·587 8414	6·64	21·481 24	31·912 94	24·213 97	Aug. 1
Ashbrook-Jackson	July 14·051 69	2·316 2842	0·394 9052	7·49	348·689 53	2·665 65	12·500 90	Aug. 1
Gehrels 3	July 25·420 80	3·427 0021	0·150 7477	8·11	231·565 22	243·343 31	1·100 02	Aug. 1
Neujmin 3	Nov. 13·038 04	2·001 3035	0·586 0310	10·63	147·011 67	150·425 43	3·986 88	Nov. 29
Shajn-Schaldach	Nov. 15·982 78	2·344 5513	0·387 6775	7·49	216·554 75	166·892 87	6·077 22	Nov. 29
West-Kohoutek-Ikemura	Dec. 25·306 96	1·576 7930	0·543 2690	6·41	359·973 88	84·168 43	30·541 36	Dec. 39

CERES, 1993

GEOCENTRIC POSITIONS FOR 0ʰ DYNAMICAL TIME

Date	Astrometric J2000·0 R.A.	Dec.	True Distance	Ephemeris Transit	Date	Astrometric J2000·0 R.A.	Dec.	True Distance	Ephemeris Transit
	h m s	o ′ ″		h m		h m s	o ′ ″		h m
Jan. −1	21 40 14·5	−22 40 17	3·638	15 03·5	Apr. 1	23 55 40·4	− 9 14 12	3·902	11 16·7
1	21 43 06·6	22 24 47	3·657	14 58·5	3	23 58 33·1	8 56 32	3·894	11 11·7
3	21 45 59·4	22 09 07	3·674	14 53·5	5	0 01 25·3	8 38 56	3·886	11 06·7
5	21 48 52·9	21 53 18	3·692	14 48·6	7	0 04 17·0	8 21 26	3·877	11 01·7
7	21 51 47·0	21 37 20	3·708	14 43·6	9	0 07 08·3	8 04 02	3·868	10 56·6
9	21 54 41·6	−21 21 13	3·725	14 38·6	11	0 09 59·0	− 7 46 44	3·858	10 51·6
11	21 57 36·8	21 04 58	3·740	14 33·7	13	0 12 49·3	7 29 32	3·847	10 46·6
13	22 00 32·4	20 48 35	3·756	14 28·7	15	0 15 39·1	7 12 27	3·836	10 41·5
15	22 03 28·5	20 32 03	3·770	14 23·8	17	0 18 28·4	6 55 30	3·824	10 36·5
17	22 06 25·1	20 15 23	3·785	14 18·8	19	0 21 17·1	6 38 40	3·812	10 31·4
19	22 09 22·0	−19 58 35	3·798	14 13·9	21	0 24 05·2	− 6 21 58	3·800	10 26·3
21	22 12 19·3	19 41 40	3·811	14 09·0	23	0 26 52·7	6 05 25	3·786	10 21·2
23	22 15 16·9	19 24 39	3·824	14 04·1	25	0 29 39·6	5 49 00	3·773	10 16·1
25	22 18 14·7	19 07 30	3·836	13 59·2	27	0 32 25·8	5 32 45	3·758	10 11·0
27	22 21 12·8	18 50 15	3·847	13 54·3	29	0 35 11·4	5 16 40	3·744	10 05·9
29	22 24 11·1	−18 32 54	3·858	13 49·4	May 1	0 37 56·3	− 5 00 44	3·729	10 00·8
31	22 27 09·5	18 15 27	3·868	13 44·5	3	0 40 40·4	4 44 59	3·713	9 55·6
Feb. 2	22 30 08·0	17 57 55	3·878	13 39·6	5	0 43 23·8	4 29 24	3·697	9 50·5
4	22 33 06·6	17 40 18	3·887	13 34·7	7	0 46 06·4	4 14 00	3·680	9 45·3
6	22 36 05·3	17 22 36	3·895	13 29·8	9	0 48 48·3	3 58 46	3·663	9 40·1
8	22 39 04·0	−17 04 49	3·903	13 24·9	11	0 51 29·4	− 3 43 45	3·646	9 34·9
10	22 42 02·7	16 46 59	3·911	13 20·0	13	0 54 09·7	3 28 55	3·628	9 29·7
12	22 45 01·4	16 29 04	3·917	13 15·1	15	0 56 49·2	3 14 17	3·610	9 24·5
14	22 48 00·1	16 11 05	3·923	13 10·2	17	0 59 27·7	2 59 52	3·591	9 19·3
16	22 50 58·8	15 53 03	3·929	13 05·3	19	1 02 05·3	2 45 41	3·572	9 14·0
18	22 53 57·5	−15 34 58	3·934	13 00·4	21	1 04 42·0	− 2 31 42	3·552	9 08·8
20	22 56 56·0	15 16 50	3·938	12 55·5	23	1 07 17·7	2 17 58	3·532	9 03·5
22	22 59 54·5	14 58 40	3·942	12 50·6	25	1 09 52·3	2 04 27	3·511	8 58·2
24	23 02 52·8	14 40 28	3·945	12 45·7	27	1 12 25·8	1 51 11	3·491	8 52·9
26	23 05 51·0	14 22 15	3·948	12 40·8	29	1 14 58·2	1 38 10	3·469	8 47·5
28	23 08 49·0	−14 04 01	3·950	12 35·9	31	1 17 29·5	− 1 25 24	3·448	8 42·2
Mar. 2	23 11 46·8	13 45 45	3·951	12 30·9	June 2	1 19 59·5	1 12 54	3·426	8 36·8
4	23 14 44·4	13 27 30	3·952	12 26·0	4	1 22 28·3	1 00 39	3·404	8 31·4
6	23 17 41·7	13 09 14	3·952	12 21·1	6	1 24 55·8	0 48 40	3·381	8 26·0
8	23 20 38·8	12 50 59	3·952	12 16·2	8	1 27 22·0	0 36 57	3·358	8 20·5
10	23 23 35·6	−12 32 44	3·951	12 11·3	10	1 29 46·9	− 0 25 32	3·335	8 15·1
12	23 26 32·2	12 14 30	3·950	12 06·3	12	1 32 10·4	0 14 23	3·311	8 09·6
14	23 29 28·5	11 56 16	3·947	12 01·4	14	1 34 32·3	− 0 03 32	3·287	8 04·1
16	23 32 24·5	11 38 05	3·945	11 56·4	16	1 36 52·8	+ 0 07 02	3·263	7 58·5
18	23 35 20·3	11 19 55	3·941	11 51·5	18	1 39 11·6	0 17 17	3·238	7 53·0
20	23 38 15·7	−11 01 47	3·938	11 46·5	20	1 41 28·7	+ 0 27 13	3·213	7 47·4
22	23 41 10·8	10 43 43	3·933	11 41·6	22	1 43 44·1	0 36 50	3·188	7 41·7
24	23 44 05·5	10 25 41	3·928	11 36·6	24	1 45 57·7	0 46 08	3·163	7 36·1
26	23 46 59·8	10 07 43	3·922	11 31·6	26	1 48 09·3	0 55 07	3·137	7 30·4
28	23 49 53·8	9 49 48	3·916	11 26·7	28	1 50 19·0	1 03 45	3·111	7 24·7
30	23 52 47·3	− 9 31 58	3·910	11 21·7	30	1 52 26·7	+ 1 12 03	3·085	7 18·9
Apr. 1	23 55 40·4	− 9 14 12	3·902	11 16·7	July 2	1 54 32·3	+ 1 20 01	3·059	7 13·2

GEOCENTRIC POSITIONS FOR 0ʰ DYNAMICAL TIME

Date	Astrometric J2000·0 R.A.	Dec.	True Dist-ance	Ephem-eris Transit	Date	Astrometric J2000·0 R.A.	Dec.	True Dist-ance	Ephem-eris Transit
	h m s	° ′ ″		h m		h m s	° ′ ″		h m
July 2	1 54 32·3	+ 1 20 01	3·059	7 13·2	Oct. 2	2 23 53·7	+ 0 37 38	1·962	1 40·4
4	1 56 35·8	1 27 39	3·033	7 07·3	4	2 22 34·6	0 30 00	1·950	1 31·2
6	1 58 37·0	1 34 55	3·006	7 01·5	6	2 21 11·1	0 22 24	1·939	1 22·0
8	2 00 35·9	1 41 50	2·980	6 55·6	8	2 19 43·5	0 14 53	1·930	1 12·7
10	2 02 32·3	1 48 23	2·953	6 49·6	10	2 18 12·1	0 07 29	1·921	1 03·3
12	2 04 26·3	+ 1 54 35	2·926	6 43·7	12	2 16 37·3	+ 0 00 16	1·914	0 53·8
14	2 06 17·7	2 00 24	2·898	6 37·6	14	2 14 59·3	− 0 06 46	1·907	0 44·4
16	2 08 06·3	2 05 50	2·871	6 31·6	16	2 13 18·6	0 13 32	1·902	0 34·8
18	2 09 52·2	2 10 53	2·844	6 25·5	18	2 11 35·6	0 20 01	1·897	0 25·2
20	2 11 35·0	2 15 32	2·816	6 19·3	20	2 09 50·9	0 26 09	1·894	0 15·7
22	2 13 14·8	+ 2 19 48	2·789	6 13·1	22	2 08 04·8	− 0 31 55	1·892	0 06·0
24	2 14 51·5	2 23 41	2·761	6 06·8	24	2 06 17·8	0 37 15	1·892	23 51·6
26	2 16 24·9	2 27 09	2·734	6 00·5	26	2 04 30·5	0 42 10	1·892	23 41·9
28	2 17 54·9	2 30 14	2·706	5 54·1	28	2 02 43·1	0 46 35	1·893	23 32·3
30	2 19 21·4	2 32 54	2·679	5 47·7	30	2 00 56·2	0 50 29	1·896	23 22·7
Aug. 1	2 20 44·4	+ 2 35 10	2·651	5 41·2	Nov. 1	1 59 10·3	− 0 53 52	1·900	23 13·1
3	2 22 03·6	2 37 02	2·624	5 34·6	3	1 57 25·7	0 56 41	1·904	23 03·5
5	2 23 19·1	2 38 29	2·597	5 28·0	5	1 55 43·0	0 58 54	1·910	22 53·9
7	2 24 30·6	2 39 31	2·570	5 21·3	7	1 54 02·4	1 00 31	1·917	22 44·4
9	2 25 38·1	2 40 08	2·543	5 14·6	9	1 52 24·5	1 01 31	1·925	22 35·0
11	2 26 41·3	+ 2 40 19	2·516	5 07·8	11	1 50 49·5	− 1 01 53	1·935	22 25·5
13	2 27 40·2	2 40 06	2·489	5 00·9	13	1 49 18·0	1 01 35	1·945	22 16·2
15	2 28 34·5	2 39 27	2·462	4 53·9	15	1 47 50·3	1 00 37	1·956	22 06·9
17	2 29 24·3	2 38 24	2·436	4 46·9	17	1 46 26·7	0 59 00	1·968	21 57·7
19	2 30 09·3	2 36 55	2·410	4 39·7	19	1 45 07·5	0 56 42	1·981	21 48·5
21	2 30 49·4	+ 2 35 01	2·384	4 32·5	21	1 43 53·0	− 0 53 45	1·995	21 39·5
23	2 31 24·5	2 32 43	2·359	4 25·2	23	1 42 43·4	0 50 07	2·010	21 30·5
25	2 31 54·5	2 30 01	2·334	4 17·9	25	1 41 38·9	0 45 51	2·026	21 21·6
27	2 32 19·4	2 26 55	2·309	4 10·4	27	1 40 39·7	0 40 56	2·043	21 12·8
29	2 32 38·9	2 23 25	2·284	4 02·9	29	1 39 45·9	0 35 23	2·060	21 04·1
31	2 32 53·1	+ 2 19 33	2·260	3 55·2	Dec. 1	1 38 57·6	− 0 29 12	2·078	20 55·5
Sept. 2	2 33 01·9	2 15 18	2·237	3 47·5	3	1 38 15·0	0 22 25	2·097	20 46·9
4	2 33 05·1	2 10 42	2·214	3 39·7	5	1 37 38·0	0 15 03	2·117	20 38·5
6	2 33 02·6	2 05 44	2·192	3 31·8	7	1 37 06·8	− 0 07 05	2·137	20 30·2
8	2 32 54·5	2 00 25	2·170	3 23·8	9	1 36 41·3	+ 0 01 26	2·158	20 21·9
10	2 32 40·6	+ 1 54 47	2·148	3 15·7	11	1 36 21·7	+ 0 10 31	2·179	20 13·8
12	2 32 21·0	1 48 51	2·128	3 07·5	13	1 36 07·9	0 20 07	2·201	20 05·7
14	2 31 55·5	1 42 36	2·107	2 59·2	15	1 36 00·0	0 30 15	2·224	19 57·8
16	2 31 24·1	1 36 06	2·088	2 50·8	17	1 35 57·9	0 40 52	2·247	19 49·9
18	2 30 47·0	1 29 21	2·069	2 42·3	19	1 36 01·5	0 51 59	2·270	19 42·1
20	2 30 04·2	+ 1 22 23	2·051	2 33·7	21	1 36 10·8	+ 1 03 32	2·294	19 34·5
22	2 29 15·7	1 15 13	2·034	2 25·1	23	1 36 25·7	1 15 33	2·318	19 26·9
24	2 28 21·7	1 07 54	2·018	2 16·3	25	1 36 46·2	1 27 58	2·342	19 19·4
26	2 27 22·4	1 00 27	2·003	2 07·4	27	1 37 12·0	1 40 47	2·367	19 12·0
28	2 26 17·8	0 52 54	1·988	1 58·5	29	1 37 43·2	1 53 59	2·392	19 04·7
30	2 25 08·2	+ 0 45 17	1·975	1 49·5	31	1 38 19·6	+ 2 07 34	2·417	18 57·5
Oct. 2	2 23 53·7	+ 0 37 38	1·962	1 40·4	33	1 39 01·1	+ 2 21 29	2·443	18 50·3

Second Transit: October 23ᵈ 23ʰ 56ᵐ·4

PALLAS, 1993

GEOCENTRIC POSITIONS FOR 0ʰ DYNAMICAL TIME

Date	Astrometric J2000·0 R.A.	Dec.	True Dist-ance	Ephem-eris Transit	Date	Astrometric J2000·0 R.A.	Dec.	True Dist-ance	Ephem-eris Transit
	h m s	° ′ ″		h m		h m s	° ′ ″		h m
Jan. −1	19 31 15·3	+ 1 28 28	4·248	12 54·8	Apr. 1	21 26 32·1	+ 6 33 43	3·994	8 47·7
1	19 33 57·1	1 28 22	4·257	12 49·6	3	21 28 36·6	6 44 51	3·975	8 41·9
3	19 36 39·0	1 28 39	4·265	12 44·4	5	21 30 39·2	6 56 04	3·955	8 36·0
5	19 39 20·9	1 29 19	4·272	12 39·2	7	21 32 40·1	7 07 19	3·934	8 30·2
7	19 42 02·8	1 30 21	4·279	12 34·0	9	21 34 39·2	7 18 38	3·913	8 24·3
9	19 44 44·7	+ 1 31 46	4·285	12 28·9	11	21 36 36·4	+ 7 29 58	3·892	8 18·4
11	19 47 26·4	1 33 32	4·291	12 23·7	13	21 38 31·7	7 41 20	3·870	8 12·4
13	19 50 08·1	1 35 40	4·296	12 18·5	15	21 40 25·0	7 52 44	3·847	8 06·4
15	19 52 49·6	1 38 10	4·300	12 13·3	17	21 42 16·3	8 04 07	3·824	8 00·4
17	19 55 30·9	1 41 00	4·304	12 08·1	19	21 44 05·5	8 15 31	3·801	7 54·3
19	19 58 12·0	+ 1 44 12	4·307	12 02·9	21	21 45 52·5	+ 8 26 53	3·777	7 48·2
21	20 00 52·7	1 47 44	4·309	11 57·7	23	21 47 37·3	8 38 14	3·753	7 42·1
23	20 03 33·2	1 51 36	4·311	11 52·5	25	21 49 19·9	8 49 32	3·729	7 35·9
25	20 06 13·3	1 55 48	4·312	11 47·3	27	21 51 00·1	9 00 47	3·704	7 29·7
27	20 08 52·9	2 00 19	4·313	11 42·1	29	21 52 37·9	9 11 59	3·678	7 23·5
29	20 11 32·1	+ 2 05 10	4·313	11 36·9	May 1	21 54 13·3	+ 9 23 06	3·653	7 17·2
31	20 14 10·8	2 10 18	4·312	11 31·7	3	21 55 46·2	9 34 07	3·627	7 10·9
Feb. 2	20 16 48·9	2 15 45	4·310	11 26·4	5	21 57 16·5	9 45 03	3·601	7 04·5
4	20 19 26·4	2 21 30	4·308	11 21·2	7	21 58 44·2	9 55 52	3·574	6 58·1
6	20 22 03·3	2 27 31	4·306	11 15·9	9	22 00 09·3	10 06 34	3·547	6 51·6
8	20 24 39·5	+ 2 33 50	4·302	11 10·6	11	22 01 31·6	+10 17 08	3·520	6 45·1
10	20 27 15·1	2 40 25	4·298	11 05·3	13	22 02 51·1	10 27 33	3·493	6 38·6
12	20 29 50·0	2 47 16	4·293	11 00·0	15	22 04 07·7	10 37 48	3·465	6 32·0
14	20 32 24·1	2 54 24	4·288	10 54·7	17	22 05 21·3	10 47 52	3·438	6 25·3
16	20 34 57·4	3 01 46	4·282	10 49·4	19	22 06 31·9	10 57 45	3·410	6 18·6
18	20 37 29·9	+ 3 09 24	4·275	10 44·1	21	22 07 39·3	+11 07 25	3·382	6 11·9
20	20 40 01·6	3 17 16	4·268	10 38·7	23	22 08 43·5	11 16 51	3·353	6 05·1
22	20 42 32·3	3 25 23	4·260	10 33·4	25	22 09 44·4	11 26 02	3·325	5 58·2
24	20 45 02·0	3 33 43	4·252	10 28·0	27	22 10 42·0	11 34 57	3·297	5 51·3
26	20 47 30·8	3 42 16	4·242	10 22·6	29	22 11 36·1	11 43 35	3·268	5 44·3
28	20 49 58·5	+ 3 51 02	4·233	10 17·2	31	22 12 26·7	+11 51 56	3·239	5 37·3
Mar. 2	20 52 25·2	4 00 01	4·222	10 11·7	June 2	22 13 13·7	11 59 57	3·211	5 30·2
4	20 54 50·7	4 09 10	4·211	10 06·3	4	22 13 57·1	12 07 38	3·182	5 23·1
6	20 57 15·1	4 18 31	4·199	10 00·8	6	22 14 36·8	12 14 58	3·153	5 15·8
8	20 59 38·3	4 28 03	4·187	9 55·3	8	22 15 12·7	12 21 55	3·125	5 08·6
10	21 02 00·4	+ 4 37 46	4·174	9 49·8	10	22 15 44·8	+12 28 28	3·096	5 01·2
12	21 04 21·2	4 47 38	4·161	9 44·3	12	22 16 12·9	12 34 37	3·068	4 53·8
14	21 06 40·7	4 57 40	4·147	9 38·7	14	22 16 37·0	12 40 19	3·039	4 46·4
16	21 08 58·9	5 07 50	4·132	9 33·1	16	22 16 56·9	12 45 33	3·011	4 38·8
18	21 11 15·8	5 18 10	4·117	9 27·6	18	22 17 12·7	12 50 17	2·983	4 31·2
20	21 13 31·3	+ 5 28 38	4·101	9 21·9	20	22 17 24·2	+12 54 31	2·955	4 23·5
22	21 15 45·3	5 39 13	4·085	9 16·3	22	22 17 31·5	12 58 12	2·927	4 15·8
24	21 17 57·8	5 49 55	4·068	9 10·6	24	22 17 34·4	13 01 19	2·900	4 08·0
26	21 20 08·8	6 00 44	4·050	9 04·9	26	22 17 32·9	13 03 50	2·873	4 00·1
28	21 22 18·2	6 11 38	4·032	8 59·2	28	22 17 27·1	13 05 45	2·846	3 52·1
30	21 24 26·0	+ 6 22 38	4·014	8 53·5	30	22 17 16·8	+13 07 01	2·820	3 44·1
Apr. 1	21 26 32·1	+ 6 33 43	3·994	8 47·7	July 2	22 17 02·2	+13 07 37	2·794	3 36·0

GEOCENTRIC POSITIONS FOR 0^h DYNAMICAL TIME

Date	Astrometric J2000·0 R.A.	Dec.	True Dist- ance	Ephem- eris Transit	Date	Astrometric J2000·0 R.A.	Dec.	True Dist- ance	Ephem- eris Transit
	h m s	° ′ ″		h m		h m s	° ′ ″		h m
July 2	22 17 02·2	+13 07 37	2·794	3 36·0	Oct. 2	21 26 26·1	+ 0 24 31	2·513	20 39·7
4	22 16 43·1	13 07 32	2·768	3 27·8	4	21 26 01·1	+ 0 01 20	2·532	20 31·4
6	22 16 19·6	13 06 45	2·743	3 19·5	6	21 25 41·0	− 0 21 24	2·551	20 23·3
8	22 15 51·6	13 05 13	2·718	3 11·2	8	21 25 25·8	0 43 39	2·570	20 15·2
10	22 15 19·2	13 02 56	2·694	3 02·8	10	21 25 15·7	1 05 23	2·591	20 07·2
12	22 14 42·4	+12 59 51	2·670	2 54·3	12	21 25 10·7	− 1 26 35	2·612	19 59·3
14	22 14 01·3	12 55 57	2·647	2 45·8	14	21 25 10·7	1 47 14	2·633	19 51·4
16	22 13 15·9	12 51 14	2·625	2 37·1	16	21 25 15·7	2 07 18	2·656	19 43·7
18	22 12 26·2	12 45 39	2·603	2 28·4	18	21 25 25·8	2 26 46	2·679	19 36·0
20	22 11 32·4	12 39 12	2·582	2 19·7	20	21 25 40·8	2 45 38	2·702	19 28·4
22	22 10 34·7	+12 31 51	2·562	2 10·9	22	21 26 00·8	− 3 03 52	2·726	19 20·9
24	22 09 33·1	12 23 35	2·542	2 02·0	24	21 26 25·6	3 21 28	2·751	19 13·5
26	22 08 27·8	12 14 25	2·523	1 53·0	26	21 26 55·2	3 38 26	2·775	19 06·2
28	22 07 19·0	12 04 20	2·505	1 44·0	28	21 27 29·4	3 54 45	2·801	18 58·9
30	22 06 06·9	11 53 19	2·488	1 35·0	30	21 28 08·3	4 10 26	2·826	18 51·7
Aug. 1	22 04 51·7	+11 41 22	2·472	1 25·9	Nov. 1	21 28 51·7	− 4 25 28	2·852	18 44·6
3	22 03 33·6	11 28 30	2·457	1 16·7	3	21 29 39·5	4 39 51	2·878	18 37·6
5	22 02 12·8	11 14 43	2·443	1 07·5	5	21 30 31·7	4 53 36	2·904	18 30·6
7	22 00 49·7	11 00 00	2·430	0 58·2	7	21 31 28·1	5 06 42	2·931	18 23·7
9	21 59 24·3	10 44 23	2·417	0 49·0	9	21 32 28·7	5 19 09	2·958	18 16·9
11	21 57 57·1	+10 27 53	2·406	0 39·7	11	21 33 33·4	− 5 30 58	2·985	18 10·1
13	21 56 28·3	10 10 31	2·396	0 30·3	13	21 34 42·1	5 42 09	3·012	18 03·4
15	21 54 58·2	9 52 18	2·387	0 21·0	15	21 35 54·7	5 52 43	3·039	17 56·8
17	21 53 27·1	9 33 16	2·379	0 11·6	17	21 37 11·1	6 02 39	3·066	17 50·2
19	21 51 55·5	9 13 27	2·373	0 02·2	19	21 38 31·2	6 11 58	3·093	17 43·7
21	21 50 23·6	+ 8 52 53	2·367	23 48·1	21	21 39 54·9	− 6 20 41	3·120	17 37·2
23	21 48 51·8	8 31 38	2·363	23 38·8	23	21 41 22·1	6 28 48	3·147	17 30·8
25	21 47 20·5	8 09 44	2·359	23 29·4	25	21 42 52·6	6 36 20	3·174	17 24·5
27	21 45 49·9	7 47 14	2·357	23 20·0	27	21 44 26·4	6 43 18	3·201	17 18·2
29	21 44 20·5	7 24 11	2·356	23 10·7	29	21 46 03·3	6 49 41	3·227	17 11·9
31	21 42 52·6	+ 7 00 39	2·357	23 01·4	Dec. 1	21 47 43·3	− 6 55 31	3·254	17 05·8
Sept. 2	21 41 26·4	6 36 40	2·358	22 52·1	3	21 49 26·2	7 00 49	3·280	16 59·6
4	21 40 02·3	6 12 19	2·361	22 42·9	5	21 51 12·1	7 05 34	3·306	16 53·5
6	21 38 40·5	5 47 39	2·365	22 33·7	7	21 53 00·7	7 09 48	3·332	16 47·5
8	21 37 21·4	5 22 43	2·370	22 24·5	9	21 54 52·1	7 13 30	3·358	16 41·5
10	21 36 05·3	+ 4 57 34	2·376	22 15·4	11	21 56 46·0	− 7 16 43	3·383	16 35·5
12	21 34 52·3	4 32 18	2·383	22 06·4	13	21 58 42·6	7 19 25	3·409	16 29·6
14	21 33 42·8	4 06 56	2·391	21 57·4	15	22 00 41·6	7 21 38	3·433	16 23·7
16	21 32 36·9	3 41 34	2·401	21 48·5	17	22 02 43·0	7 23 22	3·458	16 17·9
18	21 31 35·0	3 16 13	2·412	21 39·6	19	22 04 46·7	7 24 39	3·482	16 12·1
20	21 30 37·3	+ 2 50 59	2·423	21 30·8	21	22 06 52·6	− 7 25 29	3·506	16 06·3
22	21 29 43·9	2 25 54	2·436	21 22·1	23	22 09 00·6	7 25 52	3·529	16 00·6
24	21 28 55·0	2 01 02	2·450	21 13·4	25	22 11 10·6	7 25 50	3·552	15 54·9
26	21 28 10·6	1 36 24	2·464	21 04·9	27	22 13 22·6	7 25 22	3·574	15 49·2
28	21 27 31·0	1 12 05	2·480	20 56·4	29	22 15 36·5	7 24 30	3·596	15 43·6
30	21 26 56·1	+ 0 48 07	2·496	20 48·0	31	22 17 52·1	− 7 23 15	3·618	15 38·0
Oct. 2	21 26 26·1	+ 0 24 31	2·513	20 39·7	33	22 20 09·6	− 7 21 36	3·639	15 32·4

Second Transit: August 19^d 23^h 57^m·5

JUNO, 1993

GEOCENTRIC POSITIONS FOR 0ʰ DYNAMICAL TIME

Date	Astrometric J2000·0 R.A.	Dec.	True Dist-ance	Ephem-eris Transit	Date	Astrometric J2000·0 R.A.	Dec.	True Dist-ance	Ephem-eris Transit
	h m s	° ′ ″		h m		h m s	° ′ ″		h m
Jan. −1	6 22 48·7	+ 0 09 40	1·141	23 43·0	Apr. 1	6 47 26·6	+13 03 17	2·055	18 07·7
1	6 21 04·7	0 19 38	1·146	23 33·4	3	6 50 08·7	13 13 17	2·083	18 02·5
3	6 19 23·0	0 30 47	1·151	23 23·9	5	6 52 53·8	13 22 45	2·111	17 57·4
5	6 17 44·3	0 43 02	1·158	23 14·4	7	6 55 41·9	13 31 41	2·140	17 52·3
7	6 16 09·2	0 56 20	1·165	23 05·0	9	6 58 32·7	13 40 06	2·169	17 47·3
9	6 14 38·2	+ 1 10 38	1·173	22 55·7	11	7 01 26·1	+13 47 58	2·197	17 42·4
11	6 13 12·0	1 25 51	1·182	22 46·4	13	7 04 22·1	13 55 18	2·226	17 37·4
13	6 11 50·9	1 41 56	1·193	22 37·3	15	7 07 20·4	14 02 06	2·254	17 32·5
15	6 10 35·5	1 58 48	1·203	22 28·2	17	7 10 21·0	14 08 23	2·283	17 27·7
17	6 09 26·2	2 16 23	1·215	22 19·2	19	7 13 23·8	14 14 08	2·312	17 22·9
19	6 08 23·3	+ 2 34 36	1·228	22 10·4	21	7 16 28·7	+14 19 21	2·340	17 18·1
21	6 07 27·3	2 53 24	1·241	22 01·6	23	7 19 35·5	14 24 03	2·369	17 13·3
23	6 06 38·4	3 12 40	1·256	21 53·0	25	7 22 44·2	14 28 14	2·397	17 08·6
25	6 05 56·9	3 32 22	1·271	21 44·5	27	7 25 54·5	14 31 53	2·426	17 03·9
27	6 05 23·0	3 52 25	1·286	21 36·2	29	7 29 06·5	14 35 02	2·454	16 59·2
29	6 04 56·7	+ 4 12 43	1·303	21 27·9	May 1	7 32 19·9	+14 37 41	2·482	16 54·6
31	6 04 38·3	4 33 14	1·320	21 19·8	3	7 35 34·8	14 39 50	2·511	16 50·0
Feb. 2	6 04 27·7	4 53 54	1·338	21 11·8	5	7 38 50·9	14 41 29	2·539	16 45·4
4	6 04 25·0	5 14 38	1·357	21 04·0	7	7 42 08·1	14 42 39	2·567	16 40·8
6	6 04 30·0	5 35 24	1·376	20 56·2	9	7 45 26·5	14 43 20	2·594	16 36·2
8	6 04 42·7	+ 5 56 09	1·396	20 48·6	11	7 48 45·9	+14 43 32	2·622	16 31·7
10	6 05 03·1	6 16 49	1·416	20 41·2	13	7 52 06·3	14 43 15	2·650	16 27·1
12	6 05 30·9	6 37 22	1·437	20 33·8	15	7 55 27·5	14 42 31	2·677	16 22·6
14	6 06 06·2	6 57 45	1·459	20 26·6	17	7 58 49·6	14 41 19	2·704	16 18·1
16	6 06 48·8	7 17 57	1·481	20 19·5	19	8 02 12·4	14 39 39	2·732	16 13·6
18	6 07 38·5	+ 7 37 56	1·504	20 12·5	21	8 05 36·0	+14 37 32	2·759	16 09·1
20	6 08 35·3	7 57 38	1·527	20 05·6	23	8 09 00·1	14 34 59	2·785	16 04·7
22	6 09 39·1	8 17 02	1·550	19 58·9	25	8 12 24·8	14 31 59	2·812	16 00·2
24	6 10 49·5	8 36 06	1·574	19 52·2	27	8 15 50·1	14 28 33	2·838	15 55·7
26	6 12 06·5	8 54 49	1·598	19 45·7	29	8 19 15·7	14 24 42	2·864	15 51·3
28	6 13 29·9	+ 9 13 09	1·623	19 39·2	31	8 22 41·6	+14 20 26	2·890	15 46·8
Mar. 2	6 14 59·4	9 31 06	1·648	19 32·9	June 2	8 26 07·8	14 15 45	2·916	15 42·4
4	6 16 34·9	9 48 36	1·674	19 26·6	4	8 29 34·3	14 10 41	2·941	15 38·0
6	6 18 16·1	10 05 41	1·699	19 20·5	6	8 33 00·9	14 05 13	2·967	15 33·5
8	6 20 02·9	10 22 19	1·725	19 14·4	8	8 36 27·7	13 59 22	2·991	15 29·1
10	6 21 54·9	+10 38 29	1·752	19 08·5	10	8 39 54·6	+13 53 08	3·016	15 24·7
12	6 23 52·0	10 54 11	1·778	19 02·6	12	8 43 21·5	13 46 32	3·041	15 20·3
14	6 25 54·0	11 09 23	1·805	18 56·8	14	8 46 48·5	13 39 34	3·065	15 15·8
16	6 28 00·8	11 24 07	1·832	18 51·0	16	8 50 15·6	13 32 14	3·089	15 11·4
18	6 30 12·2	11 38 20	1·859	18 45·4	18	8 53 42·6	13 24 33	3·112	15 07·0
20	6 32 28·1	+11 52 02	1·887	18 39·8	20	8 57 09·5	+13 16 31	3·135	15 02·5
22	6 34 48·2	12 05 14	1·914	18 34·3	22	9 00 36·3	13 08 10	3·158	14 58·1
24	6 37 12·3	12 17 54	1·942	18 28·8	24	9 04 03·0	12 59 28	3·181	14 53·7
26	6 39 40·5	12 30 03	1·970	18 23·4	26	9 07 29·6	12 50 28	3·203	14 49·2
28	6 42 12·3	12 41 40	1·998	18 18·1	28	9 10 55·8	12 41 09	3·225	14 44·8
30	6 44 47·8	+12 52 44	2·026	18 12·9	30	9 14 21·9	+12 31 32	3·247	14 40·4
Apr. 1	6 47 26·6	+13 03 17	2·055	18 07·7	July 2	9 17 47·6	+12 21 37	3·268	14 35·9

GEOCENTRIC POSITIONS FOR 0ʰ DYNAMICAL TIME

Date	Astrometric J2000·0 R.A.	Dec.	True Dist-ance	Ephem-eris Transit	Date	Astrometric J2000·0 R.A.	Dec.	True Dist-ance	Ephem-eris Transit
	h m s	° ′ ″		h m		h m s	° ′ ″		h m
July 2	9 17 47·6	+12 21 37	3·268	14 35·9	**Oct.** 2	11 46 59·4	+ 1 39 45	3·760	11 02·6
4	9 21 13·1	12 11 25	3·289	14 31·4	4	11 49 59·8	1 24 38	3·758	10 57·8
6	9 24 38·2	12 00 56	3·309	14 27·0	6	11 52 59·4	1 09 34	3·756	10 52·9
8	9 28 03·0	11 50 11	3·330	14 22·5	8	11 55 58·4	0 54 36	3·753	10 48·0
10	9 31 27·5	11 39 10	3·349	14 18·1	10	11 58 56·6	0 39 42	3·749	10 43·1
12	9 34 51·6	+11 27 54	3·369	14 13·6	12	12 01 54·1	+ 0 24 54	3·745	10 38·2
14	9 38 15·4	11 16 23	3·388	14 09·1	14	12 04 50·7	+ 0 10 12	3·741	10 33·2
16	9 41 38·7	11 04 37	3·406	14 04·6	16	12 07 46·6	− 0 04 23	3·735	10 28·3
18	9 45 01·7	10 52 36	3·425	14 00·1	18	12 10 41·6	0 18 52	3·730	10 23·3
20	9 48 24·3	10 40 23	3·443	13 55·6	20	12 13 35·8	0 33 12	3·723	10 18·3
22	9 51 46·5	+10 27 56	3·460	13 51·1	22	12 16 29·1	− 0 47 25	3·716	10 13·3
24	9 55 08·1	10 15 16	3·477	13 46·6	24	12 19 21·4	1 01 29	3·708	10 08·3
26	9 58 29·4	10 02 25	3·493	13 42·0	26	12 22 12·8	1 15 24	3·700	10 03·3
28	10 01 50·1	9 49 22	3·509	13 37·5	28	12 25 03·3	1 29 10	3·691	9 58·3
30	10 05 10·3	9 36 08	3·525	13 33·0	30	12 27 52·8	1 42 46	3·682	9 53·2
Aug. 1	10 08 30·0	+ 9 22 44	3·540	13 28·4	**Nov.** 1	12 30 41·4	− 1 56 11	3·672	9 48·2
3	10 11 49·1	9 09 09	3·555	13 23·9	3	12 33 28·9	2 09 26	3·662	9 43·1
5	10 15 07·8	8 55 24	3·569	13 19·3	5	12 36 15·3	2 22 30	3·651	9 38·0
7	10 18 25·9	8 41 30	3·583	13 14·7	7	12 39 00·8	2 35 22	3·639	9 32·8
9	10 21 43·5	8 27 27	3·597	13 10·1	9	12 41 45·1	2 48 02	3·627	9 27·7
11	10 25 00·6	+ 8 13 16	3·609	13 05·5	11	12 44 28·2	− 3 00 29	3·614	9 22·5
13	10 28 17·2	7 58 56	3·622	13 00·9	13	12 47 10·2	3 12 43	3·601	9 17·4
15	10 31 33·2	7 44 29	3·634	12 56·3	15	12 49 51·0	3 24 43	3·587	9 12·2
17	10 34 48·7	7 29 55	3·645	12 51·7	17	12 52 30·4	3 36 29	3·573	9 06·9
19	10 38 03·7	7 15 14	3·656	12 47·1	19	12 55 08·5	3 48 00	3·558	9 01·7
21	10 41 18·1	+ 7 00 26	3·666	12 42·4	21	12 57 45·2	− 3 59 16	3·542	8 56·4
23	10 44 31·9	6 45 34	3·676	12 37·8	23	13 00 20·5	4 10 16	3·526	8 51·1
25	10 47 45·1	6 30 36	3·686	12 33·1	25	13 02 54·3	4 21 00	3·510	8 45·8
27	10 50 57·8	6 15 33	3·695	12 28·4	27	13 05 26·7	4 31 27	3·493	8 40·5
29	10 54 09·8	6 00 27	3·703	12 23·8	29	13 07 57·4	4 41 37	3·476	8 35·1
31	10 57 21·2	+ 5 45 16	3·711	12 19·1	**Dec.** 1	13 10 26·6	− 4 51 30	3·458	8 29·7
Sept. 2	11 00 32·0	5 30 02	3·718	12 14·4	3	13 12 54·1	5 01 05	3·439	8 24·3
4	11 03 42·2	5 14 45	3·725	12 09·7	5	13 15 19·9	5 10 21	3·421	8 18·8
6	11 06 51·8	4 59 26	3·731	12 05·0	7	13 17 43·9	5 19 18	3·401	8 13·4
8	11 10 00·9	4 44 04	3·736	12 00·2	9	13 20 06·1	5 27 55	3·381	8 07·9
10	11 13 09·3	+ 4 28 41	3·741	11 55·5	11	13 22 26·3	− 5 36 12	3·361	8 02·3
12	11 16 17·1	4 13 16	3·746	11 50·7	13	13 24 44·6	5 44 08	3·341	7 56·7
14	11 19 24·3	3 57 50	3·750	11 46·0	15	13 27 00·7	5 51 43	3·320	7 51·1
16	11 22 30·9	3 42 25	3·753	11 41·2	17	13 29 14·7	5 58 56	3·298	7 45·5
18	11 25 36·9	3 26 59	3·756	11 36·4	19	13 31 26·4	6 05 47	3·276	7 39·8
20	11 28 42·1	+ 3 11 34	3·758	11 31·6	21	13 33 35·9	− 6 12 15	3·254	7 34·1
22	11 31 46·8	2 56 10	3·760	11 26·8	23	13 35 42·9	6 18 19	3·232	7 28·3
24	11 34 50·7	2 40 48	3·761	11 22·0	25	13 37 47·4	6 24 00	3·209	7 22·5
26	11 37 53·9	2 25 28	3·762	11 17·2	27	13 39 49·5	6 29 17	3·186	7 16·7
28	11 40 56·4	2 10 11	3·762	11 12·4	29	13 41 48·8	6 34 09	3·163	7 10·8
30	11 43 58·2	+ 1 54 56	3·761	11 07·5	31	13 43 45·5	− 6 38 35	3·139	7 04·8
Oct. 2	11 46 59·4	+ 1 39 45	3·760	11 02·6	33	13 45 39·4	− 6 42 36	3·115	6 58·9

VESTA, 1993

GEOCENTRIC POSITIONS FOR 0ʰ DYNAMICAL TIME

Date	Astrometric J2000·0 R.A.	Dec.	True Dist- ance	Ephem- eris Transit	Date	Astrometric J2000·0 R.A.	Dec.	True Dist- ance	Ephem- eris Transit
	h m s	° ′ ″		h m		h m s	° ′ ″		h m
Jan. −1	17 44 49·4	−21 26 48	3·102	11 08·9	Apr. 1	21 03 31·1	−17 30 29	2·540	8 25·0
1	17 49 27·0	21 31 09	3·097	11 05·6	3	21 07 14·0	17 19 05	2·522	8 20·8
3	17 54 04·5	21 35 00	3·091	11 02·4	5	21 10 54·8	17 07 37	2·503	8 16·6
5	17 58 41·9	21 38 20	3·086	10 59·1	7	21 14 33·4	16 56 07	2·484	8 12·3
7	18 03 19·1	21 41 10	3·080	10 55·9	9	21 18 09·7	16 44 36	2·465	8 08·1
9	18 07 56·2	−21 43 30	3·073	10 52·6	11	21 21 43·8	−16 33 05	2·445	8 03·7
11	18 12 33·0	21 45 19	3·067	10 49·3	13	21 25 15·5	16 21 34	2·426	7 59·4
13	18 17 09·6	21 46 39	3·059	10 46·1	15	21 28 45·0	16 10 05	2·406	7 55·0
15	18 21 45·8	21 47 29	3·052	10 42·8	17	21 32 12·0	15 58 38	2·386	7 50·6
17	18 26 21·6	21 47 49	3·044	10 39·5	19	21 35 36·5	15 47 16	2·366	7 46·1
19	18 30 57·0	−21 47 41	3·036	10 36·2	21	21 38 58·5	−15 35 59	2·345	7 41·6
21	18 35 31·8	21 47 03	3·028	10 32·9	23	21 42 18·0	15 24 48	2·325	7 37·0
23	18 40 06·0	21 45 57	3·019	10 29·6	25	21 45 34·7	15 13 44	2·304	7 32·4
25	18 44 39·6	21 44 23	3·010	10 26·3	27	21 48 48·8	15 02 49	2·283	7 27·8
27	18 49 12·4	21 42 21	3·001	10 22·9	29	21 52 00·2	14 52 03	2·263	7 23·1
29	18 53 44·4	−21 39 52	2·991	10 19·6	May 1	21 55 08·7	−14 41 28	2·242	7 18·3
31	18 58 15·6	21 36 56	2·981	10 16·2	3	21 58 14·4	14 31 03	2·220	7 13·5
Feb. 2	19 02 45·9	21 33 33	2·970	10 12·8	5	22 01 17·2	14 20 52	2·199	7 08·7
4	19 07 15·2	21 29 45	2·960	10 09·4	7	22 04 17·1	14 10 53	2·178	7 03·8
6	19 11 43·6	21 25 31	2·949	10 06·0	9	22 07 14·1	14 01 10	2·157	6 58·9
8	19 16 10·9	−21 20 52	2·937	10 02·6	11	22 10 07·9	−13 51 42	2·135	6 53·9
10	19 20 37·1	21 15 49	2·926	9 59·2	13	22 12 58·6	13 42 31	2·114	6 48·9
12	19 25 02·3	21 10 21	2·914	9 55·7	15	22 15 46·0	13 33 39	2·092	6 43·8
14	19 29 26·2	21 04 31	2·901	9 52·2	17	22 18 30·1	13 25 06	2·070	6 38·6
16	19 33 49·0	20 58 17	2·889	9 48·7	19	22 21 10·8	13 16 55	2·049	6 33·4
18	19 38 10·5	−20 51 42	2·876	9 45·2	21	22 23 47·9	−13 09 05	2·027	6 28·2
20	19 42 30·7	20 44 45	2·863	9 41·6	23	22 26 21·4	13 01 39	2·005	6 22·8
22	19 46 49·5	20 37 28	2·849	9 38·1	25	22 28 51·1	12 54 38	1·984	6 17·4
24	19 51 06·9	20 29 50	2·835	9 34·5	27	22 31 17·0	12 48 03	1·962	6 12·0
26	19 55 22·8	20 21 54	2·821	9 30·8	29	22 33 39·0	12 41 55	1·940	6 06·5
28	19 59 37·1	−20 13 39	2·807	9 27·2	31	22 35 56·9	−12 36 15	1·918	6 00·9
Mar. 2	20 03 49·9	20 05 06	2·792	9 23·5	June 2	22 38 10·8	12 31 05	1·897	5 55·2
4	20 08 01·1	19 56 17	2·777	9 19·8	4	22 40 20·4	12 26 25	1·875	5 49·5
6	20 12 10·7	19 47 11	2·762	9 16·1	6	22 42 25·7	12 22 16	1·854	5 43·7
8	20 16 18·6	19 37 50	2·746	9 12·4	8	22 44 26·5	12 18 41	1·832	5 37·9
10	20 20 24·8	−19 28 14	2·730	9 08·6	10	22 46 22·7	−12 15 41	1·811	5 31·9
12	20 24 29·3	19 18 24	2·714	9 04·8	12	22 48 14·2	12 13 16	1·790	5 25·9
14	20 28 32·1	19 08 20	2·698	9 00·9	14	22 50 00·8	12 11 28	1·769	5 19·8
16	20 32 33·0	18 58 05	2·682	8 57·1	16	22 51 42·3	12 10 19	1·748	5 13·6
18	20 36 32·2	18 47 38	2·665	8 53·2	18	22 53 18·6	12 09 50	1·727	5 07·3
20	20 40 29·5	−18 37 01	2·648	8 49·2	20	22 54 49·5	−12 10 01	1·707	5 01·0
22	20 44 24·8	18 26 14	2·630	8 45·3	22	22 56 14·9	12 10 54	1·687	4 54·5
24	20 48 18·2	18 15 18	2·613	8 41·3	24	22 57 34·6	12 12 30	1·667	4 48·0
26	20 52 09·5	18 04 15	2·595	8 37·2	26	22 58 48·5	12 14 50	1·647	4 41·3
28	20 55 58·8	17 53 05	2·577	8 33·2	28	22 59 56·4	12 17 53	1·627	4 34·6
30	20 59 46·0	−17 41 50	2·559	8 29·1	30	23 00 58·3	−12 21 42	1·608	4 27·7
Apr. 1	21 03 31·1	−17 30 29	2·540	8 25·0	July 2	23 01 54·1	−12 26 16	1·589	4 20·8

GEOCENTRIC POSITIONS FOR 0ʰ DYNAMICAL TIME

Date		Astrometric J2000·0 R.A.	Dec.	True Dist- ance	Ephem- eris Transit	Date		Astrometric J2000·0 R.A.	Dec.	True Dist- ance	Ephem- eris Transit
		h m s	° ′ ″		h m			h m s	° ′ ″		h m
July	2	23 01 54·1	−12 26 16	1·589	4 20·8	Oct.	2	22 17 12·1	−21 07 38	1·499	21 30·2
	4	23 02 43·5	12 31 36	1·571	4 13·7		4	22 16 35·5	21 07 02	1·517	21 21·8
	6	23 03 26·4	12 37 43	1·553	4 06·6		6	22 16 06·0	21 05 34	1·537	21 13·5
	8	23 04 02·7	12 44 36	1·535	3 59·3		8	22 15 43·4	21 03 15	1·557	21 05·3
	10	23 04 32·3	12 52 17	1·518	3 51·9		10	22 15 27·9	21 00 07	1·577	20 57·2
	12	23 04 55·0	−13 00 45	1·501	3 44·4		12	22 15 19·4	−20 56 11	1·598	20 49·2
	14	23 05 10·6	13 10 00	1·484	3 36·8		14	22 15 18·0	20 51 28	1·620	20 41·4
	16	23 05 19·2	13 20 02	1·469	3 29·1		16	22 15 23·5	20 46 00	1·642	20 33·7
	18	23 05 20·5	13 30 49	1·453	3 21·2		18	22 15 36·0	20 39 48	1·664	20 26·1
	20	23 05 14·6	13 42 20	1·439	3 13·2		20	22 15 55·4	20 32 54	1·688	20 18·6
	22	23 05 01·5	−13 54 35	1·424	3 05·2		22	22 16 21·4	−20 25 20	1·711	20 11·2
	24	23 04 41·1	14 07 31	1·411	2 57·0		24	22 16 54·0	20 17 07	1·735	20 03·9
	26	23 04 13·6	14 21 06	1·398	2 48·6		26	22 17 33·0	20 08 17	1·759	19 56·7
	28	23 03 38·9	14 35 17	1·386	2 40·2		28	22 18 18·3	19 58 51	1·784	19 49·7
	30	23 02 57·3	14 50 02	1·375	2 31·6		30	22 19 09·6	19 48 50	1·809	19 42·7
Aug.	1	23 02 08·9	−15 05 18	1·364	2 23·0	Nov.	1	22 20 06·7	−19 38 16	1·834	19 35·8
	3	23 01 13·7	15 21 02	1·354	2 14·2		3	22 21 09·5	19 27 11	1·860	19 29·0
	5	23 00 12·0	15 37 11	1·346	2 05·3		5	22 22 17·9	19 15 35	1·886	19 22·3
	7	22 59 04·0	15 53 41	1·337	1 56·3		7	22 23 31·6	19 03 28	1·912	19 15·7
	9	22 57 49·9	16 10 27	1·330	1 47·2		9	22 24 50·5	18 50 53	1·938	19 09·2
	11	22 56 30·2	−16 27 26	1·324	1 38·0		11	22 26 14·4	−18 37 51	1·964	19 02·8
	13	22 55 05·0	16 44 33	1·318	1 28·7		13	22 27 43·2	18 24 21	1·991	18 56·4
	15	22 53 34·9	17 01 42	1·314	1 19·4		15	22 29 16·7	18 10 25	2·018	18 50·1
	17	22 52 00·3	17 18 50	1·310	1 09·9		17	22 30 54·7	17 56 04	2·045	18 43·9
	19	22 50 21·6	17 35 50	1·308	1 00·4		19	22 32 37·1	17 41 19	2·072	18 37·8
	21	22 48 39·6	−17 52 38	1·306	0 50·9		21	22 34 23·7	−17 26 10	2·099	18 31·7
	23	22 46 54·7	18 09 08	1·306	0 41·3		23	22 36 14·3	17 10 40	2·126	18 25·7
	25	22 45 07·6	18 25 15	1·306	0 31·6		25	22 38 08·8	16 54 48	2·154	18 19·8
	27	22 43 19·0	18 40 54	1·307	0 22·0		27	22 40 06·9	16 38 35	2·181	18 13·9
	29	22 41 29·3	18 56 02	1·310	0 12·3		29	22 42 08·6	16 22 03	2·208	18 08·1
	31	22 39 39·3	−19 10 34	1·313	0 02·6	Dec.	1	22 44 13·6	−16 05 11	2·236	18 02·3
Sept.	2	22 37 49·6	19 24 26	1·318	23 48·1		3	22 46 21·8	15 48 01	2·263	17 56·6
	4	22 36 00·8	19 37 36	1·324	23 38·4		5	22 48 33·1	15 30 33	2·290	17 50·9
	6	22 34 13·4	19 49 59	1·330	23 28·8		7	22 50 47·5	15 12 47	2·318	17 45·3
	8	22 32 28·1	20 01 33	1·338	23 19·2		9	22 53 04·7	14 54 44	2·345	17 39·7
	10	22 30 45·4	−20 12 16	1·346	23 09·7		11	22 55 24·6	−14 36 24	2·372	17 34·2
	12	22 29 06·0	20 22 04	1·356	23 00·2		13	22 57 47·3	14 17 49	2·399	17 28·7
	14	22 27 30·4	20 30 58	1·366	22 50·8		15	23 00 12·4	13 58 58	2·426	17 23·3
	16	22 25 59·1	20 38 54	1·377	22 41·4		17	23 02 40·1	13 39 52	2·453	17 17·9
	18	22 24 32·5	20 45 52	1·390	22 32·2		19	23 05 10·0	13 20 33	2·480	17 12·5
	20	22 23 11·3	−20 51 52	1·403	22 23·0		21	23 07 42·2	−13 01 00	2·506	17 07·2
	22	22 21 55·7	20 56 53	1·417	22 13·9		23	23 10 16·4	12 41 15	2·533	17 01·9
	24	22 20 46·0	21 00 55	1·432	22 05·0		25	23 12 52·7	12 21 17	2·559	16 56·6
	26	22 19 42·7	21 04 00	1·447	21 56·1		27	23 15 30·9	12 01 07	2·585	16 51·4
	28	22 18 45·8	21 06 08	1·464	21 47·4		29	23 18 10·9	11 40 46	2·611	16 46·2
	30	22 17 55·5	−21 07 20	1·481	21 38·7		31	23 20 52·7	−11 20 15	2·637	16 41·0
Oct.	2	22 17 12·1	−21 07 38	1·499	21 30·2		33	23 23 36·1	−10 59 33	2·662	16 35·9

Second Transit: August 31ᵈ 23ʰ 57ᵐ·8

MINOR PLANETS, 1993

OPPOSITION DATES, MAGNITUDES AND OSCULATING ELEMENTS
FOR EPOCH 1993 AUGUST 1·0 TDT, ECLIPTIC AND EQUINOX J2000·0

Name	No.	Magnitude Parameters H	Magnitude Parameters G	Opposition Date	Opposition Mag.	Dia-meter km	Inclin-ation i °	Long. of Asc. Node Ω °	Argument of Per. helion ω °	Mean Distance a	Daily Motion n °	Eccen-tricity e	Mean Anomaly M °
Ceres	1	3·32	0·11	Oct. 27	7·4	1003	10·599	80·663	71·262	2·7680	0·21402	0·0763	226·926
Pallas	2	4·13	0·15	Aug. 19	9·2	608	34·812	173·307	309·712	2·7713	0·21364	0·2342	213·097
Vesta	4	3·16	0·34	Aug. 31	5·9	538	7·135	103·982	150·090	2·3614	0·27162	0·0895	63·703
Astraea	5	6·91	0·25	Sept. 2	11·0	117	5·358	141·789	356·353	2·5750	0·23853	0·1914	201·968
Hebe	6	5·70	0·24	Feb. 18	9·2	201	14·775	139·019	238·597	2·4262	0·26080	0·2013	154·634
Iris	7	5·56	0·25	Mar. 14	9·1	209	5·514	259·992	145·043	2·3877	0·26714	0·2291	146·302
Flora	8	6·48	0·33	May 27	9·6	151	5·886	111·069	285·197	2·2010	0·30183	0·1569	238·416
Metis	9	6·32	0·29	Sept. 27	9·0	151	5·584	69·067	4·997	2·3867	0·26731	0·1224	285·468
Hygiea	10	5·37	0·15	Jan. 14	9·9	450	3·841	283·815	315·583	3·1352	0·17754	0·1209	281·933
Parthenope	11	6·62	0·27	Oct. 10	9·3	150	4·621	125·687	194·842	2·4527	0·25659	0·0997	27·856
Victoria	12	7·23	0·24	Nov. 18	10·2	126	8·371	235·669	69·418	2·3348	0·27627	0·2191	55·736
Egeria	13	6·71	0·15	Apr. 30	10·0	224	16·531	43·390	81·183	2·5756	0·23844	0·0874	106·494
Irene	14	6·27	0·09	July 20	10·0	158	9·111	86·830	94·793	2·5862	0·23698	0·1663	100·257
Eunomia	15	5·22	0·20	July 18	8·6	272	11·757	293·566	97·429	2·6428	0·22940	0·1870	288·930
Psyche	16	5·98	0·22	May 9	10·6	250	3·093	150·482	228·940	2·9223	0·19730	0·1362	233·035
Thetis	17	7·77	0·13	Oct. 6	11·1	109	5·585	125·669	135·983	2·4699	0·25392	0·1356	77·225
Melpomene	18	6·41	0·17	Jan. 9	9·0	150	10·136	150·701	227·349	2·2956	0·28337	0·2181	124·278
Fortuna	19	7·09	0·10	July 26	10·0	215	1·571	211·640	182·028	2·4414	0·25837	0·1595	289·357
Massalia	20	6·52	0·26	June 7	10·1	131	0·703	206·955	254·965	2·4080	0·26376	0·1447	161·176
Lutetia	21	7·33	0·16	Dec. 24	10·7	115	3·067	80·964	250·189	2·4356	0·25930	0·1626	66·497
Kalliope	22	6·49	0·22	Mar. 24	10·9	177	13·703	66·377	356·803	2·9138	0·19816	0·0979	129·170
Themis	24	7·07	0·10	June 24	11·7	234	0·762	36·046	109·800	3·1265	0·17828	0·1353	120·381
Euterpe	27	7·07	0·25	Oct. 2	9·4	108	1·584	94·819	356·017	2·3475	0·27404	0·1715	279·181
Bellona	28	7·17	0·22	Mar. 31	10·5	126	9·398	144·655	343·665	2·7788	0·21277	0·1496	72·153
Amphitrite	29	5·84	0·21	Apr. 23	9·4	195	6·108	356·612	63·699	2·5545	0·24140	0·0726	174·878
Urania	30	7·74	0·41	Dec. 19	10·1	91	2·096	308·104	85·942	2·3657	0·27087	0·1278	3·934
Euphrosyne	31	6·53	0·15	Aug. 10	12·2	370	26·340	31·301	62·876	3·1459	0·17664	0·2280	228·595
Pomona	32	7·50	0·11	Jan. 7	11·0	93	5·530	220·672	338·860	2·5861	0·23699	0·0850	326·248
Circe	34	8·37	0·03	Sept. 6	12·5	111	5·483	184·764	328·066	2·6871	0·22376	0·1068	185·712
Fides	37	7·28	0·25	Dec. 30	9·7	95	3·076	7·814	61·515	2·6415	0·22958	0·1774	345·624
Harmonia	40	7·14	0·31	June 8	9·8	100	4·257	94·352	269·617	2·2669	0·28876	0·0467	273·912
Isis	42	7·50	0·25	Apr. 18	10·9	97	8·539	84·618	236·017	2·4412	0·25840	0·2237	296·249
Nysa	44	7·05	0·44	June 11	10·6	82	3·703	131·662	342·064	2·4224	0·26141	0·1505	148·547
Eugenia	45	7·27	0·15	Oct. 29	11·4	226	6·604	148·026	87·222	2·7218	0·21949	0·0806	134·886
Hestia	46	8·38	0·11	May 26	11·8	133	2·334	181·274	176·337	2·5247	0·24569	0·1720	282·486
Aglaja	47	7·86	0·13	May 29	11·6	158	4·993	3·460	315·114	2·8809	0·20156	0·1302	316·314
Nemausa	51	7·36	0·06	May 16	10·2	151	9·959	176·264	1·820	2·3656	0·27089	0·0662	70·485
Alexandra	54	7·70	0·15	Dec. 18	12·3	180	11·826	313·575	345·276	2·7094	0·22101	0·1999	101·670
Mnemosyne	57	6·95	0·07	Aug. 14	11·6	109	15·211	199·445	215·608	3·1484	0·17643	0·1192	280·794
Concordia	58	8·79	0·15	Mar. 9	12·1	110	5·061	161·523	31·730	2·7007	0·22207	0·0466	9·168
Echo	60	8·68	0·33	Aug. 10	12·4	51	3·597	192·099	269·500	2·3936	0·26615	0·1829	227·990
Angelina	64	7·65	0·37	Apr. 17	10·9	56	1·309	309·798	179·614	2·6816	0·22445	0·1263	87·913
Cybele	65	6·79	0·15	Jan. 6	12·1	309	3·544	156·052	109·115	3·4327	0·15497	0·1049	237·612
Asia	67	8·36	0·25	June 14	10·5	58	6·018	202·974	105·639	2·4207	0·26169	0·1852	340·806
Panopaea	70	7·99	0·15	Oct. 16	11·1	151	11·581	48·025	255·641	2·6150	0·23308	0·1834	39·346
Niobe	71	7·26	0·37	June 17	10·5	115	23·287	316·458	265·904	2·7545	0·21559	0·1745	39·407
Frigga	77	8·57	0·26	Oct. 29	11·4	67	2·434	1·575	60·568	2·6683	0·22613	0·1338	319·805
Eurynome	79	7·83	0·18	Oct. 21	9·4	76	4·625	207·015	200·120	2·4443	0·25791	0·1937	326·154
Sappho	80	8·10	0·30	July 5	10·4	83	8·667	218·954	139·272	2·2956	0·28338	0·2004	314·344
Io	85	7·56	0·05	Feb. 28	12·2	147	11·967	203·526	122·396	2·6562	0·22767	0·1913	238·263

OPPOSITION DATES, MAGNITUDES AND OSCULATING ELEMENTS
FOR EPOCH 1993 AUGUST 1·0 TDT, ECLIPTIC AND EQUINOX J2000·0

Name	No.	Magnitude Parameters H	G	Opposition Date	Mag.	Dia-meter	Inclin-ation i	Long. of Asc. Node Ω	Argument of Per.helion ω	Mean Distance a	Daily Motion n	Eccen-tricity e	Mean Anomaly M
						km	°	°	°		°		°
Thisbe	88	7·05	0·17	Jan. 14	11·4	210	5·220	277·030	34·903	2·7672	0·21411	0·1636	199·088
Julia	89	6·57	0·14	Nov. 29	9·8	155	16·134	311·749	44·837	2·5507	0·24194	0·1827	23·909
Aegina	91	8·79	0·15	Mar. 7	11·9	104	2·119	11·030	73·541	2·5920	0·23618	0·1042	104·929
Minerva	93	7·73	0·15	Jan. 24	12·2	168	8·570	4·627	273·393	2·7537	0·21568	0·1419	252·293
Aurora	94	7·55	0·08	Feb. 15	12·0	188	8·014	3·198	52·990	3·1643	0·17510	0·0807	107·991
Arethusa	95	7·83	0·08	Mar. 9	12·9	230	12·938	243·577	152·583	3·0780	0·18252	0·1423	152·023
Hera	103	7·59	0·11	Dec. 4	11·3	96	5·419	136·377	189·401	2·7019	0·22192	0·0819	68·359
Artemis	105	8·89	0·29	Dec. 3	13·0	126	21·485	188·543	56·056	2·3732	0·26958	0·1768	153·906
Felicitas	109	8·87	0·11	Oct. 8	11·0	75	7·886	3·509	56·334	2·6945	0·22283	0·2992	320·996
Amalthea	113	8·63	0·26	Sept. 9	11·9	47	5·034	123·653	79·203	2·3760	0·26912	0·0875	125·701
Kassandra	114	8·24	0·10	June 21	12·1	136	4·941	164·515	351·642	2·6743	0·22537	0·1404	107·157
Sirona	116	7·86	0·25	Jan. 19	10·9	80	3·572	64·100	94·460	2·7691	0·21389	0·1391	10·735
Lachesis	120	7·73	0·17	Mar. 16	11·7	173	6·961	341·680	235·505	3·1173	0·17908	0·0651	348·301
Antigone	129	7·05	0·37	Dec. 28	11·9	115	12·220	136·517	109·033	2·8667	0·20306	0·2140	194·612
Hertha	135	8·21	0·19	Dec. 2	11·3	78	2·303	344·132	339·685	2·4293	0·26030	0·2048	50·710
Juewa	139	7·79	0·15	May 29	11·5	163	10·943	2·224	165·649	2·7784	0·21282	0·1777	75·671
Lumen	141	8·56	0·15	Mar. 20	13·3	133	11·884	319·011	57·422	2·6690	0·22604	0·2137	191·025
Vibilia	144	7·87	0·08	Dec. 30	10·9	130	4·814	76·726	293·245	2·6546	0·22788	0·2344	27·230
Adeona	145	8·05	0·01	June 12	11·9	195	12·623	77·682	44·736	2·6710	0·22579	0·1470	138·330
Lucina	146	8·15	0·13	Nov. 11	12·3	141	13·086	84·345	145·725	2·7197	0·21975	0·0638	152·613
Aemilia	159	8·07	0·15	May 26	12·7	140	6·123	134·407	338·077	3·1000	0·18057	0·1105	132·967
Elsa	182	9·30	0·30	Dec. 5	11·0	39	2·002	107·333	309·325	2·4166	0·26236	0·1868	337·741
Phthia	189	9·51	0·25	Sept. 27	12·4	41	5·177	203·840	166·736	2·4505	0·25693	0·0371	339·828
Prokne	194	7·66	0·15	Mar. 4	12·0	191	18·506	159·674	163·003	2·6192	0·23252	0·2360	247·077
Kallisto	204	9·00	0·25	Dec. 1	13·4	50	8·266	205·422	56·131	2·6717	0·22569	0·1742	133·607
Isolda	211	7·84	0·03	Apr. 21	12·7	166	3·878	263·916	175·767	3·0454	0·18545	0·1581	136·620
Oceana	224	8·71	0·25	Jan. 7	12·5	71	5·847	353·331	280·684	2·6445	0·22918	0·0461	240·605
Athamantis	230	7·47	0·35	Dec. 20	10·2	121	9·440	240·049	139·068	2·3825	0·26802	0·0618	24·792
Hypatia	238	8·10	0·15	Aug. 21	12·1	154	12·403	184·278	209·294	2·9061	0·19895	0·0912	301·289
Germania	241	7·50	0·04	Jan. 28	12·2	200	5·506	271·305	73·524	3·0494	0·18509	0·1012	171·932
Libussa	264	8·40	0·25	July 25	12·2	63	10·431	49·901	340·247	2·7972	0·21068	0·1370	286·903
Anahita	270	8·79	0·25	Jan. 26	11·9	51	2·365	254·801	79·809	2·1985	0·30235	0·1506	199·727
Unitas	306	9·05	0·25	May 20	11·6	43	7·262	142·103	167·139	2·3578	0·27224	0·1503	323·670
Polyxo	308	8·18	0·28	Oct. 3	11·7	138	4·355	182·060	115·583	2·7500	0·21612	0·0380	54·490
Chaldaea	313	8·86	0·05	July 18	12·9	160	11·622	176·997	314·992	2·3760	0·26910	0·1797	162·434
Bamberga	324	6·82	0·10	Feb. 19	11·3	246	11·132	328·536	43·469	2·6838	0·22418	0·3396	143·729
Tercidina	345	8·75	0·15	Feb. 26	11·7	99	9·739	212·919	230·313	2·3260	0·27783	0·0614	113·741
Eleonora	354	6·32	0·32	July 28	10·7	153	18·429	140·723	4·976	2·7963	0·21078	0·1166	155·832
Carlova	360	8·41	0·15	May 28	13·6	130	11·703	132·753	289·587	2·9991	0·18976	0·1803	194·897
Isara	364	9·85	0·25	June 9	13·1	28	6·003	105·715	312·623	2·2202	0·29794	0·1499	221·378
Corduba	365	9·27	0·30	July 10	13·5	99	12·802	185·563	215·710	2·8014	0·21021	0·1572	270·160
Amicitia	367	10·95	0·25	Sept. 9	13·9	20	2·944	83·587	55·021	2·2196	0·29806	0·0954	200·448
Myrrha	381	8·50	0·15	June 9	12·6	126	12·526	125·527	134·093	3·2136	0·17109	0·1030	6·773
Siegena	386	7·42	0·23	Apr. 7	12·3	191	20·246	167·137	220·082	2·9003	0·19954	0·1691	185·766
Aquitania	387	7·48	0·24	Jan. 1	12·4	112	18·076	128·579	156·128	2·7373	0·21764	0·2382	219·044
Industria	389	7·88	0·25	Oct. 17	11·8	81	8·143	282·694	264·308	2·6094	0·23383	0·0634	184·329
Arsinoe	404	9·05	0·19	Dec. 18	13·1	102	14·121	92·735	121·477	2·5932	0·23603	0·2002	218·218
Chloris	410	8·26	0·08	Nov. 8	12·7	134	10·928	97·330	172·559	2·7289	0·21864	0·2371	88·323
Vaticana	416	7·87	0·26	Jan. 30	12·3	76	12·924	58·484	196·861	2·7871	0·21182	0·2216	293·079
Eros	433	10·74	0·25	July 28	11·8	23	10·830	304·456	178·558	1·4583	0·55969	0·2229	185·606

OPPOSITION DATES, MAGNITUDES AND OSCULATING ELEMENTS
FOR EPOCH 1993 AUGUST 1·0 TDT, ECLIPTIC AND EQUINOX J2000·0

Name	No.	Magnitude Parameters H	G	Opposition Date	Mag.	Diameter km	Inclination i °	Long. of Asc. Node Ω °	Argument of Per. helion ω °	Mean Distance a °	Daily Motion n	Eccentricity e	Mean Anomaly M °
Hungaria	434	11·47	0·38	Oct. 19	13·2	11	22·506	175·476	123·884	1·9444	0·36353	0·0737	47·124
Gyptis	444	7·85	0·23	Nov. 7	10·9	165	10·265	195·998	154·579	2·7700	0·21379	0·1763	17·086
Patientia	451	6·65	0·20	May 13	11·4	276	15·229	89·497	343·641	3·0613	0·18401	0·0736	166·512
Papagena	471	6·61	0·29	Apr. 5	11·6	143	14·941	84·287	314·170	2·8947	0·20013	0·2292	159·067
Iva	497	10·01	0·11	Aug. 1	12·8	31	4·840	6·841	2·963	2·8505	0·20480	0·3010	325·021
Tokio	498	8·95	0·15	Dec. 29	12·9	71	9·527	97·736	240·330	2·6496	0·22853	0·2247	60·463
Davida	511	6·17	0·02	May 3	11·4	323	15·927	107·834	339·189	3·1731	0·17437	0·1804	128·401
Herculina	532	5·78	0·25	Sept. 5	10·4	150	16·344	108·055	74·824	2·7731	0·21343	0·1755	138·555
Pauly	537	8·79	0·15	Jan. 14	14·0	136	9·916	120·801	183·895	3·0599	0·18414	0·2384	200·485
Senta	550	9·21	0·25	Jan. 11	13·6	53	10·096	270·986	44·615	2·5900	0·23646	0·2191	192·020
Peraga	554	8·89	0·15	Feb. 17	11·6	101	2·940	295·885	127·217	2·3755	0·26919	0·1526	113·023
Scheila	596	8·89	0·15	Oct. 6	13·5	134	14·631	71·025	175·989	2·9331	0·19620	0·1593	89·591
Marianna	602	8·41	0·31	Mar. 2	13·6	137	15·192	332·560	42·633	3·0969	0·18085	0·2409	157·985
Patroclus	617	8·17	0·15	Feb. 12	15·8	147	22·037	44·412	307·135	5·2338	0·08232	0·1379	147·302
Hektor	624	7·47	0·15	July 6	14·6	179	18·234	342·793	182·396	5·1903	0·08335	0·0243	115·499
Zelinda	654	8·43	0·05	Aug. 10	12·7	128	18·125	278·677	213·669	2·2974	0·28304	0·2303	193·908
Crescentia	660	9·45	0·25	Feb. 11	13·1	51	15·236	157·347	104·459	2·5346	0·24425	0·1052	294·351
Rachele	674	7·43	0·25	Oct. 27	11·0	102	13·538	58·806	40·226	2·9231	0·19722	0·1951	293·907
Pax	679	9·01	0·15	Apr. 17	14·3	73	24·354	112·669	266·145	2·5881	0·23672	0·3114	203·170
Interamnia	704	6·00	0·02	Feb. 28	11·3	350	17·280	280·941	92·888	3·0673	0·18348	0·1458	173·422
Arequipa	737	8·84	0·25	Jan. 22	13·5	46	12·369	185·159	133·806	2·5922	0·23616	0·2417	201·488
Winchester	747	7·68	0·15	June 20	13·0	205	18·178	130·260	275·856	2·9924	0·19040	0·3444	261·240
Zwetana	785	9·58	0·25	June 29	12·4	49	12·708	72·540	128·846	2·5714	0·23903	0·2078	62·001
Pretoria	790	8·05	0·15	Jan. 8	13·8	176	20·558	252·263	42·266	3·4053	0·15685	0·1530	208·410
Hispania	804	7·87	0·22	Aug. 15	11·0	141	15·385	347·957	343·786	2·8383	0·20612	0·1400	347·234
Petropolitana	830	9·36	0·25	Jan. 2	13·7	51	3·828	342·054	69·432	3·2113	0·17127	0·0630	80·899
Benkoela	863	9·13	0·40	June 9	13·6	33	25·413	117·183	95·415	3·1974	0·17239	0·0429	47·170
Laodamia	1011	12·85	0·25	Oct. 4	16·0	7	5·475	132·786	353·188	2·3960	0·26576	0·3467	265·327
Grubba	1058	11·99	0·25	Apr. 17	14·5	13	3·690	222·097	93·789	2·1964	0·30279	0·1871	304·854
Aneas	1172	8·26	0·15	Jan. 22	15·8	130	16·709	247·493	47·763	5·1700	0·08384	0·1020	210·179
Anchises	1173	8·91	0·15	Feb. 1	16·6	92	6·905	283·950	39·149	5·3297	0·08010	0·1353	181·362
Irmela	1178	11·82	0·15	June 4	15·2	20	6·966	170·437	356·773	2·6754	0·22522	0·1882	77·153
Icarus	1566	16·65	0·25	July 26	18·8	20	22·880	88·157	31·224	1·0780	0·88054	0·8267	201·730
Alikoski	1567	9·57	0·15	May 4	13·7	72	17·280	51·788	117·021	3·2109	0·17130	0·0862	61·078
Aten	2062	16·96	0·25	Nov. 30	16·3	1	18·932	108·696	147·931	0·9666	1·03708	0·1826	36·746

CONTENTS OF SECTION H

Except for the tables of radio sources and pulsars, positions tabulated in Section H are referred to the mean equator and equinox of J1993.5 = 1993 July 2.375 = JD 244 9170.875. Positions of radio sources are referred to J2000.0 = JD 245 1545.0.

Name			H.R.	Right Ascension	Declination	Notes	V	U–B	B–V	Spectral Type
				h m s	° ′ ″					
	θ	Oct	9084	0 01 16.0	−77 06 06	fv	4.78	+1.41	+1.27	K2 III
30		Psc	9089	0 01 37.6	− 6 03 01	fv	4.41	+1.83	+1.63	M3 III
2		Cet	9098	0 03 24.4	−17 22 20	fv	4.55	−0.12	−0.05	B9 IV
33		Psc	3	0 05 00.2	− 5 44 38	fvd6	4.61	+0.89	+1.04	K0 III–IV
21	α	And	15	0 08 03.0	+29 03 16	fvd6	2.06	−0.46	−0.11	B9p Hg Mn
11	β	Cas	21	0 08 49.7	+59 06 50	fsvd6	2.27	+0.11	+0.34	F2 III–IV
	ε	Phe	25	0 09 05.0	−45 47 00	f	3.88	+0.84	+1.03	K0 III
22		And	27	0 09 58.9	+46 02 10	f	5.03	+0.25	+0.40	F2 II
	θ	Scl	35	0 11 24.2	−35 10 10	f	5.25		+0.44	F3/5 V
88	γ	Peg	39	0 12 54.0	+15 08 51	fsvd6	2.83	−0.87	−0.23	B2 IV
89	χ	Peg	45	0 14 15.9	+20 10 14	fsv	4.80	+1.93	+1.57	M2$^+$ III
7		Cet	48	0 14 18.6	−18 58 07	v	4.44	+1.99	+1.66	M1 III
25	σ	And	68	0 17 59.2	+36 44 57	fv6	4.52	+0.07	+0.05	A2 Va
8	ι	Cet	74	0 19 05.8	− 8 51 36	fvd	3.56	+1.25	+1.22	K1 IIIb
	ζ	Tuc	77	0 19 44.1	−64 54 47	f	4.23	+0.02	+0.58	F9 V
41		Psc	80	0 20 15.8	+ 8 09 15	fv	5.37	+1.55	+1.34	gK3
27	ρ	And	82	0 20 46.6	+37 55 57	f	5.18	+0.05	+0.42	F6 IV
	R	And	90	0 23 41.3	+38 32 29	svd	7.39	+1.25	+1.97	S5/4.5e
	β	Hyi	98	0 25 25.0	−77 17 27	fv	2.80	+0.11	+0.62	G1 IV
	κ	Phe	100	0 25 53.1	−43 42 57		3.94	+0.11	+0.17	A6 Vn
	α	Phe	99	0 25 57.8	−42 20 29	fd67	2.39	+0.88	+1.09	K0 IIIb
			118	0 30 03.2	−23 49 25	f6	5.19		+0.12	A5 Vn
	λ¹	Phe	125	0 31 06.3	−48 50 22	fd6	4.77	+0.04	+0.02	A1 Va
	β¹	Tuc	126	0 31 15.1	−62 59 38	d6	4.37	−0.17	−0.07	B9 V
15	κ	Cas	130	0 32 37.6	+62 53 45	fsv6	4.16	−0.80	+0.14	B1 Ia
29	π	And	154	0 36 31.9	+33 41 01	fvd6	4.36	−0.55	−0.14	B5 V
17	ζ	Cas	153	0 36 36.4	+53 51 40	fv6	3.66	−0.87	−0.20	B2 IV
			157	0 37 00.2	+35 21 50	s	5.48	+0.48	+0.88	G2 Ib–II
30	ε	And	163	0 38 12.7	+29 16 36	f	4.37	+0.47	+0.87	G8 IIIp
31	δ	And	165	0 38 58.8	+30 49 32	fsd6	3.27	+1.48	+1.28	K3 III
18	α	Cas	168	0 40 08.1	+56 30 06	fvd	2.23	+1.13	+1.17	K0$^-$ IIIa
	μ	Phe	180	0 41 01.2	−46 07 14	f	4.59	+0.72	+0.97	G8 III
	η	Phe	191	0 43 03.8	−57 29 55	fd	4.36	−0.02	0.00	A0.5 IV
16	β	Cet	188	0 43 15.8	−18 01 20	fv	2.04	+0.87	+1.02	G9.5 III CN−1
22	o	Cas	193	0 44 21.6	+48 14 56	fvd6	4.54	−0.51	−0.07	B5 III
34	ζ	And	215	0 46 59.6	+24 13 55	fvd6	4.06	+0.90	+1.12	K0 III
63	δ	Psc	224	0 48 20.7	+ 7 32 59	fd	4.43	+1.86	+1.50	K4.5 IIIb
	λ	Hyi	236	0 48 22.0	−74 57 31	f	5.07	+1.68	+1.37	K5 III
64		Psc	225	0 48 38.2	+16 54 20	fd6	5.07		+0.51	F8 V
24	η	Cas	219	0 48 42.2	+57 46 53	sd6	3.44	+0.03	+0.57	G0 V
35	ν	And	226	0 49 27.2	+41 02 37	f6	4.53	−0.58	−0.15	B5 V
19	φ²	Cet	235	0 49 48.1	−10 40 45	fv	5.19	−0.02	+0.50	F8 V
			233	0 50 19.7	+64 12 44	fcv6	5.39		+0.49	G0 III–IV + B9.5 V
20		Cet	248	0 52 40.6	− 1 10 46	f	4.77	+1.93	+1.57	M0$^-$ IIIa
	λ²	Tuc	270	0 54 45.8	−69 33 44	f	5.45	+1.00	+1.09	K2 III
27	γ	Cas	264	0 56 18.7	+60 40 54	fvd6	2.47	−1.08	−0.15	B0.5 IVe
37	μ	And	269	0 56 23.5	+38 27 51	fd	3.87	+0.15	+0.13	A5 V
38	η	And	271	0 56 51.6	+23 22 58	d6	4.42	+0.69	+0.94	G8$^-$ IIIb
	α	Scl	280	0 58 17.6	−29 23 33	fsv6	4.31	−0.56	−0.16	B7 III (C II)
71	ε	Psc	294	1 02 36.3	+ 7 51 19	fd	4.28	+0.70	+0.96	G9 III Fe−2

Name			H.R.	Right Ascension	Declination	Notes	V	U−B	B−V	Spectral Type
				h m s	° ′ ″					
	β	Phe	322	1 05 47.7	−46 45 12	vd7	3.31	+0.57	+0.89	G8 III
	ι	Tuc	332	1 07 03.3	−61 48 36	f	5.37		+0.88	G5 III
	υ	Phe	331	1 07 30.1	−41 31 18	fd	5.21	+0.09	+0.16	A3 IV/V
			285	1 07 45.5	+86 13 21	f	4.25	+1.33	+1.21	K2 III
30	μ	Cas	321	1 07 50.2	+54 53 19	fvd6	5.17	+0.09	+0.69	G5 Vb
	ζ	Phe	338	1 08 06.8	−55 16 49	vd6	3.92	−0.41	−0.08	B7 V
31	η	Cet	334	1 08 15.8	−10 13 00	fd	3.45	+1.19	+1.16	K2⁻ III CN 0.5
42	φ	And	335	1 09 07.4	+47 12 26	d7	4.25	−0.34	−0.07	B7 III
43	β	And	337	1 09 22.0	+35 35 10	fvd	2.06	+1.96	+1.58	M0⁺ IIIa
33	θ	Cas	343	1 10 42.2	+55 06 55	vd6	4.33	+0.12	+0.17	A7 V
84	χ	Psc	351	1 11 06.2	+21 00 01	f	4.66	+0.82	+1.03	G8.5 III
83	τ	Psc	352	1 11 18.1	+30 03 19	f6	4.51	+1.01	+1.09	K0.5 IIIb
86	ζ	Psc	361	1 13 23.5	+ 7 32 28	fd67	4.86	+0.09	+0.32	F0 Vn
	κ	Tuc	377	1 15 33.1	−68 54 38	vd7	4.86	+0.03	+0.47	F6 IV
89		Psc	378	1 17 27.8	+ 3 34 49	f6	5.16	+0.08	+0.07	A3 V
90	υ	Psc	383	1 19 06.5	+27 13 48	f6	4.76	+0.10	+0.03	A2 IV
34	φ	Cas	382	1 19 40.1	+58 11 51	smd6	4.98		+0.68	F0 Ia
46	ξ	And	390	1 21 57.3	+45 29 42	f6	4.88	+0.99	+1.08	K0⁻ IIIb
45	θ	Cet	402	1 23 41.9	− 8 13 01	fd	3.60	+0.93	+1.06	K0 IIIb
37	δ	Cas	403	1 25 23.2	+60 12 06	fsvd6	2.68	+0.12	+0.13	A5 III−IV
36	ψ	Cas	399	1 25 28.1	+68 05 47	fd	4.74	+0.94	+1.05	K0 III
94		Psc	414	1 26 20.5	+19 12 25	f	5.50	+1.05	+1.11	gK1
48	ω	And	417	1 27 15.9	+45 22 24	fd	4.83	0.00	+0.42	F5 V
	γ	Phe	429	1 28 05.0	−43 21 05	fv6	3.41	+1.85	+1.57	M0⁻ IIIa
48		Cet	433	1 29 17.4	−21 39 46	fd7	5.12	+0.04	+0.02	A1 Va
	δ	Phe	440	1 30 58.9	−49 06 23	f	3.95	+0.70	+0.99	G9 III
99	η	Psc	437	1 31 08.1	+15 18 45	fvd	3.62	+0.75	+0.97	G7 IIIa
50	υ	And	458	1 36 24.8	+41 22 23	fd6	4.09	+0.06	+0.54	F8 V
	α	Eri	472	1 37 28.4	−57 16 11	fv	0.46	−0.66	−0.16	B3 Vp
51		And	464	1 37 35.5	+48 35 44	f	3.57	+1.45	+1.28	K3⁻ III
40		Cas	456	1 37 59.1	+73 00 26	fvd	5.28		+0.96	G8 IIIa
106	v	Psc	489	1 41 05.6	+ 5 27 18	f	4.44	+1.57	+1.36	K3 IIIb Ba 0.1
			490	1 41 40.8	+35 12 47	f	5.40	−0.20	−0.09	B9 IV−V
	π	Scl	497	1 41 51.0	−32 21 34	fm	5.26		+1.04	K1 II/III
			500	1 42 23.8	− 3 43 22	f	4.99	+1.58	+1.38	K3 II−III
	φ	Per	496	1 43 15.0	+50 39 22	fv6	4.07	−0.93	−0.04	B2 Vep
52	τ	Cet	509	1 43 46.0	−15 58 18	fd	3.50	+0.21	+0.72	G8 V
110	o	Psc	510	1 45 03.0	+ 9 07 31	fsv	4.26	+0.71	+0.96	G8 III
	ε	Scl	514	1 45 20.5	−25 05 06	fd7	5.31	+0.02	+0.39	F0 V
			513	1 45 39.6	− 5 45 57	s	5.34	+1.88	+1.52	K4 III
53	χ	Cet	531	1 49 15.9	−10 43 06	fd	4.67	+0.03	+0.33	F2 V
55	ζ	Cet	539	1 51 08.4	−10 22 01	fvd6	3.73	+1.07	+1.14	K0 III
2	α	Tri	544	1 52 42.6	+29 32 51	fd6	3.41	+0.06	+0.49	F6 IV
111	ξ	Psc	549	1 53 13.1	+ 3 09 20	fv6	4.62	+0.72	+0.94	K0 III
	ψ	Phe	555	1 53 23.2	−46 20 03	fv6	4.41	+1.70	+1.59	M4 III
45	ε	Cas	542	1 53 55.3	+63 38 18	fv	3.38	−0.60	−0.15	B3 Vp
	φ	Phe	558	1 54 05.9	−42 31 43	f6	5.11	−0.15	−0.06	Ap Hg
6	β	Ari	553	1 54 16.8	+20 46 35	fv6	2.64	+0.10	+0.13	A5 V
	η²	Hyi	570	1 54 46.2	−67 40 45	f	4.69	+0.64	+0.95	G8.5 III
	χ	Eri	566	1 55 42.3	−51 38 28	fvd7	3.70	+0.46	+0.85	G8 IIIb CN IV

Name			H.R.	Right Ascension	Declination	Notes	V	U−B	B−V	Spectral Type
				h m s	o ′ ″					
	α	Hyi	591	1 58 33.9	−61 36 05	f	2.86	+0.14	+0.28	F0 V
59	υ	Cet	585	1 59 41.9	−21 06 33	f	4.00	+1.91	+1.57	M0 IIIb
113	α	Psc	596	2 01 42.6	+ 2 43 57	vmd68	3.79	−0.05	+0.03	A0p Si Sr
4		Per	590	2 01 51.9	+54 27 23	f6	5.04	−0.32	−0.08	B8 III
50		Cas	580	2 02 52.2	+72 23 25	f6	3.98	+0.03	−0.01	A1 Va
57	γ¹	And	603	2 03 29.9	+42 17 56	fd6	2.26	+1.58	+1.37	K3⁻ IIb
	ν	For	612	2 04 12.0	−29 19 40	fv	4.69	−0.51	−0.17	B9.5p Si
13	α	Ari	617	2 06 48.3	+23 25 55	fv6	2.00	+1.12	+1.15	K2⁻ IIIab Ca−1
4	β	Tri	622	2 09 09.3	+34 57 24	f6	3.00	+0.10	+0.14	A5 III
	μ	For	652	2 12 37.3	−30 45 15	f	5.28	−0.06	−0.02	A2 Vn
65	ξ¹	Cet	649	2 12 39.3	+ 8 48 59	fvd6	4.37	+0.60	+0.89	G7 II−III Fe−1
			645	2 13 10.2	+51 02 09	fvd6	5.31	+0.62	+0.93	K0 III
			641	2 13 13.7	+58 31 51	s	6.44	+0.23	+0.60	A3 Iab
	φ	Eri	674	2 16 16.7	−51 32 32	fd	3.56	−0.39	−0.12	B8 V
67		Cet	666	2 16 39.6	− 6 27 07	f	5.51	+0.76	+0.96	G8.5 III
9	γ	Tri	664	2 16 55.6	+33 49 03	f	4.01	+0.02	+0.02	A0 IV−Vn
62		And	670	2 18 51.5	+47 21 01	f	5.30		−0.01	A1 V
68	o	Cet	681	2 19 01.0	− 3 00 25	vd	2−10	+1.09	+1.42	M5.5e + pec
	δ	Hyi	705	2 21 37.9	−68 41 20	f	4.09	+0.05	+0.03	A1 Va
	κ	For	695	2 22 14.7	−23 50 45	f	5.20		+0.60	G0 Va
	κ	Hyi	715	2 22 49.7	−73 40 31	f	5.01	+1.04	+1.09	K1 III
	λ	Hor	714	2 24 43.0	−60 20 27	f	5.35		+0.39	F2 III
1	α	UMi	424	2 24 47.7	+89 14 07	fvd6	2.02	+0.38	+0.60	F5−8 Ib
72	ρ	Cet	708	2 25 38.2	−12 19 10	f	4.89	−0.07	−0.03	A0 III−IVn
	κ	Eri	721	2 26 44.8	−47 43 58	f6	4.25	−0.50	−0.14	B5 IV
12		Tri	717	2 27 47.0	+29 38 26	fm	5.28			F0 III
73	ξ²	Cet	718	2 27 48.8	+ 8 25 52	f6	4.28	−0.12	−0.06	A0 III⁻
	ι	Cas	707	2 28 31.4	+67 22 25	vd	4.52	+0.06	+0.12	A5p Sr
14		Tri	736	2 31 42.3	+36 07 07	f	5.15	+1.78	+1.47	K5 III
76	σ	Cet	740	2 31 46.7	−15 16 23	f	4.75	−0.02	+0.45	F5 IV−Vs
	μ	Hyi	776	2 31 48.0	−79 08 16	f	5.28	+0.73	+0.98	G8 III
78	ν	Cet	754	2 35 32.0	+ 5 33 54	fd67	4.86	+0.53	+0.87	G8 III
			753	2 35 43.5	+ 6 51 22	fsd6	5.82	+0.81	+0.98	K3⁻ V
			743	2 37 24.2	+72 47 25	f	5.16	+0.58	+0.88	G8 III
32	ν	Ari	773	2 38 26.8	+21 56 01	f6	5.30	+0.18	+0.16	A7 V
82	δ	Cet	779	2 39 08.9	+ 0 18 03	fv6	4.07	−0.87	−0.22	B2 IV
	ε	Hyi	806	2 39 29.3	−68 17 41	f	4.11	−0.14	−0.06	B9 V
	ι	Eri	794	2 40 24.7	−39 52 59	f	4.11	+0.74	+1.02	K0 III
	ζ	Hor	802	2 40 27.5	−54 34 39	f6	5.21	−0.01	+0.40	F4 IV
86	γ	Cet	804	2 42 57.8	+ 3 12 31	d7	3.47	+0.07	+0.09	A2 Va
35		Ari	801	2 43 04.1	+27 40 47	f6	4.66	−0.62	−0.13	B3 V
14		Per	800	2 43 39.6	+44 16 11	f	5.43	+0.65	+0.90	G0 Ib Ca 1
13	θ	Per	799	2 43 45.2	+49 12 05	fvd	4.12	0.00	+0.49	F7 V
89	π	Cet	811	2 43 48.8	−13 53 10	f6	4.25	−0.45	−0.14	B7 V
87	μ	Cet	813	2 44 35.4	+10 05 13	fvd6	4.27	+0.08	+0.31	F0 IV
1	τ¹	Eri	818	2 44 47.9	−18 35 59	6	4.47	0.00	+0.48	F5 V
	β	For	841	2 48 49.1	−32 25 59	fd	4.46	+0.69	+0.99	G8.5 IIIb Fe−0.5
41		Ari	838	2 49 36.0	+27 14 02	fvd6	3.63	−0.37	−0.10	B8 Vn
16		Per	840	2 50 10.3	+38 17 32	vd	4.23	+0.08	+0.34	F2 III
15	η	Per	834	2 50 13.1	+55 52 08	fd6	3.76	+1.89	+1.68	K3⁻ Ib−IIa

Name			H.R.	Right Ascension	Declination	Notes	V	U–B	B–V	Spectral Type
				h m s	° ′ ″					
2	τ^2	Eri	850	2 50 44.6	−21 01 50	fd	4.75	+0.63	+0.91	K0 III
43	σ	Ari	847	2 51 08.0	+15 03 20	f	5.49	−0.43	−0.09	B7 V
	R	Hor	868	2 53 39.9	−49 55 00	vm	4.00			M6.5e:
18	τ	Per	854	2 53 47.6	+52 44 11	fcvd6	3.95	+0.46	+0.74	G5 III + A4 V
3	η	Eri	874	2 56 06.6	− 8 55 26	fv	3.89	+1.00	+1.11	K1 IIIb
			875	2 56 17.9	− 3 44 18	f6	5.17	+0.05	+0.08	A3 Vn
	θ^1	Eri	897	2 58 00.9	−40 19 50	fvmd68	3.42	+0.12	+0.12	A5 III
	θ^2	Eri	898	2 58 01.5	−40 19 49	vmd8	4.42	+0.12	+0.12	A1 Va
24		Per	882	2 58 39.4	+35 09 27	f	4.93	+1.29	+1.23	K2 III
91	λ	Cet	896	2 59 22.0	+ 8 52 54	f	4.70	−0.45	−0.12	B6 III
92	α	Cet	911	3 01 56.4	+ 4 03 52	fv	2.53	+1.94	+1.64	M1.5 IIIa
11	τ^3	Eri	919	3 02 06.3	−23 38 59	f	4.09	+0.08	+0.16	A5 V
	θ	Hyi	939	3 02 14.4	−71 55 40	fd7	5.53	−0.51	−0.14	B9 IVp
	μ	Hor	934	3 03 27.6	−59 45 46	f	5.11		+0.34	F0 IV
23	γ	Per	915	3 04 19.3	+53 28 53	fcd6	2.93	+0.45	+0.70	G5 III + A2 V
25	ρ	Per	921	3 04 45.5	+38 48 56	fv	3.39	+1.79	+1.65	M4 II
			881	3 05 14.2	+79 23 37	fd6	5.49		+1.57	M2 IIIab
26	β	Per	936	3 07 44.6	+40 55 52	fvd6	2.12	−0.37	−0.05	B8 V
	ι	Per	937	3 08 35.7	+49 35 20	fd	4.05	+0.10	+0.61	G0 V
27	κ	Per	941	3 09 03.3	+44 49 59	vd6	3.80	+0.83	+0.98	K0 III
57	δ	Ari	951	3 11 15.4	+19 42 09	fv	4.35	+0.87	+1.03	K0 III
	α	For	963	3 11 47.7	−29 00 45	vd7	3.87	+0.02	+0.52	F8 V
			977	3 12 23.2	−57 20 45	fsv	5.74	+2.83	+2.28	C6:,2.5 Ba2 Y4
94		Cet	962	3 12 26.5	− 1 13 12	fd7	5.06	+0.12	+0.57	F8 V
58	ζ	Ari	972	3 14 31.6	+21 01 15	f	4.89	−0.01	−0.01	A0.5 Va$^+$
13	ζ	Eri	984	3 15 31.1	− 8 50 37	fv6	4.80	+0.09	+0.23	A5m:
29		Per	987	3 18 09.9	+50 11 55	sm6	5.15		−0.05	B3 V
96	κ	Cet	996	3 19 01.2	+ 3 20 48	fsvd	4.83	+0.19	+0.68	G5 V
16	τ^4	Eri	1003	3 19 13.6	−21 46 53	vd	3.69	+1.81	+1.62	M3 III
			961	3 19 29.1	+77 42 42	fvd	5.45	+0.11	+0.19	A5 III:
			1008	3 19 40.1	−43 05 40	f	4.27	+0.22	+0.71	G8 V
			999	3 19 56.7	+29 01 31		4.47	+1.79	+1.55	K4 III
61	τ	Ari	1005	3 20 51.0	+21 07 26	fd	5.28	−0.52	−0.07	B5 IV
33	α	Per	1017	3 23 51.4	+49 50 19	fsvmd	1.80		+0.48	F5 Ib
			1009	3 24 06.3	+64 33 48	fv	5.23		+2.08	M0 II
1	o	Tau	1030	3 24 27.8	+ 9 00 23	fv6	3.60	+0.61	+0.89	G6 IIIa Fe−1
			1029	3 25 29.6	+49 05 54	sm	6.07		−0.08	B7 V
2	ξ	Tau	1038	3 26 49.0	+ 9 42 37	f6	3.74	−0.33	−0.09	B9 Vn
			1035	3 28 32.3	+59 55 05	fvd	4.21	−0.24	+0.41	B9 Ia
	κ	Ret	1083	3 29 15.8	−62 57 37	fd	4.72	−0.04	+0.40	F5 IV–V
			1040	3 29 23.5	+58 51 24	s6	4.54	−0.11	+0.56	A0 Ia
35	σ	Per	1052	3 30 06.8	+47 58 24	fvm	4.35		+1.37	K3 III
17		Eri	1070	3 30 17.7	− 5 05 50	f	4.73	−0.27	−0.09	B9 Vs
5		Tau	1066	3 30 30.8	+12 54 53	fd6	4.11	+1.02	+1.12	K0 II–III
18	ε	Eri	1084	3 32 37.5	− 9 28 48	fsd	3.73	+0.59	+0.88	K2 V
19	τ^5	Eri	1088	3 33 30.0	−21 39 16	fm6	4.26		−0.10	B8 V
20		Eri	1100	3 35 59.6	−17 29 18	fv	5.23		−0.13	B9p Si
37	ψ	Per	1087	3 36 01.5	+48 10 17	vm	4.23		−0.06	B5 Ve
10		Tau	1101	3 36 32.4	+ 0 22 53	f	4.28	+0.07	+0.58	F9 IV–V
			1106	3 36 51.7	−40 17 45	f	4.58	+0.77	+1.04	K1 III

Name			H.R.	Right Ascension	Declination	Notes	V	U–B	B–V	Spectral Type
				h m s	° ′ ″					
			1105	3 41 35.2	+63 11 46	fv6	5.10		+1.63	S3.5/2
	δ	For	1134	3 41 59.4	−31 57 32	f6	5.00	−0.60	−0.16	B5 IV
39	δ	Per	1122	3 42 27.6	+47 46 02	fvd6	3.01	−0.51	−0.13	B5 III
23	δ	Eri	1136	3 42 56.2	− 9 47 06	fv	3.54	+0.69	+0.92	K0⁺ IV
38	o	Per	1131	3 43 54.6	+32 16 05	vd6	3.83	−0.75	+0.05	B1 III
	β	Ret	1175	3 44 07.0	−64 49 38	fd6	3.85	+1.10	+1.13	K2 III
24		Eri	1146	3 44 10.7	− 1 11 00	f6	5.25	−0.39	−0.10	B7 V
17		Tau	1142	3 44 29.3	+24 05 36	fmd6	3.70		−0.11	B6 III
41	ν	Per	1135	3 44 45.0	+42 33 30	fvd	3.77	+0.31	+0.42	F5 II
19		Tau	1145	3 44 49.2	+24 26 50	vmd6	4.30		−0.11	B6 IV
29		Tau	1153	3 45 19.7	+ 6 01 48	fd6	5.35	−0.61	−0.12	B3 V
20		Tau	1149	3 45 26.3	+24 20 52	svmd6	3.88		−0.07	B7 III (Fe II)
26	π	Eri	1162	3 45 50.0	−12 07 18	v	4.42	+2.01	+1.63	M2⁻ IIIab
23		Tau	1156	3 45 56.4	+23 55 43	vmd	4.18		−0.06	B6 IV
27	τ⁶	Eri	1173	3 46 34.1	−23 16 07	f	4.23	0.00	+0.42	F3 III
25	η	Tau	1165	3 47 05.8	+24 05 07	fmd	2.87		−0.09	B7 III
	γ	Hyi	1208	3 47 20.0	−74 15 32	f	3.24	+1.99	+1.62	M2 III
27		Tau	1178	3 48 46.5	+24 02 02	fvmd6	3.63		−0.08	B8 III
			1155	3 48 55.2	+65 30 24	v	4.47	+2.13	+1.88	M2⁺ IIab
			1195	3 49 12.7	−36 13 11	f	4.17	+0.69	+0.95	G8 III
	γ	Cam	1148	3 49 39.8	+71 18 46	fd	4.63	+0.07	+0.03	A1 IIIn
44	ζ	Per	1203	3 53 43.3	+31 51 53	fsvd67	2.85	−0.77	+0.12	B1 Ib
45	ε	Per	1220	3 57 25.0	+39 59 31	fsvd67	2.89	−0.99	−0.18	B0.5 III
34	γ	Eri	1231	3 57 43.6	−13 31 36	fvd	2.95	+1.96	+1.59	M0.5 IIIb Ca−1
46	ξ	Per	1228	3 58 32.5	+35 46 22	fv6	4.04	−0.92	+0.01	O7.5
	δ	Ret	1247	3 58 38.5	−61 25 07	f	4.56	+1.96	+1.62	M2 IIIab
35	λ	Tau	1239	4 00 19.2	+12 28 20	fv6	3.47	−0.62	−0.12	B3 IV
35		Eri	1244	4 01 12.3	− 1 34 03	f	5.28	−0.55	−0.15	B5 V
38	ν	Tau	1251	4 02 48.6	+ 5 58 18	f	3.91	+0.07	+0.03	A1 Va
37		Tau	1256	4 04 18.6	+22 03 52	fd	4.36	+0.95	+1.07	K0 III
47	λ	Per	1261	4 06 05.8	+50 20 03	f	4.29	−0.04	−0.01	A0 IIIn
			1279	4 07 19.9	+15 08 44	svmd6	6.01		+0.40	F3 V
48		Per	1273	4 08 11.3	+47 41 44	fv	4.04	−0.55	−0.03	B3 Ve
43		Tau	1283	4 08 47.2	+19 35 33	f	5.50		+1.07	K1 III
			1270	4 08 54.4	+59 53 28	s	6.28	+0.92	+1.14	G8 IIa
44		Tau	1287	4 10 26.0	+26 27 52	fv	5.41	+0.06	+0.34	F2 IV–V
38	o¹	Eri	1298	4 11 32.9	− 6 51 15	fv	4.04	+0.13	+0.33	F3 V
	α	Hor	1326	4 13 47.2	−42 18 37	f	3.86	+1.00	+1.10	K2 III
	α	Ret	1336	4 14 20.4	−62 29 24	fd6	3.35	+0.63	+0.91	G8 II–III
51	μ	Per	1303	4 14 25.1	+48 23 36	fvd67	4.14	+0.64	+0.95	G0 Ib
40	o¹	Eri	1325	4 14 58.3	− 7 39 45	vd	4.43	+0.45	+0.82	K0.5 V
49	μ	Tau	1320	4 15 10.8	+ 8 52 35	fm6	4.29		−0.05	B3 IV
48		Tau	1319	4 15 24.1	+15 23 05	svmd	6.32		+0.40	F3 V
	γ	Dor	1338	4 15 51.4	−51 30 10	fv	4.25	+0.03	+0.30	F0 V
	ε	Ret	1355	4 16 22.2	−59 19 03	d	4.44	+1.07	+1.08	K2 IV
41		Eri	1347	4 17 38.9	−33 48 50	vd67	3.56	−0.37	−0.12	Ap Mn
54	γ	Tau	1346	4 19 25.4	+15 36 44	fvm6	3.63		+0.99	K0⁻ IIIab CN 1
57		Tau	1351	4 19 35.7	+14 01 12	svmd6	5.59		+0.28	F0 IV
54		Per	1343	4 19 59.2	+34 33 05	fd	4.93	+0.69	+0.94	G8 III CN 0.5
			1327	4 20 03.4	+65 07 31	s	5.27	+0.47	+0.81	G5 IIb

Name			H.R.	Right Ascension	Declination	Notes	V	U−B	B−V	Spectral Type
				h m s	° ′ ″					
			1367	4 20 22.0	−20 39 17	fm	5.38		−0.02	A1 V
	η	Ret	1395	4 21 49.0	−63 24 06	fm	5.23		+0.95	G8 III
61	δ	Tau	1373	4 22 33.6	+17 31 40	fvmd6	3.76		+0.98	G9.5 III CN 0.5
63		Tau	1376	4 23 02.6	+16 45 45	csmd6	5.63		+0.30	A2 m F3 III
42	ξ	Eri	1383	4 23 21.4	− 3 45 37	fv6	5.17	+0.08	+0.08	A2 V
43		Eri	1393	4 23 47.5	−34 01 54	fm	3.95		+1.49	K5 III
65	κ	Tau	1387	4 24 58.8	+22 16 46	vmd6	4.22		+0.14	A7 V
68		Tau	1389	4 25 06.8	+17 54 49	vmd6	4.30		+0.05	A2 IV−Vs
69	υ	Tau	1392	4 25 55.1	+22 47 57	vmd6	4.29		+0.26	A8 Vn
71		Tau	1394	4 25 58.5	+15 36 14	vmd6	4.49		+0.25	A8 Vn
77	θ¹	Tau	1411	4 28 12.2	+15 56 53	d6	3.85	+0.76	+0.96	G9 III CN−0.5
74	ε	Tau	1409	4 28 14.2	+19 09 59	fd	3.54	+0.88	+1.02	G9.5 III CN 0.5
78	θ²	Tau	1412	4 28 17.4	+15 51 25	svd6	3.42	+0.15	+0.18	A7 III
	δ	Cae	1443	4 30 38.2	−44 58 03	fv	5.07		−0.19	B2 IV−V
1		Cam	1417	4 31 30.8	+53 53 50	fd6	5.77	−0.73	+0.18	B0 IIIn
50	υ¹	Eri	1453	4 33 15.3	−29 46 46	v	4.51	+0.72	+0.98	K0⁺ III CN−1
86	ρ	Tau	1444	4 33 28.7	+14 49 52	fvm6	4.65		+0.24	A8 Vn
	α	Dor	1465	4 33 51.3	−55 03 30	fvd7	3.27	−0.35	−0.10	A0 IIIp Si
88		Tau	1458	4 35 17.8	+10 08 52	vd6	4.25	+0.11	+0.18	A5m:
52	υ²	Eri	1464	4 35 17.9	−30 34 31	f	3.82	+0.72	+0.98	G8.5 IIIa
87	α	Tau	1457	4 35 32.8	+16 29 48	fsvd6	0.85	+1.90	+1.54	K5⁺ III
48	ν	Eri	1463	4 35 59.6	− 3 21 55	fvd6	3.93	−0.89	−0.21	B2 III
58		Per	1454	4 36 14.2	+41 15 07	cd6	4.25	+0.82	+1.22	K0 II−III + B9 V
	R	Dor	1492	4 36 41.0	−62 05 24	svd	5.40	+0.86	+1.58	M8e III:
90		Tau	1473	4 37 47.6	+12 29 54	md6	4.27		+0.13	A6 Vn
53		Eri	1481	4 37 52.9	−14 18 59	fd67	3.87	+1.01	+1.09	K2 IIIb
54		Eri	1496	4 40 09.4	−19 41 01	vd	4.32	+1.81	+1.61	M3/4 III
	α	Cae	1502	4 40 21.1	−41 52 34	fvd	4.45	+0.01	+0.34	F1 V
	β	Cae	1503	4 41 49.7	−37 09 24	f	5.05	+0.04	+0.37	F1 V
94	τ	Tau	1497	4 41 51.3	+22 56 42	fd67	4.28	−0.57	−0.13	B3 V
57	μ	Eri	1520	4 45 10.6	− 3 15 58	f6	4.02	−0.60	−0.15	B4 IV
4		Cam	1511	4 47 27.7	+56 44 46	fmd	5.26		+0.25	A3m
			1533	4 49 28.3	+37 28 38	f	4.88	+1.70	+1.44	K3.5 III Ba 0.2:
1	π³	Ori	1543	4 49 29.2	+ 6 57 01	fvd6	3.19	−0.01	+0.45	F6 V
2	π²	Ori	1544	4 50 15.4	+ 8 53 22	6	4.36	0.00	+0.01	A0.5 IVn
3	π⁴	Ori	1552	4 50 51.6	+ 5 35 40	fsv6	3.69	−0.81	−0.17	B2 III
97		Tau	1547	4 50 59.6	+18 49 45	fvd	5.13	+0.12	+0.21	A9 IIIn
4	o¹	Ori	1556	4 52 09.9	+14 14 25	fcv	4.74		+1.84	S3.5/1⁻
61	ω	Eri	1560	4 52 34.5	− 5 27 48	6	4.39	+0.16	+0.25	A9 IV
9	α	Cam	1542	4 53 24.0	+66 19 56	f	4.29	−0.88	+0.03	O9.5 Ia
8	π⁵	Ori	1567	4 53 54.8	+ 2 25 49	fv6	3.72	−0.83	−0.18	B2 III
	η	Men	1629	4 55 22.1	−74 56 49	f	5.47	+1.83	+1.52	K4 III
9	o²	Ori	1580	4 56 00.3	+13 30 16	d	4.07	+1.11	+1.15	K2⁻ III Fe−1
3	ι	Aur	1577	4 56 34.2	+33 09 23	fv	2.69	+1.78	+1.53	K3 II
7		Cam	1568	4 56 45.8	+53 44 32	d67	4.47	−0.01	−0.02	A0m A1 III
10	π⁶	Ori	1601	4 58 12.6	+ 1 42 16	v	4.47	+1.55	+1.40	K2⁻ II
7	ε	Aur	1605	5 01 30.1	+43 48 51	fvd6	2.99	+0.33	+0.54	F0 Iape
8	ζ	Aur	1612	5 02 01.4	+41 04 01	fcv6	3.75	+0.38	+1.22	K5 II + B5 V
102	ι	Tau	1620	5 02 42.4	+21 34 52	fmd	4.64		+0.15	A7 V
10	β	Cam	1603	5 02 50.3	+60 26 00	fd	4.03	+0.63	+0.92	G1 Ib−IIa

Name			H.R.	Right Ascension	Declination	Notes	V	U−B	B−V	Spectral Type
				h m s	° ′ ″					
11		Ori	1638	5 04 11.8	+15 23 44	fv	4.68	−0.09	−0.06	A0p Si
	η²	Pic	1663	5 04 47.9	−49 35 11	fv	5.03	+1.88	+1.49	K5 III
2	ε	Lep	1654	5 05 11.1	−22 22 46	fv	3.19	+1.78	+1.46	K4 III
	ζ	Dor	1674	5 05 23.9	−57 28 53	f	4.72	−0.04	+0.52	F7 V
10	η	Aur	1641	5 06 03.5	+41 13 34	fv	3.17	−0.67	−0.18	B3 V
67	β	Eri	1666	5 07 31.8	− 5 05 40	fvd	2.79	+0.10	+0.13	A3 IVn
69	λ	Eri	1679	5 08 50.1	− 8 45 44	fv	4.27	−0.90	−0.19	B2 IVn
16		Ori	1672	5 08 58.2	+ 9 49 18	fvmd6	5.43		+0.24	A2m
3	ι	Lep	1696	5 11 59.7	−11 52 36	d	4.45	−0.40	−0.10	B9 V:
5	μ	Lep	1702	5 12 38.4	−16 12 46	fsv	3.31	−0.39	−0.11	B9 IIIp Mn
4	κ	Lep	1705	5 12 55.8	−12 56 56	d7	4.36	−0.37	−0.10	B9 V:
17	ρ	Ori	1698	5 12 57.0	+ 2 51 13	vd67	4.46	+1.16	+1.19	K1 III CN 0.5
11	μ	Aur	1689	5 12 59.0	+38 28 38	f	4.86	+0.09	+0.18	A4m:
	θ	Dor	1744	5 13 45.7	−67 11 33	f	4.83	+1.39	+1.28	K2.5 IIIa
19	β	Ori	1713	5 14 13.5	− 8 12 32	fsvd6	0.12	−0.66	−0.03	B8 Ia
13	α	Aur	1708	5 16 12.5	+45 59 31	fcvd67	0.08	+0.44	+0.80	G6 III + G2 III
	o	Col	1743	5 17 15.0	−34 54 05	f	4.83	+0.80	+1.00	K0/1 III/IV
20	τ	Ori	1735	5 17 17.4	− 6 51 04	fsd6	3.60	−0.47	−0.11	B5 III
15	λ	Aur	1729	5 18 41.0	+40 05 38	fd	4.71	+0.12	+0.63	G1.5 IV−V Fe−1
	ζ	Pic	1767	5 19 12.5	−50 36 46	f	5.45	+0.01	+0.51	F7 III−IV
6	λ	Lep	1756	5 19 16.5	−13 10 59	f	4.29	−1.03	−0.26	B0.5 IV
22		Ori	1765	5 21 25.8	− 0 23 19	f6	4.73	−0.79	−0.17	B2 IV−V
			1686	5 21 28.7	+79 13 30	fd	5.05		+0.47	F7 Vs
29		Ori	1784	5 23 38.0	− 7 48 49		4.14	+0.69	+0.96	G8 III Fe−0.5
28	η	Ori	1788	5 24 09.0	− 2 24 10	vd6	3.36	−0.92	−0.17	B0.5 Vnn
24	γ	Ori	1790	5 24 46.9	+ 6 20 39	fvd6	1.64	−0.87	−0.22	B2 III
112	β	Tau	1791	5 25 52.8	+28 36 09	fsd	1.65	−0.49	−0.13	B7 III
115		Tau	1808	5 26 47.3	+17 57 25	fd	5.42	−0.53	−0.10	B5 V
9	β	Lep	1829	5 27 58.0	−20 45 52	fvd	2.84	+0.46	+0.82	G5 II
			1856	5 29 58.8	−47 04 56	fd7	5.46	+0.21	+0.62	G3 IV
32		Ori	1839	5 30 26.2	+ 5 56 37	d7	4.20	−0.55	−0.14	B5 V
	ε	Col	1862	5 30 58.9	−35 28 30		3.87	+1.08	+1.14	K1 II/III
34	δ	Ori	1851	5 31 40.5	− 0 17 20	sd	6.85	−0.71	−0.16	B2 Vh
34	δ	Ori	1852	5 31 40.5	− 0 18 13	fvd6	2.23	−1.05	−0.22	O9.5 II
119		Tau	1845	5 31 49.9	+18 35 24	v	4.38	+2.21	+2.07	M2 Iab−Ib
	γ	Men	1953	5 32 08.2	−76 20 45	fd	5.19	+1.19	+1.13	K2 III
25	χ	Aur	1843	5 32 18.3	+32 11 16	fv6	4.76	−0.46	+0.34	B5 Iab
11	α	Lep	1865	5 32 26.6	−17 49 36	fsvd	2.58	+0.23	+0.21	F0 Ib
	β	Dor	1922	5 33 34.1	−62 29 39	fvm	3.40		+0.80	F9 Ib
37	φ¹	Ori	1876	5 34 27.8	+ 9 29 08	f6	4.41	−0.97	−0.16	B0.5 IV−V
39	λ	Ori	1879	5 34 46.8	+ 9 55 48	vd8	3.66	−1.03	−0.18	O8
			1890	5 35 02.5	− 4 29 51	svm6	6.55		−0.14	B2 Vh
			1891	5 35 03.1	− 4 25 44	smd	6.25		−0.16	B2.5 V
44	ι	Ori	1899	5 35 06.9	− 5 54 50	fsmd6	2.76		−0.23	O9 III
46	ε	Ori	1903	5 35 53.0	− 1 12 21	fsvd6	1.70	−1.04	−0.19	B0 Ia
40	φ²	Ori	1907	5 36 32.9	+ 9 17 15	s	4.09	+0.64	+0.95	K0 IIIb Fe−2
123	ζ	Tau	1910	5 37 15.4	+21 08 20	fsvd6	3.00	−0.67	−0.19	B1 IV:((e)) (shell)
48	σ	Ori	1931	5 38 25.2	− 2 36 12	d6	3.81	−1.01	−0.24	O9.5 V
	α	Col	1956	5 39 24.8	−34 04 38	fvd	2.64	−0.46	−0.12	B7 IV
50	ζ	Ori	1948	5 40 25.8	− 1 56 44	vmd68	2.05	−1.07	−0.21	O9.5 Ib

Name			H.R.	Right Ascension	Declination	Notes	V	U−B	B−V	Spectral Type
				h m s	° ′ ″					
50	ζ	Ori	1949	5 40 25.8	− 1 56 46	vmd68	4.21	−1.07	−0.21	B0 III
13	γ	Lep	1983	5 44 11.5	−22 27 01	fd	3.60	0.00	+0.47	F7 V
	δ	Dor	2015	5 44 45.6	−65 44 17	f	4.35	+0.12	+0.21	A7 IV
27	o	Aur	1971	5 45 23.8	+49 49 27	f	5.47	+0.07	+0.03	A0p Cr
14	ζ	Lep	1998	5 46 39.7	−14 49 27	f6	3.55	+0.07	+0.10	A2 Van
130		Tau	1990	5 47 03.4	+17 43 38	f	5.49	+0.27	+0.30	F0 III
	β	Pic	2020	5 47 07.9	−51 04 07		3.85	+0.10	+0.17	A5 V
53	κ	Ori	2004	5 47 26.9	− 9 40 18	fv	2.06	−1.03	−0.17	B0.5 Ia
	γ	Pic	2042	5 49 42.5	−56 10 05	f	4.51	+0.98	+1.10	K1 III
	β	Col	2040	5 50 43.8	−35 46 14	f	3.12	+1.21	+1.16	K1.5 III
			2049	5 50 44.4	−52 06 37	f	5.17	+0.72	+0.99	G8 III
32	ν	Aur	2012	5 51 02.3	+39 08 50	fd	3.97	+1.09	+1.13	K0 III CN 0.5
15	δ	Lep	2035	5 51 02.5	−20 52 46	f	3.81	+0.68	+0.99	K0 III Fe−1.5 CH 0.5
136		Tau	2034	5 52 55.1	+27 36 40	fvd6	4.58	+0.03	−0.02	A0 IV
54	χ¹	Ori	2047	5 53 59.8	+20 16 31	d6	4.41	+0.07	+0.59	G0⁻ V Ca 0.5
30	ξ	Aur	2029	5 54 18.1	+55 42 22	f	4.99	+0.12	+0.05	A1 Va
58	α	Ori	2061	5 54 49.2	+ 7 24 22	fvd6	0.50	+2.06	+1.85	M1−M2 Ia−Iab
16	η	Lep	2085	5 56 06.5	−14 10 07	f	3.71	+0.01	+0.33	F0 IV
	γ	Col	2106	5 57 18.4	−35 17 01	fd	4.36	−0.66	−0.18	B2.5 IV
60		Ori	2103	5 58 29.5	+ 0 33 10	fd6	5.22	+0.01	+0.01	A1 Vs
	η	Col	2120	5 58 56.9	−42 48 55	f	3.96	+1.08	+1.14	G8/K1 II
33	δ	Aur	2077	5 58 59.5	+54 17 05	fd	3.72	+0.87	+1.00	K0⁻ III
34	β	Aur	2088	5 59 03.1	+44 56 50	fvd6	1.90	+0.05	+0.03	A1 IV
37	θ	Aur	2095	5 59 16.7	+37 12 45	vd67	2.62	−0.18	−0.08	B9.5p Si
35	π	Aur	2091	5 59 27.2	+45 56 12	v	4.26	+1.83	+1.72	M3 II
61	μ	Ori	2124	6 02 01.6	+ 9 38 52	vmd6	4.12		+0.15	A2m
62	χ²	Ori	2135	6 03 32.0	+20 08 20	svd	4.63	−0.68	+0.28	B2 Ia
1		Gem	2134	6 03 43.5	+23 15 51	fd67	4.16	+0.52	+0.82	G5 III−IV
17		Lep	2148	6 04 41.7	−16 29 01	sv6	4.93	+0.12	+0.24	A(shell)
67	ν	Ori	2159	6 07 12.0	+14 46 11	f6	4.42	−0.66	−0.17	B3 IV
			2180	6 08 41.5	−22 25 33	f	5.50		−0.01	A0 IV
	ν	Dor	2221	6 08 46.7	−68 50 32	f	5.06	−0.21	−0.08	B8 V
	δ	Pic	2212	6 10 10.3	−54 58 01	fv6	4.81	−1.03	−0.23	B0.5 IV
	α	Men	2261	6 10 26.1	−74 45 04	f	5.09	+0.33	+0.72	G5 V
70	ξ	Ori	2199	6 11 34.2	+14 12 38	d6	4.48	−0.65	−0.18	B3 IV
36		Cam	2165	6 12 11.9	+65 43 14	f6	5.32	+1.44	+1.34	K2 II−III
7	η	Gem	2216	6 14 29.1	+22 30 33	vd6	3.28	+1.66	+1.60	M3⁻ IIIab
5	γ	Mon	2227	6 14 32.3	− 6 16 21	d	3.98	+1.41	+1.32	K1 III Ba 0.5
44	κ	Aur	2219	6 14 57.8	+29 30 03	fv	4.35	+0.80	+1.02	G9 IIIb
74		Ori	2241	6 16 04.7	+12 16 28	fd	5.04	−0.02	+0.42	F5 IV−V
	κ	Col	2256	6 16 19.2	−35 08 17	fv	4.37	+0.83	+1.00	K0.5 IIIa
			2209	6 18 07.9	+69 19 22	f6	4.80	0.00	+0.03	A0 IV⁺ nn
2		Lyn	2238	6 19 03.0	+59 00 50	fv	4.48	+0.03	+0.01	A1 Va
7		Mon	2273	6 19 24.0	− 7 49 11	f6	5.27	−0.75	−0.19	B2.5 V
1	ζ	CMa	2282	6 20 03.8	−30 03 37	fd6	3.02	−0.72	−0.19	B2.5 V
	δ	Col	2296	6 21 52.5	−33 25 59	6	3.85	+0.52	+0.88	G7 II
2	β	CMa	2294	6 22 24.8	−17 57 09	fsvd6	1.98	−0.98	−0.23	B1 II−III
13	μ	Gem	2286	6 22 34.0	+22 31 02	fsvd	2.88	+1.85	+1.64	M3 IIIab
8		Mon	2298	6 23 25.4	+ 4 35 48	fmd68	4.44	+0.12	+0.20	A5 IV
	α	Car	2326	6 23 48.5	−52 41 31	f	−0.72	+0.10	+0.15	A9 II

Name			H.R.	Right Ascension	Declination	Notes	V	U–B	B–V	Spectral Type
				h m s	° ′ ″					
			2305	6 23 52.1	−11 31 35	f	5.22		+1.24	K3 III
46	ψ¹	Aur	2289	6 24 23.9	+49 17 31	fv6	4.91	+2.29	+1.97	K5–M0 Iab–Ib
10		Mon	2344	6 27 38.3	− 4 45 28	fmd	5.05		−0.18	B2 V
	λ	CMa	2361	6 27 55.7	−32 34 33		4.48	−0.61	−0.17	B4 V
18	ν	Gem	2343	6 28 34.6	+20 13 00	fd6	4.15	−0.48	−0.13	B6 III
4	ξ¹	CMa	2387	6 31 35.1	−23 24 48	vmd6	4.34		−0.25	B1 III
			2392	6 32 28.6	−11 09 41	sv	6.24	+0.78	+1.11	G9.5 III: Ba 3
13		Mon	2385	6 32 33.1	+ 7 20 17	f	4.50	−0.18	0.00	A0 Ib–II
			2395	6 33 18.1	− 1 12 54	f	5.10	−0.56	−0.14	B5 Vn
5	ξ²	CMa	2414	6 34 47.0	−22 57 34	f	4.54	−0.03	−0.05	A0 III
			2435	6 34 50.0	−52 58 12		4.39	−0.15	−0.02	A0 II
7	ν²	CMa	2429	6 36 24.0	−19 15 01	v	3.95	+1.01	+1.06	K1.5 III–IV Fe 1
24	γ	Gem	2421	6 37 20.2	+16 24 19	fd6	1.93	+0.04	0.00	A1 IVs
	ν	Pup	2451	6 37 33.7	−43 11 24	fv6	3.17	−0.41	−0.11	B8 III
8	ν³	CMa	2443	6 37 36.2	−18 13 53		4.43	+1.04	+1.15	K0.5 II–III
15		Mon	2456	6 40 37.2	+ 9 54 08	svmd6	4.65		−0.25	O7 V
27	ε	Gem	2473	6 43 31.9	+25 08 17	fsvd6	2.98	+1.46	+1.40	G8 Ib
30		Gem	2478	6 43 37.3	+13 14 05	d	4.49	+1.16	+1.16	K0 III CN 1 Ca 1
9	α	CMa	2491	6 44 51.7	−16 42 25	fd6	−1.46	−0.06	0.00	A0m A1 Va
31	ξ	Gem	2484	6 44 55.5	+12 54 11	fv	3.36	+0.06	+0.43	F5 IV
			2401	6 45 08.1	+79 34 23	f6	5.45	−0.02	+0.50	F8 V
			2513	6 45 17.1	−52 11 38	sm	6.32			G6 Iab
56	ψ⁵	Aur	2483	6 46 16.3	+43 35 04	fd	5.25	+0.05	+0.56	G0 V
			2518	6 47 08.0	−37 55 20	fd	5.26	−0.25	−0.08	B8/9 V
57	ψ⁶	Aur	2487	6 47 09.9	+48 47 49	f	5.22	+1.04	+1.12	K0 III
18		Mon	2506	6 47 31.3	+ 2 25 11	f6	4.47	+1.04	+1.11	K0⁺ IIIa
	α	Pic	2550	6 48 07.4	−61 56 04	f	3.27	+0.13	+0.21	A7 Vn
13	κ	CMa	2538	6 49 35.9	−32 30 03	fv	3.96	−0.92	−0.23	B1.5 IVne
			2554	6 49 42.9	−53 36 52	6	4.40	+0.61	+0.92	G3: III
	τ	Pup	2553	6 49 46.5	−50 36 24	f6	2.93	+1.21	+1.20	K1 III
			2534	6 50 23.5	− 8 02 00	sv	6.29	+0.02	0.00	A2: V:p Sr–Cr–Eu
	ι	Vol	2602	6 51 31.5	−70 57 20	f	5.40	−0.38	−0.11	B7 IV
34	θ	Gem	2540	6 52 21.7	+33 58 10	fd6	3.60	+0.14	+0.10	A3 III
43		Cam	2511	6 53 00.4	+68 53 48	f	5.12	−0.43	−0.13	B7 III
16	o¹	CMa	2580	6 53 51.7	−24 10 32	svm	3.86		+1.73	K2 Iab
14	θ	CMa	2574	6 53 53.3	−12 01 49	f	4.07	+1.70	+1.43	K4 III
			2591	6 54 14.4	−42 21 25	sv	6.32	+2.79	+2.24	C5,2.5
20	ι	CMa	2596	6 55 50.8	−17 02 43	vm	4.38		−0.07	B3 II
15		Lyn	2560	6 56 42.9	+58 25 54	d7	4.35	+0.52	+0.85	G5 III–IV
21	ε	CMa	2618	6 58 22.2	−28 57 47	fd	1.50	−0.93	−0.21	B2 II
			2527	6 59 07.6	+76 59 12	f6	4.55	+1.66	+1.36	K4 III
22	σ	CMa	2646	7 01 27.6	−27 55 31	fvmd	3.46		+1.73	K7 Ib
42	ω	Gem	2630	7 02 01.0	+24 13 30	fsv	5.18	+0.68	+0.94	G5 Ib–II
24	o²	CMa	2653	7 02 45.2	−23 49 25	fsm6	3.03		−0.09	B3 Iab
23	γ	CMa	2657	7 03 27.8	−15 37 24	f	4.11	−0.49	−0.12	B8 II
43	ζ	Gem	2650	7 03 43.4	+20 34 49	fvd6	3.79		+0.79	F9 Ib
			2666	7 03 50.4	−42 19 39	fv6	5.20	+0.15	+0.20	A3m A3–F0
			2683	7 04 11.1	−56 44 23	fm	5.17		−0.04	Ap Si
25	δ	CMa	2693	7 08 07.6	−26 22 57	fsv6	1.86	+0.57	+0.65	F8 Ia
	γ¹	Vol	2735	7 08 45.7	−70 29 12	vmd68	5.67	+0.60	+0.91	F0/3

Name			H.R.	Right Ascension	Declination	Notes	V	U−B	B−V	Spectral Type
				h m s	° ′ ″					
	γ²	Vol	2736	7 08 48.3	−70 29 19	fmd8	3.78	+0.60	+0.91	G9 III
20		Mon	2701	7 09 54.3	− 4 13 36	fd	4.92	+0.78	+1.03	K0 III
46	τ	Gem	2697	7 10 43.6	+30 15 23	vd7	4.41	+1.41	+1.26	K2 III
63		Aur	2696	7 11 12.5	+39 19 54	f6	4.90	+1.74	+1.45	K4⁻ III–IIIa
22	δ	Mon	2714	7 11 31.9	− 0 28 54	fd	4.15	+0.02	−0.01	A1 III⁺
48		Gem	2706	7 12 02.7	+24 08 23	s	5.85	+0.09	+0.36	F5 III–IV
			2740	7 12 22.5	−46 44 54	f	4.49	−0.01	+0.32	F0 IV
51		Gem	2717	7 12 59.9	+16 10 13	fvd	5.00	+1.82	+1.66	M4 IIIab
			2748	7 13 20.4	−44 37 44	vd	5.10		+1.56	M5 IIIe
27		CMa	2745	7 13 59.3	−26 20 27	vd6	4.66	−0.71	−0.19	B3 IIIe
28	ω	CMa	2749	7 14 32.8	−26 45 40	v	3.85	−0.73	−0.17	B2 IV/Ve
	δ	Vol	2803	7 16 50.1	−67 56 43	f	3.98	+0.45	+0.79	F9 Ib
	π	Pup	2773	7 16 54.8	−37 05 08	fvd	2.70	+1.24	+1.62	K3 Ib
54	λ	Gem	2763	7 17 43.2	+16 33 09	fvd67	3.58	+0.10	+0.11	A3 V
30	τ	CMa	2782	7 18 26.3	−24 56 32	vmd6	4.39		−0.15	O9 Ib
55	δ	Gem	2777	7 19 44.1	+21 59 41	fd67	3.53	+0.04	+0.34	F0 IV
66		Aur	2805	7 23 41.5	+40 41 07	f6	5.19	+1.24	+1.23	K1 IIIa CN 1
31	η	CMa	2827	7 23 50.3	−29 17 25	fsmd	2.44		−0.07	B5 Ia
60	ι	Gem	2821	7 25 19.4	+27 48 41	f	3.79	+0.85	+1.03	G9 IIIb
3	β	CMi	2845	7 26 47.9	+ 8 18 10	fvd6	2.90	−0.28	−0.09	B8 V
4	γ	CMi	2854	7 27 48.6	+ 8 56 21	d6	4.32	+1.54	+1.43	K3⁻ III Fe−1
62	ρ	Gem	2852	7 28 41.7	+31 47 52	fd6	4.18	−0.03	+0.32	F1 V
	σ	Pup	2878	7 29 01.5	−43 17 17	fd6	3.25	+1.78	+1.51	K5 III
6		CMi	2864	7 29 26.1	+12 01 13	fv	4.54	+1.37	+1.28	K1 III
			2906	7 33 46.5	−22 16 54	f	4.45	+0.06	+0.51	F6 IV
66	α	Gem	2891	7 34 11.0	+31 54 11	fvmd68	1.99	+0.01	+0.04	A1m A2 Va
66	α	Gem	2890	7 34 11.3	+31 54 12	fmd68	2.85	+0.01	+0.04	A2m A5 V:
			2934	7 35 30.1	−52 31 09	fv6	4.94	+1.63	+1.40	K3 III
69	υ	Gem	2905	7 35 31.4	+26 54 38	fvd	4.06	+1.94	+1.54	M0 III–IIIb
25		Mon	2927	7 36 57.3	− 4 05 46	fvd	5.13	+0.12	+0.44	F6 III
			2937	7 37 07.7	−34 57 13	fd7	4.53	−0.31	−0.09	B8 V
			2609	7 37 39.1	+87 02 07	fv	5.07	+1.97	+1.63	M2⁻ IIIab
			2948	7 38 33.4	−26 47 12	vmd8	4.50	−0.57	−0.17	B6 V
10	α	CMi	2943	7 38 57.7	+ 5 14 30	fsvd67	0.38	+0.02	+0.42	F5 IV–V
	R	Pup	2974	7 40 37.6	−31 38 44	sv	6.65	+0.85	+1.20	G2 0–Ia
26	α	Mon	2970	7 40 56.2	− 9 32 08	f	3.93	+0.88	+1.02	G9 III Fe−1
	ζ	Vol	3024	7 41 54.2	−72 35 26	fd7	3.95	+0.83	+1.04	G9 III
24		Lyn	2946	7 42 27.6	+58 43 34	fd	4.99	+0.08	+0.08	A2 IVn
75	σ	Gem	2973	7 42 54.4	+28 53 59	vd6	4.28	+0.97	+1.12	K1 III
3		Pup	2996	7 43 32.8	−28 56 21	6	3.96	−0.09	+0.18	A2 Ib
77	κ	Gem	2985	7 44 03.3	+24 24 50	fd7	3.57	+0.69	+0.93	G8 III
78	β	Gem	2990	7 44 55.1	+28 02 32	fvd	1.14	+0.85	+1.00	K0 IIIb
			3017	7 45 01.4	−37 57 10	vm	3.59		+1.72	K5 IIa
4		Pup	3015	7 45 38.9	−14 32 52	f	5.04	+0.09	+0.33	A6n
81		Gem	3003	7 45 44.9	+18 31 35	fd6	4.88	+1.75	+1.45	K4 III
11		CMi	3008	7 45 54.8	+10 47 04	fv6	5.30	−0.02	+0.01	A0.5 IV–nn
			2999	7 46 13.3	+37 32 01	fvm	5.18		+1.58	M2⁺ IIIb
80	π	Gem	3013	7 47 05.2	+33 25 55	fvd7	5.14	+1.95	+1.60	M1⁺ IIIa
			3037	7 47 19.7	−46 35 32	fm6	5.23		−0.14	B1.5 IV
	o	Pup	3034	7 47 48.9	−25 55 15	vd	4.50	−1.02	−0.05	B1 IV:nne

Name			H.R.	Right Ascension	Declination	Notes	V	U–B	B–V	Spectral Type
				h m s	° ′ ″					
7	ξ	Pup	3045	7 49 01.2	−24 50 36	fd6	3.34	+1.16	+1.24	G6 Iab–Ib
			3055	7 49 02.4	−46 21 24	d	4.11	−1.01	−0.18	B0 III
13	ζ	CMi	3059	7 51 21.8	+ 1 47 02	f	5.14	−0.49	−0.12	B8 II
			3080	7 51 59.6	−40 33 32	fc6	3.73	+0.78	+1.04	K1/2 II + A0
			3084	7 52 24.8	−38 50 45	vd	4.49	−0.69	−0.19	B2.5 V
83	φ	Gem	3067	7 53 06.0	+26 46 59	f6	4.97	+0.10	+0.09	A3 V
			3090	7 53 06.8	−48 05 09		4.24	−1.00	−0.14	B0.5 Ib
11		Pup	3102	7 56 34.8	−22 51 45		4.20	+0.42	+0.72	F8 II
	χ	Car	3117	7 56 36.8	−52 57 53	fv	3.47	−0.67	−0.18	B3 IVp
			3113	7 57 24.6	−30 19 01	fv	4.79	+0.18	+0.15	A7 III
	V	Pup	3129	7 58 03.2	−49 13 38	cvd6	4.41	−0.96	−0.17	B1 Vp + B2:
27		Mon	3122	7 59 24.7	− 3 39 42	f	4.93	+1.21	+1.21	K2 III
			3075	7 59 25.6	+73 56 10	f	5.41	+1.64	+1.42	K3 III
			3153	7 59 31.0	−60 34 09	sm	5.16		+1.72	M1.5 IIa
			3131	7 59 34.6	−18 22 52	fm	4.62		+0.08	A2 IVn
			3145	8 01 55.6	+ 2 21 10	d	4.39	+1.28	+1.25	K2 III
	χ	Gem	3149	8 03 07.2	+27 48 46	fd6	4.94	+1.09	+1.12	K2 III
	ζ	Pup	3165	8 03 21.3	−39 59 05	fs	2.25	−1.11	−0.26	O5 If
15	ρ	Pup	3185	8 07 16.0	−24 17 07	fvd6	2.81	+0.19	+0.43	F5 IIp
	ε	Vol	3223	8 07 54.8	−68 35 53	d67	4.35	−0.46	−0.11	B6 IV
27		Lyn	3173	8 07 58.2	+51 31 33	fd	4.84	0.00	+0.05	A1 Va
29	ζ	Mon	3188	8 08 16.0	− 2 57 52	d	4.38	+0.69	+0.97	G2 Ib
16		Pup	3192	8 08 44.2	−19 13 33	6	4.40	−0.60	−0.15	B5 IV
	γ¹	Vel	3206	8 09 17.3	−47 19 35	vd6	4.27	−0.92	−0.23	B1 IV
	γ²	Vel	3207	8 09 19.9	−47 19 02	fcvmd68	1.82	−0.99	−0.22	WC8
			3225	8 11 07.6	−39 35 57	v6	4.45	+1.86	+1.62	K3 II
			3182	8 12 10.4	+68 29 38	f	5.32	+0.81	+1.04	G7 II
20		Pup	3229	8 13 02.0	−15 46 06	f	4.99		+1.07	G5 II
			3243	8 13 49.0	−40 19 40	d6	4.44	+1.09	+1.17	K1 II–III
17	β	Cnc	3249	8 16 09.8	+ 9 12 21	fvd	3.52	+1.77	+1.48	K4 III Ba 0.5
			3270	8 18 18.7	−36 38 20	f	4.45	+0.11	+0.22	A7 III
	α	Cha	3318	8 18 42.3	−76 53 57		4.07	−0.02	+0.39	F4 IV
18	χ	Cnc	3262	8 19 40.2	+27 14 21	f	5.14	−0.06	+0.47	F6 V
	θ	Cha	3340	8 20 50.7	−77 27 49	fd	4.35	+1.20	+1.16	K2 III CN 0.5
			3282	8 21 07.7	−33 02 01	f	4.83	+1.60	+1.45	K3⁻ II
	ε	Car	3307	8 22 22.9	−59 29 19	fcv	1.86	+0.19	+1.28	K3: III + B2: V
31		Lyn	3275	8 22 23.5	+43 12 34	fv	4.25	+1.90	+1.55	K4.5 III
			3315	8 24 46.9	−24 01 30	fmd6	5.28		+1.48	K4.5 III CN 1
			3314	8 25 20.2	− 3 53 06	f	3.90	−0.02	−0.02	A0 Va
	β	Vol	3347	8 25 40.0	−66 06 55	fv	3.77	+1.14	+1.13	K2 III
1	o	UMa	3323	8 29 43.7	+60 44 25	fsvd	3.36	+0.52	+0.84	G5 IIIa
33	η	Cnc	3366	8 32 20.0	+20 27 49	f	5.33	+1.39	+1.25	K3 III
4	δ	Hya	3410	8 37 18.7	+ 5 43 36	fd6	4.16	+0.01	0.00	A1 IVnn
			3426	8 37 24.9	−42 57 58	f	4.14	+0.16	+0.11	A7 II
5	σ	Hya	3418	8 38 25.1	+ 3 21 52	f	4.44	+1.28	+1.21	K1⁺ III
6		Hya	3431	8 39 43.0	−12 27 08	f	4.98		+1.42	K4 III
	β	Pyx	3438	8 39 50.9	−35 17 06	d6	3.97	+0.65	+0.94	G4 III
	o	Vel	3447	8 40 06.4	−52 53 55	fvm6	3.62		−0.18	B3 IV
			3445	8 40 24.6	−46 37 32	fvd	3.84	+0.30	+0.71	F3 Ia
			3457	8 40 28.5	−59 44 16	vd6	4.33	−0.80	−0.11	B1.5 III

Name		H.R.	Right Ascension	Declination	Notes	V	U−B	B−V	Spectral Type
			h m s	° ′ ″					
34	Lyn	3422	8 40 34.2	+45 51 26	f	5.37	+0.75	+0.99	G8 IV
η	Cha	3502	8 41 33.5	−78 56 24	f	5.47	−0.35	−0.10	B8 V
7 η	Hya	3454	8 42 53.1	+ 3 25 20	v6	4.30	−0.74	−0.20	B4 V
43 γ	Cnc	3449	8 42 54.6	+21 29 32	fmd6	4.67		+0.01	A1 Va
α	Pyx	3468	8 43 19.9	−33 09 46	fv	3.68	−0.88	−0.18	B1.5 III
		3477	8 44 10.0	−42 37 32	md	4.05		+0.87	G8 IIIab
47 δ	Cnc	3461	8 44 19.0	+18 10 43	fd	3.94	+0.99	+1.08	K0 IIIb
δ	Vel	3485	8 44 31.5	−54 41 04	d7	1.96	+0.07	+0.04	A1 Va
		3487	8 45 48.5	−46 01 04		3.91	−0.05	0.00	A1 II
12	Hya	3484	8 46 04.1	−13 31 25	d6	4.32	+0.62	+0.90	G8 III Fe−1
48 ι	Cnc	3475	8 46 18.3	+28 47 02	fvd	4.02	+0.78	+1.01	G8 II–III
11 ε	Hya	3482	8 46 26.0	+ 6 26 35	cvd67	3.38	+0.36	+0.68	K III: + F0 V
		3498	8 46 32.6	−56 44 44	v	4.49	−0.73	−0.17	B3 Vne
13 ρ	Hya	3492	8 48 05.3	+ 5 51 43	d6	4.36	−0.04	−0.04	A0 Vn
14	Hya	3500	8 49 02.1	− 3 25 07	fv	5.31	−0.35	−0.09	B9p Hg Mn
γ	Pyx	3518	8 50 15.4	−27 41 08	f	4.01	+1.40	+1.27	K3⁻ III
		3571	8 54 54.0	−60 37 11	fd	3.84	−0.45	−0.10	B7 II/III
16 ζ	Hya	3547	8 55 03.0	+ 5 58 14	f	3.11	+0.80	+1.00	G9 IIIa
		3582	8 56 48.9	−59 12 15	fvmd8	5.08	−0.77	−0.19	B2 IV–V
ζ	Oct	3678	8 57 43.5	−85 38 17	f	5.42	+0.07	+0.31	F0 III
65 α	Cnc	3572	8 58 07.9	+11 52 59	fvd6	4.25	+0.15	+0.14	A3m
9 ι	UMa	3569	8 58 45.9	+48 04 03	fvd6	3.14	+0.07	+0.19	A7 IV
64 σ³	Cnc	3575	8 59 08.8	+32 26 39	fd	5.20		+0.93	G8 III
		3591	8 59 50.8	−41 13 42	fcv6	4.45	+0.38	+0.65	G8/K1 III + A
		3579	9 00 13.2	+41 48 32	fd67	3.97	+0.05	+0.44	F5 V
8 ρ	UMa	3576	9 01 58.0	+67 39 20	fv	4.76	+1.88	+1.53	M3 IIIb Ca 1
α	Vol	3615	9 02 20.7	−66 22 12	f6	4.00	+0.13	+0.14	A3m A7
12 κ	UMa	3594	9 03 11.0	+47 10 57	fvd7	3.60	+0.01	0.00	A0 IIIn
		3614	9 03 55.8	−47 04 18	f	3.75	+1.22	+1.20	K2 III
		3643	9 05 08.4	−72 34 36		4.48	+0.22	+0.61	F8 II
		3612	9 06 07.1	+38 28 43	f	4.56	+0.82	+1.04	G7 Ib–II
76 κ	Cnc	3623	9 07 23.7	+10 41 41	fvd6	5.24	−0.43	−0.11	B8 IIIp Hg Mn
λ	Vel	3634	9 07 45.4	−43 24 22	fvd	2.21	+1.81	+1.66	K4.5 Ib
15	UMa	3619	9 08 24.9	+51 37 52		4.48	+0.12	+0.27	A1m
77 ξ	Cnc	3627	9 08 59.2	+22 04 19	fd6	5.14	+0.80	+0.97	G9 IIIa Fe−0.5 CH−1
13 σ²	UMa	3616	9 09 49.3	+67 09 41	vd7	4.80	+0.02	+0.49	F7 IV–V
a	Car	3659	9 10 47.7	−58 56 25	v6	3.44	−0.70	−0.19	B2 IV–V
		3663	9 11 07.9	−62 17 25		3.97	−0.67	−0.18	B3 III
β	Car	3685	9 13 07.8	−69 41 25	f	1.68	+0.03	0.00	A1 III
36	Lyn	3652	9 13 22.8	+43 14 42	f	5.32	−0.45	−0.14	B8 IIIp Mn
22 θ	Hya	3665	9 14 01.6	+ 2 20 31	fvd6	3.88	−0.12	−0.06	B9.5 IV (C II)
		3696	9 16 01.2	−57 30 50	v	4.34	+1.98	+1.63	K7 III
ι	Car	3699	9 16 55.0	−59 14 52	fv	2.25	+0.16	+0.18	A9 Ib
38	Lyn	3690	9 18 26.5	+36 49 50	d67	3.82	+0.06	+0.06	A2 IV⁻
40 α	Lyn	3705	9 20 39.6	+34 25 13	fv	3.13	+1.94	+1.55	K7 IIIab
θ	Pyx	3718	9 21 12.3	−25 56 15	f	4.72	+2.02	+1.63	M0.5 III
κ	Vel	3734	9 21 54.7	−54 58 58	f6	2.50	−0.75	−0.18	B2 IV–V
1 κ	Leo	3731	9 24 16.6	+26 12 38	fvd7	4.46	+1.31	+1.23	K2 III
30 α	Hya	3748	9 27 16.1	− 8 37 49	fvd	1.98	+1.72	+1.44	K3 IIIa
ε	Ant	3765	9 28 58.6	−35 55 22	f6	4.51	+1.68	+1.44	K3 III

Name			H.R.	Right Ascension	Declination	Notes	V	U−B	B−V	Spectral Type
				h m s	° ′ ″					
	ψ	Vel	3786	9 30 26.6	−40 26 17	vd7	3.60	−0.03	+0.36	F2 IV
23		UMa	3757	9 31 01.3	+63 05 26	fvd	3.67	+0.10	+0.33	F0 III−IV
	N	Vel	3803	9 31 01.5	−57 00 20	fv	3.13	+1.89	+1.55	K5 III
4	λ	Leo	3773	9 31 21.0	+22 59 49	v	4.31	+1.89	+1.54	K4.5 IIIb
			3821	9 31 33.5	−73 03 08	f	5.47	+1.75	+1.56	K4 III
5	ξ	Leo	3782	9 31 35.7	+11 19 44	fvd	4.97	+0.86	+1.05	G9.5 III
	R	Car	3816	9 32 04.9	−62 45 36	vmd	4.00			M5e
25	θ	UMa	3775	9 32 25.5	+51 42 26	fdv6	3.17	+0.02	+0.46	F6 IV
			3808	9 32 54.5	−21 05 12	f	5.01		+1.02	K0 III
10		LMi	3800	9 33 49.6	+36 25 36	f	4.55	+0.62	+0.92	G7.5 III Fe−0.5
24		UMa	3771	9 33 54.9	+69 51 34	fv	4.56	+0.34	+0.77	G5 III−IV
			3825	9 34 15.4	−59 12 01		4.08	−0.56	+0.01	B5 II
26		UMa	3799	9 34 22.9	+52 04 50		4.50	+0.04	+0.01	A1 Va
			3751	9 36 11.9	+81 21 21	f	4.29	+1.72	+1.48	K3 IIIa
			3836	9 36 35.7	−49 19 33	d	4.35	+0.13	+0.17	A5 V
			3834	9 38 07.0	+ 4 40 44	f	4.68	+1.46	+1.32	K3 III
35	ι	Hya	3845	9 39 31.5	− 1 06 47	fv	3.91	+1.46	+1.32	K2.5 III
38	κ	Hya	3849	9 39 59.7	−14 18 10	fv	5.06	−0.57	−0.15	B5 V
14	o	Leo	3852	9 40 48.3	+ 9 55 20	fcd6	3.52	+0.21	+0.49	F6 II + A1 V
16	ψ	Leo	3866	9 43 22.7	+14 03 06	fvd	5.35		+1.63	M2+ IIIab
	θ	Ant	3871	9 43 54.7	−27 44 23	fcd7	4.79	+0.35	+0.51	F7 II−III + A8 V
	l	Car	3884	9 45 04.1	−62 28 40	fvm	3.40		+1.20	G8 Ia (CNII)
17	ε	Leo	3873	9 45 29.0	+23 48 16	fv	2.98	+0.47	+0.80	G1 II
	υ	Car	3890	9 46 56.4	−65 02 30	md8	3.15	+0.13	+0.27	A8 Ib
	R	Leo	3882	9 47 12.6	+11 27 33	vm	4.40			M7e
			3881	9 48 10.4	+46 03 06	f	5.09	+0.10	+0.62	G0.5 Va
29	υ	UMa	3888	9 50 31.9	+59 04 11	fvd	3.80	+0.10	+0.29	F0 IV
39	υ¹	Hya	3903	9 51 09.9	−14 48 57		4.12	+0.65	+0.92	G8.5 IIIa
24	μ	Leo	3905	9 52 23.7	+26 02 16	fs	3.88	+1.39	+1.22	K2 III CN 1 Ca 1
			3923	9 54 33.8	−18 58 42	f6	4.94	+1.93	+1.57	K5 III
	φ	Vel	3940	9 56 38.0	−54 32 12	fd	3.54	−0.62	−0.08	B5 Ib
19		LMi	3928	9 57 17.3	+41 05 13	f6	5.14	0.00	+0.46	F5 V
	η	Ant	3947	9 58 35.5	−35 51 35	fd	5.23	+0.08	+0.31	F1 III−IV
29	π	Leo	3950	9 59 52.2	+ 8 04 32	fv	4.70	+1.93	+1.60	M2− IIIab
20		LMi	3951	10 00 38.3	+31 57 21	fd	5.36	+0.27	+0.66	G3 Va Hδ 1
40	υ²	Hya	3970	10 04 48.5	−13 01 59	fv6	4.60	−0.27	−0.09	B9 III−IV
30	η	Leo	3975	10 06 58.7	+16 47 40	fsvd	3.52	−0.21	−0.03	A0 Ib
21		LMi	3974	10 07 02.8	+35 16 36	v	4.48	+0.08	+0.18	A7 V
31		Leo	3980	10 07 33.6	+10 01 47	d	4.37	+1.75	+1.45	K4 III Ca 0.5
15	α	Sex	3981	10 07 36.3	− 0 20 23		4.49	−0.07	−0.04	A0 III
32	α	Leo	3982	10 08 01.6	+11 59 57	fvd6	1.35	−0.36	−0.11	B7 Vn
41	λ	Hya	3994	10 10 16.3	−12 19 18	fd6	3.61	+0.92	+1.01	K0 III CN 0.5
	ω	Car	4037	10 13 35.0	−70 00 20	f	3.32	−0.33	−0.08	B8 III
			4023	10 14 27.8	−42 05 23	f6	3.85	+0.06	+0.05	A2 Va
36	ζ	Leo	4031	10 16 19.8	+23 27 00	fsvd6	3.44	+0.20	+0.31	F0 III
33	λ	UMa	4033	10 16 42.4	+42 56 49	fsm	3.45		+0.03	A1 IV
			4050	10 16 51.9	−61 17 59	fvd	3.40	+1.72	+1.54	K2.5 II
22	ε	Sex	4042	10 17 18.4	− 8 02 11	f	5.24	+0.13	+0.31	F4 V:
			4049	10 17 49.7	−28 57 34	fm	5.34		+0.24	A0 Ib−IIp
41	γ¹	Leo	4057	10 19 36.9	+19 52 29	vmd68	2.61	+1.00	+1.15	K1− IIIb Fe−0.5

Name			H.R.	Right Ascension	Declination	Notes	V	U–B	B–V	Spectral Type
				h m s	° ′ ″					
41	γ^2	Leo	4058	10 19 37.2	+19 52 25	md8	3.80	+1.00	+1.15	G7 III Fe−1
			4074	10 20 40.3	−56 00 37	d7	4.50	−0.58	−0.12	B3 III
34	μ	UMa	4069	10 21 56.6	+41 31 57	fv6	3.05	+1.89	+1.59	M0 III
			4080	10 22 02.8	−41 37 02	fv	4.83	+1.08	+1.12	K1 III
			4086	10 23 12.2	−37 58 37	f	5.33		+0.25	A8 V
			4072	10 23 40.1	+65 35 58	fv6	4.97	−0.13	−0.06	A0p Hg
			4102	10 24 16.0	−73 59 55	fv6	4.00	−0.01	+0.35	F3 V
42	μ	Hya	4094	10 25 46.6	−16 48 11	fm	3.81		+1.48	K4$^+$ III
	α	Ant	4104	10 26 51.2	−31 02 05	fv6	4.25	+1.63	+1.45	K4.5 III
31	β	LMi	4100	10 27 30.6	+36 44 27	fd67	4.21	+0.64	+0.90	G9 IIIab
			4114	10 27 38.4	−58 42 22	fv	3.82	+0.24	+0.31	F0 Ib
29	δ	Sex	4116	10 29 08.9	− 2 42 21	f	5.21	−0.12	−0.06	B9.5 V
36		UMa	4112	10 30 12.8	+56 00 51	f	4.84	−0.01	+0.52	F8 V
			4084	10 30 19.5	+82 35 31	fv	5.26	−0.05	+0.37	F4 V
			4140	10 31 47.5	−61 39 07	fv	3.32	−0.72	−0.09	B4 Vne
47	ρ	Leo	4133	10 32 28.2	+ 9 20 25	fvd6	3.85	−0.96	−0.14	B1 Iab
			4143	10 32 40.4	−46 58 11	fd7	5.02	+0.59	+1.04	K1/2 III
44		Hya	4145	10 33 42.3	−23 42 42	fd	5.08		+1.60	K5 III
			4126	10 34 33.2	+75 44 48	f	4.84		+0.96	G8.5 III
37		UMa	4141	10 34 44.8	+57 06 59	f	5.16	−0.02	+0.34	F2 V
			4159	10 35 20.2	−57 31 26	v6	4.45	+1.79	+1.62	K5 II
	γ	Cha	4174	10 35 23.7	−78 34 27	fv	4.11	+1.95	+1.58	M0 III
			4167	10 37 01.6	−48 11 31	d67	3.84	+0.07	+0.30	A3m F0−F2
37		LMi	4166	10 38 21.3	+32 00 36	f	4.71	+0.54	+0.81	G2.5 IIa
			4180	10 39 02.8	−55 34 10	fd	4.28	+0.75	+1.04	G2 II
			4181	10 42 36.6	+69 06 37	f	5.00		+1.38	K3 III
	θ	Car	4199	10 42 43.4	−64 21 37	fm6	2.76		−0.23	B0.5 Vp
41		LMi	4192	10 43 03.8	+23 13 21	f	5.08	+0.05	+0.04	A2 IV
			4191	10 43 10.1	+46 14 17	fd6	5.18	+0.01	+0.33	F5 III
	η	Car	4210	10 44 48.5	−59 39 00	vmd	6.22		+0.62	pec.
42		LMi	4203	10 45 30.3	+30 43 00	fd6	5.24	−0.14	−0.06	A1 Vn
	δ^2	Cha	4234	10 45 43.5	−80 30 21	f	4.45	−0.70	−0.19	B2.5 IV
51		Leo	4208	10 46 03.6	+18 55 33	f	5.49		+1.12	gK3
	μ	Vel	4216	10 46 29.4	−49 23 08	d67	2.69	+0.57	+0.90	G5 IIIa
53		Leo	4227	10 48 55.0	+10 34 47	f6	5.25	+0.05	+0.01	A2 V
	ν	Hya	4232	10 49 18.2	−16 09 34	f	3.11	+1.30	+1.25	K2 III
46		LMi	4247	10 52 57.0	+34 15 00	fv	3.83	+0.91	+1.04	K0$^+$ III−IV
			4257	10 53 13.7	−58 49 07	vd6	3.78	+0.65	+0.95	K0 IIIb
54		Leo	4259	10 55 15.8	+24 47 04	md8	4.51	+0.01	+0.02	A1 IIIn + A1 IVn
	ι	Ant	4273	10 56 24.8	−37 06 10	f	4.60	+0.84	+1.03	K0 III
47		UMa	4277	10 59 06.2	+40 27 54	f	5.05	+0.13	+0.61	G0 V
7	α	Crt	4287	10 59 27.4	−18 15 51	f	4.08	+1.00	+1.09	K0$^+$ III
			4293	10 59 51.3	−42 11 28	f	4.39	+0.12	+0.11	A3 IV
58		Leo	4291	11 00 13.5	+ 3 39 09	fd	4.84	+1.12	+1.16	K1 IIIp Ba
48	β	UMa	4295	11 01 27.1	+56 25 02	fv6	2.37	+0.01	−0.02	A0m A1 IV−V
60		Leo	4300	11 01 59.0	+20 12 53		4.42	+0.05	+0.05	A0.5m A3 V
50	α	UMa	4301	11 03 19.8	+61 47 10	fvd6	1.79	+0.92	+1.07	K0$^-$ IIIa
63	χ	Leo	4310	11 04 40.9	+ 7 22 16	fvd7	4.63	+0.08	+0.33	Fp
	χ^1	Hya	4314	11 05 01.1	−27 15 30	fd7	4.94	+0.04	+0.36	F3 IV
			4337	11 08 18.6	−58 56 23	fcv6	3.91	+0.94	+1.23	G4 0−Ia

Name			H.R.	Right Ascension	Declination	Notes	V	U–B	B–V	Spectral Type
				h m s	° ′ ″					
52	ψ	UMa	4335	11 09 18.0	+44 32 02	f	3.01	+1.11	+1.14	K1 III
11	β	Crt	4343	11 11 20.3	–22 47 25	f6	4.48	+0.06	+0.03	A2 IV
			4350	11 12 15.2	–49 03 56	fd6	5.36		+0.18	A3 IV/V
68	δ	Leo	4357	11 13 45.8	+20 33 34	fvd	2.56	+0.12	+0.12	A4 IV
70	θ	Leo	4359	11 13 54.0	+15 27 55	fv	3.34	+0.06	–0.01	A2 IV
74	φ	Leo	4368	11 16 19.9	– 3 36 58	fd	4.47	+0.14	+0.21	A7 IVn
			4369	11 16 38.4	– 7 05 58	svd67	6.14	+0.15	+0.20	A7: III:p Sr–Cr
53	ξ	UMa	4375	11 17 50.2	+31 33 57	cvmd68	4.41	+0.04	+0.59	F8.5 V
54	ν	UMa	4377	11 18 07.7	+33 07 47	fd6	3.48	+1.55	+1.40	K3⁻ III
55		UMa	4380	11 18 46.7	+38 13 17	f6	4.78	+0.03	+0.12	A1 Va
12	δ	Crt	4382	11 19 00.9	–14 44 36	f6	3.56	+0.97	+1.12	G8 III–IV
	π	Cen	4390	11 20 42.5	–54 27 19	fd7	3.89	–0.59	–0.15	B5 Vn
77	σ	Leo	4386	11 20 48.1	+ 6 03 54	f6	4.05	–0.12	–0.06	A0 III⁺
78	ι	Leo	4399	11 23 35.2	+10 33 54	vd67	3.94	+0.07	+0.41	F2 IV
15	γ	Crt	4405	11 24 33.4	–17 38 54	fd	4.08	+0.11	+0.21	A7 IV–V
84	τ	Leo	4418	11 27 36.2	+ 2 53 31	fd	4.95	+0.79	+1.00	G7.5 IIIa
1	λ	Dra	4434	11 31 01.4	+69 22 01	fv	3.84	+1.97	+1.62	M0 III Ca–1
	ξ	Hya	4450	11 32 40.9	–31 49 18	fd	3.54	+0.71	+0.94	G7 III
	λ	Cen	4467	11 35 28.7	–62 59 02	fd	3.13	–0.17	–0.04	B9.5 IIn
			4466	11 35 36.6	–47 36 20	f	5.25	+0.12	+0.25	A7m
21	θ	Crt	4468	11 36 21.1	– 9 45 59	f6	4.70	–0.18	–0.08	B9.5 Vn
91	υ	Leo	4471	11 36 37.0	– 0 47 16	fd	4.30	+0.75	+1.00	G8⁺ IIIb
	ο	Hya	4494	11 39 53.4	–34 42 31	f	4.70	–0.22	–0.07	B9 V
61		UMa	4496	11 40 42.6	+34 14 18	fsvd	5.33	+0.25	+0.72	G8 V
3		Dra	4504	11 42 06.9	+66 46 51	f	5.30		+1.28	K3 III
			4511	11 43 12.5	–62 27 12	sv	5.05	+0.35	+0.80	G0 0–Ia Fe 1
27	ζ	Crt	4514	11 44 26.0	–18 18 53	f	4.73	+0.74	+0.97	G8 IIIa
	λ	Mus	4520	11 45 17.8	–66 41 34	fd	3.64	+0.15	+0.16	A7 V
3	ν	Vir	4517	11 45 31.5	+ 6 33 57	fv	4.03	+1.79	+1.51	M1 III
63	χ	UMa	4518	11 45 42.5	+47 48 56	fv	3.71	+1.16	+1.18	K0.5 IIIb
			4522	11 46 11.8	–61 08 32	fvd	4.11	+0.58	+0.90	G3 II
93		Leo	4527	11 47 39.0	+20 15 18	fcvd6	4.53	+0.28	+0.55	G4 III–IV + A7 V
			4532	11 48 25.3	–26 42 49	fv	5.11	+1.67	+1.60	M4⁺ III
94	β	Leo	4534	11 48 43.7	+14 36 30	fvd	2.14	+0.07	+0.09	A3 Va
			4537	11 49 21.9	–63 45 09	v	4.32	–0.59	–0.15	B3 V
5	β	Vir	4540	11 50 21.4	+ 1 48 05	fd	3.61	+0.11	+0.55	F9 V
			4546	11 50 49.1	–45 08 15	f	4.46	+1.46	+1.30	K3 III
	β	Hya	4552	11 52 34.8	–33 52 18	vd7	4.28	–0.33	–0.10	Ap Si
64	γ	UMa	4554	11 53 29.5	+53 43 51	fv6	2.44	+0.02	0.00	A0 Van
95		Leo	4564	11 55 20.5	+15 40 59	fd6	5.53	+0.12	+0.11	A3 V
30	η	Crt	4567	11 55 41.0	–17 06 53	fv	5.18	0.00	–0.02	A0 Va
8	π	Vir	4589	12 00 32.4	+ 6 39 02	fd6	4.66	+0.11	+0.13	A5 V
	θ¹	Cru	4599	12 02 41.6	–63 16 36	d6	4.33	+0.04	+0.27	A3m A8–A8
			4600	12 03 19.3	–42 23 52	f	5.15	–0.03	+0.41	F6 V
9	ο	Vir	4608	12 04 52.7	+ 8 46 09	fs	4.12	+0.63	+0.98	G8 IIIa CN–1 Ba 1 CH 1
	η	Cru	4616	12 06 32.3	–64 34 39	d6	4.15	+0.03	+0.34	F2 III
			4618	12 07 44.9	–50 37 30	d	4.47	–0.67	–0.15	B2 IIIne
	δ	Cen	4621	12 08 01.2	–50 41 11	fvd	2.60	–0.90	–0.12	B2 IVne
1	α	Crv	4623	12 08 04.6	–24 41 34		4.02	–0.02	+0.32	F2 V
2	ε	Crv	4630	12 09 47.4	–22 35 01	fv	3.00	+1.47	+1.33	K2.5 IIIa Ba 0.2:

Name			H.R.	Right Ascension	Declination	Notes	V	U−B	B−V	Spectral Type
				h m s	o ′ ″					
	ρ	Cen	4638	12 11 18.6	−52 19 57		3.96	−0.62	−0.15	B3 V
			4646	12 11 54.0	+77 39 08	f6	5.14		+0.33	A5m
	δ	Cru	4656	12 14 47.8	−58 42 46	fv	2.80	−0.91	−0.23	B2 IV
69	δ	UMa	4660	12 15 06.4	+57 04 07	fvd	3.31	+0.07	+0.08	A2 Van
4	γ	Crv	4662	12 15 28.3	−17 30 21	fv6	2.59	−0.34	−0.11	B8 IIIp Hg Mn
	ε	Mus	4671	12 17 12.9	−67 55 29	v6	4.11	+1.55	+1.58	M5 III
	β	Cha	4674	12 17 57.2	−79 16 34	fv	4.26	−0.51	−0.12	B5 Vn
	ζ	Cru	4679	12 18 04.8	−63 58 01	d	4.04	−0.69	−0.17	B2.5 V
3		CVn	4690	12 19 29.6	+49 01 13	f	5.29	+1.97	+1.66	M1+ IIIab
15	η	Vir	4689	12 19 34.4	− 0 37 51	fvd6	3.89	+0.06	+0.02	A1 IV+
16		Vir	4695	12 20 01.2	+ 3 20 55	fvd	4.96	+1.15	+1.16	K0.5 IIIb Fe−0.5
	ε	Cru	4700	12 21 00.4	−60 21 55	v	3.59	+1.63	+1.42	K3/4 III
12		Com	4707	12 22 10.7	+25 52 56	fcvd6	4.79	+0.26	+0.49	G5 III + A5
6		CVn	4728	12 25 31.8	+39 03 17	f	5.02	+0.73	+0.96	G9 III
	α¹	Cru	4730	12 26 14.0	−63 03 47	fcmd68	1.58	−0.96	−0.26	B0.5 IV
	α²	Cru	4731	12 26 14.7	−63 03 49	cmd8	2.09	−0.96	−0.26	B1 V
15	γ	Com	4737	12 26 36.9	+28 18 16	m	4.35		+1.13	K1 III Fe 0.5
	σ	Cen	4743	12 27 41.2	−50 11 41	f	3.91	−0.78	−0.19	B2 V
			4748	12 28 01.6	−39 00 19	fm	5.44		−0.08	B8/9 V
7	δ	Crv	4757	12 29 31.6	−16 28 46	fvd7	2.95	−0.09	−0.05	B9.5 IV⁻ n
74		UMa	4760	12 29 39.2	+58 26 29	fm	5.32		+0.20	δ Del
	γ	Cru	4763	12 30 48.1	−57 04 37	fvd	1.63	+1.78	+1.59	M3.5 III
8	η	Crv	4775	12 31 44.1	−16 09 37	v6	4.31	+0.01	+0.38	F0 IV
	γ	Mus	4773	12 32 04.3	−72 05 50	f	3.87	−0.62	−0.15	B5 V
5	κ	Dra	4787	12 33 12.5	+69 49 26	fv6	3.87	−0.57	−0.13	B6 IIIpe
			4783	12 33 19.8	+33 17 00	f	5.42	+0.83	+1.00	K0 III CN−1
8	β	CVn	4785	12 33 26.1	+41 23 34	fsv6	4.26	+0.05	+0.59	G0 V
9	β	Crv	4786	12 34 02.7	−23 21 39	fv	2.65	+0.60	+0.89	G5 IIb
23		Com	4789	12 34 31.7	+22 39 54	fd6	4.81	−0.01	0.00	A0m A1 IV
24		Com	4792	12 34 48.2	+18 24 46	fvd	5.02	+1.11	+1.15	K2 III
	α	Mus	4798	12 36 47.4	−69 05 59	fvd	2.69	−0.83	−0.20	B2 IV−V
	τ	Cen	4802	12 37 20.7	−48 30 20		3.86	+0.03	+0.05	A1 IVnn
26	χ	Vir	4813	12 38 54.6	− 7 57 36	fd	4.66	+1.39	+1.23	K2 III CN 1.5
	γ	Cen	4819	12 41 09.4	−48 55 26	d67	2.17	−0.01	−0.01	A1 IV
29	γ	Vir	4826	12 41 19.7	− 1 24 49	cvmd8	3.68	−0.03	+0.36	F0m F2 V
29	γ	Vir	4825	12 41 19.9	− 1 24 50	cvmd68	3.65	−0.03	+0.36	F1 V
30	ρ	Vir	4828	12 41 33.3	+10 16 17	fv6	4.88	+0.03	+0.09	A0 Va
			4839	12 43 39.7	−28 17 18	fm	5.48		+1.34	K3 III
	Y	CVn	4846	12 44 49.6	+45 28 33	fv	4.99	+6.33	+2.54	C5,5
32	d²	Vir	4847	12 45 17.4	+ 7 42 32	fv6	5.22	+0.15	+0.33	A8m
	β	Mus	4844	12 45 52.7	−68 04 22	d7	3.05	−0.74	−0.18	B2 V
	β	Cru	4853	12 47 20.2	−59 39 12	fvd6	1.25	−1.00	−0.23	B0.5 III
			4874	12 50 19.9	−33 57 50	fd	4.91	−0.11	−0.04	A0 IV
31		Com	4883	12 51 23.0	+27 34 34	fs	4.94	+0.20	+0.67	G0 IIIp
			4888	12 52 44.6	−48 54 28	6	4.33	+1.58	+1.37	K3/4 III
			4889	12 53 04.5	−40 08 37	f	4.27	+0.12	+0.21	A7 III
77	ε	UMa	4905	12 53 44.7	+55 59 42	fv6	1.77	+0.02	−0.02	A0p IV: Cr
40	ψ	Vir	4902	12 54 00.8	− 9 30 14	fvd	4.79	+1.53	+1.60	M3⁻ III Ca−1
	μ¹	Cru	4898	12 54 12.5	−57 08 33	d	4.03	−0.76	−0.17	B2 IV−V
	ι	Oct	4870	12 54 14.4	−85 05 18	fd	5.46	+0.79	+1.02	K0 III

Name		H.R.	Right Ascension	Declination	Notes	V	U–B	B–V	Spectral Type
			h m s	° ′ ″					
8	Dra	4916	12 55 13.1	+65 28 25	f	5.24	+0.02	+0.28	F0 V
43 δ	Vir	4910	12 55 16.6	+ 3 25 58	fvd	3.38	+1.78	+1.58	M3+ III
12 α²	CVn	4915	12 55 43.5	+38 21 12	fvd	2.90	−0.32	−0.12	A0p III: Si Eu
78	UMa	4931	13 00 27.2	+56 24 05	svd7	4.93	+0.01	+0.36	F2 V
δ	Mus	4923	13 01 48.9	−71 30 50	f6	3.62	+1.26	+1.18	K2 III
47 ε	Vir	4932	13 01 51.2	+10 59 38	fsvd	2.83	+0.73	+0.94	G8 IIIab
14	CVn	4943	13 05 26.3	+35 50 01	fv	5.25	−0.20	−0.08	B9 V
ξ²	Cen	4942	13 06 31.7	−49 52 18	fd6	4.27	−0.79	−0.19	B1.5 V
51 θ	Vir	4963	13 09 36.8	− 5 30 16	fd6	4.38	−0.01	−0.01	A1 IV
43 β	Com	4983	13 11 34.2	+27 54 40	fd6	4.26	+0.07	+0.57	F9.5 V
η	Mus	4993	13 14 48.1	−67 51 37	fvd6	4.80	−0.35	−0.08	B7 V
		5006	13 16 31.4	−31 28 19	fm	5.10		+0.96	K0 III
20	CVn	5017	13 17 15.1	+40 36 24	fsv	4.73	+0.21	+0.30	F3 III
60 σ	Vir	5015	13 17 16.6	+ 5 30 14	fv	4.80	+1.95	+1.67	M1 III
61	Vir	5019	13 18 03.9	−18 16 31	fd	4.74	+0.26	+0.71	G6 V
46 γ	Hya	5020	13 18 34.0	−23 08 15	fvd	3.00	+0.66	+0.92	G8 IIIa
ι	Cen	5028	13 20 13.8	−36 40 41	f	2.75	+0.03	+0.04	A2 Va
		5035	13 22 12.4	−60 57 16	fd	4.53	−0.60	−0.13	B3 V
79 ζ	UMa	5054	13 23 39.9	+54 57 33	fvmd68	2.27	+0.03	+0.02	A1 Va
79 ζ	UMa	5055	13 23 40.8	+54 57 20	vmd6	3.95	+0.09	+0.13	A1m A7 IV–V
67 α	Vir	5056	13 24 51.0	−11 07 39	fvmd6	0.97	−0.93	−0.24	B1 IV
80	UMa	5062	13 24 57.9	+55 01 19	v6	4.01	+0.08	+0.16	A5 V
68	Vir	5064	13 26 22.5	−12 40 27	fv	5.25	+1.75	+1.52	M0 III
70	Vir	5072	13 28 06.7	+13 48 48	fd	4.98	+0.26	+0.71	G4 V
		5085	13 28 12.8	+59 58 45	fmd	5.40	−0.02	−0.01	A1 Vn
		5089	13 30 39.9	−39 22 26	vd67	3.88	+1.03	+1.17	G8 III
78	Vir	5105	13 33 48.2	+ 3 41 32	fv6	4.94	0.00	+0.03	A1p
79 ζ	Vir	5107	13 34 21.7	− 0 33 46	f	3.37	+0.10	+0.11	A2 IV⁻
		5110	13 34 30.4	+37 12 56	fv6	4.98	+0.06	+0.40	F2 IV
ε	Cen	5132	13 39 28.3	−53 26 01	fvd	2.30	−0.92	−0.22	B1 III
		5134	13 39 35.4	−49 55 02	svm	6.00	+1.15	+1.50	M6 III
82	Vir	5150	13 41 16.3	− 8 40 13	fv	5.01	+1.95	+1.63	M1.5 III
1	Cen	5168	13 45 19.0	−33 00 40	fv6	4.23	0.00	+0.38	F3 IV
		5171	13 46 43.3	−62 33 28	svd	6.51	+1.19	+1.98	K0 0–Ia
4 τ	Boo	5185	13 46 57.2	+17 29 20	fvd7	4.50	+0.04	+0.48	F7 V
85 η	UMa	5191	13 47 17.1	+49 20 44	fv6	1.86	−0.67	−0.19	B3 V
2	Cen	5192	13 49 04.0	−34 25 07	v	4.19	+1.45	+1.50	M4.5 III
ν	Cen	5190	13 49 06.8	−41 39 20	v6	3.41	−0.84	−0.22	B2 IV
5 υ	Boo	5200	13 49 09.8	+15 49 48	v	4.06	+1.89	+1.52	K5.5 III
μ	Cen	5193	13 49 13.4	−42 26 30	fsvd6	3.04	−0.72	−0.17	B2 V:e
89	Vir	5196	13 49 31.0	−18 06 07	f	4.97	+0.92	+1.06	K0.5 III–IIIb
10	Dra	5226	13 51 14.5	+64 45 19	fvd	4.65	+1.89	+1.58	M3.5 III
8 η	Boo	5235	13 54 22.5	+18 25 48	fsd6	2.68	+0.20	+0.58	G0 IV
ζ	Cen	5231	13 55 07.9	−47 15 24	f6	2.55	−0.92	−0.22	B2.5 IV
		5241	13 57 10.3	−63 39 18	f	4.71	+1.04	+1.11	K1.5 III
φ	Cen	5248	13 57 52.4	−42 04 09	v	3.83	−0.83	−0.21	B2 IV
47	Hya	5250	13 58 09.2	−24 56 27	f6	5.15	−0.39	−0.10	B8n
υ¹	Cen	5249	13 58 16.5	−44 46 19		3.87	−0.80	−0.20	B2 IV–V
93 ρ	Vir	5264	14 01 18.9	+ 1 34 33	fd6	4.26	+0.12	+0.10	A3 V
υ²	Cen	5260	14 01 19.0	−45 34 20	6	4.34	+0.27	+0.60	F6 II

Name			H.R.	Right Ascension	Declination	Notes	V	U–B	B–V	Spectral Type
				h m s	° ′ ″					
			5270	14 02 12.7	+ 9 43 03	sv	6.20	+0.38	+0.90	K1 CN–5 Fe–4
	β	Cen	5267	14 03 21.6	–60 20 31	fvmd6	0.61	–0.98	–0.23	B1 III
11	α	Dra	5291	14 04 12.8	+64 24 24	fsv6	3.65	–0.08	–0.05	A0 III
	θ	Aps	5261	14 04 40.8	–76 45 57	fsvm	5.50	+1.05	+1.55	M6.5 III:
	χ	Cen	5285	14 05 38.9	–41 08 55	v	4.36	–0.77	–0.19	B2 V
49	π	Hya	5287	14 06 00.0	–26 39 05	f	3.27	+1.04	+1.12	K2⁻ III Fe–0.5
5	θ	Cen	5288	14 06 17.9	–36 20 18	fd	2.06	+0.87	+1.01	K0⁻ IIIb
			5299	14 07 40.2	+43 53 07	fv	5.27	+1.66	+1.59	M4.5: III
4		UMi	5321	14 08 52.0	+77 34 41	f6	4.82		+1.36	K3 III
12	d	Boo	5304	14 10 06.2	+25 07 20	f6	4.83	+0.07	+0.54	F8 IV
98	κ	Vir	5315	14 12 32.9	–10 14 37	f	4.19	+1.47	+1.33	K2.5 IIIb Fe–0.5
16	α	Boo	5340	14 15 21.9	+19 12 58	fv	–0.04	+1.27	+1.23	K1.5 III Fe–0.5
99	ι	Vir	5338	14 15 40.4	– 5 58 11	fv	4.08	+0.04	+0.52	F7 III–IV
21	ι	Boo	5350	14 15 56.1	+51 23 50	fvd6	4.75	+0.06	+0.20	A9 V
19	λ	Boo	5351	14 16 08.2	+46 07 05	fv	4.18	+0.05	+0.08	A0 Va
			5361	14 17 43.3	+35 32 22	f6	4.81	+0.92	+1.06	K0 III
100	λ	Vir	5359	14 18 45.4	–13 20 29	fvd6	4.52	+0.12	+0.13	A2m A7 V
18		Boo	5365	14 18 57.4	+13 02 03	fd	5.41	–0.03	+0.38	F3 V
	ι	Lup	5354	14 18 59.1	–46 01 41	v	3.55	–0.72	–0.18	B2.5 IV
			5358	14 19 52.1	–56 21 25	f	4.33	–0.43	+0.12	B6 Ib
	ψ	Cen	5367	14 20 09.6	–37 51 21	fd	4.05	–0.11	–0.03	A0 III
			5378	14 22 38.1	–39 28 58	v	4.42	–0.75	–0.18	B7 IIIp
			5392	14 23 51.9	+ 5 50 58	f6	5.10	+0.10	+0.12	A5 V
			5390	14 24 26.3	–24 46 37	fm	5.32		+0.96	K0 III
23	θ	Boo	5404	14 24 58.5	+51 52 50	fvd	4.05	+0.01	+0.50	F7 V
	τ¹	Lup	5395	14 25 43.1	–45 11 32	fvd	4.56	–0.79	–0.15	B2 IV
	τ²	Lup	5396	14 25 45.6	–45 21 01	cd67	4.35	+0.19	+0.43	F4 IV + A7:
	δ	Oct	5339	14 25 48.9	–83 38 20	v	4.32	+1.45	+1.31	K2 III
22		Boo	5405	14 26 09.2	+19 15 21	f	5.39	+0.23	+0.23	F0m
5		UMi	5430	14 27 32.0	+75 43 30	fvd	4.25	+1.70	+1.44	K4⁻ III
52		Hya	5407	14 27 47.5	–29 27 46	fvd	4.97	–0.41	–0.07	B8 IV
105	φ	Vir	5409	14 27 52.0	– 2 11 57	fsvd67	4.81	+0.21	+0.70	G2 IV
25	ρ	Boo	5429	14 31 33.0	+30 23 59	fvd	3.58	+1.44	+1.30	K3⁻ III
27	γ	Boo	5435	14 31 49.0	+38 20 11	fvd	3.03	+0.12	+0.19	A7 IV⁺
	σ	Lup	5425	14 32 10.5	–50 25 43		4.42	–0.84	–0.19	B2 III
28	σ	Boo	5447	14 34 23.8	+29 46 23	fvd	4.46	–0.08	+0.36	F2 V
	η	Cen	5440	14 35 05.5	–42 07 47	fvd67	2.31	–0.83	–0.19	B1.5 Vn
	ρ	Lup	5453	14 37 26.8	–49 23 51	v	4.05	–0.56	–0.15	B5 V
33		Boo	5468	14 38 35.7	+44 25 57	fm6	5.39	–0.04	0.00	A1 V
	α²	Cen	5460	14 39 08.4	–60 48 40	fmd	1.33	+0.63	+0.88	K1 V
	α¹	Cen	5459	14 39 09.8	–60 48 25	fmd6	–0.01	+0.33	+0.71	G2 V
30	ζ	Boo	5477	14 40 50.3	+13 45 21	cvmd8	4.83	+0.05	+0.05	A2 Va
30	ζ	Boo	5478	14 40 50.3	+13 45 22	cvmd68	4.43	+0.05	+0.05	A2 Va
	α	Lup	5469	14 41 29.7	–47 21 38	fvd6	2.30	–0.89	–0.20	B1.5 III
			5471	14 41 33.3	–37 45 58		4.00	–0.70	–0.17	B3 V
	α	Cir	5463	14 41 58.5	–64 56 50	fvd6	3.19	+0.12	+0.24	F1 Vp Sr Eu
107	μ	Vir	5487	14 42 43.0	– 5 37 49	f6	3.88	–0.02	+0.38	F3 IV
34		Boo	5490	14 43 08.2	+26 33 19	fv	4.81	+1.94	+1.66	M3⁻ III
			5485	14 43 15.5	–35 08 46	f	4.05	+1.53	+1.35	K3 IIIb
36	ε	Boo	5506	14 44 42.2	+27 06 05	md	2.40		+0.96	K0⁻ II–III

Name		H.R.	Right Ascension	Declination	Notes	V	U−B	B−V	Spectral Type
			h m s	° ′ ″					
109	Vir	5511	14 45 55.2	+ 1 55 12	fv	3.72	−0.03	−0.01	A0 IVnn
		5495	14 46 33.8	−52 21 23	fmd	5.21		+0.98	G8 III
α	Aps	5470	14 47 01.8	−79 01 04	f	3.83	+1.68	+1.43	K3 III CN 0.5
56	Hya	5516	14 47 22.0	−26 03 38	f	5.24	+0.65	+0.94	G8/K0
58	Hya	5526	14 49 54.3	−27 56 01		4.41	+1.49	+1.40	K3 III
8 α¹	Lib	5530	14 50 19.6	−15 58 14	fd	5.15	−0.03	+0.41	F3 V
9 α²	Lib	5531	14 50 31.1	−16 00 54	fvd6	2.75	+0.09	+0.15	A3 III–IV
7 β	UMi	5563	14 50 43.2	+74 10 55	fvd	2.08	+1.78	+1.47	K4⁻ III
o	Lup	5528	14 51 12.8	−43 32 56	d67	4.32	−0.61	−0.15	B5 IV
		5552	14 51 16.5	+59 19 13	f	5.46	+1.60	+1.36	K4 III
		5558	14 55 20.7	−33 49 47	fmd6	5.34			A0 V
15 ξ²	Lib	5564	14 56 24.9	−11 23 02	fm	5.46		+1.49	gK4
16	Lib	5570	14 56 50.6	− 4 19 13		4.49	+0.05	+0.32	F0 IV
		5589	14 57 28.7	+65 57 30	fv6	4.60	+1.59	+1.59	M4.5 III
β	Lup	5571	14 58 06.3	−43 06 29	f6	2.68	−0.87	−0.22	B2 IV
κ	Cen	5576	14 58 44.2	−42 04 43	fvd6	3.13	−0.79	−0.20	B2 IV
19 δ	Lib	5586	15 00 37.5	− 8 29 36	fvd6	4.92	−0.10	0.00	B9.5 V
42 β	Boo	5602	15 01 42.1	+40 24 58	fv	3.50	+0.72	+0.97	G8 IIIa Fe−0.5
110	Vir	5601	15 02 34.3	+ 2 06 59		4.40	+0.88	+1.04	K0⁺ IIIb Fe−0.5
20 σ	Lib	5603	15 03 41.3	−25 15 24	fv	3.29	+1.94	+1.70	M2.5 III
43 ψ	Boo	5616	15 04 10.0	+26 58 22	f	4.54	+1.33	+1.24	K2 III
		5635	15 06 05.5	+54 34 52	f	5.25	+0.64	+0.96	G8 III Fe−1
45	Boo	5634	15 07 00.9	+24 53 39	fvd	4.93	−0.02	+0.43	F5 V
λ	Lup	5626	15 08 24.2	−45 15 19	d67	4.05	−0.68	−0.18	B3 V
κ	Lup	5646	15 11 28.8	−48 42 49	fd	3.87	−0.13	−0.05	B9.5 IVnn
ζ	Lup	5649	15 11 48.9	−52 04 30	fd	3.41	+0.66	+0.92	G8 III
24 ι	Lib	5652	15 11 51.0	−19 46 03	fvd6	4.54	−0.35	−0.08	A0p Si
1	Lup	5660	15 14 13.4	−31 29 43	f	4.91	+0.28	+0.37	F1 II
		5691	15 14 33.7	+67 22 17	f	5.13	+0.08	+0.53	F8 V
3	Ser	5675	15 14 52.0	+ 4 57 48	f	5.33	+0.91	+1.09	gK0
49 δ	Boo	5681	15 15 14.4	+33 20 20	fvd6	3.49	+0.68	+0.95	G8 III Fe−1
27 β	Lib	5685	15 16 39.4	− 9 21 33	fv6	2.61	−0.36	−0.11	B8 IVn
β	Cir	5670	15 17 00.1	−58 46 39	f	4.07	+0.09	+0.09	A3 V
2	Lup	5686	15 17 26.0	−30 07 31	v	4.34	+1.07	+1.10	K0 IIIa Fe 1
μ	Lup	5683	15 18 04.7	−47 51 06	d7	4.27	−0.37	−0.08	B8 V
γ	TrA	5671	15 18 17.7	−68 39 22	fv	2.89	−0.02	0.00	A1 III
13 γ	UMi	5735	15 20 44.1	+71 51 26	fv	3.05	+0.12	+0.05	A3 III
δ	Lup	5695	15 20 56.6	−40 37 28	fv	3.22	−0.89	−0.22	B1.5 IV
φ¹	Lup	5705	15 21 23.5	−36 14 17	fd	3.56	+1.88	+1.54	K4 III
ε	Lup	5708	15 22 14.3	−44 39 59	d67	3.37	−0.75	−0.18	B2 IV/V
φ²	Lup	5712	15 22 44.3	−36 50 08	f	4.54	−0.63	−0.15	B4 V
γ	Cir	5704	15 22 51.4	−59 17 52	c7d	4.51	−0.35	+0.19	B5 IV
51 μ¹	Boo	5733	15 24 14.7	+37 23 59	fvd6	4.31	+0.07	+0.31	F2 III–IV
12 ι	Dra	5744	15 24 47.0	+58 59 19	fvd	3.29	+1.22	+1.16	K2 III
9 τ¹	Ser	5739	15 25 29.3	+15 27 02	fv	5.17	+1.95	+1.66	M1 IIIa
3 β	CrB	5747	15 27 33.7	+29 07 40	fvd6	3.68	+0.11	+0.28	F0p Cr Eu
52 ν¹	Boo	5763	15 30 41.7	+40 51 18	f	5.02	+1.90	+1.59	K4.5 IIIb Ba 0.5
κ¹	Aps	5730	15 30 47.6	−73 22 04	fvd	5.49	−0.77	−0.12	B1 pne
4 θ	CrB	5778	15 32 40.1	+31 22 51	fvd	4.14	−0.54	−0.13	B6 Vnn
37	Lib	5777	15 33 49.4	−10 02 33	f	4.62	+0.86	+1.01	K1 III–IV

Name			H.R.	Right Ascension	Declination	Notes	V	U–B	B–V	Spectral Type
				h m s	° ′ ″					
5	α	CrB	5793	15 34 24.8	+26 44 11	fv6	2.23	−0.02	−0.02	A0 IV
13	δ	Ser	5789	15 34 29.5	+10 33 38	vmd	4.23			F0 IV
	γ	Lup	5776	15 34 42.4	−41 08 43	d7	2.78	−0.82	−0.20	B2 IV
38	γ	Lib	5787	15 35 09.7	−14 46 06	fd	3.91	+0.74	+1.01	G8.5 III
			5784	15 35 45.3	−44 22 32	f	5.43		+1.50	K4/5 III
	ε	TrA	5771	15 36 07.2	−66 17 45	fd	4.11	+1.16	+1.17	K1/2 III
39	υ	Lib	5794	15 36 37.7	−28 06 50	fd	3.58	+1.58	+1.38	K3.5 III
54	φ	Boo	5823	15 37 35.6	+40 22 28	f	5.24	+0.53	+0.88	G7 III–IV Fe−2
	ω	Lup	5797	15 37 36.9	−42 32 47	d6	4.33	+1.72	+1.42	K4.5 III
40	τ	Lib	5812	15 38 15.4	−29 45 25	6	3.66	−0.70	−0.17	B2.5 V
			5798	15 38 20.3	−52 21 06	fd	5.44		0.00	B9 V
43	κ	Lib	5838	15 41 34.3	−19 39 29	fvd6	4.74	+1.95	+1.57	M0⁻ IIIb
8	γ	CrB	5849	15 42 28.2	+26 18 57	vd67	3.84	−0.04	0.00	A0 IV
24	α	Ser	5854	15 43 56.9	+ 6 26 45	fd	2.65	+1.24	+1.17	K2 IIIb CN 1
16	ζ	UMi	5903	15 44 16.8	+77 48 53	fv	4.32	+0.05	+0.04	A2 III–IVn
28	β	Ser	5867	15 45 53.2	+15 26 31	fd	3.67	+0.08	+0.06	A2 IV
27	λ	Ser	5868	15 46 07.7	+ 7 22 24	v6	4.43	+0.11	+0.60	G0⁻ V
			5886	15 46 34.0	+62 37 10	f	5.19		+0.04	A2 IV
35	κ	Ser	5879	15 48 26.8	+18 09 41	fv	4.09	+1.95	+1.62	M0.5 IIIab
32	μ	Ser	5881	15 49 16.8	− 3 24 38	f6	3.54	−0.11	−0.04	A0 III
10	δ	CrB	5889	15 49 19.3	+26 05 16	s	4.63	+0.37	+0.80	G5 III–IV Fe−1
37	ε	Ser	5892	15 50 29.5	+ 4 29 49	f	3.71	+0.11	+0.15	A2m
5	χ	Lup	5883	15 50 32.7	−33 36 28	f6	3.95	−0.13	−0.04	B9.5p III Hg
11	κ	CrB	5901	15 50 59.2	+35 40 38	fsd	4.82	+0.87	+1.00	K1 IVa
1	χ	Her	5914	15 52 27.0	+42 28 10	f	4.62	0.00	+0.56	F9 V
45	λ	Lib	5902	15 52 57.4	−20 08 53	fd6	5.03	−0.56	−0.01	B2.5 V
46	θ	Lib	5908	15 53 27.3	−16 42 38		4.15	+0.81	+1.02	G8.5 IIIb
	β	TrA	5897	15 54 33.9	−63 24 40	fd	2.85	+0.05	+0.29	F0 IV
41	γ	Ser	5933	15 56 09.2	+15 40 57	fvd	3.85	−0.03	+0.48	F6 V
5	ρ	Sco	5928	15 56 29.0	−29 11 43	d	3.88	−0.82	−0.20	B2 IV–V
13	ε	CrB	5947	15 57 19.1	+26 53 47	fsd	4.15	+1.28	+1.23	K2 IIIab
			5960	15 57 38.1	+54 46 05	fv6	4.95	+0.05	+0.26	F0 IV
48		Lib	5941	15 57 49.5	−14 15 40	fv6	4.88	−0.20	−0.10	B5 IIIpe
6	π	Sco	5944	15 58 27.5	−26 05 45	fvd6	2.89	−0.91	−0.19	B1 V
			5943	15 59 03.6	−41 43 34	f	4.99		+1.00	K0 II/III
	T	CrB	5958	15 59 13.8	+25 56 18	vmd6	2–11			gM3 + pec
	η	Lup	5948	15 59 41.3	−38 22 43	d8	3.43	−0.83	−0.22	B2.5 IV
7	δ	Sco	5953	15 59 56.9	−22 36 13	fd6	2.32	−0.91	−0.12	B0.5 IV
49		Lib	5954	15 59 57.7	−16 30 52	fd6	5.47	+0.03	+0.52	F8 V
13	θ	Dra	5986	16 01 46.0	+58 34 57	f6	4.01	+0.10	+0.52	F8 IV–V
	ξ	Sco	5977	16 04 00.6	−11 21 20	cd7	4.16	+0.03	+0.45	F6 IV
8	β¹	Sco	5984	16 05 03.5	−19 47 17	fvd6	2.62	−0.87	−0.07	B0.5 V
8	β²	Sco	5985	16 05 03.8	−19 47 04	svd	4.92	−0.70	−0.02	B2 V
	δ	Nor	5980	16 06 01.8	−45 09 22	f	4.72	+0.15	+0.23	A1m A7–F3
	θ	Lup	5987	16 06 09.9	−36 47 06	f	4.23	−0.70	−0.17	B2.5 Vn
9	ω¹	Sco	5993	16 06 25.6	−20 39 07	s	3.96	−0.81	−0.04	B1 V
10	ω²	Sco	5997	16 07 01.4	−20 51 05	v	4.32	+0.50	+0.84	G4 II–III
7	κ	Her	6008	16 07 46.9	+17 03 50	fvd	5.00	+0.61	+0.95	G5 III
11	φ	Her	6023	16 08 33.9	+44 57 06	fv6	4.26	−0.28	−0.07	B9p Hg Mn
16	τ	CrB	6018	16 08 44.0	+36 30 26	fvd6	4.76	+0.86	+1.01	K1⁻ III–IV

Name		H.R.	Right Ascension	Declination	Notes	V	U–B	B–V	Spectral Type
			h m s	° ′ ″					
19	UMi	6079	16 11 00.2	+75 53 39	f	5.48	−0.45	−0.15	B8 V
14 ν	Sco	6027	16 11 37.0	−19 26 39	d6	4.01	−0.65	+0.04	B2 IVp
κ	Nor	6024	16 12 57.8	−54 36 51	fd	4.94	+0.78	+1.04	G8 III
1 δ	Oph	6056	16 14 00.3	− 3 40 41	fvd	2.74	+1.96	+1.58	M0.5 III
δ	TrA	6030	16 14 50.5	−63 40 11	fd	3.85	+0.86	+1.11	G2 Ib–IIa
21 η	UMi	6116	16 17 41.4	+75 46 14	fd	4.95	+0.08	+0.37	F5 V
2 ε	Oph	6075	16 17 58.6	− 4 40 37	fd	3.24	+0.75	+0.96	G9.5 IIIb Fe−0.5
		6077	16 19 08.0	−30 53 29	fd6	5.49	−0.01	+0.47	F6 III
γ²	Nor	6072	16 19 21.1	−50 08 24	fd	4.02	+1.16	+1.08	K0 III
δ¹	Aps	6020	16 19 21.5	−78 40 49	fvd	4.68	+1.69	+1.69	M5 IIb
22 τ	Her	6092	16 19 32.7	+46 19 43	fvd	3.89	−0.56	−0.15	B5 IV
20 σ	Sco	6084	16 20 47.6	−25 34 39	fvd6	2.89	−0.70	+0.13	B1 III
20 γ	Her	6095	16 21 38.0	+19 10 05	fvd6	3.75	+0.18	+0.27	A9 III
50 σ	Ser	6093	16 21 44.6	+ 1 02 38	f	4.82	+0.04	+0.34	F3 V
4 ψ	Oph	6104	16 23 43.3	−20 01 21		4.50	+0.82	+1.01	K0⁻ II–III
14 η	Dra	6132	16 23 54.1	+61 31 44	vd67	2.74	+0.70	+0.91	G8⁻ IIIab
24 ω	Her	6117	16 25 06.9	+14 02 52	fvd	4.57	−0.04	0.00	B9p Cr
7 χ	Oph	6118	16 26 38.8	−18 26 31	v6	4.42	−0.75	+0.28	B1.5 Ve
ε	Nor	6115	16 26 42.4	−47 32 26	d67	4.47	−0.54	−0.07	B4 V
ζ	TrA	6098	16 27 45.8	−70 04 14	f6	4.91	+0.04	+0.55	F9 V
15	Dra	6161	16 27 59.6	+68 46 56	f	5.00	−0.12	−0.06	B9.5 III
21 α	Sco	6134	16 29 00.5	−26 25 05	fvd6	0.96	+1.34	+1.83	M1.5: Iab–Ib
27 β	Her	6148	16 29 56.4	+21 30 12	fvd6	2.77	+0.69	+0.94	G7 IIIa Fe−0.5
10 λ	Oph	6149	16 30 35.1	+ 1 59 52	vd67	3.82	+0.01	+0.01	A1 IV
8 φ	Oph	6147	16 30 46.0	−16 35 56	d	4.28	+0.72	+0.92	G8⁺ IIIa
		6143	16 30 57.4	−34 41 26	f6	4.23	−0.80	−0.16	B2 III–IV
9 ω	Oph	6153	16 31 45.0	−21 27 10	v	4.45	+0.13	+0.13	Ap Sr Cr
γ	Aps	6102	16 32 26.3	−78 53 01	f6	3.89	+0.62	+0.91	G8/K0 III
35 σ	Her	6168	16 33 53.6	+42 27 01	fvd	4.20	−0.10	−0.01	A0 IIIn
23 τ	Sco	6165	16 35 28.6	−28 12 11	fs	2.82	−1.03	−0.25	B0 V
		6166	16 35 56.8	−35 14 34	v	4.16	+1.94	+1.57	K5 III
13 ζ	Oph	6175	16 36 48.0	−10 33 16	fv	2.56	−0.86	+0.02	O9.5 Vn
42	Her	6200	16 38 34.2	+48 56 27	fvd	4.90		+1.55	M3⁻ IIIab
40 ζ	Her	6212	16 41 02.5	+31 36 52	vd67	2.81	+0.21	+0.65	G0 IV
		6196	16 41 11.8	−17 43 48	f	4.96	+0.87	+1.11	G7.5 II–III CN 1 Ba 0.5
β	Aps	6163	16 42 08.4	−77 30 17	d	4.24	+0.95	+1.06	K0 III
44 η	Her	6220	16 42 40.4	+38 56 04	fvd	3.53	+0.60	+0.92	G7.5 IIIb Fe−1
		6237	16 45 10.4	+56 47 36	f6	4.85	−0.06	+0.38	F5 V
22 ε	UMi	6322	16 46 37.0	+82 02 55	fvd6	4.23	+0.55	+0.89	G5 III
α	TrA	6217	16 47 58.3	−69 01 00	f	1.92	+1.56	+1.44	K2 IIb–IIIa
η	Ara	6229	16 49 13.3	−59 01 50	fd	3.76	+1.94	+1.57	K5 III
20	Oph	6243	16 49 28.4	−10 46 19	f6	4.65	+0.07	+0.47	F7 III
26 ε	Sco	6241	16 49 44.5	−34 16 55	fv	2.29	+1.27	+1.15	K2 IIIb
μ¹	Sco	6247	16 51 25.8	−38 02 12	fv6	3.08	−0.87	−0.20	B1.5 IV
51	Her	6270	16 51 29.1	+24 40 01	f	5.04	+1.29	+1.25	K0.5 IIIa Ca 0.5
μ²	Sco	6252	16 51 53.7	−38 00 25	d	3.57	−0.85	−0.21	B2 IV
53	Her	6279	16 52 43.3	+31 42 44	fd	5.32	−0.02	+0.29	F2 V
25 ι	Oph	6281	16 53 42.0	+10 10 32	fv6	4.38	−0.32	−0.08	B8 V
ζ²	Sco	6271	16 54 07.5	−42 21 03	v	3.62	+1.65	+1.37	K4 III
27 κ	Oph	6299	16 57 21.6	+ 9 23 05	fsv	3.20	+1.18	+1.15	K2 III

Name			H.R.	Right Ascension	Declination	Notes	V	U–B	B–V	Spectral Type
				h m s	o ′ ″					
	ζ	Ara	6285	16 58 04.8	−55 58 50	f	3.13	+1.97	+1.60	K4 III
	ε¹	Ara	6295	16 59 03.9	−53 09 04	f	4.06	+1.71	+1.45	K4 IIIab
58	ε	Her	6324	17 00 02.4	+30 56 09	f6	3.92	−0.10	−0.01	A0 IV⁺
30		Oph	6318	17 00 43.0	− 4 12 48	fvd	4.82	+1.83	+1.48	K4 III
59		Her	6332	17 01 22.0	+33 34 39	f	5.25	+0.02	+0.02	A3 IV
60		Her	6355	17 05 04.6	+12 44 58	fd	4.91	+0.05	+0.12	A4 IV
22	ζ	Dra	6396	17 08 46.0	+65 43 22	f	3.17	−0.43	−0.12	B6 IIIp
35	η	Oph	6378	17 10 00.3	−15 43 02	d67	2.43	+0.09	+0.06	A2 Va⁺
	η	Sco	6380	17 11 41.2	−43 13 52	f	3.33	+0.09	+0.41	F2 V
64	α¹	Her	6406	17 14 21.1	+14 23 51	svd	3.08	+1.01	+1.44	M5 Ib–II
65	δ	Her	6410	17 14 45.9	+24 50 48	fvd6	3.14	+0.08	+0.08	A1 Vann
67	π	Her	6418	17 14 49.2	+36 48 58	fv	3.16	+1.66	+1.44	K3 II
			6452	17 20 01.7	+18 03 48	fv	5.00		+1.62	M1⁺ IIIab
72		Her	6458	17 20 25.0	+32 28 33	fvd	5.39	+0.07	+0.62	G0 V
53	ν	Ser	6446	17 20 27.7	−12 50 26	d7	4.33	+0.05	+0.03	A1.5 IV
40	ξ	Oph	6445	17 20 36.8	−21 06 23	d7	4.39	−0.05	+0.39	F1 Vs
	ι	Aps	6411	17 21 22.2	−70 07 02	fvd7	5.41	−0.23	−0.04	B8/9 Vn
42	θ	Oph	6453	17 21 36.6	−24 59 37	fvd6	3.27	−0.86	−0.22	B2 IV
	β	Ara	6461	17 24 45.5	−55 31 28	f	2.85	+1.56	+1.46	K3 Ib–IIa
	γ	Ara	6462	17 24 50.8	−56 22 20	d	3.34	−0.96	−0.13	B1 Ib
44		Oph	6486	17 25 58.4	−24 10 11	fv	4.17	+0.12	+0.28	A9m:
49	σ	Oph	6498	17 26 11.5	+ 4 08 44	fsv	4.34	+1.62	+1.50	K2 II
			6493	17 26 17.2	− 5 04 52	fv6	4.54	−0.03	+0.39	F3 IIIs
45		Oph	6492	17 26 56.4	−29 51 42	f	4.29	+0.09	+0.40	δ Del
23	β	Dra	6536	17 30 17.1	+52 18 22	fsd	2.79	+0.64	+0.98	G2 Ib–IIa
34	υ	Sco	6508	17 30 19.3	−37 17 28	f6	2.69	−0.82	−0.22	B2 IV
76	λ	Her	6526	17 30 28.5	+26 06 55	fv	4.41	+1.68	+1.44	K3.5 III
	δ	Ara	6500	17 30 30.6	−60 40 45	fd	3.62	−0.31	−0.10	B8 Vn
	α	Ara	6510	17 31 20.3	−49 52 18	fvd6	2.95	−0.69	−0.17	B2 Vne
27		Dra	6566	17 31 59.4	+68 08 21	fd6	5.05	+0.92	+1.08	G9 III–IIIb
24	ν¹	Dra	6554	17 32 02.9	+55 11 19	fvd6	4.88	+0.04	+0.26	Am
25	ν²	Dra	6555	17 32 08.3	+55 10 38	fvd6	4.87	+0.06	+0.28	Am
35	λ	Sco	6527	17 33 10.0	−37 05 58	fvd6	1.63	−0.89	−0.22	B1.5 IV
23	δ	UMi	6789	17 34 17.5	+86 35 26	f	4.36	+0.03	+0.02	A1 Van
55	α	Oph	6556	17 34 38.0	+12 33 52	fvd6	2.08	+0.10	+0.15	A5 Vnn
			6546	17 36 05.9	−38 37 53	v	4.29	+0.90	+1.09	G8/K0 III/IV
	θ	Sco	6553	17 36 51.1	−42 59 39	fv	1.87	+0.22	+0.40	F0 II
28	ω	Dra	6596	17 36 59.3	+68 45 40	fd6	4.80	−0.01	+0.43	F4 V
55	ξ	Ser	6561	17 37 12.9	−15 23 42	fd6	3.54	+0.14	+0.26	F0 IIIb
85	ι	Her	6588	17 39 16.9	+46 00 35	fsvd6	3.80	−0.69	−0.18	B3 IV
56	o	Ser	6581	17 41 03.0	−12 52 20	v6	4.26	+0.10	+0.08	A2 Va
	κ	Sco	6580	17 42 02.3	−39 01 38	fv6	2.41	−0.89	−0.22	B1.5 III
31	ψ	Dra	6636	17 42 03.2	+72 09 08	fd	4.58	+0.01	+0.42	F5 V
58		Oph	6595	17 43 02.4	−21 40 50	fd	4.87	−0.03	+0.47	F7 V:
84		Her	6608	17 43 05.6	+24 19 49	s	5.71	+0.27	+0.65	G2 IIIb
60	β	Oph	6603	17 43 09.1	+ 4 34 11	f	2.77	+1.24	+1.16	K2 III CN 0.5
	μ	Ara	6585	17 43 37.7	−51 49 52	f	5.15		+0.70	G5 V
	η	Pav	6582	17 45 05.6	−64 43 17	f	3.62	+1.17	+1.19	K2 II
86	μ	Her	6623	17 46 12.2	+27 43 27	fsd	3.42	+0.39	+0.75	G5 IV
	ι¹	Sco	6615	17 47 07.8	−40 07 30	fsd6	3.03	+0.27	+0.51	F2 Ia

Name			H.R.	Right Ascension	Declination	Notes	V	U−B	B−V	Spectral Type
				h m s	° ′ ″					
3	X	Sgr	6616	17 47 09.1	−27 49 44	fvm	4.20		+0.70	F3 II
62	γ	Oph	6629	17 47 34.0	+ 2 42 34	f6	3.75	+0.04	+0.04	A0 Van
			6630	17 49 24.9	−37 02 30	fd	3.21	+1.19	+1.17	K0/1 III
35		Dra	6701	17 49 44.4	+76 57 51	f	5.04	+0.08	+0.49	F7 IV
32	ξ	Dra	6688	17 53 25.0	+56 52 25	fd	3.75	+1.21	+1.18	K2 III
89		Her	6685	17 55 09.5	+26 03 03	fsv6	5.46	+0.27	+0.34	F2 Ib
91	θ	Her	6695	17 56 01.8	+37 15 04	fv	3.86	+1.46	+1.35	K1 IIa CN 2
33	γ	Dra	6705	17 56 27.3	+51 29 22	fsd	2.23	+1.87	+1.52	K5 III
92	ξ	Her	6703	17 57 30.7	+29 14 54	fv	3.70	+0.70	+0.94	G8.5 III
94	ν	Her	6707	17 58 15.2	+30 11 23	v	4.41	+0.15	+0.39	F2 II
64	ν	Oph	6698	17 58 40.1	− 9 46 24	f	3.34	+0.88	+0.99	K0⁻ IIIa CN−1
93		Her	6713	17 59 46.1	+16 45 03	f	4.67	+1.22	+1.26	K0.5 IIb
67		Oph	6714	18 00 19.2	+ 2 55 53	fsd	3.97	−0.62	+0.02	B5 Ib
68		Oph	6723	18 01 25.4	+ 1 18 18	vd67	4.45	0.00	+0.02	A0.5 Van
	W	Sgr	6742	18 04 36.4	−29 34 51	vmd6	4.30		+0.80	G0 Ib/II
70		Oph	6752	18 05 07.6	+ 2 30 02	d67	4.03	+0.54	+0.86	K0 V
10	γ	Sgr	6746	18 05 23.4	−30 25 29	fv6	2.99	+0.77	+1.00	K0⁺ III
	θ	Ara	6743	18 06 07.5	−50 05 33	f	3.66	−0.85	−0.08	B2 Ib
72		Oph	6771	18 07 02.5	+ 9 33 45	fd6	3.73	+0.10	+0.12	A4 IVs
			6791	18 07 17.0	+43 27 39	s6	5.00	+0.71	+0.91	G8 III CN−1 CH−3
103	o	Her	6779	18 07 17.3	+28 45 41	fv6	3.83	−0.07	−0.03	A0 II−III
	π	Pav	6745	18 07 57.3	−63 40 10	v6	4.35	+0.18	+0.22	A7p Sr
102		Her	6787	18 08 28.9	+20 48 47	d	4.36	−0.81	−0.16	B2 IV
	ε	Tel	6783	18 10 44.8	−45 57 22	fd	4.53	+0.78	+1.01	K0 III
13	μ	Sgr	6812	18 13 22.5	−21 03 40	fvd6	3.86	−0.49	+0.23	B9 Ia
36		Dra	6850	18 13 51.6	+64 23 42	f	5.03	−0.04	+0.38	F5 V
			6819	18 16 34.7	−56 01 34	f6	5.33	−0.69	−0.05	B3 IIIep
	η	Sgr	6832	18 17 11.3	−36 45 51	fvd7	3.11	+1.71	+1.56	M3.5 IIIab
1	κ	Lyr	6872	18 19 38.0	+36 03 41	fv	4.33	+1.19	+1.17	K2⁻ III CN 0.5
74		Oph	6866	18 20 32.6	+ 3 22 26	fd	4.86	+0.62	+0.91	G8 III
19	δ	Sgr	6859	18 20 34.7	−29 49 53	fd	2.70	+1.55	+1.38	K2.5 IIIa CN 0.5
43	φ	Dra	6920	18 20 51.1	+71 20 04	vd67	4.22	−0.33	−0.10	A0p Si
58	η	Ser	6869	18 20 58.4	− 2 54 03	fvd	3.26	+0.66	+0.94	K0 III−IV
44	χ	Dra	6927	18 21 10.4	+72 43 49	fvd6	3.57	−0.06	+0.49	F7 V
	ξ	Pav	6855	18 22 37.7	−61 29 51	fvd67	4.36	+1.55	+1.48	K4 III
109		Her	6895	18 23 25.3	+21 45 59	fsvd	3.84	+1.17	+1.18	K2 III
20	ε	Sgr	6879	18 23 44.5	−34 23 18	fd	1.85	−0.13	−0.03	A0 II⁻
39		Dra	6923	18 23 48.8	+58 47 48	d6	4.98	+0.04	+0.08	A2 Va
	α	Tel	6897	18 26 29.5	−45 58 21	f	3.51	−0.64	−0.17	B3 IV
22	λ	Sgr	6913	18 27 34.2	−25 25 33	f	2.81	+0.89	+1.04	K1 IIIb
	ζ	Tel	6905	18 28 19.9	−49 04 30		4.13	+0.82	+1.02	G8/K0 III
	γ	Sct	6930	18 28 49.6	−14 34 13	f	4.70	+0.06	+0.06	A2 III⁻
60		Ser	6935	18 29 20.7	− 1 59 24	f6	5.39	+0.76	+0.96	K0 III
	θ	Cra	6951	18 33 02.4	−42 19 04	f	4.64	+0.76	+1.01	G8 III
	α	Sct	6973	18 34 51.2	− 8 14 56	fv	3.85	+1.54	+1.33	K3 III
			6985	18 36 09.2	+ 9 07 01	f	5.39	−0.02	+0.37	F5 IIIs
3	α	Lyr	7001	18 36 43.1	+38 46 38	fsvd	0.03	−0.01	0.00	A0 Va
	δ	Sct	7020	18 41 55.1	− 9 03 33	fvd6	4.72	+0.14	+0.35	F3 IIIp
	ζ	Pav	6982	18 42 16.7	−71 26 04	fd	4.01	+1.02	+1.14	K0 III
	ε	Sct	7032	18 43 10.0	− 8 16 55	fd	4.90	+0.87	+1.12	G8 IIb

Name		H.R.	Right Ascension	Declination	Notes	V	U–B	B–V	Spectral Type
			h m s	° ′ ″					
6	ζ¹ Lyr	7056	18 44 32.9	+37 35 53	vd6	4.36	+0.16	+0.19	A4m
27	φ Sgr	7039	18 45 15.0	−26 59 52	fd6	3.17	−0.36	−0.11	B8.5 III
110	Her	7061	18 45 22.9	+20 32 23	fvd	4.19	+0.01	+0.46	F6 V
		7064	18 45 48.8	+26 39 18	f	4.83	+1.23	+1.20	K2 III
50	Dra	7124	18 46 35.0	+75 25 36	fm6	5.35		+0.05	A1 Vn
111	Her	7069	18 46 44.0	+18 10 26	fd6	4.36	+0.07	+0.13	A5 III
	β Sct	7063	18 46 49.8	− 4 45 19	f6	4.22	+0.81	+1.10	G4 IIa
	R Sct	7066	18 47 08.1	− 5 42 45	sv	5.20	+1.64	+1.47	K0 Ib:p Ca−1
	η¹ Cra	7062	18 48 22.4	−43 41 16	f	5.49		+0.13	A2 Vn
10	β Lyr	7106	18 49 50.4	+33 21 17	fcvd6	3.45	−0.56	0.00	Bpe
	χ Oct	6721	18 51 04.8	−87 36 50	f	5.28	+1.60	+1.28	K3 III
47	o Dra	7125	18 51 06.3	+59 22 49	fd6	4.66	+1.04	+1.19	G9 III Fe−0.5
	λ Pav	7074	18 51 37.0	−62 11 45	fvd	4.22	−0.89	−0.14	B2 II–III
12	δ² Lyr	7139	18 54 16.6	+36 53 25	vd	4.30	+1.65	+1.68	M4 II
52	υ Dra	7180	18 54 28.7	+71 17 19	f6	4.82	+1.10	+1.15	K0⁺ III–IIIa Ba 0.2
34	σ Sgr	7121	18 54 51.8	−26 18 19	fd	2.02	−0.75	−0.22	B2.5 V
13	R Lyr	7157	18 55 08.2	+43 56 14	fsv6	4.04	+1.41	+1.59	M5 IIIv
63	θ¹ Ser	7141	18 55 53.8	+ 4 11 41	fvd	4.61	+0.10	+0.16	A5 V
	κ Pav	7107	18 56 17.1	−67 14 33	vm	3.90		+0.60	F5 I–II
37	ξ² Sgr	7150	18 57 20.6	−21 06 56	f	3.51	+1.13	+1.18	K1 III
	λ Tel	7134	18 57 56.6	−52 56 52	fm6	5.03			A0 III⁺
14	γ Lyr	7178	18 58 42.0	+32 40 49	fvd	3.24	−0.09	−0.05	B9 II
13	ε Aql	7176	18 59 19.7	+15 03 33	fd6	4.02	+1.04	+1.08	K1⁻ III CN 0.5
12	Aql	7193	19 01 20.0	− 5 44 55	v	4.02	+1.04	+1.09	K1 III
38	ζ Sgr	7194	19 02 11.9	−29 53 24	d67	2.60	+0.06	+0.08	A2 IV–V
39	o Sgr	7217	19 04 17.7	−21 45 05	vd	3.77	+0.85	+1.01	G9 IIIb
17	ζ Aql	7235	19 05 06.7	+13 51 12	fvd6	2.99	−0.01	+0.01	A0 Vann
16	λ Aql	7236	19 05 54.3	− 4 53 34	f	3.44	−0.27	−0.09	B9 V
	γ CrA	7226	19 05 58.8	−37 04 23	md68	5.01	+0.02	+0.52	F7 IV–V
40	τ Sgr	7234	19 06 32.1	−27 40 49	f6	3.32	+1.15	+1.19	K1.5 IIIb
18	ι Lyr	7262	19 07 04.2	+36 05 23	f	5.28	−0.51	−0.11	B6 IV
	α CrA	7254	19 09 01.9	−37 54 54	f	4.11	+0.08	+0.04	A2 IV
41	π Sgr	7264	19 09 22.7	−21 02 04	fvd7	2.89	+0.22	+0.35	F2 II–III
	β CrA	7259	19 09 34.9	−39 21 06		4.11	+1.07	+1.20	K0 II/III CN Ib
20	Aql	7279	19 12 19.6	− 7 57 03	fv	5.34	−0.44	+0.13	B3 V
57	δ Dra	7310	19 12 33.3	+67 39 00	fd	3.07	+0.78	+1.00	G9 III
20	η Lyr	7298	19 13 32.2	+39 08 04	vd6	4.39	−0.65	−0.15	B2.5 IV
60	τ Dra	7352	19 15 40.7	+73 20 37	fv6	4.45	+1.45	+1.25	K2⁺ IIIb CN 1
21	θ Lyr	7314	19 16 08.6	+38 07 19	fvd	4.36	+1.23	+1.26	K0 II
1	κ Cyg	7328	19 16 57.2	+53 21 23	fv6	3.77	+0.74	+0.96	G9 III
43	Sgr	7304	19 17 15.3	−18 57 54	fmd	4.96		+1.02	G8 II–III
25	ω Aql	7315	19 17 30.7	+11 35 00	f	5.28	+0.22	+0.20	F0 IV
44	ρ¹ Sgr	7340	19 21 17.8	−17 51 35	vd	3.93	+0.13	+0.22	F0 IV–V
46	υ Sgr	7342	19 21 21.3	−15 58 03	fvd6	4.61	−0.53	+0.10	Apep
	β¹ Sgr	7337	19 22 10.3	−44 28 18	fd	4.01	−0.39	−0.10	B8 V
	β² Sgr	7343	19 22 45.1	−44 48 45		4.29	+0.07	+0.34	F2 III
	α Sgr	7348	19 23 26.2	−40 37 43	f6	3.97	−0.33	−0.10	B8 V
31	Aql	7373	19 24 39.6	+11 55 49	fvd	5.16	+0.42	+0.77	G7 IV Hδ 1
30	δ Aql	7377	19 25 10.2	+ 3 06 05	fvd6	3.36	+0.04	+0.32	F0 IV
6	α Vul	7405	19 28 26.1	+24 39 05	fvd	4.44	+1.81	+1.50	M1 IIIb

Name			H.R.	Right Ascension	Declination	Notes	V	U–B	B–V	Spectral Type
				h m s	o ′ ″					
10	ι	Cyg	7420	19 29 32.5	+51 42 57	f	3.79	+0.11	+0.14	A5 Vn
36		Aql	7414	19 30 19.5	− 2 48 10	fv	5.03	+2.05	+1.75	M1 IIIab
6	β	Cyg	7417	19 30 27.6	+27 56 45	fcvmd8	3.24	+0.62	+1.13	K3 II + B9.5 V
8		Cyg	7426	19 31 31.8	+34 26 20	f	4.74	−0.65	−0.14	B3 IV
61	σ	Dra	7462	19 32 22.4	+69 39 00	svd	4.68	+0.38	+0.79	K0 V
38	μ	Aql	7429	19 33 46.3	+ 7 21 53	fvd	4.45	+1.26	+1.17	K3⁻ IIIb CN 0.5
	ι	Tel	7424	19 34 44.1	−48 06 49	f	4.90		+1.09	K0 III
13	θ	Cyg	7469	19 36 16.0	+50 12 21	fd	4.48	−0.03	+0.38	F4 V
52		Sgr	7440	19 36 18.7	−24 53 54	fvd	4.60	−0.15	−0.07	B9
41	ι	Aql	7447	19 36 23.1	− 1 18 05	vd	4.36	−0.44	−0.08	B5 III
39	κ	Aql	7446	19 36 32.5	− 7 02 32	fv	4.95	−0.87	0.00	B0.5 IIIn
5	α	Sge	7479	19 39 48.4	+17 59 55	d	4.37	+0.43	+0.78	G1 II
54		Sgr	7476	19 40 21.1	−16 18 31	fvd	5.30	+1.06	+1.13	K2 III
			7495	19 40 38.2	+45 30 33	svd	5.06	+0.15	+0.40	F5 II–III
6	β	Sge	7488	19 40 45.4	+17 27 38	f	4.37	+0.89	+1.05	G8 IIIa CN 0.5
16		Cyg	7503	19 41 38.6	+50 30 36	sd	5.96	+0.19	+0.64	G1.5 Vb
16		Cyg	7504	19 41 41.6	+50 30 08	sd	6.20	+0.20	+0.66	G3 V
55		Sgr	7489	19 42 08.9	−16 08 23	fd6	5.06	+0.09	+0.33	F0 IVn:
10		Vul	7506	19 43 26.7	+25 45 22	f	5.49	+0.67	+0.93	G8 III
15		Cyg	7517	19 44 02.5	+37 20 18	f	4.89	+0.69	+0.95	G7⁺ III
18	δ	Cyg	7528	19 44 46.3	+45 06 53	vd67	2.87	−0.10	−0.03	B9.5 III
50	γ	Aql	7525	19 45 57.0	+10 35 50	fd	2.72	+1.68	+1.52	K3 II
56		Sgr	7515	19 45 59.0	−19 46 38	fm	4.86		+0.93	K1 III
7	δ	Sge	7536	19 47 05.9	+18 31 05	fcvd6	3.82	+0.96	+1.41	M2 II + A0 V
	ν	Tel	7510	19 47 29.5	−56 22 44	f	5.35		+0.20	A9 Vn
63	ε	Dra	7582	19 48 11.9	+70 15 05	vd67	3.83	+0.52	+0.89	G7 IIIb CN−2
	χ	Cyg	7564	19 50 18.9	+32 53 51	vd	4.23	+0.96	+1.82	S6⁺ /1e
53	α	Aql	7557	19 50 28.0	+ 8 51 03	fd	0.77	+0.08	+0.22	A7 Vn
			7552	19 51 24.2	−39 53 29	sv6	5.33	−0.22	−0.06	A0: IV:p Cr Eu
			7589	19 51 47.3	+47 00 37	sv	5.62	−0.97	−0.07	O9.5 Iab
9		Sge	7574	19 52 04.4	+18 39 18	sv6	6.23	−0.92	+0.01	O8 If
55	η	Aql	7570	19 52 08.5	+ 0 59 19	fv6	3.90	+0.51	+0.89	F6−G1 Ib
			7575	19 52 58.3	− 3 07 54	fsv	5.65	+0.10	+0.20	A3: IV:p Sr Cr Eu
	ι	Sgr	7581	19 54 48.9	−41 53 09	f	4.13	+0.90	+1.08	G8 III
60	β	Aql	7602	19 54 59.6	+ 6 23 25	fvd	3.71	+0.48	+0.86	G8 IV
21	η	Cyg	7615	19 56 03.7	+35 03 57	fvd	3.89	+0.89	+1.02	K0 III
61		Sgr	7614	19 57 34.9	−15 30 33	fm	5.02		+0.05	A3 IV
12	γ	Sge	7635	19 58 28.1	+19 28 27	fsv	3.47	+1.93	+1.57	M0⁻ III
	θ¹	Sgr	7623	19 59 18.9	−35 17 39	f6	4.37	−0.67	−0.15	B2.5 IV
	ε	Pav	7590	19 59 50.9	−72 55 42	fv	3.96	−0.05	−0.03	A0 Va
15		Vul	7653	20 00 50.0	+27 44 07	fv6	4.64	+0.16	+0.18	A4 III
62		Sgr	7650	20 02 15.6	−27 43 42	fv	4.58	+1.80	+1.65	M4.5 III
	ξ	Tel	7673	20 06 53.4	−52 54 00	fv6	4.94	+1.84	+1.62	M1 IIab
	δ	Pav	7665	20 08 05.6	−66 11 57	fv	3.56	+0.45	+0.76	G6/8 IV
1	κ	Cep	7750	20 09 07.0	+77 41 31	fd7	4.39	−0.11	−0.05	B9 III
28		Cyg	7708	20 09 11.1	+36 49 13	fv6	4.93	−0.77	−0.13	B2.5 V
65	θ	Aql	7710	20 10 58.2	− 0 50 28	fd6	3.23	−0.14	−0.07	B9.5 III⁺
33		Cyg	7740	20 13 14.8	+56 32 52	fv6	4.30	+0.08	+0.11	A3 IV−Vn
31	o¹	Cyg	7735	20 13 25.6	+46 43 17	fcvd6	3.79	+0.42	+1.28	K2 II + B4 V
67	ρ	Aql	7724	20 13 58.6	+15 10 39	f6	4.95	+0.01	+0.08	A1 Va

Name			H.R.	Right Ascension	Declination	Notes	V	U−B	B−V	Spectral Type
				h m s	° ′ ″					
32	o²	Cyg	7751	20 15 16.3	+47 41 39	cvd6	3.98	+1.03	+1.52	K3 II + B9: V
24		Vul	7753	20 16 30.4	+24 39 03	fm	5.32		+0.95	G8 III
5	α¹	Cap	7747	20 17 17.3	−12 31 43	fd6	4.24	+0.78	+1.07	G3 Ib
34	P	Cyg	7763	20 17 32.8	+38 00 45	sv	4.81	−0.58	+0.42	B1pe
6	α²	Cap	7754	20 17 41.7	−12 33 55	fmd6	3.56		+0.94	G8 IIIb
9	β	Cap	7776	20 20 38.8	−14 48 08	fcd67	3.08	+0.28	+0.79	G5 II + A0 V:
37	γ	Cyg	7796	20 21 59.7	+40 14 08	fsvd	2.20	+0.53	+0.68	F8 Ib
			7794	20 22 51.4	+ 5 19 19	f	5.31	+0.77	+0.97	G8 III−IV
39		Cyg	7806	20 23 36.0	+32 10 08	s	4.43	+1.50	+1.33	K2.5 III Fe−0.5
	α	Pav	7790	20 25 08.2	−56 45 23	fvd6	1.94	−0.71	−0.20	B2.5 V
41		Cyg	7834	20 29 07.8	+30 20 48	fv	4.01	+0.27	+0.40	F5 II
69		Aql	7831	20 29 18.6	− 2 54 27	f	4.91	+1.22	+1.15	K2 III
2	θ	Cep	7850	20 29 28.4	+62 58 20	f6	4.22	+0.16	+0.20	A7 III
73		Dra	7879	20 31 35.9	+74 55 57	fv6	5.20	+0.11	+0.07	A0p Sr Cr Eu
2	ε	Del	7852	20 32 54.2	+11 16 51	fv	4.03	−0.47	−0.13	B6 III
	α	Ind	7869	20 37 06.7	−47 18 52	fd	3.11	+0.79	+1.00	K0 III CN III/IV
6	β	Del	7882	20 37 14.7	+14 34 20	d6	3.63	+0.08	+0.44	F5 IV
71		Aql	7884	20 38 00.1	− 1 07 42	vd6	4.32	+0.69	+0.95	G7.5 IIIa
29		Vul	7891	20 38 13.9	+21 10 41	f	4.82	−0.08	−0.02	A0 Va (shell)
7	κ	Del	7896	20 38 48.8	+10 03 47	fd	5.05	+0.24	+0.71	G2 IV
9	α	Del	7906	20 39 20.2	+15 53 20	fvd6	3.77	−0.21	−0.06	B9 IV
15	υ	Cap	7900	20 39 40.8	−18 09 43	f	5.10	+1.99	+1.66	M1 III
49		Cyg	7921	20 40 46.8	+32 17 02	sd6	5.51		+0.88	G8 IIb
50	α	Cyg	7924	20 41 12.6	+45 15 25	fsvd	1.25	−0.24	+0.09	A2 Ia
11	δ	Del	7928	20 43 09.3	+15 03 04	fv6	4.43	+0.10	+0.32	F0 IVp
	η	Ind	7920	20 43 33.9	−51 56 41	f	4.51	+0.09	+0.27	A9 III−IV
	β	Pav	7913	20 44 22.7	−66 13 37	f	3.42	+0.12	+0.16	A7 III
3	η	Cep	7957	20 45 09.5	+61 48 48	fd	3.43	+0.62	+0.92	K0 IV
			7955	20 45 11.5	+57 33 23	fd6	4.51	+0.10	+0.54	F8 IV−V
52		Cyg	7942	20 45 23.6	+30 41 45	d	4.22	+0.89	+1.05	K0 IIIa
16	ψ	Cap	7936	20 45 42.7	−25 17 41	f	4.14	+0.02	+0.43	F4 V
53	ε	Cyg	7949	20 45 56.9	+33 56 44	fd6	2.46	+0.87	+1.03	K0 III
12	γ²	Del	7948	20 46 21.4	+16 06 02	fd	4.27	+0.97	+1.04	K1 IV
54	λ	Cyg	7963	20 47 09.3	+36 28 00	d67	4.53	−0.49	−0.11	B6 IV
2	ε	Aqr	7950	20 47 19.5	− 9 31 11	f	3.77	+0.02	0.00	A1 III⁻
3		Aqr	7951	20 47 23.7	− 5 03 06	fv	4.42	+1.92	+1.65	M3 III
	ι	Mic	7943	20 48 02.8	−44 00 45	fd7	5.11	+0.06	+0.35	F1 IV
55		Cyg	7977	20 48 43.1	+46 05 24	svd	4.84	−0.45	+0.41	B3 Ia
18	ω	Cap	7980	20 51 26.1	−26 56 38	fv	4.11	+1.93	+1.64	M0 III Ba 0.5
6	μ	Aqr	7990	20 52 18.2	− 9 00 29	f6	4.73	+0.11	+0.32	A3m
32		Vul	8008	20 54 17.0	+28 01 58	fv	5.01	+1.79	+1.48	K4 III
	β	Ind	7986	20 54 18.3	−58 28 45	fd	3.65	+1.23	+1.25	K1 II
			8023	20 56 21.0	+44 53 59	s6	5.96	−0.85	+0.05	O6
58	v	Cyg	8028	20 56 55.9	+41 08 31	f6	3.94	0.00	+0.02	A0.5 IIIn
33		Vul	8032	20 57 58.9	+22 18 02	f	5.31		+1.40	K3.5 III
20		Cap	8033	20 59 14.0	−19 03 38	svm	6.23			A0 IIIp Si
59		Cyg	8047	20 59 36.3	+47 29 44	fvd6	4.74	−0.94	−0.05	B1.5 Venn
	γ	Mic	8039	21 00 53.6	−32 17 01	fd	4.67	+0.54	+0.89	G8 III
	ζ	Mic	8048	21 02 33.1	−38 39 26	fm	5.35			F3 V
	σ	Oct	7228	21 02 53.0	−88 58 58	fv	5.47	+0.13	+0.27	F0 III

Name			H.R.	Right Ascension	Declination	Notes	V	U–B	B–V	Spectral Type
				h m s	° ′ ″					
	α	Oct	8021	21 03 56.8	−77 02 57	fc6	5.15	+0.13	+0.49	G2 III + A7 III
62	ξ	Cyg	8079	21 04 41.7	+43 54 06	fsv6	3.72	+1.83	+1.65	K4.5 Ib–II
23	θ	Cap	8075	21 05 35.0	−17 15 32	f6	4.07	+0.01	−0.01	A1 V
61	a	Cyg	8085	21 06 36.4	+38 43 02	fsvd	5.21	+1.11	+1.18	K5 V
61	b	Cyg	8086	21 06 37.8	+38 42 36	svd	6.03	+1.23	+1.37	K7 V
24		Cap	8080	21 06 44.9	−25 01 56	fd	4.50	+1.93	+1.61	M1⁻ III
13	ν	Aqr	8093	21 09 14.4	−11 23 54	f	4.51	+0.70	+0.94	G8 III
5	γ	Equ	8097	21 10 01.6	+10 06 18	fvd	4.69	+0.10	+0.26	F0p Sr Eu
64	ζ	Cyg	8115	21 12 39.6	+30 12 00	fsd6	3.20	+0.76	+0.99	G8⁺ III–IIIa Ba 0.5
	o	Pav	8092	21 12 44.4	−70 09 12	f6	5.02	+1.56	+1.58	M1/2 III
			8110	21 12 54.3	−27 38 46	f	5.42		+1.42	K5 III
7	δ	Equ	8123	21 14 09.9	+ 9 58 49	d67	4.49	−0.01	+0.50	G1 V
65	τ	Cyg	8130	21 14 31.9	+38 01 03	vd67	3.72	+0.02	+0.39	F3 IV
8	α	Equ	8131	21 15 30.0	+ 5 13 15	fcd6	3.92	+0.29	+0.53	G2 II–III + A4 V
67	σ	Cyg	8143	21 17 09.6	+39 22 02	fv6	4.23	−0.39	+0.12	B9 Ia
	ε	Mic	8135	21 17 32.7	−32 12 00	f	4.71	+0.02	+0.06	A1m A2 Va⁺
66	υ	Cyg	8146	21 17 39.0	+34 52 10	fvd6	4.43	−0.82	−0.11	B2 Ve
5	α	Cep	8162	21 18 25.5	+62 33 29	fvd	2.44	+0.11	+0.22	A7 Van
	θ	Ind	8140	21 19 24.4	−53 28 38	d7	4.39	+0.12	+0.19	A5 V
	θ¹	Mic	8151	21 20 20.8	−40 50 14	fv	4.82	−0.07	+0.02	Ap Cr Eu
1		Peg	8173	21 21 47.2	+19 46 35	fd6	4.08	+1.06	+1.11	K1 III
32	ι	Cap	8167	21 21 53.1	−16 51 45	f	4.28	+0.58	+0.90	G7 III Fe−1.5
18		Aqr	8187	21 23 50.2	−12 54 23	fvd	5.49		+0.29	F1 V
69		Cyg	8209	21 25 31.1	+36 38 21	sd	5.94	−0.94	−0.08	B0 Ib
	γ	Pav	8181	21 25 54.7	−65 23 46	fv	4.22	−0.12	+0.49	F6 Vp
34	ζ	Cap	8204	21 26 17.8	−22 26 23	fd6	3.74	+0.59	+1.00	G4p Ba
36		Cap	8213	21 28 21.2	−21 50 09		4.51	+0.60	+0.91	G7 IIIb CN−0.5 Fe−1
8	β	Cep	8238	21 28 34.7	+70 31 56	fvd6	3.23	−0.95	−0.22	B1 III
71		Cyg	8228	21 29 12.5	+46 30 42	f	5.24	+0.80	+0.97	K0⁻ III
2		Peg	8225	21 29 39.2	+23 36 37	fd	4.57	+1.93	+1.62	M1⁺ III
22	β	Aqr	8232	21 31 13.0	− 5 36 00	fsd	2.91	+0.56	+0.83	G0 Ib
73	ρ	Cyg	8252	21 33 44.2	+45 33 47	fv	4.02	+0.56	+0.89	G8 III Fe−0.5
74		Cyg	8266	21 36 41.3	+40 23 03	f	5.01		+0.18	A5 V
23	ξ	Aqr	8264	21 37 24.4	− 7 53 01	fd6	4.69	+0.13	+0.17	A7 V
5		Peg	8267	21 37 27.2	+19 17 21	f	5.45	+0.14	+0.30	F1 IV
9		Cep	8279	21 37 44.8	+62 03 09	sv	4.73	−0.53	+0.30	B2 Ib
40	γ	Cap	8278	21 39 43.9	−16 41 31	f6	3.68	+0.20	+0.32	Am
75		Cyg	8284	21 39 55.7	+43 14 39	svd	5.11	+1.90	+1.60	M1 IIIab
	ν	Oct	8254	21 40 46.3	−77 25 10	fd6	3.76	+0.89	+1.00	K0 III
11		Cep	8317	21 41 49.7	+71 16 53	f	4.56	+1.10	+1.10	K1.5 III
	μ	Cep	8316	21 43 18.5	+58 45 00	svd	4.08	+2.42	+2.35	M2⁻ Ia
8	ε	Peg	8308	21 43 52.0	+ 9 50 42	fsvd	2.39	+1.70	+1.53	K2 Ib–II
9		Peg	8313	21 44 12.2	+17 19 12	sv	4.34	+1.00	+1.17	G5 Ib
10	κ	Peg	8315	21 44 21.0	+25 36 54	d67	4.13	+0.03	+0.43	F5 IV
9	ι	PsA	8305	21 44 33.7	−33 03 20	fd6	4.34	−0.11	−0.05	A0 IV
10	ν	Cep	8334	21 45 15.7	+61 05 26	fv	4.29	+0.13	+0.52	A2 Ia
81	π²	Cyg	8335	21 46 33.2	+49 16 46	f6	4.23	−0.71	−0.12	B2.5 III
49	δ	Cap	8322	21 46 41.0	−16 09 25	fvd6	2.87	+0.09	+0.29	A5m F2 IV:
14		Peg	8343	21 49 33.4	+30 08 38	f6	5.04	+0.03	−0.03	A1 Vs
	o	Ind	8333	21 50 14.7	−69 39 36	f	5.53	+1.63	+1.37	K2/3 III

Name		H.R.	Right Ascension	Declination	Notes	V	U–B	B–V	Spectral Type
			h m s	o ′ ″					
16	Peg	8356	21 52 46.0	+25 53 40	f6	5.08	−0.67	−0.17	B3 V
51 μ	Cap	8351	21 52 56.6	−13 34 57	f	5.08	−0.01	+0.37	F2 V
γ	Gru	8353	21 53 32.2	−37 23 44	f	3.01	−0.37	−0.12	B8 III
13	Cep	8371	21 54 40.0	+56 34 49	sv	5.80	−0.02	+0.73	B8 Ib
δ	Ind	8368	21 57 28.8	−55 01 25	fd7	4.40	+0.10	+0.28	F0 IV
ε	Ind	8387	22 02 52.0	−56 48 47	f	4.69	+0.99	+1.06	K4/5 V
17 ξ	Cep	8417	22 03 36.1	+64 35 46	d6	4.29	+0.09	+0.34	A3m
20	Cep	8426	22 04 48.6	+62 45 14	fv	5.27	+1.78	+1.41	K4 III
19	Cep	8428	22 04 56.9	+62 14 53	sd	5.11	−0.84	+0.08	O9 Ib
34 α	Aqr	8414	22 05 27.0	− 0 21 06	fsd	2.96	+0.74	+0.98	G2 Ib
λ	Gru	8411	22 05 43.5	−39 34 30	f	4.46	+1.66	+1.37	K3 III
33 ι	Aqr	8418	22 06 05.2	−13 54 05	f6	4.27	−0.29	−0.07	B9 IV–V
24 ι	Peg	8430	22 06 42.5	+25 18 47	fvd6	3.76	−0.04	+0.44	F5 V
α	Gru	8425	22 07 49.6	−46 59 34	fvd	1.74	−0.47	−0.13	B7 IV
14 μ	PsA	8431	22 08 00.4	−33 01 14	f	4.50	+0.05	+0.05	A1 IVnn
24	Cep	8468	22 09 41.0	+72 18 33	f	4.79	+0.61	+0.92	G7 II–III
29 π	Peg	8454	22 09 41.9	+33 08 46	f	4.29	+0.18	+0.46	F3 III
26 θ	Peg	8450	22 09 52.3	+ 6 09 57	fv6	3.53	+0.10	+0.08	A2m A1 IV–V
21 ζ	Cep	8465	22 10 37.7	+58 10 09	fv6	3.35	+1.71	+1.57	K1.5 Ib
22 λ	Cep	8469	22 11 17.4	+59 22 56	sv	5.04	−0.74	+0.25	O6 If
		8485	22 13 36.0	+39 40 57	fvd6	4.49	+1.45	+1.39	K2.5 III
		8546	22 13 47.2	+86 04 32	f6	5.27	−0.11	−0.03	B9.5 Vn
16 λ	PsA	8478	22 13 56.7	−27 47 58	f	5.43	−0.55	−0.16	B8 III
23 ε	Cep	8494	22 14 47.6	+57 00 40	vd6	4.19	+0.04	+0.28	F0 IV
1	Lac	8498	22 15 41.2	+37 42 59		4.13	+1.63	+1.46	K3⁻ II–III
43 θ	Aqr	8499	22 16 29.5	− 7 48 57	f	4.16	+0.81	+0.98	G9 III
α	Tuc	8502	22 18 03.6	−60 17 32	fd6	2.86	+1.54	+1.39	K3 III
ε	Oct	8481	22 19 19.5	−80 28 21	fv	5.10	+1.09	+1.47	M6 III
31	Peg	8520	22 21 11.9	+12 10 20	fv	5.01	−0.81	−0.13	B2 IV–V
47	Aqr	8516	22 21 14.2	−21 37 52	fm	5.13		+1.07	K0 III
48 γ	Aqr	8518	22 21 19.2	− 1 25 13	fvd6	3.84	−0.12	−0.05	B9.5 III–IV
3 β	Lac	8538	22 23 18.2	+52 11 47	f	4.43	+0.77	+1.02	G9 IIIb Ca 1
52 π	Aqr	8539	22 24 56.7	+ 1 20 39	fv	4.66	−0.98	−0.03	B1 Ve
δ	Tuc	8540	22 26 52.7	−64 59 59	vd7	4.48	−0.07	−0.03	B9.5 IVn
ν	Gru	8552	22 28 16.5	−39 09 54	fd	5.47		+0.95	G8 III
55 ζ¹	Aqr	8558	22 28 29.6	− 0 03 13	cmd8	4.59	−0.01	+0.40	F3 IV
55 ζ²	Aqr	8559	22 28 30.0	− 0 03 12	cmd8	4.42	−0.01	+0.40	F3 IV
δ¹	Gru	8556	22 28 53.0	−43 31 44	fvd	3.97	+0.80	+1.03	G6/8 III
27 δ	Cep	8571	22 28 55.7	+58 22 54	fvd6	3.75		+0.60	F5 Ibv
5	Lac	8572	22 29 15.6	+47 40 24	cv6	4.36	+1.11	+1.68	M0 II + B8 V
δ²	Gru	8560	22 29 22.3	−43 46 58	vd	4.11	+1.71	+1.57	M4.5 IIIa
38	Peg	8574	22 29 43.9	+32 32 21	f	5.47	−0.25	−0.10	B9.5 V
6	Lac	8579	22 30 12.4	+43 05 24	6	4.51	−0.74	−0.09	B2 IV
57 σ	Aqr	8573	22 30 18.2	−10 42 41	f6	4.82	−0.11	−0.06	A0 IV
7 α	Lac	8585	22 31 01.4	+50 14 56	fd	3.77	0.00	+0.01	A1 Va
17 β	PsA	8576	22 31 08.3	−32 22 46	fd7	4.29	+0.02	+0.01	A1 Va
59 υ	Aqr	8592	22 34 20.4	−20 44 30	f	5.20	0.00	+0.44	F5 V
62 η	Aqr	8597	22 35 01.4	− 0 09 04	f	4.02	−0.26	−0.09	B9 IV–V:n
31	Cep	8615	22 35 36.5	+73 36 34	f	5.08	+0.16	+0.39	F3 III–IV
63 κ	Aqr	8610	22 37 25.2	− 4 15 42	fd	5.03	+1.16	+1.14	K2 III

Name		H.R.	Right Ascension	Declination	Notes	V	U–B	B–V	Spectral Type
			h m s	° ′ ″					
30	Cep	8627	22 38 25.1	+63 33 02	f6	5.19		+0.06	A3 IV
10	Lac	8622	22 38 58.1	+39 00 59	fd	4.88	−1.04	−0.20	O9 V
		8626	22 39 16.6	+37 33 32	sd	6.03		+0.86	G3 Ib–II CN−1 CH 2 Fe−1
11	Lac	8632	22 40 13.7	+44 14 32		4.46	+1.36	+1.33	K2.5 III
18 ε	PsA	8628	22 40 17.9	−27 04 40	fv	4.17	−0.37	−0.11	B8 Ve
42 ζ	Peg	8634	22 41 08.3	+10 47 50	fd	3.40	−0.25	−0.09	B8.5 III–IV
β	Gru	8636	22 42 16.9	−46 55 08	fv	2.11	+1.60	+1.62	M4.5 III
44 η	Peg	8650	22 42 41.8	+30 11 14	fcvd6	2.94	+0.55	+0.86	G8 II + F0 V
13	Lac	8656	22 43 48.0	+41 47 06	fd	5.08		+0.96	K0 III
β	Oct	8630	22 45 25.3	−81 24 57	f6	4.15	+0.11	+0.20	A9 IV/V
47 λ	Peg	8667	22 46 13.1	+23 31 53	f	3.95	+0.91	+1.07	G8 IIIa CN 0.5
46 ξ	Peg	8665	22 46 22.1	+12 08 22	d	4.19	−0.03	+0.50	F7 V
68	Aqr	8670	22 47 12.2	−19 38 51	fm	5.26		+0.94	G8 III
ε	Gru	8675	22 48 09.9	−51 21 04	fv	3.49	+0.10	+0.08	A2 Va
71 τ	Aqr	8679	22 49 14.9	−13 37 37	fvd	4.01	+1.95	+1.57	M0 III
32 ι	Cep	8694	22 49 26.9	+66 09 58	fs	3.52	+0.90	+1.05	K0⁻ III
48 μ	Peg	8684	22 49 41.3	+24 34 02	fs	3.48	+0.68	+0.93	G8⁺ III
		8685	22 50 40.1	−39 11 29	fm	5.42		+1.43	K3 III
22 γ	PsA	8695	22 52 10.0	−32 54 37	vd7	4.46	−0.14	−0.04	A0m A1 III–IV
73 λ	Aqr	8698	22 52 16.5	− 7 36 51	fv	3.74	+1.74	+1.64	M2.5 IIIa Fe−1
76 δ	Aqr	8709	22 54 18.4	−15 51 20	fv	3.27	+0.08	+0.05	A3 V
		8748	22 54 29.0	+84 18 41	f	4.71	+1.69	+1.43	K4 III
23 δ	PsA	8720	22 55 35.4	−32 34 28	d	4.21	+0.69	+0.97	G8 III
		8726	22 56 08.9	+49 41 56	sv	4.95	+1.96	+1.78	K5 Ib
24 α	PsA	8728	22 57 17.6	−29 39 24	fv	1.16	+0.08	+0.09	A3 V
		8732	22 58 13.4	−35 33 28	s	6.13		+0.58	F8 III–IV
		8752	22 59 48.6	+56 54 38	sv	5.00	+1.16	+1.42	G4v 0
ζ	Gru	8747	23 00 29.9	−52 47 21	f6	4.12	+0.70	+0.98	G8/K0 III
1 o	And	8762	23 01 37.3	+42 17 27	fvd6	3.62	−0.53	−0.09	B6pe
π	PsA	8767	23 03 08.3	−34 47 05	fv6	5.11	+0.02	+0.29	F0 III
53 β	Peg	8775	23 03 27.5	+28 02 51	fvd	2.42	+1.96	+1.67	M2.5: II–III
4 β	Psc	8773	23 03 32.8	+ 3 47 06	fv	4.53	−0.49	−0.12	B6 Ve
54 α	Peg	8781	23 04 26.2	+15 10 13	fv6	2.49	−0.05	−0.04	A0 III–IV
86	Aqr	8789	23 06 20.0	−23 46 42	d	4.47	+0.58	+0.90	G6 IIIb
θ	Gru	8787	23 06 31.0	−43 33 21	d7	4.28	+0.16	+0.42	δ Del
55	Peg	8795	23 06 40.6	+ 9 22 27	fv	4.52	+1.90	+1.57	M1 IIIab
33 π	Cep	8819	23 07 41.4	+75 21 09	d67	4.41	+0.46	+0.80	G2 III
88	Aqr	8812	23 09 06.1	−21 12 28	f	3.66	+1.24	+1.22	K1.5 III
ι	Gru	8820	23 09 59.6	−45 16 55	f6	3.90	+0.86	+1.02	K1 III
59	Peg	8826	23 11 24.5	+ 8 41 05	f	5.16	+0.08	+0.13	A5 Vn
90 φ	Aqr	8834	23 13 59.2	− 6 05 03	f	4.22	+1.90	+1.56	M1.5 III
91 ψ¹	Aqr	8841	23 15 33.1	− 9 07 24	fd	4.21	+0.99	+1.11	K0 III
6 γ	Psc	8852	23 16 49.7	+ 3 14 48	fs	3.69	+0.58	+0.92	G9 III: Fe−2
γ	Tuc	8848	23 17 03.2	−58 16 17	f	3.99	−0.02	+0.40	F1 III
93 ψ²	Aqr	8858	23 17 34.0	− 9 13 05	d	4.39	−0.56	−0.15	B5 Vn
γ	Scl	8863	23 18 28.5	−32 34 03	f	4.41	+1.06	+1.13	K1 III
95 ψ³	Aqr	8865	23 18 37.4	− 9 38 47	fvd	4.98		−0.02	A0 Va
62 τ	Peg	8880	23 20 18.9	+23 42 17	fv	4.60	+0.10	+0.17	A5 V
98	Aqr	8892	23 22 37.8	−20 08 10	f	3.97	+0.95	+1.10	K0 III
4	Cas	8904	23 24 32.8	+62 14 49	fvmd	4.97		+1.68	M2⁻ IIIab

Name			H.R.	Right Ascension	Declination	Notes	V	U–B	B–V	Spectral Type
				h m s	° ′ ″					
68	υ	Peg	8905	23 25 03.3	+23 22 06	fsm	4.41		+0.61	F8 III
99		Aqr	8906	23 25 42.3	−20 40 39	vm	4.39		+1.48	K5 III
8	κ	Psc	8911	23 26 36.0	+ 1 13 12	fvd	4.94	−0.02	+0.03	A0p Cr Sr
	τ	Oct	8862	23 27 15.6	−87 31 05	f	5.49	+1.43	+1.27	K2 III
10	θ	Psc	8916	23 27 38.3	+ 6 20 36	f	4.28	+1.01	+1.07	K1 III
70		Peg	8923	23 28 49.6	+12 43 29	f	4.55	+0.73	+0.94	G7+ III
			8924	23 29 11.9	− 4 34 05	sv	6.25	+1.16	+1.09	K3− IIIb
	β	Scl	8937	23 32 37.4	−37 51 16	fv	4.37	−0.36	−0.09	B9.5 IVp Hg Mn
			8952	23 34 42.0	+71 36 22	s	5.84	+1.73	+1.80	G9 Ib
	ι	Phe	8949	23 34 43.7	−42 39 04	fvd	4.71	+0.07	+0.08	Ap Sr
16	λ	And	8961	23 37 14.7	+46 25 23	fvd6	3.82	+0.69	+1.01	G8 III–IV
			8959	23 37 30.1	−45 31 42	f6	4.74	+0.09	+0.08	A1/2 V
17	ι	And	8965	23 37 49.0	+43 13 55	fv6	4.29	−0.29	−0.10	B8 V
35	γ	Cep	8974	23 39 04.6	+77 35 46	fsv	3.21	+0.94	+1.03	K1 III–IV CN 1
17	ι	Psc	8969	23 39 37.0	+ 5 35 28	fvd	4.13	0.00	+0.51	F7 V
19	κ	And	8976	23 40 05.2	+44 17 53	fd	4.14	−0.26	−0.08	B9 IVn
	μ	Scl	8975	23 40 17.8	−32 06 33	fv	5.31	+0.66	+0.97	K0 III
18	λ	Psc	8984	23 41 42.9	+ 1 44 39	f6	4.50	+0.08	+0.20	A7 V
105	ω²	Aqr	8988	23 42 23.1	−14 34 51	fd6	4.49	−0.12	−0.04	B9.5 IV
106		Aqr	8998	23 43 51.9	−18 18 47	f	5.24	−0.27	−0.08	B9 Vn
20	ψ	And	9003	23 45 42.6	+46 23 03	fd	4.95	+0.82	+1.11	G5 Ib
			9013	23 47 35.9	+67 46 14	f6	5.04		−0.01	A1 Vn
20		Psc	9012	23 47 36.5	− 2 47 52	fd	5.49	+0.70	+0.94	gG8
	δ	Scl	9016	23 48 35.3	−28 09 58	fd	4.57	−0.03	+0.01	A0 Va+ n
81	φ	Peg	9036	23 52 09.4	+19 05 03	fv	5.08	+1.86	+1.60	M3− IIIb
82		Peg	9039	23 52 17.2	+10 54 40	fvm	5.29			A4 Vn
71	η	Cas	9045	23 54 03.4	+57 27 48	fv	4.54	+1.12	+1.22	G2v 0
84	ψ	Peg	9064	23 57 25.6	+25 06 19	fv	4.66	+1.68	+1.59	M3 III
27		Psc	9067	23 58 20.4	− 3 35 31	fvd6	4.86	+0.70	+0.93	G9 III
	π	Phe	9069	23 58 35.7	−52 46 56	fv	5.13	+1.03	+1.13	K0 III
28	ω	Psc	9072	23 58 58.7	+ 6 49 38	fv6	4.01	+0.06	+0.42	F3 V
	ε	Tuc	9076	23 59 34.9	−65 36 48	fv	4.50	−0.28	−0.08	B9 IV

Notes

f	FK4 position and proper motion
s	MK standard
c	composite or combined spectrum
v	variable star
m	magnitude and color from Yale Bright Star Catalogue 3rd ed.
d	double star data given in Yale Bright Star Catalogue 3rd ed.
1	companion is optical
2	visual binary
3	common proper motion components
4	fixed−seperation companion
5	two spectra are indicated on radial velocity plates
7	magnitude and colors refer to combined light of two or more stars
8	colors but not magnitudes refer to combined light of two or more stars

BS=HR No.	Name			Right Ascension	Declination	Stand-ards Code	V	U–B	B–V	V–R	V–I	Spectral Class
				h m s	° ′ ″							
21	11	β	Cas	0 08 49.7	+59 06 50		2.27	+0.12	+0.34	+0.31	+0.51	F2III–IV
39	88	γ	Peg	0 12 54.0	+15 08 51	1	2.84	−0.86	−0.23	−0.10	−0.29	B2 IV
45	89	χ	Peg	0 14 15.9	+20 10 14	1	4.80	+1.93	+1.57	+1.34	+2.47	M2 III
63	24	θ	And	0 16 45.0	+38 38 44		4.61	+0.05	+0.06	+0.08	+0.09	A2 V
113				0 29 57.9	+59 56 30		5.94	−0.36	+0.01			B9 IIIn
130	15	κ	Cas	0 32 37.6	+62 53 46		4.16	−0.80	+0.14	+0.14	+0.20	B1 Ia
321	30	μ	Cas	1 07 50.2	+54 53 19		5.18	+0.09	+0.69	+0.63	+1.04	G5 Vp
437	99	η	Psc	1 31 08.1	+15 18 45		3.62	+0.74	+0.97	+0.72	+1.22	G8 III
493	107		Psc	1 42 08.6	+20 14 14	1	5.24	+0.49	+0.84	+0.69	+1.12	K1 V
553	6	β	Ari	1 54 16.8	+20 46 35		2.65	+0.10	+0.13	+0.14	+0.22	A5 V
617	13	α	Ari	2 06 48.3	+23 25 55	2	2.00	+1.13	+1.15	+0.84	+1.46	K2⁻ IIIab Ca–1
718	73	ξ²	Cet	2 27 48.8	+ 8 25 52	1	4.29	−0.11	−0.06	+0.02	−0.03	B9 III
753				2 35 43.5	+ 6 51 22	1	5.82	+0.79	+0.97	+0.83	+1.36	K3 V
875				2 56 17.9	− 3 44 18	2	5.17	+0.05	+0.08	+0.11	+0.16	A1 V
996	96	κ	Cet	3 19 01.2	+ 3 20 48		4.84	+0.19	+0.68	+0.57	+0.93	G5 V
1034				3 27 35.2	+49 02 26		4.98	−0.55	−0.10	+0.01	−0.09	B3 V
1046				3 29 30.3	+55 25 48		5.10	+0.05	+0.04	+0.09	+0.08	A1 V
1084	18	ε	Eri	3 32 37.5	− 9 28 48	1	3.73	+0.58	+0.88	+0.72	+1.19	K2 V
1131	38	o	Per	3 43 54.6	+32 16 05		3.83	−0.75	+0.05	+0.12	+0.12	B1 III
1144	18		Tau	3 44 46.4	+24 49 09	1	5.65	−0.36	−0.07	+0.03	−0.04	B8 V
1165	25	η	Tau	3 47 05.8	+24 05 07	1	2.87	−0.35	−0.09	+0.03	−0.01	B7 III
1172				3 47 57.7	+23 24 06		5.45	−0.32	−0.07	+0.05	−0.01	B8 V
1228	46	ξ	Per	3 58 32.5	+35 46 22		4.04	−0.93	+0.02	+0.16	+0.15	O7.5
1346	54	γ	Tau	4 19 25.4	+15 36 44		3.65	+0.81	+0.99	+0.73	+1.20	K0⁻ IIIab
1373	61	δ	Tau	4 22 33.6	+17 31 40		3.76	+0.82	+0.99	+0.73	+1.20	K1 III
1409	74	ε	Tau	4 28 14.2	+19 09 59	1	3.54	+0.87	+1.01	+0.73	+1.23	G9.5 III CN 0.5
1411	77	θ¹	Tau	4 28 12.2	+15 56 53	1	3.83	+0.72	+0.95	+0.71	+1.18	G9 III CN−0.5
1412	78	θ²	Tau	4 28 17.4	+15 51 25	1	3.39	+0.12	+0.18	+0.18	+0.27	A7 III
1543	1	π³	Ori	4 49 29.2	+ 6 57 01	1	3.19	−0.01	+0.46	+0.42	+0.68	F6 V
1552	3	π⁴	Ori	4 50 51.6	+ 5 35 40		3.68	−0.81	−0.16	−0.05	−0.21	B2 III
1641	10	η	Aur	5 06 03.5	+41 13 34	1	3.18	−0.67	−0.18	−0.05	−0.22	B3 V
1666	67	β	Eri	5 07 31.8	− 5 05 40		2.79	+0.10	+0.13	+0.14	+0.22	A3 III
1781				5 23 22.3	− 0 09 56	1	5.70	−0.88	−0.21	−0.08	−0.27	B2 V
1791	112	β	Tau	5 25 52.8	+28 36 09		1.65	−0.49	−0.13	−0.01	−0.11	B7 III
1855	36	υ	Ori	5 31 36.9	− 7 18 21	1	4.62	−1.07	−0.26	−0.12	−0.38	B0 V
1861				5 32 21.6	− 1 35 47	1	5.35	−0.93	−0.19	−0.05	−0.24	B1 V
1938				5 40 10.8	+31 21 19	1	6.04	−0.21	+0.05	+0.11	+0.16	B7 V
2010	134		Tau	5 49 11.0	+12 38 58		4.91	−0.16	−0.07	+0.02	−0.06	B9 IV
2047	54	χ¹	Ori	5 53 59.8	+20 16 31		4.41	+0.08	+0.59	+0.51	+0.82	G0⁻ V Ca 0.5
2382	12		Mon	6 31 58.5	+ 4 51 39		5.83	+0.78	+1.00	+0.72	+1.25	K0 III
2421	24	γ	Gem	6 37 20.2	+16 24 19		1.92	+0.05	0.00	+0.06	+0.05	A0 IV
2693	25	δ	CMa	7 08 07.6	−26 22 57		1.84	+0.54	+0.67	+0.51	+0.84	F8 Ia
2763	54	λ	Gem	7 17 43.2	+16 33 09		3.58	+0.09	+0.12	+0.12	+0.17	A3 V
2782	30	τ	CMa	7 18 26.3	−24 56 32		4.40	−0.99	−0.15	−0.04	−0.22	O9 Ib
2787				7 18 04.5	−36 43 19		4.67	−0.79	−0.10	+0.10	+0.05	B3 Ve

BS=HR No.	Name			Right Ascension	Declination	Stand-ards Code	V	U–B	B–V	V–R	V–I	Spectral Class
				h m s	o ′ ″							
2852	62	ρ	Gem	7 28 41.7	+31 47 52	1	4.18	−0.02	+0.32	+0.32	+0.51	F1 V
2990	78	β	Gem	7 44 55.1	+28 02 32		1.14	+0.86	+1.00	+0.75	+1.25	K0 IIIb
3249	17	β	Cnc	8 16 09.8	+ 9 12 21	2	3.53	+1.77	+1.48	+1.12	+1.90	K4 III Ba 0.5
3314				8 25 20.2	− 3 53 06		3.90	−0.03	−0.02	+0.03	−0.02	A0 Va
3427	39		Cnc	8 39 44.0	+20 01 51	1	6.39	+0.83	+0.98	+0.72	+1.19	K0 III
3454	7	η	Hya	8 42 53.1	+ 3 25 20	2	4.30	−0.74	−0.20	−0.07	−0.26	B4 V
3569	9	ι	UMa	8 58 45.9	+48 04 03		3.14	+0.07	+0.19	+0.22	+0.29	A7 IV
3579				9 00 13.2	+41 48 32		3.97	+0.06	+0.43	+0.40	+0.62	F5 V
3815	11		LMi	9 35 16.3	+35 50 23	1	5.41	+0.44	+0.77	+0.62	+0.99	G8 IV–V
3974	21		LMi	10 07 02.8	+35 16 36	1	4.49	+0.07	+0.18	+0.18	+0.25	A7 V
3982	32	α	Leo	10 08 01.6	+11 59 57	1	1.35	−0.36	−0.11	−0.02	−0.12	B7 V
4031	36	ζ	Leo	10 16 19.8	+23 27 00		3.44	+0.19	+0.31	+0.31	+0.50	F0 III
4033	33	λ	UMa	10 16 42.4	+42 56 49		3.45	+0.06	+0.03	+0.08	+0.07	A2 IV
4054	40		Leo	10 19 23.0	+19 30 15		4.80	+0.01	+0.45	+0.45	+0.68	F6 IV
4112	36		UMa	10 30 12.8	+56 00 51		4.84	−0.01	+0.52	+0.48	+0.76	F8 V
4133	47	ρ	Leo	10 32 28.2	+ 9 20 25		3.85	−0.95	−0.14	−0.05	−0.21	B1 Iab
4456	90		Leo	11 34 22.2	+16 49 59	1	5.95	−0.65	−0.16	−0.06	−0.24	B3 V
4534	94	β	Leo	11 48 43.7	+14 36 30		2.14	+0.08	+0.08	+0.06	+0.08	A3 Va
4550				11 52 36.4	+37 45 55	1	6.45	+0.17	+0.75	+0.66	+1.11	G8 V P
4554	64	γ	UMa	11 53 29.5	+53 43 51		2.44	+0.03	0.00	0.00	−0.03	A0 Van
4623	1	α	Crv	12 08 04.6	−24 41 34		4.02	−0.02	+0.32	+0.30	+0.48	F2 V
4660	69	δ	UMa	12 15 06.4	+57 04 07		3.31	+0.07	+0.08	+0.06	+0.06	A3 V
4662	4	γ	Crv	12 15 28.3	−17 30 21	1	2.58	−0.35	−0.11	−0.04	−0.13	B8 IIIp
4707	12		Com	12 22 10.7	+25 52 56	1	4.81	+0.27	+0.49	+0.47	+0.80	G5 III + A5
4751				12 28 25.1	+25 56 07		6.65	+0.08	+0.22	+0.15	+0.23	A0p
4752	17		Com	12 28 35.3	+25 56 55	1	5.29	−0.10	−0.06	+0.02	−0.06	A0p (Si)
4785	8	β	CVn	12 33 26.1	+41 23 34		4.27	+0.05	+0.59	+0.54	+0.85	G0 V
4983	43	β	Com	13 11 34.2	+27 54 40	1	4.26	+0.08	+0.58	+0.49	+0.79	F9.5 V
5019	61		Vir	13 18 03.9	−18 16 31	1	4.74	+0.26	+0.71	+0.58	+0.94	G6 V
5062	80		UMa	13 24 57.9	+55 01 19		4.02	+0.08	+0.16	+0.17	+0.24	A5 V
5185	4	τ	Boo	13 46 57.2	+17 29 20		4.50	+0.05	+0.48	+0.41	+0.65	F7 V
5235	8	η	Boo	13 54 22.5	+18 25 48		2.68	+0.20	+0.58	+0.44	+0.73	G0 IV
5264	93	τ	Vir	14 01 18.9	+ 1 34 33		4.26	+0.13	+0.10	+0.15	+0.21	A3 III
5340	16	α	Boo	14 15 21.9	+19 12 58		−0.05	+1.28	+1.23	+0.97	+1.62	K2 IIIp
5359	100	λ	Vir	14 18 45.4	−13 20 29		4.52	+0.09	+0.13	+0.10	+0.14	A2m
5447	28	σ	Boo	14 34 23.8	+29 46 23		4.47	−0.08	+0.37	+0.34	+0.53	F2 V
5511	109		Vir	14 45 55.2	+ 1 55 12		3.73	−0.03	−0.01	+0.07	+0.05	A0 IVnn
5570	16		Lib	14 56 50.6	− 4 19 13		4.49	+0.04	+0.32	+0.32	+0.49	F0 IV
5634	45		Boo	15 07 00.9	+24 53 39		4.93	−0.02	+0.43	+0.40	+0.61	F5 V
5685	27	β	Lib	15 16 39.4	− 9 21 33	2	2.61	−0.37	−0.11	−0.04	−0.14	B8 IVn
5854	24	α	Ser	15 43 56.9	+ 6 26 45	2	2.64	+1.25	+1.17	+0.81	+1.37	K2 IIIb CN 1
5868	27	λ	Ser	15 46 07.7	+ 7 22 24		4.43	+0.10	+0.60	+0.51	+0.83	G0⁻ V
5933	41	γ	Ser	15 56 09.2	+15 40 57		3.86	−0.03	+0.48	+0.49	+0.73	F6 V
5947	13	ε	CrB	15 57 19.1	+26 53 47	2	4.15	+1.28	+1.23	+0.89	+1.51	K2 IIIab
6092	22	τ	Her	16 19 32.7	+46 19 43	2	3.90	−0.57	−0.15	−0.09	−0.26	B5 IV

BS=HR No.		Name		Right Ascension	Declination	Stand-ards Code	V	U–B	B–V	V–R	V–I	Spectral Class
				h m s	° ′ ″							
6175	13	ζ	Oph	16 36 48.0	−10 33 16		2.56	−0.85	+0.02	+0.10	+0.06	O9.5 Vn
6603	60	β	Oph	17 43 09.1	+ 4 34 11	1	2.77	+1.24	+1.17	+0.82	+1.39	K2 III CN 0.5
6629	62	γ	Oph	17 47 34.0	+ 2 42 34	1	3.75	+0.04	+0.04	+0.04	+0.04	A0 Van
6705	33	γ	Dra	17 56 27.3	+51 29 22		2.22	+1.88	+1.52	+1.14	+1.99	K5 III
7178	14	γ	Lyr	18 58 42.0	+32 40 49		3.24	−0.08	−0.05	−0.03	−0.04	B9 II
7235	17	ζ	Aql	19 05 06.7	+13 51 12		2.99	−0.01	+0.01	+0.01	+0.01	A0 Vann
7377	30	δ	Aql	19 25 10.2	+ 3 06 05		3.36	+0.04	+0.32	+0.25	+0.41	F0 IV
7446	39	κ	Aql	19 36 32.5	− 7 02 32	1	4.96	−0.87	0.00	+0.06	+0.02	B0.5 IIIn
7602	60	β	Aql	19 54 59.6	+ 6 23 25	1	3.72	+0.49	+0.86	+0.66	+1.15	G8 IV
7906	9	α	Del	20 39 20.2	+15 53 20	1	3.77	−0.21	−0.06	0.00	−0.04	B9 IV
7950	2	ε	Aqr	20 47 19.5	− 9 31 11		3.77	+0.02	0.00	+0.07	+0.07	A1 V
8085†	61		Cyg A	21 06 37.1	+38 42 49		5.22	+1.11	+1.17	+1.03	+1.68	K5 V
8086†	61		Cyg B	21 06 37.1	+38 42 49		6.03	+1.23	+1.37	+1.17	+2.00	K7 V
8469	22	λ	Cep	22 11 17.4	+59 22 56		5.05	−0.74	+0.24	+0.28	+0.43	O6 If
8622	10		Lac	22 38 58.1	+39 00 59	2	4.88	−1.05	−0.20	−0.09	−0.30	O9 V
8781	54	α	Peg	23 04 26.2	+15 10 13		2.48	−0.06	−0.04	+0.01	−0.02	A0 III–IV
8832				23 12 58.1	+57 07 57	2	5.57	+0.89	+1.00	+0.83	+1.36	K3 V

†Center of gravity position; see Bright Stars list for orbital position.

BS=HR No.	Name			Right Ascension	Declination	Spectral Type	V	b−y	m₁	c₁	β	Type
				h m s	° ′ ″							
9088	85		Peg	0 01 49.8	+27 02 52	G2 V	5.75	+0.430	0.187	0.214	2.558	AF
9091		ζ	Scl	0 02 00.0	−29 45 25	B5 V	5.04	−0.063	0.106	0.450	2.712	
9107				0 04 33.1	+34 37 25	G2 V	6.10	+0.412	0.169	0.312		
15	21	α	And	0 08 03.0	+29 03 16	B9p Hg Mn	2.06*	−0.046	0.120	0.520	2.743	
21	11	β	Cas	0 08 49.7	+59 06 50	F2 III–IV	2.27*	+0.216	0.177	0.785		
27	22		And	0 09 58.9	+46 02 10	F2 II	5.04	+0.273	0.123	1.082	2.666	AF
63	24	θ	And	0 16 45.0	+38 38 44	A2 V	4.62	+0.026	0.180	1.049	2.880	AF
100		κ	Phe	0 25 53.1	−43 42 57	A6 Vn	3.95	+0.098	0.194	0.918	2.846	
114	28		And	0 29 46.7	+29 42 57	Am	5.23*	+0.169	0.165	0.869		
184	20	π	Cas	0 43 06.6	+46 59 21	A5 V	4.96	+0.086	0.226	0.901		
193	22	o	Cas	0 44 21.6	+48 14 56	B5 III	4.62*	+0.007	0.076	0.479	2.667	
233				0 50 19.7	+64 12 44	G0 III–IV + B9.5 V	5.39	+0.355	0.127	0.696		
269	37	μ	And	0 56 23.5	+38 27 51	A5 V	3.87	+0.068	0.194	1.056	2.865	AF
343	33	θ	Cas	1 10 42.2	+55 06 55	A7 V	4.34*	+0.087	0.213	0.997		
373	39		Cet	1 16 16.4	− 2 32 04	gG5	5.41*	+0.554	0.285	0.335		
413	93	ρ	Psc	1 25 54.2	+19 08 19	F2 V:	5.35	+0.259	0.146	0.481		
458	50	υ	And	1 36 24.8	+41 22 23	F8 V	4.10	+0.344	0.179	0.409	2.629	AF
493	107		Psc	1 42 08.6	+20 14 14	K1 V	5.24	+0.493	0.364	0.298		
531	53	χ	Cet	1 49 15.9	−10 43 06	F2 V	4.66	+0.209	0.188	0.649	2.737	
617	13	α	Ari	2 06 48.3	+23 25 55	K2⁻ IIIab Ca−1	2.00	+0.696	0.526	0.395		
623	14		Ari	2 09 03.1	+25 54 34	F2 III	4.98	+0.210	0.185	0.874	2.723	AF
635	64		Cet	2 11 00.5	+ 8 32 23	G0 IV	5.64	+0.361	0.180	0.469	2.627	
660	8	δ	Tri	2 16 39.3	+34 11 41	G0 V	4.86	+0.390	0.187	0.259		
672				2 17 41.1	+ 1 43 38	G0.5 IVb	5.60	+0.370	0.188	0.405	2.619	
675	10		Tri	2 18 34.3	+28 36 46	A2 V	5.03	+0.011	0.161	1.145		
685	9		Per	2 21 54.0	+55 48 59	A2 IA	5.17*	+0.321	−0.038	0.753		
717	12		Tri	2 27 47.0	+29 38 26	F0 III	5.29	+0.178	0.211	0.780		
773	32	ν	Ari	2 38 26.8	+21 56 01	A7 V	5.30	+0.092	0.182	1.095	2.829	
784				2 39 53.3	− 9 28 50	F6 V	5.79	+0.330	0.168	0.362	2.627	
801	35		Ari	2 43 04.1	+27 40 47	B3 V	4.65	−0.052	0.097	0.333	2.684	B
811	89	π	Cet	2 43 48.8	−13 53 10	B7 V	4.25	−0.052	0.105	0.599	2.718	
812	38		Ari	2 44 36.3	+12 25 07	A7 IV	5.18*	+0.136	0.186	0.842	2.798	AF
813	87	μ	Cet	2 44 35.4	+10 05 13	F0 IV	4.27*	+0.189	0.188	0.756	2.751	
870				2 55 52.9	+ 8 21 21	F7 IV	5.97	+0.306	0.175	0.505	2.662	
913				3 01 50.0	− 6 31 12	G0 IV–V	6.20	+0.373	0.205	0.394	2.621	
937		ι	Per	3 08 35.7	+49 35 20	G0 V	4.05	+0.376	0.201	0.376		
962	94		Cet	3 12 26.5	− 1 13 12	F8 V	5.06	+0.363	0.186	0.425		
1006		ζ¹	Ret	3 17 37.6	−62 36 00	G3–5 V	5.51	+0.403	0.204	0.284		
1010		ζ²	Ret	3 18 04.3	−62 31 52	G2 V	5.23	+0.381	0.183	0.297		
1017	33	α	Per	3 23 51.4	+49 50 19	F5 Ib	1.79	+0.302	0.195	1.074	2.677	AF
1024				3 22 58.7	− 7 49 00	G2 V	6.20	+0.449	0.198	0.295		
1030	1	o	Tau	3 24 27.8	+ 9 00 23	G6 IIIa Fe−1	3.61	+0.547	0.333	0.426		
1089				3 34 28.4	+ 6 23 47	G0	6.49	+0.408	0.183	0.452	2.613	
1140	16		Tau	3 44 24.9	+24 16 10	B7 IV	5.46	+0.005	0.097	0.650	2.750	
1144	18		Tau	3 44 46.4	+24 49 09	B8 V	5.67	−0.021	0.107	0.638	2.750	B

* *V* magnitude may be or is variable.

BS=HR No.	Name			Right Ascension	Declination	Spectral Type	V	b−y	m₁	c₁	β	Type
				h m s	° ′ ″							
1178	27		Tau	3 48 46.5	+24 02 02	B8 III	3.62	−0.019	0.092	0.708	2.696	B
1201				3 52 47.7	+17 18 29	F4 V	5.97	+0.221	0.166	0.610	2.712	
1269	42	ψ	Tau	4 06 36.3	+28 59 03	F1 V	5.23	+0.226	0.159	0.588		
1292	45		Tau	4 10 59.5	+ 5 30 24	F1 IV–V	5.71	+0.231	0.164	0.597	2.710	
1303	51	μ	Per	4 14 25.1	+48 23 36	G0 Ib	4.15*	+0.614	0.268	0.551		
1321				4 15 05.0	+ 6 11 02	G5 IV	6.94	+0.425	0.240	0.297	2.580	
1322				4 15 08.4	+ 6 10 15	G0 IV	6.32	+0.369	0.185	0.331	2.606	
1327				4 20 03.4	+65 07 31	G5 IIb	5.26	+0.513	0.286	0.402		
1329	50	ω	Tau	4 16 52.8	+20 33 47	A3m	4.94	+0.146	0.235	0.745		
1331	51		Tau	4 18 00.1	+21 33 50	A8 V	5.64	+0.171	0.191	0.784		
1341	56		Tau	4 19 13.6	+21 45 30	A0p	5.38	−0.094	0.197	0.536	2.768	
1346	54	γ	Tau	4 19 25.4	+15 36 44	K0⁻ IIIab CN 1	3.64*	+0.596	0.422	0.385		
1373	61	δ	Tau	4 22 33.6	+17 31 40	G9.5 III CN 0.5	3.76*	+0.597	0.424	0.405		
1376	63		Tau	4 23 02.6	+16 45 45	A2 m F3 III	5.63	+0.179	0.244	0.731	2.785	
1387	65	κ	Tau	4 24 58.8	+22 16 46	A7 V	4.22*	+0.070	0.200	1.054	2.864	
1388	67		Tau	4 25 01.7	+22 11 07	A5 N	5.28*	+0.149	0.193	0.840		
1394	71		Tau	4 25 58.5	+15 36 14	A8 Vn	4.49	+0.153	0.183	0.933		
1409	74	ε	Tau	4 28 14.2	+19 09 59	G9.5 III CN 0.5	3.53	+0.616	0.449	0.417		
1411	77	θ¹	Tau	4 28 12.2	+15 56 53	G9 III CN−0.5	3.85	+0.584	0.394	0.393		
1412	78	θ²	Tau	4 28 17.4	+15 51 25	A7 III	3.41*	+0.101	0.199	1.014	2.831	AF
1414	79		Tau	4 28 28.3	+13 02 01	A5m	5.02	+0.116	0.225	0.907	2.836	
1430	83		Tau	4 30 15.4	+13 42 38	F0 V N	5.40	+0.154	0.200	0.813		
1444	86	ρ	Tau	4 33 28.7	+14 49 52	A8 Vn	4.65	+0.146	0.199	0.829	2.797	
1457	87	α	Tau	4 35 32.8	+16 29 48	K5⁺ III	0.86*	+0.955	0.814	0.373		
1543	1	π³	Ori	4 49 29.2	+ 6 57 01	F6 V	3.18*	+0.299	0.162	0.416	2.652	AF
1552	3	π⁴	Ori	4 50 51.6	+ 5 35 40	B2 III	3.68	−0.056	0.073	0.135	2.606	B
1577	3	ι	Aur	4 56 34.2	+33 09 23	K3 II	2.69*	+0.937	0.775	0.307		
1620	102	ι	Tau	5 02 42.4	+21 34 52	A7 V	4.63	+0.078	0.203	1.034	2.847	
1641	10	η	Aur	5 06 03.5	+41 13 34	B3 V	3.16*	−0.085	0.104	0.318	2.685	B
1656	104		Tau	5 07 03.9	+18 38 12	G4 V	4.91	+0.410	0.201	0.328		
1662	13		Ori	5 07 16.9	+ 9 27 52	G1 IV	6.17	+0.398	0.185	0.350	2.590	
1672	16		Ori	5 08 58.2	+ 9 49 18	A2m	5.42	+0.136	0.251	0.835	2.828	
1729	15	λ	Aur	5 18 41.0	+40 05 38	G1.5 IV–V Fe−1	4.71	+0.389	0.206	0.363	2.598	
1861				5 32 21.6	− 1 35 47	B1 V	5.34*	−0.074	0.073	0.002	2.615	B
1865	11	α	Lep	5 32 26.6	−17 49 36	F0 Ib	2.57	+0.142	0.150	1.496		
1905	122		Tau	5 36 41.1	+17 02 12	F0 V	5.53	+0.132	0.203	0.856		
2034	136		Tau	5 52 55.1	+27 36 40	A0 IV	4.56	+0.001	0.133	1.152		
2047	54	χ¹	Ori	5 53 59.8	+20 16 31	G0⁻ V Ca 0.5	4.41	+0.378	0.194	0.307	2.599	AF
2056		λ	Col	5 52 52.7	−33 48 09	B5 V	4.89*	−0.070	0.115	0.413	2.718	
2106		γ	Col	5 57 18.4	−35 17 01	B2.5 IV	4.36	−0.073	0.093	0.362	2.644	
2143	40		Aur	6 06 08.2	+38 29 02	A4m	5.35*	+0.139	0.222	0.923		
2233				6 15 14.4	− 0 30 34	F6 V	5.62	+0.325	0.154	0.446	2.633	
2236				6 15 33.8	+ 1 10 18	F5 IV:	6.36	+0.299	0.148	0.476	2.645	
2264	45		Aur	6 21 14.5	+53 27 20	F5 III	5.33	+0.285	0.170	0.627		
2313				6 24 56.5	− 0 56 30	F8 V	5.88	+0.361	0.170	0.395	2.613	

V magnitude may be or is variable.

BS=HR No.	Name			Right Ascension	Declination	Spectral Type	V	b−y	m_1	c_1	β	Type
				h m s	° ′ ″							
2473	27	ε	Gem	6 43 31.9	+25 08 17	G8 Ib	3.00	+0.868	0.656	0.282		
2483	56	ψ⁵	Aur	6 46 16.3	+43 35 04	G0 V	5.25	+0.359	0.184	0.376		
2484	31	ξ	Gem	6 44 55.5	+12 54 11	F5 IV	3.36*	+0.288	0.167	0.552		
2585	16		Lyn	6 57 08.7	+45 06 11	A2 V	4.91	+0.014	0.159	1.109		
2622				6 59 58.9	− 5 21 28	G0 III–IV	6.29	+0.359	0.192	0.402		
2657	23	γ	CMa	7 03 27.8	−15 37 24	B8 II	4.11	−0.046	0.099	0.556	2.689	
2707	21		Mon	7 11 03.7	− 0 17 27	A8n	5.44*	+0.185	0.184	0.875		
2763	54	λ	Gem	7 17 43.2	+16 33 09	A3 V	3.58*	+0.048	0.198	1.055		
2777	55	δ	Gem	7 19 44.1	+21 59 41	F0 IV	3.53	+0.221	0.156	0.696	2.712	
2779				7 19 26.7	+ 7 09 20	F8 V	5.92	+0.339	0.169	0.469	2.628	
2798				7 20 58.2	− 8 51 56	F5	6.55	+0.343	0.174	0.390		
2807				7 21 58.9	− 2 57 59	F5	6.24	+0.432	0.216	0.588		
2845	3	β	CMi	7 26 47.9	+ 8 18 10	B8 V	2.89*	−0.038	0.113	0.799	2.731	B
2852	62	ρ	Gem	7 28 41.7	+31 47 52	F1 V	4.18	+0.214	0.155	0.613	2.713	AF
2857	64		Gem	7 28 56.1	+28 07 55	A6 V	5.05	+0.062	0.202	1.013		
2866				7 29 06.7	− 7 32 16	F8 V	5.86	+0.311	0.155	0.392		
2880	7	δ¹	CMi	7 31 45.6	+ 1 55 43	F0 III	5.25	+0.128	0.173	1.198		
2883				7 31 47.1	− 8 52 00	F5 V	5.93	+0.355	0.124	0.335	2.595	
2886	68		Gem	7 33 14.2	+15 50 28	A1 V	5.28	+0.037	0.143	1.178		
2918				7 36 13.9	+ 5 52 35	G0 V	5.90	+0.375	0.188	0.387	2.610	
2927	25		Mon	7 36 57.3	− 4 05 46	F6 III	5.14	+0.283	0.180	0.643		
2930	71	o	Gem	7 38 44.5	+34 35 59	F3 III	4.89	+0.270	0.173	0.654		
2948/9				7 38 33.4	−26 47 12	B6 V	3.83	−0.076	0.121	0.400		
2961				7 39 13.6	−38 17 35	B2.5 V	4.84	−0.084	0.103	0.303		
2985	77	κ	Gem	7 44 03.3	+24 24 50	G8 III	3.57	+0.573	0.379	0.398		
3003	81		Gem	7 45 44.9	+18 31 35	K4 III	4.85	+0.895	0.735	0.451		
3084				7 52 24.8	−38 50 45	B2.5 V	4.50*	−0.083	0.104	0.244		
3131				7 59 34.6	−18 22 52	A2 IVn	4.61	+0.048	0.161	1.122	2.837	
3173	27		Lyn	8 07 58.2	+51 31 33	A1 Va	4.81	+0.017	0.151	1.105		
3249	17	β	Cnc	8 16 09.8	+ 9 12 21	K4 III Ba 0.5	3.52	+0.914	0.758	0.371		
3262	18	χ	Cnc	8 19 40.2	+27 14 21	F6 V	5.14	+0.314	0.146	0.384		
3271				8 19 53.2	− 0 53 19	F9 V	6.17	+0.385	0.193	0.414	2.612	
3297	1		Hya	8 24 15.6	− 3 43 47	F3 V	5.60	+0.311	0.138	0.400	2.631	
3314				8 25 20.2	− 3 53 06	A0 Va	3.90	−0.006	0.156	1.024	2.898	B
3410	4	δ	Hya	8 37 18.7	+ 5 43 36	A1 IVnn	4.15	+0.009	0.152	1.091	2.855	B
3454	7	η	Hya	8 42 53.1	+ 3 25 20	B4 V	4.30*	−0.087	0.093	0.241	2.653	B
3459				8 43 21.3	− 7 12 36	G2 IB	4.63	+0.517	0.294	0.472		
3538				8 53 58.7	− 5 24 35	G3 V	6.01	+0.410	0.239	0.325	2.597	
3555	59	σ²	Cnc	8 56 32.6	+32 56 09	A7 IV	5.45	+0.084	0.205	0.972		
3619	15		UMa	9 08 24.9	+51 37 52	A1m	4.46	+0.165	0.248	0.762		
3624	14	τ	UMa	9 10 23.2	+63 32 25	Am	4.65	+0.214	0.253	0.711		
3657				9 13 15.0	+21 18 37	A2 V	6.48	+0.017	0.164	1.094		
3662	18		UMa	9 15 43.5	+54 02 57	A5 V	4.84*	+0.113	0.196	0.892		
3665	22	θ	Hya	9 14 01.6	+ 2 20 31	B9.5 IV (C II)	3.88	−0.028	0.145	0.944		
3757	23		UMa	9 31 01.3	+63 05 26	F0 III–IV	3.67*	+0.211	0.180	0.752		

* V magnitude may be or is variable.

BS=HR No.	Name			Right Ascension	Declination	Spectral Type	V	b−y	m_1	c_1	β	Type
				h m s	° ′ ″							
3759	31	τ^1	Hya	9 28 49.1	− 2 44 25	F6 V	4.60	+0.295	0.164	0.453		
3775	25	θ	UMa	9 32 25.5	+51 42 26	F6 IV	3.18	+0.314	0.153	0.463		
3800	10		LMi	9 33 49.6	+36 25 36	G7.5 III Fe−0.5	4.55	+0.561	0.349	0.375		
3815	11		LMi	9 35 16.3	+35 50 23	G8 IV–V	5.41	+0.473	0.304	0.372		
3849	38	κ	Hya	9 39 59.7	−14 18 10	B5 V	5.07	−0.070	0.110	0.407	2.704	B
3852	14	o	Leo	9 40 48.3	+ 9 55 20	F6 II + A1 V	3.52	+0.306	0.234	0.615		
3856				9 39 10.2	−61 17 54	B9 V	4.51*	−0.034	0.140	0.821		
3881				9 48 10.4	+46 03 06	G0.5 Va	5.10	+0.390	0.203	0.382		
3893	4		Sex	9 50 09.8	+ 4 22 27	F7 Vn	6.24	+0.306	0.161	0.419	2.646	
3901				9 51 02.2	− 6 09 05	F8 V	6.43	+0.363	0.185	0.412		
3906	7		Sex	9 51 52.1	+ 2 29 04	A0 Vs	6.03	−0.015	0.136	1.040		
3928	19		LMi	9 57 17.3	+41 05 13	F5 V	5.14	+0.300	0.165	0.457		
3951	20		LMi	10 00 38.3	+31 57 21	G3 Va Hδ 1	5.35	+0.416	0.234	0.388	2.599	
3974	21		LMi	10 07 02.8	+35 16 36	A7 V	4.49*	+0.106	0.201	0.876	2.837	AF
3975	30	η	Leo	10 06 58.7	+16 47 40	A0 Ib	3.53	+0.030	0.068	0.966		
4031	36	ζ	Leo	10 16 19.8	+23 27 00	F0 III	3.44	+0.196	0.169	0.986	2.722	AF
4054	40		Leo	10 19 23.0	+19 30 15	F6 IV	4.79*	+0.299	0.166	0.462		
4057/8	41	γ^1	Leo	10 19 36.9	+19 52 29	K1⁻ IIIb Fe−0.5	1.98*	+0.689	0.457	0.373		
4090	30		LMi	10 25 32.6	+33 49 46	F0 V	4.73	+0.150	0.196	0.959		
4101	45		Leo	10 27 18.4	+ 9 47 45	A0p	6.04	−0.036	0.180	0.956		
4119	30	β	Sex	10 29 57.6	− 0 36 13	B6 V	5.08	−0.061	0.113	0.479	2.730	B
4133	47	ρ	Leo	10 32 28.2	+ 9 20 25	B1 Iab	3.86*	−0.027	0.040	−0.040	2.552	B
4166	37		LMi	10 38 21.3	+32 00 36	G2.5 IIa	4.72	+0.512	0.297	0.477	2.595	AF
4277	47		UMa	10 59 06.2	+40 27 54	G0 V	5.05	+0.392	0.203	0.337		
4288	49		UMa	11 00 28.6	+39 14 50	F0 M	5.07	+0.142	0.198	1.012		
4293				10 59 51.3	−42 11 28	A3 IV	4.38	+0.059	0.179	1.116		
4300	60		Leo	11 01 59.0	+20 12 53	A0.5m A3 V	4.42	+0.022	0.194	1.019		
4343	11	β	Crt	11 11 20.3	−22 47 25	A2 IV	4.47	+0.011	0.164	1.190	2.877	
4378				11 18 00.7	+12 01 14	A2 V	6.66	+0.024	0.190	1.052		
4386	77	σ	Leo	11 20 48.1	+ 6 03 54	A0 III⁺	4.05	−0.020	0.127	1.014		
4392	56		UMa	11 22 28.3	+43 31 07	G8 II	4.99	+0.610	0.416	0.396		
4405	15	γ	Crt	11 24 33.4	−17 38 54	A7 IV–V	4.07	+0.118	0.195	0.895	2.823	AF
4456	90		Leo	11 34 22.2	+16 49 59	B3 V	5.95	−0.066	0.095	0.323	2.687	B
4501	62		UMa	11 41 14.1	+31 46 55	F4 V	5.74	+0.312	0.118	0.401		
4515	2	ξ	Vir	11 44 57.0	+ 8 17 40	A4 V	4.85	+0.090	0.196	0.928	2.855	
4527	93		Leo	11 47 39.0	+20 15 18	G4 III–IV + A7 V	4.53*	+0.352	0.186	0.725		
4534	94	β	Leo	11 48 43.7	+14 36 30	A3 Va	2.14*	+0.044	0.210	0.975	2.900	AF
4540	5	β	Vir	11 50 21.4	+ 1 48 05	F9 V	3.60	+0.354	0.186	0.415	2.629	AF
4550				11 52 36.4	+37 45 55	G8 V P	6.43	+0.483	0.225	0.153		
4554	64	γ	UMa	11 53 29.5	+53 43 51	A0 Van	2.44	+0.006	0.153	1.113	2.884	B
4618				12 07 44.9	−50 37 30	B2 IIIne	4.47	−0.076	0.108	0.254	2.682	
4689	15	η	Vir	12 19 34.4	− 0 37 51	A1 IV⁺	3.90*	+0.017	0.163	1.130		
4695	16		Vir	12 20 01.2	+ 3 20 55	K0.5 IIIb Fe−0.5	4.97	+0.717	0.485	0.516		
4705				12 21 51.2	+24 48 35	A0 V	6.20	−0.002	0.169	1.034		
4707	12		Com	12 22 10.7	+25 52 56	G5 III + A5	4.81	+0.322	0.175	0.779	2.701	

* *V* magnitude may be or is variable.

BS=HR No.	Name			Right Ascension	Declination	Spectral Type	V	b−y	m_1	c_1	β	Type
				h m s	° ′ ″							
4753	18		Com	12 29 07.5	+24 08 41	F5 III	5.48	+0.289	0.170	0.609		
4775	8	η	Crv	12 31 44.1	−16 09 37	F0 IV	4.30*	+0.245	0.167	0.543	2.700	
4789	23		Com	12 34 31.7	+22 39 54	A0m A1 IV	4.81	+0.008	0.144	1.090		
4802		τ	Cen	12 37 20.7	−48 30 20	A1 IVnn	3.86	+0.026	0.159	1.086	2.870	
4861	28		Com	12 47 54.8	+13 35 19	A1 V	6.56	+0.012	0.167	1.052		
4865	29		Com	12 48 34.7	+14 09 28	A1 V	5.70	+0.020	0.156	1.130		
4869	30		Com	12 48 58.5	+27 35 16	A2 V	5.78	+0.025	0.169	1.074		
4883	31		Com	12 51 23.0	+27 34 34	G0 IIIp	4.93	+0.437	0.186	0.416	2.592	AF
4889				12 53 04.5	−40 08 37	A7 III	4.26	+0.125	0.185	0.971	2.816	
4914	12	$α^1$	CVn	12 55 42.2	+38 20 59	F0 V	5.60	+0.230	0.152	0.578		
4931	78		UMa	13 00 27.2	+56 24 05	F2 V	4.92*	+0.244	0.170	0.575	2.707	AF
4983	43	β	Com	13 11 34.2	+27 54 40	F9.5 V	4.26	+0.370	0.191	0.337	2.608	AF
5011	59		Vir	13 16 27.2	+ 9 27 29	F8 V	5.19	+0.372	0.191	0.385	2.614	
5017	20		CVn	13 17 15.1	+40 36 24	F3 III	4.72*	+0.174	0.238	0.915		
5062	80		UMa	13 24 57.9	+55 01 19	A5 V	4.02*	+0.097	0.192	0.928	2.847	AF
5072	70		Vir	13 28 06.7	+13 48 44	G4 V	4.97	+0.446	0.232	0.350		
5163				13 43 33.9	− 5 27 59	A1 V	6.53	+0.028	0.172	0.980		
5168	1		Cen	13 45 19.0	−33 00 40	F3 IV	4.23*	+0.247	0.164	0.548	2.700	
5235	8	η	Boo	13 54 22.5	+18 25 48	G0 IV	2.68	+0.376	0.203	0.476	2.627	AF
5270				14 02 12.7	+ 9 43 03	K1 CN−5 Fe−4	6.21	+0.638	0.087	0.541	2.533	AF
5280				14 02 45.2	+51 00 11	A2 V	6.15	+0.020	0.181	1.016		
5285		χ	Cen	14 05 38.9	−41 08 55	B2 V	4.36*	−0.094	0.102	0.161	2.661	
5304	12 D		Boo	14 10 06.2	+25 07 20	F8 IV	4.82	+0.347	0.172	0.443		
5414				14 28 14.3	+28 19 05	A1 V	7.62	+0.014	0.168	1.018		
5415				14 28 16.1	+28 19 11	A1 V	7.12	+0.008	0.146	1.020		
5447	28	σ	Boo	14 34 23.8	+29 46 23	F2 V	4.47*	+0.253	0.135	0.484	2.675	AF
5511	109		Vir	14 45 55.2	+ 1 55 12	A0 IVnn	3.74	+0.006	0.137	1.078	2.846	B
5522				14 48 34.0	− 0 49 15	B9 Vp:v	6.16	−0.007	0.132	0.996		
5530	8	$α^1$	Lib	14 50 19.6	−15 58 14	F3 V	5.16	+0.265	0.156	0.494	2.681	AF
5531	9	$α^2$	Lib	14 50 31.1	−16 00 54	A3 III–IV	2.75	+0.074	0.192	0.996	2.860	AF
5626		λ	Lup	15 08 24.2	−45 15 19	B3 V	4.06	−0.077	0.105	0.265	2.687	
5633				15 07 02.5	+18 28 00	A3 V	6.02	+0.032	0.190	1.017		
5634	45		Boo	15 07 00.9	+24 53 39	F5 V	4.93	+0.287	0.161	0.448		
5660	1		Lup	15 14 13.4	−31 29 43	F1 II	4.92	+0.246	0.132	1.367	2.741	
5681	49	δ	Boo	15 15 14.4	+33 20 20	G8 III Fe−1	3.49	+0.587	0.346	0.410		
5685	27	β	Lib	15 16 39.4	− 9 21 33	B8 IVn	2.61	−0.040	0.100	0.750	2.706	B
5717	7		Ser	15 22 04.8	+12 35 25	A0 V	6.28	+0.008	0.136	1.044		
5752				15 28 31.9	+47 13 25	Am	6.15	+0.046	0.194	1.142		
5754				15 27 33.8	+62 17 53	A5 IV	6.40	+0.062	0.210	0.982		
5793	5	α	CrB	15 34 24.8	+26 44 11	A0 IV	2.24*	+0.000	0.144	1.060		
5825				15 40 44.4	−44 38 24	F5 IV–V	4.64	+0.270	0.152	0.458	2.678	
5854	24	α	Ser	15 43 56.9	+ 6 26 45	K2 IIIb CN 1	2.64	+0.715	0.572	0.445		
5868	27	λ	Ser	15 46 07.7	+ 7 22 24	G0⁻ V	4.43	+0.383	0.193	0.366	2.605	
5885	1		Sco	15 50 35.2	−25 43 55	B1.5 V N	4.65	+0.006	0.070	0.122	2.639	
5933	41	γ	Ser	15 56 09.2	+15 40 57	F6 V	3.86	+0.319	0.151	0.401	2.632	AF

* V magnitude may be or is variable.

BS=HR No.	Name			Right Ascension	Declination	Spectral Type	V	b−y	m_1	c_1	β	Type
				h m s	° ′ ″							
5936	12	λ	CrB	15 55 33.5	+37 57 56	F2	5.44	+0.230	0.161	0.654		
5947	13	ε	CrB	15 57 19.1	+26 53 47	K2 IIIab	4.15	+0.751	0.570	0.414		
5968	15	ρ	CrB	16 00 47.8	+33 19 23	G2 V	5.40	+0.396	0.176	0.331		
5993	9	ω¹	Sco	16 06 25.6	−20 39 07	B1 V	3.94	+0.037	0.042	0.009	2.617	B
5997	10	ω²	Sco	16 07 01.4	−20 51 05	G4 II–III	4.32	+0.522	0.285	0.448	2.577	AF
6027	14	ν	Sco	16 11 37.0	−19 26 39	B2 IVp	3.99	+0.080	0.051	0.137	2.663	
6092	22	τ	Her	16 19 32.7	+46 19 43	B5 IV	3.88*	−0.056	0.089	0.440	2.702	B
6141	22		Sco	16 29 48.7	−25 06 04	B2 V	4.79	−0.047	0.092	0.191	2.665	B
6175	13	ζ	Oph	16 36 48.0	−10 33 16	O9.5 Vn	2.56	+0.088	0.014	−0.069	2.583	
6243	20		Oph	16 49 28.4	−10 46 19	F7 III	4.64	+0.311	0.164	0.532	2.647	
6332	59		Her	17 01 22.0	+33 34 39	A3 IV	5.28	+0.001	0.172	1.102	2.885	
6355	60		Her	17 05 04.6	+12 44 58	A4 IV	4.90	+0.064	0.207	0.992	2.877	AF
6378	35	η	Oph	17 10 00.3	−15 43 02	A2 Va⁺	2.42	+0.029	0.186	1.076	2.894	
6458	72		Her	17 20 25.0	+32 28 33	G0 V	5.39*	+0.405	0.178	0.312	2.588	
6536	23	β	Dra	17 30 17.1	+52 18 22	G2 Ib–IIa	2.78	+0.610	0.323	0.423	2.599	
6581	56	o	Ser	17 41 03.0	−12 52 20	A2 Va	4.25*	+0.049	0.168	1.108	2.874	
6588	85	ι	Her	17 39 16.9	+46 00 35	B3 IV	3.80	−0.064	0.078	0.294	2.661	B
6595	58		Oph	17 43 02.4	−21 40 50	F7 V:	4.87	+0.304	0.150	0.408	2.645	
6603	60	β	Oph	17 43 09.1	+ 4 34 11	K2 III CN 0.5	2.76	+0.719	0.553	0.451		
6629	62	γ	Oph	17 47 34.0	+ 2 42 34	A0 Van	3.75	+0.024	0.165	1.055	2.905	B
6714	67		Oph	18 00 19.2	+ 2 55 53	B5 Ib	3.97	+0.081	0.020	0.302	2.585	B
6723	68		Oph	18 01 25.4	+ 1 18 18	A0.5 Van	4.44*	+0.029	0.137	1.087	2.842	
6743		θ	Ara	18 06 07.5	−50 05 33	B2 Ib	3.67	+0.007	0.037	0.006	2.582	
6775	99		Her	18 06 46.7	+30 33 39	F7 V	5.06	+0.356	0.136	0.321		
6930		γ	Sct	18 28 49.6	−14 34 13	A2 III⁻	4.69	+0.045	0.147	1.208	2.846	
7069	111		Her	18 46 44.0	+18 10 26	A5 III	4.36	+0.061	0.216	0.942	2.895	AF
7119				18 54 20.7	−15 36 41	B5 II	5.09	+0.175	0.026	0.468	2.626	
7152		ε	CrA	18 58 17.1	−37 06 58	F0 V	4.85*	+0.253	0.161	0.617		
7178	14	γ	Lyr	18 58 42.0	+32 40 49	B9 II	3.24	+0.001	0.093	1.219	2.751	B
7235	17	ζ	Aql	19 05 06.7	+13 51 12	A0 Vann	2.99	+0.012	0.147	1.080	2.873	B
7253				19 06 22.3	+28 37 05	F0 III	5.53	+0.176	0.189	0.747	2.756	
7254		α	CrA	19 09 01.9	−37 54 54	A2 IV	4.11	+0.024	0.181	1.057	2.890	
7328	1	κ	Cyg	19 16 57.2	+53 21 23	G9 III	3.76	+0.579	0.390	0.430		
7340	44	ρ¹	Sgr	19 21 17.8	−17 51 35	F0 IV–V	3.93*	+0.130	0.194	0.950	2.809	
7377	30	δ	Aql	19 25 10.2	+ 3 06 05	F0 IV	3.37*	+0.203	0.170	0.711	2.733	AF
7446	39	κ	Aql	19 36 32.5	− 7 02 32	B0.5 IIIn	4.95	+0.085	−0.024	−0.031	2.563	B
7447	41	ι	Aql	19 36 23.1	− 1 18 05	B5 III	4.36	−0.017	0.087	0.574	2.704	B
7462	61	σ	Dra	19 32 22.4	+69 39 00	K0 V	4.67	+0.472	0.324	0.266		
7469	13	θ	Cyg	19 36 16.0	+50 12 21	F4 V	4.49	+0.262	0.157	0.502	2.689	
7479	5	α	Sge	19 39 48.4	+17 59 55	G1 II	4.39	+0.489	0.259	0.471		
7503	16		Cyg	19 41 38.6	+50 30 36	G1.5 Vb	5.98	+0.410	0.212	0.368		
7504				19 41 41.6	+50 30 08	G3 V	6.23	+0.417	0.223	0.349		
7525	50	γ	Aql	19 45 57.0	+10 35 50	K3 II	2.71	+0.936	0.762	0.292		
7534	17		Cyg	19 46 10.8	+33 42 44	F5 V	5.01	+0.312	0.155	0.436		
7557	53	α	Aql	19 50 28.0	+ 8 51 03	A7 Vn	0.76	+0.137	0.178	0.880		

* *V* magnitude may be or is variable.

BS=HR No.	Name			Right Ascension	Declination	Spectral Type	V	b−y	m_1	c_1	β	Type
				h m s	o ′ ″							
7560	54	o	Aql	19 50 43.0	+10 23 57	F8 V	5.13	+0.356	0.182	0.415		
7602	60	β	Aql	19 54 59.6	+ 6 23 25	G8 IV	3.72*	+0.522	0.303	0.345		
7610	61	φ	Aql	19 55 55.8	+11 24 22	A1 V	5.29	−0.006	0.178	1.021		
7773	8	ν	Cap	20 20 18.2	−12 46 48	B9 V	4.76	−0.020	0.135	1.011	2.853	
7796	37	γ	Cyg	20 21 59.7	+40 14 08	F8 Ib	2.23	+0.396	0.296	0.885	2.641	AF
7858	3	η	Del	20 33 38.6	+13 00 17	A2 V	5.40	+0.023	0.207	0.983	2.918	
7906	9	α	Del	20 39 20.2	+15 53 20	B9 IV	3.77	−0.019	0.125	0.893	2.799	B
7936	16	ψ	Cap	20 45 42.7	−25 17 41	F4 V	4.14	+0.278	0.161	0.465	2.673	
7949	53	ε	Cyg	20 45 56.9	+33 56 44	K0⁻ III	2.46	+0.627	0.415	0.425		
7977	55		Cyg	20 48 43.1	+46 05 24	B3 Ia	4.86*	+0.356	−0.067	0.153	2.530	B
7984	56		Cyg	20 49 51.1	+44 02 05	A4m	5.04	+0.108	0.209	0.897	2.844	
8060	22	η	Cap	21 04 02.1	−19 52 52	A5 V	4.86	+0.090	0.191	0.946	2.861	
8085†	61		Cyg A	21 06 37.1	+38 42 49	K5 V	5.21	+0.656	0.677	0.136		
8086†	61		Cyg B	21 06 37.1	+38 42 49	K7 V	6.04	+0.792	0.673	0.063		
8143	67	σ	Cyg	21 17 09.6	+39 22 02	B9 Ia	4.23	+0.138	0.027	0.571	2.583	B
8162	5	α	Cep	21 18 25.5	+62 33 29	A7 Van	2.45*	+0.125	0.190	0.936	2.808	
8181		γ	Pav	21 25 54.7	−65 23 46	F6 Vp	4.23	+0.333	0.118	0.315	2.613	
8267	5		Peg	21 37 27.2	+19 17 21	F1 IV	5.47*	+0.199	0.172	0.890	2.734	
8279	9		Cep	21 37 44.8	+62 03 09	B2 Ib	4.73*	+0.275	−0.051	0.135	2.558	B
8313	9		Peg	21 44 12.2	+17 19 12	G5 Ib	4.34	+0.706	0.479	0.346		
8344	13		Peg	21 49 50.1	+17 15 19	F2 III–IV	5.29*	+0.263	0.156	0.545	2.688	
8353		γ	Gru	21 53 32.2	−37 23 44	B8 III	3.01	−0.045	0.106	0.726		
8425		α	Gru	22 07 49.6	−46 59 34	B7 IV	1.74	−0.058	0.107	0.568	2.729	
8431	14	μ	PsA	22 08 00.4	−33 01 14	A1 IVnn	4.50	+0.032	0.167	1.070	2.872	
8454	29	π	Peg	22 09 41.9	+33 08 46	F3 III	4.29	+0.304	0.177	0.778		
8494	23	ε	Cep	22 14 47.6	+57 00 40	F0 IV	4.19*	+0.169	0.192	0.787	2.758	AF
8551	35		Peg	22 27 31.8	+ 4 39 46	K0 III–IV	4.79	+0.640	0.420	0.418		
8585	7	α	Lac	22 31 01.4	+50 14 56	A1 Va	3.77	+0.001	0.173	1.030	2.906	B
8613	9		Lac	22 37 06.3	+51 30 41	A7 IV	4.65	+0.149	0.172	0.935	2.784	
8622	10		Lac	22 38 58.1	+39 00 59	O9 V	4.89	−0.066	0.037	−0.117	2.587	B
8630		β	Oct	22 45 25.3	−81 24 57	A9 IV/V	4.14	+0.124	0.191	0.915	2.817	
8634	42	ζ	Peg	22 41 08.3	+10 47 50	B8.5 III–IV	3.40	−0.035	0.114	0.867	2.768	B
8665	46	ξ	Peg	22 46 22.1	+12 08 22	F7 V	4.19	+0.330	0.147	0.407		
8675		ε	Gru	22 48 09.9	−51 21 04	A2 Va	3.49	+0.051	0.161	1.143	2.856	
8709	76	δ	Aqr	22 54 18.4	−15 51 20	A3 V	3.28	+0.036	0.167	1.157	2.890	
8728	24	α	PsA	22 57 17.6	−29 39 24	A3 V	1.16	+0.039	0.208	0.985	2.906	
8729	51		Peg	22 57 08.8	+20 44 02	G5 V	5.45	+0.415	0.233	0.372		
8781	54	α	Peg	23 04 26.2	+15 10 13	A0 III–IV	2.48	−0.012	0.130	1.128	2.840	B
8826	59		Peg	23 11 24.5	+ 8 41 05	A5 Vn	5.16	+0.076	0.164	1.091	2.820	
8830	7		And	23 12 15.1	+49 22 15	F0 V	4.53	+0.188	0.169	0.713		
8848		γ	Tuc	23 17 03.2	−58 16 17	F1 III	3.99	+0.271	0.143	0.564	2.665	
8880	62	τ	Peg	23 20 18.9	+23 42 17	A5 V	4.60*	+0.105	0.166	1.009		
8899				23 23 28.3	+32 29 44	F4 Vw	6.69	+0.321	0.121	0.404		
8954	16		PsC	23 36 03.4	+ 2 03 58	F6 Vbvw	5.69	+0.306	0.122	0.386		
8965	17	ι	And	23 37 49.0	+43 13 55	B8 V	4.29	−0.031	0.100	0.784	2.728	B
8969	17	ι	Psc	23 39 37.0	+ 5 35 28	F7 V	4.13	+0.331	0.161	0.398	2.621	AF
8976	19	κ	And	23 40 05.2	+44 17 53	B9 IVn	4.14	−0.035	0.131	0.831	2.833	B
9072	28	ω	Psc	23 58 58.7	+ 6 49 38	F3 V	4.03	+0.271	0.154	0.631	2.667	
9076		ε	Tuc	23 59 34.9	−65 36 48	B9 IV	4.50	−0.023	0.098	0.881	2.722	

* *V* magnitude may be or is variable.
†Center of gravity position; see Bright Stars list for orbital position

HD No.	BS=HR No.	Name			Right Ascension	Declination	Vis. Mag.	Spectral Type	Radial Velocity
					h m s	° ′ ″			km/sec
693‡	33	6		Cet	0 10 56.0	−15 30 13	4.89	F6 V	+ 14.7±0.2
3712	168	18	α	Cas	0 40 08.1	+56 30 06	2.23	K0⁻ IIIa	− 3.9 0.3
3765					0 40 27.7	+40 09 10	7.36	dK5	− 63.0 0.2
4128‡	188	16	β	Cet	0 43 15.8	−18 01 20	2.04	G9.5 CN−1	+ 13.1 0.1
4388					0 46 06.1	+30 54 59	7.51	K3 III	− 28.3 0.6
8779‡	416				1 26 07.3	− 0 25 56	6.41	gK0	− 5.0±0.6
9138	434	98	μ	Psc	1 29 50.7	+ 6 06 38	4.84	K4 III	+ 35.4 0.5
12029					1 58 19.5	+29 20 54	7.80	K2 III	+ 38.6 0.5
12929	617	13	α	Ari	2 06 48.3	+23 25 55	2.00	K2⁻ IIIab Ca−1	− 14.3 0.2
18884‡	911	92	α	Cet	3 01 56.4	+ 4 03 52	2.53	M1.5 IIIa	− 25.8 0.1
22484‡	1101	10		Tau	3 36 32.4	+ 0 22 53	4.28	F9 IV−V	+ 27.9±0.1
23169					3 43 29.5	+25 42 19	8.75	G2 V	+ 13.3 0.2
26162‡	1283	43		Tau	4 08 47.2	+19 35 33	5.50	K1 III	+ 23.9 0.6
29139‡	1457	87	α	Tau	4 35 32.8	+16 29 48	0.85	K5⁺ III	+ 54.1 0.1
29587					4 41 08.7	+42 06 25	7.29	dG2	+112.4 0.2
32963					5 07 31.6	+26 19 13	7.72	G2 V	− 63.1±0.4
36079‡	1829	9	β	Lep	5 27 58.0	−20 45 52	2.84	G5 II	− 13.5 0.1
42397					6 11 10.7	+25 00 42	8.03	G0 IV	+ 37.4 0.4
51250*	2593	18	μ	CMa	6 55 48.8	−14 02 05	5.00	K2 III + B9 V:	+ 19.6 0.5
62509	2990	78	β	Gem	7 44 55.1	+28 02 32	1.14	K0 IIIb	+ 3.3 0.1
65583*					8 00 08.1	+29 13 57	7.00	dG7	+ 12.5±0.4
65934					8 01 47.4	+26 39 23	7.94	G8 III	+ 35.0 0.3
66141‡	3145				8 01 55.6	+ 2 21 10	4.39	K2 III	+ 70.9 0.3
75935					8 53 26.9	+26 56 17	8.63	G8 V	− 18.9 0.3
80170	3694				9 16 41.9	−39 22 26	5.33	K5 III−V	0.0 0.2
81797‡	3748	30	α	Hya	9 27 16.1	− 8 37 49	1.98	K3 IIIa	− 4.4±0.2
84441	3873	17	ε	Leo	9 45 29.0	+23 48 16	2.98	G1 IIab	+ 4.8 0.1
86801					10 01 11.9	+28 35 53	8.88	G0 V	− 14.5 0.4
89449‡	4054	40		Leo	10 19 23.0	+19 30 15	4.79	F6 IV	+ 6.5 0.5
90861					10 29 31.9	+28 36 53	7.20	K2 III	+ 36.3 0.4
92588‡	4182	33		Sex	10 41 04.4	− 1 42 26	6.26	sgK1	+ 42.8±0.1
102494					11 47 36.3	+27 22 35	7.44	G8 IV	− 22.9 0.3
102870	4540	5	β	Vir	11 50 21.4	+ 1 48 05	3.61	F9 V	+ 5.0 0.2
103095	4550				11 52 36.4	+37 45 55	6.45	G8 Vp	− 99.1 0.3
107328‡	4695	16		Vir	12 20 01.2	+ 3 20 55	4.96	K0.5 IIIb Fe−0.5	+ 35.7 0.3
108903	4763		γ	Cru	12 30 48.1	−57 04 37	1.63	F0 IV	+ 21.3±0.1
109379	4786	9	β	Crv	12 34 02.7	−23 21 39	2.65	G5 IIb	− 7.0 0.0
112299					12 55 09.4	+25 46 24	8.66	F8 V	+ 3.4 0.5
114762‡					13 12 00.9	+17 33 04	7.31	dF7	+ 49.9 0.5
122693					14 02 34.1	+24 35 35	8.21	F8 V	− 6.3 0.2
123782	5300	13		Boo	14 08 02.7	+49 29 20	5.25	M2 IIIab	− 13.4±0.3
124897‡	5340	16	α	Boo	14 15 21.9	+19 12 58	−0.04	K1.5 III Fe−0.5	− 5.3 0.1
126053	5384				14 22 55.3	+ 1 16 19	6.27	G1 V	− 18.5 0.4
132737					14 59 35.7	+27 11 09	8.02	K0 III	− 24.1 0.3
136202‡	5694	5		Ser	15 18 58.9	+ 1 47 23	5.06	F8 IV−V	+ 53.5 0.2

* Radial velocity is now known to vary.

‡Candidate for inclusion in revised list of primary standard stars currently in preparation by IAU Commission 30; recommended for intensive observation.

HD No.	BS=HR No.	Name			Right Ascension	Declination	Vis. Mag.	Spectral Type	Radial Velocity
					h m s	° ′ ″			km/sec
140913					15 44 51.5	+28 29 25	8.21	G0 V	− 20.8 ±0.4
144579					16 04 43.3	+39 10 26	6.66	dG8	− 60.0 0.3
145001	6008	7	κ	Her	16 07 46.9	+17 03 50	5.00	G5 III	− 9.5 0.2
146051‡	6056	1	δ	Oph	16 14 00.3	− 3 40 41	2.74	M0.5 III	− 19.8 0.0
149803					16 35 39.0	+29 45 29	8.40	F7 V	− 7.6 0.4
150798	6217		α	TrA	16 47 58.3	−69 01 00	1.92	K2 IIb–IIIa	− 3.7 ±0.2
154417	6349				17 04 57.0	+ 0 42 42	6.01	G0 V	− 17.4 0.3
157457	6468		κ	Ara	17 25 29.5	−50 37 42	5.23	G8 III	+ 17.4 0.2
161096‡	6603	60	β	Oph	17 43 09.1	+ 4 34 11	2.77	K2 III CN 0.5	− 12.0 0.1
168454	6859	19	δ	Sgr	18 20 34.7	−29 49 53	2.70	K2.5 IIIa CN 0.5	− 20.0 0.0
171232					18 32 20.1	+25 29 03	7.73	G8 III	− 35.9 ±0.5
171391‡	6970				18 34 40.7	−10 58 58	5.14	G8 III	+ 6.9 0.2
182572‡	7373	31		Aql	19 24 39.6	+11 55 49	5.16	G7 IV Hδ 1	−100.5 0.4
†					19 34 44.8	+29 04 20	9.05	F7 V	− 36.6 0.5
186791	7525	50	γ	Aql	19 45 57.0	+10 35 50	2.72	K3 II	− 2.1 0.2
187691‡	7560	54	o	Aql	19 50 43.0	+10 23 57	5.11	F8 V	+ 0.1 ±0.3
194071					20 22 21.4	+28 13 31	8.13	G8 III	− 9.8 0.1
203638‡	8183	33		Cap	21 23 47.6	−20 52 48	5.77	K0 III	+ 21.9 0.1
204867‡	8232	22	β	Aqr	21 31 13.0	− 5 36 00	2.91	G0 Ib	+ 6.7 0.1
206778*	8308	8	ε	Peg	21 43 52.0	+ 9 50 42	2.39	K2 Ib–II	+ 5.2 0.2
212943‡	8551	35		Peg	22 27 31.8	+ 4 39 46	4.79	K0 III–IV	+ 54.3 ±0.3
213014‡					22 27 52.6	+17 13 48	7.70	dG8	− 39.7 0.0
213947					22 34 18.2	+26 33 51	7.53	K4 III	+ 16.7 0.3
222368	8969	17	ι	Psc	23 39 37.0	+ 5 35 28	4.13	F7 V	+ 5.3 0.2
223094					23 46 05.7	+28 40 02	7.45	K5 III	+ 19.6 0.3
223311	9014				23 48 12.5	− 6 25 00	6.07	gK4	− 20.4 ±0.1
223647	9032		γ¹	Oct	23 51 44.9	−82 03 18	5.11	G5 III	+ 13.8 0.4

* Radial velocity is now known to vary.

†BD 28°3402

‡Candidate for inclusion in revised list of primary standard stars currently in preparation by IAU Commission 30; recommended for intensive observation.

NGC or IC	Right Ascension	Declination	Revised Morphological Type	T	L	Log D_{25}	Log R_{25}	B_T^w	$B-V$	$U-B$	V	V_0
	h m	° ′									km/sec	km/sec
W–L–M	0 01.63	−15 30.1	IB(s)m	+10	8	2.01	0.39	11.27	0.40	−0.24	− 120	− 38
N7814	0 02.92	+16 06.5	SA(s)ab: sp	+ 2		1.80	0.38	11.49	0.90		+1047	+1249
N0045	0 13.74	−23 13.1	SA(s)dm	+ 8	8	1.91	0.15	11.11	0.69	−0.04	+ 468	+ 508
N0055	0 14.58	−39 13.5	SB(s)m: sp	+ 9		2.51	0.70	7.84			+ 131	+ 98
N0134	0 30.0	−33 18	SAB(s)bc	+ 4		1.91	0.50	11.05	0.88	+0.29	+1545	+1531
N0147	0 32.84	+48 28.2	E5p	− 5		2.11	0.20	10.24	0.94		− 263	− 11
N0185	0 38.60	+48 18.0	E3p	− 5		2.06	0.07	10.03	0.90		− 245	+ 4
N0205	0 40.01	+41 39.2	E5p	− 5		2.24	0.25	8.83	0.84		− 239	+ 1
N0221	0 42.35	+40 49.8	cE2	− 6		1.88	0.12	9.09	0.94	+0.47	− 217	+ 21
N0224	0 42.38	+41 14.0	SA(s)b	+ 3	2	3.25	0.45	4.37	0.91	+0.50	− 299	− 61
N0247	0 46.82	−20 47.8	SAB(s)d	+ 7	7	2.30	0.43	9.53	0.65		+ 150	+ 180
N0253	0 47.27	−25 19.5	SAB(s)c	+ 5	4	2.40	0.53	8.13	0.97		+ 249	+ 259
SMC	0 52.5	−72 52	SB(s)mp	+ 9	7	3.45	0.25	2.79	0.50		+ 150	− 30
N0300	0 54.58	−37 43.3	SA(s)d	+ 7	6	2.30	0.13	8.71			+ 145	+ 97
I1613	1 04.46	+ 2 05.0	IAB(s)m	+10	9	2.08	0.03	9.93	0.60		− 238	− 125
N0488	1 21.44	+ 5 13.4	SA(r)b	+ 3	1	1.72	0.11	11.15	0.86		+2180	+2292
N0578	1 30.17	−22 42.1	SAB(rs)c	+ 5	3	1.68	0.18	11.48	0.57	−0.14	+1696	+1689
N0598	1 33.50	+30 37.3	SA(s)cd	+ 6	4	2.79	0.20	6.27	0.55	−0.10	− 183	+ 2
N0613	1 33.99	−29 26.9	SB(rs)bc	+ 4	2	1.76	0.10	10.76	0.76	+0.15	+1500	+1462
N0628	1 36.35	+15 44.9	SA(s)c	+ 5	1	2.01	0.03	9.77	0.58		+ 655	+ 793
N0672	1 47.54	+27 24.1	SB(s)cd	+ 6	5	1.82	0.39	11.41	0.59	−0.11	+ 412	+ 578
N0772	1 58.98	+18 58.7	SA(s)b	+ 3	1	1.85	0.20	11.10	0.77		+2431	+2562
N0891	2 22.15	+42 19.1	SA(s)b? sp	+ 3		2.13	0.68	10.95	0.92	+0.27	+ 524	+ 706
N0908	2 22.78	−21 15.9	SA(s)c	+ 5	1	1.74	0.30	10.87	0.67		+1511	+1470
N0925	2 26.89	+33 33.1	SAB(s)d	+ 7	4	1.99	0.21	10.59	0.59		+ 560	+ 716
N0936	2 27.30	− 1 11.0	LB(rs)0$^+$	− 1		1.72	0.08	11.11	0.96	+0.55	+1317	+1350
FORNX	2 39.64	−34 33.2	E0p	− 5		2.30	0.16	9.04			+ 53	− 51
N1023	2 40.00	+39 02.1	LB(rs)0$^-$	− 3		1.94	0.42	10.38	1.00	+0.55	+ 614	+ 776
N1055	2 41.42	+ 0 24.8	SBb: sp	+ 3	4	1.88	0.40	11.42	0.85	+0.20	+1050	+1077
N1068	2 42.35	− 0 02.4	(R)SA(rs)b	+ 3		1.84	0.07	9.55	0.70	+0.08	+1109	+1134
N1073	2 43.33	+ 1 20.9	SB(rs)c	+ 5	3	1.69	0.03	11.50	0.53	−0.05	+1216	+1245
N1097	2 46.04	−30 18.2	SB(s)b	+ 3	2	1.97	0.15	10.21	1.00		+1320	+1227
N1232	3 09.46	−20 36.3	SAB(rs)c	+ 5	1	1.89	0.05	10.48	0.63		+1720	+1644
N1291	3 17.07	−41 09.0	(R)SB(s)0/a	0		2.02	0.06	9.45	0.93	+0.44	+ 824	+ 674
N1313	3 18.18	−66 31.3	SB(s)d	+ 7		1.93	0.11	9.77			+ 448	+ 241
N1300	3 19.39	−19 26.1	SB(rs)bc	+ 4	1	1.81	0.18	11.13	0.68	+0.13	+1502	+1422
N1316	3 22.44	−37 13.8	LAB(s)0p	− 2		1.85	0.11	9.75	0.90	+0.49	+1774	+1632
N1332	3 25.99	−21 21.4	L(s)0$^-$: sp	− 3		1.66	0.42	11.25	0.90		+1564	+1471
N1365	3 33.36	−36 09.6	SB(s)b	+ 3	2	1.99	0.25	10.20	0.62	+0.05	+1649	+1502
N1380	3 36.20	−34 59.8	LA0	− 2		1.69	0.41	11.21			+1809	+1664
N1398	3 38.59	−26 21.4	(R′)SB(r)ab	+ 2	1	1.82	0.10	10.62	0.95		+1419	+1299
N1433	3 41.82	−47 14.5	SB(r)a	+ 1		1.83	0.05	10.67	0.69	+0.23	+ 984	+ 802
N1448	3 44.31	−44 39.9	SAcd: sp	+ 6	5	1.91	0.65	11.38			+1182	+1005
I0342	3 46.18	+68 04.5	SAB(rs)cd	+ 6	2	2.25	0.01	9.16			+ 32	+ 228
I0356	4 07.10	+69 47.7	SA(s)abp	+ 2		1.72	0.11	11.43			+ 822	+1015

NGC or IC	Right Ascension	Declination	Revised Morphological Type	T	L	Log D_{25}	Log R_{25}	B^w_T	$B-V$	$U-B$	V	V_0
	h m	° ′									km/sec	km/sec
N1566	4 19.86	−54 57.2	SAB(s)bc	+ 4		1.88	0.09	10.23	0.85	0.00	+1394	+1178
N1617	4 31.51	−54 36.9	SB(s)a	+ 1		1.67	0.29	11.30	0.95	+0.42	+1000	+ 778
N1672	4 45.60	−59 15.5	SB(s)b	+ 3	2	1.68	0.09	11.02			+1309	+1076
N1808	5 07.48	−37 31.4	(R)SAB(s)a	+ 1		1.86	0.25	10.72	0.81	+0.30	+ 981	+ 769
LMC	5 23.6	−69 46	SB(s)m	+ 9	6	3.81	0.07	0.63	0.55		+ 260	+ 13
N2146	6 17.67	+78 21.6	SB(s)ab	+ 2		1.78	0.20	11.24	0.74		+ 838	+1028
N2217	6 21.40	−27 13.8	(R)LB(rs)0$^+$	− 1		1.68	0.04	11.48	1.03	+0.54	+1476	+1243
N2336	7 25.96	+80 11.5	SAB(r)bc	+ 4	1	1.84	0.24	11.16	0.66		+2199	+2389
N2366	7 28.23	+69 13.8	IB(s)m	+10	8	1.88	0.33	11.46	0.55		+ 107	+ 252
N2403	7 36.24	+65 36.9	SAB(s)cd	+ 6	5	2.25	0.21	8.90	0.50		+ 131	+ 259
N2442	7 36.42	−69 30.9	SB(s)b	+ 3	2	1.78	0.04	11.12			+ 657	+ 384
HLMII	8 18.26	+70 44.2	Im	+10	8	1.88	0.09	11.11	0.52		+ 158	+ 305
N2613	8 33.09	−22 57.0	SA(s)b	+ 3	3	1.86	0.53	11.35	0.93	+0.36	+1712	+1444
N2683	8 52.28	+33 26.6	SA(rs)b	+ 3	4	1.97	0.57	10.61	0.89	+0.29	+ 284	+ 242
N2655	8 54.80	+78 14.9	SAB(s)0/a	0		1.71	0.07	10.95	0.86		+1445	+1623
N2775	9 09.99	+ 7 03.8	SA(r)ab	+ 2		1.65	0.10	11.20	0.87	+0.38	+1135	+ 965
N2768	9 11.12	+60 03.8	E6	− 5		1.80	0.35	10.96	0.93		+1408	+1502
N2784	9 12.04	−24 08.7	LA(s)0:	− 2		1.71	0.35	11.35	1.15	+0.72	+ 708	+ 435
N2841	9 21.58	+51 00.2	SA(r)b:	+ 3	1	1.91	0.33	10.17	0.85	+0.41	+ 652	+ 700
N2903	9 31.80	+21 31.7	SAB(rs)bc	+ 4	2	2.10	0.28	9.56	0.64	+0.05	+ 569	+ 467
N2997	9 45.36	−31 09.7	SAB(rs)c	+ 5	1	1.91	0.10	10.36			+1089	+ 805
N2976	9 46.73	+67 56.8	SAcp	+ 5		1.69	0.29	10.86	0.70		+ 42	+ 175
N3031	9 55.07	+69 05.9	SA(s)ab	+ 2	2	2.41	0.26	7.86	0.93		− 44	+ 95
N3034	9 55.29	+69 42.5	I0 sp	0		2.05	0.39	9.28	0.87		+ 246	+ 388
N3079	10 01.52	+55 42.8	SB(s)c sp	+ 5	3	1.88	0.65	11.27	0.64		+1137	+1212
N3077	10 02.83	+68 45.9	I0p	0		1.66	0.10	10.67	0.80	+0.15	+ 10	+ 148
N3115	10 04.91	− 7 41.2	L0$^-$ sp	− 3		1.92	0.42	10.00	0.95	+0.57	+ 698	+ 476
LEO I	10 08.10	+12 20.4	E3	− 5		2.03	0.11	10.81	0.97			
N3166	10 13.42	+ 3 27.5	SAB(rs)0/a	0		1.72	0.29	11.50	0.91		+1381	+1203
N3169	10 13.89	+ 3 30.2	SA(s)ap	+ 1		1.68	0.18	11.30	0.80		+1229	+1051
N3184	10 17.88	+41 26.9	SAB(rs)cd	+ 6	3	1.84	0.01	10.40	0.65		+ 589	+ 593
N3198	10 19.53	+45 34.9	SB(rs)c	+ 5	3	1.92	0.35	10.92	0.54		+ 665	+ 691
I2574	10 27.88	+68 26.8	SAB(s)m	+ 9	8	2.09	0.32	10.84	0.47		+ 46	+ 185
N3338	10 41.79	+13 46.9	SA(s)c	+ 5	3	1.74	0.17	11.34	0.55		+1316	+1191
N3344	10 43.16	+24 57.4	(R)SAB(r)bc	+ 4	3	1.84	0.03	10.51	0.55		+ 585	+ 513
N3351	10 43.62	+11 44.4	SB(r)b	+ 3	3	1.87	0.16	10.54	0.79	+0.20	+ 807	+ 673
N3359	10 46.20	+63 15.5	SB(rs)c	+ 5	3	1.83	0.20	11.02	0.55		+1007	+1124
N3368	10 46.43	+11 51.3	SAB(rs)ab	+ 2		1.85	0.14	10.11	0.86	+0.27	+ 905	+ 773
N3379	10 47.49	+12 37.0	E1	− 5		1.65	0.05	10.20	0.94	+0.52	+ 885	+ 756
N3384	10 47.94	+12 39.9	LB(s)0$^-$:	− 3		1.77	0.35	10.91	0.91	+0.46	+ 770	+ 642
N3486	11 00.07	+29 00.6	SAB(r)c	+ 5	3	1.84	0.11	10.93	0.52		+ 720	+ 674
N3521	11 05.49	+ 0 00.1	SAB(rs)bc	+ 4	3	1.98	0.28	9.99	0.84		+ 815	+ 640
N3556	11 11.15	+55 42.5	SB(s)cd sp	+ 6		1.92	0.52	10.71	0.61	−0.01	+ 685	+ 772
N3623	11 18.58	+13 07.6	SAB(rs)a	+ 1	3	2.00	0.48	10.24	0.90	+0.41	+ 780	+ 666
N3627	11 19.91	+13 01.5	SAB(s)b	+ 3	3	1.94	0.30	9.74	0.70	+0.22	+ 697	+ 583

NGC or IC	Right Ascension	Declination	Revised Morphological Type	T	L	Log D_{25}	Log R_{25}	B_T^w	$B-V$	$U-B$	V	V_0
	h　m	° ′									km/sec	km/sec
N3628	11 19.93	+13 37.8	Sbp sp	+ 3		2.17	0.61	10.31	0.80		+ 839	+ 728
N3631	11 20.68	+53 12.4	SA(s)c	+ 5	1	1.66	0.05	11.04	0.60		+1167	+1245
N3675	11 25.78	+43 37.3	SA(s)b	+ 3	3	1.77	0.26	11.09			+ 701	+ 735
N3718	11 32.22	+53 06.3	SB(s)ap	+ 1		1.94	0.29	11.21	0.73		+1014	+1095
N3726	11 32.99	+47 04.0	SAB(r)c	+ 5	2	1.78	0.13	10.95	0.51		+ 765	+ 818
N3938	11 52.49	+44 09.5	SA(s)c	+ 5	1	1.73	0.04	10.90	0.52		+ 792	+ 838
N3945	11 52.89	+60 42.8	LB(rs)0$^+$	− 1		1.74	0.18	11.44	0.92		+1220	+1340
N3953	11 53.49	+52 22.0	SB(r)bc	+ 4	1	1.82	0.26	10.81	0.70		+ 959	+1043
N3992	11 57.26	+53 24.8	SB(rs)bc	+ 4	1	1.88	0.19	10.64	0.79		+1059	+1149
N4036	12 01.12	+61 56.0	L0$^-$	− 3		1.65	0.34	11.48	0.90	+0.55	+1382	+1510
N4051	12 02.83	+44 34.2	SAB(rs)bc	+ 4	3	1.70	0.10	10.93	0.67	0.00	+ 674	+ 726
N4088	12 05.26	+50 34.7	SAB(rs)bc	+ 4	2	1.76	0.36	11.14	0.60		+ 742	+ 822
N4096	12 05.70	+47 30.9	SAB(rs)c	+ 5	3	1.81	0.50	11.13	0.44		+ 494	+ 561
N4125	12 07.75	+65 12.8	E6p	− 5		1.71	0.20	10.73	0.88		+1339	+1482
N4151	12 10.20	+39 26.4	(R′)SAB(rs)ab:	+ 2		1.77	0.13	11.12	0.75	0.00	+ 970	+1002
N4192	12 13.48	+14 56.3	SAB(s)ab	+ 2	2	1.98	0.48	10.91	0.79		− 129	− 206
N4214	12 15.33	+36 22.0	IAB(s)m	+10	6	1.90	0.10	10.22	0.46	−0.30	+ 289	+ 309
N4216	12 15.57	+13 10.9	SAB(s)b:	+ 3	3	1.92	0.58	10.97	0.99	+0.55	+ 15	− 69
N4236	12 16.37	+69 30.5	SB(s)dm	+ 8	7	2.27	0.43	10.09	0.40		− 1	+ 160
N4244	12 17.17	+37 50.7	SA(s)cd: sp	+ 6	7	2.21	0.81	10.60	0.44		+ 242	+ 270
N4254	12 18.50	+14 27.2	SA(s)c	+ 5	1	1.73	0.05	10.43	0.58	−0.02	+2400	+2324
N4258	12 18.64	+47 20.5	SAB(s)bc	+ 4		2.26	0.36	9.01	0.68		+ 465	+ 537
N4274	12 19.52	+29 38.8	(R)SB(r)ab	+ 2	4	1.84	0.39	11.30	0.93	+0.41	+ 722	+ 715
N4293	12 20.89	+18 25.2	(R)SB(s)0/a	0		1.78	0.31	11.22			+ 882	+ 825
N4303	12 21.58	+ 4 30.6	SAB(rs)bc	+ 4	1	1.78	0.04	10.17	0.54		+1599	+1483
N4314	12 22.23	+29 55.6	SB(rs)a	+ 1		1.68	0.05	11.32	0.84	+0.30	+ 883	+ 879
N4321	12 22.58	+15 51.5	SAB(s)bc	+ 4	1	1.84	0.05	10.11	0.73		+1610	+1543
N4365	12 24.15	+ 7 21.2	E3	− 5		1.79	0.13	10.51			+1177	+1074
N4374	12 24.73	+12 55.3	E1	− 5		1.70	0.06	10.26	0.97	+0.58	+ 933	+ 854
N4382	12 25.08	+18 13.6	LA(s)0$^+$p	− 1		1.85	0.13	10.09	0.88		+ 773	+ 718
N4395	12 25.49	+33 35.1	SA(s)m:	+ 9	8	2.11	0.07	10.39	0.54		+ 294	+ 307
N4406	12 25.87	+12 59.0	E3	− 5		1.87	0.13	10.07	0.93	+0.52	− 341	− 419
N4429	12 27.11	+11 08.7	La(r)0$^+$	− 1		1.74	0.33	11.15	0.94	+0.54	+1114	+1029
N4438	12 27.43	+13 02.7	SA(s)0/ap:	0		1.97	0.38	10.91	0.83		+ 259	+ 182
N4442	12 27.74	+ 9 50.3	LB(s)0	− 2		1.66	0.37	11.40	0.92	+0.55	+ 580	+ 490
N4449	12 27.90	+44 07.9	IBm	+10	5	1.71	0.14	9.94	0.41	−0.30	+ 200	+ 262
N4450	12 28.16	+17 07.3	SA(s)ab	+ 2		1.68	0.14	10.93	0.82		+2048	+1990
N4472	12 29.45	+ 8 02.3	E2	− 5		1.95	0.08	9.30	0.94		+ 914	+ 817
N4473	12 29.48	+13 28.0	E5	− 5		1.65	0.24	11.07	0.88	+0.53	+2279	+2205
N4490	12 30.28	+41 40.5	SB(s)dp	+ 7	5	1.77	0.28	10.24	0.44	−0.18	+ 577	+ 629
N4486	12 30.49	+12 25.7	E$^+$0−1p	− 4		1.86	0.03	9.58	0.94	+0.57	+1257	+1180
N4494	12 31.08	+25 48.7	E1−2	− 5		1.68	0.10	10.73	0.89	+0.48	+1307	+1289
N4501	12 31.66	+14 27.3	SA(rs)b	+ 3	1	1.84	0.25	10.27	0.75	+0.25	+2057	+1989
N4517	12 32.43	+ 0 08.9	SA(s)cd: sp	+ 6		2.01	0.73	11.20	0.73		+1128	+1001
N4526	12 33.72	+ 7 44.1	LAB(s)0:	− 2		1.86	0.49	10.61	0.94	+0.54	+ 450	+ 355

NGC or IC	Right Ascension	Declination	Revised Morphological Type	T	L	Log D_{25}	Log R_{25}	B_T^w	$B-V$	$U-B$	V	V_0
	h m	o ′									km/sec	km/sec
N4527	12 33.81	+ 2 41.3	SAB(s)bc	+ 4	3	1.80	0.44	11.33	0.88		+1730	+1614
N4535	12 34.01	+ 8 14.2	SAB(s)c	+ 5	1	1.83	0.13	10.52	0.70		+1946	+1853
N4536	12 34.12	+ 2 13.3	SAB(rs)cd	+ 4	3	1.87	0.33	11.01	0.60		+1927	+1810
N4548	12 35.11	+14 32.0	SB(rs)b	+ 3		1.73	0.09	10.98	0.79	+0.30	+ 468	+ 403
N4559	12 35.64	+27 59.7	SAB(rs)bc	+ 6	4	2.02	0.33	10.34	0.45		+ 807	+ 802
N4565	12 36.02	+26 01.2	SA(s)b? sp	+ 3	1	2.21	0.77	10.33	0.83		+1136	+1122
N4569	12 36.50	+13 12.0	SAB(rs)ab	+ 2		1.98	0.31	10.25	0.75	+0.30	− 312	− 382
N4579	12 37.40	+11 51.3	SAB(rs)b	+ 3		1.73	0.09	10.56	0.83	+0.32	+1805	+1730
N4594	12 39.64	−11 35.3	SA(s)a sp	+ 1		1.95	0.34	9.29	0.97		+1128	+ 963
N4605	12 39.71	+61 38.8	SB(s)cp	+ 5		1.74	0.38	10.95			+ 148	+ 286
N4621	12 41.71	+11 40.9	E5	− 5		1.71	0.18	10.80	0.96		+ 414	+ 341
N4631	12 41.80	+32 34.5	SB(s)d sp	+ 7	5	2.18	0.66	9.81	0.54		+ 620	+ 638
N4636	12 42.51	+ 2 43.4	E0−1	− 5		1.79	0.09	10.48	0.94	+0.50	+ 979	+ 869
N4649	12 43.34	+11 35.2	E2	− 5		1.86	0.07	9.82	1.00		+1200	+1128
N4654	12 43.63	+13 09.7	SAB(rs)cd	+ 6	3	1.67	0.20	11.14	0.64	−0.07	+1036	+ 970
N4656	12 43.65	+32 12.2	SB(s)mp	+ 9	7	2.14	0.62	10.86	0.43		+ 645	+ 662
N4697	12 48.26	− 5 45.9	E6	− 5		1.78	0.20	10.20	0.93	+0.39	+1308	+1170
N4725	12 50.13	+25 32.3	SAB(r)abp	+ 2	1	2.04	0.14	9.99	0.74		+1138	+1131
N4736	12 50.58	+41 09.4	(R)SA(r)ab	+ 2	3	2.04	0.08	8.90	0.75	+0.16	+ 269	+ 329
N4754	12 51.97	+11 20.9	LB(r)0⁻:	− 3		1.67	0.26	11.46	0.95	+0.50	+1461	+1393
N4753	12 52.03	− 1 09.9	I0	0		1.73	0.27	10.82	0.95	+0.48	+1255	+1137
N4762	12 52.61	+11 15.9	LB(r)0? sp	− 2		1.94	0.73	11.19	0.90	+0.40	+ 945	+ 878
N4826	12 56.42	+21 43.0	(R)SA(rs)ab	+ 2		1.97	0.24	9.37	0.84	+0.21	+ 397	+ 377
N4856	12 58.99	−15 00.4	SB(s)0/a	0		1.66	0.46	11.48	0.97		+1251	+1088
N4945	13 05.07	−49 26.0	SB(s)cd: sp	+ 6		2.30	0.66	9.63			+ 594	+ 356
N5005	13 10.63	+37 05.5	SAB(rs)bc	+ 4	3	1.73	0.30	10.68	0.82	+0.30	+1015	+1069
N5033	13 13.15	+36 38.0	SA(s)c	+ 5	2	2.02	0.27	10.63	0.54		+ 907	+ 961
N5055	13 15.54	+42 04.0	SA(rs)bc	+ 4	3	2.09	0.21	9.36	0.73		+ 509	+ 587
N5102	13 21.60	−36 35.7	LA0⁻	− 3		1.97	0.43	10.30	0.70	+0.27	+ 454	+ 247
N5128	13 25.08	−42 59.1	L0p	− 2		2.26	0.10	7.83	0.98		+ 541	+ 323
N5194	13 29.59	+47 13.8	SA(s)bcp	+ 4	1	2.04	0.15	9.00	0.60		+ 460	+ 565
N5195	13 29.70	+47 18.4	I0p	0		1.73	0.10	10.52	0.90	+0.40	+ 552	+ 658
N5236	13 36.62	−29 50.1	SAB(s)c	+ 5	2	2.05	0.04	8.21			+ 518	+ 337
N5248	13 37.22	+ 8 55.2	SAB(rs)bc	+ 4	1	1.81	0.12	10.67	0.63	0.00	+1146	+1102
N5247	13 37.71	−17 51.1	SA(s)bc	+ 4	2	1.73	0.06	11.13	0.59	−0.10	+1655	+1511
N5322	13 49.05	+60 13.5	E3−4	− 5		1.74	0.15	10.86	0.88	+0.44	+1902	+2061
N5364	13 55.88	+ 5 02.9	SA(rs)bcp	+ 4	1	1.85	0.15	11.05	0.65		+1393	+1349
N5457	14 03.00	+54 23.1	SAB(rs)cd	+ 6	1	2.43	0.01	8.16	0.46		+ 241	+ 388
N5474	14 04.81	+53 41.7	SA(s)cdp	+ 6	7	1.65	0.03	11.31	0.50		+ 270	+ 416
N5585	14 19.58	+56 45.6	SAB(s)d	+ 7	7	1.74	0.17	11.37	0.50		+ 300	+ 462
N5566	14 20.01	+ 3 57.8	SB(r)ab	+ 2	4	1.81	0.43	11.43	0.86	+0.42	+1518	+1489
N5643	14 32.27	−44 08.7	SAB(rs)c	+ 5	5	1.66	0.05	10.84			+1142	+ 962
N5866	15 06.31	+55 47.3	LA0⁺ sp	− 1		1.72	0.35	10.96	0.85	+0.40	+ 692	+ 874
N5907	15 15.74	+56 20.8	SA(s)c: sp	+ 5	3	2.09	0.84	11.15	0.77		+ 592	+ 780
N5921	15 21.62	+ 5 05.6	SB(r)bc	+ 4	2	1.69	0.07	11.47	0.63	+0.02	+1475	+1503

NGC or IC	Right Ascension	Declination	Revised Morphological Type	T	L	Log D_{25}	Log R_{25}	B_T^w	$B-V$	$U-B$	V	V_0
	h m	° ′									km/sec	km/sec
N6300	17 16.36	−62 48.8	SB(r)b	+ 3		1.73	0.18	11.13			+1140	+ 988
N6384	17 32.09	+ 7 04.0	SAB(r)bc	+ 4	1	1.78	0.15	11.32	0.73		+1660	+1801
N6503	17 49.51	+70 08.9	SA(s)cd	+ 6	5	1.79	0.42	10.94	0.67	+0.05	+ 62	+ 315
N6744	19 09.15	−63 52.1	SAB(r)bc	+ 4	3	2.19	0.18	9.26			+ 644	+ 519
N6822	19 44.58	−14 49.4	IB(s)m	+10	8	2.01	0.03	9.31			− 56	+ 65
N6946	20 34.72	+60 08.1	SAB(rs)cd	+ 6	1	2.04	0.05	9.68	0.80		+ 46	+ 338
N7331	22 36.78	+34 23.1	SA(s)bc	+ 4	2	2.03	0.43	10.39	0.84	+0.25	+ 826	+1105
N7410	22 54.64	−39 41.8	SB(s)a	+ 1		1.74	0.43	11.40	0.92	+0.49	+1638	+1634
I5267	22 56.86	−43 25.9	LA(rs)0:	− 2		1.70	0.09	11.35	0.93	+0.30	+1715	+1691
N7424	22 56.93	−41 06.4	SAB(rs)cd	+ 6	3	1.88	0.05	10.99			+ 862	+ 850
N7582	23 18.04	−42 24.4	(R')SB(s)ab	+ 2		1.66	0.32	11.47	0.77	+0.16	+1452	+1427
N7640	23 21.81	+40 48.5	SB(s)c	+ 5	3	2.03	0.63	11.44	0.54		+ 369	+ 642
I5332	23 34.11	−36 08.2	SA(s)d	+ 7		1.82	0.11	11.25	0.66	−0.10	+ 702	+ 701
N7793	23 57.50	−32 37.6	SA(s)d	+ 7	6	1.96	0.14	9.64	0.59	−0.10	+ 209	+ 214

W−L−M	= A2359−15	= Wolf−Lundmark−Melotte neb. = DDO 221
SMC	= A0051−73	= Small Magellanic Cloud
FORNX	= A0237−34	= Fornax System
LMC	= A0524−69	= Large Magellanic Cloud
HLMII	= A0813+70	= Holmberg II = DDO 50
LEO I	= A1005+12	= Regulus System = DDO 74

NGC 224	= M31	= Andromeda Nebula
NGC 221	= M32	
NGC 598	= M33	= Triangulum Nebula
NGC 5194	= M51	= Whirlpool Nebula
NGC 5457	= M101	= Pinwheel Nebula
NGC 4594	= M104	= Sombrero Nebula
NGC 5128		= Centaurus A

IAU Desig.	Name	R.A.	Dec.	Ang. Diam.	Dist.	Trumpler Class	Tot. Mag.	Spectrum	Mag.*	Log age	Log Fe / H	A_V
		h m	° ′	′	pc							
C0001−302	Blanco 1	0 03.9	−29 58	89	240	IV 3 m			8	7.85	+0.03	0.27
C0022+610	NGC 103	0 24.9	+61 18	5	2900	II 1 m	5.8	B3	11	7.46		1.62
C0027+599	NGC 129	0 29.5	+60 11	21	1600	III 2 m	9.8	B3	11	7.67		1.77
C0029+628	King 14	0 31.5	+63 07	7	2800	III 1 p		B2	10	7.61		1.65
C0030+630	NGC 146	0 32.7	+63 15	6	3200	II 2 p	9.6	B3		7.61		2.07
C0036+608	NGC 189	0 39.2	+61 02	3	750	III 1 p	11.1	A0		7.00		1.62
C0039+850	NGC 188	0 43.7	+85 18	13	1500	I 2 r	9.3	F2	10	9.91	−0.06	0.12
C0040+615	NGC 225	0 43.1	+61 45	12	610	III 1 pn	8.9	A2		8.11		0.84
C0112+585	NGC 436	1 15.2	+58 47	5	2100	I 2 m	9.3	B5	10	8.15		0.45
C0115+580	NGC 457	1 18.6	+58 18	13	3100	II 3 r	5.1	B2	6	7.00		1.41
C0126+630	NGC 559	1 29.0	+63 16	4	1100	I 1 m	7.4		9	8.66	−0.76	2.70
C0129+604	NGC 581	1 32.8	+60 40	6	2500	II 2 m	6.9	B2	9	7.46		1.14
C0132+610	Trump 1	1 35.2	+61 15	4	2300	II 2 p	8.9	B2	10	7.61		1.29
C0139+637	NGC 637	1 42.5	+63 58	3	2400	I 2 m	7.3	B0	8	8.34		1.17
C0140+616	NGC 654	1 43.6	+61 51	4	2000	II 2 r	8.2		10			2.58
C0140+604	NGC 659	1 43.8	+60 40	4	2500	I 2 m	7.2		10	7.89		1.74
C0142+610	NGC 663	1 45.6	+61 13	16	2200	II 3 r	6.4	B1	9	7.00		2.34
C0144+717	Coll 463	1 47.8	+71 55	36	660	III 2 m	5.8			7.89		0.57
C0149+615	IC 166	1 52.1	+61 48	4	3100	II 1 r			17	9.38		2.31
C0154+374	NGC 752	1 57.4	+37 39	50	360	II 2 r	6.6	F0	8	9.38	−0.21	0.06
C0155+552	NGC 744	1 58.0	+55 27	11	1400	III 1 p	7.8	B7	10	8.30		1.14
C0211+590	Stock 2	2 14.5	+59 14	60	300	I 2 m		B8		8.23		1.26
C0215+569	NGC 869	2 18.6	+57 07	29	2200	I 3 r	4.3	B1	7	7.26		1.62
C0218+568	NGC 884	2 22.0	+57 05	29	2200	I 3 r	4.4	B1	7			1.62
C0225+604	Mark 6	2 29.2	+60 38	4	510	III 1 P			8			1.56
C0228+612	IC 1805	2 32.2	+61 26	21	2200	II 3 mn	4.8	O6	9	7.00		2.46
C0233+557	Trump 2	2 36.8	+55 57	20	560	II 2 p	9.0	B9		8.30		0.90
C0238+613	NGC 1027	2 42.2	+61 31	20	1200	II 3 mn	7.4	B3	9	7.89		0.96
C0238+425	NGC 1039	2 41.6	+42 45	35	450	II 3 r	5.8	B8	9	8.03	−0.26	0.12
C0247+602	IC 1848	2 50.7	+60 25	12	2300	I 3 pn	7.0	O7		7.00		1.89
C0311+470	NGC 1245	3 14.2	+47 14	10	2200	II 2 r	7.7		12	9.03	+0.14	0.81
C0318+484	Mel 20	3 21.6	+48 35	185	160	III 3 m	2.3	B1	3	7.61	+0.10	0.27
C0328+371	NGC 1342	3 31.2	+37 19	14	540	III 2 m	7.2	A1	8	8.80	−0.13	0.81
C0344+239	Pleiades	3 46.6	+24 06	110	130	I 3 rn	1.5	B5	3	8.11	+0.11	0.15
C0403+622	NGC 1502	4 07.1	+62 19	7	810	I 3 m	4.1	B0	7	7.00		2.13
C0411+511	NGC 1528	4 14.9	+51 14	23	750	II 2 m	6.4	B8	10	8.34	−0.10	0.87
C0417+448	Berk 11	4 20.1	+44 54	5	2200	II 2 m			15	7.00		
C0417+501	NGC 1545	4 20.4	+50 14	18	760	IV 2 p	4.6		9	8.30		1.02
C0424+157	Hyades 1	4 26.5	+15 51	330	40		0.8	A2	4	8.85	+0.12	
C0443+189	NGC 1647	4 45.6	+19 04	45	520	II 2 r	6.2	B7	9	8.11		1.11
C0445+108	NGC 1662	4 48.1	+10 56	20	380	II 3 m	8.0	A0	9	8.11	−0.20	0.96
C0447+436	NGC 1664	4 50.6	+43 41	18	1100		7.2	A0	10	8.38		0.72
C0504+369	NGC 1778	5 07.6	+37 02	6	1500	III 2 p	8.5			8.11		0.93
C0509+166	NGC 1817	5 11.7	+16 41	15	1800	IV 2 r	7.8		9	8.90	−0.26	0.99
C0518−685	NGC 1901	5 17.8	−68 27	40	420	III 3 m				8.92		0.15

* Magnitude of brightest cluster member

IAU Desig.	Name	R.A.	Dec.	Ang. Diam.	Dist.	Trumpler Class	Tot. Mag.	Spec-trum	Mag.*	Log age	Log Fe / H	A_V
		h m	° ′	′	pc							
C0519+333	NGC 1893	5 22.3	+33 23	11	4000	II 3 rn	7.8			7.00		1.62
C0520+295	Berk 19	5 23.7	+29 35	6	4800	II 1 m			15	9.49	−0.50	
C0524+352	NGC 1907	5 27.6	+35 19	6	1300	I 1 mn	10.2		11	8.11	−0.10	1.35
C0525+358	NGC 1912	5 28.2	+35 50	21	1200	II 2 r	6.8	B5	8	8.19	−0.11	0.69
C0532+341	NGC 1960	5 35.7	+34 08	12	1200	I 3 r	6.5	B3	9	7.61		0.63
C0532−054	Trapez.	5 35.0	− 5 23	47	460					7.61		
C0546+336	King 8	5 49.0	+33 38	7	3400	II 2 m			15	8.26	−0.50	2.49
C0548+217	Berk 21	5 51.3	+21 47	6	3600	I 2			6	7.00		
C0549+325	NGC 2099	5 51.9	+32 33	23	1300	I 2 r	6.2	B9	11	8.30	+0.01	0.96
C0600+104	NGC 2141	6 02.7	+10 26	10	4200	I 2 r	10.8		15	9.60	−0.46	
C0601+240	IC 2157	6 04.6	+24 00	6	1900	II 1 p	9.1		12	7.85		1.65
C0604+241	NGC 2158	6 07.1	+24 06	4	3900		12.1		15	9.27	−0.60	1.23
C0605+139	NGC 2169	6 08.1	+13 58	6	920	III 3 m	7.0	B1		7.46		0.36
C0605+243	NGC 2168	6 08.5	+24 21	28	850	III 3 r	5.6	B4	8	8.07		0.66
C0606+203	NGC 2175	6 09.4	+20 19	18	2700	III 3 rn	6.8		8	7.00		1.14
C0609+054	NGC 2186	6 11.8	+ 5 27	4	1800	II 2 m	9.2		12	8.30		0.90
C0611+128	NGC 2194	6 13.4	+12 48	10	2700	II 2 r	10.0		13	8.57		
C0613−186	NGC 2204	6 15.4	−18 39	12	4300	II 2 r	9.3		13	9.27	−0.58	
C0618−072	NGC 2215	6 20.7	− 7 17	11	980	II 2 m	8.6		11	8.80		0.93
C0624−047	NGC 2232	6 26.2	− 4 45	29	360	III 2 p	4.2			7.61	−0.20	
C0627−312	NGC 2243	6 29.5	−31 17	4	4100	I 2 r	10.5			9.49	−0.55	
C0629+049	NGC 2244	6 32.0	+ 4 52	23	1500	II 3 rn	5.2	O5	7	7.00		1.35
C0632+084	NGC 2251	6 34.4	+ 8 22	10	1600	III 2 m	8.8			8.66		0.69
C0634+094	Trump 5	6 36.4	+ 9 27	7	980	III 1 rn	10.9		17	9.86		2.01
C0638+099	NGC 2264	6 40.7	+ 9 54	20	790	III 3 mn	4.1	O8	5	7.00	−0.15	0.18
C0644−206	NGC 2287	6 46.8	−20 44	38	640	I 3 r	5.0	B5	8	8.30	+0.09	
C0645+411	NGC 2281	6 48.9	+41 04	14	460	I 3 m	7.2	A0	8	8.72	−0.04	0.24
C0649+005	NGC 2301	6 51.4	+ 0 29	12	760	I 3 r	6.3		8	8.11	+0.04	0.12
C0649−070	NGC 2302	6 51.6	− 7 03	2	1100	III 2 m			12	7.89		0.72
C0649+030	Biur 10	6 51.9	+ 2 57	4	6200	I 1 p			15	7.46		
C0652−245	Coll 121	6 53.9	−24 37	50	630	IV 3 p	5.8			7.61		0.03
C0700−082	NGC 2323	7 02.9	− 8 20	16	1000	II 3 r	7.2	B8	9	7.89		0.90
C0701+011	NGC 2324	7 03.8	+ 1 04	7	3200	II 2 r	7.9		12	7.00	−0.13	0.15
C0704−100	NGC 2335	7 06.3	−10 04	12	1000	III 2 mn	9.3		10	8.03	+0.20	1.14
C0705−105	NGC 2343	7 08.0	−10 38	6	870	II 2 pn	7.5		8	7.89	−0.20	0.57
C0706−130	NGC 2345	7 08.0	−13 09	12	1800	II 3 r	8.1		9	7.89		1.74
C0712−102	NGC 2353	7 14.3	−10 18	20	1000	III 3 p	5.2	B0	9	7.89		0.27
C0712−256	NGC 2354	7 14.0	−25 44	20	1800	III 2 r	8.9			8.92		0.39
C0712−310	Coll 132	7 14.2	−31 10	95	410	III 3 p	3.8			7.89		
C0715−155	NGC 2360	7 17.5	−15 37	12	1100	I 3 r	9.1	B8		9.27	−0.13	0.18
C0716−248	NGC 2362	7 18.5	−24 56	8	1600	I 3 r	3.8	O8	8	7.00		0.33
C0717−130	Haff 6	7 19.8	−13 07	4	1100	IV 2 rn			16	9.03		
C0721−131	NGC 2374	7 23.7	−13 15	19	1200	IV 2 p	7.3			8.34		
C0722−321	Coll 140	7 23.7	−32 11	42	380	III 3 m	4.2			7.73	+0.05	
C0722−209	NGC 2384	7 24.8	−21 01	2	3300	IV 3 p	8.2			7.00		0.90

* Magnitude of brightest cluster member

IAU Desig.	Name	R.A.	Dec.	Ang. Diam.	Dist.	Trumpler Class	Tot. Mag.	Spectrum	Mag.*	Log age	Log Fe / H	A_v
		h m	° ′	′	pc							
C0724−476	Mel 66	7 26.1	−47 43	10	2900	II 1 r	10.7			9.69	−0.36	0.48
C0731−153	NGC 2414	7 33.0	−15 26	4	4200	I 3 m	8.2			7.08		1.59
C0734−205	NGC 2421	7 36.0	−20 36	10	1900	I 2 r	9.0		11	7.61		1.35
C0734−143	NGC 2422	7 36.3	−14 29	29	470	I 3 m	4.3	B3	5	7.89		0.21
C0734−137	NGC 2423	7 36.8	−13 51	19	750	II 2 m	7.0			8.60	−0.04	0.36
C0735−119	Mel 71	7 37.2	−12 03	9	2700	II 2 r	9.0			8.57	−0.29	
C0735+216	NGC 2420	7 38.1	+21 35	10	1900	I 1 r	10.0		11	9.47	−0.61	
C0738−334	Boch 15	7 39.8	−33 32	3	3800	IV 2 pn				7.00		
C0738−315	NGC 2439	7 40.6	−31 38	10	3600	II 3 r	7.1	B1	9	7.61		0.72
C0739−147	NGC 2437	7 41.5	−14 48	27	1600	II 2 r	6.6	B9	10	8.50		0.15
C0742−237	NGC 2447	7 44.3	−23 51	22	1100	I 3 r	6.5	B9	9	8.50	0.00	0.15
C0743−378	NGC 2451	7 45.2	−37 57	45	320	II 2 m	3.7		6	7.61	−0.45	0.12
C0745−271	NGC 2453	7 47.5	−27 14	4	2100	I 3 m	9.0			7.00		1.38
C0746−261	Rup 36	7 48.2	−26 17	4	2100	IV 1 m			12	8.30		
C0750−384	NGC 2477	7 52.0	−38 32	27	1200	I 2 r	5.7		12	9.10	+0.04	0.87
C0752−241	NGC 2482	7 54.6	−24 17	12	750	IV 1 m	8.8			8.66	+0.12	0.09
C0754−299	NGC 2489	7 55.9	−30 03	8	1200	I 2 m	9.3		11	8.50		1.02
C0757−284	Rup 44	7 58.8	−28 34	4	4200	IV 2 m			12	7.00		2.01
C0757−607	NGC 2516	7 58.2	−60 51	29	410	I 3 r	3.3	B3	7	7.85	−0.23	0.27
C0757−106	NGC 2506	7 59.9	−10 46	6	3200	I 2 r	8.9		11	9.36	−0.55	0.27
C0803−280	NGC 2527	8 05.0	−28 08	22	570	II 2 m	8.3			8.77	0.00	0.27
C0805−297	NGC 2533	8 06.8	−29 53	3	1300	II 2 r	10.0			7.89		0.75
C0808−126	NGC 2539	8 10.4	−12 49	21	1200	III 2 m	8.0	A0	9	8.66	−0.20	0.30
C0809−491	NGC 2547	8 10.5	−49 15	20	440	I 3 rn	5.0		7	7.61	−0.13	0.06
C0810−374	NGC 2546	8 12.2	−37 37	40	990	III 2 m	5.2	B0	7	8.11	+0.30	0.30
C0811−056	NGC 2548	8 13.4	− 5 47	54	630	I 3 r	5.5	A0	8	8.50	+0.10	0.15
C0816−304	NGC 2567	8 18.4	−30 37	10	1600	II 2 m	8.4		11	8.46	+0.20	0.66
C0816−295	NGC 2571	8 18.7	−29 43	13	1200	II 3 m	7.4			7.08	+0.08	0.90
C0837+201	Praesepe	8 39.7	+20 01	95	160	II 3 m	3.9	A0	6	8.92	+0.07	
C0837−460	Pisms 6	8 39.1	−46 11	1	1700	II 3 p			9	7.08		1.14
C0838−459	Wtrloo 6	8 40.2	−46 07	2	1800	II 3 p				7.61		
C0838−528	IC 2391	8 40.0	−53 02	50	150	II 3 m	2.6	B5	4	7.73	−0.04	0.09
C0839−480	IC 2395	8 40.9	−48 10	7	950	II 3 m	4.6	B5		7.00		0.36
C0839−461	Pisms 8	8 41.3	−46 15	2	1500	II 2 p			10	7.61		2.13
C0840−469	NGC 2660	8 42.0	−47 07	4	2900	I 1 r	10.8		13	9.22	+0.06	1.05
C0843−527	NGC 2669	8 44.7	−52 57	12	1000	III 3 m	6.0			7.61		0.54
C0846−423	Trump 10	8 47.6	−42 28	14	420	II 3 m	5.0	B3		7.61	−0.08	0.12
C0847+120	NGC 2682	8 50.1	+11 50	29	790	II 3 r	7.4	B8	9	9.70	−0.10	0.15
C0922−515	Rup 76	9 24.0	−51 42	5	1300	IV 2 p			13	8.30		
C0925−549	Rup 77	9 26.9	−55 05	2	4900	II 1 m			14	7.54		
C0927−534	Rup 78	9 29.0	−53 38	0	3300	II 2 m			15	7.67		
C0939−536	Rup 79	9 40.8	−53 48	11	2400	III 2 p			11	7.54		2.37
C1001−598	NGC 3114	10 02.5	−60 05	35	910		4.5	B9	9	7.89	+0.01	
C1022−575	Wester 2	10 23.7	−57 43	1	5000	IV 1 pn	11.3			7.00		4.86
C1024−576	NGC 3247	10 25.7	−57 54	6	1400	III 2 p	10.3			8.19		0.90

* Magnitude of brightest cluster member

IAU Desig.	Name	R.A.	Dec.	Ang. Diam.	Dist.	Trumpler Class	Tot. Mag.	Spectrum	Mag.*	Log age	Log Fe/H	A_V
		h m	o ′	′	pc							
C1025−573	IC 2581	10 27.1	−57 36	7	2300	II 2 pn	5.3	B0		7.08		1.23
C1033−579	NGC 3293	10 35.6	−58 12	5	2500		6.2		8	7.00		0.87
C1035−583	NGC 3324	10 37.1	−58 36	5	3100					7.00		1.29
C1036−538	NGC 3330	10 38.4	−54 07	6	1400	III 2 m	8.4			7.89		0.51
C1040−588	Boch 10	10 42.0	−59 07	20	3200	II 3 mn				7.00		
C1041−597	Coll 228	10 42.8	−59 59	14	2300		4.9			7.00		1.44
C1041−641	IC 2602	10 43.0	−64 22	50	150	I 3 r	1.6	B0	3	7.46	−0.20	0.09
C1041−593	Trump 14	10 43.7	−59 32	4	2900		6.8			7.00		1.50
C1042−591	Trump 15	10 44.5	−59 20	3	2000	III 2 pn	9.0			7.00		1.53
C1043−594	Trump 16	10 44.9	−59 41	10	2600		6.7	O5		7.00		1.41
C1045−598	Boch 11	10 47.0	−60 04	21	3600	IV 3 pn				7.00		
C1055−614	Boch 12	10 57.1	−61 42	10	2200	III 3 p				7.61		0.72
C1057−600	NGC 3496	10 59.6	−60 18	9	1000	II 1 r	9.2			8.50		1.47
C1059−595	Pisms 17	11 00.8	−59 47	0	4100				9	7.00		1.47
C1104−584	NGC 3532	11 06.2	−58 38	55	480	II 3 r	3.4	B5	8	8.46		
C1108−599	NGC 3572	11 10.2	−60 12	6	2800	II 3 mn	4.5		7	7.00		1.44
C1108−601	Hogg 10	11 10.5	−60 20	3	2600					7.26		1.32
C1109−600	Coll 240	11 11.0	−60 15	25	2600	III 2 mn				7.00		
C1109−604	Trump 18	11 11.2	−60 38	12	1300	II 3 m	8.2			7.85		0.99
C1110−605	NGC 3590	11 12.7	−60 45	4	2100	I 2 p	6.8			7.54		1.14
C1110−586	Stock 13	11 12.8	−58 53	3	2700	I 3 pn			10	7.00		0.69
C1112−609	NGC 3603	11 14.8	−61 13	2	5200	II 3 mn	9.2			7.00		3.96
C1115−624	IC 2714	11 17.6	−62 40	12	1100	II 2 r	8.2		10	8.30		1.29
C1117−632	Mel 105	11 19.2	−63 28	4	2000	I 2 r	9.4			8.50		1.08
C1123−429	NGC 3680	11 25.4	−43 12	12	790	I 2 m	8.6		10	9.60	−0.07	0.09
C1133−613	NGC 3766	11 35.8	−61 34	12	1800	I 3 r	4.6	B0	8	7.08		0.51
C1134−627	IC 2944	11 36.3	−62 59	14	1900	III 3 mn	2.8	O6		7.00		0.99
C1141−622	Stock 14	11 43.7	−62 27	4	2700	III 3 p			10	7.00		0.75
C1148−554	NGC 3960	11 50.6	−55 40	6	1700	I 2 m	8.8			9.03	−0.30	
C1154−623	Rup 97	11 57.0	−62 37	3	3100	IV 1 p			12	8.72		0.60
C1204−609	NGC 4103	12 06.4	−61 13	6	1500	I 2 m	7.4		10	7.61		0.81
C1221−616	NGC 4349	12 24.1	−61 51	15	860	II 2 m	8.0	B8	11	8.50		0.69
C1222+263	Coma Ber	12 24.8	+26 09	275	80	III 3 r	2.9	A0	5	8.66	−0.03	
C1225−598	NGC 4439	12 28.0	−60 03	4	1400		8.7			7.79		0.93
C1226−604	Harvd 5	12 28.6	−60 43	5	1000		8.8			7.79		
C1232+365	Upgren 1	12 34.7	+36 21	18	140	IV 2 p		F3				0.25
C1239−627	NGC 4609	12 42.0	−62 56	4	1300	II 2 m	4.5		10	7.61		0.87
C1250−600	κ Cru	12 53.2	−60 18	10	1500		5.2	B3	7	7.38		0.90
C1315−623	Stock 16	13 18.6	−62 32	3	1900	III 3 pn			10	7.00		1.53
C1317−646	Rup 107	13 20.1	−64 55	5	2000	III 2 p			12	8.11		
C1324−587	NGC 5138	13 26.9	−58 59	7	1400	II 2 m	9.8			7.89		0.78
C1327−606	NGC 5168	13 30.8	−60 54	4	1300	I 2 m	11.5			7.89		1.02
C1328−625	Trump 21	13 31.7	−62 45	4	1100	I 2 p	9.6			7.89		0.60
C1343−626	NGC 5281	13 46.2	−62 52	4	1300	I 3 m	8.2		10	7.61		0.75
C1350−616	NGC 5316	13 53.5	−61 50	13	1100	II 2 r	8.8	B8	11	8.30	+0.01	0.51

* Magnitude of brightest cluster member

IAU Desig.	Name	R.A.	Dec.	Ang. Diam.	Dist.	Trumpler Class	Tot. Mag.	Spec-trum	Mag.*	Log age	Log Fe/H	A_V
		h m	° ′	′	pc							
C1404−480	NGC 5460	14 07.2	−48 17	25	770	I 3 m	6.1		9	8.11		0.39
C1420−611	Lynga 2	14 23.6	−61 22	12	1100	II 3 m				7.61		0.54
C1424−594	NGC 5606	14 27.3	−59 37	3	1900	I 3 p	10.0			7.08		1.32
C1426−605	NGC 5617	14 29.3	−60 42	10	1600	I 3 r	8.5	B3	10	7.98	−0.51	1.47
C1427−609	Trump 22	14 30.7	−61 09	6	1600	III 2 m	9.9	B4	12	7.61		1.59
C1431−563	NGC 5662	14 34.7	−56 31	12	620	II 3 r	7.7		10	7.89		
C1440+697	Ursa Maj	14 40.8	+69 36		30				2	8.30		
C1445−543	NGC 5749	14 48.4	−54 30	7	840	II 2 m	8.8			7.89		1.17
C1501−541	NGC 5822	15 04.7	−54 19	39	730	II 2 r	6.5	B9	10	9.08	−0.07	0.39
C1502−554	NGC 5823	15 05.2	−55 34	10	1100	II 2 r	8.6		13	8.80	−0.13	0.78
C1511−588	Pisms 2	15 14.9	−59 03	4	2500					7.00		3.39
C1559−603	NGC 6025	16 03.1	−60 29	12	770	II 3 r	6.0		7	7.85	+0.23	
C1601−517	Lynga 6	16 04.3	−51 54	4	1600					7.46		2.94
C1603−539	NGC 6031	16 07.1	−54 03	2	1600	I 3 p	12.2			8.07		1.23
C1609−540	NGC 6067	16 12.7	−54 12	12	1700	I 3 r	6.5		10	8.11	−0.05	1.05
C1614−577	NGC 6087	16 18.3	−57 53	12	900	II 2 m	6.0	B5	8	7.85		0.36
C1622−405	NGC 6124	16 25.2	−40 39	29	470	I 3 r	6.3	B8	9	8.30		2.07
C1623−261	Antares	16 25.7	−26 13	505		III 3 p	1.0					
C1624−490	NGC 6134	16 27.3	−49 08	6	650		8.8		11	8.50	+0.25	1.29
C1632−455	NGC 6178	16 35.2	−45 37	4	900	III 3 p	7.2			7.08		
C1637−486	NGC 6193	16 40.8	−48 45	14	1300		5.4	O7		7.00		1.50
C1642−469	NGC 6204	16 46.0	−47 01	4	890	I 3 m	8.4	O6		7.73		1.47
C1645−537	NGC 6208	16 49.0	−53 49	15	990	III 2 r	9.5			9.16		0.51
C1650−417	NGC 6231	16 53.6	−41 47	14	1900		3.4	O9	6	7.00		1.35
C1652−394	NGC 6242	16 55.2	−39 29	9	1100		8.2	B5		7.73		1.11
C1653−405	Trump 24	16 56.5	−40 39	60	1900		8.6			7.00		1.08
C1654−447	NGC 6249	16 57.2	−44 46	6	1000	II 2 m	9.3			7.61		
C1654−457	NGC 6250	16 57.5	−45 56	7	1000	II 3 r	8.0			7.38		
C1657−446	NGC 6259	17 00.3	−44 40	10	1900	II 2 r	8.6		11	8.30	+0.29	1.86
C1714−355	Boch 13	17 16.9	−35 33	14	1600	III 3 m				7.08		
C1714−429	NGC 6322	17 18.0	−42 57	10	1200	I 3 m	6.5	B0		7.00		1.53
C1720−499	IC 4651	17 24.2	−49 56	12	730	II 2 r	8.0		10	9.40	−0.16	0.30
C1731−325	NGC 6383	17 34.3	−32 34	4	1300	II 3 mn	5.4			7.54		0.75
C1732−334	Trump 27	17 35.8	−33 29	6	1400	III 3 m	9.1			7.89		4.05
C1733−324	Trump 28	17 36.3	−32 29	7	1400	III 2 mn	9.4			8.30		2.13
C1734−362	Rup 127	17 37.2	−36 16	8	1500	II 2 p			11	7.08		2.97
C1736−321	NGC 6405	17 39.6	−32 12	14	490	II 3 r	4.6	B5	7	7.89	+0.10	0.48
C1741−323	NGC 6416	17 43.9	−32 21	18	770	III 2 m	8.7			8.50		0.93
C1743+057	IC 4665	17 45.9	+ 5 43	40	340	III 2 m	5.3	B4	6	7.89		0.48
C1747−302	NGC 6451	17 50.3	−30 13	7	560	I 2 rn	8.2		12	9.62		0.21
C1750−348	NGC 6475	17 53.5	−34 49	80	240	I 3 r	3.3	B5	7	8.11		0.09
C1753−190	NGC 6494	17 56.5	−19 01	27	640	II 2 r	5.9	B9	10	8.30		0.78
C1758−237	Boch 14	18 01.6	−23 42	2	1100	III 1 pn				7.00		
C1800−279	NGC 6520	18 02.9	−27 54	6	1600	I 2 rn	7.6		9	8.66		0.90
C1801−225	NGC 6531	18 04.2	−22 30	13	1200	I 3 r	7.2	B0	8	7.61		0.87

* Magnitude of brightest cluster member

IAU Desig.	Name	R.A.	Dec.	Ang. Diam.	Dist.	Trumpler Class	Tot. Mag.	Spec-trum	Mag.*	Log age	Log Fe/H	A_V
		h m	° ′	′	pc							
C1801−243	NGC 6530	18 04.4	−24 20	14	1500		5.1	O5	6	7.00		0.90
C1804−233	NGC 6546	18 06.8	−23 20	13	1200	II 1 r	8.2			7.08		
C1815−122	NGC 6604	18 17.7	−12 14	2	2100	I 3 mn	7.5			7.00		2.88
C1816−138	NGC 6611	18 18.5	−13 47	6	2800		6.5	O7	11	7.00		2.13
C1817−171	NGC 6613	18 19.5	−17 08	9	1200	II 3 pn	7.5			7.61		1.26
C1825+065	NGC 6633	18 27.4	+ 6 34	27	310	III 2 m	5.6	B6	8	8.80	−0.11	0.51
C1828−192	IC 4725	18 31.3	−19 15	32	710	I 3 m	6.2	B4	8	7.61	−0.06	1.44
C1830−104	NGC 6649	18 33.1	−10 24	5	1600	I 3 m	10.0		13	8.03		3.48
C1834−082	NGC 6664	18 36.4	− 8 14	16	1400	III 2 m	8.5	B3	9	8.11		1.83
C1836+054	IC 4756	18 38.6	+ 5 26	52	390	II 3 r	5.4		8	8.92	+0.04	0.63
C1840−041	Trump 35	18 42.6	− 4 08	9	1800	I 2 m	10.0			7.89		3.42
C1842−094	NGC 6694	18 44.9	− 9 24	14	1500	II 3 m	9.0	B8	11	7.94		2.13
C1848−052	NGC 6704	18 50.5	− 5 13	5	1900	I 2 m	9.3		12	7.54		3.06
C1848−063	NGC 6705	18 50.7	− 6 17	13	1700		6.1	B8	11	8.30	+0.10	1.08
C1850−204	Coll 394	18 53.1	−20 24	22	640		6.3			7.89		
C1851−199	NGC 6716	18 54.2	−19 54	6	610	IV 1 p	7.5			8.03	−0.28	0.36
C1851+368	Steph 1	18 53.3	+36 54	20	320	IV 3 p				7.61	−0.10	
C1905+041	NGC 6755	19 07.5	+ 4 13	14	1700	II 2 r	8.6		11	7.08		3.42
C1906+046	NGC 6756	19 08.4	+ 4 40	4	1500	I 1 m	10.6		13	7.79		4.26
C1919+377	NGC 6791	19 20.5	+37 50	15	4700	I 2 r			15	0.00	+0.04	0.63
C1936+464	NGC 6811	19 38.0	+46 33	12	1100	III 1 r	9.0	A3	11	8.92		0.42
C1939+400	NGC 6819	19 41.1	+40 10	5	2100		9.5	A0	11	9.36	−0.11	1.35
C1941+231	NGC 6823	19 42.9	+23 17	12	2600	I 3 mn		O7		7.00		2.46
C1948+229	NGC 6830	19 50.8	+23 03	12	1700	II 2 p	8.9		10	7.73		1.68
C1950+292	NGC 6834	19 51.9	+29 24	4	2200	II 2 m	9.7		11	7.61		1.77
C1950+182	Harvd 20	19 52.8	+18 19	6	2700	IV 2 p	9.6			8.11		
C2002+438	NGC 6866	20 03.5	+43 58	6	1300	II 2 r	9.1	A2	10	8.75		0.39
C2002+290	Roslnd 4	20 04.7	+29 11	5	2700	II 3 mn				7.08		
C2004+356	NGC 6871	20 05.6	+35 46	20	1700	II 2 pn	5.8	O9		7.08		1.14
C2007+353	Biur 2	20 08.9	+35 28	12	1500	III 2 p			16	7.00		
C2009+263	NGC 6885	20 11.7	+26 28	7	600	III 2 m	5.7	B8	6	9.16	−0.16	0.21
C2014+374	IC 4996	20 16.2	+37 37	5	1600	II 3 pn	7.1	B0	8	7.00		2.07
C2018+385	Berk 86	20 20.2	+38 40	7	1100	IV 2 mn			13	7.61		
C2019+372	Berk 87	20 21.4	+37 20	12	840	III 2 m			13	7.00		
C2021+406	NGC 6910	20 22.9	+40 45	7	1500	I 3 mn	7.3	B0		7.00		2.79
C2022+383	NGC 6913	20 23.7	+38 30	6	1300	II 3 mn	7.5	B0	9	7.00		2.79
C2030+604	NGC 6939	20 31.3	+60 37	7	1200	II 1 r	10.1			9.20	−0.11	1.44
C2032+281	NGC 6940	20 34.3	+28 17	31	810	III 2 r	7.2	A2	11	9.27	+0.04	0.72
C2109+454	NGC 7039	21 11.0	+45 38	25	810	IV 2 m	6.8			7.54		0.36
C2121+461	NGC 7062	21 23.0	+46 21	6	1700	II 2 m	8.3			8.69		1.29
C2122+478	NGC 7067	21 24.0	+47 59	3	3700	II 1 p	8.3			7.61		2.49
C2122+362	NGC 7063	21 24.2	+36 28	7	630	III 1 p	8.9			8.11		0.21
C2127+468	NGC 7082	21 29.2	+47 03	25	1300					7.89	+0.03	0.81
C2130+482	NGC 7092	21 32.0	+48 25	31	290	III 2 m	5.3	A0	7	8.30		0.15
C2144+655	NGC 7142	21 45.7	+65 46	4	3000	I 2 r	10.0		11	9.49	−0.11	0.54

* Magnitude of brightest cluster member

IAU Desig.	Name	R.A.	Dec.	Ang. Diam.	Dist.	Trumpler Class			Tot. Mag.	Spec-trum	Mag.*	Log age	Log Fe/H	A_V
		h m	° ′	′	pc									
C2151+470	IC 5146	21 53.2	+47 14	9	960	III	2	pn	8.3	B1		8.30		1.98
C2152+623	NGC 7160	21 53.6	+62 34	7	810	I	3	p	6.4	B2		7.61		1.56
C2203+462	NGC 7209	22 04.9	+46 28	25	900	III	1	m	7.8	A0	9	8.50		0.60
C2208+551	NGC 7226	22 10.3	+55 23	1	2100	I	2	m	13.3			8.34		1.77
C2210+570	NGC 7235	22 12.3	+57 15	4	3200	II	3	m	9.2			7.00		2.82
C2213+496	NGC 7243	22 15.0	+49 51	21	760	II	2	m	6.7	B6	8	8.03		0.54
C2213+540	NGC 7245	22 15.0	+54 18	4	1800	II	2	m				8.19		1.77
C2218+578	NGC 7261	22 20.2	+58 03	5	2100	II	3	m	9.8			7.46	−0.46	2.88
C2227+551	Berk 96	22 29.2	+55 22	2	4900	I	2	p			13	7.00		
C2245+578	NGC 7380	22 46.7	+58 04	12	3000	III	2	mn	8.8	O9	10	7.00		1.86
C2306+602	King 19	23 08.0	+60 29	6	1200	III	2	p			12	7.61		2.37
C2309+603	NGC 7510	23 11.3	+60 32	4	3100	II	3	rn	9.3	B2	10			3.18
C2313+602	Mark 50	23 15.0	+60 26	4	3400	III	1	pn				7.00		2.49
C2322+613	NGC 7654	23 23.9	+61 33	12	1600	II	2	r	8.2	B7	11	8.23		1.80
C2350+616	King 12	23 52.7	+61 56	2	2500	II	1	p			10	7.00		
C2354+611	NGC 7788	23 56.4	+61 22	9	2300	I	2	p	9.4	B1		7.89		0.81
C2354+564	NGC 7789	23 56.7	+56 42	15	1800	II	2	r	7.5	B9	10	9.25	−0.10	0.81
C2355+609	NGC 7790	23 58.1	+61 11	17	3000	II	2	m	7.2		10	7.46		1.83

* Magnitude of brightest cluster member

C0001−302 = ζ Scl Cluster	C0700−082 = M50	C1736−321 = M6
C0129+604 = M103	C0716−248 = τ CMa Cluster	C1750−348 = M7
C0215+569 = h Per	C0734−143 = M47	C1753−190 = M23
C0218+568 = χ Per	C0739−147 = M46	C1801−225 = M21
C0238+425 = M34	C0742−237 = M93	C1816−138 = M16
C0344+239 = M45	C0811−056 = M48	C1817−171 = M18
C0525+358 = M38	C0837+201 = M44 = NGC 2632	C1828−192 = M25
C0532+341 = M36	C0838−528 = o Vel Cluster	C1842−094 = M26
C0549+325 = M37	C0847+120 = M67	C1848−063 = M11
C0605+243 = M35	C1041−641 = θ Car Cluster	C2022+383 = M29
C0629+049 = Rosette Cluster	C1043−594 = η Car Cluster	C2130+482 = M39
C0638+099 = S Mon Cluster	C1239−627 = Coal−Sack Cluster	C2322+613 = M52
C0644−206 = M41	C1250−600 = NGC 4755 = the Jewel Box Cluster	

Berk = Berkeley; Biur = Biurakan; Boch = Bochum; Coll = Collinder; Haff= Haffner; Harvd = Harvard;
Mark = Markarian; Mel = Melotte; Pisms = Pismis; Roslnd = Roslund; Rup = Ruprecht; Trump = Trumpler;
Steph = Stephenson; Wtrloo = Waterloo; Wester = Westerlund

IAU Desig.	Name	Right Ascension	Declination	V	B–V	U–B	V–I	Type	m/H	$E_{(B-V)}$	$(m-M)_V$	D_o	R	Remarks
		h m	° ′										kpc	
C0021−723	NGC 104	00 23.8	−72 07	4.04	0.86	0.34	1.42	G4	−0.75	0.04	13.46	4.6	7.8	47 Tuc (X−ray)
C0050−268	NGC 288	00 52.5	−26 38	8.56	0.66	0.11		((F6))	−1.39	0.00	14.70	8.7	12.2	
C0100−711	NGC 362	01 03.0	−70 53	6.42	0.76	0.13	1.31	F9	−1.39	0.04	14.90	8.9	9.8	D 62
C0310−554	NGC 1261	03 12.1	−55 14	8.64	0.70	0.12		F7	−1.17	0.02	15.70	13.4	15.8	
C0325+794	Pal 1	03 32.4	+79 33						−1.01	0.12	18.7	45.8	51.4	
C0344−718	NGC 1466	03 44.6	−71 42						−2.15	0.07	Wb	39.4	38.4	SL 1
C0354−498	AM 1	03 54.9	−49 38						−1.68	0.00	Wb	39.4	38.4	E 1, ESO 201−SC 1
C0422−213	Erid 1	04 24.5	−21 12						−1.22	0.00	Wb	84.7	90.2	
C0435−590	Reticulum	04 36.1	−58 52						−2.01	0.02	Wb	50.4	51.3	ESO 118−G 31
C0443+313	Pal 2	04 45.7	+31 22		1.5:				−1.68	1.45:	Wb	13.6	22.2	
C0444−840	NGC 1841	04 46.1	−84 00						−1.56	0.07	Wb	40.9	38.3	
C0512−400	NGC 1851	05 13.9	−40 03	6.70	0.77	0.14	1.35	F7	−1.25	0.07	15.40	10.8	15.9	D 508, MX 0513−4
C0522−245	NGC 1904	05 23.9	−24 32	7.84	0.60	0.04	1.19	F5	−1.47	0.00	15.65	13.5	19.8	M 79
C0647−359	NGC 2298	06 48.8	−36 00	9.44	0.74	0.22	1.44	F5	−2.06	0.11	15.80	12.2	17.5	
C0734+390	NGC 2419	07 37.7	+38 54	10.80	0.68	0.11	1.20	(F5.5)	−1.98	0.03	19.94	92.9	100.7	
C0737−337	AM 2	07 39.1	−33 50							0.53	Wb	57.7	61.5	ESO 368−SC 07
C0911−646	NGC 2808	09 11.9	−64 50	6.13	0.91	0.27	1.69	F7	−1.47	0.21	15.52	9.2	11.2	
C0921−770	E 3	09 21.0	−77 15						−0.96	0.30	Wb	8.3	9.7	ESO 037−SC 01
C0923−545	UKS 2	09 25.1	−54 41						−0.37	0.74	Wb	9.0	11.9	
C1003+003	Pal 3	10 05.2	+00 06	14.50	0.6:				−1.68	0.03	20.0	95.5	99.0	Sex C
C1015−461	NGC 3201	10 17.4	−46 23	7.10	0.97	0.38	1.64	F6	−1.60	0.28	14.15	4.4	9.1	D 445
C1117−649		11 19.4	−65 11							0.79	Wb	59.5	56.6	ESO 093−SC?08
C1126+292	Pal 4	11 28.9	+29 01	14.50	0.6:				−1.30	0.00	19.85	93.3	96.1	
C1207+188	NGC 4147	12 09.8	+18 35	10.28	0.62	0.06	1.06	F2/3	−1.68	0.02	16.28	17.5	19.9	
C1223−724	NGC 4372	12 25.4	−72 37	8.00	0.87:	0.28:		F5	−1.77	0.45	14.90	4.8	7.3	
C1235−509	Rup 106	12 38.3	−51 07							0.24	Wb	26.7	5.4	
C1236−264	NGC 4590	12 39.1	−26 42	8.25	0.66	0.03	1.18	F2/3	−1.85	0.03	15.01	9.6	10.0	M 68
C1256−706	NGC 4833	12 59.1	−70 50	7.36	0.96	0.31	1.66	F3	−1.98	0.38	14.90	5.4	7.1	
C1310+184	NGC 5024	13 12.6	+18 12	7.71	0.65	0.06	1.11	F6	−1.89	0.05	16.34	17.2	17.9	M 53
C1313+179	NGC 5053	13 16.1	+17 44	9.98	0.63		1.16	((F3))	−2.02	0.03	16.00	15.1	16.0	
C1323−472	NGC 5139	13 26.4	−47 27	3.65	0.79	0.19	1.36	F5	−1.60	0.11	13.92	5.2	6.7	Omega Cen
C1339+286	NGC 5272	13 41.9	+28 24	6.41	0.69	0.10	1.15	F6	−1.30	0.00	15.00	10.0	12.2	M 3
C1343−511	NGC 5286	13 46.0	−51 20	7.48	0.90	0.29	1.51	F5	−1.60	0.27	15.61	8.8	7.2	D 388
C1353−269	AM 4	13 56.0	−27 08						−2.23	0.06	Wb	30.3	25.6	
C1403+287	NGC 5466	14 05.2	+28 34	9.35	0.75		1.05	((F5))	−1.85	0.05	15.96	14.4	15.1	
C1427−057	NGC 5634	14 29.3	−05 57	9.58	0.68	0.13	1.25	F3/4	−1.77	0.07	16.90	21.6	17.6	
C1436−263	NGC 5694	14 39.2	−26 31	10.17	0.72	0.07	1.27	F4	−1.89	0.08	17.60	29.3	23.5	
C1452−820	IC 4499	14 59.2	−82 11	10.70	.8:				−1.77	0.24	17.12	18.4	15.3	
C1500−328	NGC 5824	15 03.6	−33 03	8.96	0.76	0.15	1.38	F4	−1.98	0.14	17.32	23.5	17.2	
C1513+000	Pal 5	15 15.8	−00 05	11.6:					−1.43	0.02	17.2	26.7	21.7	
C1514−208	NGC 5897	15 17.0	−20 59	8.59	0.75	0.05:	1.28	F7	−1.47	0.06	15.60	12.0	6.9	
C1516+022	NGC 5904	15 18.2	+02 06	6.03	0.71	0.12	1.19	F7	−1.60	0.07	14.51	7.2	6.4	M 5
C1524−505	NGC 5927	15 27.5	−50 39	7.95	1.31	0.83	2.09	G2	−0.67	0.55	16.10	7.2	4.7	
C1531−504	NGC 5946	15 35.0	−50 38	9.11	1.19	0.43		F7/8	−1.34	0.56	16.7	9.3	5.1	
C1535−499	BH 176	15 38.6	−50 01							0.73	Wb	85.7	78.3	
C1542−376	NGC 5986	15 45.6	−37 46	7.53	0.89	0.30	1.61	F5	−1.72	0.27	15.90	10.0	4.5	D 552
C1608+150	Pal 14	16 10.8	+14 58						−1.34	0.03	Wb	75.3	69.9	Arp 1, AvdB
C1614−228	NGC 6093	16 16.6	−22 58	7.31	0.84	0.20	1.44	F6	−2.15	0.21	15.28	8.3	3.0	M 80
C1620−264	NGC 6121	16 23.2	−26 31	5.96	1.04	0.44	1.84	F8	−1.09	0.31	12.90	2.4	6.3	M 4
C1620−720	NGC 6101	16 25.1	−72 11	8.9:	1.0:			F5:	−1.68	0.08	15.70	12.2	8.6	
C1624−259	NGC 6144	16 26.8	−26 01	9.07	0.94		1.42	F5/6	−1.81	0.36	15.6	7.6	2.6	
C1624−387	NGC 6139	16 27.2	−38 50	8.99	1.38	0.68	2.45	F6/7:	−1.60	0.68	17.0	8.9	2.9	
C1625−352	Ter 3	16 28.2	−35 20							0.32	Wb	27.2	19.0	
C1629−129	NGC 6171	16 32.2	−13 02	8.17	1.13	0.52	1.88	G0:	−0.88	0.37	15.03	5.8	3.9	M 107
C1636−283		16 39.0	−28 23						−1.01	0.31	Wb	10.3	2.8	ESO 452−SC 11

IAU Desig.	Name	Right Ascension	Declination	V	B-V	U-B	V-I	Type	m/H	E(B-V)	(m-M)V	D0	R	Remarks
		h m	° '										kpc	
C1639+365	NGC 6205	16 41.5	+36 28	5.86	0.69	0.06	1.12	(F5.4)	-1.60	0.02	14.35	7.2	8.7	M 13
C1645+476	NGC 6229	16 46.8	+47 32	9.39	0.74	0.09	1.25	(F7.3)	-1.39	0.01	17.2	27.1	26.6	
C1644-018	NGC 6218	16 46.9	-01 56	6.88	0.86	0.20	1.46	F8	-1.89	0.19	14.30	5.4	4.7	M 12
C1650-220	NGC 6235	16 53.0	-22 10	10.23	0.88			F9:	-1.60	0.38	16.6	11.7	4.0	
C1654-040	NGC 6254	16 56.8	-04 05	6.63	0.92	0.24	1.60	F3	-1.51	0.26	14.05	4.4	5.1	M 10
C1656-370	NGC 6256	16 59.1	-37 07						-1.56	0.88:	Wb	9.1	2.0	
C1657-004	Pal 15	16 59.7	-00 32						-1.26	0.12	Wb	69.7	62.3	
C1658-300	NGC 6266	17 00.8	-30 06	6.53	1.14	0.52	2.10	F9	-1.26	0.46	15.38	5.9	2.8	M 62
C1659-262	NGC 6273	17 02.2	-26 16	6.83	1.00	0.35	1.73	F7	-2.40	0.38	16.35	10.5	2.5	M 19
C1701-246	NGC 6284	17 04.1	-24 45	9.03	0.97	0.36	1.72	F9	-1.34	0.27	16.0	10.5	2.6	
C1702-226	NGC 6287	17 04.8	-22 42	9.44	1.26		2.33	F5	-1.72	0.36	15.8	8.4	1.6	
C1707-265	NGC 6293	17 09.8	-26 34	8.39	0.97	0.27	1.68	F3	-1.85	0.34	15.5	7.5	1.5	
C1708-271	TJ 5	17 10.8	-27 11											
C1711-294	NGC 6304	17 14.1	-29 27	8.38	1.32	0.82	2.26	G3	-0.54	0.58	15.50	5.2	3.4	
C1713-280	NGC 6316	17 16.2	-28 08	9.00	1.30	0.57	2.42	G2	-0.62	0.48	16.7	10.6	2.3	
C1715+432	NGC 6341	17 16.9	+43 09	6.50	0.63	0.02	1.10	(F2.8)	-1.89	0.01	14.50	7.8	9.7	M 92
C1714-237	NGC 6325	17 17.6	-23 46	10.73	1.69		2.82	G0	-2.02	0.80	16.70	6.5	2.3	
C1715-262	TJ 15	17 18.1	-26 18											
C1715-277	TJ 16	17 18.1	-27 46											TBJ 2
C1715-278	TJ 17	17 18.3	-27 50						<-0.07					TBJ 1
C1716-184	NGC 6333	17 18.8	-18 31	7.75	0.96	0.30	1.75	F5/6	-1.77	0.36	15.7	8.0	1.8	M 9
C1718-195	NGC 6342	17 20.8	-19 35	10.10	1.36		1.95	G3/4	-0.75	0.49	17.5	15.0	6.9	
C1720-177	NGC 6356	17 23.2	-17 48	8.28	1.14	0.58	1.85	G3	-1.17	0.21	17.07	18.9	10.7	
C1720-263	NGC 6355	17 23.6	-26 21	9.76	1.58		2.36	G0	-1.34	0.76	16.6	6.6	2.0	
C1721-484	NGC 6352	17 25.0	-48 25	8.40	1.03	0.61		G4	-0.07	0.25	14.47	5.4	3.9	
C1724-307	Ter 2	17 27.1	-30 47						-0.54	1.31	Wb	10.0	1.4	HP 3 (X-ray)
C1725-050	NGC 6366	17 27.4	-05 04	10.09	1.60	0.99			-0.71	0.65	15.4	4.5	4.8	
C1727-315	Ter 4	17 30.2	-31 35						-0.29	1.55	Wb	16.1	7.4	HP 4
C1727-299	HP 1	17 30.7	-29 59		2.0:			((G5):)	-1.68	1.41	Wb	9.5	0.9	
C1726-670	NGC 6362	17 31.2	-67 03					G3	-0.71	0.12	14.65	7.1	5.3	D 225
C1728-338	Grindlay 1	17 31.5	-33 50							3.2 :	WB	11.8	3.2	4U/MXB 1728-34
C1730-333	Liller 1	17 33.0	-33 23						-0.29	2.91	Wb	7.9	1.2	(X-ray)
C1731-390	NGC 6380	17 34.0	-39 04						-1.30	1.38	WB	4.0	5.0	Pismis 25, Ton 1
C1732-304	Ter 1	17 35.4	-30 28						+0.10	1.52	Wb	10.6	1.9	HP 2 (X-ray)
C1733-390	Pismis 26	17 35.7	-38 33							0.91	Wb	8.7	1.5	Ton 2
C1732-447	NGC 6388	17 35.8	-44 44	6.64	1.16	0.62		G2	-0.62	0.32	16.83	14.3	6.5	
C1735-032	NGC 6402	17 37.3	-03 15	7.49	1.24	0.60	2.10	F4	-2.19	0.58	16.90	9.9	4.3	M 14
C1735-238	NGC 6401	17 38.2	-23 54	9.44	1.32		2.52	F9	-1.01	0.79	16.6	6.3	2.3	
C1736-536	NGC 6397	17 40.2	-53 40	5.90	0.76	0.15		F4	-2.02	0.13	12.30	2.4	6.4	D 366
C1740-247		17 43.2	-24 43											ESO 520-SC?20
C1740-262	Pal 6	17 43.3	-26 13	13.6:	3.4:				+0.22	1.80	18.0	2.6	5.9	
C1742+031	NGC 6426	17 44.6	+03 10	11.48	0.99	0.32	1.66	G1::	-1.94	0.40	17.3	15.7	9.6	
C1741-328	TJ 23	17 44.8	-32 46											
C1745-247	Ter 5	17 47.8	-24 47	13.50	4.00		5.90		-0.71	2.14	Wb	7.1	1.8	XB 1745-25
C1746-203	NGC 6440	17 48.5	-20 22	9.39	1.97	0.97	3.23	G4:	-0.54	1.01	16.4	4.1	4.5	MX 1746-20
C1746-370	NGC 6441	17 49.8	-37 03	7.24	1.25	0.79	2.16	G2	-0.07	0.45	16.50	10.1	2.1	3U 1746-37
C1747-312	Ter 6	17 50.3	-31 17							1.46	Wb	12.8	4.0	HP 5
C1748-346	NGC 6453	17 50.4	-34 36	9.77	1.17		2.53	F8	-1.51	0.61	Wb	10.7	2.1	
C1751-241	UKS 1	17 54.1	-24 09						-1.22	3.07	Wb	10.4	1.8	
C1755-442	NGC 6496	17 58.6	-44 16	8.80	1.1:			G4	-0.71	0.07	14.3	6.5	2.8	
C1758-268	Ter 9	18 01.3	-26 51						-0.45	1.71	Wb	7.0	1.9	
C1759-089	NGC 6517	18 01.5	-08 58	10.29	1.81	0.99	3.04	F8	-1.47	1.14	18.1	7.4	3.0	
C1800-260	Ter 10	18 02.9	-26 04							1.71	Wb	14.6	5.9	
C1800-300	NGC 6522	18 03.2	-30 02	8.75	1.20	0.64	1.95	F7/8	-1.56	0.50	15.64	6.3	2.3	
C1801-003	NGC 6535	18 03.5	-00 18	10.62	0.96	0.34		G0	-1.56	0.36	16.1	9.6	4.7	

IAU Desig.	Name	Right Ascension	Declination	V	B-V	U-B	V-I	Type	m/H	$E_{(B-V)}$	$(m-M)_V$	D_o	R	Remarks
		h m	° '										kpc	
C1801-300	NGC 6528	18 04.4	-30 03	9.67	1.43	0.95	2.28	G3	-0.96	0.63	16.4	7.3	1.3	
C1802-075	NGC 6539	18 04.5	-07 35	9.62	1.91	1.16	2.39	G4::	-1.05	1.22	15.7	2.2	6.5	
C1804-250	NGC 6544	18 06.9	-25 00	8.30	1.46	0.68	2.50	F9:	-2.15	0.63	15.2	4.2	4.3	
C1804-437	NGC 6541	18 07.6	-43 42	6.91	0.76	0.14		F6	-2.02	0.13	14.60	6.8	2.6	D 473
C1806-259	NGC 6553	18 08.8	-25 55	8.13	1.63	1.06	2.89	G4	-0.41	0.79	16.35	5.6	3.0	
C1807-317	NGC 6558	18 09.9	-31 46					F7	-1.51	0.40	16.1	9.0	1.1	
C1808-072	IC 1276	18 10.4	-07 13						-0.84	0.92	18.5	12.4	5.6	Pal 7
C1809-227	Ter 11	18 12.1	-22 45							1.57	Wb	23.7	15.1	
C1810-318	NGC 6569	18 13.2	-31 50	8.76	1.29	0.54	2.12	G1:	-1.01	0.63	16.5	7.7	1.3	
C1812-121	Kodaira 1	18 14.8	-12 03											
C1814-522	NGC 6584	18 18.1	-52 13	8.87	0.79	0.17		F6	-1.56	0.11	16.4	16.1	9.1	D 376
C1820-303	NGC 6624	18 23.3	-30 22	8.31	1.10	0.57	1.84	G4/5	-0.84	0.25	15.20	7.5	1.5	4U/MXB 1820-30
C1821-249	NGC 6626	18 24.1	-24 52	6.99	1.09	0.45	1.82	F8	-1.81	0.33	14.9	5.8	3.0	M 28
C1827-255	NGC 6638	18 30.5	-25 30	9.03	1.12	0.54	1.92	G0	-0.92	0.36	16.8	13.3	5.2	
C1828-323	NGC 6637	18 31.0	-32 21	7.79	1.02	0.48	1.68	G2/3	-0.92	0.17	15.7	10.4	2.6	M 69
C1828-235	NGC 6642	18 31.5	-23 29	8.80	1.12	0.47	1.86	F8	-1.30	0.36	14.8	5.3	3.5	
C1832-330	NGC 6652	18 35.3	-33 00	8.93	0.89	0.36	1.44	G3	-0.92	0.11	17.0	21.3	13.0	
C1833-239	NGC 6656	18 36.0	-23 55	5.07	1.00	0.28	1.83	F5	-1.81	0.35	13.55	3.0	5.6	M 22
C1838-198	Pal 8	18 41.1	-19 50						-0.50	0.30	18.4	30.3	22.3	
C1840-323	NGC 6681	18 42.8	-32 18	8.18	0.72	0.14	1.31	F5	-0.92	0.07	15.40	10.8	3.2	M 70
C1850-087	NGC 6712	18 52.7	-08 43	8.13	1.14	0.53	2.00	F5	-1.26	0.35	15.51	7.4	3.7	A 1850-08 (X-ray)
C1851-305	NGC 6715	18 54.6	-30 29	7.61	0.84	0.24	1.44	F7/8	-1.85	0.14	17.11	21.4	13.3	M 54
C1852-227	NGC 6717	18 54.7	-22 43					F6	-2.19	0.18	16.5	15.2	7.5	Pal 9
C1856-367	NGC 6723	18 59.1	-36 38	7.26	0.74	0.26	1.36	F9	-1.09	0.01	14.80	9.0	2.7	D 523
C1902+017	NGC 6749	19 04.9	+01 52	11.07	1.63			((F8))	-0.37	0.96:	Wb	12.8	7.7	
C1906-600	NGC 6752	19 10.3	-60 00	5.76	0.66	0.08		F4/5	-1.64	0.01	13.20	4.3	5.5	D 295
C1908+009	NGC 6760	19 10.9	+01 01	9.08	1.68	0.8:	2.80	G5	-0.84	0.91	15.9	3.8	5.6	
C1914+300	NGC 6779	19 16.3	+30 10	8.21	0.87	0.21	1.48	(F4.6)	-2.32	0.22	15.60	9.4	9.4	M 56
C1914-347	Ter 7	19 17.3	-34 40							0.06	Wb	36.4	28.4	ESO 397-SC14
C1916+184	Pal 10	19 17.8	+18 33							1.20	18.6	8.5	7.5	
C1925-304	Arp 2	19 28.3	-30 22						-1.85	0.11	Wb	28.3	20.4	ESO 460-SC06
C1936-310	NGC 6809	19 39.6	-30 59	6.33	0.69	0.12	1.27	F4	-1.56	0.07	14.00	5.7	4.1	M 55
C1938-341	Ter 8	19 41.3	-34 01							0.12	Wb	48.2	40.4	
C1942-081	Pal 11	19 44.9	-08 02						-0.92	0.15	17.6	26.4	20.0	
C1951+186	NGC 6838	19 53.5	+18 46	8.28	1.12	0.53	1.81	G1	-0.45	0.28	13.90	3.9	7.2	M 71
C2003-220	NGC 6864	20 05.7	-21 56	8.52	0.86	0.28	1.52	F9	-1.68	0.17	16.85	18.1	11.8	M 75
C2031+072	NGC 6934	20 33.9	+07 23	9.03	0.77	0.20	1.24	F7/8	-1.30	0.12	16.22	14.6	11.9	
C2050-127	NGC 6981	20 53.1	-12 34	9.35	0.74	0.11	1.28	F7	-1.56	0.03	16.29	17.3	13.0	M 72
C2059+160	NGC 7006	21 01.2	+16 10	10.67	0.74	0.15	1.22	F6	-1.72	0.13	18.12	34.5	31.9	
C2127+119	NGC 7078	21 29.7	+12 08	6.48	0.68	0.06	1.18	F3/4	-2.06	0.07	15.26	10.1	1.5	M 15, 3U 2131+11
C2130-010	NGC 7089	21 33.2	-00 51	6.50	0.68	0.08	1.17	F4	-1.81	0.06	15.45	11.2	10.3	M 2
C2137-234	NGC 7099	21 40.0	-23 13	7.56	0.60	0.04	1.10	F3	-2.19	0.01	14.60	8.2	7.4	M 30
C2139-472		21 42.3	-47 03											ESO 287-?53
C2143-214	Pal 12	21 46.3	-21 17						-1.13	0.02	19.0	61.2	56.7	
C2304+124	Pal 13	23 06.4	+12 44	14.50	0.7:			((F6))	-0.96	0.05	17.10	24.4	25.5	
C2305-159	NGC 7492	23 08.1	-15 39	11.48	0.40	0.22		((F5))	-1.81	0.00	16.70	21.9	21.3	
C2346-732	AM 3	23 48.6	-72 58											

IAU Desig.	Name	Right Ascension J2000.0	Declination J2000.0	ID	m_v	Z	S 5GHz	Code
		h　m　s	°　′　″				Jy	
0003−066		0 06 13.895	− 6 23 35.34	G	19.7		1.5	
0008−264		0 11 01.247	−26 12 33.38	Q	19.0			
0016+731		0 19 45.789	+73 27 30.07	Q	18		1.7	
0019−000	4C+00.02	0 22 25.428	+ 0 14 56.14	G	21.1		1.1	
0022−423		0 24 42.993	−42 02 03.58	?	22		1.5	
0026+346	OB 343	0 29 14.242	+34 56 32.22	G	20.2		1.2	
0056−001	4C−00.06	0 59 05.514	+ 0 06 51.66	Q	17.7	0.717	1.4	
0104−408		1 06 45.108	−40 34 19.96	Q	18.1			
0106+013	4C 01.02	1 08 38.771	+ 1 35 00.32	Q	18.5	2.107		
0111+021		1 13 43.144	+ 2 22 17.30	G	16.3	0.047		
0112−017	UM 310	1 15 17.095	− 1 27 04.59	Q	17	1.365	0.9	
0113−118		1 16 12.522	−11 36 15.44	G	18.5			
0116+319	4C 31.04	1 19 34.998	+32 10 50.04	G	15.7	0.059	1.5	
0119+041	OC 033	1 21 56.860	+ 4 22 24.7	Q	19.5	0.637	1.1	
0133+476	OC 457	1 36 58.595	+47 51 29.10	L	18	0.860	2.0	A
0135−247	OC−259	1 37 38.346	−24 30 53.83	Q	16.9	0.831	0.7	
0138−097		1 41 25.832	− 9 28 43.69	L	18		1.2	
0146+056	OC 079	1 49 22.374	+ 5 55 53.55	Q?	20	2.345	0.9	
0149+218		1 52 18.055	+22 07 07.69	Q	18		1.4	
0153+744		1 57 34.976	+74 42 43.26	Q	16		1.1	
0202+149	4C 15.05	2 04 50.414	+15 14 11.05	Q	21.9			
0202+319		2 05 04.925	+32 12 30.01	Q	18	1.466	1.2	
0202−172		2 04 57.676	−17 01 19.78	Q	18.5	1.740	1.2	
0208−512		2 10 46.199	−51 01 01.94	Q	17.5	1.003		
0212+735		2 17 30.820	+73 49 32.63	L	19		2.2	A
0224+671	4C 67.05	2 28 50.052	+67 21 03.03	Q	19.5			
0234+285	CTD20	2 37 52.406	+28 48 08.99	Q	18.5	1.207		A
0235+164	OD 160	2 38 38.930	+16 36 59.28	L	19		1.4	A, a
0237−233	PHL 8462	2 40 08.176	−23 09 15.75	Q	17	2.224	0.9	A
0256+075	OD 094.7	2 59 27.083	+ 7 47 39.6	Q?	18		0.8	
0300+470	4C 47.08	3 03 35.242	+47 16 16.28	L	18			A
0316+413	3C84	3 19 48.160	+41 30 42.11	G	15.1			A
0319+121	OE 131	3 21 53.104	+12 21 14.00	Q	19		1.1	
0332−403		3 34 13.654	−40 08 25.39	Q	18.5	1.445	1.5	A
0333+321	NRAO 140	3 36 30.108	+32 18 29.35	Q	17.0	1.253	2.4	A
0336−019	CTA26	3 39 30.938	− 1 46 35.80	Q	17.9	0.852	2.6	A
0355+508	NRAO 150	3 59 29.748	+50 57 50.17	EF				
0400+258	OF 200	4 03 05.580	+26 00 01.51	Q	18	2.109	1.2	
0402−362		4 03 53.750	−36 05 01.91	Q	16.0	1.417		
0406+121		4 09 22.009	+12 17 39.84	Q	22			A
0414−189		4 16 36.546	−18 51 08.3	Q	19	1.536	1.3	
0420−014	OF−035	4 23 15.801	− 1 20 33.06	Q	18	0.915	3.1	A
0420+417	VR41.04.01	4 23 56.010	+41 50 02.72	Q	19			
0428+205	OF 247	4 31 03.755	+20 37 34.25	G	20	0.219	2.3	
0434−188		4 37 01.483	−18 44 48.62	Q	20.0			
0438−436		4 40 17.180	−43 33 08.60	Q	19.8	2.852	3.9	
0440−003	NRA0 190	4 42 38.661	− 0 17 43.42	Q	18.5	0.844	1.5	A
0451−282		4 53 14.646	−28 07 37.32	Q	19.0			
0454+844		5 08 42.363	+84 32 04.56	L	16.5		1.6	A
0457+024	OF 097	4 59 52.049	+ 2 29 31.08	Q	18.0	2.370	1.2	

IAU Desig.	Name	Right Ascension J2000.0	Declination J2000.0	ID	m_v	Z	S 5GHz	Code
		h m s	° ′ ″				Jy	
0458−020	4C−02.19	5 01 12.805	− 1 59 13.8	Q	18.4	2.286	1.9	
0500+019		5 03 21.194	+ 2 03 04.55	?	20			
0528−250		5 30 07.964	−25 03 29.80	Q	17	2.765	0.8	
0528+134	OG 147	5 30 56.417	+13 31 55.15	Q	20.3			A
0529+075	OG 050	5 32 38.997	+ 7 32 43.30	Q	19.0			b
0537−441		5 38 50.361	−44 05 08.94	Q	15.5	0.894		A
0539−057		5 41 38.082	− 5 41 49.50	EF				
0552+398	DA 193	5 55 30.806	+39 48 49.17	Q	18	2.365	4.7	A
0605−085		6 07 59.700	− 8 34 49.99	Q	18.0			A, c
0607−157		6 09 40.950	−15 42 40.67	Q	17	0.324	2.4	A
0609+607		6 14 23.859	+60 46 21.81	Q	20		1.1	
0615+820		6 26 02.917	+82 02 25.64	Q	17.5		1.0	
0637−752		6 35 46.517	−75 16 16.86	Q	15.8	0.651		
0642+449	OH 471	6 46 32.017	+44 51 16.61	Q	19	3.40	0.7	
0710+439	OI 417	7 13 38.177	+43 49 17.01	G	19.8		1.6	
0711+356	OI 318	7 14 24.819	+35 34 39.77	Q	19.0	1.62	1.2	
0716+714		7 21 53.448	+71 20 36.44	L	13.2		1.1	
0723−008	OI−039	7 25 50.640	− 0 54 56.54	G	18.0	0.128		A
0727−115		7 30 19.113	−11 41 12.61	EF	(?)		3.0	A
0733−174		7 35 45.814	−17 35 48.39	EF	(?)		1.9	
0735+178	OI 158	7 38 07.394	+17 42 19.00	L	16.5	(0.424)	2.1	A
0736+017	OI 061	7 39 18.032	+ 1 37 04.64	Q	18	0.191	2.2	
0738+313	OI 363	7 41 10.704	+31 12 00.22	Q	17.5	0.630	1.6	A
0742+103	DW0742	7 45 33.060	+10 11 12.69	EF			3.6	A
0743−673		7 43 31.518	−67 26 25.96	Q	17.0	1.51		
0748+126	OI 280	7 50 52.046	+12 31 04.83	Q	18	0.889	1.5	A
0804+499	OJ 508	8 08 39.665	+49 50 36.55	G	18.4	0.351	1.1	
0814+425	OJ 425	8 18 16.000	+42 22 45.41	Q	18.5		1.6	A
0823+033		8 25 50.338	+ 3 09 24.51	Q	18		1.0	A, c
0826−373		8 28 04.785	−37 31 06.19	Q	16		1.8	
0827+243	OJ 248	8 30 52.087	+24 10 59.81	Q	17.5	2.046		
0828+493	OJ 448	8 32 23.214	+49 13 21.04	Q	17.5	1.046	1.5	
0831+557	4C 55.16	8 34 54.903	+55 34 21.09	G	18.5	0.242	5.5	d
0833+585		8 37 22.409	+58 25 01.86	Q	18	2.101	1.2	
0836+710	4C 71.01	8 41 24.368	+70 53 42.18	Q	16.5		2.5	A
0839+187		8 42 05.095	+18 35 40.98	Q	16.5	0.259	1.0	
0851+202	OJ 287	8 54 48.875	+20 06 30.63	L	14.5	(0.306)	2.8	A
0859−140	OJ−199	9 02 16.832	−14 15 30.90	Q	17.8	1.327	2.1	A
0859+470	OJ 499	9 03 03.991	+46 51 04.13	Q	18.7	1.462		
0906+015	4C 01.24	9 09 10.100	+ 1 21 35.4	Q	17.5	1.012	1.4	
0917+624	OK 630	9 21 36.236	+62 15 52.14	Q	19.5		1.2	
0919−260	OK−232	9 21 29.357	−26 18 43.36	Q	19	2.300	2.1	
0923+392	4C 39.25	9 27 03.014	+39 02 20.85	Q	17.8	0.699		A
0941−080		9 43 36.945	− 8 19 30.87	G	19		1.0	
0952+179	VR17.09.04	9 54 56.823	+17 43 31.22	Q	18.0	1.472		
0954+658		9 58 47.247	+65 33 54.81	Q	18		0.6	
1004+141	OL 108.1	10 07 41.498	+13 56 29.59	Q	18.0	2.707		
1015−314		10 18 09.278	−31 44 14.08	G	21		1.3	
1030+415	VR10.41.03	10 33 03.711	+41 16 06.16	Q	18.2	1.120	0.6	
1031+567	OL 553	10 35 07.047	+56 28 46.76	Q	20.3		1.2	

IAU Desig.	Name	Right Ascension J2000.0	Declination J2000.0	ID	m_v	Z	S 5GHz	Code
		h m s	° ′ ″				Jy	
1032–199		10 35 02.156	−20 11 34.35	Q	19	2.198	0.9	
1034–293	OL–259	10 37 16.080	−29 34 02.82	L	18		1.9	A
1038+064	OL 064.5	10 41 17.162	+ 6 10 16.94	Q	16.5	1.270		
1039+811		10 44 23.086	+80 54 39.45	Q	16.5			c
1040+123	4C 12.37	10 42 44.606	+12 03 31.25	Q	17.3	1.029		
1055+018	4C 01.28	10 58 29.605	+ 1 33 58.81	Q	18.0	0.888		
1104–445		11 07 08.695	−44 49 07.61	Q	18.0	1.598		A
1111+149	OM 118	11 13 58.695	+14 42 26.94	Q	18.0	0.869		
1116+128	4C 12.39	11 18 57.302	+12 34 41.71	Q	19.3	2.118		
1117+146	4C 14.41	11 20 27.803	+14 20 54.95	Q	20		1.1	
1123+264	PB2704	11 25 53.712	+26 10 19.97	Q	18.5	2.341		A
1127–145	OM–146	11 30 07.052	−14 49 27.39	Q	16.9	1.187	4.7	A
1128+385		11 30 53.283	+38 15 18.54	Q	19.0			
1130+009		11 33 20.056	+ 0 40 52.83	Q	18.5			
1143–245	OM–272	11 46 08.108	−24 47 32.95	Q	18.5	1.95		c
1144–379		11 47 01.370	−38 12 11.03	Q	16.2			
1145–071		11 47 51.559	− 7 24 41.18	Q	18.5		1.0	
1148–001	4C–00.47	11 50 43.870	− 0 23 54.21	Q	17.6	1.982	1.9	A
1150+812		11 53 12.514	+80 58 29.09	Q	18.6	1.25	1.2	
1155+251		11 58 25.790	+24 50 17.93	G	18		0.9	
1213+350	4C 35.28	12 15 55.600	+34 48 15.04	Q	20.0		0.9	
1216+487	ON 428	12 19 06.419	+48 29 56.09	Q	18.5	1.073	1.0	
1219+285	W COM	12 21 31.681	+28 13 58.44	L	15			
1222+037	4C 03.23	12 24 52.422	+ 3 30 50.28	Q	19.0	0.957		
1226+023	3C 273	12 29 06.69971*	+ 2 03 08.59	Q	12.86	0.1584	5.8	A
1228+126	3C 274	12 30 49.423	+12 23 28.04	G	9.6	0.004		e
1237–101	ON–162	12 39 43.065	−10 23 28.77	Q	18.2	0.753	1.0	
1243–072	ON–073	12 46 04.235	− 7 30 46.62	Q	18.5	(0.267)	1.4	
1244–255		12 46 46.802	−25 47 49.30	Q	18.0	0.633		
1245–197		12 48 23.900	−19 59 18.66	Q	20.5		2.3	
1252+119	ON 187	12 54 38.253	+11 41 05.83	Q	16.6	0.870	1.0	
1253–055	3C 279	12 56 11.167	− 5 47 21.53	Q	16.8	0.536		
1255–316		12 57 59.071	−31 55 16.90	Q	19.5		1.0	
1302–102	OP–106	13 05 33.016	−10 33 19.6	Q	15.2	0.286	1.0	
1308+326	OP 313	13 10 28.663	+32 20 43.78	L	19	0.996	2.5	A
1311+678	4C 67.22	13 13 27.984	+67 35 50.36	EF			0.9	
1313–333	OP–322	13 16 07.986	−33 38 59.18	Q	20.0	2.21		A
1323+321	4C 32.44	13 26 16.512	+31 54 09.40	G	19.0		2.3	A
1328+254	3C 287	13 30 37.691	+25 09 10.85	Q	18.0	1.055	3.2	c
1328+307	3C 286	13 31 08.284	+30 30 32.94	Q	17.0	0.846	7.4	
1334–127		13 37 39.783	−12 57 24.70	Q	18.5		1.9	A
1342+663		13 44 08.679	+66 06 11.64	Q	19.0			
1345+125	4C 12.50	13 47 33.359	+12 17 24.21	G	17.0	0.122	2.7	
1349–439		13 52 56.535	−44 12 40.40	L	18.5	0.053		
1354–152		13 57 11.240	−15 27 28.73	Q	18.5		1.5	
1354+195	4C 19.44	13 57 04.436	+19 19 07.37	Q	16.5	0.720	1.8	A
1404+286	OQ 208	14 07 00.394	+28 27 14.67	G	14.0	0.077	3.0	A
1418+546	OQ 530	14 19 46.598	+54 23 14.78	L	14.5		0.7	A
1430–178	OQ–151	14 32 57.690	−18 01 35.24	Q	19.0	2.331		
1435+638		14 36 45.800	+63 36 37.86	Q	15.0	2.060	0.9	

*Reference for origin of right ascension.

IAU Desig.	Name	Right Ascension J2000.0	Declination J2000.0	ID	m_v	Z	S 5GHz	Code
		h m s	° ′ ″				Jy	
1442+101	OQ 172	14 45 16.461	+ 9 58 36.05	Q	18.4	3.53	1.1	
1502+106	OR 103	15 04 24.980	+10 29 39.19	Q	18.9	1.833	2.1	A
1504−166		15 07 04.791	−16 52 30.16	Q	18.5	0.876		
1510−089		15 12 50.533	− 9 05 59.84	Q	16.5	0.361		
1511+238	4C 23.41	15 13 40.186	+23 38 35.18	?	20		0.8	
1519−273		15 22 37.676	−27 30 10.78	Q	19		2.0	A
1546+027	OR 078	15 49 29.435	+ 2 37 01.15	Q	18.0	0.412	1.3	
1547+507		15 49 17.468	+50 38 05.76	Q	18.5		0.7	
1555+001	DW 1555	15 57 51.434	− 0 01 50.42	Q	19.0	1.770	1.2	A, f
1607+268	CTD93	16 09 13.315	+26 41 28.98	Q	19		1.7	
1610−771		16 17 49.260	−77 17 18.47	Q	19.0	1.710		
1611+343	DA 406	16 13 41.064	+34 12 47.91	Q	17.5	1.404	2.2	A
1633+382	4C 38.41	16 35 15.493	+38 08 04.50	Q	18.0	1.81	1.9	A
1637+574	OS 562	16 38 13.462	+57 20 23.94	Q	17.0	(0.745)	1.6	
1638+398	NRAO 512	16 40 29.633	+39 46 46.03	L	18.5			A
1641+399	3C 345	16 42 58.810	+39 48 36.99	Q	16.3	0.595		A
1652+398	4C 39.49	16 53 52.227	+39 45 36.45	L	14.0	0.033	1.2	
1656+053	OS 094	16 58 33.447	+ 5 15 16.44	Q	16.5	0.879		
1717+178	OT 129	17 19 13.049	+17 45 06.44	Q	18.5			g
1730−130	NRAO 530	17 33 02.706	−13 04 49.55	Q	18.5	0.902		
1732+389		17 34 20.577	+38 57 51.41	G	19.5		1.3	
1738+476	OT 465	17 39 57.127	+47 37 58.37	Q	17.5			
1739+522	4C 51.37	17 40 36.980	+52 11 43.43	Q	18.5	1.375	1.9	
1741−038		17 43 58.857	− 3 50 04.62	Q	18.5		2.2	A
1748−253		17 51 51.265	−25 23 59.80	Q	18.4		0.5	
1749+701		17 48 32.839	+70 05 50.77	L	16.5	(0.76)	1.2	A
1749+096	OT 081	17 51 32.816	+ 9 39 00.68	L	16.5		1.6	
1751+288		17 53 42.474	+28 48 04.91	Q	20.0		0.8	
1803+784		18 00 45.669	+78 28 04.00	L	16.4		2.5	
1807+698	3C 371	18 06 50.680	+69 49 28.11	G	14.2	0.51		
1821+107		18 24 02.855	+10 44 23.77	Q	16.0	1.036	1.1	A
1908−202		19 11 09.654	−20 06 55.03	?	22			
1921−293	OV−236	19 24 51.056	−29 14 30.11	Q	17	0.352	6.8	A
1928+738	4C 73.18	19 27 48.490	+73 58 01.55	Q	15.5	0.36	3.0	A
1933−400		19 37 16.208	−39 58 00.88	Q	19.0		0.7	A
1934−638		19 39 25.006	−63 42 45.68	G	18.4	0.183		e
1936−155		19 39 26.655	−15 25 43.06	Q	20.5			
1947+079	OV 080	19 50 05.536	+ 8 07 13.93	Q?	21		1.2	
1958−179	OV−198	20 00 57.090	−17 48 57.67	Q	18.5	0.65	1.2	A
2007+776		20 05 31.001	+77 52 43.22	L	16.5		1.0	
2008−068		20 11 14.214	− 6 44 03.65	EF				
2021+614	OW 637	20 22 06.681	+61 36 58.82	Q	19.0	2.3		A
2029+121		20 31 54.994	+12 19 41.34	Q	18.5			
2030+547	OW 551	20 31 47.959	+54 55 03.15	?	18.7			
2037+511	3C 418	20 38 37.030	+51 19 12.59	Q	21.0	1.686		
2106−413		21 09 33.184	−41 10 20.48	Q	18.4		2.2	
2113+293		21 15 29.414	+29 33 38.37	Q	19.5		0.8	A
2128+048	3CR 433	21 30 32.874	+ 5 02 17.45	EF			2.1	
2128−123		21 31 35.260	−12 07 04.81	Q	16.0	0.501	2.4	
2131−021	4C−02.81	21 34 10.313	− 1 53 17.28	L	19.0	0.556	1.9	

IAU Desig.	Name	Right Ascension J2000.0	Declination J2000.0	ID	m_v	Z	S 5GHz	Code
		h m s	° ′ ″				Jy	
2134+004	OX 057	21 36 38.586	+ 0 41 54.21	Q	18	1.936	10.3	A
2136+141	OX 161	21 39 01.303	+14 23 35.97	Q	18.5	2.427	1.2	
2144+092	OX 074	21 47 10.159	+ 9 29 46.65	Q	18.6	(1.609)	0.7	
2145+067	4C 06.69	21 48 05.459	+ 6 57 38.61	Q	17.5	0.990	2.5	A
2150+173		21 52 24.816	+17 34 37.8	G	21.0		0.7	
2155−152	OX−192	21 58 06.282	−15 01 09.32	L	18.0			
2200+420	BL LAC	22 02 43.291	+42 16 39.98	L	14	0.070	2.4	A
2201+315	4C 31.63	22 03 14.968	+31 45 38.29	Q	14.5	0.298		
2203−188	MSH 22−101	22 06 10.413	−18 35 38.77	Q	19.5	0.614	4.1	
2210−257		22 13 02.499	−25 29 30.17	Q	19.5		0.9	
2216−038	4C−03.79	22 18 52.036	− 3 35 36.91	Q	17	0.901	3.2	
2227−088		22 29 40.082	− 8 32 54.43	Q	18		1.2	
2227−399		22 30 40.276	−39 42 52.02	Q	18	0.323	0.6	
2230+114	CTA 102	22 32 36.409	+11 43 50.90	Q	17.3	1.037	3.6	A
2234+282	CTD 135	22 36 22.471	+28 28 57.42	Q	19	0.795	1.3	A
2243−123		22 46 18.232	−12 06 51.28	Q	17	0.63	2.4	A
2245−328		22 48 38.686	−32 35 52.17	Q	18.6	2.268	1.8	A
2251+158	3C 454.3	22 53 57.748	+16 08 53.56	L	16.1	0.859		A
2253+417	OY 489	22 55 36.708	+42 02 52.54	Q	18.8	1.476		
2254+074	OY 091	22 57 17.304	+ 7 43 12.27	L	16.4		0.5	
2255−282		22 58 05.862	−27 58 23.04	Q	17	0.926	1.6	
2318+049	OZ 031	23 20 44.854	+ 5 13 49.94	Q	19	0.623	0.8	
2319+272	4C 27.50	23 21 59.859	+27 32 46.42	Q	20	1.26	0.8	
2320−035		23 23 31.954	− 3 17 05.02	Q	18.0	1.411		
2326−477		23 29 17.707	−47 30 19.19	Q	17.0	1.299		
2328+107	4C 10.73	23 30 40.849	+11 00 18.68	Q	18.1	1.489	1.1	
2329−162		23 31 38.655	−15 56 56.99	Q	20		0.9	
2331−240	OZ−252	23 33 55.275	−23 43 40.74	G	16.5	0.048	1.0	
2337+264		23 40 29.029	+26 41 56.79	Q	20.0		0.8	
2344+092	4C 09.74	23 46 36.839	+ 9 30 45.49	Q	17.5	0.677	1.9	
2345−167	OZ−176	23 48 02.609	−16 31 12.02	Q	18.5	0.6	2.7	A
2351+456	4C 45.51	23 54 21.677	+45 53 04.16	G	19.9		1.2	
2352+495	DA 611	23 55 09.460	+49 50 08.33	G	19	0.237		A

Identification: Q=Quasar, G=Galaxy, L=BL Lac object, EF=Empty field, ?=uncertain.
Code: A—source observed by VLA and JPL
    a—nebulous extension
    b—extended HII
    c—optical double
    d—optical multiple
    e—optically diffuse
    f—nebulous (POSS—E)
    g—diffuse (POSS—O)

Source	Right Ascension	Declination	S_{400}	S_{750}	S_{1400}	S_{1665}	S_{2700}	S_{5000}
	h m s	° ′ ″	Jy	Jy	Jy	Jy	Jy	Jy
3C 48[e]	1 37 41.299	+33 09 35.41	39.4	25.6	15.9	13.9	9.20	5.24
3C 123	4 37 04.4	+29 40 15	119.2	77.7	48.7	42.4	28.5	16.5
3C 147[e, g]	5 42 36.127	+49 51 07.23	48.2	33.9	22.4	19.8	13.6	7.98
3C 161	6 27 10.0	− 5 53 07	41.2	28.9	19.0	16.8	11.4	6.62
3C 218	9 18 06.0	−12 05 45	134.6	76.0	43.1	36.8	23.7	13.5
3C 227	9 47 46.4	+ 7 25 12	20.3	12.1	7.21	6.25	4.19	2.52
3C 249.1	11 04 11.5	+76 59 01	6.1	4.0	2.48	2.14	1.40	0.77
3C 274[f]	12 30 49.6	+12 23 21	625	365	214	184	122	71.9
3C 286[e]	13 31 08.284	+30 30 32.94	25.1	19.7	14.8	13.6	10.5	7.30
3C 295	14 11 20.7	+52 12 09	54.1	36.3	22.3	19.2	12.2	6.36
3C 348	16 51 08.3	+ 4 59 26	168.1	86.8	45.0	37.5	22.6	11.8
3C 353	17 20 29.5	− 0 58 52	131.1	88.2	57.3	50.5	35.0	21.2
DR 21	20 39 01.2	+42 19 45	—	—	—	—	—	—
NGC 7027[d]	21 07 01.6	+42 14 10	—	—	1.35	1.65	3.5	5.7

Source	S_{8000}	S_{10700}	S_{15000}	S_{22235}	Spec.	Ident.	Polariza-tion (at 5 GHz)	Angular Size (at 1.4 GHz)
	Jy	Jy	Jy	Jy			%	″
3C 48[e]	3.31	2.46	1.72	1.11	C−	QSS	5	< 1
3C 123	10.6	7.94	5.63	3.71	C−	GAL	2	20
3C 147[e, g]	5.10	3.80	2.65	1.71	C−	QSS	< 1	< 1
3C 161	4.18	3.09	2.14	—	C−	GAL	5	< 3
3C 218	8.81	6.77	—	—	S	GAL	1	core 25, halo 220
3C 227	1.71	1.34	1.02	0.73	S	GAL	7	180
3C 249.1	0.47	0.34	0.23	—	S	QSS	—	15
3C 274[f]	48.1	37.5	28.1	—	S	GAL	1	halo 400[a]
3C 286[e]	5.38	4.40	3.44	2.55	C−	QSS	11	< 5
3C 295	3.65	2.53	1.61	0.92	C−	GAL	0.1	4
3C 348	7.19	5.30	—	—	S	GAL	8	115[b]
3C 353	14.2	10.9	—	—	C−	GAL	5	150
DR 21	21.6	20.8	20.0	19.0	Th	HII	—	20[c]
NGC 7027[d]	—	6.43	6.16	5.86	Th	PN	< 1	10

a) Halo has steep spectral index, so for λ ≤ 6 cm, more than 90% of the flux is in the core. Spectrum curves positively above 20 GHz.
b) Angular distance between the two components.
c) Angular size at 2 cm, but consists of 5 smaller components.
d) Data up to 5 GHz are the direct measurements, not calculated from fit.
e) Suitable for calibration of interferometers and synthesis telescopes.
f) Virgo A.
g) Indications of time variability above 5 GHz.

Designation Discovery	4U	Right Ascension	Declination	Flux[1]	Mag.[2]	Identified Counterpart	Type
		h m s	° ′ ″				
4U0005+20	0005+20	0 05 59.5	+20 10 02	5	14.0*	Mkn 335	G
Cep XR–1	0022+63	0 24 54	+64 06.3	16		Tycho's SNR	R
		0 28 53.5	+13 13 55		14.8	PG0026+129	Q
3U0026–09	0037–10	0 41 30.7	– 9 19.8	5	15.7	Abell 85	C
2U0022+42	0037+39	0 42 23	+41 14.0	4	4.8	M31=NGC 224	G
		0 48 26.1	+31 55 17		15.5*	Mkn 348	G
		0 53 14.5	+12 39 29		14.3*	I Zw 1	G
		0 59 31.6	+31 47 34		15.0*	Mkn 352	G
		1 02 52	+ 2 19.4		16.0	UMT301	Q
SMC X–1	0115–73	1 16 54.8	–73 28 38	66	13.2	Sanduleak 160	S
		1 21 39.9	– 1 04 27		15.1*	II Zw 1	G
2A0120–591	0106–59	1 23 30.9	–58 50 23	6	13.2	Fairall 9	G
		1 36 03.1	+20 55 28		18.1V	3CR47	Q
		2 14 13.2	– 0 47 56		14.5*	Mkn 590	G
		2 18	+62 37			HB3	R
4U0223+31	0223+31	2 27 52.2	+31 17 01	6	13.9*	NGC 931	G
4U0241+61	0241+61	2 44 26.7	+62 26 28	6	16.4		Q
GX146–15	0253+41	2 54.0	+41 34	9	14.5	NGC 1129	G+C
2U0528+13	0254+13	2 58.6	+13 33		15.6	Abell 401	C
2A0311–227		3 13 55.6	–22 37 08		14.8*V	EF Eri	S
Per XR–1	0316+41	3 19.4	+41 27	86	12.7	NGC 1275	G+C
H0324+28		3 26 11.4	+28 41 38		6.5V	UX Ari	S
4U0336+01	0336+01	3 36 27.3	+ 0 34 01	180	5.7	HR 1099	S
2A0335+096	0344+11	3 37.5	+10 05	3	12.2	Zw0335.1+0956	C
H0349+17		3 50 02	+17 14.3		9.2V	V471 Tau	S
2U0352+30	0352+30	3 54 58.5	+31 01 37	55	6.1V	X Per	S
2U0410+10	0410+10	4 13 03.7	+10 27 14	6	17.4	Abell 478	C
H0405–08		4 14 58.4	– 7 39 45		4.4	40 Eri	S
H0415+38	0407+37?	4 17 55.1	+38 00 39	5	18.0	3C111	G
	0432+05	4 32 50.4	+ 5 20 27	5	14.2	3C120	G
2A0431–136		4 33.3	–13 16		15.3	Abell 496	C
		4 36 03.7	–10 23 20		14.5*	Mkn 618	G
H0457+46		5 00	+46 34			HB 9	R
MX0513–40	0513–40	5 13 54.0	–40 03 10	33	8.1	NGC 1851	A
H0523–00		5 15 51.5	– 0 09 25		14.6*	Akn 120	G
LMC X–2	0520–72	5 20 35.6	–71 57 58	29	17		S
		5 25 06	–69 38 49			N132D	R
		5 25 25	–65 59 29			(N49)	R
		5 25 59	–66 05 38			N49	R
2A0526–328		5 29 11.1	–32 49 20		13.5V	TV Col	S
		5 32 05	–71 00 51			N206	R
LMC X–4	0532–66	5 32 49	–66 22 30	7	14.0		S
Tau XR–1	0531+21	5 34 08	+22 00 37	1730	8.4	Crab Nebula	R+P
		5 34 21	–70 33 31			DEM 238	R
		5 35 43	–66 02 22			N63A	R

Designation Discovery	4U	Right Ascension	Declination	Flux[1]	Mag.[2]	Identified Counterpart	Type
		h m s	o ′ ″				
A0538−66		5 35 44.9	−66 50 38		12.8V		S
		5 36 18.9	−70 39 08			DEM 249	R
		5 37 51	−69 10 12			N157B	R
A0535+26	0538+26?	5 38 30.3	+26 18 45	4	9.1	HDE 245770	S
LMC X−3	0538−64	5 38 54.3	−64 05 13	46	16.9		S
		5 40 15.3	−70 19			N158A	R
		5 45 45.4	−32 18 31		5.2	μ Col	S
		5 47 14	−69 42 31			N135	R
3U0545−32	0543−31	5 50 26.0	−32 16 27	7	16.1	PKS0548−322	G
2S0549−074		5 51 52.6	− 7 27 31		14.0	NGC 2110	G
MX0600+46	0558+46	5 54 24.7	+46 26 22	5	14.5	MCG 8−11−11	G
		6 15 20	+28 34.5		11.3V	KR Aur	S
2U0613+09	0614+09	6 16 45.8	+ 9 08 09	220	18.5V	V1055 Ori	S
2U0601+21	0617+23?	6 16 9	+22 33	6		IC 443	R
A0620−00		6 22 24	− 0 20 31		16.4V	V616 Mon	T
4U0720+55	0720+55	7 21 00	+55 47.1	5	13.6	Abell 576	C
		7 36 24.2	+58 47 14		14.5*	Mkn 9	G
		7 42 04.4	+65 11 38		15.0*	Mkn 78	G
		7 54 43	+22 01.3		8.8V	U Gem	S
		7 54 59.0	+39 12 16		15.5*	Mkn 382	G
	0821−42	8 22 48	−43 00.4	14		Puppis A	R
Vela XR−2	0833−45	8 35 07	−45 09 14	17	20.0	PSR0833−45	R+P
		8 50 30.7	+15 23 43		17.7V	LB8755	Q
Vela XR−1	0900−40	9 01 52	−40 31 44	450	6.7	HD 77581	S
3U0901−09	0900−09	9 08.5	− 9 38	9	15.2	Abell 754	C
		10 31 12.6	+28 49 02		16.6	Ton 524A	G
		10 44 48.5	−59 39 00		6.2V	η Car	S+H
A1044−59	1053−58	10 47	−59 37	5		G287.8−0.5	R
2A1052+606		10 55 19.2	+60 30 16		8.8	SAO 015338	S
		11 03.4	+28 55		15.2	IC 3510	G
A1103+38		11 04 05.7	+38 14 38		13.5*	Mkn 421	G
Cen XR−3	1118−60	11 20 59	−60 35 19	360	13.3V	V779 Cen	S
H1122−59		11 24.2	−59 24			MSH 11−54	R
		11 25 14.9	+54 25 08		16.0*	Mkn 40	G
A1136−37	1136−37	11 38 42.4	−37 42 09	5	12.8*	NGC 3783	G
2U1134−61	1137−65	11 39 11.2	−65 21 42	17	5.2	HD 101379	S
2U1144+19	1143+19	11 44 23	+19 47.2	5	13.5	Abell 1367	G+C
Cen X−5	1145−61	11 47 41	−62 10 14	130	9.2	HD 102567	S
		12 04 22.2	+27 56 22		15.5V	GQ Com	Q
2U1207+39	1206+39	12 10 12	+39 26.4	8	11.2*	NGC 4151	G
H1209−52		12 11.9	−52 57			PKS1209−52	R
		12 18 06.8	+29 50 58		14.0*	Mkn 766	G
		12 21 27.2	+75 20 47		14.5	Mkn 205	Q
		12 24 43	+12 55.3		9.3	M84=NGC 4374	G
		12 25.5	+12 42		12.7*	NGC 4388	G

Designation Discovery	4U	Right Ascension	Declination	Flux[1]	Mag.[2]	Identified Counterpart	Type
		h m s	° ′ ″				
		12 25 52	+12 59.0		9.7	M86=NGC 4406	G
GX301−2	1223−62	12 26 15	−62 44 03	73	10.0V	BP Cru	S
		12 26.8	+ 9 28		12.5	NGC 4424	G
		12 27 26	+13 02.7		11.3*	NGC 4438	G
		12 28 05.5	+31 30 47		15.9	B2 1225+317	Q
		12 28.7	+14 01		12.0	NGC 4459	G
	1226+02	12 28 46.7	+ 2 05 17	5	13.0	3C273	Q
1E1227.0+1403		12 29 14.0	+13 48 36		17.4		Q
		12 29 29	+13 28.0		11.6*	NGC 4473	G
		12 29.8	+13 41		11.5	NGC 4477	G
Vir XR−1	1228+12	12 30 29	+12 25.7	40	9.2	M87=NGC 4486	G+C
		12 33 56	+11 07		15.2	IC 3510	G
		12 35 15.4	−39 52 24		12.9	NGC 4507	G
4U1240−05	1240−05	12 39.2	− 5 18	4	12.0	NGC 4593	G
2U1247−41	1246−41	12 48.5	−41 16	9	12.4*	NGC 4696	G+C
2U1253−28	1249−28	12 52 03	−29 13 28	8	11.5V	EX Hya	S
Coma XR−1	1257+28	12 59.6	+27 57.3	27	10.7	Coma Cluster	C
GX304−1	1258−61	13 00 51.9	−61 33 56	100	14.7		S
MX1313+29		13 16.1	+29 08		12.5*	HZ 43	S
	1322−42	13 25 05	−42 59.1	15	7.2*	Cen A=NGC 5128	G
4U1326+11	1326+11	13 29.1	+11 47	4	14.2	NGC 5171	G+C
2U1348+24	1348+25	13 48 34.1	+26 37.4	8	16.0	Abell 1795	C
2A1347−300		13 48 57.0	−30 16 40		12.8*	IC 4329A	G+C
		13 53 04.2	+63 47 40		14.8	PG1351+640	Q
		14 11 26.5	+52 13 59		20.5	3C295	C
TWX−1	1410−03	14 13.0	− 3 10	3	13.6*	NGC 5506	G
2A1415+255	1414+25	14 17 42.1	+25 09 58	6	13.1*	NGC 5548	G
		14 29 16	−62 39.1		12.4V	Proxima Cen	S
		14 34 38.8	+48 41 28		16.5*	Mkn 474	G
Cen XR−4		14 57 58.3	−31 38 35		19.0		T
	1458−41	15 01 56	−41 42.4	4	19.9	SN 1006	R
GX9+50		15 10.7	+ 5 47		16.0	Abell 2029	C
Cir XR−1	1516−56	15 20 10.7	−57 08 37	1300	22.5*V	BR Cir	S
2A1519+082		15 21 32.4	+ 7 43 46		15.5	NGC 5920	G+C
		15 26 27.3	+10 00 28		18.0	4C10.43	Q
A1524−61		15 27 43.9	−61 51 38		19.0	Nova TrA 1974	T
		15 35 44.6	+57 55 29		15.0*	Mkn 290	G
2U1537−52	1538−52	15 41 54.0	−52 21 56	33	14.5V	QV Nor	S
		15 54 50.8	+19 12 47		15.0*	Mkn 291	G
		15 55 43	−37 54 59		12.0	The 12	S
3U1555+27	1556+27	15 58.0	+27 15		16.0	Abell 2142	C
3U1551+15	1601+15	16 01 56.1	+16 02 18	6	13.8	Abell 2147	G+C
		16 04 38.5	+23 56 09		15.0	NGC 6051	G+C
MX1608−52	1608−52	16 12 12.9	−52 24 25	73	21 V	QX Nor	S
H1615−51		16 17 06.0	−51 01 29			RCW 103	R

Designation Discovery	4U	Right Ascension	Declination	Flux[1]	Mag.[2]	Identified Counterpart	Type
		h m s	° ′ ″				
Sco XR–1	1617–15	16 19 32.7	–15 37 27	31000	12.4V	V818 Sco	S
3U1639+40	1627+39	16 28.4	+39 32	7	13.9	Abell 2199	C
2U1626–67	1626–67	16 31 36.9	–67 26 52	33	18.5V	KZ TrA	S
2A1630+057		16 32.4	+ 5 36		17.1	Abell 2204	C
2U1637–53	1636–53	16 40 23.3	–53 24 18	460	17.5V	V801 Ara	S
Ara XR–1	1642–45	16 45 22	–45 37	820		G339.6–0.1	H
4U1651+39	1651+39	16 53 39.2	+39 46 15	4	13.5*	Mkn 501	G
Her X–1	1656+35	16 57 36	+35 21 06	180	13.0V	HZ Her	S
		17 00 52.7	+29 25 05		17.0*	Mkn 504	G
GX339–4	1658–48	17 02 19.8	–48 46 49	630	15.4V	V821 Ara	S
2U1700–37	1700–37	17 03 30	–37 50 07	180	6.7	HD 153919	S
2U1706+78	1707+78	17 04 16.5	+78 39.0	7	15.3	Abell 2256	C
H1705–25		17 07 50.6	–25 05 00		21*	Nova Oph 1977	T
		17 22 25.2	+24 36 40		16.4V	V396 Her	Q
		17 22 25.3	+30 53 08		15.5*	Mkn 506	G
4U1722–30	1722–30	17 27 07.8	–30 47 50	13	17	Terzan 2	A
		17 30.2	–21 28.8		19	Kepler's SNR	R
GX9+9	1728–16	17 31 21.5	–16 57 28	470	16.6		S
GX1+4	1728–24	17 31 38.1	–24 44 38	110	18.7V	V2116 Oph	S
MXB1730–335		17 32 59	–33 23 05		17.5	Liller 1	A
GX346–7	1735–44	17 38 29.5	–44 26 47	380	17.5V	V926 Sco	S
MX1746–20		17 48 29.5	–20 21 28		12.0	NGC 6440	A
		17 48 40.3	+68 42 07		16.0*	Mkn 507	G
L10	1746–37	17 49 46.2	–37 02 58	73	8.4*	NGC 6441	A
2U1808+50	1813+50	18 16 03.7	+49 51 54	10	12.3V	AM Her	S
Sgr XR–4	1820–30	18 23 15.3	–30 21 51	580	8.6*	NGC 6624	A
H1832+32		18 34 48.9	+32 41 27		14.7	3C382	G
Ser XR–1	1837+04	18 39 38.2	+ 5 01 55	510	15.1V	MM Ser	S
2U1828+81	1847+78	18 42 37	+79 45 50	5	15.0	3C390.3	G
A1850–08	1850–08	18 52 43.0	– 8 42 52	16	8.9	NGC 6712	A
4U1849–31	1849–31	18 54 38	–31 10.5	7	14.7V	V1223 Sgr	S
2U1907+02	1901+03?	18 55 49	+ 1 18.4	160		Westerhout 44	R
	1907+09	19 09 19.9	+ 9 49 09	36	16.4		S
Aql XR–1	1908+00	19 10 56.2	+ 0 34 27	360	16.0V	V1333 Aql	S
A1909+04	1908+05	19 11 30.3	+ 4 58 19	7	14.2V	SS433	S
2A1914–589	1924–59	19 20 40.9	–58 40 58	4	14.1	ESO 141–G55	G
2U1926+43	1919+44	19 21 01	+43 55.6	7	15.4	Abell 2319	C
		19 33	+31 16			G65.2+5.7	R
H1938+16		19 41 53	+17 04.9		14.7V	UU Sge	S
Cyg XR–1	1956+35	19 58 06.9	+35 11 01	2100	8.9	HDE 226868	S
3U1956+11	1957+11	19 59 05.6	+11 41 26	32	18.7		S
2U1957+40	1957+40	19 59 14	+40 43	7	16.2	Cyg A	C
1E2014.1+3702		20 15 49.0	+37 10 54			G74.9+1.2	R
Cyg X–3	2030+40	20 32 12	+40 56 08	700		V1521 Cyg	S
2A2040–115		20 43 48.5	–10 44 49		13.0*	Mkn 509	G

Designation Discovery	4U	Right Ascension	Declination	Flux[1]	Mag.[2]	Identified Counterpart	Type
		h m s	° ′ ″				
Vul XR–1?	2046+31?	20 51 33	+31 03	3		Cygnus Loop	R
2U2134+11	2129+12	21 29 39.6	+12 08 17	8	6.0	M15=NGC 7078	A
2U2130+47	2129+47	21 31 11.9	+47 15 40	36	16.2V	V1727 Cyg	S
		21 42 28	+43 33.3		8.2V	SS Cyg	S
Cyg XR–2	2142+38	21 44 25	+38 17 30	1000	15.5V	V1341 Cyg	S
2A2151–316		21 58 29.1	–30 15 24		17.0	PKS2155–304	G
H2208–47		22 08.9	–47 12		11.8	NGC 7213	G
		22 16 52.8	+14 12 33		15.5*	Mkn 304	G
2S2251–178		22 53 45.1	–17 37 00		17.0	MR2251–178	Q
GF2259+586		23 00 51.5	+58 50 40		15.0	G109.1–1.0	R+S
2A2259+085	2300+08	23 02 56.1	+ 8 50 22	5	13.0*	NGC 7469	G
		23 03 43.6	+22 35 18		15.0*	Mkn 315	G
2A2302–088	2305–07	23 04 23.2	– 8 43 14	4	13.9	MCG–2–58–22	G
2A2315–428		23 18 02	–42 24.4		11.8	NGC 7582	G
Cas XR–1	2321+58	23 23 08	+58 46	97	19.6	Cas A	R
3U2346+26	2345+27	23 50 41	+27 07.1	4	13.8	Abell 2666	C
4U2351+06	2351+06	23 55 42.0	+ 7 29 13	7	15.5*	Mkn 541	G

[1] (2–6) kev flux, units are 10^{-11} ergs $cm^{-2}s^{-1}$.

[2] V magnitude unless followed by *, then B magnitude. V designates variable magnitude.

Type Designation: A – Globular Cluster
                       C – Cluster of Galaxies
                       G – Galaxy
                       H – HII Region
                       P – Pulsar
                       Q – Quasi–Stellar Object
                       R – Supernova Remnant
                       S – Stellar
                       T – Transient (Nova-like optically).

VARIABLE STARS, J1993.5

ECLIPSING VARIABLES

Name		H.D.	Right Ascension	Declination	Type	Magnitude		Mag. Type	Epoch (2400000+)	Period	Spectrum
						Max	Min				
			h m s	° ′						d	
U	Cep	5679	1 01 42	+81 50.5	EA	6.75	9.2	V	44541.603	2.493	B7Ve + G8III–IV
ζ	Phe	6882	1 08 07	−55 16.9	EA	3.92	4.4	V	41643.689	1.669	B6V + B9V
RZ	Cas	17138	2 48 20	+69 36.5	EA	6.18	7.7	V	43200.306	1.195	A3V
β	Per	19356	3 07 45	+40 55.8	EA	2.12	3.4	V	40953.465	2.867	B8V + G5IV + Am
λ	Tau	25204	4 00 19	+12 28.4	EA	3.3	3.8	p	35089.204	3.952	B3V + A4IV
HU	Tau	29365	4 37 53	+20 40.3	EA	5.92	6.7	V	42412.456	2.056	A8V
ε	Aur	31964	5 01 30	+43 48.8	EA	2.92	3.8	V	35629	9892	A8Ia–F2Iaep
AR	Aur	34364	5 17 53	+33 45.6	EA	6.15	6.8	V	38402.183	4.134	ApHgMn + B9V
TZ	Men	39780	5 31 30	−84 47.4	EA	6.2	6.9	p	38196.370	8.569	B9.5IV–V
WW	Aur	46052	6 32 02	+32 27.6	EA	5.79	6.5	V	41399.305	2.525	A3m: + A3m:
R	CMa	57167	7 19 10	−16 22.9	EA	5.70	6.3	V	44289.361	1.135	F1V
V	Pup	65818	7 58 03	−49 13.6	EB	4.7	5.2	p	28648.304	1.454	B1Vp + B3IV:
TY	Pyx	77137	8 59 28	−27 47.4	E	6.87	7.4	V	43187.230	3.198	G5 + G5
CV	Vel	77464	9 00 25	−51 31.8	EA	6.5	7.3	p	42048.668	6.889	B2V + B2V
S	Ant	82610	9 32 01	−28 36.0	EW	6.4	6.9	V	35139.929	0.648	A9Vn
W	UMa	83950	9 43 18	+55 58.9	EW	7.9	8.6	V	41004.397	0.333	dF8p + F8p
δ	Lib	132742	15 00 37	− 8 29.6	EA	4.92	5.9	V	42937.423	2.327	B9.5V
i	Boo	133640	15 03 36	+47 40.7	EW	6.5	7.1	v	39370.422	0.267	G2V + G2V
GG	Lup	135876	15 18 31	−40 46.0	EB	5.4	6.0	p	34532.325	2.164	B5 + A0
R	Ara	149730	16 39 12	−56 58.9	EA	6.0	6.9	p	25818.028	4.425	B9IV–V
V1010	Oph	151676	16 49 05	−15 39.5	EB	6.1	7.0	v	38937.771	0.661	A5V
V861	Sco	152667	16 56 08	−40 48.8	EB	6.07	6.6	V		7.848	B0.5Iae
U	Oph	156247	17 16 12	+ 1 13.0	EA	5.88	6.5	V	36727.424	1.677	B5Vnn + B5V
u	Her	156633	17 17 05	+33 06.5	EB	4.6	5.3	p	44069.386	2.051	B1.5Vp + B5III
V539	Ara	161783	17 49 56	−53 36.7	EA	5.66	6.1	V	39314.342	3.169	B2V + B3V
RS	Sgr	167647	18 17 10	−34 06.6	EA	6.0	6.9	p	20586.387	2.415	B3V + A
β	Lyr	174639	18 49 50	+33 21.3	EB	3.34	4.3	V	45342.39	12.935	B7Ve + A8p
RS	Vul	180939	19 17 24	+22 25.8	EA	6.9	7.6	p	32808.257	4.477	B5V + A2
U	Sge	181182	19 18 32	+19 35.9	EA	6.58	9.1	V	40774.463	3.380	B8III + K:
V505	Sgr	187949	19 52 44	−14 37.2	EA	6.48	7.5	V	40087.336	1.182	A0V + F8IV
EE	Peg	206155	21 39 43	+ 9 09.3	EA	6.9	7.6	v	40286.432	2.628	A3Vm + F4:
VV	Cep	208816	21 56 28	+63 35.7	EA	4.80	5.3	V	43360	7430	M2Ia–Iabep + B8:Ve
AR	Lac	210334	22 08 25	+45 42.6	E	6.11	6.7	V	39376.495	1.983	G2Iv + K0III

See page H74 for Type codes.

PULSATING VARIABLES

Name		H.D.	Right Ascension	Declination	Type	Magnitude Max	Magnitude Min	Mag. Type	Epoch (2400000+)	Period	Spectrum
			h m s	° ′						d	
S	Scl	1115	0 15 03	−32 04.9	M	5.5	13.6	v	42343	365.32	M3e−M8e
T	Cet	1760	0 21 26	−20 05.7	SRc	5.0	6.9	v	40562	158.9	M5−M6SIIe
R	And	1967	0 23 44	+38 32.5	M	5.8	14.9	v	43135	409.33	S3,5e−S8,8e(M7e)
TV	Psc	2411	0 27 42	+17 51.4	SR	4.65	5.4	V		70	M3IIIv
KK	Per	13136	2 09 49	+56 31.7	Lc	6.6	7.7	V			M1−M3.5 Iab−Ib
o	Cet	14386	2 19 01	− 3 00.3	M	2.0	10.1	v	44839	331.96	M5e−M9e
U	Cet	15971	2 33 25	−13 10.6	M	6.8	13.4	v	42137	234.76	M2e−M6e
R	Tri	16210	2 36 39	+34 14.2	M	5.4	12.6	v	42014	266.48	M4IIIe
R	Hor	18242	2 53 38	−49 55.1	M	4.7	14.3	v	41490	403.97	M7IIIe
ρ	Per	19058	3 04 44	+38 49.0	SRb	3.30	4.0	V		50:	M4II
R	Dor	29712	4 36 41	−62 05.3	SRb	4.8	6.6	v		338:	M8IIIq:e
R	Cae	29844	4 40 17	−38 14.9	M	6.7	13.7	v	40645	390.95	M6e
R	Pic	30551	4 45 59	−49 15.4	SRa	6.7	10.0	v	38091	164.2	M1IIe−M4IIe
R	Lep	31996	4 59 18	−14 48.9	M	5.5	11.7	v	40800	432.13	C6IIe
RX	Lep	33664	5 11 05	−11 51.5	Lb	5.0	7.0	v			M6III
β	Dor	37350	5 33 34	−62 29.6	δ Cep	3.46	4.0	V	35206.44	9.842	F4Ia−G4Iab
α	Ori	39801	5 54 50	+ 7 24.3	SRc	0.40	1.3	V		2110	M1−M2 Ia−Iab
U	Ori	39816	5 55 26	+20 10.5	M	4.8	12.6	v	42280	372.40	M6.5IIIe
η	Gem	42995	6 14 29	+22 30.5	SRb	3.2	3.9	v	37725	232.9	M3III
T	Mon	44990	6 24 52	+ 7 05.4	δ Cep	5.59	6.6	V	36137.090	27.020	F7Iab−K1Iab
RT	Aur	45412	6 28 09	+30 29.9	δ Cep	5.00	5.8	V	42361.155	3.728	F4Ib−G1Ib
IS	Gem	49380	6 49 16	+32 36.9	SRd	6.6	7.3	p		47:	K3II
ζ	Gem	52973	7 03 44	+20 34.8	δ Cep	3.66	4.1	V	36791.922	10.150	F7Ib−G3Ib
L₂	Pup	56096	7 13 20	−44 37.9	SRb	2.6	6.2	v	40813	140.42	M5IIIe
AK	Hya	73844	8 39 36	−17 16.7	SRb	6.33	6.9	V		112:	M4III
R	Car	82901	9 32 05	−62 45.7	M	3.9	10.5	v	42000	308.71	M4e−M8e
R	Leo	84748	9 47 13	+11 27.6	M	4.4	11.3	v	41688	312.43	M8IIIe
S	Car	88366	10 09 10	−61 31.1	M	4.5	9.9	v	42112	149.49	K5e−M6e
VY	UMa	92839	10 44 37	+67 26.7	Lb	5.89	6.5	v			C5II
VW	UMa	94902	10 58 35	+70 01.5	SR	6.85	7.7	V		125	M2
U	Car	95109	10 57 33	−59 41.8	δ Cep	5.72	7.0	V	37320.055	38.768	F6−G7Iab
S	Mus	106111	12 12 26	−70 06.9	δ Cep	5.90	6.4	V	35837.992	9.660	F6Ib
RY	UMa	107397	12 20 09	+61 20.8	SRb	6.68	8.5	v	40810	311	M2−M3IIIe
SS	Vir	108105	12 24 54	+ 0 48.3	M	6.0	9.6	v	40653	354.66	Ne(C5,3e)
BO	Mus	109372	12 34 31	−67 43.2	Lb	6.0	6.7	v			Mb
R	Vir	109914	12 38 10	+ 7 01.4	M	6.0	12.1	v	42512	145.64	M4.5IIIe
R	Mus	110311	12 41 41	−69 22.3	δ Cep	5.93	6.7	V	40896.13	7.476	F7Ib
SW	Vir	114961	13 13 44	− 2 46.3	SRb	6.85	7.8	V	40709	150:	M7III
FH	Vir	115322	13 16 05	+ 6 32.4	SRb	6.92	7.4	V	40740	70:	M6III
V	CVn	115898	13 19 11	+45 33.7	SRa	6.52	8.5	V	43929	191.89	M4e−M6eIIIa:
R	Hya	117287	13 29 22	−23 14.9	M	4.5	9.5	v	41676	389.61	M7IIIe
T	Cen	119090	13 41 24	−33 33.9	SRa	5.5	9.0	v	43242	90.44	K0:e−M4II:e
V412	Cen	121518	13 57 02	−57 40.8	Lb	7.1	9.6	B			M3IAB−IB − M7
θ	Aps	122250	14 04 42	−76 45.8	SRb	6.4	8.6	p		119	M7III

See page H74 for Type codes.

VARIABLE STARS, J1993.5

PULSATING VARIABLES

Name		H.D.	Right Ascension	Declination	Type	Magnitude		Mag. Type	Epoch (2400000+)	Period	Spectrum
						Max	Min				
			h m s	° ′						d	
R	Cen	124601	14 16 06	−59 53.0	M	5.3	11.8	v	41942	546.2	M4e−M8IIe
τ⁴	Ser	139216	15 36 10	+15 07.3	Lb	7.5	8.9	p			M5IIb−IIIa
R	Ser	141850	15 50 24	+15 09.2	M	5.16	14.4	v	42315	356.41	M7IIIe
AT	Dra	147232	16 17 09	+59 46.3	Lb	6.8	7.5	p			M4IIIa
α	Sco	148478	16 29 00	−26 25.0	SRc	0.88	1.8	V	08600	1733	M1.5Iab−Ib + B4Ve
g	Her	148783	16 28 26	+41 53.8	SRb	5.7	7.2	p		70:	M6III
RS	Sco	152476	16 55 09	−45 05.6	M	6.2	13.0	v	42134	320.06	M5e−M8e
α¹	Her	156014	17 14 21	+14 23.8	SRc	3	4	v			M5Ib−II
VW	Dra	156947	17 16 25	+60 40.6	SRd	6.0	6.5	v		170:	K1.5IIIb
BM	Sco	160371	17 40 33	−32 12.7	SRd	6.8	8.7	p		850:	K2.5Ib
X	Sgr	161592	17 47 09	−27 49.8	δ Cep	4.24	4.8	V	36968.852	7.012	F7II
OP	Her	163990	17 56 37	+45 21.1	Lb	7.7	8.3	p			M5IIb−IIIa
W	Sgr	164975	18 04 36	−29 34.9	δ Cep	4.30	5.0	V	37678.578	7.594	F4−G1Ib
VX	Sgr	165674	18 07 40	−22 13.4	SRc	6.5	12.5	v	36493	732	M4Iae−M9.5
Y	Sgr	168608	18 21 00	−18 51.8	δ Cep	5.40	6.1	V	36230.180	5.773	F8I
T	Lyr	——	18 32 06	+36 59.6	Lb	7.8	9.6	v			R6(C5,3)
X	Oph	172171	18 38 02	+ 8 49.7	M	5.9	9.2	v	41478	334.39	M6IIIe + K1III
XY	Lyr	172380	18 37 53	+39 39.7	Lc	7.3	7.8	p			M4−M5 Ib−II
κ	Pav	174694	18 56 17	−67 14.5	CWa	3.94	4.7	V	40858.53	9.088	F5I−II
R	Lyr	175865	18 55 09	+43 56.2	SRb	3.88	5.0	V	35920	46.0	M5III
FF	Aql	176155	18 57 58	+17 21.1	δ Cep	5.18	5.6	V	41576.428	4.470	F5Ia−F8Ia
MT	Tel	176387	19 01 45	−46 39.5	RRc	8.68	9.2	V	38479.332	0.316	A0
R	Aql	177940	19 06 03	+ 8 13.3	M	5.5	12.0	v	43458	284.2	M5e−M9e
RR	Lyr	182989	19 25 16	+42 46.5	RRab	7.06	8.1	V	42995.405	0.566	A8−F7
UX	Dra	183556	19 21 50	+76 32.8	SRa	5.94	7.1	V		168:	C7,3
χ	Cyg	187796	19 50 19	+32 53.8	M	3.3	14.2	v	42143	406.93	S6,2e−S10,4e
η	Aql	187929	19 52 09	+ 0 59.3	δ Cep	3.48	4.3	V	36084.656	7.176	F6Ib−G4Ib
V449	Cyg	188344	19 53 06	+33 55.9	Lb	7.4	9.0	p			M1−M4
RR	Sgr	188378	19 55 32	−29 12.5	M	5.6	14.0	v	41133	334.58	M5e−M7e
S	Sge	188727	19 55 44	+16 37.1	δ Cep	5.28	6.0	V	36082.168	8.382	F6Ib−G5Ibv
EU	Del	196610	20 37 37	+18 14.7	SRb	5.8	6.9	v	35794	59.5	M6IIIFe
X	Cyg	197572	20 43 09	+35 33.8	δ Cep	5.87	6.8	V	35915.918	16.386	F7Ib−G8Ibv
T	Vul	198726	20 51 11	+28 13.5	δ Cep	5.44	6.0	V	35934.758	4.435	F5Ib−G0Ib
T	Cep	202012	21 09 27	+68 27.9	M	5.2	11.3	v	44177	388.14	M5.5e−M8.8e
W	Cyg	205730	21 35 48	+45 20.7	SRb	6.8	8.9	p	38659.73	126.26	M5IIIae
V460	Cyg	206570	21 41 45	+35 28.8	Lb	5.6	7.0	v			N1(C6,5)
μ	Cep	206936	21 43 19	+58 45.0	SRc	3.43	5.1	V		730	M2Iae
π¹	Gru	212087	22 22 20	−45 58.8	SRb	5.41	6.7	V		150:	S5
δ	Cep	213306	22 28 55	+58 22.9	δ Cep	3.48	4.3	V	36075.445	5.366	F5Ib−G1Ib
ER	Aqr	218074	23 05 04	−22 31.3	Lb	7.14	7.8	V			M3
R	Aqr	222800	23 43 29	−15 19.2	M	5.8	12.4	v	42398	386.96	M5e−M8.5e + P
TX	Psc	223075	23 46 04	+ 3 27.1	Lb	6.9	7.7	p			N0(C6,2)

See page H74 for Type codes.

ERUPTIVE VARIABLES

Name	H.D.	Right Ascension	Declination	Type	Magnitude Max	Min	Mag. Type	Epoch (2400000+)	Period	Spectrum
		h m s	° ′						d	
WW Cet	——	0 11 05	−11 31.0	Z Cam	9.3	16.8	p		31.2:	P(UG)
RX And	——	1 04 13	+41 15.9	Z Cam	10.3	14.0	v		14.3:	
KT Per	——	1 36 40	+54 48.7	Z Cam	10.7	15	p		12:	
WX Hyi	——	2 09 40	−63 20.8	UG	9.6	14.7	v			
VW Hyi	——	4 09 11	−71 18.6	UG	8.4	14.4	v		27.8:	
SS Aur	——	6 12 53	+47 44.6	UG	10.5	15.0	v		55.8	
IR Gem	——	6 47 15	+28 05.2	UG	10.7	14.5			75:	
U Gem	64511	7 54 42	+22 01.2	UG	8.2	14.9	v		103:	M4.5 + WD
Z Cam	——	8 24 31	+73 08.0	Z Cam	10.2	14.5	v		22:	
SW UMa	——	8 36 14	+53 30.0	UG	10.8	16	v		459:	
BZ UMa	——	8 53 25	+59 28.9	UG	10.5	16	p		110:	
CU Vel	——	8 58 14	−41 46.5	UG	10.7	15.5	p		150:	
SY Cnc	——	9 00 40	+17 55.8	Z Cam	10.6	13.7	p		27.3	
T Pyx	——	9 04 24	−32 21.0	Nr	6.3	14.0	v	39501	7000:	P
CH UMa	——	10 06 54	+68 32.7	UG	10.7	15.9	p		204:	
T Leo	——	11 38 07	+ 3 24.4	UG	10	15.4	p			
BC UMa	——	11 52 00	+56 18.8	UG	10.9	17.5	p			
BV Cen	——	13 30 55	−54 56.5	UG	10.7	13.6	v		149.4:	
Z Aps	——	14 06 21	−71 20.4	Z Cam	10.7	12.7	v		19:	
T CrB	143454	15 59 14	+25 56.3	Nr	2.0	10.8	v	31860	9000:	M3III + P(Q)
U Sco	——	16 22 09	−17 51.8	Nr	8.8	19	p	44048	3400:	
AH Her	——	16 43 54	+25 15.8	Z Cam	10.2	14.7	v		19.8:	
RS Oph	162214	17 49 52	− 6 42.4	Nr	5.3	12.3	p	39791		0cp + M2ep
MV Lyr	——	19 07 05	+44 00.5	NL	10.5	14.0	p			
WZ Sge	——	20 07 18	+17 41.1	Nr(E)	7.0	15.5	p	32001	1900:	P(Q)
P Cyg	193237	20 17 33	+38 00.7	S Dor	3.0	6.0	v			B2pe
V Sge	——	20 19 58	+21 05.0	NL	9.5	13.9	v			
AE Aqr	——	20 39 48	− 0 53.7	UG?	10.4	12.0	B			
VY Aqr	——	21 11 49	− 8 51.3	UG	8.0	16.6	p	45667		
SS Cyg	206697	21 42 27	+43 33.3	UG	8.2	12.4	v		50.1:	A1–dGep
RU Peg	——	22 13 44	+12 40.2	UG	9.0	13.1	v		67.8	sdBe + G8IVn

See Page H74 for Type codes.

VARIABLE STARS, J1993.5

OTHER VARIABLES

Name		H.D.	Right Ascension	Declination	Type	Magnitude		Mag. Type	Epoch (2400000+)	Period	Spectrum
						Max	Min				
			h m s	° ′						d	
EG	And	4174	0 44 16	+40 38.6	Z And	7.08	7.8	V			M2IIIep
SU	Tau	247925	5 48 42	+19 03.9	RCB	9.1	16.0	v			G0ep(C1,0)
U	Mon	59693	7 30 29	− 9 45.8	RVb	6.1	8.1	p	37395	92.26	F8e–K0Ib:p
AR	Pup	——	8 02 47	−36 34.6	RVb	8.7	10.9	p		75	cF0–cF8
AI	Vel	69213	8 13 52	−44 33.3	δ Sct	6.4	7.1	v		0.111	A2p–F2p
VZ	Cnc	73857	8 40 31	+ 9 50.9	δ Sct	7.18	7.9	V	41304.364	0.178	A7III–F2III
WY	Vel	81137	9 21 46	−52 32.1	Z And	8.8	10.2	p			M3Ib:ep + B
IW	Car	82085	9 26 44	−63 36.1	RVb	7.9	9.6	p	29401	67.5	F7–F8
RU	Cen	105578	12 09 04	−45 23.3	RV	8.7	10.7	p	28015.51	64.727	A7Ib–G2pe
UW	Cen	——	12 42 55	−54 29.6	RCB	9.1	14.5	v			K
TX	CVn	——	12 44 23	+36 48.0	Z And	9.2	11.8	p			B1–B9Veq + K0III–M4
S	Aps	——	15 08 44	−72 02.0	RCB	9.6	15.2	v			R3
R	CrB	141527	15 48 18	+28 10.6	RCB	5.71	14.8	V			C0,0(F8pep)
AG	Dra	——	16 01 39	+66 49.2	Z And	8.8	11.8	p			Gep
RY	Ara	——	17 20 34	−51 06.8	RV	9.2	12.1	p	30220	143.5	G5–K0
V703	Sco	160589	17 41 52	−32 31.3	δ Sct	7.82	8.5	B	37186.365	0.115	F0–F5
RS	Tel	——	18 18 22	−46 33.0	RCB	9.3	13.0	p			R8
AC	Her	170756	18 30 00	+21 51.7	RVa	7.43	9.7	B	35052	75.461	F2Ibp–K4e
V	CrA	173539	18 47 06	−38 09.9	RCB	8.3	16.5	v			C(r0)
R	Sct	173819	18 47 08	− 5 42.8	RVa	4.45	8.2	V	32078.3	140.05	G0Iae–K0Ibpv
FN	Sgr	——	18 53 30	−19 00.2	Z And	9.0	13.9	p			P
RY	Sgr	180093	19 16 07	−33 32.0	RCB	6.0	15.0	v			G0Ipe(C1,0)
BF	Cyg	——	19 23 38	+29 39.7	Z And	9.3	13.4	p			Bep + M5III
CH	Cyg	182917	19 24 22	+50 13.7	Z And	6.4	8.7	V		97	M7IIIab + B
CI	Cyg	——	19 49 58	+35 40.1	Z And	9.0	11.6	v			
RR	Tel	——	20 03 45	−55 44.4	Z And	6.5	16.5	p			F5ep
RS	Gru	206379	21 42 39	−48 13.1	δ Sct	7.93	8.4	V	41599.999	0.147	A6–F0
AG	Peg	207757	21 50 43	+12 35.7	Z And	6.0	9.4	v		830.14	WN6 + M1–M3II–III
Z	And	221650	23 33 21	+48 47.0	Z And	8.0	12.4	p			M2III + B1eq
SX	Phe	223065	23 46 11	−41 36.3	δ Sct	6.78	7.5	V	38636.617	0.054	A2V

TYPE OF VARIATION

E	eclipsing	EA	eclipsing, Algol type
EB	eclipsing, β Lyr type	EW	eclipsing, W UMa type
δ Cep	cepheid, classical type	CWa	cepheid, W Vir type
Lb	slow irregular type	Lc	irregular supergiants of late spectral type
RV	RV Tauri type	RVa	RV Tauri type with constant mean brightness
M	Mira, long period variable	RVb	RV Tauri type with varying mean brightness
Nr	recurrent novae	δ Sct	δ Sct type, pulsating stars of spectral class A and F
Nr(E)	recurrent novae and eclipsing variable	NL	nova like stars
UG	U Gem, SS Cyg type, outbursts	Z Cam	Z Cam type, UG type variations with standstills
SR	semi-regular	Z And	Z And type (symbiotic stars)

SRa	semi-regular, late spectral class, strong periodicities
SRb	semi-regular, late spectral class, weak periodicities
SRc	semi-regular, late spectral class, disk component stars
SRd	semi-regular, spectrum F, G, or K
RRab	RR Lyr with sharp asymmetric light curves
RRc	RR Lyr with symmetric sinusoidal light curves
RCB	R CrB type, high luminosity stars with non-periodic drops in brightness
S Dor	high luminosity stars of spectral classes Bpeq-Fpeq, irregular variations

TYPE OF MAGNITUDE

p	photographic magnitudes	V	photoelectric visual magnitudes
v	visual magnitudes	B	photoelectric blue magnitudes

Name	Right Ascension	Declination	Flux 6 cm	Flux 11 cm	V	B−V	z	M(abs)	Code
	h m s	o ′ ″	Jy	Jy					
UM 18	0 05 00.2	+ 5 22 00	0.257	0.17	16.00		1.890	−30.3	R
S5 0014+81	0 16 44.2	+81 32 59	0.551	0.61	16.50		3.410	−30.8	R
PG 0026+12	0 28 53.4	+13 13 56	0.002		14.78	0.26	0.142	−24.8	O
UM 281	0 50 42.5	− 1 04 50			16.00		1.870	−30.2	
PG 0052+251	0 54 31.2	+25 23 32			15.42		0.155		
DHM0054−284	0 56 06.4	−27 45 53			19.55		3.610	−28.1	
UM 294	0 58 04.6	+ 0 39 08			16.00		1.920	−30.3	
PHL 957	1 02 50.8	+13 14 12			16.57	0.40	2.690	−30.5	O
PKS 0106+01	1 08 18.7	+ 1 32 55	3.730	2.04	18.39	0.15	2.107	−28.2	O
UM 100	1 22 36.0	+ 2 55 30			18.00		3.272	−29.3	
Q 0122−380	1 23 59.8	−37 46 26			16.50		2.190	−30.2	
Q 0130−403	1 32 44.8	−40 08 28			17.02	0.66	3.015	−30.5	
UM 673	1 44 57.9	− 9 47 09			17.00		2.720	−30.2	
UM 141	1 48 58.6	+ 1 55 27			17.00		2.909	−30.5	
UM 148	1 56 15.7	+ 4 43 43			17.00		2.990	−30.6	
UM 154	2 01 39.5	+ 3 48 50		0.01	16.00		2.440	−30.7	
NAB 0205+02	2 07 29.6	+ 2 41 05	0.002		15.41	0.26	0.155		O
UM 402	2 09 30.9	+ 0 31 25			16.00		2.840	−31.4	
Q 0207−398	2 09 12.0	−39 40 41			17.15	0.20	2.805	−30.2	
UM 678	2 51 23.2	−22 01 55			18.40		3.200	−28.8	
UM 679	2 51 30.5	−18 15 39			18.60		3.210	−28.6	
Q 0254−334	2 56 32.0	−33 16 56			16.00		1.849	−30.2	
Q 0347−383	3 49 28.9	−38 11 38			17.30		3.230	−29.9	
Q 0401−350B	4 02 56.7	−34 58 01			19.50		3.250	−27.7	
PKS 0405−12	4 07 30.2	−12 12 38	1.990	2.36	14.57	0.18	0.574	−28.4	O
Q 0420−388	4 22 01.2	−38 45 46	0.107	0.14	16.90		3.120	−30.4	O
PKS 0438−43	4 40 04.8	−43 33 51	7.580	6.17	18.80		2.852	−28.6	O
3C 138.0	5 20 47.3	+16 38 00	4.160	5.99	18.84	0.53	0.759	−24.9	O
PKS0537−441	5 38 38.7	−44 05 21	3.960	3.84	16.48	0.52	0.894	−27.5	O
3C 147.0	5 42 05.9	+49 50 58	8.180	12.98	17.80	0.65	0.545	−25.1	O
B2 0552+39A	5 55 03.6	+39 48 46	4.814	3.53	18.00		2.365	−28.6	O
PKS 0637−75	6 35 59.1	−75 15 57	6.190	4.51	15.75	0.33	0.651	−27.6	O
OH 471	6 46 03.5	+44 51 43	0.778	1.27	18.49	1.08	3.400	−28.8	O
MARK 380	7 19 01.6	+74 28 41			17.00		2.737	−30.2	O
1E0754+3928	7 57 33.7	+39 21 31			14.36	0.38	0.096	−24.5	
PG 0804+761	8 10 09.2	+76 03 52			15.15		0.100	−23.7	
3C 196.0	8 13 08.0	+48 14 14	4.360	7.66	17.79	0.57	0.871	−26.2	O
PG 0844+349	8 47 18.0	+34 46 31			14.00		0.064	−23.9	
0846+51W1	8 49 30.1	+51 09 56	0.258	0.25	15.72	0.56	1.860	−30.5	O
PG 0906+48	9 09 43.6	+48 15 18			16.06	0.40	0.118		O
B2 0923+39	9 26 38.6	+39 04 03	7.570	4.54	17.86	0.06	0.698	−25.7	O
PG 0953+415	9 56 28.6	+41 17 32			14.50		0.239	−26.3	
PKS 1004+13	10 07 05.3	+12 50 51	0.420	0.64	15.15	0.13	0.240		O
TON 34	10 19 32.9	+27 47 53			15.69	0.37	1.924	−30.6	
EX 1059+730	11 02 10.6	+72 48 51			14.70	1.7	0.089	−24.0	
Q 1101−264	11 03 06.3	−26 43 09			16.02	0.06	2.145	−30.6	O
PG 1114+445	11 16 45.2	+44 15 45			16.05		0.144		
PG 1115+080	11 17 56.7	+ 7 48 08			15.80		1.722	−30.2	
PG 1116+215	11 18 48.0	+21 21 26			15.17		0.177		

Code: O=Optical position, R=Radio position with an accuracy better than one arc second.

Name	Right Ascension	Declination	Flux 6 cm	Flux 11 cm	V	B−V	z	M(abs)	Code
	h m s	° ′ ″	Jy	Jy					
PKS 1127−14	11 29 47.3	−14 47 18	7.310	6.43	16.90	0.27	1.187	−28.0	O
PG 1138+040	11 40 56.4	+ 3 49 09			16.05		1.876	−30.2	
Q 1159+124	12 01 13.7	+12 09 28					3.510		
PG 1211+143	12 13 57.7	+14 05 22			14.63		0.085	−23.9	
B2 1225+31	12 28 05.4	+31 30 47	0.330	0.33	15.87	0.28	2.200	−30.7	O
PG 1241+176	12 43 51.4	+17 23 12			15.38		1.273		
PG 1247+268	12 49 46.6	+26 32 47			15.80		2.038	−30.7	
3C 279	12 55 50.9	− 5 45 15	5.340	11.96	17.75	0.26	0.536	−25.1	O
PKS1302−102	13 05 12.5	−10 31 15	1.280	1.23	15.23	−0.05	0.286		O
PG 1307+085	13 09 27.3	+ 8 21 54			15.28		0.155		
3C 286.0	13 30 50.3	+30 32 33	7.480	10.26	17.25	0.26	0.846	−26.6	O
Q 1346+001	13 48 57.7	+ 0 03 21					3.268		O
PG 1351+64	13 53 04.2	+63 47 39	0.032		14.84	0.34	0.088	−23.8	O
PKS1402+044	14 04 41.5	+ 4 17 27	0.710	0.58	18.50		3.202	−28.7	O
PG 1404+226	14 06 04.1	+22 25 34			15.82		0.098	−23.1	
PG 1411+442	14 13 33.0	+44 02 02			14.99		0.089	−23.7	
PG 1415+451	14 16 45.5	+44 57 54			15.74		0.114		
PG 1416−129	14 18 42.7	−13 08 57			15.40		0.129		
S4 1435+63	14 36 36.7	+63 38 18	1.240	1.41	15.00		2.060	−31.5	O
PG 1435−067	14 37 55.6	− 6 56 37			15.54		0.129	−23.8	
OQ 172	14 44 57.6	+10 00 14	1.150	1.77	17.78	0.80	3.530	−29.7	O
3C 309.1	14 59 06.0	+71 41 51	3.760	5.30	16.78	0.46	0.905	−27.3	O
PG 1519+226	15 20 57.3	+22 29 02			16.09		0.137		
PG 1552+085	15 54 25.6	+ 8 23 29			16.02		0.119		
1601+182	16 03 01.3	+18 10 08					3.280		
PKS 1610−77	16 16 54.7	−77 16 21	5.550	3.80	19.00		1.710	−26.9	O
TON 256	16 13 57.0	+26 05 14		0.02	15.41	0.65	0.131		O
PKS1614+051	16 16 18.2	+ 5 00 29	0.850	0.67	19.50		3.208	−27.7	R
1623.7+268B	16 25 32.3	+26 48 02			16.00		2.518	−30.8	
PG 1626+554	16 27 47.7	+55 23 21			16.17		0.133		
B2 1633+38	16 35 01.8	+38 08 50	4.080	2.57	18.00		1.814	−28.1	O
PG 1634+706	16 34 31.9	+70 32 20			14.90		1.334	−30.4	
MC 1635+119	16 37 28.1	+11 50 35	0.080	0.11	16.57	0.49	0.146		O
3C 345.0	16 42 45.6	+39 49 20	5.650	6.01	15.96	0.29	0.594	−27.1	O
PG 1700+518	17 01 15.6	+51 49 54			15.43		0.292		
3C 351.0	17 04 36.5	+60 45 00	1.210	2.03	15.28	0.13	0.371		O
PG 1718+481	17 19 27.7	+48 04 35			15.33		1.084		
NRAO 530	17 32 40.5	−13 04 34	4.220	4.90	18.50		0.902	−25.6	O
PKS2000−330	20 02 59.2	−32 52 53	1.030	0.62	19.00		3.780	−28.8	O
20 05+40	20 07 31.2	+40 28 39	4.450	4.60	19.00		1.736	−27.0	O
3C 418.0	20 38 25.2	+51 17 49	3.790	4.71	21.00		1.687	−24.9	O
PKS 2126−15	21 28 50.6	−15 40 24	1.240	1.17	17.30		3.275	−30.0	O
PKS 2145+06	21 47 46.1	+ 6 55 49	4.410	3.46	16.47	0.38	0.990	−27.8	O
PKS 2203−18	22 05 49.0	−18 37 34	4.240	5.25	18.50		0.618	−24.7	
PKS2204−573	22 07 27.3	−57 09 29	0.360	0.43	16.60		2.725	−30.6	
3C 446	22 25 26.9	− 4 59 00	4.070	4.28	18.39	0.44	1.404	−27.1	O
	22 30 10.2	−39 15 09			18.80		3.450	−28.5	
CTA 102	22 32 17.0	+11 41 51	3.650	4.93	17.33	0.42	1.037	−27.2	O
Q 2313−423	23 15 45.9	−42 07 04			19.50		3.360	−27.7	

Code: O=Optical position, R=Radio position with an accuracy better than one arc second.

PSR	Right Ascension	Declination	Period	$\dot{P}$	Epoch	DM	S_{400}
	h m s	o ′ ″	s	10^{-15} ss^{-1}	24	cm^{-3}pc	Jy
0031–07	0 34 08.9	− 7 22 01	0.94295078486	0.40	40690	10.8	25
0136+57	1 39 19.9	+ 58 14 32.0	0.27244563408	10.68	43890	72.2	50
0138+59	1 41 40.0	+ 60 09 29.8	1.22294826723	0.39	41794	34.8	55
0329+54	3 32 59.2	+ 54 34 42.9	0.71451866398	2.04	40621	26.7	1400
0355+54	3 58 53.6	+ 54 13 14.5	0.15638005591	4.38	41593	57.0	60
0450+55	4 54 07.6	+ 55 43 39.5	0.34072820672	2.36	43890	15.6	40
0450–18	4 52 34.4	− 17 59 25.5	0.5489353684	5.74	41536	39.9	55
0525+21	5 28 52.1	+ 22 00 22.8	3.74549702902	40.05	41994	50.9	93
0531+21	5 34 31.9	+ 22 00 52.0	0.03313404075	422.43	41351	56.7	800
0538–75	5 36 30.8	− 75 43 59.3	1.2458554349	0.57	43555	18.3	75
0611+22	6 14 16.2	+ 22 25 10.4	0.33492505401	59.63	42881	96.7	25
0628–28	6 30 49.5	− 28 34 43.8	1.2444170726	7.10	44124	34.3	90
0655+64*	7 00 37.6	+ 64 18 11.0	0.19567094486	0.00	43987	8.7	40
0736–40	7 38 32.4	− 40 42 39.4	0.37491871098	1.61	42554	160.8	190
0740–28	7 42 48.9	− 28 22 52	0.16675244661	16.83	42554	73.7	195
0808–47	8 09 43.9	− 47 53 55.4	0.54719837196	3.08	43556	228.3	46
0809+74	8 14 59.4	+ 74 29 06.7	1.29224132384	0.16	40689	5.7	50
0818–13	8 20 26.3	− 13 50 54.9	1.23812810723	2.10	41006	40.9	90
0818–41	8 20 15.5	− 41 14 36.6	0.5454455279	0.02	43557	111	65
0820+02*	8 23 09.7	+ 1 59 12.9	0.86487275	< 0.5	43419	22.2	22
0823+26	8 26 51.2	+ 26 37 25.2	0.53065995906	1.72	42717	19.4	70
0833–45	8 35 20.6	− 45 10 35.8	0.08924726825	124.68	43892	69.0	5000
0834+06	8 37 05.5	+ 6 10 13.7	1.27376417152	6.79	41708	12.8	65
0835–41	8 37 21.1	− 41 35 14.3	0.75162112843	3.54	43557	147.6	197
0919+06	9 22 13.8	+ 6 38 21.6	0.43061431165	13.72	43890	27.2	40
0940–55	9 42 15.6	− 55 52 55.4	0.66436112446	22.73	43555	180.2	55
0950+08	9 53 09.3	+ 7 55 35.7	0.25306506819	0.22	41501	2.9	900
0959–54	10 01 37.9	− 55 07 08.8	1.4365681929	51.66	43558	130.6	80
1054–62	10 56 25.5	− 62 58 47.6	0.42244618669	3.57	43556	323.4	45
1055–52	10 57 58.7	− 52 26 56.5	0.19710760818	5.83	43556	30.1	80
1112+50	11 15 38.3	+ 50 30 13.9	1.65643808033	2.49	41536	9.1	20
1133+16	11 36 03.3	+ 15 51 00.8	1.18791153608	3.73	41665	4.8	340
1154–62	11 57 15.2	− 62 24 50.6	0.40052094651	3.93	43556	325.2	145
1221–63	12 24 22.2	− 64 07 53.7	0.21647481429	4.95	43556	96.9	48
1237+25	12 39 40.5	+ 24 53 49.1	1.38244861210	0.95	40611	9.2	160
1240–64	12 43 17.2	− 64 23 23.4	0.38847933086	4.50	42710	297.4	110
1323–58	13 26 58.3	− 58 59 30.1	0.4779896901	3.21	43556	283	120
1323–62	13 27 17.2	− 62 22 43	0.5299062943	18.89	43556	318.4	135
1356–60	13 59 58.2	− 60 38 08.2	0.12750077685	6.33	43556	295.0	105
1426–66	14 30 40.9	− 66 23 04.5	0.78543998083	2.77	43556	65.3	130
1449–64	14 53 32.7	− 64 13 15.0	0.17948389392	2.74	43177	71.0	230
1451–68	14 56 00.2	− 68 43 38.9	0.26337677865	0.09	42554	8.6	350
1508+55	15 09 25.9	+ 55 31 35.2	0.73967789896	5.03	40625	19.5	125
1509–58	15 13 56	− 59 08 08	0.15021718	520.	45042	235	2
1530–53	15 34 08.3	− 53 34 19.1	1.3688805090	1.42	43559	24.8	70
1540–06	15 43 30.1	− 6 20 44.0	0.70906364986	0.88	43890	18.6	50
1541+09	15 43 38.8	+ 9 29 16.9	0.74844817748	0.43	42304	34.9	100

*Member of a binary system

PSR	Right Ascension	Declination	Period	$\dot{P}$	Epoch	DM	S_{400}
	h m s	° ′ ″	s	$10^{-15}\,\text{ss}^{-1}$	24	cm^{-3}pc	Jy
1556–44	15 59 41.5	– 44 38 45.9	0.25705572352	1.01	42554	58.8	110
1558–50	16 02 18.9	– 51 00 04.4	0.8642020784	69.57	43559	169.5	45
1600–49	16 04 23.0	– 49 09 57.3	0.32741728797	1.01	43557	140.8	44
1604–00	16 07 12.1	+ 0 32 40.1	0.42181611020	0.30	42307	10.7	45
1641–45	16 44 49.3	– 45 59 09.2	0.45505464292	20.13	43634	475	375
1642–03	16 45 02.0	– 3 17 58.5	0.38768879135	1.78	40622	35.6	300
1706–16	17 09 26.4	– 16 40 57	0.65305047326	6.38	40622	24.8	60
1727–47	17 31 41.9	– 47 44 33.1	0.82972364148	163.67	43494	121.9	190
1737+13	17 40 07.4	+ 3 11 57.6	0.80304971623	1.45	43893	48.4	70
1738–08	17 41 22.5	– 8 40 33	2.0430815106	2.27	43891	74	40
1747–46	17 51 42.2	– 46 57 24.0	0.74235203333	1.29	43557	21.7	70
1749 28	17 52 58.6	– 28 06 37.8	0.56255316830	8.15	40128	50.8	1300
1804–08	18 07 38.0	– 8 47 42.8	0.16372736083	0.02	43891	112.8	55
1818–04	18 20 52.6	– 4 27 40	0.59807263930	6.33	40622	84.3	170
1821–19	18 24 00.4	– 19 45 51	0.18933213477	5.23	43557	226	52
1831–04	18 34 25.3	– 4 26 35	0.29010815629	0.19	44054	79	75
1844–04	18 47 23	– 4 02 12	0.5977390	51.9	42004	141.9	100
1845–01	18 48 24	– 1 24 05	0.65942849	5.2	42005	163	60
1857–26	19 00 48	– 26 00 38	0.61220908	0.16	42005	38.1	120
1859+03	19 01 31.8	+ 3 31 06.2	0.65544511516	7.48	42100	402.9	125
1900+01	19 03 29.9	+ 1 35 38.2	0.72930163274	4.03	42346	243.4	60
1907+10	19 09 48.7	+ 11 02 03.3	0.28363867083	2.63	42540	144	55
1911–04	19 13 54.1	– 4 40 47.6	0.82593368968	4.06	40624	89.4	120
1913+16*	19 15 28.0	+ 16 06 27.4	0.05902999526	0.00	42321	167	6
1914+13	19 16 58.7	+ 13 12 50.7	0.28184027865	3.61	42847	230	45
1919+21	19 21 44.8	+ 21 53 01.8	1.33730119226	1.34	40689	12.4	240
1920+21	19 22 53.5	+ 21 10 42.2	1.07791915514	8.18	42547	220	45
1929+10	19 32 13.8	+ 10 59 31.4	0.22651715301	1.15	41704	3.1	130
1929+20	19 32 08.1	+ 20 20 45.3	0.26821490434	4.17	43029	210.0	50
1933+16	19 35 47.8	+ 16 16 40.6	0.35873624827	6.00	42265	158.5	260
1937+21	19 39 38.5	+ 21 34 59.1	0.00155780649	0.00	45303	71.2	200
1944+17	19 46 53.0	+ 18 05 41.5	0.44061846173	0.02	41501	16.3	60
1946+35	19 48 25.0	+ 35 40 11.1	0.71730676525	7.05	42221	129.1	120
1952+29	19 54 22.6	+ 29 23 17.9	0.42667678559	0.00	42434	7.9	20
1953+29*	19 55 27.9	+ 29 08 41.9	0.00613317	<0.04		104.5	15
2016+28	20 18 03.8	+ 28 39 54.2	0.55795340728	0.14	40689	14.1	150
2020+28	20 22 37.0	+ 28 54 23.5	0.34340079150	1.89	41348	24.6	250
2021+51	20 22 49.9	+ 51 54 49	0.52919532782	3.05	40625	22.5	60
2045–16	20 48 35.3	– 16 16 45	1.96156687985	10.96	40695	11.5	130
2111+46	21 13 24.3	+ 46 44 08.4	1.01468444504	0.71	41006	141.5	190
2217+47	22 19 48.1	+ 47 54 53.9	0.53846739454	2.76	40624	43.5	63
2255+58	22 57 57.7	+ 59 09 14.6	0.36824365392	5.75	42629	148	60
2303+30	23 05 58.2	+ 31 00 01.6	1.57588474427	2.89	42341	49.9	25
2310+42	23 13 08.5	+ 42 53 12.5	0.34943363975	0.11	43891	17.3	40
2319+60	23 21 55.3	+ 60 24 29.5	2.2564837049	7.03	41535	96	70

*Member of a binary system

CONTENTS OF SECTION J

Pages J6–J15 contain as complete a list as possible of observatories that are currently engaged in professional programs of astronomical observations. Entries are in alphabetical order according to geographical location. If only the formal name of an observatory is known, its location can be found in the Index List (pp. J2–J5). In the General List, observatories with radio instruments, infrared instruments or laser instruments are designated with an 'R', 'I' or 'L', respectively, in the Description column. The column labelled Ref. specifies the year in which an observatory appeared in the Instrumentation Lists of the 1981–1984 editions. East longitudes and north latitudes are considered to be positive.

INDEX LIST

INDEX LIST

INDEX LIST

INDEX LIST

Place	Description*		East Longitude	Latitude	Height (Sea Level)	Ref.
			° ′	° ′	m	
Abastumani/Mt. Kanobili, USSR	Abastumani Astrophysical Obs.	R	+ 42 49.3	+41 45.3	1583	83
Abu, India	Gurushikhar Infrared Obs.	I	+ 72 46.8	+24 39.1	1700	
Albuquerque, New Mexico	Capilla Peak Obs.		− 106 24.3	+34 41.8	2842	82
Alma-Ata, USSR	Mountain Obs.		+ 76 57.4	+43 11.3	1450	84
Amado/Mt. Hopkins, Arizona	Fred L. Whipple (MMT) Obs.		− 110 53.1	+31 41.3	2608	84
Anacapri, Italy	Capri Obs.		+ 14 11.8	+40 33.5	137	82
Ankara, Turkey	Ankara Univ. Obs.	R	+ 32 46.8	+39 50.6	1266	82
Arcetri, Italy	Arcetri Astrophysical Obs.		+ 11 15.3	+43 45.2	184	82
Arecibo, Puerto Rico	Arecibo Obs.	R	− 66 45.2	+18 20.6	496	81
Århus, Denmark	Ole Rømer Obs.		+ 10 11.8	+56 07.7	50	82
Armagh, Northern Ireland	Armagh Obs.		− 6 38.9	+54 21.2	64	82
Arosa, Switzerland	Arosa Astrophysical Obs.		+ 9 40.1	+46 47.0	2050	82
Asiago, Italy	Asiago Astrophysical Obs.		+ 11 31.7	+45 51.7	1045	81
Asiago, Italy	Mount Ekar Obs.		+ 11 34.3	+45 50.6	1350	81
Athens, Greece	National Obs. of Athens		+ 23 43.2	+37 58.4	110	81
Atibaia, Brazil	Itapetinga Radio Obs.	R	− 46 33.5	−23 11.1	806	83
Atlanta, Georgia	Fernbank Obs.		− 84 19.1	+33 46.7	320	81
Auckland, New Zealand	Auckland Obs.		+174 46.7	−36 54.4	80	82
Bagnères-de-Bigorre, France	Pic du Midi Obs.		+ 0 08.7	+42 56.2	2861	82
Bailey/Dick Mtn., Colorado	Chamberlin Obs. Sta.		− 105 26.2	+39 25.6	2675	83
Bamberg, Germany	Remeis Obs.		+ 10 53.4	+49 53.1	288	82
Beijing, China	Beijing Normal Univ. Obs.	R	+116 21.6	+39 57.4	70	
Belo Horizonte, Brazil	Piedade Obs.		− 43 30.7	−19 49.3	1746	82
Beloit, Wisconsin	Thompson Obs.		− 89 01.9	+42 30.3	255	82
Bergedorf, Germany	Hamburg Obs.		+ 10 14.5	+53 28.9	45	83
Berlin, Germany	Archenhold Obs.		+ 13 28.7	+52 29.2	41	81
Berlin, Germany	Wilhelm-Foerster Obs.		+ 13 21.2	+52 27.5	78	82
Besançon, France	Besançon Obs.		+ 5 59.2	+47 15.0	312	81
Bickley, Australia	Perth Obs.		+116 08.1	−32 00.5	391	83
Big Bear City, California	Big Bear Solar Obs.		− 116 54.9	+34 15.2	2067	82
Big Pine, California	Owens Valley Radio Obs.	R	− 118 16.9	+37 13.9	1236	81
Binningen, Switzerland	Univ. of Basle Ast. Inst.		+ 7 35.0	+47 32.5	318	82
Björnstorp, Sweden	Lund Obs. Jävan Sta.		+ 13 26.0	+55 37.4	145	82
Blenheim/Black Birch, New Zealand	Carter Obs. Sta.		+173 48.2	−41 44.9	1396	
Blenheim/Black Birch, New Zealand	U.S. Naval Obs. Sta.		+173 48.2	−41 44.7	1366	
Bochum, Germany	Bochum Obs.		+ 7 13.4	+51 27.9	132	82
Bogotá, Colombia	National Ast. Obs.		− 74 04.9	+ 4 35.9	2640	82
Bologna, Italy	San Vittore Obs.		+ 11 20.5	+44 28.1	280	83
Boone, Iowa	Erwin W. Fick Obs.		− 93 56.5	+42 00.3	332	82
Bornova, Turkey	Ege Univ. Obs.		+ 27 16.5	+38 23.9	795	82
Borowiec, Poland	Astronomical Latitude Obs.	L	+ 17 04.5	+52 16.6	80	84
Bosque Alegre, Argentina	Córdoba Obs. Astrophys. Sta.		− 64 32.8	−31 35.9	1250	81
Boulder, Colorado	Sommers-Bausch Obs.		− 105 15.8	+40 00.2	1653	82
Bouzaréa, Algeria	Alger Obs.		+ 3 02.1	+36 48.1	345	82
Brannenburg, Germany	Wendelstein Solar Obs.		+ 12 00.8	+47 42.5	1838	82

* 'R' denotes an observatory with radio instruments; 'I' denotes an observatory with infrared instruments;
  'L' denotes an observatory with laser instruments.

Place	Description*		East Longitude	Latitude	Height (Sea Level)	Ref.
			° '	° '	m	
Bratislava, Czechoslovakia	Slovak Technical Univ. Obs.		+ 17 07.2	+48 09.3	171	82
Bristol Springs, New York	C.E. Kenneth Mees Obs.		− 77 24.5	+42 42.0	701	82
Brno, Czechoslovakia	Nicholas Copernicus Obs.		+ 16 35.3	+49 12.3	310	81
Bro, Sweden	Kvistaberg Obs.		+ 17 36.4	+59 30.1	—	81
Bronson, Florida	Rosemary Hill Obs.		− 82 35.2	+29 24.0	44	82
Brooklyn, Indiana	Goethe Link Obs.		− 86 23.7	+39 33.0	300	81
Brorfelde, Denmark	Copenhagen Univ. Obs.		+ 11 40.0	+55 37.5	90	82
Brownsboro, Kentucky	Moore Obs.		− 85 31.8	+38 20.1	216	82
Brussels, Belgium	Ast. and Astrophys. Inst.		+ 4 23.0	+50 48.8	147	81
Bucharest, Romania	Bucharest Ast. Obs.		+ 26 05.8	+44 24.8	81	82
Budapest, Hungary	Konkoly Obs.		+ 18 57.9	+47 30.0	474	82
Budapest, Hungary	Urania Obs.		+ 19 03.9	+47 29.1	166	82
Buenos Aires, Argentina	Naval Obs.		− 58 21.3	−34 37.3	6	82
Calern, France	Cote d'Azur Obs.	I,L	+ 6 55.6	+43 44.9	1270	84
Cambridge, England	Cambridge Univ. Observatories		+ 0 05.7	+52 12.8	30	
Cambridge, England	Mullard Radio Ast. Obs.	R	+ 0 02.6	+52 10.2	17	81
Cambridge, England	Royal Greenwich Obs.		+ 0 05.7	+52 12.8	30	83
Cambridge, Massachusetts	Harvard-Smith. Ctr. for Astrophys.	R	− 71 07.8	+42 22.8	24	82
Cananea, Mexico	Cananea Astrophysical Obs.		−110 23.0	+31 03.2	2480	
Canberra, Australia	Mount Stromlo Obs.		+149 00.5	−35 19.2	767	83
Cape Town, South Africa	South African Ast. Obs.		+ 18 28.7	−33 56.1	18	81
Capoterra, Italy	Cagliari Ast. Obs.	L	+ 8 58.6	+39 08.2	205	82
Caracas, Venezuela	Cagigal Obs.		− 66 55.7	+10 30.4	1026	82
Carloforte, Italy	International Latitude Obs.		+ 8 18.7	+39 08.2	22	82
Cassel, California	Hat Creek Radio Ast. Obs.	R	−121 28.4	+40 49.1	1043	81
Castleknock, Ireland	Dunsink Obs.		− 6 20.2	+53 23.3	85	82
Catania, Italy	Catania Astrophysical Obs.		+ 15 05.2	+37 30.2	47	82
Catania/Serra la Nave, Italy	Catania Obs. Stellar Sta.		+ 14 58.4	+37 41.5	1735	81
Cebreros, Spain	Deep Space Sta.	R	− 4 22.0	+40 27.3	789	84
Chapel Hill, North Carolina	Morehead Obs.		− 79 03.0	+35 54.8	161	
Charlottesville, Virginia	Leander McCormick Obs.		− 78 31.4	+38 02.0	264	82
Charlottesville/Fan Mtn., Virginia	Leander McCormick Obs. Sta.		− 78 41.6	+37 52.7	566	82
Chavannes-des-Bois, Switz.	Univ. of Lausanne Obs.		+ 6 08.2	+46 18.4	465	83
Chilbolton, England	Chilbolton Obs.	R	− 1 26.2	+51 08.7	92	81
Chions, Italy	Chaonis Obs.		+ 12 42.7	+45 50.6	15	
Chung-li, Taiwan	National Central Univ. Obs.		+121 11.2	+24 58.2	152	82
Cincinnati, Ohio	Cincinnati Obs.	R	− 84 25.4	+39 08.3	247	82
Cluj-Napoca, Romania	Cluj-Napoca Ast. Obs.		+ 23 35.9	+46 42.8	750	82
Cocoa, Florida	Brevard Community College Obs.		− 80 45.7	+28 23.1	17	82
Coimbra, Portugal	Coimbra Ast. Obs.		− 8 25.8	+40 12.4	99	82
College Park, Maryland	Univ. of Maryland Obs.	R	− 76 57.4	+39 00.1	53	82
Colorado Springs, Colorado	U.S. Air Force Academy Obs.		−104 52.5	+39 00.4	2187	82
Columbia, South Carolina	Melton Memorial Obs.		− 81 01.6	+33 59.8	98	82
Columbia, South Carolina	Univ. of S.C. Radio Obs.	R	− 81 01.9	+33 59.8	127	
Coonabarabran/Siding Spg., Austl.	Anglo-Australian Obs.	R	+149 03.7	−31 16.4	1149	83

* 'R' denotes an observatory with radio instruments; 'I' denotes an observatory with infrared instruments; 'L' denotes an observatory with laser instruments.

Place	Description*		East Longitude	Latitude	Height (Sea Level)	Ref.
			° ′	° ′	m	
Coonabarabran/Siding Spg., Austl.	Royal Obs. Edinburgh Sta.		+149 04.2	−31 16.5	1145	
Copenhagen, Denmark	Copenhagen Univ. Obs.		+ 12 34.6	+55 41.2	—	82
Córdoba, Argentina	Córdoba Ast. Obs.		− 64 11.8	−31 25.3	434	82
Cracow, Poland	Jagellonian Obs. Ft. Skala Sta.	R	+ 19 49.6	+50 03.3	314	81
Cracow, Poland	Jagellonian Univ. Ast. Obs.		+ 19 57.6	+50 03.9	225	82
Culgoora, Australia	Australian Tel. Natl. Facility	R	+149 33.7	−30 18.9	217	81
Daegang, South Korea	Sobaeksan Ast. Obs.		+128 27.4	+36 56.0	1390	82
Daejeon, South Korea	Daeduk Radio Ast. Obs.	R	+127 22.3	+36 23.9	120	
Danbury, Connecticut	Western Conn. State Univ. Obs.		− 73 26.7	+41 24.0	128	82
Daun, Germany	Hoher List Obs.		+ 6 51.0	+50 09.8	533	81
Debrecen, Hungary	Heliophysical Obs.		+ 21 37.4	+47 33.6	132	84
Decatur, Georgia	Bradley Obs.		− 84 17.6	+33 45.9	316	82
Delaware, Ohio	Ohio State Radio Obs.	R	− 83 02.9	+40 15.1	282	81
Delaware, Ohio	Perkins Obs.		− 83 03.3	+40 15.1	280	81
Denver, Colorado	Chamberlin Obs.		−104 57.2	+39 40.6	1644	83
Devon, Alberta	Devon Ast. Obs.		−113 45.5	+53 23.4	708	82
Dexter, MIchigan	Univ. of Mich. Radio Ast. Obs.	R	− 83 56.2	+42 23.9	345	81
Dresden, Germany	Lohrmann Obs.		+ 13 52.3	+51 03.0	324	83
Dundee, Scotland	Mills Obs.		− 3 00.7	+56 27.9	152	82
Dushanbe, USSR	Inst. of Astrophysics		+ 68 46.9	+38 33.7	820	83
Dwingeloo, Netherlands	Dwingeloo Radio Obs.	R	+ 6 23.8	+52 48.8	25	81
East Lansing, Michigan	Michigan State Univ. Obs.		− 84 29.0	+42 42.4	274	82
Edinburgh, Scotland	City Obs.		− 3 10.8	+55 57.4	107	82
Edinburgh, Scotland	Royal Obs.		− 3 11.0	+55 55.5	146	81
Effelsberg, Germany	Max Planck Inst. for Radio Ast.	R	+ 6 53.1	+50 31.6	369	81
Ein Yahav/Mt. Zin, Israel	Florence and George Wise Obs.		+ 34 45.8	+30 35.8	874	81
Ellensburg, Washington	Manastash Ridge Obs.		−120 43.4	+46 57.1	1198	82
Eschweiler, Germany	Stockert Radio Obs.	R	+ 6 43.4	+50 34.2	435	81
Escondido/Palomar Mtn., Calif.	Palomar Obs.		−116 51.8	+33 21.4	1706	81
Evanston, Illinois	Dearborn Obs.		− 87 40.5	+42 03.4	195	82
Evanston, Illinois	Lindheimer Ast. Research Center		− 87 40.3	+42 03.6	205	82
Fayette, Missouri	Morrison Obs.		− 92 41.8	+39 09.1	228	82
Flagstaff, Arizona	Lowell Obs.		−111 39.9	+35 12.2	2219	81
Flagstaff/Anderson Mesa, Arizona	Lowell Obs. Sta.		−111 32.2	+35 05.8	2200	
Flagstaff, Arizona	Northern Arizona Univ. Obs.		−111 39.2	+35 11.1	2110	82
Flagstaff, Arizona	U.S. Naval Obs. Sta.		−111 44.4	+35 11.0	2316	81
Floirac, France	Bordeaux Univ. Obs.	R	− 0 31.7	+44 50.1	73	82
Forcalquier/St. Michel, France	Obs. of Haute-Provence		+ 5 42.8	+43 55.9	665	81
Fort Davis, Texas	George R. Agassiz Sta.	R	−103 56.8	+30 38.1	1603	82
Fort Davis/Mt. Locke, Texas	McDonald Obs.	L	−104 01.3	+30 40.3	2075	84
Fort Davis/Mt. Locke, Texas	Millimeter Wave Obs.	R	−104 01.7	+30 40.3	2031	81
Fort Irwin, California	Goldstone Complex	R	−116 50.9	+35 23.4	1036	81
Freiburg, Germany	Schauinsland Obs.		+ 7 54.4	+47 54.9	1240	82
Gap/Plateau de Bure, France	Grenoble Obs.	R	+ 5 54.5	+44 38.0	2552	
Gap/Plateau de Bure, France	Millimeter Radio Ast. Inst.	R	+ 5 54.4	+44 38.0	2552	

* 'R' denotes an observatory with radio instruments; 'I' denotes an observatory with infrared instruments; 'L' denotes an observatory with laser instruments.

Place	Description*		East Longitude	Latitude	Height (Sea Level)	Ref.
			° ′	° ′	m	
Gauribidanur, India	Gauribidanur Radio Obs.	R	+ 77 26.1	+13 36.2	686	
Georgetown, Colorado	Mount Evans Obs.		− 105 38.4	+39 35.2	4313	82
Gérgal/Calar Alto, Spain	German Spanish Ast. Center		− 2 32.2	+37 13.8	2168	81
Glasgow, Scotland	Glasgow Univ. Obs.		− 4 18.3	+55 54.1	53	81
Göttingen, Germany	Göttingen Univ. Obs.		+ 9 56.6	+51 31.8	159	
Granada/Pico Veleta, Spain	Millimeter Radio Ast. Inst.	R	− 3 24.0	+37 04.1	2870	
Graz, Austria	Lustbühel Obs.		+ 15 29.7	+47 03.9	480	82
Graz, Austria	Univ. of Graz Obs.		+ 15 26.9	+47 04.6	375	82
Green Bank, West Virginia	National Radio Ast. Obs.	R	− 79 50.5	+38 25.8	836	83
Greenbelt, Maryland	GSFC Optical Test Site	L	− 76 49.6	+39 01.3	53	81
Greenville, Delaware	Mount Cuba Ast. Obs.		− 75 38.0	+39 47.1	92	82
Gyula, Hungary	Heliophysical Obs. Sta.		+ 21 16.2	+46 39.2	135	84
Hamilton, Massachusetts	Sagamore Hill Radio Obs.	R	− 70 49.3	+42 37.9	53	81
Hannover, Germany	Inst. of Geodesy Ast. Obs.		+ 9 42.8	+52 23.3	71	82
Hanover, New Hampshire	Shattuck Obs.		− 72 17.0	+43 42.3	183	82
Hartebeeshoek, South Africa	Hartebeeshoek Radio Ast. Obs.	R	+ 27 41.1	−25 53.4	1391	
Hartebeespoort, South Africa	Leiden Obs. Southern Sta.		+ 27 52.6	−25 46.4	1220	81
Harvard, Massachusetts	Oak Ridge Obs.	R	− 71 33.5	+42 30.3	185	81
Haverford, Pennsylvania	Strawbridge Obs.	R	− 75 18.2	+40 00.7	116	82
Heidelberg/Königstúhl, Germany	State Obs.		+ 8 43.3	+49 23.9	570	82
Helsinki, Finland	Univ. of Helsinki Obs.		+ 24 57.3	+60 09.7	33	82
Helwân, Egypt	Helwân Obs.		+ 31 22.8	+29 51.5	116	82
Herstmonceux, England	Satellite Laser Ranger Group	L	+ 0 20.3	+50 52.0	31	83
Hilo/Mauna Kea, Hawaiian Is.	Caltech Submillimeter Obs.	R	− 155 28.7	+19 49.5	4072	
Hilo/Mauna Kea, Hawaiian Is.	Joint Astronomy Centre	R,I	− 155 28.4	+19 49.5	4194	
Hilo/Mauna Kea, Hawaiian Is.	Mauna Kea Obs.	I	− 155 28.3	+19 49.6	4215	81
Hilo/Mauna Kea, Hawaiian Is.	W.M. Keck Obs.		− 155 28.7	+19 49.7	4160	
Hobart, Tasmania	Univ. of Tasmania Obs.	R	+147 32.0	−42 50.0	300	81
Hoeven, Netherlands	Simon Stevin Obs.	R	+ 4 33.8	+51 34.0	9	82
Holmdel, New Jersey	Crawford Hill Obs.	R	− 74 11.2	+40 23.5	114	81
Hoskinstown, Australia	Molongo Radio Obs.	R	+149 25.4	−35 22.3	732	84
Humain, Belgium	Royal Obs. Radio Ast. Sta.	R	+ 5 15.3	+50 11.5	293	84
Hvar, Yugoslavia	Hvar Obs.		+ 16 26.9	+43 10.7	238	
Hyderabad, India	Nizamiah Obs.		+ 78 27.2	+17 25.9	554	82
Incline Village, Nevada	Maclean Obs.		− 119 55.7	+39 17.7	2546	82
Irkutsk, USSR	Irkutsk Ast. Obs.		+104 20.7	+52 16.7	468	83
Istanbul, Turkey	Istanbul Univ. Obs.		+ 28 57.9	+41 00.7	65	82
Istanbul, Turkey	Kandilli Obs.		+ 29 03.7	+41 03.8	120	82
Itajubá, Brazil	Pico dos Dias Obs.		− 45 35.0	−22 32.1	1870	82
Ithaca, New York	Hartung-Boothroyd Obs.		− 76 23.1	+42 27.5	534	82
Izaña, Tenerife Is., Canaries	Teide Obs.	R,I	− 16 29.8	+28 17.5	2395	
Japal, India	Japal-Rangapur Obs.	R	+ 78 43.7	+17 05.9	695	83
Jelm, Wyoming	Wyoming Infrared Obs.	I	− 105 58.6	+41 05.9	2943	
Jena, Germany	Friedrich-Schiller Univ. Obs.		+ 11 29.2	+50 55.8	356	82
Kaeleku/Haleakala, Hawaiian Is.	C.E.K. Mees Solar Obs.		− 156 15.4	+20 42.4	3054	

* 'R' denotes an observatory with radio instruments; 'I' denotes an observatory with infrared instruments;
   'L' denotes an observatory with laser instruments.

Place	Description*		East Longitude	Latitude	Height (Sea Level)	Ref.
			° ′	° ′	m	
Kaeleku/Haleakala, Hawaiian Is.	LURE Obs.	L	−156 15.5	+20 42.6	3048	82
Kaliningrad, USSR	Kaliningrad Univ. Obs.		+ 20 29.7	+54 42.8	24	83
Kamiku Isshiki, Japan	Nagoya Univ. Fujigane Sta.	R	+138 36.7	+35 25.6	1015	81
Kamitakara, Japan	Hida Obs.		+137 18.5	+36 14.9	1276	84
Kashima, Japan	Kashima Space Commun. Center	R	+140 39.8	+35 57.3	32	81
Kavalur, India	Vainu Bappu Obs.		+ 78 49.6	+12 34.6	725	
Kazan, USSR	Engelhardt Ast. Obs.		+ 48 48.9	+55 50.3	98	81
Kazan, USSR	Kazan University Obs.		+ 49 07.3	+55 47.4	79	83
Kemps Creek, Australia	Fleurs Radio Obs.	R	+150 46.5	−33 51.8	45	81
Kharkov, USSR	Inst. of Radio Ast.	R	+ 36 56.0	+49 38.0	150	
Kharkov, USSR	Kharkov Univ. Ast. Obs.		+ 36 13.9	+50 00.2	138	82
Kiáton/Mt. Killini, Greece	Kryonerion Ast. Obs.		+ 22 37.3	+37 58.4	905	82
Kiev, USSR	Kiev Univ. Obs.		+ 30 29.9	+50 27.2	184	83
Kiev, USSR	Main Ast. Obs.		+ 30 30.4	+50 21.9	188	83
Kirkkonummi, Finland	Metsahovi Obs.		+ 24 23.8	+60 13.2	60	81
Kirkkonummi, Finland	Metsahovi Obs. Radio Rsch. Sta.	R	+ 24 23.6	+60 13.1	61	81
Kiruna, Sweden	European Incoh. Scatter Facility	R	+ 20 26.1	+67 51.6	418	
Kislovodsk, USSR	Pulkovo Obs. Sta.		+ 42 31.8	+43 44.0	2130	84
Kiso, Japan	Kiso Obs.		+137 37.7	+35 47.6	1130	81
Kitab, USSR	Kitab Ast. Sta.		+ 66 52.9	+39 08.0	658	83
Klagenfurt, Austria	Kanzelhöhe Solar Obs.		+ 13 54.4	+46 40.7	1526	82
Kodaikanal, India	Kodaikanal Solar Obs.		+ 77 28.1	+10 13.8	2343	
Kottamia, Egypt	Kottamia Obs.		+ 31 49.5	+29 55.9	476	81
Kunming, China	Yunnan Obs.	R	+102 47.3	+25 01.5	1940	82
Kurashiki/Mt. Chikurin, Japan	Okayama Astrophysical Obs.		+133 35.8	+34 34.4	372	81
Kutztown, Pennsylvania	Kutztown Univ. Obs		− 75 47.1	+40 30.9	158	82
Kyoto, Japan	Kwasan Obs.		+135 47.6	+34 59.7	221	84
Kyoto, Japan	Kyoto Univ. Ast. Dept. Obs.		+135 47.2	+35 01.7	86	81
Kyoto, Japan	Kyoto Univ. Physics Dept. Obs.		+135 47.2	+35 01.7	80	
Lafayette, California	Leuschner Obs.		−122 09.4	+37 55.1	304	82
Lake Tekapo, New Zealand	Mount John Univ. Obs.		+170 27.9	−43 59.2	1027	83
Lake Traverse, Ontario	Algonquin Radio Obs.	R	− 78 04.4	+45 57.3	260	81
Lane Cove, Australia	Riverview College Obs.		+151 09.5	−33 49.8	25	82
La Palma Island, Canary Islands	Roque de los Muchachos Obs.	R	− 17 52.9	+28 45.6	2326	
La Plata, Argentina	La Plata Ast. Obs.		− 57 55.9	−34 54.5	17	81
Las Cruces, New Mexico	Corralitos Obs.		−107 02.6	+32 22.8	1453	82
Las Cruces/Blue Mesa, New Mexico	N.M. State Univ. Obs. Sta.		−107 09.9	+32 29.5	2025	82
Las Cruces/Tortugas Mtn., New Mex.	N.M. State Univ. Obs. Sta.		−106 41.8	+32 17.6	1505	82
La Serena, Chile	Cerro Tololo Inter-Amer. Obs.	R	− 70 48.9	−30 09.9	2215	82
La Serena, Chile	European Southern Obs.	R	− 70 43.8	−29 15.4	2347	81
Lawrence, Kansas	Clyde W. Tombaugh Obs.		− 95 15.0	+38 57.6	323	82
Leiden, Netherlands	Leiden Obs.		+ 4 29.1	+52 09.3	12	81
Lembang, (Java), Indonesia	Bosscha Obs.		+107 37.0	− 6 49.5	1300	84
Leningrad, USSR	Leningrad Univ. Obs.		+ 30 17.7	+59 56.5	3	83
Liège, Belgium	Cointe Obs.		+ 5 33.9	+50 37.1	127	81

* 'R' denotes an observatory with radio instruments; 'I' denotes an observatory with infrared instruments;
  'L' denotes an observatory with laser instruments.

Place	Description*		East Longitude	Latitude	Height (Sea Level)	Ref.
			° ′	° ′	m	
Lintong, China	Shaanxi Ast. Obs.	R	+109 33.1	+34 56.7	468	
Lisbon, Portugal	Lisbon Ast. Obs.		− 9 11.2	+38 42.7	111	82
Loiano, Italy	Bologna Univ. Obs.		+ 11 20.2	+44 15.5	785	81
Los Angeles, California	Griffith Obs.		−118 17.9	+34 07.1	357	82
Lund, Sweden	Lund Obs.		+ 13 11.2	+55 41.9	34	82
Lvov, USSR	Lvov Univ. Obs.		+ 24 01.8	+49 50.0	330	83
Macclesfield/Jodrell Bank, Eng.	Nuffield Radio Ast. Labs.	R	− 2 18.4	+53 14.2	78	81
Madison, Wisconsin	Washburn Obs.		− 89 24.5	+43 04.6	292	82
Madrid, Spain	National Ast. Obs.		− 3 41.1	+40 24.6	670	82
Maipu, Chile	Maipu Radio Ast. Obs.	R	− 70 51.5	−33 30.1	446	81
Malvern, Pennsylvania	Flower and Cook Obs.		− 75 29.6	+40 00.0	155	81
Manchester, England	Godlee Obs.		− 2 14.0	+53 28.6	77	82
Marine-on-St. Croix, Minnesota	O'Brien Obs.		− 92 46.6	+45 10.9	308	82
Matsumoto, Japan	Norikura Solar Obs.	I	+137 33.3	+36 06.8	2876	82
Mazelspoort, South Africa	Boyden Obs.		+ 26 24.3	−29 02.3	1387	81
Mead, Nebraska	Behlen Obs.		− 96 26.8	+41 10.3	362	82
Medicina, Italy	Medicina Radio Ast. Sta.	R	+ 11 38.7	+44 31.2	44	
Mégantic, Quebec	Mont Mégantic Ast. Obs.		− 71 09.2	+45 27.3	1114	81
Merate, Italy	Brera-Milan Ast. Obs.		+ 9 25.7	+45 42.0	340	81
Mérida, Venezuela	Llano del Hato Obs.		− 70 52.0	+ 8 47.4	3610	81
Meudon, France	Meudon Obs.		+ 2 13.9	+48 48.3	162	84
Miami, Florida	U.S. Naval Obs. Time Sta.	R	− 80 23.1	+25 36.8	7	81
Middletown, Connecticut	Van Vleck Obs.		− 72 39.6	+41 33.3	65	82
Milan, Italy	Brera-Milan Ast. Obs.		+ 9 11.5	+45 28.0	146	82
Mill Hill, England	Univ. of London Obs.		− 0 14.4	+51 36.8	81	82
Mitaka, Japan	National Ast. Obs.	R	+139 32.5	+35 40.3	58	81
Miyun, China	Beijing Obs. Sta.	R	+116 45.9	+40 33.4	160	84
Mizusawa, Japan	Mizusawa Astrogeodynamics Obs.		+141 07.9	+39 08.1	61	82
Monterey/Chews Ridge, California	MIRA Oliver Observing Sta.		−121 34.2	+36 18.3	1525	
Montevideo, Uruguay	National Obs.		− 56 12.8	−34 54.6	24	84
Mont Gros, France	Nice Obs.		+ 7 18.1	+43 43.4	372	81
Montville, Ohio	Nassau Ast. Obs.		− 81 04.5	+41 35.5	390	83
Moscow, USSR	Sternberg State Ast. Inst.		+ 37 32.7	+55 42.0	195	83
Mount Laguna, California	Mount Laguna Obs.		−116 25.6	+32 50.4	1859	82
Mount Pleasant, Michigan	Central Michigan Univ. Obs.		− 84 46.5	+43 35.3	258	82
Munich, Germany	Munich Univ. Obs.		+ 11 36.5	+48 08.7	529	82
Mürren/Jungfraujoch, Switzerland	High Alpine Research Obs.		+ 7 59.1	+46 32.9	3576	81
Nagoya, Japan	Nagoya Univ. Radio Ast. Lab.	R	+136 58.4	+35 08.9	75	81
Naini Tal/Manora Peak, India	Uttar Pradesh State Obs.		+ 79 27.4	+29 21.7	1927	82
Nakaminato, Japan	Hiraiso Solar Terr. Rsch. Center	R	+140 37.5	+36 22.0	27	82
Nançay, France	Paris Obs. Radio Ast. Sta.	R	+ 2 11.8	+47 22.8	150	81
Nanjing, China	Purple Mountain Obs.	R	+118 49.3	+32 04.0	367	83
Nantucket, Massachusetts	Maria Mitchell Obs.		− 70 06.3	+41 16.8	20	82
Naples, Italy	Capodimonte Ast. Obs.		+ 14 15.3	+40 51.8	150	81
Nashville, Tennessee	Arthur J. Dyer Obs.		− 86 48.3	+36 03.1	345	82

* 'R' denotes an observatory with radio instruments; 'I' denotes an observatory with infrared instruments; 'L' denotes an observatory with laser instruments.

Place	Description*		East Longitude	Latitude	Height (Sea Level)	Ref.
			° ′	° ′	m	
Neuchâtel, Switzerland	Cantonal Obs.		+ 6 57.5	+46 59.9	488	82
New Salem, Massachusetts	Five College Radio Ast. Obs.	R	− 72 20.7	+42 23.5	314	
New York, New York	Rutherfurd Obs.		− 73 57.5	+40 48.6	25	82
Nijmegen, Netherlands	Catholic Univ. Ast. Inst.		+ 5 52.1	+51 49.5	62	82
Nikolaev, USSR	Nikolaev Ast. Obs.		+ 31 58.5	+46 58.3	54	83
Nobeyama, Japan	Nobeyama Cosmic Radio Obs.	R	+138 29.0	+35 56.0	1350	
Nobeyama, Japan	Nobeyama Solar Radio Obs.	R	+138 28.8	+35 56.3	1350	81
North Liberty, Iowa	North Liberty Radio Obs.	R	− 91 34.5	+41 46.3	241	81
Oakland, California	Chabot Obs.		−122 10.6	+37 47.2	100	82
Odessa, USSR	Odessa Obs.		+ 30 45.5	+46 28.6	60	83
Old Town, Florida	Univ. of Florida Radio Obs.	R	− 83 02.1	+29 31.7	8	81
Ondřejov, Czechoslovakia	Ondřejov Obs.	R	+ 14 47.0	+49 54.6	533	
Onsala, Sweden	Onsala Space Obs.	R	+ 11 55.1	+57 23.6	24	81
Ostrowik, Poland	Warsaw Univ. Obs.		+ 21 25.2	+52 05.4	138	82
Ottawa, Ontario	Ottawa River Solar Obs.		− 75 53.6	+45 23.2	58	82
Padua, Italy	Padua Ast. Obs.		+ 11 52.3	+45 24.0	38	82
Palermo, Italy	Palermo Univ. Ast. Obs.		+ 13 21.5	+38 06.7	72	82
Palo Alto, California	Stanford Center for Radar Ast.	R	−122 10.7	+37 27.5	172	
Paris, France	Paris Obs.		+ 2 20.2	+48 50.2	67	81
Parkes, New South Wales	Austral. Natl. Radio Ast. Obs.	R	+148 15.7	−33 00.0	392	81
Partizanskoye, USSR	Crimean Astrophysical Obs.		+ 34 01.0	+44 43.7	550	
Pasadena, California	Mount Wilson Obs.	R	−118 03.6	+34 13.0	1742	82
Pentele, Greece	National Obs. Sta.	R	+ 23 51.8	+38 02.9	509	82
Penticton, British Columbia	Dominion Radio Astrophys. Obs.	R	−119 37.2	+49 19.2	545	81
Philadelphia, Pennsylvania	The Franklin Inst. Obs.		− 75 10.4	+39 57.5	30	82
Piikkiö, Finland	Turku Univ. Obs.		+ 22 26.8	+60 25.0	40	83
Pine Bluff, Wisconsin	Pine Bluff Obs.		− 89 41.1	+43 04.7	366	82
Pino Torinese, Italy	Turin Ast. Obs.		+ 7 46.5	+45 02.3	622	83
Piszkéstetö, Hungary	Konkoly Obs. Mountain Sta.		+ 19 53.7	+47 55.1	958	81
Pittsburgh, Pennsylvania	Allegheny Obs.		− 80 01.3	+40 29.0	380	82
Piwnice, Poland	Piwnice Ast. Obs.	R	+ 18 33.4	+53 05.7	100	82
Poprad, Czechoslovakia	Lomnický Štít Coronal Obs.		+ 20 13.2	+49 11.8	2632	82
Poprad, Czechoslovakia	Skalnaté Pleso Obs.		+ 20 14.7	+49 11.3	1783	82
Porto Alegre, Brazil	Morro Santana Obs.		− 51 07.6	−30 03.2	300	
Potsdam, Germany	Central Inst. for Earth Physics		+ 13 04.0	+52 22.9	91	82
Potsdam, Germany	Einstein Tower Solar Obs.	R	+ 13 03.9	+52 22.8	100	83
Potsdam, Germany	Potsdam Astrophysical Obs.		+ 13 04.0	+52 22.9	107	
Poznań, Poland	Poznań Univ. Ast. Obs.	L	+ 16 52.7	+52 23.8	85	82
Prague, Czechoslovakia	Charles Univ. Ast. Inst.		+ 14 23.7	+50 04.6	267	82
Priddis, Alberta	Rothney Astrophysical Obs.	I	−114 17.3	+50 52.1	1272	82
Princeton, New Jersey	FitzRandolph Obs.		− 74 38.8	+40 20.7	43	81
Prostějov, Czechoslovakia	Prostějov Obs.		+ 17 09.8	+49 29.2	225	83
Providence, Rhode Island	Ladd Obs.		− 71 24.0	+41 50.3	69	82
Pulkovo, USSR	Main Ast. Obs.	R	+ 30 19.6	+59 46.4	75	83
Quezon City, Philippines	Manila Obs.	R	+121 04.6	+14 38.2	58	82

* 'R' denotes an observatory with radio instruments; 'I' denotes an observatory with infrared instruments;
'L' denotes an observatory with laser instruments.

Place	Description*		East Longitude	Latitude	Height (Sea Level)	Ref.
			° '	° '	m	
Quezon City, Philippines	Pagasa Ast. Obs.		+121 04.3	+14 39.2	70	82
Quito, Ecuador	Quito Ast. Obs.		− 78 29.9	− 0 13.0	2818	82
Richmond Hill, Ontario	David Dunlap Obs.		− 79 25.3	+43 51.8	244	81
Riga, USSR	Latvian State Univ. Ast. Obs.	L	+ 24 07.0	+56 57.1	39	84
Riga, USSR	Riga Radio-Astrophysical Obs.	R	+ 24 24.0	+56 47.0	75	
Rio de Janeiro, Brazil	National Obs.		− 43 13.4	−22 53.7	33	81
Rio de Janeiro, Brazil	Valongo Obs.		− 43 11.2	−22 53.9	52	82
Riverside, Iowa	Univ. Of Iowa Obs.		− 91 33.6	+41 30.9	221	82
Riverside, Maryland	Maryland Point Obs.	R	− 77 13.9	+38 22.4	20	81
Robledo, Spain	Deep Space Sta.	R	− 4 14.9	+40 25.8	774	
Roden, Netherlands	Kapteyn Obs.		+ 6 26.6	+53 07.7	12	82
Rome/Monte Mario, Italy	Rome Obs.		+ 12 27.1	+41 55.3	152	82
Rome/Castel Gandolfo, Italy	Vatican Obs.		+ 12 39.1	+41 44.8	450	82
Roquetas, Spain	Ebro Obs.	R	+ 0 29.6	+40 49.2	50	82
St. Andrews, Scotland	St. Andrews Univ. Obs.		− 2 48.9	+56 20.2	30	82
St. Corona at Schöpfl, Austria	L. Figl Astrophysical Obs.		+ 15 55.4	+48 05.0	890	82
St. Genis Laval, France	Lyon Univ. Obs.		+ 4 47.1	+45 41.7	299	82
Saltsjöbaden, Sweden	Stockholm Obs.		+ 18 18.5	+59 16.3	60	82
San Felipe, (Baja), Mexico	National Ast. Obs.		−115 27.8	+31 02.6	2830	81
San Fernando, California	San Fernando Obs.	R	−118 29.5	+34 18.5	371	81
San Fernando, Spain	Naval Obs.	L	− 6 12.2	+36 28.0	27	81
San Jose/Mt. Hamilton, Calif.	Lick Obs.		−121 38.2	+37 20.6	1290	84
San Juan/El Leoncito, Argentina	El Leoncito Ast. Complex		− 69 18.0	−31 48.0	2552	
San Juan, Argentina	Félix Aguilar Obs.		− 68 37.2	−31 30.6	700	82
San Juan/El Leoncito, Argentina	Yale-San Juan Southern Sta.		− 69 19.8	−31 48.1	2348	
San Miguel, Argentina	National Obs. of Cosmic Physics		− 58 43.9	−34 33.4	37	82
Santiago, Chile	Cerro Calán National Ast. Obs.		− 70 32.8	−33 23.8	860	82
Santiago, Chile	Cerro El Roble Ast. Obs.		− 71 01.2	−32 58.9	2220	81
Santiago, Chile	Manuel Foster Astrophys. Obs.		− 70 37.8	−33 25.1	840	82
Santiago de Compostela, Spain	Ramon Maria Aller Obs.		− 8 33.6	+42 52.5	240	82
Sauverny, Switzerland	Geneva Obs.		+ 6 08.2	+46 18.4	465	81
Saxapahaw, North Carolina	Three College Obs.		− 79 24.4	+35 56.7	183	
Sendai, Japan	Sendai Ast. Obs.		+140 51.9	+38 15.4	45	82
Sendai, Japan	Tohoku Univ. Obs.		+140 50.6	+38 15.4	153	82
Shahe, China	Beijing Obs. Sta.	R,L	+116 19.7	+40 06.1	40	84
Sheshan, China	Shanghai Obs. Sta.	L	+121 11.2	+31 05.8	100	
Simeis, USSR	Crimean Astrophysical Obs.	R	+ 34 01.0	+44 32.1	676	84
Simosato, Japan	Simosato Hydrographic Obs.	R,L	+135 56.4	+33 34.5	63	
Sirahama, Japan	Sirahama Hydrographic Obs.		+138 59.3	+34 42.8	172	
Skibotn, Norway	Skibotn Obs.		+ 20 21.9	+69 20.9	157	82
Socorro, New Mexico	Joint Obs. for Cometary Rsch.		−107 11.3	+33 59.1	3235	82
Socorro, New Mexico	National Radio Ast. Obs.	R	−107 37.1	+34 04.7	2124	81
Sodankylä, Finland	European Incoh. Scatter Facility	R	+ 26 37.6	+67 21.8	197	
Søndre Strømfjord, Greenland	Incoherent Scatter Facility	R	− 50 57.0	+66 59.2	180	
Sonneberg, Germany	Sonneberg Obs.		+ 11 11.5	+50 22.7	640	81

* 'R' denotes an observatory with radio instruments; 'I' denotes an observatory with infrared instruments;
  'L' denotes an observatory with laser instruments.

Place	Description*		East Longitude	Latitude	Height (Sea Level)	Ref.
			° ′	° ′	m	
South Park, Colorado	Tiara Obs.		−105 31.0	+38 58.2	2679	82
Stanford, California	Radio Ast. Inst.	R	−122 11.3	+37 23.9	80	81
Stanford, California	SRI Radio Ast. Obs.	R	−122 10.6	+37 24.3	168	
State College, Pennsylvania	Black Moshannon Obs.		− 78 00.3	+40 55.3	738	
Stephanion, Greece	Stephanion Obs.		+ 22 49.7	+37 45.3	800	
Strasbourg, France	Strasbourg Obs.		+ 7 46.2	+48 35.0	142	81
Sugar Grove, West Virginia	Naval Research Lab. Radio Sta.	R	− 79 16.4	+38 31.2	705	81
Sunspot, New Mexico	Apache Point Obs.		−105 49.2	+32 46.8	2781	
Sunspot, New Mexico	National Solar Obs.		−105 49.2	+32 47.2	2811	82
Sutherland, South Africa	South African Ast. Obs. Sta.		+ 20 48.7	−32 22.7	1771	81
Swarthmore, Pennsylvania	Sproul Obs.		− 75 21.4	+39 54.3	63	82
Syracuse, New York	Syracuse Univ. Obs.		− 76 08.3	+43 02.2	160	82
Taipei, Taiwan	Taipei Obs.		+121 31.6	+25 04.7	31	
Tartu, USSR	Wilhelm Struve Astrophys. Obs.		+ 26 28.0	+58 16.0	—	83
Tashkent, USSR	Tashkent Obs.		+ 69 17.6	+41 19.5	477	83
Tautenburg, Germany	Karl Schwarzschild Obs.		+ 11 42.8	+50 58.9	331	83
Teramo, Italy	Collurania Ast. Obs.		+ 13 44.0	+42 39.5	388	82
Thessaloníki, Greece	Univ. of Thessaloníki Obs.		+ 22 57.5	+40 37.0	28	82
Tianjing, China	Beijing Obs. Latitude Sta.		+117 03.5	+39 08.0	5	84
Tidbinbilla, Australia	Deep Space Sta.	R	+148 58.8	−35 24.1	656	82
Tokyo, Japan	Dodaira Obs.	L	+139 11.8	+36 00.2	879	81
Tokyo, Japan	Tokyo Hydrographic Obs.		+139 46.2	+35 39.7	41	
Toledo, Ohio	Ritter Obs.		− 83 36.8	+41 39.7	201	81
Tomsk, USSR	Tomsk Univ. Obs.		+ 84 56.8	+56 28.1	130	84
Tonantzintla, Mexico	National Ast. Obs.	R	− 98 18.8	+19 02.0	2150	82
Topeka, Kansas	Zenas Crane Obs.		− 95 41.8	+39 02.2	306	82
Toulouse, France	Toulouse Univ. Obs.		+ 1 27.8	+43 36.7	195	82
Toyokawa, Japan	Nagoya Univ. Sta.	R	+137 22.2	+34 50.1	25	81
Toyokawa, Japan	Nagoya Univ. Sugadaira Sta.	R	+138 19.3	+36 31.2	1280	81
Toyokawa, Japan	Toyokawa Obs.	R	+137 22.3	+34 50.2	18	
Tremsdorf, Germany	Tremsdorf Radio Ast. Obs.	R	+ 13 08.2	+52 17.1	35	83
Trieste, Italy	Trieste Ast. Obs.	R	+ 13 52.5	+45 38.5	400	81
Tromsø, Norway	European Incoh. Scatter Facility	R	+ 19 31.2	+69 35.2	85	
Tübingen, Germany	Tübingen Univ. Ast. Obs.	R	+ 9 03.5	+48 32.3	470	82
Tucson/Kitt Peak, Arizona	Kitt Peak National Obs.		−111 36.0	+31 57.8	2120	81
Tucson/Kitt Peak, Arizona	McGraw-Hill Obs.		−111 37.0	+31 57.0	1925	81
Tucson, Arizona	Mount Lemmon Infrared Obs.	I	−110 47.5	+32 26.5	2776	81
Tucson/Kitt Peak, Arizona	National Radio Ast. Obs.	R	−111 36.9	+31 57.2	1938	81
Tucson, Arizona	Steward Obs.		−110 56.9	+32 14.0	757	81
Tucson/Kitt Peak, Arizona	Steward Obs. Sta.		−111 36.0	+31 57.8	2071	81
Tucson/Mt. Bigelow, Arizona	Steward Obs. Catalina Sta.		−110 43.9	+32 25.0	2510	81
Tucson/Mt. Lemmon, Arizona	Steward Obs. Catalina Sta.		−110 47.3	+32 26.6	2790	81
Tucson/Tumamoc Hill, Arizona	Steward Obs. Catalina Sta.		−111 00.3	+32 12.8	950	81
Tucson/Kitt Peak, Arizona	Warner and Swasey Obs. Sta.		−111 35.9	+31 57.6	2084	83
Uccle, Belgium	Royal Obs. of Belgium	R	+ 4 21.5	+50 47.9	105	81

* 'R' denotes an observatory with radio instruments; 'I' denotes an observatory with infrared instruments; 'L' denotes an observatory with laser instruments.

Place	Description*		East Longitude	Latitude	Height (Sea Level)	Ref.
			° ′	° ′	m	
Uchinoura, Japan	Kagoshima Space Center	R	+131 04.0	+31 13.7	228	82
Udhagamandalam (Ooty), India	Radio Ast. Center	R	+ 76 40.0	+11 22.9	2150	81
University, Alabama	Univ. of Alabama Obs.		− 87 32.5	+33 12.6	87	82
Utrecht, Netherlands	Utrecht Univ. Ast. Inst.		+ 5 07.8	+52 05.2	14	82
Valašské Meziříčí, Czech.	Valašské Meziříčí Obs.		+ 17 58.5	+49 27.8	338	82
Valinhos, Brazil	Abrahão de Moraes Obs.	R	− 46 58.0	−23 00.1	850	
Vallenar, Chile	Las Campanas Obs.		− 70 42.0	−29 00.5	2282	83
Victoria, British Columbia	Climenhaga Obs.		−123 18.5	+48 27.8	74	82
Victoria, British Columbia	Dominion Astrophysical Obs.		−123 25.0	+48 31.2	238	84
Vienna, Austria	Kuffner Obs.		+ 16 17.8	+48 12.8	302	82
Vienna, Austria	Urania Obs.		+ 16 23.1	+48 12.7	193	82
Vienna, Austria	Vienna Univ. Obs.		+ 16 20.2	+48 13.9	241	82
Vila Nova de Gaia, Portugal	Prof. Manuel de Barros Obs.	R	− 8 35.3	+41 06.5	232	82
Villa Elisa, Argentina	Argentine Radio Ast. Inst.	R	− 58 08.2	−34 52.1	11	81
Villanova, Pennsylvania	Villanova Univ. Obs.	R	− 75 20.5	+40 02.4	—	82
Vilnius, USSR	Vilnius Ast. Obs.		+ 25 17.2	+54 41.0	122	83
Washington, D.C.	NRL Radio Ast. Obs.	R	− 77 01.6	+38 49.3	30	81
Washington, D.C.	U.S. Naval Obs.		− 77 04.0	+38 55.3	92	81
Wasosz, Poland	Wroclaw Univ. Sta.		+ 16 39.6	+51 28.5	140	
Wellesley, Massachusetts	Whitin Obs.		− 71 18.2	+42 17.7	32	82
Wellington, New Zealand	Carter Obs.		+174 46.0	−41 17.2	129	83
Westerbork, Netherlands	Westerbork Radio Ast. Obs.	R	+ 6 36.3	+52 55.0	16	81
Westford, Massachusetts	George R. Wallace Jr. Aph. Obs.		− 71 29.1	+42 36.6	107	82
Westford, Massachusetts	Haystack Obs.	R	− 71 29.3	+42 37.4	146	81
Westford, Massachusetts	Millstone Hill Atm. Sci. Fac.	R	− 71 29.7	+42 36.6	146	
Westford, Massachusetts	Millstone Hill Radar Obs.	R	− 71 29.5	+42 37.0	156	81
Westford, Massachusetts	Westford Antenna Facility	R	− 71 29.7	+42 36.8	115	
Williams Bay, Wisconsin	Yerkes Obs.		− 88 33.4	+42 34.2	334	81
Williamstown, Massachusetts	Hopkins Obs.		− 73 12.1	+42 42.7	215	82
Wrightwood, California	Table Mountain Obs.	R	−117 40.9	+34 22.9	2286	82
Wroclaw, Poland	Wroclaw Univ. Ast. Obs.		+ 17 05.3	+51 06.7	115	82
Wuhan, China	Wuchang Time Obs.	L	+114 20.7	+30 32.5	28	
Xinglong, China	Beijing Obs. Sta.	I	+117 34.5	+40 23.7	870	84
Xujiahui, China	Shanghai Obs. Sta.	R	+121 25.6	+31 11.4	5	
Yebes, Spain	National Obs. Ast. Center	R	− 3 06.0	+40 31.5	914	82
Yerevan/Mt. Aragatz, USSR	Byurakan Astrophysical Obs.	R	+ 44 17.5	+40 20.1	1500	84
Zagreb, Yugoslavia	Geodetical Faculty Obs.		+ 16 01.3	+45 49.5	146	82
Zelenchukskaya, USSR	Special Astrophysical Obs.	R	+ 41 26.5	+43 39.2	2100	81
Zermatt, Switzerland	Gornergrat North and South Obs.	R,I	+ 7 47.1	+45 59.1	3135	81
Zimmerwald, Switzerland	Zimmerwald Obs.		+ 7 27.9	+46 52.6	929	81
Zürich, Switzerland	Swiss Federal Obs.		+ 8 33.1	+47 22.6	469	81

* 'R' denotes an observatory with radio instruments; 'I' denotes an observatory with infrared instruments; 'L' denotes an observatory with laser instruments.

CONTENTS OF SECTION K

OF DAY COMMENCING AT GREENWICH NOON ON:

Year	Jan. 0	Feb. 0	Mar. 0	Apr. 0	May 0	June 0	July 0	Aug. 0	Sept. 0	Oct. 0	Nov. 0	Dec. 0
1950	243 3282	3313	3341	3372	3402	3433	3463	3494	3525	3555	3586	'3616
1951	3647	3678	3706	3737	3767	3798	3828	3859	3890	3920	3951	3981
1952	4012	4043	4072	4103	4133	4164	4194	4225	4256	4286	4317	4347
1953	4378	4409	4437	4468	4498	4529	4559	4590	4621	4651	4682	4712
1954	4743	4774	4802	4833	4863	4894	4924	4955	4986	5016	5047	5077
1955	243 5108	5139	5167	5198	5228	5259	5289	5320	5351	5381	5412	5442
1956	5473	5504	5533	5564	5594	5625	5655	5686	5717	5747	5778	5808
1957	5839	5870	5898	5929	5959	5990	6020	6051	6082	6112	6143	6173
1958	6204	6235	6263	6294	6324	6355	6385	6416	6447	6477	6508	6538
1959	6569	6600	6628	6659	6689	6720	6750	6781	6812	6842	6873	6903
1960	243 6934	6965	6994	7025	7055	7086	7116	7147	7178	7208	7239	7269
1961	7300	7331	7359	7390	7420	7451	7481	7512	7543	7573	7604	7634
1962	7665	7696	7724	7755	7785	7816	7846	7877	7908	7938	7969	7999
1963	8030	8061	8089	8120	8150	8181	8211	8242	8273	8303	8334	8364
1964	8395	8426	8455	8486	8516	8547	8577	8608	8639	8669	8700	8730
1965	243 8761	8792	8820	8851	8881	8912	8942	8973	9004	9034	9065	9095
1966	9126	9157	9185	9216	9246	9277	9307	9338	9369	9399	9430	9460
1967	9491	9522	9550	9581	9611	9642	9672	9703	9734	9764	9795	9825
1968	9856	9887	9916	9947	9977	*0008	*0038	*0069	*0100	*0130	*0161	*0191
1969	244 0222	0253	0281	0312	0342	0373	0403	0434	0465	0495	0526	0556
1970	244 0587	0618	0646	0677	0707	0738	0768	0799	0830	0860	0891	0921
1971	0952	0983	1011	1042	1072	1103	1133	1164	1195	1225	1256	1286
1972	1317	1348	1377	1408	1438	1469	1499	1530	1561	1591	1622	1652
1973	1683	1714	1742	1773	1803	1834	1864	1895	1926	1956	1987	2017
1974	2048	2079	2107	2138	2168	2199	2229	2260	2291	2321	2352	2382
1975	244 2413	2444	2472	2503	2533	2564	2594	2625	2656	2686	2717	2747
1976	2778	2809	2838	2869	2899	2930	2960	2991	3022	3052	3083	3113
1977	3144	3175	3203	3234	3264	3295	3325	3356	3387	3417	3448	3478
1978	3509	3540	3568	3599	3629	3660	3690	3721	3752	3782	3813	3843
1979	3874	3905	3933	3964	3994	4025	4055	4086	4117	4147	4178	4208
1980	244 4239	4270	4299	4330	4360	4391	4421	4452	4483	4513	4544	4574
1981	4605	4636	4664	4695	4725	4756	4786	4817	4848	4878	4909	4939
1982	4970	5001	5029	5060	5090	5121	5151	5182	5213	5243	5274	5304
1983	5335	5366	5394	5425	5455	5486	5516	5547	5578	5608	5639	5669
1984	5700	5731	5760	5791	5821	5852	5882	5913	5944	5974	6005	6035
1985	244 6066	6097	6125	6156	6186	6217	6247	6278	6309	6339	6370	6400
1986	6431	6462	6490	6521	6551	6582	6612	6643	6674	6704	6735	6765
1987	6796	6827	6855	6886	6916	6947	6977	7008	7039	7069	7100	7130
1988	7161	7192	7221	7252	7282	7313	7343	7374	7405	7435	7466	7496
1989	7527	7558	7586	7617	7647	7678	7708	7739	7770	7800	7831	7861
1990	244 7892	7923	7951	7982	8012	8043	8073	8104	8135	8165	8196	8226
1991	8257	8288	8316	8347	8377	8408	8438	8469	8500	8530	8561	8591
1992	8622	8653	8682	8713	8743	8774	8804	8835	8866	8896	8927	8957
1993	8988	9019	9047	9078	9108	9139	9169	9200	9231	9261	9292	9322
1994	9353	9384	9412	9443	9473	9504	9534	9565	9596	9626	9657	9687
1995	244 9718	9749	9777	9808	9838	9869	9899	9930	9961	9991	*0022	*0052
1996	245 0083	0114	0143	0174	0204	0235	0265	0296	0327	0357	0388	0418
1997	0449	0480	0508	0539	0569	0600	0630	0661	0692	0722	0753	0783
1998	0814	0845	0873	0904	0934	0965	0995	1026	1057	1087	1118	1148
1999	1179	1210	1238	1269	1299	1330	1360	1391	1422	1452	1483	1513
2000	245 1544	1575	1604	1635	1665	1696	1726	1757	1788	1818	1849	1879

OF DAY COMMENCING AT GREENWICH NOON ON:

Year	Jan. 0	Feb. 0	Mar. 0	Apr. 0	May 0	June 0	July 0	Aug. 0	Sept. 0	Oct. 0	Nov. 0	Dec. 0
2000	245 1544	1575	1604	1635	1665	1696	1726	1757	1788	1818	1849	1879
2001	1910	1941	1969	2000	2030	2061	2091	2122	2153	2183	2214	2244
2002	2275	2306	2334	2365	2395	2426	2456	2487	2518	2548	2579	2609
2003	2640	2671	2699	2730	2760	2791	2821	2852	2883	2913	2944	2974
2004	3005	3036	3065	3096	3126	3157	3187	3218	3249	3279	3310	3340
2005	245 3371	3402	3430	3461	3491	3522	3552	3583	3614	3644	3675	3705
2006	3736	3767	3795	3826	3856	3887	3917	3948	3979	4009	4040	4070
2007	4101	4132	4160	4191	4221	4252	4282	4313	4344	4374	4405	4435
2008	4466	4497	4526	4557	4587	4618	4648	4679	4710	4740	4771	4801
2009	4832	4863	4891	4922	4952	4983	5013	5044	5075	5105	5136	5166
2010	245 5197	5228	5256	5287	5317	5348	5378	5409	5440	5470	5501	5531
2011	5562	5593	5621	5652	5682	5713	5743	5774	5805	5835	5866	5896
2012	5927	5958	5987	6018	6048	6079	6109	6140	6171	6201	6232	6262
2013	6293	6324	6352	6383	6413	6444	6474	6505	6536	6566	6597	6627
2014	6658	6689	6717	6748	6778	6809	6839	6870	6901	6931	6962	6992
2015	245 7023	7054	7082	7113	7143	7174	7204	7235	7266	7296	7327	7357
2016	7388	7419	7448	7479	7509	7540	7570	7601	7632	7662	7693	7723
2017	7754	7785	7813	7844	7874	7905	7935	7966	7997	8027	8058	8088
2018	8119	8150	8178	8209	8239	8270	8300	8331	8362	8392	8423	8453
2019	8484	8515	8543	8574	8604	8635	8665	8696	8727	8757	8788	8818
2020	245 8849	8880	8909	8940	8970	9001	9031	9062	9093	9123	9154	9184
2021	9215	9246	9274	9305	9335	9366	9396	9427	9458	9488	9519	9549
2022	9580	9611	9639	9670	9700	9731	9761	9792	9823	9853	9884	9914
2023	9945	9976	*0004	*0035	*0065	*0096	*0126	*0157	*0188	*0218	*0249	*0279
2024	246 0310	0341	0370	0401	0431	0462	0492	0523	0554	0584	0615	0645
2025	246 0676	0707	0735	0766	0796	0827	0857	0888	0919	0949	0980	1010
2026	1041	1072	1100	1131	1161	1192	1222	1253	1284	1314	1345	1375
2027	1406	1437	1465	1496	1526	1557	1587	1618	1649	1679	1710	1740
2028	1771	1802	1831	1862	1892	1923	1953	1984	2015	2045	2076	2106
2029	2137	2168	2196	2227	2257	2288	2318	2349	2380	2410	2441	2471
2030	246 2502	2533	2561	2592	2622	2653	2683	2714	2745	2775	2806	2836
2031	2867	2898	2926	2957	2987	3018	3048	3079	3110	3140	3171	3201
2032	3232	3263	3292	3323	3353	3384	3414	3445	3476	3506	3537	3567
2033	3598	3629	3657	3688	3718	3749	3779	3810	3841	3871	3902	3932
2034	3963	3994	4022	4053	4083	4114	4144	4175	4206	4236	4267	4297
2035	246 4328	4359	4387	4418	4448	4479	4509	4540	4571	4601	4632	4662
2036	4693	4724	4753	4784	4814	4845	4875	4906	4937	4967	4998	5028
2037	5059	5090	5118	5149	5179	5210	5240	5271	5302	5332	5363	5393
2038	5424	5455	5483	5514	5544	5575	5605	5636	5667	5697	5728	5758
2039	5789	5820	5848	5879	5909	5940	5970	6001	6032	6062	6093	6123
2040	246 6154	6185	6214	6245	6275	6306	6336	6367	6398	6428	6459	6489
2041	6520	6551	6579	6610	6640	6671	6701	6732	6763	6793	6824	6854
2042	6885	6916	6944	6975	7005	7036	7066	7097	7128	7158	7189	7219
2043	7250	7281	7309	7340	7370	7401	7431	7462	7493	7523	7554	7584
2044	7615	7646	7675	7706	7736	7767	7797	7828	7859	7889	7920	7950
2045	246 7981	8012	8040	8071	8101	8132	8162	8193	8224	8254	8285	8315
2046	8346	8377	8405	8436	8466	8497	8527	8558	8589	8619	8650	8680
2047	8711	8742	8770	8801	8831	8862	8892	8923	8954	8984	9015	9045
2048	9076	9107	9136	9167	9197	9228	9258	9289	9320	9350	9381	9411
2049	9442	9473	9501	9532	9562	9593	9623	9654	9685	9715	9746	9776
2050	246 9807	9838	9866	9897	9927	9958	9988	*0019	*0050	*0080	*0111	*0141

K4 JULIAN DATES OF GREGORIAN CALENDAR DATES

The Julian date (JD) corresponding to any instant is the interval in mean solar days elapsed since 4713 BC January 1 at Greenwich mean noon (12^h UT). To determine the JD at 0^h UT for a given Gregorian calendar date, sum the values from Table A for century, Table B for year and Table C for month; then add the day of the month. Julian dates for the current year are given on page B4.

A. Julian date at January 0^d 0^h UT of centurial year

Year	1600†	1700	1800	1900	2000†	2100
Julian date	230 5447·5	234 1971·5	237 8495·5	241 5019·5	245 1544·5	248 8068·5

† Centurial years that are exactly divisible by 400 are leap years in the Gregorian calendar. To determine the JD for any date in such a year, subtract 1 from the JD in Table A and use the leap year portion of Table C. (For 1600 and 2000 the JDs tabulated in Table A are actually for January 1^d 0^h.)

B. Addition to give Julian date for January 0^d 0^h UT of year

Year	Add	Year	Add	Year	Add	Year	Add
0	0	25	9131	50	18262	75	27393
1	365	26	9496	51	18627	76*	27758
2	730	27	9861	52*	18992	77	28124
3	1095	28*	10226	53	19358	78	28489
4*	1460	29	10592	54	19723	79	28854
5	1826	30	10957	55	20088	80*	29219
6	2191	31	11322	56*	20453	81	29585
7	2556	32*	11687	57	20819	82	29950
8*	2921	33	12053	58	21184	83	30315
9	3287	34	12418	59	21549	84*	30680
10	3652	35	12783	60*	21914	85	31046
11	4017	36*	13148	61	22280	86	31411
12*	4382	37	13514	62	22645	87	31776
13	4748	38	13879	63	23010	88*	32141
14	5113	39	14244	64*	23375	89	32507
15	5478	40*	14609	65	23741	90	32872
16*	5843	41	14975	66	24106	91	33237
17	6209	42	15340	67	24471	92*	33602
18	6574	43	15705	68*	24836	93	33968
19	6939	44*	16070	69	25202	94	34333
20*	7304	45	16436	70	25567	95	34698
21	7670	46	16801	71	25932	96*	35063
22	8035	47	17166	72*	26297	97	35429
23	8400	48*	17531	73	26663	98	35794
24*	8765	49	17897	74	27028	99	36159

*Leap years

Example: 1981 November 14

1900 Jan. 0	241 5019·5
+Table B	+2 9585
1981 Jan. 0	244 4604·5
+Table C	+ 304
1981 Nov. 0	244 4908·5
+Day of Month	+ 14
1981 Nov. 14	244 4922·5

C. Addition to give Julian date for beginning of month (0^d 0^h UT)

	Jan.	Feb.	Mar.	Apr.	May	June	July	Aug.	Sept.	Oct.	Nov.	Dec.
Normal year	0	31	59	90	120	151	181	212	243	273	304	334
Leap year	0	31	60	91	121	152	182	213	244	274	305	335

WARNING: prior to 1925 Greenwich mean noon (i.e. 12^h UT) was usually denoted by 0^h GMT in astronomical publications.

IAU (1964) System of Astronomical Constants

This system of constants was replaced for the 1984 edition of the *Astronomical Almanac* by the IAU (1976) System of Astronomical Constants given on pages K6 to K7.

Defining constants

Number of ephemeris seconds in one tropical year (1900)	$s = 31\ 556\ 925 \cdot 974\ 7$
Gaussian gravitational constant	$k = 0 \cdot 017\ 202\ 098\ 950\ 000$
	$= 3\ 548'' \cdot 187\ 606\ 965\ 1$

Primary constants

Astronomical unit	$149\ 600 \times 10^6$ m
Velocity of light	$299\ 792 \cdot 5 \times 10^3$ m/sec
Equatorial radius of the Earth	$6\ 378\ 160$ m
Dynamical form-factor for Earth	$0 \cdot 001\ 082\ 7$
Geocentric gravitational constant	$398\ 603 \times 10^9$ m^3 s^{-2}
Mass ratio: Earth/Moon	$81 \cdot 30$
General precession in longitude per tropical century (1900)	$5025'' \cdot 64$
Constant of nutation (1900)	$9'' \cdot 210$

Derived constants

Solar parallax	$8'' \cdot 794$
Light-time for unit distance	$499^s \cdot 012$
Constant of aberration	$20'' \cdot 496$
Flattening factor for Earth	$1/298 \cdot 25$
	$= 0 \cdot 003\ 352\ 89$
Heliocentric gravitational constant	$132\ 718 \times 10^{15}$ m^3 s^{-2}
Mass ratio: Sun/Earth	$332\ 958$
Mass ratio: Sun/(Earth + Moon)	$328\ 912$
Mean distance of the Moon	$384\ 400 \times 10^3$ m
Constant of sine parallax for Moon	$3\ 422'' \cdot 451$

Constants related to the Figure of the Earth

Equatorial radius (primary)	$a = 6\ 378\ 160$ m
Polar radius	$a(1 - f) = 6\ 356\ 774 \cdot 7$ m
Square of eccentricity	$e^2 = 0 \cdot 006\ 694\ 54$

Reduction from geodetic latitude ϕ to geocentric latitude ϕ'

$$\phi' - \phi = -11'\ 32'' \cdot 743\ 0 \sin 2\phi + 1'' \cdot 163\ 3 \sin 4\phi - 0'' \cdot 002\ 6 \sin 6\phi$$

Radius vector

$$\rho = a\,(0 \cdot 998\ 327\ 073 + 0 \cdot 001\ 676\ 438 \cos 2\phi - 0 \cdot 000\ 003\ 519 \cos 4\phi + 0 \cdot 000\ 000\ 008 \cos 6\phi)$$

One degree of latitude (m)

$$111\ 133 \cdot 35 - 559 \cdot 84 \cos 2\phi + 1 \cdot 17 \cos 4\phi \quad (\phi = \text{mid-latitude of arc})$$

One degree of longitude (m)

$$111\ 413 \cdot 28 \cos \phi - 93 \cdot 51 \cos 3\phi + 0 \cdot 12 \cos 5\phi$$

The complete system of astronomical constants is given in *Supplement to the A.E. 1968* (pages 4s–7s).

Old Constants

The IAU (1964) system was introduced into the planetary ephemerides in 1968 except that those for the Sun and inner planets continued to be based on the following values of the constants that were in use immediately prior to the introduction of the IAU (1964) System.

Solar parallax	$8'' \cdot 80$
Light-time for unit distance	$498^s \cdot 38$
Constant of aberration	$20'' \cdot 47$
Mass ratio	
Sun/(Earth + Moon)	$329\ 390$
Earth/Moon (planetary theory)	$81 \cdot 45$

IAU (1976) System of Astronomical Constants
Units:

The units meter (m), kilogram (kg), and second (s) are the units of length, mass, and time in the International System of Units (SI).

The astronomical unit of time is a time interval of one day (D) of 86400 seconds. An interval of 36525 days is one Julian century.

The astronomical unit of mass is the mass of the Sun (S).

The astronomical unit of length is that length (A) for which the Gaussian gravitational constant (k) takes the value 0·017 202 098 95 when the units of measurement are the astronomical units of length, mass, and time. The dimensions of k^2 are those of the constant of gravitation (G), i.e., $L^3 M^{-1} T^{-2}$. The term "unit distance" is also used for the length A.

In the preparation of the ephemerides and the fitting of the ephemerides to all the observational data available, it was necessary to modify some of the constants and planetary masses. The modified values of the constants are indicated in brackets following the (1976) System values.

Defining constants:

1. Gaussian gravitational constant $\qquad\qquad k = 0·017\ 202\ 098\ 95$
2. Speed of light $\qquad\qquad\qquad\qquad\qquad c = 299\ 792\ 458\ \text{m s}^{-1}$

Primary constants:

3. Light-time for unit distance $\qquad\qquad \tau_A = 499·004\ 782\ \text{s}$
   $\qquad\qquad\qquad\qquad\qquad\qquad\qquad [499·004\ 7837\ldots]$
4. Equatorial radius for Earth $\qquad\qquad a_e = 6378\ 140\ \text{m}$
   [IUGG value $\qquad\qquad\qquad\qquad a_e = 6378\ 137\ \text{m}]$
5. Dynamical form-factor for Earth $\qquad J_2 = 0·001\ 082\ 63$
6. Geocentric gravitational constant $\qquad GE = 3·986\ 005 \times 10^{14}\ \text{m}^3\ \text{s}^{-2}$
   $\qquad\qquad\qquad\qquad\qquad\qquad [3·986\ 004\ 48\ldots \times 10^{14}]$
7. Constant of gravitation $\qquad\qquad G = 6·672 \times 10^{-11}\ \text{m}^3\ \text{kg}^{-1}\ \text{s}^{-2}$
8. Ratio of mass of Moon to that of Earth $\quad \mu = 0·012\ 300\ 02$
   $\qquad\qquad\qquad\qquad\qquad\qquad [0·012\ 300\ 034]$
9. General precession in longitude, per Julian
   century, at standard epoch 2000 $\qquad \rho = 5029''·0966$
10. Obliquity of the ecliptic, at standard
    epoch 2000 $\qquad\qquad\qquad\qquad \varepsilon = 23° 26' 21''·448$
    $\qquad\qquad\qquad\qquad\qquad\qquad [23° 26' 21''·4119]$

Derived constants:

11. Constant of nutation, at standard
    epoch 2000 $\qquad\qquad\qquad\qquad N = 9''·2025$
12. Unit distance $\qquad c\tau_A = A = 1·495\ 978\ 70 \times 10^{11}\ \text{m}$
    $\qquad\qquad\qquad\qquad\qquad\qquad [1·495\ 978\ 706\ 6 \times 10^{11}]$
13. Solar parallax $\qquad \arcsin(a_e/A) = \pi_\odot = 8''·794\ 148$
14. Constant of aberration, for
    standard epoch 2000 $\qquad\qquad\qquad \kappa = 20''·49\ 552$
15. Flattening factor for the Earth $\qquad\quad f = 0·003\ 352\ 81$
    $\qquad\qquad\qquad\qquad\qquad\qquad\quad = 1/298·257$
16. Heliocentric gravitational constant $\quad A^3 k^2/D^2 = GS = 1·327\ 124\ 38 \times 10^{20}\ \text{m}^3\ \text{s}^{-2}$
    $\qquad\qquad\qquad\qquad\qquad\qquad [1·327\ 124\ 40\ldots \times 10^{20}]$
17. Ratio of mass of Sun to that
    of the Earth $\qquad (GS)/(GE) = S/E = 332\ 946·0$
    $\qquad\qquad\qquad\qquad\qquad\qquad [332\ 946·038\ldots]$
18. Ratio of mass of Sun to that
    of Earth + Moon $\qquad (S/E)/(1+\mu) = 328\ 900·5$
    $\qquad\qquad\qquad\qquad\qquad\qquad [328\ 900·55]$
19. Mass of the Sun $\qquad\qquad (GS)/G = S = 1·9891 \times 10^{30}\ \text{kg}$

IAU (1976) System of Astronomical Constants (continued)

20. System of planetary masses

Ratios of mass of Sun to masses of the planets

Mercury	6 023 600	Jupiter	1 047·355	[1 047·350]
Venus	408 523·5	Saturn	3 498·5	[3 498·0]
Earth + Moon	328 900·5	Uranus	22 869	[22 960]
Mars	3 098 710	Neptune	19 314	
		Pluto	3 000 000	[130 000 000]

Other Quantities for Use in the Preparation of Ephemerides

It is recommended that the values given in the following list should normally be used in the preparation of new ephemerides.

21. Masses of minor planets

Minor planet	Mass in solar mass
(1) Ceres	$5·9 \times 10^{-10}$
(2) Pallas	$1·1 \times 10^{-10}$ $[1·081 \times 10^{-10}]$
(4) Vesta	$1·2 \times 10^{-10}$ $[1·379 \times 10^{-10}]$

22. Masses of satellites

Planet	Satellite	Satellite/Planet
Jupiter	Io	$4·70 \times 10^{-5}$
	Europa	$2·56 \times 10^{-5}$
	Ganymede	$7·84 \times 10^{-5}$
	Callisto	$5·6 \times 10^{-5}$
Saturn	Titan	$2·41 \times 10^{-4}$
Neptune	Triton	2×10^{-3}

23. Equatorial radii in km

Mercury	2 439	Jupiter	71 398	Pluto	2 500
Venus	6 052	Saturn	60 000		
Earth	6 378·140	Uranus	25 400	Moon	1 738
Mars	3 397·2	Neptune	24 300	Sun	696 000

24. Gravity fields of planets

Planet	J_2	J_3	J_4
Earth	+0·001 082 63	$-0·254 \times 10^{-5}$	$-0·161 \times 10^{-5}$
Mars	+0·001 964	$+0·36 \times 10^{-4}$	
Jupiter	+0·014 75		$-0·58 \times 10^{-3}$
Saturn	+0·016 45		$-0·10 \times 10^{-2}$
Uranus	+0·012		
Neptune	+0·004		

(Mars: $C_{22} = -0·000 055$, $S_{22} = +0·000 031$, $S_{31} = +0·000 026$)

25. Gravity field of the Moon

$$\gamma = (B - A)/C = 0·000 2278 \qquad C/MR^2 = 0·392$$
$$\beta = (C - A)/B = 0·000 6313 \qquad I = 5552''·7 = 1° 32' 32''·7$$

$$C_{20} = -0·000 2027 \qquad C_{30} = -0·000 006 \qquad C_{32} = +0·000 0048$$
$$C_{22} = +0·000 0223 \qquad C_{31} = +0·000 029 \qquad S_{32} = +0·000 0017$$
$$S_{31} = +0·000 004 \qquad C_{33} = +0·000 0018$$
$$S_{33} = -0·000 001$$

$$\Delta T = ET - UT$$

Year	ΔT	Year	ΔT	Year	ΔT	Year	ΔT	Year	ΔT
	s		s		s		s		s
1620·0	+124	1660·0	+37	1700·0	+ 9	1740·0	+12	1780·0	+17
1621	119	1661	36	1701	9	1741	12	1781	17
1622	115	1662	35	1702	9	1742	12	1782	17
1623	110	1663	34	1703	9	1743	12	1783	17
1624	106	1664	33	1704	9	1744	13	1784	17
1625·0	+102	1665·0	+32	1705·0	+ 9	1745·0	+13	1785·0	+17
1626	98	1666	31	1706	9	1746	13	1786	17
1627	95	1667	30	1707	9	1747	13	1787	17
1628	91	1668	28	1708	10	1748	13	1788	17
1629	88	1669	27	1709	10	1749	13	1789	17
1630·0	+ 85	1670·0	+26	1710·0	+10	1750·0	+13	1790·0	+17
1631	82	1671	25	1711	10	1751	14	1791	17
1632	79	1672	24	1712	10	1752	14	1792	16
1633	77	1673	23	1713	10	1753	14	1793	16
1634	74	1674	22	1714	10	1754	14	1794	16
1635·0	+ 72	1675·0	+21	1715·0	+10	1755·0	+14	1795·0	+16
1636	70	1676	20	1716	10	1756	14	1796	15
1637	67	1677	19	1717	11	1757	14	1797	15
1638	65	1678	18	1718	11	1758	15	1798	14
1639	63	1679	17	1719	11	1759	15	1799	14
1640·0	+ 62	1680·0	+16	1720·0	+11	1760·0	+15	1800·0	+13·7
1641	60	1681	15	1721	11	1761	15	1801	13·4
1642	58	1682	14	1722	11	1762	15	1802	13·1
1643	57	1683	14	1723	11	1763	15	1803	12·9
1644	55	1684	13	1724	11	1764	15	1804	12·7
1645·0	+ 54	1685·0	+12	1725·0	+11	1765·0	+16	1805·0	+12·6
1646	53	1686	12	1726	11	1766	16	1806	12·5
1647	51	1687	11	1727	11	1767	16	1807	12·5
1648	50	1688	11	1728	11	1768	16	1808	12·5
1649	49	1689	10	1729	11	1769	16	1809	12·5
1650·0	+ 48	1690·0	+10	1730·0	+11	1770·0	+16	1810·0	+12·5
1651	47	1691	10	1731	11	1771	16	1811	12·5
1652	46	1692	9	1732	11	1772	16	1812	12·5
1653	45	1693	9	1733	11	1773	16	1813	12·5
1654	44	1694	9	1734	12	1774	16	1814	12·5
1655·0	+ 43	1695·0	+ 9	1735·0	+12	1775·0	+17	1815·0	+12·5
1656	42	1696	9	1736	12	1776	17	1816	12·5
1657	41	1697	9	1737	12	1777	17	1817	12·4
1658	40	1698	9	1738	12	1778	17	1818	12·3
1659·0	+ 38	1699·0	+ 9	1739·0	+12	1779·0	+17	1819·0	+12·2

This table is based on an adopted value of $-26''/cy^2$ for the tidal term ($\dot{n}$) in the mean motion of the Moon from the results of analyses of observations of lunar occultations of stars, eclipses of the Sun, and transits of Mercury. (See F. R. Stephenson and L. V. Morrison, 1984, *Phil. Trans. R. Soc. London,* Ser. A, **313**, 47–70).

To calculate the values of ΔT for a different value of the tidal term ($\dot{n}'$), add

$$-0 \cdot 000\ 091\ (\dot{n}' + 26)\ (year - 1955)^2\ \text{seconds}$$

to the tabulated values of ΔT.

1820–1983, $\Delta T = $ ET − UT.   FROM 1984, $\Delta T = $ TDT − UT.

Year	ΔT	Year	ΔT	Year	ΔT	Year	ΔT	Year	ΔT
	s		s		s		s		s
1820·0	+12·0	1860·0	+ 7·88	1900·0	− 2·72	1940·0	+24·33	1980·0	+50·54
1821	11·7	1861	7·82	1901	1·54	1941	24·83	1981	51·38
1822	11·4	1862	7·54	1902	− 0·02	1942	25·30	1982	52·17
1823	11·1	1863	6·97	1903	+ 1·24	1943	25·70	1983	52·96
1824	10·6	1864	6·40	1904	2·64	1944	26·24	1984	53·79
1825·0	+10·2	1865·0	+ 6·02	1905·0	+ 3·86	1945·0	+26·77	1985·0	+54·34
1826	9·6	1866	5·41	1906	5·37	1946	27·28	1986	54·87
1827	9·1	1867	4·10	1907	6·14	1947	27·78	1987	55·32
1828	8·6	1868	2·92	1908	7·75	1948	28·25	1988	55·82
1829	8·0	1869	1·82	1909	9·13	1949	28·71	1989	+56·30
1830·0	+ 7·5	1870·0	+ 1·61	1910·0	+10·46	1950·0	+29·15	1990·0	+56·86
1831	7·0	1871	+ 0·10	1911	11·53	1951	29·57	1991·0	+57·57
1832	6·6	1872	− 1·02	1912	13·36	1952	29·97		
1833	6·3	1873	1·28	1913	14·65	1953	30·36		
1834	6·0	1874	2·69	1914	16·01	1954	30·72		
1835·0	+ 5·8	1875·0	− 3·24	1915·0	+17·20	1955·0	+31·07	Extrapolated	
1836	5·7	1876	3·64	1916	18·24	1956	31·35	1992	+59
1837	5·6	1877	4·54	1917	19·06	1957	31·68	1993	59
1838	5·6	1878	4·71	1918	20·25	1958	32·18	1994	+60
1839	5·6	1879	5·11	1919	20·95	1959	32·68		
1840·0	+ 5·7	1880·0	− 5·40	1920·0	+21·16	1960·0	+33·15		
1841	5·8	1881	5·42	1921	22·25	1961	33·59		
1842	5·9	1882	5·20	1922	22·41	1962	34·00		
1843	6·1	1883	5·46	1923	23·03	1963	34·47		
1844	6·2	1884	5·46	1924	23·49	1964	35·03		

Date	ΔAT
	s
1972 Jan. 1	+10·00
1972 July 1	+11·00
1973 Jan. 1	+12·00
1974 Jan. 1	+13·00
1975 Jan. 1	+14·00
1976 Jan. 1	+15·00
1977 Jan. 1	+16·00
1978 Jan. 1	+17·00
1979 Jan. 1	+18·00
1980 Jan. 1	+19·00
1981 July 1	+20·00
1982 July 1	+21·00
1983 July 1	+22·00
1985 July 1	+23·00
1988 Jan. 1	+24·00
1990 Jan. 1	+25·00
1991 Jan. 1	+26·00

Year	ΔT	Year	ΔT	Year	ΔT	Year	ΔT
1845·0	+ 6·3	1885·0	− 5·79	1925·0	+23·62	1965·0	+35·73
1846	6·5	1886	5·63	1926	23·86	1966	36·54
1847	6·6	1887	5·64	1927	24·49	1967	37·43
1848	6·8	1888	5·80	1928	24·34	1968	38·29
1849	6·9	1889	5·66	1929	24·08	1969	39·20
1850·0	+ 7·1	1890·0	− 5·87	1930·0	+24·02	1970·0	+40·18
1851	7·2	1891	6·01	1931	24·00	1971	41·17
1852	7·3	1892	6·19	1932	23·87	1972	42·23
1853	7·4	1893	6·64	1933	23·95	1973	43·37
1854	7·5	1894	6·44	1934	23·86	1974	44·49
1855·0	+ 7·6	1895·0	− 6·47	1935·0	+23·93	1975·0	+45·48
1856	7·7	1896	6·09	1936	23·73	1976	46·46
1857	7·7	1897	5·76	1937	23·92	1977	47·52
1858	7·8	1898	4·66	1938	23·96	1978	48·53
1859·0	+ 7·8	1899·0	− 3·74	1939·0	+24·02	1979·0	+49·59

From 1990 onwards, ΔT is for Jan. 1 0^h UTC.

See page B4 for a summary of the notation for time-scales.

In critical cases descend

$$\Delta\text{ET} \atop \Delta\text{TT} = \Delta\text{AT} + 32^s\!184$$

1979 BIH SYSTEM

Date	x	y	Date	x	y	Date	x	y
1970	"	"	**1978**	"	"	**1986**	"	"
Jan. 1	−0·140	+0·144	Jan. 1	+0·007	+0·015	Jan. 1	+0·187	+0·072
Apr. 1	−0·097	+0·397	Apr. 1	−0·231	+0·240	Apr. 1	−0·041	+0·139
July 1	+0·139	+0·405	July 1	−0·042	+0·483	July 1	−0·075	+0·324
Oct. 1	+0·174	+0·125	Oct. 1	+0·236	+0·353	Oct. 1	+0·062	+0·395
1971			**1979**			**1987**		
Jan. 1	−0·081	+0·026	Jan. 1	+0·140	+0·076	Jan. 1	+0·146	+0·315
Apr. 1	−0·199	+0·313	Apr. 1	−0·107	+0·133	Apr. 1	+0·096	+0·212
July 1	+0·050	+0·523	July 1	−0·117	+0·351	July 1	−0·003	+0·208
Oct. 1	+0·249	+0·263	Oct. 1	+0·092	+0·408	Oct. 1	−0·053	+0·295
1972			**1980**			**1988**		
Jan. 1	+0·045	+0·050	Jan. 1	+0·129	+0·251	Jan. 1	−0·023	+0·414
Apr. 1	−0·180	+0·174	Apr. 1	+0·014	+0·189	Apr. 1	+0·134	+0·407
July 1	−0·031	+0·409	July 1	−0·044	+0·280	July 1	+0·171	+0·253
Oct. 1	+0·142	+0·344	Oct. 1	−0·006	+0·338	Oct. 1	+0·011	+0·132
1973			**1981**			**1989**		
Jan. 1	+0·129	+0·139	Jan. 1	+0·056	+0·361	Jan. 1	−0·159	+0·316
Apr. 1	−0·035	+0·129	Apr. 1	+0·088	+0·285	Apr. 1	+0·028	+0·482
July 1	−0·075	+0·286	July 1	+0·075	+0·209	July 1	+0·238	+0·369
Oct. 1	+0·035	+0·347	Oct. 1	−0·045	+0·210	Oct. 1	+0·167	+0·106
1974			**1982**			**1990**		
Jan. 1	+0·115	+0·252	Jan. 1	−0·091	+0·378	Jan. 1	−0·132	+0·165
Apr. 1	+0·037	+0·185	Apr. 1	+0·093	+0·431	Apr. 1	−0·154	+0·469
July 1	+0·014	+0·216	July 1	+0·231	+0·239	July 1	+0·161	+0·542
Oct. 1	+0·002	+0·225	Oct. 1	+0·036	+0·060	Oct. 1	+0·297	+0·243
1975			**1983**			**1991**		
Jan. 1	−0·055	+0·281	Jan. 1	−0·211	+0·249	Jan. 1	+0·023	+0·069
Apr. 1	+0·027	+0·344	Apr. 1	−0·069	+0·538			
July 1	+0·151	+0·249	July 1	+0·269	+0·436			
Oct. 1	+0·063	+0·115	Oct. 1	+0·235	+0·069			
1976			**1984**					
Jan. 1	−0·145	+0·204	Jan. 1	−0·125	+0·089			
Apr. 1	−0·091	+0·399	Apr. 1	−0·211	+0·410			
July 1	+0·159	+0·390	July 1	+0·119	+0·543			
Oct. 1	+0·227	+0·158	Oct. 1	+0·313	+0·246			
1977			**1985**					
Jan. 1	−0·065	+0·076	Jan. 1	+0·051	+0·025			
Apr. 1	−0·226	+0·362	Apr. 1	−0·196	+0·220			
July 1	+0·085	+0·500	July 1	−0·044	+0·482			
Oct. 1	+0·281	+0·230	Oct. 1	+0·214	+0·404			

The angles x, y, are defined on page B60. From 1988 the values of x and y have been taken from the IERS Bulletin B, published by the Bureau Central de L'IERS, Observatoire de Paris, 61 Avenue de l'Observatoire, F-75014 Paris, France.

Introduction

In the reduction of astrometric observations of high precision it is necessary to distinguish between several different systems of terrestrial coordinates that are used to specify the positions of points on or near the surface of the Earth. The formulae on page B60 for the reduction for polar motion give the relationships between the representations of a geocentric vector referred to the celestial reference frame of the true equator and equinox of date and to the current conventional terrestrial reference frame. The pole and prime meridian of this terrestrial reference frame are the same as those of the current international geodetic reference system (IUGG, 1980), which is based on a spheroid whose size, shape and gravity field are specified by a set of adopted parameters, and whose centre coincides with the centre of mass of the Earth. (The term "spheroid" is here used in the sense of an ellipsoid whose equatorial section is a circle and for which each meridional section is an ellipse.) A spheroid provides a suitable approximation to mean sea level (i.e. to the geoid) and so is used as a reference surface for the specification of geodetic coordinates. Many different spheroids are in use for regional mapping, but in general the centres of these spheroids do not coincide with the centre of mass of the Earth. A few have been used for global purposes, and the associated gravity fields for which the spheroid is an equipotential surface have also been specified. The geoid may, however, differ from a global reference spheroid by as much as 100 m in some regions. The parameters for a selection of reference spheroids are given in the table on page K13.

Reduction from geodetic to geocentric coordinates

The position of a point relative to a terrestrial reference frame may be expressed in three ways:

(i) geocentric equatorial rectangular coordinates, x, y, z;

(ii) geocentric longitude, latitude and radius, λ, ϕ', ρ;

(iii) geodetic longitude, latitude and height, λ, ϕ, h.

The geodetic and geocentric longitudes of a point are the same, while the relationship between the geodetic and geocentric latitudes of a point is illustrated in the figure on page K13, which represents a meridional section through the reference spheroid. The geocentric radius ρ is usually expressed in units of the equatorial radius of the reference spheroid. The following relationships hold between the geocentric and geodetic coordinates:

$$x = a\rho \cos \phi' \cos \lambda = (aC + h) \cos \phi \cos \lambda$$
$$y = a\rho \cos \phi' \sin \lambda = (aC + h) \cos \phi \sin \lambda$$
$$z = a\rho \sin \phi' \qquad = (aS + h) \sin \phi$$

where a is the equatorial radius of the spheroid and C and S are auxiliary functions that depend on the geodetic latitude and on the flattening f of the reference spheroid. The polar radius b and the eccentricity of e of the ellipse are given by:

$$b = a(1 - f) \qquad e^2 = 2f - f^2 \qquad \text{or} \qquad 1 - e^2 = (1 - f)^2$$

It follows from the geometrical properties of the ellipse that:

$$C = \{\cos^2 \phi + (1 - f)^2 \sin^2 \phi\}^{-1/2} \qquad S = (1 - f)^2 C$$

Geocentric coordinates may be calculated directly from geodetic coordinates. An iterative procedure may be used for the inverse calculation unless extreme accuracy is required. Series expressions and tables are available for certain values of f for the calculation of C and S and also of ρ and $\phi - \phi'$ for points on the spheroid ($h = 0$). The quantity $\phi - \phi'$ is sometimes known as the "reduction of the latitude" or the "angle of the vertical", and it is of the order of $10'$ in mid-latitudes. To a first approximation when h is small the geocentric radius is increased by h/a and the angle of the vertical is unchanged. The height h refers to a height above the reference spheroid and differs from the height above mean sea level (i.e. above the geoid) by the "undulation of the geoid" at the point.

Reduction from geodetic to geocentric coordinates (continued)

An iterative procedure for calculating λ, ϕ, h from x, y, z is as follows:

Calculate: $\lambda = \tan^{-1}(y/x)$ $r = (x^2 + y^2)^{1/2}$ $e^2 = 2f - f^2$

Calculate the first approximation to ϕ from: $\phi = \tan^{-1}(z/r)$

Then perform the following iteration until ϕ is unchanged to the required precision:

$\phi_1 = \phi$ $C = (1 - e^2 \sin^2 \phi_1)^{-1/2}$ $\phi = \tan^{-1}((z + aC e^2 \sin \phi_1)/r)$

Then: $h = r/\cos \phi - aC$

Other geodetic reference systems

In practice, most geodetic positions are referred either (a) to a regional geodetic datum that is represented by a spheroid that approximates to the geoid in the region considered or (b) to a global reference system that is defined for a particular system of measurement (e.g. a satellite navigation system). Data for the reduction of such geodetic coordinates to the conventional reference frame are not readily available, but it is hoped that the following notes, formulae and data will be useful and that more detailed and more up-to-date information will be included in future volumes.

(a) Each regional geodetic datum is specified by the size and shape of an adopted spheroid and by the coordinates of an "origin point". The principal axis of the spheroid is generally close to the mean axis of rotation of the Earth, but the centre of the spheroid may not coincide with the centre of mass of the Earth. The offset is usually represented by the geocentric rectangular coordinates (x_0, y_0, z_0) of the centre of the regional spheroid. The reduction from regional geodetic coordinates (λ, ϕ, h) to geocentric rectangular coordinates referred to the conventional reference frame (and hence to geodetic coordinates relative to a reference spheroid) may then be made by using the expressions:

$$x = x_0 + (aC + h) \cos \phi \cos \lambda$$
$$y = y_0 + (aC + h) \cos \phi \sin \lambda$$
$$z = z_0 + (aS + h) \sin \phi$$

Current estimates of x_0, y_0, z_0 are given, to an accuracy of about 10 m, for some regional datums in the lower table on page K13.

(b) The global reference systems for the various space techniques of measurement differ slightly, although all give good approximations (in some cases to within 1 m) to the conventional reference frame. The transformations from one system to another involve translation, rotation and scaling (i.e. 7 parameters in all) and are still the subject of specialist study.

Astronomical coordinates

Many astrometric observations that are used in the determination of the terrestrial coordinates of the point of observation use the local vertical, which defines the zenith, as a principal reference axis; the coordinates so obtained are called "astronomical coordinates". The local vertical is in the direction of the vector sum of the acceleration due to the gravitational field of the Earth and of the apparent acceleration due to the rotation of the Earth on its axis. The vertical is normal to the equipotential (or level) surface at the point, but it is inclined to the normal to the geodetic reference spheroid; the angle of inclination is known as the "deflection of the vertical".

The astronomical coordinates of an observatory may differ significantly (e.g. by as much as 1′) from its geodetic coordinates, which are required for the determination of the geocentric coordinates of the observatory for use in computing, for example, parallax corrections for solar system observations. The size and direction of the deflection may be estimated by studying the gravity field in the region concerned. The deflection may affect both the latitude and the longitude, and hence local time. Astronomical coordinates also vary with time because they are affected by polar motion (see page B60).

GEODETIC REFERENCE SPHEROIDS

Name and Date	Equatorial Radius, a m	Reciprocal of Flattening, $1/f$	Gravitational Constant, GM 10^{14} m^3 s^{-2}	Dynamical Form Factor, J_2	Ang. Velocity of Earth, ω 10^{-5} rad s^{-1}
MERIT 1983	637 8137	298·257	—	—	—
GRS 80 (IUGG, 1980)	8137	298·257 222	3·986 005	0·001 082 63	7·292 115
IAU 1976	8140	298·257	3·986 005	0·001 082 63	—
South American 1969	8160	298·25	—	—	—
GRS 67 (IUGG, 1967)	8160	298·247 167	3·986 03	0·001 082 7	7·292 115 146 7
Australian National 1965	8160	298·25	—	—	—
IAU 1964	8160	298·25	3·986 03	0·001 082 7	7·292 1
Krassovski 1942	8245	298·3	—	—	—
International 1924 (Hayford)	8388	297	—	—	—
Clarke 1880 mod.	8249·145	293·466 3	—	—	—
Clarke 1866	8206·4	294·978 698	—	—	—
Bessel 1841	7397·155	299·152 813	—	—	—
Everest 1830	7276·345	300·801 7	—	—	—
Airy 1830	7563·396	299·324 964	—	—	—

IUGG, 1980. See H. Moritz, Geodetic Reference System 1980, *Bull. Géodésique*, **58** (3), 388–398, 1984.

REGIONAL GEODETIC DATUMS

Geodetic Datum	Spheroid	Origin	Latitude ° ′ ″	Longitude ° ′ ″	Centre Offset x_0 m	y_0 m	z_0 m
New Arc 1950	Clarke 1880 mod.	Buffelsfontein	− 33 59 32·000	25 30 44·622	—		
Australian Geodetic 1966	Australian Nat- ional 1965	Johnston Mem- orial Cairn	− 25 56 54·55	133 12 30·08	− 122	− 43	138
European 1950	International 1924	Helmert Tower	52 22 51·45	13 03 58·74	− 84	− 105	− 126
Indian 1938	Everest 1830	Kalianpur	24 07 11·26	77 39 17·57	—		
North American 1927	Clarke 1866	Meades Ranch	39 13 26·686	261 27 29·494	− 22	158	176
Ordnance Survey GB SN80	Airy 1830	Herstmonceux	50 51 55·271	00 20 45·882	372	− 127	433
Pico de las Nieves (Canaries)	International 1924	Pico de las Nieves	27 57 41·273	344 25 49·476	—		
Potsdam	Bessel 1841	Helmert Tower	52 22 53·954	13 04 01·153	—		
Pulkovo 1942	Krassovski 1942	Pulkovo Obs.	59 46 18·55	30 19 42·09	—		
South American 1969	S.American 1969	Chua	− 19 45 41·653	311 53 55·936	− 75	5	− 43
Tokyo	Bessel 1841	Tokyo Obs. (old)	35 39 17·51	139 44 40·50	− 143	514	675

GEODETIC AND GEOCENTRIC COORDINATES

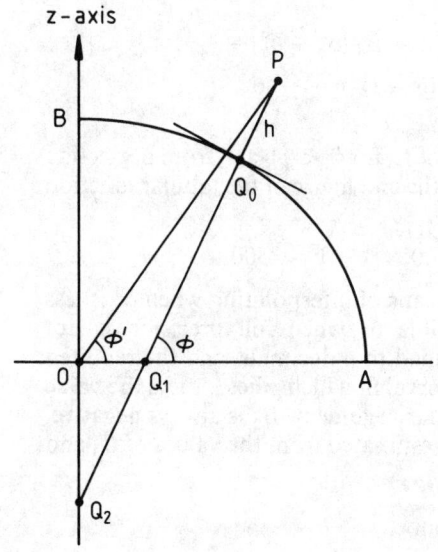

O is centre of Earth

OA = equatorial radius, a

OB = polar radius, b
$\quad = a(1-f)$

OP = geocentric radius, ap

PQ$_0$ is normal to the reference spheroid

$Q_0 Q_1 = aS$

$Q_0 Q_2 = aC$

ϕ = geodetic latitude

ϕ' = geocentric latitude

INTRODUCTION AND NOTATION

The interpolation methods described in this section, together with the accompanying tables, are usually sufficient to interpolate to full precision the ephemerides in this volume. Additional notes, formulae and tables are given in the booklets *Interpolation and Allied Tables* and *Subtabulation* (see p. ix) and in many textbooks on numerical analysis. It is recommended that interpolated values of the Moon's right ascension, declination and horizontal parallax are derived from the daily polynomial coefficients that are provided for this purpose on pages D23–D45.

f_p denotes the value of the function $f(t)$ at the time $t = t_0 + ph$, where h is the interval of tabulation, t_0 is a tabular argument, and $p = (t - t_0)/h$ is known as the interpolating factor. The notation for the differences of the tabular values is shown in the following table; it is derived from the use of the central-difference operator δ, which is defined by:

$$\delta f_p = f_{p+1/2} - f_{p-1/2}$$

The symbol for the function is usually omitted in the notation for the differences. Tables are given for use with Bessel's interpolation formula for p in the range 0 to $+1$. The differences may be expressed in terms of function values for convenience in the use of programmable calculators or computers.

Arg.	Function	\multicolumn{4}{c}{Differences}
		1st	2nd	3rd	4th

Arg.   Function   Differences
                  1st   2nd   3rd   4th

t_{-2} f_{-2} δ^2_{-2} $\delta_{1/2} = f_1 - f_0$

               $\delta_{-3/2}$ $\delta^3_{-3/2}$ $\delta^2_0 = \delta_{1/2} - \delta_{-1/2}$

t_{-1} f_{-1} δ^2_{-1} δ^4_{-1} $= f_1 - 2f_0 + f_{-1}$

               $\delta_{-1/2}$ $\delta^3_{-1/2}$ δ^4_0 $\delta^2_0 + \delta^2_1 = f_2 - f_1 - f_0 + f_{-1}$

t_0 f_0 δ^2_0 δ^4_0 $\delta^3_{1/2} = \delta^2_1 - \delta^2_0$

               $\delta_{1/2}$ $\delta^3_{1/2}$ $= f_2 - 3f_1 + 3f_0 - f_{-1}$

t_{+1} f_{+1} δ^2_1 δ^4_1 $\delta^4_0 = \delta^3_{1/2} - \delta^3_{-1/2}$

               $\delta_{3/2}$ $\delta^3_{3/2}$ $= f_2 - 4f_1 + 6f_0 - 4f_{-1} + f_{-2}$

t_{+2} f_{+2} δ^2_2 $\delta^4_0 + \delta^4_1 = f_3 - 3f_2 + 2f_1 + 2f_0 - 3f_{-1} + f_{-2}$

$$p \equiv \text{the interpolating factor} = (t - t_0)/(t_1 - t_0) = (t - t_0)/h$$

BESSEL'S INTERPOLATION FORMULA

In this notation Bessel's interpolation formula is:

$$f_p = f_0 + p\,\delta_{1/2} + B_2\,(\delta^2_0 + \delta^2_1) + B_3\,\delta^3_{1/2} + B_4\,(\delta^4_0 + \delta^4_1) + \cdots$$

where
$$B_2 = p\,(p-1)/4 \qquad B_3 = p\,(p-1)\,(p-\tfrac{1}{2})/6$$
$$B_4 = (p+1)\,p\,(p-1)\,(p-2)/48$$

The maximum contribution to the truncation error of f_p, for $0 < p < 1$, from neglecting each order of difference is less than 0·5 in the unit of the end figure of the tabular function if

$$\delta^2 < 4 \qquad \delta^3 < 60 \qquad \delta^4 < 20 \qquad \delta^5 < 500.$$

The critical table of B_2 opposite provides a rapid means of interpolating when δ^2 is less than 500 and higher-order differences are negligible or when full precision is not required. The interpolating factor p should be rounded to 4 decimals, and the required value of B_2 is then the tabular value opposite the interval in which p lies, or it is the value above and to the right of p if p exactly equals a tabular argument. B_2 is always negative. The effects of the third and fourth differences can be estimated from the values of B_3 and B_4 given in the last column.

INVERSE INTERPOLATION

Inverse interpolation to derive the interpolating factor p, and hence the time, for which the function takes a specified value f_p is carried out by successive approximations. The first estimate p_1 is obtained from:

$$p_1 = (f_p - f_0)/\delta_{1/2}$$

This value of p is used to obtain an estimate of B_2, from the critical table or otherwise, and hence an improved estimate of p from:

$$p = p_1 - B_2\,(\delta_0^2 + \delta_1^2)/\delta_{1/2}$$

This last step is repeated until there is no further change in B_2 or p; the effects of higher-order differences may be taken into account in this step.

CRITICAL TABLE FOR B_2

p	B_2	p	B_2	p	B_2	p	B_2	p	B_2	p	B_3
0·0000	—	0·1101	—	0·2719	—	0·7280	—	0·8898	—	0·0	0·000
	·000		·025		·050		·049		·024	0·1	+0·006
0·0020		0·1152		0·2809		0·7366		0·8949		0·2	0·008
	·001		·026		·051		·048		·023	0·3	0·007
0·0060		0·1205		0·2902		0·7449		0·9000		0·4	+0·004
	·002		·027		·052		·047		·022		
0·0101		0·1258		0·3000		0·7529		0·9049		0·5	0·000
	·003		·028		·053		·046		·021		
0·0142		0·1312		0·3102		0·7607		0·9098		0·6	−0·004
	·004		·029		·054		·045		·020	0·7	0·007
0·0183		0·1366		0·3211		0·7683		0·9147		0·8	0·008
	·005		·030		·055		·044		·019	0·9	−0·006
0·0225		0·1422		0·3326		0·7756		0·9195		1·0	0·000
	·006		·031		·056		·043		·018		
0·0267		0·1478		0·3450		0·7828		0·9242			
	·007		·032		·057		·042		·017	p	B_4
0·0309		0·1535		0·3585		0·7898		0·9289		0·0	0·000
	·008		·033		·058		·041		·016	0·1	+0·004
0·0352		0·1594		0·3735		0·7966		0·9335		0·2	0·007
	·009		·034		·059		·040		·015	0·3	0·010
0·0395		0·1653		0·3904		0·8033		0·9381		0·4	0·011
	·010		·035		·060		·039		·014		
0·0439		0·1713		0·4105		0·8098		0·9427		0·5	+0·012
	·011		·036		·061		·038		·013		
0·0483		0·1775		0·4367		0·8162		0·9472		0·6	0·011
	·012		·037		·062		·037		·012	0·7	0·010
0·0527		0·1837		0·5632		0·8224		0·9516		0·8	0·007
	·013		·038		·061		·036		·011	0·9	+0·004
0·0572		0·1901		0·5894		0·8286		0·9560		1·0	0·000
	·014		·039		·060		·035		·010		
0·0618		0·1966		0·6095		0·8346		0·9604			
	·015		·040		·059		·034		·009		
0·0664		0·2033		0·6264		0·8405		0·9647			
	·016		·041		·058		·033		·008		
0·0710		0·2101		0·6414		0·8464		0·9690			
	·017		·042		·057		·032		·007		
0·0757		0·2171		0·6549		0·8521		0·9732			
	·018		·043		·056		·031		·006		
0·0804		0·2243		0·6673		0·8577		0·9774			
	·019		·044		·055		·030		·005		
0·0852		0·2316		0·6788		0·8633		0·9816			
	·020		·045		·054		·029		·004		
0·0901		0·2392		0·6897		0·8687		0·9857			
	·021		·046		·053		·028		·003		
0·0950		0·2470		0·7000		0·8741		0·9898			
	·022		·047		·052		·027		·002		
0·1000		0·2550		0·7097		0·8794		0·9939			
	·023		·048		·051		·026		·001		
0·1050		0·2633		0·7190		0·8847		0·9979			
	·024		·049		·050		·025		·000		
0·1101		0·2719		0·7280		0·8898		1·0000			

In critical cases ascend. B_2 is always negative.

POLYNOMIAL REPRESENTATIONS

It is sometimes convenient to construct a simple polynomial representation of the form

$$f_p = a_0 + a_1 p + a_2 p^2 + a_3 p^3 + a_4 p^4 + \cdots$$

which may be evaluated in the nested form

$$f_p = (((a_4 p + a_3)\,p + a_2)\,p + \dot{a}_1)\,p + a_0$$

Expressions for the coefficients $a_0, a_1, \ldots$ may be obtained from Stirling's interpolation formula, neglecting fifth-order differences:

$$a_4 = \delta_0^4/24 \qquad a_2 = \delta_0^2/2 - a_4 \qquad a_0 = f_0$$
$$a_3 = (\delta_{1/2}^3 + \delta_{-1/2}^3)/12 \qquad a_1 = (\delta_{1/2} + \delta_{-1/2})/2 - a_3$$

This is suitable for use in the range $-\tfrac{1}{2} \leqslant p \leqslant +\tfrac{1}{2}$, and it may be adequate in the range $-2 \leqslant p \leqslant 2$, but it should not normally be used outside this range. Techniques are available in the literature for obtaining polynomial representations which give smaller errors over similar or larger intervals. The coefficients may be expressed in terms of function values rather than differences.

EXAMPLES

To find (a) the declination of the Sun at $16^h\,23^m\,14^s\!\cdot\!8$ TDT on 1984 January 19, (b) the right ascension of Mercury at $17^h\,21^m\,16^s\!\cdot\!8$ TDT on 1984 January 8, and (c) the time on 1984 January 8 when Mercury's right ascension is exactly $18^h\,04^m$.

Difference tables for the Sun and Mercury are constructed as shown below, where the differences are in units of the end figures of the function. Second-order differences are sufficient for the Sun, but fourth-order differences are required for Mercury.

1984 Jan	Sun Dec.	δ	δ^2		1984 Jan	R.A.	δ	δ^2	δ^3	δ^4
18	$-20°44'\ 48''\!\cdot\!3$				6	$18^h\ 10^m\ 10\cdot12$				
		$+7212$					-18709			
19	$-20\ 32\ 47\cdot1$		$+233$		7	$18\ 07\ \ 03\cdot03$		$+4299$		
		$+7445$					-14410		-16	
20	$-20\ 20\ 22\cdot6$		$+230$		8	$18\ 04\ \ 38\cdot93$		$+4283$		-104
		$+7675$					-10127		-120	
21	$-20\ 07\ 35\cdot1$				9	$18\ 02\ \ 57\cdot66$		$+4163$		-76
							-5964		-196	
					10	$18\ 01\ \ 58\cdot02$		$+3967$		
							-1997			
					11	$18\ 01\ \ 38\cdot05$				

(a) *Use of Bessel's formula*

The tabular interval is one day, hence the interpolating factor is $0\cdot68281$. From the critical table, $B_2 = -0\cdot054$, and

$$f_p = -20°\ 32'\ 47''\!\cdot\!1 + 0\cdot68281\,(+744''\!\cdot\!5) - 0\cdot054\,(+23''\!\cdot\!3 + 23''\!\cdot\!0)$$
$$= -20°\ 24'\ 21''\!\cdot\!2$$

(b) *Use of polynomial formula*

Using the polynomial method, the coefficients are:

$a_4 = -1^s\!\cdot\!04/24 = -0^s\!\cdot\!043$ $\qquad$ $a_1 = (-101^s\!\cdot\!27 - 144^s\!\cdot\!10)/2 + 0^s\!\cdot\!113 = -122^s\!\cdot\!572$

$a_3 = (-1^s\!\cdot\!20 - 0^s\!\cdot\!16)/12 = -0^s\!\cdot\!113$ $\qquad$ $a_0 = 18^h + 278^s\!\cdot\!93$

$a_2 = +42^s\!\cdot\!83/2 + 0^s\!\cdot\!043 = +21^s\!\cdot\!458$

where an extra decimal place has been kept as a guarding figure.

Then $\quad f_p = 18^h + 278^s\!\cdot\!93 - 122^s\!\cdot\!572p + 21^s\!\cdot\!458p^2 - 0^s\!\cdot\!113p^3 - 0^s\!\cdot\!043p^4$

The interpolating factor $p = 0\cdot72311$, hence $f_p = 18^h\ 03^m\ 21^s\!\cdot\!46$

(c) *Inverse interpolation*

Since $f_p = 18^h\ 04^m$ the first estimate for p is:

$$p_1 = (18^h\ 04^m - 18^h\ 04^m\ 38^s\!\cdot\!93)/(-101^s\!\cdot\!27) = 0\cdot38442$$

From the critical table, with $p = 0\cdot3844$, $B_2 = -0\cdot059$. Also

$$(\delta_0^2 + \delta_1^2)/\delta_{1/2} = (+42\cdot83 + 41\cdot63)/(-101\cdot27) = -0\cdot834$$

The second approximation to p is:

$$p = 0\cdot38442 + 0\cdot059\,(-0\cdot834) = 0\cdot33521 \text{ which gives } t = 8^h\ 02^m\ 42^s;$$

as a check, using the polynomial found in (b) with $p = 0\cdot33521$ gives

$$f_p = 18^h\ 04^m\ 00^s\!\cdot\!25.$$

The next approximation is $B_2 = -0\cdot056$ and $p = 0\cdot38442 + 0\cdot056\,(-0\cdot834) = 0\cdot33772$ which gives $t = 8^h\ 06^m\ 19^s$; using the polynomial in (b) with $p = 0\cdot33772$ gives

$$f_p = 18^h\ 03^m\ 59^s\!\cdot\!98.$$

SUBTABULATION

Coefficients for use in the systematic interpolation of an ephemeris to a smaller interval are given in the following table for certain values of the ratio of the two intervals. The table is entered for each of the appropriate multiples of this ratio to give the corresponding decimal value of the interpolating factor p and the Bessel coefficients. The values of p are exact or recurring decimal numbers. The values of the coefficients may be rounded to suit the maximum number of figures in the differences.

BESSEL COEFFICIENTS FOR SUBTABULATION

| Ratio of intervals | | | | | | | | | | | | Bessel Coefficients | | |
$\frac{1}{2}$	$\frac{1}{3}$	$\frac{1}{4}$	$\frac{1}{5}$	$\frac{1}{6}$	$\frac{1}{8}$	$\frac{1}{10}$	$\frac{1}{12}$	$\frac{1}{20}$	$\frac{1}{24}$	$\frac{1}{40}$	p	B_2	B_3	B_4
										1	0·025	−0·006094	0·00193	0·0010
									1		0·0416	−0·009983	0·00305	0·0017
								1		2	0·050	−0·011875	0·00356	0·0020
										3	0·075	−0·017344	0·00491	0·0030
							1		2		0·0833	−0·019097	0·00530	0·0033
						1		2		4	0·100	−0·022500	0·00600	0·0039
					1				3	5	0·125	−0·027344	0·00684	0·0048
								3		6	0·150	−0·031875	0·00744	0·0057
				1			2		4		0·1666	−0·034722	0·00772	0·0062
										7	0·175	−0·036094	0·00782	0·0064
			1			2		4		8	0·200	−0·040000	0·00800	0·0072
									5		0·2083	−0·041233	0·00802	0·0074
										9	0·225	−0·043594	0·00799	0·0079
		1			2		3	5	6	10	0·250	−0·046875	0·00781	0·0085
										11	0·275	−0·049844	0·00748	0·0091
									7		0·2916	−0·051649	0·00717	0·0095
						3		6		12	0·300	−0·052500	0·00700	0·0097
										13	0·325	−0·054844	0·00640	0·0101
	1			2			4		8		0·3333	−0·055556	0·00617	0·0103
								7		14	0·350	−0·056875	0·00569	0·0106
					3				9	15	0·375	−0·058594	0·00488	0·0109
			2			4		8		16	0·400	−0·060000	0·00400	0·0112
							5		10		0·4166	−0·060764	0·00338	0·0114
										17	0·425	−0·061094	0·00305	0·0114
								9		18	0·450	−0·061875	0·00206	0·0116
									11		0·4583	−0·062066	0·00172	0·0116
										19	0·475	−0·062344	0·00104	0·0117
1		2		3	4	5	6	10	12	20	0·500	−0·062500	0·00000	0·0117
										21	0·525	−0·062344	−0·00104	0·0117
									13		0·5416	−0·062066	−0·00172	0·0116
								11		22	0·550	−0·061875	−0·00206	0·0116
										23	0·575	−0·061094	−0·00305	0·0114
							7		14		0·5833	−0·060764	−0·00338	0·0114
			3			6		12		24	0·600	−0·060000	−0·00400	0·0112
					5				15	25	0·625	−0·058594	−0·00488	0·0109
								13		26	0·650	−0·056875	−0·00569	0·0106
	2			4			8		16		0·6666	−0·055556	−0·00617	0·0103
										27	0·675	−0·054844	−0·00640	0·0101
						7		14		28	0·700	−0·052500	−0·00700	0·0097
									17		0·7083	−0·051649	−0·00717	0·0095
										29	0·725	−0·049844	−0·00748	0·0091
		3			6		9	15	18	30	0·750	−0·046875	−0·00781	0·0085
										31	0·775	−0·043594	−0·00799	0·0079
									19		0·7916	−0·041233	−0·00802	0·0074
			4			8		16		32	0·800	−0·040000	−0·00800	0·0072
										33	0·825	−0·036094	−0·00782	0·0064
				5			10		20		0·8333	−0·034722	−0·00772	0·0062
								17		34	0·850	−0·031875	−0·00744	0·0057
					7				21	35	0·875	−0·027344	−0·00684	0·0048
						9		18		36	0·900	−0·022500	−0·00600	0·0039
							11		22		0·9166	−0·019097	−0·00530	0·0033
										37	0·925	−0·017344	−0·00491	0·0030
								19		38	0·950	−0·011875	−0·00356	0·0020
									23		0·9583	−0·009983	−0·00305	0·0017
										39	0·975	−0·006094	−0·00193	0·0010

This explanation specifies the sources for the theories and data used in constructing the ephemerides in this volume, explains basic concepts required to use the ephemerides, and where appropriate states the precise meaning of tabulated quantities. Definitions of individual terms are given in the Glossary (Section M).

The IAU (1976) System of Astronomical Constants was adopted by the General Assembly of the IAU at Grenoble. These constants are given on page K6 of this volume. Additional resolutions concerning time scales and the astronomical reference system were adopted by the IAU in 1979 at Montreal and in 1982 at Patras. A complete list of these resolutions, with constants, formulae and explanatory notes, is given in the *Supplement to the Astronomical Almanac for 1984*, which is published in the 1984 *Astronomical Almanac*.

Fundamental ephemerides of the Sun, Moon and planets were calculated by a simultaneous numerical integration at the Jet Propulsion Laboratory. These ephemerides, designated DE200/LE200, cover the period 1800–2050. Optical, radar, laser, and spacecraft observations were analyzed to determine starting conditions for the numerical integration. In order to obtain the best fit of the ephemerides to the observational data, some modifications to the IAU (1976) System of Astronomical Constants were necessary. These modifications are listed on pages K6 and K7. A satisfactory ephemeris for Uranus for the 1980's could be computed only by excluding observations made before 1900. Additional information about the new ephemerides is included in the *Supplement to the Astronomical Almanac for 1984*. DE200/LE200 is available on magnetic tape.

Reference Frame

Beginning in 1984 the standard epoch of the fundamental astronomical coordinate system is 2000 January 1, 12^h TDB (JD 245 1545.0), which is denoted J2000.0. The numerical integration used as the basis for ephemerides in this volume is in a reference frame defined by the mean equator and dynamical equinox of J2000.0. Rigorous reduction methods presented in Section B were used to construct the published tabular ephemerides.

In practice, the dynamical equinox, defined by the ascending node of the ecliptic on the mean equator at epoch J2000.0, differs from the origin of right ascension (the catalog equinox) of the FK5 star catalog. Although the exact value of the difference is uncertain, it is thought to be less than $0''.04$ at the current time. Likewise, the radio reference frame may differ from optical reference frames.

Time Scales

Terrestrial dynamical time (TDT) is the tabular argument of the fundamental geocentric ephemerides. For ephemerides referred to the barycenter of the solar system, the argument is barycentric dynamical time (TDB). In the terminology of the general theory of relativity, TDT corresponds to a proper time, while TDB corresponds to a coordinate time. These scales are defined so that the difference between them is purely periodic, with an amplitude less than $0^s.002$. Like their predecessor, ephemeris time (ET), TDT and TDB are independent of the Earth's rotation.

In the astronomical system of units, the unit of time is the day of 86400 seconds of barycentric dynamical time (TDB). For long periods, however, the Julian century of 36525 days is used. Use of the tropical year and Besselian epochs was discontinued in 1984.

International atomic time (TAI) is the most precisely determined time scale that is now available for astronomical use. This scale results from analyses by the Bureau International des Poids et Mesures in Paris of data from atomic time standards of many countries. Although TAI was not introduced until 1972 January 1, atomic time scales have been available since 1956. Therefore, TAI may be extrapolated backwards for the period

1956–1971. The fundamental unit of TAI is the unit of time in the international system of units, the SI second; it is defined as the duration of 9 192 631 770 periods of the radiation corresponding to the transition between two hyperfine levels of the ground state of the cesium 133 atom.

Universal time (UT), which serves as the basis of civil timekeeping, is formally defined by a mathematical formula which relates UT to Greenwich mean sidereal time. Thus UT is determined from observations of the diurnal motions of the stars. It implicitly contains nonuniformities due to variations in the rotation of the Earth. A UT scale determined directly from stellar observations is dependent on the place of observation; these scales are designated UT0. A time scale that is independent of the location of the observer is established by removing from UT0 the effect of the variation of the observer's meridian due to the observed motion of the geographic pole; this time scale is designated UT1. A tabulation of the quantity $\Delta T = \text{TDT} - \text{UT1}$ is given on page K9.

Since 1972 January 1, the time scale distributed by most broadcast time services has been based on the redefined coordinated universal time (UTC), which differs from TAI by an integral number of seconds. UTC is maintained within $0^s.90$ of UT1 by the introduction of one second steps (leap seconds) when necessary, normally at the end of June or December. DUT1, an approximation to the difference UT1 minus UTC, is transmitted in code on broadcast time signals. Beginning in 1962, an increasing number of broadcast time services cooperated to provide a consistent time standard, until most broadcast signals were synchronized to the redefined UTC in 1972. For a while prior to 1972, broadcast time signals were kept within $0^s.1$ of UT2 (UT1 corrected by an adopted formula for the seasonal variation) by the introduction of step adjustments, normally of $0^s.1$, and occasionally by changes in the duration of the second. Since the table on page K9 is based on the signals broadcast by WWV, special corrections may be required to derive UT1 times from other signals broadcast prior to 1972.

Universal time and UT are commonly used to mean UT0, UT1 or UTC, according to context. In this volume, UT1 is always implied where the differences are significant.

Greenwich mean sidereal time (GMST) is defined as the Greenwich hour angle of the mean equinox of date. The defining relation between sidereal and universal time is:

$$\text{GMST of } 0^h \text{ UT1} = 6^h41^m50^s.54841 + 8640\ 184^s.812\ 866\ T$$
$$+ 0^s.093\ 104\ T^2 - 6^s.2 \times 10^{-6}\ T^3$$

where T is measured in Julian centuries of 36525 days of UT1 from 2000 January 1, 12^h UT1 (JD 245 1545.0 UT1). (S. Aoki *et al.*, *Astron. Astrophys.*, **105**, 359, 1982).

To provide continuity with pre-1984 practices, the difference between TDT and TAI was set to the current estimate of the difference between ET and TAI:

$$\text{TDT} = \text{TAI} + 32^s.184.$$

Thus procedures analogous to those used with ephemerides tabulated as functions of ET are generally applicable to ephemerides based on TDT. The tabulations for 0^h TDT may be converted to 0^h UT1 by interpolation to time ΔT.

Since TDT is independent of the Earth's rotation, calculations of hour angles and phenomena referred to a geographic meridian are provisionally referred to the ephemeris meridian, which is 1.002 738 ΔT east of the Greenwich meridian. Only when ΔT is specified can quantities be referred to the Greenwich meridian.

Section A: Summary of Principal Phenomena

The lunations given on page A1 are numbered in continuation of E. W. Brown's series, of which No. 1 commenced on 1923 January 16 (*Mon. Not. Roy. Astron. Soc.*, **93**, 603, 1933).

The list of occultations of planets and bright stars by the Moon on page A2 gives the approximate times and areas of visibility for the major planets, except Neptune and Pluto, and the bright stars Aldebaran, Antares, Pollux, Regulus and Spica. More detailed information about these events and of other occultations by the Moon may be obtained from the International Lunar Occultation Centre at the address given at the foot of page A2.

Times tabulated on page A3 for the stationary points of the planets are the instants at which the planet is stationary in apparent geocentric right ascension; but for elongations of the planets from the Sun, the tabular times are for the geometric configurations. From inferior conjunction to superior conjunction for Mercury or Venus, or from conjunction to opposition for a superior planet, the elongation from the Sun is west; from superior to inferior conjunction, or from opposition to conjunction, the elongation is east. Because planetary orbits do not lie exactly in the ecliptic plane, elongation passages from west to east or from east to west do not in general coincide with oppositions and conjunctions.

Dates of heliocentric phenomena are given on page A3. Since they are determined from the actual perturbed motion, these dates generally differ from dates obtained by using the elements of the mean orbit. The date on which the radius vector is a minimum may differ considerably from the date on which the heliocentric longitude of a planet is equal to the longitude of perihelion of the mean orbit. Similarly, when the heliocentric latitude of a planet is zero, the heliocentric longitude may not equal the longitude of the mean node.

Configurations of the Sun, Moon and Planets (pages A9–A11) is a chronological listing, with times to the nearest hour, of geocentric phenomena. Included are eclipses; lunar perigees, apogees and phases; phenomena in apparent geocentric longitude of the planets and of the minor planets Ceres, Pallas, Juno and Vesta; times when the planets and minor planets are stationary in right ascension and when the geocentric distance to Mars is a minimum; and geocentric conjunctions in apparent right ascension of the planets with the Moon, with each other, and with the bright stars Aldebaran, Pollux, Regulus, Spica and Antares, provided these conjunctions are considered to occur sufficiently far from the Sun to permit observation. Thus conjunctions in right ascension are excluded if they occur within 15° of the Sun for the Moon, Mars and Saturn; within 10° for Venus and Jupiter; and within approximately 10° for Mercury, depending on Mercury's brightness. The occurrence of occultations of planets and bright stars is indicated by "Occn."; the areas of visibility are given in the list on page A2. Geocentric phenomena differ from the actually observed configurations by the effects of the geocentric parallax at the place of observation, which for configurations with the Moon may be quite large.

The explanation for the tables of sunrise and sunset, twilight, moonrise and moonset is given on page A12; examples are given on page A13.

Eclipses

The elements and circumstances are computed according to Bessel's method from apparent right ascensions and declinations of the Sun and Moon. From 1986 onwards, positions of the Sun and Moon are derived from DE200/LE200. Semidiameters of the Sun and Moon used in the calculation of eclipses do not include irradiation. The adopted semidiameter of the Sun at unit distance is $15'59''.63$ (A. Auwers, *Astronomische Nachrichten*, No. 3068, 367, 1891), the same as in the ephemeris of the Sun. The apparent semidiameter of the Moon is equal to arcsin ($k \sin \pi$), where π is the Moon's horizontal parallax and k is an adopted constant. In 1982, to be consistent with the System of Astronomical Constants (1976) and the ephemeris based on DE200/LE200, the IAU adopted $k = 0.272\,5076$, corresponding to the mean radius of Watts' datum as determined by observations of occultations and to the adopted radius of the Earth. This value is introduced for 1986 onwards. Corrections to the ephemerides, if any, are noted in the beginning of the eclipse section.

In calculating lunar eclipses the radius of the geocentric shadow of the Earth is increased by one-fiftieth part to allow for the effect of the atmosphere. Refraction is neglected in calculating solar and lunar eclipses. Because the circumstances of eclipses are calculated for the surface of the ellipsoid, refraction is not included in Besselian elements. For local predictions, corrections for refraction are unnecessary; they are required only in precise comparisons of theory with observation in which many other refinements are also necessary.

The solar eclipse maps show the path of the eclipse, beginning and ending times of the eclipse, and the region of visibility, including restrictions due to rising and setting of the Sun. The short-dash and long-dash lines show, respectively, the progress of the leading and trailing edge of the penumbra; thus, at a given location, times of first and last contact may be interpolated.

Besselian elements characterize the geometric position of the shadow of the Moon relative to the Earth. The exterior tangents to the surfaces of the Sun and Moon form the umbral cone; the interior tangents form the penumbral cone. The common axis of these two cones is the axis of the shadow. To form a system of geocentric rectangular coordinates, the geocentric plane perpendicular to the axis of the shadow is taken as the xy-plane. This is called the fundamental plane. The x-axis is the intersection of the fundamental plane with the plane of the equator; it is positive toward the east. The y-axis is positive toward the north. The z-axis is parallel to the axis of the shadow and is positive toward the Moon. The tabular values of x and y are the coordinates, in units of the Earth's equatorial radius, of the intersection of the axis of the shadow with the fundamental plane. The direction of the axis of the shadow is specified by the declination d and hour angle μ of the point on the celestial sphere toward which the axis is directed.

The radius of the umbral cone is regarded as positive for an annular eclipse and negative for a total eclipse. The angles f_1 and f_2 are the angles at which the tangents that form the penumbral and umbral cones, respectively, intersect the axis of the shadow.

Transit of Mercury

The transit of Mercury has been computed using the method of W. Chauvenet (*A Manual of Spherical and Practical Astronomy*, Vol. I, Chap. X, 1868). The required apparent ephemerides of the Sun and Mercury have been derived from DE200 using the algorithms described by Kaplan *et al.* (*Astron. Jour.*, **97**, 1197, 1989).

Section B: Time Scales and Coordinate Systems

Calendar

Over extended intervals, civil time is ordinarily reckoned according to conventional calendar years and adopted historical eras; in constructing and regulating civil calendars and fixing ecclesiastical calendars, a number of auxiliary cycles and periods are used.

To facilitate chronological reckoning, the system of Julian day (JD) numbers maintains a continuous count of astronomical days, beginning with JD 0 on 1 January 4713 B.C., Julian proleptic calendar. Julian day numbers for the current year are given on page B4 and in the Universal and Sidereal Times table, pages B8–B15. To determine JD numbers for other years on the Gregorian calendar, consult the Julian Day Number tables, pages K2–K4.

Note that the Julian day begins at noon, whereas the calendar day begins at the preceding midnight. Thus the Julian day system is consistent with astronomical practice before 1925, with the astronomical day being reckoned from noon. For critical applications, the Julian date should include a specification as to whether UT, TDT or TDB is used.

Universal and Sidereal Times

The tabulations of Greenwich mean sidereal time (GMST) at 0^h UT are calculated from the defining relation between sidereal time and universal time (see the introductory discussion of Time Scales in this Explanation). The tabulation of Greenwich apparent sidereal time (GAST) is calculated by adding the equation of the equinoxes (the total nutation in longitude, multiplied by the cosine of the true obliquity of the ecliptic) to GMST. Following the general practice of this volume, UT implies UT1 in critical applications. Useful formulae and examples are given on pages B6–B7.

Reduction of Astronomical Coordinates

Formulae and tables for a variety of methods of apparent place reduction are presented. Choice of a particular method should be made according to accuracy requirements.

Reduction to apparent place from mean place for standard epoch J2000.0 is most accurately accomplished by formulae given on pages B36–B41. These require the rectangular position and velocity components of the Earth with respect to the solar system barycenter (even pages B44–B58) and the precession and nutation matrix (odd pages B45–B59). The Earth's position and velocity components are derived from the simultaneous numerical integration DE200/LE200 described on page L1. In critical applications the tabular argument of the barycentric ephemeris is barycentric dynamical time (TDB).

Beginning in 1984 the standard epoch of the stellar data tabulations (Section H) is the middle of the Julian year, rather than the beginning of the Besselian year. Thus the Besselian and second-order day numbers are referred to the mean equator and equinox of the middle of the current Julian year. Formulae for precessing positions from the standard epoch J2000.0 to the current year are given on page B18. These formulae are based on expressions for annual rates of precession given by J. H. Lieske et al. (Astron. Astrophys., **58**, 1–16, 1977), in conformance with the IAU (1976) value of the constant of precession.

Section C: The Sun

Apparent geocentric coordinates of the Sun are given on even pages C4–C18; geocentric rectangular coordinates referred to the mean equator and equinox of J2000.0 are given on pages C20–C23. These ephemerides are based on the simultaneous numerical integration DE200/LE200 described on page L1. The tabular argument of the solar ephemerides is terrestrial dynamical time (TDT). Although the apparent right ascension and declination are antedated for light-time, the true geocentric distance in astronomical units is the geometric distance at the tabular time.

The rotation elements listed on page C3, as well as the daily tabulations of rotational parameters (odd pages C5–C19), are due to R. C. Carrington (Observations of the Spots on the Sun, 1863). The synodic rotation numbers are in continuation of Carrington's Greenwich photoheliographic series, of which Number 1 commenced on 1853 November 9. The tabular values of the semidiameter are computed by taking the arc sine of the quantity formed by dividing the IAU solar radius (696 000 km) by the true distance in km.

Formulae for geocentric and heliographic coordinates are given on pages C1–C3.

Section D: The Moon

The geocentric ephemerides of the Moon are based on the numerical integration DE200/LE200 described on page L1. The tabular argument is terrestrial dynamical time (TDT).

For high precision calculations the polynomial ephemeris on pages D23–D45 should be used; procedures for evaluating the polynomials are given on page D22. A daily geocentric ephemeris to lower precision is given on the even numbered pages D6–D20. Although the tabular apparent right ascension and declination are antedated for light-time, the horizontal parallax is the geometric value for the tabular time. It is derived from arcsin$(1/r)$, where r is the true distance in units of the Earth's equatorial radius. The semidiameter s is computed from $s = $ arcsin $(k \sin \pi)$, where $k = 0.272\,493$ is the ratio of the equatorial radius of the Moon to the equatorial radius of the Earth and π is the horizontal parallax. No correction is made for irradiation.

Beginning in 1985 the physical ephemeris (odd pages D7–D21) is based on the formulae and constants for physical librations given by D. Eckhardt (*The Moon and the Planets*, **25**, 3, 1981; *High Precision Earth Rotation and Earth-Moon Dynamics*, ed. O. Calame, pages 193–198, 1982), but with the IAU value of 1°32′32″.7 for the inclination of the mean lunar equator to the ecliptic. Although values of Eckhardt's constants differ slightly from those of the IAU, this is of no consequence to the precision of the tabulation. Optical librations are first calculated from rigorous formulae; then the total librations (optical and physical) are calculated from the rigorous formulae by replacing I with $I + \rho$, Ω with $\Omega + \sigma$ and ☾ with ☾ $+ \tau$. Included in the calculations are perturbations for all terms greater than 0°.0001 in solution 500 of the first Eckhardt reference and in Table I of the second reference. Since apparent coordinates of the Sun and Moon are used in the calculations, aberration is fully included, except for the inappreciable difference between the light-time from the Sun to the Moon and from the Sun to the Earth.

The selenographic coordinates of the Earth and Sun specify the point on the lunar surface where the Earth and Sun are in the selenographic zenith. The selenographic longitude and latitude of the Earth are the total geocentric, optical and physical librations in longitude and latitude, respectively. When the longitude is positive, the mean central point of the disk is displaced eastward on the celestial sphere, exposing to view a region on the west limb. When the latitude is positive, the mean central point is displaced toward the south, exposing to view the north limb. If the principal moment of inertia axis toward the Earth is used as the origin for measuring librations, rather than the traditional origin in the mean direction of the Earth from the Moon, there is a constant offset of 214″.2 in τ, or equivalently a correction of –0°.059 to the Earth's selenographic longitude.

The tabulated selenographic colongitude of the Sun is the east selenographic longitude of the morning terminator. It is calculated by subtracting the selenographic longitude of the Sun from 90° or 450°. Colongitudes of 270°, 0°, 90° and 180° correspond to New Moon, First Quarter, Full Moon and Last Quarter, respectively.

The position angles of the axis of rotation and the midpoint of the bright limb are measured counterclockwise around the disk from the north point. The position angle of the terminator may be obtained by adding 90° to the position angle of the bright limb before Full Moon and by subtracting 90° after Full Moon.

For precise reductions of observations, the tabular data should be reduced to topocentric values. Formulae for this purpose by R. d'E. Atkinson (*Mon. Not. Roy. Astron. Soc.*, **111**, 448, 1951) are given on page D5.

Additional formulae and data pertaining to the Moon are given on pages D2–D5, D46.

Section E: Major Planets

The heliocentric and geocentric ephemerides of the planets are based on the numerical integration DE200/LE200 described on page L1. Terrestrial dynamical time (TDT) is the tabular argument of the geocentric ephemerides. The argument of the heliocentric ephemerides is barycentric dynamical time (TDB).

Although the apparent right ascension and declination are antedated for light-time, the true geocentric distance in astronomical units is the geometric distance for the tabular time.

For Pluto the astrometric ephemeris is comparable with observations referred to catalog mean places of comparison stars (corrected for proper motion and annual parallax, if significant, to the epoch of observation), provided the catalog is referred to the J2000.0 reference frame and the observations are corrected for geocentric parallax.

Ephemerides for Physical Observations of the Planets

The physical ephemerides of the planets have been calculated from the fundamental solar system ephemerides used elsewhere in this volume. Except where otherwise noted, physical data are based on the "Report of the IAU Working Group on Cartographic Coordinates and Rotational Elements of the Planets and Satellites" (M. E. Davies *et al.*, *Celest. Mech.*, **29**, 309–321, 1983; hereafter referred to as the IAU Report on Cartographic Coordinates).

All tabulated quantities are corrected for light-time, so the given values apply to the disk that is visible at the tabular time. Except for planetographic longitudes, all tabulated quantities vary so slowly that they remain unchanged if the time argument is considered to be universal time rather than dynamical time. Conversion from dynamical to universal time affects the tabulated planetographic longitudes by several tenths of a degree for all planets except Mercury, Venus and Pluto.

The tabulated light-time is the travel time for light arriving at the Earth at the tabular time. Expressions for the visual magnitudes of the planets are due to D. L. Harris (*Planets and Satellites*, ed. G. P. Kuiper and B. L. Middlehurst, page 272, 1961), except that values for $V(1,0)$, the visual magnitude at unit distance, are those given on page E88 of this volume. The tabulated surface brightness is the average visual magnitude of an area of one square arc-second of the illuminated portion of the apparent disk. For a few days around inferior and superior conjunctions, the tabulated magnitude and surface brightness of Mercury and Venus are only approximate; surface brightness is not tabulated near inferior conjunction. For Saturn the magnitude includes the contribution due to the rings, but the surface brightness applies only to the disk of the planet.

The apparent disk of an oblate planet is always an ellipse, with an oblateness less than or equal to the oblateness of the planet itself, depending on the apparent tilt of the planet's axis. For planets with significant oblateness, the apparent equatorial and polar diameters are separately tabulated.

The phase is the ratio of the apparent illuminated area of the disk to the total area of the disk, as seen from the Earth. The phase angle is the planetocentric elongation of the Earth from the Sun. In the accompanying diagram of the apparent disk of a planet, the defect of illumination is designated by q. It is the length of the unilluminated section of the diameter passing through the sub-Earth point e (the center of the disk) and the sub-solar point s. The position angle of the defect of illumination can be computed by adding 180° to the tabulated position angle of the sub-solar point. Calculations of phase and defect of illumination are based on the geometric terminator, which is defined by the plane crossing through the planet's center of mass, orthogonal to the direction of the Sun.

The tabulated quantity L_s is the planetocentric orbital longitude of the Sun, measured eastward in the planet's orbital plane from the planet's vernal equinox. Instantaneous orbital and equatorial planes are used in computing L_s. Values of L_s of 0°, 90°, 180° and 270° correspond to the beginning of spring, summer, autumn and winter, respectively, for the planet's northern hemisphere.

The orientation of the pole of a planet is specified by the right ascension α_0 and declination δ_0 of the north pole, with respect to the Earth's mean equator and equinox of J2000.0. According to the IAU definition, the north pole is the pole that lies on the north side of the invariable plane of the solar system. Because of precession of a planet's axis, α_0 and

δ_0 may vary slowly with time; values for the current year are given on page E87.

The angle W of the prime meridian is measured counterclockwise (when viewed from above the planet's north pole) along the planet's equator from the ascending node of the

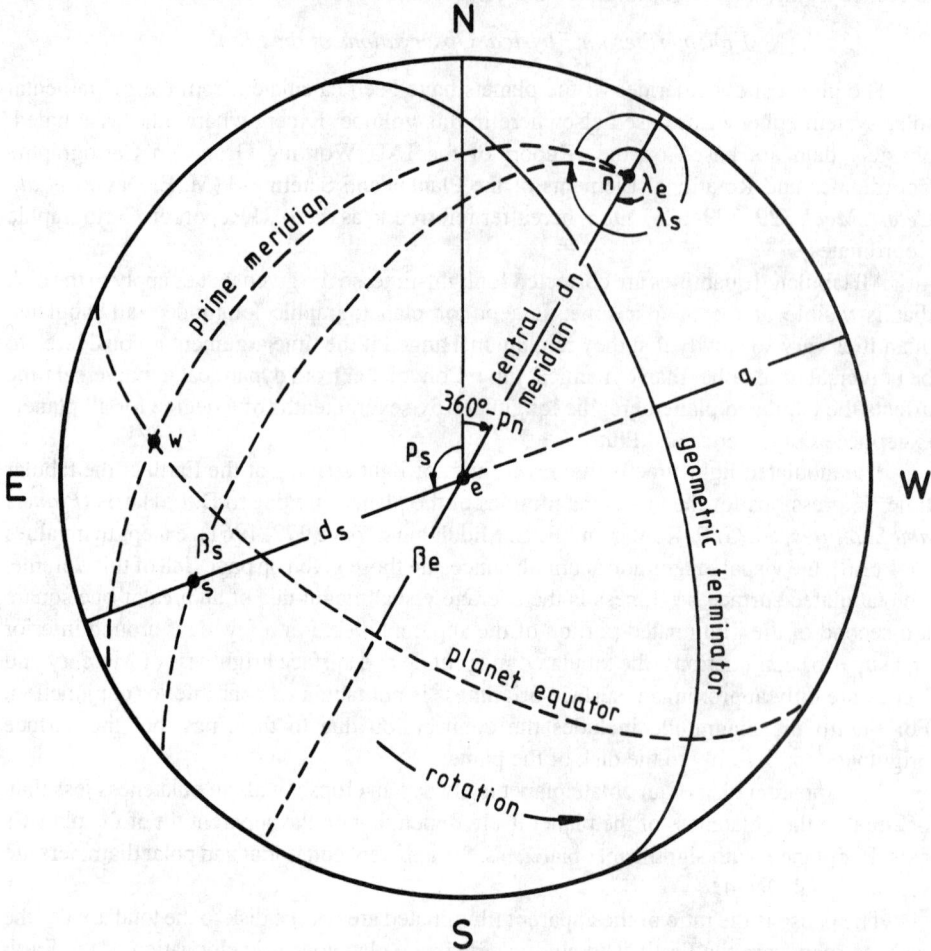

planet's equator on the Earth's mean equator of J2000.0. For a planet with direct rotation (counterclockwise as viewed from the planet's north pole), W increases with time. Values of W and its rate of change are given on page E87.

Except for Saturn and Pluto, expressions for the pole and prime meridian of each planet are based on the IAU Report on Cartographic Coordinates. The rotation of Saturn was provided by M. D. Desch and M. L. Kaiser. For Pluto the pole and rotation are due to R. S. Harrington and J. W. Christy (*Astron. Jour.*, **86**, 442, 1981), under the assumptions that the orbital motion of Pluto's satellite is synchronous with Pluto's rotation and that the satellite's orbital plane is coincident with Pluto's equatorial plane.

Tabulated longitudes and latitudes of the sub-Earth and sub-solar points are in planetographic coordinates. Planetographic longitude is reckoned from the prime meridian and increases from 0° to 360° in the direction opposite rotation. The planetographic latitude of a point is the angle between the planet's equator and the normal to the reference spheroid at the point. Latitudes north of the equator are positive. For Jupiter and Saturn multiple longitude systems are defined, each system corresponding to a different apparent rate of rotation. System I applies to the visible cloud layer in the equatorial region of each planet.

System II applies to the visible cloud layer at higher latitudes of Jupiter; there is no System II for Saturn. System III applies to the origin of the radio emissions of both Jupiter and Saturn. Since rotational periods of Uranus and Neptune are not well known, no planetographic longitudes are given for these planets.

Planetographic coordinates are illustrated in the diagram. At the center of the apparent disk is the sub-Earth point e; other reference points are the sub-solar point s and the north pole n. For an oblate planet, the Earth and Sun are not at the zeniths of the sub-Earth and sub-solar points, respectively. Planetocentric longitudes of the sub-Earth and sub-solar points are λ_e and λ_s with corresponding latitudes β_e and β_s. Also indicated are the apparent distances d and position angles p of the north pole and sub-solar point with respect to the center of the disk e. Position angles are measured east from the north on the celestial sphere, with north defined in this case by the great circle on the celestial sphere passing through the center of the planet's apparent disk and the true celestial pole of date. Tabulated distances are positive for points on the visible hemisphere of the planet and negative for points on the far side. Thus, as point n or s passes from the visible hemisphere to the far side, or vice versa, the sign of the distance changes abruptly, but the position angle varies continuously. However, when the point passes close to the center of the disk, the sign of the distance remains unchanged, but both distance and position angle vary rapidly and may appear to be discontinuous in the fixed interval tabulations.

Useful data and formulae are given on pages E43, E87, E88.

Section F: Satellites of the Planets

The ephemerides of the satellites are intended only for search and identification, not for the exact comparison of theory with observation; they are calculated only to an accuracy sufficient for the purpose of facilitating observations. These ephemerides are corrected for light-time. The value of DT used in preparing the ephemerides is given on page F1. Orbital elements and constants are given on pages F2, F3. Reference planes for the satellite orbits are defined by the north poles of rotation given in the "Report of the IAU Working Group on Cartographic Coordinates and Rotational Elements of the Planets and Satellites" (M. E. Davies *et al.*, *Celest. Mech.*, **29**, 309–321, 1983).

The apparent orbit of a satellite is an ellipse on the celestial sphere, with semimajor axis a/Δ, where a is the apparent semimajor axis at unit distance in seconds of arc and Δ is the geocentric distance of the primary. In calculating the tables for finding the position angle and apparent angular distance with respect to the primary, the value of the eccentricity of the apparent orbit at opposition is used. The apparent geocentric distance s is measured from the central point of the geometric disk of the primary, and the position angle p is measured eastward from the north celestial pole. Neglected in the calculations are the effect of the eccentricity of the actual orbit upon its projection onto the apparent orbit and the variation of the eccentricity of the apparent orbit. Approximately, therefore, $s = F(a/\Delta)$, where F is the ratio of s to the apparent distance at greatest elongation. At greatest elongations $p = P \pm 90°$, where P is the position angle of the extremity of the minor axis of the apparent orbit that is directed toward the pole of the orbit from which motion appears counterclockwise. With P_0 denoting an arbitrary fixed integral number of degrees, usually the approximate value of P at opposition, the value of p at any time is expressed in the form $p_1 + p_2$, where p_1 is the sum of $P_0 + 90°$ plus the amount of motion in position angle since elongation, and p_2 denotes the correction $P - P_0$. In the tables of p_1 the tabular entry for argument 0^h00^m is the value of $P_0 + 90°$.

Approximate formulae for calculating differential coordinates of satellites are given with the relevant tables.

Satellites of Mars

The ephemerides of the satellites of Mars are computed from the orbital elements given by H. Struve (*Sitzungsberichte der Königlich Preuss. Akad. der Wiss.*, p. 1073, 1911).

Satellites of Jupiter

The ephemerides of Satellites I–IV are based on the theory of J. H. Lieske (*Astron. Astrophys.*, **65**, 83, 1978), with constants due to J.-E. Arlot (*Astron. Astrophys.*, **107**, 305, 1982).

Elongations of Satellite V are computed from circular orbital elements determined by A. J. J. Van Woerkom (*Astron. Pap. Amer. Ephem.*, Vol, XIII, Pt. I, pages 8, 14, 16, 1950). The differential coordinates of Satellites VI–XIII are computed from numerical integrations, using starting coordinates and velocities calculated at the U. S. Naval Observatory.

The actual geocentric phenomena of Satellites I–IV are not instantaneous. Since the tabulated times are for the middle of the phenomena, a satellite is usually observable after the tabulated time of eclipse disappearance (EcD) and before the time of eclipse reappearance (EcR). In the case of Satellite IV the difference is sometimes quite large. Light curves of eclipse phenomena are discussed by D. L. Harris (*Planets and Satellites*, ed. G. P. Kuiper and B. M. Middlehurst, pages 327–340, 1961).

To facilitate identification, approximate configurations of Satellites I–IV are shown in graphical form on pages facing the tabular ephemerides of the geocentric phenomena. Time is shown by the vertical scale, with horizontal lines denoting 0^h UT. For any time the curves specify the relative positions of the satellites in the equatorial plane of Jupiter. The width of the central band, which represents the disk of Jupiter, is scaled to the planet's equatorial diameter.

For eclipses the points d of immersion into the shadow and points r of emersion from the shadow are shown pictorially at the foot of the right-hand pages for the superior conjunctions nearest the middle of each month. At the foot of the left-hand pages, rectangular coordinates of these points are given in units of the equatorial radius of Jupiter. The x-axis lies in Jupiter's equatorial plane, positive toward the east; the y-axis is positive toward the north pole of Jupiter. The subscript 1 refers to the beginning of an eclipse, subscript 2 to the end of an eclipse.

Satellites and Rings of Saturn

Since the rings of Saturn lie in the equatorial plane of the planet, the inclination and ascending node of the ring plane are determined from the position of the north pole of Saturn, as defined by M. E. Davies *et al.* (*Celest. Mech.*, **29**, 309–321, 1983). The apparent dimensions of the outer ring and factors for computing relative dimensions of the rings are from L. W. Esposito *et al.* (*Saturn*, eds. T. Gehrels and M. S. Matthews, pages 468–478, 1984).

Since the appearance of the rings depends upon the Saturnicentric positions of the Earth and Sun, the following quantities are tabulated in the ephemeris:

U,   the geocentric longitude of Saturn, measured in the plane of the rings eastward from its ascending node on the mean equator of the Earth; the Saturnicentric longitude of the Earth, measured in the same way, is $U + 180°$.

B,   the Saturnicentric latitude of the Earth, referred to the plane of the rings, positive toward the north; when B is positive the visible surface of the rings is the northern surface.

P,   the geocentric position angle of the northern semiminor axis of the apparent ellipse of the rings, measured eastward from north.

U', the heliocentric longitude of Saturn, measured in the plane of the rings eastward from its ascending node on the ecliptic; the Saturnicentric longitude of the Sun, measured in the same way, is $U' + 180°$.

B', the Saturnicentric latitude of the Sun, referred to the plane of the rings, positive toward the north; when B' is positive the northern surface of the rings is illuminated.

P', the heliocentric position angle of the northern semiminor axis of the rings on the heliocentric celestial sphere, measured eastward from the great circle that passes through Saturn and the poles of the ecliptic.

The ephemeris of the rings is corrected for light-time.

The ephemerides of Satellites I–VI and of Iapetus are computed from the orbital elements determined by G. Struve (*Veröff. der Universitätssternwarte zu Berlin-Babelsberg*, Vol. VI, Pt. 4, 1930, and Pt. 5, 1933). The ephemeris of Hyperion is computed from the elements given by J. Woltjer, Jr. (*Annalen van de Sterrewacht te Leiden*, Vol. XVI, Pt. 3, p. 64, 1928), and of Phoebe from the theory by F. E. Ross (*Annals of Harvard College Obs.*, Vol. LIII, No. VI, 1905).

For Satellites I–V times of eastern elongation are tabulated; for Satellites VI–VIII times of all elongations and conjunctions are tabulated. Tables for finding approximate distance s and position angle p are given for Satellites I–VIII. On the diagram of the orbits of Satellites I–VII, points of eastern elongation are marked "0". From the tabular times of these elongations the apparent position of a satellite at any other time can be marked on the diagram by setting off on the orbit the elapsed interval since last eastern elongation. For Hyperion and Iapetus ephemerides of differential coordinates are also included. An ephemeris of differential coordinates is given for Phoebe.

Solar perturbations are not included in calculating the tables of elongations and conjunctions, distances and position angles for Satellites I–VIII. For Satellites I–IV, the orbital eccentricity e is neglected. However, the 4-day tabulations of mean orbital longitude L and mean anomaly M for Satellites I–VIII are calculated from accurate values of the orbital elements; in the case of Titan, solar perturbations are included. Also tabulated are values of the elements that have large variations. The tabular values of the elements can thus be used to obtain perturbed orbital positions. Therefore, using the Saturnicentric position of the Earth, referred to the orbital plane of the satellite, one can calculate the perturbed apparent distance and position angle, and hence differential coordinates in right ascension and declination.

The ascending node of the ring-plane on the mean equator of the Earth serves as the origin for measuring mean orbital longitude L, true longitude u, and the longitude of the ascending node θ of the orbit on the plane of the rings. L and u are reckoned along the ring-plane to the node of the orbit, then along the orbit. Tabulated values of L and M are geometric values at the tabular times, not corrected for light-time.

Satellites and Rings of Uranus

Data for the Uranian Rings are from the analysis of J. L. Elliot *et al.* (*Astron. Jour.*, **86**, 444, 1981). Ephemerides of the satellites are calculated from orbital elements determined by J. Laskar and R. A. Jacobson (*Astron. Astrophys.*, **188**, 212–224, 1987).

Satellites of Neptune

The ephemerides of Triton and Nereid are calculated from elements by R. A. Jacobson (*Astron. Astrophys.*, **231**, 241–250, 1990).

Satellite of Pluto

The ephemeris of Charon is calculated from the elements of D. J. Tholen (*Astron. Jour.*,

90, 2353, 1985).

Section G: Minor Planets

The ephemerides of Ceres, Pallas, Juno and Vesta give astrometric right ascensions and declinations, referred to the mean equator and equinox of J2000.0, geometric distances from the Earth, and times of ephemeris transit. Astrometric positions are obtained by adding planetary aberration to the geometric positions, referred to the origin of the FK5 system, and then subtracting stellar aberration. Thus these positions are comparable with observations that are referred to catalog mean places of reference stars on the FK5 system, provided the observations are corrected for geocentric parallax and the star positions are corrected for proper motion and annual parallax, if significant, to the epoch of observation. These ephemerides are based on the heliocentric ephemerides of R. L. Duncombe (*Astron. Pap. Amer. Ephem.*, Vol. XX, Pt. II, 1969).

Orbital elements and opposition dates for the larger minor planets are based on data from the Minor Planet Center and the Institute of Theoretical Astronomy. Data concerning physical characteristics are from D. Morrison (*Icarus*, **31**, 185, 1977).

Section H: Stellar Data

Except for the positions of radio sources and pulsars (pages H57–H62, H75, H76) all positions in this section are mean places for the middle of the current Julian year, referred to the origin of the FK5 system. The positions of radio sources and pulsars are mean places for J2000.0.

Bright Stars

Included in the list of bright stars are 1482 stars chosen according to the following criteria:

a. all stars of visual magnitude 4.5 or brighter, as listed in the third revised edition of the *Yale Bright Star Catalogue* (BSC);
b. all FK5 stars brighter than 5.5;
c. all MK atlas standards in the BSC (W. W. Morgan *et al.*, *Revised MK Spectral Atlas for Stars Earlier Than the Sun*, 1978; and P. C. Keenan and R. C. McNeil, Atlas of Spectra of the Cooler Stars: Types G, K, M, S, and C, 1976).

Flamsteed and Bayer designations are given with the constellation name and the BSC number. For FK5 stars, positions referred to J2000.0 are taken directly from the "basic" FK5 and precessed to the equator and equinox of the middle of the current year. For the remainder of the stars, B1950.0 positions are taken from the SAO Catalog and converted to J2000.0 by precepts given on page B42, then precessed to the equator and equinox of the middle of the current year. Orbital positions are given for these binary stars: BS 1948/49, 2890/91, 4825/26, 5477/78, 8085/86, 2491, 3579, 5459/60, 6134. Orbital elements were taken from the *Third Catalog of Orbits of Visual Binary Stars* (W. S. Finsen and C. E. Worley, *Republic Obs. Circ.* 129, 1970). Whenever possible V magnitudes and color indices *U–B* and *B–V* are due to B. Nicolet (*Astron. Astrophys. Supp.*, **34**, 1, 1978); otherwise these data are taken from the BSC. Spectral types were provided by W. P. Bidelman. Codes in the Notes column are explained at the end of the table (page H31).

Photometric Standards

A selection of 107 stars to serve as standards of the *UBVRI* photometric system was supplied by H. L. Johnson. Photometric data for these stars are due to Johnson *et al.* (*Comm. Lunar Planetary Lab*, Vol. 4, Pt. 3, Table 2, 1966). Primary standards of the *UBVRI* and

UBV systems are specified by 1 and 2, respectively, in the Standards Code column. As given in the above reference, the filter bands have the following effective wavelengths: U, 3600 Å; B, 4400 Å; V, 5500 Å; R, 7000 Å; I, 9000 Å.

The selection and photometric data for standards on the Strömgren four-color and Hβ systems are those of C. L. Perry, E. H. Olsen and D. L. Crawford (*Pub. Astron. Soc. Pac.*, **99**, 1184, 1987). Only the 319 stars which have both four-color and Hb data are included. The u band is centered at 3500 Å; v at 4100 Å; b at 4700 Å; and y at 5500 Å. Four indices are tabulated: $b–y$, $m_1 = (v–b) – (b–y)$, $c_1 = (u–v) – (v–b)$ and Hβ.

In both photometric tables, star names and numbers are taken from the *Yale Bright Star Catalogue*. Spectral types are taken from the Bright Stars list (pages H2–H31) or from the photometric references cited above. Positions are obtained by the procedures used for the Bright Stars list.

Radial Velocity Standards

The selection of radial velocity standard stars is based on a list of bright standards taken from the report of IAU Sub-Commission 30a On Standard Velocity Stars (*Trans. IAU*, **IX**, 442, 1957) and list of faint standards (*Trans. IAU*, **XVA**, 409, 1973). These two lists are quite dated relative to modern accuracies and are being revised. Nine stars have been dropped from these lists whose velocities have been found to be variable by more than 1 km/sec and flags have also been used to indicate those stars whose velocities have been found to differ by more than ±1 km/sec. The error bars have also been dropped since thay are considered unrealistic below ±0.5 km/sec. Those stars which are candidates for inclusion in the revised list of primary standards, currently being prepared by IAU Commission 30, are flagged. Those stars are recommended for intensive observation. Positions are obtained by the procedures used for the Bright Stars list. V magnitudes are due to B. Nicolet (*Astron. Astrophys. Supp.*, **34**, 1, 1978) when possible; otherwise they are estimated from the given photographic magnitudes and spectral types. The spectral types are taken from the Bright Stars list (pages H2–H31), the *Yale Bright Star Catalogue*, or the original IAU list, in that order of preference.

Bright Galaxies

The list of galaxies is comprised of the brightest ($B_T^w \leq 11.50$) and largest (log $D_{25} \leq$ 1.65) galaxies, as compiled by G. de Vaucouleurs from the *Second Reference Catalog of Bright Galaxies* (G. de Vaucouleurs *et al.*, 1976), hereafter referred to as RC2. In addition to serving as an identification list, the precision of the diameters, photometric data and velocities makes these data suitable for calibration purposes.

Identification numbers from the *New General Catalog* (NGC) have the prefix N; those from the *Index Catalog* (IC) have the prefix I. Other abbreviations are interpreted at the end of the table (page H48). Morphological types are based on the revised Hubble system (see G. de Vaucouleurs, *Handbuch der Physik*, **53**, 275, 1959; *Astrophys. Jour. Supp.*, **8**, 31, 1963).

The column headed T gives a numerical index to the stages of the Hubble sequence:

T	–6	–5	–4	–3	–2	–1	0	+1	+2	+3	+4	+5	+6	+7	+8	+9	+10	+11
type	cE	E	E⁺	L⁻	L	L⁺	S0/a	Sa	Sab	Sb	Sbc	Sc	Scd	Sd	Sdm	Sm	Im	cI

where E=elliptical, L=lenticular, S=spiral, I=irregular, c=compact.

The column headed L gives the luminosity class in the David Dunlap Observatory system:

L	1	2	3	4	5	6	7	8	9
class	I	I–II	II	II–III	III	III–IV	IV	IV–V	V

Columns headed Log D_{25} and Log R_{25} give logarithms to base 10 of the apparent isophotol diameter (D_{25}) and the ratio of the major diameter to the minor diameter $(R_{25} = D_{25} / d_{25})$, measured at or reduced to the surface brightness level $\mu_s = 25.0$ mag/arcsec^2.

The total magnitude in the B system is given in the column headed B_T^w. This quantity is a revision of B_T in RC2 (see G. de Vaucouleurs and G. Bollinger, *Astrophys. Jour. Supp.*, **34**, 469, 1977). Total (asymptotic) color indices in the standard *UBV* system are given in the columns $B-V$ and $U-B$. The tabulated values are derived by extrapolation from photoelectric color-aperture data or from precise photographic surface photometry with photoelectric zero point.

Observed radial velocities V in km/s are weighted means, corrected for systematic errors, of all optical and radio observations. A few values not listed in RC2 are from new or revised determinations. Radial velocities, corrected for solar motion relative to the Local Group of galaxies, are calculated from $V_0 = V + 300 \cos b \sin l$, as recommended by IAU Commission 28 (*Trans, IAU*, **XVIB**, 201, 1977).

Star Clusters

The list of 288 open clusters was supplied by G. Lyngå. It is a selection from the 5th (1987) edition of the Lund-Strasbourg catalogue (original edition described by G. Lyngå, *Astron. Data Cen. Bul.*, 2, 1981). The latest edition is available from the NASA World Data Center A, Greenbelt, MD or from Centre de Données Stellaires, Strasbourg. For each cluster, two identifications are given. First is the designation adopted by the IAU, while the second is the traditional name (G. Alter *et al.*, *Catalogue of Star Clusters and Associations*, 2nd ed., 1970).

Positions are referred to the mean equator and equinox of the middle of the Julian year. The tabulated angular diameter of a cluster pertains to the cluster's nucleus. Trumpler classification is defined by R. S. Trumpler (*Lick Obs. Bul.*, **XIV**, 154, 1930).

The total magnitude of the cluster usually refers to the integrated blue magnitude. The tabulated spectrum refers to the hottest member of the cluster. Under the heading Mag. is tabulated the magnitude of the brightest cluster member.

The logarithm to the base 10 of the cluster age is determined from the turnoff point on the main sequence. Log (Fe/H) is mostly determined from photometric narrow band or intermediate band studies.

Extinction in V is tabulated under A_V. This is determined using the assumption that $A_V = 3E_{(B-V)}$, where the color excess $E_{(B-V)}$ is derived from some of the brightest cluster members.

The table of 157 galactic globular clusters was supplied by R. E. White. It is based on a list circulated some years ago by IAU Commission 37. The entire table is sorted, first, according to the cluster's 1950.0 right ascension (first four digits) and second, according to its diminishing (north to south) declination. Both coordinates are folded into the IAU enumeration.

In keeping with IAU recommendations, at least two indentifications are provided, the IAU designation and the most common catalog name. Additional common aliases are given under Remarks. The positions are referred to the mean equator and equinox of the middle of the Julian year and are based on the 1950.0 coordinates of S. J. Shawl and R. E. White (*Astron. Jour.*, **91**, 312, 1986) or R. F. Webbink ("Coordinates of Reference Stars in the Fields of Globular Clusters", Univ. of Illinois preprint, 1982).

The integrated V magnitude and $(B-V)$, $(U-B)$ and $(V-I)$ color indicies are taken exclusively from Table F in the compilation of B. V. Kukarkin (*Globular Star Clusters*, 1974). Integrated spectral types are due to J. E. Hesser and S. J. Shawl (*Pub. Astron. Soc. Pac.*, **97**, 465, 1985) except for types enclosed in parentheses, which are from the Kukarkin compilation. The m/H values are from R. F. Webbink (*IAU Symposium No. 113, Dynamics of Star Clusters*, eds. J. Goodman and P. Hut, pages 541–577, Table IIa, 1985).

Values for $E_{(B-V)}$, $(m-M)_V$, distance from the Sun, D_0 and galactocentric distance, R (assuming $R_0 = 8.5$ kpc) are due to W. E. Harris (*Astron. Jour.*, **81**, 1095, Tables II and III, 1976) or to R. F. Webbink (denoted by Wb in column 11) from the previous reference. In addition to alternate names, the Remarks column also indicates which clusters have X-ray sources.

Radio Source Standards

The list of 233 radio source positions is that of Argue *et al.* (*Astron. Astrophys.* **130**, 191, 1984). This list was compiled by a working group under IAU Commission 24 as a first step in defining a catalog of extragalactic objects that have both radio and optical counterparts. Positions in the list were compiled from a number of previously published catalogs. The origin of right ascension is defined by the right ascension of 1226+023 (3C273B) at epoch J2000.0, $12^h\ 26^m\ 06^s.6997$, as computed by Kaplan *et al.* (*Astron. Jour.* **87**, 570, 1982), based on the B1950.0 position determined for the source by C. Hazard *et al.* (*Nature Phys. Sci.*, **233**, 89, 1971). An indication of the uncertainty of a position is given by the number of digits in the tabulated coordinates; the end figures may be subject to revision. The column headed S_{5GHz} gives the flux density in Janskys at 5 GHz. Fluxes of many of the sources vary, however, and the tabulated flux is meant to serve only as a rough guide.

Data for the list of flux standards are due to J. W. M. Baars *et al.* (*Astron. Astrophys.*, **61**, 99, 1977), as updated by the authors. Flux densities S. measured in Janskys, are given for ten frequencies ranging from 400 to 22235 MHz. Positions are referred to the mean equinox and equator of J2000.0. For flux calibration of interferometers, positions of three sources are given with increased precision. Positions of 3C 48 and 3C 147 are due to B. Elsmore and M. Ryle (*Mon. Not. Roy. Astron. Soc.*, **174**, 411, 1976); the position of 3C 286 is from the list of astrometric radio sources, pages H57–H61. Positions of the other sources are due to Baars *et al.*, as cited above.

Selected Identified X-Ray Sources

The X-ray sources were selected by J. F. Dolan from his unpublished survey file. Two common designations of X-ray sources are tabulated: the discovery designation, usually taken from the first published detection of the source, and the designation in the *Fourth Uhuru Catalog* (4U) of W. Forman *et al.* (*Astrophys. Jour. Supp.*, **38**, 357, 1978). When no discovery designation is listed, the source is consistently referred to by the common name of the identified counterpart. Although the listed counterparts are usually optical, the common designation of the radio or infrared counterpart is given in the absence of an optical counterpart. When no identified counterpart is listed, the counterpart has no common designation.

Tabulated positions are based on published positions of identified counterparts. The (2–6) kev flux, in units of 10^{-11} erg cm^{-2} s^{-1} (10^{-14} watts m^{-2}), is taken from the 4U catalog. For sources with variable X-ray intensities, the maximum observed flux from the 4U catalog is tabulated. The tabulated magnitude is the optical magnitude of the counterpart in the *V* filter, unless marked by an asterisk, in which case the *B* magnitude is given. Variable magnitude objects are denoted by V; for these objects the tabulated magnitude pertains to maximum brightness. Codes specifying the type of the identified counterpart are explained at the end of the table (page H67).

Variable Stars

The list containing 181 variable stars has been compiled by J. A. Mattei using as reference the Third Edition of the *General Catalogue of Variable Stars* and its three

Supplements, the *Sky Catalog 2000.0, Volume 2*, and the data files of the American Association of Variable Star Observers. The brightest stars for each class with amplitude of 0.5 magnitude or more have been selected. The following magnitude criteria at maximum brightness have been used:

a. eclipsing variables brighter than magnitude 7.0;
b. pulsating variables:
   RR Lyrae stars brighter than magnitude 9.0;
   Cepheids brighter than 6.0;
   Mira variables brighter than 7.0;
   Semiregular variables brighter than 7.0;
   Irregular variables brighter than 8.0;
c. eruptive variables:
   U Geminorum, Z Camelopardalis, recurrent novae, and nova-like variables brighter than magnitude 11.0;
d. other types:
   RV Tauri variables brighter than magnitude 9.0;
   R Coronae Borealis variables brighter than 10.0;
   Symbiotic stars (Z Andromedae) brighter than 10.0;
   d Scuti variables brighter than 9.0.

Selected Quasars

With the collaboration of T. M. Heckman, a set of 99 quasars was selected from the catalog of M.-P. Véron-Cetty and P. Véron (*A Catalogue of Quasars and Active Nuclei*, ESO Scientific Report No. 1, 1984). The following selection criteria were used:

   $V \leq 15.45$ (24 quasars);
   $M(abs) \leq -30.2$ (27 quasars);
   z (redshift) ≤ 0.150 (19 quasars) or $z \geq 3.200$ (18 quasars);
   6 cm flux density ≥ 3.6 Janskys (23 quasars).

No objects classified as Seyfert, BL Lac or HII were included.

Positions are given for the equator and equinox of the middle of the current year. Flux densities are given for 6 cm and 7 cm. The authors of the catalog caution that many of the *V* magnitudes are inaccurate and, in any case, variable. However, the (*B–V*) color indices do not vary much and should be more accurate. Absolute magnitudes are computed assuming $H_0=50$ kms^{-1}Mpc^{-1}, $q_0=0$, and an optical spectral index of 0.7.

Selected Pulsars

A selection of 92 pulsars was provided by J. H. Taylor. The selection criterion is that S_{400}, the mean flux density at 400 MHz, be greater than 40 milli-Janskys. In addition about a dozen pulsars of special interest are included, such as the binary and millisecond pulsars.

Positions are referred to the equator and equinox of J2000.0. For each pulsar the period P in seconds and the time rate of change $\dot{P}$ in units of 10^{-15} ss^{-1} are given for the specified epoch. The dispersion measure DM is in pc cm^{-3}.

aberration: the apparent angular displacement of the observed position of a celestial object from its **geometric position**, caused by the finite velocity of light in combination with the motions of the observer and of the observed object. (See **aberration, planetary**.)

aberration, annual: the component of stellar aberration (see **aberration, stellar**) resulting from the motion of the Earth about the Sun.

aberration, diurnal: the component of stellar aberration (see **aberration, stellar**) resulting from the observer's diurnal motion about the center of the Earth.

aberration, E-terms of: terms of annual aberration (see **aberration, annual**) depending on the **eccentricity** and longitude of **perihelion** (see **longitude of pericenter**) of the Earth.

aberration, elliptic: see **aberration, E-terms of**.

aberration, planetary: the apparent angular displacement of the observed position of a celestial body produced by motion of the observer (see **aberration, stellar**) and the actual motion of the observed object (see **correction for light-time**).

aberration, secular: the component of stellar aberration (see **aberration, stellar**) resulting from the essentially uniform and rectilinear motion of the entire solar system in space. Secular aberration is usually disregarded.

aberration, stellar: the apparent angular displacement of the observed position of a celestial body resulting from the motion of the observer. Stellar aberration is divided into diurnal, annual, and secular components. (See **aberration, diurnal**; **aberration, annual**; **aberration, secular**.)

altitude: the angular distance of a celestial body above or below the horizon, measured along the great circle passing through the body and the **zenith**. Altitude is 90° minus **zenith distance**.

anomaly: angular measurement of a body in its **orbit** from its **perihelion**.

aphelion: the point in a planetary **orbit** that is at the greatest distance from the Sun.

apogee: the point at which a body in **orbit** around the Earth reaches its farthest distance from the Earth.

apparent place: the position on a **celestial sphere**, centered at the Earth, determined by removing from the directly observed position of a celestial body the effects that depend on the **topocentric** location of the observer; i.e., **refraction**, diurnal aberration (see **aberration, diurnal**) and geocentric (diurnal) **parallax**. Thus the position at which the object would actually be seen from the center of the Earth, displaced by planetary aberration (except the diurnal part – see **aberration, planetary**; **aberration, diurnal**) and referred to the **true equinox and equator**.

apparent solar time: the measure of time based on the diurnal motion of the true Sun. The rate of diurnal motion undergoes seasonal variation because of the **obliquity** of the **ecliptic** and because of the **eccentricity** of the Earth's **orbit**. Additional small variations result from irregularities in the rotation of the Earth on its axis.

aspect: the apparent position of any of the planets or the Moon relative to the Sun, as seen from Earth.

astrometric ephemeris: an **ephemeris** of a solar system body in which the tabulated positions are essentially comparable to catalog **mean places** of stars at a **standard epoch**. An astrometric position is obtained by adding to the **geometric position**, computed from gravitational theory, the correction for **light-time**. Prior to 1984, the E-terms of annual aberration (see **aberration, annual**; **aberration, E-terms of**) were also added to the geometric position.

astronomical coordinates: the longitude and latitude of a point on the Earth relative to the **geoid**. These coordinates are influenced by local gravity anomalies. (See **zenith**; **longitude, terrestrial**; **latitude, terrestrial**.)

astronomical unit (a.u.): the radius of a circular **orbit** in which a body of negligible mass, and free of **perturbations**, would revolve around the Sun in $2\pi/k$ days, where k is the **Gaussian gravitational constant**. This is slightly less than the **semimajor axis** of the Earth's orbit.

atomic second: see **second, Système International**.

augmentation: the amount by which the apparent **semidiameter** of a celestial body, as observed from the surface of the Earth, is greater than the semidiameter that would be observed from the center of the Earth.

azimuth: the angular distance measured clockwise along the **horizon** from a specified reference point (usually north) to the intersection with the great circle drawn from the **zenith** through a body on the **celestial sphere**.

barycenter: the center of mass of a system of bodies; e.g., the center of mass of the solar system or the Earth-Moon system.

Barycentric Dynamical Time (TDB): the independent argument of ephemerides and equations of motion that are referred to the **barycenter** of the solar system. A family of time scales results from the transformation by various theories and metrics of relativistic theories of **Terrestrial Dynamical Time (TDT)**. TDB differs from TDT only by periodic variations. In the terminology of the general theory of relativity, TDB may be considered to be a coordinate time. (See **dynamical time**.)

brilliancy: for Mercury and Venus the quantity $k\,s^{\,2}/r^{\,2}$, where $k = 0.5\,(1 + \cos i)$, i is the phase angle, s is the apparent **semidiameter**, and r is the heliocentric distance.

calendar: a system of reckoning time in which days are enumerated according to their position in cyclic patterns.

catalog equinox: the intersection of the **hour circle** of zero **right ascension** of a star catalog with the **celestial equator**. (See **dynamical equinox; equator**.)

celestial ephemeris pole: the reference pole for **nutation** and **polar motion**; the axis of figure for the mean surface of a model Earth in which the free motion has zero amplitude. This pole has no nearly-diurnal nutation with respect to a space-fixed or Earth-fixed coordinate system.

celestial equator: the projection onto the **celestial sphere** of the Earth's **equator**. (See **mean equator; equinox; true equator and equinox**.)

celestial pole: either of the two points projected onto the **celestial sphere** by the extension of the Earth's axis of rotation to infinity.

celestial sphere: an imaginary sphere of arbitrary radius upon which celestial bodies may be considered to be located. As circumstances require, the celestial sphere may be centered at the observer, at the Earth's center, or at any other location.

conjunction: the phenomenon in which two bodies have the same apparent celestial longitude (see **longitude, celestial**) or **right ascension** as viewed from a third body. Conjunctions are usually tabulated as **geocentric** phenomena. For Mercury and Venus, geocentric inferior conjunction occurs when the planet is between the Earth and Sun, and superior conjunction occurs when the Sun is between the planet and Earth.

constellation: a grouping of stars, usually with pictorial or mythical associations, that serves to identify an area of the **celestial sphere**. Also one of the precisely defined areas of the celestial sphere, associated with a grouping of stars, that the International Astronomical Union has designated as a constellation.

Coordinated Universal Time (UTC): the time scale available from broadcast time signals. UTC differs from TAI (see **International Atomic Time**) by an integral number of seconds; it is maintained within ±0.90 second of UT1 (see **Universal Time**) by the introduction of one second steps (leap seconds). (See **leap second.**)

culmination: passage of a celestial object across the observer's **meridian**; also called "meridian passage". More precisely, culmination is the passage through the point of greatest **altitude** in the diurnal path. Upper culmination (also called "culmination above pole" for circumpolar stars and the Moon) or transit is the crossing closer to the observer's **zenith**. Lower culmination (also called "culmination below pole" for circumpolar stars and the Moon) is the crossing farther from the zenith.

day: an interval of 86400 SI seconds (see **second, Système International**), unless otherwise indicated.

day numbers: quantities that facilitate hand calculations of the reduction of **mean place** to **apparent place**. Besselian day numbers depend solely on the Earth's position and motion; second-order day numbers, used in higher precision reductions, depend on the positions of both the Earth and the star.

declination: angular distance on the **celestial sphere** north or south of the **celestial equator**. It is measured along the **hour circle** passing through the celestial object. Declination is usually given in combination with **right ascension** or **hour angle**.

defect of illumination: the angular amount of the observed lunar or planetary disk that is not illuminated to an observer on the Earth.

deflection of light: the angle by which the apparent path of a photon is altered from a straight line by the gravitational field of the Sun. The path is deflected radially away from the Sun by up to $1''.75$ at the Sun's limb. Correction for this effect, which is independent of wavelength, is included in the reduction from **mean place** to **apparent place**.

deflection of the vertical: the angle between the astronomical vertical and the geodetic vertical. (See **zenith; astronomical coordinates; geodetic coordinates**.)

Delta T (ΔT): the difference between **dynamical time** and **Universal Time**; specifically the difference between **Terrestrial Dynamical Time (TDT)** and UT1: $\Delta T = \text{TDT} - \text{UT1}$.

direct motion: for orbital motion in the solar system, motion that is counterclockwise in the orbit as seen from the north pole of the **ecliptic**; for an object observed on the celestial sphere, motion that is from west to east, resulting from the relative motion of the object and the Earth.

diurnal motion: the apparent daily motion caused by the Earth's rotation, of celestial bodies across the sky from east to west.

ΔUT1: the predicted value of the difference between UT1 and UTC, transmitted in code on broadcast time signals: $\Delta\text{UT1} = \text{UT1} - \text{UTC}$. (See **Universal Time; Coordinated Universal Time**.)

dynamical equinox: the ascending **node** of the Earth's mean **orbit** on the Earth's **equator**; i.e., the intersection of the **ecliptic** with the celestial equator at which the Sun's **declination** is changing from south to north. (See **catalog equinox; equinox**.)

dynamical time: the family of time scales introduced in 1984 to replace **ephemeris time** as the independent argument of dynamical theories and ephemerides. (See **Barycentric Dynamical Time; Terrestrial Dynamical Time**.)

eccentric anomaly: in undisturbed elliptic motion, the angle measured at the center of the ellipse from **pericenter** to the point on the circumscribing auxiliary circle from which a perpendicular to the major axis would intersect the orbiting body. (See **mean anomaly;**

true anomaly.)

eccentricity: a parameter that specifies the shape of a conic section; one of the standard elements used to describe an elliptic **orbit**. (See **elements, orbital**.)

eclipse: the obscuration of a celestial body caused by its passage through the shadow cast by another body.

eclipse, annular: a solar **eclipse** (see **eclipse, solar**) in which the solar disk is never completely covered but is seen as an annulus or ring at maximum eclipse. An annular eclipse occurs when the apparent disk of the Moon is smaller than that of the Sun.

eclipse, lunar: an **eclipse** in which the Moon passes through the shadow cast by the Earth. The eclipse may be total (the Moon passing completely through the Earth's **umbra**), partial (the Moon passing partially through the Earth's umbra at maximum eclipse), or penumbral (the Moon passing only through the Earth's **penumbra**).

eclipse, solar: an **eclipse** in which the Earth passes through the shadow cast by the Moon. It may be total (observer in the Moon's **umbra**), partial (observer in the Moon's **penumbra**), or annular. (See **eclipse, annular**.)

ecliptic: the mean plane of the Earth's **orbit** around the Sun.

elements, Besselian: quantities tabulated for the calculation of accurate predictions of an **eclipse** or **occultation** for any point on or above the surface of the Earth.

elements, orbital: parameters that specify the position and motion of a body in **orbit**. (See **osculating elements**; **mean elements**.)

elongation, greatest: the instants when the **geocentric** angular distances of Mercury and Venus are at a maximum from the Sun.

elongation (planetary): the **geocentric** angle between a planet and the Sun, measured in the plane of the planet, Earth and Sun. Planetary elongations are measured from 0° to 180°, east or west of the Sun.

elongation (satellite): the **geocentric** angle between a satellite and its primary, measured in the plane of the satellite, planet and Earth. Satellite elongations are measured from 0° east or west of the planet.

epact: the age of the Moon; the number of days since new moon, diminished by one day, on January 1 in the Gregorian ecclesiastical lunar cycle. (See **Gregorian calendar**; **lunar phases**.)

ephemeris: a tabulation of the positions of a celestial object in an orderly sequence for a number of dates.

ephemeris hour angle: an **hour angle** referred to the **ephemeris meridian**.

ephemeris longitude: longitude (see **longitude, terrestrial**) measured eastward from the **ephemeris meridian**.

ephemeris meridian: a fictitious **meridian** that rotates independently of the Earth at the uniform rate implicitly defined by **Terrestrial Dynamical Time (TDT)**. The ephemeris meridian is $1.002738 \, \Delta T$ east of the Greenwich meridian, where $\Delta T = \text{TDT} - \text{UT1}$

ephemeris time (ET): the time scale used prior to 1984 as the independent variable in gravitational theories of the solar system. In 1984, ET was replaced by **dynamical time**.

ephemeris transit: the passage of a celestial body or point across the **ephemeris meridian**.

epoch: an arbitrary fixed instant of time or date used as a chronological reference datum for calendars (see **calendar**), celestial reference systems, star catalogs, or orbital motions (see **orbit**).

equation of center: in elliptic motion the **true anomaly** minus the **mean anomaly**. It is the difference between the actual angular position in the elliptic **orbit** and the position the body would have if its angular motion were uniform.

equation of the equinoxes: the **right ascension** of the mean **equinox** (see **mean equator and equinox**) referred to the **true equator and equinox**; apparent **sidereal time** minus mean sidereal time. (See **apparent place; mean place.**)

equation of time: the **hour angle** of the true Sun minus the hour angle of the **fictitious mean sun**; alternatively, **apparent solar time** minus **mean solar time.**

equator: the great circle on the surface of a body formed by the intersection of the surface with the plane passing through the center of the body perpendicular to the axis of rotation. (See **celestial equator.**)

equinox: either of the two points on the **celestial sphere** at which the **ecliptic** intersects the **celestial equator**; also the time at which the Sun passes through either of these intersection points; ie., when the apparent longitude (see **apparent place; longitude, celestial**) of the Sun is 0° or 180°. (See **catalog equinox; dynamical equinox** for precise usage.)

era: a system of chronological notation reckoned from a given date.

fictitious mean sun: an imaginary body introduced to define **mean solar time**; essentially the name of a mathematical formula that defined mean solar time. This concept is no longer used in high precision work.

flattening: a parameter that specifies the degree by which a planet's figure differs from that of a sphere; the ratio $f = (a - b)/a$, where a is the equatorial radius and b is the polar radius.

frequency: the number of cycles or complete alternations per unit time of a carrier wave, band, or oscillation.

frequency standard: a generator whose output is used as a precise frequency reference; a primary frequency standard is one whose frequency corresponds to the adopted definition of the second (see **second, Système International**), with its specified accuracy achieved without calibration of the device.

Gaussian gravitational constant ($k = 0.017\ 202\ 098\ 95$): the constant defining the astronomical system of units of length (**astronomical unit**), mass (solar mass) and time (day), by means of Kepler's third law. The dimensions of k^2 are those of Newton's constant of gravitation: $L^3 M^{-1} T^{-2}$.

gegenshein: faint nebulous light about 20° across near the **ecliptic** and opposite the Sun, best seen in September and October. Also called counterglow.

geocentric: with reference to, or pertaining to, the center of the Earth.

geocentric coordinates: the latitude and longitude of a point on the Earth's surface relative to the center of the Earth; also celestial coordinates given with respect to the center of the Earth. (See **zenith; latitude, terrestrial; longitude, terrestrial.**)

geodetic coordinates: the latitude and longitude of a point on the Earth's surface determined from the geodetic vertical (normal to the specified spheroid). (See **zenith; latitude, terrestrial; longitude, terrestrial.**)

geoid: an equipotential surface that coincides with mean sea level in the open ocean. On land it is the level surface that would be assumed by water in an imaginary network of frictionless channels connected to the ocean.

geometric position: the **geocentric** position of an object on the **celestial sphere** referred to the **true equator and equinox**, but without the displacement due to planetary aberration. (See **apparent place; mean place; aberration, planetary.**)

Greenwich sidereal date (GSD): the number of **sidereal days** elapsed at Greenwich since the beginning of the Greenwich sidereal day that was in progress at **Julian date** 0.0.

Greenwich sidereal day number: the integral part of the **Greenwich sidereal date**.

Gregorian calendar: the calendar introduced by Pope Gregory XIII in 1582 to replace the **Julian calendar**; the calendar now used as the civil calendar in most countries. Every year that is exactly divisible by four is a leap year, except for centurial years, which must be exactly divisible by 400 to be leap years. Thus 2000 is a leap year, but 1900 and 2100 are not leap years.

height: elevation above ground or distance upwards from a given level (especially sea level) to a fixed point. (See **altitude**.)

heliocentric: with reference to, or pertaining to, the center of the Sun.

horizon: a plane perpendicular to the line from an observer to the zenith. The great circle formed by the intersection of the **celestial sphere** with a plane perpendicular to the line from an observer to the **zenith** is called the astronomical horizon.

horizontal parallax: the difference between the **topocentric** and **geocentric** positions of an object, when the object is on the astronomical **horizon**.

hour angle: angular distance on the **celestial sphere** measured westward along the **celestial equator** from the **meridian** to the **hour circle** that passes through a celestial object.

hour circle: a great circle on the **celestial sphere** that passes through the **celestial poles** and is therefore perpendicular to the **celestial equator**.

inclination: the angle between two planes or their poles; usually the angle between an orbital plane and a reference plane; one of the standard orbital elements (see **elements, orbital**) that specifies the orientation of an **orbit**.

International Atomic Time (TAI): the continuous scale resulting from analyses by the Bureau International des Poids et Mesures of atomic time standards in many countries. The fundamental unit of TAI is the SI second (see **second, Système International**), and the epoch is 1958 January 1.

invariable plane: the plane through the center of mass of the solar system perpendicular to the angular momentum vector of the solar system.

irradiation: an optical effect of contrast that makes bright objects viewed against a dark background appear to be larger than they really are.

Julian calendar: the calendar introduced by Julius Caesar in 46 B.C. to replace the Roman calendar. In the Julian calendar a common year is defined to comprise 365 days, and every fourth year is a leap year comprising 366 days. The Julian calendar was superseded by the **Gregorian calendar**.

Julian date (JD): the interval of time in days and fraction of a day since 4713 B.C. January 1, Greenwich noon, **Julian proleptic calendar**. In precise work the timescale, e.g., **dynamical time** or **universal time**, should be specified.

Julian date, modified (MJD): the Julian date minus 2400000.5.

Julian day number (JD): the integral part of the **Julian date**.

Julian proleptic calendar: the calendric system employing the rules of the **Julian calendar**, but extended and applied to dates preceding the introduction of the Julian calendar.

Julian year: a period of 365.25 days. This period served as the basis for the **Julian calendar**.

Laplacian plane: for planets see **invariable plane**; for a system of satellites, the fixed plane relative to which the vector sum of the disturbing forces has no orthogonal component.

latitude, celestial: angular distance on the **celestial sphere** measured north or south of the **ecliptic** along the great circle passing through the poles of the ecliptic and the celestial object.

latitude, terrestrial: angular distance on the Earth measured north or south of the **equator** along the **meridian** of a geographic location.

leap second: a second (see **second, Système International**) added between 60^s and 0^s at announced times to keep UTC within $0^s.90$ of UT1. Generally, leap seconds are added at the end of June or December.

librations: variations in the orientation of the Moon's surface with respect to an observer on the Earth. Physical librations are due to variations in the rate at which the Moon rotates on its axis. The much larger optical librations are due to variations in the rate of the Moon's orbital motion, the **obliquity** of the Moon's **equator** to its orbital plane, and the diurnal changes of geometric perspective of an observer on the Earth's surface.

light, deflection of: the bending of the beam of light due to gravity. It is observable when the light from a star or planet passes a massive object such as the Sun.

light-time: the interval of time required for light to travel from a celestial body to the Earth. During this interval the motion of the body in space causes an angular displacement of its **apparent place** from its geometric place (see **geometric position**). (See **aberration, planetary**.)

light-year: the distance that light traverses in a vacuum during one year.

limb: the apparent edge of the Sun, Moon, or a planet or any other celestial body with a detectable disc.

limb correction: correction that must be made to the distance between the center of mass of the Moon and its limb. These corrections are due to the irregular surface of the Moon and are a function of the **librations** in longitude (see **longitude, celestial**) and latitude (see **latitude, celestial**) and the position angle from the central **meridian**.

local sidereal time: the local **hour angle** of a **catalog equinox**.

longitude, celestial: angular distance on the **celestial sphere** measured eastward along the **ecliptic** from the **dynamical equinox** to the great circle passing through the poles of the ecliptic and the celestial object.

longitude, terrestrial: angular distance measured along the Earth's **equator** from the Greenwich **meridian** to the meridian of a geographic location.

luminosity class: distinctions among stars of the same spectral class. (See **Spectral types and classes**.)

lunar phases: cyclically recurring apparent forms of the Moon. New moon, first quarter, full moon and last quarter are defined as the times at which the excess of the apparent celestial longitude (see **longitude, celestial**) of the Moon over that of the Sun is $0°$, $90°$, $180°$ and $270°$, respectively.

lunation: the period of time between two consecutive new moons.

magnitude, stellar: a measure on a logarithmic scale of the brightness of a celestial object considered as a point source.

magnitude of a lunar eclipse: the fraction of the lunar diameter obscured by the shadow of the Earth at the greatest phase of a lunar eclipse (see **eclipse, lunar**), measured along the common diameter.

magnitude of a solar eclipse: the fraction of the solar diameter obscured by the Moon at the greatest phase of a solar eclipse (see **eclipse, solar**), measured along the common diameter.

mean anomaly: in undisturbed elliptic motion, the product of the **mean motion** of an orbiting body and the interval of time since the body passed **pericenter**. Thus the mean anomaly is the angle from pericenter of a hypothetical body moving with a constant angular speed that is equal to the mean motion. (See **true anomaly**; **eccentric anomaly**.)

mean distance: **the semimajor axis** of an elliptic **orbit**.

mean elements: elements of an adopted reference **orbit** (see **elements, orbital**) that approximates the actual, perturbed orbit. Mean elements may serve as the basis for calculating **perturbations**.

mean equator and equinox: the celestial reference system determined by ignoring small variations of short period in the motions of the **celestial equator**. Thus the mean equator and equinox are affected only by **precession**. Positions in star catalogs are normally referred to the mean catalog equator and equinox (see **catalog equinox**) of a **standard epoch**.

mean motion: in undisturbed elliptic motion, the constant angular speed required for a body to complete one revolution in an **orbit** of a specified **semimajor axis**.

mean place: the coordinates, referred to the **mean equator and equinox** of a **standard epoch**, of an object on the **celestial sphere** centered at the Sun. A mean place is determined by removing from the directly observed position the effects of **refraction**, geocentric and stellar **parallax**, and stellar aberration (see **aberration, stellar**), and by referring the coordinates to the mean equator and equinox of a standard epoch. In compiling star catalogs it has been the practice not to remove the secular part of stellar aberration (see **aberration, secular**). Prior to 1984, it was additionally the practice not to remove the elliptic part of annual aberration (see **aberration, annual**; **aberration, E-terms of**).

mean solar time: a measure of time based conceptually on the diurnal motion of the **fictitious mean sun**, under the assumption that the Earth's rate of rotation is constant.

meridian: a great circle passing through the **celestial poles** and through the **zenith** of any location on Earth. For planetary observations a meridian is half the great circle passing through the planet's poles and through any location on the planet.

month: the period of one complete synodic or sidereal revolution of the Moon around the Earth; also a calendrical unit that approximates the period of revolution.

moonrise, moonset: the times at which the apparent upper **limb** of the Moon is on the astronomical **horizon**; i.e., when the true **zenith distance**, referred to the center of the Earth, of the central point of the disk is $90° \, 34' + s - \pi$, where s is the Moon's **semidiameter**, π is the **horizontal parallax**, and $34'$ is the adopted value of horizontal **refraction**.

nadir: the point on the **celestial sphere** diametrically opposite to the **zenith**.

node: either of the points on the **celestial sphere** at which the plane of an **orbit** intersects a reference plane. The position of a node is one of the standard orbital elements (see **elements, orbital**) used to specify the orientation of an orbit.

nutation: the short-period oscillations in the motion of the pole of rotation of a freely rotating body that is undergoing torque from external gravitational forces. Nutation of the Earth's pole is discussed in terms of components in **obliquity** and longitude (see **longitude, celestial**.)

obliquity: in general the angle between the equatorial and orbital planes of a body or, equivalently, between the rotational and orbital poles. For the Earth the obliquity of the **ecliptic** is the angle between the planes of the **equator** and the ecliptic.

occultation: the obscuration of one celestial body by another of greater apparent diameter; especially the passage of the Moon in front of a star or planet, or the disappearance of a satellite behind the disk of its primary. If the primary source of illumination of a reflecting body is cut off by the occultation, the phenomenon is also called an **eclipse**. The occultation of the Sun by the Moon is a solar eclipse (see **eclipse, solar**.)

opposition: a configuration of the Sun, Earth and a planet in which the apparent **geocentric** longitude (see **longitude, celestial**) of the planet differs by 180° from the apparent geocentric longitude of the Sun.

orbit: the path in space followed by a celestial body.

osculating elements: a set of parameters (see **elements, orbital**) that specifies the instantaneous position and velocity of a celestial body in its perturbed orbit. Osculating elements describe the unperturbed (two-body) orbit that the body would follow if **perturbations** were to cease instantaneously.

parallax: the difference in apparent direction of an object as seen from two different locations; conversely, the angle at the object that is subtended by the line joining two designated points. Geocentric (diurnal) parallax is the difference in direction between a **topocentric** observation and a hypothetical **geocentric** observation. Heliocentric or annual parallax is the difference between hypothetical geocentric and heliocentric observations; it is the angle subtended at the observed object by the **semimajor axis** of the Earth's **orbit**. (See also **horizontal parallax**.)

parsec: the distance at which one **astronomical unit** subtends an angle of one second of arc; equivalently the distance to an object having an annual **parallax** of one second of arc.

penumbra: the portion of a shadow in which light from an extended source is partially but not completely cut off by an intervening body; the area of partial shadow surrounding the **umbra**.

pericenter: the point in an **orbit** that is nearest to the center of force. (See **perigee**; **perihelion**.)

perigee: the point at which a body in **orbit** around the Earth most closely approaches the Earth. Perigee is sometimes used with reference to the apparent orbit of the Sun around the Earth.

perihelion: the point at which a body in **orbit** around the Sun most closely approaches the Sun.

period: the interval of time required to complete one revolution in an **orbit** or one cycle of a periodic phenomenon, such as a cycle of phases. (See **phase**.)

perturbations: deviations between the actual **orbit** of a celestial body and an assumed reference orbit; also the forces that cause deviations between the actual and reference orbits. Perturbations, according to the first meaning, are usually calculated as quantities to be added to the coordinates of the reference orbit to obtain the precise coordinates.

phase: the ratio of the illuminated area of the apparent disk of a celestial body to the area of the entire apparent disk taken as a circle. For the Moon, phase designations (see **lunar phases**) are defined by specific configurations of the Sun, Earth and Moon. For eclipses, phase designations (total, partial, penumbral, etc.) provide general descriptions of the phenomena. (See **eclipse, solar; eclipse, annular; eclipse, lunar**.)

phase angle: the angle measured at the center of an illuminated body between the light source and the observer.

photometry: a measurement of the intensity of light usually specified for a specific frequency range.

planetocentric coordinates: coordinates for general use, where the z-axis is the mean axis of rotation, the x-axis is the intersection of the planetary **equator** (normal to the z-axis through the center of mass) and an arbitrary prime **meridian**, and the y-axis completes a right-hand coordinate system. Longitude (see **longitude, celestial**) of a point is measured positive to the prime meridian as defined by rotational elements. Latitude (see **latitude, celestial**) of a point is the angle between the planetary equator and a line to the center of mass. The radius is measured from the center of mass to the surface point.

planetographic coordinates: coordinates for cartographic purposes dependent on an equipotential surface as a reference surface. Longitude (see **longitude, celestial**) of a point is measured in the direction opposite to the rotation (positive to the west for direct rotation) from the cartographic position of the prime **meridian** defined by a clearly observable surface feature. Latitude (see **latitude, celestial**) of a point is the angle between the planetary **equator** (normal to the z-axis and through the center of mass) and normal to the reference surface at the point. The height of a point is specified as the distance above a point with the same longitude and latitude on the reference surface.

polar motion: the irregularly varying motion of the Earth's pole of rotation with respect to the Earth's crust. (See **celestial ephemeris pole**.)

precession: the uniformly progressing motion of the pole of rotation of a freely rotating body undergoing torque from external gravitational forces. In the case of the Earth, the component of precession caused by the Sun and Moon acting on the Earth's equatorial bulge is called lunisolar precession; the component caused by the action of the planets is called planetary precession. The sum of lunisolar and planetary precession is called general precession. (See **nutation**.)

proper motion: the projection onto the **celestial sphere** of the space motion of a star relative to the solar system; thus the transverse component of the space motion of a star with respect to the solar system. Proper motion is usually tabulated in star catalogs as changes in **right ascension** and **declination** per year or century.

quadrature: a configuration in which two celestial bodies have apparent longitudes (see **longitude, celestial**) that differ by 90° as viewed from a third body. Quadratures are usually tabulated with respect to the Sun as viewed from the center of the Earth.

radial velocity: the rate of change of the distance to an object.

refraction, astronomical: the change in direction of travel (bending) of a light ray as it passes obliquely through the atmosphere. As a result of refraction the observed **altitude** of a celestial object is greater than its geometric altitude. The amount of refraction depends on the altitude of the object and on atmospheric conditions.

retrograde motion: for orbital motion in the solar system, motion that is clockwise in the **orbit** as seen from the north pole of the **ecliptic**; for an object observed on the **celestial sphere**, motion that is from east to west, resulting from the relative motion of the object and the Earth. (See **direct motion**.)

right ascension: angular distance on the **celestial sphere** measured eastward along the **celestial equator** from the **equinox** to the **hour circle** passing through the celestial object. Right ascension is usually given in combination with **declination**.

Saros: a Babylonian lunar cycle of 6585.32 days, or 18 years 11.33 days, or 223 lunations, at the end of which the centers of the Sun and Moon return so nearly to the relative positions of the beginning that all the eclipses (see **eclipse**) of the period recur approximately as before, but in longitudes (see **longitude, terrestrial**) approximately 120° to the west. (See **lunar phases**.)

satellite: natural body revolving around a planet.

satellite, artificial: device launched into a closed orbit around the Earth, another planet, the Sun, etc.

second, Système International (SI): the duration of 9192 631 770 cycles of radiation corresponding to the transition between two hyperfine levels of the ground state of cesium 133.

selenocentric: with reference to, or pertaining to, the center of the Moon.

semidiameter: the angle at the observer subtended by the equatorial radius of the Sun, Moon or a planet.

semimajor axis: half the length of the major axis of an ellipse; a standard element used to describe an elliptical **orbit** (see **elements, orbital**.)

sidereal day: the interval of time between two consecutive **transits** of the **catalog equinox**. (See **sidereal time**.)

sidereal hour angle: angular distance on the **celestial sphere** measured westward along the **celestial equator** from the **catalog equinox** to the **hour circle** passing through the celestial object. It is equal to 360° minus **right ascension** in degrees.

sidereal time: the measure of time defined by the apparent diurnal motion of the **catalog equinox**; hence a measure of the rotation of the Earth with respect to the stars rather than the Sun.

solstice: either of the two points on the **ecliptic** at which the apparent longitude (see **longitude, celestial**) of the Sun is 90° or 270°; also the time at which the Sun is at either point.

spectral types or classes: catagorization of stars according to their spectra, primarily due to differing temperatures of the stellar atmosphere. From hottest to coolest, the spectral types are O, B, A, F, G, K and M.

standard epoch: a date and time that specifies the reference system to which celestial coordinates are referred. Prior to 1984 coordinates of star catalogs were commonly referred to the **mean equator and equinox** of the beginning of a Besselian year (see **year, Besselian**). Beginning with 1984 the **Julian year** has been used, as denoted by the prefix J, e.g., J2000.0.

stationary point (of a planet): the position at which the rate of change of the apparent **right ascension** (see **apparent place**) of a planet is momentarily zero.

sunrise, sunset: the times at which the apparent upper **limb** of the Sun is on the astronomical **horizon**; i.e., when the true **zenith distance**, referred to the center of the Earth, of the central point of the disk is 90° 50′, based on adopted values of 34′ for horizontal **refraction** and 16′ for the Sun's **semidiameter**.

surface brightness (of a planet): the visual magnitude of an average square arc-second area of the illuminated portion of the apparent disk.

synodic period: for planets, the mean interval of time between successive **conjunctions** of a pair of planets, as observed from the Sun; for satellites, the mean interval between successive conjunctions of a satellite with the Sun, as observed from the satellite's primary.

synodic time: pertaining to successive conjunctions; successive returns of a planet to the same **aspect** as determined by Earth.

Terrestrial Dynamical Time (TDT): the independent argument for apparent **geocentric** ephemerides. At 1977 January $1^d 00^h 00^m 00^s$ TAI, the value of TDT was exactly 1977 January $1^d.0003725$. The unit of TDT is 86 400 SI seconds at mean sea level. For practical purposes TDT = TAI + $32^s.184$. (See **Barycentric Dynamical Time; dynamical time; International Atomic Time**.)

terminator: the boundary between the illuminated and dark areas of the apparent disk of the Moon, a planet or a planetary satellite.

topocentric: with reference to, or pertaining to, a point on the surface of the Earth, usually with reference to a coordinate system.

transit: the passage of a celestial object across a **meridian**; also the passage of one celestial body in front of another of greater apparent diameter (e.g., the passage of Mercury or Venus across the Sun or Jupiter's satellites across its disk); however, the passage of the Moon in front of the larger apparent Sun is called an annular eclipse (see **eclipse, annular**). The passage of a body's shadow across another body is called a shadow transit; however, the passage of the Moon's shadow across the Earth is called a solar eclipse. (See **eclipse, solar**.)

true anomaly: the angle, measured at the focus nearest the **pericenter** of an elliptical orbit, between the pericenter and the radius vector from the focus to the orbiting body; one of the standard orbital elements (see **elements, orbital**). (See also **eccentric anomaly; mean anomaly**.)

true equator and equinox: the celestial coordinate system determined by the instantaneous positions of the **celestial equator** and **ecliptic**. The motion of this system is due to the progressive effect of **precession** and the short-term, periodic variations of **nutation**. (See **mean equator and equinox**.)

twilight: the interval of time preceding sunrise and following sunset (see **sunrise, sunset**) during which the sky is partially illuminated. Civil twilight comprises the interval when the **zenith distance**, referred to the center of the Earth, of the central point of the Sun's disk is between 90° 50′ and 96°, nautical twilight comprises the interval from 96° to 102°, astronomical twilight comprises the interval from 102° to 108°.

umbra: the portion of a shadow cone in which none of the light from an extended light source (ignoring **refraction**) can be observed.

Universal Time (UT): a measure of time that conforms, within a close approximation, to the mean diurnal motion of the Sun and serves as the basis of all civil timekeeping. UT is formally defined by a mathematical formula as a function of **sidereal time**. Thus UT is determined from observations of the diurnal motions of the stars. The time scale determined directly from such observations is designated UT0; it is slightly dependent on the place of observation. When UT0 is corrected for the shift in longitude (see **longitude, terrestrial**) of the observing station caused by **polar motion**, the time scale UT1 is obtained. Whenever the designation UT is used in this volume, UT1 is implied.

vernal equinox: the ascending **node** of the **ecliptic** on the **celestial equator**; also the time at which the apparent longitude (see **apparent place; longitude, celestial**) of the Sun is 0°. (See **equinox**.)

vertical: apparent direction of gravity at the point of observation (normal to the plane of a free level surface.)

week: an arbitrary period of days, usually seven days; approximately equal to the number of days counted between the four phases of the Moon. (See **lunar phases**.)

year: a period of time based on the revolution of the Earth around the Sun. The calendar year (see **Gregorian calendar**) is an approximation to the tropical year (see **year, tropical**). The anomalistic year is the mean interval between successive passages of the Earth through **perihelion**. The sidereal year is the mean period of revolution with respect to the background stars. (See **Julian year; year, Besselian**.)

year, Besselian: the period of one complete revolution in **right ascension** of the **fictitious mean sun**, as defined by Newcomb. The beginning of a Besselian year, traditionally used as as **standard epoch**, is denoted by the suffix ".0". Since 1984 standard epochs have been defined by the **Julian year** rather that the Besselian year. For distinction, the beginning of the Besselian year is now identified by the prefix B (e.g., B1950.0).

year, tropical: the period of one complete revolution of the mean longitude of the sun with respect to the **dynamical equinox**. The tropical year is longer than the Besselian year (see **year, Besselian**) by $0^s.148T$, where T is centuries from B1900.0.

zenith: in general, the point directly overhead on the **celestial sphere**. The astronomical zenith is the extension to infinity of a plumb line. The geocentric zenith is defined by the line from the center of the Earth through the observer. The geodetic zenith is the normal to the geodetic ellipsoid at the observer's location. (See **deflection of the vertical**.)

zenith distance: angular distance on the **celestial sphere** measured along the great circle from the **zenith** to the celestial object. Zenith distance is 90° minus **altitude**.

zodiacal light: a nebulous light seen in the east before twilight and in the west after twilight. It is triangular in shape along the **ecliptic** with the base on the horizon and its apex at varying altitudes. It is best seen in middle latitudes (see **latitude, terrestrial**) on spring evenings and autumn mornings.

Definitions of astronomical terms are provided in the Glossary, Section M. Entries in the Glossary are not cited in the Index.

Definitions of astronomical terms are provided in the Glossary, Section M. Entries in the Glossary are not cited in the Index.

Definitions of astronomical terms are provided in the Glossary, Section M. Entries in the Glossary are not cited in the Index.

Definitions of astronomical terms are provided in the Glossary, Section M. Entries in the Glossary are not cited in the Index.

Definitions of astronomical terms are provided in the Glossary, Section M. Entries in the Glossary are not cited in the Index.

Definitions of astronomical terms are provided in the Glossary, Section M. Entries in the Glossary are not cited in the Index.

Definitions of astronomical terms are provided in the Glossary, Section M. Entries in the Glossary are not cited in the Index.